Ergonomia
Projeto e Produção

CB009129

Blucher

Itiro Iida
Lia Buarque de Macedo Guimarães

Ergonomia
Projeto e Produção

3.ª edição revista

Ergonomia – projeto e produção
© 2016 Itiro Iida
3ª edição – 2016
2ª reimpressão – 2018
Editora Edgard Blücher Ltda.

Imagem da capa: Sala de Situação do Centro Nacional de
Monitoramento e Alertas de Desastres Naturais (Cemaden).
Crédito: Giba/MCTI.

Blucher

Rua Pedroso Alvarenga, 1245, 4º andar
04531-934 – São Paulo – SP – Brasil
Tel.: 55 11 3078-5366
contato@blucher.com.br
www.blucher.com.br

Segundo o Novo Acordo Ortográfico, conforme 5. ed.
do *Vocabulário Ortográfico da Língua Portuguesa*,
Academia Brasileira de Letras, março de 2009.

Dados Internacionais de Catalogação na Publicação (CIP)
Angélica Ilacqua CRB-8/7057

Iida, Itiro
   Ergonomia: projeto e produção / Itiro Iida,
Lia Buarque de Macedo Guimarães. – 3. ed. –
São Paulo: Blucher, 2016.

   3. ed. revista
   Bibliografia
   ISBN 978-85-212-0933-1

   1. Ergonomia 2. Psicologia industrial
   3. Segurança do trabalho I. Título II. Guimarães,
Lia Buarque de Macedo

15.0732   CDD 620.82

Índices para catálogo sistemático:
1. Ergonomia

À querida e inesquecível
Anamaria de Moraes
in memoriam.

APRESENTAÇÃO

Esta nova edição vem com muitas novidades, baseadas em um extenso levantamento da produção bibliográfica nacional e internacional, principalmente nos últimos dez anos. Nessa década, a ergonomia passou por profundas transformações provocadas pelos avanços da informática e das comunicações, resultando em mudanças significativas nas interações humano-máquina-ambiente.

A recente produção bibliográfica em ergonomia no país foi pesquisada principalmente nas dissertações e teses depositadas no banco de teses do Portal de Periódicos da Capes/MEC, em que foram analisados 796 trabalhos referenciados, entre 1987 e 2012, abrangendo diversas áreas, como Arquitetura, Desenho Industrial, Engenharias – especialmente de Produção –, Saúde e outras.

Houve um reordenamento de alguns tópicos e a organização de três novos capítulos: Capítulo 3, Métodos e Técnicas em Ergonomia, Capítulo 18, Minorias Populacionais, e Capítulo 21, Fontes de Informação sobre Ergonomia. Muitos exemplos de aplicação e estudos de caso foram substituídos ou acrescentados.

A Dra. Lia Buarque de Macedo Guimarães passou a colaborar como coautora, contribuindo para a atualização e o enriquecimento de vários conteúdos.

Manifestamos nossa gratidão a todos que colaboraram com suas valiosas análises e sugestões. Agradecemos especialmente à Dra. Rosimeire Sedrez Bitencourt, que contribuiu principalmente no levantamento das teses e dissertações defendidas no país e das referências apresentadas no Capítulo 21. Ao Dr. Francisco Soares Másculo, pelo criterioso trabalho de revisão técnica. Aos nossos amigos e familiares, pelo constante estímulo e apoio. Aos editores, Edgard Blücher e Eduardo Blücher, pelo incentivo e apoio aos autores nacionais de livros didáticos durante mais de seis décadas.

Brasília, janeiro de 2016

Itiro Iida

Conteúdo

1 INTRODUÇÃO À ERGONOMIA

1.1 DEFINIÇÃO E OBJETIVOS DA ERGONOMIA
1.2 NASCIMENTO E EVOLUÇÃO DA ERGONOMIA
1.3 FASES DA ERGONOMIA
1.4 DIFUSÃO DA ERGONOMIA NA SOCIEDADE
1.5 APLICAÇÕES DA ERGONOMIA
1.6 PRINCIPAIS SETORES DE APLICAÇÕES DA ERGONOMIA
1.7 CUSTO E BENEFÍCIO DA ERGONOMIA

OBJETIVOS

Este capítulo apresenta a história, definições, principais conceitos e áreas de atuação da ergonomia. A ergonomia resultou do trabalho *interdisciplinar* realizado por diversos profissionais – tais como engenheiros, fisiologistas e psicólogos – durante a Segunda Guerra Mundial. Logo após essa guerra, foi "oficializada" como uma nova disciplina científica.

O capítulo também dá uma visão panorâmica dos principais campos de aplicação da ergonomia. Inicialmente, essa aplicação concentrava-se quase que exclusivamente na indústria e se resumia ao binômio humano-máquina. A ergonomia agora é mais abrangente, estudando sistemas complexos, em que dezenas ou até centenas de seres humanos, máquinas, materiais e ambientes interagem continuamente entre si durante a realização do trabalho.

A ergonomia expandiu-se horizontalmente, abarcando quase todos os tipos de atividades humanas. Hoje, essa expansão ocorre principalmente no setor de serviços (saúde, educação, transporte, atividades domésticas, lazer e outros) e no estudo de certas minorias como os idosos, obesos e pessoas com deficiência. Houve também uma importante mudança qualitativa na natureza do trabalho humano nas últimas décadas. Antes, esse trabalho exigia muito esforço físico repetitivo. Hoje, depende principalmente dos aspectos *cognitivos*, ou seja, da percepção, processamento de informação e tomada de decisões. O capítulo se encerra com uma análise dos aspectos econômicos relacionados com as aplicações da ergonomia.

TÓPICOS

- Definição da ergonomia
- Precursores da ergonomia
- Fisiologia do trabalho
- Interdisciplinaridade
- Difusão da ergonomia
- Ergonomia de concepção
- Ergonomia de correção
- Ergonomia de conscientização
- Ergonomia de participação
- Ergonomia física
- Ergonomia cognitiva
- Microergonomia
- Macroergonomia
- Ergonomia organizacional
- Custo e benefício

1.1 DEFINIÇÃO E OBJETIVOS DA ERGONOMIA

A ergonomia (*ergonomics*), também chamada de fatores humanos (*human factors*), é o estudo da *adaptação* do trabalho ao ser humano. O trabalho aqui tem uma acepção bastante ampla, abrangendo não apenas os trabalhos executados com máquinas e equipamentos, utilizados para transformar os materiais, mas também todas as situações em que ocorre o relacionamento entre o ser humano e uma atividade produtiva de bens ou serviços. Isso envolve não somente o ambiente físico, mas também os aspectos organizacionais. A ergonomia tem uma atuação bastante ampla, abrangendo as atividades de: a) planejamento e projeto, que ocorrem *antes* do trabalho a ser realizado; b) monitoramento, avaliação e correção, que ocorrem *durante* a execução desse trabalho; e c) análises *posteriores* das consequências do trabalho. Tudo isso é necessário para que o trabalho possa atingir os resultados desejados.

A ergonomia inicia-se com o estudo das características dos trabalhadores para, depois, projetar o trabalho a ser executado, visando preservar a saúde e o bem-estar do trabalhador. Assim, a ergonomia parte do conhecimento do ser humano para fazer o projeto do trabalho, adaptando-o às suas capacidades e limitações. Observa-se que essa adaptação ocorre no sentido *do* trabalho *para* o ser humano, na maioria dos casos. Isso significa que o trabalho deve ser projetado para que possa ser executado pela *maioria* da população. Esse tipo de orientação leva à produção de máquinas e equipamentos fáceis de operar, em condições adequadas de trabalho, sem sacrifícios para o trabalhador.

O inverso ocorre quando o projeto é feito sem considerar as informações adequadas sobre os trabalhadores e as condições de trabalho. Acontece, por exemplo, quando há uma preocupação prioritária com os aspectos técnicos (máquinas, equipamentos, *softwares*), deixando o operador humano para ser "encaixado" posteriormente (ver Figura 1.1). Isso não é recomendado, pois pode gerar situações que produzem muita fadiga, erros, acidentes e baixa produtividade. Essas situações são consideradas inaceitáveis para a ergonomia.

Contudo, essas inversões podem ocorrer em certos casos excepcionais. Isso acontece, por exemplo, em equipamentos de grande porte já existentes, quando os custos de adaptação seriam muito elevados, justificando-se uma seleção de operadores especiais para eles. Ocorre também no caso de esportes altamente competitivos, em que os "trabalhadores" são selecionados por certas características individuais, como estatura elevada ou força física excepcional. Essas situações são consideradas como exceções, não sendo válidas para a maioria das aplicações da ergonomia.

a) Enfoque mecânico do posto de trabalho

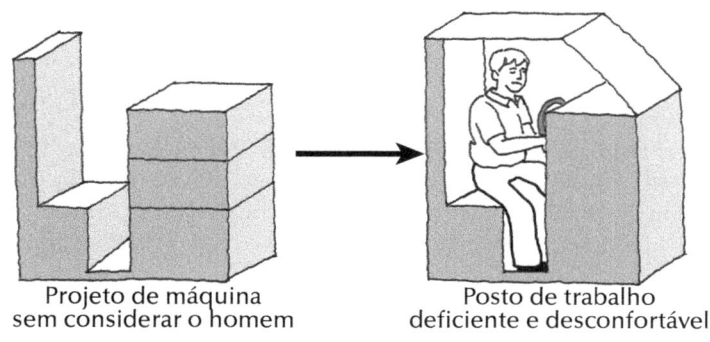

Projeto de máquina
sem considerar o homem

Posto de trabalho
deficiente e desconfortável

b) Enfoque ergonômico do posto de trabalho

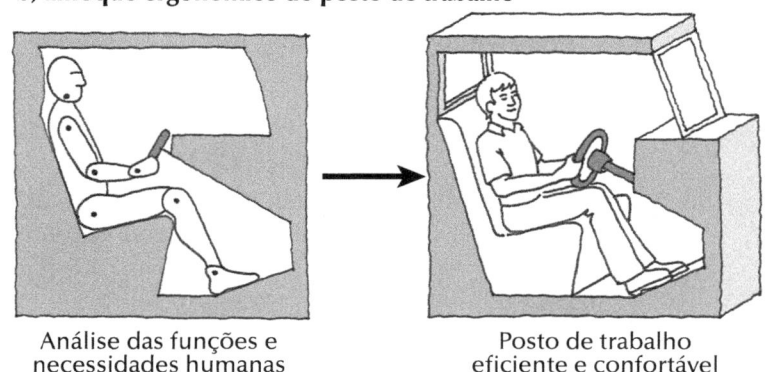

Análise das funções e
necessidades humanas

Posto de trabalho
eficiente e confortável

Figura 1.1
Projeto de um posto de trabalho aplicando-se: (a) um enfoque mecânico, com predominância dos aspectos técnicos; e (b) enfoque ergonômico, com análise prévia das necessidades humanas (Damon, Stoudt e McFarland, 1971).

DEFINIÇÕES DA ERGONOMIA

Existem diversas definições de ergonomia. Todas procuram ressaltar o caráter inter-disciplinar e o objeto de seu estudo, que é a interação entre o ser humano e o traba-lho, no *sistema humano-máquina-ambiente*. Ou, mais precisamente, as interfaces desse sistema, onde ocorrem trocas de informações e de energias entre o ser huma-no, máquina e ambiente, resultando na realização do trabalho. Diversas associações de ergonomia apresentam as suas próprias definições. A mais antiga foi formulada em 1950 pela Ergonomics Research Society[1] da Inglaterra:

> *Ergonomia é o estudo do relacionamento entre o homem e seu trabalho, equi-pamento, ambiente e, particularmente, a aplicação dos conhecimentos de anatomia, fisiologia e psicologia na solução dos problemas que surgem desse relacionamento.*

No Brasil, a Associação Brasileira de Ergonomia[2] (ABERGO) adota a definição aprovada em 2000 pela Associação Internacional de Ergonomia (International Ergo-nomics Association – IEA[3]):

> *Ergonomia (ou Fatores Humanos) é a disciplina científica que estuda as interações entre os seres humanos e outros elementos do sistema de traba-lho, aplicando os princípios teóricos, dados e métodos, a fim de realizar projetos para otimizar o bem estar humano e o desempenho geral desse sistema.*

Esta segunda definição, formulada meio século depois, reflete a ampliação do con-ceito e das atividades da ergonomia durante essas cinco décadas.

OBJETIVOS BÁSICOS DA ERGONOMIA

A ergonomia estuda os diversos fatores que influem no desempenho do sistema pro-dutivo (Figura 1.2) e procura reduzir as consequências nocivas sobre o trabalhador. Assim, ela procura reduzir a fadiga, estresse, erros e acidentes, proporcionando saú-de, segurança, satisfação aos trabalhadores, durante a sua interação com esse sistema produtivo. A *eficiência* virá como consequência. Em geral, não se aceita colocar a eficiência como objetivo principal da ergonomia, porque ela, isoladamente, poderia justificar a adoção de práticas que levem ao aumento dos riscos, além do sacrifício e sofrimento dos trabalhadores. Isso seria *inaceitável*, porque a ergonomia visa: pre-servar a saúde e segurança; satisfação; e eficiência e produtividade dos trabalhadores.

---

[1] Ver: <www.ergonomics.org.uk>.

[2] Ver: <www.abergo.org.br>.

[3] Ver: <www.iea.cc>.

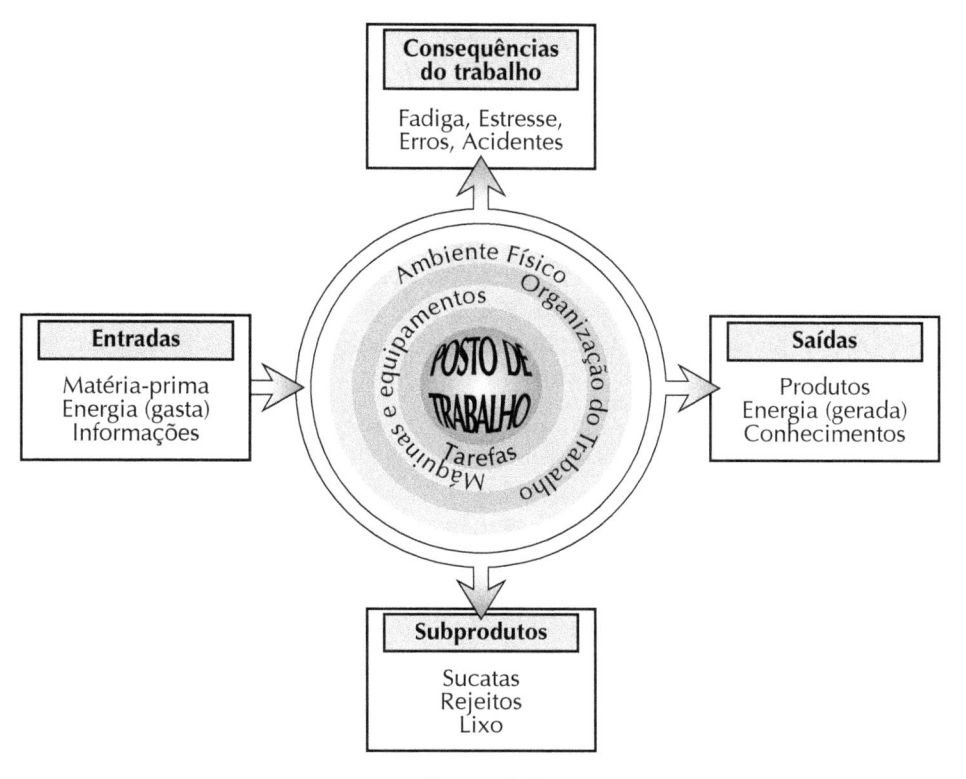

Figura 1.2
A ergonomia estuda os diversos fatores que influem no desempenho do sistema produtivo.

Saúde e segurança – A saúde e a segurança do trabalhador são preservadas quando as exigências do trabalho e do ambiente estiverem dentro das capacidades e limitações desse trabalhador, sem ultrapassar certos limites fisiológicos e cognitivos, de modo a evitar as situações de estresse, fadiga, riscos de acidentes e de doenças ocupacionais (a longo prazo).

Satisfação – A satisfação é o resultado do atendimento das necessidades e expectativas do trabalhador, produzindo uma sensação de bem-estar e conforto. Isso envolve também facilidade de aprendizagem, crescimentos pessoal/profissional do trabalhador, ambientes físico/social saudáveis e uma remuneração justa. Os trabalhadores satisfeitos tendem a adotar comportamentos mais seguros e são mais produtivos que aqueles insatisfeitos. Contudo, há muitas diferenças individuais e culturais. Uma mesma situação pode ser considerada satisfatória para uns e insatisfatória para outros, dependendo das necessidades, expectativas e personalidade de cada um. A satisfação depende também de outros fatores, como salários, carreiras, reconhecimentos, promoções, organização do trabalho, relacionamentos com a chefia, com os colegas de trabalho e com a família. Esses fatores são estudados por outras disciplinas correlatas e não serão aprofundados aqui.

Eficiência e produtividade – A eficiência e produtividade medem os resultados obtidos, em comparação com os recursos empregados e uso do tempo. Elas resultam de um bom planejamento, organização do trabalho, da tecnologia e do conhecimento disponível para os trabalhadores, bem como da sua capacitação, de forma a proporcionar-lhes saúde, segurança e satisfação. A produtividade deve ser colocada dentro de certos limites, pois o seu aumento indiscriminado pode implicar em prejuízos à saúde, segurança e satisfação. Por exemplo, quando se aumenta a velocidade de uma máquina, aumenta-se a eficiência, mas há também uma probabilidade maior de ocorrer acidentes e prejuízos pela qualidade inferior da produção. Na produção industrial, há casos em que se consegue aumentar a eficiência sem comprometer a segurança e a qualidade, mas isso exige investimentos em tecnologia, organização do trabalho e treinamento dos trabalhadores, a fim de eliminar os fatores de risco. Do contrário, os custos adicionais podem tornar-se maiores que os lucros adicionais, o que não justifica o aumento da produtividade.

Minorias populacionais – Há uma crescente preocupação da ergonomia em atender às necessidades específicas de certas minorias populacionais, como os idosos, obesos, crianças e pessoas com deficiência.

PROFISSIONAIS EM ERGONOMIA – ERGONOMISTAS

Os profissionais em ergonomia, chamados de *ergonomistas,* fazem análises e avaliações de tarefas, trabalhos, produtos, organizações, e ambientes, de forma a torná-los compatíveis com as necessidades, habilidades e limitações dos trabalhadores. Também elaboram propostas e projetos para solucionar os problemas constatados, e contribuem para a sua implementação.

Os ergonomistas devem analisar o trabalho de forma global, incluindo os aspectos físicos, cognitivos, sociais, organizacionais, ambientais e outros. Dentro da disciplina, segundo a IEA (International Ergonomics Association), há três domínios de especialização que representam competências em atributos humanos específicos.

Ergonomia física – Ocupa-se das características da anatomia humana, antropometria, fisiologia e biomecânica, relacionados com a atividade física. Os tópicos relevantes incluem a postura no trabalho, manuseio de materiais, movimentos repetitivos, distúrbios osteomusculares relacionados ao trabalho, projeto de postos de trabalho, projeto do ambiente físico de trabalho, segurança e saúde do trabalhador.

Ergonomia cognitiva – Ocupa-se dos processos mentais como a percepção, memória, raciocínio e resposta aos estímulos, relacionados com as interações entre as pessoas, ambiente e outros elementos de um sistema de trabalho. Os tópicos relevantes incluem a interação humano-máquina, percepção de sinais, memória, carga mental, tomada de decisões, alarmes, erros, estresse e treinamento.

Ergonomia organizacional – Ocupa-se da otimização dos sistemas sócio-técnicos, abrangendo as estruturas organizacionais, políticas e processos de gestão. Os tópicos relevantes incluem comunicações, projeto de trabalho, programação do trabalho em grupo, projeto participativo, trabalho cooperativo, trabalho noturno e em turnos, cultura organizacional, organizações em rede, tele-trabalho e gestão da qualidade.

Portanto, a ergonomia estuda tanto as condições *prévias* como as *consequências* do trabalho e as *interações* que ocorrem entre o ser humano, máquina e ambiente durante a realização desse trabalho. Tudo isso é analisado de acordo com a conceituação de sistema (o conceito de sistema será apresentado no Capítulo 2), onde seus elementos interagem continuamente entre si. Deve-se notar que a ergonomia ampliou o escopo de atuação, incluindo os fatores organizacionais, pois muitas decisões que afetam o trabalho são tomadas em nível gerencial.

1.2 NASCIMENTO E EVOLUÇÃO DA ERGONOMIA

Ao contrário de muitas outras ciências cujas origens se perdem no tempo, a ergonomia tem uma data "oficial" de nascimento: *12 de julho de 1949*. Nesse dia, reuniu-se pela primeira vez, na Inglaterra, um grupo de cientistas e pesquisadores interessados em discutir e formalizar a existência desse novo ramo de aplicação interdisciplinar da ciência. Muitos deles já se conheciam devido às pesquisas (geralmente de interesse militar) realizadas antes e durante a Segunda Guerra Mundial. Na segunda reunião desse mesmo grupo (Murrell, 1965), ocorrida em 16 de fevereiro de 1950, foi proposta a adoção do neologismo *ergonomics*, formado pelos termos gregos *ergon* (trabalho) e *nomos* (regras, leis naturais). Esse termo foi adotado na fundação da Ergonomics Research Society (ERS) em 1950, que mudou seu nome para Institute of Ergonomics & Human Factors (IEHF) em 2009.

O termo ergonomia já tinha sido anteriormente usado pelo polonês Wojciech Jastrzebowski, que publicou o artigo "Ensaios de ergonomia ou ciência do trabalho, baseada nas leis objetivas da ciência sobre a natureza" (1857). Contudo, a ergonomia só adquiriu *status* de uma disciplina mais formalizada a partir do início da década de 1950, devido à atuação da ERS. Diversos pesquisadores pioneiros ligados a essa sociedade começaram a difundir seus conhecimentos, visando à sua aplicação industrial, e não apenas militar, como tinha acontecido na década anterior.

Nos anos seguintes, o termo ergonomia foi adotado nos principais países europeus, substituindo antigas denominações, como fisiologia do trabalho e psicologia do trabalho. Nos Estados Unidos adotou-se a denominação *human factors* (fatores humanos), mas ergonomia já é aceita como seu sinônimo. Naquele país, a Human Factors Society, fundada em 1957, mudou seu nome para Human Factors and Ergonomics Society (HFES) em 1992.

OS PRECURSORES DA ERGONOMIA

O nascimento "oficial" da ergonomia pode ser definido com precisão, mas as suas atividades foram precedidas de um longo período de gestação, que remonta à pré-história. Começou provavelmente com o primeiro ser humano pré-histórico que escolheu uma pedra de formato que melhor se adaptasse à anatomia e movimentos de sua mão, para usá-la como arma. As ferramentas primitivas proporcionaram poder e facilitaram tarefas cotidianas como caçar, cortar, furar e esmagar. Assim, a preocupação em adaptar o ambiente natural e construir objetos artificiais para atender às suas conveniências esteve presente nos seres humanos desde os tempos remotos.

Na era da produção artesanal, não mecanizada, a preocupação em adaptar as tarefas às necessidades humanas também esteve sempre presente. Entretanto, durante a revolução industrial, ocorrida a partir do século XVIII, esse problema tornou-se mais dramático. As primeiras fábricas surgidas não tinham nenhuma semelhança com uma fábrica moderna. Eram sujas, escuras, ruidosas e perigosas. As jornadas de trabalho chegavam a até 16 horas diárias, sem férias, em regime de semiescravidão, imposto por empresários autoritários, que aplicavam castigos corporais.

Os estudos mais sistemáticos sobre o trabalho começaram a ser realizados a partir do final do século XIX. Naquela época surgiu, nos Estados Unidos, o movimento da *administração científica*, que ficou conhecido como *taylorismo*, que será detalhado no Capítulo 17 (ver p. 634).

OS FISIOLOGISTAS DO TRABALHO

Na Europa, principalmente na Alemanha, França e países escandinavos, começaram a surgir pesquisas na área de *fisiologia do trabalho*, por volta de 1900, na tentativa de transferir para o terreno prático os conhecimentos de fisiologia gerados em laboratórios. Os pesquisadores daquela época estavam preocupados com as condições árduas de trabalho e gastos energéticos nas minas de carvão, fundições e outras situações muito insalubres.

Em 1913, Max Ruber criou, dentro do Instituto Rei Guilherme, um centro dedicado aos estudos de fisiologia do trabalho, que evoluiu mais tarde para o Instituto Max Planck de Fisiologia do Trabalho, situado em Dortmund, Alemanha. Esse Instituto é responsável por notáveis contribuições para o avanço da fisiologia do trabalho, principalmente sobre *gastos energéticos* no trabalho, tendo desenvolvido métodos e instrumentos próprios para a medição dos mesmos.

Nos países nórdicos, em Estocolmo e Copenhagen, foram criados laboratórios para estudar os problemas de treinamento e coordenação muscular para o desenvolvimento de aptidões físicas. Nos Estados Unidos surgiu o Laboratório de Fadiga da Universidade de Harvard, que ficou célebre pelos estudos sobre a aptidão física e fadiga muscular.

Na Inglaterra, durante a Primeira Guerra Mundial (1914-1917), criou-se, em 1915, a Comissão de Saúde dos Trabalhadores na Indústria de Munições, que convocou fisiologistas e psicólogos para colaborar no esforço para aumentar a produção de armamentos. Ao final daquela guerra, essa comissão foi transformada no Instituto de Pesquisa da Fadiga Industrial, que realizou diversas pesquisas não bélicas, principalmente sobre o problema da *fadiga* nas minas de carvão e nas indústrias. Esse órgão foi reformulado em 1929 para transformar-se no Instituto de Pesquisas sobre Saúde no Trabalho. Tendo o seu campo de atuação ampliado, esse Instituto passou a realizar pesquisas sobre posturas no trabalho, carga manual, seleção, treinamento, iluminação, ventilação e outras. Entretanto, o maior mérito desse Instituto foi a introdução de trabalhos interdisciplinares, agregando novos conhecimentos de fisiologia e psicologia ao estudo do trabalho.

Com a eclosão da Segunda Guerra Mundial (1939-1945), os conhecimentos científicos e tecnológicos disponíveis foram utilizados ao máximo, para construir instrumentos bélicos relativamente complexos como submarinos, tanques, radares, sistemas contra incêndios e aeronaves. Estes exigiam muitas habilidades dos operadores, em condições ambientais bastante desfavoráveis e tensas, no campo de batalha. Os erros e acidentes eram frequentes, muitos com consequências fatais. Tudo isso fez redobrar o esforço de pesquisa para adaptar esses instrumentos bélicos às *características* e *capacidades* do operador, melhorando o desempenho e reduzindo a fadiga e os acidentes.

A ERGONOMIA PÓS-GUERRA

Como "subproduto" do esforço bélico, seguiram-se aquelas reuniões na Inglaterra (1949-1950), já mencionadas, e que marcaram o início da ergonomia, agora em tempo de paz. Os seus conhecimentos passaram a ser aplicados na vida civil, a fim de melhorar as condições de trabalho e a produtividade dos trabalhadores e da população em geral.

Nos Estados Unidos do pós-guerra, os profissionais da área relatam que as suas propostas eram recebidas frequentemente com ceticismo e dúvida, e eram geralmente ridicularizadas. Foram taxados de *homens dos botões*, por terem realizado diversos estudos sobre a forma e funcionalidade dos *knobs*. Esse panorama mudou quando o Departamento de Defesa dos Estados Unidos começou a apoiar pesquisas mais profundas na área, em universidades e institutos de pesquisa. Daí, a conotação militarista adquirida pelo *human factors* que, de certa forma, persiste até hoje. Contudo, esses conhecimentos desenvolvidos para o aperfeiçoamento de aeronaves, submarinos e equipamentos para pesquisa espacial foram aplicados também na indústria não bélica e aos serviços em geral, beneficiando a população de maneira mais ampla.

Ao final da década de 1940 surgiram, na Universidade do Estado de Ohio e na Universidade de Illinois, os primeiros cursos universitários de *human factors*. A partir disso, o ensino e a pesquisa difundiram-se em outras instituições dos Estados Unidos.

ASSOCIATIVISMO E PESQUISAS

A primeira associação científica de ergonomia, como já vimos, foi a Ergonomics Research Society, fundada na Inglaterra, em 1950. Nos Estados Unidos foi criada, em 1957, a Human Factors Society. A terceira associação surgiu na Alemanha, em 1958. A partir de então, durante as décadas de 1950 e 1960, a ergonomia difundiu-se rapidamente em diversos países, principalmente no mundo industrializado. Dezenas de outras associações foram criadas. Em 1961 foi fundada a Associação Internacional de Ergonomia (IEA), que agrega as associações de ergonomia dos diversos países. No Brasil, a Associação Brasileira de Ergonomia (ABERGO) foi fundada em 1983. Antes disso, tinha-se realizado, no Rio de Janeiro, o I Seminário Brasileiro de Ergonomia, em 1974 (Moraes e Soares, 1989), quando diversos pesquisadores brasileiros apresentaram os seus trabalhos.

A primeira publicação periódica sobre ergonomia foi a *Ergonomics*, editada na Inglaterra, desde 1957. A partir de 1958 foi publicada a *Human Factors*, nos Estados Unidos. Depois, seguiram-se muitas outras publicações em diversos países. Atualmente existem mais de trinta publicações, catorze delas endossadas pela IEA[4]. No Brasil, o periódico especializado *Ação Ergonômica* é publicado pela ABERGO. Além disso, artigos em ergonomia são frequentemente encontrados em publicações de áreas correlatas, como engenharias, arquitetura, desenho industrial, medicina, psicologia, fisioterapia e outras.

O interesse acadêmico, no Brasil, pode ser avaliado pelo crescente número de pesquisas relacionadas à ergonomia realizadas por pesquisadores individuais e pelos mais de cem grupos de pesquisa cadastrados no Diretório de Grupos de Pesquisa do CNPq[5]. Isso se reflete nos artigos apresentados em congressos e os publicados em revistas, além das dissertações e teses defendidas. De acordo com os registros do Banco de Teses da Capes[6], na década de 1980, havia uma média anual de três dissertações ou teses que abordavam a ergonomia. Essa média subiu para 26 na década de 1990 e, na década seguinte, passou para cerca de cem dissertações ou teses defendidas anualmente sobre o tema.

SITUAÇÃO ATUAL

As fronteiras da ergonomia se expandiram, passando a incorporar, em maior grau, conhecimentos de outras áreas afins, como a informática e engenharia de produção, dentro de uma visão sistêmica. Isso envolve análise do funcionamento *global* de uma equipe de trabalho que usa uma ou mais máquinas e até a operação de sistemas complexos, como uma refinaria de petróleo. Abrange aspectos mais gerais, como a distribuição de tarefas entre o ser humano e a máquina, automação de tarefas e assim por diante. Ao considerar se uma tarefa deve ser atribuída ao ser humano ou à máquina, devem ser adotados critérios como custo, confiabilidade, segurança e outros. A análise de sistemas pode ir se detalhando gradativamente, até chegar ao nível de cada um dos postos de trabalho que os compõe.

Em muitos países do mundo, o trabalho ainda é realizado em condições severas e insalubres, causando sofrimentos, doenças, mutilações e até mortes dos trabalhadores. De certa forma, ainda subsistem, até hoje, *As Doenças dos Trabalhadores*, descritas por Bernardino Ramazzini, em 1700 (Fundacentro, 1999). Se fosse dominado e aplicado pela sociedade, o acervo de conhecimentos já disponíveis em ergonomia certamente contribuiria para reduzir essas doenças e o sofrimento dos trabalhadores, contribuindo para melhorar a eficiência e as condições de vida em geral.

A cada ano aumenta a quantidade de ergonomistas que trabalham nas empresas. Suas pesquisas e recomendações têm contribuído para reduzir os erros e acidentes, além de reduzir o esforço, estresse e doenças ocupacionais. Os benefícios se esten-

---

[4] Ver: <http://www.iea.cc/06_informed/IEA%20Endorsed%20Journals.html>.

[5] Ver: <dgp.cnpq.br>. Acesso em: 24 jul 2015.

[6] Ver: <capesdw.capes.gov.br/capes.dw/>. Acesso em: 24 jul 2015.

dem também à vida dos cidadãos em geral, que passaram a contar com serviços e produtos de consumo mais seguros, confortáveis e fáceis de operar.

1.3 FASES DA ERGONOMIA

Desde a sua origem, na década de 1950, a ergonomia passou a realizar estudos cada vez mais abrangentes sobre o trabalho humano. Ela deixou de ser apenas "operacional" em nível do "chão de fábrica" para abranger problemas mais amplos, em níveis gerenciais. Essa evolução histórica da ergonomia pode ser classificada em quatro fases (Hendrick,1991).

FASE 1 (1950-60) – ERGONOMIA FÍSICA

A fase 1 remonta à época da fundação da ergonomia e de pesquisas pioneiras na área. Seus estudos restringem-se ao binômio humano-máquina (sistema humano-máquina).

Antes e durante a Segunda Guerra Mundial, e até a década de 1950, os precursores da ergonomia estavam preocupados em melhorar o relacionamento entre o ser humano e a máquina, tornando os mostradores mais visíveis e os botões (*knobs*) mais fáceis de operar. Além disso, como consequência de desenvolvimentos da área da fisiologia do trabalho, preocupavam-se em reduzir a carga física do trabalho e os fatores de sobrecarga fisiológica, como temperatura ambiental e ruídos.

Aqueles especialistas ainda não faziam parte de equipes de projeto do produto. Eles atuavam como consultores *ad hoc*, apenas para solucionar *problemas específicos*, e apenas quando eram chamados, geralmente após algum grave incidente. Isso acontecia quando os projetistas das máquinas constatavam alguma dificuldade de operação, ou quando ocorria algum fato emergencial, provocando altos índices de erros e acidentes. De certa forma, eles eram até ridicularizados e taxados de especialistas em botões (*knobs)* e mostradores, pois a atuação deles não passava dessa contribuição ocasional e periférica no desenvolvimento de produtos.

FASE 2 (1970) – ERGONOMIA DE SISTEMAS FÍSICOS

A fase 2 ocorreu principalmente durante a década de 1970, caracterizando-se por um alargamento da visão da ergonomia. Diversos aspectos de projeto, que eram resolvidos apenas tecnicamente, foram identificados como fontes de problemas ergonômicos, e que, portanto, deveriam merecer análises mais cuidadosas. Os estudos passaram a incorporar as variáveis do *meio ambiente* (iluminação, temperatura, ruído) como componentes do sistema humano-máquina-ambiente.

Ao mesmo tempo, os especialistas em ergonomia sentiram deficiência de conhecimentos sobre o desenvolvimento de sistemas complexos de trabalho. Como consequência, surgiram diversas teorias e modelos sobre o conceito de sistema e

12   Ergonomia: Projeto e Produção

metodologias de desenvolvimento dos produtos. Assim, as variáveis relacionadas ao desempenho humano foram gradativamente incluídas em um contexto *mais amplo* de análise, vinculando-as com a *função* do sistema a ser desenvolvido.

Portanto, não se tratava mais de melhorar apenas os controles e mostradores, mas saber qual era a função do ser humano nesse sistema. Dessa forma, a ergonomia desenvolveu uma *metodologia* para atuar no desenvolvimento de sistemas, construindo o modelo de sistema humano-máquina-ambiente. Apesar dessa evolução, esse sistema era visto quase sempre como uma unidade isolada de produção, como um posto de trabalho, nem sempre integrado ao sistema produtivo como um todo.

Fase 3 (1980) – Ergonomia cognitiva

Com a difusão da informática, a partir da década de 1980, foram introduzidos postos de trabalho informatizados e máquinas programáveis em todos os setores de atividades humanas. Isto trouxe novos desafios à ergonomia, que passou a ocupar-se dos aspectos *cognitivos* (percepção, processamento de informações, tomada de decisões) do trabalho.

Com o crescente uso de computadores, máquinas automatizadas e robôs programáveis, o ser humano passou a programar e controlar essas máquinas, transferindo grande parte do trabalho físico pesado e repetitivo para elas. Essa fase marca a transformação da ergonomia física para a ergonomia cognitiva. Uma das maiores transformações ocorreu com a introdução da Internet, que modificou substancialmente o trabalho humano. As informações passam a ser disponíveis *on-line* e, desse modo, as decisões podem ser tomadas mais rapidamente, baseando-se em informações de melhor qualidade. Além disso, essas informações podem transitar com grande rapidez, praticamente sem fronteiras.

A introdução das novas máquinas informatizadas exigiu muitas pesquisas na área de ergonomia, principalmente sobre apresentação e percepção de informações, memória e tomada de decisões. Essa transformação ocorreu em praticamente todos os setores de atividades, desde o médico que passou a operar com cateter até trabalhadores rurais, que passaram a usar máquinas informatizadas de colheita.

Fase 4 (1990) – Ergonomia organizacional ou macroergonomia

Devido ao crescente reconhecimento da importância da ergonomia, sobretudo a partir da década de 1970, ela passou a figurar cada vez mais, formalmente, no organograma das empresas. O escopo da ergonomia ampliou-se significativamente, passando a incorporar aspectos organizacionais (trabalho em grupo, organização da produção) e gerenciais do trabalho. Assim, a contribuição ocasional ou esporádica da ergonomia passou a ser permanente e integrada ao sistema produtivo.

Nessa fase, os especialistas em ergonomia passaram a trabalhar em equipe, *integrando-se* aos demais especialistas e participando da concepção e projeto de novos sistemas, desde a fase inicial. A contribuição da ergonomia, assim, deixou de ser superficial, passando a influir na própria especificação dos sistemas e na definição de sua configuração geral. E o termo "sistema", aqui, passou a ter uma acepção mais ampla, podendo abranger a ação coordenada de centenas e até de milhares de trabalhadores e máquinas, formando verdadeiros macrossistemas.

A VISÃO MACROERGONÔMICA

Na fase 4, a ergonomia passou a estudar o desenvolvimento e aplicação da tecnologia da interface humano-máquina-ambiente em nível *macro,* ou seja, a ergonomia integrada no contexto do projeto e gerência de toda a organização. Esse novo tipo de abordagem, denominada *macroergonomia* (Hendrick, 1991; 1995; Hendrick e Kleiner, 2006), é também conhecida pela sigla em inglês ODAM (Organizational Design and Management). Dessa forma, difere significativamente das três fases iniciais, que são classificadas como *microergonomia,* visto que focavam primordialmente os postos de trabalho, o meio ambiente e as questões cognitivas, respectivamente. A fronteira do sistema, que se situava em torno do trabalhador e seu ambiente imediato, foi ampliada para toda a empresa.

De acordo com a concepção macroergonômica, muitas decisões sobre ergonomia devem ser tomadas em nível da administração superior da empresa. Segundo essa nova visão, uma empresa inteira, que pode envolver milhares de trabalhadores, é considerada como um macrossistema, que deve ser estudado em seu todo. Desse modo, a ergonomia passou a participar do projeto global e gerência de organizações em nível estratégico. Com isso, as contribuições da ergonomia poderão ser mais amplas, produzindo resultados mais significativos.

Um exemplo é o grau de informatização a ser adotado na empresa, com postos de trabalho informatizados e uso de robôs. Isso pode se refletir no nível de emprego, qualificação de trabalhadores, organização da produção, realização de investimentos e na competitividade da empresa. Essa visão macroergonômica tem proporcionado, em alguns casos, resultados melhores do que aquela abordagem *microergômica,* focada apenas nos trabalhadores individuais ou em postos de trabalho isolados. Enquanto essa abordagem *micro* produz melhorias de 10% a 25%, a abordagem *macro* pode proporcionar melhorias de 60% a 90% (Hendrick, 1995). Há relatos de decisões gerenciais que provocaram reduções de 70% no índice de acidentes e no tempo perdido com estes, justificando-se plenamente as aplicações da macroergonomia.

A macroergonomia utiliza-se do conceito de sistema sociotécnico (ver p. 656) que leva em consideração as características socio-culturais e tecnológicas do sistema, visando um equilíbrio entre o desempenho do sistema e o bem-estar dos trabalhadores. A busca desse equilíbrio em um contexto de constantes mudanças é necessária para se alcançar um sistema de produção sustentável, ou seja, aquele que contempla o desempenho competitivo da empresa, compatibilizando-o com boas condições de trabalho e bem-estar dos trabalhadores.

1.4 Difusão da ergonomia na sociedade

Atualmente, a ergonomia difundiu-se em praticamente todos os países do mundo. Existem muitas instituições de ensino e pesquisa atuando na área. Anualmente realizam-se diversos eventos de caráter nacional ou internacional para apresentação e discussão dos resultados das pesquisas. Essas pesquisas deverão continuar, pois muitas perguntas ainda não têm respostas ou têm somente respostas parciais. Além disso, a natureza do trabalho humano tende a evoluir continuamente com a introdução de novas tecnologias e novos modelos organizacionais. Assim, a ergonomia deve continuar atuando para eliminar as diversas mazelas relacionadas ao trabalho e sua gestão.

Os conhecimentos sobre ergonomia geralmente são gerados pelas pesquisas realizadas em universidades e institutos de pesquisa. Esses conhecimentos originais são apresentados em congressos científicos ou publicados em periódicos, na forma de artigos. Daí se difundem para o ensino universitário e a mídia em geral. Com o tempo, acabam permeando-se para os setores produtivos, onde são aplicados, e só nessa fase passam a produzir resultados sociais e econômicos significativos.

Níveis de difusão

A Associação Internacional de Ergonomia considera cinco níveis de *difusão* dos conhecimentos científicos e tecnológicos, em círculos cada vez mais abrangentes.

Nível 1 – O conhecimento é dominado apenas por um número restrito de pesquisadores e professores.

Nível 2 – O conhecimento é dominado por especialistas da área e por estudantes de pós-graduação.

Nível 3 – O conhecimento é dominado por estudantes universitários em geral.

Nível 4 – O conhecimento é dominado por empresários, políticos e outras pessoas da sociedade, que tomam decisões de interesse geral.

Nível 5 – O conhecimento é incorporado ao processo produtivo e passa a ser "consumido" pela população em geral.

Verifica-se que até o nível 3, os conhecimentos circulam no âmbito restrito de pesquisadores e estudantes. A partir do nível 4, passam ao domínio mais amplo dos não especialistas da área. A partir disso, os conhecimentos passam a gerar benefícios sociais e econômicos. No último nível, costuma-se dizer que o conhecimento chegou às "prateleiras dos supermercados", ou seja, foi incorporado aos produtos e serviços disponíveis no mercado.

Os tempos que decorrem entre esses níveis podem ser muito diversos. No século XVIII, decorreram cerca de oitenta anos entre a invenção e a aplicação do alto-forno e das baterias elétricas. Já o telégrafo e rádio, inventados no século XIX, encontraram aplicações após quarenta anos. No século XX, para invenções como a televisão e a penicilina, esses tempos foram reduzidos para vinte anos. Para o *nylon* e o transistor, cerca de dez anos. Atualmente, algumas invenções encontram aplicações quase imediatas. Contudo, para um conjunto de conhecimentos interdisciplinares como a ergonomia, o tempo necessário para difundir-se na sociedade pode ser maior.

DIFUSÃO DA ERGONOMIA NO BRASIL

No Brasil, pode-se considerar que já foram ultrapassados os níveis 1 a 3, descritos anteriormente, e se caminha para os níveis 4 e 5, pois alguns conhecimentos de ergonomia já foram incorporados em legislações e normas técnicas. A Portaria nº 3.751 de 23 de novembro de 1990, do Ministério do Trabalho e Emprego, instituiu a Norma Regulamentadora 17 – Ergonomia (NR 17), que foi o primeiro passo para a difusão da disciplina no nível 4. A Associação Brasileira de Normas Técnicas (ABNT) tem realizado esforços para gerar normas sobre produtos e processos, incorporando os conhecimentos em ergonomia (ver Capítulo 21). A partir disso, passa a ser adotado pelo sistema produtivo.

Poucos profissionais em ergonomia atuam no Brasil, pois ainda não há cursos superiores para formação de ergonomistas, mas apenas alguns cursos de pós-graduação. Em 2012 foi lançado o primeiro curso de mestrado profissional em Ergonomia, pelo Centro de Artes e Comunicação da Universidade Federal de Pernambuco - UFPE. Os ergonomistas são representados principalmente por profissionais de outras áreas (médicos, psicólogos, fisioterapeutas, designers, engenheiros, arquitetos, e outros) que tiveram oportunidade de frequentar cursos de pós-graduação em ergonomia e se especializaram para atuar profissionalmente na área. Essa abordagem interdisciplinar reproduz, de certa forma, aquela adotada pelos ingleses durante a Segunda Guerra Mundial, conforme mencionado anteriormente.

Nas empresas, mesmo não existindo departamentos especializados em ergonomia, há diversos profissionais ligados à saúde do trabalhador, à organização do trabalho e ao projeto de máquinas e equipamentos. Eles podem colaborar, fornecendo conhecimentos úteis, que poderão ser aproveitados na solução de problemas ergonômicos. Entre esses profissionais, destacam-se: os médicos do trabalho, engenheiros de projeto, engenheiros de produção, engenheiros de segurança e manutenção, designers, analistas do trabalho, psicólogos, enfermeiros e fisioterapeutas. Há também outros profissionais com envolvimentos indiretos, como gerentes, administradores, programadores de produção e compradores.

Contudo, ressalta-se que cada profissional tem um viés próprio. Cada um deles está acostumado a ver o problema do seu ponto de vista particular e solucionar determinadas facetas do problema. Deverão ser feitos esforços para derrubar as barreiras que separam as profissões, para que eles passem a trabalhar *cooperativamente*, buscando a solução integral dos problemas.

FALHAS NA DIFUSÃO

Os conhecimentos já disponíveis em ergonomia, se fossem amplamente difundidos e aplicados, poderiam produzir muitos benefícios aos trabalhadores. Contudo, isso nem sempre ocorre na prática. Recente revisão da literatura em ergonomia (Westgaard e Winkel, 2011) mostrou que ações focadas no indivíduo *não* atendem plenamente às demandas das empresas. As atividades da *microergonomia* nem sempre contribuem de forma eficaz para melhorar o desempenho do sistema como um todo. As ações em *macroergonomia* geralmente produzem melhores resultados. Contudo, há casos, em que esses resultados não são plenamente alcançados. Os autores supõem que isso se deve a duas causas.

Falha na disseminação dos conhecimentos – Os conhecimentos básicos de ergonomia ainda não chegaram às pessoas-chave da empresa, que tomam as decisões estratégicas. Assim, essas decisões não consideram adequadamente as características e potencialidades da ergonomia para resolver os problemas.

Dificuldade de aplicar os conhecimentos – Os conhecimentos existentes sobre ergonomia, em nível geral, não são adequadamente "traduzidos" e adaptados para aplicações específicas, ou seja, as pessoas têm as informações, mas não conseguem aplicá-las para resolver os problemas no contexto particular.

Em alguns países, principalmente naqueles europeus, existem esforços para difundir certos conhecimentos básicos da ergonomia para uma faixa maior da população. Os sindicatos de trabalhadores, por exemplo, procuram conscientizar os seus membros sobre os ambientes nocivos à saúde (Oddone et al., 1986), para que eles não se sujeitem às condições que podem provocar danos à saúde. Para isso, preparam cartilhas ilustradas e promovem palestras com os trabalhadores. Em muitos países existem também associações de defesa dos consumidores, que procuram adverti-los sobre produtos ou serviços inconvenientes de forma mais ampla, abrangendo a população em geral.

As lesões decorrentes dos riscos ergonômicos são doenças ocupacionais. Na maioria dos países desenvolvidos, as empresas são responsáveis pelos custos destas doenças. Por isso fazem seguro mas também investem em melhorias das condições de trabalho. No Brasil isto ainda não acontece, embora haja fiscalização das condições de trabalho pelos órgãos do estado responsáveis (DRT e MT).

ESTRATÉGIAS DE PESQUISA E DIFUSÃO

A pesquisa e a difusão dos conhecimentos em ergonomia devem ser feitas de modo criterioso e organizado, para que possa produzir os efeitos desejados. O Comitê Futuro da Ergonomia da IEA elaborou relatório (Dul et al., 2012) propondo estratégias para a pesquisa e difusão da ergonomia, visando obter melhores resultados mais significativos.

Apoiar as pesquisas – Investir na geração de novos conhecimentos, direcionados para os temas dominantes, promovendo a pesquisa de excelência nas universidades e centros de pesquisas, e fazendo-se treinamento de especialistas na elaboração e implementação das soluções.

Selecionar problemas importantes – Selecionar um elenco de problemas importantes, dando-se ênfase à aplicação da ergonomia na solução dos problemas básicos e de grande impacto.

Beneficiar a economia e a comunidade local e regional – Concentrar-se nos problemas reais, que possam beneficiar a economia e a comunidade local e regional.

Produzir soluções para os problemas – As pesquisas não devem se restringir apenas às análises e diagnósticos dos problemas, mas avançar na elaboração de soluções que sejam viáveis nos aspectos técnicos, econômicos, sociais e ambientais.

Atingir as pessoas-chave – Atuar na comunicação, instrução e parcerias com as pessoas-chaves das empresas e do governo, que tenham poder para a tomada de decisões estratégicas, e responsabilidade pela apresentação dos resultados.

Dentre os temas dominantes nas pesquisas atuais da Ergonomia, o relatório destaca: tecnologia da informação e comunicação; mudança global dos sistemas de trabalho; diversidade cultural; envelhecimento populacional e inclusão social; sustentabilidade; e responsabilidade social e corporativa.

1.5 Aplicações da ergonomia

A ergonomia pode dar diversas contribuições para melhorar as condições de trabalho. Em empresas, estas podem variar, conforme a etapa em que ocorrem. Em alguns casos, são bastante abrangentes, envolvendo a participação dos diversos escalões administrativos e vários profissionais dessas empresas.

Os resultados podem ser alcançados de forma mais ampla e rápida sob a coordenação de um especialista em ergonomia. Ele sabe *quando* e *por que* deve ser convocado cada um desses profissionais para resolver os problemas. Para que isso se torne viável, é imprescindível o apoio da direção superior da empresa para facilitar, encorajar ou até exigir o envolvimento de todos esses profissionais na solução de problemas ergonômicos.

A melhor forma de fazer isso é com a realização de reuniões periódicas, de curta duração, com esses profissionais, para discutir conceitos, apresentar resultados e mantê-los informados sobre a evolução dos trabalhos. Desse modo, quando surgir algum problema em que se torne necessário pedir a colaboração de algum deles, esta poderá ser obtida mais rapidamente, com menor resistência, pois já saberão do que se trata.

As aplicações da ergonomia, de acordo com a ocasião em que são feitas, classificam-se em concepção, correção, conscientização e participação (Wisner, 1987).

ERGONOMIA DE CONCEPÇÃO

A ergonomia de concepção ocorre quando a aplicação da ergonomia se faz durante o projeto do produto, da máquina, ambiente ou sistema. Esta é a melhor situação, pois as alternativas poderão ser amplamente examinadas, mas ela exige maior conhecimento e experiência, porque as decisões são tomadas com base em *situações hipotéticas* sobre um sistema que ainda não existe. O nível dessas decisões pode ser melhorado, buscando-se informações em situações semelhantes que já existam ou construindo-se modelos tridimensionais de postos de trabalho em madeira ou papelão, ou usando-se *softwares* de modelos virtuais, nos quais as situações de trabalho podem ser simuladas a custos relativamente baixos.

ERGONOMIA DE CORREÇÃO

A ergonomia de correção é aplicada em *situações reais*, já existentes, para resolver problemas que se refletem na segurança, fadiga excessiva, doenças do trabalhador ou quantidade e qualidade da produção. Atuar na correção é mais fácil do que na concepção porque já se sabe quais são os problemas a resolver. No entanto, muitas vezes, a solução adotada não é completamente satisfatória, pois pode exigir custo elevado de implantação. Por exemplo, a substituição de máquinas ou materiais inadequados pode tornar-se muito onerosa ou demorada. Em alguns casos, certas melhorias, como mudanças de posturas, colocação de dispositivos de segurança e aumento do iluminamento, podem ser feitas com relativa facilidade, enquanto em outros, como a redução da carga mental ou de ruídos, tornam-se difíceis. Há casos também como o *recall* de produtos defeituosos, que podem envolver custos elevados e prejuízos à reputação da empresa.

ERGONOMIA DE CONSCIENTIZAÇÃO

A ergonomia de conscientização procura capacitar os *próprios trabalhadores* para a identificação e correção dos problemas do dia a dia ou aqueles emergenciais. Muitas vezes, os problemas ergonômicos não são completamente solucionados nem na fase de concepção nem na fase de correção. Além do mais, novos problemas poderão surgir a qualquer momento, devido à dinâmica do processo produtivo. Podem ocorrer, por exemplo, desgastes naturais das máquinas e equipamentos, modificações introduzidas pelos serviços de manutenção, alteração dos produtos e da programação da produção, introdução de novos equipamentos, substituição de trabalhadores, e assim por diante. Os imprevistos podem surgir a qualquer momento, e os trabalhadores devem estar preparados para enfrentá-los. Pode-se dizer que o sistema produtivo e os postos de trabalho assemelham-se a organismos vivos em constante transformação e adaptação.

A conscientização geralmente é feita por meio de cursos de treinamento e frequentes reciclagens, ensinando o trabalhador a operar de forma segura, reconhecendo os fatores de risco que podem surgir a qualquer momento no ambiente de trabalho. Nesse caso, ele deve saber qual deve ser a providência a ser tomada numa situação de emergência. Por exemplo, desligar a máquina e chamar a equipe de manutenção ou sair correndo.

Essa conscientização dos trabalhadores nem sempre é feita só em termos individuais. Ela pode ser feita coletivamente, em níveis mais amplos, com o envolvimento do sindicato dos trabalhadores quando o problema afetar a todos, como no caso de incêndios, poluições atmosféricas, radiações nucleares ou catástrofes naturais.

ERGONOMIA DE PARTICIPAÇÃO

A ergonomia de participação procura envolver o próprio *usuário* do sistema na solução de problemas ergonômicos. Este pode ser um operador, no caso de um posto de trabalho, ou um consumidor, no caso de produtos de consumo. Esse princípio é baseado na crença de que os usuários possuem um conhecimento prático, cujos detalhes podem passar despercebidos ao analista ou projetista. Além disso, muitos sistemas ou produtos são utilizados de modo "não formal", ou seja, diferente daquele idealizado pelos projetistas, podendo provocar erros e acidentes. Isso ocorre principalmente quando a operação envolve crianças, idosos, pessoas com deficiência ou analfabetas.

Enquanto a ergonomia de conscientização procura manter os trabalhadores informados, a de participação os envolve de forma mais ativa, na busca da solução para o problema, fazendo a realimentação de informações para as fases de conscientização, correção e concepção (Figura 1.3).

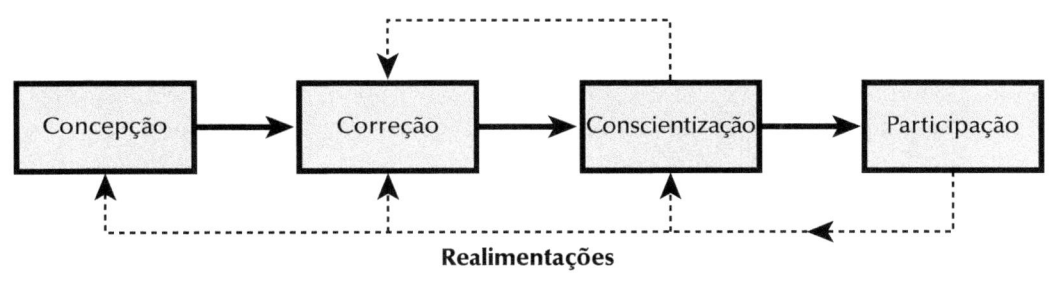

Realimentações
Figura 1.3
A contribuição da ergonomia pode ocorrer em diversas fases, entre a concepção, correção, conscientização e participação nos sistemas de trabalho.

1.6 PRINCIPAIS SETORES DE APLICAÇÕES DA ERGONOMIA

O problema da adaptação do trabalho ao ser humano nem sempre tem uma solução trivial, que possa ser resolvido na primeira tentativa. Ao contrário, geralmente é um problema complexo, com diversas idas e vindas, para o qual não existe resposta pronta. As pesquisas fornecem um acervo de conhecimentos, princípios gerais, medidas básicas das capacidades do ser humano e técnicas para serem aplicadas no projeto e funcionamento das máquinas, sistemas e ambiente de trabalho.

Numa situação *ideal*, a ergonomia deve ser aplicada desde as etapas iniciais do projeto de uma máquina, local de trabalho, ambiente ou sistema. Estas devem sempre incluir o usuário como um de seus componentes. Assim, as características desse usuário devem ser consideradas conjuntamente com as características e as restrições técnicas, ambientais ou sistêmicas para se ajustarem mutuamente, umas às outras.

Às vezes é necessário adotar certas *soluções de compromisso*. Isso significa fazer aquilo que é possível, dentro das restrições existentes, mesmo que não seja a alternativa ideal. Essas restrições geralmente recaem no domínio econômico, prazos exíguos ou, simplesmente, atitudes conservadoras. De qualquer forma, o requisito mais importante, ao qual não se devem fazer concessões, é o da segurança do trabalhador, pois não há nada que pague os sofrimentos, as mutilações e o sacrifício de vidas humanas.

Inicialmente, as aplicações da ergonomia restringiram-se à indústria e ao setor militar e aeroespacial. Recentemente, expandiram-se para a agricultura, ao setor de serviços e à vida diária do cidadão comum. Isso exigiu novos conhecimentos, como as características de trabalho de mulheres, pessoas idosas e aquelas com deficiência. E isso levou à expansão da ergonomia para as atividades não industriais.

ERGONOMIA NA INDÚSTRIA

A ergonomia contribui para melhorar a eficiência, a confiabilidade e a qualidade das operações industriais. Isso pode ser feito basicamente por três vias: aperfeiçoamento do sistema humano-máquina-ambiente, melhoria das condições de trabalho e organização do trabalho.

Como já vimos, o aperfeiçoamento do sistema humano-máquina-ambiente pode ocorrer durante a fase de projeto de postos de trabalho (incluindo projetos de máquinas e equipamentos) e do ambiente físico. Também podem ocorrer em sistemas já existentes, adaptando-os às capacidades e limitações do organismo humano.

A melhoria do ambiente físico de trabalho é feita pela análise das condições ambientais, como temperatura, ruído, vibrações, gases tóxicos e iluminação. Por exemplo, um iluminamento insuficiente para uma tarefa que exija precisão pode ser muito fatigante. Por outro lado, focos de luz brilhantes colocados dentro do campo visual podem provocar reflexos e ofuscamentos extremamente desconfortáveis.

Outra categoria de atuação da ergonomia está relacionada com os aspectos organizacionais do trabalho, visando reduzir a fadiga e a monotonia, principalmente pela eliminação do trabalho altamente repetitivo, dos ritmos mecânicos impostos ao trabalhador, e a falta de motivação provocada pela pouca participação deste nas decisões sobre o seu próprio trabalho.

A aplicação sistemática da ergonomia na indústria é feita identificando-se os locais onde ocorrem problemas ergonômicos mais *graves*. Estes podem ser reconhecidos por certos sintomas como alto índice de erros, acidentes, doenças, absenteísmo e rotatividade dos trabalhadores. Por trás dessas evidências podem estar ocorrendo inadaptação das máquinas, deficiências ambientais e falhas na organização do trabalho, que provocam dores musculares e tensões psíquicas nos trabalhadores, resultando nos sintomas acima mencionados.

ERGONOMIA NA AGRICULTURA, MINERAÇÃO E CONSTRUÇÃO CIVIL

As aplicações da ergonomia na agricultura, mineração e construção civil ainda não ocorrem com a intensidade desejável, devido ao caráter relativamente disperso dessas atividades e ao pouco poder de organização e reivindicação dos mineiros, garimpeiros, trabalhadores rurais e da construção. O mesmo se pode dizer do setor pesqueiro, que tem uma participação economicamente pequena em nosso país.

Alguns estudos têm sido realizados por empresas industriais que produzem máquinas e implementos agrícolas. Entre estes, os tratores têm sido objeto de diversas pesquisas, devido aos acidentes que têm provocado e às condições adversas de trabalho do tratorista.

Outros trabalhos relacionam-se com as tarefas de colheita, transporte e armazenamento de produtos agrícolas. Em particular, no nosso país, diversos estudos foram realizados sobre o corte da cana-de-açúcar, devido à rápida expansão dessa cultura para fins energéticos.

Merecem destaque as pesquisas sobre os efeitos danosos dos agrotóxicos sobre a saúde de seres humanos, animais e plantas, ou seja, o meio ambiente. Recentemente, problemas semelhantes estão surgindo com a contaminação pelo mercúrio, usado indiscriminadamente em garimpos.

A construção civil absorve grande contingente de mão de obra, geralmente de baixa qualificação e baixa remuneração. Envolve muitas tarefas árduas e perigosas. As grandes empresas do setor já têm uma organização eficiente e tarefas estruturadas, mas não é o caso da maioria das empresas de pequeno porte e das construções informais.

De qualquer forma, na agricultura, mineração e construção civil, concentram-se a maior parte dos trabalhos mais árduos e perigosos que se conhecem. As máquinas e equipamentos utilizados nesses setores ainda são quase sempre rudimentares, e poderiam ser consideravelmente aperfeiçoados com a aplicação dos conhecimentos ergonômicos e tecnológicos já disponíveis. Recentes aperfeiçoamentos dessas máquinas e equipamentos, com introdução da informática, têm motivado novas pesquisas em ergonomia.

ERGONOMIA NO SETOR DE SERVIÇOS

O setor de serviços é o que mais se expande com a urbanização e modernização da sociedade. A mecanização crescente da agricultura e a automação na indústria têm levado à migração da mão de obra excedente desses setores para o setor de serviços: comércio, saúde, educação, escritórios, bancos, segurança, manutenção, lazer e prestação de serviços em geral.

O setor de serviços tende a crescer, criando sempre novas necessidades na sociedade afluente. Muitos desses novos serviços são gerados pelo avanço da tecnologia. Por exemplo, a expansão da TV, a partir da década de 1950, criou uma série de profissões que não existiam. Evolução semelhante ocorreu com a introdução do microcomputador e do telefone celular. Hoje há muitos pesquisadores em ergonomia envolvidos no projeto e racionalização de sistemas de informação, centros de processamento de dados, projeto de vídeos, teclados, postos de trabalho com terminais de vídeo e na organização de sistemas complexos, como centros de controle operacional de usinas e dos sistemas de transportes.

A operação de um hospital moderno é tão complexa quanto a de uma empresa industrial. Há diversos tipos de sofisticados equipamentos que não podem parar, suprimentos de vários materiais, envolvimento de diversos tipos de profissionais em turnos de trabalho contínuo, programações de tratamento e acompanhamento individual de cada paciente, e assim por diante.

As universidades, bancos, centrais de abastecimento, comércio e outros serviços exigem operações de sistemas igualmente complexos, oferecendo muitas oportunidades para estudos e aplicações da ergonomia.

ERGONOMIA NA VIDA DIÁRIA

A ergonomia tem contribuído para melhorar a vida cotidiana, tornando os aparelhos eletrodomésticos mais eficientes e seguros, os meios de transporte mais cômodos e seguros, a mobília doméstica mais confortável, e assim por diante.

Hoje existe um ramo da ergonomia que se dedica aos testes de produtos de consumo. Muitas vezes, esses serviços estão ligados a órgãos de defesa dos consumidores, que avaliam o desempenho dos produtos e divulgam os resultados dos ensaios à população.

Em alguns casos específicos de produtos que ofereçam maiores riscos, como os fármacos e componentes aeronáuticos, é necessário haver uma homologação prévia, que é fornecida por uma instituição devidamente credenciada. Sem essa homologação, o fabricante não está autorizado a produzir e comercializar esses produtos. Isso ocorre, sobretudo, com os produtos relacionados com a saúde e segurança da população.

Portanto, a contribuição da ergonomia não se restringe às indústrias. Hoje, os estudos ergonômicos são muito amplos, podendo contribuir para melhorar as residências, a circulação de pedestres em locais públicos, ajudar pessoas idosas, crianças, pessoas com deficiência, e assim por diante.

MINORIAS POPULACIONAIS

Quando surgiu, na década de 1950, a ergonomia concentrava-se em estudos sobre a produção industrial, envolvendo trabalhadores de "idade produtiva", na faixa etária dos vinte aos cinquenta anos. Depois alargou esse âmbito de estudos para o setor de serviços. Muitos dos problemas agudos de produção, seja na indústria ou no setor de serviços, já estão razoavelmente solucionados para a maioria da população, pelo menos nos países mais desenvolvidos. Diante disso, os pesquisadores em ergonomia passaram a focar seus estudos em certas minorias, como as pessoas idosas, obesas e aquelas com deficiência.

As pessoas idosas começaram a atrair maior atenção devido ao envelhecimento populacional em quase todos os países, e a participação cada vez maior delas em atividades produtivas. De forma semelhante, observa-se crescente índice de obesidade na população. As pessoas com deficiência começaram a adquirir certos direitos, que as tornam mais participativas em diversas atividades de produção, esportes e lazer.

Tudo isso leva à necessidade de gerar novos conhecimentos sobre essas minorias, que diferem daqueles conhecimentos tradicionais da ergonomia. Esses novos conhecimentos são essenciais para se promover projetos adaptados a elas.

1.7 Custo e benefício da ergonomia

A ergonomia, assim como qualquer outra atividade relacionada ao setor produtivo, só será aceita se for capaz de comprovar que é economicamente viável, ou seja, se apresentar uma relação custo/benefício favorável. Em uma palestra em 1996, intitulada "boa ergonomia é boa economia", Hal Hendrick, na época o presidente da Human Factors and Ergonomics Society, chamou a atenção dos ergonomistas para a necessidade de avaliar sempre os custos e benefícios das aplicações da disciplina, e apresentou vários casos de sucesso.

Análise do custo/benefício

A análise do *custo/benefício* indica, de um lado, o investimento ou custo (quantidade de dinheiro) necessário para implementar um projeto ou uma recomendação ergonômica, representado pelos custos com os consultores, custo de elaboração do projeto, aquisição de máquinas, materiais e equipamentos, treinamento de pessoal e queda de produtividade durante o período de implantação. Do outro lado, são computados os benefícios, ou seja, quanto vai se ganhar com os resultados do projeto. Aí podem ser incluídos itens como economias de material, mão de obra e energia, redução de acidentes, absenteísmo, rotatividade e custos jurídicos, aumento da qualidade de produtos e processos, e da produtividade.

Em princípio, o projeto só é considerado economicamente *viável* se a razão custo/benefício, expressa em termos monetários, for menor que 1, ou seja, os custos forem inferiores aos respectivos benefícios. Em geral, os custos costumam incidir a curto-prazo, enquanto os benefícios, ou seja, o retorno do investimento, podem demorar certo tempo. Algumas empresas estabelecem um prazo máximo para esse retorno de, digamos, cinco anos. Os projetos que têm menor índice custo/benefício e retorno em menor prazo são considerados aqueles mais interessantes pelas empresas. Excluem-se dessa análise certos problemas agudos, como riscos de mutilações e morte de trabalhadores, que exigem providências imediatas.

Há diversos relatos de resultados econômicos das aplicações da ergonomia. Em um deles, um simples trabalho de conscientização dos trabalhadores contribuiu para aumentar a produtividade em 10%. Em certo caso de aplicação da ergonomia em empresas do setor alimentício, verificou-se economia de 25% em manutenção e 36% pelo aumento da produtividade (Bridger, 2003).

Além das variáveis econômicas, há duas questões associadas à analise do custo/benefício e que nem sempre são quantificáveis: o risco do investimento e os fatores intangíveis, como a melhoria da imagem da empresa.

Risco do investimento

Riscos são associados a eventos inesperados (ou surpresas), quando os objetivos do projeto podem sofrer um eventual fracasso. Os riscos estão associados a incertezas, que ocorrem inesperadamente, produzem desvios e levam a resultados imprevistos. É como uma tempestade que tira o navio de sua rota, levando-o a um destino não previsto. Assim, devido a alguma razão imprevisível, é possível que o benefício previsto no projeto não se realize, ou se realize apenas parcialmente.

Na área de ergonomia, essas ocorrências podem ser provocadas principalmente pelo avanço tecnológico, que promovem mudanças substanciais na natureza do trabalho, a ponto de extinguir certas tarefas e cargos. Por exemplo, um banco investiu no redesenho dos postos de trabalho dos caixas executivos, na década de 1980, com previsão de retorno do investimento em vinte anos. Contudo, alguns anos depois, muitos postos de atendimento bancários foram substituídos pelos caixas eletrônicos, eliminando-se cerca de 80% desses postos de trabalho. Isso aconteceu antes do prazo previsto para amortizar os investimentos realizados e o retorno ficou aquém daquele previsto. Muitas vezes, essa aceleração das mudanças ocorre pelo barateamento das novas tecnologias e pela necessidade de manter-se competitivo no mercado.

Fatores intangíveis

Fatores intangíveis são aqueles não quantificáveis, em termos monetários. Embora sejam mais difíceis de mensurar e produzam efeitos a médio e longo prazos, esses fatores intangíveis podem ser até mais importantes que aqueles quantificáveis. É o que ocorre, por exemplo, com o aumento do moral, da motivação, e do compromisso com o trabalho e a empresa, e a melhoria das comunicações entre os membros da equipe.

As decisões que envolvem riscos e fatores intangíveis são tomadas em níveis mais altos da administração, porque envolvem análises mais amplas e de médio e longo prazos. Enquanto isso, aqueles quantificáveis podem ficar a cargo de escalões intermediários, porque podem seguir regras bem estabelecidas.

Em geral, costuma-se fazer uma análise de custo/benefício com os fatores quantificáveis e depois complementá-la com a descrição daqueles fatores *qualitativos*, para efeito de um julgamento *subjetivo*. Muitas vezes, esses fatores subjetivos podem prevalecer sobre os demais. É o caso da gerência que resolve implantar certo projeto, baseando-se nos benefícios indiretos, por considerá-los mais importantes que os resultados diretos. Por exemplo, uma empresa pode organizar uma sala de cinema, de jogos eletrônicos ou até uma sala para sonecas para os empregados desfrutarem durante o horário de almoço. Essas medidas podem proporcionar um bom retorno a médio e longo prazos, com a satisfação dos empregados, melhoria da socialização e fidelização destes à empresa, resultando em aumentos da produtividade.

QUESTÕES

1. Quais são os principais objetivos da ergonomia?

2. Que aspectos caracterizaram os estudos precursores da ergonomia antes da Segunda Guerra Mundial?

3. Como evoluiu o enfoque ergonômico até hoje, desde a sua origem?

4. Quais são as tendências atuais de evolução da ergonomia?

5. Explique as quatro ocasiões da contribuição ergonômica.

6. Explique as quatro fases da ergonomia.

7. No que consiste a abordagem macroergonômica?

8. Qual é a importância da análise de custo/benefício na ergonomia?

EXERCÍCIOS

1. Escolha pelo menos cinco pessoas entre seus familiares, amigos, colegas de trabalho ou alunos de outros cursos, com a maior variabilidade possível. Investigue o grau de conhecimento deles sobre ergonomia. Avalie se os conceitos deles sobre ergonomia estão corretos.

2. Observe um restaurante, padaria, lanchonete ou algum outro estabelecimento comercial de pequeno porte. Examine em que aspectos a aplicação da ergonomia poderia contribuir para melhorar as operações da empresa.

2 PESQUISA EM ERGONOMIA

OBJETIVOS

Neste capítulo examinaremos como são realizadas as pesquisas para a construção dos conhecimentos em ergonomia, de modo que sejam considerados válidos e aceitos por todos. A unidade básica de estudo da ergonomia é o sistema humano-máquina-ambiente. Cada parte desse sistema é governada por diferentes tipos de conhecimentos. Máquina e ambiente são governados pelas ciências exatas (física, química, estatística) e tecnológicas (mecânica, eletrônica, informática). A parte humana compreende, de um lado, as ciências naturais (biologia, fisiologia, anatomia, biomecânica). De outro, as ciências sociais (psicologia, sociologia, antropologia).

Cada um desses ramos da ciência usa métodos e técnicas diferentes. Em ergonomia, dependendo da natureza do problema, pode predominar um ou outro tipo. Por exemplo, nos estudos relacionados com a máquina ou ambiente podem predominar os métodos das ciências exatas. No caso do funcionamento do organismo humano, os métodos das ciências naturais e, se for de relacionamentos humanos, aqueles das ciências sociais.

Não existem recomendações explícitas sobre a escolha dos métodos e técnicas adequadas em cada caso. Isso vai depender da natureza do problema, da experiência e habilidades do pesquisador e das restrições existentes, como as limitações da equipe, tempo e dinheiro disponíveis para se chegar ao resultado desejado.

TÓPICOS

- Sistema humano-máquina-ambiente
- Otimização
- Subotimização
- Projeto de pesquisa
- Pesquisa de laboratório
- Pesquisa de campo
- Variável independente
- Variável dependente
- Sujeitos da pesquisa
- Grupo de controle
- Amostragens
- Tamanho da amostra
- Medição objetiva
- Medição subjetiva
- Análise dos dados coletados

2.1 CONCEITO DE SISTEMA

Os estudos em ergonomia são baseados na teoria de sistemas. A correta identificação e descrição desses sistemas é fundamental para a solução dos problemas ergonômicos. A palavra sistema pode ter muitos significados. Entretanto, no nosso caso, será adotado um conceito da biologia: "sistema é um conjunto de elementos (ou subsistemas) que interagem entre si, evoluem no tempo, seguindo certos procedimentos (processos, normas, regras ou leis), tendo um objetivo em comum". Assim, existem cinco aspectos que caracterizam um sistema: (*a*) os seus componentes (elementos ou subsistemas); (*b*) as interações entre os subsistemas; (*c*) a sua contínua evolução; (*d*) a existência dos procedimentos, regras ou normas que regem as interações; e (*e*) o alcance de certas metas ou objetivos. Pode-se exemplificar com o jogo de futebol: (*a*) os onze jogadores (componentes) de cada time entram em campo, (*b*) realizam jogadas (interações), (*c*) em contínua evolução (dribles, passes), (*d*) seguindo as regras do jogo e (*e*) visando ao gol (meta).

COMPONENTES DO SISTEMA

Um sistema pode ser focalizado em algum detalhe como uma célula (biologia) ou posto de trabalho (ergonomia), mas pode ser tão amplo quanto um país, região ou uma grande empresa. Em qualquer um desses casos, é composto pelos seguintes elementos:

Fronteiras – São os limites do sistema, que pode ter uma existência física, como a membrana de uma célula ou parede de uma fábrica, mas também uma delimitação imaginária para efeito de estudo, como a fronteira de um bairro ou de um posto de trabalho.

Subsistemas – São os elementos que compõem o sistema, e estão contidos dentro da fronteira.

Interações – São as relações entre os subsistemas.

Entradas (*inputs*) – Representam os insumos ou variáveis independentes do sistema.

Saídas (*outputs*) – Representam os produtos ou variáveis dependentes do sistema.

Processamentos – São as atividades desenvolvidas pelos subsistemas que interagem entre si para converter as entradas em saídas.

Ambientes – São variáveis que se situam dentro ou fora da fronteira sem relação direta com o processamento, mas podem influir no desempenho do sistema.

Um exemplo de sistema (Figura 2.1) poderia ser uma fábrica, que recebe matérias-primas (entradas). Estas passam por uma série de transformações (processamento) em diversos processos de fabricação e montagem (subsistemas), resultando nos produtos finais (saídas).

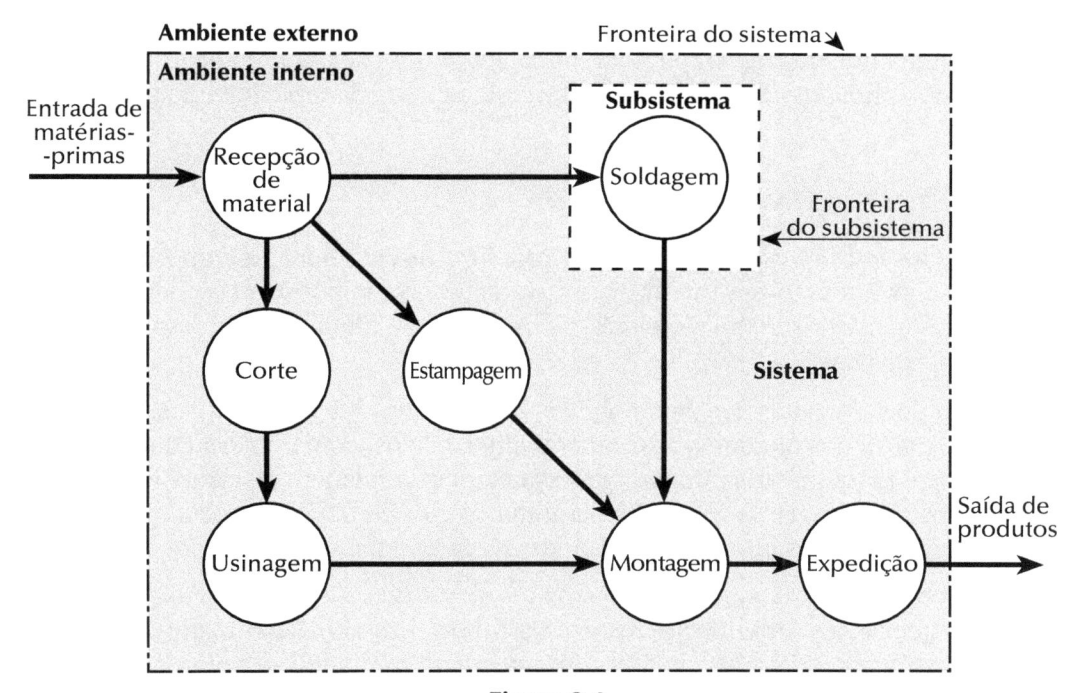

Figura 2.1
Exemplo de um sistema produtivo, mostrando as interações entre os diversos subsistemas (operações).
Com a mudança da fronteira, qualquer um desses subsistemas pode ser estudado como novo sistema.
(Buffa, 1972).

As fronteiras desse sistema coincidem com as paredes da própria fábrica. O ambiente interno é representado pelas variáveis que atuam dentro da fábrica, como iluminação, temperatura e ruídos. O ambiente externo é representado pelo ruído da rua, clima seco ou chuvoso, luz solar, outras fábricas, casas próximas, população da redondeza, e assim por diante.

Se desejarmos estudar uma operação em particular, por exemplo, a *soldagem*, podemos restringir o sistema, colocando a fronteira em torno dessa operação. Assim, esse novo sistema seria composto de outros subsistemas, como o aparelho de solda e o soldador. As entradas desse novo sistema seriam as peças a serem soldadas, e as peças já soldadas seriam as saídas. O processamento seria representado pela operação de soldagem. Inversamente, se desejarmos estudar mais amplamente as atividades da fábrica, podemos estender a fronteira do sistema. Por exemplo, incluindo-se, dentro da fronteira, o sistema de transportes para a chegada da matéria-prima e a saída para distribuição dos produtos acabados.

O SISTEMA HUMANO-MÁQUINA-AMBIENTE

O sistema humano-máquina-ambiente é um tipo particular de sistema, considerado como unidade básica de estudo da ergonomia. Em comparação com a biologia, seria a *célula*, que compõe os órgãos. Analogamente, *órgãos* (conjunto de células com funções definidas) seriam os conjuntos maiores de sistemas humano-máquina-ambiente que constituem os departamentos, empresas ou organizações produtivas.

O sistema humano-máquina-ambiente é composto basicamente de um ser humano e uma máquina que interagem para a realização de um trabalho. Pode abranger também mais seres humanos e mais máquinas, como no caso de uma linha de produção.

CARACTERÍSTICAS DAS MÁQUINAS

O conceito de *máquina* aqui é bastante amplo. Abrange qualquer tipo de artefato usado pelo ser humano para realizar um trabalho ou melhorar o seu desempenho. Portanto, pode ser desde um simples lápis ou chave de fenda até complexos computadores e aeronaves.

Existem dois tipos básicos de máquinas: as tradicionais e as cognitivas. As máquinas *tradicionais* nos ajudam a realizar trabalhos físicos, como no caso de ferramentas manuais e máquinas-ferramentas. Nessa categoria incluem-se também os veículos, como os automóveis e trens. As máquinas *cognitivas* são aquelas que operam com processamento de informações. Um exemplo típico é o computador.

Certas classes de máquinas simplesmente *amplificam* ou aperfeiçoam as capacidades humanas, sem alterar a natureza da tarefa. Um alto-falante amplifica a voz, mas não modifica o conteúdo da fala. Um alicate e uma pinça servem para prender melhor um objeto, melhorando o desempenho dos dedos. Outra classe de máquinas é aquela que *modifica* a natureza da tarefa. Por exemplo, dirigir um automóvel é diferente de correr, embora ambos tenham a mesma função de deslocamento. Passar uma mensagem por Internet é diferente de conversar pelo telefone. Nesses casos, o ser humano precisa adquirir certas habilidades que nem sempre se relacionam diretamente com a natureza da tarefa.

INTERAÇÕES NO SISTEMA HUMANO-MÁQUINA-AMBIENTE

O sistema humano-máquina-ambiente é composto de três subsistemas: o ser humano, a máquina e o ambiente (Figura 2.2). Esses subsistemas interagem continuamente entre si, ocorrendo fluxos de materiais, energias e informações.

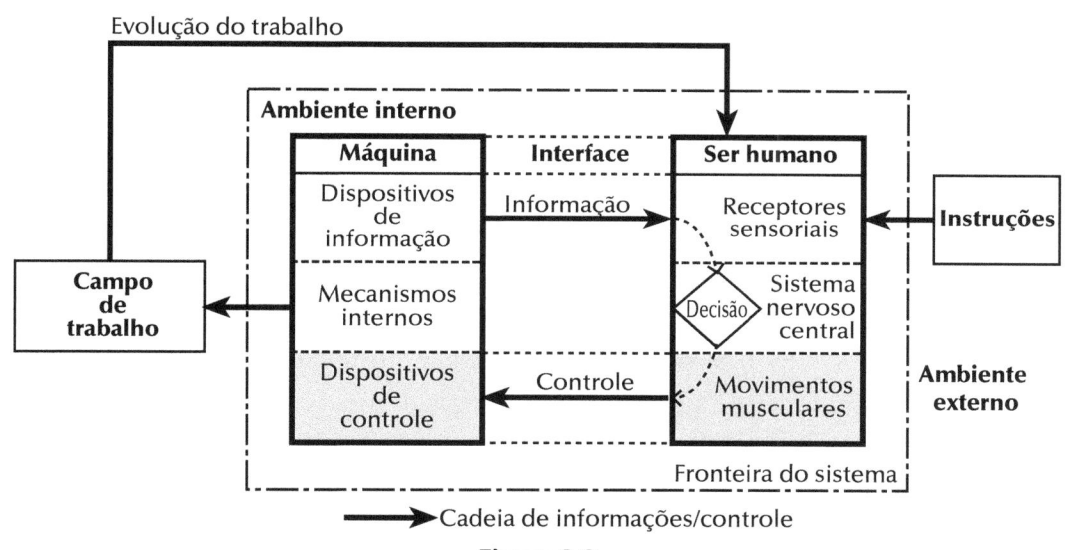

Figura 2.2

Representação esquemática de um sistema humano-máquina-ambiente, mostrando as principais interações entre os seus subsistemas.

O ser humano, para atuar, precisa receber *informações* fornecidas pela própria máquina e pelos ambientes externo e interno, além das instruções sobre o trabalho e da sua evolução. Essas informações são captadas pelos órgãos sensoriais, principalmente a visão, audição, tato e senso cinestésico (movimento das articulações do corpo), e são processadas no sistema nervoso central (cérebro e medula espinhal), gerando uma decisão. Esta se converte em movimentos musculares, comandando a máquina por meio dos *controles*. A máquina realiza um trabalho e emite uma saída, atuando sobre o ambiente externo.

Vamos considerar o sistema humano-automóvel-ambiente como exemplo. O ser humano recebe informações do automóvel através dos instrumentos, ruído do motor e outros. Dentro da cabine, existe o ambiente interno: temperatura, iluminação, ruídos e vibrações. Ele recebe também informações do ambiente externo, representadas pela paisagem, sinalização das estradas, iluminação externa, outros veículos e pedestres. Além disso, o ser humano pode receber instruções, como o trajeto que deve executar, a velocidade máxima permitida, e assim por diante. Com todas essas informações, ele dirige o automóvel atuando nos dispositivos de controle, representados pelos pedais, volante, câmbio, botões e outros comandos. Finalmente, a saída ou resultado do sistema é o deslocamento do automóvel, que executa uma determinada trajetória. Durante o trajeto, ele recebe continuamente essas informações do automóvel e do ambiente, para ajustar a direção e a velocidade, até chegar ao seu destino.

OTIMIZAÇÃO

Em linguagem matemática, a solução ótima de um problema é aquela que maximiza ou minimiza a função objetivo dentro das restrições impostas a esse problema. Isso significa que a solução ótima não existe de forma absoluta, mas para certos *critérios* (função objetivo) definidos, como produção, lucros, custos, índice de acidentes, erros, margem de refugos e outros. Portanto, para cada critério aplicado, existe uma solução ótima diferente.

A solução ótima pode estar ligada ao *máximo* ou ao *mínimo* da função, conforme esta tenha concavidade para cima ou para baixo, respectivamente (Figura 2.3). Por exemplo, no caso do ângulo de abertura do cabo do alicate (Figura 2.3-a), quando esse ângulo é pequeno (B_1), a força de preensão também é pequena. Aumentando-se o ângulo, a força também aumenta, mas até certo ponto, correspondendo à abertura A. A partir desse ponto, se aumentar mais a abertura (B_2), a força tende a cair. Existe, então, um ponto de abertura ótima (ponto A), que corresponde à força máxima.

A Figura 2.3-b apresenta um exemplo de concavidade para baixo, quando a solução ótima está associada ao ponto de mínimo. Isso acontece, por exemplo, com os erros cometidos pelo trabalhador em função da complexidade da tarefa. Tarefas muito simples (B_1) provocam erros pela monotonia, mas aquelas muito complexas (B_2) também provocam erros devido ao estresse. Há, então, um ponto A, entre esses dois extremos, onde a complexidade é ótima. Esse ponto está associado ao número mínimo de erros.

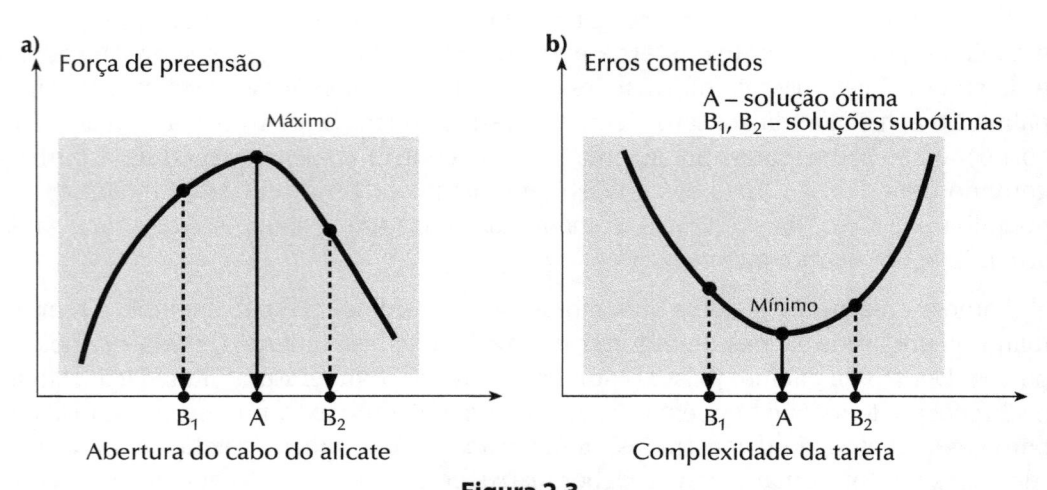

Figura 2.3
Exemplos de soluções ótimas e subótimas, associadas aos máximo e mínimo de uma função.

SUBOTIMIZAÇÃO

As soluções que se afastam do ponto ótimo, tanto para um lado como para outro, são chamadas de subótimas e são produzidas pelas subotimizações.

Essas subotimizações ocorrem frequentemente no sistema humano-máquina-ambiente, devido à diversas causas, como a falta de compatibilidade entre os seus subsistemas, interações inadequadas entre esses subsistemas ou restrições externas que impeçam o seu pleno funcionamento. É o caso, por exemplo, de carros que conseguem correr até 200 km/h, mas a sua potência é subutilizada porque a velocidade máxima permitida na estrada é de 100 km/h. Da mesma forma, muitos aparelhos de vídeo e computadores são dotados de funções que, por desconhecimento, nunca são utilizadas pela maioria dos consumidores. Inversamente, há casos de serralheiros que cortam vigas de ferro com serra manual porque não dispõem de uma serra elétrica, o que poderia melhorar a sua produtividade. Nesse caso, há subotimização da capacidade humana, pela limitação da ferramenta utilizada.

EQUÍVOCOS NA DEFINIÇÃO DA FRONTEIRA

A subotimização ocorre frequentemente devido à definição equivocada da fronteira do sistema. Ou seja, a solução ótima é procurada em espaços inadequados, devido a julgamentos errados sobre a verdadeira fronteira do sistema. Isso pode ocorrer quando se pesquisa dentro de um espaço muito limitado em relação ao sistema real, ou inversamente, em espaços amplos demais.

Essa fronteira nem sempre está ligada aos aspectos físicos. Pode referir-se, por exemplo, aos aspectos organizacionais da produção ou ao relacionamento humano entre os membros de uma equipe. Vamos supor o caso de um escritório onde o trabalho sofria muitos *atrasos*. Um analista de trabalho chegou à conclusão de que o problema estava no isolamento físico entre as pessoas, devido ao leiaute do escritório, em que cada pessoa ficava "confinada" em pequenas salas. Resolveu-se, então, eliminar as paredes e implantar um escritório aberto (*landscape office*), a fim de melhorar as interações entre as pessoas.

Para a surpresa do analista, o fluxo do trabalho não melhorou. Estudando o problema mais a fundo, chegou-se à conclusão de que a causa estava no estilo gerencial da chefia. O chefe era do tipo *centralizador*, exigindo que todos os documentos passassem por ele, e isso provocava acúmulo de papéis e retardamentos. No caso, a fronteira do estudo deveria ter sido mais ampla, incluindo não apenas o aspecto físico dos locais de trabalho, mas também o tipo de relacionamento funcional entre a chefia e a equipe.

Esse tipo de subotimização ocorre muito em sistemas administrativos, quando os dirigentes só tratam de problemas muito restritos, devido à falta de visão ou de coragem e disposição para enfrentar problemas maiores. No caso inverso, problemas muito amplos são tratados em escalões inferiores da hierarquia, sem que estes tenham poder de decisão.

SUBOTIMIZAÇÃO EM TRABALHO DE EQUIPES

O projeto de um sistema pode ser dividido em partes, de modo que cada uma delas fique sob a responsabilidade de diferentes equipes especializadas. Se cada equipe procurar otimizar a sua parte, serão produzidas diversas soluções subótimas. Entretanto, quando essas soluções subótimas foram conjugadas entre si, dentro do sistema global, não significa necessariamente que a solução resultante seja ótima.

Por exemplo, vamos supor que um carro seja projetado por duas equipes, uma fazendo o motor e a outra, a carroçaria. A primeira pode ter desenvolvido um motor excepcional, com 200 HP de potência. Entretanto, a segunda equipe desenvolveu uma carroçaria compacta que suporta somente 80 HP de potência. Se o motor de 200 HP for instalado nessa carroçaria, além de não haver um aproveitamento integral de sua potência, provavelmente criará diversos problemas na transmissão, suspensão e outras partes da carroçaria, porque ela é uma solução subótima. No caso, seria melhor um motor mais modesto de 80 HP, mas cuja potência fosse integralmente aproveitada, sem provocar danos à carroçaria. Ou, inversamente, uma carroçaria mais reforçada para comportar o motor de 200 HP.

Provavelmente, esse problema não teria acontecido se uma única equipe tivesse desenvolvido o carro integralmente. Antes de começar o projeto, é necessário definir cuidadosamente o seu objetivo e as *especificações* de cada parte em função do desempenho global do projeto. Além disso, é necessário um trabalho de *coordenação*, para harmonizar as atuações das diversas equipes entre si. Falhas de comunicação entre essas equipes também podem levar a diversas soluções subótimas. Isso pode ocorrer até no ambiente familiar, quando há opiniões divergentes ou falhas de comunicação entre seus membros.

SUBOTIMIZAÇÕES EM GRANDES PROJETOS

As subotimizações tendem a aumentar nos grandes projetos, em que cada parte é terceirizada, para ser executada por diferentes equipes ou diferentes empresas. Nesse caso, só as especificações bem elaboradas e a coordenação efetiva das atividades podem garantir a otimização global do projeto.

Por exemplo, no projeto e construção de um edifício, podem estar envolvidos diversos especialistas em: projeto de arquitetura, cálculo estrutural, projeto de instalações, aquisição de materiais, construção civil, supervisão da obra, e assim por diante. Cada parte pode ser controlada por especificações que ajudem a atingir o objetivo global dentro dos prazos e custos previstos para cada etapa.

A supervisão geral pode ficar a cargo de uma empresa de engenharia, enquanto as demais partes podem ser subcontratadas com empresas especializadas. Isso inclui tarefas como as fundações, construção da estrutura, assentamento de tijolos, azulejos, instalações elétricas, instalações hidráulicas, pinturas e outras. Naturalmente, cada um desses segmentos tenderá a fazer uma subotimização. Pode acontecer, por exemplo, de a fundação e a estrutura do prédio serem excelentes; mas, se a instalação hidráulica for malfeita, podem ocorrer vazamentos e infiltrações, comprometendo essa estrutura. Ao contrário, se as fundações e a estrutura forem deficientes, o edifício poderá desabar, mesmo que tenha excelentes instalações elétricas e hidráulicas.

Portanto, para se garantir a otimização global em grandes projetos, é necessário haver, em primeiro lugar, um projeto ou objetivos bem estabelecidos e, em segundo, uma organização e coordenação eficientes dos diversos subsistemas para se garantir um bom desempenho do sistema como um todo.

2.2 Pesquisa: atividades preliminares

As atividades preliminares à pesquisa são aquelas realizadas antes de começar a pesquisa propriamente dita. Essas atividades compreendem a definição do tema, levantamento do "estado da arte" e escolha da forma de realizar a pesquisa.

Pesquisa: Definição do tema

O tema da pesquisa é uma primeira ideia do assunto que se quer pesquisar, e pode ser bastante amplo, com objetivos difusos. Posteriormente, vai se tornando mais claro e focalizado, permitindo definir o *objetivo* do projeto de pesquisa em termos mais precisos.

O tema pode ter diferentes origens, dependendo do interesse e da especialização do pesquisador ou grupo de pesquisa. Pode resultar também de uma solicitação externa ou ter o objetivo de resolver algum problema emergente, relacionado a algum tipo de sintoma.

Por exemplo, uma empresa constatou elevado número de trabalhadores que recorriam ao serviço médico devido a problemas osteomusculares. Então o tema foi definido como "elevada incidência de problemas osteomusculares entre os trabalhadores". Examinando-se melhor esse tema (sintoma), constatou-se que ele era causado pelas posturas inadequadas dos trabalhadores, que resultavam de postos de trabalho com dimensões incompatíveis com as medidas antropométricas (corporais) dos trabalhadores. Examinando-se ainda melhor, constatou-se que esses postos de trabalho tinham sido projetados com base em manuais estrangeiros, que recomendavam medidas antropométricas (corporais) diferentes daqueles dos trabalhadores brasileiros. Isso provocava posturas forçadas destes. Com isso, definiu-se o projeto para "redesenhar os postos de trabalho compatíveis com as medidas antropométricas dos brasileiros".

Levantamento do "estado da arte"

O levantamento do "estado da arte" destina-se a verificar tudo aquilo que já se conhece sobre o tema, tendo dois objetivos básicos. Em primeiro lugar, para saber se a pesquisa ou projeto pretendido ainda não foi realizado por outras pessoas ou equipes no Brasil ou no exterior. Segundo, para dar suporte à pesquisa ou projeto. Nesse último caso, pode-se verificar, por exemplo, quais foram os métodos e técnicas utilizadas em casos semelhantes.

O levantamento do estado da arte pode ser feito em diversas fontes de informações em ergonomia, observando-se cinco tendências dominantes, onde provavelmente situa-se a fronteira do conhecimento.

Processos cognitivos – As modernas situações de trabalho exigem pesquisas crescentes em processos cognitivos, como percepção, memória e decisão. Isso é muito diferente das situações anteriores, nas quais havia predominância do trabalho muscular.

Avanço tecnológico – Há preocupações cada vez maiores sobre as influências do avanço tecnológico, principalmente da informática e automação, em praticamente todos os setores, modificando substancialmente a natureza do trabalho humano.

Macroergonomia – A ergonomia tem realizado estudos cada vez mais abrangentes, não se restringindo ao sistema humano-máquina-ambiente, para abranger também os aspectos organizacionais, econômicos e sociais que influem no desempenho do trabalho.

Respeito às minorias – Tem havido uma consideração maior de certas classes minoritárias, como idosos, obesos, crianças e pessoas com deficiência. Isso tem levado às adaptações de projetos, visando ao seu uso universal ou uso inclusivo.

Sustentabilidade – A questão da sustentabilidade preocupa-se com a preservação dos recursos naturais, redução dos desperdícios, energias alternativas (eólica, solar), conservação da energia, reuso e reciclagem de materiais.

BUSCA DE INFORMAÇÕES

As informações em ergonomia podem ser encontradas em diversos tipos de fontes, como em livros especializados, anais de congressos, revistas científicas, registros de patentes, normas técnicas e pesquisas pela Internet. Existem centenas de livros de ergonomia editados em diversos países do mundo. Esses livros têm a vantagem de apresentar informações organizadas e sistematizadas, mas geralmente só contêm aquelas informações de segunda ordem, ou seja, materiais que já foram apresentados anteriormente em outros meios de informação.

Os materiais originais e resultados de pesquisas mais recentes são encontrados nas revistas científicas e nos anais de congressos. Diversas sociedades científicas existentes no mundo realizam congressos e publicam os seus anais. Essas sociedades costumam publicar também *journals* periódicos, que geralmente são disponíveis nas versões impressa ou eletrônica.

Existem mais de vinte periódicos especializados em ergonomia, publicados em diversos países. Entre eles, os mais importantes, são: *Ergonomics* (publicada na Inglaterra desde 1958), *Human Factors* (Estados Unidos, desde 1959), *Applied Ergonomics* (Inglaterra, desde 1970) e *Le Travail Humain* (França, desde 1933). Artigos em ergonomia são encontrados ainda em revistas sobre o trabalho humano, psicologia aplicada, fisiologia, engenharia de produção, administração e outras. Outro aspecto importante a ser considerado são as normas técnicas em ergonomia. Mais informações podem ser encontradas no Capítulo 21.

UTILIDADE DAS PESQUISAS ANTERIORES

Dada a enorme quantidade de informações científicas e tecnológicas hoje disponíveis no mundo, é bem possível que já se encontrem informações sobre aquilo que se pretende pesquisar. Todo conhecimento novo é produto de conhecimento acumulado: Einstein não teria proposto a teoria da relatividade se outros físicos, desde Newton, não tivessem avançado o conhecimento. Contudo, no caso da ergonomia, deve-se considerar que os resultados dependem de certas condições em que os experimentos foram realizados. Quase sempre se justifica uma nova pesquisa sobre o mesmo tema, visando validar ou adaptar os resultados anteriores a determinadas condições específicas. Por exemplo, no caso de ônibus urbano, deve-se considerar que os equipamentos, arranjos internos, regulamentos, condições de tráfego e o comportamento dos passageiros são diferentes em cada local. De qualquer modo, o exame de pesquisas semelhantes já realizadas é útil para analisar os seguintes aspectos:

Método aplicado – Permite saber como a pesquisa foi planejada e executada; se foi realizada em laboratório ou em campo; quais foram as variáveis medidas; e tipos de cuidados ou controles exercidos durante o experimento.

Equipamento utilizado – Que tipo de instrumental foi utilizado; se foram feitas montagens com instrumentos usuais de medições ou equipamentos especialmente construídos; as faixas de variação das medições e as precisões necessárias nessas medições.

Seleção dos sujeitos – Como foram selecionados os sujeitos que participaram dos experimentos; que características (sexo, faixa etária, profissão, habilidades especiais) foram importantes nessa seleção; como foram treinados e instruídos para o experimento.

Dados coletados – Como foram feitos os registros e as medições para coleta de informações; quantidade e qualidade das medições; forma de registro utilizado.

Análises realizadas – Como foram tratadas as informações coletadas; quais foram as análises estatísticas realizadas com os dados coletados; que tipo de conclusões resultaram das análises; e como foram apresentados os resultados.

Abrangência dos resultados – Em que condições ou situações os resultados podem ser considerados válidos ou generalizáveis.

Finalmente, ressalta-se que até aqueles artigos que relatam resultados não conclusivos são importantes, pois apresentam caminhos que já foram explorados e que não precisam ser repetidos. É como se fosse um jogo de labirinto, onde se conhecem alguns caminhos que não levam à saída. Essas informações servem para reduzir o número de alternativas a serem examinadas na busca da saída correta.

ABORDAGENS TRADICIONAL E PARTICIPATIVA DA PESQUISA

Uma pesquisa pode ter abordagem tradicional ou participativa, conforme é detalhado no Capítulo 3. As pesquisas *tradicionais* (também chamadas de convencionais) são feitas em condições controladas, com um grupo de usuários. Nesse formato tradicional, o pesquisador não *interfere* e não participa da situação observada. Essas pesquisas exigem um planejamento cuidadoso, em colaboração com os usuários, para que estes tenham a devida compreensão do problema. Além disso, na pesquisa tradicional, os usuários *não são* considerados como atores relevantes na busca da solução. Eles são meros executores das ações e respondem a certos questionamentos. Tipicamente, visam testar um sistema, para sanar eventuais problemas, antes que o mesmo seja colocado em uso efetivo.

Na pesquisa *participativa* o pesquisador deixa de ser um simples observador e passa a fazer parte ativa da solução do problema, *interagindo* com os sujeitos na busca dessa solução. A pesquisa participativa pode ser mais trabalhosa e demorada, em relação à pesquisa tradicional, pois ela não segue um roteiro rígido, mas adota um planejamento flexível, que vai se adaptando à evolução dos acontecimentos.

Existem, basicamente, duas formas de realizar pesquisa em ergonomia. Uma é no laboratório, em condições artificialmente construídas e controladas. Outra forma é observar o fenômeno nas condições reais, no próprio campo, local ou ambiente em que ocorre.

PESQUISA DE LABORATÓRIO

A pesquisa de laboratório é realizada em condições artificialmente construídas. O pesquisador pode exercer maior controle no laboratório. Assim, pode selecionar as relevantes e manipular as variáveis independentes (entradas) de acordo com o plano experimental, para assegurar que os dados sejam adequadamente colhidos. Por exemplo, o pesquisador pode controlar a exposição dos sujeitos a diversas condições experimentais, estabelecer um limite de tempo ou mensurar os efeitos da aprendizagem. Pode-se realizar estudo-piloto previamente, a fim de assegurar a adequação do projeto de pesquisa e testar a metodologia.

Uma técnica muito utilizada em laboratório é a *simulação*, em que se apresentam modelos virtuais que reproduzem situações ou eventos muito próximos da realidade. Esses modelos são vantajosos em treinamentos, em estudos de reações em situações que envolvem riscos de acidentes e na tomada de decisões, à semelhança de um *vídeogame*. Por exemplo, pode-se estudar reação de motoristas quando o sinal de um cruzamento fica amarelo. Esses estudos, que envolvem elevados riscos de acidentes, dificilmente poderiam ser realizados na situação real.

Para fazer a simulação, o sistema físico (*hardware*) não precisa ser completo. Somente aquelas partes que entram em contato com o sujeito devem ser construídas com algum realismo. Assim sendo, pode-se testar o funcionamento de um sistema na fase inicial do desenvolvimento. A facilidade, rapidez e os custos relativamente baixos da simulação permitem avaliar diversas alternativas tecnológicas ou arranjos básicos do sistema, antes de se passar para a fase de detalhamento destes.

O alto grau de controle do experimento em laboratório torna possível fazer estudos detalhados sobre alguns aspectos críticos do projeto. Apesar de todas essas vantagens, a pesquisa de laboratório dificilmente será capaz de reproduzir efetivamente as condições reais de uso ou operação do sistema. Certos aspectos, como o estresse psicológico dos usuários ou reações inesperadas destes, são difíceis de serem reproduzidos em laboratório. Nesses casos, uma pesquisa de campo é recomendada para confirmar os resultados obtidos em laboratório.

PESQUISA DE CAMPO

As pesquisas de campo servem para verificar o desempenho do projeto nas condições reais de uso. Elas são indicadas principalmente para detectar certos aspectos não previstos no projeto, como os usos não formais do produto ou sistema que os próprios projetistas não tinham previsto. Por exemplo, uma faca pode ser usada indevidamente como chave de fenda ou abridor de latas. Isso é particularmente importante para estudar certos aspectos críticos, que podem levar a erros de operação ou acidentes, principalmente com crianças e idosos. Eles devem ser corrigidos antes que os produtos sejam colocados em uso efetivo no mercado.

Por razões econômicas, às vezes, apenas uma parte do sistema em foco é submetida à pesquisa de campo. Neste caso, ela deve ser apresentada da forma mais realista possível ao usuário. Os procedimentos operacionais devem ser cuidadosamente desenvolvidos para: a) realizar a tarefa que se está pesquisando; b) permitir a realização das medições; e c) ser compatível com o resto do sistema que está em desenvolvimento.

A coleta de dados no campo pode apresentar certas dificuldades. A presença de um observador pode distorcer os resultados. Quando possível, os registros devem ser feitos automaticamente, como nos casos de tempos de reação, que podem ser registrados pelo próprio computador que simula o sistema. Em outros casos, quando o sistema se destinar ao grande público, é possível instalá-lo em *showrooms*, e as reações das pessoas podem ser registradas por câmaras de televisão colocadas em locais estratégicos. Mas, em qualquer caso, os sujeitos precisam saber que estão sendo estudados e concordar com o estudo.

COMPARAÇÕES ENTRE PESQUISAS DE LABORATÓRIO E DE CAMPO

Não há preferência absoluta entre pesquisa de laboratório e pesquisa de campo, pois ambas apresentam certas vantagens e desvantagens (Tabela 2.1).

A pesquisa de laboratório tem a vantagem de ser mais facilmente controlada, além de produzir resultados a custos menores e tempo mais curto. A observação em condições reais é mais difícil, demorada, e pode sofrer diversos tipos de interferências externas, que podem mascarar ou inviabilizar os resultados.

Naturalmente, a pesquisa de laboratório, sendo uma simplificação da realidade, envolve alguns riscos. Na situação simulada, são eliminados determinados fatores que, na prática, podem ter uma influência maior do que se previa, a ponto de invalidar os resultados conseguidos em laboratório. É o caso, por exemplo, do *efeito Hawthorne* (ver p. 638). Por outro lado, na situação real, pode ser que o evento desejado ocorra com baixa frequência, a ponto de ser difícil observá-lo, ou podem aparecer inúmeras interferências, dificultando as medições. Além disso, podem exigir análises estatísticas bastante elaboradas para se estabelecer as conexões entre a causa e o efeito.

Tabela 2.1
Comparações entre experimentos de laboratório e de campo

Características	Experimento de laboratório	Experimento de campo
Realismo	Simulado	Real
Controle	Alto	Baixo
Tempo	Reduzido	Longo
Custo	Baixo	Alto
Interferências	Baixas	Altas
Generalização	Riscos maiores	Riscos menores

Por exemplo, vamos supor um teste para determinar o conforto de um *assento para ônibus*. Esse teste pode ser realizado em laboratório, com um determinado número de pessoas, constituindo uma amostra representativa dos usuários. Os sujeitos selecionados podem ser instruídos sobre o objetivo da pesquisa e ocupar o assento por um período aproximado ao da duração de uma viagem. Além de avaliar o conforto, poderiam fazer observações que contribuam para o aperfeiçoamento do assento.

O mesmo teste pode ser feito em campo, instalando-se esse assento em uma linha real de ônibus. Nesse caso, os passageiros reais estão pagando tarifas e são submetidos a acelerações e vibrações do ônibus, além de enfrentar ruídos das ruas, calor, carregando bolsas e filhos no colo, além de sofrer interferências de outros passageiros. Naturalmente, as opiniões dos passageiros sobre o conforto do assento podem ser influenciadas por diversos fatores estranhos, como buracos nas ruas, freadas bruscas ou comportamentos de outros passageiros. Nesse caso, as opiniões dos passageiros podem ser mais valiosas, porque retratam a realidade.

As duas situações não são mutuamente exclusivas. Pode-se fazer um teste prévio de laboratório, em situação controlada, e depois, numa segunda fase, partir para um teste de campo, na situação real, com o objetivo de validar, confirmando ou não os resultados obtidos em laboratório.

2.3 ELABORAÇÃO DO PROJETO DE PESQUISA

O projeto de pesquisa é um plano antecipatório, elaborado antes de se iniciar a pesquisa. É uma previsão para estabelecer uma "rota de navegação" para atingir determinados objetivos ou metas. Ele serve basicamente para dar uma *direção* às atividades de pesquisa e estabelecer critérios de decisão, para que os objetivos pretendidos possam ser alcançados de forma eficiente. Naturalmente, sendo apenas uma previsão, a realidade poderá mostrar-se diferente. Diversos fatores aleatórios (acidentes de percurso, ventos contrários) podem contribuir para desviar a rota inicialmente traçada. Contudo, sem esse projeto antecipatório, os rumos da pesquisa poderão afastar-se *muito* daquele pretendido.

A pesquisa em ergonomia exige planejamento e diversos tipos de cuidados para que os resultados alcançados sejam considerados válidos. Muitas vezes, esses resultados tornam-se insatisfatórios porque são baseados em uma amostra da população (público-alvo) que não é significativa ou sofre influência de fatores estranhos durante os experimentos, que podem "mascarar" esses resultados.

FORMULAÇÃO DO PROJETO DE PESQUISA

Sempre que possível, o projeto de pesquisa deve ser formulado claramente, por escrito. Isso é importante porque, desse modo, seu objetivo fica bem estabelecido, contribuindo para melhorar a condução da pesquisa, proporcionando economias de esforço, tempo e dinheiro. Ao contrário, se for mal formulado, a pesquisa poderá terminar além do prazo ou não alcançar os resultados pretendidos, com desperdícios de tempo e de recursos. Essa formulação serve também como contrato para o caso de pesquisas terceirizadas ou financiadas por algum agente externo.

Assim, o projeto de pesquisa deve conter todos os detalhes necessários para que possa ser executado com sucesso. Um bom projeto de pesquisa é um roteiro de procedimentos que, embora elaborado por um ou mais autores, qualquer pessoa ou equipe pode executá-lo. Este deve ser aprovado pelos responsáveis (superiores), e depois, divulgado e discutido com todos os membros da equipe, para que haja uma convergência de propósitos. Em linguagem futebolística, isso significa instruir o que cada jogador deverá fazer para que o time possa atingir o gol, coletivamente. E, durante o jogo, orientá-los continuamente sobre os posicionamentos no campo, em relação ao time adversário. Do contrário, cada jogador vai chutar a bola de um lado para outro e o gol jamais será atingido. E o técnico (formulador e coordenador) provavelmente perderá o emprego. Desse modo, o orientador da pesquisa, assim como o técnico de futebol, devem coordenar continuamente as atividades de todos os seus colaboradores, corrigindo os desvios ocorridos durante o percurso. Naturalmente, quanto mais rápido se fizerem essas correções, menores serão os desvios, com economias de tempo e de recursos.

Definição dos objetivos

A primeira providência necessária, para a formulação do projeto de pesquisa é definir claramente o seu objetivo, dentro do tema escolhido. Ou seja, aquilo que se pretende fazer: analisar ou solucionar um problema. Esse objetivo deve ser colocado sempre *por escrito*, pois este é um teste importante para saber se as pessoas têm ideia clara sobre aquilo que pretendem fazer.

Os objetivos devem ser definidos claramente em linguagem *operacional*. Por exemplo, "melhorar a aprendizagem", simplesmente, não serve porque é muito amplo e vago. Deve haver uma especificação mais clara, como "aprender a produzir desenhos animados no programa gráfico xyz" ou "aprender a montar a parte mecânica do rádio modelo ABC".

As *condições* em que serão realizadas as pesquisas também devem ser definidas com clareza, pois determinados resultados, obtidos em certas circunstâncias, não serão necessariamente válidos em outras condições. Por exemplo, um tipo de letra que seja mais legível em cartazes, com o espectador parado, não significa que continue sendo também o mais legível em *outdoors*, com o espectador em movimento ou em outras mídias como a televisão. Portanto, para que um determinado resultado experimental possa ser validado, é necessário que ele seja testado na situação real e nas mais variadas circunstâncias de seu uso.

Infelizmente, muitos projetos são iniciados sem essa definição clara dos seus objetivos. Em alguns casos, esses objetivos são conhecidos por apenas alguns membros da equipe. Isso pode levar a um grande desperdício de tempo e de recursos humanos e financeiros. Em outros casos, o objetivo pode sofrer alterações durante o desenvolvimento da pesquisa, mas, de qualquer modo, é necessário haver um objetivo inicial para começar a pesquisa.

Por exemplo, vamos supor que se queira pesquisar o diâmetro ideal de cabos de chaves de fenda para uma tarefa que exige transmissão de torques elevados. Nesse caso, podem ser construídos cabos cilíndricos de madeira com diferentes diâmetros para serem testados. Durante a realização dos testes descobre-se que outros fatores, como tipo de material do cabo, a rugosidade superficial e o formato dos cabos também influem na transmissão de torques. Nesse caso, o objetivo da pesquisa (fronteira) deve ser ampliado, para abranger também esses outros aspectos. Se ela se restringir a estudar apenas os diferentes diâmetros em cabos cilíndricos de madeira, provavelmente terá pouca utilidade prática, pois não corresponderá à realidade da maioria das chaves de fenda encontradas no mercado.

Componentes do projeto de pesquisa

O projeto de pesquisa pode ser elaborado de acordo com diferentes graus de detalhe, dependendo da sua complexidade e duração do mesmo, ou de determinadas exigências. Por exemplo, se o projeto se destinar a solicitar apoio de um órgão de fomento, geralmente deve ser preenchido em formulários próprios, cada um com determinados graus de detalhamento. Em geral, as seguintes informações mínimas são exigidas:

Objetivo – Definir o que se pretende comprovar, descobrir, desenvolver ou solucionar. Pode ser desdobrado em objetivo geral e objetivos específicos.

Justificativa – Apresentar o histórico (pesquisas anteriores), estado da arte (o que já se conhece sobre o tema) e as possíveis vantagens e benefícios a serem obtidos.

Método – Explicar como será realizada a pesquisa (em campo, em laboratório, seleção dos sujeitos, escolha das variáveis, medições e análise de dados) e quais são as suas principais etapas (importante para elaboração do cronograma).

Equipe – Apresentar a quantidade e qualificação do pessoal envolvido no projeto; a participação de cada um deles, enfatizando-se a figura do coordenador ou responsável.

Cronograma – Fixar datas de início e término para cada etapa ou atividade do projeto e a data final (*dead line*) do projeto; se não for possível fixar a data de início, elaborar cronograma por semanas ou meses de duração das etapas.

Orçamento – Fazer a quantificação financeira dos recursos necessários, geralmente classificados em materiais permanentes (equipamentos), materiais de consumo, pessoal (equipe) e serviços de terceiros (passagens, diárias, manutenção e outros). Esse orçamento também pode ser distribuído no tempo, de acordo com o cronograma.

Esse projeto, em geral, precisa ser apresentado e aprovado em instâncias superiores, colegiados ou órgãos de financiamento. Se for o caso, deve-se preparar um material ilustrativo para a apresentação visual do projeto. Muitas vezes, aqueles que decidem não são especialistas na área. Portanto, deve-se evitar o uso de linguagem muito técnica, siglas ou jargões profissionais. Uma vez aprovado, e tendo-se assegurado os recursos humanos e materiais necessários, a pesquisa poderá ser iniciada.

ESCOLHA DAS VARIÁVEIS

Uma pesquisa em ergonomia geralmente consiste em estabelecer relações entre determinadas variáveis. Por exemplo, entre a temperatura ambiental e os erros cometidos na leitura de um painel ou entre as dimensões de uma cadeira e o conforto do usuário.

As variáveis usadas em ergonomia geralmente referem-se ao ser humano, à máquina, ao ambiente ou ao sistema (Tabela 2.2). Em geral, grande parte dessas variáveis é mantida fixa, permitindo-se a variação de apenas algumas delas, aquelas que estão em estudo. Nos casos em que as variáveis fixas não podem ser mantidas constantes, seus efeitos podem ser neutralizados pelo projeto do experimento.

A clareza na formulação dos objetivos da pesquisa influi na precisão da descrição dessas variáveis e também na realização das medições e análises posteriores. Quando não se tem essa clareza, muitas medições podem ser feitas sem proveito até que as análises estatísticas realizadas posteriormente indiquem se elas são significativas ou não.

Tabela 2.2
Variáveis frequentemente utilizadas em pesquisas na área de ergonomia

Ser humano	Máquina	Ambiente	Sistema
Antropometria e biomecânica	**Nível tecnológico**	**Físico**	**Subsistemas**
Dimensões de corpo	Processamento	Temperatura	Interações
Alcance dos movimentos	Realimentação	Umidade do ar	
Forças musculares	Decisões	Velocidade do vento	**Postos**
		Iluminamento	**de trabalho**
Índices fisiológicos	**Dimensões**	Ruídos	Postura
Consumo de oxigênio	Volumes	Vibrações	Movimentos
Temperatura corporal	Formas	Acelerações	Informações
Ritmo cardíaco	Distâncias		
Retorno venoso	Pesos	**Psicossocial**	**Produção**
Resistência ôhmica da pele	Ângulos	Monotonia	Quantidade
Composição do sangue	Áreas	Motivação	Qualidade
Quantidade de suor		Liderança	Produtividade
Eletromiografia	**Displays**		Regularidade
Controle motor	Visuais:	**Organização**	
Dinamometria	Diais	**do trabalho**	**Confiabilidade**
	Indicadores	Horários	Frequência de erros
Percepções e cognição	Contadores	Turnos	Tempo de funcionamento
Visão	Luzes	Treinamento	Regularidade
Audição	Auditivos:	Supervisão	
Cinestesia	Fala	Distribuição de tarefas	
Tato	Ruídos	Grupo	
Aceleração	Táteis:		
Posições do corpo	Estático		
Esforço	Dinâmico		
Processamento			
Decisões	**Controles**		
	Manuais		
Desempenho	Pedais		
Tempo	Tronco		
Erros	Compatibilidade		
Acertos			
Velocidade	**Arranjos**		
Precisão	Posições de:		
	Displays		
Acidentes	Controles		
Quase acidente			
Frequência	**Ferramentas manuais**		
Gravidade	Formas		
	Materiais		
Variáveis clínicas	Texturas		
Consultas médicas			
Dores			
Afastamentos			
Subjetivos			
Conforto			
Segurança			
Estresse			
Fadiga			

Variáveis qualitativas e quantitativas

As variáveis adotadas nas pesquisas em ergonomia geralmente são de natureza qualitativa ou quantitativa. As qualitativas são classificadas em nominal e ordinal. As quantitativas, em contínua e discreta.

Variável qualitativa nominal – Os valores representam atributos ou qualidades, sem relação de ordem ou hierarquia entre eles. Por exemplo, as classes de sexo, etnia, cor da pele, nacionalidade.

Variável qualitativa ordinal – Os valores também representam atributos ou qualidades, mas com relação de ordem ou hierarquia entre eles. Por exemplo, os níveis de instrução, faixas etárias, graus de desconforto.

*Variável quantitativa contínu*a – Os valores são medidos em uma escala métrica em que todos os valores fracionários são possíveis. Por exemplo, peso, altura, temperatura.

Variável quantitativa discreta – Os valores também são medidos em uma escala métrica, mas são representados por valores inteiros. Por exemplo, opções de menus, número de peças produzidas, número de pessoas afastadas do serviço.

O entendimento das diferenças entre os tipos de variáveis é importante porque isso influi na realização das medições e no tratamento estatístico dos dados obtidos.

As variáveis que influem no desempenho de um sistema em estudo podem ser classificadas em independentes (ou de entrada) e dependentes (ou de saída), conforme a situação em que ocorrem no sistema.

Variáveis independentes

Variáveis independentes ou de entrada (*inputs*) são aquelas que podem ser deliberadamente modificadas para verificar como influem no desempenho de um sistema. Exemplos de variáveis independentes: desenho de um dispositivo visual; altura da mesa de trabalho; diferentes níveis de iluminamento; frequência e intensidade do som; mostradores digitais *versus* analógicos; e organização do trabalho em linha de montagem *versus* trabalho de grupos semiautônomos.

Naturalmente, em uma pesquisa, pode haver mais de uma variável independente. Por exemplo, em um conjunto de mostradores visuais, podem ser colocados vários ponteiros de formatos diferentes pintados com cores diferentes. Nesse caso, há duas variáveis independentes: formato e cores dos ponteiros. Ainda, se essa mesma pesquisa for feita com diferentes níveis de iluminamento, estes entrarão como uma terceira variável independente, e assim por diante.

VARIÁVEIS DEPENDENTES

As variáveis dependentes ou de saída (*outputs*) estão relacionadas com os resultados do sistema. Ao contrário das variáveis independentes, que podem ser arbitrariamente escolhidas, as dependentes nem sempre são facilmente determinadas, pois dependem do tipo de interação (processamento) entre os elementos (subsistemas) que compõem o sistema e dos resultados que o mesmo provocará.

Na ergonomia, a maioria das variáveis dependentes recai em: a) algum tipo de consequência fisiológica, como ritmo cardíaco, atividades musculares ou consumo de energia; b) tempo, velocidade, eficiência e produtividade; c) erros e acidentes; d) consequências psicológicas ou sociais. Essas variáveis físicas como tempo, erros e níveis fisiológicos podem ser medidas com certa objetividade. Contudo, as psicológicas ou sociais, como conforto e liderança, às vezes assumem aspectos complexos, de difícil medição e, nestes casos, podem ser avaliadas subjetivamente.

Por exemplo, para avaliar o conforto (variável dependente) proporcionado por diferentes formas de cadeiras (variável independente), pode-se fazer o registro da atividade elétrica (eletromiografia) dos músculos dorsais de sustentação da postura ou da pressão exercida pela nádega sobre o assento. Contudo, o conforto depende de muitos outros fatores, alguns de natureza subjetiva (inclusive estética). Nesse caso, pode-se simplesmente pedir para o sujeito se sentar durante determinado tempo (três a cinco minutos) nas diversas cadeiras e "avaliar" o conforto, subjetivamente. Para isso, o sujeito recebe um conjunto de cinco a sete cartões, com descrição dos vários níveis de conforto e deve selecionar, em cada caso, aquele que julgar mais adequado.

Em uma pesquisa, podem existir diversas variáveis dependentes, mas é importante escolher aquelas que mais se relacionem com o objetivo pretendido. Por exemplo, se o objetivo for o de selecionar modelos de mostradores (variáveis independentes) para melhorar a leitura, as variáveis dependentes podem ser os tempos necessários para leituras corretas ou números de erros cometidos na leitura.

CARACTERIZAÇÃO DOS SUJEITOS

As pesquisas em ergonomia podem ser direcionadas para determinados tipos de pessoas que possuam características semelhantes ao dos futuros usuários do sistema ou produto que se quer desenvolver.

Por exemplo, vamos supor uma pesquisa destinada à melhoria de tratores agrícolas. Os sujeitos devem ser escolhidos, naturalmente, entre os agricultores que utilizam tratores. Não teria sentido fazer os testes com estudantes ou empregados de escritório. Da mesma forma, para se desenvolver uma cabina de avião, os sujeitos devem ser buscados entre pilotos. Para testar um novo tipo de teclado, é necessário que os sujeitos tenham experiência em digitação, e assim por diante.

As principais características humanas a serem consideradas na escolha de sujeitos para testes em ergonomia são (Chapanis, 1962) apresentadas a seguir.

Características gerais
- Sexo, idade, etnia, origem (local de nascimento, país, região, urbano ou rural).

Instrução e experiências
- Nível de instrução: fundamental, secundária, superior.
- Conhecimentos específicos: mecânica, eletricidade, pilotagem, treinamentos específicos.
- Experiências especiais: operação de *softwares* especiais, trabalho em turnos, combate (militar).

Características físicas
- Dimensões corporais: antropometria.
- Características psicomotoras: força, coordenação motora, tempo de reação.
- Características sensoriais: acuidade visual, acuidade auditiva, percepção de cores.

Características psicossociais
- Inteligência geral.
- Habilidades: numérica, espacial, verbal, mecânica.
- Personalidade: liderança, motivação, cooperação.

Características sociais e culturais
- Diferenças culturais das crenças e tabus.
- Normas e valores do grupo social.

Minorias populacionais
- Crianças, idosos, obesos, pessoas com deficiência.

Essa classificação serve para selecionar indivíduos com características julgadas importantes, de acordo com a pesquisa que se quer realizar. Por outro lado, se for o caso de um sistema para uso público, como telefones públicos ou caixas automáticas de bancos, deve-se incluir a maior variedade possível na amostra representativa do público-alvo.

DIFERENÇAS INDIVIDUAIS

Uma das grandes dificuldades de uma pesquisa envolvendo seres humanos é a escolha dos sujeitos para a pesquisa, devido às diferenças individuais entre os elementos de uma população. Isso vai influir no tamanho da amostra, para que se consiga obter dados estatisticamente confiáveis.

As diferenças individuais são aquelas que ocorrem entre as pessoas e podem atingir níveis significativos. Essas diferenças ocorrem em várias características, como a estatura, peso, compleição física, resistência à fadiga, capacidade auditiva, acuidade visual, memória, habilidade motora, tempo de reação e muitos outros aspectos. As diferenças individuais entre as pessoas, tanto nos seus aspectos físicos como nas características intelectuais e comportamentais, podem assumir valores consideráveis.

Se não forem tomados os devidos cuidados, essas variações individuais podem ser maiores que aquelas das variáveis da pesquisa, mascarando os resultados.

As diferenças individuais ocorrem de tal forma que é praticamente impossível caracterizar um elemento "típico" ou "médio". Uma determinada pessoa pode ter uma das suas dimensões antropométricas na média e todas as demais fora da média. Por exemplo, uma pessoa pode ter uma estatura média, mas o comprimento dos braços ou peso diferentes da média.

Outro problema é que, dentro de uma mesma população, cada característica humana tem diferentes graus de variação (chamados variância ou desvio-padrão, em estatística). Assim, por exemplo, as pessoas apresentam maiores variações em destreza manual do que nas dimensões de suas mãos.

Portanto, o processo de escolha de um grupo de pessoas para uma pesquisa pode introduzir fortes tendências se não for bem controlado. Em alguns casos, uma determinada tendência é procurada deliberadamente.

Definição da amostra

As pesquisas em ergonomia geralmente procuram avaliar certas condições de uma *população*, por exemplo, os trabalhadores de uma fábrica ou de alunos de uma escola. No entanto, quando essa população for muito grande, a pesquisa pode tornar-se inviável pelo tempo ou custo demandados. Assim, ao invés de avaliar toda a população, avalia-se uma *amostra* dela, que é uma parte da população, de dimensão menor, porém sem perda das características representativas dessa população. Para ser representativa, a amostra deve conter proporcionalmente todas as características da população, tanto em termos quantitativos quanto qualitativos. Assim, a amostra precisa ser representativa, ou seja, todas as características da população devem figurar com a mesma proporção na amostra.

Uma amostra pode ser probabilística (aleatória) ou não probabilística (não aleatória). A amostra *probabilística* ocorre quando todos os elementos da população têm uma probabilidade conhecida, diferente de zero, para compor a amostra. Desta forma, a amostragem probabilística implica em um sorteio com regras bem determinadas, para compor a amostra. Quando não for possível definir as probabilidades de cada característica da população, a amostragem torna-se *não probabilística*.

Apesar de todos os cuidados na amostragem, uma amostra não representa perfeitamente uma população. Portanto, a utilização de uma amostra implica a aceitação de uma margem de erro denominada *erro amostral*, ou seja, a diferença entre o resultado baseado na amostra e o verdadeiro valor desse resultado na população. Apesar do erro amostral ser inevitável, ele pode ser delimitado escolhendo-se uma amostra de tamanho adequado. O erro amostral e o tamanho da amostra seguem sentidos contrários: quanto maior o tamanho da amostra, menor o erro amostral, e vice-versa. Esse erro depende também do grau de dispersão (Figura 2.6) da característica desejada, dentro da população.

Tipos de amostragens

A técnica da amostragem consiste em selecionar um número limitado de sujeitos que participarão da pesquisa, reproduzindo, da melhor forma possível, as características presentes na população que eles representam. Um exemplo típico é o das prévias eleitorais. Com uma amostra de cerca de 1 mil a 2 mil eleitores, consegue-se prever os resultados da votação de milhões de pessoas com uma margem de cerca de 3% de erro. Aumentando-se o tamanho da amostra, esse erro pode ser reduzido. Entretanto, esse erro só poderá ser *zerado* abrangendo-se toda a população, mas isso, geralmente, torna a pesquisa inviável.

Em estatística, existem muitos tipos de amostragens. Aquelas mais usuais em ergonomia são as seguintes.

Amostragem casual – A amostragem casual é feita sem cuidados especiais, como o próprio nome indica. Muitas vezes, o próprio pesquisador se coloca como sendo o sujeito da pesquisa ou escolhe seus alunos, parentes, colegas de trabalho ou um grupo de amigos. O problema é que esses elementos nem sempre podem ser considerados como uma amostra representativa da população de usuários de um produto ou serviço. Embora seja bastante utilizado, este tipo de amostragem é o que produz resultados mais duvidosos.

Amostragem aleatória – Na amostragem aleatória, os sujeitos são escolhidos ao acaso, dentro da população. Isso significa que todos os elementos dessa população têm iguais chances de figurar na amostra. Uma forma de se fazer isso seria o de numerar os sujeitos e escolhê-los usando uma tabela de números ao acaso (os resultados de uma loteria de números é um exemplo de números ao acaso). Evidentemente, uma amostra pode ser aleatória na característica que se quer medir, podendo não ser em outras. Por exemplo, ao sortearmos alunos de uma classe, poderão ser aleatórios quanto ao peso, mas não quanto ao grau de instrução ou idade.

Amostragem estratificada – A amostragem estratificada é semelhante à aleatória, mas é feita de acordo com uma classificação prévia dos sujeitos, segundo certas características (estratos) que poderão influir nos resultados. Por exemplo, vamos supor o teste de um painel em que as pessoas devem identificar e pressionar um grupo de letras e números em diferentes arranjos. Examinou-se um conjunto de características dos sujeitos que poderiam influir nos resultados, tais como o sexo, idade e destreza manual. Decidiu-se então tomar uma amostra de cerca de cem pessoas (Tabela 2.3), sendo 50% de homens e 50% de mulheres, divididos em três faixas etárias (20-29, 30-39 e acima de 40 anos), sendo a metade com experiência anterior e outra metade sem experiência em tarefas semelhantes, como digitação e uso de instrumentos musicais de teclados. Este tipo de amostragem estratificada é muito utilizado em pesquisas de opinião, em que as amostras são estratificadas, por exemplo, pelo grau de instrução, nível de renda e regiões geográficas.

Tabela 2.3
Exemplo de amostragem estratificada com três fatores de estratificação: sexo, faixa etária e experiência anterior

Faixa etária	Mulheres			Homens			Total
	20-29	30-39	≥40	20-29	30-39	≥40	
Sem experiência anterior	8	8	8	8	8	8	48
Com experiência anterior	8	8	8	8	8	8	48
Total	16	16	16	16	16	16	96

Amostragem proporcional estratificada – No tipo anterior, todos os estratos comparecem com igual número de sujeitos. Entretanto, quando houver uma informação prévia sobre a predominância relativa de algum estrato sobre o outro, a amostra pode ser feita proporcionalmente à presença dessas características na população. Por exemplo, em uma pesquisa para medir o tempo de reação em motoristas de automóveis, vamos supor que 60% dos usuários de automóveis sejam homens, 40% mulheres, 30% tenham menos de um ano de experiência e que 32% tenham idade entre 20 e 29 anos, 41% entre 30 e 39 anos e 27% acima de 40 anos. Uma amostra de cem pessoas deveria ser distribuída como se vê na Tabela 2.4.

Tabela 2.4
Exemplo de amostragem proporcional estratificada. A quantidade de elementos em cada célula é proporcional à frequência relativa de ocorrência de cada um dos fatores na população

Faixa etária	Tempo de experiência				Total
	Mulheres (40%)		Homens (60%)		
	Menos de um ano	Acima de um ano	Menos de um ano	Acima de um ano	
20-29	4	9	6	13	32
30-39	5	11	7	18	41
≥40	3	8	5	11	27
Total	12	28	18	42	100

Tamanho da amostra

A determinação do tamanho da amostra, ou seja, da quantidade de sujeitos de uma dada população a serem incluídos na pesquisa, é de grande importância. Amostras desnecessariamente grandes acarretam desperdício de tempo e de dinheiro. Ao contrário, amostras excessivamente pequenas podem levar a resultados pouco confiáveis.

O dimensionamento do tamanho da amostra depende de dois fatores: dispersão da variável e a confiabilidade (precisão) desejada. A *dispersão* é representada pelo desvio-padrão ou variância. Quanto maior for a dispersão da variável a ser medida, maior deverá ser o tamanho da amostra e vice-versa. Assim, se essa variável for uma constante, bastaria uma única medição, e o número de medições necessárias vai crescendo à medida que a dispersão vai aumentando, a fim de manter a confiabilidade desejada.

A confiabilidade depende da qualidade que se deseja. Aumentando-se o tamanho da amostra, aumenta-se também essa confiabilidade. Isso significa que as conclusões de uma pesquisa serão válidas dentro de certa margem de confiança. Por outro lado, não se pode chegar a uma certeza estatística de 100%. Para isso, pelo menos teoricamente, seria necessário um número infinito de medições (excluindo-se aquele caso da constante, quando bastaria apenas uma medição). As pesquisas em ergonomia geralmente trabalham com confiabilidades de 90%, 95% ou 99%.

Tendo-se esses dois parâmetros (dispersão e confiabilidade), pode-se fazer o dimensionamento da amostra, que vai determinar a quantidade de medições necessárias. As fórmulas para seu cálculo podem ser obtidas em livros de estatística (veja, por exemplo, Costa Neto (2002), Ryan (2009) e Stevenson (2001).

QUESTÕES ÉTICAS

Em algumas instituições, o projeto deve ser aprovado por um comitê de ética, em cumprimento à Resolução n° 196/1996 do CONEP (Ministério da Saúde). Na área de ergonomia, a Norma ERG BR 1002 "Código de Deontologia do Ergonomista Certificado da Associação Brasileira de Ergonomia (ABERGO, 2003)" estabelece que o pesquisador deve obter um termo de consentimento livre e esclarecido dos sujeitos participantes da pesquisa. Esta Norma estabelece também outras exigências para pesquisa em ergonomia: a) a adequação entre a competência do pesquisador e o projeto proposto; b) a inexistência de conflito de interesses (ou interesses escusos) entre o pesquisador e os sujeitos da pesquisa ou patrocinador do projeto; c) a existência de recursos humanos e materiais necessários que garantam o bem-estar dos sujeitos da pesquisa; d) uso de procedimentos que assegurem a não utilização das informações em prejuízo das pessoas e/ou das comunidades, inclusive em termos de autoestima, de prestígio econômico-financeiro; e) respeito aos valores culturais, sociais, morais, religiosos e éticos; f) acesso dos sujeitos da pesquisa aos benefícios resultantes do projeto de pesquisa, incluindo os procedimentos, produtos, agentes da pesquisa e retorno social.

Há casos em que essas pesquisas são financiadas por empresas com fins lucrativos e seus resultados podem gerar patentes e importantes vantagens econômicas e competitivas. Nesses casos, as empresas financiadoras podem exigir sigilo para que os resultados sejam de uso exclusivo e não sejam amplamente divulgados. Essa condição, chamada de *cláusula de sigilo*, deve ser claramente estabelecida em contrato e respeitada pelos pesquisadores.

2.4 Controle das condições experimentais

A pesquisa em ergonomia, tanto naquela realizada em laboratório como em campo, requer planejamento e controle das condições experimentais. Em princípio, todos os experimentos envolvendo sujeitos humanos correm o risco de sofrer influências "indevidas", que podem distorcer os resultados ou levar a falsas conclusões. Existem diversas técnicas para se verificar até que ponto as variáveis independentes estão influindo *realmente* nos resultados (variáveis dependentes) da pesquisa. Nas pesquisas de ergonomia, muitas vezes se usa a técnica do grupo experimental comparado ao grupo de controle.

Grupos experimental e de controle

A pesquisa pode utilizar dois grupos (experimental e de controle) semelhantes entre si (com as mesmas características). O grupo experimental (ou de tratamento) é aquele que é submetido às variáveis independentes da pesquisa, ou seja, participa efetivamente dos experimentos. O grupo de controle tem composição semelhante, mas não é submetido às variáveis independentes da pesquisa, sendo mantido em condições análogas ao do grupo de experimental nos demais fatores.

Em uma pesquisa, comparando o grupo experimental com o grupo controle, espera-se que as variáveis independentes produzam resultados positivos (ou negativos) apenas no grupo experimental, diferenciando-se daqueles do grupo de controle. Se os resultados forem semelhantes para os dois grupos, pode-se supor que as variáveis independentes não tiveram influência nos resultados e estes se devem a algum outro fator não controlado.

Existem ainda outras técnicas e formas para se comprovar os resultados de um experimento em ergonomia. Por exemplo, pode-se avaliar um grupo experimental antes e após a intervenção ergonômica, ou avaliar o grupo de controle com uso de placebo.

Grupo experimental "antes e após"

Na técnica "antes e após" uma intervenção, o *mesmo grupo* experimental é avaliado em duas ocasiões distintas, dispensando-se as comparações com o grupo de controle. Essa técnica, avaliando o mesmo grupo, tem a vantagem de reduzir as influências das diferenças individuais entre os dois grupos (experimental e de controle). Além dessas diferenças, outros fatores podem interferir na pesquisa com uso dos grupos de controle e experimental. Por exemplo, o grupo de controle pode se sentir desvalorizado ou discriminado por estar sendo comparado a um grupo "especial", e vice-versa. O grupo experimental pode sentir-se motivado a produzir resultados superiores, devido a esse tratamento especial.

GRUPO DE CONTROLE COM USO DE PLACEBO

Placebo é uma substância inerte que é aplicada apenas ao grupo de controle, e não ao grupo experimental. Usa-se, por exemplo, quando se quer investigar o efeito de um medicamento sobre o grupo experimental. Evidentemente, o placebo tem aspecto *idêntico* ao do medicamento, e nenhum dos dois grupos é informado se está tomando o placebo ou o medicamento verdadeiro. O grupo de controle submete-se ao mesmo experimento do grupo experimental, sem saber que está participando do experimento sob essa condição. O tratamento atribuído aos dois grupos é idêntico, assim como as medições efetuadas.

Por exemplo, numa pesquisa sobre efeito de estimulantes no trabalho, foi dado um tablete com certo tipo de estimulante ao grupo experimental, que apresentou um aumento de 10% na produtividade. Ao grupo de controle foi dado um tablete de aspecto idêntico, mas com uma substância inerte. Observou-se o mesmo grau de aumento da produtividade entre ambos, evidenciando que esse efeito não foi provocado pelo estimulante. Ou seja, não se comprovou a influência do estimulante (variável independente) no aumento da produtividade.

Cabe ressaltar que o uso do placebo deste tipo não é usual em ergonomia. No entanto, esse conceito de placebo pode ser estendido, no caso da ergonomia, para qualquer fator que não seja facilmente perceptível, como pequenas mudanças de dimensões, cores, ruídos, temperaturas, e assim por diante. O importante, nesse caso, é que os sujeitos do grupo de controle não percebam as diferenças de tratamento em relação ao grupo experimental. A rigor, nenhum dos sujeitos e nem o próprio observador deve saber quem pertence a um grupo ou ao outro, para se evitar quaisquer diferenças de tratamento. Essa identificação poderia ser feita a *posteriori*, com uso de códigos, quando todas as observações já tiverem sido realizadas.

REDUÇÃO DAS INFLUÊNCIAS INDESEJÁVEIS

Uma pesquisa de laboratório, para que seja bem-sucedida, deve isolar os fatores estranhos ou, em outras palavras, eliminar todas as fontes de "ruídos" indesejáveis, que tendem a mascarar os verdadeiros efeitos pretendidos. Assim, quando se diz que um experimento está bem controlado, quer dizer que todas as possíveis variáveis foram examinadas, a fim de selecionar as variáveis independentes e aquelas dependentes. Todas as demais variáveis que "não interessam" devem ser mantidas constantes durante o experimento. Quando isso não for possível, a influência delas pode ser neutralizada pelo planejamento estatístico do experimento.

Na pesquisa de campo, quando esse tipo de controle torna-se difícil, as relações entre as variáveis podem ser determinadas por métodos estatísticos. Por exemplo, podem-se calcular os índices de correlação entre as supostas variáveis independentes e os dependentes.

As variáveis, quando se referem à máquina ou ao ambiente físico, são controladas com relativa facilidade. Por exemplo, uma pesquisa sobre a percepção sonora pode ser feita em uma cabine acústica, para eliminar a interferência de sons ambientais. Contudo, controlar o ser humano já é uma tarefa mais difícil. Alguns aspectos desse controle são discutidos a seguir.

ATITUDES E EXPECTATIVAS

Cada pessoa que participa de uma pesquisa tem atitudes e expectativas próprias. Ou seja, ela não é neutra, pois tem ideias próprias sobre a pesquisa. Isso, naturalmente, pode influenciar os resultados. As pessoas "torcem" por determinados resultados, ou atuam da forma que consideram a mais correta, segundo julgamentos pessoais. Isso pode levar a conclusões falsas. Por exemplo, no teste de um novo posto de trabalho, se os trabalhadores desconfiarem que esse novo posto representa algum tipo de ameaça ao seu emprego, podem falsear os resultados, colocando defeitos que, na realidade, não existem.

Se a pesquisa for realizada em campo, pode provocar interrupção do trabalho normal, atraso de compromissos, ou mesmo ser aborrecedor, pela simplicidade das tarefas ou, ao contrário, por apresentar dificuldade exagerada. Para que essas influências sejam minimizadas, normalmente se trabalha somente com voluntários que estejam, a princípio, dispostos a colaborar, sem serem forçados a isso.

Deve-se ressaltar que, quando um grupo é observado ou medido, ele tende a apresentar uma mudança de comportamento pelo simples fato de estar recebendo uma atenção especial. Nessas condições, frequentemente surgem dúvidas se o efeito na variável dependente é provocado realmente pela variável independente ou se os resultados não teriam ocorrido simplesmente pelo fato de os sujeitos estarem sob observação. Isso é semelhante ao *efeito Hawthorne* (ver p. 638). Em outros casos, a simples mudança de um fator ambiental, não importando se para melhor ou para pior, pode provocar aumento de produtividade, simplesmente pela quebra da monotonia, reduzindo a fadiga psicológica.

INSTRUÇÕES

Uma forma importante para controlar as atitudes e expectativas é pela instrução correta passada aos sujeitos, de modo que os objetivos e os procedimentos fiquem claramente estabelecidos, eliminando-se quaisquer tipos de suposições ou mal-entendidos.

Por exemplo, em um experimento sobre o tempo de reação a um estímulo sonoro, o sujeito deveria apertar um botão assim que ouvisse o sinal sonoro. Os testes foram realizados em duas etapas, cada uma com instruções diferentes. Para a primeira etapa, foi dito aos sujeitos que deveriam pressionar o botão assim que ouvissem o sinal sonoro. Para outra etapa, que deveriam pressionar o botão assim que ouvissem o *sinal sonoro* ou vissem uma *luz piscando*, devendo reagir igualmente em ambos os casos. Só que esse estímulo luminoso nunca foi apresentado (a luz permaneceu apagada o tempo todo). Apenas criou-se a expectativa do estímulo luminoso. Observou-

-se que os tempos de reação, no caso da segunda instrução, aumentaram em cerca de 15% em relação à primeira instrução (Figura 2.4).

Devido à importância das instruções, estas devem ser apresentadas, de preferência, na *forma escrita* e padronizada para todos os sujeitos, usando-se uma linguagem simples e direta. Assim, procura-se eliminar a influência pessoal do pesquisador sobre os sujeitos. Antes de começar o experimento propriamente dito, deve-se fazer um teste para verificar se as instruções foram corretamente entendidas.

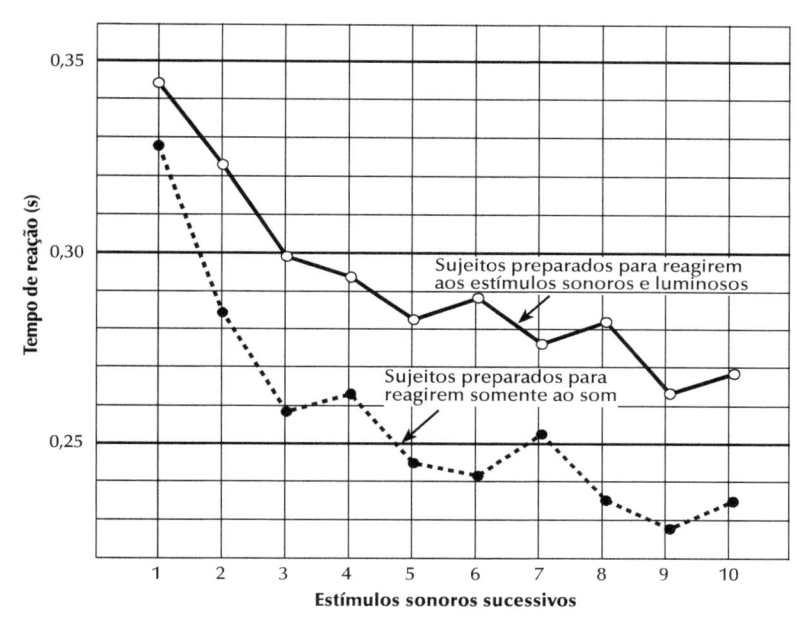

Figura 2.4
Tempos médios de reação apresentados por 39 sujeitos submetidos a dez estímulos sonoros apresentados sucessivamente. Os testes demonstram que os tempos de reação diminuem com a aprendizagem e variam de acordo com a instrução dada previamente aos sujeitos, provocando diferentes expectativas. (Chapanis, 1962).

MOTIVAÇÃO

A motivação é outro fator difícil de ser controlado quando se faz pesquisas com o ser humano (ver p. 623). Existem evidências comprovadas de que sujeitos motivados produzem mais e com mais qualidade e suportam melhor as condições desfavoráveis de trabalho, sendo menos suscetíveis à fadiga.

O importante, nesse caso, é que todos os sujeitos tenham o mesmo grau de motivação. Por outro lado, não é fácil saber qual é o estímulo que mais motiva um determinado sujeito. Geralmente, para reduzir as diferenças motivacionais, recomenda-se que todos os sujeitos sejam estimulados positivamente. Para isso, pode-se: a) gerar um entusiasmo em participar da pesquisa, conscientizando os sujeitos sobre a importância desta; b) oferecer certas recompensas, como dinheiro ou um dia de folga; c) as pessoas se tornam naturalmente motivadas se tiverem conhecimento dos seus resultados, em forma de escores, índices ou pontos alcançados.

FATORES SOCIAIS

Os sujeitos fazem parte da sociedade e os contatos entre eles ou deles com o pesquisador podem influir nos resultados. Por exemplo, a presença ou ausência do pesquisador na sala de experimento pode influir no desempenho dos sujeitos. A presença do pesquisador na sala, mesmo fora do campo visual, tende a melhorar o desempenho. Outra questão é o relacionamento do pesquisador com os sujeitos. Nesse contato, é importante que não haja tratamento diferenciado.

Por exemplo, elogios, palavras de encorajamento ou quaisquer comentários sobre os resultados devem ser feitos *uniformemente* para todos os sujeitos do experimento. Assim mesmo, estes devem ser feitos com o máximo cuidado, pois cada sujeito pode interpretar o comportamento do pesquisador de forma diferente. Um simples comentário ou um gesto aparentemente "neutro" pode ser entendido como crítica ao seu desempenho, e isso pode influir nos resultados futuros.

As *avaliações subjetivas* em que as pessoas emitem conceitos de valor ou preferências pessoais podem ser distorcidas por vários fatores, pois elas geralmente preferem aquilo que já conhecem ou que está na "moda", e muitas vezes são baseadas em critérios diferentes daqueles pretendidos pelo pesquisador. Por exemplo, se for solicitado às pessoas que manifestem sua preferência em relação aos automóveis com base em critérios objetivos como preço, desvalorização, desempenho e segurança, muito provavelmente, elas serão influenciadas também por outros critérios subjetivos como estilo, cor ou até a marca preferida. Além disso, frequentemente, as pessoas manifestam opiniões que tendem a concordar com os pesquisadores ou seus superiores, pensando em agradá-los.

2.5 COLETA E ANÁLISE DE DADOS

As pesquisas em ergonomia realizam diversos tipos de medições das variáveis envolvidas no sistema humano-máquina-ambiente. Quando se trata de medir alguma variável material (máquina, ambiente) como a altura de uma cadeira ou mesa, o problema é relativamente simples. Contudo, para obter dados relativos à parte humana do sistema, geralmente a tarefa torna-se mais complexa e requer uma série de cuidados, pois, em geral, o próprio ato de medir introduz mudanças naquilo que se quer medir.

Para reduzir os erros, as medições do ser humano devem ser realizadas, sempre que possível, em condições padronizadas, que constem de instruções escritas. Por exemplo, a medida da estatura de uma pessoa pode variar em até 5 cm, conforme seja feita de manhã ou no final da tarde, com ou sem calçado, na posição ereta ou na postura natural, levemente curvada para a frente, e assim por diante. As medições do ser humano recaem em duas categorias gerais: objetivas e subjetivas.

MEDIÇÕES OBJETIVAS

As medições objetivas são aquelas realizadas com o auxílio de instrumentos de medida e resultam em um determinado valor numérico.

Exemplos de medidas objetivas são as antropométricas e biomecânicas, como estatura, peso e força. Aqui também se incluem as medidas fisiológicas, como a temperatura corporal, composição do sangue, da urina, atividades elétricas da musculatura e outras. Nesses casos, deve-se tomar o cuidado de escolher as variáveis, definir a quantidade de medições, a faixa de valores e o tipo de instrumento a ser utilizado (influi na precisão) e as condições em que serão feitas as medições.

Faixa de valores – A faixa de valores, entre os valores mínimo e máximo a serem medidos, deve ser fixada para que não se realizem medições pouco significativas. Quando não se conhecem *a priori* esses valores ou não se têm informações de outras experiências semelhantes já realizadas, será necessário fazer um pré-teste para determinar esses valores extremos. Por exemplo, sabe-se que o tempo mínimo de reação muscular a um estímulo visual é da ordem de 0,5 s. Portanto, experiências nessa área devem ser feitas, digamos, na faixa de 0,1 a 1,0 s. Provavelmente, tempos fora dessa faixa não produzirão efeitos significativos. De forma análoga, sabe-se que a visão necessita de aproximadamente trinta minutos para se adaptar ao escuro. Assim sendo, experiências sobre adaptações visuais ao escuro devem ser feitas na faixa de zero a quarenta minutos. Além desse tempo, o processo fica tão lento que apresenta pouco interesse.

Instrumentos de medida – A faixa de valores a serem medidos leva à escolha dos instrumentos de medida, que devem trabalhar na faixa escolhida, com a precisão necessária. Por exemplo, para medir as horas em um esquema de turno de trabalho, será suficiente um relógio comum. Para medir os minutos para a adaptação da visão ao escuro, já será necessário um cronômetro e, para o tempo de reação a um estímulo, serão necessários registradores ou instrumentos eletrônicos com precisão de frações de segundo.

QUANTIDADE DE MEDIÇÕES

A quantidade de medições vai depender do tipo de variação (função) da curva e da precisão desejada. Naturalmente, se aumentar o número de medições, crescerão também o tempo necessário para a pesquisa e os custos envolvidos. É conveniente, então, por razões práticas, reduzir este a um mínimo necessário, desde que não prejudique a precisão desejada.

Nos estudos em Ergonomia, como já vimos, geralmente existem diversos fatores que influem no desempenho. Se este for "bem-comportado", com poucas oscilações, bastarão poucas medições. A rigor, se a função for uma reta, bastariam dois pontos para determiná-la. Esse número vai crescendo à medida que as variáveis apresentem comportamentos mais complexos. Funções com oscilações maiores exigem medições em mais pontos. O valor de cada um desses pontos é obtido pela média das medições dos sujeitos da amostra.

Essas quantidades de medições podem ser calculadas estatisticamente. Como uma regra prática, aconselha-se determinar ao menos cinco pontos para traçar aquelas funções simples, lineares ou monotônicas. Em casos mais complexos, serão necessários dez a trinta pontos para se obter uma precisão razoável. Por exemplo, para determinar as variações da temperatura corporal durante o dia, deve-se fazer pelo menos uma medição a cada hora do dia, obtendo-se 24 pontos para o ciclo completo de cada sujeito. Nas pesquisas em ergonomia, geralmente se considera que medições de trinta sujeitos oferecem uma confiabilidade razoável. Portanto, nesse exemplo, seriam necessárias 720 medições das temperaturas corporais (trinta sujeitos medidos 24 vezes durante o dia, de hora em hora).

MEDIÇÕES SUBJETIVAS

Medições subjetivas são aquelas que dependem de algum tipo de julgamento dos sujeitos. Por exemplo, fadiga e conforto dependem de muitos fatores e dificilmente podem ser determinados por medições instrumentais, ainda que indiretamente. Nesse caso, o "sentimento" de fadiga ou conforto deve ser manifestado pelo sujeito. Isso pode levar a erros experimentais, mas estes podem ser reduzidos por um planejamento e controle adequado do experimento.

As medições subjetivas nem sempre podem ser quantificadas em números, mas apenas qualificadas ou classificadas. Elas são baseadas geralmente em entrevistas e questionários. Existem basicamente duas técnicas usadas para "quantificar" as variáveis subjetivas que apresentem variações contínuas.

CONSTRUÇÃO DE UMA ESCALA QUALITATIVA

A escala para "medir" variáveis qualitativas é composta de uma série de frases, cada uma representando um determinado valor nessa escala. Em geral usam-se três a sete frases, mas recomenda-se uma quantidade par (quatro ou seis), para se omitir a tendência central da "coluna do meio".

Por exemplo, para se pesquisar o conforto de uma cadeira, poderiam ser usadas as seguintes frases:

1. *Péssimo* – é desconfortável ao extremo, provocando dores agudas insuportáveis.
2. *Grande desconforto* – é muito desconfortável, provocando dores agudas frequentes.
3. *Pouco desconforto* – é medianamente desconfortável, provocando dores agudas ocasionais.
4. *Pouco conforto* – é medianamente confortável, provocando dores ocasionais suportáveis.
5. *Bem confortável* – é confortável, provocando dores insignificantes.
6. *Excelente* – é perfeitamente confortável, com dores ausentes.

Esse tipo de escala resulta em dados do tipo qualitativo ordinal e pode apresentar dois tipos de inconveniências. Em primeiro lugar, se for pedido para diversas pessoas ordenarem essas frases, é possível que haja algumas inversões, principalmente nos níveis intermediários. Por exemplo, uma pessoa poderia ter dificuldade de decidir entre o nível 3 (é medianamente desconfortável, provocando dores agudas ocasionais) e o nível 4 (é medianamente confortável, provocando dores ocasionais suportáveis). Outro aspecto é o intervalo entre dois níveis sucessivos, que não se mantém constante. Ou seja, o diferencial de conforto/desconforto existente entre os níveis 1 e 2 pode ser diferente daquele entre 2 e 3, e assim sucessivamente.

MARCAÇÃO EM UMA ESCALA

A avaliação pode ser feita com utilização de uma escala numérica ao invés das frases. Usando o mesmo exemplo, ao invés de ordenar as frases, a pessoa marcaria o grau de conforto em uma linha, que funciona como escala. Existem basicamente dois tipos de escala: discreta e contínua.

Escala discreta – A marcação é feita em um dos pontos definidos na escala. Adotando-se o mesmo exemplo acima, sobre o conforto da cadeira, teríamos 6 pontos, entre 1 (péssimo) a 6 (excelente). Neste caso, ao invés de valores do tipo qualitativo ordinal, o resultado seriam valores do tipo quantitativo discreto (Figura 2.5-a). A *média das* avaliações realizadas poderia ser fracionária, por exemplo, 4,8, um valor que nem existe na escala original.

Escala contínua – Não há pontos intermediários predefinidos, mas apenas marcações das duas extremidades. Assim, utilizando o mesmo exemplo, a pessoa pode assinalar a percepção de conforto em qualquer ponto ao longo da linha. As avaliações serão obtidas simplesmente pela medida do comprimento da marcação feita na linha. Se o comprimento total dessa linha for de 10 cm, os resultados variarão de 0 a 10. Por exemplo, no caso da Figura 2.5-b, vale 8. Como a escala é contínua, os resultados seriam valores do tipo quantitativo contínuo.

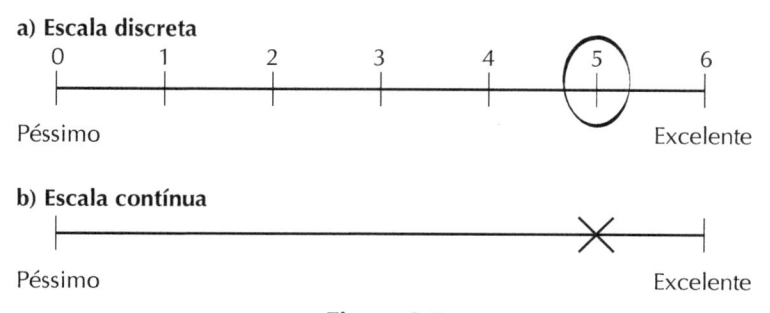

Figura 2.5
Exemplos de escalas discreta e contínua.

Em muitos casos, a escala numérica tem dado melhores resultados que a técnica com frases, devido à simplicidade na marcação das avaliações, sem exigir interpretações das frases. Comparando-se as duas escalas numéricas, a escala contínua dá melhor resultado do que a discreta porque ela é mais sensível e os resultados são mais consistentes. Além do mais, os dados obtidos pela escala contínua, que resultam em dados quantitativos contínuos, permitem uma gama maior de análises estatísticas mais confiáveis.

Os dados coletados podem ser submetidos a vários tipos de representações e análises estatísticas.

Representações dos dados coletados

Um tipo de representação bastante utilizada em ergonomia é a estatística descritiva, que mostra o comportamento das variáveis analisadas em forma de gráficos e diagramas. A *estatística descritiva* pode ser considerada como uma representação direta dos fatos, sem influência do analista. As formas de representação mais populares são os gráficos de linhas e o de barras, também chamados de histogramas (Figura 14.13). Quando houver interesse em mostrar proporcionalidade entre os dados, costuma-se usar a representação circular em "pizza".

Análises estatísticas

As análises estatísticas mais simples visam determinar certas grandezas como: tendência central (por exemplo, média aritmética, mediana, moda); e medidas de dispersão (por exemplo, variância, desvio-padrão). Aquelas mais complexas, como a regressão, permitem verificar se há correlação (grau de interdependência) entre dois conjuntos de dados. Por exemplo, entre o nível de ruído na rua e o grau de rendimento dos alunos perto da rua ruidosa.

A *média aritmética* é obtida pela soma de todos os valores dividida pela quantidade de medições realizadas. A *mediana* é o valor que ocupa o ponto médio quando forem ordenados em ordem crescente (ou decrescente). Assim, metade da população ou da amostra terá valores inferiores ou iguais à mediana e metade da população ou amostra terá valores superiores ou iguais à mediana. Quando o número de dados (n) coletados e ordenados for ímpar, a mediana será o valor central. Quando o número de dados (n) coletados e ordenados for par, a mediana é calculada pela média dos dois valores centrais.

Por exemplo, o controle de qualidade de uma fábrica registrou as seguintes quantidades de peças defeituosas produzidas em nove dias consecutivos: 1, 2, 2, 4, 20, 40, 50, 60 e 70. A média de defeitos será 27,66. A mediana, no caso, é representada pelo valor do ponto médio (quinto elemento), 20. A média é afetada pelos dados extremos, o que não acontece com a mediana, pois refere-se a um ponto específico. No exemplo acima, o desvio-padrão é de 27,69, o que é muito alto, mostrando que o processo apresenta grande dispersão. Além disso, observa-se uma forte tendência de aumento dos defeitos com o passar os dias, indicando que o processo está fugindo do controle.

Se cada ponto de uma variável apresentar dispersão de valores, deve-se recorrer a uma amostra de um conjunto de indivíduos para cada ponto. Por exemplo, deseja-se construir uma curva de crescimento das meninas entre dez e vinte anos. Para tanto, podem ser medidas trinta meninas de dez anos, outras trinta de onze anos e assim sucessivamente, ano a ano, determinando-se onze pontos, com um total de 330 medições. Esse caso é semelhante ao das medições das temperaturas corporais, já apresentado na p. 58. Contudo, haverá uma dispersão das medidas em cada um desses pontos, representado pelo *desvio-padrão* (σ) ou *variância*(σ^2). O desvio-padrão é a raiz quadrada da variância, que é sempre um valor positivo. Para calcular a variância, calcula-se inicialmente a média aritmética do conjunto de valores. Depois, as diferenças entre cada valor e a média, e elevam-se essas diferenças ao quadrado, somam-se esses quadrados, e divide-se a soma dos quadrados pelo número de dados do conjunto.

Esses cálculos e análises são facilmente realizados em planilha eletrônica Excel, assim como por todos os *softwares* estatísticos disponíveis, tais como MINITAB, BioStat, SPSS.

DISTRIBUIÇÃO NORMAL OU DE GAUSS

Quase todas as grandezas naturais seguem a distribuição normal, também chamada de curva de Gauss. Isso acontece, por exemplo, com a estatura humana de um conjunto de pessoas, assim como diâmetros ou pesos das batatas de uma amostra. Ela está presente também no comportamento humano e na produção industrial seriada. Por exemplo, uma máquina regulada para produzir peças com diâmetro de 20 mm, na realidade, vai produzir peças que oscilam em torno dessa média, para mais ou para menos, devido a várias causas aleatórias, fora de controle, resultando na distribuição normal desses diâmetros. Naturalmente, podem ocorrer oscilações bruscas devidas a causas assinaláveis, que as afastam da distribuição normal.

A distribuição normal é representada por dois parâmetros: a *média* (μ) da população e o *desvio-padrão*, representado pela letra grega (σ). O desvio-padrão representa a dispersão das medidas (ver fórmula para cálculo em livros de Estatística, como o de Costa Neto, 2002). Se todas as medidas forem iguais, o desvio-padrão será zero. Se o seu valor for pequeno, significa que há uma grande concentração das medidas em torno da média. Entretanto, se esse valor for grande, significa que há uma grande dispersão das medidas em torno da média. Por exemplo, o perímetro da cabeça difere pouco entre as pessoas – o desvio-padrão será pequeno. Entretanto, o perímetro do abdômen já apresentará um desvio-padrão maior para o mesmo conjunto de pessoas. Se essas pessoas forem jovens, provavelmente terão desvio-padrão desse perímetro menor que adultos na faixa entre quarenta e cinquenta anos.

A distribuição normal tem forma de sino e geralmente é simétrica em torno do valor médio (Figura 2.6). Nessa distribuição, 68,26% dos valores estarão em torno de um desvio ($1\ \sigma$), a contar da média (para mais e para menos); 95,44% dos valores estarão em torno de dois desvios ($2\ \sigma$) da média e, finalmente, 99,74% estarão a três desvios ($3\ \sigma$) da média.

Quando o desvio-padrão for relativamente pequeno, a curva do sino apresentará um aspecto mais "fechado" e ela vai se abrindo com o aumento do desvio. A rigor, se não houver dispersão, ela se reduzirá a uma linha vertical e, se a dispersão for extremamente grande, tenderá para a horizontal.

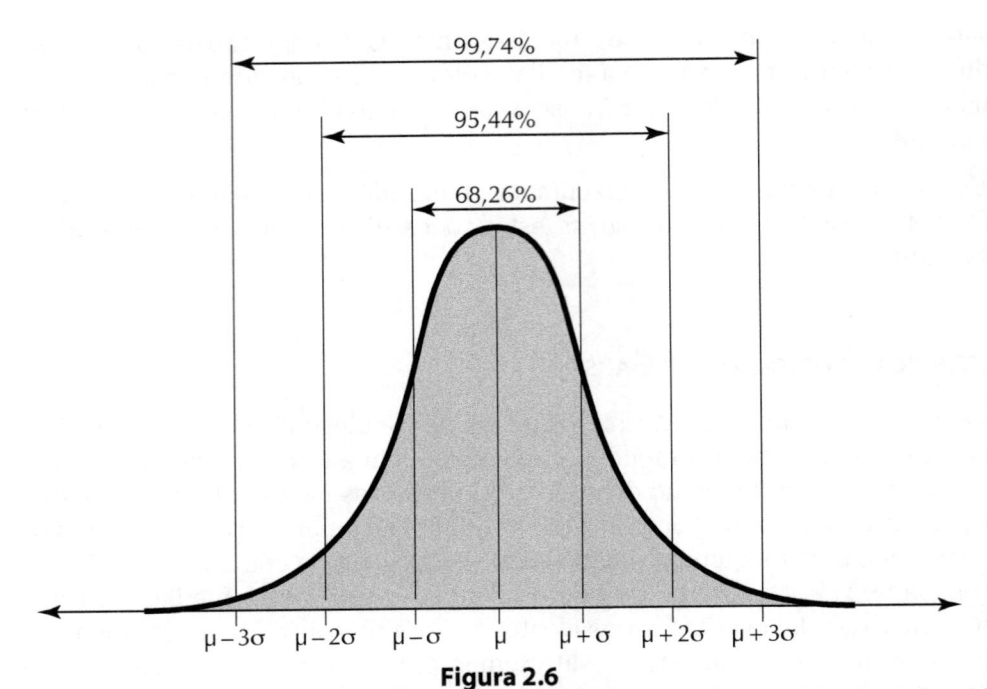

Figura 2.6
Representação de uma distribuição normal mostrando a média (μ) e os desvios (σ) em torno da média.

INFERÊNCIA ESTATÍSTICA

A inferência estatística é utilizada quando o objetivo é fazer afirmações (extrapolações) sobre um universo, a partir de um conjunto de valores representativos (amostra). O teste de hipóteses é uma das técnicas de inferência estatística que permite estudar uma população através de evidências fornecidas por uma amostra. Se fosse possível medir a altura de todos os brasileiros, não seria necessário usar inferência estatística, mas apenas a descritiva. Mas, como isso é praticamente impossível, a solução é escolher estrategicamente uma amostra representativa da população de adultos e, com as medições dessa amostra, inferir sobre os parâmetros (μ e σ^2) da população. Os resultados dependem da quantidade e qualidade da amostra. Esta tem que ser representativa da população. Aumentando-se o tamanho da amostra, aumenta-se também o grau de confiabilidade. O teste de hipóteses seria utilizado, por exemplo, para inferir se a média da altura dos brasileiros é inferior à dos norte-americanos.

QUESTÕES

1. Conceitue sistema. Dê um exemplo (seja original, não repita o livro).

2. Por que o conjunto de soluções subótimas nem sempre é ótima para o sistema?

3. Por que é importante definir corretamente a fronteira do sistema? Exemplifique.

4. Quais são as principais decisões preliminares ao projeto de pesquisa?

5. Como se define o objetivo da pesquisa?

6. Apresente as vantagens e desvantagens das pesquisas de laboratório e de campo.

7. Conceitue variáveis independentes e dependentes. Exemplifique.

8. Que cuidados se devem tomar na amostragem?

9. Para que serve o grupo de controle?

10. Pode-se afirmar que medições objetivas são sempre melhores que as subjetivas? Explique.

EXERCÍCIOS

1. Apresente um exemplo de subotimização de solução devido a consideração errônea das fronteiras do sistema.

2. Elabore proposta de uma pesquisa em ergonomia.
   a) Defina os objetivos, as variáveis dependentes e independentes.
   b) Essa pesquisa deveria ser realizada em laboratório ou em campo?
   c) Como deveriam ser selecionados os sujeitos?

3. Faça um levantamento das alturas dos alunos e alunas na sala de aula. Anote e faça a contagem por faixas de altura. Por exemplo, alturas entre 150 cm e 154 cm, entre 155 cm e 159 cm, entre 160 cm e 164 cm, e assim por diante.
   a) Faça o histograma e o polígono de frequências para as alturas das mulheres e dos homens.
   b) O que se observa?

3 MÉTODOS E TÉCNICAS EM ERGONOMIA

OBJETIVOS

Este capítulo apresenta os principais métodos e técnicas utilizados em ergonomia, tanto para realizar pesquisas, gerando novos conhecimentos, como para analisar os problemas, gerando soluções. Sendo uma ciência aplicada de natureza interdisciplinar, a ergonomia utiliza tanto os métodos e técnicas das ciências naturais como os das humanas e sociais. Estes abrangem as três grandes áreas da ergonomia: ergonomia física (fatores ambientais, máquinas, ferramentas e postos de trabalho), ergonomia cognitiva (interação humano-computador) e ergonomia organizacional (organização do trabalho). Muitas vezes, os estudos em ergonomia podem recair sobre a parte humana do sistema humano-máquina-ambiente ou a parte material, representada pela máquina e ambiente. Contudo, esse ambiente pode incluir também os aspectos sociais, com estudos de grupos ou organizações produtivas. A correta escolha dos métodos e técnicas adequadas em cada caso é fundamental para que as informações necessárias sejam obtidas e analisadas, a fim de atingir os objetivos desejados na pesquisa ou projeto.

Alguns dos métodos e técnicas mais utilizados foram descritos neste capítulo, enquanto outros, menos usuais, foram apenas referenciados. Ressalta-se que existem muitos outros métodos e técnicas utilizados na ergonomia em todo o mundo, e eles foram apenas mencionados, porque não caberiam neste capítulo.

TÓPICOS

- Análise ergonômica
- Técnica de observação
- Técnica de entrevista
- Grupo de foco
- Questionários
- Escala de Borg
- Diagrama de áreas dolorosas
- Questionário nórdico
- Técnicas de *checklist*
- OWAS
- RULA
- REBA
- OCRA
- NIOSH
- NASA-TLX
- Eletromiografia
- Análise cognitiva
- QFD

3.1 MÉTODOS E TÉCNICAS

A ergonomia é uma ciência aplicada. Ela se assemelha às ciências naturais e sociais, que constroem os seus conhecimentos a partir de observações e experimentações, em condições controladas e comprovadas, realizando-se mensurações e análises dos fenômenos. Por exemplo, faz observações reais do uso de máquinas e equipamentos ou da influência do clima no rendimento do trabalho. Ela se diferencia das ciências formais, como a matemática, cujos conhecimentos são construídos pelo raciocínio lógico. Em suas pesquisas, a ergonomia utiliza diversos tipos de métodos e técnicas.

Método de pesquisa – É o procedimento ou caminho utilizado pelo pesquisador para estabelecer relações entre variáveis *independentes* (causas) e *dependentes* (efeito). O método é composto de uma série de etapas, partindo de uma hipótese (também chamada de pressuposto) para se chegar ao resultado da pesquisa, confirmando ou rejeitando essa hipótese. Em cada uma dessas etapas, pode-se usar ferramentas para coleta e análise de dados, chamadas de técnicas. Assim, um método utiliza várias técnicas para alcançar o objetivo.

Técnicas – São operações, ações ou modos de executar uma atividade e são hierarquicamente inferiores ao método. O método é mais amplo que a técnica, e pode ser composto de várias técnicas. Assim, para cada método existe um conjunto de técnicas adequadas para se chegar ao objetivo pretendido. Por sua vez, a mesma técnica pode ser utilizada em vários tipos de métodos.

Por exemplo, quando se quer verificar a satisfação do consumidor com um novo produto, pode-se usar técnicas para coleta de dados, tais como: observação (como o consumidor utiliza o produto), questionários escritos, entrevistas verbais com os consumidores ou reunião com um grupo de consumidores (grupo de foco). Às vezes, pode-se usar uma técnica complementando a outra, pois cada uma pode apresentar diferentes detalhes daquilo que se quer conhecer. Naturalmente, existe uma sequência na aplicação dessas técnicas. Por exemplo, técnicas de análises estatísticas só podem ser aplicadas quando todos os dados já estiverem coletados, com aplicação das técnicas adequadas, como questionários ou entrevistas.

ESCOLHA DE MÉTODOS E TÉCNICAS

Existem dezenas de métodos e técnicas utilizados em ergonomia e que são apresentadas em publicações especializadas, como Charlton e O'Brien (2002), Stanton et al. (2005) e Wilson e Corlett (2005).

A escolha dos métodos e das técnicas depende muito da natureza da pesquisa, do objetivo pretendido, dos recursos e tempo disponíveis. Depende também das habilidades e experiência do pesquisador em selecionar os métodos e técnicas adequadas em cada caso. Determinados métodos e técnicas podem ser mais detalhados que outros, mas exigem mais habilidade, tempo e dinheiro.

Por exemplo, para entrevistar os consumidores de um produto, é necessário treinar uma equipe para realizar essas entrevistas, e os procedimentos são relativamente demorados. Esses dados poderiam ser obtidos por questionários respondidos *on-line,* a custos reduzidos, mas a qualidade das informações obtidas poderia ser prejudicada. Por outro lado, é preciso verificar se a solução do problema exige métodos e técnicas tão detalhados.

No caso da ergonomia, existe uma dificuldade adicional, que é inerente à sua natureza *interdisciplinar*. Cada tipo de profissional envolvido (médicos, engenheiros, psicólogos, designers, fisioterapeutas) tende a ver o problema de acordo com o seu viés profissional, destacando certos aspectos sobre os demais e gerando subotimizações (ver p. 33). Para que a solução final não fique "torta", é necessário que o problema seja definido com a maior clareza possível, e que haja uma coordenação eficaz para evitar e corrigir as eventuais distorções.

Portanto, a escolha dos métodos e técnicas depende da habilidade e experiência do pesquisador e também das restrições que ele encontra na prática. Em princípio, não se pode afirmar que haja um *determinado* método ótimo para cada tipo de problema, devido a essas condições limitantes. Um método considerado ótimo pode mostrar-se inviável na prática devido à falta de recursos ou inabilidade dos pesquisadores. Enquanto isso, um outro, subótimo, pode produzir resultados mais interessantes.

3.2 Métodos de análise ergonômica

A análise ergonômica visa observar, diagnosticar e corrigir uma situação real de trabalho, aplicando os conhecimentos de ergonomia.

Tópicos da análise ergonômica

De acordo com a Norma Regulamentadora de Ergonomia (NR17, Anexo II, item 8.4), a análise ergonômica deve contemplar, no mínimo, os seguintes tópicos: 1) descrição das características dos postos de trabalho; 2) avaliação da organização do trabalho; 3) relatório estatístico; 4) relatórios de avaliações; 5) registro e análise; 6) recomendações ergonômicas.

Descrição das características dos postos de trabalho – Incluir os aspectos físicos e dimensionais do mobiliário, utensílios, ferramentas, espaço para a execução do trabalho e condições de posicionamento e movimentação de segmentos corporais.

Avaliação da organização do trabalho – Verificar os seguintes aspectos organizacionais:

    a.   Trabalho prescrito (previsto) e o trabalho real;

    b.   Descrição da produção em relação ao tempo alocado para as tarefas;

    c.   Variações diárias, semanais e mensais da carga de atendimento, incluindo variações sazonais e intercorrências técnico-operacionais mais frequentes;

    d.   Quantidade de ciclos de trabalho e sua descrição, incluindo trabalho em turnos e trabalho noturno;

    e.   Ocorrência de pausas interciclos;

    f.   Explicitação das normas de produção, conteúdo das tarefas executadas, exigências de tempo, ritmo de trabalho;

    g.   Histórico mensal de horas extras realizadas em cada ano; e

    h.   Explicitação da existência de sobrecargas estáticas ou dinâmicas do sistema osteomuscular.

Relatório estatístico – Incluir as frequências de incidências das queixas de agravos à saúde, colhidas nos prontuários médicos da Medicina do Trabalho.

Relatórios de avaliações – Levantar o grau de satisfação no trabalho e clima organizacional, realizadas no âmbito da empresa.

Registro e análise – Coletar as impressões e sugestões dos trabalhadores relacionados aos aspectos dos itens anteriores.

Recomendações ergonômicas – Elaborar planos e propostas claros e objetivos para solucionar os problemas detectados, com definição das datas de implantação e de acompanhamentos.

APRESENTAÇÃO DA ANÁLISE ERGONÔMICA

A análise ergonômica deve ser formalmente apresentada em documento escrito, datado, com folhas numeradas e rubricadas, contemplando obrigatoriamente as seguintes etapas de execução:

1. Explicitação da demanda (situação problemática) do estudo;
2. Análise das tarefas, atividades e situações de trabalho;
3. Divulgação e discussão e dos resultados com os trabalhadores envolvidos;
4. Recomendações ergonômicas específicas para os postos avaliados;
5. Avaliação e revisão das providências adotadas com a participação dos trabalhadores, supervisores e gerentes;
6. Avaliação da eficiência das recomendações.

Existem diversos métodos para se fazer a análise ergonômica. No Brasil, os métodos mais difundidos são: a Análise Ergonômica do Trabalho (AET) e a Intervenção Ergonomizadora.

ANÁLISE ERGONÔMICA DO TRABALHO (AET)

A Análise Ergonômica do Trabalho (AET) foi desenvolvida por pesquisadores franceses e se constitui em um exemplo de ergonomia de correção. O método AET desdobra-se em cinco etapas (Guérin et al., 2001; Santos e Fialho, 1995; Vidal, 2003):

- Análise da demanda;
- Análise da tarefa;
- Análise da atividade;
- Formulação do diagnóstico;
- Recomendações ergonômicas.

As três primeiras constituem a fase de análise e permitem realizar o diagnóstico para formular as recomendações ergonômicas. A AET faz uma distinção conceitual entre tarefa, atividade e cargo.

Tarefa (*task* em inglês) – É o trabalho prescrito, ou seja, aquele planejado ou previsto, e que consta das descrições de cargos e dos manuais de operação. A tarefa pode ser decomposta em várias ações mais detalhadas.

Atividade – É o trabalho *real* executado pelo trabalhador, ou seja, a realização da tarefa na prática. Esta pode diferir da tarefa, devido às diferenças individuais entre os trabalhadores e as condições situacionais em que é executada.

Cargo (*job* em inglês) – É o conjunto de tarefas ou atribuições e responsabilidades a serem exercidas regularmente por uma pessoa. Não deve ser confundido com a pessoa que o exerce. Por exemplo, em uma fábrica pode existir o cargo de eletricista de manutenção (ver Tabela 17.4, p. 655), que é ocupado por vários eletricistas ou, eventualmente, por nenhum deles, mas o cargo continua existindo.

Um cargo é composto de várias tarefas e estas desdobram-se em ações, por exemplo:

Cargo: pedreiro.

Tarefas: construir parede de alvenaria; rebocar parede; assentar azulejos.

Ações: apanhar tijolo; posicionar tijolo; colocar argamassa; nivelar tijolo; verificar alinhamento; retirar excesso de argamassa.

Embora a AET faça essa diferença conceitual entre tarefa e atividade, na prática, eles podem ter o mesmo significado, principalmente nas pequenas e médias empresas, que não possuem descrições formalizadas dos cargos. Assim, tarefa pode referir-se também àquilo que o ocupante desse cargo realiza no exercício de sua função (atividade). Por outro lado, o termo *atividade* pode significar também *ação*, que corresponderia a um nível mais detalhado da tarefa. Enfim, esses três termos (tarefa, atividade, ação) nem sempre são usados em suas acepções corretas.

ANÁLISE DA DEMANDA

Demanda é a descrição do problema ou da situação problemática (problematização) que justifique a necessidade de uma atuação ergonômica. Ela pode ter diversas origens, tanto por parte da direção da empresa como por parte dos trabalhadores e suas organizações sindicais, bem como por parte dos órgãos públicos de fiscalização das condições de trabalho (MPT e DRT). A análise da demanda procura entender a *natureza* e a *dimensão* dos problemas apresentados. Muitas vezes, esse problema é apresentado de forma parcial, mascarando outros de maior relevância. Outras vezes, não há um consenso entre os vários atores envolvidos (gerentes, supervisores, trabalhadores, ergonomistas). Nesse caso, é necessário haver um processo de negociação entre as partes, para se delimitar as fronteiras do problema, além de definir outros aspectos, como prazos e custos para a apresentação da solução. Essa clara definição da demanda é fundamental para que a solução seja formulada e apresentada corretamente.

ANÁLISE DA TAREFA

Tarefa é um conjunto de objetivos prescritos que os trabalhadores devem executar. Ela corresponde a um planejamento (previsão) do trabalho e pode estar contida em documentos formais, como o manual de operações, contendo descrição de cargos. Informalmente, pode corresponder a certas expectativas gerenciais. A AET analisa as divergências entre aquilo que é prescrito (tarefa) e o que é executado realmente (atividade). Isso pode acontecer porque nem todos os trabalhadores seguem rigidamente o método prescrito e as condições efetivas (como máquinas desajustadas, materiais irregulares) diferem daquelas previstas. Daí se conclui que a AET não pode basear-se simplesmente nas tarefas, devendo observar como as mesmas distanciam-se na realidade. Em consequência, os controles gerenciais também não podem base-ar-se apenas nas tarefas prescritas.

ANÁLISE DA ATIVIDADE

Atividade refere-se ao comportamento efetivo do trabalhador para a realização de uma tarefa. Ou seja, a maneira como o trabalhador procede para alcançar os objetivos que lhe foram atribuídos. Ela resulta de um processo de adaptação e regulação entre os vários fatores internos e externos envolvidos no trabalho.

Fatores internos – Localizam-se no próprio trabalhador e são caracterizados pela sua formação, experiência, idade, sexo e outros, além de sua disposição momentânea, como motivação, vigilância, sono e fadiga.

Fatores externos – Referem-se às condições em que a atividade é executada. Classificam-se em quatro tipos principais: conteúdo do trabalho (objetivos, regras e normas); organização do trabalho (constituição de equipes, horários, turnos); meios técnicos (máquinas, equipamentos, arranjo e dimensionamento do posto de trabalho); e condições ambientais (iluminamento, ambiente térmico, gases tóxicos, ruídos).

FORMULAÇÃO DO DIAGNÓSTICO

O diagnóstico procura descobrir as *causas* que provocam o problema descrito na demanda. Refere-se aos diversos fatores relacionados ao trabalho e à empresa, que influem na atividade de trabalho (Figura 3.1). Por exemplo, absenteísmo pode ser provocado por gases tóxicos que causam doenças respiratórias. Rotatividade pode ser devida ao treinamento insuficiente ou elevada carga de estresse no ambiente. Acidentes podem ser causados por pisos escorregadios, instruções mal interpretadas, manutenção deficiente das máquinas, e outros motivos. A baixa qualidade do que é produzido pode ser consequência de materiais defeituosos, erros de dimensionamento do posto de trabalho ou sequências inadequadas das tarefas.

RECOMENDAÇÕES ERGONÔMICAS

As recomendações ergonômicas referem-se às providências que deverão ser tomadas para resolver o problema diagnosticado. Essas recomendações devem ser claramente especificadas, descrevendo-se todas as etapas necessárias para resolver o problema. Se necessário, devem ser acompanhadas de desenhos com detalhamentos das modificações a serem feitas em máquinas ou postos de trabalho. Em alguns casos, recomenda-se também realizar a análise custo/benefício, a fim de subsidiar as decisões gerenciais. Devem indicar também as responsabilidades, ou seja, a pessoa, seção ou departamento encarregado da implementação, com indicação do respectivo prazo.

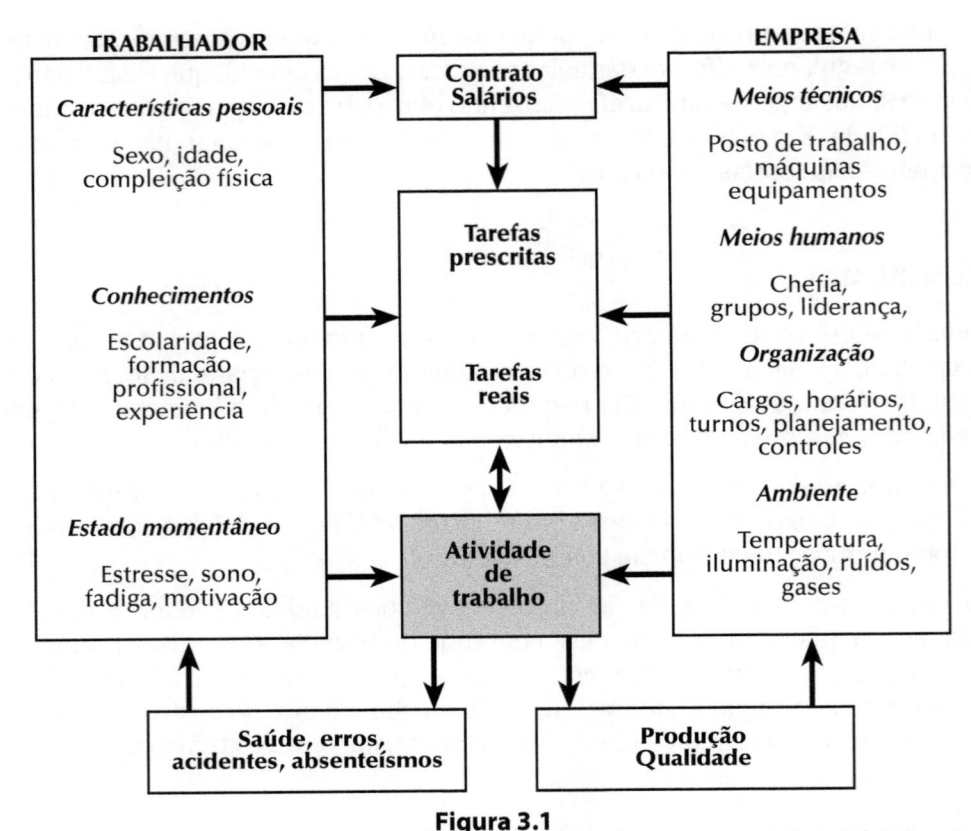

Figura 3.1
A atividade de trabalho é o elemento central que organiza e estrutura os componentes da situação de trabalho. (Guérin et al., 2001)

INTERVENÇÃO ERGONOMIZADORA

A Intervenção Ergonomizadora é um outro método de análise ergonômica, proposto por Moraes e Mont'Alvão (2000) dentro de uma visão sistêmica. É composta de três fases: apreciação ergonômica, diagnose ergonômica e projetação ergonômica.

Apreciação ergonômica – É a fase exploratória para mapeamento e descrição dos problemas ergonômicos.

Diagnose ergonômica – Visa selecionar e priorizar os problemas detectados, mediante análise macroergonômica, considerando a ambiência tecnológica, o ambiente físico e organizacional.

Projetação ergonômica –É a elaboração das soluções, adequando os postos de trabalho às características fisiológicas, antropométricas e cognitivas dos trabalhadores, visando à execução adequada das tarefas, conforme as necessidades e restrições do sistema.

3.3 Técnicas baseadas no comportamento

As técnicas baseadas no comportamento têm origem na psicologia. Elas avaliam as percepções, os processos cognitivos e as respostas dos seres humanos a uma dada situação. Como não se pode observar uma ação mental (ou seja, o que se passa na cabeça das pessoas), estas técnicas utilizam certas manifestações comportamentais externas (movimentos, gestos, fala) para avaliar tarefas e situações de trabalho.

Técnica dos questionários

Os questionários escritos para autopreenchimento são meios eficientes e baratos quando se quer consultar um grande número de pessoas em pouco tempo, principalmente quando feitos *on-line*. Contudo, têm também as suas desvantagens. As informações obtidas geralmente são superficiais. É difícil verificar se o preenchimento foi feito de forma honesta e séria.

As respostas aos questionários podem ser abertas ou fechadas. Os questionários *abertos* assemelham-se a entrevistas e demandam muito tempo para serem analisados e processados. Os *fechados* oferecem certo número de opções para as respostas e são de fácil processamento, que pode ser feito por computador. Pode-se combinar os dois tipos, colocando-se algumas perguntas abertas ao final de um questionário do tipo fechado. Contudo, essas perguntas abertas devem ser reduzidas ao mínimo possível, servindo para confirmar as demais perguntas ou abordar algum aspecto geral ou subjetivo.

A principal vantagem do questionário é a possibilidade de consultar um grande número de pessoas, com baixo custo, e em pouco tempo. Contudo, tem a desvantagem da superficialidade e dificuldade de conferir a veracidade das respostas, pois o "papel aceita quase tudo". Algumas pessoas não entendem ou interpretam erroneamente aquilo que é perguntado. Outras valem-se do anonimato para apresentar respostas preconceituosas e distorcidas da realidade.

Elaboração do questionário

Considera-se que o questionário é adequado quando consegue levantar informações relevantes para o objetivo pretendido, de maneira confiável. Isso significa que deve ser compreensível para as pessoas que o preenchem, sem questões dúbias. Também deve facilitar o seu processamento eletrônico.

A Figura 3.2 apresenta as principais etapas para a elaboração do questionário. Recomenda-se fazer um *planejamento* inicial, para definir claramente o objetivo, ou seja, o que se espera do questionário e quais são os aspectos relevantes dele. Deve-se definir também os prazos, confiabilidade desejada e recursos disponíveis. Se algum desses fatores for limitante, provavelmente influirá na qualidade do levantamento pretendido.

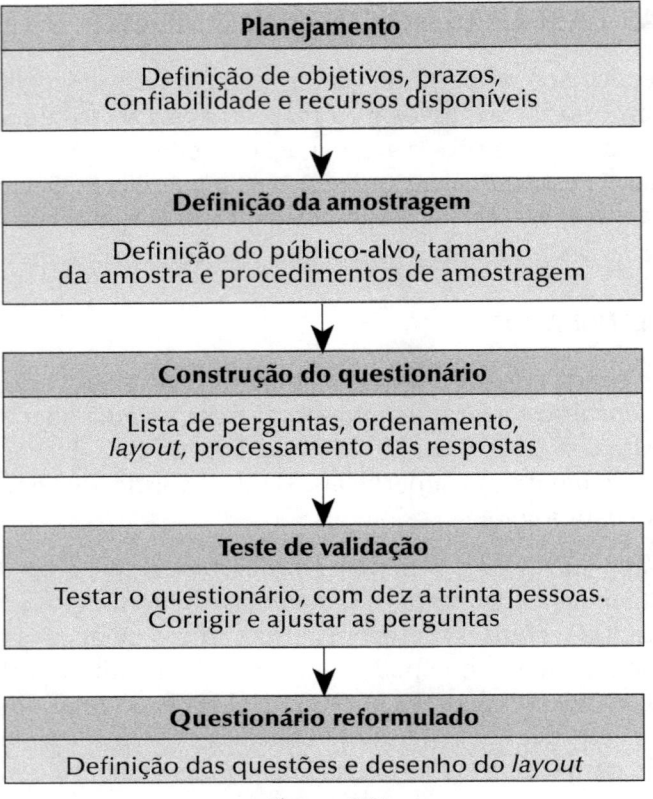

Figura 3.2
Etapas de elaboração do questionário.

Robson (1993) apresenta as seguintes recomendações para a elaboração do questionário:

1. Decida sobre a forma de processamento – Antes da formulação do questionário, deve-se decidir como ele será processado e analisado. Na medida do possível, as perguntas e respostas devem ser codificadas, a fim de facilitar a compilação posterior.

Exemplo:

Como você avalia a furadeira?

( ) É muito pesada

( ) Exige muita força nas mãos e braços

( ) Oferece perigo para os dedos

( ) É muito barulhenta

( ) Não sei

2. As questões devem ser específicas – As questões específicas produzem respostas mais confiáveis que as genéricas. As questões genéricas possibilitam diferentes interpretações e produzem maior dispersão das respostas.

Finalização – Algumas questões diretas, para confirmar ou reforçar, e diluir eventuais tensões criadas durante a entrevista.

Fechamento – Após desligar o gravador e fechar o caderno de anotações, explicar como será utilizado o conteúdo da entrevista e se o entrevistado receberá algum tipo de retorno. Agradecer pela colaboração.

A maior vantagem das entrevistas é a *flexibilidade* e adaptabilidade. Um entrevistador hábil pode dirigir a conversa para obter as informações desejadas. A cada resposta do entrevistado, ele pode redirecionar a conversa, perseguindo aqueles aspectos considerados importantes. Assim, com as entrevistas, pode-se conseguir um material rico e diversificado, ao contrário das respostas padronizadas daqueles métodos mais formalizados.

A desvantagem da entrevista é a *demora*. É difícil conseguir resultados interessantes antes dos trinta minutos. Entrevistas que durem acima de uma hora também tornam-se pouco produtivas. Além disso, as informações obtidas precisam ser analisadas e compiladas. Se forem gravadas, cada hora de gravação exige aproximadamente dez horas para transcrição. Além do mais, as entrevistas precisam ser previamente agendadas, e as pessoas muito ocupadas podem ter pouca disponibilidade para conceder entrevistas.

PREPARAÇÃO DA ENTREVISTA

A entrevista exige uma preparação, que envolve a formulação das perguntas (se for o caso), anuência do entrevistado, marcação do horário e sua confirmação. Se ela for gravada, deve-se obter um consentimento prévio do entrevistado. Em alguns casos, podem-se procurar diversos pontos de vista sobre o mesmo problema. Por exemplo, pode-se entrevistar o operador de uma máquina, seu supervisor imediato e o dirigente da empresa, sobre o mesmo problema.

Para que uma entrevista tenha sucesso, é importante tomar alguns cuidados. Por exemplo, as perguntas devem ser feitas de modo que entrevistador possa deixar o entrevistado "à vontade", em um clima amistoso, livre de quaisquer estresses. São feitas as seguintes recomendações para isso:

Ouvir mais, falar menos – O que interessa são as informações e opiniões do entrevistado. Assim, o entrevistador não deve emitir opiniões próprias, mantendo a posição mais neutra possível.

Fazer perguntas curtas e diretas – Se as perguntas forem longas, o entrevistado vai responder apenas a uma parte. As questões longas ou complexas podem ser desdobradas. Se o entrevistado mostrar-se confuso ou defensivo, a qualidade da entrevista pode cair.

Usar vocabulário adequado – O vocabulário deve ser adequado ao nível e repertório do entrevistado. Jargões profissionais devem ser evitados. Por exemplo, a um trabalhador da construção civil, deve-se perguntar se a ferramenta "machuca", em vez de "provoca lesões".

Eliminar perguntas tendenciosas – Deve-se evitar perguntas que induzam o entrevistador a dar certas respostas, do tipo "você *não acha* que os capacetes são incômodos?"

Manter postura adequada – Evitar posturas muito relaxadas ou demonstrações de que você está desinteressado, cansado ou impaciente. Para mostrar interesse, pode-se olhar para o entrevistado, variar o tom da voz e a expressão facial. Às vezes, basta balançar a cabeça ou dizer "hum, hum".

Evitar tratamentos diferenciados – Manter sempre as mesmas condições, no caso de entrevistas feitas com várias pessoas, de modo que nenhuma delas sinta-se privilegiada ou discriminada.

VARIANTES DA ENTREVISTA PESSOAL

Existem variantes dessa entrevista pessoal, como as feitas por telefone ou pela Internet. A *entrevista telefônica* é usada, por exemplo, em pesquisas de mercado e prévias eleitorais. A entrevista pela internet pode ser interessante para se coletar informações detalhadas sobre determinados assuntos. Por exemplo, no *método Delphi* (ver em Wright e Giovinazzo, 2000), um grupo de especialistas é consultado sobre algum assunto polêmico, em várias rodadas sucessivas (a cada rodada formulam-se novas perguntas, cada vez mais focalizadas no objetivo pretendido), até que se alcance algum tipo de consenso. Por exemplo, pode-se consultar um conjunto de diversos profissionais (trabalhadores, supervisores, gerentes) sobre as prioridades de melhoria das condições de trabalho.

GRUPO DE FOCO

Grupo de foco (*focus group)* é um tipo de entrevista realizado coletivamente, com seis a dez pessoas. Elas são convidadas para discutir algum assunto, visando chegar a certos consensos. Por exemplo, pode-se convocar um grupo de trabalhadores para se avaliar as características ergonômicas do protótipo de um novo posto de trabalho. Essa técnica foi desenvolvida na área de *marketing* para coletar opiniões sobre produtos, serviços, propagandas ou promoções. Atualmente, é usada em outras áreas, inclusive em ergonomia, principalmente na macroergonomia.

Os participantes devem ser cuidadosamente escolhidos, de modo que sejam representativos da população de usuários (público-alvo) do serviço ou produto. Além disso, devem estar dispostos a colaborar. As reuniões são dirigidas por um coordenador que conhece os objetivos, mas deve manter-se neutro. Ele incentiva e facilita as discussões, mantendo o "foco" e evitando digressões.

No começo da reunião, as pessoas podem apresentar-se entre si para "quebrar o gelo". O coordenador deve fazer uma pequena preleção, explicando os objetivos da reunião e o que se espera de cada participante. Se for o caso, essa preleção pode incluir amostras, fotos ou informações técnicas disponíveis. Uma pessoa também pode simular o uso de um produto. Em certos casos, o coordenador pode fornecer um roteiro, contendo tópicos para discussões, ou fazer perguntas do tipo: "O produto é seguro? É complicado? É confortável? É atraente? É competitivo?", e assim por diante.

Aplicando-se o grupo de foco, pode-se obter informações bem objetivas e valiosas, com uso de poucos recursos e em um prazo relativamente curto. Ele pode ser particularmente útil quando for aplicado nas etapas iniciais de um projeto, para se definir as principais características deste. Também pode ser aplicado nas etapas intermediárias para se avaliar as possíveis alternativas de soluções para o problema. Por exemplo, o grupo pode sugerir o acréscimo de alguma característica que melhore a usabilidade ou segurança do produto, e que tinha sido esquecida pelos projetistas. Contudo, a maior vantagem está na neutralização da influência do entrevistador. Esse tipo de influência poderia levar a resultados distorcidos, no caso das entrevistas individuais.

Pode-se usar o grupo de foco em complementação a outras técnicas, como entrevistas e questionários. Tem a vantagem de ser menos formal e permitir uma discussão mais livre das ideias e sugestões. Outra vantagem é a *sinergia* proporcionada pela dinâmica do grupo.

TÉCNICA DE OBSERVAÇÃO DIRETA

A técnica de observação direta do comportamento consiste em observar aquilo que as pessoas fazem e registrá-lo de alguma forma. Depois, isso é descrito, analisado e interpretado. Muitos problemas de ergonomia relacionam-se com esses comportamentos observáveis das pessoas. Por exemplo, como as pessoas fazem a exploração visual de um painel em busca de informações, ou como atuam sobre um comando para corrigir erros. Historicamente, a técnica da observação foi aplicada em biologia, etologia e psicologia experimental para o estudo do comportamento de seres não humanos, com os quais não era possível comunicação verbal.

Para que as informações obtidas sejam confiáveis, devem apresentar *estabilidade* ao longo do tempo. Por exemplo, os instrumentos de medida devem apresentar valores consistentes, sem sofrer influência de variações climáticas. Se depender de procedimentos humanos, estes devem apresentar constância ao longo do tempo. Para isso, pode-se elaborar um manual desses procedimentos por escrito. Essa técnica apresenta certas vantagens e desvantagens.

VANTAGENS E DESVANTAGENS DA OBSERVAÇÃO DIRETA

A principal vantagem da observação direta é o seu realismo. Diferencia-se das entrevistas e questionários, que podem introduzir distorções, pois as pessoas podem "falar uma coisa e fazer outra".

A observação direta apresenta duas desvantagens. A primeira é o efeito provocado pela *presença* do observador. Isso é semelhante ao *efeito Hawthorne* (ver p. 638). Ou seja, a simples presença do observador pode provocar alteração na situação observada. Existem duas formas de reduzir a ocorrência desse efeito. Uma delas é pela *mínima interação*, evitando-se contatos visuais com o sujeito ou comentários sobre a atividade. O observador pode colocar-se em uma posição em que seja pouco notado ou atrás de um vidro espelhado. Outra forma é pelo *hábito*. Após alguns dias, o sujeito observado ficará acostumado com a presença do observador, e voltará a comportar-se naturalmente. Recomenda-se, inclusive, que as primeiras observações sejam desprezadas, até se atingir um "regime normal".

A segunda desvantagem é o *tempo gasto,* pois as observações podem ser demoradas, principalmente quando se quer registrar fenômenos de baixa frequência. É o caso, por exemplo, de antropólogos que ficam convivendo até dois ou três anos para observar eventos raros, como festas anuais em uma tribo primitiva.

OBSERVAÇÕES INFORMAIS E FORMAIS

As observações podem ser informais ou formais, dependendo do grau de organização e flexibilidade na coleta das informações.

Observações informais – São menos estruturadas. O observador tem uma grande liberdade para escolher as informações a serem obtidas e sobre a maneira de registrá-las. Pode-se simplesmente fazer anotações sobre o que acontece. Esse tipo de observação traz uma dificuldade posterior para organizar, analisar e tirar conclusões. Contudo, tem a vantagem da flexibilidade, pois um observador experiente pode ir ajustando o seu percurso, de modo a focalizar aqueles assuntos que realmente interessam.

Observações formais – Envolvem um trabalho prévio de seleção, classificação e descrição dos eventos a serem observados. Para isso, a observação formal pode ser precedida de uma fase informal, para a seleção das categorias de ações a serem observadas. Todos os demais são considerados irrelevantes para o estudo. Esse tipo de observação estruturada é usado principalmente em experimentos de campo, para se fazer medidas sobre as variáveis dependentes. Tem a vantagem da objetividade, facilitando as suas análises posteriores, mas apresenta maior rigidez em relação à observação informal.

OBSERVAÇÕES CONTÍNUAS E POR AMOSTRAGEM

As observações podem ainda ser contínuas ou por amostragem. A observação contínua é feita sem interrupção durante certo intervalo de tempo. Estas são muito utilizadas na avaliação de trabalhos repetitivos, de ciclos curtos, onde é necessário contar o número de ações realizadas. A observação por amostragem é feita instantaneamente, de modo que os intervalos entre dois registros consecutivos variam aleatoriamente (essa aleatoriedade é obtida com uso das tabelas dos números ao acaso, encontrados em livros de Estatística – a loteria de números é um exemplo). Pode-se fazer analogia da observação contínua com uma cena filmada em vídeo, e a amostragem, com diversos *flashes* instantâneos.

Por exemplo, vamos supor que se queira avaliar o desconforto de uma cadeira, observando quantas vezes uma pessoa muda de postura durante certo intervalo de tempo. Na observação contínua, são registrados os horários em que estas mudanças ocorrem e pode-se contar quantas vezes esse evento aconteceu, por exemplo, em 30 minutos. Na observação por amostragem, esses horários (aleatórios) de observações são elaborados previamente. Por exemplo, no intervalo de 0 a 30 min, teríamos os horários (já ordenados no sentido crescente): 1, 4, 5, 12, 14, 17, 19, 22, 25, 26 min. Nesses horários deveriam ser feitas observações para verificar se a pessoa ainda permanece na mesma postura ou se mudou de postura. A observação por amostragem pode ser aplicada a um grupo de pessoas, com resultados melhores. Por exemplo, para a contagem do número de pessoas em uma fila de atendimento.

ESCOLHA DAS TÉCNICAS DE COMPORTAMENTO

Cada uma das técnicas apresentadas tem suas peculiaridades, com certas vantagens e desvantagens. A seleção delas vai depender da natureza da pesquisa, dos objetivos pretendidos, dos recursos disponíveis e das habilidades do pesquisador (Tabela 3.1).

Tabela 3.1
Comparações entre as técnicas de comportamento

Técnica	Principais características	Vantagens	Desvantagens
Questionário	Exige planejamento prévio. Uso da linguagem escrita. Perguntas e quesitos pré-elaborados. Reduzido número de quesitos.	Permite preenchimento *on-line*. Grande número de sujeitos. Economia de tempo e de custo. Facilidade de compilação, com resultados numéricos.	Pouca flexibilidade. Superficialidade. Distorções nas respostas.
Entrevistas	Usa roteiro pré-elaborado. Linguagem verbal-oral. Conversa dirigida. Possibilidade de redirecionamento.	Flexibilidade. Focalização para aspectos importantes.	Exige habilidades do entrevistador. Tempo gasto. Dificuldade de compilação.
Grupo de foco	Reunião com seis a dez pessoas. Dinâmica de grupo. Coleta de sugestões.	Sinergia do grupo. Baixo custo. Tempo curto.	Depende da habilidade do líder. Dificuldade de sintetizar as respostas.
Observações diretas	Registro de comportamentos. Classificação dos eventos observáveis.	Comunicação não verbal. Realismo da pesquisa.	Influência do observador. Tempo longo. Dificuldade de sintetizar as respostas.

3.4 TÉCNICAS DE ERGONOMIA FÍSICA

As técnicas de ergonomia física baseiam-se nos estudos sobre as dimensões do corpo humano (antropometria), o funcionamento do organismo (fisiologia, metabolismo) e seu desempenho (biomecânica).

Na prática, durante uma jornada de trabalho, um trabalhador pode assumir centenas de posturas diferentes. Em cada tipo de postura, um diferente conjunto da musculatura é acionado. Muitas vezes, no comando de uma máquina, por exemplo, pode haver mudanças rápidas de uma postura para outra. Uma simples observação visual não é suficiente para se analisar essas posturas detalhadamente, sendo necessário empregar técnicas especiais para registro e análise dessas posturas.

Para o correto registro e análise das diversas variáveis envolvidas em cada caso, são utilizadas muitas técnicas em ergonomia física. Essas técnicas podem ser qualitativas, semiquantitativas ou quantitativas. Podem focar corpo inteiro ou apenas parte dele. Algumas delas, mais utilizadas em ergonomia, estão listadas na Tabela 3.2.

Tabela 3.2
Principais técnicas utilizadas na ergonomia física

Objetivo da avaliação	Tipo de abordagem	Técnica	Variáveis avaliadas	Métrica	Estratégia de observação	Registro	Usuários
Esforço físico	Qualitativa Questionário para identificação	Escala de Borg	Esforço geral	Classificação por nível	Avaliação por perguntas ao trabalhador	Papel e lápis	Analista
Desconforto e/ou dor		Diagrama de áreas dolorosas	Dor/desconforto geral	Classificação por escala	Avaliação por perguntas ao trabalhador	Papel e lápis	Todos, inclusive trabalhadores e supervisores
		Questionário nórdico	Dor geral	Sim/não para perguntas	Avaliação por perguntas ao trabalhador	Papel e lápis	Analista
Risco de DORT Corpo inteiro	Qualitativa para identificação – *Checklists*	*Checklist* PLIBEL	Postura Força Frequência de ações Vibrações Temperatura	Sim/não para perguntas	Seleção com base na experiência do analista	Papel e lápis	Todos, inclusive trabalhadores e supervisores
		Checklist de Keyserling	Postura Força Duração Frequência de ações Vibrações	Soma de escores de resultados positivos	Avaliação por perguntas ao trabalhador	Papel e lápis	Todos, inclusive trabalhadores e supervisores
		Checklist de Rodgers	Esforço Frequência de ações Duração	Classificação de acordo com a sequência de escores	Identificação da atividade mais difícil pelo trabalhador Identificação da atividade mais longa pelo analista	Papel e lápis	Analista
	Semiquantitativa para identificação – *Checklist*	QEC – *Quick Ergonomic Checklist*	Postura Força Duração Frequência de ações Movimento	Soma de escores ponderados	Pior atividade da tarefa	Papel e lápis	Todos

Objetivo da avaliação	Tipo de abordagem	Técnica	Variáveis avaliadas	Métrica	Estratégia de observação	Registro	Usuários
Risco de DORT Corpo inteiro	Semiquantitativa para analise	OWAS - *Ovako Working Posture Analysing System*	Postura Força	Frequência	Amostragem de tempo	Papel e lápis/ video computador	Analista
		REBA – *Rapid Entire Body Assessment*	Postura Força	Soma de escores ponderados	Em geral: posturas prolongadas	Papel e lápis/ video computador	Analista
Risco de DORT Membros superiores	Qualitativa para identificação – *Checklist*	*Checklist* de Michigan	Estresse físico Força Repetição	Sim/não para perguntas	Papel e lápis/ video computador	Papel e lápis	Todos
	Semiquantitativo para identificação – *Checklist*	*Strain Index Checklist*	Postura Força Duração Frequência de ações Vibrações	Multiplicação de escores/ índice de risco		Papel e lápis	Todos
	Semiquantitativa para análise – *Checklist*	OCRA – *Occupational Repetitive Action Checklist*	Postura Força Duração Frequência de ações Vibrações Fatores adicionais	Soma de escores ponderados	Identificação de ações repetitivas	Papel e lápis	Todos
	Semiquantitativa para análise	RULA – *Rapid Upper Body Assessment*	Postura Força Trabalho estático	Soma de escores ponderados		Papel e lápis/ vídeo computador	Analista
		Índice OCRA – *Occupational Repetitive Action*		Soma de escores ponderados Índice de risco	Identificação de ações repetitivas	Papel e lápis	Analista
Carga de trabalho	Quantitativa	NASA-TLX	Carga mental Carga física Demanda temporal Performance Esforço Frustração	Soma de escores ponderados		Papel e lápis	Analista
Manuseio de carga	Qualitativa – *checklist*	NIOSH/MMH – *Manual Material Handling Checklist*	Postura Força Duração Frequência de ações Movimento	Sim/não para perguntas	Seleção com base na experiência do analista	Papel e lápis	Todos
		Hazard Evaluation Checklist for Lifting, Carrying, Pushing, or Pulling	Postura Força Duração Frequência de ações Movimento Temperatura	Sim/não para perguntas	Seleção com base na experiência do analista	Papel e lápis	Todos
		Kodak Ergonomics Material Handling Checklist	Postura Movimento	"X" se a questão gera preocupação	Seleção com base na experiência do analista	Papel e lápis	Todos
	Quantitativa	Equação de NIOSH	Postura Força Duração Frequência de ações Movimento	Multiplicação de escores			Especialista

TÉCNICAS PSICOFÍSICAS

As ocorrências de desconforto e dor são indícios de que o trabalho não é compatível com a capacidade do trabalhador, além de prejudicarem o desempenho desse trabalhador. São indícios de distúrbios osteomusculares relacionados ao trabalho (DORTs). Esse é primeiro sinal de alerta, que não pode ser ignorado, pois é um "aviso" de que o trabalho precisa ser revisto. Se os fatores de risco não forem eliminados, podem agravar a severidade dos DORT.

A alteração no nível de desconforto pode ser adotada como um dos parâmetros de avaliação do posto de trabalho, ambiente e organização do trabalho. Diversas técnicas podem ser utilizadas nessa avaliação. Algumas das mais usuais são descritas a seguir.

ESCALA DE BORG

A Escala de Borg (Borg, 1970) ou Tabela de Borg foi criada pelo fisiologista sueco Gunnar Borg para fazer a classificação da percepção subjetiva do esforço. O trabalhador utiliza a escala para apontar sua própria percepção de esforço e/ou desconforto.

A escala numérica (de 6 a 20 pontos) variava proporcionalmente à frequência cardíaca de 60 a 200 batimentos por minuto. Posteriormente, essa escala foi ajustada para variar de 0 a 10, abrangendo 12 intensidades de esforço, descritas na Tabela 3.3.

Tabela 3.3
Escala de Borg para avaliação da percepção subjetiva de esforço

Nível	Intensidade de esforço
0	Nenhum esforço, repouso
0,5	Extremamente leve
1	Muito leve
2	Medianamente leve
3	Moderado
4	Pouco intenso
5	Pouco-médio intenso
6	Medianamente intenso, suportável
7	Médio-alto intenso, cansativo
8	Muito intenso, muito cansativo
9	Extremamente intenso, exaustivo
10	Exaustivo, insuportável

DIAGRAMA DE ÁREAS DOLOROSAS

O diagrama de áreas dolorosas foi proposto por Corlett e Manenica (1980). O corpo humano com vista dorsal é divido em doze segmentos corporais simétricos, facilitando a localização de áreas em que os trabalhadores sentem dores (Figura 3.4). Munido desse diagrama, o analista de trabalho entrevista os trabalhadores ao final de um período de trabalho, pedindo para eles apontarem as regiões corporais onde sentem dores. A seguir, pede-se para que eles avaliem subjetivamente o *grau de desconforto* que sentem em cada um dos segmentos indicados no diagrama. Esse desconforto é avaliado em seis níveis, que variam do nível 0, para "sem problema", até o nível 5, "insuportável", marcados linearmente da esquerda para direita, para cada lado do corpo.

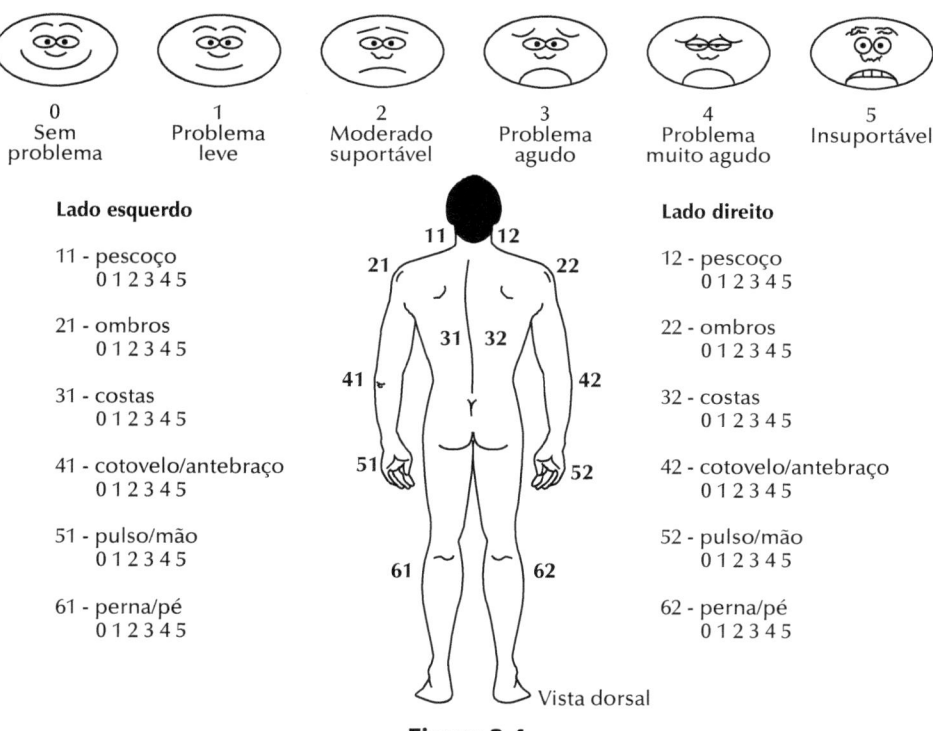

Figura 3.4
Diagrama de áreas dolorosas de Corlett e Manenica (1980).

As principais vantagens desse diagrama são o seu fácil entendimento e a possibilidade de fazer quantificações do desconforto em doze partes do corpo. Ele pode ser distribuído em grande quantidade, juntamente com algumas instruções simples, para autopreenchimento dos trabalhadores. Naturalmente, haverá diferenças entre os critérios individuais de preenchimento, mas serve para se fazer um mapeamento fácil, rápido e barato para toda a empresa. Assim, pode-se identificar as máquinas, equipamentos e locais de trabalho que apresentam maior gravidade (níveis 4 e 5) e que merecem atenção imediata. Com isso, o esforço dos analistas pode ser direcionado para aqueles pontos prioritários, conseguindo-se resultados mais significativos.

QUESTIONÁRIO NÓRDICO

O questionário nórdico (Kuorinka *et al.*, 1987) foi desenvolvido para autopreenchimento pelos próprios trabalhadores (Figura 3.5). Apresenta um desenho do corpo humano dividindo em nove partes. Para cada uma dessas partes, os trabalhadores devem responder "não" ou "sim" avaliando três situações:

- Você teve algum problema nos últimos 7 dias?
- Você teve algum problema nos últimos 12 meses?
- Você teve que deixar de trabalhar algum dia nos últimos 12 meses devido ao problema?

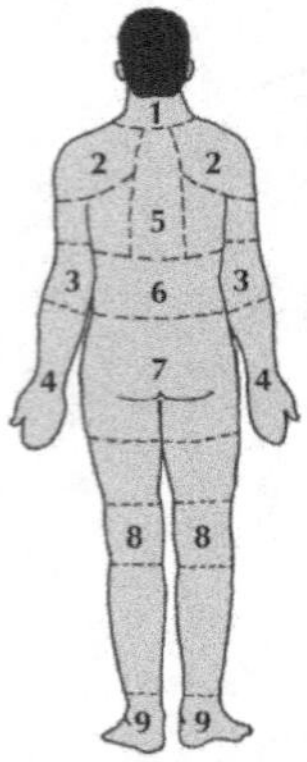

Vista dorsal

Questionário nórdico dos sintomas de problemas osteomusculares.

Marque um (x) na resposta apropriada. Marque apenas um (x) para cada questão.
Não indica conforto, saúde — **Sim** indica incômodos, desconfortos, dores nessa parte do corpo.

ATENÇÃO: O desenho ao lado representa apenas uma posição aproximada das partes do corpo. Assinale a parte que mais se aproxima do seu problema

Partes do corpo com problemas	Você teve algum problema nos últimos 7 dias?	Você teve algum problema nos últimos 12 meses?	Você teve que deixar de trabalhar algum dia nos últimos 12 meses devido ao problema?
1 - Pescoço	1 ☐ Não 2 ☐ Sim	1 ☐ Não 2 ☐ Sim	1 ☐ Não 2 ☐ Sim
2 - Ombros	1 ☐ Não 2 ☐ Sim – ombro direito 3 ☐ Sim – ombro esquerdo 4 ☐ Sim – os dois ombros	1 ☐ Não 2 ☐ Sim – ombro direito 3 ☐ Sim – ombro esquerdo 4 ☐ Sim – os dois ombros	1 ☐ Não 2 ☐ Sim
3 - Cotovelos	1 ☐ Não 2 ☐ Sim – cotovelo direito 3 ☐ Sim – cotovelo esquerdo 4 ☐ Sim – os dois cotovelos	1 ☐ Não 2 ☐ Sim – cotovelo direito 3 ☐ Sim – cotovelo esquerdo 4 ☐ Sim – os dois cotovelos	1 ☐ Não 2 ☐ Sim
4 - Punhos e mãos	1 ☐ Não 2 ☐ Sim – punho/mão direita 3 ☐ Sim – punho/mão esquerda 4 ☐ Sim – os dois punhos/mão	1 ☐ Não 2 ☐ Sim – punho/mão direita 3 ☐ Sim – punho/mão esquerda 4 ☐ Sim – os dois punhos/mão	
5 - Coluna dorsal	1 ☐ Não 2 ☐ Sim	1 ☐ Não 2 ☐ Sim	1 ☐ Não 2 ☐ Sim
6 - Coluna lombar	1 ☐ Não 2 ☐ Sim	1 ☐ Não 2 ☐ Sim	1 ☐ Não 2 ☐ Sim
7 - Quadril ou coxas	1 ☐ Não 2 ☐ Sim	1 ☐ Não 2 ☐ Sim	1 ☐ Não 2 ☐ Sim
8 - Joelhos	1 ☐ Não 2 ☐ Sim	1 ☐ Não 2 ☐ Sim	1 ☐ Não 2 ☐ Sim
9 - Tornozelo ou pés	1 ☐ Não 2 ☐ Sim	1 ☐ Não 2 ☐ Sim	1 ☐ Não 2 ☐ Sim

Figura 3.5
Questionário para levantamento de problemas osteomusculares (Kuorinka *et al.*, 1987) .

Esse questionário é distribuído aos trabalhadores, juntamente com uma carta explicando os objetivos do levantamento e solicitando a colaboração de todos. Pode-se fazer uma breve caracterização do sujeito, pedindo-se para indicar o sexo, idade, lateralidade (destro, canhoto ou ambidestro) e também a identificação do cargo ocupado (posto de trabalho, máquinas e equipamentos que usam). Finalmente, indica-se onde devem ser entregues os questionários preenchidos e faz-se um agradecimento pela colaboração.

Observou-se que o tempo gasto no preenchimento é de 2 a 9 min, com média de 4 min. Aplicando-se o mesmo questionário em duas ocasiões diferentes (espaçadas de duas a três semanas) para a mesma amostra (44 pessoas) verificou-se uma discrepância de 12% na pergunta referente à ocorrência de problema nos últimos sete dias, 4% para a ocorrência nos últimos doze meses e 16% sobre faltas ao trabalho nos últimos doze meses. Individualmente as pessoas apresentaram entre 0% e 23% de discrepâncias.

Considerando certa subjetividade e as falhas da memória de cada sujeito, esse nível de discrepância foi considerado aceitável. O questionário foi considerado válido, sobretudo quando se quer fazer um levantamento abrangente, rápido e de baixo custo. Ele pode ser usado para se fazer um levantamento inicial das situações que requeiram análises mais profundas e medidas corretivas. Os dados podem ser processados eletronicamente, para se identificar os principais problemas posturais em uma empresa.

Em relação ao Diagrama de Áreas Dolorosas (e também as técnicas observacionais como OWAS, RULA, REBA e OCRA, descritos mais adiante), o questionário nórdico tem a vantagem de estender o prazo de ocorrência dos problemas aos últimos doze meses, enquanto os outros realizam "fotografias" instantâneas.

Técnicas observacionais

As técnicas observacionais visam basicamente avaliar os riscos de sobrecarga que podem provocar distúrbios osteomusculares relacionados ao trabalho (DORTs) e exaustão. Por exemplo, as tarefas que exigem movimentação de peso elevado, ou a adoção de posturas desajeitadas, ou aqueles que exigem movimentos altamente repetitivos e que, portanto, podem causar lesões. As técnicas, em geral, baseiam-se em observação do sistema humano-posto-ambiente, como é o caso dos *checklists*. Outras, além da observação, fazem o registro, avaliação de posturas e mensuração dos fatores de risco com protocolos preestabelecidos. Algumas destas técnicas, aquelas mais usadas ou conhecidas, são descritas a seguir.

Técnicas de checklist

Checklist (lista de verificações, lista de checagem) é basicamente um questionário contendo itens considerados importantes para um diagnóstico rápido de uma situação, equipamentos ou instalações. Usa-se também para conferir tarefas importantes no trabalho (lista de tarefas), para que não sejam esquecidas e sejam cumpridas da melhor maneira possível. Assim, objetiva reduzir esquecimentos, omissões, erros e prevenir riscos.

Geralmente, o *checklist* consiste de uma lista de frases, perguntas ou itens com espaços ao lado, onde o respondente dá respostas dicotômicas do tipo: sim/não, existe/inexiste, correto/incorreto, operante/não operante, feito/não feito, pago/não pago, dentro do prazo/atrasado, e assim por diante.

Essa técnica é muito aplicada nos serviços de manutenção, no setor de segurança e na aviação. Por exemplo, os pilotos e copilotos usam um *checklist* para verificar as condições essenciais de voo, antes da decolagem e da aterrissagem, conferindo os equipamentos, motores, sistemas de comunicação de bordo, e outros. Outro exemplo: os eletricistas seguem um *checklist* antes de iniciar atividades de risco, em que verificam se a energia está desativada, se usam os EPIs e assim por diante. Na vida diária, muitas pessoas usam um *checklist*, como a lista de compras, quando vão ao supermercado.

Em ergonomia, existem vários *checklists* bastante utilizados para avaliação dos fatores de riscos osteomusculares. Cada um deles pode abordar certos aspectos específicos. Alguns focam o corpo inteiro, os membros superiores, e outros incluem fatores organizacionais, como a duração da tarefa, a repetitividade, se há ou não pausas. As técnicas usuais de *checklist* são:

PLIBEL (Kemmlert, 1995) – É um *checklist* de 34 questões relacionadas a fatores de risco osteomusculares, e dez questões relacionadas a fatores ambientais e organizacionais. Foi desenvolvido para a identificação rápida de fatores de risco, para análises posteriores. Pode ser preenchido pelos próprios trabalhadores. A resposta é do tipo *sim/não*, e o escore final é dado em função da quantidade de "sim" para cada questão. Quanto mais "sim", maior o risco. As questões relacionadas aos riscos osteomusculares são respondidas para os seguintes conjuntos de partes do corpo: pescoço, ombros e costas superior; cotovelos, braços e mãos; pés; joelhos e quadril, pernas e costas inferior.

***Checklist* de Keyserling** (Keyserling, Brouwer e Silverstein, 1992) – Permite fazer identificação rápida de fatores de risco osteomusculares associados com a postura do corpo/pernas (sete condições), tronco (quatro condições) e pescoço (quatro condições). Cada condição é avaliada em função do tempo de duração na jornada: nunca (0), às vezes ($\checkmark$), e superior a 1/3 do ciclo ($*$). Ciclo é definido como o início e fim de uma atividade. Quanto menor o ciclo, mais repetitivo é o trabalho.

O escore final é fruto da soma de marcações de ($\checkmark$) e ($*$). Qualquer trabalho com uma ou mais marcas ($*$) tem alta prioridade de análise, visando reduzir o risco de DORT.*

***Checklist* de Rodgers** (Rodgers, 1992) – Foi desenvolvido para avaliar o grau de fadiga, assumindo que os músculos mais fatigados tem maior risco de DORT. Esse *checklist* é aplicado naquelas atividades mais difíceis ou mais duradouras na jornada.

Os segmentos corporais, direito e esquerdo, são considerados em grupos: pescoço, ombros, costas, braço/cotovelo; punho/mão/dedos; perna/joelho/tornozelo/pé/dedos. Cada grupo é avaliado por três fatores, em quatro níveis esforço (leve, moderado, pesado, e muito pesado) definidos no protocolo:

Grau de esforço (1 = leve; 2 = moderado; 3 = pesado; 4 = muito pesado);

Duração do esforço (1 = < 6 s; 2 = entre 6 e 20 s; 3 = entre 30 e 30 s; 4 = > 30 s); e

Frequência do esforço (1 = < 1/min; 2 = entre 1 e 5/min; 3 = > 5 a 15/min; 4 = 15/min).

A prioridade é definida pela sequência dos escores obtidos para esses três fatores de esforço (grau, duração, frequência). Por exemplo: sequência 111 para o pescoço significa nível de esforço 1, duração 1, e frequência de esforço 1 (leve, leve, leve), portanto com baixa probabilidade de DORT, não se constituindo em prioridade para análise. Já a sequência 343 (pesado, muito pesado, pesado) indica alta probabilidade de DORT, portanto de avaliação prioritária.

Quick Exposure Checklist (QEC)[1] – Foi desenvolvido (entre 1996 e 2003) pela Universidade de Surrey, Inglaterra, para identificar os fatores de riscos com base nas avaliações feitas pelos trabalhadores e pelos analistas.

Os *trabalhadores* avaliam: a carga manuseada (quatro níveis), duração das tarefas (três níveis), força utilizada (três níveis), demanda visual (dois níveis), uso de veículos (três níveis), uso de ferramentas vibratórias (três níveis), dificuldade de acompanhar o ritmo de produção (três níveis) e nível de estresse (três níveis). Essa avaliação resulta na identificação da pior atividade, que é posteriormente avaliada pelo analista.

Os *analistas* avaliam as posturas: das costas (três níveis), se elas ficam em postura estática ou não, e a frequência de movimentos de levantar, puxar e empurrar cargas (três níveis); dos ombros e braços (seis níveis); dos punhos e mãos (cinco níveis); e do pescoço (três níveis). Esses níveis avaliados pelos analistas são lançados em ábacos, resultando em um escore final para as costas, ombros/braços, e punho/mão. Os escores são depois categorizadas pelo nível de exposição, como baixo, moderado, alto e muito alto.

Checklist de Michigan (Lifshitz e Armstrong, 1986) – Foi desenvolvido para avaliar os riscos de DORT nos membros superiores. Contém 21 questões, sendo quatro sobre estresse físico; duas sobre força; seis sobre postura; uma sobre repetição; três sobre posto de trabalho; cinco sobre as ferramentas utilizadas no trabalho. A resposta é do tipo *sim/não*, e o escore final é dado em função da quantidade de "sim" para cada questão. Quanto mais "não", maior o risco.

Strain Index (Moore e Garg, 1995)[2] – Foi desenvolvido para avaliar o risco de DORT nos segmentos distais esquerdo e direito. Portanto foca o braço, cotovelo, pulso, mão. O analista avalia seis fatores, cada um com cinco níveis: *intensidade de força* (avaliado de leve a próximo da força máxima, na escala de Borg), *duração do esforço* (em função de % do ciclo de trabalho), *número de esforços por minuto* (variando de < 4 a ≥ 20), *postura do pulso e da mão* (avaliado subjetivamente

---

[1] Os detalhes da ferramenta estão disponíveis em: <http://www.hse.gov.uk/research/rrpdf/rr211.pdf>.

[2] A planilha de *checklist* está disponível em <http://www.theergonomicscenter.com/graphics/ErgoAnalysis%20Software/Strain%20Index.pdf>.

de muito bom a muito ruim), *velocidade de trabalho* (avaliado subjetivamente, de muito devagar a muito rápido), e *duração da tarefa durante a jornada* (em horas, variando de < 1 a > 8). Cada fator tem um multiplicador, e o resultado final (SI = *strain index)* é fruto da multiplicação dos seis fatores. Resultados variam de SI ≤ 3 (trabalho é provavelmente seguro), $3 < SI < 7$ (trabalho pode ter risco) $7 \geq SI$ (trabalho é provavelmente de risco).

Kodak *Ergonomics Checklist – Material Handling*[3] – Foi proposto pela The Eastman Kodak Company (2003), abrangendo seis fatores: repetição de movimentos (três quesitos); posto de trabalho (oito quesitos); abaixar e levantar carga (oito quesitos); puxar e empurrar (quatro quesitos), contenedores/materiais (três quesitos); e condições gerais (três quesitos). O analista coloca um "X" se considerar que o quesito é um problema a ser analisado. Tem uma coluna para comentários.

***Checklist* NIOSH para Manuseio de carga**[4] – O NIOSH (National Institute for Occupational Safety and Health, dos Estados Unidos) desenvolveu o *Manual Material Handling Checklist – MMH,* bastante difundido, abrangendo ações de manuseio de cargas, para identificar riscos associados ao levantamento, carregamento e ações de puxar e empurrar cargas. Essa técnica tem dezoito quesitos com respostas do tipo *sim/não.* Respostas "não" indicam risco e precisam ser investigadas.

Outro instrumento, o *Hazard Evaluation Checklist for Lifting, Carrying, Pushing, or Pulling* é composto de nove quesitos gerais e cinco específicos. A resposta é do tipo *sim/não,* e o escore final é dado em função da quantidade de "sim" para cada questão. Quanto mais "sim", maior o risco.

Técnicas de registro e avaliação de posturas

A ergonomia tem utilizado diversas técnicas para registrar e avaliar as posturas no trabalho, destacando-se o RULA, OWAS e REBA.

RULA

A técnica RULA (*Rapid Upper-Limb Assessment)*[5] foi desenvolvida por Mc Atamney e Corlett (1993) para avaliar o trabalho de digitadores, focando a sobrecarga nos membros superiores, portanto com avaliação menos detalhada do resto do corpo. Avalia o trabalho muscular estático e as forças exercidas pelos segmentos corporais. No caso de trabalhos envolvendo várias posturas, o protocolo deve ser usado

---

[3] Esse *checklist* também está no manual da NIOSH, disponível em: <http://www.cdc.gov/niosh/docs/2007-131/pdfs/2007-131.pdf>.

[4] Esses *checklists* estão no manual da NIOSH com recomendações para manuseio de cargas, disponível em: <http://www.cdc.gov/niosh/docs/2007-131/pdfs/2007-131.pdf>.

[5] A planilha RULA original e também o acesso ao RULA informatizado estão disponíveis em: <http://ergo.human.cornell.edu/ahrula.html>; Cornell University Ergonomics Web: <http://ergo.human.cornell.edu/cutools.html>; U.K. Health and Safety Executive: <http://www.hse.gov.uk/msd/>.

para os dois lados do corpo e para todas as posturas que foram identificadas como importantes de serem avaliadas.

Esta ferramenta utiliza uma planilha com diagramas para facilitar a identificação das amplitudes de movimentos (com base na angulação) nas articulações de braço, antebraço, mão, pescoço, tronco, pernas e pés. O corpo é dividido em dois grupos (Figura 3.6).

Grupo A – Avalia os membros superiores (braço, antebraço e a mão) e faz uma estimativa de postura e força. As pontuações do braço, antebraço, punho e desvio (passos 1 a 4) são levadas para o ábaco da Tabela A, onde se acha o valor do Grupo A. Este valor é transferido e anotado (passo 5) e somado ao valor da contração muscular (passo 6) mais o de força e carga (passo 7), o que gera o valor final do Grupo A (passo 8). Este escore final do Grupo A depois é utilizado no ábaco da Tabela C.

Grupo B – Avalia o corpo (pescoço, tronco e pernas) e faz uma estimativa de postura e força. As pontuações do pescoço (passo 9), da posição do tronco (passo 10) e das pernas (passo 11) são cruzados no ábaco da Tabela B, onde se acha o valor do Grupo B. Este valor é transferido e anotado (passo 12) e somado ao valor da contração muscular (passo 13) mais o de força e carga (passo 14), o que gera o escore final do Grupo B (passo 15). Este escore final do Grupo B depois é utilizado no ábaco da Tabela C.

Escore final – O escore final da avaliação resulta do cruzamento dos escores dos Grupos A e B no ábaco da Tabela C. De acordo com o escore total obtido na Tabela C, são recomendados quatro níveis de ação:

Nível 1 – Pontuação 1 ou 2. A postura é aceitável, não sendo necessárias investigações.

Nível 2 – Pontuação 3 ou 4. São necessárias investigações a médio prazo.

Nível 3 – Pontuação 5 ou 6. É necessário investigar e tomar providências a curto prazo.

Nível 4 – Pontuação igual ou superior a 7. É necessário investigar e tomar providências imediatas.

OWAS

O sistema OWAS (*Ovako Working Posture Analysing System*) é uma técnica prática de registro e análise de posturas, desenvolvida por três pesquisadores finlandeses (Karhu, Kansi e Kuorinka, 1977). Eles trabalhavam em uma empresa siderúrgica, onde se encontravam muitas condições desfavoráveis de trabalho pesado. Começaram com análises fotográficas das principais posturas encontradas tipicamente na indústria pesada. Encontraram 72 posturas típicas (ver exemplo na Figura 3.7), que resultaram de diferentes combinações das posições do *dorso* (quatro posições típicas), *braços* (três posições típicas) e *pernas* (sete posições típicas) e a *carga suportada* ou uso de força (três categorias).

Grupo A

Passo 1: Localizar o posicionamento do braço

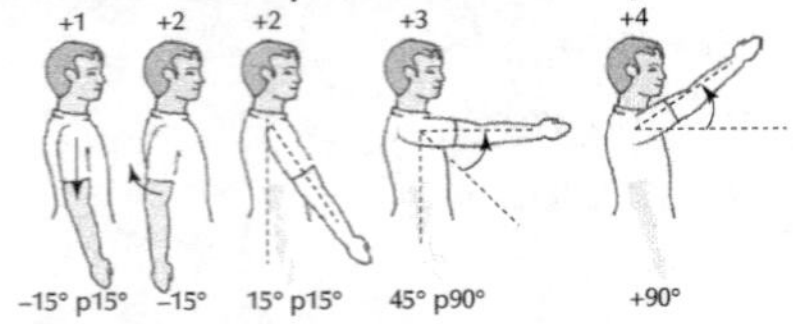

+1 +2 +2 +3 +4

−15° p15° −15° 15° p15° 45° p90° +90°

Ajuste: ombro elevado + 1/braço abduzido + 1/antebraço apoiado + 1

Passo 2: Localizar o posicionamento do antebraço

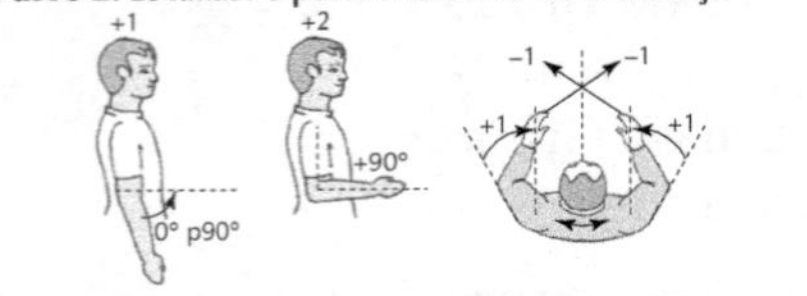

+1 +2 −1 −1 +1 +1

0° p90° +90°

Passo 2A: Ajuste: cruzando a linha média ou se afastando do corpo + 1

Passo 3: Localizar o posicionamento do punho

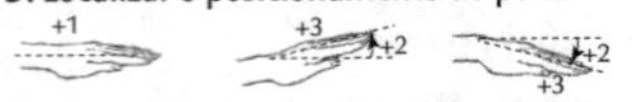

+1 +3 +2 +2 +3

Passo 3A: Ajuste: se em posição ulnar ou radial + 1

Passo 4: Localizar o desvio existente

Passo 4A: Ajuste: até a metade da amplitude +1/próximo ou no final da amplitude +2

Passo 5: Transfira o valor encontrado na Tabela A

Passo 6: Contração muscular
postura principalmente estática + 1
postura é ativa por 4 minutos ou mais + 1

Passo 7: Força e carga
menor que 2 kg intermitente 0
entre 2 e 10 kg intermitente + 1
entre 2 e 10 kg estático/repetitivo + 2
maior do que 10 kg choque + 3

Passo 8: Transportar a somatória para a Tabela C

Tabela A Punho – flex/ext

Bra-ço	Ante-bra-ço	1 Desvio		2 Desvio		3 Desvio		4 Desvio	
		1	2	1	2	1	2	1	2
1	1	1	2	2	2	2	3	3	3
	2	2	2	2	2	3	3	3	3
	3	2	3	3	3	3	3	4	4
2	1	2	2	2	3	3	3	4	4
	2	2	2	2	3	3	3	4	4
	3	2	3	3	3	4	4	4	5
3	1	2	3	3	3	4	4	5	5
	2	2	3	3	3	4	4	5	5
	3	2	3	3	4	4	4	5	5
4	1	3	4	4	4	4	4	5	5
	2	3	4	4	4	4	4	5	5
	3	3	4	4	4	5	5	6	6
5	1	5	5	5	5	5	6	7	
	2	5	6	6	6	6	7	7	7
	3	6	6	6	7	7	7	8	
6	1	7	7	7	7	7	8	8	9
	2	7	8	8	8	8	9	9	9
	3	9	9	9	9	9	9	9	9

Tabela C

	1	2	3	4	5	6	7
1	1	2	3	3	4	5	5
2	2	2	3	4	4	5	5
3	3	3	3	4	4	5	6
4	3	3	3	4	4	6	6
5	4	4	4	5	6	7	7
6	4	4	5	6	6	7	7
7	5	5	6	6	7	7	7
8+	5	5	6	7	7	7	7

Final

Grupo B

Passo 9: Análise da posição do pescoço

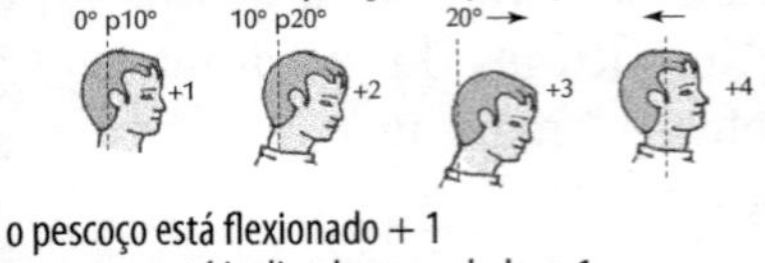

0° p10° +1 10° p20° +2 20° +3 +4

o pescoço está flexionado + 1
o pescoço está inclinado para o lado + 1

Passo 10: Análise da posição do tronco

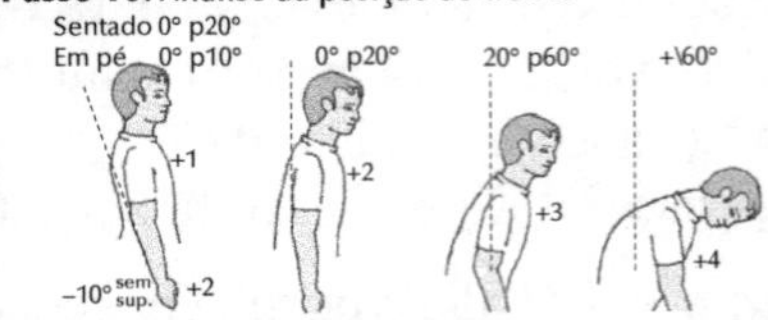

Sentado 0° p20°
Em pé 0° p10° +1 0° p20° +2 20° p60° +3 +\60° +4

−10° sem sup. +2

O tronco está: flexionado + 1/inclinado para o lado + 2

Passo 11: Análise de posição das pernas
as pernas estão balanceadas e apoiadas + 1
as pernas não estão apoiadas e balanceadas + 2

Tabela B Tronco

Pes-coço	1 Perna		2 Perna		3 Perna		4 Perna		5 Perna		6 Perna	
	1	2	1	2	1	2	1	2	1	2	1	2
1	1	2	2	3	3	4	4	4	4			
2	2	2	3	4	4	5	5	5	5			
3	2	3	3	4	4	5	5	5	6			
4	3	3	3	4	4	5	6	6	6			
5	4	4	4	5	5	6	6	6	6			

Passo 12: Transfira o valor encontrado na Tabela B

Passo 13: Contração muscular
postura estática + 1
postura ativa por 4 minutos ou mais + 1

Passo 14: Força e carga
menor que 2 kg intermitente 0
entre 2 e 10 kg intermitente + 1
entre 2 e 10 kg estático/repetitivo + 2
maior do que 10 kg choque + 3

Passo 15: Transportar a somatória para a Tabela C

Figura 3.6
As pontuações no Sistema RULA seguem quinze passos, divididos em dois grupos (McAtamney e Corlett, 1993).

A postura do corpo como um todo é descrita em função destas classificações por um código de seis dígitos. Os quatro dígitos iniciais classificam a postura do dorso (1 a 4), dos braços (1 a 3), das pernas (1 a 7), e da carga/força (1 a 3). Os dois dígitos finais indicam tipo de atividade (01, 02,...99) ou código do local ou seção onde foi feita a observação. As 252 combinações (4×3×7×3) de posturas possíveis são classificadas em quatro categorias de ação indicando o grau de necessidade de atuação para melhoria. O método se baseia em observações das posturas a intervalos predefinidos (em geral, a cada trinta segundos) e assume que são feitas no mínimo cem observações. Cada uma destas observações é avaliada e classificada.

Figura 3.7
Sistema OWAS para o registro da postura. Cada postura é descrita por um código de seis dígitos, representando posições do dorso, braços, pernas, e carga. Os dois últimos indicam o local onde a postura foi observada (Karhu, Kansi e Kuorinka, 1977).

O sistema OWAS foi testado com mais de 36.340 observações em 52 tarefas típicas da indústria siderúrgica. Diferentes analistas treinados, observando o mesmo trabalho, fizeram registros com 93% de concordância, em média. O mesmo trabalhador, quando observado de manhã e à tarde, conservava 86% das posturas registradas, e diferentes trabalhadores executando a mesma tarefa usavam, em média, 69% de posturas semelhantes. Portanto, concluiu-se que o sistema de registro apresentava uma consistência razoável.

A seguir, foi feita uma avaliação das diversas posturas quanto ao desconforto. Para isso, foi usado um manequim que podia ser colocado nas diversas posturas estudadas. Um grupo de 32 trabalhadores experientes fazia avaliações quanto ao desconforto de cada postura. Em cada sessão, faziam duas avaliações, usando uma escala de quatro pontos, com os seguintes extremos: "postura normal sem desconforto e sem efeito danoso à saúde" e "postura extremamente ruim, provoca desconforto em pouco tempo e pode causar doenças". Com base nessas avaliações, as posturas foram classificadas em uma das seguintes categorias de ação:

Classe 1 – Postura normal, que dispensa cuidados, a não ser em casos excepcionais.

Classe 2 – Postura que deve ser verificada durante a próxima revisão rotineira dos métodos de trabalho.

Classe 3 – Postura que deve merecer atenção a curto prazo.

Classe 4 – Postura que deve merecer atenção imediata.

Essas classes dependem do tempo de duração das posturas, em percentagens da jornada de trabalho (Tabela 3.4) ou da combinação das quatro variáveis (dorso, braços, pernas e carga), conforme se vê na Tabela 3.5.

Tabela 3.4
Sistema OWAS: Classificação das posturas de acordo com a duração das posturas

DURAÇÃO MÁXIMA (% da jornada de trabalho)		10	20	30	40	50	60	70	80	90	100
DORSO	1. Dorso reto	1	1	1	1	1	1	1	1	1	1
	2. Dorso inclinado	1	1	1	2	2	2	2	2	3	3
	3. Dorso reto e torcido	1	1	2	2	2	3	3	3	3	3
	4. Inclinado e torcido	1	2	2	3	3	3	3	4	4	4
BRAÇOS	1. Dois braços para baixo	1	1	1	1	1	1	1	1	1	1
	2. Um braço para cima	1	1	1	2	2	2	2	2	3	3
	3. Dois braços para cima	1	1	2	2	2	2	2	3	3	3
PERNAS	1. Duas pernas retas	1	1	1	1	1	1	1	1	1	2
	2. Uma perna reta	1	1	1	1	1	1	1	1	2	2
	3. Duas pernas flexionadas	1	1	1	2	2	2	2	2	3	3
	4. Uma perna flexionada	1	2	2	3	3	3	3	4	4	4
	5. Uma perna ajoelhada	1	2	2	3	3	3	3	4	4	4
	6. Deslocamento com as pernas	1	1	2	2	2	3	3	3	3	3
	7. Duas pernas suspensas	1	1	1	1	1	1	1	1	2	2

Tabela 3.5
Sistema OWAS: Classificação das posturas pela combinação das variáveis

Dorso	Braços	1			2			3			4			5			6			7			Pernas
		1	2	3	1	2	3	1	2	3	1	2	3	1	2	3	1	2	3	1	2	3	Cargas
1	1	1	1	1	1	1	1	1	1	1	2	2	2	2	2	2	1	1	1	1	1	1	
	2	1	1	1	1	1	1	1	1	1	2	2	2	2	2	2	1	1	1	1	1	1	
	3	1	1	1	1	1	1	1	1	1	2	2	3	2	2	3	1	1	1	1	1	2	
2	1	2	2	3	2	2	3	2	2	3	3	3	3	3	3	3	2	2	2	2	3	3	
	2	2	2	3	2	2	3	2	3	3	3	4	4	3	4	4	3	3	4	2	3	4	
	3	3	3	4	2	2	3	3	3	3	3	4	4	4	4	4	4	4	4	2	3	4	
3	1	1	1	1	1	1	1	1	1	2	3	3	3	4	4	4	1	1	1	1	1	1	
	2	2	2	3	1	1	1	1	1	2	4	4	4	4	4	4	3	3	3	1	1	1	
	3	2	2	3	1	1	1	2	3	3	4	4	4	4	4	4	4	4	4	1	1	1	
4	1	2	3	3	2	2	3	2	2	3	4	4	4	4	4	4	4	4	4	2	3	4	
	2	3	3	4	2	3	4	3	3	4	4	4	4	4	4	4	4	4	4	2	3	4	
	3	4	4	4	2	3	4	3	3	4	4	4	4	4	4	4	4	4	4	2	3	4	

O procedimento descrito foi aplicado para identificar e solucionar os principais focos de problemas, durante dois anos, na empresa siderúrgica onde trabalhavam os pesquisadores. Os resultados levaram à melhoria do conforto e contribuíram decisivamente para a remodelação de algumas linhas de produção, que apresentavam maior gravidade. Com essa técnica, conseguiu-se identificar e solucionar problemas que estavam pendentes há vários anos e nos quais as tentativas anteriores haviam fracassado. O estudo de caso da p. 325 apresenta um exemplo de aplicação do sistema OWAS.

REBA

O REBA (*Rapid Entire Boby Assessment*)[6] foi desenvolvido por Hignett e McAtamney (2000) como uma evolução do RULA, visando avaliar posturas de todo o corpo de prestadores de serviços. O protocolo REBA é aplicado para os dois lados do corpo e para todas as posturas que foram identificadas como importantes de serem avaliadas.

A avaliação de risco é feita pontuando três conjuntos:

Grupo A – Posturas do tronco, pescoço e perna braço, antebraço e punho.

Grupo B – Para os lados direito e esquerdo, separadamente.

Grupo C – Pontuação para carga/força e tipo de pega.

---

[6] O protocolo REBA está disponível em: <http://www.humanics-es.com/bernard/REBA_M11.pdf>; Cornell University Ergonomics Web: <http://ergo.human.cornell.edu/cutools.html>; U.K. Health and Safety Executive: <http://www.hse.gov.uk/msd/>.

A pontuação final é obtida pela soma da pontuação de cada grupo mais um escore para o tipo de atividade (definido em tabela), gerando uma pontuação global, que remete a cinco níveis de risco e de ação.

Nível de ação 0 – Pontuação 1. Risco inexistente. A postura é aceitável, não sendo necessárias providências.

Nível de ação 1 – Pontuação 2 ou 3. Risco baixo, podendo ser necessárias providências futuras.

Nível de ação 2 – Pontuação 4 a 7. Risco médio, sendo necessárias providências a médio prazo.

Nível de ação 3 – Pontuação entre 8 e 10. Risco alto, sendo necessárias providências a curto prazo.

Nível de ação 4 – Pontuação entre 11 e 15. Risco muito alto, sendo necessárias providências imediatas.

ACESSOS INFORMATIZADOS

Os sistemas de registro e classificação de posturas das técnicas OWAS, RULA e REBA foram informatizados, facilitando as suas aplicações. As aplicações dessas técnicas ocorrem em seis estágios:

1. Observar a tarefa (podendo-se utilizar filmagem);
2. Selecionar as posturas para avaliação (o pesquisador faz análise criteriosa das posturas);
3. Avaliar as posturas;
4. Processar os dados;
5. Estabelecer o escore;
6. Identificar o nível de risco e de ação, a fim de tomar as providências cabíveis.

Esses sistemas informatizados utilizam as mesmas tabelas de suas aplicações em papel, mas o *software* faz os cálculos e gera gráficos com a classificação do risco. Cabe ao pesquisador, no entanto, definir a estratégia de pesquisa utilizando o sistema de registro, avaliar o trabalho, e analisar os resultados com cuidado para propor as soluções/recomendações cabíveis[7].

---

[7] Esses sistemas estão disponíveis em: WinOWAS <http://turva.me.tut.fi/owas/>; RULA <http://www.ergonomics.co.uk/Rula/Ergo/index.html>; <http://www.humanicsergosystems.com/rula.htm>; <http://www.nexgenergo.com/ergonomics/ergointeluea.html>; REBA <http://www.nexgenergo.com/ergonomics/ergointeluea.html>.

OCRA

O protocolo OCRA (*Occupational Repetitive Action*)[8] faz avaliação da exposição dos trabalhadores a fatores de risco de DORT nos membros superiores, de forma semiquantitativa. Foi desenvolvido por Occhipinti e Colombini e resultou de um consenso no comitê técnico de distúrbios osteomusculares da IEA, passando a ser obrigatório pela Norma Internacional ISO 11228-3) e Norma Europeia EN 1005.

Inicialmente foi desenvolvido o *checklist* OCRA, que serve para uma avaliação preliminar e, depois, foi desenvolvido o *Índice OCRA*. Ambos avaliam os riscos das ações técnicas, que é a variável característica e relevante para os movimentos repetitivos dos membros superiores. As ações técnicas são avaliadas em função dos seguintes fatores de risco de DORT: repetitividade (frequência das ações); força; postura; ausência de períodos de recuperação; e fatores adicionais (como exigência de precisão, movimentos bruscos, tipo de pega, uso de luvas, temperaturas extremas, vibrações).

Cada um dos fatores recebe uma nota predefinida (em valor numérico), dependendo das condições observadas dos membros superiores. A pontuação final do *checklist* resulta da soma dos resultados obtidos em cada um dos fatores de risco do membro superior avaliado.

O Índice OCRA (Occhipinti, 1998) quantifica o risco de DORT por meio da comparação entre o número de ações técnicas diárias executadas pelos membros superiores e o número de ações recomendadas. O número de ações recomendadas é obtido pela observação das ações realizadas multiplicado por pesos (multiplicadores tabelados). O resultado final do Índice OCRA é obtido dividindo-se a quantidade de ações observadas pela quantidade de ações recomendadas.

O resultado final, tanto do *checklist* quanto do Índice, é enquadrado em um dos cinco níveis de risco, identificados por faixas de cores, correspondendo a diferentes recomendações (Tabela 3.6).

Tabela 3.6
O Índice OCRA é classificado em cinco níveis de risco, com as respectivas recomendações (Occhipinti, 1998)

Checklist OCRA	Índice OCRA	Nível de risco	Faixa de cor	Recomendação
até 7,5	até 2,2	Não há	Verde	Não há necessidade de atuação
de 7,6 a 11	de 2,3 a 3,5	No limite	Amarelo	Verificar a situação fazendo nova análise
de 11,1 a 14	de 3,6 a 4,5	Baixo	Vermelho-claro	Melhoria do posto, supervisão médica e treinamento
de 14,1 a 22,5	de 4,6 a 9	Médio	Vermelho-médio	Melhoria do posto, supervisão médica e treinamento
≥ 22,6	≥ 9,1	Alto	Vermelho	Melhoria do posto, supervisão médica e treinamento

[8] Os detalhes do checklist Ocra e do Índice OCRA estão disponíveis em: <http://www.epmresearch.org/userfiles/files/2009%20IEA%20PECHINOocchipinti-colombini-OCRAxinvitedsession%203MU-0650-v1.pdf>.

Equação NIOSH para manuseio de carga

A equação do NIOSH (National Institute for Occupational Safety and Health dos Estados Unidos) tem o objetivo de prevenir ou reduzir a ocorrência de dores causadas pelo levantamento de cargas. Ela permite calcular o peso máximo recomendável em tarefas repetitivas de levantamento de cargas, referindo-se apenas à tarefa de apanhar uma carga e deslocá-la e depositá-la em outro nível, usando as duas mãos. Foi desenvolvida em 1981 e revisada em 1991 por uma comissão de cientistas, que se baseou em critérios biomecânicos, fisiológicos e psicofísicos (Waters et al., 1993).

A equação de NIOSH estabelece o *valor de referência* de *23 kg*, que corresponde à capacidade de levantamento no plano sagital, de uma altura de 75 cm do solo, para um deslocamento vertical de 25 cm, segurando-se a carga a 25 cm do corpo. Essa seria a carga aceitável para 99% dos homens e 75% das mulheres, sem provocar nenhum dano físico, em trabalhos repetitivos.

Esse valor de referência pode ser reduzido nas condições reais de trabalho, representadas por seis fatores multiplicativos de redução (valores iguais ou inferiores a 1,0), que dependem das condições de trabalho (Figura 3.8).

Figura 3.8
Fatores de carga considerados na equação de NIOSH.

Na equação de NIOSH, a variável dependente *LPR (limite de peso recomendado)* é calculada em função de seis fatores:

H = distância horizontal entre o indivíduo e a carga (posição das mãos), em cm.
V = distância vertical na origem da carga (posição das mãos), em cm.
D = deslocamento vertical, entre a origem e o destino, em cm.
A = ângulo de assimetria, medido a partir do plano sagital, em graus.
F = frequência média de levantamentos em levantamentos/min (Tabela 3.7).

C = qualidade da pega (Tabela 3.8).

A equação de NIOSH é expressa pela fórmula:

$$LPR = 23 \times \left[\frac{25}{H}\right] \times [1 - (0,003 \times |V - 75|)] \times \left[0,82 + \left(\frac{4,5}{D}\right)\right] \times [1 - (0,0032 \times A)] \times F \times C$$

Tabela 3.7
Multiplicadores de frequência (F) para a equação de NIOSH

Frequência Levantamentos/ min	Duração do trabalho (h/dia)					
	≤ 1h		≤ 2h		≤ 8h	
	V < 75 (cm)	V ≥ 75 (cm)	V < 75 (cm)	V ≥ 75 (cm)	V < 75 (cm)	V ≥ 75 (cm)
0,2	1,00	1,00	0,95	0,95	0,85	0,85
0,5	0,97	0,97	0,92	0,92	0,81	0,81
1	0,94	0,94	0,88	0,88	0,75	0,75
2	0,91	0,91	0,84	0,84	0,65	0,65
3	0,99	0,99	0,79	0,79	0,55	0,55
4	0,84	0,84	0,72	0,72	0,45	0,45
5	0,80	0,80	0,60	0,60	0,35	0,35
6	0,75	0,75	0,50	0,50	0,27	0,27
7	0,70	0,70	0,42	0,42	0,22	0,22
8	0,60	0,60	0,35	0,35	0,18	0,18
9	0,52	0,52	0,30	0,30	0,00	0,15
10	0,45	0,45	0,26	0,26	0,00	0,13
11	0,41	0,41	0,00	0,23	0,00	0,00
12	0,37	0,37	0,00	0,21	0,00	0,00
13	0,00	0,34	0,00	0,00	0,00	0,00
14	0,00	0,31	0,00	0,00	0,00	0,00
15	0,00	0,28	0,00	0,00	0,00	0,00
> 15	0,00	0,00	0,00	0,00	0,00	0,00

V = altura inicial do levantamento

Tabela 3.8
Qualidade da pega (C) para a equação de NIOSH

Qualidade da pega	Coeficientes da pega	
	V < 75	V ≥ 75
Boa	1,00	1,00
Média	0,95	1,00
Ruim	0,90	0,90

Exemplo – Vamos supor que uma pessoa levante uma carga situada a 100 cm de altura (V = 100) e a 30 cm do corpo (H = 30), deslocando-a até 150 cm de altura (D = 50), girando o corpo em 45° (A = 45°). Suponhamos que esse movimento seja repetido cinco vezes por minuto, durante 1 h/dia. O fator F será de 0,80. A qualidade da pega é ruim (caixa com paredes planas). No caso, C = 0,90.

Aplicando-se esses valores na equação de NIOSH, teremos:

$$LPR = 23 \times \left[\frac{25}{30}\right] \times \left[1 - \left(0,003 \times |100 - 75|\right)\right] \times \left[0,82 + \left(\frac{4,5}{50}\right)\right] \times \left[1 - \left(0,0032 \times 45\right)\right] \times 0,80 \times 0,90 = 10,739 \text{ kg}$$

Nessas condições, isso significa que a pessoa pode levantar 10,739 kg sem sofrer danos osteomusculares.

NASA-TLX – Carga de trabalho

O NASA-TLX[9] é uma técnica multidimensional para fazer avaliação quantitativa da carga de trabalho, baseando-se na média ponderada de seis dimensões dessa carga: demanda mental; demanda física; demanda temporal; performance; esforço; e frustração. As definições destas dimensões estão contidas em cartões. O procedimento é aplicado em duas etapas, geralmente após o sujeito ter efetuado a tarefa em análise.

Primeira etapa. O sujeito compara, aos pares, as seis dimensões (cartões) entre si, escolhendo em cada par aquela dimensão que mais afeta seu trabalho. A comparação pode ser feita mostrando-se os cartões aos pares. Portanto, o sujeito avalia todas as combinações possíveis, ou seja, quinze pares combinando as seis dimensões. Cada dimensão pode ser selecionada ou nenhuma vez (não tem relevância na carga de trabalho) ou no máximo cinco vezes (dimensão mais relevante de todas). O número de vezes que uma determinada dimensão (cartão) é selecionada pelo sujeito gera o *peso* desta dimensão na carga de trabalho.

Segunda etapa. O sujeito responde a um questionário, marcando a *intensidade* de cada uma destas dimensões, em uma escala de vinte pontos (variando de muito baixo a muito alto). Esse questionário pode ser preenchido no computador ou no papel impresso.

Multiplicando-se o *peso* da dimensão pela sua *intensidade,* obtém-se o *valor* de cada dimensão na carga de trabalho. A soma de todos os valores das seis dimensões, dividido por quinze, gera o *valor final* da carga de trabalho para cada sujeito.

Nota-se que uma das dimensões do NASA-TLX é a demanda física e, portanto, a técnica avalia a carga de trabalho, além da carga mental. No entanto, é comum encontrar referências sobre o NASA-TLX apenas como instrumento para avaliação de carga mental de trabalho.

---

[9] O manual do NASA-TLX e versões computadorizadas e de lápis/papel estão disponíveis em: <http://humansystems.arc.nasa.gov/groups/tlx/paperpencil.html>.

3.5 AVALIAÇÕES FISIOLÓGICAS

Diversos avanços tecnológicos da medicina moderna utilizados para monitorar as variáveis fisiológicas são aplicados nas pesquisas em ergonomia. Estes geralmente são aplicados para avaliar os esforços físicos, gastos energéticos e condições estressantes, provocados tanto pelas tarefas como pelas condições ambientais. Esse é um campo em contínua evolução e são citados apenas alguns deles, a título de exemplificação.

REGISTRO ELETROMIOGRÁFICO

A eletromiografia (EMG) permite registrar os sinais elétricos produzidos durante a contração muscular. O registro dessa atividade elétrica nos músculos é um bom indicador do tipo e do grau de solicitação muscular associado à execução de uma determinada postura ou movimento e pode ser correlacionado com outras informações úteis durante o movimento, tais como: força (utilizando uma célula de carga) e ângulo das articulações (utilizando eletrogoniômetro). Elas podem ser superficiais ou intramusculares.

Superficiais – Nas pesquisas ergonômicas, geralmente são utilizados eletrodos de superfície, colocados sobre a pele, podendo ser monopolar ou bipolar. Na EMG de superfície monopolar, são colocados dois eletrodos (um ativo e outro terra) sobre a pele que recobre o músculo. Na bipolar são colocados dois eletrodos ativos espaçados 2 cm um do outro. Os registros produzem gráficos chamados de eletromiogramas ou, abreviadamente, EMG.

Por exemplo, para a análise de posturas dorsais, os diversos músculos envolvidos na sustentação de cada postura podem ser submetidos à EMG. Naturalmente, aquelas posturas que exigem tensões maiores dos músculos apresentarão mais atividades elétricas. Assim, podem-se pesquisar aquelas posições que exigem menos atividade muscular e que são, portanto, menos fatigantes. Apesar do registro de EMG de superfície ser genérico, pois não se sabe exatamente que fibras musculares estão emitindo os sinais, muitas vezes, o registro da atividade dos músculos superficiais geralmente é suficiente para as pesquisas na ergonomia.

Intramusculares – Eletromiogramas mais precisos podem ser obtidos por técnica invasiva, introduzindo-se eletrodos no interior dos músculos para registrar a sua atividade elétrica. Esta tem a vantagem de fornecer informações mais precisas, pelo registro direto da atividade muscular, mas tem a desvantagem de exigir um equipamento eletrônico relativamente dispendioso. Exigem também acompanhamentos médicos, para que os eletrodos sejam colocados corretamente no músculo do qual se quer fazer registro. Esta técnica invasiva geralmente não é usada em ergonomia, mas apenas em diagnósticos médicos.

A ergonomia utiliza ainda diversos outros indicadores fisiológicos. Abaixo estão descritos, sumariamente, aqueles mais usuais.

BATIMENTOS CARDÍACOS

Os batimentos cardíacos são obtidos pelo eletrocardiograma (ECG), que registra as frequências das pulsações do coração em *bpm* (batimentos por minuto). A medição é feita com três eletrodos sobre o tórax. É uma medida indireta da intensidade do esforço, facilmente realizado com equipamentos simples (por exemplo, o Polar). Pessoas submetidas a grandes esforços podem dobrar a frequência cardíaca ao cabo de 2 a 3 minutos, por exemplo, passando de 70 a 140 bpm.

PRESSÃO SANGUÍNEA

Estudos comprovam uma correlação positiva entre pressão sanguínea e estresse no trabalho. Este pode ser provocado por vários fatores, como a sobrecarga, pressão no trabalho, falta de controle da tarefa ou sentimento de incapacidade para concluir a tarefa. O aumento da pressão sanguínea pode reduzir o fluxo sanguíneo para as extremidades do corpo, o que pode acelerar os danos nos tecidos em situação de sobrecarga, podendo precipitar, portanto, os DORT.

FREQUÊNCIA RESPIRATÓRIA

A medição da frequência respiratória pode ser usada como parâmetro suplementar nas avaliações da sobrecarga de trabalho e estresse. Essas medições podem proporcionar uma avaliação aproximada do dispêndio energético, esforços físico, mental e emocional. A frequência respiratória pode ser medida por um cinto ou um colete sensível aos movimentos respiratórios de inspiração e expiração, e esses dados são armazenados em um microcomputador para posterior análise. No entanto, além da frequência, existem outros parâmetros correlatos, como o tempo de respiração, volume e fluxo inspiratório. Tendo em vista que a respiração não é um parâmetro unidimensional, ela *não* é comumente usada em estudos de ergonomia.

TAXA METABÓLICA

A atividade metabólica aumenta quando o corpo humano realiza trabalho. Os músculos oxidam nutrientes para realizar atividade mecânica, gerando calor. Na maioria dos estudos em ergonomia, quase toda a energia metabólica é transformada em calor que permanece no corpo. A energia transferida para o meio ambiente é pouco significativa. Apenas em certos exercícios, como na bicicleta ergométrica, esta energia sobe a valores significativos. A taxa metabólica, portanto, é medida por calorimetria indireta (medindo o consumo de oxigênio). Geralmente, os estudos em ergonomia estimam a taxa metabólica com base em tabelas que informam a quantidade de trabalho realizado (W).

A ISO 8996/EN28996 (1990) – Ergonomia: determinação de produção de calor metabólico – classifica a taxa metabólica com base na descrição do nível de atividade. Um resumo pode ser visto na Tabela 3.9.

Tabela 3.9
Taxa metabólica de acordo com o nível de atividade

Classe	Nível de atividade	Valor a ser usado para cálculo da taxa metabólica média		Descrição do trabalho
		W/m^2	W	
0	Basal	65	115	Descansando
1	Taxa baixa	100	180	*Sentado*: Trabalho manual leve (escrever, digitar, desenhar, costurar). Trabalho com mãos e braços (ferramentas pequenas, inspeção, montagem ou separação de materiais). Trabalho de braços e pernas (dirigir veículos em condições normais, operar pedais). *De pé*: Furar peças pequenas, moer peças pequenas, enrolar/armar peças pequenas. Andar devagar (velocidade até 3,5 km/h).
2	Taxa moderada	165	295	Trabalho com braços e mãos suspensas: martelar etc.) Trabalho de braços e pernas: operar trator, equipamentos de construção etc. Trabalho de braços e tronco: martelo pneumático, trabalho em oficinas, rebocar, forjar, manuseio intermitente de materiais de peso moderado, semear, plantar, colher frutas e vegetais, puxar/empurrar carrinhos leves. Andar normal (velocidade de 3,5 a 5,5 km/h).
3	Taxa alta	230	415	Trabalho intenso de braços e tronco: carregar material pesado, capinar com enxada, desempenar madeira, cortar grama, cavar com pá, puxar/empurrar carrinhos pesados, colocar blocos de concreto. Andar rápido (velocidade de 5,5 a 7 km/h).
4	Taxa muito alta	290	520	Atividade muito intensa em ritmo rápido ou máximo: carregar sacos pesados, trabalho intenso com pá, cavar, subir escadas, rampas. Correr (velocidade maior que 7 km/h).

3.6 Métodos de análise cognitiva

O trabalho moderno depende cada vez menos dos esforços físicos e cada vez mais do esforço cognitivo, envolvendo atividades de planejamento, tomada de decisões e monitoramento das tarefas. Isso acontece principalmente nas situações em que os trabalhadores estão envolvidos em tarefas complexas e na operação e controle de equipamentos informatizados. A ergonomia tem adotado diversos métodos e técnicas para analisar essas tarefas cognitivas.

Análise Cognitiva da Tarefa

A Análise Cognitiva da Tarefa (ACT) é aplicada no trabalho que envolve muita carga cognitiva, como tomada de decisão, solução de problemas, memória, atenção e julgamento. Portanto, a ACT foca o conhecimento, habilidades cognitivas e processos decisórios dos trabalhadores no desempenho de tarefas complexas. Essas tarefas complexas podem ser definidas como aquelas que englobam o conhecimento controlado (consciente, conceitual) e automatizado (inconsciente, procedural, estratégico). Isso ocorre, por exemplo, nas tarefas de controle operacional em uma usina de geração de energia ou controladores de voo em aeroportos.

A ACT geralmente é usada para avaliar o desempenho de trabalhadores envolvidos em atividades que exigem carga mental associada a interfaces e controles complexos. Essas atividades exigem uso de modelos mentais, processamento das informações necessárias para o comando e controle de processos, tomadas de decisão, detecção e correção de erros. O resultado da ACT geralmente é a descrição dos objetivos, equipamentos, conhecimento (conceitual, procedural) e os padrões de desempenho utilizados no desempenho da tarefa.

Existem mais de cem métodos de ACT que utilizam diversas técnicas como observação, entrevistas, questionários, delineamento de processo, mapas mentais, simulação. O livro de Crandall, Klein e Hoffman (2006) é uma referência importante para o aprofundamento de métodos e técnicas de ACT. Alguns deles são descritos a seguir.

ANÁLISE HIERÁRQUICA DA TAREFA

A Análise Hierárquica da Tarefa (*Hierarchical Task Analysis* – HTA) foca as metas da tarefa e as operações necessárias para atingir essas metas. Assim, não avalia as ações em si.

As atividades que compõem a tarefa são decompostas hierarquicamente em operações e suboperações. Uma operação é caracterizada pela condição que dá início a uma meta (*input*), pelos meios que são utilizados para atingir essa meta (ações) até que a meta seja alcançada (*feedback*). O método HTA foi desenvolvido pela Universidade de Hull, e compõe-se de sete etapas:

- Definição da proposta da análise;
- Determinação das metas da tarefa e dos critérios de desempenho;
- Identificação das fontes de informação para realização da tarefa;
- Aquisição de dados e decomposição/diagrama da tarefa;
- Validação da decomposição/diagrama da tarefa com os atores;
- Identificação das operações mais importantes;
- Geração e teste de soluções para os problemas identificados.

O método HTA é útil para analisar a maioria das tarefas, em um nível de detalhe definido na proposta de análise. Contudo, tem a desvantagem de consumir muito tempo (quanto mais complexa a tarefa, maior o tempo demandado), exigir que o ergonomista tenha conhecimento e experiência em várias técnicas (por exemplo, observação, entrevistas) e depender da colaboração dos atores mais importantes.

ALOCAÇÃO DE FUNÇÕES

O método de alocação de funções ajuda a decidir se uma tarefa pode ser melhor desempenhada pelas pessoas, grupo de pessoas, ou subsistemas tecnológicos. No início (Fitts, 1951; Chapanis, 1970), a alocação de funções era feita com base na capacidade de processamento (quantidade de dados e velocidade de resposta), mas atualmente consideram-se outros fatores, como taxa de erros, carga, fadiga, custos, valores humanos e éticos, vontade das pessoas, satisfação com a tarefa e empoderamento (*empowerment*).

O método de alocação de funções desdobra-se em três etapas para atribuir tarefas e responsabilidades, distribuindo-as a operadores humanos ou a sistemas automatizados (máquinas):

- Análise hierárquica da tarefa (HTA).

- Análise dos atores para alocação de funções.

- Análise das alternativas de alocação de funções.

Apesar de ser considerado simplista, esse método é tradicional na ergonomia e pode ser um guia útil para equilibrar o grau de automação com as necessidades/capacidades humanas, de forma que as metas da tarefa sejam alcançadas satisfatoriamente.

TÉCNICAS EM ERGONOMIA COGNITIVA

A ergonomia utiliza diversos tipos de técnicas para realizar análises cognitivas. Abaixo são descritas resumidamente as mais significativas.

Decision-Action Analysis – É uma ferramenta de análise para identificação da sequência de funções e/ou ações que são desempenhadas em um sistema cujas decisões podem ser transformadas em respostas do tipo sim/não (Chapanis, 1996).

Distributed Cognition Analysis – A cognição distribuída descreve como a informação é apresentada (palavras, textos, mapas, diagramas, instrumentos) e se transmite sequencialmente, ao longo de uma cadeia constituída de vários indivíduos, com uso de diferentes instrumentos que compõem o sistema. Ela ajuda a identificar os problemas e as soluções que emergem nesse processo.

GOMS (*Goals, Operators, Methods and Selection*) – É uma família de modelos preditivos do desempenho humano, que pode ser utilizado para aumentar a eficiência do sistema humano-máquina-ambiente. Ele permite identificar e eliminar ações desnecessárias.

Análise de protocolos verbais – Protocolos verbais ou protocolos "de pensar alto", são usados para capturar as verbalizações do pensamento, realizadas durante o desempenho de uma tarefa cognitiva, entrevistas, comunicações entre os trabalhadores e histórias contadas. Preferencialmente são gravados, para não se perder os detalhes, e essas verbalizações são classificadas e codificadas para facilitar a análise.

Por exemplo, pode-se codificar aquilo que é relativo a: ações, comunicações, tomada de decisões, e assim por diante.

Mapas cognitivos – São desenhos, diagramas, para representar como a atividade é compreendida pelo trabalhador ou por vários trabalhadores. Existem diversos *softwares* para gerar esses desenhos.

TÉCNICAS PARA ANÁLISE DE USABILIDADE DE INTERFACES

A ergonomia utiliza também diversos técnicas para realizar análises de usabilidade de interfaces no sistema humano-máquina-ambiente. Abaixo são descritas resumidamente algumas delas, a título exemplificativo.

Avaliação Heurística – Avaliação heurística analisa interfaces baseando-se em princípios de usabilidade, denominados heurísticas. Esses princípios são formulados a partir de experiências. Em geral, essa avaliação segue as seguintes etapas:

a) Escolher os avaliadores. Podem ser usuários experientes, ou não experientes, mas que não tenham envolvimento com o projeto da interface a ser avaliada.

b) Definir as heurísticas.

c) Executar a avaliação.

d) Associar cada problema encontrado a uma heurística.

e) Promover a discussão entre os avaliadores.

f) Priorizar problemas encontrados.

Geralmente são utilizadas heurísticas baseadas nos princípios de usabilidade (ver pp. 259-261). As heurísticas propostas por Nielsen (1994)[10] podem ser resumidas nos pontos a seguir.

1. *Consistência* – Um determinado comando ou ação deve produzir sempre o mesmo efeito, exigindo-se ações similares para procedimentos similares. Manter um padrão visual para as cores, leiaute e fontes. Utilizar a mesma terminologia em menus para facilitar o seu reconhecimento.

2. *Flexibilidade* – Permitir que os usuários assíduos customizem as ações frequentes, com uso de abreviações, teclas de função, duplo clique no mouse, função de volta em sistemas hipertexto. Esses atalhos facilitam e agilizam a interação dos usuários mais experientes com a interface.

3. *Visibilidade* – O sistema deve informar continuamente ao usuário o que está acontecendo, por meio de *feedback*, o mais rapidamente possível. Para ações frequentes e pouco importantes, a resposta pode ser simples, mas para ações menos frequentes e mais importantes, a resposta precisa ser mais elaborada.

---

[10] Ver: <http://www.useit.com/papers/heuristic/heuristic_list.html>.

4. *Sobrecarga de memória* – O sistema deve mostrar os elementos de diálogo e permitir que o usuário faça suas escolhas, sem a necessidade de relembrar um comando específico. Assim, com melhor visibilidade dos objetos, ações e opções, e uso intuitivo, procura-se aliviar a sobrecarga da memória de curta duração do usuário.

5. *Apresentação e estética* – O sistema deve usar a linguagem do usuário, com palavras, frases e conceitos familiares a ele. Os diálogos devem ser simples, "limpos" e diretos, sem conter informações irrelevantes ou raramente utilizadas. As informações devem ser organizadas em uma ordem lógica e natural. Cada unidade extra de informação em um diálogo compete com a informação relevante e reduz a sua visibilidade.

6. *Ajudas e documentações* – O *software* ideal é aquele fácil de usar (intuitivo) e que não necessite de ajuda ou documentação extras. Se for necessária, a ajuda deve estar facilmente acessível, e deve estar formatada de maneira a ser facilmente seguida.

7. *Blocos de ações* – As longas sequências de ações do sistema devem ser organizadas em diversos blocos menores, cada um com começo, meio e fim. Ao final de um bloco, o *feedback* informa o seu término, dando ao usuário a satisfação do resultado parcial alcançado e indicando que se pode avançar para o próximo bloco.

8. *Prevenção de erros* – O projeto deve prever e evitar situações de ocorrência de erro, eliminando-se aquelas que mais provocam erros. Na iminência de um erro, o sistema deve detectá-lo ou identificá-lo previamente, alertando o usuário e apresentando-lhe opções, antes que ele se decida pela ação errada. Caso ocorram erros, o sistema deve detectá-los, provendo uma solução simples.

9. *Reversibilidade* – O usuário precisa ter saídas claramente marcadas quando escolhe, por engano, funções equivocadas do sistema, sem ter que passar por um longo diálogo. Isso significa ter possibilidade de "fazer" e "desfazer" uma operação, para retornar rapidamente ao estado anterior. As mensagens de erro devem ser expressas em linguagem clara e sem códigos. Devem ajudar o usuário a entender o problema, permitindo reconhecer e diagnosticar uma situação de erro, além de prover uma solução. Essa reversibilidade reduz a ansiedade do usuário e o encoraja a explorar outras opções pouco familiares.

10. *Controle e liberdade* – Os usuários mais experientes gostam da sensação de que estão no controle e que o sistema responde a suas ações. Projetar o sistema de forma que os usuários sejam os protagonistas, que iniciam as ações, e não apenas os respondentes.

Cognitive Walkthrough – É uma técnica utilizada pelo ergonomista, e não pelo usuário. Um ou mais analistas executam uma série de tarefas e consideram uma série de questões sob a perspectiva do usuário. O objetivo é entender como o sistema será compreendido por ele. A sequência das ações é estudada, mas não a satisfação com o uso da interface. O livro de Nielsen e Mack (1994) é uma referência para as várias técnicas de análise de usabilidade.

Computer System Usability Questionnaire (CSUQ) – Este questionário, desenvolvido pela IBM, contém dezenove questões a serem respondidas pelos usuários em uma escala de sete pontos. A avaliação da usabilidade e satisfação é feita por cenários[11].

3.7 Métodos em desenvolvimento de produto

Os métodos de desenvolvimento de produto envolvem atividades interdisciplinares e são aplicados principalmente nas áreas de design, engenharias de projeto e engenharia de produção, incluindo diversos aspectos da ergonomia. Aqui são apresentados resumidamente.

Projeto participativo

O projeto participativo é um caso particular da ergonomia participativa, aplicado ao design de novos produtos ou redesign de produtos existentes.

Difere dos projetos tradicionais, que são realizados por especialistas, e o usuário é envolvido apenas na fase final de avaliação do protótipo. Nesse tipo de desenvolvimento, o *feedback* do usuário é demorado. Se houver algum erro de concepção, a sua correção fica mais difícil, pois o projeto já se encontra em estado adiantado.

No projeto participativo, o usuário é envolvido desde a etapa inicial. Assim, não há uma separação entre o projeto e a sua avaliação. Desde o início, o projeto é focado nos usuários e tarefas. Dessa forma, os usuários fazem avaliações contínuas a cada etapa do projeto. Assim, os eventuais erros ou desvios do projeto são imediatamente corrigidos antes de se chegar ao protótipo.

Muitas empresas contratam profissionais especializados e desenvolvem produtos "perfeitos" dos pontos de vista técnico e ergonômico. Contudo, esses produtos podem transformar-se em grandes fracassos de mercado. Os especialistas podem ignorar ou desprezar certas características do produto porque, na opinião deles, seriam pouco importantes. Entretanto, os consumidores podem ter outra escala de valores, considerando mais importantes justamente aquelas características que foram desprezadas pelos projetistas.

Portanto, o projeto participativo tem o objetivo de incorporar as reais necessidades e desejos dos consumidores ao projeto do produto. Muitas vezes, há diferenças significativas entre essas necessidades e desejos reais em relação ao que é imaginado ou suposto pelos especialistas.

Diversos outros métodos são aplicados no desenvolvimento de produto, e aqui são apenas referenciados, sumariamente.

Kansei Engineering – É uma abordagem de desenvolvimento de produtos enfatizando os sentimentos e impressões dos usuários. Está diretamente relacionado ao design emocional e agradabilidade (ver pp. 262-263)[12].

---

[11] Ver CSUQ e outros questionários em: <http://www.usabilitynet.org/tools/subjective.htm>.

[12] Ver: <http://www.ikp.liu.se/kansei/wike.html> e <www.ikp.liu.se/kansei>.

Desdobramento da Função Qualidade (*Quality Function Deployment –* QFD[13]) – É uma técnica para "traduzir a voz do cliente" em características desejáveis do produto ou serviço. Compreende o desdobramento de matrizes e um grupo de especialistas para tomada de decisão. A matriz da "casa da qualidade" permite priorizar atributos e pesar os *trade-offs* das várias alternativas em discussão (Cheng e Melo Filho, 2007).

Design para Montagem (*Design for Assembly* – DfA) – Procura encorajar o desenvolvimento de produtos com menos partes, eliminando-se partes cortantes e peças de difícil manuseio, visando reduzir o tempo e o custo de montagem (Boothroyd et al., 2002).

Design para Desmontagem (*Design for Disassembly* – DfD) – É um complemento do DfA, com recomendações para facilitar o manuseio e reduzir o tempo e o custo de desmontagem.

Design para Manutenção (*Design for Maintenance* – DfM) – Atua na mesma linha do DfA e o DfD, mas enfatiza a facilidade para manutenção.

Design para o Meio Ambiente (*Design for Environment* – DfE). Amplia os conceitos do DfA, DfD e DfM, acrescentando quesitos relativos ao meio ambiente, visando ao uso eficiente de energia, água, insumos em geral, minimização de materiais danosos, poluentes e nocivos. Também preocupa-se em facilitar a reciclagem, remanufatura, reúso e deposição do produto no fim de seu ciclo de vida.

Esses métodos de desenvolvimento de produtos/processos encontram-se detalhadas no livro de Helander e Nagamachi (1992), que apresenta uma abordagem sistêmica de projeto ergonômico de manufatura. Inclui informação quanto à facilidade de montagem manual e automatizada, questões de biomecânica, carga física e mental, alocação de funções, satisfação com o trabalho e design de sistemas sociotécnicos.

QUESTÕES

1. Como se diferenciam métodos de técnicas?
2. Quais são as metas da Análise Ergonômica do Trabalho?
3. Quais são as vantagens e desvantagens do questionário?
4. Que cuidados devem ser tomados nas entrevistas?
5. Quando se aplica o grupo de foco?
6. Quais são as vantagens e desvantagens da observação direta?
7. Quando e como se aplica o diagrama de dores?
8. Qual é a utilidade do sistema OWAS?
9. Quais são as principais recomendações da equação de NIOSH?
10. Qual é a vantagem da avaliação NASA-TLX?

---

[13] Ver QFD Institute: <http://www.qfdi.org/>.

EXERCÍCIOS

1. Construa um *checklist* para se organizar uma festa de aniversário ou sair para um *camping*.

2. Identifique uma situação de levantamento de peso. Por exemplo, um funcionário de um supermercado abastecendo uma prateleira. Peca autorização a ele(a) para observar a tarefa. Pese a carga sendo levantada. Aplique a equação de NIOSH e:

   a) Identifique se a carga está dentro do limite seguro.

   b) Se não estiver, qual é o limite de carga para aquela situação?

   c) Quais fatores da equação devem ser otimizados para que a carga fique dentro do limite? Proponha soluções.

3. Faça cinco cópias do diagrama de dores e peça para seis trabalhadores desempenhando uma mesma função que preencham o questionário.

   a) Os resultados são iguais?

   b) Se diferem, em que são diferentes? Por quê?

4 ORGANISMO HUMANO

OBJETIVOS

Este capítulo apresenta os conhecimentos básicos sobre o organismo humano utilizados em ergonomia. Os conhecimentos das características sensoriais, osteomusculares e algumas das funções auxiliares (circulação, respiração, regulação térmica) são necessários para o projeto e dimensionamento do trabalho humano. Este projeto deve considerar sempre as principais habilidades e capacidades humanas. Além disso, os conhecimentos sobre as variações das medidas corporais, forças, resistências, capacidades perceptivas e de processamento de informações são essenciais para que as exigências do trabalho humano sejam mantidas dentro de certos limites.

Tópicos

- Sinapse
- Acuidade visual
- Acomodação
- Convergência
- Cones
- Bastonetes
- Movimentos sacádicos
- Daltonismo
- Mascaramento
- Senso cinestésico
- Interação entre sentidos
- Sarcômero
- Contração muscular
- Irrigação do músculo
- Fadiga muscular
- Nutrição da coluna
- Lombalgia
- Metabolismo basal
- Subnutrição

4.1 O ORGANISMO COMO SISTEMA

O organismo humano é a "máquina" mais complexa que se conhece, sendo constituído de muitos órgãos que se interagem continuamente. O conjunto desses órgãos pode ser considerado como um sistema (ver conceito de sistema na p. 28), que pode ser desdobrado em quatro subsistemas (Figura 4.1).

Subsistema sensorial – É a parte que capta estímulos do meio ambiente em forma de energias (luz, vibrações sonoras, temperaturas) e substâncias químicas (paladar, odores). É composto dos olhos, ouvidos, receptores cutâneos e outros. Esses estímulos (informações) são conduzidos pela via *aferente* até o sistema nervoso central.

Subsistema nervoso central – É representado pelo cérebro e medula espinhal, onde as informações são processadas e transformadas em decisões. Essas decisões são transmitidas aos músculos pela via *eferente*, convertendo-se em movimentos corporais. Algumas dessas informações são armazenadas e constituem a memória humana.

Subsistema osteomuscular – É a parte que executa movimentos, permitindo modificar o meio ambiente, transmitindo energias e forças. É composto de ossos, músculos e tendões do tronco, braços, pernas e outros.

Subsistemas auxiliares – São representados pelos órgãos que dão suporte ao funcionamento dos três sistemas anteriores, compostos pelo coração, pulmão, circulação, glândulas e outros. Eles são importantes para o metabolismo, transformando alimentos e oxigênio em energia para contrair os músculos e promover diversas regulações no organismo.

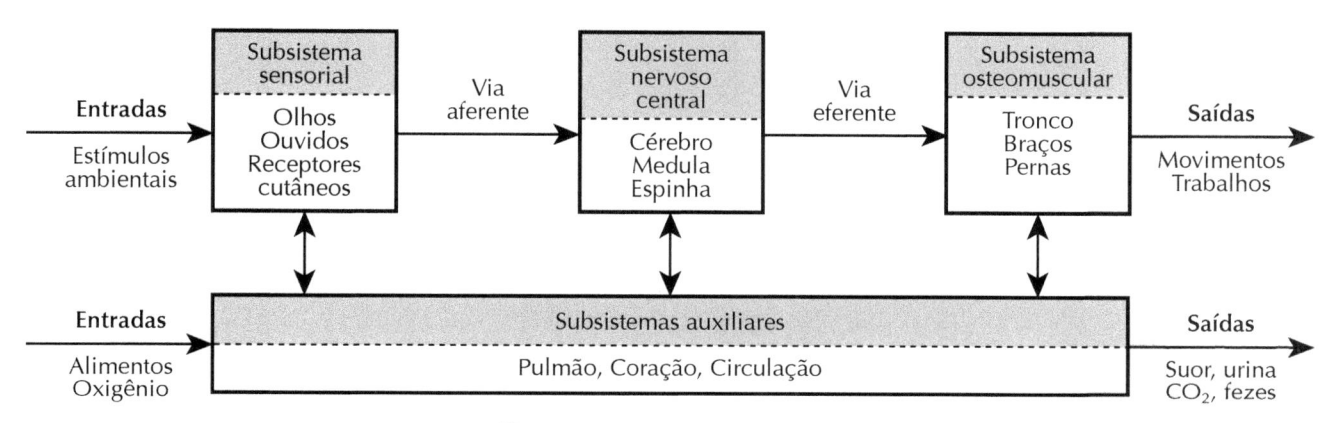

Figura 4.1
Principais subsistemas do organismo humano (Lehto e Buck, 2008).

Neste capítulo serão examinados os subsistemas sensorial, o osteomuscular e os auxiliares. O funcionamento do subsistema nervoso central será examinado no Capítulo 13. Observe que esses subsistemas, muitas vezes, são chamados de sistemas, dependendo da fronteira considerada (ver pp. 29-30). Até mesmo componentes desses subsistemas podem ser chamados eventualmente de sistemas, como, por exemplo, o sistema digestivo.

Todos esses subsistemas são comandados pelo "sistema" nervoso, que capta os estímulos ambientais e os conduz até o subsistema nervoso central, onde são processados e convertidos em decisões para acionar o subsistema osteomuscular. Alguns órgãos, como o coração, intestino e as glândulas internas, têm funcionamento independente e não serão abordados aqui.

SISTEMA NERVOSO

O sistema nervoso é constituído de células nervosas ou neurônios, que são caracterizados pela excitabilidade (sensibilidade a estímulos) e condutibilidade (condução de sinais elétricos).

Os sinais são constituídos de *impulsos elétricos* de natureza eletroquímica, que se propagam ao longo das fibras nervosas. Essas fibras não conduzem uma corrente contínua, mas uma sequência de impulsos que se sucedem no tempo (Figura 4.2). Desse modo, os sinais produzidos por algum estímulo externo ou do próprio corpo (luz, som, temperatura, acelerações, agentes químicos, movimentos das articulações, tato) são conduzidos até o sistema nervoso central, onde são interpretados e processados, gerando uma decisão. Esta é enviada de volta pelos nervos motores, que se conectam aos músculos e provocam movimentos musculares, como o piscar do olho, movimentação dos braços ou pernas. O caminho de ida até o sistema nervoso central é chamado de *via aferente,* e a de volta até os músculos, de *via eferente.*

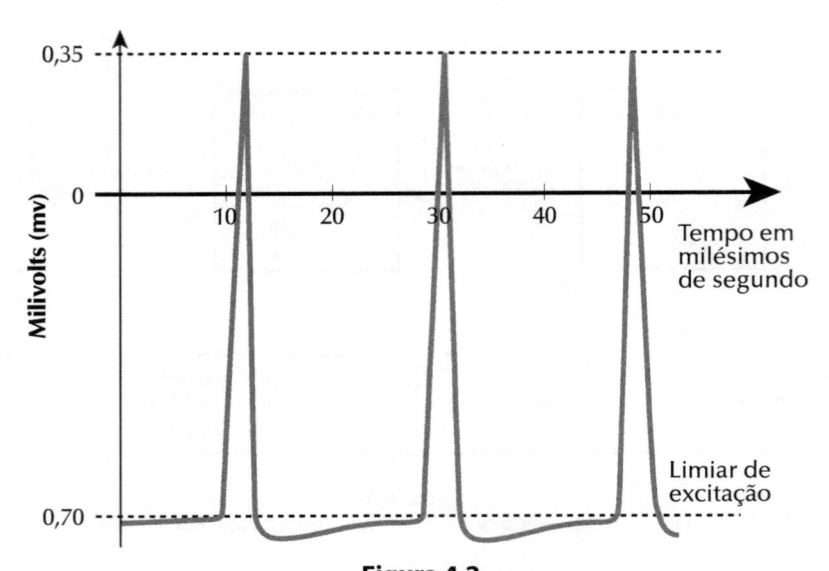

Figura 4.2
Os sinais são transmitidos por impulsos elétricos ao longo da fibra nervosa.

SINAPSES

As células nervosas conectam-se entre si por *sinapses* para formar uma cadeia chamada de *fibra nervosa,* ao longo da qual são transmitidos os sinais. Estruturalmente, as células nervosas são formadas de três partes: o corpo celular e dois tipos de terminações, chamadas de axônio e dendrites. Em uma célula pode haver *várias* dendrites, mas há sempre um único axônio. A sinapse é a ligação de um axônio com uma dendrite da célula seguinte (Figura 4.3) e tem as seguintes propriedades:

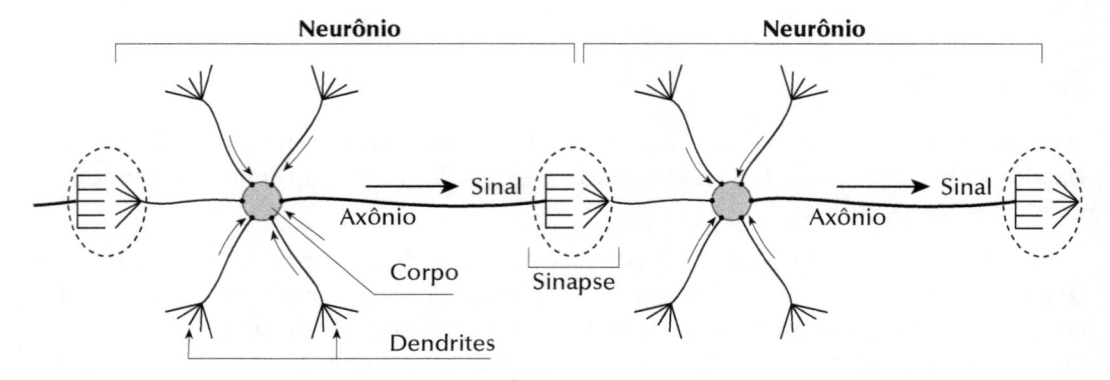

Figura 4.3
Representação esquemática de uma sinapse. Os sinais percorrem sentido único, saindo de um axônio e entrando em uma dendrite da célula seguinte.

Sentido único – Os sinais são sempre conduzidos em um só sentido, entrando pelas dendrites e saindo pelo axônio. Uma célula nervosa pode receber sinais de várias outras, entrando pelos dendrites, mas só pode transmitir para uma única célula, pois tem só um axônio.

Velocidade – A velocidade de transmissão dos sinais depende da espessura do axônio e varia entre 12 a 120 ms (milissegundos). As células pouco desenvolvidas são mais lentas, transmitindo a apenas 0,6 ms. As sinapses funcionam como válvulas e provocam atrasos de 0,5 a 10 ms. Se um sinal percorresse um neurônio sem sinapse, durante esse mesmo tempo, poderia correr um metro ao longo da célula.

Excitabilidade – A excitabilidade é influenciada pela composição sanguínea. Um aumento do teor alcalino no sangue aumenta a excitabilidade, enquanto o aumento da acidez tende a diminuir consideravelmente a atividade neuronal. Por exemplo, a cafeína ajuda a aumentar a excitabilidade neuronal, enquanto os anestésicos a diminuem.

Desenvolvimento – A estimulação repetida e prolongada durante vários dias pode levar a uma alteração física da sinapse, de modo que ela passa a ser estimulada com mais facilidade. Acredita-se que isso seja responsável pela memória e a aprendizagem.

Efeito residual – Quando o mesmo estímulo repete-se rapidamente, um após o outro, no mesmo canal, o processo de transmissão tende a melhorar, fazendo supor que os neurônios são capazes de armazenar informações por alguns minutos, ou por horas, em alguns casos.

Fadiga – Quando forem utilizadas com muita frequência, as sinapses reduzem a sua capacidade de transmissão. Estima-se que cada ligação sináptica tenha capacidade de transmitir 10 mil sinais, que podem esgotar-se em poucos segundos.

Redes neurais – Considerando que as células nervosas possuem várias dendrites, as ligações sinápticas entre elas permitem formar verdadeiras teias, chamadas de redes neurais, que não seriam constantes no tempo, pois as ligações sinápticas podem ligar-se e desligar-se, modificando continuamente a configuração dessa rede.

4.2 Visão

A visão é o sentido mais importante que possuímos, tanto para o trabalho como para a vida diária. As suas características têm sido muito estudadas devido a essa grande importância no trabalho. O globo ocular tem forma esférica, com estrutura que se assemelha a uma câmara fotográfica. É revestido por uma membrana e fica cheio de líquido. Quando os olhos estão abertos, a luz passa através da pupila, que é uma abertura da íris (Figura 4.4). Tal como acontece na câmara fotográfica, a abertura da pupila ajusta-se automaticamente para controlar a quantidade de luz que penetra no olho. Essa abertura aumenta na penumbra e se reduz sob luz forte.

Logo atrás da pupila situa-se o cristalino, que é a lente do olho. O foco é ajustado com alterações na curvatura da lente, provocadas pela *musculatura ciliar* (pequenos músculos situados dentro do globo ocular). No fundo do olho fica a retina, que seria equivalente ao filme na analogia com a câmara fotográfica. Na retina ficam as células fotossensíveis.

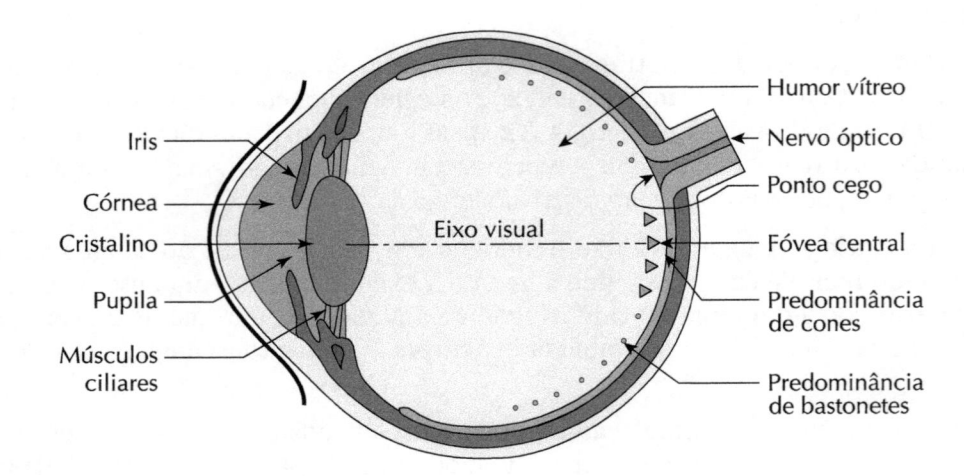

Figura 4.4
Representação esquemática da estrutura do olho humano.

A percepção visual apresenta diversas características próprias. As principais são a acuidade visual, acomodação, convergência e a percepção de cores.

ACUIDADE VISUAL

Acuidade é a capacidade visual para discriminar *pequenos detalhes*. Ela depende de muitos fatores, sendo que os dois mais importantes são a intensidade luminosa e o tempo de exposição. Dentro dos níveis de iluminamento normalmente encontrados, a acuidade visual varia linearmente com o aumento logarítmico da intensidade luminosa, atingindo o máximo com um iluminamento de 1.000 lux. Entretanto, luzes muito fortes prejudicam a acuidade, porque provocam contração da pupila. Com níveis normais de iluminamento, o olho demora pelo menos 200 ms para fazer uma fixação visual.

Os testes de acuidade são feitos com letras ou figuras em branco e preto de vários tamanhos, e os valores são expressos pelo inverso do menor ângulo visual que a pessoa pode distinguir, com nível normal de iluminamento. Por exemplo, uma pessoa que seja capaz de distinguir detalhes de até 1,5 minuto de arco tem acuidade de 0,67, e uma outra com 0,2 minuto terá acuidade de 5,0. Esses dois valores representam praticamente os extremos normalmente encontrados.

ACOMODAÇÃO

Acomodação é a capacidade dos olhos em focalizar objetos a *várias distâncias*. Isso torna-se possível pela mudança da forma do cristalino, pela ação dos músculos ciliares. Ele fica mais grosso e curvo para focalizar objetos próximos e mais delgado para focalizar objetos afastados. Para focalizar objetos muito próximos, há um esforço maior dos músculos ciliares em manter o cristalino curvo. O cristalino vai se endurecendo e perdendo transparência com a idade, dificultando essa acomodação. Aos dezesseis anos, a pessoa é capaz de acomodar a até 8 cm de distância, mas, aos 45 anos, essa distância cresce para 25 cm e, aos sessenta anos, chega a 100 cm. Nesse caso, há necessidade de óculos de lentes convergentes para corrigir essa deficiência.

Convergência

A convergência é a capacidade dos dois olhos se *moverem coordenadamente*, para focalizar o mesmo objeto. Esses movimentos são provocados por três pares de músculos oculares, que se situam na parte externa do globo ocular (não confundir com músculos ciliares, que são internos). A menor distância para a convergência situa-se em torno de 10 cm e não é muito afetada pela idade.

Os olhos estão separados cerca de 5 cm um do outro. Assim, percebem os objetos sob ângulos ligeiramente diferentes e, portanto, captam duas imagens diferentes entre si, que são integradas no cérebro, dando a impressão de *profundidade* ou terceira dimensão. As pessoas dotadas de estrabismo não conseguem fazer a fusão dessas duas imagens visuais. Uma pessoa que não tenha percepção de profundidade pode julgar distâncias ou profundidades baseadas em certas características, como pelo tamanho relativo dos objetos, velocidades relativas de movimento ou diferenças de claridade.

A acomodação e convergência são processos simultâneos, que dependem da musculatura dos olhos e têm a função de manter a imagem "única" no foco. Quando se passam várias horas com a visão concentrada, pode ocorrer a fadiga dessa musculatura e podem surgir distorções como a percepção de imagens duplas.

Adaptações à claridade e à penumbra

Nos processos de adaptações à claridade e à penumbra ocorrem, respectivamente, a contração e dilatação da pupila, regulando a quantidade de luz que penetra nos olhos e ajustes das células fotossensíveis.

O processo de adaptação à claridade ocorre quando se passa de um ambiente escuro para claro. Nesse caso, há um ofuscamento temporário, com duração de um a dois minutos, até que os cones comecem a funcionar normalmente. Isso ocorre, por exemplo, na saída do cinema. Durante essa adaptação à claridade, há uma redução da sensibilidade em toda a retina. Quando a claridade for muito grande, ocorre o *ofuscamento*, indicando que o olho não consegue mais adaptar-se.

No sentido inverso, do claro para o escuro, o processo de adaptação à penumbra é muito mais lento. Nesse caso, são os cones que deixam de funcionar, para aumentar a sensibilidade dos bastonetes. O olho adaptado à penumbra torna-se muito mais sensível do que aquele adaptado à luz. O tempo de adaptação ao escuro pode durar trinta minutos ou mais e varia consideravelmente de um indivíduo para outro. Por isso, pessoas que precisem trabalhar em ambientes mal iluminados devem iniciar o processo de adaptação com pelo menos meia hora de antecedência, usando óculos escuros.

PERCEPÇÃO DAS CORES

A luz pode ser definida como uma energia física que se propaga através de ondas eletromagnéticas. O olho humano é sensível a radiações eletromagnéticas na faixa de 400 a 750 nanômetros (1 nm = 10^{-9} m), ou 0,4 a 0,75 mícrons (1 mícron = 10^{-6} m), mas não tem sensibilidade uniforme para todos os comprimentos de onda dessa faixa. A sensibilidade máxima ocorre em torno de 555 nm, que corresponde à cor verde-amarela para o olho adaptado à luz. Para o olho adaptado ao escuro, essa sensibilidade máxima situa-se em torno de 510 nm, mais próximo da cor azul (Figura 4.5).

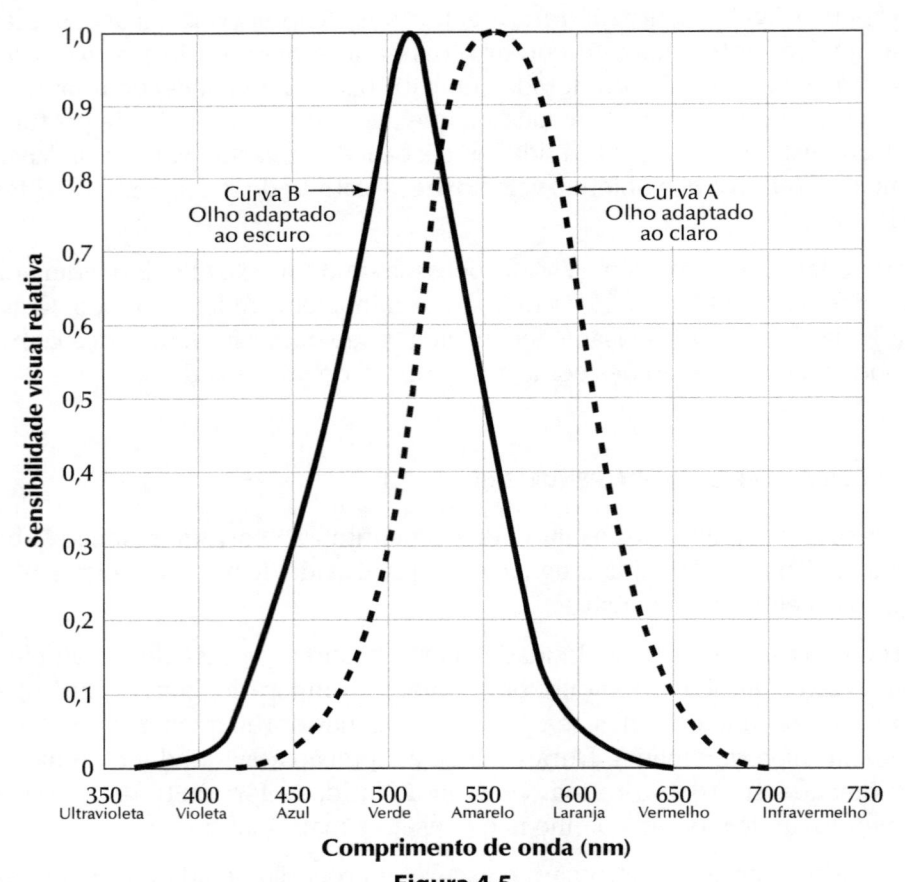

Figura 4.5
Sensibilidades relativas do olho humano em diferentes comprimentos de onda, com olho adaptado ao claro (curva A) e ao escuro (curva B).

CÉLULAS FOTOSSENSÍVEIS

Células fotossensíveis ou fotorreceptores são aqueles sensíveis à luz e cor, transformando os estímulos luminosos em sinais elétricos por meio de reações fotoquímicas. Esses sinais são transmitidos pelo nervo óptico ao cérebro, onde são "decodificados" para produzirem a sensação visual.

O olho tem dois tipos de células fotossensíveis, que são os cones e bastonetes. Em cada olho existem cerca de 6 a 7 milhões de cones e 130 milhões de bastonetes. Eles têm um diâmetro de 0,001 mm e comprimento de 0,01 mm. Os cones e os bastonetes têm propriedades completamente diferentes entre si, produzindo diferentes efeitos na percepção.

Os *cones* só funcionam com maior nível de iluminamento e são responsáveis pela percepção das cores, além da percepção do espaço e da acuidade visual. Os *bastonetes* já são sensíveis a baixos níveis de iluminamento e não distinguem cores, mas apenas formas e movimentos (vultos) em tons cinza, do branco ao preto.

Os cones concentram-se em um pequeno ponto (foco) no fundo da retina, chamado de *fóvea* central. Esse ponto situa-se no eixo visual e corresponde ao local de maior incidência de luz dos objetos visados. À medida que se afasta da fóvea, os cones aparecem misturados com bastonetes, com densidades decrescentes. Na parte periférica da retina só restam os bastonetes.

Durante a visão diurna, os cones realizam a principal função visual, percebendo detalhes das imagens situadas na parte central do campo visual. Mas os bastonetes também continuam ativos durante a visão diurna. Eles contribuem principalmente para a percepção de movimentos fora da parte central do campo visual, ou seja, pelo "canto" dos olhos.

Assim, os objetos periféricos são detectados primeiro, pela ação dos bastonetes. Depois os olhos são direcionados para os pontos do campo visual que chamaram a atenção e passam a focalizá-los diretamente, para uma identificação mais precisa, pela ação dos cones. A acuidade visual máxima é alcançada quando a imagem cai exatamente sobre a fóvea. Entretanto, essa região é minúscula, abrangendo apenas um grau de ângulo visual.

Antigamente, acreditava-se que o olho tinha apenas três tipos de receptores cromáticos dentro dos cones: o vermelho (680 nm), o verde (545 nm) e o azul (430 nm). Assim, as outras cores resultariam de diferentes combinações dessas três cores básicas. Hoje, entretanto, sabe-se que existem pelo menos sete diferentes tipos de receptores cromáticos. Esses receptores não se distribuem uniformemente na retina. Todas as cores são visíveis quando a imagem é projetada na fóvea central. Afastando-se da fóvea, a sensibilidade às cores vai diminuindo seletivamente. Vermelho, verde e amarelo são visíveis até o ângulo de 50°, o verde, até 65°, e o branco, até 90°.

A luz solar, também chamada de *luz branca*, contém todos os comprimentos de onda visíveis. Mas nós percebemos aqueles comprimentos de onda refletidos pelos objetos onde incide a luz. Os objetos refletem seletivamente essa luz. Isso significa que a luz refletida tem uma composição diferente da luz incidente e essa diferença é a responsável pela percepção das cores.

Quando se diz que uma superfície é vermelha, por exemplo, significa que ela absorve todos os demais comprimentos de onda e reflete só o vermelho. Quando um objeto é iluminado por luzes artificiais, a sua cor pode mudar porque o espectro é diferente da luz solar. Assim, as cores ditas "reais" são aquelas que o olho humano percebe normalmente quando os objetos são iluminados pela luz solar.

MOVIMENTOS DOS OLHOS

Se a cabeça ficasse parada e os olhos fixos, a visão nítida seria concentrada em um pequeno ângulo de apenas um grau. Afastando-se dessa zona, as imagens tornam-se menos nítidas. Acima do ângulo visual de 40° os objetos dificilmente são percebidos, a não ser que os olhos se movimentem.

Para manter a nitidez da imagem, o olho precisa fazer muitos movimentos. Cada globo ocular é movido por três pares de músculos oculares ligados externamente. Estes permitem ao olho realizar as convergências e executar vários movimentos rotacionais em torno de diferentes eixos.

As rotações para a esquerda e direita são iguais, podendo atingir 50° cada. Para cima é de 40° e, para baixo, de 60°, no máximo, em relação ao eixo visual, que corresponde à linha normal de visão para frente. A rotação em torno desse eixo não supera 10°.

Os olhos podem mover-se com rapidez e precisão suficientes para realizar cerca de 100 mil fixações diferentes dentro do cone acima descrito, com cerca de 100° de abertura. Os dois olhos movem-se simultaneamente, de forma coordenada, para fazer a convergência dos eixos visuais sobre o objeto fixado. Isso às vezes pode envolver operações complicadas. Por exemplo, a mudança de fixação de um ponto distante para outro, mais próximo, envolve um complicado jogo de contrações musculares, que provocam contrações da pupila, acomodação do cristalino e a convergência binocular.

A fixação sobre um objeto depende de um conjunto de movimentos voluntários e involuntários. O movimento *voluntário* é feito deliberadamente pela pessoa na direção do objeto que se quer fixar. Após a fixação, ocorrem os movimentos *involuntários* que mantêm os olhos focalizados firmemente sobre o objeto, garantindo nitidez da imagem.

Esses movimentos *involuntários* ocorrem continuamente e são quase imperceptíveis. Classificam-se em três tipos: 1) um tremor contínuo dos olhos, de trinta a oitenta ciclos por segundo, que ocorre de forma descoordenada para os dois olhos, para estimular diferentes partes da fóvea central, permitindo uma visão mais nítida. Isso é análogo à percepção tátil da rugosidade, que só se torna perceptível quando o dedo se move sobre a superfície. Alguns animais predadores não têm esse movimento dos olhos e tornam-se "cegos" a objetos inertes, só percebendo aqueles em movimento – daí, a defesa natural de algumas presas, que ficam paradas quando se sentem ameaçadas; 2) um desvio lento dos globos oculares em alguma direção indeterminada; e 3) movimentos pequenos e bruscos, que procuram compensar os desvios lentos, trazendo a imagem do objeto novamente para dentro da fóvea central (Figura 4.6).

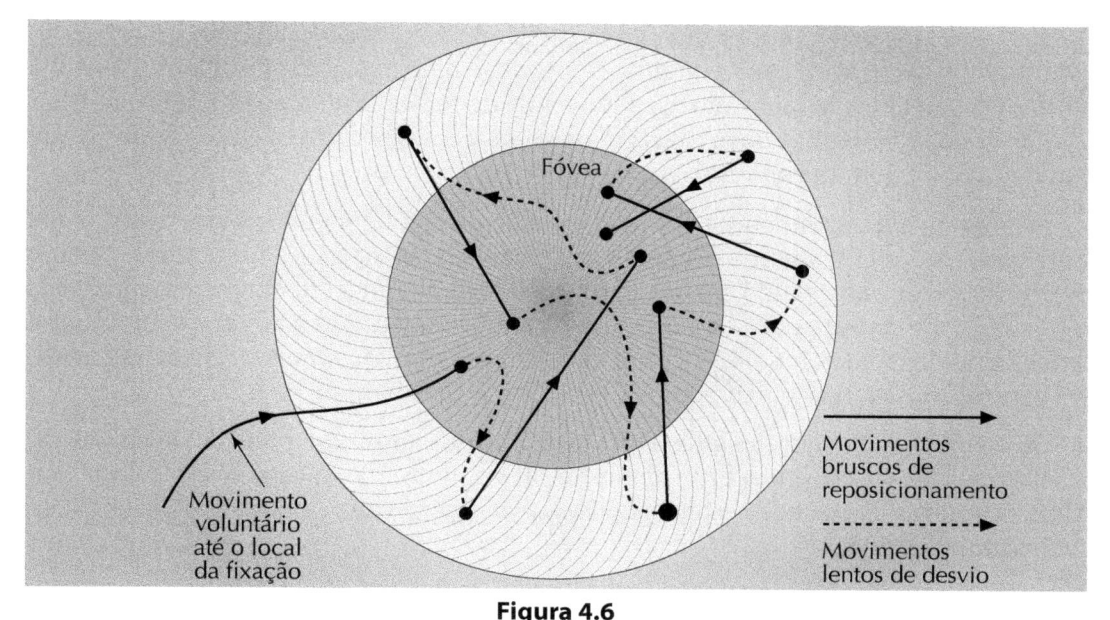

Figura 4.6
Os olhos realizam diversos movimentos coordenados para focalizar um objeto e manter a sua imagem na fóvea.

MOVIMENTOS SACÁDICOS

Durante a leitura ou exame detalhado de diferentes partes de um objeto, o olho não se movimenta continuamente, mas aos "pulos", de uma fixação para outra. Nesse movimento, chamado de sacádico, inicialmente, há uma aceleração na direção desejada, seguida de uma desaceleração e, ao se aproximar do ponto desejado, ocorrem pequenas oscilações para fazer o ajuste fino.

Os movimentos sacádicos destinam-se a posicionar as diferentes partes da imagem na fóvea para um exame detalhado. São realizados rapidamente, aos pulos, na amplitude de 5° a 40°. Um movimento sacádico típico de 10° pode ser realizado em 35 ms a uma velocidade de 400 graus/s. Durante a passagem de um ponto para outro, a imagem fica "borrada" e não se consegue perceber detalhes. Assim, o intervalo de tempo necessário entre a apresentação de um estímulo e até que o olho seja capaz de percebê-lo é de 160 ms, no mínimo.

O tempo mínimo entre uma fixação e outra varia de 200 a 300 ms, o que equivale a dizer que é possível realizar apenas quatro fixações por segundo. Portanto, nas tarefas visuais, como nas inspeções na indústria, são feitas diversas fixações não contínuas dos olhos, em sucessivos *flashes* de movimentos sacádicos. Se for necessário inspecionar mais de quatro pontos por segundo, os erros tenderão a aumentar, porque as imagens percebidas não terão nitidez.

MOVIMENTOS VISUAIS DE PERSEGUIÇÃO

O olho é capaz de perseguir um objeto em movimento. Mas, antes, precisa identificar o padrão desse movimento, para sincronizá-lo.

Por exemplo, vamos supor um objeto oscilando para cima-baixo-cima, fazendo zigue-zagues, várias vezes por segundo. No início, o olho não consegue fixá-lo. Ao cabo de alguns segundos, o olho começa a mover-se de forma similar ao objeto. Após mais alguns segundos, há um novo ajuste e os olhos conseguem perseguir, quase exatamente, o objeto em movimento.

No caso de um movimento contínuo, ao cabo de alguns segundos, o sistema visual determina automaticamente o curso e a velocidade do objeto. Por exemplo, se um viajante estiver observando a paisagem pela janela de um trem em movimento, seus olhos descobrem um ponto da paisagem e se movem lentamente, para compensar a velocidade do trem, a fim de fixá-lo, e depois fazem um movimento brusco em sentido contrário para fixar outro ponto, e assim sucessivamente.

Se o objeto (trem) deslocar-se mais rapidamente, os olhos começam a atrasar-se. As fixações ocorrerão em apenas alguns detalhes, omitindo outros. A velocidade máxima dos movimentos que os olhos conseguem captar varia muito, de acordo com o indivíduo e a idade.

DEFICIÊNCIAS VISUAIS

Existem dois tipos básicos de deficiência visual: baixa acuidade e daltonismo. Pessoas com acuidade normal percebem detalhes a 18 m, e aquelas com *baixa acuidade*, classificadas como 6/18, só conseguem perceber detalhes a 6 m ou menos. Entram também nessa categoria pessoas com campo visual menor que dez graus. A maioria dessas pessoas é da população de idosos, embora existam também alguns jovens que já nasceram com o problema de baixa acuidade.

Daltonismo ou discromatopsia é causado por uma mutação genética, que provoca deficiência nos cones, prejudicando a percepção de certas cores. Essa deficiência foi descrita pela primeira vez pelo físico-químico inglês John Dalton (1766-1844) que tinha essa deficiência, e por isso ficou conhecida como daltonismo.

O daltonismo incide de forma diferenciada entre os sexos. Estima-se que menos de 1% (em torno de 0,5%) da população feminina seja daltônica. No entanto, cerca de 8% da população masculina americana e australiana e 12% dos homens europeus são daltônicos. No Brasil, estima-se que afete cerca de 1% das mulheres e 8% a 10% dos homens, em diferentes graus. O tipo mais comum é a deficiência na percepção do verde, tornando difícil discriminar entre o verde e o vermelho. Cerca de 0,1% da população feminina e 6% da população masculina não consegue distinguir o vermelho do verde.

Cerca de 0,1% da população feminina e 2% da masculina apresentam alguma deficiência nos receptores vermelhos, fazendo com que o vermelho pareça quase preto. Eles também têm dificuldade de discriminar as cores no segmento verde-amarelo-vermelho do espectro, percebendo essas cores em tons amarelados. Apenas cerca de 0,1% das populações feminina e masculina têm alguma deficiência na percepção do azul, o que dificulta a discriminação de cores na faixa azul-amarelo do espectro. Eles percebem o azul tendendo ao preto e o amarelo tendendo a branco.

Os casos de insensibilidade total às cores ou "cegueira" completa às cores (acromatopsia) são muito raros. Estima-se que apenas cerca de 0,003% das pessoas tenham visão totalmente monocromática, ou seja, não percebam nenhuma cor, vendo a vida em preto, branco e tons de cinza. (Essa visão monocromática ocorre na maioria dos animais não humanos, como os cachorros.)

É importante notar que as pessoas daltônicas teriam dificuldade em trabalhar nas atividades que exijam precisão na discriminação de cores, por exemplo, no controle de qualidade de material gráfico. Contudo, na maioria dos casos, os daltônicos não sofrem restrições ao trabalho, porque não é necessário fazer a identificação exata das cores, ou porque valem-se de outras fontes de informações. No caso dos sinais de trânsito, por exemplo, essa informação pode ser obtida pela posição relativa da lâmpada que se acende ou apaga.

4.3 AUDIÇÃO

A função do ouvido é captar as ondas de pressão do ar e convertê-las em sinais elétricos, que são transmitidas ao cérebro para produzir as sensações sonoras. Se os olhos assemelham-se a uma câmara fotográfica, os ouvidos assemelham-se a um microfone.

ANATOMIA DO OUVIDO

O ouvido é dividido em três partes: externo, médio e interno. Os sons chegam por *vibrações do ar* e são captados pelo ouvido externo, transformando-se em *vibrações mecânicas* no ouvido médio e, finalmente, em *pressões hidráulicas* no ouvido interno. Essas pressões são captadas por células sensíveis no ouvido interno e transformadas em sinais elétricos (Figura 4.7), que se transmitem ao cérebro.

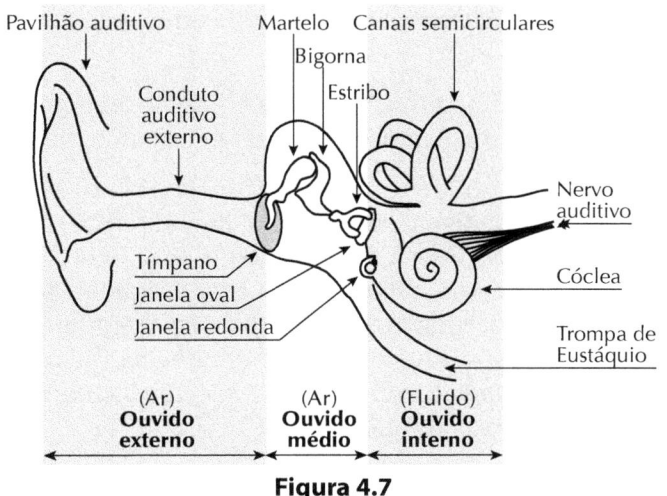

Figura 4.7
Representação esquemática da estrutura do ouvido humano

O *ouvido externo* é constituído do pavilhão auditivo (orelha) e do conduto auditivo externo, que chega até a membrana do tímpano. As ondas sonoras provocam vibrações nessa membrana. A pressão nas duas faces dessa membrana é mantida mais ou menos constante pelo tubo de Eustáquio, um canal que liga o ouvido médio com a garganta. Em casos de pressões súbitas como explosões de bombas, deve-se manter a boca aberta para possibilitar esse equilíbrio de pressão sobre a membrana do tímpano. Sem isso, essa membrana pode romper-se. O pavilhão auditivo humano não é muito eficiente para captar sons, e pode ser ajudado com a mão fazendo uma "concha". Animais como os felinos e equinos podem direcionar as orelhas para melhorar a eficiência da captação sonora.

No *ouvido médio*, o som se transmite através de três ossículos, chamados de martelo, bigorna e estribo, por terem formas que lembram esses objetos. Esses ossículos captam as vibrações do tímpano e as transmitem à outra membrana fina na janela oval, que separa o ouvido médio do ouvido interno. Os ossículos podem amplificar as vibrações em até 22 vezes.

No *ouvido interno*, as vibrações sonoras convertem-se em pressões hidráulicas dentro de um órgão chamado cóclea, por ter a forma de um caracol. Dentro da cóclea existem células sensíveis que captam as diferenças de pressão e as transformam em sinais elétricos, que se transmitem ao cérebro pelo nervo auditivo, onde são decodificadas e transformadas em sensações sonoras. No ouvido interno situam-se também os receptores vestibulares, responsáveis pelas percepções da posição corporal e das acelerações, sem relação com a audição.

PERCEPÇÃO DO SOM

Os movimentos mecânicos bruscos no ambiente produzem flutuações da pressão atmosférica, que se propagam em forma de ondas e, ao atingirem o ouvido, produzem a sensação sonora.

Um som é caracterizado por três variáveis: frequência, intensidade e duração. Na prática, os *limites de audibilidade* dependem da combinação dessas três variáveis (Figura 4.8).

Dois sons que se diferenciem em frequência e intensidade podem produzir uma sensação subjetiva equivalente, e então é dito que possuem o mesmo *fon*.

A *frequência* do som é o número de flutuações ou vibrações por segundo e é expressa em hertz (Hz), subjetivamente percebida como *altura* do som. O ouvido humano é capaz de perceber sons na frequência de 20 a 20.000 Hz. As pessoas em geral têm diferentes graus de sensibilidade para cada frequência do som e essa sensibilidade varia de acordo com a idade. Os sons de baixa frequência (abaixo de 1.000 Hz) são chamados de *graves*, e aqueles de alta frequência (acima de 3.000 Hz), de *agudos*. Os sons existentes na natureza em geral são constituídos de uma complexa mistura de vibrações de diversas frequências.

A *intensidade* do som depende da energia das oscilações e é definida em termos de potência por unidade de área. A gama das intensidades de sons audíveis é muito grande. Assim, para simplificar as anotações, convencionou-se medi-las por uma unidade logarítmica chamada decibel (dB). Isso significa que um aumento de 10 dB corresponde a uma pressão sonora cem vezes maior, e a pressão sonora dobra de valor a cada aumento de 3 dB. O ouvido humano é capaz de perceber sons de 20 a 140 dB. Os sons normalmente encontrados no lar, tráfego, escritórios e fábricas estão na faixa de 50 a 100 dB. Em ambientes de trabalho ruidosos, com longa duração, recomenda-se mantê-los abaixo de 85 dB. Sons acima de 120 dB causam desconforto e, quando atingem 140 dB, a sensação torna-se dolorosa.

A *duração* do som é medida em segundos. Os sons de curta duração (menos de 0,1 s) dificultam a percepção e aparentam ser diferentes daqueles de longa duração (acima de 1 s).

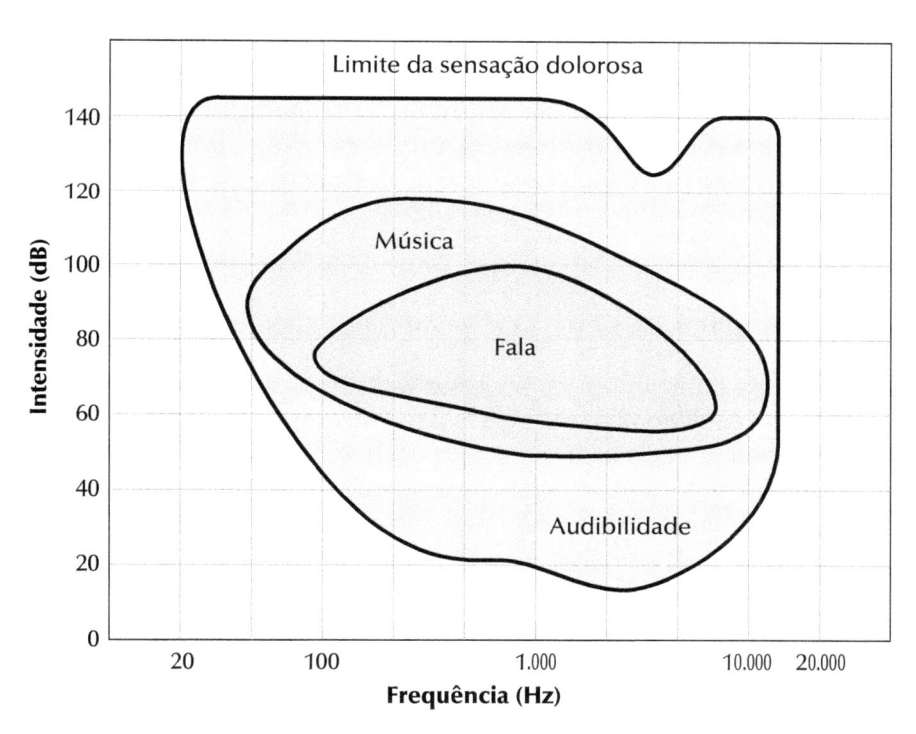

Figura 4.8
Limites de audibilidade do ouvido humano.

Mascaramento

O mascaramento ocorre quando um componente do som reduz a sensibilidade do ouvido para outro componente, apresentado simultaneamente. Operacionalmente, corresponde ao aumento da intensidade necessária para manter a mesma audibilidade do som na presença de outro som de "fundo", que atrapalha a percepção sonora. Por exemplo, a fala de 40 dB pode ser ouvida em uma sala silenciosa (20 dB), mas esta deverá ser aumentada para 70 dB em uma rua com tráfego que produz ruído de 50 dB, ou seja, a fala deverá estar 20 dB acima do ruído ambiental para ser perceptível.

Na realidade, nenhum som aparece sozinho, porque sempre há algum tipo de ruído ambiental, provocando mascaramento. Esse efeito do mascaramento varia de acordo com a natureza dos dois sons, sendo maior para os sons parecidos entre si. Por exemplo, uma voz humana mascara facilmente outra voz humana, mas não a campainha do telefone.

Voz humana

A voz humana geralmente situa-se na banda de 200 a 8.000 Hz. A voz masculina tende a ser mais grave e ter maior intensidade do que a feminina. Contudo, a faixa entre 600 a 4.000 Hz é considerada a mais crítica para a inteligibilidade da fala. Essa característica é aproveitada no projeto de instrumentos de comunicações, como o telefone. Para reduzir custos com pouca perda de qualidade, apenas essa faixa é transmitida. Naturalmente, os instrumentos que cortem as faixas abaixo de 600 Hz e acima de 4.000 Hz modificam o timbre da voz, mas não prejudicam significativamente a inteligibilidade da voz. Contudo, experimentos realizados, eliminando-se outras faixas de frequências, como entre 1.000 a 3.000 Hz, demonstraram uma severa perda de inteligibilidade.

4.4 Outros sentidos

Já vimos que a visão e a audição são os sentidos mais importantes para o trabalho. Os projetos do trabalho tradicionais eram baseados praticamente apenas no uso desses dois sentidos. Porém, o organismo humano possui outros sentidos, como olfato, paladar, senso cinestésico, tato, dor, calor, percepções da posição e da aceleração. Recentemente, novos canais sensoriais têm sido estudados, para serem aplicados em certas situações específicas de trabalho, especialmente quando há saturação da visão e audição, ou quando fatores ambientes dificultam a percepção destas.

Olfato e paladar

Olfato e paladar são usados em diversas atividades e podem ser importantes para algumas profissões, como a de cozinheiro e provadores de perfumes e alimentos (vinhos, café). Na indústria automobilística existem as "cheiradoras" profissionais para verificar se os carros têm cheiro de "novo". Esse cheiro pode ser embutido nas peças plásticas, com duração de até vinte anos, aplicando-se nanotecnologia. Em ambientes de trabalho, os odores podem funcionar como alerta, indicando vazamentos de gases ou início de um incêndio.

Do ponto de vista fisiológico, olfato e paladar estão relacionados entre si. Por exemplo, o sabor de um alimento resulta da combinação do seu cheiro e paladar. Os sensores, tanto do olfato como do paladar, são quimiorreceptores, que são estimulados por moléculas em solução no muco nasal ou na saliva da boca.

Os receptores olfativos estão localizados na membrana mucosa olfativa, que contém 10 a 20 milhões de células sensoriais. Elas são mais sensíveis a certos tipos de substâncias, como o metil mercaptano ou cheiro do alho. Os seres humanos são capazes de detectar entre 2 mil a 4 mil odores diferentes. Por outro lado, apresentam pouca sensibilidade na discriminação das diferentes concentrações de substâncias odoríferas. Para que essa diferença seja notada, é preciso alterar a concentração dessas substâncias em cerca de 30%. O olfato é mais aguçado nas mulheres, tornando-se mais sensível na época da ovulação (Ganong, 1998).

Quando o organismo for submetido ao mesmo odor durante um longo período, a percepção deste vai diminuindo, podendo desaparecer após certo tempo. Isso acontece até com os odores desagradáveis. Contudo, se ocorrerem odores diferentes nesse mesmo ambiente, a percepção desse novo odor não é prejudicada. Assim, a *adaptação* olfativa só ocorre para aquele odor contínuo no ambiente.

O paladar é percebido pelas células receptoras das *papilas gustativas* da língua. O ser humano possui cerca de 10 mil papilas gustativas, sensíveis a quatro paladares: doce, salgado, ácido e amargo. O sabor dos alimentos resulta de diferentes combinações desses quatro componentes. O ser humano também tem baixa capacidade de discriminar diferentes concentrações de substâncias gustativas. A diferença só é notada quando a concentração dessa substância altera-se em 30%.

O paladar pode sofrer os efeitos de reações retardadas e de *contraste*, à semelhança da percepção visual, que apresenta pós-imagens e contrastes visuais. Assim, a sensação de um sabor pode permanecer durante algum tempo. Além disso, descobriu-se que certas substâncias, como a miraculina, aplicadas na língua, alteram a sua percepção, transformando o ácido em doce. Os animais, em geral, desenvolvem certas preferências e aversões aos sabores. Essa aversão geralmente está ligada aos alimentos que provocam doenças. O sabor doce é considerado agradável aos humanos porque está associado aos frutos maduros, adequados ao consumo.

SENSO CINESTÉSICO

O senso cinestésico fornece informações sobre *movimentos* de partes do corpo, sem necessidade de acompanhamento visual. Permite também perceber forças e tensões internas e externas exercidas pelos músculos. As células receptoras estão situadas nos músculos, tendões e articulações. Quando houver uma contração muscular, essas células transmitem informações ao sistema nervoso central, indicando os movimentos e as pressões que estão ocorrendo e, assim, permitem a percepção dos movimentos.

O senso cinestésico é importante no trabalho, pois muitos movimentos dos pés e mãos devem ser feitos sem acompanhamento visual, enquanto a visão se concentra em outras tarefas realizadas simultaneamente. É o caso, por exemplo, do motorista de automóvel, que é capaz de acionar corretamente o volante e os pedais enquanto a sua visão concentra-se no tráfego. Da mesma forma, um operário é capaz de avaliar a posição do seu braço no espaço, integrando as informações cinestésicas dos músculos bíceps e do tríceps, enquanto sua visão concentra-se sobre uma operação em execução.

O senso cinestésico exerce um papel importante no treinamento para desenvolver habilidades motoras. Ele funciona como *realimentador* de informações ao cérebro, para que este possa detectar se um movimento muscular foi realizado corretamente. Por exemplo, um digitador experiente é capaz de perceber um erro apenas pelo movimento dos seus dedos, mesmo antes de olhar o resultado da escrita. Nesse caso, o movimento errado dos dedos é "denunciado" antes mesmo que os olhos possam conferir o resultado da escrita. Nas antigas escolas de datilografia, as teclas ficavam recobertas, para se forçar o desenvolvimento do senso cinestésico, enquanto a visão se concentrava no texto a ser copiado.

PERCEPÇÕES DA POSIÇÃO E DAS ACELERAÇÕES

As percepções da posição vertical e acelerações do corpo ocorrem nos receptores vestibulares, que ficam localizados no ouvido interno, mas não tem ligação com o mecanismo de audição. Eles são constituídos de três canais semicirculares e duas cavidades chamadas de utrículo e sáculo (Figura 4.9).

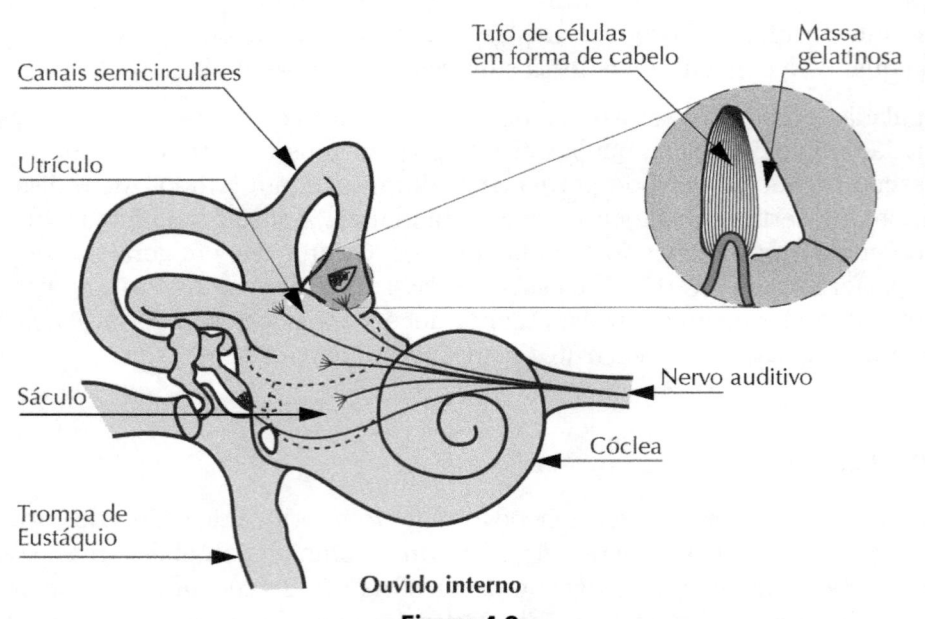

Figura 4.9
Receptores vestibulares do ouvido interno.

Os dois conjuntos de órgãos são recheados de fluidos e contêm, no seu interior, células nervosas flexíveis em forma de cabelo, que são sensíveis às mudanças de posição. Essas células são dotadas de pequenos pesos em suas extremidades (como cabeças de alfinetes). As células nervosas do utrículo e sáculo detectam a posição da cabeça, em relação à vertical. Portanto, são receptores estáticos ou posicionais.

Os canais semicirculares são sensíveis às acelerações e desacelerações, ou seja, à dinâmica do corpo. Os movimentos provocam deslocamentos do fluido que existe no seu interior, estimulando as células em forma de cabelo. Esses três canais semicirculares se dispõem em planos triortogonais, permitindo captar movimentos em todas as direções.

Portanto, os receptores vestibulares permitem ao ser humano manter a sua postura ereta, movimentar-se sem cair e sentir se seu corpo está sendo acelerado ou desacelerado em alguma direção, mesmo sem a ajuda da visão.

SENSORES CUTÂNEOS

Existem quatro tipos de sensores localizados na pele: pressão (contato), vibração, dor e calor. Todos apresentam certa importância na percepção do meio ambiente. A distribuição desses sensores não é uniforme no corpo. Assim, certas partes do corpo são mais sensíveis a determinados tipos de estímulos.

Recentemente, tem-se realizado muitas pesquisas sobre os sensores *hápticos*, que são aqueles sensíveis ao toque como pressão, textura, vibração e quaisquer sensações biológicas relacionadas com o toque. Estes têm sido bastante aplicados no desenvolvimento de novos produtos, especialmente em três situações: 1) quando a visão e audição estiverem saturadas ou operarem em situações desfavoráveis; 2) como forma de fornecer informações para pessoas com deficiências visuais ou auditivas; 3) para alarmes.

Existem, basicamente, duas classes de instrumentos sensíveis aos toques. Os *ativos*, em que o usuário deve deslocar os dedos ou as mãos sobre uma superfície rugosa, como no caso do código Braille. E os *passivos*, quando os dedos ou mãos ficam parados e recebem vibrações transmitidas por algum aparelho. Essa situação é aplicada para alerta, como em volantes de carros, para indicar iminência de colisão frontal. Nesses casos, a sensibilidade alcança valores máximos na faixa de 200 a 300 Hz.

INTERAÇÃO ENTRE OS ÓRGÃOS DOS SENTIDOS

Diversos experimentos comprovam que há interações entre os órgãos dos sentidos. Por exemplo, ruídos intensos perturbam a concentração e o desempenho visual. Paredes avermelhadas provocam sensação de calor.

Em geral, as interações entre os órgãos dos sentidos são aceitáveis enquanto cada um deles permanecer dentro das faixas normais de operação. O desempenho começa a deteriorar-se quando qualquer variável presente no ambiente ultrapassar uma intensidade considerada como seu limite de tolerância. Acima desse limite, passam a afetar a percepção de sinais em outro canal.

Os mecanismos de interação entre os diferentes sentidos não são exatamente conhecidos, mas parece que a degradação do desempenho começa a ocorrer quando a excitação perturbadora excede a capacidade de processamento consciente da informação. Em outras palavras, quando a capacidade do canal que está sendo utilizado for afetada por fortes perturbações provenientes de outros canais, que provocam saturação da sua capacidade de processamento. Assim, numa sala de aula, os canais mais utilizados pelos alunos são a visão e a audição. Entretanto, um odor intenso pode prejudicar a concentração destes, reduzindo-lhes a capacidade de ver e ouvir.

Foi demonstrado também que o efeito de dois ou mais estímulos não se somam linearmente. A dor de uma picada em um dos braços torna-se menor quando há também um estímulo doloroso no outro braço, ou quando há ruído intenso perto da pessoa.

A interação entre os órgãos dos sentidos foi testada para aliviar dores na extração de dentes sem anestesia. O paciente colocava um fone no ouvido que transmitia um ruído intenso. Ele mesmo controlava o som durante a operação e, em 63% dos casos, esses pacientes relataram que não sentiram dores. Portanto, esses pacientes, ao se concentrarem nos ruídos, conseguiam "bloquear" as sensações de dor, comprovando a interação entre esses dois sentidos. De forma semelhante, em escritórios situados perto de avenidas movimentadas, há relato de pessoas que sentem mais calor em dias com maior ruído de tráfego, embora a temperatura efetiva não tenha variado.

4.5 Função neuromuscular

Os movimentos do organismo são exercidos por contrações musculares. Os músculos do corpo humano classificam-se em três tipos: músculos estriados ou esqueléticos; músculos lisos; e músculos do coração. A ergonomia estuda apenas os músculos estriados, pois só eles estão envolvidos na realização de trabalhos externos. Os músculos lisos encontram-se nas paredes dos intestinos, nos vasos sanguíneos, na bexiga, no aparelho respiratório e em outras vísceras. Os músculos do coração são diferentes de todos os outros. Os músculos lisos e os do coração não podem ser comandados voluntariamente, pois funcionam autonomamente.

Músculos estriados

Os músculos estriados são responsáveis por todos os movimentos realizados pelo corpo. São eles que transformam a energia química armazenada no corpo em contrações e, portanto, em movimentos. Esses músculos não se contraem por si próprios, mas são comandados pelo sistema nervoso central, que é composto pelo cérebro e medula espinhal. Esses comandos decorrem, por sua vez, de algum tipo de estímulo ambiental, excetuando-se os músculos do coração e os músculos lisos das vísceras.

Os músculos estriados têm a propriedade de contrair-se, encurtando sob o comando consciente, e essa contração permite que o organismo realize trabalhos externos. Isso é feito pela oxidação de gorduras e carboidratos, numa reação química exotérmica, resultando em trabalho e calor.

Cerca de 40% dos músculos do corpo são estriados. Isso corresponde a um total de 434 músculos estriados. Entretanto, somente 75 pares desses músculos maiores estão envolvidos na realização da postura e dos movimentos globais do corpo. Esses músculos maiores estão ligados aos ossos por meio dos tendões e constituem o *sistema osteomuscular*, também chamado de musculoesquelético. Os outros são responsáveis por movimentos menores, como aqueles dos globos oculares.

Estrutura microscópica do músculo estriado

Os músculos estriados são assim chamados porque apresentam estrias, em sua visão microscópica. São formados de fibras longas e cilíndricas, com diâmetros entre 10 a 100 mícrons e comprimentos de até 30 cm, dispostas paralelamente. As fibras, por sua vez, compõem-se de centenas de elementos delgados, de 1 a 3 mícrons, paralelas entre si e muito uniformes, chamados de *miofibrilas*. Essas miofibrilas, vistas em um microscópio eletrônico com 150 mil vezes de aumento, apresentam segmentos funcionalmente completos, chamados de sarcômeros.

Os *sarcômeros* são constituídos de dois tipos de filamentos de proteínas: um filamento mais grosso, chamado de *miosina*, e outro mais delgado, que é a *actina*. É a alternância desses filamentos que produz a imagem de estrias, quando for vista no microscópio.

Contração muscular

A contração muscular ocorre quando os sarcômeros se contraem no sentido longitudinal das fibras, reduzindo os seus comprimentos, estimulados por correntes elétricas de 80 a 90 milivolts. O período de latência, ou seja, o tempo decorrido entre a chegada da corrente e a contração, é de 0,003 s. Durante a contração, os filamentos de actina simplesmente *deslizam* para dentro dos filamentos de miosina, como se fossem pequenos pistões (Figura 4.10). Nesse processo, os comprimentos dos filamentos de actina e os de miosina não se alteram, havendo apenas um deslocamento relativo entre eles.

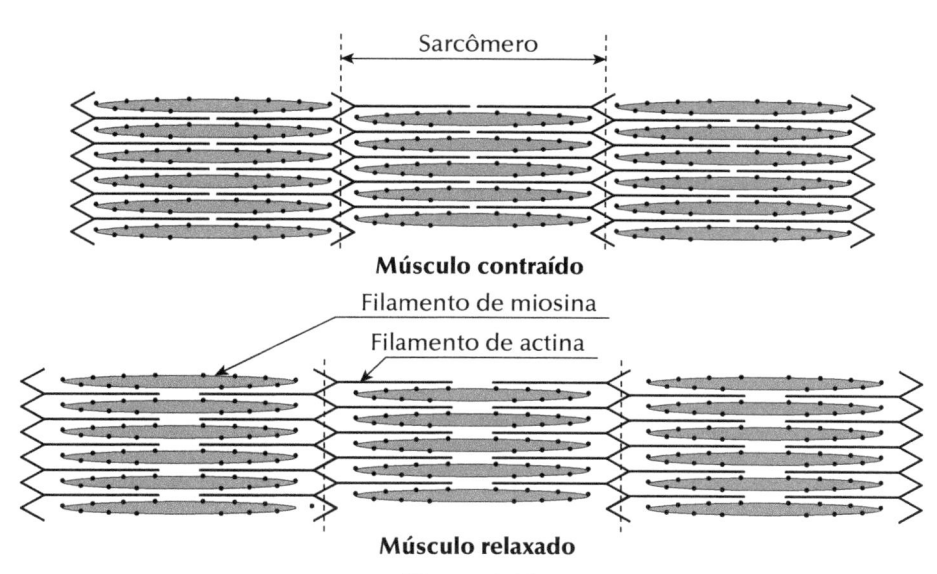

Figura 4.10
Durante uma contração muscular, os filamentos de actina deslizam para dentro dos filamentos de miosina, como se fossem minúsculos pistões, reduzindo o comprimento do sarcômero.

A redução dos comprimentos dos sarcômeros provoca o encurtamento das fibras, podendo chegar à metade do seu tamanho anterior, com consequente contração muscular. As fibras só apresentam dois estados possíveis: contraídas ou relaxadas. A força de um movimento muscular é proporcional à quantidade de fibras contraídas. Esse processo de contração consome energia, fornecida pela oxidação do glicogênio, e gera ácido lático.

A potência máxima de um músculo situa-se entre 3 e 4 kg/cm² de sua seção. Assim, uma seção de 1 cm² do músculo é capaz de desenvolver uma força de 3 a 4 kg durante a sua contração. As mulheres possuem musculatura mais fina que os homens. Dessa forma, a potência máxima que podem exercer é de 70% em relação aos homens.

IRRIGAÇÃO SANGUÍNEA DO MÚSCULO

Os músculos recebem suprimentos de oxigênio, glicogênio e outras substâncias, abastecidos pelo sistema circulatório. Este é constituído de artérias, que vão se ramificando sucessivamente até se transformarem em vasos capilares. No interior dos músculos existem inúmeros *vasos capilares* extremamente finos, com diâmetros da ordem de grandeza de um glóbulo vermelho (0,007 mm), onde esses glóbulos passam em fila. As paredes desses vasos são extremamente finas e permitem fácil troca de substâncias entre o sangue e os músculos.

Quando um músculo se contrai, provoca *estrangulamento* das paredes dos capilares, e o sangue deixa de fluir, causando rapidamente a fadiga muscular. A circulação é restabelecida quando ocorre o relaxamento do músculo. Para permitir a circulação sanguínea, o músculo deve contrair-se e relaxar-se com frequência, funcionando como uma bomba hidráulica.

Quando se inicia um trabalho muscular, as próprias substâncias geradas pelo metabolismo durante a contração muscular estimulam a dilatação dos vasos capilares, permitindo, assim, maior irrigação sanguínea. As pessoas treinadas com constantes exercícios musculares têm os capilares mais desenvolvidos e, portanto, maior potencial de irrigação sanguínea, que se reflete numa maior capacidade de trabalho muscular.

FADIGA MUSCULAR

Fadiga muscular é a redução da força, provocada pela deficiência da irrigação sanguínea do músculo. Essa deficiência indica que o oxigênio não está chegando em quantidade suficiente, e começa a haver, dentro do músculo, acúmulo de ácido lático e potássio, assim como calor, dióxido de carbono e água, gerados pelo metabolismo. É um processo reversível, que pode ser superado por um período de descanso.

Quanto mais forte for a contração muscular, maior será o estrangulamento da circulação sanguínea, reduzindo-se o tempo em que ela poderá ser mantida. A contração máxima pode ser mantida apenas durante alguns segundos. A metade da contração máxima pode ser mantida durante um minuto. Para longos períodos, a contração não pode superar 20% da contração máxima (Figura 4.11). Se esses tempos forem ultrapassados, podem surgir dores intensas, exigindo relaxamento para restabelecer a circulação sanguínea. Deve-se proporcionar um período de descanso suficiente para que a circulação tenha tempo para remover os produtos do metabolismo acumulados no interior dos músculos.

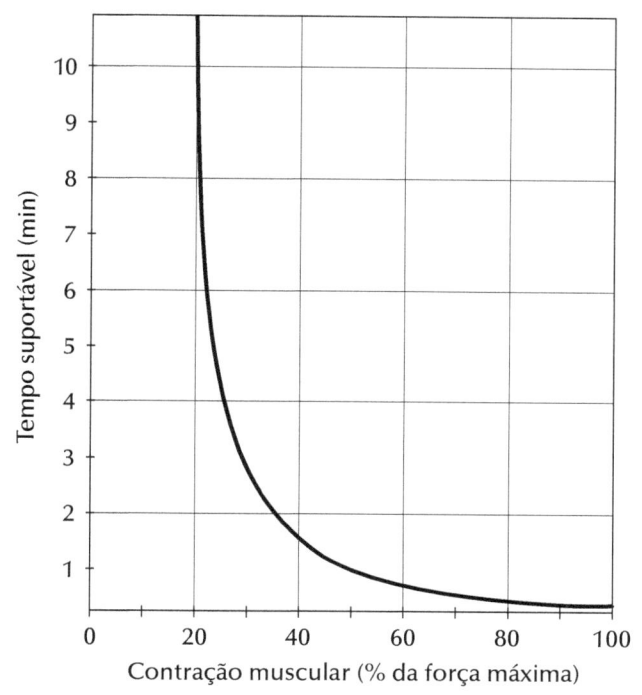

Figura 4.11
Relação entre o nível de contração muscular e o tempo suportável (Kroemer, 1999).

MOVIMENTOS CORPORAIS

Os movimentos corporais são realizados pelas contrações e relaxamentos dos músculos. Um músculo só tem dois estados possíveis: contraído ou relaxado. Durante a contração, quando a tensão do músculo for suficiente para superar certa resistência, há um encurtamento, que é chamado de contração *concêntrica*. O caso inverso, em que a resistência supera a tensão, é chamado de contração *excêntrica* e, mesmo tenso, pode haver um alongamento do músculo. Quando um músculo desenvolve uma tensão sem provocar movimentos do corpo, chama-se contração *estática* ou *isométrica*.

Em cada movimento, há envolvimento de pelo menos dois músculos opostos entre si (antagônicos), que atuam coordenadamente: quando um se contrai, outro se distende. Aquele que contrai chama-se *protagonista* ou agonista, e o que se alonga, *antagonista*. Por exemplo, ao fazer a flexão do cotovelo, há contração do bíceps e distensão do tríceps. Para estender o cotovelo, há inversão, com distensão do bíceps e contração do tríceps (Figura 4.12).

Para evitar movimentos bruscos, a contração e a distensão do par de músculos antagônicos devem ocorrer de forma coordenada, de modo que um deles vá se contraindo e outro distendendo-se. Os trabalhadores treinados conseguem fazer esses movimentos de forma mais coordenada, resultando em movimentos harmônicos. Os músculos também podem funcionar de forma mais complexa, fazendo parte de um conjunto maior, permitindo várias combinações de movimentos, como as translações associadas a movimentos rotacionais.

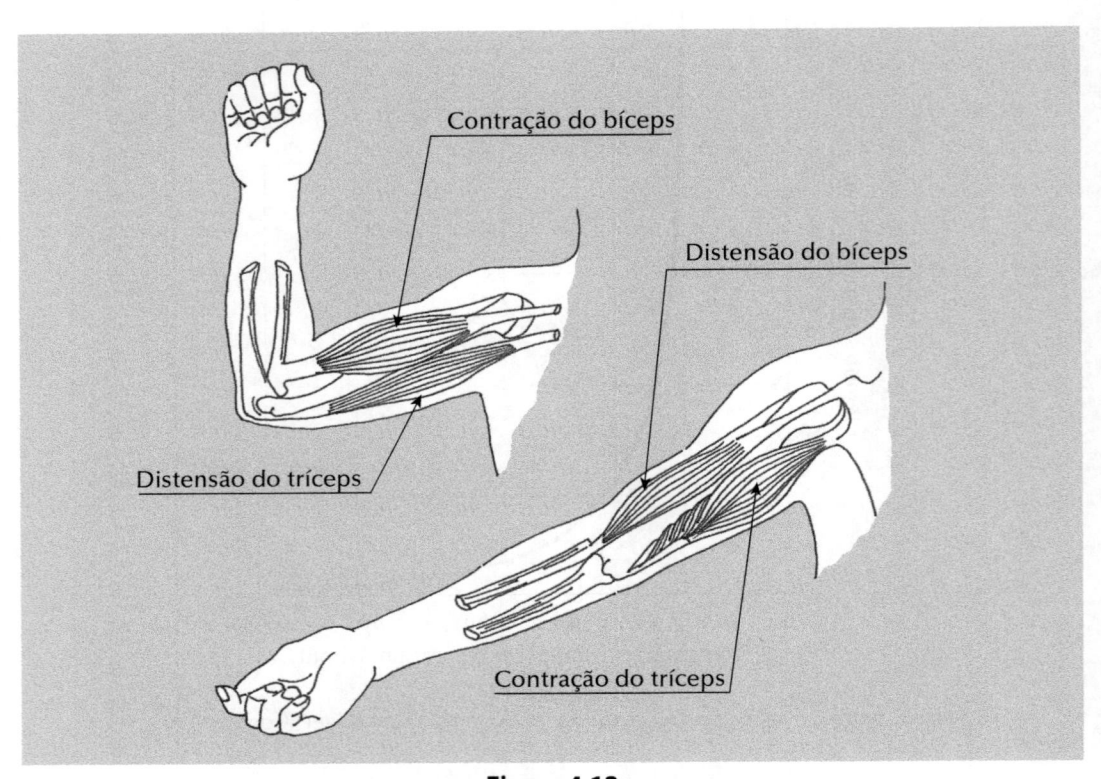

Figura 4.12
Os músculos funcionam sempre aos pares opostos entre si. Enquanto um se contrai, o seu antagônico se distende.

O CORPO COMO UM SISTEMA DE ALAVANCAS

A estrutura biomecânica do corpo humano pode ser considerada como um conjunto de alavancas. Estas são formadas pelos ossos maiores, que se conectam entre si pelas articulações e são movimentadas pelos músculos do sistema osteomuscular (Figura 4.13). De maneira análoga às alavancas mecânicas, o corpo trabalha com três tipos de alavancas, que dependem das posições relativas de aplicação da força, resistência, e apoio (Figura 4.14).

Alavanca interfixa – O apoio situa-se entre a força e a resistência. Um exemplo típico é o tríceps. Esse tipo de alavanca é o mais adequado para transmitir grande velocidade com pouca força.

Alavanca interpotente – A força é aplicada entre o ponto de apoio e a resistência. É o caso do bíceps. Esse tipo de alavanca é um dos mais comuns no corpo. Os músculos inserem-se próximos à articulação e facilitam a realização de movimentos rápidos e amplos, embora com sacrifício da força.

Alavanca inter-resistente – A resistência situa-se entre o ponto de apoio e a força. É o caso dos músculos da parte posterior da perna, que se ligam ao calcanhar e permitem suspender o corpo na ponta dos pés. Esse tipo de alavanca sacrifica a velocidade para ganhar força.

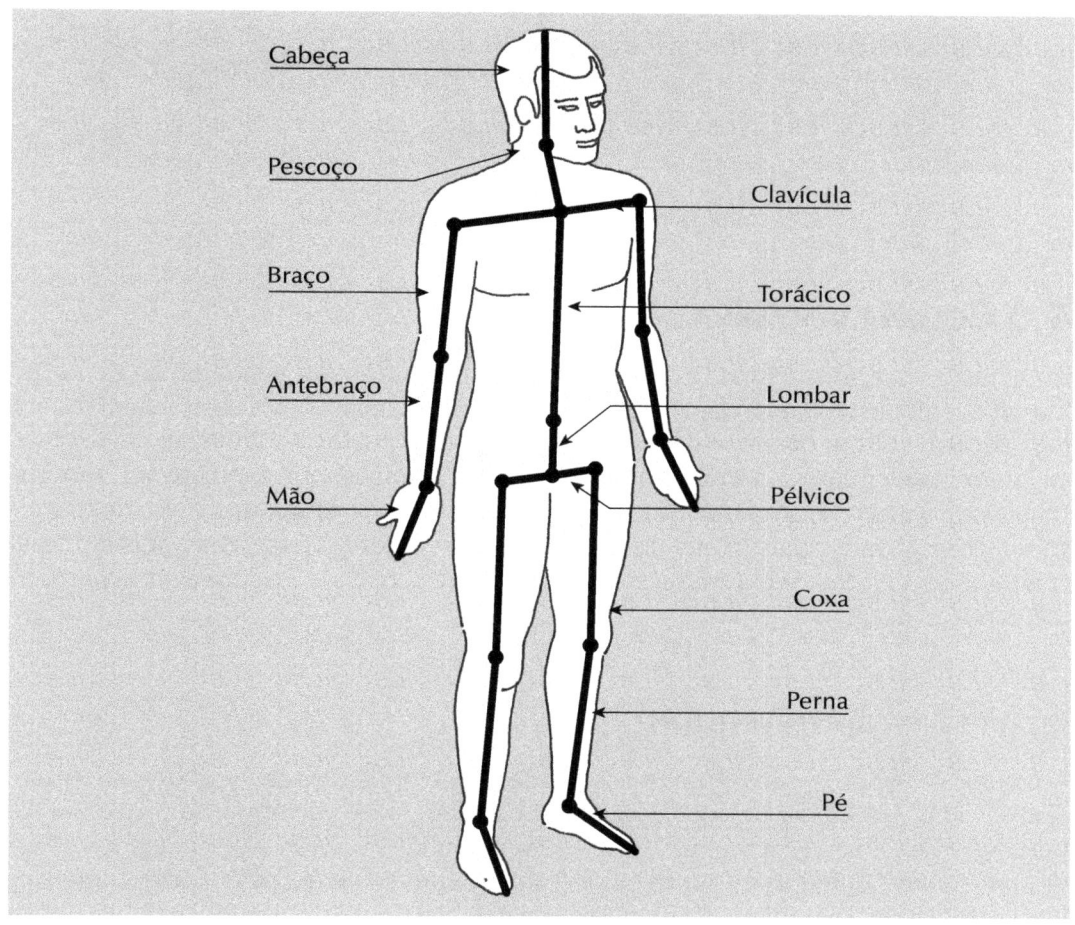

Figura 4.13
Modelo biomecânico do corpo humano, composto de ossos e articulações (Kroemer, 1999).

O movimento combinado entre esses três tipos de alavancas permite ao corpo realizar diversos movimentos complexos, envolvidos em tarefas como andar, dançar, estender o braço e apanhar um objeto.

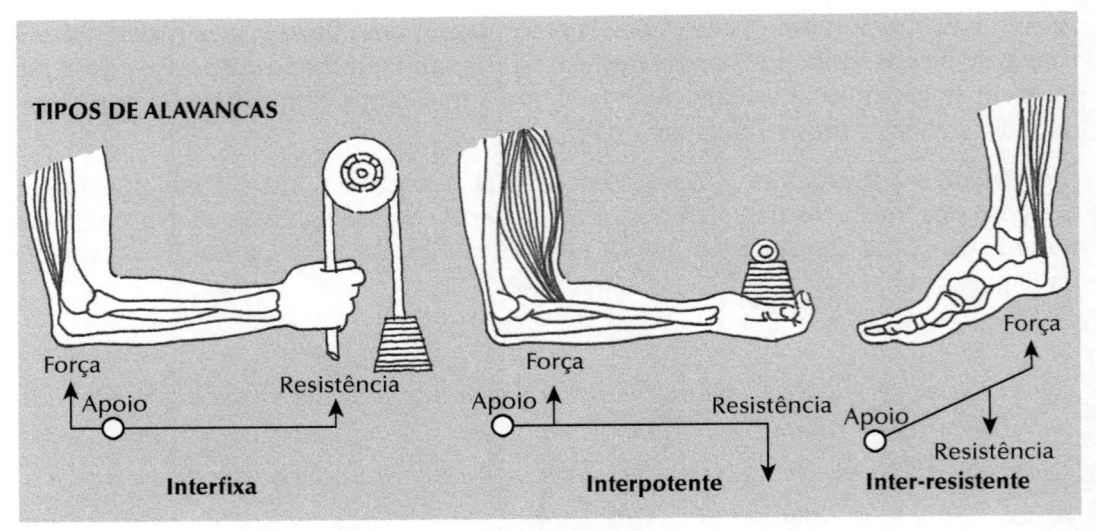

Figura 4.14
No corpo humano existem três tipos de alavancas.

4.6 Coluna vertebral

A coluna vertebral é a estrutura óssea mais importante para sustentação do corpo humano, embora seja uma das mais vulneráveis do organismo. Ela se assemelha a um jogo de armar, com diversas peças (vértebras) sobrepostas e alinhadas na vertical, sustentadas por diversos ligamentos, músculos e tendões, que também são responsáveis pelos seus movimentos. A sua resistência depende basicamente do desenvolvimento dessa musculatura que a sustenta. Essa resistência é maior no sentido axial (paralelo ao eixo), sendo bastante vulnerável para forças de cisalhamento (perpendiculares ao eixo).

Estrutura da coluna vertebral

A coluna vertebral é constituída de 33 vértebras empilhadas umas sobre as outras, classificadas em cinco grupos. De cima para baixo, sete vértebras se localizam no pescoço e se chamam *cervicais*, doze estão na região do tórax e se chamam *torácicas* ou dorsais, cinco estão na região no abdômen e se chamam *lombares*. Abaixo, há cinco vértebras fundidas formando o *sacro* e quatro na extremidade inferior, que constituem o *cóccix*, pouco desenvolvidas. As últimas nove vértebras são fixas, situam-se na região da bacia e se chamam também de *sacrococcigeanas* (Figura 4.15).

Portanto, apenas 24 vértebras são flexíveis e, destas, as que têm maior mobilidade são as sete cervicais (pescoço) e as cinco lombares (abdominais). As vértebras torácicas estão unidas a doze pares de costelas, formando a caixa torácica, que limitam os movimentos. Cada vértebra sustenta o peso de todas as partes do corpo situadas acima dela. Desse modo, as vértebras inferiores são maiores, porque precisam sustentar maiores pesos.

A coluna tem duas propriedades: rigidez e mobilidade. A *rigidez* garante a sustentação do corpo, permitindo a postura ereta. A *mobilidade* permite rotação para os lados e movimentos para a frente e para trás. Isso possibilita grande movimentação da cabeça e dos membros superiores.

Entre uma vértebra e outra existe um *disco cartilaginoso*, composto de uma massa gelatinosa. As vértebras também se conectam entre si por ligamentos. Os movimentos da coluna vertebral tornam-se possíveis pela compressão e deformação dos discos e pelo deslizamento dos ligamentos.

Dentro da coluna vertebral existe um canal central, no sentido longitudinal, formado pela superposição das vértebras, por onde passa a *medula espinhal*, que se liga ao encéfalo. A medula funciona como uma grande "avenida" por onde circulam todas as informações sensitivas, que transitam da periferia para o cérebro (via aferente) e retornam, trazendo as informações para comandar os movimentos motores (via eferente). A ruptura da medula interrompe esse fluxo, causando paralisia. Essa ruptura, quando for causada por acidentes, geralmente ocorre na região cervical ou lombar.

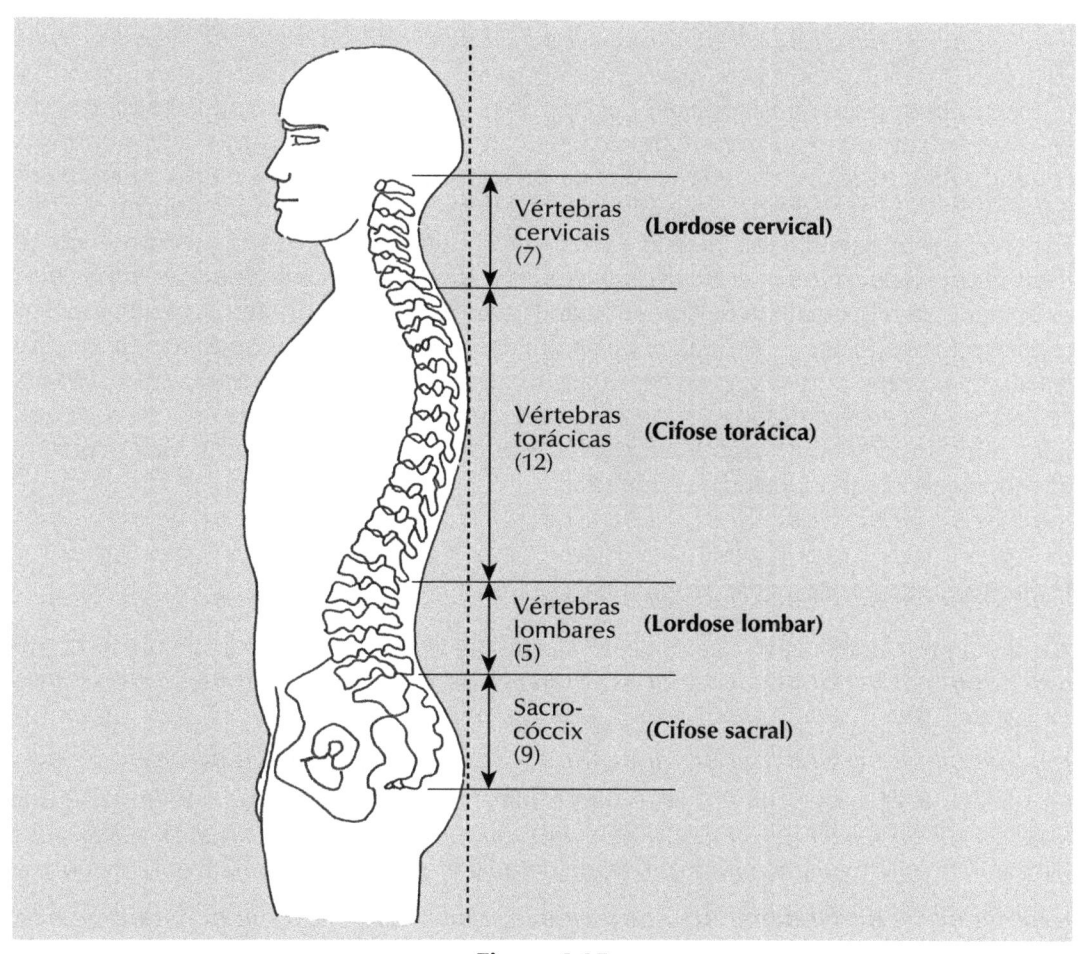

Figura 4.15
As 33 vértebras da coluna classificam-se em quatro grupos.

NUTRIÇÃO DA COLUNA

Os discos cartilaginosos da coluna não possuem vasos sanguíneos. Assim sendo, dependem de um processo de *difusão* dos tecidos vizinhos para receber os nutrientes. É semelhante a uma esponja molhada que diminui de volume quando é comprimida, perdendo água. Com a descompressão, aumenta novamente de volume, absorvendo água com os nutrientes. Portanto, as compressões e descompressões alternadas dos discos funcionam como uma bomba hidráulica, pela qual se nutrem. Uma contração prolongada dos discos é muito prejudicial, porque interrompe esse processo nutricional e pode provocar a sua degeneração. Isso ocorre, por exemplo, em cargas estáticas, quando se carrega um balde sobre a cabeça.

ALTERAÇÕES DA COLUNA

A coluna vertebral, vista de perfil, apresenta três curvaturas que são consideradas normais. A região cervical apresenta uma concavidade, chamada de *lordose cervical*. A região torácica ou dorsal, uma convexidade, chamada de *cifose torácica*. A região lombar apresenta outra concavidade, chamada de *lordose lombar*. A região sacrococcígea apresenta uma curvatura côncava para a frente, chamada de *cifose sacral* (Figura 4.15).

Sendo uma peça muito delicada, a coluna está sujeita a alterações. Estas podem ser não estruturais (a curva é flexível e a alteração é temporária) ou estruturais (quando há alterações definitivas dos ossos e tecidos moles). As causas podem ser congênitas (existem desde o nascimento das pessoas) ou adquiridas durante a vida. Estas ocorrem devido a: a) causas *funcionais*, decorrentes da má postura, esforço físico exagerado, quedas e outras; b) causas *ocasionais*, como doenças, infecções, debilidade da musculatura de sustentação (quando se fica muito tempo acamado); c) causas *permanentes*, provocadas pelas degenerações por idade, por acidentes com lesões da coluna, podendo provocar paralisias. Quase sempre, esses casos estão associados a processos dolorosos. As pessoas com essas alterações da coluna vertebral não estão impedidas de trabalhar, mas, dependendo do grau em que elas ocorram, devem evitar esforços físicos exagerados.

PRINCIPAIS ALTERAÇÕES ESTRUTURAIS DA COLUNA

A coluna pode sofrer diversos tipos de alterações estruturais, que podem incidir em menor ou maior grau. Estas se classificam em hiperlordose, hipercifose e escoliose (Figura 4.16).

Hiperlordose – Corresponde a um aumento da concavidade posterior da curvatura na região cervical ou lombar (visto de perfil) acompanhado por uma inclinação dos quadris para a frente. É a postura que assume, por exemplo, temporariamente, um garçom que carrega uma bandeja pesada com os braços mantidos na frente do corpo.

Hipercifose – É o aumento da convexidade, acentuando-se a curva para frente na região torácica (visto de perfil), correspondendo ao corcunda. A hipercifose acentua-se nas pessoas muito idosas.

Escoliose – É um desvio lateral, visto de frente ou de costas, para a esquerda ou direita, sempre anormal, pois uma coluna saudável não apresenta desvios laterais.

Outra alteração da coluna vertebral, denominada *dorso plano*, é a diminuição (retificação) das curvas fisiológicas, caracterizada pela diminuição das angulações das lordoses lombar e cervical e das cifoses dorsal e sacral. Visto de perfil, assemelha-se a uma reta vertical.

Evidentemente, é melhor prevenir para que essas alterações não apareçam. Isso é feito com exercícios para fortalecer as estruturas osteomusculares de sustentação, e evitando-se cargas pesadas, assimétricas, ou posturas inadequadas, principalmente se estas forem prolongadas, dificultando as mudanças frequentes da postura. Alguns profissionais, como os dentistas, costumam adotar posturas desfavoráveis durante longos períodos.

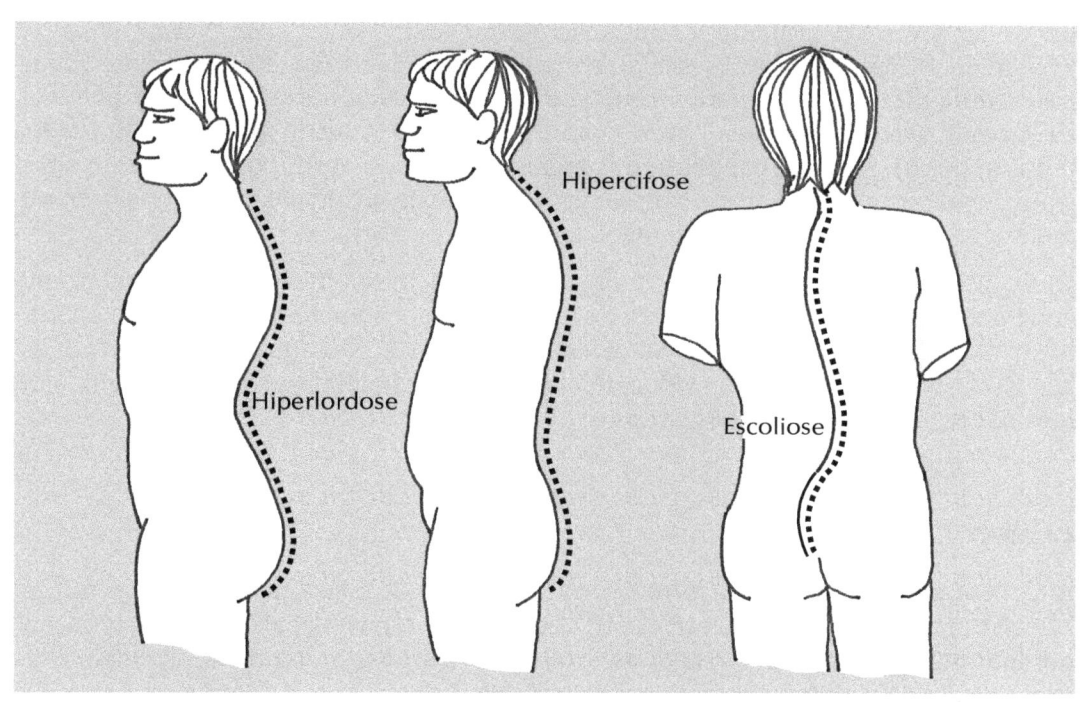

Figura 4.16
Principais tipos de alterações estruturais da coluna.

LOMBALGIA

Lombalgia significa "dor na região lombar". É provocada pela fadiga da musculatura das costas. O tipo mais frequente ocorre quando se permanece durante muito tempo na mesma postura com a cabeça inclinada para frente. Pode ser aliviada mantendo-se a cabeça ereta e realizando mudanças frequentes da postura, levantando-se e sentando-se.

Os casos mais graves de lombalgia provocam fortes dores e podem incapacitar a pessoa para o trabalho, em períodos de três a dez dias. Dependendo da gravidade, esse período pode estender-se para quinze a trinta dias ou até meses. Geralmente são causadas pela distensão dos músculos e ligamentos das vértebras ou por movimentos bruscos de torção do tronco. A situação tende a agravar-se nas pessoas que têm a musculatura dorsal pouco desenvolvida e aquelas que ultrapassaram os quarenta anos, quando os discos cartilaginosos tendem a degenerar-se.

Pode-se prevenir a lombalgia praticando-se exercícios de fortalecimento da musculatura dorsal e adotando-se posturas favoráveis no levantamento de cargas (ver p. 168) e evitando-se movimentos bruscos de torção do tronco.

4.7 Metabolismo

Metabolismo é o conjunto das reações químicas que ocorrem nos organismos a fim de mantê-los vivos e possibilitar a realização de trabalho. A energia do corpo humano é proveniente dos alimentos. Esses alimentos sofrem diversas transformações químicas, e uma parte é usada para a construção de tecidos, e outra, como combustível. Uma parte desse combustível destina-se a manter o organismo funcionando (metabolismo basal), ou seja, constituem "perdas" internas, e outra parte é usada para o trabalho externo (nos animais selvagens, isso significa, principalmente, busca de alimentos e reprodução). O excedente é acumulado em forma de gordura.

Do ponto de vista energético, o organismo humano pode ser comparado a uma complexa *máquina térmica*. Parte dos alimentos consumidos converte-se no combustível chamado glicogênio, que é oxidado, numa reação exotérmica, gerando energia. Essa reação produz subprodutos como o calor, dióxido de carbono e água, que devem ser eliminados pelo organismo.

Alimentação

A alimentação humana é constituída principalmente de substâncias como proteínas, carboidratos e gorduras (Figura 4.17). Todos são compostos basicamente de carbono, hidrogênio e oxigênio, exceto as proteínas, que contêm também nitrogênio. As proteínas são decompostas pelo organismo em aminoácidos e hidrocarbonetos. Os aminoácidos, contendo nitrogênio, são usados na construção dos tecidos, e os hidrocarbonetos são energéticos, que se juntam aos carboidratos e gorduras. Estes se transformam em glicogênio, que é armazenado nos músculos e no fígado. Os carboidratos excedentes podem ser transformados em gorduras, para serem armazenados nos tecidos, para posterior utilização. Os alimentos ricos em carboidratos tendem a armazenar mais glicogênio nos músculos em vez de proteínas e gorduras, aumentando, consequentemente, a capacidade de trabalho.

CAPACIDADE MUSCULAR

A capacidade de um músculo realizar trabalho depende da energia química disponível para sua contração. Essa contração muscular é possibilitada pela transformação da energia química em energia mecânica. A energia química provém dos alimentos, que são convertidos em compostos de alta energia, como o trifosfato de adenosina (ATP), e que, durante o processo de contração são oxidados, restando os compostos de baixa energia, como o difosfato de adenosina (ADP), que, por sua vez, pode se converter novamente em ATP usando glicose (se estiver disponível), glicogênio e, por último, ácidos graxos e proteína. Esse ciclo ATP-ADP é o modo fundamental de troca de energia nos sistemas biológicos. No músculo, onde se situam os elementos contráteis (sarcômeros), a energia liberada pela quebra do ATP em ADP em locais específicos provoca o encurtamento da fibra muscular e consequente contração muscular.

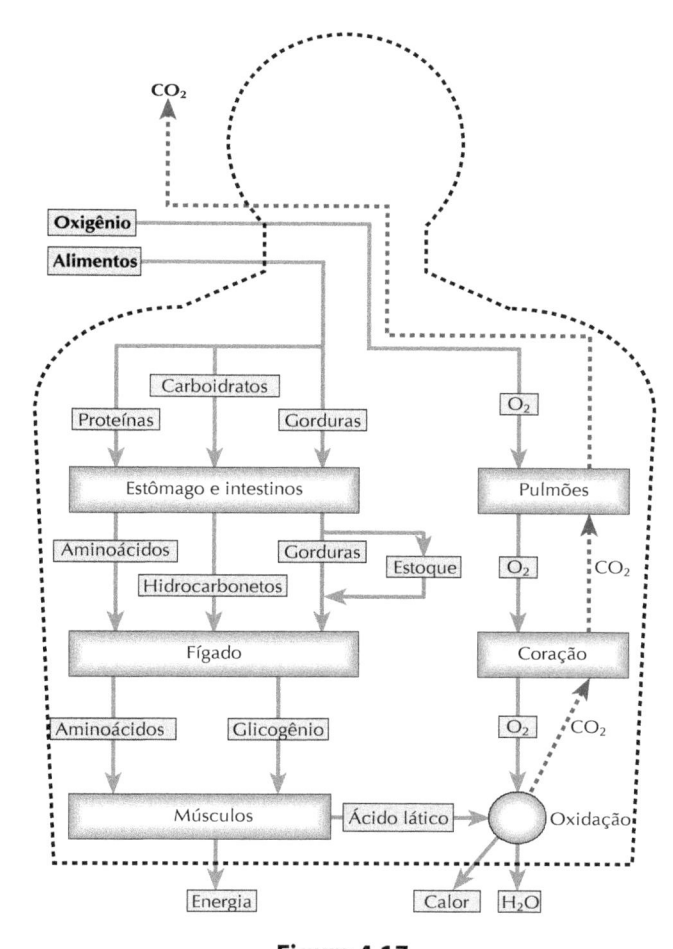

Figura 4.17
Representação esquemática das principais funções do metabolismo humano (Kroemer, Kroemer e Kroemer-Elbert, 1994).

Existe uma pequena quantidade de glicogênio armazenado no músculo que pode ser desdobrado em glicose e convertido em ATP por um processo *anaeróbico*. Contudo, esse estoque é limitado, durando apenas alguns segundos, podendo chegar a vinte segundos, no máximo. Depois disso, o processo passa a ser *aeróbico*, quando passam a ser consumidos os ácidos graxos e a proteína.

Enquanto houver oxigênio disponível nos músculos abastecido pelo sangue, o ATP é gerado pelo metabolismo *aeróbico*. Isso ocorre em trabalho dinâmico ou leve, quando o organismo tem capacidade de prover oxigênio no nível requerido. Contudo, no caso de trabalho pesado e prolongado, há um desequilíbrio e o ATP volta a ser produzido por via anaeróbica, mas por curto período de tempo, gerando acúmulo de ácido lático (que produz a sensação de dor muscular). Nessas condições, a falta de energia para trabalho (pois a reposição de energia é mais lenta que o seu consumo) e o acúmulo de ácido lático levam à fadiga e interrupção do trabalho. Em alguns casos, em duas horas de trabalho pesado, o músculo pode ficar completamente exausto.

Há uma relação direta entre a intensidade de um exercício e o consumo de oxigênio. Assim, a capacidade de exercício depende da capacidade aeróbica (VO_2 max), pois esta determina o volume máximo de oxigênio que pode ser transportado e utilizado pelo organismo durante esse exercício. A capacidade aeróbica depende do desenvolvimento dos sistemas cardiovascular e respiratório. Pessoas treinadas ao exercício físico apresentam uma maior capacidade pulmonar e também uma melhor irrigação sanguínea dos músculos, através dos capilares, que favorecem o abastecimento de oxigênio nos músculos e a remoção dos subprodutos do metabolismo.

METABOLISMO BASAL

O organismo funciona como uma máquina térmica que nunca se desliga, desde a concepção até a morte. Assim, para uma pessoa manter-se viva, mesmo em estado de repouso absoluto, consome certa quantidade de energia para o funcionamento de órgãos como o cérebro, coração, pulmões, intestinos, rins e outros, que nunca deixam de funcionar. Essa energia necessária apenas para manter as funções vitais do organismo, sem realizar nenhum trabalho externo, é chamada de metabolismo basal.

O valor do metabolismo basal é de aproximadamente 1.800 kcal/dia para homens e 1.600 kcal/dia para as mulheres (uma quilocaloria é a energia necessária para elevar a temperatura de um litro de água em 1 °C ou, mais precisamente, para passar de 20 °C para 21 °C). Contudo, há grandes variações individuais desses valores de acordo com o sexo, idade, massa corporal, capacidade aeróbica, atividades glandulares, treinamentos físicos e outros.

ENERGIA GASTA NO TRABALHO

Já vimos que um homem adulto gasta 1.800 kcal/dia com o seu metabolismo basal, ou seja, apenas para manter-se vivo, em estado de repouso. Contudo, as pessoas, mesmo em repouso, realizam pequenos movimentos que também demandam energia. Assim, um homem adulto que consuma menos de 2.000 kcal/dia na alimentação fica praticamente incapacitado de realizar qualquer tipo de trabalho. Portanto, só a energia que exceder essa cota mínima pode ser utilizada no trabalho.

Entre os homens, os trabalhadores de escritório gastam cerca de 2.500 kcal/dia. Um motorista, 2.800 kcal/dia, e um operário executando um trabalho leve, 3.000 kcal/dia. Um mecânico de automóveis e um carpinteiro, 3.000 a 3.500 kcal/dia. Grande parte dos trabalhadores industriais gasta entre 2.800 e 4.000 kcal/dia.

Os estivadores que carregam sacos chegam a gastar 4.500 kcal/dia, e essa marca é considerada praticamente como a máxima exigível a longo prazo, sem comprometer a saúde. Em alguns casos, os gastos energéticos podem chegar a 5.000 ou 6.000 kcal/dia, mas apenas durante um ou dois dias, pois o organismo não será capaz de repor tanta energia. Nessas condições, o corpo trabalhará com déficit e o trabalhador perderá peso. No caso inverso, ou seja, quando o consumo de alimentos for superior ao gasto energético, a pessoa ganhará peso a uma razão aproximada de 1 kg de peso corporal para superávit alimentar de 7.000 kcal.

As mulheres têm gasto energético ligeiramente menor. O metabolismo basal delas é de 1.600 kcal/dia. Uma digitadora ou uma costureira gasta 2.000 kcal/dia. Uma dona de casa executando trabalhos leves ou uma vendedora que trabalha em pé, 2.500 kcal/dia. Uma trabalhadora com tarefas relativamente pesadas, como faxineira ou bailarina, 3.000 kcal/dia.

A Figura 4.18 apresenta gastos energéticos de algumas tarefas típicas, desde pequenas atividades de manutenção até trabalhos na indústria, construção e agricultura. Os valores oscilam entre 1,6 e 16,2 kcal/min (de acordo com Passmore e Durnin, 1955).

Os valores referidos nesta representam uma média para a população. Em casos individuais, podem ocorrer variações em torno dessas medidas de acordo com o sexo, massa corporal, idade e outros fatores, como o nível das atividades glandulares de cada um.

Há diferenças significativas de gastos energéticos entre mulheres e homens. Os homens gastam cerca de 20% a mais para executar tarefas idênticas, ou seja, quando uma mulher gasta 3.000 kcal/dia em um trabalho, o homem gastaria 3.600 kcal/dia no mesmo trabalho. Os aprendizes também gastam mais energia que os trabalhadores experientes. Com a prática, os trabalhadores experientes aprendem a fazer movimentos que economizam energia, além de cometerem menos erros.

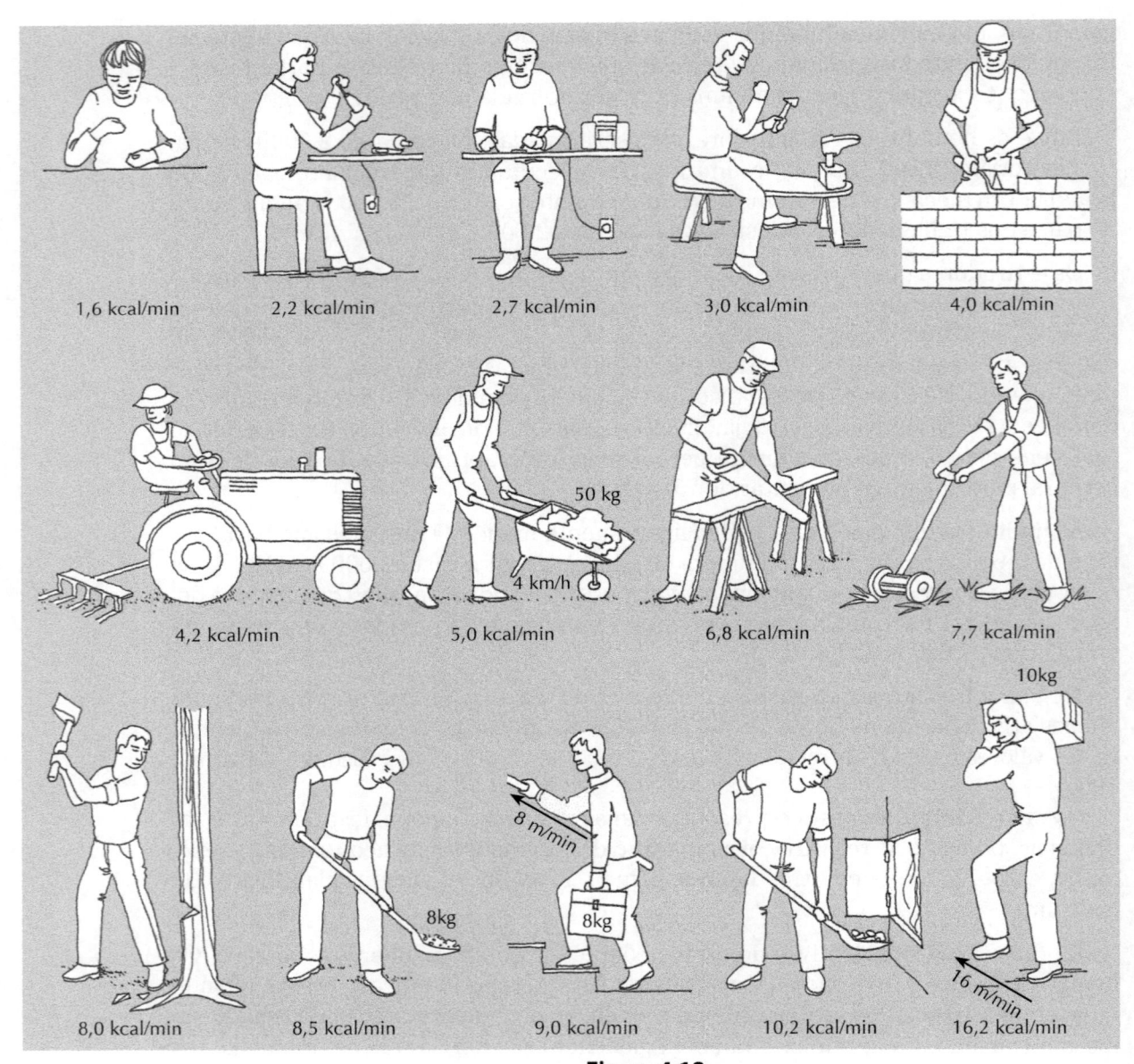

Figura 4.18
Exemplos de gastos energéticos para algumas tarefas típicas (Passmore e Durnin, 1955).

SUBNUTRIÇÃO E RENDIMENTO

Se a quantidade de energia gasta não for suprida pela alimentação, o trabalhador apresentará uma redução de peso e uma queda no rendimento, além de ficar mais susceptível a doenças. Essa queda de rendimento ocorre numa proporção maior que a taxa de redução da alimentação e mais pronunciadamente ainda para aqueles trabalhadores acostumados a atividades mais leves.

Uma pessoa que precise de 3.600 kcal/dia para um rendimento de 100% terá esse rendimento reduzido para 60% se ingerir 2.800 kcal. Portanto, uma redução de 22%

na alimentação provoca uma queda de 40% no rendimento. Outra pessoa que precise de 2.400 kcal/dia para rendimento de 100% terá esse mesmo rendimento reduzido a 60% se ingerir 2.200 kcal/dia, ou seja, uma redução de apenas 8% na alimentação provocará uma queda de 40% no rendimento do trabalho.

Em termos da população geral, a quantidade média ideal de alimentação é de 3.000 kcal/dia, quando se registra um rendimento máximo de 100% no trabalho. Se a alimentação reduzir-se em 10%, passando a 2.700 kcal/dia, o rendimento cairá para 80%. Com redução de 17% na alimentação, ou seja, 2.500 kcal/dia, o rendimento cairá para 50%, e este se anula completamente por volta de 2.000 kcal/dia, quando o organismo atinge o nível do metabolismo basal, apenas o suficiente para manter-se vivo.

Subnutrição de um povo

A subnutrição de um povo é sempre *antieconômica*, porque apenas pequenas reduções na alimentação provocam consequências bastante danosas à produtividade (Lehmann, 1960). É necessário frisar que muitos trabalhadores considerados preguiçosos ou desatentos provavelmente sofrem de subnutrição. Em experiências realizadas por algumas empresas agrícolas com os "boias-frias", constatou-se que uma alimentação adequada e um tratamento básico de saúde, combatendo-se as verminoses, podem aumentar a capacidade produtiva em até 70% num prazo de uma ou duas semanas.

Corlett (1970) observou que a produtividade dos trabalhadores em países subdesenvolvidos era baixa, entre outros motivos, porque os salários desses trabalhadores eram insuficientes para que eles e as suas famílias se alimentassem adequadamente. Comparando a capacidade deles com a de trabalhadores dos países desenvolvidos, chegou-se à conclusão de que, se fossem trabalhar no mesmo ritmo destes últimos, eles teriam energia para trabalhar apenas duas horas por dia.

Contudo, como se exige que esses trabalhadores cumpram a jornada normal de trabalho de oito horas por dia, a saída encontrada por eles foi a redução do ritmo de trabalho, para poderem suportar essa jornada. Muitos consideram isso, erroneamente, como uma atitude preguiçosa. Contudo, trata-se de uma questão de sobrevivência para esses trabalhadores malnutridos. Assim, embora a mão de obra dos países subdesenvolvidos seja mais barata, não significa necessariamente que seja mais econômica, devido à baixa produtividade.

O fornecimento de alimentação pela empresa nem sempre produz bons resultados. Devido aos hábitos alimentares arraigados, os trabalhadores podem preferir alimentos ricos em carboidratos, como massas e doces, rejeitando outros alimentos mais nutritivos, como frutas e legumes. O aumento de salários, por si só, também não é suficiente para resolver o problema nutricional. Infelizmente, o dinheiro adicional nem sempre é aplicado prioritariamente em alimentos e cuidados com a saúde, o que melhoraria a produtividade. Isso só se consegue com um programa educacional a longo prazo.

Questões

1. Conceitue sinapse e descreva as suas principais características.

2. Descreva as características visuais da acuidade, acomodação e convergência.

3. Como se diferenciam as percepções visuais dos cones e bastonetes?

4. Como os olhos se movimentam?

5. Descreva as características sonoras da frequência, intensidade e duração.

6. Qual é a importância do senso cinestésico para o trabalho?

7. Descreva o mecanismo da contração muscular.

8. Como ocorre a irrigação sanguínea nos músculos?

9. Como ocorre a nutrição da coluna?

10. O que se entende por metabolismo basal?

11. Por que a subnutrição de um povo é antieconômica?

Exercícios

1. Descreva algum tipo de tarefa que você costuma realizar com frequência. Analise as principais exigências físicas dessa tarefa, em temos musculares, energéticos e perceptuais.

2. Identifique uma tarefa ou situação de trabalho em que o sentido da visão e da audição sejam utilizados simultaneamente. Descreva o uso de cada um desses sentidos para alcançar os objetivos.

3. Descreva uma atividade que dependa principalmente do tato e/ou do senso cinestésico.

4. Descreva uma atividade que dependa principalmente do olfato e/ou paladar.

5 BIOMECÂNICA OCUPACIONAL

OBJETIVOS

Este capítulo apresenta o conceito e as bases da biomecânica ocupacional, com recomendações sobre as posturas do corpo e os limites das forças que podem ser exercidas sem provocar danos ao trabalhador.

A biomecânica ocupacional é uma parte da biomecânica geral, que se ocupa dos movimentos corporais e forças relacionadas ao trabalho. Procura quantificar as cargas mecânicas que ocorrem durante o trabalho, analisando-se o seu impacto sobre o sistema osteomuscular. Analisa basicamente a questão das posturas corporais no trabalho, as aplicações de forças, bem como as suas consequências. Assim, preocupa-se com as interações físicas do trabalhador com o seu posto de trabalho, máquinas, ferramentas e materiais, visando reduzir os riscos de distúrbios osteomusculares.

Muitos produtos e postos de trabalhos são inadequados e provocam estresses musculares, dores e fadiga, causando incômodos e sofrimento aos trabalhadores e reduções da sua eficiência e produtividade. Muitas vezes, essas situações poderiam ser resolvidas com providências simples, como o aumento ou redução da altura da mesa ou da cadeira, melhoria do leiaute ou concessão de pausas no trabalho.

Tópicos

- Início da atividade
- Trabalho estático
- Trabalho dinâmico
- Trauma por impacto
- Trauma por esforço excessivo
- Postura em pé
- Postura sentada
- Movimentos articulares
- Forças
- Alcances
- Resistência da coluna
- Levantamento de cargas
- Transporte de cargas

5.1 Trabalho muscular

Como já vimos no Capítulo 4, o corpo humano assemelha-se a um sistema de alavancas, movidas pelas contrações musculares. São esses movimentos que permitem realizar diversos tipos de trabalho. Contudo, essa "máquina humana" possui diversos tipos de limitações e fragilidades, que devem ser consideradas no projeto e dimensionamento do trabalho.

Início da atividade

O nosso organismo assemelha-se a uma máquina térmica que nunca se desliga. Ele continua funcionando e consumindo energia, mesmo em repouso, devido ao metabolismo basal, que mantém a temperatura corporal mais ou menos constante (ver p. 144).

Durante um esforço físico, os músculos funcionam como um pequeno motor térmico, oxidando o glicogênio e liberando ácido lático e ácido racêmico, que aumentam o teor de acidez do sangue. Essa acidez aumenta o ritmo da respiração e o ritmo cardíaco e estimula a dilatação dos vasos, abastecendo os músculos com mais oxigênio.

Ao iniciar uma atividade, como caminhar ou correr, a taxa de metabolismo vai aumentando. Se essa atividade física começar repentinamente, os músculos trabalham em desvantagem, com débito de oxigênio (Figura 5.1).

É necessário certo tempo (cerca de dois a três minutos) para ocorrer a *adaptação* do metabolismo às novas exigências da tarefa. Logo no início há um débito de oxigênio nos músculos e suas contrações são anaeróbicas, usando uma pequena reserva de energia contida nas células, disponível por pouco tempo – cerca de vinte segundos, no máximo. O *equilíbrio* entre a demanda e o suprimento de oxigênio é restabelecido após cerca de dois a três minutos de atividade, quando as contrações passam a ser aeróbicas. Ao término da atividade, o organismo retorna aos níveis fisiológicos anteriores, demorando cerca de seis minutos para alcançar novo equilíbrio.

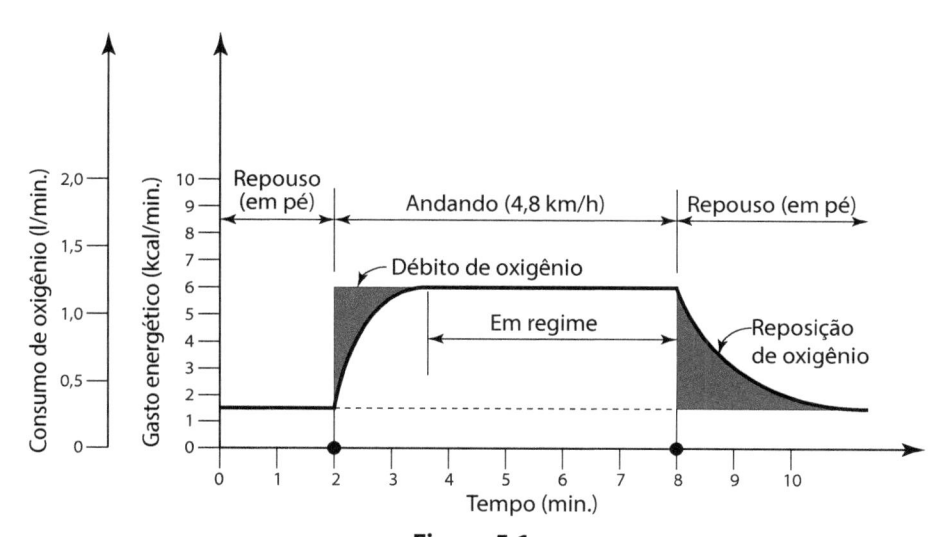

Figura 5.1
No início da atividade, o organismo trabalha em condições desfavoráveis durante dois a três minutos, com débito de oxigênio.

O desequilíbrio entre a demanda e o suprimento de oxigênio no início da atividade pode ser reduzido com exercícios de *preaquecimento* do organismo realizados com pelo menos cinco minutos de antecedência. Esse preaquecimento aumenta a temperatura interna dos músculos e acelera os ritmos respiratório e cardíaco, aumentando a irrigação e prevenindo as distensões musculares.

O preaquecimento é praticado normalmente pelos atletas antes das competições, mas ainda é pouco difundido no meio produtivo. Existem empresas que reúnem todos os trabalhadores para uma ginástica laboral de aquecimento antes da jornada de trabalho. Outras programam "pausas ativas", que são pausas regulares durante a jornada para ginásticas de alongamento. Isso é importante, sobretudo no caso de trabalhos estáticos ou tarefas altamente repetitivas.

TRABALHO MUSCULAR INTENSO

As atividades com trabalho muscular intenso praticadas durante longo tempo promovem desenvolvimento da musculatura pelo aumento da espessura das fibras, embora a quantidade delas permaneça constante. Essas fibras também se tornam mais flexíveis e mais irrigadas pelos vasos capilares. Há, portanto, melhoria no abastecimento de oxigênio e remoção dos resíduos do metabolismo. O coração também se fortalece com o exercício físico repetido. Ele se torna maior e mais forte. O seu ritmo diminui, mas, em cada batida, passa a bombear maior volume de sangue.

Um organismo adaptado a trabalhos físicos pesados possui mecanismo mais eficiente para eliminar o *calor* gerado pelo metabolismo (ver pp. 379-383). Este é capaz de eliminar até dez vezes mais calor em relação ao seu estado de repouso.

Durante trabalhos físicos muito intensos, como em competições esportivas de alta performance, ocorrem outras transformações. O rim praticamente deixa de funcionar, cessando a produção da urina. A irrigação sanguínea no aparelho digestivo também se reduz. Isso aconselha a não fazer esforço físico com estômago cheio, porque uma forte demanda muscular predomina sobre a função digestiva.

No trabalho físico pesado é aconselhável também fazer um preaquecimento de dois a três minutos, ou iniciar a atividade com menor intensidade, dando-se oportunidade para o organismo ir se adaptando, a fim de promover um gradual equilíbrio entre a oferta e a demanda de oxigênio.

5.2 TRABALHOS ESTÁTICO E DINÂMICO

Como já vimos anteriormente (p. 134), a irrigação sanguínea dos músculos é feita pelos vasos capilares. Através desses capilares, o sangue transporta oxigênio até os músculos e retira os subprodutos do metabolismo. A pressão sanguínea tem 120 mm de Hg próximo do coração, mas vai diminuindo à medida que as artérias vão se bifurcando e distanciando-se do coração. Chega ao interior dos músculos com cerca de 30 mm de Hg, sendo maior nas partes inferiores do corpo e menor nas mãos, devido ao efeito gravitacional, principalmente quando os braços se esticam para cima.

Quando um músculo está contraído, há um aumento da sua pressão interna, o que provoca um *estrangulamento* dos capilares, prejudicando a irrigação. Isso acontece com certa facilidade, porque as paredes dos capilares são muito finas e a pressão sanguínea nos músculos é relativamente baixa. Enquanto a contração muscular estiver entre 15% e 20% da força máxima do músculo, a circulação continua a ocorrer normalmente, mas vai diminuindo gradativamente com o aumento da força. Quando essa contração chegar a 60%, o sangue deixa de circular no interior dos músculos.

Um músculo sem irrigação sanguínea fatiga-se rapidamente, não sendo possível mantê-lo contraído por mais de um ou dois minutos. A dor que se segue provoca uma interrupção obrigatória do trabalho. (Tente manter uma carga estática de 5 kg com o braço esticado na horizontal.)

TRABALHO ESTÁTICO

O trabalho estático é aquele que exige contração contínua de alguns músculos, a fim de manter uma determinada posição. Essa contração muscular é chamada de *isométrica* porque não produz movimentos dos segmentos corporais. Isso ocorre, por exemplo, com os músculos dorsais e das pernas para manter a posição de pé, músculos dos ombros e do pescoço para manter a cabeça inclinada para a frente, músculos da mão esquerda segurando a peça enquanto se martela com a outra mão, e assim por diante.

Um trabalho estático com aplicação de 50% da força máxima pode durar no máximo 1 min, enquanto que aplicações com menos de 20% da força máxima permitem manter as contrações musculares estáticas durante um tempo maior. Muitos autores recomendam que a carga estática não deva superar os 8% da força máxima, para o caso de esforços que precisam ser realizados diariamente, durante várias horas (Grandjean, 1998). Se essa carga estática chegar a 15%-20% da força máxima e for executada durante dias e semanas a fio, acaba provocando dores e sinais de fadiga.

TRABALHO DINÂMICO

O trabalho dinâmico ocorre quando há contrações e relaxamentos alternados dos músculos, como nas tarefas de martelar, serrar, girar um volante ou caminhar. Essa movimentação tem o efeito de uma bomba hidráulica, facilitando a *circulação* nos capilares e aumentando o volume do sangue circulado em até vinte vezes em relação à situação de repouso (Figura 5.2). Os músculos passam a receber mais oxigênio, aumentando a sua resistência à fadiga.

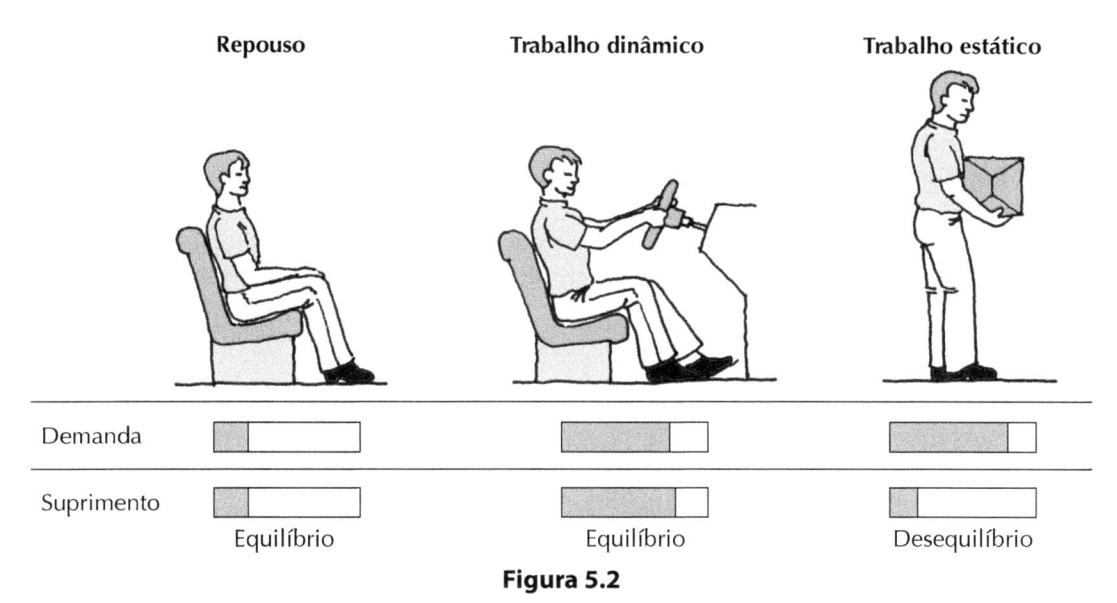

Figura 5.2

O músculo opera em condições desfavoráveis de irrigação sanguínea durante o trabalho estático, com a demanda superando o suprimento, enquanto há equilíbrio entre a demanda e o suprimento nas condições de repouso ou trabalho dinâmico (Lehmann, 1960).

Portanto, deve-se dar preferência ao trabalho dinâmico, aliviando-se ao máximo o trabalho estático. O trabalho estático pode ser substituído pelo dinâmico melhorando-se o posicionamento de peças e ferramentas, providenciando-se fixadores para as peças, apoios para partes do corpo ou permitindo-se frequentes mudanças de posturas. Em fábricas, podem ser tomados vários tipos de providências, como o uso de carrinhos para substituir o transporte manual de cargas (Figura 5.3).

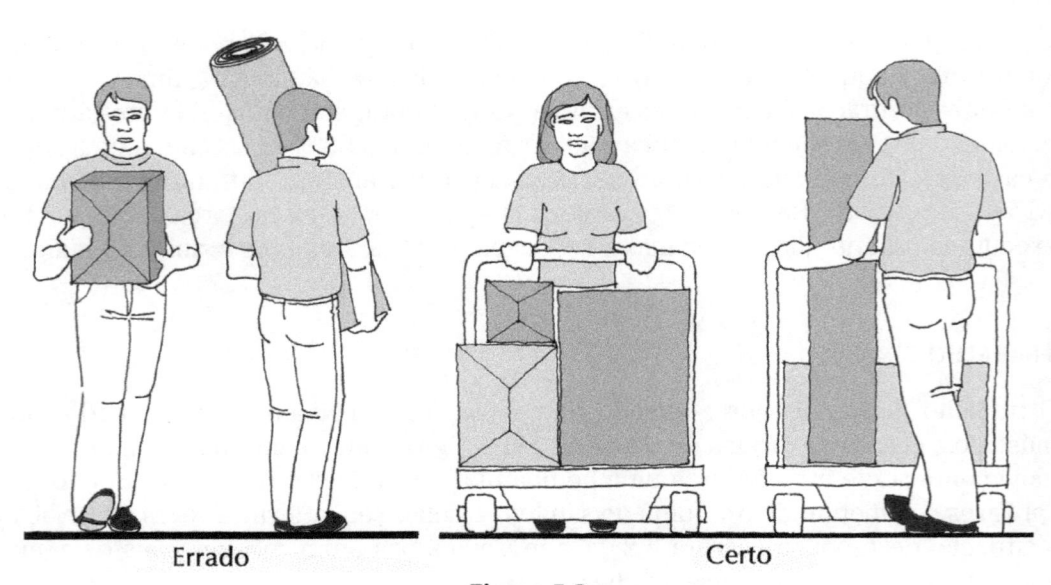

Errado   Certo

Figura 5.3
O trabalho estático do transporte manual de cargas pode ser aliviado com o uso de carrinhos.

5.3 Consequências do trabalho realizado

A atividade muscular provoca demanda sobre os músculos, tendões e ossos. Além disso, funções auxiliares como irrigação e respiração passam a ser mais exigidas. Nessa cadeia, o músculo é o elo mais fraco do sistema osteomuscular, pois o tendão possui uma resistência três vezes superior e o osso dificilmente se fragiliza. O desequilíbrio entre a capacidade e a solicitação muscular pode provocar dores e traumas.

Dores musculares

A dor muscular é causada pela acumulação dos subprodutos do metabolismo no interior dos músculos. Isso acontece quando as demandas das contrações musculares ultrapassam a capacidade circulatória em remover os subprodutos do metabolismo. Ocorre, sobretudo, nos trabalhos estáticos, porque eles prejudicam a circulação sanguínea nos vasos capilares, como já vimos. Em geral, a musculatura humana tem um bom desempenho contínuo quando é contraído em até 15% de sua capacidade máxima. Acima disso, a atividade passa a exigir pausas para recuperação.

As dores podem resultar também de microtraumas das fibras musculares. Nesse processo, os músculos e os capilares são parcialmente rompidos, resultando em inchaços, edemas e inflamações, provocando dores.

As dores musculares são causadas principalmente pelo manuseio de cargas pesadas ou quando se exigem posturas inadequadas, como a torção da coluna para levantar pesos. Muitas outras atividades, como puxar e empurrar cargas, também podem causar dores. Essas dores podem ocorrer também com o alongamento excessivo e inflamação dos músculos, tendões e articulações. São associadas geralmente aos exageros das forças, posturas e repetições dos movimentos.

Se as dores persistirem, podem provocar cãibras, acompanhadas de espasmos e fraquezas. Nessas condições, o músculo perde até 50% de sua força normal. A cãibra pode ocorrer nas mãos e antebraços, quando uma pessoa passa longo tempo digitando ou realizando outros tipos de tarefas repetitivas. Ela pode surgir também quando se passa muito tempo escrevendo com caneta ou lápis de má qualidade, que exijam muita pressão dos dedos.

TRAUMAS MUSCULARES

Os traumas musculares, enquadrados na legislação brasileira (NR 17) como distúrbios osteomusculares relacionados ao trabalho (DORT), são provocados pela incompatibilidade entre as exigências do trabalho e as capacidades físicas do trabalhador. Ocorrem basicamente devido a duas causas: impacto e esforço excessivo.

O *trauma por impacto* ocorre quando a pessoa é atingida por uma força súbita, durante curto espaço de tempo, em uma região específica do corpo. Geralmente é de natureza involuntária e, ocorre, por exemplo, nos casos de colisões e quedas. Podem causar contusões, traumatismos sérios como lacerações de tecidos e fraturas ósseas. Em casos extremos, podem levar à morte. Os pisos escorregadios, úmidos e pequenos desníveis de até 5 cm (que causam tropeções) representam as maiores causas de quedas.

O *trauma por esforço excessivo* ocorre durante a atividade física no trabalho, principalmente com: a) manuseio excessivo de cargas, decorrente de maus projetos do posto de trabalho; b) trabalho que não permite diversificação de atividades, devido a rotinas rígidas ou muito repetitivas; c) pausas insuficientes para recuperação da fadiga, relacionadas à organização do trabalho. Geralmente é provocado por movimentos altamente repetitivos, comuns nas linhas de montagem ou trabalhos de digitação. Também pode ocorrer em uma atividade eventual, mas que exija forças e movimentos inadequados do corpo, como deslocar um peso excessivo. Tipicamente, provoca lesões como tendinites, tenossinovites, compressões nervosas e distúrbios lombares. Essas lesões por traumas repetitivos são conhecidas pelas siglas LTC (lesões por traumas cumulativos) ou LER (lesões por esforços repetitivos). A sigla DORT (distúrbios osteomusculares relacionadas ao trabalho) é mais abrangente e inclui as duas anteriores.

AUXÍLIOS-DOENÇA ACIDENTÁRIOS

Os maiores problemas acidentários no Brasil, de acordo com Ministério da Previdência, geralmente são decorrentes dos traumas por esforços excessivos. Eles são responsáveis pela maior parte de afastamento dos trabalhadores, em consequência das doenças e lesões no sistema osteomuscular.

Os DORT são a segunda maior causa dos afastamentos do trabalho por acidentalidade. Os acidentes por traumas de impacto são menos frequentes nos ambientes de trabalho. A Tabela 5.1 detalha os benefícios concedidos por auxílios-doença acidentários no Brasil, em 2011, de acordo com os códigos da CID (Classificação Internacional de Doenças). A análise dessa tabela é importante porque pode orientar as atividades ergonômicas, visando corrigir as situações que provocam esses acidentes mais frequentemente.

Tabela 5.1
Benefícios por auxílios-doença acidentários concedidos segundo os vinte códigos da CID, em 2011
(Fonte: Ministério da Previdência)

CID-10-3 Caracteres		Auxílios-doença Acidentários	Ordem de maior incidência em 2011	Porcentagem em Relação ao total
TOTAL		319.445		100,00
S62	Fratura ao nível do punho e da mão	35.962	1º	11,26
M54	Dorsalgia	28.744	2º	9,00
S82	Fratura da perna, incluindo tornozelo	21.689	3º	6,79
M75	Lesões do ombro	17.570	4º	5,50
S92	Fratura do pé (exceto do tornozelo)	16.566	5º	5,19
S52	Fratura do antebraço	15.516	6º	4,86
M65	Sinovite e tenossinovite	12.455	7º	3,90
S61	Ferimento do punho e da mão	11.503	8º	3,60
S42	Fratura do ombro e do braço	10.180	9º	3,19
S93	Luxação, entorse e distensão das articulações e dos ligamentos ao nível do tornozelo e do pé	7.510	10º	2,35
S68	Amputação traumática ao nível do punho e da mão	7.498	11º	2,35
S83	Luxação, entorse e distensão das articulações e dos ligamentos do joelho	6.291	12º	1,97
G56	Mononeuropatias dos membros superiores	5.978	13º	1,887
M51	Outros transtornos de discos intervertebrais	5.676	14º	1,78
M77	Outras entesopatias	4.122	15º	1,29
S60	Traumatismo superficial do punho e da mão	4.056	16º	1,27
S72	Fratura do fêmur	4.007	17º	1,25
F32	Episódios depressivos	3.946	18º	1,24
S43	Luxação, entorse e distensão das articulações e dos ligamentos da cintura escapular	3.769	19º	1,18
M23	Transtornos internos dos joelhos	3.747	20º	1,17
Outros códigos CID-10-3 caracteres		92.600	–	29,01

Fonte: INSS, Suibe e Dataprev, Síntese.
Elaboração: DPSSO, Coordenação Geral de Monitoramento dos Benefícios por Incapacidade – CGMBI.

5.4 Posturas do corpo

Postura é o estudo do posicionamento relativo de partes do corpo, como cabeça, tronco e membros, no espaço. A boa postura é importante para a realização do trabalho sem desconforto e estresse.

A importância da boa postura no trabalho tem sido recomendada desde o início do século XVIII, quando Ramazzini (1999) descreveu, em 1700, as consequências danosas de "certos movimentos violentos e irregulares e posturas inadequadas para o artesão". Desde então, muitos pesquisadores têm descrito essas consequências danosas das condições severas de trabalho ao corpo humano.

Posturas básicas

Trabalhando ou repousando, o corpo assume três posições básicas: as posturas deitada; sentada; e em pé. Em cada uma dessas posturas estão envolvidos esforços musculares para manter a posição relativa de partes do corpo (Tabela 5.2).

Tabela 5.2
Distribuição relativa do peso por partes do corpo

Parte do corpo	% do peso total
Cabeça	6 a 8
Tronco	40 a 46
Membros superiores	11 a 14
Membros inferiores	33 a 40

Essas faixas de variação são justificadas pelas diferenças do tipo físico e do sexo. Além disso, como será abordado no Capítulo 6, há influências étnicas na distribuição das proporções corporais.

Existem certos tipos de posturas que podem ser considerados mais adequados para cada tipo de tarefa. Muitas vezes, projetos inadequados de máquinas, assentos ou bancadas de trabalho obrigam o trabalhador a adotar posturas forçadas e inadequadas. Se estas forem mantidas por um longo tempo, podem provocar fortes dores localizadas naquele conjunto de músculos acionados na manutenção dessas posturas (Tabela 5.3).

Tabela 5.3
Localização das dores no corpo, provocadas por posturas inadequadas

Postura inadequada	Risco de dores
Em pé	Pés e pernas (varizes)
Sentado sem encosto	Músculos extensores do dorso
Assento muito alto	Parte inferior das pernas, joelhos e pés
Assento muito baixo	Dorso e pescoço
Braços esticados	Ombros e braços
Pegas inadequadas em ferramentas	Antebraço
Punhos em posições não neutras	Punhos
Rotações do corpo	Coluna vertebral
Ângulo inadequado assento/encosto	Músculos dorsais
Superfícies de trabalho muito baixas ou muito altas	Coluna vertebral, cintura escapular

POSTURA DEITADA

Na postura deitada não há concentração de tensão em nenhuma parte do corpo. O coração trabalha com menor esforço e o sangue flui livremente para todas as partes do corpo, contribuindo para eliminar os resíduos do metabolismo e as toxinas dos músculos, provocadores da fadiga. O consumo energético assume o valor mínimo, aproximando-se do metabolismo *basal*.

É, portanto, a postura mais recomendada para repouso e recuperação da fadiga. Contudo, não se recomenda essa postura para o trabalho porque os movimentos tornam-se difíceis e fica muito cansativo elevar a cabeça, braços e mãos.

Em alguns casos, a postura horizontal é assumida para realizar trabalho, como nas manutenções em espaços exíguos. Nesse caso, a cabeça (4 a 5 kg) geralmente fica sem apoio e a posição pode se tornar extremamente fatigante, sobretudo para a musculatura do pescoço. As dores nessa região podem aparecer em alguns minutos.

POSTURA EM PÉ

A postura em pé apresenta vantagem de proporcionar grande mobilidade corporal. Os braços e pernas podem ser utilizados para alcançar os controles das máquinas. Grandes distâncias podem ser alcançadas andando-se. Além disso, facilita o uso dinâmico de braços, pernas e troncos, por exemplo, para quebrar pedras com uma marreta ou chutar uma bola. Também, na postura em pé, a pressão intradiscal é menor que na sentada esparramada devido à atuação da musculatura dorsal. Contudo, o coração encontra maiores resistências para bombear sangue para os extremos do corpo, e o consumo de energia torna-se elevado.

Na postura em pé, além da dificuldade de usar os pés para o trabalho, frequentemente necessita-se também do apoio para as mãos e braços para manter essa postura e fica mais difícil de fixar um ponto de referência. Em geral, recomenda-se que o corpo tenha algum ponto de referência (posicionamento espacial) e apoios para o tronco (encostos) ou para os braços.

Particularmente, a postura *parada*, em pé, é altamente fatigante, porque exige muito trabalho *estático* da musculatura envolvida para manter essa posição. Isso ocorre, por exemplo, com o porteiro de hotel ou guarda de sentinela. Na realidade, o corpo não fica totalmente estático, mas oscilando e exigindo frequentes reposicionamentos, dificultando a realização de movimentos precisos.

POSTURA SENTADA

A postura sentada exige atividade muscular do dorso e do ventre para manter essa posição. Praticamente todo o peso do corpo é suportado pela pele que cobre o osso ísquio, nas nádegas (Figura 7.12, p. 246). O consumo de energia é de 3% a 10% maior em relação à postura horizontal. A postura ligeiramente inclinada para a frente é mais natural e menos fatigante do que aquela ereta. O assento deve permitir mudanças frequentes de posturas, para retardar o aparecimento da fadiga.

A postura sentada, em relação à postura em pé, apresenta ainda a vantagem de liberar as pernas e braços para tarefas produtivas, permitindo grande mobilidade desses membros. Além disso, o assento proporciona um ponto de referência relativamente fixo. Isso facilita a realização de trabalhos delicados com os dedos.

Nas situações usuais de trabalho, são adotadas as posturas em pé (P) ou sentada (S). Na postura em pé deve-se providenciar um assento (A) para descansos eventuais. A Tabela 5.4 apresenta recomendações de posturas preferenciais para cada tipo de tarefa, em função das características do trabalho.

Tabela 5.4
Matriz de posturas preferencias para diferentes características de trabalho.
Os números das linhas e das colunas têm o mesmo significado
(Adaptada de Eastman Kodak Company, 1983)

Características de trabalho	1	2	3	4	5	6	7	8	9
1. Levantar peso e/ou exercer força		P	P	P	P	P/S	P/S	P/S	P/A
2. Trabalho intermitente			P	P	P	P,P/S	P,P/S	P,P/S	P,P/S
3. Necessidade de alcance amplo				P	P	P/S	P/S	P/S	P/A
4. Tarefas variadas					P	P/S	P/S	P/S	P/A
5. Altura superfície trabalho variável						S	S	S	S
6. Movimento repetitivo							S	S	S
7. Atenção visual								S	S
8. Trabalho de precisão									S
9. Duração superior a quatro horas									

S – sentado; P – em pé; P/S – em pé/sentado (uma alternativa para não se ficar em pé durante todo o tempo);
P/A – em pé com assento disponível para períodos de descanso.

INCLINAÇÃO DA CABEÇA PARA A FRENTE

Uma das posturas mais fatigantes é aquela que exige posição estática da cabeça inclinada para a frente. Essa postura provoca fadiga rápida dos músculos do pescoço e do ombro, devido, principalmente, ao momento (no sentido da Física) provocado pela cabeça, que tem um peso relativamente grande (4 a 5 kg).

Muitas vezes é necessário inclinar a cabeça para a frente para se ter uma melhor visão, como nos casos de pequenas montagens, inspeção de peças com pequenos defeitos ou leitura difícil. Essas necessidades geralmente ocorrem quando:

- O assento é muito alto;
- A mesa é muito baixa;
- O assento está longe da área de trabalho, dificultando as fixações visuais;
- Há necessidades específicas, como no caso do microscópio; e
- Pessoas com deficiência visual (miopia).

As dores no pescoço começam a aparecer quando a inclinação da cabeça em relação à vertical for superior a 30° (Figura 5.4). Nesse caso, deve-se tomar providências para restabelecer a postura vertical da cabeça, de preferência com até 20° de inclinação, fazendo-se ajustes na altura da cadeira, mesa ou localização da peça. Se isso não for possível, o trabalho deve ser programado de modo que a cabeça seja inclinada durante o menor tempo possível e seja intercalado com pausas para relaxamento, com a cabeça voltando à sua posição vertical.

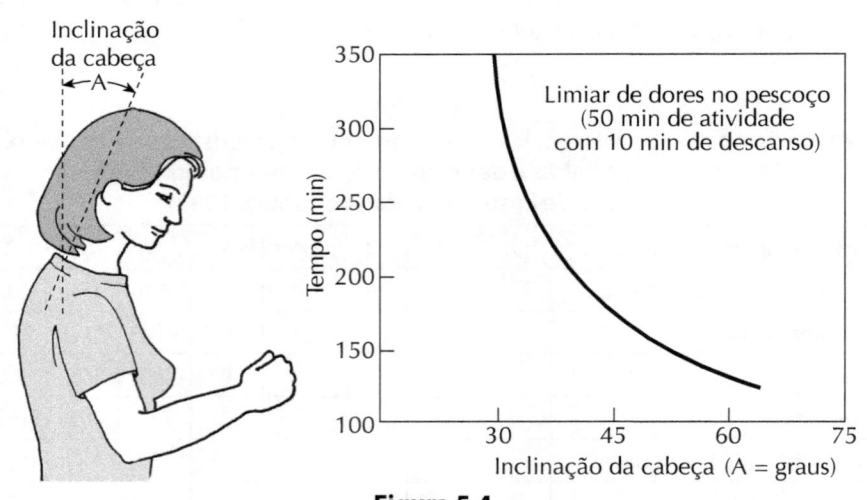

Figura 5.4
Tempos médios para aparecimento de dores no pescoço, de acordo com a inclinação da cabeça para a frente (Chaffin, 1973).

Até as décadas de 1950 e 1960 havia mesas de escritório e carteiras escolares com o tampo *inclinado*. Hoje, essas inclinações só existem em alguns tipos de móveis especiais, como as pranchetas para desenho. Na maioria dos casos, elas foram abandonadas, provavelmente porque os papéis, cadernos e lápis escorregavam sobre esse tipo de tampo. Entretanto, do ponto de vista postural, são melhores que os tampos horizontais. Experimentos de laboratório mostraram que os tampos inclinados em 10° são benéficos para tarefas de leitura. O ângulo do tronco no plano sagital reduz-se de 9° (Figura 5.5), com uma melhora significativa do conforto (De Wall, Van Riel e Snijders, 1991). Na impossibilidade de introduzir essas inclinações em mesas e carteiras já existentes, pode-se providenciar apoios para inclinar os livros para a leitura.

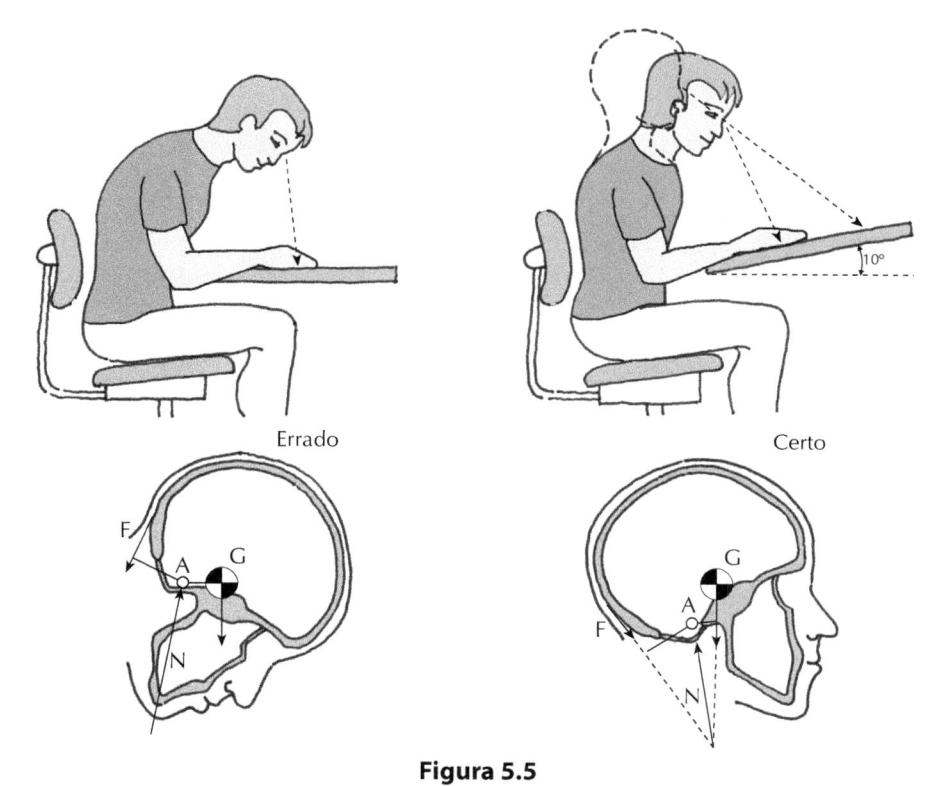

Figura 5.5

Uma inclinação do tampo da mesa em 10° provoca uma redução da inclinação do tronco em 9°, melhorando a postura (De Wall, Van Riel e Snijders, 1991).

Os registros de postura e avaliação de riscos posturais podem ser feitos com as técnicas OWAS, RULA e REBA, apresentadas no Capítulo 3. Para a avaliação de dores e desconforto, geralmente utiliza-se o Diagrama das áreas dolorosas e o questionário nórdico, também já apresentados no Capítulo 3.

INCLINAÇÃO DO DORSO

Estudos de biomecânica demonstram que o tempo máximo para se manter certas posturas inadequadas, como o dorso muito inclinado para a frente, podem durar, no máximo, de um a cinco minutos, até que comecem a aparecer as dores (Corlett e Bishop, 1976).

Na posição inclinada, de pé, surge um momento (no sentido da Física), devido ao deslocamento do centro de gravidade para além do ponto de apoio dos pés no chão. Para equilibrar o corpo nessa posição, há uma solicitação adicional dos músculos em torno das articulações do dorso, quadris, joelhos e tornozelos.

A postura com o *dorso inclinado* para a frente também é bastante comum na posição sentada, quando se deseja visualizar certos detalhes do produto ou processo. Se o trabalho exigir frequentes inclinações da cabeça, superiores a 30°, é necessário redesenhar o posto de trabalho, modificando a altura da cadeira ou da bancada, ou a posição da peça, para corrigir a postura. Do contrário, poderão surgir fortes dores no pescoço e ombros ao cabo de duas horas, devido à fadiga incidente nos músculos dessas partes do corpo (Figura 5.4).

Em alguns casos, com o passar dos dias, há uma adaptação do organismo: os músculos alongam-se e se fortalecem, provocando redução gradativa das dores. Contudo, se essa dor continuar ou aumentar, indica que essa adaptação não ocorreu, podendo provocar inflamação dos músculos ou dos tendões. Se não forem adequadamente tratados, podem resultar em *lesões* permanentes. Isso acontece, sobretudo, quando há solicitações de forças muito intensas, ou muito frequentes, ou quando a postura do corpo é inadequada.

5.5 MOVIMENTOS CORPORAIS

O corpo humano, como já vimos nas pp. 133-137, é movimentado pelas contrações de músculos esqueléticos que se ligam aos ossos, formando alavancas. Os músculos sempre ocorrem aos pares opostos entre si, chamados de protagonista e antagonista, ligados à mesma articulação. Para haver um movimento, há simultaneamente contração do protagonista e relaxamento do antagonista, ou vice-versa. Em movimentos mais complexos envolvendo, por exemplo, tração e rotação simultâneas, há contrações e relaxamentos coordenados de diversos pares de músculos.

MOVIMENTOS ARTICULARES

O corpo humano assemelha-se a uma estrutura articulada que se movimenta. Segmentos do corpo podem fazer movimentos angulares, em uma ou mais direções, em torno de uma articulação. Devido a esses movimentos articulares, é mais fácil realizar movimentos *curvos*, em arco, do que movimentos retos. Estes resultam da conjugação de diversos movimentos articulares.

As articulações são recobertas por uma cartilagem hialina, embebida por uma substância do tipo gel, que serve para lubrificá-las. Quando houver contrações e relaxamentos alternados dos músculos, essa cartilagem funciona como uma esponja, expelindo e reabsorvendo líquido. Quando a compressão sobre a articulação for mantida por longo tempo, a película líquida desaparece e a lubrificação dessa articulação fica prejudicada. A cartilagem tem pouca capacidade de se regenerar, e, quando sofrem lesões, provocam dores agudas. À medida que a pessoa envelhece, as articulações, principalmente aquelas que sustentam peso, tendem a degenerar-se, dificultando os movimentos.

As mulheres geralmente têm maior mobilidade articular que os homens. Dependendo do movimento, esses valores oscilam entre 105% e 110% em relação aos homens. As pessoas que praticam esportes também apresentam maior capacidade de movimentos articulares, e essa flexibilidade pode ser mantida ao longo da vida. Pessoas obesas sofrem redução dos movimentos articulares, devido à massa extra de tecido em torno das articulações.

Uma cadeia de ligações complexas, como o movimento dos ombros, braços e mãos, tem vários graus de liberdade. Um determinado movimento só se torna possível quando há uma *estabilização* da articulação anterior (mais próxima do corpo). Por exemplo, para girar a maçaneta para abrir a porta com o punho, é necessário que o cotovelo e os ombros se estabilizem para suportar a reação requerida para o movimento do punho e transmitir a força necessária a esse movimento giratório.

Os músculos quase sempre trabalham em conjunto com outros músculos para produzir um movimento. Quando ocorre contração de certo músculo, outros músculos vizinhos são acionados para estabilizar as articulações e possibilitar o movimento pretendido. Do contrário, o organismo ficaria completamente "mole" e não seria possível transmitir a força. Em movimentos muito repetitivos, quando um músculo se fatiga, outros músculos entram em ação para realizar os mesmos movimentos. Em muitos casos, isso pode implicar na perda de velocidade e precisão dos movimentos.

Por exemplo, para escrever, usam-se os movimentos dos dedos. Quando eles se fatigam, passam a ser substituídos pelos movimentos do punho e dos ombros. Contudo, como esses músculos não têm a mesma precisão da musculatura dos dedos, a qualidade da escrita tende a piorar. Isso acontece também com os trabalhadores que devem fazer encaixes precisos, e os erros tendem a aumentar.

CARACTERÍSTICAS DOS MOVIMENTOS

Para fazer um determinado movimento, podem ser utilizadas diversas combinações de contrações musculares, cada uma delas com diferentes características de força, velocidade, precisão e alcance. Portanto, um movimento pode ter diferentes características e custos energéticos, conforme a combinação dos músculos envolvidos. Um operador experiente fatiga-se menos porque aprende a usar aquela combinação mais eficiente em cada caso, economizando energia.

Cada movimento muscular tem certas características, determinadas pelas combinações entre as diversas variáveis, descritas a seguir.

Força – As forças das contrações dependem da quantidade de fibras musculares contraídas. Em geral, apenas dois terços das fibras de um músculo podem ser voluntariamente contraídas de cada vez. Para longos períodos, a contração muscular não deve ultrapassar 20% da força máxima (Figura 4.11). Para exercer grandes forças, deve-se usar, preferencialmente, a musculatura das pernas, que são mais resistentes. Além disso, sempre usar a gravidade e a quantidade de movimento (massa x velocidade) a seu favor. Por exemplo, para suspender um peso de uma altura para outra, é preferível usar uma roldana e exercer a força para baixo, pois assim se estará usando o peso do próprio corpo para ajudar a suspender.

Velocidade – Movimentos mais rápidos podem ser feitos com os segmentos menores do corpo, com menor massa muscular, como o piscar dos olhos. Para efeito do trabalho, os movimentos dos dedos são considerados mais rápidos e precisos, superando os movimentos dos punhos e dos braços. Em geral, a velocidade de um movimento muscular é inversamente proporcional à sua força. Assim, os braços podem ser movidos com maior rapidez e precisão do que as pernas, mas estas podem exercer maiores forças.

Precisão – Os movimentos de maior precisão são realizados com as *pontas dos dedos*. Se envolvermos sucessivamente os movimentos do punho, cotovelo e ombro, aumentaremos a força, com prejuízo da velocidade e precisão. Isso pode ser observado em operações manuais altamente repetitivas. Quando os dedos fatigam-se, há uma tendência de substituí-los, sucessivamente, pelos movimentos do punho, cotovelos e ombros, com progressiva perda da precisão.

Ritmo – Os movimentos devem ser suaves, curvos e rítmicos. Acelerações ou desacelerações rápidas ou bruscas mudanças de direção são fatigantes, porque exigem maiores esforços musculares.

Movimentos retos – O corpo, sendo constituído de alavancas que se movem em torno de articulações, tem uma tendência natural de executar movimentos curvos. Portanto, os movimentos retos são mais difíceis e imprecisos, pois exigem uma complexa combinação dos movimentos curvilíneos de diversas articulações.

Terminações – Os movimentos que exigem posicionamentos precisos com acompanhamento visual são difíceis e demorados, como colocar um parafuso em um pequeno furo sobre uma superfície lisa. Sempre que possível, esses movimentos devem ter uma terminação "cega". Pode-se colocar, por exemplo, um anteparo mecânico para indicar o término, quando a mão bater contra ele, ou controles que tenham posicionamentos discretos, como as alavancas de câmbio do carro.

Os movimentos mais adequados para a produção industrial foram sintetizados por Barnes (1977) e são chamados de *princípios de economia dos movimentos* (Tabela 9.1, p. 294).

TRANSMISSÃO DE MOVIMENTOS E FORÇAS

As exigências de forças e torques devem ser adaptadas às capacidades do operador, considerando as condições reais de operação no posto de trabalho. No caso de uma alavanca, por exemplo, isso significa que a força deve ser medida na posição exata em que essa alavanca estiver situada, na postura corporal exigida e com o tipo de deslocamento que será efetuado. Além disso, a resistência dessa alavanca ao movimento, ou seja, a força necessária para movimentá-la, deve estar dentro de uma faixa que um operador mais fraco consiga movimentá-la (valor máximo) e também apresentar certo nível de atrito ou inércia (valor mínimo), para evitar acionamentos acidentais.

FORÇAS PARA EMPURRAR E PUXAR

A capacidade para empurrar e puxar depende de diversos fatores, como a postura, dimensões antropométricas, sexo, atrito entre o sapato e o chão, e outros. Em geral, as forças máximas para empurrar e puxar, para homens, oscila entre 200 N a 300 N e as mulheres apresentam 40% a 60% dessa capacidade. Se for usado o peso do corpo e a força dos ombros para empurrar, conseguem-se valores de até 500 N (N = newton = kg·m·s^{-2} – para transformar newtons em quilogramas-força, divida, por 9,81. Exemplo: 200 N = 20,4 kgf).

Chaffin, Andres e Garg (1983) construíram um dinamômetro para medir as forças máximas de empurrar e puxar na horizontal, em três alturas diferentes, a 68 cm, 109 cm e 152 cm do solo. Os resultados conseguidos com estudantes de 21 a 23 anos encontram-se na Figura 5.6. Em geral, os melhores resultados foram conseguidos com a altura de 68 cm (exceto empurrar para as mulheres).

Outros estudos demonstraram que os melhores resultados são conseguidos com o ponto de aplicação abaixo de 90 cm de altura. Observou-se que o uso de apenas um dos braços (aquele preferencial de cada sujeito) produzia 65% a 73% da força total, com uso dos dois braços. Isso significa dizer que o uso do segundo braço pode aumentar a força transmitida em 27% a 35% do total.

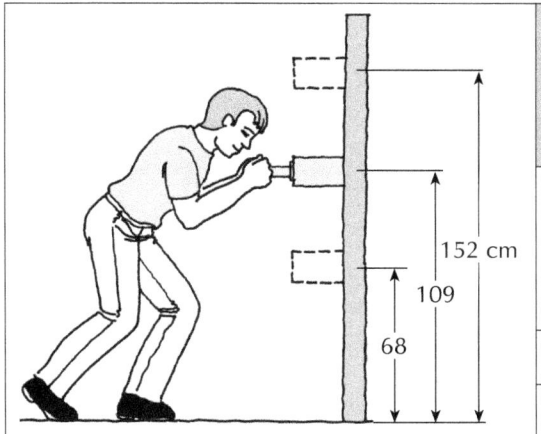

Força (N)		Mulheres				Homens			
		Empurrar		Puxar		Empurrar		Puxar	
		Máx.	DP	Máx.	DP	Máx.	DP	Máx.	DP
Altura da pega (cm)	152	150	48	143	34	284	83	174	14
	109	176	68	171	33	342	98	258	26
	68	158	61	179	73	399	95	376	73
		161	58	164	51	342	101	269	95
DP = desvio-padrão									

Figura 5.6
Forças máximas (em newtons) para empurrar e puxar, na posição de pé (Chaffin, Andres e Garg, 1983).

FORÇA DAS PERNAS

A força das pernas varia consideravelmente em função da posição relativa assento/pedal. A força máxima pode chegar a 200 kg com a perna na horizontal e o assento situando-se no mesmo nível do pedal. À medida que o assento vai subindo, aumentando-se o desnível assento/pedal, essa força vai diminuindo, até 90 kg, quando o ângulo coxa-perna chegar a 90°.

ALCANCE VERTICAL

Quando o braço é mantido na posição elevada, acima dos ombros, os músculos dos ombros e do bíceps fatigam-se rapidamente, e podem aparecer dores provocadas por uma tendinite dos bíceps, especialmente nos trabalhadores mais idosos, que têm menos mobilidade nas articulações.

A Figura 5.7 apresenta os tempos máximos em que uma carga pode ser sustentada em três alturas diferentes, na posição sentada (Chaffin, 1973). Após esses tempos, começam a aparecer dores nos ombros e braços. Para uma carga de 10 N nas mãos, por exemplo, mantida a 30 cm acima da superfície da bancada, o tempo máximo suportável é de quatro minutos.

Se essa mesma carga for erguida até 50 cm, o tempo se reduz a 2,5 minutos. Para movimentos repetitivos de curta duração, o mesmo efeito aparece quando a solicitação muscular situar-se acima de 40% daqueles valores e a pausa entre as contrações for inferior a dez vezes o tempo das contrações.

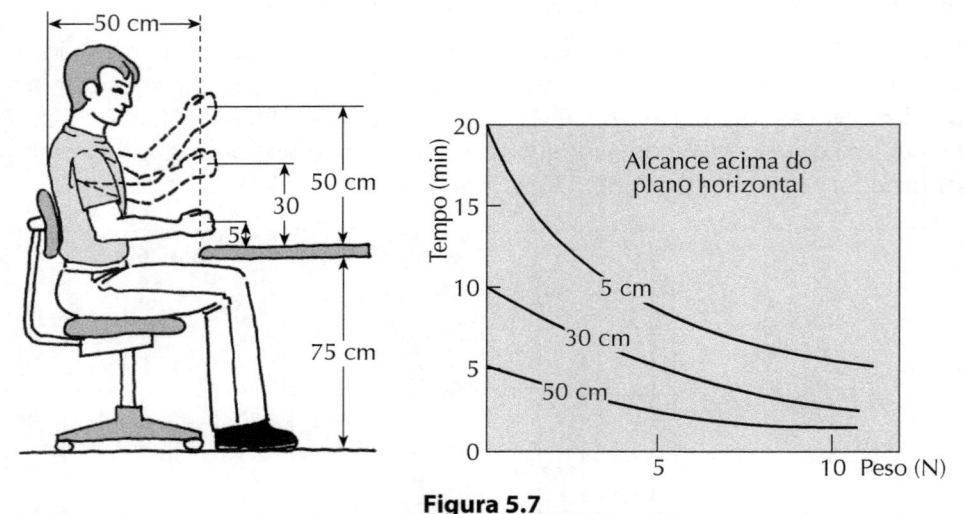

Figura 5.7
Tempos médios para aparecimento de dores nos ombros, em função do alcance vertical dos braços e dos pesos sustentados (Chaffin, 1973).

ALCANCE HORIZONTAL

O alcance horizontal com um peso nas mãos provoca uma solicitação maior dos músculos do ombro para contrabalançar o momento criado pelo peso (Figura 5.8). Isso ocorre devido à distância relativamente grande desse peso em relação ao ombro. Com o braço estendido 50 cm para a frente, o tempo máximo é de cinco minutos para suportar uma carga de apenas 5 N. Esse tempo cai para 2,5 minutos se a carga aumentar para 10 N. Acima desses limites, surgem dores nos braços e ombros. Se for usado um apoio para o cotovelo para reduzir a solicitação sobre os músculos do ombro, esses tempos podem ser triplicados (Chaffin, 1973).

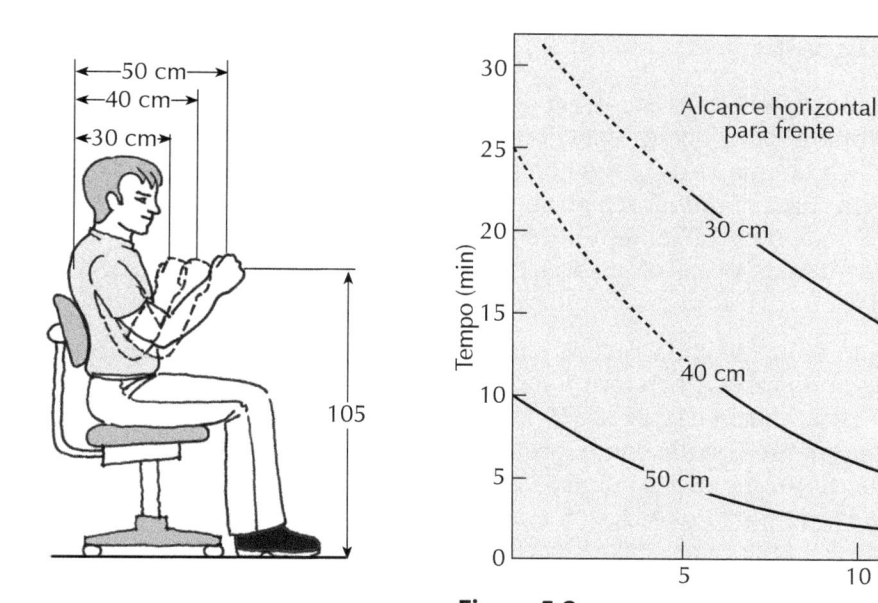

Figura 5.8
Tempos médios para aparecimento de dores nos ombros em função da distância horizontal dos braços, para a frente, e dos pesos sustentados (Chaffin 1973).

O alcance vertical e também o horizontal indicam que os braços têm pouca resistência em manter cargas estáticas. As durações dessas cargas não devem ultrapassar um ou dois minutos. No projeto dos locais de trabalho devem ser evitadas as situações em que um dos braços fique segurando a peça (carga estática) para a outra executar a operação requerida. Essa carga estática deve ser aliviada, na medida do possível, providenciando-se suportes ou fixadores para manter mecanicamente a peça na posição desejada, enquanto se executa a operação.

5.6 LEVANTAMENTO DE CARGAS

O manuseio de cargas é responsável pela grande parte dos traumas osteomusculares ocorridos entre os trabalhadores. Aproximadamente 60% dos problemas osteomusculares são causados por levantamento de cargas, e 20% puxando ou empurrando-as (Bridger, 2003).

Isso tem ocorrido principalmente devido à grande variação individual das capacidades físicas, treinamentos insuficientes e frequentes substituições de trabalhadores homens por mulheres. Torna-se, então, necessário conhecer a capacidade humana máxima para levantar cargas, para que as tarefas e as máquinas sejam corretamente dimensionadas dentro desses limites.

As situações de trabalho no levantamento de cargas podem ser classificadas em dois tipos. Um deles refere-se ao levantamento *esporádico* de cargas, que depende da capacidade muscular. O outro, ao trabalho *repetitivo* com levantamentos frequentes de cargas, quando deve ser considerada a duração do trabalho. Nesse caso, o fator limitativo será a capacidade energética do trabalhador e a fadiga acumulada.

RESISTÊNCIA DA COLUNA

Ao levantar uma carga com as mãos, na postura em pé, o esforço é transferido para a coluna vertebral e vai descendo pela bacia e pernas, até chegar ao piso. Como já vimos na p. 138, a coluna vertebral é composta de vários discos superpostos, sendo capaz de suportar uma grande força no sentido axial (vertical), mas é extremamente frágil para as forças de cisalhamento, que atuam perpendicularmente ao seu eixo. Portanto, na medida do possível, a carga sobre a coluna vertebral deve ser aplicada no sentido axial.

Essa situação é ilustrada na Figura 5.9. O trabalhador, na posição ereta, recebe carga (C) no sentido axial. Entretanto, na posição inclinada, essa carga produz duas componentes: uma na direção axial (C_1) e outra na direção perpendicular ao eixo (C_2). Essa componente C_2 atua como força de cisalhamento, tendo efeito "cortante", e é extremamente prejudicial à coluna. Na situação ideal, então, a componente C_2 deve ser anulada, de modo que C_1 coincida com C. Desse modo, recomenda-se que o levantamento de cargas seja realizado sempre com uso da musculatura das pernas, mantendo-se a coluna na posição vertical (Figura 5.10). Essa postura com dorso reto na vertical corresponde àquela dos halterofilistas. (Os halterofilistas olímpicos masculinos conseguem levantar cerca de 200 kg no arranco, e as mulheres, 150 kg.)

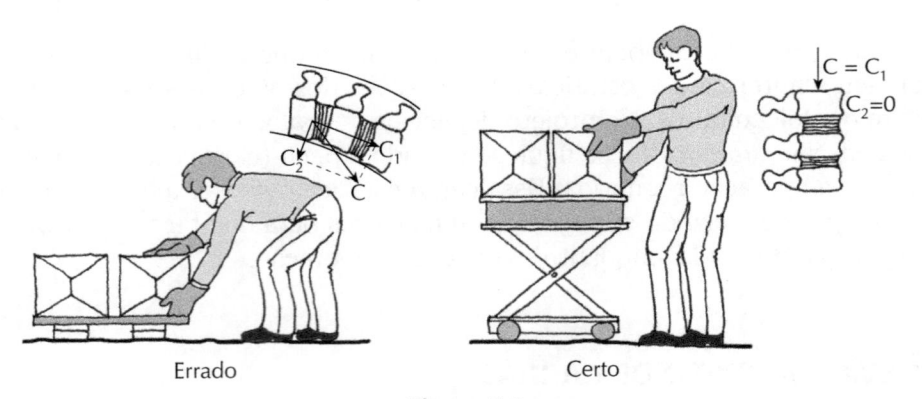

Errado   Certo

Figura 5.9
A carga sobre a coluna vertebral deve incidir na direção do eixo vertical.

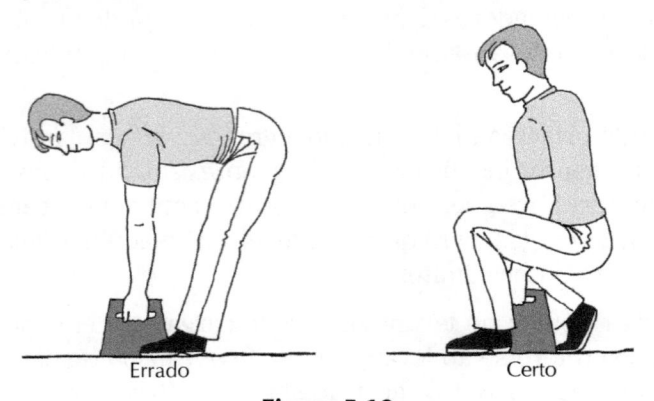

Errado   Certo

Figura 5.10
O levantamento de cargas deve ser feito com a coluna na posição vertical, usando-se a musculatura das pernas.

CAPACIDADE DE CARGA MÁXIMA

A capacidade de carga máxima varia bastante de uma pessoa para outra e pode ser desenvolvida com treinamentos. Varia também conforme se usem as musculaturas das pernas, braços ou dorso. As mulheres possuem aproximadamente metade da força dos homens para o levantamento de cargas (Tabela 5.5).

Tabela 5.5
Força máxima das pernas, braços e costas para o 5°, 50° e 95° percentis das populações feminina e masculina (Garg e Ayoub, 1980)

Forças para movimentos não repetitivos (kgf)	Mulheres			Homens		
	95°	50°	5°	95°	50°	5°
Força das pernas	15	39	78	39	95	150
Força dos braços	7	20	36	20	38	60
Força do dorso	10	24	58	21	50	105

A capacidade de levantamento de carga é influenciada pela sua localização em relação ao corpo e outras características como formas, dimensões e facilidade de manuseio. Em relação à localização relativa, para movimentos repetitivos, a força máxima para o levantamento de carga é exercida quando a carga encontra-se a 30 cm de distância do corpo e a 30 cm de altura do solo (Tabela 5.6). Essa capacidade diminui quando a carga se afasta para 60 cm do corpo, chegando praticamente a zero quando se afasta a 90 cm do corpo. As mulheres, além de terem capacidade menor de levantamento dessas cargas, também sofrem uma redução mais rápida dessa capacidade com o afastamento delas.

Tabela 5.6
Capacidade de levantamento repetitivo de cargas para mulheres e homens para três distâncias em relação ao corpo e três alturas diferentes (Martin e Chaffin in Garg e Ayoub, 1980)

Distância a partir do (cm)		Capacidade de levantamento (kg)			
		Mulheres		Homens	
Corpo (Horizontal)	Piso (Vertical)	50%	95%	50%	95%
30	30	23	7	51	45
	90	19	11	44	39
	150	11	5	47	29
60	30	9	0	24	9
	90	6	1	28	15
	150	5	0	21	11
90	30	0	0	5	0
	90	1	0	10	1
	150	0	0	7	0

No caso de tarefas repetitivas, deve-se determinar, primeiro, a capacidade de carga isométrica das costas, que é a carga máxima que uma pessoa consegue levantar flexionando as pernas e mantendo o dorso reto, na vertical. A carga recomendada para movimentos repetitivos será, então, 50% dessa carga isométrica máxima.

FATOR LIMITANTE

Quando uma tarefa exige muito esforço muscular e gastos energéticos em condições ambientais severas, deve-se analisar qual é o *fator limitante*, ou seja, aquele que está mais próximo do seu limite máximo. A Figura 5.11 ilustra um exemplo de quatro fatores para o caso de uma tarefa de carregamento manual. Conforme a natureza dessa tarefa, um determinado fator, como forças musculares máximas, poderá ficar sobrecarregado, representando o fator limitante dessa tarefa. Nesse caso, como essa exigência já está quase no seu limite máximo, qualquer esforço adicional poderá provocar lesão. Em tarefas mais complexas, podem existir diversos fatores limitantes, inclusive aqueles cognitivos (capacidades de canais), sobre os quais devem ser concentradas as atenções, para que sejam aliviados, na medida do possível, colocando-os dentro dos limites de tolerância.

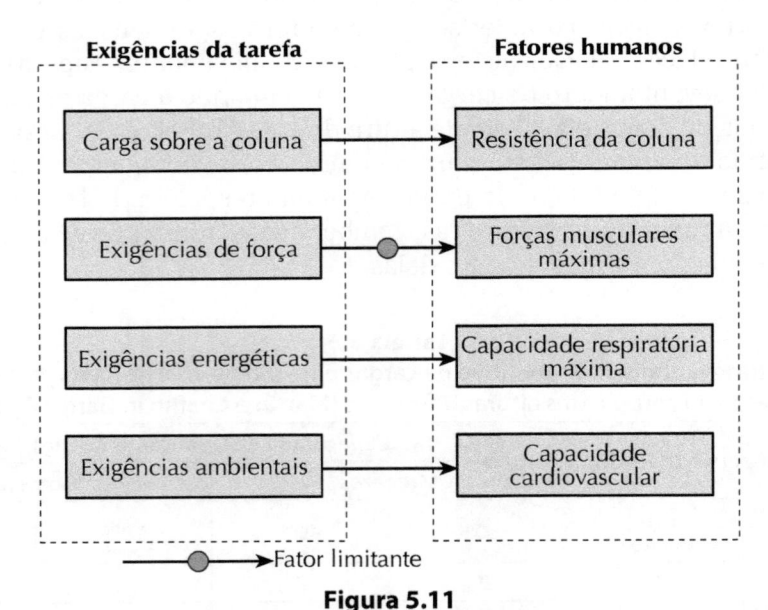

Figura 5.11
Em um trabalho de carregamento manual, cada parte da tarefa provoca demanda sobre um determinado fator humano, existindo aquele que é limitante.

Outra característica que pode ser bastante danosa são as tarefas altamente repetitivas em linhas de produção (ver pp. 618 e 642). Além de serem extremamente monótonas, podem provocar diversas doenças ocupacionais, como as lesões por esforço repetitivo (LER/DORT).

RECOMENDAÇÕES PARA O LEVANTAMENTO DE CARGAS

Resumindo as considerações anteriores, podem ser feitas as seguintes recomendações práticas para o levantamento de cargas (Lehto e Buck, 2008; Dul e Weerdmeester, 2012).

Elimine as tarefas de levantamento de cargas – A primeira providência é eliminar, ao máximo possível, as tarefas de levantamento de cargas durante o projeto. Isso é possível, por exemplo, colocando-se todas as cargas no mesmo nível, para que não precisem ser abaixadas e levantadas, quando se transferem de um posto para outro.

Limite os pesos – O levantamento de cargas unitárias deve ser limitado a 23 kg, no máximo, conforme recomendações do NIOSH (ver p. 172).

Limite os deslocamentos – O deslocamento vertical das cargas deve ser limitado a 25 cm de desnível, no máximo, de cada vez. A carga deve ser agarrada em uma bancada de aproximadamente 75 cm de altura. Se estiver abaixo disso, o levantamento deve ser feito em duas etapas, colocando-a inicialmente a 40 cm do piso.

Evite a criação de momentos – Mantenha a carga o mais próximo possível do corpo, para reduzir o momento (no sentido da Física) provocado pela carga. Procure manter cargas simétricas dividindo-as e usando as duas mãos para evitar a criação de momentos laterais em torno do corpo.

Use posturas adequadas – As cargas devem ser suportadas principalmente pelas musculaturas das pernas, devendo-se evitar curvaturas ou torções da coluna vertebral. Mantenha a coluna reta e use a musculatura das pernas, como fazem os halterofilistas.

Procure ajuda – No caso de cargas volumosas, muito pesadas ou desajeitadas (uma geladeira, por exemplo), procure colaboração de outra pessoa ou use instrumentos e equipamentos adequados para levantamento e transporte de cargas.

Essas recomendações serviram de base para elaboração da Equação de NIOSH (National Institute for Occupational Safety and Health) para levantamento de cargas (ver pp. 100 - 102), que é bastante utilizada para dimensionar o peso máximo permitido de uma carga a ser levantada e avaliar os riscos para o trabalhador. O limite máximo permitido é 23 kg no caso do levantamento ser efetuado nas melhores condições, e os riscos podem ser minimizados com o redesenho do posto, da tarefa ou de ambos.

A equação de NIOSH (p. 101) considera seis condições que limitam a carga máxima: 1) distância horizontal entre o indivíduo e a carga; 2) distância vertical entre o indivíduo e a carga; 3) ângulo de rotação do corpo; 4) distância vertical percorrida desde a origem até o destino; 5) frequência de levantamento; 6) qualidade da pega da carga.

Essa equação não considera o transporte de cargas, porque não é possível prever todas as condições de transporte, por exemplo, o tipo de piso, a inclinação da superfície, o espaço disponível para ação e os riscos do percurso. Para esse transporte, são feitas algumas recomendações à parte.

5.7 TRANSPORTE DE CARGAS

A carga provoca dois tipos de reações corporais. Em primeiro lugar, o aumento de peso provoca uma *sobrecarga* fisiológica nos músculos da coluna e dos membros inferiores. Segundo, o contato entre a carga e o corpo pode provocar *estresse postural*. As duas causas podem provocar desconforto, fadiga e dores. Elas são estudadas pela ergonomia, com o objetivo de projetar métodos mais eficientes para o transporte de cargas, reduzindo os problemas osteomusculares e os gastos energéticos.

Como já vimos, a coluna vertebral deve ser mantida na posição vertical ao máximo possível durante o levantamento e transporte manual de cargas. Deve-se também evitar cargas muito distantes do corpo ou aquelas assimétricas, que tendem a provocar momento (no sentido da Física), exigindo um esforço adicional da musculatura dorsal para manter o equilíbrio. Apesar de não existir uma equação com os fatores a serem considerados no transporte de cargas, existem recomendações, que são resumidas a seguir.

Adote um valor adequado para cargas unitárias – De acordo com a equação de NIOSH (ver p. 101), a carga unitária deve ter peso máximo de 23 kg se as condições do levantamento forem favoráveis. Esse peso vai se reduzindo em função das condições desfavoráveis do levantamento. Entretanto, também não se recomendam cargas unitárias muito leves, porque isso estimularia o carregamento simultâneo de vários volumes, podendo ultrapassar os 23 kg. Além disso, as pessoas preferem fazer poucas viagens com cargas maiores do que muitas viagens com cargas menores (Dul e Weerdmeester, 2012).

Providencie pegas adequadas – O manuseio do tipo "pinça" (exercendo pressão com o polegar e os dedos) deve ser substituído por manuseios do tipo agarrar (Figura 5.12). Para isso, as caixas devem ser dotadas de alças ou furos laterais para a pega. Enquanto os manuseios do tipo pinça suportam 3,6 kg com o uso das duas mãos, aquele do tipo agarrar suporta 15,6 kg. Além disso, a superfície de contato entre a pega e as mãos deve ser rugosa ou emborrachada, para aumentar o atrito. As cargas volumosas sem essas pegas (por exemplo, geladeiras) podem ser envolvidas por uma correia.

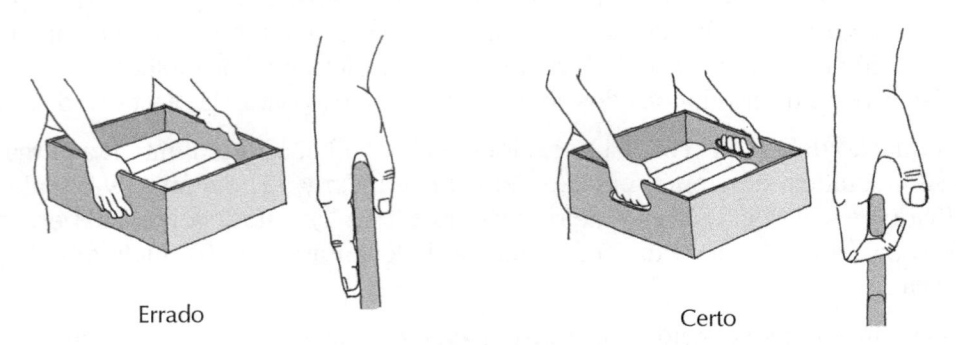

Errado   Certo

Figura 5.12
As pegas tipo "pinça" devem ser substituídas por manuseios de agarrar.

Mantenha a carga próxima do corpo – Para o transporte de carga com os dois braços, deve-se mantê-la o mais próximo possível junto ao corpo, na altura da cintura, conservando-se os braços estendidos. O transporte de cargas com os braços flexionados (fazendo ângulo no cotovelo) aumenta a carga estática dos músculos e cria momento em relação ao centro de gravidade do corpo, que se situa à altura do umbigo. Caixas grandes devem ser transportadas com os braços esticados, bem próximos do corpo, ou com o braço e antebraço formando ângulo reto, com o corpo ligeiramente inclinado para trás, de modo que o centro de gravidade da carga se aproxime da linha vertical do corpo, reduzindo-se assim o momento. As mulheres grávidas adotam posturas semelhantes.

Use cargas simétricas – Sempre que possível, deve ser mantida uma simetria de cargas, com os dois braços carregando aproximadamente o mesmo peso. No caso de cargas grandes, compridas ou desajeitadas, devem ser usados dois carregadores para facilitar essa simetria. Se a carga for composta de diversas unidades, estas podem ser juntadas em dois pacotes para que possam ser transportadas com o uso das duas mãos.

Trabalhe em equipe – O trabalho em equipe deve ser usado quando a carga for excessiva ou volumosa para uma só pessoa. Assim, evitam-se lesões no trabalhador ou danos à carga. Para casos mais complexos, envolvendo o trabalho de diversas pessoas, deverá haver um deles para orientar e coordenar os esforços dos demais. Isso se torna importante quando a carga impede a visão dos carregadores ou quando há obstáculos ou perigos no percurso, por exemplo, ao atravessar uma rua movimentada.

Use auxílios mecânicos – Existem muitos tipos de instrumentos e equipamentos para levantamento e transporte de cargas e materiais. Alguns são simples, como carrinhos com rodas apropriados para cada tipo de material, de modo a facilitar as operações de carga e descarga (Figura 5.13). Alguns desses carrinhos têm fundos apoiados sobre molas, que vão subindo com a retirada dos pesos, evitando-se inclinações excessivas do dorso. Outros são mais complexos e motorizados, e incluem as correias transportadoras, transportadores de rolos, pontes-rolantes, guinchos e outros meios mecânicos para suspender e transportar materiais.

Defina o caminho – O caminho a ser percorrido deve ser previamente definido, verificando se as portas, passagens e corredores têm largura e altura suficientes e se a cabine dos elevadores comporta a carga. Todos os obstáculos nessa rota devem ser removidos e as portas, abertas. No caso do trabalho em equipe, os membros dessa equipe devem ser previamente informados sobre o caminho a percorrer.

Elimine desníveis entre postos de trabalho – As superfícies que interligam os postos de trabalho devem manter o mesmo nível em relação ao piso, para que o material não perca energia potencial de um posto para outro (Figura 5.14). Assim, evitam-se os frequentes abaixamentos e elevações dos materiais, com desperdícios de energia.

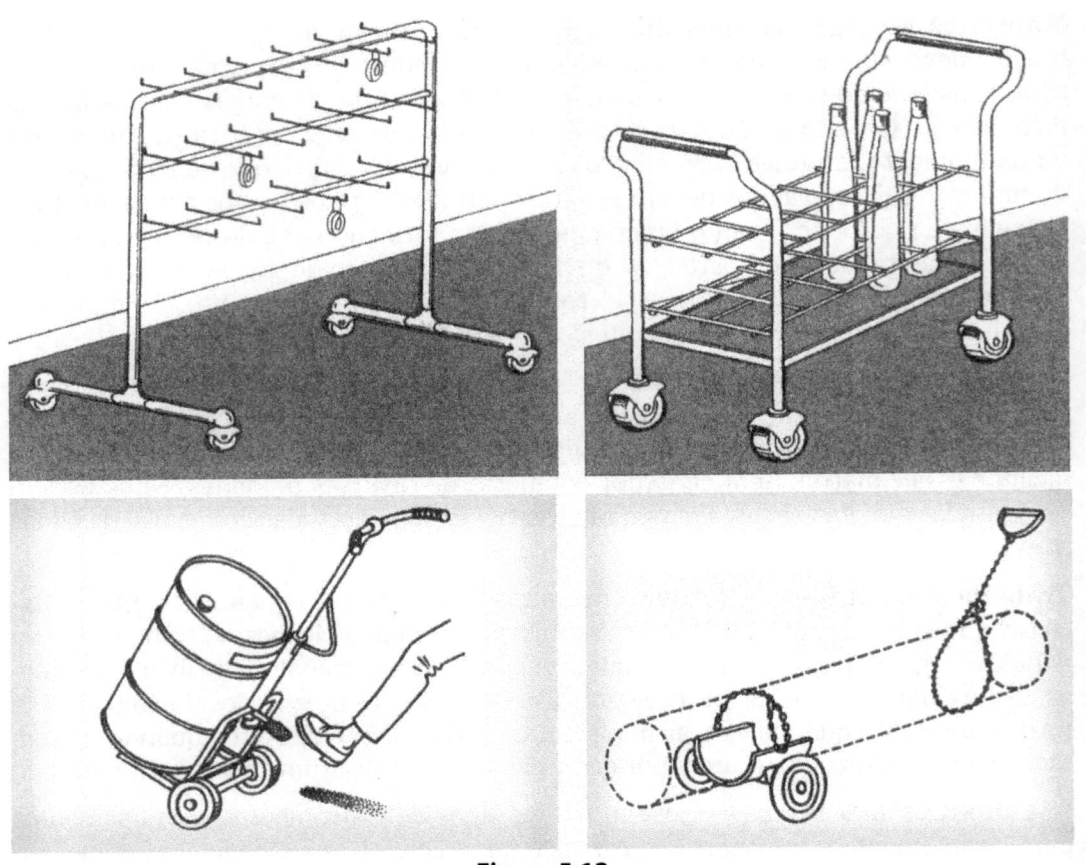

Figura 5.13
Existem muitos modelos de carrinhos apropriados para cada tipo de material a ser manuseado (OIT, 2001).

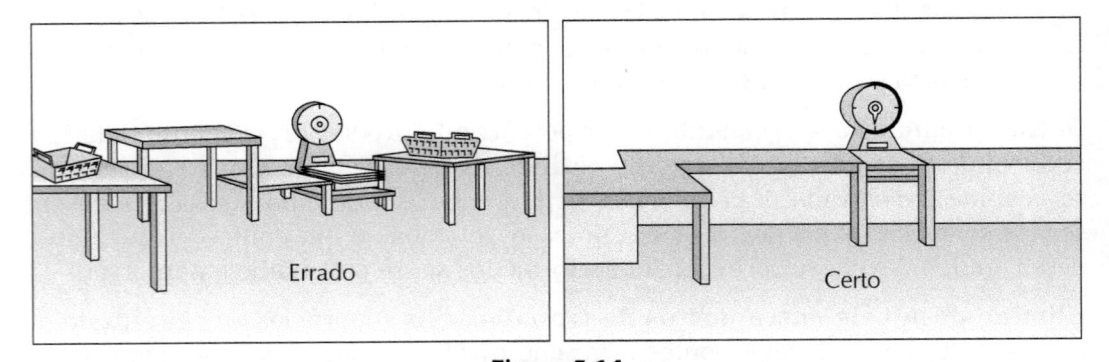

Figura 5.14
Os desníveis entre os postos de trabalho devem ser eliminados (OIT, 2001).

Elimine os desníveis do piso – Sempre que possível, os desníveis do piso devem ser evitados, principalmente aqueles inferiores a 5 cm, que causam tropeções. Esses desníveis devem ser transformados em rampas de pequena inclinação, de até 8%, revestido de material antiderrapante e com corrimões laterais. Essa rampa torna-se obrigatória para idosos e pessoas com deficiência (ver Capítulo 18).

LEGISLAÇÃO BRASILEIRA

No âmbito internacional, 25 kg é o limite de peso permitido nas tarefas laborais (National Institute for Ocupational Safety and Health - NIOSH). Mas no Brasil, o Art. 198 da Seção XIV da Consolidação das Leis do Trabalho (CLT) estabelece que o trabalhador pode carregar até 60 kg. A legislação brasileira tem uma norma para transporte e manuseio de materiais especificamente para o trabalho com sacarias (Norma Regulamentadora NR11). Outra norma (NR18) estabelece o limite máximo de 60 kg para transporte de carga individual em obras de construção, demolição e reparos. O levantamento individual é limitado a 40 kg. Assim, para o transporte de 60 kg, o levantamento da carga deve ser feito com auxílio de outra pessoa.

Observa-se que esses limites são muito elevados, ultrapassando os padrões ergonômicos recomendados, podendo causar tanto os traumas por impacto (força súbita) como por esforço excessivo, devido ao efeito cumulativo em músculos, ligamentos e articulações ósseas. Se a carga for transportada sobre a cabeça, provoca compressão exagerada da coluna vertebral.

Além do mais, não se pode recomendar cargas dessa magnitude à maioria da população. Para suportar cargas desse nível, seria necessário selecionar pessoas do sexo masculino, jovens e de boa compleição física, treinados para suportar essas cargas. Isso não condiz com os princípios ergonômicos. A ergonomia tem realizado muitas pesquisas justamente para adequar o trabalho à maioria da população, sem provocar danos.

5.8 ESTUDO DE CASO – TAPETES ARTESANAIS[1]

Muitos países como Irã, Turquia, Paquistão, Índia, China e outros produzem tapetes artesanais em ambientes domésticos, caracterizados pela informalidade e improvisações. No Irã, a produção dos tapetes "persas" envolve, diretamente, cerca de 2,2 milhões de pessoas e, indiretamente, cerca de 8,5 milhões de pessoas. Esses tapetes constituem-se em um dos principais produtos de exportação daquele país, cuja renda só é inferior à do petróleo. Contudo, tem um significado social muito maior, porque envolve trabalhadores de baixa renda, muitos deles na área rural.

A tecelagem manual de tapetes envolve tarefas repetitivas e monótonas, com posturas inadequadas, durante longas horas de trabalho estático e estressante. Em consequência, há uma alta incidência de problemas osteomusculares nos joelhos, dorso e ombros dos tecelões.

Choobineh et al. (2007) pesquisaram a produção artesanal de tapetes no Irã, visando melhorar a postura e aliviar os problemas osteomusculares dos tecelões. Essa pesquisa foi realizada em duas etapas: 1) levantamento de dados e construção do protótipo; 2) testes e ajustes do protótipo.

---

[1] Baseado em Choobineh, A., et al, 2007.

Etapa 1 – Levantamento de dados e construção do protótipo. Na primeira etapa foi aplicado um questionário para levantamento de dados. Esse questionário era composto de duas partes: 1) localização dos pontos dolorosos no corpo, com uso do diagrama de áreas dolorosas de Corlett-Manenica (ver Figura 3.4, p. 87); 2) análise do posto de trabalho, incluindo o tipo de assento, estofamento do assento e espaço para pernas.

Os questionários foram preenchidos com visitas pessoais a 1.439 tecelões selecionados aleatoriamente e que concordaram em participar do estudo. A confiabilidade das respostas foi testada com 5% da população-alvo, tendo-se obtido correlações superiores a 65% para as respostas subjetivas e 90% para aquelas objetivas.

Esse levantamento constatou que 81% dos tecelões manifestaram dores nos doze meses anteriores ao levantamento. As partes do corpo mais doloridas, com mais de 30% de incidência, foram os ombros, dorso inferior, mãos/pulsos, dorso superior, pescoço e joelhos (Tabela 5.7).

Tabela 5.7
Frequência de dores corporais ocorridas nos doze meses que antecederam o levantamento (n = 1.439)

Parte do corpo	%
Pescoço	35,2
Ombros	47,8
Cotovelos	19,2
Mãos/pulsos	38,2
Dorso superior	37,7
Dorso inferior	45,2
Coxas	16,0
Joelhos	34,6
Pernas/pés	23,7

A análise do posto de trabalho constatou que a maioria senta-se sobre o chão ou sobre uma superfície plana, com as pernas cruzadas, realizando as tarefas de tecer sobre um tear vertical. O tronco, pescoço e braços assumem posturas forçadas. Em outros casos, com tear horizontal, exigem-se posturas forçadas do tronco (inclinado para a frente) e cabeça para a frente.

Baseando-se nos resultados dessa análise, foram elaboradas as seguintes recomendações para a melhoria da postura e redução dos problemas osteomusculares:

- Usar teares verticais.
- A altura do ponto de trabalho deve ser ajustável.
- O posto de trabalho deve ter uma cadeira.
- Deve haver espaço suficiente para permitir as movimentações das pernas.

Baseando-se nessas recomendações, foi construído um protótipo experimental de um novo tear vertical, com algumas dimensões ajustáveis, a fim de permitir ajustes da postura, visando aliviar as dores dos ombros, pescoço, dorso e braços. Embora tenha melhorado consideravelmente as condições de trabalho, estudos posteriores demonstraram a necessidade de mais informações quantitativas para se aperfeiçoar o projeto.

Etapa 2 – Testes e ajustes do protótipo. Na segunda fase, o protótipo experimental do posto de trabalho foi testado em laboratório, visando obter dados experimentais mais objetivos.

Foram realizados nove arranjos experimentais, com diferentes combinações da tecedura (ponto de trabalho do tecelão) e tipo do assento. Foram selecionados como sujeitos trinta tecelões (quinze homens e quinze mulheres), que utilizaram cada posto de trabalho durante sessões experimentais de 45 minutos com intervalos de quinze minutos. Todos os sujeitos experimentaram os nove arranjos, em ordem aleatória. Cada sujeito testou cada arranjo por dois dias e, no total, foram gastos sessenta dias nos testes.

Variáveis independentes – Foram adotadas duas variáveis independentes para os arranjos dos postos de trabalho: alturas da tecedura e tipo de assento.

As alturas da tecedura foram ajustadas de acordo com as situações usualmente encontradas na prática:

- 10 cm acima do cotovelo (+ 10 cm);
- 20 cm acima do cotovelo (+ 20 cm);
- 30 cm acima do cotovelo (+ 30 cm).

Foram selecionados três tipos de assentos para os testes:

- Assento convencional – assento plano ajustado à altura poplítea de cada sujeito.
- Assento alto – assento 15 cm acima da altura poplítea, com inclinação para a frente de 15°.
- Assento plano – superfície plana, em que o sujeito senta-se no chão, com as pernas cruzadas.

As diferentes combinações entre essas três alturas da tecedura e os três tipos de assentos produziram os nove arranjos experimentais.

Variáveis dependentes – Foram adotadas duas variáveis dependentes para avaliar os nove arranjos experimentais: posturas e avaliações individuais. As posturas foram registradas em vídeo, durante dez minutos. Inicialmente, o sujeito deveria trabalhar durante quinze minutos (sem gravação) para acostumar-se com o arranjo, seguido de dez minutos de gravação em vídeo e mais vinte minutos sem gravação, para completar o ciclo de 45 minutos. Essas gravações foram analisadas quanto às intensidades dos desvios em relação às respectivas posturas neutras, nas seguintes variáveis:

- Inclinação da cabeça;
- Inclinação do pescoço;
- Inclinação do tronco;
- Ângulo dos braços;
- Ângulo dos cotovelos.

Ao término de cada sessão experimental, os sujeitos preencheram um questionário para fazer avaliações individuais dos arranjos, dividido em três partes:

- Avaliação individual da postura;
- Principais pontos de desconforto;
- Ajustes do posto de trabalho.

Todos os resultados obtidos foram submetidos a análises estatísticas pela ANOVA (análise de variância disponível em *softwares* como o SPSS, por exemplo).

Resultados – As análises estatísticas mostraram correlações positivas entre os arranjos do posto de trabalho e as variáveis posturais, principalmente em quatro situações:

1. Aumento da altura da tecedura provoca posturas mais eretas e forçadas da cabeça, pescoço e tronco;

2. A redução da altura da tecedura permite posturas mais naturais (neutras) dos ombros, reduzindo os estresses posturais;

3. A altura de + 20 cm da tecedura em relação ao cotovelo apresentou melhores resultados, permitindo que a cabeça, pescoço, ombros e tronco permaneçam próximos de seus pontos neutros;

4. A tecedura de + 30 cm causa desconforto postural.

Portanto, conclui-se que tecedura mais baixas (+ 10 e + 20 cm) são preferíveis àquelas mais altas (+ 30 cm), porque proporcionam posturas favoráveis do pescoço, ombros e cotovelos. Em alguns casos observou-se vantagem da tecedura de + 20 cm, pois alivia as pressões sobre o dorso e joelhos e provoca menos desconforto postural.

Quanto aos assentos, tanto o tipo convencional (na altura poplítea) como aquele alto (com inclinação) podem ser recomendados, pois cada um apresenta certas vantagens e desvantagens. Este último provoca menor inclinação do tronco, aumento do ângulo tronco-coxa e um leve aumento da lordose na região lombar. O assento plano é o mais desconfortável.

Os resultados da pesquisa permitem formular as seguintes recomendações para o projeto das estações de trabalho para tecelões:

- A tecedura (ponto de trabalho do tecelão) deve ficar 20 cm acima da altura dos cotovelos;

- Assento 15 cm acima da altura poplítea, com inclinação de 15° para a frente, proporciona posturas mais adequadas.

Nesse posto de trabalho (Figura 5.15), o tear fica na posição vertical, em frente ao tecelão. As alturas da tecedura e do assento são reguláveis.

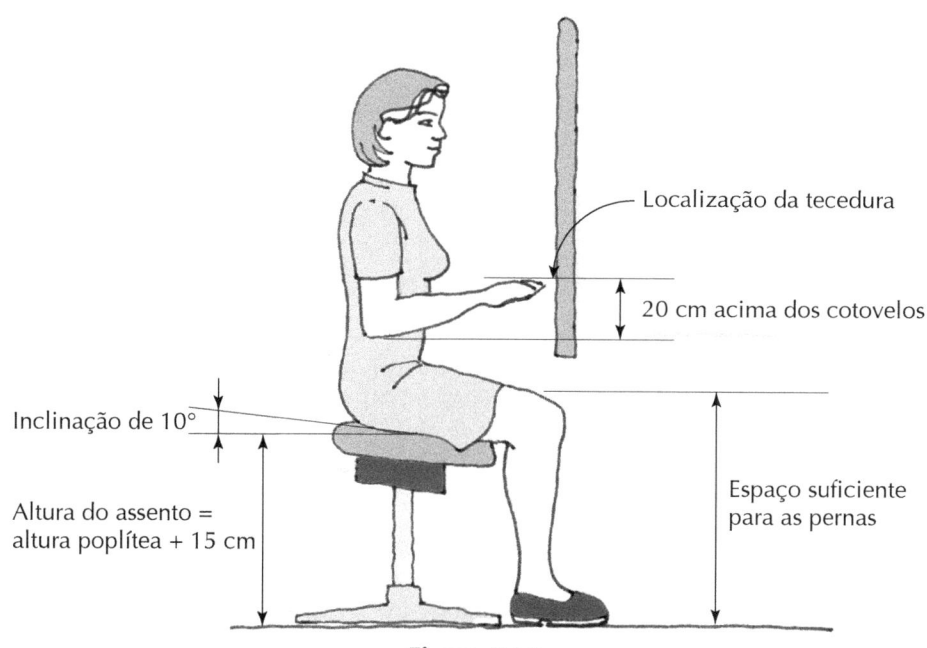

Figura 5.15
Recomendações para o projeto do tear vertical para produção artesanal de tapetes (Choobineh et al., 2007).

Se for produzido em larga escala, o custo desse tear poderia ser amplamente justificado pelos benefícios que pode proporcionar, reduzindo os problemas osteomusculares dos trabalhadores e melhorando a produtividade. Contudo, as pequenas empresas informais e esparsas, com pouco capital, podem ter dificuldade de adquiri-lo. Nesse caso, os apoios governamentais, a fim de viabilizá-los, seriam amplamente justificados, pela melhoria de saúde dos trabalhadores e redução da demanda aos serviços de saúde, com evidentes impactos sobre a melhoria da produtividade.

No Brasil, ocorrem muitos trabalhos com posturas semelhantes, sentados no chão, principalmente no meio rural, como no descascamento de mandioca e quebra do coco babaçu.

QUESTÕES

1. Descreva as adaptações fisiológicas que ocorrem no início da atividade.

2. Compare os efeitos fisiológicos dos trabalhos estáticos e dinâmico.

3. Como ocorrem os traumas musculares?

4. Comente os aspectos fisiológicos das posturas: deitada, em pé, sentada.

5. Por que é muito fatigante inclinar a cabeça para a frente?

6. Como ocorrem os movimentos articulares?

7. Explique as consequências dos vários tipos de cargas sobre a coluna.

8. Apresente pelo menos três recomendações para o levantamento de cargas.

9. Apresente pelo menos três recomendações para o transporte manual de cargas.

10. Quais foram as principais recomendações no caso dos tapetes artesanais?

EXERCÍCIOS

1. Identifique uma situação que exija contração muscular estática. Apresente recomendações para aliviar essa carga estática.

2. Reúna-se com quatro ou cinco amigos e peça para que todos segurem um objeto de 1 kg (saquinho de arroz, feijão, açúcar ou outro) com o braço esticado lateralmente, na horizontal. Marque os tempos que eles conseguem manter esta postura. Pergunte o que sentiram e o motivo que os levaram a interromper a tarefa.

6 ANTROPOMETRIA: MEDIDAS

OBJETIVOS

Este capítulo apresenta os principais conceitos e métodos da antropometria, visando obter dados confiáveis das medidas físicas do organismo humano, para aplicações na ergonomia. Analisa os fatores étnicos, históricos e econômicos que influenciam essas medidas e apresenta as metodologias para se realizar as medições. Apresenta e analisa o uso das tabelas de medidas antropométricas disponíveis na literatura, comparando-as com as medidas brasileiras. Os avanços da tecnologia digital facilitaram a realização dessas medidas, permitindo construir modelos virtuais, que possibilitam simular dinamicamente o uso de produtos. Estes conhecimentos são fundamentais para o dimensionamento de projetos e produtos que se adaptem melhor aos seus usuários, proporcionando-lhes eficiência, conforto e segurança. Essas aplicações serão detalhadas no Capítulo 7.

TÓPICOS

1. Antropometria estática
2. Antropometria dinâmica
3. Antropometria funcional
4. Diferenças entre os sexos
5. Variações intraindividuais
6. Variações étnicas
7. Proporções corporais
8. Biótipos básicos
9. Variações seculares
10. Definição das medidas
11. Seleção da amostra
12. Tabelas antropométricas
13. Modelos humanos

6.1 O QUE É ANTROPOMETRIA

A antropometria trata das medidas físicas do corpo humano. Aparentemente, medir as pessoas seria uma tarefa fácil, bastando para isso ter uma régua, trena e balança. Entretanto, isso não é tão simples assim quando se pretende obter medidas representativas e confiáveis de uma população, que é composta de indivíduos dos mais variados tipos e dimensões. Além disso, as amostragens da população e as condições em que as medições são realizadas (com roupa ou sem roupa, com ou sem calçado, ereto ou na postura relaxada) influem consideravelmente nos resultados.

A indústria moderna precisa de medidas antropométricas cada vez mais detalhadas e confiáveis. De um lado, isso é exigido pelas necessidades da produção em massa de produtos como vestuários e calçados. No projeto de um carro, o dimensionamento de alguns centímetros a mais sem necessidade pode significar um aumento considerável dos custos de produção, se considerarmos a série de centenas de milhares de carros produzidos. Outro exemplo ainda mais dramático é o da indústria aeroespacial, na qual cada centímetro ou quilograma tem uma influência significativa no desempenho e economia operacional das aeronaves.

Por outro lado, surgiram muitos sistemas de trabalho complexos, como os centros de controle operacional de usinas nucleares, onde o desempenho humano é crítico, sendo indispensável tomar todos os cuidados durante o projeto e dimensionamento desses sistemas.

Até a década de 1940, as medidas antropométricas visavam determinar apenas algumas grandezas *médias* da população, como pesos e estaturas. Depois, passou-se a determinar, também, as *dispersões* dessas medidas (variância e desvio-padrão) e os alcances dos movimentos. Hoje, o interesse maior se concentra no estudo das diferenças entre grupos e a influência de certas variáveis como etnias, idade, alimentação e saúde. Com o crescente volume do comércio internacional, pensa-se, hoje, em estabelecer os padrões mundiais de medidas antropométricas, possibilitando a produção de produtos "universais", adaptáveis aos usuários de diversos países e regiões.

TIPOS DE MEDIDAS: ESTÁTICA, DINÂMICA E FUNCIONAL

Existem três tipos de medidas antropométricas que condicionam as medições e posterior aplicação dos resultados obtidos. Esses tipos devem ser selecionados de acordo com o objetivo a ser alcançado.

Antropometria estática ou estrutural – A maior parte das tabelas existentes é de antropometria estática. Nessa classe, as medições são realizadas nos segmentos corporais, entre pontos anatômicos claramente identificados, com o corpo parado. Os dados de antropometria estática são recomendados para dimensionar produtos e locais de trabalho onde ocorrem apenas *pequenos* movimentos corporais, como no caso do mobiliário em geral. Porém, isso não acontece na maioria dos casos. As pessoas estão quase sempre fazendo movimentos de maior amplitude, manipulando, operando, andando ou transportando algum objeto. Se o produto ou posto de trabalho for dimensionado com dados da antropometria estática, será necessário, posteriormente, promover alguns *ajustes* para acomodar os principais movimentos corporais. Ou, quando esses movimentos já estão previamente definidos, pode-se usar os dados da antropometria dinâmica, fazendo com que o projeto se aproxime das suas condições reais de operação.

Antropometria dinâmica – Esta mede os alcances dos movimentos corporais. Na antropometria dinâmica, as medidas são feitas entre pontos anatômicos, tomados com o sujeito realizando algum *movimento*. Elas complementam os dados da antropometria estática e contribuem para realizar projetos mais precisos. Os movimentos de cada segmento corporal são medidos separadamente, mantendo-se o resto do corpo estático. Portanto, não se consideram as interações entre os vários movimentos corporais. Exemplo: alcance máximo das mãos com a pessoa sentada (linha de montagem, caixa de supermercado). Deve-se aplicar a antropometria dinâmica nos casos de trabalhos que exigem muitos movimentos corporais (alcances) ou quando se deve manipular partes que se movimentam em máquinas ou postos de trabalho.

Antropometria funcional – A antropometria funcional aplica-se principalmente quando há uma *conjugação* de diversos movimentos corporais para a execução de certas tarefas específicas, como acionar uma manivela para fechar o vidro do carro. Na prática, observa-se que cada parte do corpo não se move isoladamente, mas há uma *conjugação* entre diversos movimentos executados simultaneamente para se realizar uma função. Esses movimentos interagem entre si, modificando os alcances, em relação aos valores da antropometria dinâmica. Por exemplo, para apanhar um objeto sobre a mesa, a extensão do braço é acompanhada da inclinação do tronco para a frente. O alcance da mão não é limitado pelo comprimento do braço, porque pode envolver também o movimento dos ombros, rotação do tronco e inclinação das costas. Em cada caso, esse alcance depende do tipo de função que será exercida pelas mãos (as mãos podem exercer dezessete funções diferentes, como agarrar, posicionar e montar – ver Barnes, 1977).

Existem muitas tabelas de medidas antropométricas estática e dinâmica. Contudo, no caso daquela funcional, seria necessário realizar diretamente as medidas de uma amostra representativa dos usuários do produto. Passando-se da antropometria estática para a dinâmica e desta para a funcional, observa-se um aumento do grau de complexidade, exigindo-se instrumentos de medida e procedimentos adequados a cada tipo.

A obtenção de medidas nas antropometrias dinâmica e funcional é feita por métodos diretos e indiretos. Os métodos diretos aplicam a acelerometria, para obtenção da velocidade dos movimentos, e a goniometria, para obtenção dos ângulos entre segmentos corporais.

No sistema indireto usa-se a fotogrametria. Inicialmente coletam-se as dimensões antropométricas estruturais (dimensões lineares, centro de gravidade e massas segmentares). Em seguida, filma-se uma dada tarefa e avalia-se a trajetória do movimento. Por último, calculam-se as velocidades e acelerações angulares. Na antropometria funcional, são obtidos dados sobre a posição, velocidade e aceleração segmentar, que permitem calcular o alcance e a força.

6.2 Variações das medidas humanas

Até a Idade Média, todos os calçados eram produzidos em tamanho único. Não havia sequer a diferença entre o pé direito e o pé esquerdo. Essa seria uma situação desejável pelo fabricante, pois a produção de único modelo "padronizado" do produto simplifica enormemente os seus problemas de produção, distribuição e controle de estoques.

Essa excessiva padronização dos produtos leva à exclusão de alguns segmentos da população. Por exemplo, até a década de 1950, os automóveis eram projetados apenas com as medidas antropométricas dos homens, pois raramente as mulheres dirigiam. Aquelas que o faziam encontravam dificuldades em alcançar os comandos, como os pedais.

Do lado do consumidor, a padronização excessiva nem sempre se traduz em conforto, segurança e eficiência. Para que esse tipo de problema seja tratado adequadamente, são necessárias as seguintes de providências:

a)   Definir as caraterísticas dos usuários ou do público-alvo;

b)   Definir as variáveis antropométricas e níveis de confiabilidade exigidos em cada situação;

c)   Utilizar tabelas ou um banco de dados confiável que apresentem as medidas exigidas;

d) Realizar medições diretas de uma amostra representativa do público-alvo ou de usuários do projeto;

e) Aplicar adequadamente esses dados antropométricos;

f) Testar o protótipo do produto ou serviço em condições reais de uso e fazer os ajustes necessários.

Naturalmente, é mais rápido e barato usar tabelas de medidas antropométricas ou banco de dados existentes. As tabelas e bancos apresentam os dados antropométricos em percentis. Percentis são medidas estatísticas que dividem a amostra ordenada (por ordem crescente dos dados) em 100 partes, cada parte com uma percentagem de dados aproximadamente igual. O 1° percentil determina o 1% menor dos dados, o 25° percentil o primeiro quartil, o 50° percentil é a mediana e o 99° percentil determina o 99% menor dos dados. Geralmente, as tabelas antropométricas apresentam os dados do 5°, 50° e 95° percentil da amostra.

Contudo, há casos especiais em que os dados tabelados não são satisfatórios e, então, recomenda-se fazer medições diretas de uma amostra representativa do público-alvo. Isso se justifica principalmente pelas diferenças regionais e grande variabilidade étnica das diversas populações do mundo, além de suas evoluções no tempo.

DIFERENÇAS ENTRE OS SEXOS

Homens e mulheres diferenciam-se entre si desde o nascimento. Os meninos nascem 0,6 cm mais compridos e 0,2 kg mais pesados que as meninas, em média. Até o final da infância, em torno dos nove anos, ambos os sexos apresentam crescimentos semelhantes.

As crianças começam a ter um crescimento acelerado a partir dos dez anos e as diferenças entre os sexos acentuam-se na *puberdade*. As meninas crescem aceleradamente dos onze aos treze anos (Figura 6.1), e os meninos, pouco mais tarde, entre doze a quinze anos (Figura 6.2). Esses crescimentos ocorrem tanto no peso como na estatura. As extremidades, como as mãos e os pés, crescem antes.

Na fase de pré-puberdade, as meninas geralmente são mais altas, mais pesadas e têm uma superfície corporal maior. Os meninos começam a adquirir maior peso durante a puberdade, quando ultrapassam as meninas. Após essa fase acelerada, tanto meninas como meninos continuam a crescer lentamente, atingindo a estatura final por volta dos vinte anos de idade. Observam-se, contudo, grandes diferenças individuais nas velocidades de crescimento.

Na fase *adulta*, os homens apresentam ombros mais largos, tórax maior, clavículas mais longas, escápulas mais largas e as bacias relativamente estreitas. As cabeças são maiores, os braços mais longos e os pés e mãos são maiores. As mulheres têm ombros relativamente estreitos, tórax menores e mais arredondados, com as bacias mais largas. As diferenças de estaturas entre homens e mulheres adultos são de 6% a 11%.

Há uma diferença significativa da proporção músculos/gordura entre homens e mulheres. Os homens têm proporcionalmente mais músculos que gordura. Com o passar dos anos, os corpos dos homens e mulheres vão se modificando, principalmente pelo acúmulo de gorduras em diferentes partes do corpo. Além disso, a localização dessa gordura também é diferenciada entre homens e mulheres.

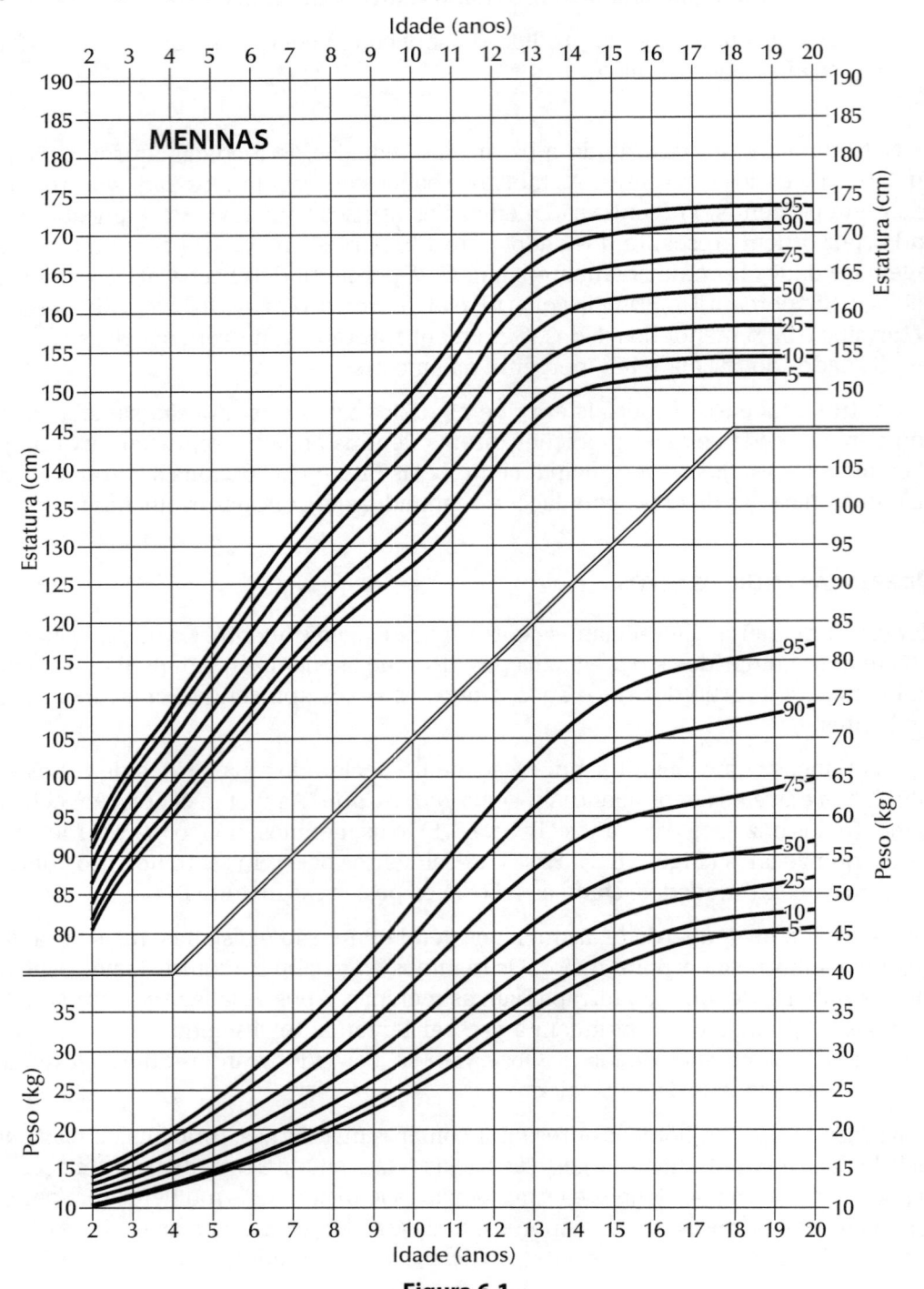

Figura 6.1

Curvas (do 5º, 10º, 25º, 50º, 75º, 90º e 95º percentis) de crescimento da estatura e do peso das meninas de dois a vinte anos. Fonte: National Center for Health Statistics, 2002.

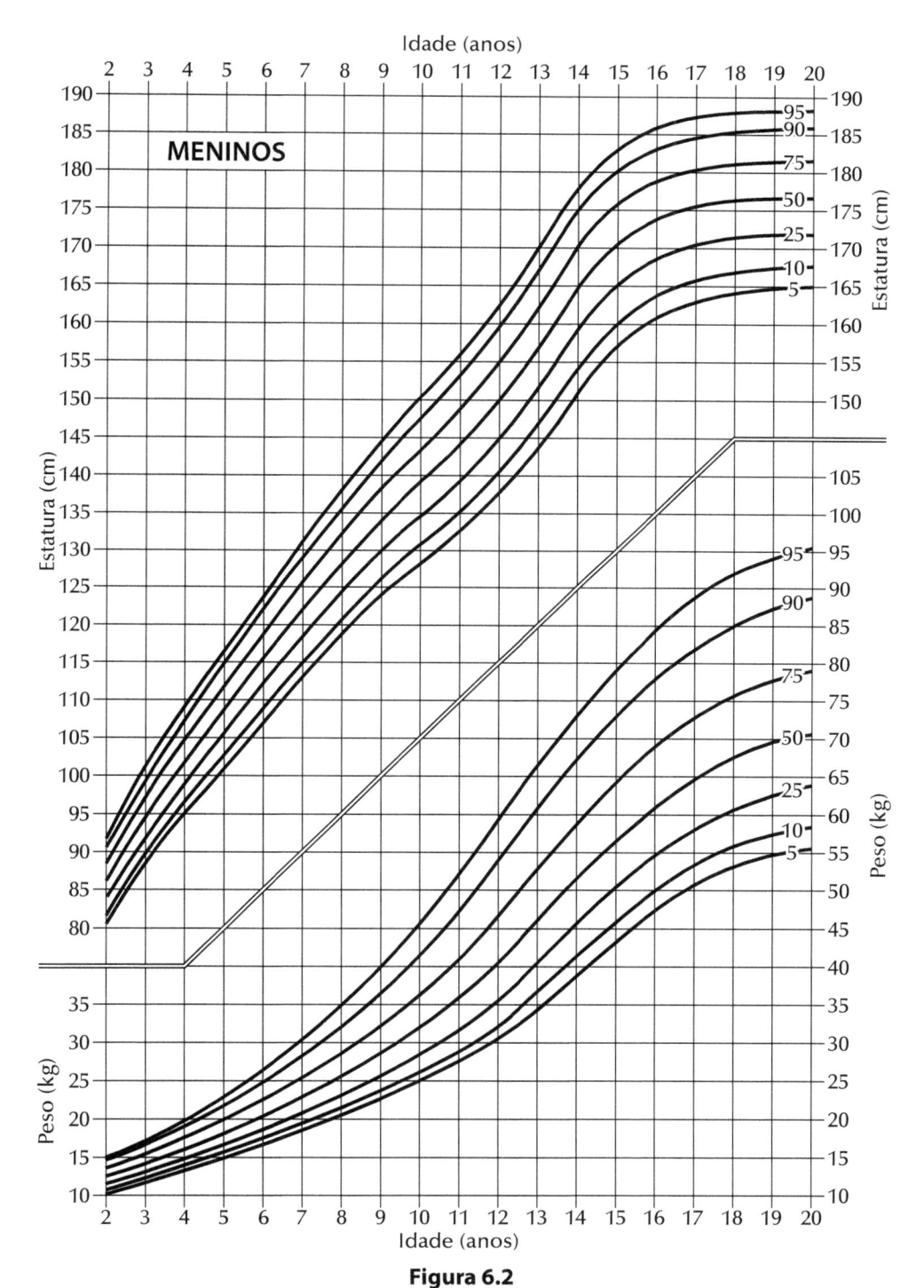

Figura 6.2
Curvas (do 5°, 10°, 25°, 50°, 75°, 90° e 95° percentis) de crescimento da estatura e do peso dos meninos de dois a vinte anos. Fonte: National Center for Health Statistics, 2002.

As mulheres têm uma maior quantidade de gordura *subcutânea*, que é responsável pelas suas formas arredondadas. Esta se localiza também nas nádegas, na parte frontal do abdômen, nas superfícies laterais e frontais da coxa e nas glândulas mamárias. A maior parte dessa gordura concentra-se entre a bacia e as coxas (Figura 6.3). Os homens tendem a acumular gordura principalmente na região abdominal. Assim, quando uma pessoa engorda ou emagrece, há uma mudança das proporções corporais. Essas informações são importantes para algumas indústrias, como a do vestuário. Em termos coletivos, influem no dimensionamento de produtos como móveis, elevadores, assentos de ônibus e outros.

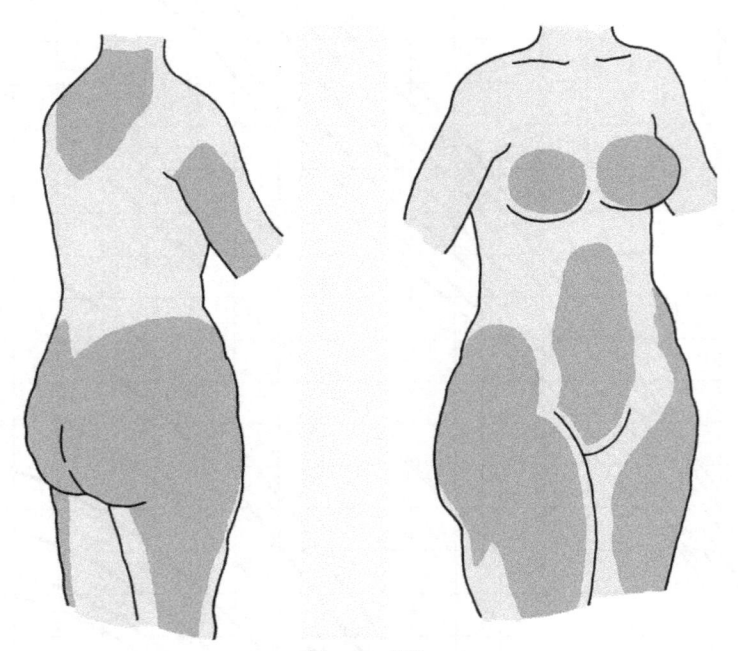

Figura 6.3
Áreas de maior concentração de gorduras nas mulheres (Croney, 1971).

VARIAÇÕES INTRAINDIVIDUAIS

Variações intraindividuais são aquelas que ocorrem *durante* a vida de uma pessoa. Pode-se dizer que o ser humano sofre contínuas mudanças físicas durante toda a vida. Estas ocorrem de diversas maneiras. Há uma alteração do tamanho, proporções corporais, forma, peso e alcances dos movimentos. Em algumas fases, principalmente durante a puberdade, essas mudanças se aceleram. Na fase de crescimento, as proporções entre os diversos segmentos do corpo se alteram e ocorrem outras mudanças significativas durante o envelhecimento (ver p. 688).

O recém-nascido possui, proporcionalmente, cabeça grande e membros curtos (Figura 6.4). A estatura do recém-nascido é de 3,8 vezes a dimensão da cabeça e o seu tronco é equivalente ao comprimento do braço. Com o crescimento, essas proporções vão se alterando, conforme se vê na Tabela 6.1. Enquanto isso, a cabeça desenvolve-se precocemente. Aos cinco anos, já atinge 80% do seu tamanho definitivo.

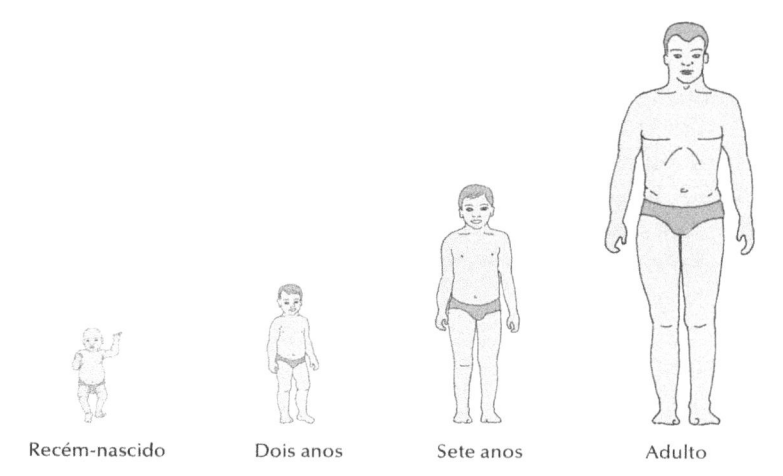

Figura 6.4
Mudanças das proporções corporais durante o crescimento (Croney, 1971).

Tabela 6.1
As proporções corporais vão se modificando com a idade

Idade	Proporção estatura/cabeça	Proporção tronco/braço
Recém-nascido	3,8	1,00
2 anos	4,8	1,14
7 anos	6,0	1,25
Adulto	7,5	1,50

A estatura atinge o ponto máximo em torno dos vinte anos e permanece praticamente inalterada até os cinquenta anos (Figura 6.5). A partir dos 55 a 60 anos, todas as dimensões lineares começam a decair. Contudo, outras medidas, como o peso e a circunferência dos ossos, podem aumentar.

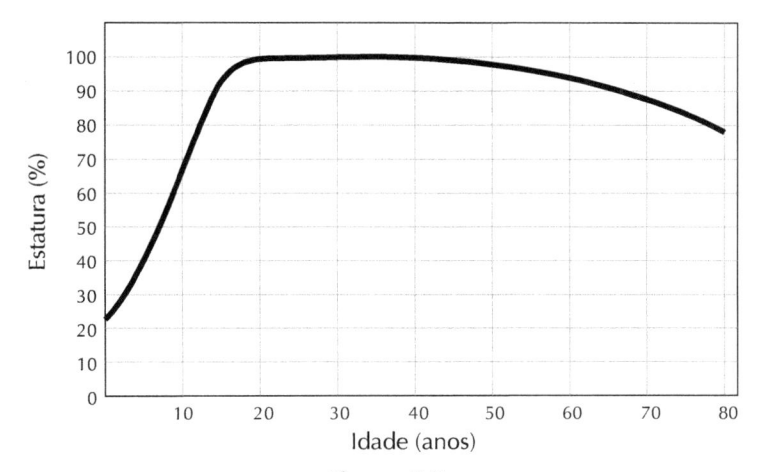

Figura 6.5
Evolução da estatura com a idade (em % da estatura máxima).

Durante o *envelhecimento* observa-se uma perda gradativa de forças e mobilidade, tornando os movimentos musculares mais fracos, lentos e de amplitude menor (ver mais detalhes no Capítulo 18). Isso ocorre devido aos processos de calcificação e perda da elasticidade das cartilagens. Pode ocorrer também o fenômeno da osteoporose, que aumenta a fragilidade dos ossos, principalmente nas mulheres após os cinquenta anos. A força de uma pessoa de setenta anos equivale à metade de outra de trinta anos. Contudo, o sistema nervoso degenera-se a uma velocidade menor, podendo haver um mecanismo de compensação à perda no sistema muscular.

VARIAÇÕES INTERINDIVIDUAIS

Além das variações intraindividuais, que acompanham a pessoa ao longo da vida, existem também as variações *interindividuais*, que diferenciam os vários indivíduos de uma mesma população. Estas são decorrentes de duas causas principais: etnia e genética.

BIÓTIPOS BÁSICOS

Uma das demonstrações mais interessantes das diferenças interindividuais dentro da mesma população foi apresentada por William Sheldon (1940). Ele realizou um minucioso estudo de uma população de 4 mil estudantes norte-americanos. Além de fazer levantamentos antropométricos dessa população, fotografou todos os indivíduos de frente, perfil e costas. A análise dessas fotografias, combinada com os estudos antropométricos, levou Sheldon a definir três biótipos básicos, cada um com certas características dominantes: ectomorfo, mesomorfo e endomorfo (Figura 6.6).

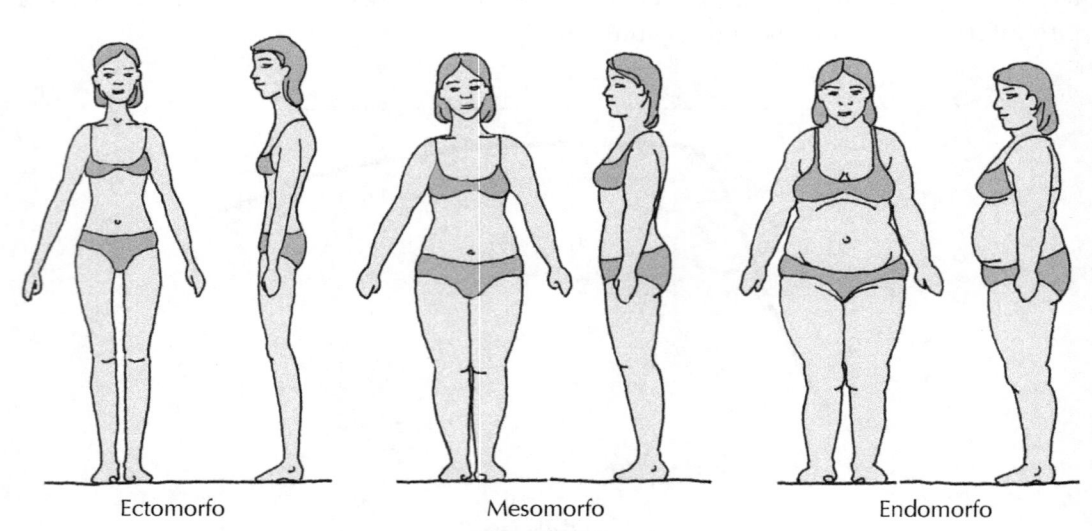

Ectomorfo   Mesomorfo   Endomorfo

Figura 6.6
Os três tipos básicos do corpo humano (Sheldon, 1940).

Ectomorfo – Tipo físico de formas *alongadas*. Tem corpo e membros longos e finos, com um mínimo de gorduras e músculos. Os ombros são mais largos, mas caídos. O pescoço é fino e comprido, o rosto é magro, queixo recuado e testa alta e abdômen estreito e fino.

Mesomorfo – Tipo físico *musculoso*, de formas angulosas. Apresenta cabeça cúbica, maciça, ombros e peitos largos e abdômen pequeno. Os membros são musculosos e fortes. Possui pouca gordura subcutânea.

Endomorfo – Tipo físico de formas *arredondadas* e macias, com grandes depósitos de gordura. Em sua forma extrema, tem a característica de uma pera (alargando-se de cima para baixo). O tórax parece ser relativamente pequeno, mas o abdômen é grande e cheio. Braços e pernas são curtos e flácidos. Os ombros e a cabeça são arredondados. Os ossos são pequenos. O corpo tem baixa densidade, podendo flutuar na água. A pele é macia.

Naturalmente, a maioria das pessoas não pertence rigorosamente a nenhum desses biótipos básicos e misturam as características, podendo ser mesoformo-endofórmica, ectomorfo-mesofórmica, e assim por diante. Sheldon observou também diferenças de habilidades e comportamentos entre os três tipos, que influenciam até na escolha da profissão. Entre os atletas, por exemplo, há grande predominância dos mesomorfos.

VARIAÇÕES EXTREMAS

Dentro de uma mesma população de adultos pode haver diferenças significativas das medidas antropométricas. Por exemplo, os homens mais altos (percentil 97,5 que significa que 97,5% da população é mais baixa que eles) medem 188,0 cm e as mulheres mais baixas (percentil 2,5 que significa que 97,5% da população é mais alta que elas), 149,1 cm. Estatisticamente, o homem mais alto é 25% mais alto que a mulher mais baixa. Os comprimentos dos braços são, respectivamente, 78,2 cm e 62,7 cm, com a mesma diferença percentual de 25% (Figura 6.7). Esses dados são estatísticos e não representam diferença absoluta entre o homem mais alto, individualmente, e a mulher mais baixa, mesmo porque essas pessoas extremas seriam excluídas estatisticamente.

Em relação à dimensão lateral (largura do abdômen) essa diferença é mais pronunciada, variando de 14,0 cm a 43,4 cm, ou seja, há uma diferença de 210% da maior relação à menor. Algumas mudanças das medidas antropométricas podem ser temporárias e reversíveis, como no caso de pessoas que engordam e emagrecem ou mulheres que engravidam. As mulheres grávidas aumentam essa dimensão lateral do abdômen em 80% (de 16,5 cm para 29,7 cm) no último mês de gravidez. Em outros casos, o processo pode tornar-se irreversível, como ocorre com algumas doenças crônico-degenerativas.

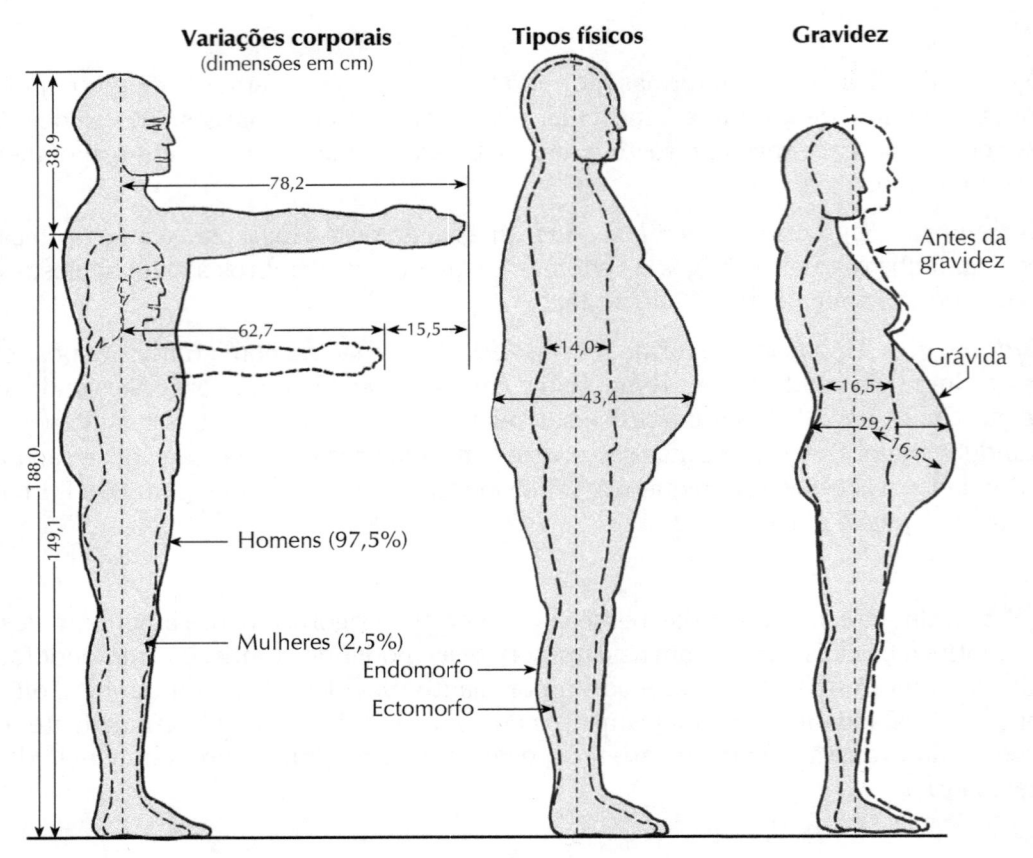

Figura 6.7
Variações extremas do corpo humano (Diffrient, Tilley e Bardogjy. 1974).

VARIAÇÕES ÉTNICAS

Diversos estudos antropométricos realizados durante várias décadas comprovaram a influência da etnia nas variações das medidas antropométricas.

As variações antropométricas extremas são encontradas na África. Os menores são os pigmeus da África Central, que têm estatura média de 143,8 cm para homens e 137,2 cm para mulheres. O menor homem pigmeu mede apenas 130 cm. O povo de maior estatura do mundo também está na África. São os negros nilóticos que habitam a região sul do Sudão. Os homens medem, em média, 182,9 cm, com desvio-padrão de 6,1 cm, e as mulheres, 168,9 cm, com desvio-padrão de 5,8 cm. Os homens mais altos do Sudão medem cerca de 210 cm. Isso significa que a diferença entre o homem mais alto (sudanês) e o mais baixo (pigmeu) é de 62% em relação ao mais baixo.

Existem muitos exemplos de inadequação dos produtos que foram fabricados em um país e exportados para outros países sem considerar as devidas adaptações aos usuários locais. Por exemplo, as antigas máquinas e locomotivas exportadas pelos ingleses para a Índia não se adaptavam aos operadores indianos, que eram menores. Durante a guerra do Vietnã, os soldados vietnamitas, com altura média de 160,5 cm, tinham muita dificuldade de operar as máquinas bélicas fornecidas pelos norte-americanos, projetadas para a altura média de 174,5 cm.

Uma máquina projetada para acomodar 90% da população masculina dos Estados Unidos acomoda também 90% dos alemães. Mas não ofereceria a mesma comodidade para os latinos e orientais. Ela acomodaria 80% dos franceses, 65% dos italianos, 45% dos japoneses, 25% dos tailandeses e apenas 10% dos vietnamitas (Bridger, 2003).

Hoje, esse problema tornou-se mais grave com o grande aumento do comércio internacional. O mesmo produto deve ser fabricado em diversas versões ou ter regulagens suficientes para se adaptar às diferenças antropométricas de diferentes populações. Essas adaptações geralmente envolvem peças móveis, que aumentam os custos e podem fragilizar o produto. É necessário saber, então, quais são as variáveis que devem ser adaptadas e quais são as faixas de variação de cada uma delas.

INFLUÊNCIA DA ETNIA NAS PROPORÇÕES CORPORAIS

Com o intenso tráfico negreiro, durante os séculos XVI a XVIII, e os movimentos migratórios, durante o século XIX e início do século XX, diversos povos foram viver em locais com clima, hábitos alimentares e culturas diferentes dos seus locais de origem. Isso possibilitou a realização de estudos sobre a influência desses fatores sobre as medidas antropométricas e verificar até que ponto as etnias são determinantes nessas medidas. Os filhos de imigrantes indianos, chineses, japoneses e mexicanos nascidos nos Estados Unidos são mais altos e mais pesados que os seus ancestrais, indicando a influência de outros fatores, além da etnia original.

Entretanto, mesmo no caso dos descendentes de imigrantes, que já viviam há várias gerações nos Estados Unidos, constatou-se que as *proporções corporais* não haviam se modificado significativamente. Isso faz supor que há uma forte correlação da *carga genética* com as proporções corporais, mas não com a dimensão do corpo em si (Figura 6.8). A dimensão do corpo também está relacionada a hábitos alimentares e práticas desportivas. Essa teoria foi comprovada com o estudo das proporções corporais dos negros norte-americanos que, mesmo tendo vivido durante vários séculos nos Estados Unidos, conservaram proporções corporais semelhantes às dos africanos, que são diferentes dos povos brancos. Os mestiços, coerentemente, têm proporções corporais intermediárias entre negros e brancos.

Essas diferenças étnicas interessam a muitas indústrias, como a de confecções, que produz roupas para exportação, pois não basta alterar as dimensões, deve-se mudar também as proporções das peças, conforme o mercado a que se destina. Os árabes, por exemplo, têm os membros (braços e pernas) relativamente mais longos que os europeus, enquanto os orientais os têm mais curtos.

A diferença nas proporções corporais existe até na medida dos pés, como constatou Lacerda (1984). Os pés dos brasileiros são relativamente mais curtos e mais "gordos" em relação aos pés dos europeus, que são mais finos e mais longos. Como muitos moldes para a fabricação de calçados brasileiros foram baseados nas formas europeias, isso explicaria casos de "aperto" nos pés dos brasileiros. Isso acontece até com brinquedos: uma boneca norte-americana não foi bem aceita pelas meninas japonesas porque apresentava os membros muito longos, diferindo do biótipo oriental.

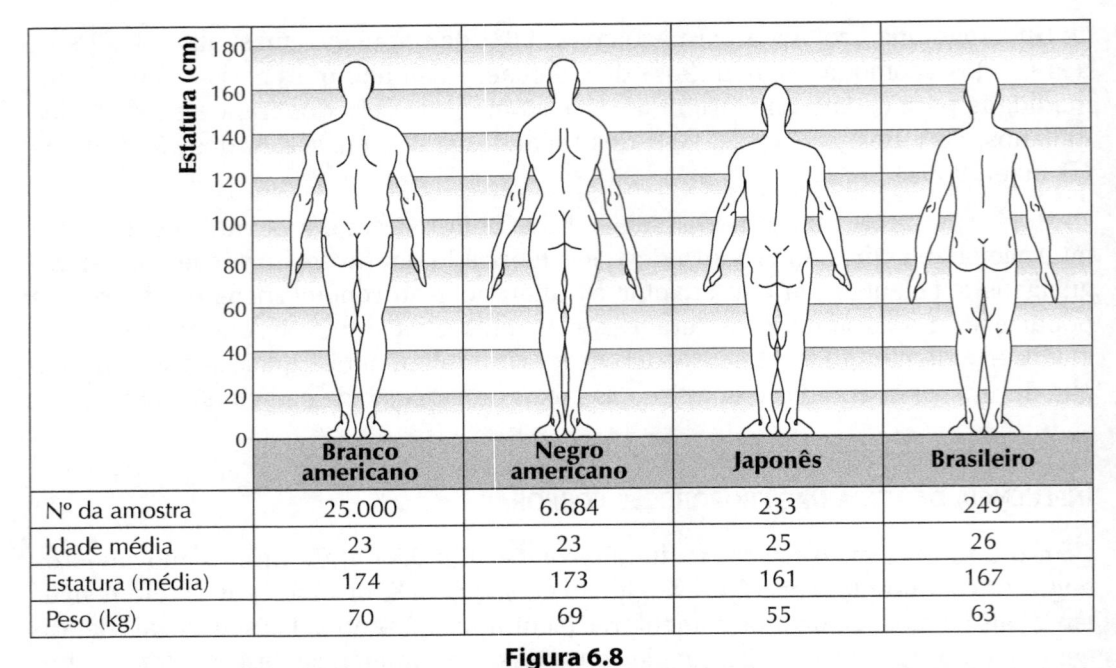

	Branco americano	Negro americano	Japonês	Brasileiro
Nº da amostra	25.000	6.684	233	249
Idade média	23	23	25	26
Estatura (média)	174	173	161	167
Peso (kg)	70	69	55	63

Figura 6.8
As proporções corporais são típicas de cada etnia e se mantêm inalteradas, mesmo que haja uma evolução da estatura média da população (Newman e White, 1951; Ishii, 1957; Siqueira, 1976).

Em consequência dessas diferenças nas proporções corporais, não se pode aplicar simplesmente a "regra de três" para as medidas antropométricas. Por exemplo, um norte-americano pode ser 10 cm mais alto que um japonês, na posição ereta. Contudo, na posição sentada, essa diferença se reduz à faixa de 0,5 a 2,5 cm.

Observa-se que a variabilidade interindividual na população brasileira provavelmente é maior em relação aos povos de etnia homogênea. Isso se deve à grande variedade dos biótipos existentes no Brasil, resultante da miscigenação de diversas etnias. Além disso, há diferenças acentuadas das condições de nutrição e de saúde entre diferentes estratos sociais e entre regiões do país.

INFLUÊNCIA DO CLIMA NAS PROPORÇÕES CORPORAIS

Os povos que habitam regiões de climas quentes têm o corpo mais "fino", com os membros superiores e inferiores relativamente mais longos. Aqueles de clima frio são mais volumosos e arredondados, com o corpo mais "cheio". Em outras palavras, o corpo dos povos de clima quente tende para dimensões lineares, enquanto nos de clima frio tende para formas esféricas. Parece que isso é o resultado da adaptação durante vários séculos, pois os corpos mais finos facilitam a troca de calor com o ambiente, enquanto aqueles mais cheios têm maior facilidade de conservar o calor corporal.

VARIAÇÕES SECULARES

As variações seculares estudam as mudanças antropométricas ocorridas no longo prazo, abrangendo várias gerações. Diversos estudos comprovam que os seres humanos têm aumentado de peso e dimensões corporais ao longo dos últimos séculos. Isso seria explicado pela melhoria da alimentação, saneamento, abolição do trabalho infantil e adoção de hábitos mais salutares, como as práticas desportivas. Isso ocorreu, sobretudo, nos últimos duzentos anos, com a crescente urbanização, saneamento e industrialização, e consequente melhoria da alimentação e das condições de vida.

O acompanhamento da estatura de recrutas holandeses durante um século, no período de 1870 a 1970, demonstrou que eles cresceram 14 cm nesse período e, além disso, constatou-se que esse processo está se acelerando (Figura 6.9). A taxa de crescimento médio anual entre 1870 e 1920 foi de 0,9 mm ao ano e passou para 1,6 mm por ano nas quatro décadas seguintes e, finalmente, para 3,0 mm por ano na década de 1960. Isso provavelmente foi devido à crescente melhoria da alimentação e das condições de vida desse povo.

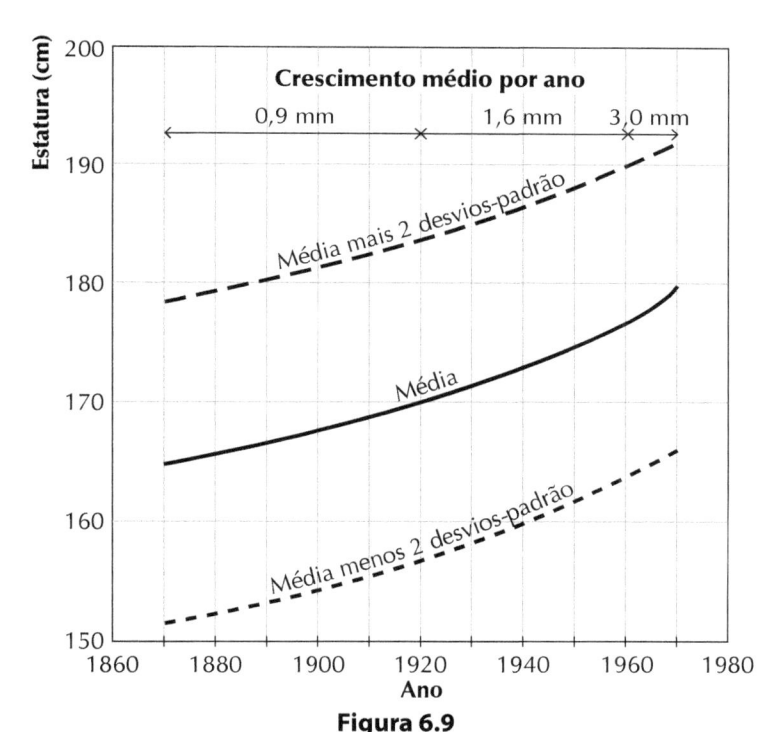

Figura 6.9
Evolução da estatura média de recrutas holandeses durante cem anos, entre 1870 e 1970
(De Jong, 1975).

Nos Estados Unidos e na Inglaterra, a estatura média da população aumentou 1 cm a cada dez anos. Na Inglaterra, entre 1981 e 1995, constatou-se que os homens cresceram 1,7 cm, e as mulheres, 1,2 cm. Na Dinamarca, em 140 anos, registrou-se um crescimento médio de 13 cm (Bridger, 2003).

É interessante notar que essa aceleração do crescimento é um fenômeno mundial e não se restringe apenas aos adultos. Crianças recém-nascidas cresceram 5 a 6 cm no comprimento e 3% a 5% no peso nos últimos cem anos.

O início da puberdade antecipou-se de dois a três anos, respectivamente, para meninos e meninas. A menarca adiantou-se e a menopausa foi retardada em três anos. Contudo, essas transformações não ocorrem uniformemente. Em um século, entre 1830 e 1930, o crescimento médio dos jovens foi de 0,5 cm por década. Em 1930 houve uma súbita aceleração, crescendo 5 cm a cada década. A explicação para isso seriam as migrações para as cidades, mudanças dos hábitos alimentares e melhoria das condições de vida em geral.

Uma pesquisa publicada em 2014 (Oliveira e Quintana-Domeque, 2014) mostra que a altura dos brasileiros de vinte estados aumentou 3 cm entre 1950 e 1980. O aumento do PIB seria o maior responsável. Uma pesquisa do IPEA (Monasterio, Noguerol e Shikida, 2006) aponta que os 20% mais ricos dos brasileiros adultos (habitantes das regiões sudeste e sul) são, em média, 6 cm mais altos que os 20% mais pobres (que estão no Nordeste) devido às melhores condições de vida dessas regiões (acesso a melhor nutrição, saneamento e abastecimento de água).

INFLUÊNCIA DA ALIMENTAÇÃO

A deficiência alimentar de um povo, no longo prazo (muitas décadas ou séculos), pode influir nas medidas antropométricas desse povo. Em épocas de grandes privações, como ocorre durante longas guerras ou secas, com escassez de alimentos, as medidas antropométricas da população tendem a reduzir-se. Mas, nas gerações seguintes, quando esses problemas estiverem superados, o crescimento pode ser recuperado de forma acelerada, compensando o atraso. Isso é semelhante à taxa de natalidade, que reduziu-se durante a Segunda Guerra Mundial (1939-1945) nos países beligerantes, mas acelerou-se no período pós-guerra, produzindo o fenômeno conhecido como *baby-boom* e contribuindo para repor as perdas ocorridas durante a guerra.

O crescimento das medidas antropométricas de uma população é mais pronunciado quando povos subalimentados passam a consumir maior quantidade de proteínas. Já se observou, por exemplo, crescimento de até 8 cm na estatura média de homens em uma população, durante apenas uma década, com a melhoria da alimentação (proteínas) das crianças e dos adolescentes.

O avanço tecnológico, principalmente as tecnologias da irrigação, industrialização e conservação pelo frio, aliado ao avanço dos meios de transporte, melhorou a oferta de alimentos. Antigamente, certos alimentos eram disponíveis apenas durante alguns dias do ano, no tempo da colheita. Isso acontecia principalmente nos países de clima temperado. Em outros casos, essa oferta era localizada em certas regiões geográficas. Hoje, esses alimentos estão disponíveis em praticamente todo o mundo, durante o ano todo. O aumento de renda da população carente também facilitou o acesso aos alimentos, embora nem sempre sejam de boa qualidade nutricional.

PADRÕES INTERNACIONAIS DE MEDIDAS ANTROPOMÉTRICAS

Até meados do século XX, houve preocupação em diversos países em estabelecer seus padrões nacionais de medidas antropométricas. Contudo, a partir da década de

1950, o avanço dos meios de comunicação e transportes e o aumento do comércio internacional exigiram uma nova atitude dos projetistas.

Alguns produtos, projetados e produzidos em certos países, passaram a ser vendidos cada vez mais no mundo todo, exigindo diversos esforços de padronização e compatibilização de componentes e produtos. Por exemplo, produtos como aviões, armamentos, automóveis, computadores, aparelhos de telefonia móvel e outros têm, hoje, *padrões mundiais*. Isso, naturalmente, exigiu também esforços para fazer adequações ergonômicas desses produtos aos consumidores de diversos países.

Tudo isso contribuiu para ampliar os horizontes dos projetistas. Hoje, quando se projeta um produto, deve-se considerar que seus usuários podem estar espalhados em cinquenta países diferentes, incluindo muitas diversidades étnicas, culturais e sociais.

Tabela 6.2
Medidas de estaturas e pesos para militares de diversos países (Chapanis, 1975)

País	Homens (militares)			
	Estatura (cm)		Peso (kg)	
	Média	DP	Média	DP
República do Vietnã	160,5	5,5	51,1	6,0
Tailândia	163,4	5,3	56,3	5,8
República da Coreia	164,0	5,9	60,3	5,1
América Latina (dezoito países)	166,4	6,1	63,4	7,7
Irã	166,8	5,8	61,6	7,7
Japão	166,9	4,8	61,1	5,9
Índia	167,5	6,0	57,2	5,7
Turquia	169,3	5,7	64,6	8,2
Grécia	170,5	5,9	67,0	7,6
Itália	170,6	6,2	70,3	8,4
França	171,3	5,8	65,8	7,0
Austrália	173,0	6,0	68,5	8,4
Estados Unidos da América	174,5	6,6	72,2	10,6
Alemanha	174,9	6,1	72,3	8,1
Canadá	177,4	6,1	76,4	9,9
Noruega	177,5	6,0	70,1	7,5
Bélgica	179,9	5,8	68,6	7,8

DP = Desvio-padrão.

Na área de antropometria, procura-se realizar, cada vez mais, medições mais precisas e confiáveis para aplicações em projetos. Há tendência de evolução para se determinar os *padrões mundiais*, embora ainda não existam medidas antropométricas confiáveis para a população mundial. Grande parte das medidas disponíveis é de contingentes das forças armadas. Quase todos referem-se às medidas de homens adultos, na faixa de 18 a 30 anos. Porém, o fato que mais contribui para que essas medidas sejam diferentes da população em geral são os critérios de seleção adotados para o recrutamento militar. Estes excluem pessoas abaixo de uma determinada estatura ou peso mínimo.

De qualquer forma, a Tabela 6.2 dá uma ideia da variação dessas medidas em militares de diversos países. Como os dados estão ordenados de forma crescente pela estatura, pode-se observar que as menores estaturas e pesos estão entre os povos asiáticos. Os povos mediterrâneos estão na faixa intermediária e a faixa superior é ocupada pelos nórdicos.

6.3 Realização de levantamento antropométrico

O levantamento antropométrico visa obter dados sobre medidas antropométricas confiáveis de uma população. Para que ele seja realizado de forma eficaz, deve-se fazer um planejamento, envolvendo: a) definição dos objetivos e das variáveis a serem medidas; b) precisão desejada, que vai influir no tamanho da amostra; c) amostragem dos sujeitos, envolvendo os tipos e a quantidade de pessoas a serem mensuradas; d) escolha dos métodos, procedimentos e instrumentos a serem utilizados, descrevendo-se como serão efetuadas as medições; e) treinamento da equipe de medição; f) compilações e análises a serem realizadas com os dados coletados; e g) apresentação dos resultados.

Definição dos objetivos

Existe uma ampla gama de variáveis antropométricas, desde aquelas mais gerais, como peso e estatura, até as mais específicas, como a distância entre os olhos ou comprimentos de cada falange dos dedos. Naturalmente, isso depende do objetivo e das aplicações visadas.

Para projetos que envolvam o corpo inteiro, as variáveis devem ser mais amplas. Por exemplo, para o projeto de um posto de trabalho para digitadores, devem ser tomadas pelo menos seis medidas críticas do operador sentado (Figura 6.10):

a)   Altura lombar (para o encosto da cadeira);

b)   Altura poplítea (para a altura do assento);

c)   Altura do cotovelo (para a altura da mesa);

d)   Altura da coxa (para o espaço entre o assento e a mesa);

e)   Altura dos olhos (para o posicionamento do monitor);

f)   Ângulo de visão (para a altura do monitor).

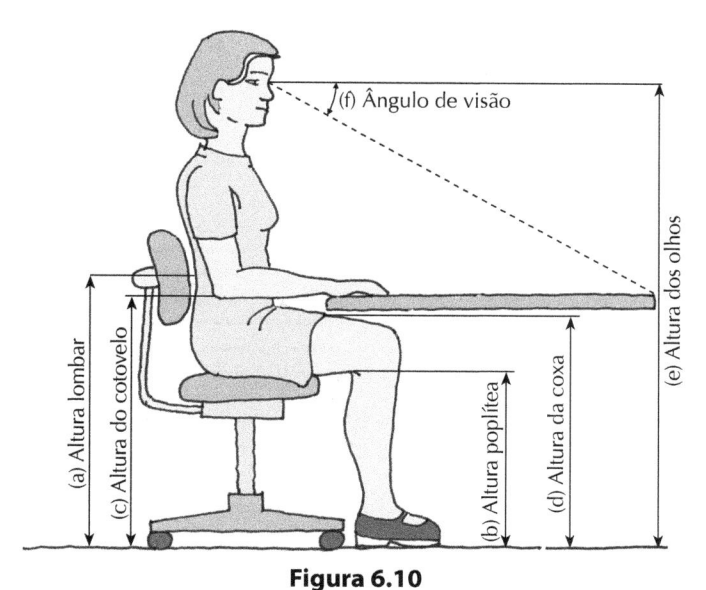

Figura 6.10
Principais dimensões antropométricas a serem consideradas no projeto de um posto de trabalho para a pessoa sentada.

Essas medidas já podem ser insuficientes para outro tipo de posto de trabalho, como caixa de supermercado, em que há mais movimentos corporais. Nesse posto, deve-se manipular a mercadoria, apanhando-a na esteira, identificar seu código ou preço, colocá-la na embalagem e efetuar a cobrança. Para o projeto desse posto, deveriam ser incluídas outras medidas, como o alcance do braço. Em outros projetos mais específicos, como capacetes ou óculos, as medidas deveriam concentrar-se nas dimensões da cabeça, medindo-se seu diâmetro, largura, comprimento, e assim por diante.

MEDIÇÕES DIRETAS E INDIRETAS

As *medições diretas* envolvem instrumentos que entram em contato físico com o corpo. Usam-se réguas, trenas, fitas métricas, raios *laser*, esquadros, paquímetros, transferidores, balanças, dinamômetros, *scanners* e outros instrumentos semelhantes. São tomadas medidas lineares, angulares, pesos, forças e outras, geralmente de antropometria estática. Na bibliografia (ver Roebuck, Kroemer e Thomson, 1975), pode-se observar dezenas de aparelhos especialmente construídos para realizar medições antropométricas. A Figura 6.11 apresenta o exemplo de uma "gaiola" especialmente construída para medir alcance dos braços, usando-se réguas graduadas (Dempsey, 1953).

Além dos equipamentos de medição, é necessário lápis e papel para o registro das medidas. Esse método tem a vantagem de ser de baixo custo, fácil utilização (não há necessidade de calibração) e ser portátil. Tem a desvantagem de ser intrusivo (exige contato físico), permitindo apenas a obtenção de medidas lineares, demandar muito cuidado na utilização dos equipamentos e na leitura das medidas e de demandar muito tempo para coleta das medidas.

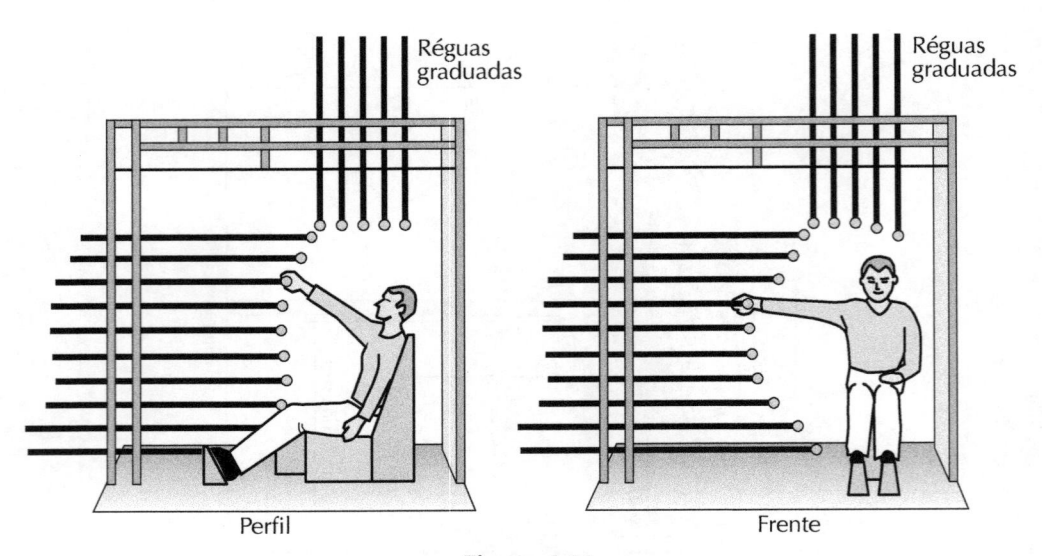

Figura 6.11
Aparelho especialmente construído para medir o alcance das mãos na posição sentada, (Dempsey, 1953).

As *medições indiretas* geralmente envolvem fotos, filmagens ou "varreduras" digitais (*scanners*) do corpo ou partes dele. Uma variante dessa técnica é a de traçar o contorno da sombra projetada sobre um anteparo transparente ou uma malha quadriculada. As medidas são tomadas posteriormente a partir da imagem, podendo haver uma correção da paralaxe. Essas técnicas são interessantes para se tomar medidas de contornos complicados ou de movimentos em duas ou três dimensões.

Métodos bidimensionais e tridimensionais

Os métodos bidimensionais são apropriados para a antropometria estática, enquanto os métodos tridimensionais são utilizados nas antropometrias dinâmica e funcional. Os métodos bidimensionais utilizam tanto os equipamentos tradicionais para medições diretas como os meios fotográficos e digitais para obtenção indireta de medidas. O método bidimensional com utilização de equipamentos tradicionais (trenas, antropômetro, paquímetro) é o mais antigo.

Recentemente, tem-se usado o método por fotogrametria digital, permitindo associar programas computacionais com as imagens digitais bidimensionais (2D) ou tridimensionais (3D) digitalizadas. A fotogrametria tem a vantagem de não ser intrusiva, ter facilidade e rapidez na coleta de dados e permitir generalização para o estudo de posturas. Tem como desvantagens a necessidade de uso de pouca roupa (malha de ginastica, biquíni, maiô, sunga) pelo sujeito a ser medido, o custo dos equipamentos, exigência de calibração, necessidade de treinamentos específicos, menor precisão das medidas, possíveis erros de paralaxe e a possibilidade de erros de digitação.

Um exemplo desses métodos fotogramétricos é o *Digita*, desenvolvido pela Faculdade de Motricidade Humana de Lisboa, Portugal. A coleta de dados antropométricos é feita com base em registro fotográfico, com o uso de uma câmera digital. Esse assunto será retomado na p. 212.

DEFINIÇÃO DAS MEDIDAS

A definição das medidas envolve a descrição dos pontos do corpo entre os quais serão realizadas as medições. Assume-se que os segmentos corporais estão ligados por articulações identificáveis, embora estejam cobertos por músculos e tecidos adiposos. Uma descrição das medidas a serem obtidas deve indicar a postura do corpo, os instrumentos antropométricos a serem utilizados e a técnica de medição a ser utilizada, além de outras condições. Por exemplo, a estatura pode ser medida com ou sem calçado, e o peso, com ou sem roupa.

Em geral, cada medição a ser efetuada deve especificar claramente a sua localização, direção e postura. A *localização* indica o ponto do corpo que é medido a partir de outra referência (piso, assento, superfície vertical ou outro ponto do corpo); a *direção* indica, por exemplo, se o comprimento do braço é medido na horizontal, vertical ou outra posição; e a *postura* indica a posição do corpo (sentado, em pé ereto, em pé relaxado).

Exemplo: *comprimento ombro-cotovelo* – "medir a distância vertical entre o ombro, acima da articulação do úmero com a escápula, até a parte inferior do cotovelo direito, usando um antropômetro, com a pessoa sentada e o braço pendendo ao lado do corpo, com o antebraço estendendo-se horizontalmente" (Figura 6.12).

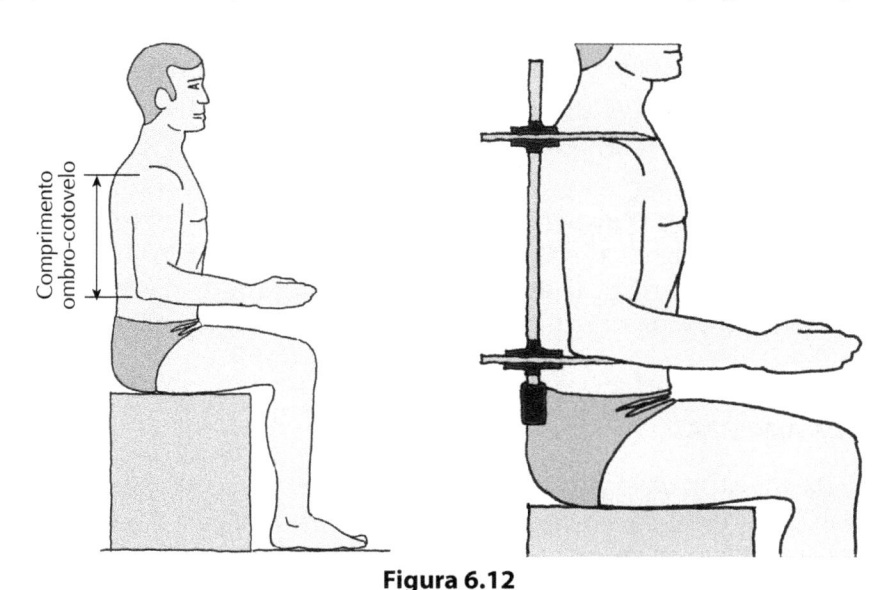

Figura 6.12
A figura mostra a postura e os pontos entre os quais deve ser feita a medida antropométrica do comprimento ombro-cotovelo.

DEFINIÇÃO DA AMOSTRA

Sempre que for possível e economicamente justificável, as medições antropométricas devem ser realizadas sobre uma amostra significativa do *público-alvo,* incluindo-se sujeitos que serão usuários ou consumidores do objeto a ser projetado. Por exemplo, para se dimensionar cabinas de ônibus, deve-se medir os motoristas de ônibus. Para equipamento odontológico, os dentistas.

As medidas antropométricas podem variar de acordo com o *estrato social*, dentro de uma mesma população. Nos Estados Unidos, existem estudos demonstrando que os executivos, em geral, são mais altos que a média dos trabalhadores da empresa. Assim, para dimensionar utensílios de cozinha, deve-se considerar que, em países desenvolvidos como os Estados Unidos, Japão e países europeus, as próprias donas de casa de classe média farão uso deles. No Brasil, ainda existem empregadas domésticas trabalhando em famílias de classe média e elas serão as usuárias desses utensílios. Portanto, o correto seria que esses utensílios fossem projetados para as empregadas e não para as donas de casa, considerando-se que o estrato social influi nas dimensões antropométricas.

SELEÇÃO DA AMOSTRA

A amostra dos sujeitos a serem medidos, evidentemente, deve ser *representativa* do universo onde serão aplicados os resultados. Nessa escolha, devem ser determinadas as características biológicas, inatas, e aquelas adquiridas pelo treinamento ou pela experiência no trabalho. Entre as características biológicas citam-se sexo, idade, biótipo e deficiências físicas. As adquiridas são devidas à profissão, nível de renda, prática de esportes, hábitos alimentares, doenças e outras.

Já vimos que pessoas de biótipos diferentes apresentam certas preferências profissionais (ver p. 191) e, além disso, muitas profissões apresentam critérios de seleção para seus candidatos, como no caso do serviço militar ou de jogadores de vôlei, enquanto outras profissões apresentam predomínio de um dos sexos.

Existem diversas ocupações com predominância do elemento masculino, como a polícia, construção civil e transportes de cargas. Outras apresentam predomínio feminino, como a enfermagem, docência fundamental, secretariado e afazeres domésticos. Todas essas características fazem com que a amostra de pessoas que ocupam uma determinada atividade seja diferente se comparadas com a população em geral.

TAMANHO DA AMOSTRA

O tamanho da amostra, ou seja, a quantidade de sujeitos que precisam ser medidos, pode ser calculada estatisticamente. Ele depende da variância (desvio-padrão) da variável a ser medida e da precisão que se deseja. Teoricamente, se uma determinada medida não tiver variações, bastaria fazer apenas uma única medição. Por outro lado, se as pessoas apresentarem grandes diferenças individuais, a amostra tende a crescer, para manter o mesmo nível de confiança dos resultados.

Apenas como referência, as medidas adotadas pelas forças armadas nos Estados Unidos são geralmente baseadas em amostras de 3 mil a 5 mil sujeitos (observa-se que a variância, nesses casos, já foi bastante reduzida pelo critério de seleção). Para a OMS (Organização Mundial de Saúde – WHO, 1995), as dimensões antropométricas a serem usadas como padrões devem basear-se em uma amostra mínima de duzentas pessoas. Entretanto, para a maioria das aplicações em ergonomia, amostras de trinta a cinquenta sujeitos geralmente são satisfatórias, desde que se refiram a populações homogêneas (não misturar homens com mulheres, adultos com adolescentes). Nesses casos, os níveis de confiança situam-se entre 90% e 95%.

Entretanto, há certos casos extremos em que a limitação de tempo ou de recursos não permite fazer essa amostragem. Nesses casos, sugere-se selecionar pelo menos três pessoas, sendo uma representando a média (50° percentil), outra, o extremo inferior (5° percentil), e a outra, o extremo superior (95° percentil) da variável antropométrica que se quer medir. Isso é utilizado principalmente para se testar os alcances ou avaliar eficiência e conforto em projetos de produtos. Por exemplo, cabos de panela podem ser projetados pela mão média e avaliados por três pessoas representativas das mãos média, inferior e superior. Nesses casos, aquele projeto realizado pela média pode exigir certas adaptações para os extremos inferior e superior.

REALIZAÇÃO DAS MEDIÇÕES

Para realizar as medições propriamente ditas, deverão ser adotados certos cuidados prévios. Entre eles se inclui a elaboração de um roteiro para a tomada de medidas e o desenho de formulários apropriados para as anotações destas. As pessoas envolvidas nas medições (medidores) deverão receber um treinamento prévio, abrangendo conhecimentos básicos de anatomia humana, reconhecimento de posturas, identificação dos pontos de medida e uso correto dos instrumentos de medida. Deve ser feito um teste inicial após o treinamento, antes de se passar às medições reais, medindo-se um determinado grupo de sujeitos e analisando-se os resultados obtidos por diversos medidores. Deve-se verificar se há *consistência* entre eles.

Pode-se escolher um determinado sujeito como "padrão", para efeito de controle de qualidade dos procedimentos adotados. As diversas pessoas que realizam as medições devem, de vez em quando, medir esse padrão para se verificar se os seus procedimentos continuam *consistentes* e se os resultados obtidos correspondem aos do padrão adotado. Nos casos de divergências em relação ao padrão, acima de certo limite de tolerância, o medidor respectivo deveria ser submetido a um novo treinamento. Esse procedimento é aconselhável para medições antropométricas de grandes amostras (milhares de sujeitos), em que muitos medidores são envolvidos durante vários meses de trabalho (Ferreira, 1988 a,b; INT, 1998).

ANÁLISES ESTATÍSTICAS

Para se fazer a análise estatística, a variável pode ser dividida em classes ou intervalos. Por exemplo, no caso da estatura, se as medidas extremas de uma população oscilam entre 156 e 201 cm, pode-se dividir em quinze classes, com 3 cm de intervalo entre uma classe e outra. A última classe, no caso, abrangeria as medidas de 198,0 a 200,9 cm. Supondo que haja apenas uma pessoa nesse intervalo, medindo 199 cm, a frequência dessa classe será 1 (Tabela 6.3).

Tendo-se as frequências, pode-se construir um gráfico chamado *histograma,* que é representado por barras de alturas proporcionais às frequências de cada classe. Pode-se também fazer outro tipo de representação gráfica, chamada de *polígono* *de frequ*ências, unindo-se os pontos médios dos patamares do histograma (Figura 6.13). Além disso, pode-se também construir o polígono de percentagens acumuladas, somando-se cumulativamente as percentagens de cada classe.

Tabela 6.3
Distribuição das frequências das estaturas de 2.960 cadetes da Força Aérea dos Estados Unidos (Chapanis, 1962)

Classe	Intervalo (cm)	Frequências absolutas	Frequências acumuladas	Percentagens acumuladas
1	156-158,9	3	3	0,1%
2	159-161,9	17	20	0,7%
3	162-164,9	68	88	3,0%
4	165-167,9	208	296	10,0%
5	168-170,9	377	673	22,7%
6	171-173,9	467	1.140	38,5%
7	174-176,9	575	1.715	57,9%
8	177-179,9	522	2.237	75,6%
9	180-182,9	358	2.595	87,7%
10	183-185,9	226	2.821	95,3%
11	186-188,9	87	2.908	98,2%
12	189-191,9	42	2.950	99,7%
13	192-194,9	7	2.957	99,9%
14	195-197,9	2	2.959	100,0%
15	198-200,9	1	2.960	100,0%
	Total	2.960	2.960	100,0%

O polígono da Figura 6.13 assemelha-se a uma distribuição normal ou de Gauss (ver p. 61). Muitas medidas biológicas e psicológicas seguem essa distribuição. Nessa distribuição, as maiores frequências se concentram nas classes centrais e elas vão decrescendo, simetricamente, nas duas extremidades. No caso da Tabela 6.3, significa que é mais fácil encontrar pessoas com 174,0 a 179,9 cm e elas se tornam escassas nas classes abaixo de 158,9 cm ou acima de 198,0 cm.

Como já vimos (p. 61), quase todas as grandezas naturais seguem essa distribuição normal ou de Gauss. Assim, conhecendo-se a média e o desvio-padrão de uma variável, é possível calcular o intervalo de valores para certo nível de confiança. Por exemplo, calcular a faixa de valores da estatura de uma população em que $\bar{x}$ é a média e s é o desvio-padrão. Os coeficientes k indicam nível de confiança e são apresentados na Tabela 6.4. O intervalo de confiança é obtido pela fórmula:

$$x = \bar{x} \pm k \cdot s$$

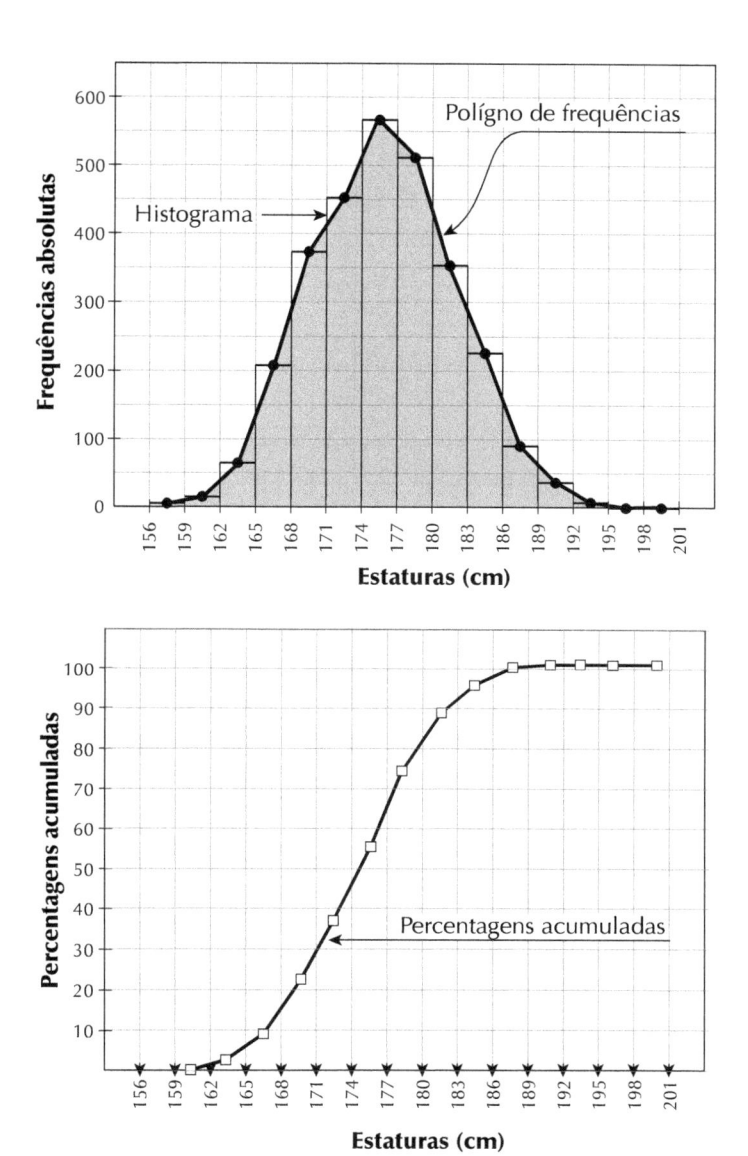

Figura 6.13
Representações gráficas da distribuição de frequências.

Usando as técnicas estatísticas apresentadas (ver p. 60), e sabendo-se, por exemplo, que a média de altura é 170 cm e o desvio-padrão é 10 cm, podemos calcular o intervalo de 5% a 95% usando o valor de $k = 1,65$.

- Limite inferior: 5% = 170 − 1,65 × 10 = 153,5 cm
- Limite superior: 95% = 170 + 1,65 × 10 = 186,5 cm

Isso significa que 90% dessa população ficará entre 153,5 cm e 186,5 cm, sendo que 5% ficarão abaixo de 153,5 cm e outros 5% ficarão acima de 186,5 cm.

Se quisermos ser mais abrangentes, podemos usar o fator $k = 2,326$ correspondente ao intervalo entre 1% e 99%. Teremos os limites de 146,74 a 193,26 cm de altura. Isso significa que haverá 1% da população abaixo de 146,74 cm e 1% acima de 193,26 cm.

Tabela 6.4
Valores do coeficiente _k_ para cálculo dos intervalos de confiança

Coeficiente (k)	Intervalo (%)	
	Inferior	Superior
0,00	50	50
0,67	25	75
0,84	20	80
1,00	16,6	83,5
1,28	10	90
1,65	5	95
1,96	2,5	97,5
2,326	1	99
2,576	0,5	99,5

O uso desses percentis apresenta duas vantagens:

a) _Permite especificar a população incluída (ou excluída) em um projeto_. Por exemplo, se um produto for dimensionado para 90% da população, significa que haverá uma exclusão de 5% em cada um dos extremos, inferior e superior. Dependendo do projeto, é possível que haja interesse em incluir uma percentagem maior ou menor dessa população.

b) _Permite selecionar as pessoas para testes_. Por exemplo, um posto de trabalho para caixa de supermercado pode ser dimensionado para a média. Entretanto, deseja-se saber o que aconteceria com os extremos da população. Nesse caso, pode-se selecionar alguém que represente 5% da população e outra que representa 95%, para realizar os testes. É possível que esse posto de trabalho, mesmo sendo projetado para a média, permita acomodar satisfatoriamente os dois extremos, desde que se façam pequenas adaptações, como aumentar o espaço para acomodar as pernas das pessoas mais altas.

6.4 Antropometria estática

Na antropometria estática ou estrutural, as medidas são feitas entre pontos anatômicos tomados com o sujeito _parado_. Esse tipo de medidas antropométricas da população já é realizado há muito tempo, principalmente pelas forças armadas. Como vimos anteriormente, a partir da década de 1950, começaram a adquirir maior significado econômico. Um produto melhor adaptado à anatomia do usuário pode resultar em maiores conforto e produtividade e menores riscos de erros, acidentes e doenças ocupacionais.

Hoje estão disponíveis muitas medidas antropométricas, realizadas principalmente na Alemanha e nos Estados Unidos, mas também em outros países. A partir da década de 1990, surgiram também medidas de povos asiáticos, em consequência da emergência econômica dessa região.

Tabelas estrangeiras

Uma das tabelas de medidas antropométricas mais completas que se conhece é a norma alemã DIN 33402 de junho de 1981. Ela apresenta medidas de 54 variáveis, sendo nove do corpo em pé, treze do corpo sentado, 22 da mão, três dos pés e sete da cabeça. Para cada variável, a norma descreve os pontos entre os quais são tomadas as medidas, a postura adotada durante a medição e o instrumento de medida usado. Os resultados são apresentados em percentis 5, 50 e 95 da população de homens e mulheres, para dezenove faixas etárias, entre três e 65 anos de idade, e a média para adultos, entre dezesseis e sessenta anos. Essa norma não fornece dados sobre os pesos. As principais variáveis apresentadas podem ser vistas na Figura 6.14, e os respectivos valores, na Tabela 6.5.

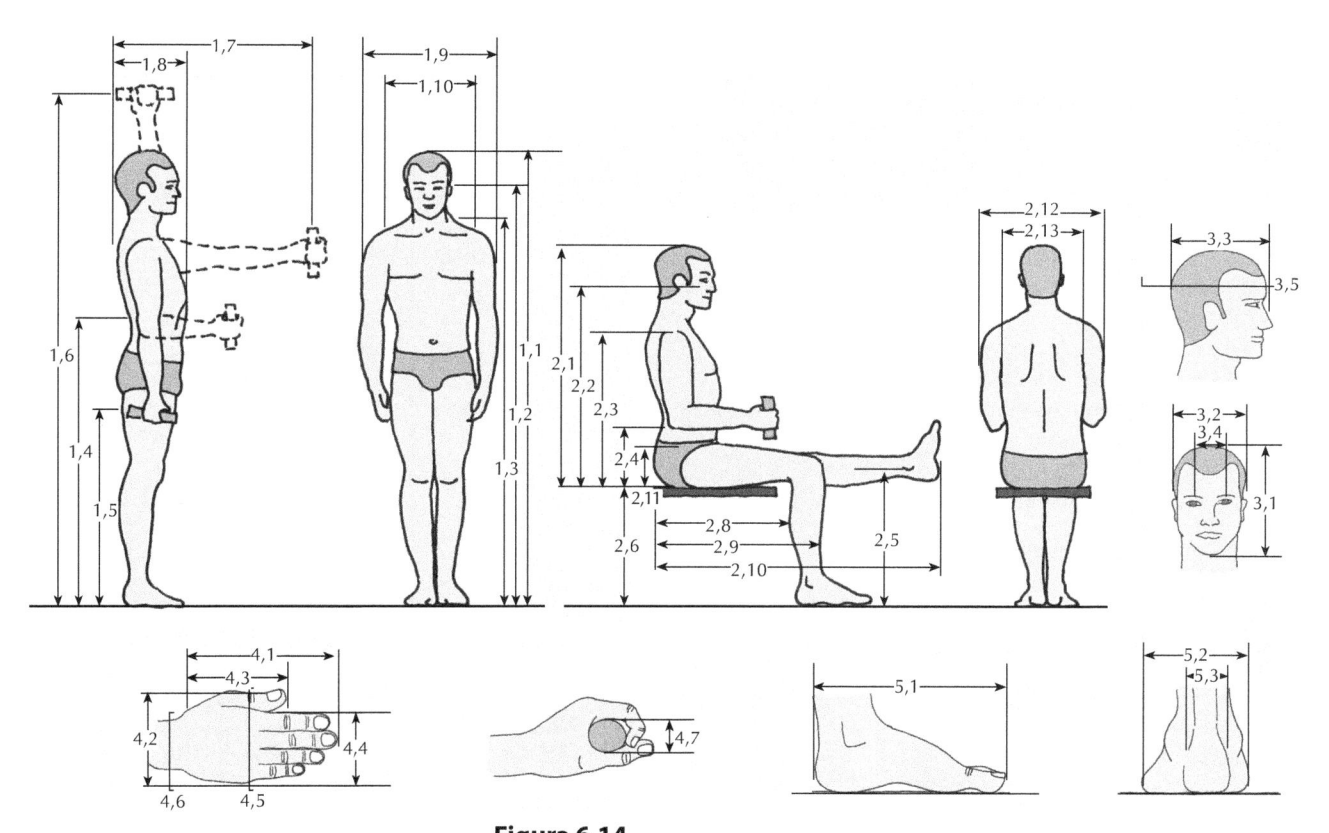

Figura 6.14
Principais variáveis usadas em medidas de antropometria estática do corpo.

Em 1988, o exército dos Estados Unidos realizou um amplo levantamento antropométrico de 2.208 mulheres e 1.774 homens (Tabela 6.6). Entre as mulheres, 46% tinham menos de 25 anos, 32% entre 25 e trinta anos e 22% tinham mais de 31 anos. Entre os homens, 45% tinham menos de 25 anos, 25% entre 25 e trinta anos e 30% tinham mais de 31 anos. Cerca de 51% eram brancos, 42% negros, 3% hispânicos e 4% de outras etnias. Segundo Kroemer, Kroemer e Kroemer-Elbert (1994), essa seria uma amostra representativa da população adulta dos Estados Unidos.

Tabela 6.5
Medidas de antropometria estática (5°, 50° e 95° percentis), resumidas da norma alemã DIN 33402 de 1981

Medidas de antropometria estática (cm)	Mulheres			Homens		
	5°	50°	95°	5°	50°	95°
1 CORPO EM PÉ						
1,1 Estatura, corpo ereto	151,0	161,9	172,5	162,9	173,3	184,1
1,2 Altura dos olhos, em pé, ereto	140,2	150,2	159,6	150,9	161,3	172,1
1,3 Altura dos ombros, em pé, ereto	123,4	133,9	143,6	134,9	144,5	154,2
1,4 Altura do cotovelo, em pé, ereto	95,7	103,0	110,0	102,1	109,6	117,9
1,5 Altura do centro da mão, braço pendido, em pé	66,4	73,8	80,3	72,8	76,7	82,8
1,6 Altura do centro da mão, braço erguido, em pé	174,8	187,0	200,0	191,0	205,1	221,0
1,7 Comprimento do braço, na horizontal, até o centro da mão	61,6	69,0	76,2	66,2	72,2	78,7
1,8 Profundidade do corpo, na altura do tórax	23,8	28,5	35,7	23,3	27,6	31,8
1,9 Largura dos ombros, em pé	32,3	35,5	38,8	36,7	39,8	42,8
1,10 Largura dos quadris, em pé	31,4	35,8	40,5	31,0	34,4	36,8
2 CORPO SENTADO						
2,1 Altura da cabeça, a partir do assento, tronco ereto	80,5	85,7	91,4	84,9	90,7	96,2
2,2 Altura dos olhos, a partir do assento, tronco ereto	68,0	73,5	78,5	73,9	79,0	84,4
2,3 Altura dos ombros, a partir do assento, tronco ereto	53,8	58,5	63,1	56,1	61,0	65,5
2,4 Altura do cotovelo, a partir do assento, tronco ereto	19,1	23,3	27,8	19,3	23,0	28,0
2,5 Altura do joelho, sentado	46,2	50,2	54,2	49,3	53,5	57,4
2,6 Altura poplítea (parte inferior da coxa)	35,1	39,5	43,4	39,9	44,2	48,0
2,7 Comprimento do antebraço, na horizontal, até o centro da mão	29,2	32,2	36,4	32,7	36,2	38,9
2,8 Comprimento nádega-poplítea	42,6	48,4	53,2	45,2	50,0	55,2
2,9 Comprimento da nádega-joelho	53,0	58,7	63,1	55,4	59,9	64,5
2,10 Comprimento nádega-pé, perna estendida na horizontal	95,5	104,4	112,6	96,4	103,5	112,5
2,11 Altura da parte superior das coxas	11,8	14,4	17,3	11,7	13,6	15,7
2,12 Largura entre os cotovelos	37,0	45,6	54,4	39,9	45,1	51,2
2,13 Largura dos quadris, sentado	34,0	38,7	45,1	32,5	36,2	39,1
3 CABEÇA						
3,1 Comprimento vertical da cabeça	19,5	21,9	24,0	21,3	22,8	24,4
3,2 Largura da cabeça, de frente	13,8	14,9	15,9	14,6	15,6	16,7
3,3 Largura da cabeça, de perfil	16,5	18,0	19,4	18,2	19,3	20,5
3,4 Distância entre os olhos	5,0	5,7	6,5	5,7	6,3	6,8
3,5 Circunferência da cabeça	52,0	54,0	57,2	54,8	57,3	59,9
4 MÃOS						
4,1 Comprimento da mão	15,9	17,4	19,0	17,0	18,6	20,1
4,2 Largura da mão	8,2	9,2	10,1	9,8	10,7	11,6
4,3 Comprimento da palma da mão	9,1	10,0	10,8	10,1	10,9	11,7
4,4 Largura da palma da mão	7,2	8,0	8,5	7,8	8,5	9,3
4,5 Circunferência da palma	17,6	19,2	20,7	19,5	21,0	22,9
4,6 Circunferência do pulso	14,6	16,0	17,7	16,1	17,6	18,9
4,7 Cilindro de pega máxima (diâmetro)	10,8	13,0	15,7	11,9	13,8	15,4
5 PÉS						
5,1 Comprimento do pé	22,1	24,2	26,4	24,0	26,0	28,1
5,2 Largura do pé	9,0	9,7	10,7	9,3	10,0	10,7
5,3 Largura do calcanhar	5,6	6,2	7,2	6,0	6,6	7,4

OBS. As numerações das medidas correspondem às da Figura 6.14. Origem: Alemanha

Tabela 6.6
Dimensões antropométricas (5°, 50° e 95° percentis) de adultos norte-americanos
(Kroemer, Kroemer e Kroemer-Elbert 1994)

Medidas (cm)	Mulheres				Homens			
	5°	50°	95°	DP	5°	50°	95°	DP
1 CORPO EM PÉ								
1,1 Estatura, corpo ereto	152,78	162,94	173,73	6,36	164,69	175,58	186,65	6,68
1,2 Altura dos olhos, em pé	141,52	151,61	162,13	6,25	152,82	163,39	174,29	6,57
1,3 Altura dos ombros, em pé	124,09	133,36	143,20	5,79	134,16	144,25	154,56	6,20
1,4 Altura do cotovelo, em pé	92,63	99,79	107,40	4,48	99,52	107,25	115,28	4,81
1,5 Altura do centro da mão, em pé	72,79	79,03	85,51	3,86	77,79	84,65	91,52	4,15
1,8 Profundidade do tórax	20,86	23,94	27,78	2,11	20,96	24,32	28,04	2,15
2 CORPO SENTADO								
2,1 Altura da cabeça, sentado, a partir do assento	79,53	85,20	91,02	3,49	85,45	91,39	97,19	3,56
2,2 Altura dos olhos, sentado, a partir do assento	68,46	73,87	79,43	3,32	73,50	79,20	84,80	3,42
2,3 Altura dos ombros, sentado, acima do assento	50,91	55,55	60,36	2,86	54,85	59,78	64,63	2,96
2,4 Altura do cotovelo, acima do assento	17,57	22,05	26,44	2,68	18,41	23,06	27,37	2,72
2,6 Comprimento nádega- joelho, sentado	54,21	58,89	63,98	2,96	56,90	61,64	66,74	2,99
2,9 Comprimento nádega-poplítea, sentado	44,00	48,17	52,77	2,66	45,81	50,04	54,55	2,66
2,11 Altura das coxas, acima do assento	14,04	15,89	18,02	1,21	14,86	16,82	18,99	1,26
2,13 Largura dos quadris, sentado	34,25	38,45	43,22	2,72	32,87	36,68	41,16	2,52
3 CABEÇA								
3,2 Largura da cabeça	13,66	14,44	15,27	0,49	14,31	15,17	16,08	0,54
3,4 Distância entre olhos	5,66	6,23	6,85	0,36	5,88	6,47	7,10	0,37
3,5 Circunferência da cabeça	52,25	54,62	57,05	1,46	54,27	56,77	59,35	1,54
4 MÃOS								
4,1 Comprimento da mão	16,50	18,05	19,69	0,97	17,87	19,38	21,06	0,98
4,4 Largura da palma	7,34	7,94	8,56	0,38	8,36	9,04	9,76	0,42
4,5 Circunferência da palma	17,25	18,62	20,03	0,85	19,85	21,38	23,03	0,97
5 PÉS								
5,1 Comprimento do pé	22,44	24,44	26,46	1,22	24,88	26,97	29,20	1,31
5,2 Largura do pé	8,16	8,97	9,78	0,49	9,23	10,06	10,95	0,53
7 PESO (kg)	39,2*	62,01	84,8*	13,8*	57,7*	78,49	99,3*	12,6*

OBS. As numerações das medidas referem-se à Figura 6.14, (*) Valores estimados, DP = desvio-padrão.

A excelente publicação *Human Scale* (Diffrient, Tilley e Bardagjy, 1974), baseada em medidas norte-americanas, é muito útil para os projetistas. Seus autores coletaram medidas antropométricas para os três biótipos básicos (ectomorfo, mesomorfo e endomorfo) e diversas medidas detalhadas de partes do corpo, cabeça, mão, pés. Esses dados foram organizados em cartões, para facilitar o uso dos deles em projetos.

Outra publicação importante é o *Dimensionamento Humano para Espaços Interiores* (tradução de *Human Dimension & Interior Space*) de Panero e Zelnik, de 2002. Apresenta as dimensões antropométricas de adultos em percentis 1, 5, 10, 20, 30, 40, 50, 60, 70, 80, 90, 95 e 99 para faixas etárias de 18-24, 25-30, 35-44, 45-54, 55-64, 65-74 e 75-79 anos. São também apresentadas medidas antropométricas de crianças de seis a onze anos, além de exemplos de aplicações no projeto de escritórios, bares, restaurantes, consultórios médicos, odontológicos e outros. As medidas foram compiladas de várias fontes disponíveis, principalmente da publicação *Weight, Hight and Selected Dimensions of Adults*, publicada pela U.S. Public Health Service, baseada em 6.672 medidas de adultos (civis) da população norte-americana. A Tabela 6.7 apresenta um resumo das delas.

Comparando as medidas apresentadas nas Tabelas 6.5, 6.6 e 6.7 verificam-se pequenas diferenças entre elas. Isso pode ser explicado pelas diferenças de amostragem, critérios de medições ou época em que foram realizadas.

Tabela 6.7
Medidas de antropometria estática (5°, 50° e 95° percentis) da população norte-americana, baseadas em uma amostra de 52.744 homens de dezoito a 79 anos e 53.343 mulheres de dezoito a 79 anos, realizada entre 1960 e 1962

Medidas de antropometria estática (cm)	Mulheres			Homens		
	5°	50°	95°	5°	50°	95°
1,0 Peso (kg)	47,2	62,1	90,3	57,2	75,3	96,2
1,1 Estatura, corpo ereto	149,9	159,8	170,4	161,5	173,5	184,9
2,1 Altura da cabeça, sentado a partir do assento, ereto	78,5	84,8	90,7	84,3	90,7	96,5
2,4 Altura do cotovelo, a partir do assento, natural	18,0	23,4	27,9	18,8	24,1	29,5
2,5 Altura do joelho, sentado	45,5	49,8	54,6	49,0	54,4	59,4
2,6 Altura poplítea (parte inferior da coxa)	35,6	39,9	44,5	39,3	43,9	49,0
2,8 Comprimento da nádega-poplítea	43,2	48,0	53,3	43,9	49,0	54,9
2,8 Comprimento da nádega-joelho	51,8	56,9	62,5	54,1	59,2	64,0
2,11 Altura das coxas, a partir do Assento	10,4	13,7	17,5	10,9	14,9	17,5
2,12 Largura entre os cotovelos	31,2	38,4	49,0	34,8	41,9	50,5
2,13 Largura dos quadris, sentado	31,2	36,3	43,4	31,0	35,6	40,4

Obs.: As numerações das medidas referem-se à Figura 6.14
Fonte: US Department of Health, Education and Welfare, 1965. Origem: Estados Unidos.

BANCOS DE DADOS ANTROPOMÉTRICOS

Existem vários bancos de dados antropométricos disponíveis *on-line*. Entre os mais utilizados estão o Ergodata e o Anthrokids. Um banco antropométrico *off-line* acessado por muitas empresas internacionais é o People Size[1], que apresenta 289 medidas das populações norte-americana, australiana, belga, britânica, chinesa, francesa, alemã, japonesa e sueca, e inclusive medidas de crianças norte-americanas, belgas e britânicas de dois a dezessete anos, e britânicas de 0 a 24 meses.

Alguns bancos apresentam resultados de medidas antropométricas obtidas pela técnica do *scanner*. O CAESAR (Civilian American and European Surface Anthropometry Resource), desenvolvido pela Força Aérea Americana, e a SAE International incluem dados antropométricos de 2.400 norte-americanos e canadenses e de 2 mil europeus, homens e mulheres civis, de dezoito a 65 anos de idade. Foi o primeiro banco a incluir dados 3D nas posturas de pé e sentada obtidos com *scanner*. O banco Size UK contém 130 medidas de 11 mil de britânicos, também obtidas com *scanner* 3D.

---

[1] Ver: < http://www.openerg.com/psz/index.html>.

Foi desenvolvido pelo governo britânico em parceria com dezessete empresas e universidades. O projeto Size Spain 2008, do Instituto de Biomecânica de Valência, incluiu escaneamento completo e outras medidas adicionais de 10.414 pessoas entre doze e setenta anos de idade. Outros bancos *off-line* importantes, especializados em medidas de populações fora da faixa usual, são o Childata (para crianças) e o Olderadult (para idosos).

MEDIDAS BRASILEIRAS

Ainda não existem medidas abrangentes e confiáveis da população brasileira. Entretanto, diversos levantamentos já foram realizados, quase sempre restritos a determinadas regiões e ocupações profissionais.

O Instituto Nacional de Tecnologia (INT) realizou levantamento antropométrico em 26 empresas do Rio de Janeiro, abrangendo 3.100 trabalhadores (só homens adultos), dividido em duas partes. Na primeira, foram medidos 42 variáveis antropométricas e três variáveis biomecânicas, cujo resumo é apresentado na Tabela 6.8. Na segunda, foram medidas 26 variáveis antropométricas destinadas à confecção de vestuário. Esses dados foram incluídos no banco de dados ERGOKIT (INT, 1998), que também consolida os dados de outras três pesquisas, abrangendo 27 medidas do corpo para vestuário, 28 medidas da cabeça, 48 medidas dos pés, dezessete da mão e três de biomecânica.

Tabela 6.8
Medidas de antropometria estática (5°, 50° e 95° percentis) de trabalhadores brasileiros, baseadas em uma amostra de 3.100 trabalhadores do Rio de Janeiro (Ferreira, 1988a).
Origem: Brasil

	Medidas de antropometria estática (cm)	Homens		
		5°	50°	95°
CORPO EM PÉ	1,0 Peso (kg)	52,3	66,0	85,9
	1,1 Estatura, corpo ereto	159,5	170,0	181,0
	1,2 Altura dos olhos, em pé, ereto	149,0	159,5	170,0
	1,3 Altura dos ombros, em pé, ereto	131,5	141,0	151,0
	1,4 Altura do cotovelo, em pé ereto	96,5	104,5	112,0
	1,7 Comprimento do braço na horizontal, até a ponta dos dedos	79,5	85,5	92,0
	1,8 Profundidade do tórax (sentado)	20,5	23,0	27,5
	1,9 Largura dos ombros (sentado)	40,2	44,3	49,8
	1,10 Largura dos quadris, em pé	29,5	32,4	35,8
	1,11 Altura entre pernas	71,0	78,0	85,0
CORPO SENTADO	2,1 Altura da cabeça, a partir do assento, corpo ereto	82,5	88,0	94,0
	2,2 Altura dos olhos, a partir do assento, corpo ereto	72,0	77,5	83,0
	2,3 Altura dos ombros, a partir do assento, ereto	55,0	59,5	64,5
	2,4 Altura do cotovelo, a partir do assento	18,5	23,0	27,5
	2,5 Altura do joelho, sentado	49,0	53,0	57,5
	2,6 Altura poplítea, sentado	39,0	42,5	46,5
	2,8 Comprimento nádega-poplítea	43,5	48,0	53,0
	2,9 Comprimento nádega-joelho	55,0	60,0	65,0
	2,11 Largura das coxas	12,0	15,0	18,0
	2,12 Largura entre cotovelos	39,7	45,8	53,1
	2,13 Largura dos quadris (em pé)	29,5	32,4	35,8
PÉS	5,1 Comprimento do pé	23,9	25,9	28,0
	5,2 Largura do pé	9,3	10,2	11,2

Obs.: As numerações das medidas referem-se à Figura 6.14

Um levantamento antropométrico foi realizado com moradores de Recife. A amostra consistiu de duzentas pessoas, entre 18 a 65 anos, de ambos os sexos. No total, foram tomadas dezenove medidas, usando-se a técnica da fotogrametria digital (Barros, 2004). As estaturas médias encontradas foram de 157,5 e 173,5 cm, e as alturas poplíteas, 39,4 e 44,7 cm, respectivamente, para mulheres e homens. Outros levantamentos referem-se a populações ou localizações específicas, como a de Silva (1997) de crianças do ensino infantil e fundamental I em Bauru.

COMPARAÇÕES ENTRE MEDIDAS ESTRANGEIRAS E BRASILEIRAS

Comparando-se as medidas antropométricas estrangeiras com as brasileiras, constata-se que as brasileiras são ligeiramente *menores*. Percentualmente, essas diferenças situam-se em torno de 4%, no máximo. Parte dessas diferenças pode ser explicada pelas variações interindividuais. Mas também podem ocorrer variações seculares, dependendo da época em que as medições foram realizadas.

Além disso, existem duas outras fontes de variações que podem ser mais significativas. Uma delas é o critério de *amostragem*, que pode ter sido "viciada", não sendo representativa da população em geral. Em muitos casos, essas amostras foram baseadas em contingentes de militares ou de trabalhadores industriais. Como já vimos, o próprio critério de seleção para essas ocupações já causa distorção. Outra fonte de variação possível pode estar nos critérios de medição. As estaturas podem ser medidas com o corpo ereto ou relaxado, com calçado ou sem calçado, e assim por diante.

Em geral, essas pequenas diferenças não chegam a comprometer a solução da maioria dos problemas em ergonomia. Além disso, deve-se considerar a mobilidade populacional cada vez maior, tanto no sentido geográfico (migrações) como no econômico-social (ascensão das classes sociais), e a miscigenação, contribuindo para diluir essas diferenças. Contudo, nos casos em que se exigem maiores precisões, os dados tabelados devem ser usados apenas como uma primeira *aproximação*. Para se ter maior confiabilidade, é aconselhável fazer as medições diretamente, com uma amostra dos *usuários reais* de produtos ou serviços. Em outros casos, pode-se fazer um anteprojeto baseando-se nos dados tabelados e, depois, testá-lo com alguns usuários reais, para fazer os ajustes necessários.

6.5 ANTROPOMETRIA DINÂMICA E FUNCIONAL

Na antropometria dinâmica (para medidas de alcance) e na funcional (para medidas que impactam na execução de tarefas), as medidas são feitas entre pontos anatômicos tomados com o sujeito *realizando algum movimento*.

ALCANCE DOS MOVIMENTOS

A fisiologia usa alguns termos próprios para designar os movimentos musculares que são estudados pela cinesiologia. Movimentos dos membros que tendem a afastar-se do corpo ou de suas posições normais de descanso chamam-se *abdução*, e o movimento oposto, aproximando-se do corpo, *adução* (Figura 6.15).

O movimento do braço acima da horizontal é *flexão*, e para baixo, *extensão*. O movimento de dobrar o antebraço sobre o braço também é flexão. O movimento inverso é de extensão. Girando o antebraço sobre o cotovelo, para fora, é a *rotação lateral* e, ao contrário, a *rotação medial*. O movimento de rotação da mão, com o polegar, girando-se para dentro do corpo chama-se *pronação* e, quando gira para fora, *supinação*. A mão, fechando-se, faz flexão dos dedos e, abrindo-se, extensão. A mão deslocando-se na horizontal, no sentido do dedo mínimo, faz o *desvio ulnar* e, no sentido do polegar, o *desvio radial*.

A Figura 6.16 apresenta valores médios dos *movimentos voluntários*, ou seja, aqueles que podem ser feitos pelo próprio indivíduo. Existem ainda valores para os movimentos passivos, ligeiramente superiores a esses, que correspondem aos valores dos movimentos feitos com a ajuda de outra pessoa ou de aparelhos. Existe uma grande semelhança dos alcances para os lados direito e esquerdo do corpo. Naturalmente, com o treinamento, as pessoas conseguem aumentar o alcance desses movimentos voluntários.

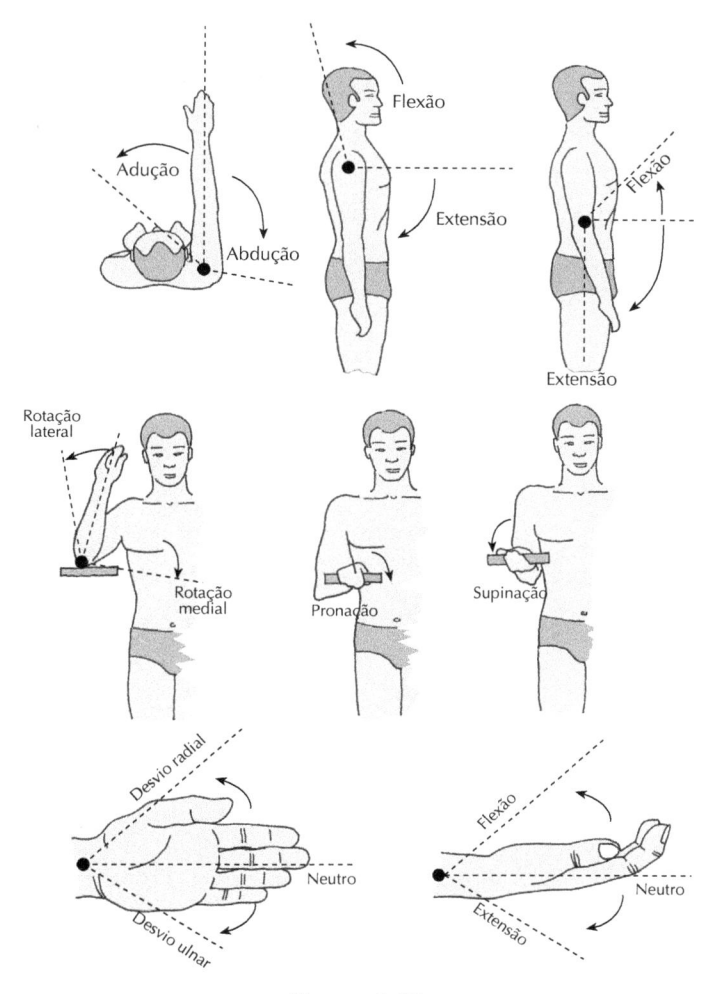

Figura 6.15
Principais tipos de movimentos dos braços e mãos.

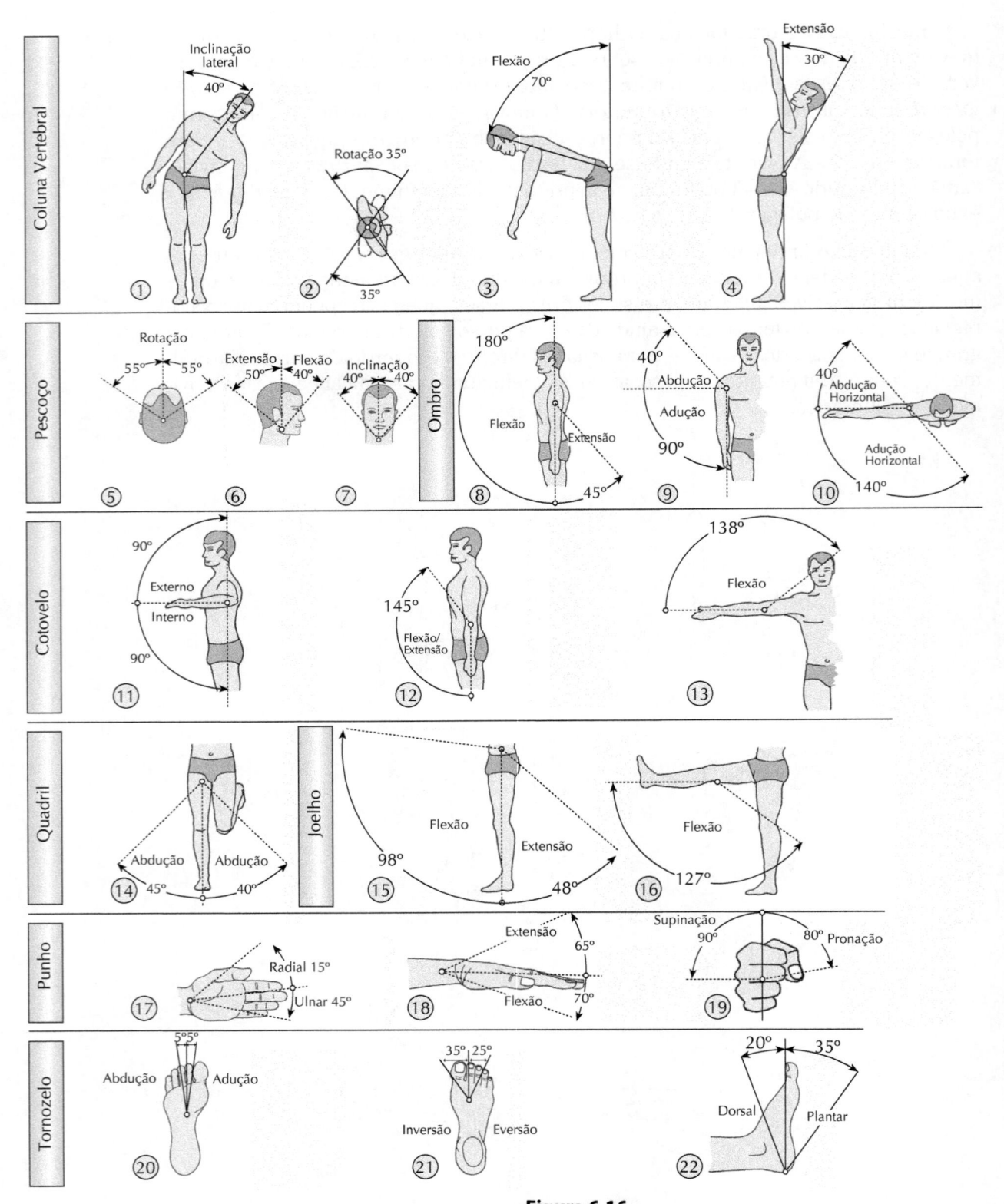

Figura 6.16
Valores médios (em graus) de rotações voluntárias do corpo, na antropometria dinâmica.

REGISTRO DOS MOVIMENTOS

Existem diversas técnicas que podem ser aplicadas no registro de movimentos. Muitas delas usam recursos de cinema, televisão, fotografia e informática. Por exemplo, pode-se "fotografar" um movimento com uma câmara fotográfica colocando-se uma pequena luz na parte do corpo que se movimenta, deixando o obturador aberto enquanto o movimento é realizado.

Para realizar as medições, esses registros podem ser feitos contra um fundo graduado, que serve de escala para medida. A graduação dessa escala pode ser feita de modo que ela já inclua a correção da paralaxe introduzida pela projeção da imagem sobre a escala. Essa imagem seria um pouco maior que a real, e a escala deve ser ampliada, para registrar a verdadeira grandeza do objeto.

Entretanto, os movimentos podem ser também registrados de forma mais simples e direta, fixando-se uma folha de papel sobre um plano e fazendo riscos sobre esta com caneta ou giz.

O registro dos movimentos geralmente é realizado em um sistema de planos triortogonais (Figura 6.17). Um plano bem definido é aquele vertical, que "divide" o homem em duas partes simétricas, à direita e à esquerda, e se chama *plano sagital de simetria*. Todos os planos paralelos a ele são chamados também de planos sagitais, à esquerda ou à direita desse plano sagital de simetria. Os planos verticais perpendiculares aos planos sagitais chamam-se *planos frontais*. Os que ficam na frente são os frontais anteriores, e os que ficam às costas, planos frontais posteriores. Aqueles horizontais, paralelos ao piso, são chamados de *planos transversais*.

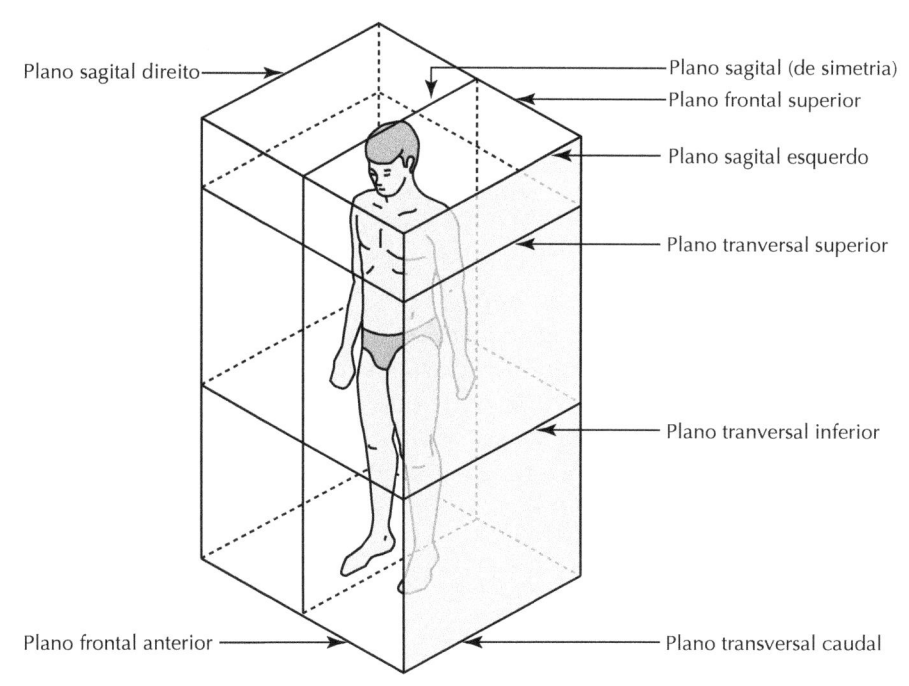

Figura 6.17
Definição dos planos para registro dos movimentos corporais.

O alcance das mãos pode ser registrado nesses três planos e, se estes forem conjugados entre si, fornecem o traçado de um *volume de alcance*. A Figura 6.18 apresenta exemplos de registros nos planos transversal e sagital, para uma pessoa sentada, e a Figura 6.19, para os planos frontal e sagital, para uma pessoa em pé. Esses registros podem apresentar dois tipos de alcances, um para a *zona preferencial*, e outra para o *alcance máximo*. O primeiro corresponde ao movimento realizado mais facilmente, apenas com o movimento dos braços e menos gasto energético. Por outro lado, o de alcance máximo envolve movimentos simultâneos do tronco e ombros, de maior amplitude. Estes podem ser mais demorados e menos precisos, com maiores gastos energéticos.

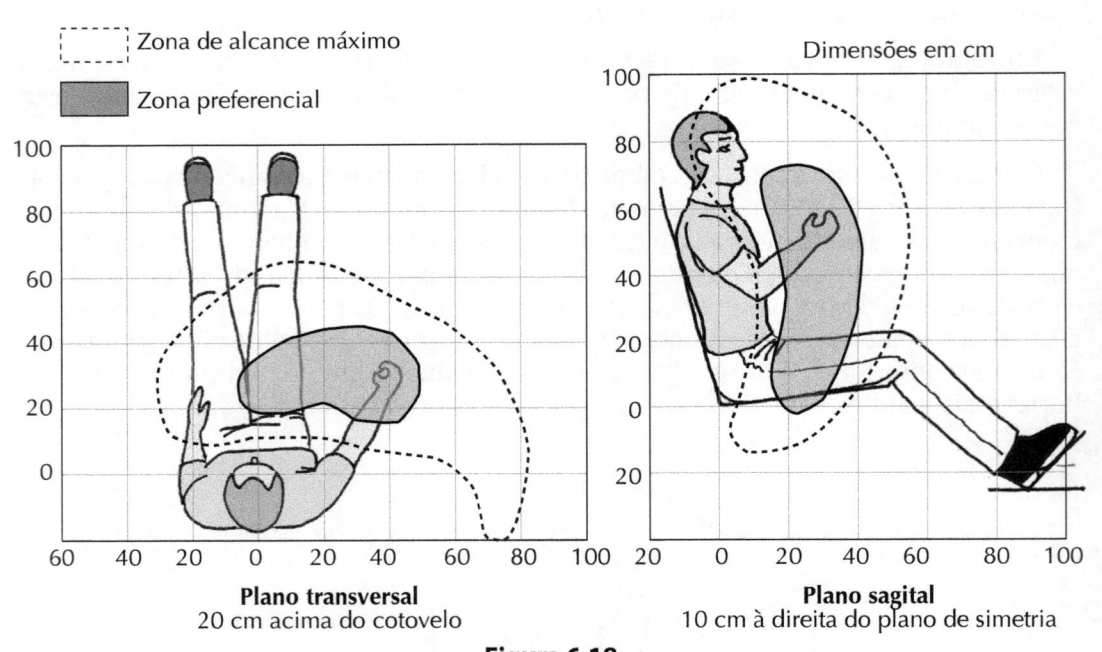

Figura 6.18
Exemplo de zonas de alcances máximos e preferenciais para a posição sentada.

Os registros dos movimentos são importantes, porque delimitam o espaço onde deverão ser colocados os objetos. Os controles das máquinas ou peças para montagem, que exigem manipulação frequente, devem ser colocados na zona preferencial, enquanto aqueles de manipulação ocasional podem ser colocados na zona de alcance máximo. Isso acontece, por exemplo, na cabina do avião. Os controles de uso frequente são colocados na zona preferencial, enquanto aqueles de uso ocasional são posicionados fora dessa zona, até no teto.

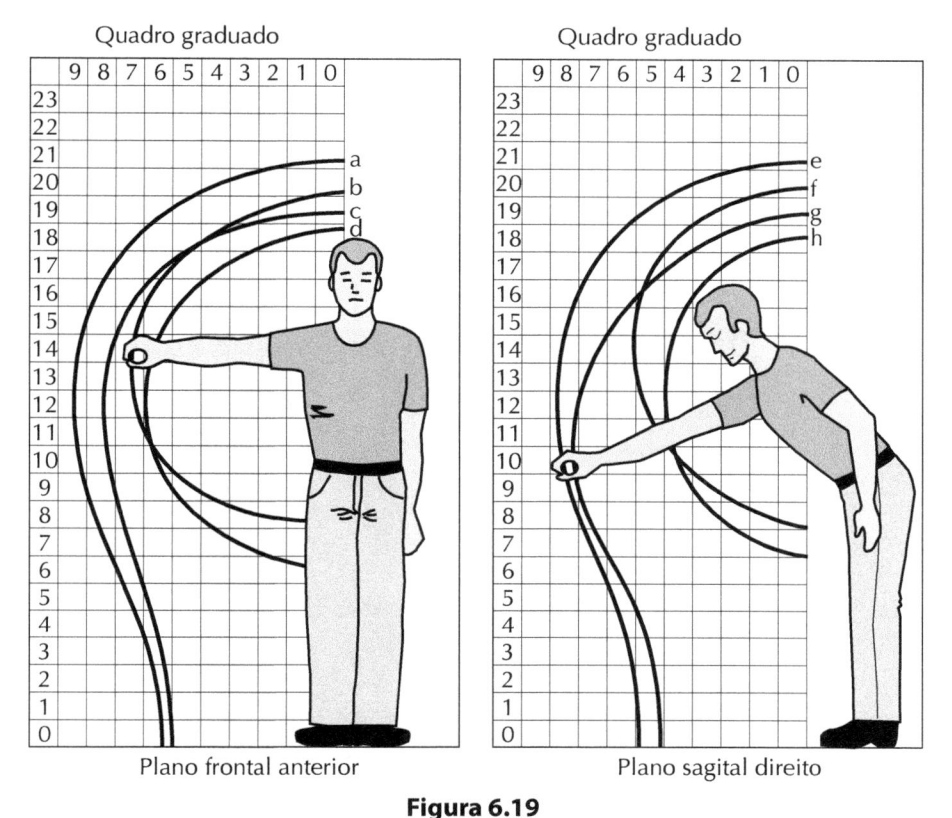

Figura 6.19
Os alcances máximos da mão podem ser determinados traçando-se os envoltórios em um quadro graduado, para diferentes distâncias e posturas do corpo (Seminara, 1979).

6.6 CONSTRUÇÃO DE MODELOS HUMANOS

A partir das medidas antropométricas, podem ser construídos diversos tipos de modelos humanos, que podem ser úteis no projeto e avaliação de produtos, postos de
trabalho e ambientes. Esses modelos podem ser bidimensionais, tridimensionais,
computacionais ou matemáticos. Cada um pode ter diferentes graus de detalhamento e de realismo na representação do corpo humano.

ANTROPOMETRIA UNIDIMENSIONAL (1D)

Antropometria unidimensional (1D) é aquela que usa uma variável de cada vez para
fazer dimensionamentos de projetos. Projetar com dimensionamentos 1D é a forma
mais simples, porque o problema é resolvido usando-se dados fornecidos pelas fontes tradicionais, como tabelas e bancos de dados. A antropometria 1D tem a vantagem da simplicidade e custos reduzidos, mas apresenta certas restrições, devendo
ser substituída por 2D ou 3D nos casos de projetos mais complexos.

Apesar dessa simplicidade, é necessária muita atenção no uso de tabelas 1D, porque podem ocorrer erros de projeto. Diante de informações incompletas, o projetista
acaba fazendo diversas suposições, em termos de localização dos pontos medidos,

forma da área corpórea, e assim por diante. Quanto maior o número de variáveis 1D utilizadas em um projeto, maior será o erro, pois este vai se acumulando. Esse erro pode ser reduzido medindo-se uma amostra de seres humanos reais para conferir algumas medidas.

A Figura 6.20 ilustra a reconstrução de um modelo humano em 3D a partir de medidas antropométricas obtidas em 1D. Naturalmente, esse modelo ficou deformado, em consequência das diversas suposições feitas pelo projetista.

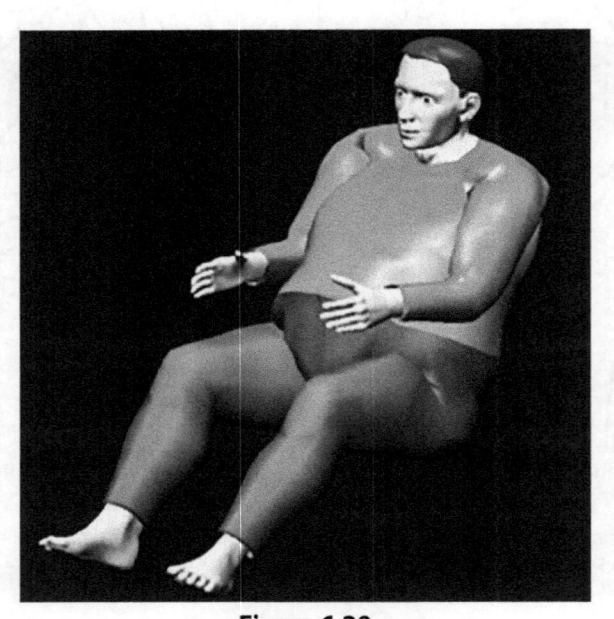

Figura 6.20
Exemplo de reconstrução de um modelo humano em 3D a partir de dados 1D. A falta de informação das tabelas antropométricas 1D aumenta a imprecisão da figura humana, baseada em diversas suposições, que tendem a aumentar os erros de projeto (Robinette, 2008).

MODELOS BIDIMENSIONAIS (2D)

Os modelos bidimensionais (2D) mais simples geralmente são construídos de papelão, plástico ou madeira compensada, representando homens ou mulheres dos percentis 5, 50 e 95. Podem ser construídos em escalas de diversos tamanhos. Um tipo de modelo muito usado é a figura humana em escala reduzida (também chamada de *template*), geralmente, 1:50, construída em madeira, papelão ou plástico (Figura 6.21).

Esses modelos são usados no projeto de produtos, postos de trabalho e sistemas. São muito úteis para testar certos aspectos críticos, como o posicionamento dos controles em postos de trabalho (Figura 6.22). Os modelos reduzidos apresentam diversas vantagens, como o baixo custo e a facilidade de transporte e armazenamento, embora não possam ser utilizados em trabalhos que exijam medidas mais precisas. A principal desvantagem é a sua representação planificada, apresentando uma das vistas de cada vez: lateral, frontal ou superior.

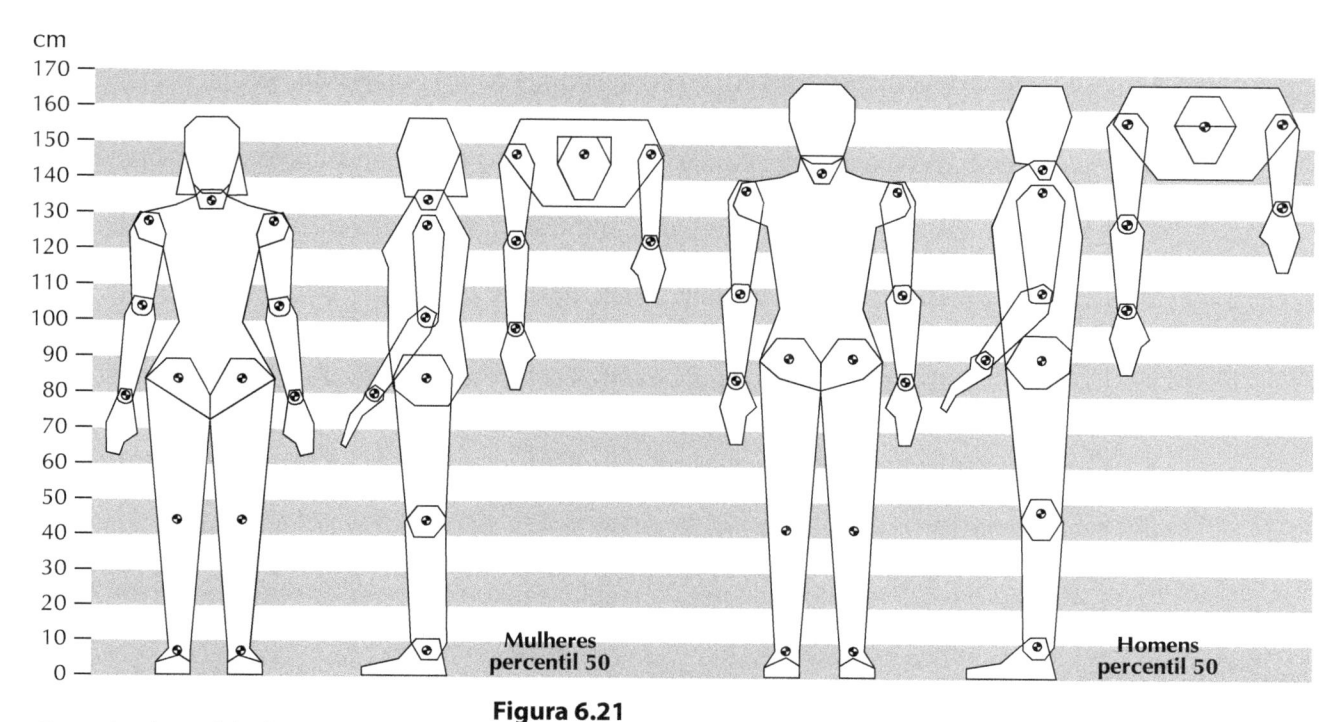

Figura 6.21
Exemplos de modelos humanos bidimensionais articulados, representando o 50º percentil de homens e mulheres, em escala reduzida (Felizberto e Paschoarelli, 2000).

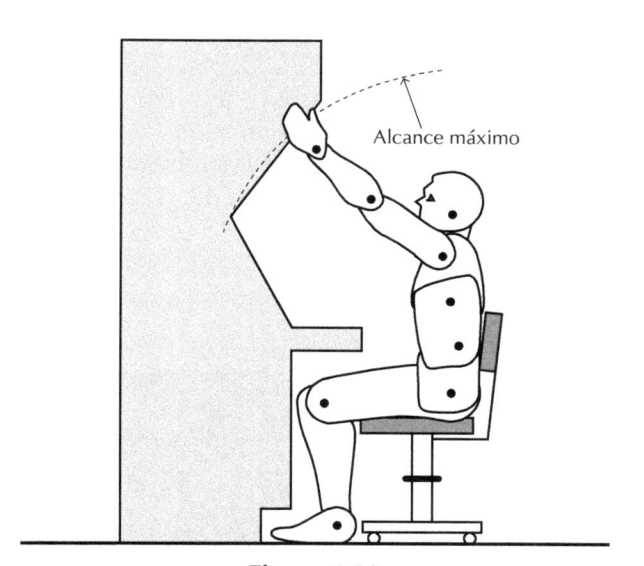

Figura 6.22
Exemplo de modelo bidimensional articulado, usado para testar o dimensionamento de postos de trabalho.

MODELOS TRIDIMENSIONAIS (3D)

Para estudos mais completos, podem ser construídos modelos tridimensionais (3D), também chamados de manequins, não apenas para testar o dimensionamento de espaços, mas também para medir outros parâmetros, como a distribuição de pesos, momento de inércia, resistência ao impacto, e assim por diante.

Manequins mais sofisticados reproduzem todo o contorno do corpo e apresentam pesos, durezas e resistências semelhantes ao do organismo vivo. Sensores instalados nesses modelos conseguem detectar, por exemplo, os movimentos do sangue, tecidos e órgãos internos, quando submetidos a uma aceleração brusca em aeronaves ou colisões violentas. Esse tipo de manequim é muito usado para simular acidentes automobilísticos e testar a eficiência dos *air bags*.

Existem também modelos parciais, que reproduzem apenas uma determinada parte do corpo, para testar equipamentos de proteção individual, como capacetes ou óculos de segurança (cabeça), botas (pés) e luvas de segurança (mãos).

Recentemente tem-se construído *androides*, robôs semelhantes à figura humana, que têm movimentos próprios e diversos instrumentos de teste. Eles são usados como substitutos humanos em áreas perigosas, por exemplo, onde ocorrem contaminações químicas, radiação nuclear ou perigo de explosão. Em alguns casos constrói-se apenas o braço mecânico para manipular materiais perigosos ou contaminantes.

MODELOS COMPUTACIONAIS EM 3D E 4D

O desenvolvimento de tecnologias computacionais permitiu realizar medições antropométricas mais rápidas e mais precisas. Diversos modelos computacionais podem ser utilizados em projetos de equipamentos e postos de trabalho. Esses modelos operam em três (3D) ou em quatro (4D) dimensões.

Os dados antropométricos podem ser obtidos por meio de escaneamento das pessoas, em apenas alguns segundos. Uma vez escaneados, é possível obter uma série de informações que não são possíveis pelos métodos tradicionais, por exemplo, o volume do segmento corporal, área da superfície, centro de gravidade e momentos de inércia (ROBINETTE; DAANEN; ZEHNER, 2004). Estes dados são muito importantes para avaliação biomecânica e modelamentos de posturas e movimentos. A Figura 6.23 apresenta exemplo de um *scanner* 3D.

Figura 6.23
Exemplo de *scanner* para levantamento antropométrico em 3D.
Fonte: INT. Disponível em: <http://www.int.gov.br/sala-de-imprensa/noticias/item/1665-'terças-tecnológi-cas'-mostra-pesquisas-antropométricas-com-scanners-3d-a-laser>.

Os modelos 4D são mais sofisticados que os 3D, pois permitem simular os movimentos de humanos interagindo com o que está sendo projetado. Existem diversos modelos comercialmente disponíveis. Alguns desses modelos foram projetados para usos específicos e diferenciam-se quanto aos detalhes. São citados apenas alguns deles, como exemplos.

ADAPS – É um modelo 3D desenvolvido pela Delft University of Technology (DUT) que pode ser baixado gratuitamente[2] e ser usado com *softwares* CAD como o Solid Works. Permite integrar o manequim com qualquer projeto.

Jack – Foi desenvolvido pela Computer Graphics Laboratory, da Universidade da Pensilvânia. O modelo humano é apresentado com 88 articulações e o dorso com dezessete segmentos flexíveis, sendo usados para estudos dinâmicos de posturas e orientações dos segmentos corporais[3].

Sammie – Foi desenvolvido pela Universidade de Nottingham. O modelo é representado por dezessete articulações e 21 segmentos corporais. O programa pode produzir vistas do corpo humano em qualquer direção[4].

Mannequin, ManneQuinPRO e *HumanCAD* — Foi produzido pela Humancad, da Biomechanics Corporation of America. O modelo contém dados antropométricos de dez países e é apresentado em três biótipos. É representado por 46 segmentos corporais e as mãos são representadas pelos cinco dedos. É o único programa que pode ser operado em PC/DOS[5].

A principal vantagem do uso desses modelos computacionais é que permitem avaliar diversas situações com maior precisão do que o modelamento com dados 1D, sem as pessoas reais. A desvantagem é o investimento em tempo e dinheiro, que pode não se justificar quando o projeto for simples. Nesse caso, é preferível construir um modelo (*mock up*) do projeto em tamanho natural e testar as alternativas com pessoas reais.

6.7 Estudo de caso – antropometria do pé feminino[6]

Este estudo teve o objetivo de coletar informações antropométricas do pé feminino, utilizando diferentes alturas de salto (sem salto, 15 mm, 50 mm e 85 mm), visando contribuir para melhorar o projeto dos calçados.

Foi feita pesquisa de características demográficas (por meio de entrevista) e pesquisa antropométrica (medição dos pés das voluntárias). A medição foi feita por apenas um (e o mesmo) pesquisador, para reduzir erros em função da variabilidade do

---

[2] Disponível em: <http://dined.io.tudelft.nl/ergonomics/3d.html>.

[3] Disponível em: <http://www.ugs.com/en_us/products/tecnomatix/>; <http://www.motionanalysis.com/applications/industrial/virtualdesign/jack.html>.

[4] Disponível em: <http://www.lboro.ac.uk/microsites/lds/sammie/samfeat.htm>.

[5] Disponível em: <http://www.nexgenergo.com/ergonomics/mqpro.html>.

[6] Baseado em Berwanger, E. G., 2011.

medidor. Utilizou-se um *scanner* 3D denominado INFOOT® para escanear os pés de uma amostra com 407 voluntárias adultas, na faixa etária entre dezesseis e 55 anos, residentes na região do Vale do Rio dos Sinos (o mais importante polo calçadista do Brasil), Vale do Paranhana e a Região Metropolitana de Porto Alegre, no Estado do Rio Grande do Sul. Foram efetuadas oito digitalizações (quatro para cada pé, em função das quatro alturas de salto) de cada voluntária, para obtenção de medidas de vinte variáveis de cada pé.

Os resultados consolidaram um conjunto de características demográficas e dados antropométricos da amostra investigada. Entre as voluntárias, 93,12% faziam uso de salto alto, embora com diferentes frequências.

Os resultados apontaram grande variabilidade no perímetro dos metatarsos em comparação com o comprimento do pé nas numerações com maior concentração de casos (35, 36, 37 e 38), constando-se uma diferença de 60 mm entre os perímetros dos metatarsos de ambos os pés. Essa variabilidade ratifica a importância do projeto e fabricação de calçados com perfis diferenciados (perímetros), para acomodar as variações dos volumes. Com relação à análise das variáveis antropométricas com simuladores de salto, constatou-se uma deformação do pé quando ele perde o contato inferior com o plano. Nessa situação, ocorre um aumento da medida da altura e uma diminuição da largura (Figura 6.24). Quanto mais o pé é elevado em função do uso do salto, menor é a medida do perímetro da entrada do pé.

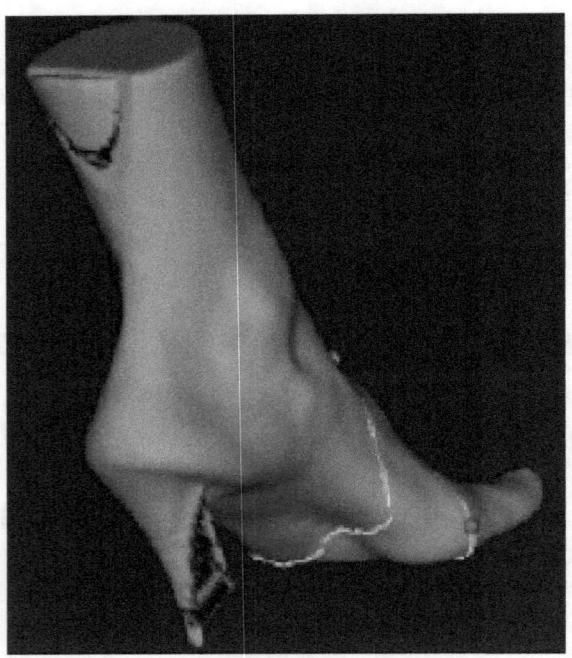

Figura 6.24
Pé digitalizado com salto de poliestireno.

Em relação à simetria entre os pés direito e esquerdo, observou-se que, em 60,22% dos casos, o pé esquerdo tem comprimento maior que o pé direito. Já em 58,5% dos casos, o pé direto tem maior perímetro dos metatarsos. Além disso, 97,2% das voluntárias que possuem pé esquerdo menor que o direito no comprimento possuem o pé direito maior que o esquerdo no perímetro dos metatarsos. Da mesma forma, 94,3 % das voluntárias que possuem o pé esquerdo maior que o direito no perímetro dos metatarsos tem pé direito maior que o pé esquerdo no comprimento. Outros resultados demonstraram uma correlação estatística entre o índice de massa corporal (IMC) e idade com as medidas do perímetro do metatarso.

O estudo não recomenda a adoção do meio-número como solução para melhoria do índice de adaptabilidade dos calçados aos pés. Para isso, a solução mais adequada é a adoção de diferentes perímetros para um mesmo comprimento.

QUESTÕES

1. Quais são as principais diferenças antropométricas entre homens e mulheres?
2. Como ocorrem as variações intraindividuais das medidas antropométricas?
3. Quais são os biótipos básicos propostos por Sheldon, Stevens e Tucker?
4. Quais são as principais variações étnicas das medidas antropométricas?
5. Quais são as principais variações genéticas das medidas antropométricas?
6. Como ocorrem as variações seculares das medidas antropométricas?
7. Quais são as vantagens e desvantagens das medições diretas e indiretas?
8. Descreva sucintamente as etapas para realização das medições antropométricas.
9. Até que ponto podem-se aplicar as tabelas antropométricas de medidas estrangeiras, no Brasil?
10. Quais são as vantagens das antropometrias dinâmica e funcional?
11. Para que servem os modelos humanos?

EXERCÍCIOS

1. Examinando-se as Figuras 6.1 e 6.2, quais são as principais recomendações antropométricas que se pode fazer para adaptar os produtos destinados a meninas e meninos de dois a vinte anos de idade?
2. Realize medidas poplíteas de pelo menos cinco pessoas sentadas, usando réguas ou trenas.
   a) Compare essas medidas com aquelas encontradas em tabelas.
   b) Realize medidas de pelo menos três assentos (cadeiras, bancos) utilizadas por essas pessoas e compare-as com as medidas poplíteas encontradas.

3. Analise um produto existente (móveis, eletrodomésticos, ferramenta manual). A seguir, usando uma tabela antropométrica com dados da população masculina e feminina:

    a) Identifique quais variáveis são as mais importantes para serem utilizadas no projeto deste produto.

    b) Identifique os percentis a serem tomados como parâmetros.

    c) Verifique se o produto foi dimensionado corretamente.

4. Em sala de aula, organize grupos de 5 alunos. Com auxilio de régua ou trena, tome as medidas da carteira (mesa e cadeira) da sala de aula.

    a) Defina as variáveis antropométricas relevantes para o dimensionamento da carteira. Defina se o critério para seleção de cada variável seria para o extremo superior (percentil 95), para o médio (percentil 50) ou para o extremo inferior (percentil 5), e se o dado deveria ser de homens ou mulheres.

    b) Use uma das tabelas antropométricas e verifique se as dimensões da carteira estão adequadas.

    c) Faça a mesma avaliação considerando as medidas dos 5 alunos de cada grupo, e avalie se os resultados estão de acordo com os obtidos em (b). Se não estão, qual a justificativa?

7 ANTROPOMETRIA: APLICAÇÕES

OBJETIVOS

Este capítulo é uma continuação do anterior. No Capítulo 6, foram apresentados os principais conceitos e métodos para realizar medições antropométricas para a construção de tabelas e modelos humanos. Neste capítulo, serão apresentadas as formas de aplicar os dados antropométricos na elaboração de projetos. Como se verá, nem sempre os dados encontrados em tabelas podem ser diretamente aplicados. Além disso, há casos em que é mais conveniente usar a média ($50°$ percentil) e, em outros casos, o extremo superior ($95°$ percentil) ou inferior ($5°$ percentil) da distribuição das medidas. Em qualquer caso, verificações adicionais se tornam necessárias para promover ajustes à população de usuários efetivos.

Na p. 241, tratar do problema do assento é importante porque os seres humanos modernos passam grande parte do seu tempo sentados. Um assento adequado deve atender a diversos requisitos, que são discutidos neste capítulo.

Tópicos

- Tabelas de dados antropométricos
- Projeto para média
- Projeto para extremos
- Projeto regulável
- Projeto para faixas
- Projeto para indivíduos
- Espaço de trabalho
- Uso de mínimas e máximas
- Superfície de trabalho
- Relaxamento máximo
- Princípios sobre assentos
- Tuberosidades isquiáticas
- Dimensionamento de assentos
- Posição semissentada

7.1 Aplicação de dados antropométricos

Os dados antropométricos encontrados em tabelas são muito aplicados no projeto de máquinas, equipamentos, postos de trabalho, veículos, móveis, vestuários e outros. Para isso, esses dados devem ser selecionados e aplicados adequadamente em cada caso (ver Tabela 7.1).

Inadequações antropométricas

As inadequações antropométricas de certos projetos podem ser facilmente comprovadas nas máquinas e equipamentos importados que não se adaptam aos trabalhadores brasileiros. Os equipamentos de ginástica das academias também são, na maioria, importados, o que pode gerar desconforto para os usuários ou até mesmo inviabilizar a correta execução dos exercícios, trazendo sérios riscos à saúde, ao invés de promovê-la. O problema tende a agravar-se no caso das mulheres, porque as diferenças antropométricas, em relação às populações estrangeiras, costumam ser mais significativas para elas.

As inadequações das medidas verticais são relativamente fáceis de resolver. Frequentemente, as máquinas industriais, cadeiras e mesas já permitem ajustes de alturas. Contudo, as maiores dificuldades são encontradas para os ajustes das medidas horizontais. Os *alcances horizontais* inadequados exigem maiores flexões e torções do tronco, aumentando a fadiga do trabalhador e o risco de acidentes. Muitas vezes tenta-se "solucionar" problemas de inadequação antropométrica com o uso de certos artifícios e improvisações. Por exemplo, mesas e cadeiras altas podem ser ajustadas simplesmente cortando-se os seus pés. Em assentos baixos, colocam-se almofadas. Nas máquinas altas, colocam-se estrados para trabalhadores em pé. Contudo, o uso desses artifícios pode causar desconforto e colocar em risco a segurança dos trabalhadores.

Muitos problemas de inadequação são causados pelos produtos importados, mas problemas semelhantes podem ocorrer em projetos realizados no país quando se usam as tabelas de medidas antropométricas estrangeiras. Naturalmente, é mais rápido e econômico usar dados antropométricos já disponíveis na literatura (veja, por exemplo, os livros do Damon, Stoudt e McFarland, 1971; Croney, 1971; Diffrient, Tilley e Bardagjy, 1974; Panero e Zelnik, 2002). Contudo, na medida do possível, eles deveriam ser usados apenas para o dimensionamento *preliminar* do projeto, até a construção de um modelo (*mock-up*) em tamanho real. Este deveria ser testado com uma população representativa dos usuários efetivos, fazendo-se os ajustes necessários para atender à maioria do público-alvo, antes de se passar ao dimensionamento definitivo do projeto.

Tabela 7.1
Exemplos de aplicações de dados antropométricos em projetos

Problema	Variável antropométrica	Aplicações típicas	Objetivo do projeto
Postura	Altura do cotovelo em pé	Altura da superfície de trabalho (bancada)	Evitar inclinação da coluna em pé
	Altura do cotovelo sentado	Altura da superfície da mesa	Evitar inclinação da coluna sentado
	Altura dos ombros	Altura dos armários	Reduzir alcances forçados
Ajustes	Altura poplítea	Ajuste da altura da cadeira	Adaptar postos de trabalho
	Altura dos olhos sentado	Ajuste do banco do carro	Permitir visibilidade
Visibilidade	Altura dos olhos em pé	Localização de mostradores	Melhorar a visibilidade
	Altura dos olhos sentado	Localização dos monitores Desníveis nos assentos de teatros	Evitar posturas inclinadas Evitar bloqueios visuais
Acessibilidade	Estatura	Altura das portas e passagens	Permitir passagem
	Alcance vertical das mãos	Altura dos balaustres (ônibus)	Melhorar estabilidade
	Alcance horizontal das mãos	Colocação das mercadorias (caixa de supermercado)	Melhorar a postura
	Tamanho das mãos	Dimensionamento dos manejos	Facilitar a pega
Inacessibilidade	Comprimento dos braços	Localização dos alambrados	Evitar acidentes de trabalho
	Largura da cabeça de bebês	Distâncias das barras do berço	Prevenir acidentes
	Diâmetro dos dedos	Furos de diâmetros menores	Evitar acidentes
Adaptações de produtos	Forma e tamanho do corpo	Vestuário	Melhorar conforto
	Forma e tamanho dos pés	Calçados	Melhorar conforto
	Forma e tamanho da cabeça	Capacetes	Aumentar a segurança
Flexibilidade de uso	Altura do joelho sentado	Alturas da mesa e cadeira	Facilitar movimentos
	Movimentos do tronco	Folgas no posto de trabalho	Permitir movimentos

Uso de tabelas antropométricas

O uso de dados antropométricos tabelados constitui uma solução prática, mas deve ser acompanhado de certos cuidados, que serão apresentados a seguir.

Como já vimos na Seção 6.4, a maioria das medidas disponíveis foi realizada no exterior, baseando-se em certas amostras da população. Portanto, antes de se usar tabelas de medidas antropométricas, é necessário verificar alguns fatores que influem nos resultados dessas medidas, tais como: faixa etária e sexo, etnia, profissão, época e condições especiais.

Faixa etária e sexo – As formas e o peso do corpo variam continuamente com a idade, de maneira diferenciada para cada sexo (ver pp. 188-190).

Etnia – Há diferenças étnicas das medidas antropométricas, principalmente nas proporções dos diferentes segmentos corporais (ver p. 192).

Profissão – Algumas medições foram realizadas no âmbito de certas profissões. Deve-se verificar qual foi o critério adotado na seleção da amostra, especialmente no caso das forças armadas.

Época – As medidas antropométricas dos povos evoluem com o tempo, principalmente em épocas de grandes convulsões ou movimentações sociais, econômicas e geográficas desses povos (ver p. 194).

Condições especiais – Referem-se às condições em que as medidas foram tomadas, se as pessoas estavam vestidas, nuas, seminuas, com sapatos, descalças, e assim por diante.

Todos esses fatores indicam que as medidas antropométricas tabeladas não podem ser simplesmente generalizadas para quaisquer tipos de aplicações. Elas devem ser cuidadosamente analisadas para verificar se são aplicáveis, em cada caso específico.

Quando usar antropometrias estática, dinâmica e funcional

Uma das decisões preliminares reside na escolha entre antropometrias estática, dinâmica e funcional (ver p. 183). Para projetos de produtos e equipamentos que exigem relativamente poucos movimentos, podem ser usados os dados de antropometria estática, inclusive porque são mais facilmente disponíveis. Em equipamentos que exigem mais movimentos corporais, é conveniente utilizar os dados da antropometria dinâmica, principalmente para se determinar os alcances e as faixas de movimentos.

Na antropometria funcional, como o próprio nome sugere, as medidas estão associadas à análise da *tarefa*, como já vimos na p. 212.. Assim, o alcance das mãos pode atingir valores diferentes de acordo com o tipo de ação exercida pela mão, como apertar ou girar um botão, agarrar uma alavanca, colocar um livro na estante, e assim por diante. Os valores das medidas obtidas na antropometria funcional podem apresentar diferenças em relação à antropometria dinâmica, pois esta última considera cada movimento isoladamente, ou seja, o alcance da mão é medido com o ombro estático.

Na prática, os movimentos geralmente aparecem conjugados entre si. Por exemplo, os movimentos dos braços são realizados simultaneamente com os movimentos dos ombros e troncos. Além disso, alguns movimentos são dependentes de outros. Prova disso é que não se consegue erguer o pé direito e girá-lo no sentido horário ao mesmo tempo que o braço direito faz movimentos anti-horários. Essa conjugação afeta tanto os alcances como a velocidade e precisão dos movimentos.

Portanto, os dados de antropometria estática e dinâmica disponíveis devem ser adaptados às características funcionais de cada posto de trabalho, principalmente no caso em que há diversos movimentos exercidos simultaneamente pelo organismo.

7.2 PRINCÍPIOS PARA APLICAÇÃO DOS DADOS ANTROPOMÉTRICOS

Do ponto de vista industrial, o ideal seria fabricar um único tipo de produto padronizado, pois isso reduziria os custos. Contudo, do ponto de vista do usuário/consumidor, isso nem sempre proporciona conforto e segurança. Essa adaptação ao usuário torna-se crítico no caso de produtos de uso individual, como vestuários, calçados e equipamentos de proteção individual.

Nesses casos, a falta dessa adaptação pode reduzir a eficiência do produto, justificando-se os custos adicionais envolvidos. Para fazer essa adaptação, há cinco princípios para a aplicação das medidas antropométricas, que são apresentados a seguir. Esses princípios são hierarquizados, aumentando, sucessivamente, a complexidade e a especificidade. Em geral, tendem também a aumentar os custos das aplicações na produção industrial.

1º Princípio: os projetos são dimensionados para a média da população – De acordo com esse princípio, os produtos são dimensionados para a média da população, ou seja, para o 50° percentil. Esse princípio é aplicado em produtos de uso coletivo, principalmente quando não for possível definir o público-alvo com maior precisão. Em geral, supõe-se também uso por tempo reduzido e baixo risco à segurança. Exemplos são os bancos de jardim, assentos de auditório e de transportes coletivos. Eles servem a diversos usuários e, apesar de não serem ótimos para todos, coletivamente, causam menos inconveniências e dificuldades para a maioria.

Contudo, esse conceito de média é discutível. Ouvimos falar frequentemente do "homem médio" ou padrão, mas isto é, num certo sentido, um mito. A pessoa média é uma abstração matemática obtida de medições quantitativas como estatura e peso. No domínio da antropometria humana, provavelmente existem poucas pessoas que poderiam ser classificadas como padrão médio em todos os aspectos. Por exemplo, uma pessoa pode ter a estatura média, mas não o peso ou diâmetro do abdômen médios.

Para exemplificar melhor esse fato, a Força Aérea dos Estados Unidos executou uma pesquisa antropométrica com dez variáveis, medindo 4 mil pessoas. Como resultado, encontrou apenas 1,8% das pessoas dentro de uma faixa de 30% em torno da média, para quatro das dez variáveis medidas. Se fossem consideradas todas as dez variáveis, nenhuma das 4 mil pessoas estaria dentro da faixa de 30% em torno das médias dessas variáveis.

2º Princípio: os projetos são dimensionados para um dos extremos da população – De acordo com esse princípio, emprega-se um dos extremos, superior (95º percentil) ou inferior (5º percentil), para o dimensionamento de projetos. Em geral, os espaços para circulação são projetados para o extremo superior (95º percentil masculino), e os alcances dos movimentos, para o percentil inferior (5º percentil feminino).

Existem certas circunstâncias em que os projetos feitos para as pessoas médias não seriam satisfatórios. Por exemplo, se dimensionássemos uma saída de emergência para a pessoa média, em caso de acidente, simplesmente 50% da população não conseguiria passar. Também, construindo-se um painel de controle a uma distância conveniente para o homem médio, estaríamos dificultando o alcance das pessoas abaixo da média para operá-lo. Da mesma forma, construindo-se uma mesa, embaixo da qual houvesse espaço para uma perna média, estaríamos causando graves incômodos às pessoas com pernas maiores que a média.

Para utilizarmos esse 2º princípio, é necessário saber qual é a *variável limitante*. Por exemplo, no caso de um painel de controle, a variável limitante é o alcance do braço. Assim, se quisermos englobar 95% da população, a distância ao painel não pode ser maior que o comprimento dos braços do 5º percentil da população. Analogamente, temos o caso de uma dimensão máxima, como o vão entre a altura do assento e a parte inferior da superfície da mesa, que é definido pela altura das coxas maiores. Nesse caso, o vão deve ser maior que a altura das coxas do 95º percentil, para acomodarmos 95% da população (excluindo-se 5% da população, que teria uma altura de coxa maior que a do 95º percentil).

A maioria dos produtos industrializados é dimensionada para acomodar até 95% da população por uma questão *econômica*. Acima disso, teríamos que aumentar muito o tamanho dos objetos para acomodar, relativamente, uma pequena faixa adicional da população, provocando aumento dos custos. Por exemplo, não teria sentido dimensionar um automóvel para acomodar pessoas de até 200 cm de estatura, pois existem apenas algumas pessoas, em milhões, com essa estatura, e o custo seria muito grande para a população em geral, considerando que 95% da população tem menos de 182 cm. Isso se aplica também ao dimensionamento das alturas de portas (Figura 7.1). A rigor, uma porta de 182 cm de altura seria suficiente para deixar passar 95% da população. Entretanto, nesse caso, adotou-se o padrão de 210 cm para acomodar o extremo máximo (percentil 99) e permitir também a passagem de cargas.

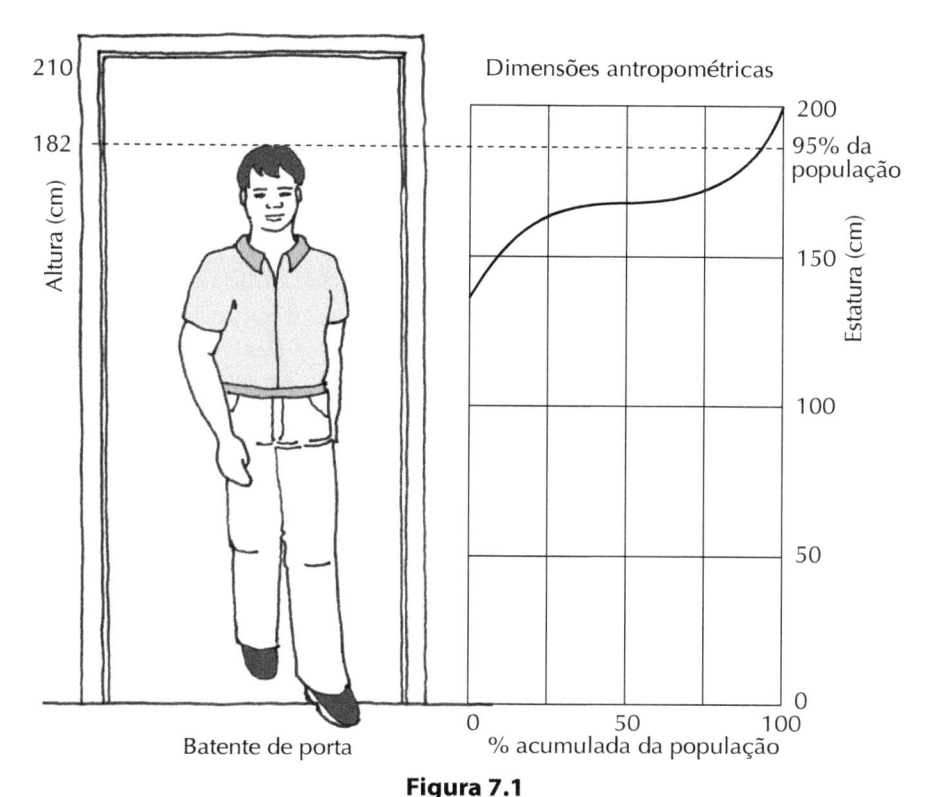

Figura 7.1
Um batente de porta bastaria ter altura de 182 cm para permitir a passagem de 95% da população, mas costuma ter 210 cm para acomodar 99% da população e permitir também a passagem de cargas.

3º Princípio: os projetos apresentam dimensões reguláveis – Alguns produtos podem ter certas dimensões reguláveis para se adaptar aos usuários individuais. Essas regulagens geralmente não precisam abranger o produto como um todo, mas apenas aquelas variáveis consideradas mais importantes para o desempenho. Por exemplo, as muletas apresentam regulagem em uma única variável (altura). As cadeiras operacionais podem ter regulagens para a altura do assento e ângulo do encosto. Outras dimensões, como o tamanho do assento e a largura do encosto, podem permanecer fixas. Os assentos de avião só têm regulagens para o ângulo do encosto. Automóveis permitem regular a altura do assento, ângulo do encosto e a distância assento/volante. Mesas de computadores permitem regular a altura e a distância do monitor e a altura do teclado.

Essas regulagens geralmente são discretas, mas pode haver casos de ajustes contínuos, por exemplo, quando se usam parafusos/manivelas. Em todos esses casos, deve-se considerar que cada tipo de regulagem implica em maiores custos de fabricação e elas só devem ser aplicadas se resultarem em melhorias de segurança, conforto e eficiência que justifiquem esses investimentos adicionais. Além disso, geralmente constituem-se em pontos de fragilidade dos produtos.

4º Princípio: os projetos são dimensionados para faixas da população – Alguns produtos são fabricados em diversos tamanhos discretos, de modo que cada um acomode uma determinada parcela da população. É o caso, por exemplo, de camisas que são fabricadas nas dimensões P (pequeno), M (médio) e G (grande). Nos casos em que se requer uma adaptação melhor, essa quantidade de faixas pode ser aumentada, para um ajuste mais preciso. Por exemplo, no caso de calçados masculinos para adultos, existem oito faixas de tamanhos, entre 37 e 44.

Embora as medidas da população obedeçam a distribuições *contínuas*, esses produtos são fabricados em tamanhos discretos, para tentar aumentar o conforto e, ao mesmo tempo, não aumentar demasiadamente os custos de fabricação. Estes seriam muito elevados se fossem produzidas grandes variedades de tamanhos em produtos como camisas e sapatos. Isso significa dizer que certas pessoas usarão esses produtos com mais conforto e outras com menos conforto, conforme as suas medidas se aproximem ou se afastem dos tamanhos de produtos disponíveis no mercado.

5º Princípio: os projetos são adaptados ao indivíduo – Existem também casos de produtos projetados especificamente para um indivíduo, embora sejam raros na produção industrial seriada. São os casos de aparelhos ortopédicos, roupas feitas sob medida pelo alfaiate, pessoas que tenham pé maior que o tamanho 44 ou tenham deformidades físicas e precisem encomendar os seus sapatos.

Naturalmente, esse princípio proporciona melhor adaptação entre o produto e o seu usuário, mas também é o mais oneroso. Do ponto de vista industrial, só se justifica em casos de extrema necessidade ou quando as consequências de uma falha podem ser tão elevadas que as considerações de custo são deixadas de lado. Exemplos disso são as roupas de astronautas e os carros de Fórmula 1. Nesses casos, embora os custos de adaptação individual dos projetos sejam elevados, tornam-se irrelevantes, diante do custo total desses projetos ou grandes prejuízos decorrentes de uma eventual falha.

NOTAS SOBRE A APLICAÇÃO DOS PRINCÍPIOS

Do ponto de vista industrial, quanto mais padronizado for o produto, menores serão os seus custos de produção e de estoques. Assim, as aplicações do primeiro e segundo princípios são mais econômicas, e o custo aumenta consideravelmente para o terceiro e quarto princípios, sendo praticamente proibitivo para o quinto princípio.

O projeto para a média é baseado na ideia de que isso maximiza o conforto para a maioria. Na prática, isso não se verifica. Ao se adotar uma média geral para toda a população, acaba-se, na realidade, beneficiando apenas uma faixa relativamente pequena dessa população, justamente aquela que se situa próxima dessa média.

Deve-se considerar também que há diferenças significativas entre as médias dos homens e das mulheres. Nos casos em que há predominância de usuários de um dos sexos, devem-se adotar, de preferência, as medidas desse sexo predominante. Quando isso não ocorre, pode-se optar pela realização de dois projetos, um para homens e outro para mulheres, desde que esses usuários não se misturem, como no caso de sanitários públicos. Nesse caso, seria justificável realizar projetos de aparelhos sanitários diferentes para cada sexo, adaptados às suas diferenças antropométricas e, inclusive, pelas diferenças anatômicas entre os sexos.

Com a evolução da informática e introdução de máquinas programáveis na produção industrial, os custos de adaptação dessas máquinas foram consideravelmente reduzidos, viabilizando-se a produção de pequenos lotes. Exemplo disso são os robôs, que podem ser programados para produzir uma peça diferente da outra. Com isso, a produção industrial vem evoluindo para os 4° e 5° princípios, levando à grande diversificação. Isso foi motivado não apenas por questões ergonômicas, mas principalmente pela competição e conquista de mercados.

PRINCÍPIOS DO PROJETO UNIVERSAL

Os princípios do projeto universal apresentam recomendações para "atender à maior gama de variações possíveis das características antropométricas e sensoriais da população" (ABNT 9050). Isso significa que os projetos devem atender à maioria da população, incluindo pessoas com dimensões e habilidades que não se enquadram necessariamente no padrão "normal".

Portanto, além dos cinco princípios de antropometria, devem-se considerar também os sete princípios do projeto universal (ver pp. 705-706), propostos pelo Centro de Desenho Universal da Universidade da Carolina do Norte (NCSU, CUD, 1997). O primeiro desses princípios trata do uso equitativo e relaciona-se diretamente com as aplicações da antropometria.

7.3 ESPAÇO DE TRABALHO

Espaço de trabalho é um volume imaginário, necessário para o organismo realizar os movimentos requeridos durante o trabalho. Assim, para um jogador de futebol, o espaço de trabalho seria um paralelepípedo cuja base seria o campo de futebol e com altura de 2,5 m (altura para cabecear). Este espaço já seria bem menor para o goleiro, visto que ele não se desloca no campo todo. O espaço de trabalho para um carteiro seria um sólido sinuoso acompanhando a sua trajetória nas entregas de correspondências e tendo uma seção retangular com cerca de 60 cm de largura por 170 cm de altura.

Certos trabalhos exigem muitos deslocamentos do corpo, andando, correndo ou subindo escadas, mas a maioria das ocupações da vida moderna é desempenhada em espaços relativamente pequenos, com o trabalhador em pé ou sentado, realizando movimentos só com os membros enquanto o resto do corpo permanece relativamente estático. Incluem-se aí os trabalhadores sedentários, que passam a maior parte do tempo sentados.

Examinaremos a seguir os fatores que devem ser considerados no dimensionamento do espaço de trabalho.

COMBINAÇÕES DE MÍNIMAS E MÁXIMAS

Em princípio, pode parecer que seria conveniente dimensionar o espaço de trabalho e os equipamentos com as medidas do maior percentil (95°) da população. Contudo, isso nem sempre resulta em melhor adaptação e conforto para a população. Em muitos casos, há necessidade de combinar as medidas antropométricas mínimas e máximas de uma população no mesmo produto.

Considerando que quase todas as medidas antropométricas de homens são maiores que aquelas das mulheres, com algumas exceções (por exemplo, largura do quadril), as medidas máximas são representadas pelo 95° percentil dos homens e as mínimas pelo 5° percentil das mulheres. Em geral, as *aberturas e passagens* são dimensionadas pelas máximas, ou seja, para o 95° percentil dos homens. Os *alcances* dos locais de trabalho, onde devem trabalhar tanto homens como mulheres, geralmente são dimensionadas pelas mínimas, ou seja, para o 5° percentil das mulheres. Em outros casos, há necessidade de se combinar as medidas mínimas com aquelas máximas.

Na Figura 7.2 é apresentado um exemplo de projeto de um posto de trabalho destinado tanto aos homens como às mulheres. As medidas antropométricas indicadas pelas letras a, b, e, g correspondem às máximas (95° percentil dos homens), enquanto aquelas indicadas pelas letras c, d, i, j, às mínimas (5° percentil das mulheres). Observa-se que as medidas f (vão entre a coxa e a superfície do assento) e h (profundidade do tórax) devem ser dimensionadas pela medida do 95° percentil das mulheres, mas estas são exceções (Tabela 7.2).

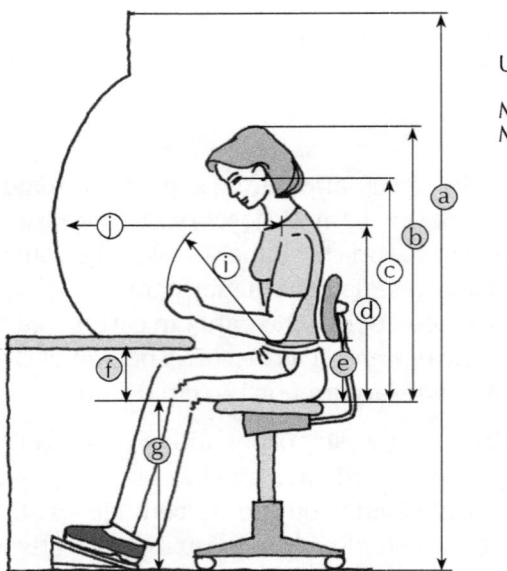

Uso de medidas mínimas e máximas.

Mínimas: c, d, i, j
Máximas: a, b, e, f, g, h

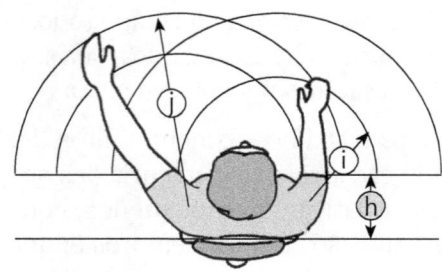

Figura 7.2
No dimensionamento de postos de trabalho usam-se algumas medidas antropométricas mínimas e outras máximas da população.

Isso costuma ocorrer também com a largura dos quadris para o dimensionamento da largura dos assentos. Nesses casos, devem-se adotar, como máximas, as medidas correspondentes ao 95° percentil das mulheres. A altura do assento, g, foi recomendada pelo valor máximo, porque as pessoas mais baixas podem corrigi-la colocando-se um pequeno estrado para os pés, que pode chegar a até 13 cm de altura para as mulheres mais baixas. A introdução de regulagens da altura do assento exigiria maiores custos de implantação.

Tabela 7.2

Uso de medidas antropométricas mínimas (5° percentil) e máximas (95° percentil) da população, para o dimensionamento de posto de trabalho. As medidas foram retiradas da Tabela 6.5 e estão indicadas na Figura 6.13

Medidas de antropometria estática (cm)	Critério		Mulheres		Homens		Medida Adotada*
	Mín.	Máx.	5°	95°	5°	95°	
a) Estatura		●	151,0	172,5	162,9	**184,1**	184,1
b) Altura da cabeça sentado**		●	80,5	91,4	84,9	**96,2**	96,2
c) Altura dos olhos, sentado**	●		**68,0**	78,5	73,9	84,4	68,0
d) Altura dos ombros, sentado**	●		**53,8**	63,1	56,1	65,5	53,8
e) Altura do cotovelo, sentado**		●	19,1	27,8	19,3	**28,0**	28,0
f) Altura das coxas**		●	11,8	**17,3**	11,7	15,7	17,3
g) Altura do assento (poplítea)		●	35,1	43,4	39,9	**28,0**	48,0
h) Profundidade do tórax		●	23,8	**35,7**	23,3	31,8	35,7
i) Comprimento do antebraço	●		**29,2**	36,4	32,7	38,9	29,2
j) Comprimento do braço	●		**61,6**	76,2	66,2	78,7	61,6

* As medidas em negrito correspondem às medidas adotadas no projeto.
** Alturas em relação à superfície do assento.

POSTURA

O fator mais importante no dimensionamento do espaço de trabalho é a postura. Existem três posturas básicas para o corpo: deitada, sentada e em pé (ver pp. 157-159). A Figura 7.3 apresenta os espaços de trabalho recomendados para algumas posturas mais usuais. Para os trabalhos que exigem movimentos corporais mais amplos, devem ser feitos registros de antropometria dinâmica, como já apresentado nas pp. 212-217.

TIPO DE ATIVIDADE MANUAL

A natureza da atividade manual a ser executada influi no dimensionamento do espaço de trabalho. Os trabalhos que exigem ações de agarramento com o centro das mãos, como no caso de alavancas ou registros, devem ficar pelo menos 5 a 6 cm mais próximos do operador dos que as tarefas que exigem a atuação apenas com as pontas dos dedos, como pressionar um botão. Nesses casos, os dimensionamentos devem ser feitos com aplicação da antropometria funcional (ver pp. 212-217)

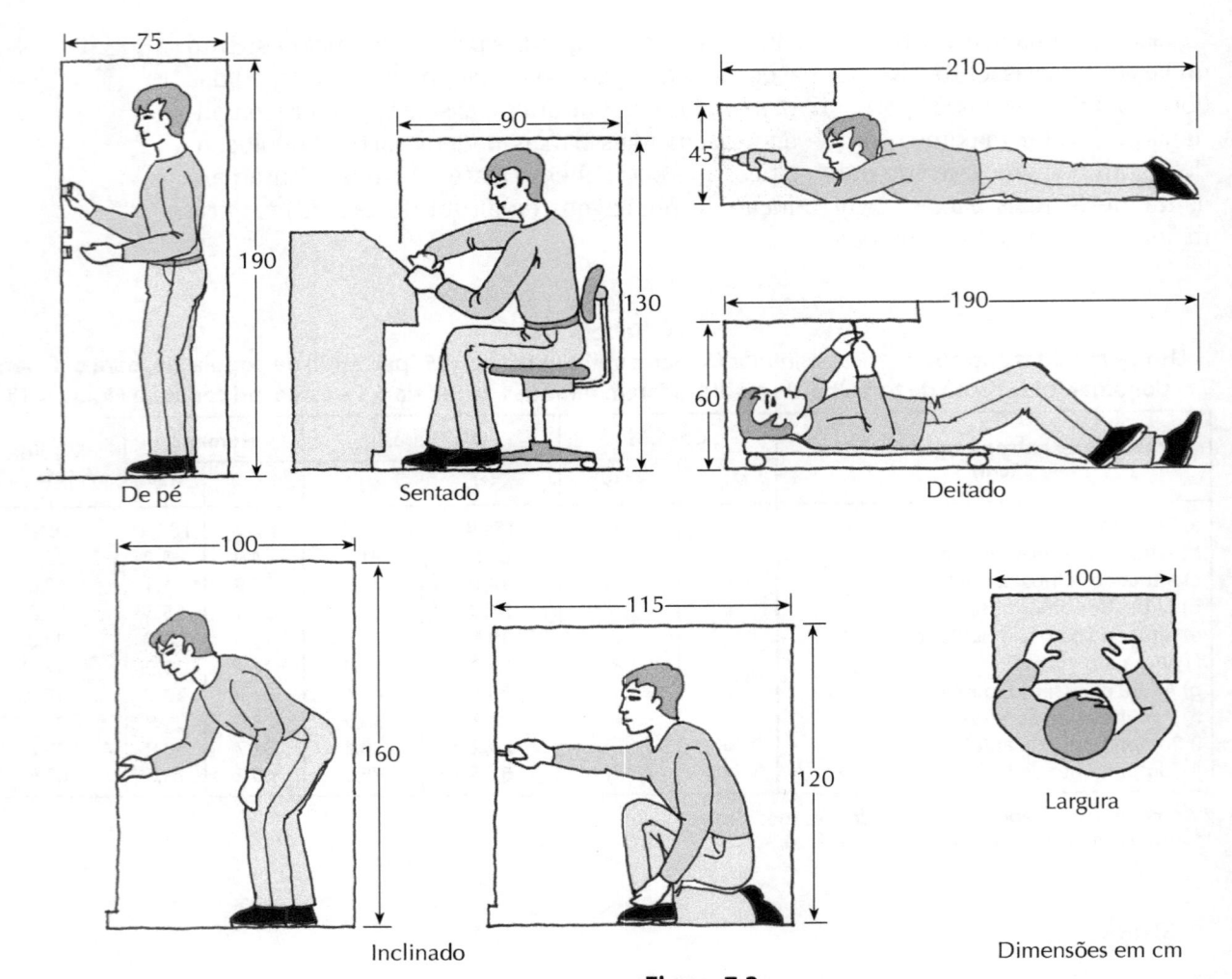

Figura 7.3
Espaços de trabalho recomendados para algumas posturas típicas.

VESTUÁRIOS E CARGAS

O vestuário pode aumentar o volume ocupado pelas pessoas, e também limitar os seus movimentos. Os vestuários pesados, de inverno, influem, por exemplo, no dimensionamento de volume para cabines de elevadores ou veículos de transporte coletivo e também limitam o alcance com as mãos em até 5 cm. Os calçados femininos de salto alto também podem aumentar a estatura das mulheres em até 7 cm. Em alguns casos, há também equipamentos de proteção individual de uso obrigatório (por exemplo, coletes de policiais), que podem aumentar o volume. O mesmo acontece com as pessoas portando cargas, como as mochilas (muito comuns em aeroportos e rodoviárias) nas costas ou mães com bebês.

ESPAÇO PESSOAL

Cada pessoa tem necessidade de um espaço para guardar seus objetos pessoais, desde ferramentas de uso exclusivo como artigos de higiene (pasta dental, escovas de dentes, toalhas). Contudo, o espaço pessoal não se restringe apenas à área física ocupada pelo volume do corpo e pelos movimentos necessários à realização do trabalho. As pessoas também gostam de introduzir algumas mudanças no espaço de seu uso exclusivo, a fim de personalizá-lo, deixando a sua "marca pessoal". Por exemplo, costumam mudar a posição dos móveis ou colocar um boneco ou vaso de planta para "enfeitar" o ambiente.

Há também um espaço psicológico em que as pessoas se sentem seguras, principalmente em espaços densamente ocupados. A invasão desse espaço provoca inseguranças e aumenta o estresse, reduzindo a produtividade (ver pp. 775-776).

7.4 SUPERFÍCIES HORIZONTAIS

As superfícies horizontais de trabalho apresentam especial interesse em ergonomia, pois é sobre elas que se realiza grande parte dos trabalhos de montagens, inspeções, leituras, escritas, serviços de escritórios e outros. Existem duas variáveis importantes no dimensionamento da mesa: a sua altura e as dimensões da superfície de trabalho.

ALTURA DA MESA – POSTURA SENTADA

A altura da mesa na postura sentada deve ser medida pela posição dos cotovelos com os braços pendendo na vertical e deve ser determinada após o ajuste da altura da cadeira (determinada pela altura poplítea). Em geral, recomenda-se que esteja 3 a 4 cm *acima* do nível do cotovelo, na posição sentada.

A altura da mesa é conjugada com a altura da cadeira. Se a mesa tiver uma altura fixa, a cadeira deve ter altura regulável, e vice-versa. Se a cadeira for fixa e tiver uma altura superior à altura poplítea, deve-se providenciar apoio para os pés.

Em geral, a altura da mesa pode oscilar entre 54 cm (altura mínima, para o 5º percentil das mulheres) e 74 cm (altura máxima, para o 95º percentil dos homens). Uma mesa muito baixa provoca inclinação do tronco e cifose lombar, aumentando a carga sobre o dorso e o pescoço, causando dores. Uma mesa muito alta causa abdução e elevação dos ombros, além de uma postura forçada do pescoço, causando fadiga dos músculos dos ombros e pescoço (Chaffin, Anderson e Martin, 2001). É importante ressaltar que nem sempre o trabalho é realizado na superfície da mesa. Por exemplo, no caso de digitação, a superfície de trabalho é o nível do teclado. Nesse caso, a mesa deve estar 3 a 5 cm abaixo dessa superfície.

A altura inferior da superfície de trabalho é importante para acomodar as pernas e permitir a sua mobilidade. O vão livre entre o assento e a mesa deve ter pelo menos 20 cm.

Baseando-se nessas medidas, e partindo do princípio de que é mais fácil ajustar a altura da cadeira e manter a altura da mesa fixa, Redgrove (1979) propõe um arranjo com mesa de 74 cm de altura e cadeiras reguláveis entre 47 e 57 cm, complementado com um estrado, também regulável, para os pés, com 0 a 20 cm de altura, para acomodar as pessoas de menor estatura (Figura 7.4).

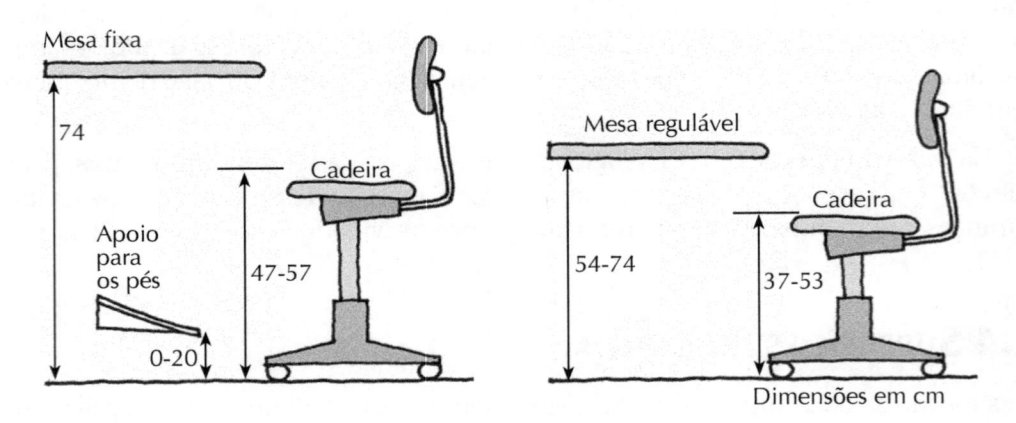

Figura 7.4
Dimensões recomendadas para alturas de mesas, conjugadas com alturas de cadeiras e apoio para os pés, a fim de acomodar as diferenças antropométricas dos usuários (Redgrove, 1979).

Na hipótese de se fazer uma mesa regulável, esta deveria ter entre 54 e 74 cm de altura, e a cadeira, também regulável, entre 37 e 53 cm (ver pp. 248-250), dispensando-se o apoio para os pés já que o chão seria o apoio. Em certos casos, esse apoio para os pés poderia ser mantido, pois ajuda o trabalhador a realizar pequenas mudanças na postura enquanto permanece sentado, contribuindo para aliviar a fadiga.

SUPERFÍCIE DE TRABALHO

A superfície da mesa deve ser dimensionada de acordo com o tamanho da peça a ser trabalhada, os movimentos necessários à tarefa e o arranjo do posto de trabalho.

A área de alcance ótimo sobre a mesa pode ser traçada, na posição sentada, girando-se os antebraços em torno dos cotovelos com os braços pendendo normalmente ao lado do tronco. Estes descreverão um arco com raio de 35 a 45 cm. A parte central, situada em frente ao corpo, fazendo interseção com os dois arcos (esquerda e direita), será a área ótima para se usar as duas mãos (Figura 7.5). A área de *alcance máximo* será obtida girando-se os braços estendidos em torno do ombro. Estes descrevem arcos de 55 a 65 cm de raio.

As tarefas mais importantes, de maior frequência, com maiores exigências de precisão ou necessidade de acompanhamento visual contínuo, devem ser executadas dentro da área ótima. A faixa situada entre a área ótima e aquela de alcance máximo deve ser usada para colocação das peças a serem usadas na montagem, ou tarefas menos frequentes e que exijam menos precisão.

As tarefas que exigem acompanhamento visual contínuo devem colocar-se entre 30 a 40 cm de distância focal, com a cabeça voltada para a frente, mantendo-a na posição vertical. Para leitura ou inspeções visuais em grandes superfícies, pode-se providenciar um tampo de mesa com 45° de inclinação, a fim de manter essa distância focal com poucas alterações enquanto se faz a varredura visual da superfície.

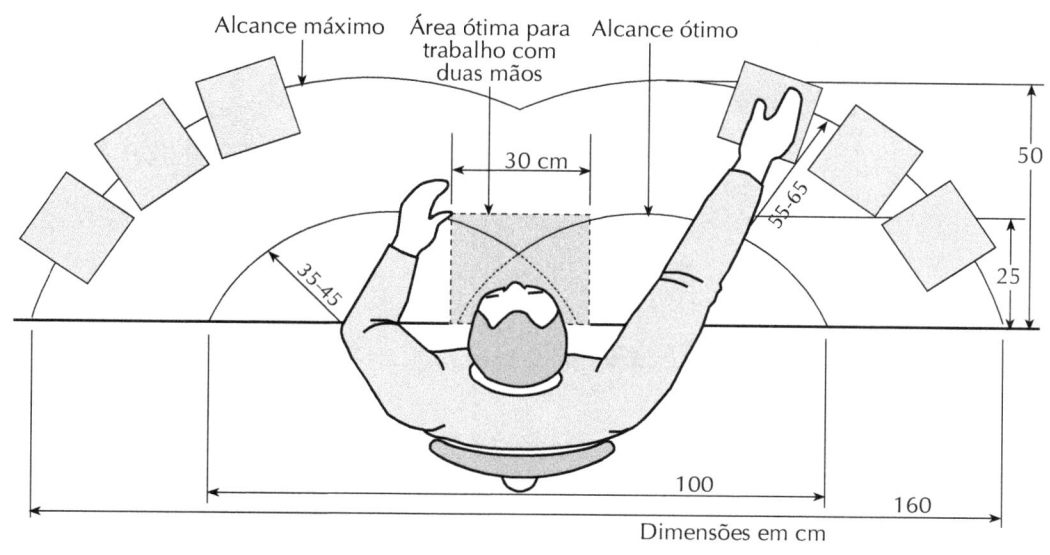

Figura 7.5
Áreas de alcances ótimo e máximo na mesa, para o trabalhador sentado (Grandjean, 1983).

BANCADA PARA TRABALHO EM PÉ

A altura ideal da bancada para trabalho em pé depende da altura do cotovelo e do tipo de trabalho que se executa. Em geral, a superfície da bancada deve ficar 5 a 10 cm abaixo da altura dos cotovelos (Figura 7.6). Para trabalhos de precisão, é conveniente uma superfície ligeiramente mais alta (até 5 cm acima do cotovelo) e, para trabalhos mais grosseiros e que exijam pressão para baixo, recomendam-se superfícies mais baixas (até 30 cm abaixo do cotovelo). Quando se usam medidas antropométricas tomadas com o pé descalço, é necessário acrescentar 3 cm referentes à altura do calçado.

No caso de *bancada fixa*, é melhor dimensioná-la pelo trabalhador mais alto e providenciar um estrado, que pode ter altura de até 20 cm, para o trabalhador mais baixo. Esse estrado pode ter uma altura diferente para cada trabalhador, ajustando-se às suas dimensões antropométricas. Se ele mudar de bancada, pode carregar esse estrado para o novo local. Assim, as alturas dos postos de trabalho podem ser ajustadas individualmente, a custos reduzidos. Embora o homem seja, geralmente, cerca de 10 cm mais alto que a mulher, no caso de bancadas, bastam 7 cm de diferença na sua altura.

Observa-se que essas alturas recomendadas são para superfícies de trabalho. No caso de manipulação de objetos que tenham certa altura, esta deve ser descontada. Por exemplo, para esculpir peças de madeira com 10 cm de espessura, a altura ideal de trabalho para o homem médio seria de 100 cm e, portanto, a bancada deveria ter altura de 90 cm.

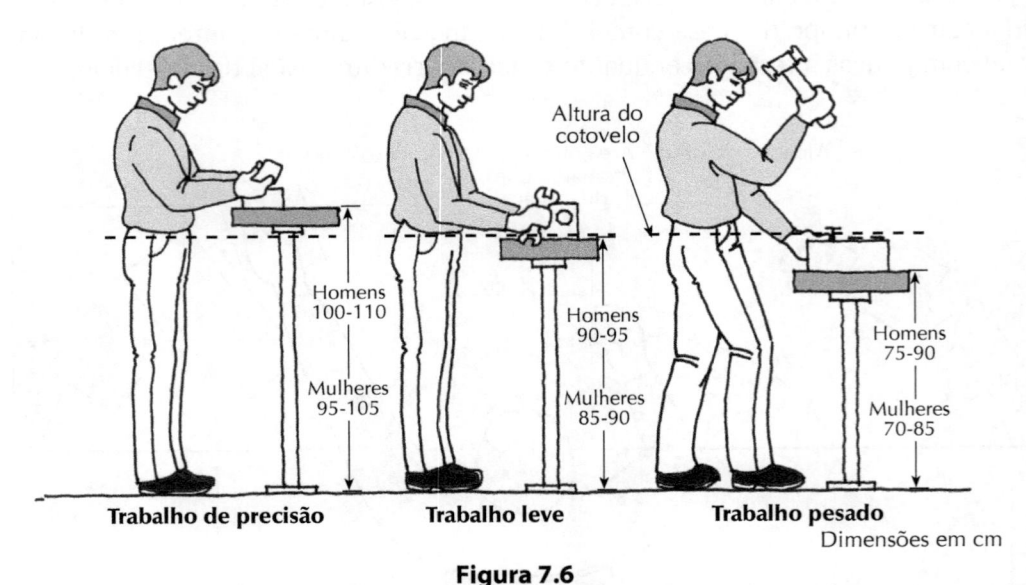

Figura 7.6
Alturas recomendadas para as superfícies horizontais de trabalho, na posição de pé, de acordo com o tipo de tarefa (Grandjean, 1983).

Se houver uma superfície vertical próxima à bancada, deverá ser providenciado um recuo de 10 × 10 cm junto ao piso, para permitir o encaixe da ponta dos pés (Figura 7.7). Sem isso, o trabalhador é obrigado a assumir uma postura inclinada, forçando a coluna e os músculos lombares, aumentando a fadiga.

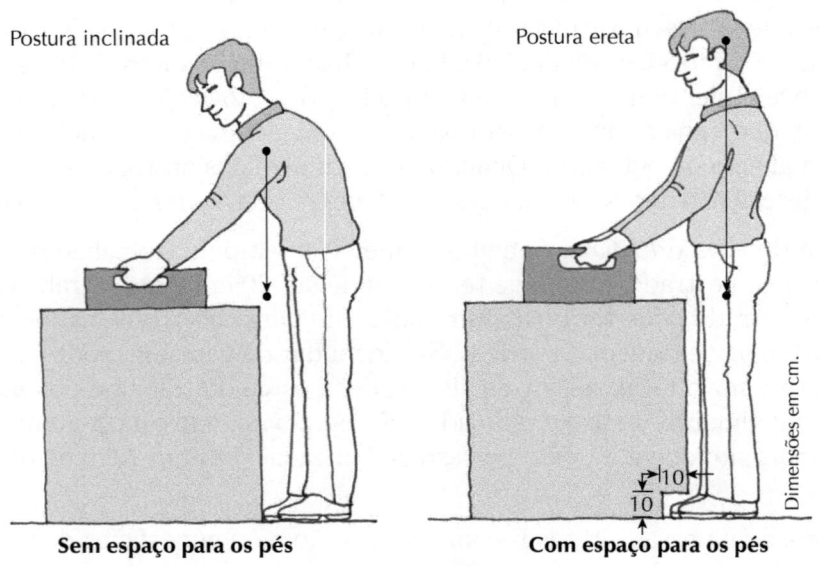

Figura 7.7
O espaço para os pés facilita a postura ereta.

7.5 Problema do assento

O assento é, provavelmente, uma das invenções que mais contribuiu para modificar o comportamento humano. Na vida moderna, muitas pessoas chegam a passar mais de vinte horas por dia nas posições sentada e deitada. Diz-se até que a espécie humana, *homo sapiens*, já deixou de ser um animal ereto (*homo erectus*), para se transformar no animal sentado (*homo sedens*). Daí deriva-se o termo sedentário, que significa sentado.

O problema do assento tem despertado grande interesse entre os pesquisadores em ergonomia. Análises sobre posturas são encontradas desde 1743, quando Andry, o "pai" dos ortopedistas, fez diversas recomendações para corrigir más posturas na sua obra *Orthopedia*. Essas más posturas causam fadiga, dores lombares e cãibras que, se não forem corrigidas, podem provocar anormalidade permanente da coluna.

Antigamente, havia preconceitos ao trabalho sentado, considerado como ato preguiçoso. Contudo, sabe-se, atualmente, que existem diversas vantagens em trabalhar na posição sentada:

- Consome menos energia, em relação à posição em pé, e reduz a fadiga;
- Reduz a pressão mecânica sobre os membros inferiores;
- Reduz a pressão hidrostática da circulação nas extremidades e alivia o trabalho do coração;
- Facilita manter um ponto de referência para o trabalho (na posição em pé, o corpo fica oscilando); e
- Permite o uso simultâneo das mãos e pés (pedais).

A desvantagem é o aumento da pressão sobre as nádegas, a pressão intradiscal, principalmente na postura "esparramada", e a restrição dos alcances. Um assento mal projetado pode provocar estrangulamento da circulação sanguínea nas coxas e pernas.

Conforto no assento

Conforto é uma sensação subjetiva de bem-estar, produzida quando não há nenhuma tensão localizada sobre o corpo. Entretanto, é mais fácil falar em ausência de desconforto, pois este pode ser mais bem avaliado. O desconforto é medido de forma indireta, por exemplo, pedindo-se para uma pessoa preencher o "mapa" corporal das áreas dolorosas (Figura 3.4, p. 87). Pode-se também registrar a frequência das mudanças de posturas. As elevações dessas frequências evidenciam o desconforto.

O conforto no assento depende de muitos fatores e é muito difícil de estabelecer as características que o determinam. Em princípio, há um tipo de assento mais adequado para cada finalidade e cada pessoa adapta-se melhor a certo tipo de assento. Assim, o conforto é influenciado por muitos fatores e preferências individuais, até pela aparência estética do produto (Corlett,1989).

Em geral, as avaliações de conforto podem ser realizadas após cinco minutos no assento e não variam muito com as avaliações de longa duração, de duas a trêz horas. Além disso, nem todas as cadeiras que seguem as normas técnicas (ver NBR 13962:2006) são consideradas confortáveis, pois elas estabelecem apenas alguns requisitos mínimos, que não são suficientes para assegurar o conforto.

RELAXAMENTO MÁXIMO

O fisiologista G. Lehmann (1960) fez experimentos sobre o relaxamento máximo. Os sujeitos ficavam imersos na água, evitando-se qualquer tipo de contração voluntária dos músculos. Obteve uma postura com a pessoa deitada com a cabeça e a coluna cervical ligeiramente inclinada para frente, braços ao longo do corpo, com antebraços fazendo 140° nos cotovelos, pernas ligeiramente levantadas, fazendo um ângulo de 130° nos joelhos (Figura 7.8).

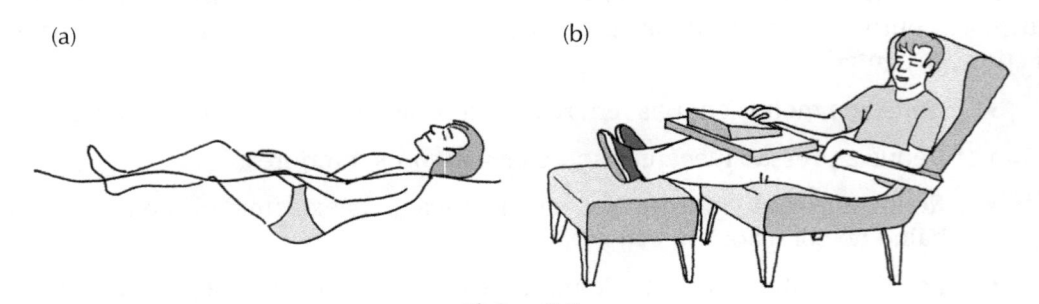

(a) (b)

Figura 7.8
Semelhança entre: (a) postura corporal de relaxamento máximo (Lehmann, 1960); e (b) uma poltrona considerada de conforto máximo (Kroemer, Kroemer e Kroemer-Elbert 1994).

Curiosamente, a NASA registrou, em 1978, uma postura semelhante para os astronautas em condições de gravidade zero (Kroemer, Kroemer e Kroemer-Elbert 1994). Pode-se supor que, nesse caso, as pressões exercidas sobre as articulações também estejam próximas de zero.

Sempre que possível, as pessoas tendem a assumir posturas desse tipo. É o que acontece, por exemplo, quando se assiste à televisão, completamente relaxado, em casa, colocando-se os pés sobre a mesa de centro ou sobre o pufe e inclinando-se o dorso para trás. Ocorre também quando trabalhadores de escritório inclinam o encosto da cadeira para trás e colocam os pés sobre a mesa. Entre os digitadores, observou-se que muitos preferem assumir uma postura mais relaxada, esticando os pés para a frente e apoiando o ombro sobre o encosto inclinado (Figura 9.18, p. 321). Contudo, em ambientes normais de trabalho, esse tipo de postura não seria amplamente aceito, por questão de preconceito e por exigir espaços de trabalhos maiores, além dos investimentos na reformulação dos postos de trabalho.

PRINCÍPIOS GERAIS SOBRE OS ASSENTOS

Existem oito princípios gerais sobre os assentos, derivados de diversos estudos anatômicos, fisiológicos e clínicos da postura sentada. Eles estabelecem também os principais pontos a serem considerados no projeto e seleção de assentos, como veremos a seguir.

Princípio 1: as dimensões do assento devem ser adequadas às dimensões antropométricas do usuário – No projeto do assento, a dimensão antropométrica crítica é a altura poplítea (da parte inferior da coxa à sola do pé – ver medida 2,6, Tabela 6.5), que determina a altura do assento. Os assentos com alturas superiores ou inferiores à altura poplítea não permitem apoio firme das tuberosidades isquiáticas, a fim de transferir o peso do corpo para o assento. Podem também provocar pressões na parte inferior das coxas, que são inadequadas, anatômica e fisiologicamente, para suportar o peso do corpo.

Para acomodar as diferenças individuais, a altura do assento deveria ser regulável, entre o mínimo de 35,1 cm (5° percentil das mulheres) até o máximo de 48,0 cm (95° percentil dos homens), pelas medidas tabeladas. Contudo, pode-se acrescentar mais 3 cm para a altura dos calçados, subindo a faixa de regulagem para 38,1 a 51,0 cm. A largura do assento deve ser adequada à largura torácica do usuário (cerca de 40,0 cm). A profundidade deve ser tal que a borda do assento fique pelo menos 2,0 cm afastada, para não comprimir a parte interna da perna (Figura 7.9). A norma NBR 13962:2006 recomenda largura de 40,0 cm e profundidade útil entre 38,0 e 44,0 cm para o assento.

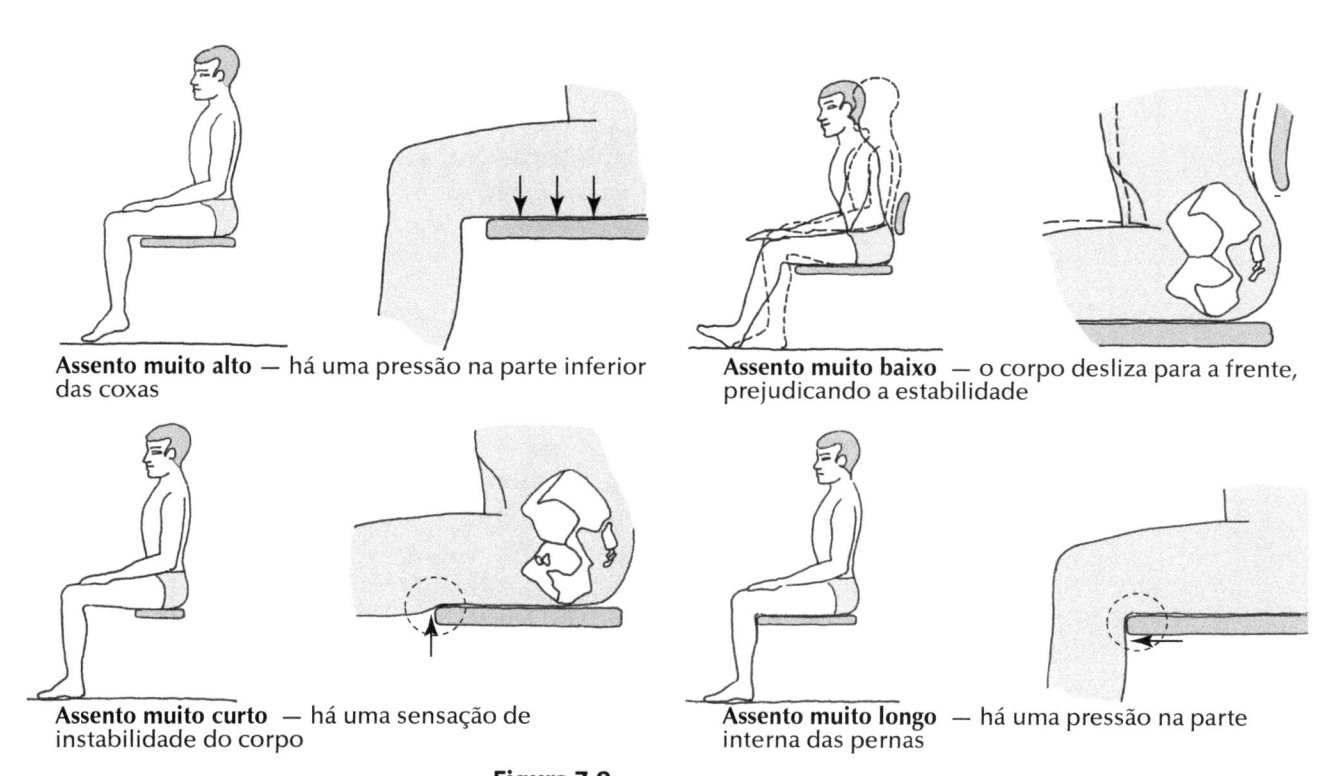

Assento muito alto — há uma pressão na parte inferior das coxas

Assento muito baixo — o corpo desliza para a frente, prejudicando a estabilidade

Assento muito curto — há uma sensação de instabilidade do corpo

Assento muito longo — há uma pressão na parte interna das pernas

Figura 7.9
Principais problemas provocados por erros no dimensionamento de assentos (Panero e Zelnik, 2002).

Princípio 2: existe um assento mais adequado para cada indivíduo – Em geral, não existe certo tipo de assento que seja "teoricamente" recomendável para cada pessoa, pois isso depende das interações entre o assento real e o seu usuário.

Cada pessoa tem configuração anatômica e dimensões antropométricas próprias, além de adotar posturas e movimentos típicos em cada tarefa. Isso acontece especialmente no caso de alguns extremos populacionais, como aqueles muito obesos ou com deficiência.

Por outro lado, mesmo aplicando-se todos os princípios e normas para os projetos de assentos, na prática, podem surgir certas diferenças entre os assentos reais, pois muitas características desses assentos não constam das normas e dependem de certas opções do projetista e do fabricante.

A conjugação desses dois tipos de diferenças (pessoais e de produtos) influi no conforto do assento, pois algumas combinações podem ser mais favoráveis que outras. Desse modo, para melhorar o conforto, cada pessoa deveria experimentar os assentos reais e escolher aquele mais confortável em cada caso.

Princípio 3: existe um assento mais adequado para cada tipo de função – Em geral, não existe um tipo absoluto de assento, que seja ideal para todas as ocasiões. Mas há assentos recomendáveis para cada tipo de uso. Assim, um assento de automóvel pode ser confortável para dirigir, mas provavelmente seria desconfortável para uso em escritório, e vice-versa. Uma cadeira confortável para um digitador não seria adequada para ser instalada em um automóvel ou para se assistir à televisão. Para assentos de longa duração (durante a jornada de trabalho), a profundidade deve ser entre 43 e 51 cm. Para aqueles de curta duração (cafés, restaurantes), essa profundidade pode ser 5 cm menor, facilitando os movimentos de sentar-se e levantar-se.

Em certos casos, o uso de assentos inadequados produz resultados nefastos. Por exemplo, cadeiras simples de madeira, metal ou plástico são inadequadas para uso em locais de trabalho onde os trabalhadores ficam sentados nelas durante horas a fio.

Princípio 4: o assento deve permitir variações de postura – As frequentes variações de postura servem para aliviar as pressões sobre os discos vertebrais e as tensões dos músculos dorsais de sustentação, reduzindo-se a fadiga. Grandjean e Hünting (1977) observaram 378 pessoas trabalhando em um escritório e constataram que em apenas 33% dos casos as pessoas mantêm a postura ereta, ocupando toda a área do assento (Figura 7.10). No resto do tempo, as pessoas sentam na borda do assento, inclinam-se para frente ou para trás, com contínuas mudanças de postura.

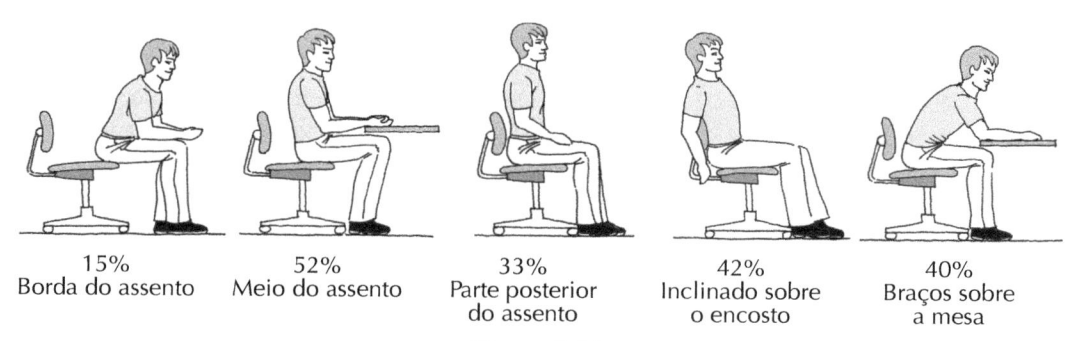

| 15% | 52% | 33% | 42% | 40% |
| Borda do assento | Meio do assento | Parte posterior do assento | Inclinado sobre o encosto | Braços sobre a mesa |

Figura 7.10

Diferentes posições no assento, observadas entre 378 empregados de um escritório. A soma ultrapassa os 100% porque há algumas posturas coincidentes com outras (Grandjean e Hünting, 1977).

Essas mudanças de postura são ainda mais frequentes se o assento for desconfortável ou inadequado para o trabalho, chegando a haver até 83 mudanças de postura por hora (Grieco, 1986). Portanto, ocorre mais de uma mudança por minuto. Como já foi visto, essas frequentes mudanças de postura contribuem para a nutrição da coluna e aliviam a tensão dos músculos dorsais.

Assim, os assentos de formas "anatômicas", em que as nádegas se "encaixam" neles, permitindo poucos movimentos relativos, não são recomendados (Figura 7.11). Nos postos de trabalho em que a pessoa passa muitas horas sentadas, como no caso dos centros de controle operacional e *call centers*, é recomendado colocar apoio para os pés, com dois ou três níveis diferentes, para facilitar as mudanças de postura. Esse apoio pode ser constituído de uma pequena plataforma móvel para os pés, permitindo rotações em torno de um eixo (Figura 9.13, p. 317). Outra possibilidade é fazer o encosto móvel, para que a pessoa possa reclinar-se para trás periodicamente, a fim de aliviar a fadiga.

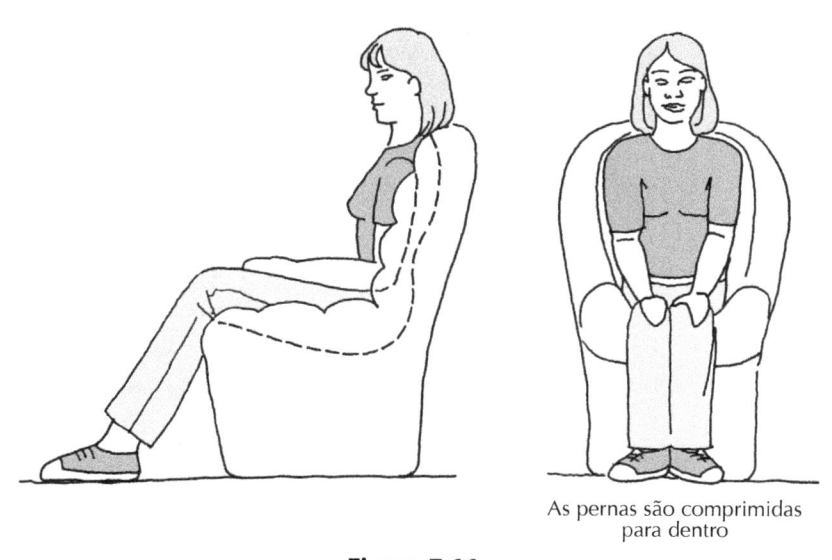

As pernas são comprimidas para dentro

Figura 7.11

Os assentos "anatômicos" ou muito macios e sem um suporte estrutural são desconfortáveis.

Princípio 5: o assento deve suportar o peso do corpo – O corpo entra em contato com o assento praticamente só através de sua estrutura óssea. Esse contato é feito por dois ossos situados na bacia, chamados de *tuberosidades isquiáticas* (Figura 7.12). Vistos de perfil, eles apresentam duas protuberâncias que se assemelham a uma pirâmide invertida, distando 7 a 12 cm entre si. Na vista frontal apresentam formas arredondadas. Essas tuberosidades são recobertas apenas por uma fina camada de tecido muscular e uma pele grossa, adequada para suportar grandes pressões. Em apenas 25 cm^2 de superfície da pele sob essas tuberosidades concentram-se 75% do peso total do corpo sentado.

Até recentemente, costumava-se recomendar superfície dura para o assento (por exemplo, madeira), que seria mais adequada para suportar o peso do corpo. Esse tipo de superfície provoca grande concentração da pressão na região das tuberosidades isquiáticas, gerando fadiga e dores na região das nádegas (Figura 7.13). Por outro lado, superfícies muito macias não proporcionam um bom suporte porque não permitem um equilíbrio adequado do corpo. Uma situação intermediária, com uma leve camada de estofamento, mostrou-se benéfica, reduzindo a pressão máxima em cerca de 400% e aumentando a área de contato de 900 para 1.050 cm^2, sem prejudicar a postura. Esse estofamento deve ser montado sobre uma base rígida, para suportar o peso do corpo.

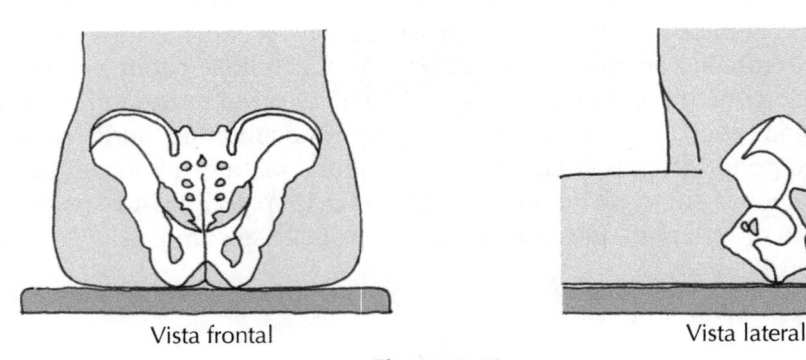

Vista frontal   Vista lateral

Figura 7.12
Estrutura óssea da bacia, mostrando as tuberosidades isquiáticas, responsáveis pelo suporte do peso corporal na posição sentada.

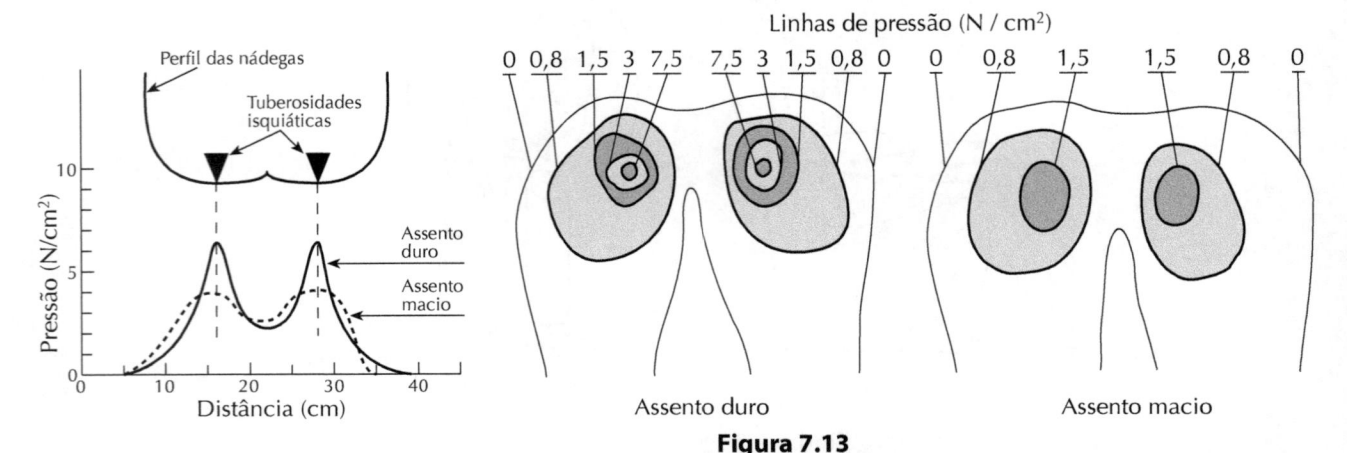

Figura 7.13
Distribuição de pressões sobre o assento, com estofamento duro e estofamento macio (Oborne, 1982).

Portanto, um estofamento com 2 a 3 cm de altura colocado sobre uma base rígida, que não se deforme com o peso do corpo, ajuda a distribuir a pressão e proporciona maior estabilidade ao corpo, contribuindo para redução do desconforto e da fadiga. Contudo, o aumento desse estofamento não melhora o conforto. Ao contrário, pode prejudicá-lo.

O material usado para revestir o assento deve ter característica antiderrapante e ter capacidade de dissipar o calor e suor gerados pelo corpo, não sendo recomendados, por conseguinte, plásticos lisos e impermeáveis.

Princípio 6: assento e mesa formam um conjunto integrado – Nos postos de trabalho, os assentos geralmente são conjugados com a mesa ou outras superfícies. A altura do assento deve ser estudada em função da altura da mesa, de modo que a superfície da mesa fique aproximadamente na altura do cotovelo da pessoa sentada (Figura 9.19, p. 322). Os apoia-braços da cadeira devem ficar aproximadamente à mesma altura ou um pouco abaixo da superfície de trabalho para dar apoio aos cotovelos. Entre o assento e a mesa deve haver um espaço de pelo menos 20 cm para acomodar as coxas, permitindo movimentação destas.

Princípio 7: o assento, o encosto e o apoia-braço devem ser integrados – Assento, encosto e apoia-braço formam um conjunto integrado. O assento deve ter uma leve inclinação de 3° a 5° (a borda mais alta que o fundo) a fim de evitar que o corpo escorregue para a frente. O ângulo assento-encosto deve ser de 95° a 110°. O encosto deve ter a forma côncava, com raio aproximado de 40 cm. Encostos de forma plana, principalmente quando são feitos de *material rígido*, como madeira ou metal, são muito desconfortáveis, pois entram em contato direto com os ossos da coluna vertebral. Em muitos postos de trabalho, a pessoa não usa continuamente o encosto, mas apenas de tempos em tempos, para relaxar.

O perfil vertical do encosto também é importante, porque uma pessoa sentada apresenta uma protuberância para trás, na altura das nádegas, e a curvatura da coluna vertical varia bastante de uma pessoa para outra (Figura 7.14). Devido a isso, pode-se deixar um espaço vazio de 15 a 20 cm entre o assento e o encosto. Um suporte lombar, situado entre a segunda e a quinta vértebra lombar, permite maior liberdade de movimento ao tronco. A altura total do encosto deve ter cerca de 35 a 50 cm acima do assento. (Para outras dimensões, consultar a norma NBR 13962.)

Os apoia-braços das cadeiras também não são usados continuamente, mas para relaxamentos ocasionais. Servem para descansar os antebraços e ajudam a guiar o corpo durante o ato de sentar-se e levantar-se. Essa ajuda é importante principalmente para as pessoas idosas e aquelas que têm dificuldades de movimentar-se.

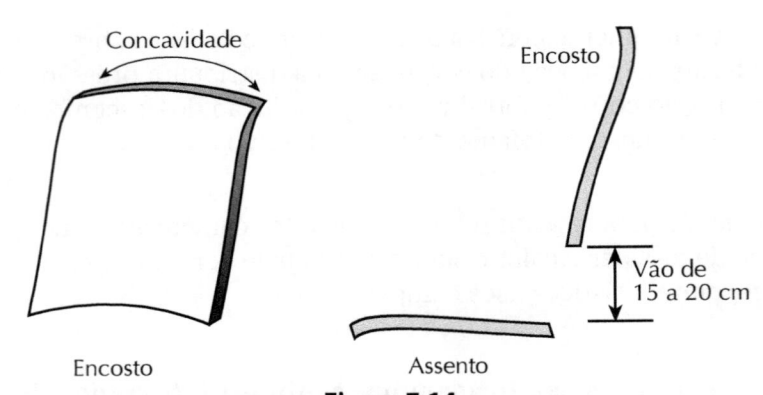

Figura 7.14
O encosto deve ter uma forma côncava e ser afastado do assento com um vão de 15 a 20 cm.

Princípio 8: o assento deve ter resistência, estabilidade e durabilidade – A resistência indica que o assento deve ter solidez estrutural suficiente para suportar cargas. A norma NBR 13962:2006 recomenda resistência a uma carga mínima de 1.100 N (cerca de 112 kg). Estabilidade é a característica do assento que não tombe facilmente. Quando os assentos são pouco estáveis, as pessoas sentem-se inseguras e ficam tensas. Isso acontece com banquetas de três pés. Antigamente, as cadeiras operacionais tinham quatro patas. Hoje, as normas exigem cinco, para melhorar a estabilidade. O problema se agrava em postos de trabalho que exigem muitos movimentos corporais, como nas linhas de montagem ou caixas de supermercado. Durabilidade é a característica do assento de não se danificar com o uso contínuo. Recomenda-se que essa durabilidade seja de pelo menos quinze anos.

DIMENSIONAMENTO DE ASSENTOS

Existem muitas recomendações diferentes para o dimensionamento dos assentos. Essas diferenças podem ser explicadas por três causas principais: antropometria, finalidade, preferências individuais.

Antropometria – Há diferenças antropométricas entre as populações e, portanto, diferentes autores podem apresentar recomendações que não coincidam, pois podem ter se baseado em diferentes amostras populacionais.

Finalidade – Os assentos diferenciam-se quanto às aplicações, por exemplo, o assento de um motorista de ônibus é diferente de um assento para uso em fábrica ou escritório.

Preferências individuais – Há preferências individuais, principalmente na avaliação de variáveis subjetivas como o conforto.

Deve-se considerar, também, que muitos projetos são baseados nas normas técnicas, que podem ser diferentes em cada país. Além do mais, elas são frequentemente alteradas. Na sua elaboração, podem prevalecer certos interesses e influências ocasionais do governo, indústria ou associações de consumidores. No Brasil, a NBR 13962 classifica as cadeiras para escritório e especifica as suas características físicas e dimensionais. Na sua versão de 2006, estabelece os métodos para realizar ensaios de estabilidade, resistência e durabilidade de cadeiras de escritório de qualquer material, excluindo-se as cadeiras montadas sobre barras horizontais (longarinas), comuns em salas de espera, e poltronas de auditório e cinema.

A Figura 7.15 apresenta as principais variáveis dimensionais da cadeira operacional, para uso em ambientes profissionais, e a Tabela 7.3 resume algumas recomendações apresentadas por autores de ergonomia e normas técnicas sobre essas dimensões.

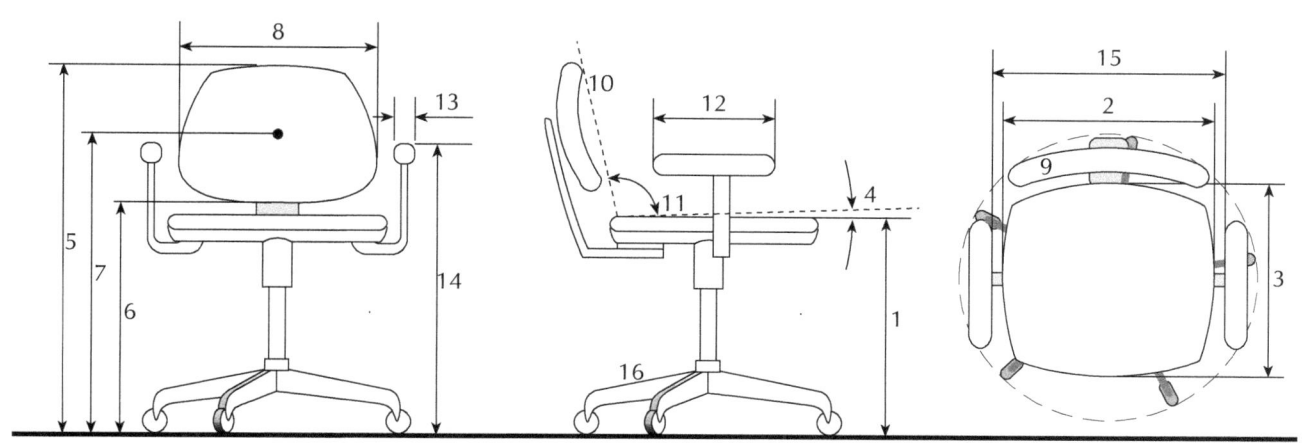

Figura 7.15
Principais variáveis dimensionais da cadeira para escritório.

Tabela 7.3
Dimensionamentos de cadeiras de escritório recomendados por diversos autores e normas técnicas (os números correspondem às indicações da Figura 7.15)

Autores	Diffrient, Tilley e Bardagjy	Panero e Zelnik	Grandjean	Normas Técnicas				
				BS	SS	DIN	CEN	NBR
Origem	EUA	EUA	Suíça	Inglaterra	Suécia	Alemanha	Europa	Brasil
ASSENTO								
1 Altura	35-52	36-51	38-53	43-51	39-51	42-54	39-54	42-50
2 Largura	41	43-48	40-45	41	42	40-45	40	40
3 Profundidade	33-41	39-41	38-42	36-47	38-43	38-42	38-47	38
4 Inclinação (°)	0-5	0-5	4 - 6	0-5	0-4	0-4	0-5	2-7
ENCOSTO								
5 Altura superior	—	—	48-50	33	—	32	—	36
6 Altura inferior	15-23	10-20	—	20	—	—	10	—
7 Altura Frontal	23-25	19-25	30	—	17-22	17-23	17-26	17-22
8 Largura	33	25	32-36	30-36	36-40	36-40	36-40	30,5
9 Raio horizontal	31-46	—	40-50	31-46	40-60	40-47	min. 40	40
10 Raio vertical	—	—	—	convexo	convexo	70-140	—	—
11 Ângulo assento/encosto (°)	100	95-105	—	95-105	—	—	—	—
APOIO DE BRAÇOS								
12 Comprimento	15-21			22	20	20-28	20	20
13 Largura	6-9			4	4	—	4	4
14 Altura	18-25	20-25		16-23	21-25	21-25	21-25	20-25
15 Largura entre os apoios	48-56	46-51		47-56	46	48-50	46-50	46
SAPATAS								
16 Número de patas	—	—	5	—	—	—	—	5

Observa-se que as alturas mínimas do assento recomendadas pelos autores de ergonomia (Diffrient, Tilley e Bardagjy; Panero e Zelnik; Grandjean) são, respectivamente, de 35, 36 e 38 cm.

No caso brasileiro, a altura mínima recomendada seria de 35,6 cm, assumindo-se a altura poplítea do percentil 5 das mulheres norte-americanas (Tabela 6.7), tendo em vista a escassez de dados da população feminina brasileira. Entretanto, as normas brasileiras (NBR 139628:2006) recomendam a faixa de 42 a 50 cm, resultando em uma regulagem de apenas 8 cm, quando o melhor seria de 36 a 52 cm, ou seja, 16 cm – o dobro da faixa recomendada pela norma. Para compensar a diferença entre a regulagem mínima da cadeira e as suas próprias medidas poplíteas, as pessoas de menor estatura devem providenciar apoio para os pés. Por exemplo, para a cadeira de 42 cm e altura poplítea de 37 cm, o apoio deve ter 5 cm de altura, ou melhor, deveria ter duas alturas diferentes, entre 5 e 10 cm, para facilitar mudanças de postura.

A POSTURA SEMISSENTADA

Os postos de trabalho apresentam, em geral, duas posturas básicas: em pé e sentado. Cada uma tem vantagens e desvantagens. Contudo, há trabalhos que exigem frequentes mudanças entre as duas posturas. Para esses casos, desenvolveu-se a cadeira semissentada (Figura 7.16). Adota-se também para os casos em que não há espaço físico suficiente para as instalações de assentos convencionais.

Comparadas com as cadeiras tradicionais, as semissentadas são menos confortáveis. Mesmo assim, podem proporcionar um grande alívio, mesmo que temporário, ao suportar parte do peso corporal. Além disso, ajudam a estabilizar a postura, pois um trabalhador em pé geralmente fica com o corpo oscilando. Em alguns casos, uma simples barra horizontal onde o trabalhador possa encostar-se já proporciona um bom alívio.

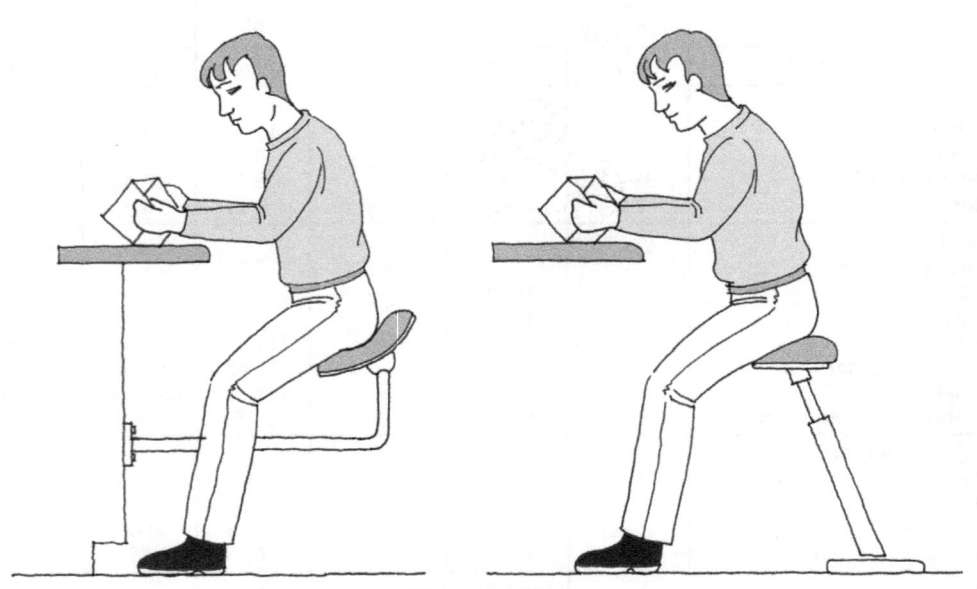

Figura 7.16
Exemplos de assentos para posturas semissentadas.

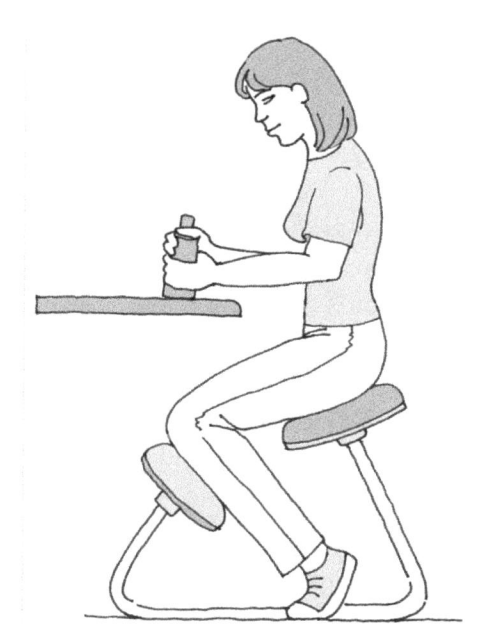

Figura 7.17
A cadeira Balans provoca imobilização dos membros inferiores.

Esse tipo de assento deve ser usado principalmente quando as máquinas não podem ser operadas a partir de uma posição sentada, porque exigem maiores movimentos corporais. É útil também nos casos em que se exigem rápidas mudanças entre as posturas sentadas ou em pé.

A cadeira Balans (Mandal, 1985) coloca o usuário em postura semelhante à semissentada, mas diferencia-se por imobilizar os membros inferiores, além de provocar uma sobrecarga sobre os joelhos e pernas (Figura 7.17). Portanto, envolve maiores contrações estáticas da musculatura. Devido a esses fatores, não se recomenda o uso contínuo dessa cadeira, mas apenas como uma alternativa, durante curtos períodos, como forma de mudar a postura da cadeira tradicional.

7.6 Estudo de caso – assentos de tratores[1]

O uso de tratores exige muitas ações do tratorista, com diversas exigências fisiológicas. Ele deve dirigir o trator, à semelhança de um automóvel, mantendo-o na rota, mas também deve olhar e controlar os implementos acoplados atrás, como grades, arados e plantadeiras. As condições de trabalho geralmente são árduas, sujeitas a sol, chuva e frequentes sacolejos da "estrada" irregular.

Diversos estudos já foram realizados para melhorar os controles e assentos dos tratores, visando reduzir os problemas osteomusculares, aumentar o conforto e reduzir o consumo de energia. Há relatos de melhorias que promoveram reduções de 13% a 29% no consumo de energia.

---

[1] Baseado em Mehta, C.R. et al, 2008

As normas ISO 4253 (1993) recomendam certas dimensões para o assento de tratores. Outros estudos indicam a necessidade dos ajustes verticais e longitudinais do assento. O encosto para suporte lombar deve permitir ajustes verticais. Esses ajustes permitem que o tratorista possa mudar de postura, de tempos em tempos, a fim de aliviar as tensões musculares.

O Instituto Central de Engenharia Agrícola de Bhopal, na Índia, realizou um estudo para dimensionamento de assentos de tratores (Mehta et al., 2008). Foram escolhidos cinco modelos indianos de tratores agrícolas de pequeno porte, de 35-45 HP.

Foram encontradas as seguintes faixas de medidas: profundidade do assento 33,5-36,6 cm; largura do assento 41,7-47,0 cm; largura do encosto 37,3-41,5 cm; e altura do encosto 26,0-30,0 cm. Essas faixas de medidas indicam que há grande variação das dimensões entre os diferentes fabricantes. Em princípio, essas variações não têm explicação funcional, porque todos os modelos destinam-se ao mesmo público-alvo.

Importância do assento – O assento de tratores é a interface entre o sistema mecânico e o condutor humano. O projeto de assentos para tratores exige uma abordagem interdisciplinar, envolvendo conhecimentos de mecânica, dinâmica (vibrações) e ergonomia. Procura-se reduzir o impacto das vibrações mecânicas sobre o corpo humano, pela postura adequada, distribuição das pressões no assento e uso de materiais absorventes. O conforto pode ser obtido pelo correto dimensionamento do assento, ajustes dimensionais, estofamento e percepção do conforto. A segurança relaciona-se com a preservação da integridade física do tratorista em caso de acidentes. A saúde é obtida pela redução das vibrações e seu impacto sobre a coluna vertebral, a longo prazo.

Recomendações para projeto de assentos – O projeto do assento para tratores deve visar principalmente o conforto, segurança e saúde dos operadores. Para isso, o assento deve suportar o peso do corpo, permitindo longas horas de trabalho, de acordo com os seguintes aspectos estáticos e dinâmicos:

- Suportar o peso das coxas e da parte superior do corpo;
- Proporcionar um apoio adequado das tuberosidades isquiáticas, mantendo curvatura correta da coluna;
- Permitir frequentes mudanças de postura e torções da coluna;
- Ter um leve estofamento e arredondamentos, para permitir mudanças de posturas e alívio das pressões sobre a musculatura;
- Reduzir os choques e vibrações mecânicas transmitidas aos operadores;
- Seu apoio dorsal deve ser firme (não muito macio) para se evitar problemas na coluna;
- Permitir fácil acesso aos controles e visão para frente e para trás.

Para que essas recomendações sejam seguidas, deve-se considerar os aspectos ortopédicos, musculares, comportamentais, biomecânicos e antropométricos envolvidos na tarefa.

Aspectos ortopédicos – O assento deve suportar o peso do corpo, permitindo realizar movimentos rotacionais e oscilações para frente/trás. A curvatura lombar deve ser mantida próxima de sua posição normal, mantendo-se os músculos dorsais relaxados e facilitando a circulação sanguínea.

Musculatura – Existem cinco grupos musculares que estabilizam e movimentam a coluna vertebral. Esses músculos e tendões contribuem para manter as vértebras em suas posições, permitindo realizar movimentos de flexão, extensão, inclinações laterais e rotações do tronco. Qualquer movimento forçado tende a provocar estresses nessas musculaturas, causando fadiga e dores.

Movimentações – A pessoa sentada realiza contínuos movimentos. Estes se classificam em movimentos regulares e bruscos. Ambos servem para aliviar as pressões sobre partes do corpo e facilitar a circulação sanguínea. Contudo, a elevada frequência dos movimentos bruscos pode indicar desconforto do assento. Esses assentos não podem ser muito "duros", porque provocam excessiva concentração de tensões em alguns pontos, nem muito "fofos", porque não permitem suporte adequado do peso, além de provocarem estrangulamentos musculares e da circulação sanguínea.

Antropometria – Os dados antropométricos são considerados fundamentais para o correto dimensionamento dos assentos. Existem muitos dados antropométricos disponíveis de populações ocidentais (europeus e norte-americanos), mas diferem consideravelmente dos indianos. Existem alguns levantamentos antropométricos da população indiana, mas referem-se às medidas de militares, estudantes e de outros profissionais.

Na ausência de medidas antropométricas adequadas, resolveu-se coletar essas medidas de uma amostra de 5.434 agricultores indianos, usuários de tratores, entre quinze a 67 anos. Foram registradas as idades, pesos e sete medidas lineares na posição sentada (ver Figura 7.18 e Tabela 7.4). (Observe que essas medidas dos indianos são ligeiramente menores que aquelas dos brasileiros – ver Tabela 6.8, p. 211).

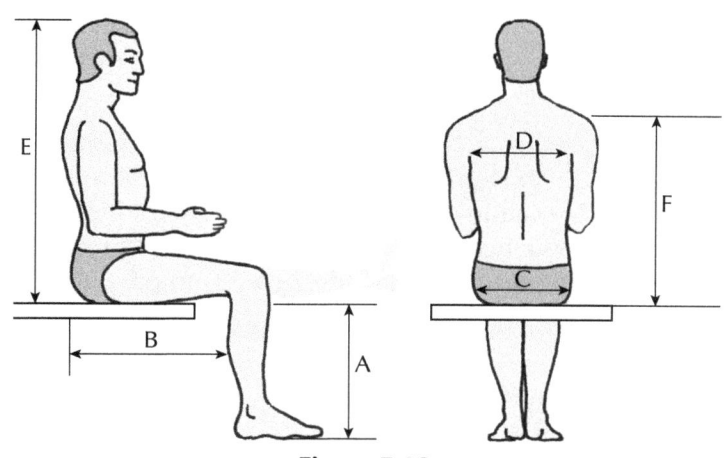

Figura 7.18
Variáveis antropométricas medidas para projeto de assentos de tratores indianos.
(A) Altura poplítea; (B) Comprimento nádega-poplítea; (C) Largura das nádegas, sentado;
(D) Largura do tórax; (E) Altura da cabeça acima do assento; (F) Altura dos ombros acima do assento.

Tabela 7.4
Medidas antropométricas (5° e 95° percentis) de agricultores indianos (n = 5.434)

	Variáveis	Média	DP	5°	95°
	Idade (anos)	33	10	16	50
	Peso (kg)	54,5	8,7	40,1	68,8
	Estatura (cm)	163,3	6,7	152,3	174,3
A	Altura poplítea	41,4	2,9	36,6	46,3
B	Comprimento nádega-poplítea	44,0	3,7	37,9	50,0
C	Largura das nádegas, sentado	30,9	3,2	25,6	36,2
D	Largura do tórax	30,5	3,2	25,3	35,7
E	Altura da cabeça acima do assento, sentado	82,0	7,3	70,0	94,0
F	Altura dos ombros acima do assento	55,9	6,8	44,8	67,0

Fonte: Instituto Central de Engenharia Agrícola, Bophal, Índia, 1999 (Mehta et al., 2008).
Medidas lineares em cm, DP = desvio padrão.

Projeto do assento. Os levantamentos antropométricos de agricultores indianos foram utilizados no projeto do assento para tratores, com as seguintes características:

Altura do assento – Resolveu-se adotar a medida do menor percentil (5°) da altura poplítea (36,6 cm), porque este seria menos prejudicial à pressão na parte inferior das coxas. Assim, a altura recomendada foi de 38,0 cm com acréscimo de 1,4 cm para os calçados. Essa altura deve ser ajustável em 9,7 cm para cima (diferença entre 46,3 e 36,6 cm), a fim de acomodar as diferenças individuais e facilitar as visões para frente e para trás.

Largura do assento – A largura do assento deve acomodar o maior percentil (95°) da largura das nádegas, ou seja, 36,2 cm. Acrescentando-se os espaços para vestuários, chega-se a uma largura mínima de 40,0 cm, sendo recomendáveis 42 a 45 cm.

Profundidade do assento – A profundidade do assento é dimensionada pelo comprimento nádega-poplítea. Assentos muito curtos não dão suporte adequado ao corpo e aqueles muito longos são prejudiciais porque as bordas dos assentos pressionam a parte interna das pernas. Desse modo, adotou-se a dimensão do menor percentil (5°) do comprimento nádega-poplítea (37,9 cm), sendo recomendável profundidade mínima de 37,0 cm. Para acomodar o restante da população, deve haver um ajuste de 12 cm, entre 37 e 49 cm de profundidade.

Largura do encosto – O encosto tem a função de apoiar o dorso, aliviando a carga sobre a coluna. Deve ser dimensionado pela largura máxima do tórax (35,7 cm). Deve ter forma trapezoidal, estreitando-se na parte superior, para facilitar as movimentações dos braços. Desse modo, acrescentando-se espaços para roupas, recomendam-se largura de 38 a 40 cm na parte inferior e de 27 a 29 cm para a parte superior.

Altura do encosto – A altura do encosto é dimensionada pela altura dos ombros, na posição sentada, considerando-se a compressão do assento, sob o peso do tratorista. Nesse caso, utiliza-se a menor altura (percentil 5) dos ombros na posição sentada, 44,8 cm. Deve-se descontar 10,0 cm para facilitar a movimentação dos ombros, resultando em cerca de 35 cm. Recomenda-se também deixar um vão livre de 12 a 20 cm entre o assento e o encosto, para acomodar a curvatura das nádegas.

Inclinação do encosto – O encosto deve ter uma inclinação para trás, para evitar que o tratorista seja "ejetado" para a frente. Essa inclinação deve ser de 95° a 105° a partir da linha horizontal, sendo preferíveis inclinações ajustáveis, como no banco de automóveis. A mobilidade do encosto, entre 5° e 7° para trás, melhora o conforto.

Estofamentos – Os estofamentos do assento e do encosto servem para melhorar o conforto, pela distribuição de pressões e absorção de vibrações. Recomenda-se uso de espuma de borracha de média densidade, com espessura de 10 cm para o assento e 8 cm para o encosto.

Conclusões – Observa-se que essas recomendações para dimensionamento de assentos para tratores são diferentes daqueles encontrados nos cinco modelos de tratores existentes no mercado indiano. O redesenho destes, adotando-se as medidas recomendadas, certamente contribuiria para aumentar o conforto, eficiência e segurança dos tratoristas e reduzir as lesões e doenças ocupacionais.

QUESTÕES

1. Quais são os principais cuidados que se devem tomar no uso de dados antropométricos?

2. Explique os princípios para aplicação dos dados antropométricos.

3. Quando se determina o espaço de trabalho? Exemplifique.

4. Quando se devem usar medidas antropométricas mínimas e máximas? Exemplifique.

5. Como se determina a altura da mesa na postura sentada?

6. Como se determina a altura da bancada para trabalho em pé?

7. Explique como deve ser o assento, de acordo com os princípios 1, 2, 3 e 4.

8. Explique como o assento deve suportar o peso do corpo, de acordo com o princípio 5.

9. Quais são as características dos assentos determinadas pelos princípios 6, 7 e 8?

10. Em que situações recomenda-se o uso da posição semissentada?

EXERCÍCIOS

1. Tome medidas das dimensões dos armários superiores da cozinha da sua casa, tais como: altura e profundidade das prateleiras. Compare as medidas obtidas com aquelas das tabelas antropométricas (Tabelas 6.5, 6.6, 6.7, 6.8) e analise se as medidas obtidas são compatíveis com aquelas tabeladas.

2. Analise o seu espaço (mesa e cadeira) de trabalho e estudo na escola ou no lar e analise se são compatíveis com as suas próprias medidas antropométricas.

8 ERGONOMIA DO PRODUTO

8.1 USABILIDADE
8.2 AGRADABILIDADE
8.3 ADAPTAÇÃO ERGONÔMICA DE PRODUTOS
8.4 PROCESSO DE DESENVOLVIMENTO DE PRODUTOS
8.5 DESENVOLVIMENTO DE PRODUTOS DE CONSUMO
8.6 PROJETO DE PRODUTOS SEGUROS
8.7 ESTUDO DE CASO – ERGONOMIA NA INDÚSTRIA AUTOMOTIVA

OBJETIVOS

Até meados do século XX, o projeto e o desenvolvimento de produtos concentravam-se principalmente nos aspectos técnicos e funcionais. Os aspectos ergonômicos e de *design* eram pouco considerados. Entretanto, nas últimas décadas, houve uma grande transformação desse panorama. Grandes empresas, como os produtores de aparelhos eletrônicos, telefones celulares, eletrodomésticos e automóveis, estão investindo cada vez mais em ergonomia e *design*. Além dos aspectos biomecânicos, fisiológicos e cognitivos, a ergonomia passou a estudar também os aspectos emocionais no relacionamento com os produtos. Hoje, esses fatores transformaram-se em importantes vantagens competitivas em todo o mundo.

Do ponto de vista ergonômico, os produtos são considerados como meios para que o ser humano possa executar determinadas funções. Esses produtos, então, passam a fazer parte de sistemas humano-máquina-ambiente e podem estar conectados a sistemas mais amplos, como a rede mundial. O objetivo da ergonomia é estudar esses sistemas, para que as máquinas e ambientes possam funcionar harmoniosamente com o ser humano.

As informações necessárias para o projeto ergonômico de produtos já foram apresentados anteriormente, especialmente nos Capítulos 4, 5, 6 e 7. Aqui, além de reunir essas informações em torno dos produtos, serão apresentados critérios para avaliá-los, ou seja, para saber até que ponto esses produtos são realmente ergonômicos.

Tópicos

- Usabilidade
- Princípios da usabilidade
- Agradabilidade
- Desenvolvimento de produtos
- Qualidade técnica
- Qualidade ergonômica
- Qualidade estética
- Desenvolvimento participativo
- Avaliação de produtos

8.1 Usabilidade

Usabilidade (*usability*) significa eficiência, facilidade, comodidade e segurança no uso dos produtos, tanto no ambiente doméstico como no profissional. Inclui a facilidade de manuseio, adaptação antropométrica e biomecânica, compatibilidades de movimentos, fornecimento claro de informações, facilidades de "navegação" e demais itens de eficiência, conforto e segurança.

Características da usabilidade

A usabilidade decorre do "uso do produto, por um determinado usuário, para alcançar o objetivo pretendido, de forma eficiente, com segurança e satisfação" (norma ISO 9241-11, 1998). Um produto ou serviço que tenha boa usabilidade deve ter interação entre produtos, usuários, tarefas e ambiente, de modo a produzir qualidade funcional, alcançar os objetivos e uso amigável.

Qualidade funcional – Significa que o produto ou serviço deve ter funcionalidade, flexibilidade, confiabilidade e manutenibilidade (facilidade de manutenção).

Alcance dos objetivos – Os objetivos devem ser alcançados com eficiência, eficácia e satisfação, permitindo economia de recursos, energia e menos desgaste físico e mental do operador.

Uso amigável – Significa boa adaptação ergonômica (física e cognitiva), com conforto, fácil identificação das informações, manejo adequado dos controles, facilidade de aprendizagem e tolerância a erros.

Assim, os produtos devem ser "amigáveis", fáceis de entender, fáceis de operar e tolerantes a erros (ver normas no Capítulo 21). Por exemplo, quando sentamos em uma cadeira bem projetada, sentimos conforto e parece que somos "bem recebidos".

Em outros casos, há cadeiras que nos "agridem" e parece que querem nos expulsar, devido a uma relação não amigável entre o objeto e seu usuário.

A usabilidade relaciona-se com o conforto, mas também com a *eficiência* dos produtos. Por exemplo, ao manipularmos um controle remoto de televisão, podemos sentir conforto na pega e os botões serem suaves ao toque. Contudo, pode acontecer que esses botões estejam muito próximos entre si, provocando acionamentos errados. Em outros casos, a distribuição das funções pode estar confusa, provocando frequentes erros. A quantidade de erros pode indicar ineficiência do produto. Esses erros podem ser reduzidos aumentando-se as distâncias entre os botões e melhorando-se sua distribuição espacial. Para facilitar a identificação visual, pode-se usar um código de cores, para que seja visível até em um ambiente de semiescuridão.

A usabilidade é um conceito circunstanciado, que não depende apenas das características intrínsecas do produto. Depende também do usuário, dos objetivos pretendidos, das tarefas e do ambiente em que o produto é usado. Assim, o mesmo produto pode ser considerado adequado por uns e insatisfatório por outros. Ou adequado em certas situações e inadequado em outras – um chinelo de praia não serve para andar na neve.

Princípios da usabilidade

A usabilidade pode ser melhorada seguindo-se certos princípios no projeto de produtos. Jordan (1998a) definiu seis princípios para melhorar essa usabilidade.

Princípio 1: Os produtos devem ser previsíveis – A configuração formal do produto deve induzir claramente à sua função e ao modo de operação, eliminando-se todas as ambiguidades e atendendo às expectativas do usuário. Essas características de previsibilidade são conceituadas como *affordance* (termo ainda sem tradução para o português), que, simplificadamente, é a relação natural existente entre os objetos e os seres humanos. Ela ocorre quando a própria forma de um objeto induz ou "convida" o usuário para o seu uso correto. Um bom exemplo de *affordance* é a tela *touch screen*, porque as pessoas tem propensão a tocar na tela com os dedos. O mouse e a seta são formas menos diretas e naturais.

Quando a forma de um objeto não deixa claro como deve ser operado, é necessário haver uma indicação da operação. Por exemplo, no caso de uma porta de vidro na entrada de um edifício, deve haver uma clara indicação se ela deve ser empurrada ou puxada para abrir-se. Uma placa metálica na porta, sem nenhuma pega, pode indicar que ela deve ser empurrada e, no outro lado, uma maçaneta ou barra indicam que podem ser agarradas, para puxar a porta. Em computação, os desenhos de ícones que representam funções devem ter significados claros, compreensíveis aos usuários de diferentes níveis e culturas.

A previsibilidade reduz o tempo de aprendizagem e facilita a memorização, além de reduzir os erros de operação. Observa-se que esses erros tendem a aumentar em situações de urgência, estresse e ambientes desfavoráveis.

Princípio 2: Os resultados de uma ação devem ser compatíveis com as expectativas – Deve haver compatibilidade entre uma ação e os resultados dela, atendendo às expectativas do usuário. Essas expectativas dependem de fatores fisiológicos, culturais e experiências anteriores. Estão relacionadas também com os *estereótipos populares*, que são as associações entre as ações e seus resultados, esperados pela maioria da população (ver p. 337). Por exemplo, o movimento de um controle rotacional para a direita está associado com o "abrir" ou "aumentar". Em muitas culturas, a cor vermelha está associada a perigo ou proibição, em oposição ao verde, que geralmente significa segurança ou liberação de um procedimento, como acontece com os sinais de trânsito.

Princípio 3: Deve haver uma transferência positiva da aprendizagem – A transferência positiva da aprendizagem ocorre quando o repertório já existente é aproveitado na aprendizagem de novos procedimentos semelhantes. Isso permite que o aprendiz aproveite a experiência anteriormente adquirida na execução de outras tarefas semelhantes e aprenda uma tarefa nova com facilidade e sem conflitos.

Por exemplo, todas as pessoas já estão acostumadas a abrir portas da casa e do carro. Ao deparar-se com um novo produto que tenha uma porta, elas provavelmente tentarão abri-la da mesma forma. Coisa semelhante ocorre também com o uso de menus em computadores. Esse princípio é particularmente válido quando ocorrem mudanças dos modelos ou versões do produto. Nessas novas versões, devem ser preservados os princípios operacionais daquelas anteriores. Quando os videocassetes (VCR) foram lançados no mercado, foram preservados os mesmos comandos do gravador de som, a que os consumidores já estavam acostumados.

Princípio 4: Respeitar os limites de cada variável fisiológica – O usuário possui determinados limites fisiológicos para as capacidades cognitivas, energéticas e neuromusculares, que não devem ser ultrapassados. Essas capacidades referem-se aos vários órgãos sensoriais, e também à força, precisão, velocidade e alcances dos movimentos musculares, bem como seus limites energéticos (capacidade aeróbica).

Para dirigir um automóvel, por exemplo, as duas mãos ficam continuamente ocupadas com o volante exceto nos momentos de mudar as marchas. Então, as outras funções, como aceleração, embreagem e freio, são transferidas para os pés. O mesmo ocorre em relação aos órgãos dos sentidos. Quando a visão estiver saturada, as informações adicionais podem ser transferidas para outros canais, como a audição e o tato.

Princípio 5: Prevenir e facilitar a correção dos erros – Os produtos devem impedir ou dificultar os procedimentos errados. Se estes ocorrerem, devem produzir efeito nulo ou permitir fácil correção ou rápido retorno ao estado anterior.

Por exemplo, na bifurcação de uma estrada, deve haver retornos para aqueles que entrarem no caminho errado. Em um carro, a ignição do motor poderia estar condicionada à colocação prévia do cinto de segurança e fechamento de todas as portas. Na digitação, frequentemente ocorrem acionamentos involuntários de alguns comandos. Se isso ocorrer, seu efeito deveria ser nulo ou ter disponível outro comando de correção ou retorno ao estado anterior.

Princípio 6: Emitir sinais de realimentação – Os produtos devem emitir sinais de realimentação (*feedback*) aos usuários, indicando se a ação foi realizada, podendo ainda diferenciar se ela foi correta ou errada. Isso pode ser um simples "bip" confirmando que um comando foi acionado. Em ligações telefônicas, existe um ruído típico para indicar que a chamada foi completada e outro para indicar que a linha está ocupada. A realimentação é importante para que o operador possa redirecionar a sua ação. Em muitos casos, ele deve ir corrigindo a sua trajetória até atingir o objetivo pretendido. A falta dessa realimentação poderá resultar em muitos desperdícios, como no caso do motorista que dirigiu durante duas horas até o próximo vilarejo, para descobrir que estava no caminho errado, devido à ausência de sinalizações. Portanto, é importante que essa realimentação se realize o mais rápido possível, utilizando-se sinais que tenham significado correto.

TESTE DE USABILIDADE

A usabilidade deve ser testada com sujeitos utilizando o produto ou serviço, de preferência em situações reais de uso. Esse teste baseia-se em cinco etapas:

1. Objetivo – Inicialmente, o sujeito é informado sobre o objetivo do teste. Depois, o produto a ser testado é apresentado e descrito. A seguir, o sujeito é informado sobre os procedimentos experimentais a serem adotados e como seu desempenho e preferências serão registrados e analisados.

2. Treinamento inicial – O sujeito deve executar alguma tarefa simples apenas para familializar-se com o uso do produto. Nessa etapa são esclarecidas as eventuais dúvidas sobre o objetivo e os procedimentos experimentais adotados. Esses registros iniciais durante a aprendizagem geralmente não serão considerados, porque variam muito de uma pessoa para outra.

3. Experimentação – Trata-se do ensaio propriamente dito, quando o sujeito deve executar as tarefas previstas e seu desempenho será registrado.

4. Avaliação pessoal – Ao final do ensaio, o sujeito é solicitado a fazer uma avaliação pessoal, podendo ser em forma de livre manifestação, ou seguir algum roteiro determinado, respondendo a um questionário.

5. Análises e conclusões – Os dados coletados são submetidos a diversos tipos de análises. Para isso, podem ser utilizadas técnicas da estatística, para tirar as conclusões.

No caso de testes repetitivos, deve-se considerar o efeito da aprendizagem, quando os tempos de operação e os erros poderão reduzir-se. Além disso, as opiniões dos sujeitos também podem mudar: uma estranheza inicial pode transformar-se posteriormente em normal.

8.2 AGRADABILIDADE

Os estudos tradicionais em ergonomia geralmente procuram melhorar a funcionalidade, segurança e conforto dos produtos e serviços. Com isso, tem contribuído para melhorar sua usabilidade. Mais recentemente, a partir da década de 1990, a ergonomia tem se ocupado também com a dimensão do prazer, agregando agradabilidade (*pleasurability*) a esses produtos e serviços. Em outras palavras, passou-se do nível físico/fisiológico para aquele psicológico/emocional.

A agradabilidade dos produtos visa proporcionar prazer estético e simbólico ao consumidor. Envolve aspectos *estéticos*, como a combinação de formas, cores, materiais, texturas, acabamentos e movimentos. Envolvem também aspectos *simbólicos*, com a identificação do produto com certas etnias, classes, grupos, valores sociais, *status* ou regiões. Pode evocar também certos momentos importantes (formatura, nascimento do filho) ou felizes (viagens, férias). Assim, os produtos transformam-se em objetos atraentes e desejáveis aos olhos do consumidor.

Visando incorporar aspectos de agradabilidade aos projetos, foram desenvolvidas diversas técnicas na área do design emocional. Vários autores, como Desmet (2002) e Norman (2004), enfatizaram que projetar considerando apenas a usabilidade não é suficiente, pois os produtos precisam evocar emoções, já que "não reagimos às qualidades físicas das coisas, mas ao que elas significam para nós" (Krippendorff, 2000).

CARACTERÍSTICAS DA AGRADABILIDADE

Os projetistas de produtos e sistemas precisam identificar e descrever as características que incluirão nos seus projetos. Aquelas de natureza funcional são mais fáceis de elaborar. Contudo, aquelas de natureza emocional são mais complexas, subjetivas, e de difícil avaliação. Os próprios usuários/consumidores encontram dificuldades para descrever as características consideradas atrativas ou agradáveis que desejariam.

Em geral, é muito difícil descrever essas características da agradabilidade *a priori*. Desse modo, elas são elaboradas *a posteriori*, analisando-se diferentes configurações do produto (já existentes) ou diferentes alternativas de projeto (elaboradas pelo projetista) e submetidas à avaliação dos sujeitos. Para isso, os pesquisadores desenvolveram vários métodos, que recaem em duas categorias: verbais e não verbais.

Métodos verbais – Para aplicar os métodos verbais, são apresentados diferentes modelos, configurações ou alternativas de um produto aos sujeitos. Estes devem manifestar-se verbalmente, ou selecionar palavras ou frases (impressas em cartões) que melhor descreveriam cada produto. Um dos mais conhecidos é o *Emotive Alert*, desenvolvido pelo MIT (Massachusetts Institute of Technology). Trata-se de uma ferramenta sofisticada para avaliar a resposta verbal dos usuários, analisando-se a entonação, velocidade, pausas e intensidade da verbalização. Baseia-se na teoria de que a voz se altera em função das emoções (Johnstone e Scherer, 2000).

Métodos não verbais – Os métodos não verbais avaliam as reações dos sujeitos, como os movimentos dos olhos, expressões corporais e expressões faciais, diante das diferentes configurações ou alternativas de projetos. Esses métodos não verbais são considerados melhores porque registram diretamente as reações, sem depender de codificações ou interpretações da linguagem. Desse modo, teriam um caráter mais universal. Desmet (2002) desenvolveu um instrumento computacional não verbal chamado *Product Emotion Measurement Instrument* (PrEmo). Ele apresenta expressões faciais em desenhos, que expressam quatorze emoções, que podem ser elicitadas por um produto. Outros instrumentos não verbais fazem análise de expressões faciais, como o *Facial Action Coding System* (FACS – Ekman e Friesen, 1978), o *Maximally Discriminative Facial Moving Coding System* (MAX – Izard, 1979) e o *Facial Expression Analysis Tool* (FEAT – Kaiser e Wehrle, 2001).

8.3 ADAPTAÇÃO ERGONÔMICA DE PRODUTOS

A adaptação ergonômica dos produtos às necessidades humanas tem uma longa história. Os seres humanos sempre procuraram adaptar a natureza às suas necessidades e conveniências, modificando-a e criando meios artificiais, quando ela não lhe fosse favorável. Caçadores pré-históricos já fabricavam armas de pedra lascada há 2 milhões de anos, adaptando-as à anatomia de suas mãos.

Esse produto primitivo foi aperfeiçoado 500 mil anos depois, para transformar-se na machadinha, com acréscimo do cabo, com superfície lisa e arredondada, ajustando-se confortavelmente à mão. Depois, diversificaram a produção dos produtos de caça e guerra, tais como arcos, flechas, lanças e tacapes. Em todos esses casos já usavam, de alguma forma, as medidas antropométricas, provavelmente testando-os no seu próprio corpo.

Os produtos da era eletromecânica (até a década de 1980) geralmente tinham a sua função associada à forma de maneira evidente. Assim, a própria forma do antigo telefone, dotado de microfone e alto-falante bem visíveis, indicava a sua função. Nos modernos telefones móveis e smartphones, esses componentes foram miniaturizadas e internalizadas dentro de caixinhas contendo circuitos eletrônicos e *chips*. Hoje, muitos desses telefones móveis podem ter formas semelhantes entre si, mas podem diferenciar-se muito nas suas funções. Essa evolução transformou a "era industrial" em "era da informação", qualificada também por "revolução da Internet". Nessa nova era, o produto não é um ente isolado, mas conectado a um sistema e, portanto, é importante analisar o produto como componente de um sistema (ver o conceito de sistema na p. 28).

Como já vimos no Capítulo 1, a ergonomia evoluiu durante a segunda metade do século XX, passando a abordar problemas cada vez mais amplos, de forma integrada e interdisciplinar. No início, ela estudava apenas uma parte do produto, depois passou a estudar os produtos inteiros, de forma mais integrada, nos sistemas humano-máquina-ambiente (ver p. 11) e, hoje, estuda esse produto como componente de sistemas maiores e mais complexos.

Características desejáveis dos produtos

Do ponto de vista ergonômico, todos os produtos, sejam eles grandes ou pequenos, simples ou complexos, destinam-se a satisfazer certas necessidades humanas e, dessa forma, direta ou indiretamente, entram em contato com o ser humano. Então, para que esses produtos funcionem bem em suas interações com os seus usuários, devem ter qualidade técnica, usabilidade e agradabilidade.

A qualidade técnica é aquela responsável pelo bom funcionamento do produto, do ponto de vista material, mecânico, elétrico, eletrônico ou químico, transformando uma forma de energia em outra, ou realizando operações como dobra, corte, solda, montagens, transmissão de dados e outras. A qualidade técnica decorre dos fatores relacionados com a eficiência do produto no desempenho de sua função. Dependendo da classe de produtos, isso é representado pelo rendimento na conversão de energia, velocidade, ausência de ruídos e vibrações, durabilidade, facilidade de limpeza e manutenção, e assim por diante.

Melhorias da usabilidade e da agradabilidade

A usabilidade e a agradabilidade são as duas qualidades que se relacionam mais diretamente com a ergonomia. É nessas áreas que os ergonomistas podem dar maior contribuição na melhoria dos produtos e dos ambientes de trabalho. Para tanto, geralmente atuam com outros profissionais, que são responsáveis pela qualidade técnica.

A Tabela 8.1 apresenta as contribuições da usabilidade e agradabilidade. A usabilidade e a agradabilidade são proporcionadas pelas qualidades físicas e cognitivas, sendo que a agradabilidade é afetada principalmente pela qualidade estético-emocional dos produtos e serviços.

Tabela 8.1
Contribuições da usabilidade e agradabilidade

Usabilidade	Agradabilidade
Focaliza a questão prática do uso	Focaliza as preferências e gostos pessoais
Baseia-se na biomecânica e cognição	Baseia-se nas reações emocionais
Enfatiza a facilidade de uso	Enfatiza o prazer no uso
Analisa os modos de falhas e erros	Analisa os modos de prazer
Não considera os aspectos emocionais	Considera emoção como qualidade do projeto

PERCEPÇÃO DAS QUALIDADES

Diversos canais sensoriais são acionados no primeiro contato entre o produto e o seu consumidor/usuário. O produto emite diversas "mensagens", que são captadas pelo consumidor e serão determinantes na decisão de compra. Em geral, o estímulo visual é o mais importante, porque é mais imediato. Essa percepção visual ocorre quase imediatamente (alguns segundos), logo no primeiro contato, mas outros sentidos ganham importância ao longo do uso do produto. A audição e o tato tornam-se mais importantes após um mês. Após um ano, a visão, audição e tato adquirem igual importância.

Em outros casos, o tato adquire maior importância, principalmente nos produtos que são tocados e apalpados (maciez dos tecidos), e os odores são essenciais para os alimentos. A audição aparece com menor frequência. Contudo, deve-se considerar que muitos produtos não podem ser tocados, cheirados ou ouvidos porque são acondicionados em embalagens. Isso se torna mais importante ainda no comércio virtual, em que o consumidor deve fazer suposições sobre o desempenho do produto, baseando-se apenas em sua imagem ou descrição de suas características.

Produtos que tenham melhor agradabilidade tendem a ser mais bem avaliados também nos aspectos da qualidade técnica e de usabilidade, embora não apresentem diferenciações funcionais significativas. Além disso, a percepção dos produtos sofre influência das experiências anteriores e da cultura dos usuários.

CARACTERÍSTICAS FÍSICAS DO PRODUTO

A usabilidade e a agradabilidade podem ser melhoradas com alteração de algumas características físicas do produto, como dimensões, formas, cores, resistências, pesos, materiais e outras. Essas mudanças devem visar sempre a adaptação do produto às características e necessidades do usuário ou grupo de usuários.

Como já vimos (p. 229), os produtos podem ser adaptados às dimensões médias da população. Em outros casos, essa adaptação pode ser feita às faixas, a um dos extremos populacionais (inferior ou superior) ou ao usuário individual.

A usabilidade pode ser melhorada colocando-se mecanismos de regulagem (ver p. 231) em produtos que, antes, tinham as medidas rígidas. É o que acontece, por exemplo, com as cadeiras que apresentam três a quatro tipos de regulagens (altura do assento, inclinação do encosto, altura do apoia-braços) para se adaptar melhor aos usuários individuais. Esse tipo de cadeira tem melhor usabilidade que aquela outra de madeira ou plástico, com rigidez dimensional.

Um controle remoto de televisão, operado frequentemente em ambientes de pouca luz, deveria ser pouco vulnerável a erros. Consegue-se isso aumentando-se as distâncias entre os botões, a fim de evitar os acionamentos errados. O agrupamento desses botões por funções pode facilitar o aprendizado (ver regras do Gestalt, p. 503). O centro de gravidade situado no centro da mão melhora o controle motor. Seu formato e acabamento superficial podem evitar que se escorregue e caia no chão. Se houver risco de queda, pode ser feito de material resistente a choques mecânicos, para que não se quebrem. Enfim, diversas características físicas do produto podem ser modificadas para melhorar a usabilidade.

CARACTERÍSTICAS COGNITIVAS

As características cognitivas referem-se aos conhecimentos do usuário sobre o modo de usar o produto, baseando-se em suas experiências anteriores. Enquanto as características físicas assemelham-se ao *hardware*, as cognitivas podem ser consideradas como o *software*. Em outras palavras, os produtos não devem contrariar as expectativas, experiências anteriores e estereótipos já estabelecidos (ver p. 337).

Por exemplo, nossos estereótipos para abrir uma porta são: girar alavanca para baixo; maçaneta para esquerda; ou puxar uma alça. Qualquer produto que contrarie esses estereótipos causará dificuldade (isso acontece com alguns modelos de automóveis).

Quando se cria uma nova versão para um programa de computador, as funções básicas e os modos de operar da versão anterior devem ser preservados, para que haja uma transferência *positiva* do aprendizado. Aquilo que já é conhecido deve ser integralmente aproveitado, acrescentando-se novas habilidades que ainda não existem. Na medida do possível, devem ser evitadas as substituições, principalmente se envolverem movimentos que contrariem os estereótipos estabelecidos.

Para a elaboração das características físicas, faz-se um levantamento antropométrico do grupo de usuários. Da mesma forma, para as características cognitivas, deve-se fazer um levantamento do repertório cognitivo desse grupo. Isso inclui, por exemplo, o que eles conhecem sobre o produto e como estão acostumados a usá-lo.

CARACTERÍSTICAS EMOCIONAIS

Tradicionalmente, a ergonomia tem considerado as questões cognitivas separadas da emoção. A *cognição* seria um processo voluntário, lógico, discernível, controlável, e que se aprende. Enquanto isso, a *emoção* seria de natureza autônoma e não controlável. Mas, hoje, sabe-se que não se pode separar esses dois processos, pois emoção e cognição interagem continuamente, contribuindo para controlar os raciocínios e os comportamentos. Desse modo, a ergonomia passou a estudar também os aspectos emocionais junto com a cognição (ver Helander e Khalid, 2012). A reação emocional é mais rápida que a cognitiva. Assim, ao examinar os aspectos físicos de um produto (forma, estrutura e função prática), as pessoas sentem uma reação emocional, imediatamente, em curto espaço de tempo, geralmente inferior a trinta segundos.

Estudos indicam que há cerca de trezentas emoções humanas, mas apenas cerca de vinte pares delas (positivas/negativas) interessam à ergonomia e ao design. As emoções positivas (alegria, aceitação, gosto, interesse, admiração) ou negativas (tristeza, rejeição, desgosto, monotonia, desprezo) influenciam no modo como as pessoas interagem com os produtos ou serviços.

Por exemplo, produtos da Apple conquistaram o mercado porque foram considerados mais bonitos, mais engraçados, mais naturais que os concorrentes. Basta lembrar que, antes da Apple, era comum o usuário receber mensagens do tipo "um erro aconteceu e seu arquivo será fechado" sem maiores explicações. A frustração (que produz irritação) pelo trabalho perdido, aliada ao fato de o usuário se sentir um operador ignorante, levava muitos deles a desistirem de usar determinados *softwares*.

CONEXÃO EMOCIONAL

Os produtos que evocam emoções positivas (alegres, simpáticos, divertidos, interessantes, prazerosos, honestos) serão mais bem-aceitos, em detrimento daqueles que evocarem emoções negativas. Estes tenderão a ser evitados e descartados. No caso positivo, dizemos que se estabelece uma *conexão emocional* entre o produto e seu usuário. Quando se estabelece essa conexão, as pessoas são capazes até de tolerar alguns problemas técnicos e inconveniências do produto. É como a jovem que tolera usar um calçado apertado porque gostou do seu estilo. No caso inverso ("não gostei"), as pessoas tenderão a encontrar mais defeitos, mesmo naqueles produtos considerados tecnicamente superiores. Portanto, evocar uma emoção positiva seria um diferenciador importante dos produtos. Desse modo, a agradabilidade passou a ser um fator significativo para melhorar a interação entre produtos e usuários, complementando as características da usabilidade.

EQUILÍBRIO ENTRE AS QUALIDADES

As três qualidades básicas dos produtos (técnica, usabilidade e agradabilidade) são genéricas e estão presentes em praticamente todos eles. Em cada tipo de produto, naturalmente, uma ou outra qualidade pode *predominar* sobre as outras. Por exemplo, em um motor elétrico, provavelmente a qualidade técnica seria a mais importante. Já em um alicate ou qualquer outro tipo de ferramenta manual, os aspectos de usabilidade podem ser predominantes. Em objetos de decoração e de moda, podem predominar a agradabilidade. Contudo, em todos eles, essas três características estão presentes, variando a intensidade relativa em cada um deles.

Alguns fabricantes não conseguem estabelecer um equilíbrio adequado entre essas três qualidades. Muitas vezes, pressionados pelo mercado, eles preferem alterar os aspectos de agradabilidade e de usabilidade dos produtos porque as qualidades técnicas não são tão visíveis ao consumidor e também são de mais difícil modificação. Entretanto, existem também muitos casos de produtos que são tecnicamente bem resolvidos, mas carecem das qualidades de usabilidade e agradabilidade, para que sejam atraentes ao consumidor.

Portanto, deve haver uma grande interação entre os ergonomistas e demais responsáveis pelo projeto (engenheiros, designers e outros), a fim de proporcionar essas três qualidades ao produto. Sempre que possível, elas devem ser solucionadas de forma integrada, desde a fase inicial de concepção do produto ou sistema. Se houver uma visão parcial (subótima) durante a definição do projeto básico do produto ou sistema, fica mais difícil de "injetar" as outras qualidades *a posteriori.*

Às vezes, durante o desenvolvimento, pode ocorrer uma alternativa "tecnicamente perfeita". Mas, vista sob os ângulos da usabilidade e da agradabilidade, pode ser problemática. Talvez existam outras alternativas melhores para a ergonomia, mesmo com um pequeno sacrifício do desempenho técnico. Assim, o projeto de um produto envolve uma *solução de compromisso*. Como já vimos (pp. 33-34), nem sempre a junção das soluções ótimas dos subsistemas produz a solução global ótima. O que importa é esse resultado global. Em empresas modernas e competitivas, esse resultado significa atender às necessidades e aos desejos dos consumidores e do mercado.

Em resumo, pode-se dizer que a qualidade técnica depende dos aspectos materiais, a usabilidade, dos aspectos anatômico-fisiológicos, e a agradabilidade, dos aspectos emocionais. Os produtos ainda têm outras características importantes, como preço, marca e moda, mas deixamos de considerá-las aqui, porque fogem do escopo da ergonomia.

8.4 Processo de desenvolvimento de produtos

O desenvolvimento de produtos envolve um conjunto de atividades que leva uma empresa ao lançamento de novos produtos ou ao aperfeiçoamento daqueles existentes. Essa atividade geralmente é realizada por uma equipe interdisciplinar. Na medida do possível, essa equipe de desenvolvimento deve incluir também especialistas em ergonomia. A sua participação deve ocorrer desde as etapas iniciais do projeto. Muitas vezes fica muito mais difícil e caro corrigir um defeito *a posteriori* do que procurar alternativas para preveni-lo *a priori,* desde o início.

Bens de capital e bens de consumo

O processo de desenvolvimento de produtos difere bastante de acordo com o tipo de produtos. Em alguns, podem predominar os aspectos técnicos e econômicos, enquanto em outros, aqueles ergonômicos e estéticos. Existem diversos critérios de classificações de produtos. Por exemplo, podem ser classificados pelo processo produtivo (artesanal, industrializado), nível de tecnologia (tradicional, intermediária, avançada), pelo tipo de tração (manual, mecânica, elétrica), pela durabilidade (perecíveis, duráveis), e assim por diante. Aqui, adotaremos a classificação baseada no tipo de usuário, em bens de capital e bens de consumo. As principais diferenças entre eles estão apresentadas na Tabela 8.2.

Bens de capital – Os bens de capital são aqueles usados por empresas para realizar alguma atividade produtiva. Exemplos: robôs industriais, máquinas e equipamentos como prensas, tornos e fresas. Geralmente são adquiridos institucionalmente, para serem operados por trabalhadores especialmente treinados, e têm, em volta deles, várias pessoas que apoiam seu funcionamento, como os ferramenteiros, analistas de trabalho, programadores e técnicos de manutenção. Eles dificilmente são usados de forma diferente daquela prevista pelo seu fabricante e que foi programada pela empresa. Seu projeto é dominado pela preocupação com a qualidade técnica e a sua aquisição e renovação são ditadas principalmente pelos avanços tecnológicos.

Bens de consumo – Os bens de consumo são usados por indivíduos, geralmente no âmbito doméstico. Exemplos: eletrodomésticos, móveis, vestuários e brinquedos. O seu uso e manutenção não é tão regular quanto no caso dos bens de capital. Muitas vezes são usados de forma errada, por pessoas que não foram treinadas para a sua operação e não recebem manutenção sistemática. Incluem-se entre seus usuários crianças, pessoas idosas e pessoas com deficiência, que não têm força ou habilidade motora dos adultos normais. Portanto, esses bens estão sujeitos ao uso irregular, menos sistemático e, inclusive, a usos improvisados, não recomendados e não previstos pelo fabricante.

Essa classificação ajuda o projetista a definir as principais características do produto. Na prática, muitos produtos poderiam ser incluídos nas *duas* classes. Por exemplo, os mesmos tipos de mesa e computador podem ser usados em uma empresa, para atividades profissionais ou no lar, onde estudantes os usam como equipamento didático. Os produtos que têm uso duplo, tanto profissional como doméstico, deveriam reunir as características dos bens de capital e bens de consumo.

Tabela 8.2
Principais diferenças entre bens de capital e bens de consumo

Fatores	Bens de capital	Bens de consumo
Objetivo	Definido pelo fabricante e pela empresa.	Selecionado pelo usuário e pode ter aplicações diversas.
Comprador	Empresa, mediante análises técnicas e econômicas.	Individual, podendo predominar critérios subjetivos.
Usuário	Pessoas habilitadas, com treinamento.	Genérico, sem treinamento específico.
Acompanhamento do uso	Supervisionado por pessoas especializadas.	Não existe, especificamente.
Manutenção	Sistemática, programada e preventiva, para evitar falhas.	Corretiva, após a ocorrência das falhas.
Custo da falha	Alto, podendo causar uma catástrofe.	Disperso, difícil de quantificar.
Renovação	Periódica, determinada por avanços tecnológicos.	Esporádica, sujeita à moda e mudanças formais.

ETAPAS DO PROCESSO DE DESENVOLVIMENTO DE PRODUTOS

O processo de desenvolvimento de produtos é muito variável, dependendo do tipo de produto e da organização da empresa. Algumas empresas enfatizam características técnicas, enquanto outras, aquelas funcionais ou estéticas. Outras, ainda, concentram-se na redução dos custos, mesmo com o sacrifício da qualidade.

Existem ainda empresas que simplesmente copiam os produtos das outras, sem ao menos saber por que eles têm determinadas características. Em todos esses casos, o "juiz" final será o consumidor. Portanto, em qualquer projeto de produto, é importante saber *o que* os consumidores querem, descobrindo *quais são* as características que eles valorizam e *quanto* estão dispostos a pagar.

De uma forma geral, o processo de desenvolvimento de produtos compreende diversas etapas, que são representadas simplificadamente na Figura 8.1. No início, é necessária uma definição clara do Objetivo e, depois, se seguem as demais etapas de Desenvolvimento, Detalhamento, Avaliação, e Produto em uso. Observe que esse processo não é linear. A cada etapa, poderá haver um retorno à fase anterior. Por exemplo, durante o Detalhamento, pode ser que um componente previsto não esteja disponível e, então, será necessário retroceder para a etapa de Desenvolvimento e modificar o projeto, e assim por diante.

CONTRIBUIÇÕES DA ERGONOMIA

Durante o Desenvolvimento, os especialistas em ergonomia contribuem principalmente com as seguintes atividades (Haubner, 1990):

Características de uso – Faz descrição e análise das tarefas e características dos usuários do sistema.

Usabilidade e agradabilidade – Elabora propostas de interfaces e alternativas para melhorar a usabilidade e agradabilidade.

Análise do processo produtivo – Elabora alternativas que facilitem a produção, montagem, distribuição, descarte e reciclagem.

Análise dos riscos – Examina as características para prevenir e eliminar eventuais riscos de erros e acidentes na operação/uso do produto.

Avaliação ergonômica do produto – Faz avaliação do produto do ponto de vista ergonômico, tanto do *hardware* como do *software*.

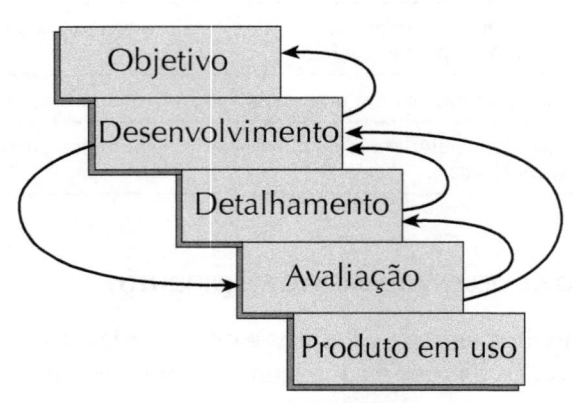

Figura 8.1
Etapas do desenvolvimento de produtos.

Desse modo, a contribuição da ergonomia inicia-se na fase de definição das especificações do produto e prossegue durante todas as etapas do desenvolvimento, chegando até a etapa final de análise do produto em uso (Tabela 8.3).

Tabela 8.3
Participação da ergonomia nas diversas etapas do desenvolvimento de produtos

Etapas	Atividades gerais	Participação da ergonomia
Atividades preliminares	Examinar as oportunidades Verificar as demandas Definir objetivos do produto Elaborar as especificações Estimar custo/benefício	Examinar o perfil e as necessidades do usuário Analisar os requisitos ergonômicos do produto
Desenvolvimento do projeto	Analisar os requisitos do sistema Esboçar a arquitetura do sistema Gerar alternativas de soluções Desenvolver o sistema	Analisar as tarefas/atividades Analisar a interface - informações, cognições - controles
Detalhamentos para produção	Detalhar o sistema Especificar os componentes Adaptar as interfaces Detalhar os procedimentos de teste	Acompanhar os detalhamentos e analisar os aspectos ergonômicos da produção
Avaliação do protótipo	Avaliar o desempenho Comparar com as especificações Fazer os ajustes necessários	Testar a interface com o usuário, verificando possíveis fontes de erros e acidentes
Avaliação do produto em uso	Prestar serviço pós-venda Acumular experiências para outros projetos	Realizar estudos de campo com os usuários e consumidores

PARTICIPAÇÃO DA ERGONOMIA NO DESENVOLVIMENTO DE PRODUTOS

Algumas empresas que mantem atividades contínuas de desenvolvimento de produtos já empregam ergonomistas como membros permanentes de suas equipes de projeto. Quando o volume de trabalho não justificar esse envolvimento permanente, pode-se optar por consultores externos.

Um exemplo desses grupos permanentes é o da empresa Philips, da Holanda, que mantém 21 ergonomistas dentro de sua equipe de projeto (Stanton, 1998). Eles dedicam 85% do tempo ao desenvolvimento de projetos. Ocupam-se principalmente em analisar as interações dos usuários com os seus produtos, acumulando experiências para o projeto de novos produtos. Procuram incutir o conceito de usabilidade em todos os produtos, como uma política da empresa (Figura 8.2).

A participação da ergonomia ocorre em cinco tipos de atividades (McClelland e Brigham, 1990): usuário, características do produto, interface com o usuário, usabilidade e agradabilidade.

Usuário – O conhecimento dos usuários serve para elaborar o perfil de suas necessidades e valores. Isso é fundamental para definir as características de usabilidade e de agradabilidade consideradas desejáveis pelos consumidores/usuários.

Características do produto – Descreve as principais características de usabilidade e de agradabilidade, a fim de atender às expetativas do consumidor/usuário. A análise das necessidades do usuário leva à descrição de um conjunto de tarefas a serem realizadas com o uso do produto. Esse produto só é considerado útil quando executa satisfatoriamente as funções ou tarefas que o consumidor precisa. Deve-se lembrar que a utilidade é influenciada também pelos aspectos estéticos.

Interface com o usuário – A análise da interface focaliza a atenção sobre o usuário interagindo com o produto, procurando respostas para as seguintes perguntas:
- *O que* o produto comunica? (Qual é a utilidade do produto?)
- *Como* ele comunica? (Como se usa o produto?)
- *Quais* emoções provoca? (O produto é prazeroso?)

Usabilidade – A usabilidade formula certas metas de desempenho funcional para o produto. Essas metas são usadas durante o desenvolvimento do projeto, para a formulação de alternativas. São usadas posteriormente para avaliar o projeto da interface e realizar testes de usabilidade em protótipos.

Agradabilidade – A agradabilidade formula características consideradas agradáveis (ou desagradáveis) e serve para avaliar as reações emocionais eliciadas pelo produto.

Os conceitos de utilidade, interface, usabilidade e agradabilidade devem ser formulados logo no início de cada projeto. Eles são mantidos como pontos de verificação em todas as fases de desenvolvimento do projeto. A principal preocupação do ergonomista está na usabilidade. Ela não depende apenas do desempenho global do sistema. Deve-se fazer um exame detalhado das interações do usuário com o produto, atentando-se para certas minorias populacionais, como crianças, idosos, obesos e pessoas com deficiência (ver Capítulo 18). Assim, é necessário acompanhar minuciosamente a elaboração dos detalhes do projeto que podem influir nessas interações.

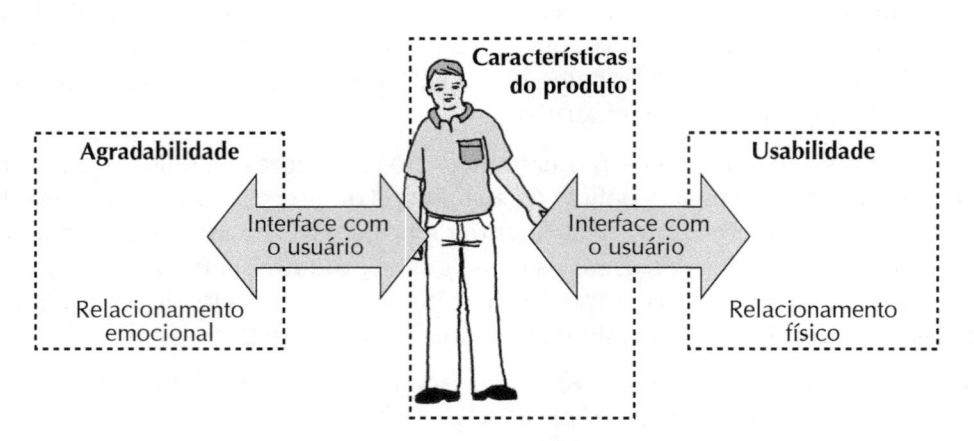

Figura 8.2
Atividades a cargo da equipe de ergonomia na Philips (McClelland e Brigham, 1990).

8.5 DESENVOLVIMENTO DE PRODUTOS DE CONSUMO

Os produtos de consumo ou bens de consumo movimentam grande parte da economia mundial. Eles se classificam em perecíveis (alimentos e bebidas) e duráveis (eletrodomésticos, móveis). Aqui trataremos apenas dos bens duráveis.

Pressionados pela competição globalizada, principalmente a partir da década de 1980, os fabricantes desses bens investiram na melhoria da qualidade e na redução dos preços para conquistar novos mercados. A ergonomia tem contribuído para a melhoria de qualidade dos produtos de consumo, adaptando-os às necessidades e características do consumidor.

Por outro lado, com a grande difusão dos meios de comunicação, os consumidores estão cada vez mais informados e mais exigentes. Nesse contexto, a ergonomia passou a ser usada pelas empresas como uma vantagem competitiva, produzindo e oferecendo-se "produtos ergonômicos" como sinônimo daquilo que atende às reais necessidades e expectativas do consumidor.

CONSULTA AOS CLIENTES

Consultar os clientes significa ouvir os consumidores/usuários do produto para se descobrir as características que eles consideram desejáveis. Isso não é feito apenas de forma esporádica. Ao contrário, deve ser um processo sistemático, incluindo-a como uma das etapas obrigatórias no desenvolvimento do produto. Essa é uma forma segura de reduzir os riscos no lançamento de novos produtos.

Até recentemente, os projetos de desenvolvimento de produtos eram realizados "a portas fechadas". A própria equipe *interna* da empresa encarregava-se dessas atividades, baseando-se em algumas suposições. Algumas vezes, na ausência dessa equipe, contratava-se um escritório externo, mas o processo de desenvolvimento era semelhante nos dois casos. Nesse processo, a empresa pode tomar decisões aparentemente lógicas, mas também pode cometer grandes erros.

Na cadeia de produção-distribuição-venda-consumo-descarte-reciclagem, pode haver vários tipos de clientes. "Clientes" podem ser entendidos de muitas maneiras e situam-se em diferentes pontos dessa cadeia. Geralmente quem compra da empresa industrial são os atacadistas, distribuidores e outros intermediários, e não os usuários finais dos produtos.

Muitas vezes, não é o próprio usuário quem compra. Produtos infantis são comprados pelos adultos e usados pelas crianças. Materiais de limpeza podem ser comprados pelas donas de casa e usados pelas empregadas. Nas grandes empresas, há departamentos de compras. Em órgãos públicos, as compras são feitas por licitações e os usuários dos produtos raramente participam desse processo. Nesses casos, quando há dicotomia entre *quem decide* e *quem usa*, é importante consultar os dois segmentos, pois cada um pode colocar o próprio "filtro" para valorizar diferentes aspectos dos produtos.

DESENVOLVIMENTO PARTICIPATIVO

Desenvolvimento participativo é aquele feito com consultas sistemáticas aos usuários potenciais do produto. Algumas empresas mantêm um cadastro daqueles clientes, usuários ou distribuidores, considerados os mais observadores, exigentes e críticos. Eles são convocados para contribuir na concepção, *design* e avaliações de novos produtos. Por exemplo, a Philips tem um cadastro de "testadores" para seus barbeadores. Eles são selecionados pelos seguintes critérios: são usuários dos barbeadores; são exigentes com os barbeadores; têm sensibilidade ao desconforto de barbear (pele delicada); são capazes de expressar claramente o que sentem; e estão dispostos a colaborar.

O levantamento das informações é feito com *entrevistas* ou *questionários* (ver pp. 73-80) e pode ser complementado com dois métodos complementares: observação *in loco* e grupo de foco.

Observação in loco – A observação *in loco* é feita com o cliente usando o produto em condições reais (Figura 8.3). Ela é importante para se registrar as posturas, movimentos e forças na interação com o produto. Com isso, pode-se identificar as possíveis fontes de erros, estresses e acidentes. Pode-se identificar também as características de *decepção* do produto. São aquelas que machucam, incomodam ou provocam erros, e que devem ser eliminadas. Por exemplo, um posto de trabalho que não permita a acomodação das pernas na posição sentada, e a pessoa é obrigada a adotar uma posição contorcida. Para eliminar essa característica de decepção, o posto de trabalho deveria ser redesenhado para aumentar o espaço de acomodação das pernas.

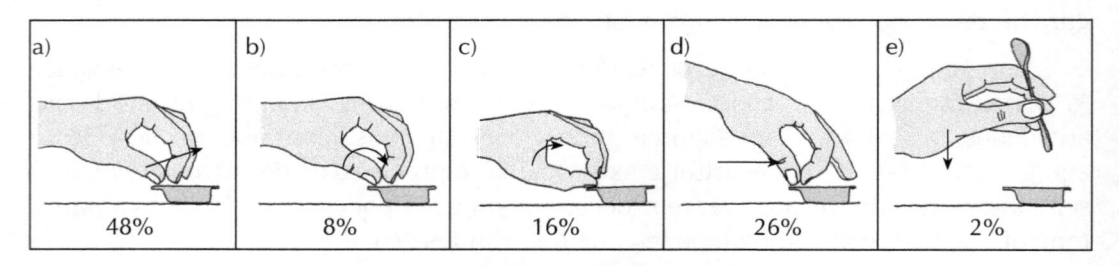

Figura 8.3
Vários modos observados para se abrir uma embalagem de geleia. Os números indicam percentagens observadas. Os modos "b" e "d", que foram os previstos pelos projetistas, totalizaram apenas 34% (Kanis e Wendel, 1990).

Grupo de foco – Grupo de foco é um conjunto de seis a dez pessoas que se reúnem especialmente para fazerem avaliações e emitirem opiniões e comentários sobre uso de produtos (ver p. 80). De preferência, a sessão se inicia com um "usuário" fazendo uso simulado do produto que se quer analisar, da forma mais realista possível. No caso de um eletrodoméstico, deve-se demonstrar seu uso, em um ambiente de cozinha. A discussão pode ser livre ou orientada com perguntas do tipo "como se pode facilitar a limpeza do produto?" ou "a pega é confortável?".

Todas essas técnicas visam levantar informações para orientar o desenvolvimento do produto. Contudo, por questões técnicas ou econômicas, o projetista talvez não consiga implementar todas as sugestões apresentadas. Nesses casos, é importante chamar novamente o grupo de consumidores ou o grupo de foco para opinar sobre as alternativas viáveis, diante das *restrições* apresentadas. Por exemplo, pode ser que o grupo tenha sugerido uma substituição de materiais (vidro pelo plástico) ou de formas (retas por curvas), mas uma análise posterior de custo/benefício indicou que isso não seria viável para a empresa. Nesses casos, os projetistas devem reformular as alternativas de solução, para serem novamente avaliadas.

PESQUISA DAS CARACTERÍSTICAS DO PRODUTO

Os levantamentos das características acima sugeridos devem ser feitos de forma organizada, para que produzam informações úteis ao projeto. Além disso, na medida do possível, devem ser transformadas em medidas quantitativas, para que sejam comparáveis entre si e possam ser utilizadas como indicadores de progresso.

Deve-se realizar uma pesquisa inicial sobre as características do produto consideradas mais importantes pelos consumidores. Vamos supor, por exemplo, que os usuários de barbeadores elétricos tenham apresentado o seguinte elenco de características:

- Baixo nível de ruído;
- Facilidade de manejo;
- Eficiência no corte;
- Facilidade de transporte e guarda;
- Estética.

Pode-se pesquisar a *importância* relativa de cada uma dessas características pedindo-se para atribuir notas para cada característica, em uma escala de 1 (pouco importante) a 5 (muito importante). Somando-se as notas obtidas com um conjunto de usuários, pode-se estabelecer o *ranking* das características. Por exemplo, vamos supor que vinte pessoas tenham feito essas avaliações e que o número máximo de pontos possíveis seja $(5 \times 20) = 100$. Essas vinte pessoas fizeram as seguintes avaliações quanto à "eficiência no corte": 3; 5; 4; 5; 2; 5; 5; 4; 5; 2; 5; 4; 5; 5; 3; 4; 5; 2; 5; 4. Somando esses valores, obtêm-se 82 pontos (Tabela 8.4). O mesmo se faz em relação às outras características. Colocando-se em ordem decrescente dos pontos obtidos, podemos estabelecer o *ranking* das características. Nesse caso, a mais importante foi a "eficiência no corte".

Tabela 8.4
Ranking das características do barbeador elétrico pelo critério de importância

	Pontos	*Ranking*	Fator multiplicativo
Eficiência no corte	82	1	8
Facilidade de manejo	71	2	7
Baixo nível de ruído	59	3	6
Estética	50	4	5
Facilidade de transporte e guarda	28	5	3

A partir disso, podemos estabelecer um *fator multiplicativo*, proporcional aos pontos obtidos em cada característica (não precisa ser exatamente igual ao número de pontos, mas apenas estabelecer a importância relativa de cada característica).

Tabela 8.5
Avaliação das importâncias de cada característica

Ao usar barbeadores elétricos, como você avalia a importância de cada uma das características abaixo?						
Características	**Importâncias**					**Pontos**
	Pouco 1	**2**	**3**	**4**	**Muito 5**	
Eficiência no corte					●	5
Facilidade de manejo				●		4
Baixo nível de ruído			●			3
Estética				●		4
Facilidade de transporte e guarda		●				2

(1 = pouco importante; 5 = muito importante)

Com isso, construímos a Tabela 8.6, que serve para avaliar cada *modelo* do produto. Os números de pontos são obtidos multiplicando-se o valor de cada avaliação pelo respectivo fator da característica avaliada. Essa avaliação é feita por um grupo de pessoas, individualmente (cada pessoa faz a sua avaliação). Os maiores números de pontos indicam as características "fortes" do respectivo modelo. No final, somando-se os pontos obtidos, chega-se ao número de pontos totais de cada modelo do produto. Isso pode ser feito para selecionar alternativas de soluções, avaliando-se os seus protótipos.

Tabela 8.6
Avaliação de cada modelo do produto

Ao usar o modelo x do barbeador, como você avalia cada uma das características abaixo?							
Características	**Fator multiplicativo**	**Avaliação**					**Pontos**
		Ruim 1	**Regular 2**	**Bom 3**	**Muito bom 4**	**Ótimo 5**	
Eficiência no corte	8			●			24
Facilidade de manejo	7				●		28
Baixo nível de ruído	6		●				12
Estética	5					●	25
Facilidade de transporte e guarda	3			●			9
						Total	98

INCORPORAÇÃO AO PROJETO

As avaliações das características realizadas pelos consumidores servem para orientar as atividades de projeto. Examinando-se a Tabela 8.4, o aspecto a merecer atenção prioritária dos projetistas deve ser a "eficiência no corte" e, depois, "facilidade de manejo", "baixo nível de ruído", e assim por diante. Contudo, a melhoria da eficiência do corte e a redução do nível de ruído dependem mais de melhorias técnicas. Assim mesmo, os ergonomistas precisam trabalhar em conjunto com os técnicos, porque uma alternativa técnica pode influenciar nos aspectos ergonômicos. Já na característica "facilidade de manejo", a iniciativa cabe aos ergonomistas, que podem contar com ajudas técnicas, para verificar se a proposta apresentada para melhorar o manejo seria tecnicamente viável (materiais e processos de fabricação) e economicamente justificável.

Portanto, o trabalho de projeto do produto é eminentemente interdisciplinar. Além disso, se for adotado o método de desenvolvimento participativo, as alternativas deverão ser elaboradas em colaboração com os consumidores/usuários. Eles podem ser consultados individualmente, por entrevistas ou questionários, ou coletivamente, em grupos de foco. Essas consultas podem ser realizadas em diversas etapas, por exemplo, com os produtos já existentes (antes do projeto), na etapa de anteprojeto e com os protótipos do projeto.

AVALIAÇÃO DE PRODUTOS

A avaliação de produtos visa determinar as suas qualidades técnicas, de usabilidade e de agradabilidade. Ela é feita rotineiramente pelos próprios fabricantes que desejem preservar o seu conceito no mercado e evitar futuros problemas com os consumidores. Em outros casos, as organizações de defesa dos consumidores podem realizar essas avaliações.

Existem vários tipos de critérios para avaliar os produtos. Contudo, geralmente avaliam-se as suas três qualidades básicas: técnica, usabilidade e agradabilidade.

Técnica – Os produtos são avaliados quanto às suas características físicas, como dimensões, peso, dureza, resistência, estabilidade e durabilidade.

Usabilidade – Avalia-se o desempenho humano-máquina-tarefa, tais como as informações de posturas, localização de estresses, dores, índice de erros, acidentes e conforto.

Agradabilidade – Avaliam-se os aspectos estéticos e simbólicos, que influem no grau de aceitação, desejabilidade e prazer proporcionado pelos produtos.

As avaliações técnicas dos produtos já são bem estabelecidas. Em alguns ramos, como na construção civil e mecânica, já existem padrões e procedimentos normatizados para a realização dos ensaios. Geralmente são realizados de acordo com normas da ABNT ou normas internacionais como a ISO (ver Capítulo 21). Existem laboratórios especializados para realizar esses ensaios em algumas universidades e centros de pesquisa, que são acreditados pelo Inmetro (www.inmetro.gov.br). Esses laboratórios contam com equipamentos próprios de testes e medições e pessoal técnico habilitado para a realização dos ensaios, e podem emitir laudos de conformidade às respectivas normas.

As características de usabilidade também estão sendo cada vez mais normatizadas, e diversas normas de Ergonomia já são disponíveis. Entretanto, ainda não se pode dizer o mesmo quanto aos aspectos de agradabilidade, embora sejam até mais importantes que aqueles aspectos técnicos e de usabilidade, para o caso dos produtos de consumo.

8.6 Projeto de produtos seguros

São bastante frequentes os acidentes durante uso dos produtos (ver Capítulo 15). No caso dos bens de capital, os acidentes podem ser mais graves, mas geralmente contam com uma estrutura de apoio aos acidentados (ver p. 567). Em situações de trabalho, a maioria das lesões ocorre com o uso de ferramentas manuais, como facas, martelos, alicates, pás e outras. As ferramentas elétricas que provocam mais acidentes são as serras, furadeiras, esmeris, grampeadores e aparelhos de solda.

Muitas lesões podem ser prevenidas pelo projeto adequado das ferramentas, limitando-se sua potência, providenciando-se dispositivos de segurança e melhorando a pega. A maioria dessas lesões ocorre quando o trabalhador adota uma postura inadequada, ou deve fazer uma força repentina ou um movimento brusco para controlar a ferramenta (ver mais detalhes no Capítulo 10).

Os acidentes com bens de consumo podem ser mais numerosos e diversificados. Ao contrário dos bens de capital, os seus usuários não foram treinados para o seu uso correto. A faixa de usuários é bastante ampla, podendo incluir crianças, idosos, canhotos e analfabetos. Além do mais, são frequentes os usos não formais (não funcionais ou não previstos) do produto: uso da faca como chave de fenda ou abridor de latas; tesoura como martelo; e banquinho como escada. Além desse mau uso, contribuem para os acidentes o mau projeto, materiais de má qualidade, defeitos de fabricação e instruções inadequadas ou ilegíveis.

Análise de acidentes com produtos de consumo

As pessoas acidentadas durante o uso de produtos costumam recorrer aos médicos e pronto-socorro. Entretanto, os registros que se encontram nesses lugares são muito genéricos e não fornecem informações detalhadas de como esses acidentes ocorreram. Em consequência, são pouco úteis para orientar um trabalho de redesenho, visando eliminar as causas dos acidentes.

Kanis e Weegels (1990) desenvolveram um método para coletar dados sobre acidentes, envolvendo vários produtos de consumo existentes. Os pesquisadores visitaram as pessoas vitimadas nos próprios locais onde ocorreram os acidentes. Essas visitas eram agendadas o mais rápido possível, logo após a ocorrência dos respectivos acidentes. O acidente era "reconstruído", com a vítima fazendo *uso simulado* do produto causador desse acidente.

Essa reconstrução ocorria no mesmo "cenário" do acidente, sendo registrado em vídeo. A vítima podia apresentar a sua versão sobre o acidente. Depois era feita uma entrevista aberta, usando-se uma lista de perguntas. Ao final da entrevista, os pontos importantes eram recapitulados e depois acontecia uma discussão sobre os detalhes do produto envolvido. Adicionalmente, eram feitas as medidas antropométricas da vítima.

Aplicando-se essa técnica, foram feitas descrições de doze acidentes, ao longo de um ano, incluindo:

- Cortes provocados por facas, descascadores de batatas e fatiadores de queijo;

- Queimaduras provocadas por fogões e ferros de passar;

- Quedas, devido à ruptura da mesinha acoplada à cadeira de criança, quando foi utilizada como escada;

- Contusão no queixo, provocada por um aparelho de ginástica para os braços, com elásticos, que escaparam de uma das mãos.

As informações coletadas foram submetidas a um grupo de *designers*. Eles observaram que certas características, como o corte afiado das facas, são inerentes ao produto, e, portanto, difíceis de corrigir. Entretanto, no caso da cadeira de criança, observaram que o produto aparentava ter uma resistência maior do que realmente tinha, induzindo ao seu uso não formal. No caso do aparelho de ginástica, seria possível mudar o desenho da pega para evitar que escape das mãos.

Eles concluíram que muitos acidentes decorriam de percepções erradas, *induzidas* pelos próprios produtos. Os consumidores julgavam que os produtos tinham determinadas qualidades e, na realidade, isso não acontecia (vulgo "parece mas não é"). Eles sugeriram que essa percepção poderia ser melhorada se os produtos não escamoteassem certos detalhes construtivos. Os projetistas devem elaborar seus projetos de modo que a sua própria aparência física induza à sua função, suas qualidades e seu uso correto (ver conceito de *affordance* na p. 259).

Como observação final, os designers consideraram que as descrições dos acidentes eram importantes principalmente para mostrar as diferentes formas de uso do produto e na identificação das situações de risco. As descrições detalhadas dos acidentes forneceram diversas "inspirações" para a melhoria do produto, a fim de evitar os futuros acidentes.

ESTUDO SOBRE ACIDENTES DE CONSUMO

Acidentes de consumo são aqueles que ocorrem nas interações do usuário com o produto ou serviço, durante o seu uso, limpeza, transporte ou armazenamento, provocando alguma lesão ou mal-estar.

Realizou-se um estudo (Dolci, 2004) sobre os acidentes de consumo de produtos e serviços que levaram à necessidade de atendimentos médico-hospitalares. Os levantamentos foram realizados em quatro prontos-socorros de hospitais públicos da cidade de São Paulo, por um grupo de enfermagem, devidamente capacitado, aplicando-se questionários e entrevistas pessoais. Esses acidentes são aqueles que exigiram algum tipo de atendimento em pronto-socorro. Eles geralmente são precedidos de "erros humanos" (ver p. 547) que são numerosos. Investigando-se as causas desses erros e acidentes, o projetista poderia atuar preventivamente, melhorando os respectivos projetos, de modo que os erros cometidos não se transformem em acidentes.

Foram avaliados: as partes do corpo mais atingidas, as ocorrências médicas, tipos de produtos, relação com a idade e o tipo de ocorrência, horário de ocorrência dos acidentes e relação com o tipo de produto ou serviço, local de ocorrência, resultado do acidente, perfil das vítimas por idade e por sexo e renda familiar da vítima.

O estudo mostrou maior incidência de acidentes relacionados a *produtos de consumo* do que relacionados a *serviços*. No total de 2.021 casos examinados, 1.465 (72,5%) acidentes decorreram do uso de produtos e 556 (27,5%) da prestação de serviços. As crianças menores de dez anos são as maiores vítimas, com 39% dos casos relatados, e seus acidentes são causados principalmente por produtos (95%), sendo que 26% delas se acidentam com medicamentos; 16% com produtos de limpeza; 13% com produtos químicos; e 9% com alimentos/bebidas.

As principais causas de acidentes com *produtos* foram, por ordem de incidência: 1º) antibióticos, anticoncepcionais, analgésicos; 2º) água sanitária, cloro, sabão, detergente, desengordurante, desinfetante; 3º) venenos, agrotóxicos, produtos veterinários, soda cáustica, removedores; 4º) cotonete, sabonete, *shampoo*, repelente; 5º) tintura/descolorante de cabelo, creme depilatório, esmalte, acetona; 6º) panelas, panelas de pressão, louças; 7º) cadeira de plástico, beliches; 8º) latas, copos de vidro.

Os acidentes de consumo decorrentes da prestação de serviço são mais comuns com pessoas entre 21 e quarenta anos. As principais causas de acidentes com *serviços* foram os serviços de transporte (ônibus, trens, metrô e transporte alternativo), responsáveis por 44% de acidentes. Em segundo lugar, com 32% das ocorrências, ficam os problemas de conservação das vias públicas (desníveis e/ou má conservação de calçada e/ou rua, buraco na calçada e/ou rua, tampa de bueiro na calçada e/ou rua).

A pesquisa não encontrou distinção entre os sexos em função dos acidentes de consumo, ou seja, ambos os sexos têm a mesma chance de sofrer este tipo de acidente.

SEGURANÇA DOS PRODUTOS

No mundo atual, os consumidores estão cada vez mais informados e exigentes. Em muitos países, existem diversos tipos de normas e leis para garantir os seus direitos. Diante disso, algumas empresas resolveram investir na segurança dos seus produtos, baseando-se em dois pontos. Primeiro, na identificação de situações perigosas que poderiam resultar em acidentes. Segundo, na busca de soluções práticas para prevenir esses acidentes.

A Universidade de Delft, na Holanda, desenvolveu um método para o projeto de produtos seguros (Figura 8.4) baseado em cinco etapas (Schoone-Harmsen, 1990):

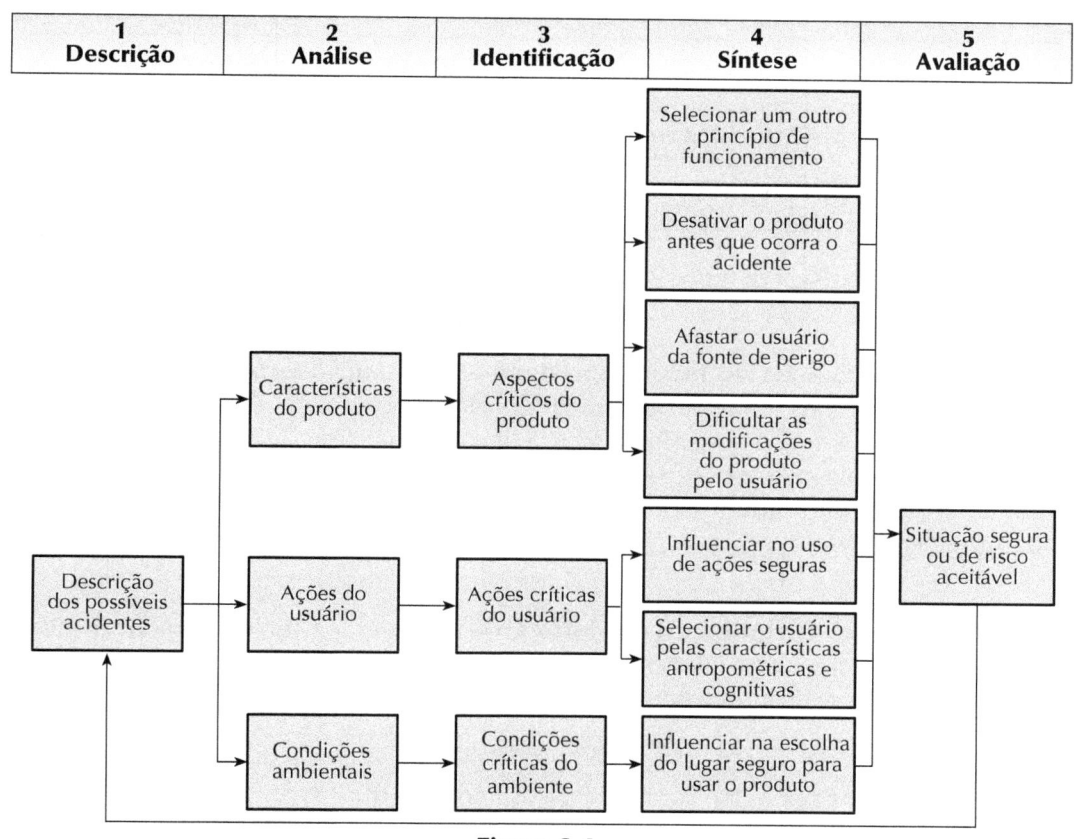

Figura 8.4
Metodologia para projeto de produtos seguros (Schoone-Harmsen, 1990).

Etapa 1: Descrição de possíveis acidentes – As empresas podem obter dados relacionados a acidentes com uso de seus produtos através dos SAC (Serviço de Atendimento ao Consumidor) ou serviços de manutenção. No caso de um produto novo, podem ser analisados outros produtos semelhantes já existentes no mercado. A partir disso, pode-se fazer uma descrição dos possíveis acidentes envolvendo o produto.

Etapa 2: Análise do problema – O produto deve ser analisado quanto ao projeto, ações do usuário e situações de uso em diversas fases, como as ações que precedem o uso, durante o uso e aquelas posteriores do uso, como limpeza e guarda. Para isso, pode-se usar uma matriz (Tabela 8.7), respondendo a perguntas como: Quais são as ações necessárias para operar o produto? Quais são as características que facilitam ou atrapalham a sua limpeza? Como se faz a reposição das peças? Como se guarda o produto? As respostas a essas questões podem ser obtidas com entrevistas de usuários ou com um grupo de foco (ver p. 80).

Tabela 8.7
Matriz para analisar a segurança do produto

Etapas do uso	Projeto do produto	Fatores relevantes	
Preparação para uso	Ações do usuário	Situações de uso	Difícil de posicionar
Durante o uso		Exigência de controle muscular	Não se adapta para canhotos
Limpeza	Material enferruja Cantos sem acesso		
Manutenção/refil	Perde o corte	Difícil de afiar	
Armazenamento/ guarda		Pontas salientes	

Etapa 3: Identificação de fatores críticos – Após a análise, podem-se selecionar alguns fatores críticos, considerados como possíveis causas de acidentes. Os projetistas devem atuar sobre esses fatores, modificando as características dos produtos para torná-los mais seguros. Nessa etapa, devem ser listados todos os fatores considerados críticos, para que sejam elaboradas as alternativas de menores riscos para cada um deles.

Etapa 4: Síntese, formulação da solução – Nessa etapa são elaboradas as alternativas para solucionar os fatores críticos identificados na etapa anterior. Estas geralmente recaem nos seguintes casos:

Corrigir uma característica crítica do produto

- Selecionar um outro princípio de funcionamento.
- Substituir materiais ou componentes de má qualidade ou muito frágeis.
- Desativar o produto antes que ocorra um acidente.
- Afastar o usuário da fonte de perigo.
- Dificultar as modificações do produto introduzidas pelo usuário.

Corrigir ou prevenir uma ação crítica do usuário

- Induzir a adoção de ações seguras.
- Prevenir o uso não formal.
- Ser tolerante aos erros mais frequentes.
- Adaptar às características antropométricas e cognitivas dos usuários.

Corrigir ou prevenir uma condição crítica do ambiente

- Influenciar na escolha do local seguro para instalar e usar o produto.
- Verificar possíveis influências das condições ambientais adversas.

Naturalmente, esta lista é só um lembrete. A busca de uma solução adequada poderá envolver muitas pesquisas e experimentações.

Etapa 5: Avaliação da solução – Para avaliar a solução proposta, podem ser definidos alguns critérios como: segurança, facilidade de uso, durabilidade, facilidade de limpeza, custos, viabilidade técnica, e assim por diante. Para cada tipo de produto pode haver um elenco desses critérios. Eles devem ser ordenados pela importância relativa de cada um, a fim de se estabelecer prioridades. Contudo, os aspectos relacionados à segurança devem ser sempre destacados. Na seleção de alternativas, podem ser estabelecidos critérios de ponderação, para se atribuir valores quantitativos (pontos) a cada alternativa.

ASPECTOS LEGISLATIVOS E NORMATIVOS

Atualmente já existem muitas normas técnicas sobre quase todos os produtos fabricados em série pelas indústrias. Se não forem disponíveis normas brasileiras (ABNT), pode-se recorrer às normas internacionais (ISO) ou de outros países. Algumas dessas normas mais relacionadas com a ergonomia estão relacionadas no Capítulo 21.

Diversos países do mundo elaboram também legislações para regular as relações de consumo, como o *Consumer Protecting Act* (1987), da Inglaterra, e o Código de Defesa do Consumidor (1990) do Brasil. Esses instrumentos legais responsabilizam o fornecedor do produto ou serviço pelo mau funcionamento ou defeitos dos objetos comercializados. Nos Estados Unidos, muitos fabricantes defrontam-se com demandas judiciais de vultosas indenizações em consequência de produtos defeituosos. Esses problemas poderiam ser evitados se os produtos fossem testados na fase de protótipo, pelo próprio fabricante, antes de chegar ao mercado.

No Brasil, essa "cultura" das relações de consumo ainda está se iniciando. Por exemplo, no setor mobiliário existem normas técnicas sobre dimensionamentos e ensaios de estabilidade, resistência e durabilidade em móveis como cadeiras operacionais, mesas de trabalho, sistemas de trabalho, estantes e armários para cozinhas. Entretanto, ainda não se fazem testes de usabilidade e agradabilidade de maneira institucionalizada. As avaliações nessa área, em nosso país, geralmente são realizadas no âmbito das próprias empresas produtoras, como parte da metodologia de desenvolvimento e aperfeiçoamento dos seus produtos e de controle de qualidade da produção.

Observa-se que nem todos os produtos que apresentam conformidade às normas técnicas podem ser considerados de boa qualidade, sob os pontos de vista da usabilidade e agradabilidade. Isso acontece porque essas normas geralmente só apresentam recomendações sobre alguns aspectos técnicos do produto. Na área de ergonomia, existe a "Norma Regulamentadora NR-17 – Ergonomia" do Ministério do Trabalho (1990). Entretanto, a norma apresenta recomendações genéricas para serem usadas na fiscalização das condições de trabalho, não sendo apropriada para orientar o trabalho de projeto de produtos ou serviços.

Deixamos de abordar aqui outras questões da legislação e da normalização técnica, que são bastante extensos e podem ser consultados em *sites* e obras mais especializadas (ver Capítulo 21).

8.7 ESTUDO DE CASO – ERGONOMIA NA INDÚSTRIA AUTOMOTIVA[1]

Muitos problemas ergonômicos poderiam ser detectados e resolvidos na fase de projeto do produto e planejamento da produção. Essa antecipação significa eliminar os problemas antes que ocorram e possam prejudicar os trabalhadores. Além disso, nessa fase, quando ainda não foram feitos grandes investimentos na produção, esses problemas podem ser resolvidos a custos relativamente baixos (Figura 8.5).

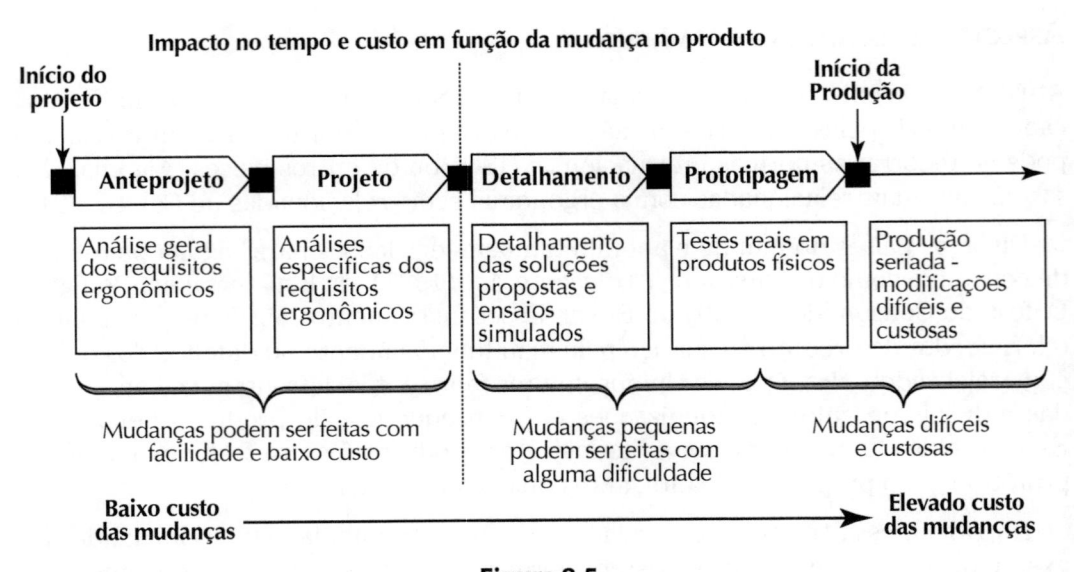

Figura 8.5

Ocasiões para se analisar e resolver problemas ergonômicos durante o projeto e início de produção de novos modelos de carros (Falk, Ortengren e Hogberg, 2010).

Certas empresas da indústria automobilística (como Ford, Saab, Volvo) usam manequins virtuais para simular as tarefas antes de iniciar a produção. Com isso, podem identificar os riscos ergonômicos e avaliar aspectos biomecânicos e a carga de trabalho. Como resultado, podem surgir necessidades de adaptações do projeto do produto e dos postos de trabalho.

Os engenheiros de projeto, preocupados principalmente com os aspectos técnicos e funcionais do produto e dos postos de trabalho, nem sempre produzem soluções ergonomicamente adequadas. Além disso, muitos não têm formação ou conhecimento suficientes de ergonomia. Desse modo, esses projetos, quando implantados,

---

[1] Baseado em Falk, A.C., Ortengen, R. e Hogberg, D., 2010.

podem causar sérios problemas aos trabalhadores, com consequências danosas sobre a saúde, qualidade, produtividade e custo da produção.

Com base nos estudos de Eklund (1999), realizados na indústria automotiva sueca, Falck, Ortengren e Hogberg (2010) mostraram que 60% a 70% dos problemas osteomusculares eram decorrentes do projeto de produtos, e 30% a 40%, dos processos de montagem (Figura 8.6). Entre os problemas constatados, há locais de difícil alcance, muito altos ou sem espaço suficiente, exigências de forças e posturas inadequadas. Esses problemas ergonômicos provocam fadiga e lesões musculares nos trabalhadores, com aumentos do absenteísmo e *turnover*. A ocorrência de defeitos torna-se 3 a 10 vezes superior, em relação ao trabalho em condições adequadas.

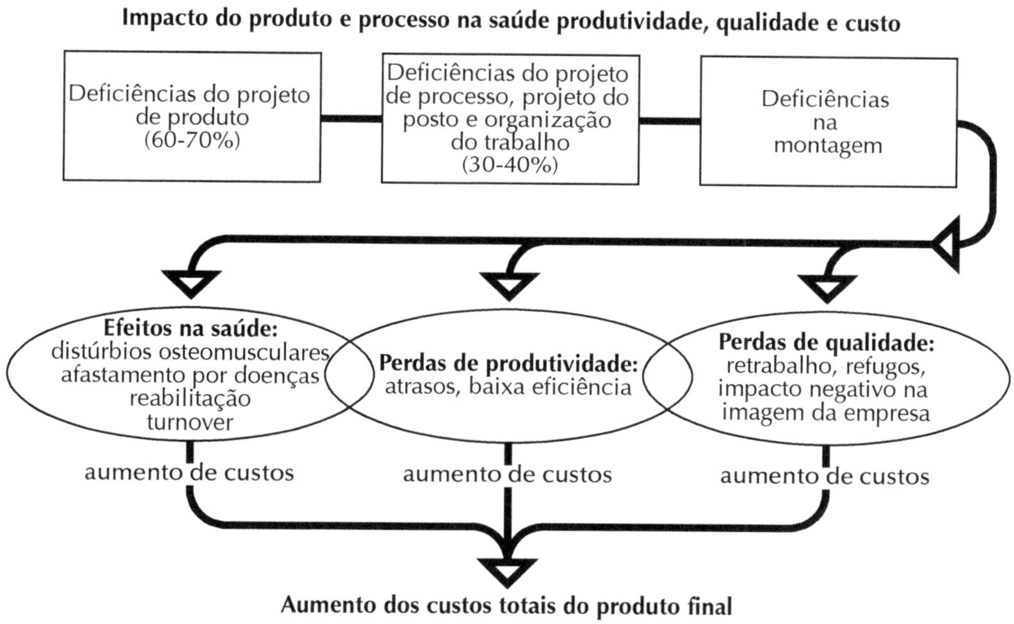

Figura 8.6
Deficiências ergonômicas de projetos de produtos e processos na indústria automobilística
(Falk, Ortengren e Hogberg, 2010).

As empresas costumam elaborar listas de verificações (ver p. 89), a fim de identificar e corrigir as condições de trabalho muito estressantes e com alta probabilidade de provocar erros e acidentes. A Tabela 8.8 apresenta um exemplo, aplicada pela empresa Volvo, da Suécia. Essa empresa mantém outras listas de verificação dos aspectos materiais e técnicos do projeto, como, por exemplo, a recomendação de que "sensores de chuva não podem ser colados com silicone".

Tabela 8.8
Exigências ergonômicas para projetos da linha de produção de novos carros da Volvo
(Falk, Ortengren e Hogberg, 2010)

Tópicos	Recomendações ergonômicas
Altura da tarefa	As tarefas devem situar-se abaixo da altura dos ombros, seja na postura sentada ou ereta.
Alcances	Devem ser evitadas tarefas que ficam a distâncias superiores a 60 cm à frente do quadril.
Pesos	Adotar os limites para carregamentos de pesos. Se estes forem ultrapassados, providenciar redução do peso da carga, ou uso de equipamentos de elevação e transporte.
Forças	As forças exercidas na montagem de peças não devem ultrapassar: 15 N para um dedo; 30 N para dois ou três dedos; 50 N para a mão.
Trabalho estático	Devem ser evitados trabalhos estáticos que excedam cinco segundos na mesma postura.
Visualização	As peças ou componentes montados devem ser visíveis. Se não permitirem visualização, devem ser projetados de forma que permitam montagem "às cegas" e sem erros.
Espaço livre	Deve haver espaço livre suficiente para os dedos, mãos e peças envolvidos na montagem. Se houver cantos "vivos", deve haver pelo menos 2,5 cm para movimentar os dedos/mãos.
Cantos vivos	Os cantos vivos devem ser eliminados ou adaptados, devido aos riscos de ferimentos/cortes.
Feedback	Os encaixes de painéis e revestimentos devem dar um aviso sonoro (*plec*) ou tátil, indicando que foram corretamente posicionados.

CLASSIFICAÇÃO DOS RISCOS À SAÚDE

Os riscos à saúde foram classificados em três níveis, chamados de vermelho, amarelo e verde.

Vermelho – Corresponde às situações de alto risco, com elevadas exigências físicas e impactos prejudiciais aos trabalhadores. Essas situações só podem ser aceitas como exceções, com limitações de tempo ou frequências de ocorrência. Devem receber atenção prioritária para serem corrigidas.

Amarelo – Corresponde às situações de risco médio, com moderadas exigências físicas, que podem ser aceitas sob certas condições, por exemplo, com pausas para descanso, rotações de trabalhadores, uso de equipamentos auxiliares, e assim por diante.

Verde – Corresponde às situações de baixo risco, com poucas exigências físicas, tendo baixa probabilidade de provocar danos físicos ao trabalhador.

OBJETIVO DA PESQUISA

Realizou-se uma pesquisa para descrever e quantificar os problemas relacionados com a ergonomia e as suas possíveis consequências, na indústria automobilística sueca (Falck, Ortengren e Hogberg, 2010). Procurou-se responder a três tipos de perguntas.

As deficiências em ergonomia podem afetar a qualidade do produto:

- No projeto de engenharia?
- No processo de montagem?
- Na produção final da empresa?
- De que forma os problemas ergonômicos impactam a qualidade do produto?
- Quais são os custos dos problemas ergonômicos na montagem dos carros?

O estudo seguiu o fluxo de produção dos automóveis, iniciando-se com a fabricação das peças, continuando com a montagem, até se chegar ao carro completo e sua comercialização, alcançando o consumidor final. As análises foram realizadas em quatro linhas de produção, durante oito semanas. Foram gastos mais dezesseis semanas para seguir o processo de distribuição e comercialização dos veículos. Foram calculados os custos dos casos selecionados, a fim de realizar análises de custo-benefício.

RASTREAMENTO DA QUALIDADE

Foram utilizados três sistemas para rastrear a qualidade ao longo do processo produtivo.

Sistema de Verificação do Produto (SVP) – Esse sistema permite fazer o acompanhamento da fabricação e montagem dos carros. Foram selecionadas 58 operações para se analisar os riscos ergonômicos e de qualidade, incluindo-se dezenove vermelhos, dezoito amarelos e 21 verdes, escolhidos por amostragem.

Sistemas de acompanhamento dos erros – Existem quatro sistemas que permitem acompanhar os erros de montagem.

Erros de montagem – Os erros de montagem devem ser verificados e descritos pelos responsáveis de cada setor, de forma bem resumida, como "cabo da antena solta".

Inspeção completa – Semanalmente, 27 carros montados são submetidos a uma inspeção completa. Os defeitos mais comuns são os arranhões, detalhes dos acabamentos, e peças soltas.

Distribuição – Os problemas de qualidade são registrados entre a fábrica e a entrega dos produtos para as concessionárias.

Rejeitos – Registram-se as perdas materiais devido aos erros de montagem. A quantidade e custos desses materiais são registrados.

Qualidade do produto acabado – A qualidade do produto acabado é monitorada por três sistemas.

Redução dos defeitos de montagem – A equipe responsável monitora os defeitos de montagem, até três meses após a produção, registrando os defeitos e seus custos. Por exemplo: "montagem defeituosa da vedação, causando infiltração".

Acompanhamento dos produtos – O acompanhamento dos produtos é feito de maneira similar à anterior, mas com foco no produto e seu projeto. Naturalmente, há uma grande interação entre eles.

Avaliação dos riscos – Há um acompanhamento dos reparos solicitados pelos consumidores durante o período de garantia e se as falhas constatadas poderiam ser causa potencial de sérios acidentes. Nos casos mais graves, isso pode gerar *recalls*, para que as falhas constatadas sejam reparadas, antes que causem danos maiores.

Problemas ergonômicos relacionados com a qualidade – Analisando-se projetos das linhas de produção de três modelos de novos carros antes de serem colocados no mercado, descobriram-se 352 problemas de qualidade (Tabela 8.9). Entre eles, 82, ou seja, 23%, estavam relacionados com problemas ergonômicos de níveis vermelho (alto risco) e amarelo (risco médio).

Tabela 8.9
Problemas de qualidade e de ergonomia encontrados antes de iniciar a produção

Modelo do carro	Quantidade de problemas de qualidade	Quantidade de problemas ergonômicos relacionados com a qualidade	Percentual dos problemas ergonômicos influenciando a qualidade (%)
Modelo A	89	23	25,8
Modelo B	231	55	23,8
Modelo C	32	4	12,5
Total	352	82	23,3

Quantidade de problemas ergonômicos – Foram analisados 216 carros durante oito semanas e foram constatados 59 casos de desvios ergonômicos em relação às recomendações da Tabela 8.8. Destes, 33 (56%) eram de alto risco, e 26 (44%) de risco médio. Entre as principais causas figuram: tarefas em posição muito baixa ou muito alta (33,8%); alcances (28,8%); posturas (13,5%); e visualização (13,5%). Não se verificaram desvios quanto a trabalho estático, falta de *feedback* e cantos vivos, porque provavelmente foram identificados e corrigidos anteriormente.

CAUSAS DOS PROBLEMAS

A análise dos erros identificou as suas principais causas, classificadas pelos níveis de riscos à saúde.

Vermelho (alto risco) – Primeiro grupo: erros de montagem, cabos não conectados, torques incorretos, peças e componentes fora de posição. Segundo grupo: peças e componentes perdidos ou não montados. Terceiro grupo: peças, componentes e cabos deformados ou rompidos. As correções desses problemas levaram de um a três minutos, mas, em dois casos, durou dez e trinta minutos. Em média, gastou-se 1,9 minuto/erro.

Amarelo (risco médio) – Primeiro grupo: montagem incorreta, peças perdidas, montagens de peças erradas. Segundo grupo: peças deformadas ou quebradas, peças perdidas, e cabos não conectados. Os erros foram corrigidos em um a três minutos, mas alguns consumiram de quatro a cinco minutos, com média de 2,3 minutos/erro.

Verde (baixo risco) – Primeiro grupo: erros causados por esquecimento ou negligência: peças não montadas, não conectadas, e montagens erradas. Segundo grupo: peças sujas, peças perdidas, montagens erradas, peças fora de posição. As correções foram feitas em um a três minutos, com média de 2,2 minutos/erro.

No total, foram corrigidos 8.336 erros, com média de 2,2 minutos/erro. Verifica-se que tanto os erros de baixo risco como aqueles de médio e alto riscos consomem tempos semelhantes para correções.

CONCLUSÕES

O estudo confirmou a correlação existente entre os problemas de qualidade e as deficiências ergonômicas nas fases de projeto do produto e planejamento da produção, antes do lançamento de novos veículos. Os problemas ergonômicos podem ser considerados como riscos potenciais, produzindo danos à qualidade. Em média, 80% dos riscos ergonômicos de alta e média intensidade relacionam-se com algum problema de qualidade. Isso significa que a análise dos novos produtos e projetos das linhas de produção para a eliminação desses riscos podem produzir resultados significativos pelo aumento da qualidade e melhorias das condições de trabalho e da produtividade, com consequentes reduções de custos e ganhos de competitividade da empresa.

QUESTÕES

1. O que você entende por usabilidade?

2. Como se pode melhorar a usabilidade de produtos e sistemas?

3. Qual é a importância da agradabilidade?

4. Quais são as diferença entre usabilidade e agradabilidade?

5. Quais são as principais diferenças entre bens de capital e bens de consumo?

6. Descreva como a ergonomia pode participar no desenvolvimento de produtos.

7. Como se faz o desenvolvimento participativo?

8. Que aspectos devem ser analisados na avaliação de produtos?

9. Como se faz o desenvolvimento de produtos seguros?

EXERCÍCIOS

1. Escolha um produto que você usa com frequência e analise as suas característi-cas de usabilidade. Apresente sugestões para melhorar sua usabilidade.

2. Selecione dois telefones celulares diferentes. Faça uma análise de usabilidade e agradabilidade e compare qual produto é melhor e por quê. Em que critérios eles mais se diferenciam?

3. Vá ao caixa automático mais próximo. Faça uma análise sob o ponto de vista da usabilidade. Que propostas de melhoria você faria para otimizar o produto sob esse ponto de vista?

9 POSTO DE TRABALHO

OBJETIVOS

Neste capítulo veremos como um posto de trabalho deve ser projetado, tendo dimensões, formas e arranjos (leiautes) de modo que permita trabalho eficiente. Naturalmente, para que a fábrica ou escritório funcione bem, é imprescindível que cada posto de trabalho funcione bem.

Posto de trabalho é a configuração física do sistema humano-máquina-ambiente. É uma unidade produtiva envolvendo um ser humano e o equipamento que ele utiliza para realizar o trabalho, bem como o ambiente que o circunda. Assim, uma fábrica ou um escritório seriam formados de conjuntos de postos de trabalho. Fazendo-se uma analogia biológica, o posto de trabalho seria equivalente a uma célula, onde o ser humano é o seu núcleo. Conjuntos dessas células constituem os tecidos e órgãos, análogos aos departamentos, fábricas ou escritórios.

No estudo do posto de trabalho há muitas aplicações de conhecimentos de biomecânica, já vistos no Capítulo 5, e de antropometria, também já vistos nos Capítulos 6 e 7. O seu desenvolvimento segue uma metodologia análoga àquela apresentada no Capítulo 8.

Tópicos

- Enfoque tradicional
- Enfoque ergonômico
- Avaliação do posto de trabalho
- Tarefas
- Atividades
- Ações
- Etapas do projeto do posto de trabalho
- Arranjo físico
- Macroespaço
- Microespaço
- Dimensões recomendadas
- Espaço para movimentações
- Ajustes individuais

9.1 Enfoques do posto de trabalho

O projeto ergonômico do posto de trabalho visa melhorar a eficiência do trabalho humano, assegurando saúde, segurança e satisfação do trabalhador, com os seguintes objetivos.

- Assegurar posturas adequadas, permitindo realizar os movimentos corporais necessários à execução das tarefas.

- Manter a carga de trabalho dentro dos limites de tolerância, reduzindo-se os estresses físico e cognitivo.

- Facilitar a execução das tarefas, permitindo aquisição e processamento de informações e execução de movimentos musculares favoráveis.

Há, basicamente, dois tipos de enfoques para analisar o posto de trabalho: o tradicional e o ergonômico. O enfoque *tradicional* ou *taylorista* (ver p. 634) é baseado nos princípios de economia dos movimentos (Tabela 9.1). O enfoque *ergonômico* é baseado principalmente na análise biomecânica da postura e nas interações entre o ser humano, sistema e ambiente. O enfoque taylorista, embora seja criticado por ser pouco científico, ainda é importante, por ser largamente utilizado na prática. Naturalmente, ele pode ser aperfeiçoado com os conhecimentos atuais da ergonomia.

ENFOQUE TRADICIONAL DO POSTO DE TRABALHO

O enfoque tradicional ou taylorista do posto de trabalho baseia-se no estudo dos movimentos corporais necessários para executar um trabalho e na mensuração do tempo gasto em cada um desses movimentos. Resumidamente, é chamado de estudo de *tempos e movimentos*. Este é baseado em uma série de conhecimentos empíricos, acumulados desde a época de Taylor (1856-1915). A sequência de movimentos necessários para executar uma tarefa é baseada em uma série *de princípios de economia de movimentos* (Tabela 9.1), e o melhor método é escolhido pelo critério do menor tempo gasto. O desenvolvimento do melhor método abrange três etapas (ver Barnes, 1977).

1. Desenvolvimento do método preferido – Para desenvolver o método preferido, o analista de trabalho deve: a) definir o objetivo da operação; b) descrever as diversas alternativas de métodos para se alcançar o objetivo; c) testar essas alternativas; d) selecionar o método que melhor atenda ao objetivo.

2. Registro do método-padrão – O método preferido deve ser registrado para se converter em padrão, ou seja, para ser implantado em toda fábrica. Para isso, deve-se: a) realizar uma descrição detalhada do método, especificando os movimentos necessários e a sequência destes; b) fazer um desenho esquemático do posto de trabalho, mostrando o posicionamento das peças, ferramentas e máquinas, com as respectivas dimensões; e c) descrever as condições ambientais (iluminação, calor, gases, poeiras) e outros fatores que podem afetar o desempenho.

3. Determinação do tempo-padrão – O tempo-padrão é o tempo que um operário experiente precisa para executar o trabalho usando o método-padrão, incluindo-se aí as tolerâncias de espera (por exemplo, esperar a máquina completar o ciclo), as ineficiências do processo produtivo e as tolerâncias para fadiga (dependem da carga de trabalho e das condições ambientais).

DIFUSÃO DO ENFOQUE TRADICIONAL

O enfoque tradicional foi amplamente difundido, principalmente durante a primeira metade do século XX, e ainda é adotado em muitas empresas. Quando surgiu, provocou grande aumento da produtividade e certamente contribuiu bastante para a hegemonia da indústria norte-americana.

Em quase todas as empresas industriais do mundo, inclusive no Brasil, foram implantados departamentos ou serviços denominados de Organização e Métodos (O&M) ou Organização de Sistemas e Métodos (OS&M) em seus organogramas. Algumas das principais atribuições desse setor eram analisar, criticar e documentar os procedimentos de trabalho utilizados na empresa, visando registrar e padronizar os melhores métodos, chamados de padrões. Depois, faziam-se cronometragens para se determinar os *tempos-padrão* para esses métodos, que eram utilizados na programação da produção e no cálculo dos incentivos salariais.

Tabela 9.1
Princípios de economia de movimentos (adaptado de Barnes, 1977)

I – USO DO CORPO HUMANO

1 – As duas mãos devem iniciar e terminar os movimentos no mesmo instante.
2 – As duas mãos não devem ficar inativas ao mesmo tempo.
3 – O braços devem mover-se em direções opostas e simétricas.
4 – Devem ser usados movimentos manuais mais simples.
5 – Deve-se usar quantidade de movimento (massa x velocidade) a favor do esforço muscular.
6 – Deve-se usar movimentos suaves, curvos e retilíneos dos braços (evitar mudanças bruscas de direção).
7 – Os movimentos "balísticos" ou "soltos" terminando em anteparos são mais fáceis e rápidos que os movimentos "controlados".
8 – O trabalho deve seguir uma ordem compatível com o ritmo suave e natural do corpo.
9 – As necessidades de acompanhamento visual devem ser reduzidas.

II – ARRANJO DO POSTO DE TRABALHO

10 – As ferramentas e materiais devem ser posicionados em locais predeterminados, de fácil alcance.
11 – As ferramentas, materiais e controles devem localizar-se perto dos seus locais de uso.
12 – Os materiais devem ser alimentados por gravidade até o local de uso.
13 – As peças acabadas devem fluir por gravidade.
14 – Materiais e ferramentas devem localizar-se na mesma sequência de seu uso.
15 – A iluminação deve permitir uma boa percepção visual.
16 – A altura do posto de trabalho deve permitir o trabalho sentado, alternado com postura em pé.
17 – Cada trabalhador deve dispor de uma cadeira que possibilite uma boa postura.

III – PROJETO DAS FERRAMENTAS E DO EQUIPAMENTO

18 – O trabalho estático das mãos deve ser substituído por dispositivos de fixação, gabaritos ou mecanismos acionados por pedal.
19 – Deve-se combinar a ação de duas ou mais ferramentas.
20 – As ferramentas e os materiais devem ser pré-posicionados.
21 – As cargas de trabalho com os dedos devem ser distribuídas de acordo com as capacidades de cada dedo.
22 – Os controles, alavancas e volantes devem ser manipulados com alteração mínima da postura do corpo e com a maior vantagem mecânica.

Contudo, era frequente a dificuldade dos setores produtivos em aceitar um estranho (analista de trabalho) fazendo levantamentos, análise dos métodos e cronometragens. A resistência dos trabalhadores aos métodos e padrões rigidamente estabelecidos levou, em muitos casos, a restringir a atuação deste setor, deixando-o meramente com o objetivo burocrático de controlar os formulários utilizados pela empresa.

Embora os analistas de trabalho, naquele tempo, não tivessem os conhecimentos ou a fundamentação que se tem hoje em ergonomia, usavam conhecimentos empíricos, que foram quase sempre confirmados posteriormente pelas pesquisas científicas.

EVOLUÇÃO DO ENFOQUE TRADICIONAL

As aplicações dos princípios de economia dos movimentos e do taylorismo contribuíram, de um lado, para uma grande melhoria da produtividade industrial. Contudo, de outro, a introdução de tarefas padronizadas e altamente repetitivas provocou também a redução da motivação, resultando em absenteísmo, alta rotatividade e doenças ocupacionais. Na visão atual, considera-se que esses fatores podem ser tão fortes a ponto de neutralizar as vantagens proporcionadas pelo movimento de racionalização "científica" do trabalho.

Hoje admite-se que os resultados desse enfoque tradicional nem sempre são eficazes a longo prazo (ver mais detalhes no Capítulo 17). Um dos aspectos mais questionados é que ele introduz movimentos cada vez mais *simples* e *repetitivos*. Isso, a curto prazo, pode ser eficiente, principalmente pela facilidade de treinar os trabalhadores, mas também tem a *inconveniência* de concentrar a carga de trabalho sobre poucos movimentos musculares, produzindo excessiva fadiga localizada e lesões, além da monotonia.

A partir da década de 1990, devido à globalização e abertura dos mercados, as empresas sentiram necessidade de rever seus processos para melhorar a qualidade do seu sistema produtivo e dos seus produtos e serviços. Essa qualidade seria certificada pela adoção das normas da série ISO-9000. Contudo, para isso, os órgãos certificadores exigiram que todos os procedimentos adotados fossem devidamente *documentados*. Durante a formalização desses procedimentos, as empresas se deram conta de que os processos poderiam ser melhorados.

Na visão atual, todos os setores da empresa devem envolver-se no trabalho de organização e métodos, não sendo mais atribuição exclusiva de um setor específico. Cada setor passa a ser responsável pela descrição e aplicação dos seus próprios procedimentos de trabalho.

ENFOQUE ERGONÔMICO DO POSTO DE TRABALHO

O enfoque ergonômico tende a desenvolver postos de trabalho que reduzam as exigências físicas e cognitivas. Os objetos a serem manipulados ficam dentro da área de alcance dos movimentos corporais. As informações são organizadas de modo que facilitem a sua percepção. Em outras palavras, o posto de trabalho deve envolver o operador como uma "vestimenta" bem adaptada, em que ele possa realizar o trabalho com conforto, eficiência e segurança. Um exemplo típico são os centros de controle operacional de sistemas complexos (Figura 9.1).

No enfoque ergonômico, as máquinas, equipamentos, ferramentas e materiais são adaptados às características do trabalho e às capacidades do trabalhador, visando promover o equilíbrio *biomecânico* (ou seja, reduzir as contrações estáticas da musculatura) e reduzir a carga mental, enfim, o estresse em geral. Assim, pode-se aumentar a satisfação e segurança do trabalhador e a produtividade do sistema (Tabela 9.2). Procura-se também eliminar tarefas altamente repetitivas, ou seja, aquelas que têm ciclo curto e, portanto, se repetem muito durante a jornada. Alguns autores caracterizam tarefa repetitiva como: aquelas com templo de ciclo menor do que trinta segundos, portanto, que se repetem novecentas vezes ao dia (Silerstein, Fine e Armstrong, 1987); ou quando o mesmo exercício muscular se repete mais do que quatro vezes em um minuto (McAtamney e Corlett, 1993); ou quando o número de ações técnicas excede 30 por minuto (Occhipinti, 1998). Essas definições são usadas para caracterizar condições de trabalho com alto risco de LER. Assim, uma abordagem mais segura seria assumir a eliminação de tarefas com tempos de ciclo inferiores a 1,5 minuto.

Figura 9.1
Posto de trabalho de um centro de controle operacional de uma usina nuclear.

Sob o ponto de vista físico, a maior dificuldade dos projetistas é a grande variabilidade das dimensões antropométricas da população. Isso leva a dimensionamentos inadequados dos postos de trabalho, provocando esforços musculares estáticos, além dos movimentos exagerados dos braços, ombros, tronco e pernas. Posturas inadequadas e alcances forçados podem provocar dores musculares, doenças e acidentes, resultando em quedas da produtividade.

Assim, o principal objetivo do projeto do posto de trabalho é adaptar as máquinas e equipamentos ao trabalhador, de modo a reduzir as posturas e movimentos inadequados, minimizando-se o estresse muscular, e facilitar a operação, para reduzir o estresse mental. Isso difere do enfoque tradicional, quando eram exercidos controles sobre os desempenhos dos trabalhadores. No enfoque ergonômico, a atenção foi voltada para o projeto e operação de locais e ambientes de trabalho adequados aos trabalhadores. Naturalmente, esses dois enfoques não são conflitantes entre si, pois há muitos aspectos em comum, embora adotem diferentes ênfases.

Tabela 9.2
Recomendações ergonômicas para prevenir dores e lesões osteomusculares nos postos de trabalho

Limitar os movimentos repetitivos nos postos de trabalho	Evitar contrações estáticas da musculatura
• Os movimentos repetitivos (digitação) devem ser limitados a 2 mil por hora. • Frequências maiores que 1 ciclo/seg prejudicam as articulações. • Eliminar as tarefas com ciclos menores a noventa segundos. • Evitar tarefas repetitivas sob frio ou calor intensos. • Providenciar micro-pausas de dois a dez segundos a cada dois ou três minutos.	• Permitir movimentações para mudanças frequentes de postura. • Manter a cabeça na vertical. • Usar suportes para apoiar os braços e antebraços. • Providenciar fixações e outros tipos de apoios mecânicos para aliviar a ação de segurar.
Promover o equilíbrio biomecânico	**Evitar o estresse mental**
• Alternar as tarefas altamente repetitivas com outras de ciclos mais longos. • Aumentar a variedade de tarefas, incluindo tarefas de inspeção, registros, cargas e limpezas. • Não usar mais de 50% do tempo no mesmo tipo de tarefa. • Evitar os movimentos que exijam rápida aceleração, mudanças bruscas de direção ou paradas repentinas. • Evitar ações que exijam posturas inadequadas, alcances exagerados ou cargas superiores a 23 kg.	• Não fixar prazos ou metas irreais de produção. • Evitar regulagens muito rápidas das máquinas. • Intercalar ações não rotineiras. • Evitar excesso de controles e cobranças. • Evitar competição exagerada entre os membros do grupo. • Evitar remunerações por produtividade.
Atuar preventivamente antes que os desconfortos transformem-se em lesões musculares ou colapsos nervosos.	
• Fazer acompanhamentos periódicos com uso do diagrama de dores, entrevistas e exames médicos.	

Avaliação do posto de trabalho

Diversos critérios podem ser adotados para avaliar a adequação de um posto de trabalho. Eles indicam se o posto está compatível com o trabalhador e a tarefa. Classificam-se basicamente em quatro tipos.

Critérios globais de desempenho – São examinados alguns resultados globais, como a produtividade, tempo gasto na operação ou índice de erros e acidentes. Incluem-se também outros critérios, como o índice de absenteísmo e de rotatividade dos trabalhadores.

Critérios setoriais – Examina-se cada aspecto do posto de trabalho, como a análise da postura, alcances, movimentos, esforço exigido dos trabalhadores, além dos aspectos ambientais, como iluminação, ruídos e temperatura (ver Tabela 9.3).

Critérios biomecânicos – Determinam-se os principais pontos de concentração de tensões que tendem a provocar dores nos músculos e tendões, conforme visto no Capítulo 5. Uma dor aguda, localizada, é o primeiro alerta de que algo não está indo bem. Esses pontos podem ser pesquisados aplicando-se, por exemplo, o diagrama de áreas dolorosas de Corlett e Manenica (p. 87).

Critérios informacionais – Verifica-se se os canais de informações utilizados (visão, audição, senso cinestésico, vibrações) são apropriados e se os sinais apresentados estão dentro dos limites recomendados para que sejam facilmente percebidos e processados (mais informações no Capítulo 14).

A escolha desses critérios depende naturalmente do tipo de posto de trabalho e dos objetivos que se pretende atingir. Pode-se começar com os critérios globais para diagnosticar os principais problemas e depois passar para estudos mais detalhados, aplicando-se os outros critérios. Esses critérios são úteis principalmente para reprojeto dos postos de trabalho, localizando-se os pontos críticos e que exigiriam atenção prioritária.

Tabela 9.3
Principais características do posto de trabalho

Parte do posto de trabalho	Análise das características
Postura do trabalhador	Sentado, em pé ou ambas? A mesa tem altura adequada? A cadeira é adequada? Permite ajustes? Há espaço suficiente para os movimentos? Há posturas forçadas e estressantes?
Instrumentos e controles	Os controles são de fácil alcance? Estão colocados na ordem sequencial ou de importância? Permitem boa pega e movimentos naturais do corpo? Os controles de emergência estão bem localizados? Estão identificados por letreiros ou símbolos?
Dispositivos visuais e sonoros	Os mostradores são de fácil visualização? Possuem boa legibilidade? Há uso adequado de letras, símbolos e cores? Os sons e alarmes são audíveis?
Exigências das tarefas	As posturas são adequadas para o manuseio de materiais? Os movimentos exigidos são os mais adequados? Há ciclos repetitivos menores que 90 segundos? As cargas e pesos estão dentro dos limites (NIOSH)?
Ambiente	A iluminação é adequada? Há brilhos e ofuscamentos? Os ruídos estão dentro dos limites (85 dB)? Há fontes de calor ou de poluentes gasosos? A ventilação é adequada?

FATORES DE RISCO

Os fatores de risco nos postos de trabalho decorrem de uma combinação de fatores que incluem: projetos inadequados dos postos de trabalho, uso de ferramentas inapropriadas, métodos de trabalho (tarefas) inadequados, pressão por alta produtividade, exigências motoras e sensoriais acima dos limites e treinamentos insuficientes. Esses fatores tendem a provocar posturas inconvenientes, movimentos forçados, alta repetitividade ou carga muscular excessiva e fadigas sensoriais. Isso pode ser agravado pelas altas ou baixas temperaturas e vibrações, podendo resultar em acúmulo de tensões, estresses, lesões e doenças.

9.2 ANÁLISE DA TAREFA

A primeira parte do projeto de um posto de trabalho é a análise detalhada da tarefa, podendo-se aplicar o método da Análise Ergonômica do Trabalho (ver p. 69). A tarefa pode ser definida como sendo um conjunto de atividades e ações humanas que torna possível a um sistema atingir o seu objetivo. Ou, em outras palavras, é o que faz funcionar o sistema, para se atingir o objetivo pretendido.

A análise da tarefa deverá ser iniciada o mais cedo possível, antes que certos parâmetros do sistema sejam definidos e se torne difícil e oneroso introduzir modificações corretivas. Por exemplo, quando as máquinas, acessórios, mesas e cadeiras já estiverem comprados, torna-se praticamente impossível modificar esses elementos, e o projeto se restringirá ao arranjo destes. Se a análise tivesse partido antes, provavelmente contribuiria para uma seleção mais adequada desses materiais, adaptados às necessidades do trabalho e do operador, produzindo um sistema humano-máquina mais integrado.

A análise da tarefa realiza-se em três níveis. O primeiro, chamado de descrição da tarefa, ocorre em um nível mais global; o segundo, chamado de descrições das atividades e ações, em um nível mais detalhado; e o terceiro é uma revisão crítica, para corrigir os eventuais problemas.

DESCRIÇÃO DA TAREFA

A descrição da tarefa abrange os aspectos gerais da tarefa e as condições em que ela é executada. Geralmente envolve os seguintes tópicos:

Objetivo – Para que serve a tarefa, o que será executado ou produzido, em que quantidade e com que qualidades.

Operador – Que tipo de pessoa trabalhará no posto, verificando se haverá predominância de homens ou mulheres, os graus de instrução e treinamento, experiências anteriores, faixas etárias, habilidades especiais, dimensões antropométricas.

Características técnicas – Quais serão as máquinas e materiais envolvidos, o que será comprado de fornecedores externos e o que será produzido internamente, flexibilidade e graus de adaptação das máquinas, equipamentos e materiais.

Aplicações – Localização do posto dentro do sistema produtivo, com uso isolado ou integrado a uma linha de produção, sistemas de transporte de materiais e de manutenção. Quantos postos idênticos serão produzidos, qual é a duração prevista da tarefa (meses, anos ou unidades de peças a serem produzidas).

Condições operacionais – Como vai trabalhar o operador; tipos de postura (sentado, em pé), esforços físicos e condições desconfortáveis, riscos de acidentes, uso de equipamentos de proteção individual.

Condições ambientais – Como será o ambiente físico em torno do posto de trabalho, condições de temperatura, ruídos, vibrações, emanação de gases, poeiras, umidade, ventilação, iluminação, cores no ambiente.

Condições organizacionais – Como serão a organização do trabalho e as condições sociais. Horários, turnos, trabalhos em grupo, chefia, alimentação, remuneração, carreira.

Naturalmente, dependendo do tipo de tarefa, a descrição não precisará abranger todos esses itens, pois certas características podem ser bem conhecidas. Por exemplo, no caso de um posto de trabalho para um caixa de supermercado, sabe-se que cada unidade trabalhará separadamente e que não haverá maiores problemas de temperaturas elevadas ou ruídos excessivos. Por outro lado, no trabalho em uma forjaria ou fundição, as condições de temperatura, ruídos, vibrações, riscos de acidentes poderão ser bastante severas, merecendo levantamento e análise mais detalhados.

DESCRIÇÃO DAS ATIVIDADES E AÇÕES

As atividades correspondem aos componentes da tarefa. Elas se concentram mais nas características que influem no projeto da interface humano-máquina-ambiente e se classificam em informações e controles. As informações referem-se às interações em nível sensorial do homem, e os controles, em nível motor ou das atividades musculares (Figura 2.2, p. 31).

Informações – Deve-se considerar: o canal sensorial envolvido (auditivo, visual, cinestésico); tipos e características dos sinais (intensidade, forma, frequência, duração); tipos e características dos dispositivos de informação (luzes, som, *displays* visuais, mostradores digitais e/ou analógicos). (Ver mais detalhes nos Capítulos 13 e 14.)

Controles – Envolvem o tipo de movimento corporal exigido: membros acionados no movimento, alcances manuais, características dos movimentos (velocidade, força, precisão, duração); tipos e características dos instrumentos de controle (botões, alavancas, volantes, pedais). (Ver mais detalhes no Capítulo 10.)

As *ações* correspondem a um detalhamento maior das atividades. Por exemplo, na atividade de trocar a marcha do carro, existem ações de pressionar o pedal da embreagem, agarrar e movimentar o câmbio, e assim por diante.

As atividades e ações podem ser registradas pela observação direta, por amostragem ou por filmagens. Existem diversas técnicas usadas na engenharia de métodos (Barnes, 1977) que podem ser utilizadas para esse registro. Estas incluem o gráfico de operações (mão esquerda/mão direita), atividades humano-máquina, gráfico de fluxo do processo, mapofluxograma e outros. Entretanto, para efeito de análises ergonômicas, é importante registrar as principais características de cada ação. Por exemplo, a tarefa de dirigir um carro envolve os seguintes aspectos:

- Tipo de ação: acelerar, frear, acender luz.
- Estímulo recebido: auditivo, visual, cinestésico.
- Instrumento envolvido: volante, câmbio, velocímetro.
- Membro envolvido: mão direita/esquerda, pé direito/esquerdo.
- Condições operacionais: ruídos, vibrações.
- Condições sociais: outras pessoas que viajam no carro.

A Figura 9.2 mostra as durações relativas das ações na tarefa de dirigir ônibus (Göbel, Springer e Scherff, 1998). Verificou-se que os motoristas executam cerca de duzentas ações por hora. A maior frequência dessas ações ocorre nas paradas, quando o ônibus se aproxima, para, há movimentação de passageiros saindo e entrando e depois inicia-se novamente a viagem.

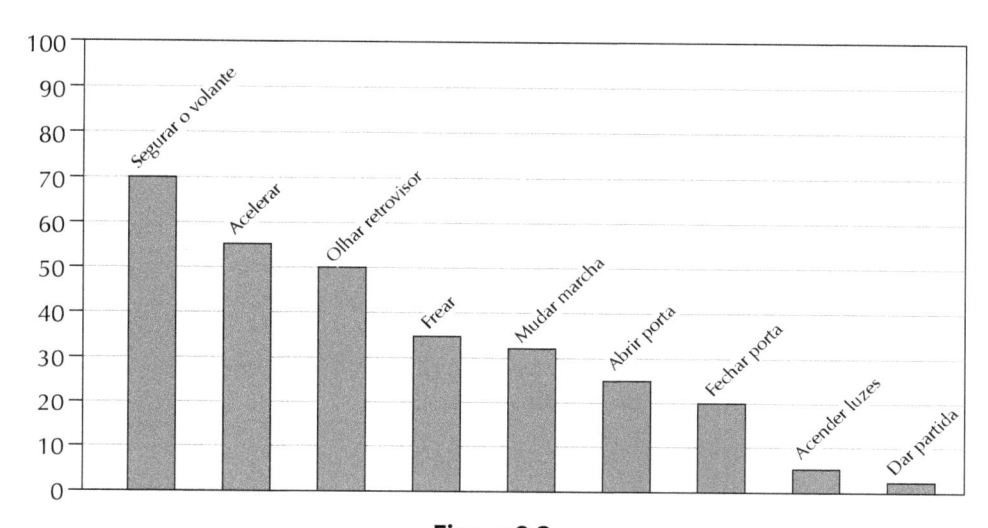

Figura 9.2
Durações relativas das ações na tarefa de dirigir um ônibus. A soma ultrapassa 100% porque há várias ações simultâneas (Göbel, Springer e Scherff, 1998).

REVISÃO CRÍTICA DAS TAREFAS, ATIVIDADES E AÇÕES

A revisão crítica das tarefas, atividades e ações pode ser feita pela aplicação da análise ergonômica (ver p. 69) para se corrigir os eventuais problemas constatados, antes de se prosseguir no projeto. Essa revisão visa principalmente avaliar as condições que poderiam provocar dores e lesões osteomusculares nos postos de trabalho (Tabela 9.2). Deve-se prestar atenção principalmente em dois aspectos:

Tarefas altamente repetitivas – As tarefas altamente repetitivas, principalmente aquelas com ciclos menores a noventa segundos (não se referem a ações como movimentos dos dedos na digitação, mas a tarefas, como montar peças de um rádio), devem ser aliviadas aumentando-se o tempo do ciclo (incluindo maior número de atividades e ações durante o ciclo) ou intercalando-as com outras tarefas que compreendam atividades que usem diferentes combinações de movimentos musculares.

Atividades estáticas – Na medida do possível, devem ser eliminadas ou aliviadas todos os tipos de contrações estáticas da musculatura. Isso ocorre, por exemplo, quando se segura uma peça com uma das mãos, enquanto a outra executa alguma ação ou quando se deve manter um pedal acionado durante certo tempo.

É interessante também conferir as tarefas, atividades e ações com os princípios de economia dos movimentos (Tabela 9.1). Vamos supor, por exemplo, que exista um furo no tampo da bancada por onde as peças prontas são colocadas para cair diretamente dentro de uma caixa coletora, por gravidade. Para acertar esse furo, é necessário um grande controle muscular e acompanhamento visual. Essa ação poderá ser melhorada se for criada uma depressão em torno do furo, como se fosse um funil, para aumentar a área da coleta. Também pode-se colocar um anteparo em torno do furo, como se fosse uma tabela no jogo de basquete. Em vez de posicionar precisamente a peça no furo, o trabalhador poderia jogá-la contra o anteparo, para colocar o material no "cesto".

9.3 Projeto do posto de trabalho

O projeto do posto de trabalho faz parte do planejamento geral das instalações produtivas, também chamado de arranjo físico ou leiaute de fábricas e escritórios. Faz parte da estratégia global da empresa, visando atingir determinadas metas de produção e conquista do mercado. Dentro desse "macrossistema", o posto de trabalho é a menor unidade produtiva, onde trabalham uma ou mais pessoas. O projeto desse posto de trabalho é feito em seis etapas (Figura 9.3).

Etapa 1 – Objetivos, especificações globais e recursos disponíveis

Inicialmente são definidos os objetivos, principais especificações e recursos disponíveis. Isso é feito pela administração da empresa, que considera o posto de trabalho como um dos elementos para se atingir objetivos estratégicos mais amplos. Dependendo desses objetivos, pode-se definir, por exemplo, o grau de informatização ou automação a ser adotado no posto de trabalho. Pode-se decidir também se serão aproveitados equipamentos existentes ou se serão adquiridos novos equipamentos, incluindo-se aqueles de transportes para entrada e saída de materiais.

Muitas vezes, esse projeto restringe-se apenas a fazer algumas adaptações de postos existentes, como ajustar a altura da mesa e da cadeira, melhorar a localização do foco de luz ou providenciar acessórios, como apoio para os braços. Em outros casos, pode ser mais abrangente, envolvendo mudanças do processo produtivo, aquisição de novas máquinas ou mudanças na organização do trabalho, implantando-se, por exemplo, grupos semiautônomos de produção. Naturalmente, dependendo dessa abrangência, serão necessários diferentes tipos de projetos.

No projeto de um posto de trabalho, assim como em qualquer outro projeto, pode haver *restrições* tecnológicas, financeiras e de prazo. Isso acontece, por exemplo, quando é necessário aproveitar equipamentos já existentes ou há limitações de espaço. Nesses casos, o projetista deve conciliar, da melhor forma possível, as restrições apresentadas com as necessidades do trabalhador. Isso significa que a visão, postura, alcances e espaço para os movimentos corporais, assim como o uso das forças, devem ser colocados dentro das capacidades humanas, na medida do possível. Nesses casos, os resultados são chamados de *soluções de compromisso* – não são as ideais, mas aquelas possíveis dentro das limitações apresentadas.

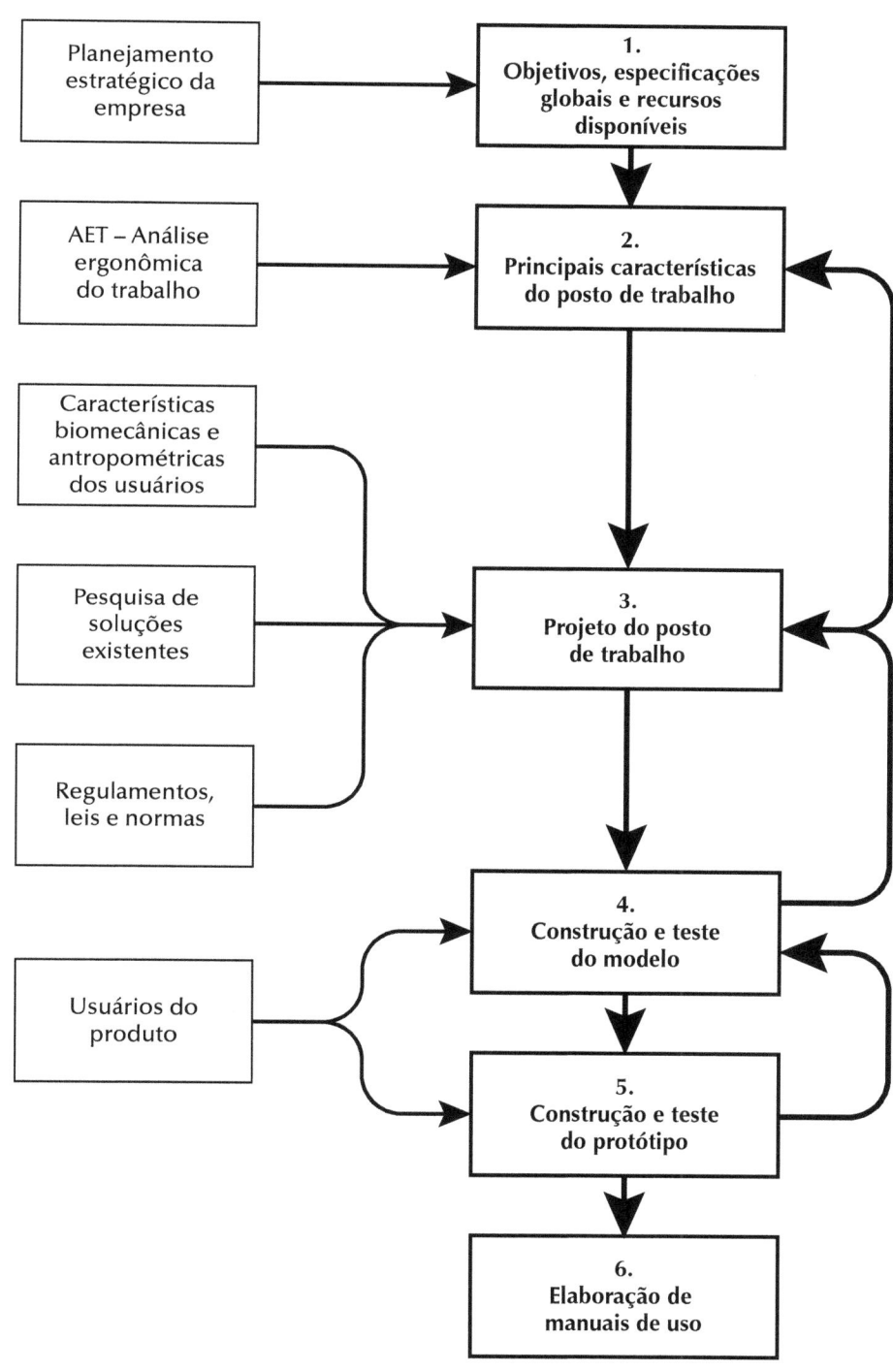

Figura 9.3
Etapas do projeto do posto de trabalho.

Etapa 2 – Principais características do posto de trabalho

Para realizar o projeto, é necessário obter informações sobre a natureza da tarefa, equipamento, posturas e ambiente. Se existir um posto de trabalho semelhante ao que se quer projetar já funcionando, pode-se realizar uma *análise ergonômica* (ver p. 69) para se obter essas informações. Deve-se investigar as atividades realizadas para desempenhar a tarefa, as ações ou operações envolvidas nas atividades, e verificar se o sistema atual proporciona conforto e saúde ao operador e se há alguma característica *inconveniente* no equipamento (protuberâncias que causam contusões, exigências de muita força, reflexos que atrapalham a visão). Essa análise deve considerar principalmente os seguintes sintomas:

- Fadigas físicas, visuais e mentais;
- Dores localizadas em regiões corporais;
- Desconfortos ambientais (ruídos, poeiras, vibrações, calor, reflexos, sombras);
- Outros aspectos críticos (doenças ocupacionais, absenteísmo, rotatividade).

No caso de um novo posto de trabalho, pode-se levantar as informações a partir de outra tarefa ou equipamento semelhantes. Para isso, pode-se usar diversas técnicas, como grupo de foco, entrevistas, questionários, observações ou filmagens (ver pp. 73-83). Pode-se recorrer também a pesquisas bibliográficas e outras fontes de informações, a fim de analisar as soluções já existentes.

Etapa 3 – Projeto do posto de trabalho

O projeto do posto de trabalho é realizado em duas fases: o arranjo físico, de natureza qualitativa; e o dimensionamento, de natureza quantitativa.

Arranjo físico – Esta primeira fase é de natureza *qualitativa*, em que se definem os arranjos físicos (leiaute) das posturas básicas e movimentos do trabalhador em relação às máquinas, equipamentos e materiais a serem utilizados (ver p. 306), compreendendo:

- Definição da localização dos equipamentos básicos do posto de trabalho: mesa, bancada, cadeira, computador, impressora e outros;
- Definição da localização do trabalhador, incluindo a postura e seus principais movimentos de alcance;
- Estabelecimento das prioridades para as ações/operações manuais, colocando-se aquelas mais importantes na área de alcance principal, inclusive pedais e outros controles;
- Localização dos dispositivos de informação, colocando-se aqueles mais importantes dentro da área normal de visão;
- Estabelecimento do fluxo de entrada e saída de materiais.

Com isso, pode-se elaborar um esboço inicial do projeto. De preferência, o operador ocupa a parte central e todos os elementos materias são posicionados ao seu redor, de forma harmônica, como se fosse uma "vestimenta". Um bom exemplo é o automóvel, onde todos os controles e mostradores são harmoniosamente organizados em torno do motorista. Aqueles mais importantes estão posicionados na área central.

Dimensionamento – Esta fase é de natureza *quantitativa*, quando são feitos os dimensionamentos dos elementos posicionados na fase anterior. De preferência, deve-se iniciar com os dimensionamentos antropométricos e depois passar para os elementos materiais do posto de trabalho (ver Seção 9.5).

- Dimensionar o local de trabalho do operador, baseando-se em medidas antropométricas de um grupo de usuários relevantes ou procurá-las em tabelas, respeitando-se as medidas máximas e mínimas de cada variável antropométrica.

- Determinar as faixas de variações das medidas antropométricas para altura de assentos, superfícies de trabalho, alcances e apoios em geral.

- Dimensionar as máquinas, equipamentos e materiais, indicando os pontos de operação e de entrada e saída dos materiais.

- Providenciar espaços adequados para acomodação e movimentação dos braços, pernas e tronco e eventuais mudanças de posturas.

- Providenciar espaços para circulação, entrada e saída de materiais, serviços de manutenção e outros.

Com esses elementos, pode-se elaborar anteprojeto do posto de trabalho, em escala, e construir um modelo.

ETAPA 4 – CONSTRUÇÃO E TESTE DO MODELO

O modelo (*mock-up*) é uma simulação do protótipo, sem uso obrigatório dos materiais e equipamentos reais (Figura 9.17). Pode ser construído em metal, madeira ou papelão, apenas para testar os arranjos e dimensionamentos do posto de trabalho. Esse modelo caracteriza-se por ser de fácil construção e modificação, a baixo custo, a fim de realizar estudos volumétricos das alternativas de projeto. De preferência, deve ser construído em escala natural (1:1), de modo que as pessoas possam sentar-se nele, simulando as operações (ver p. 319).

No caso de projetos dimensionados com dados antropométricos obtidos de tabelas, torna-se desejável testar o modelo com alguns usuários reais, fazendo-se os ajustes necessários. O mesmo se aplica quando for dimensionado pela média da população. Seria conveniente testar o modelo com alguns sujeitos representativos do extremo superior (percentil 95) e outros do inferior (percentil 5). Quando for necessário, devem ser providenciados ajustes individuais para cada usuário. Isso é feito em *cock-pits* dos carros de Fórmula 1.

O modelo pode ser construído simultaneamente com a Etapa 3, como parte integrante do processo de elaboração do projeto. Muitas vezes, torna-se necessário retornar à Etapa 2 para rever algumas características do projeto. Por exemplo, pode acontecer que uma máquina especificada não caiba no espaço disponível, devendo ser substituída por outra, mais compacta.

ETAPA 5 – CONSTRUÇÃO E TESTE DO PROTÓTIPO

O protótipo é construído com os materiais reais, que serão utilizados na fabricação do posto de trabalho. Difere do modelo porque pode ele ser ligado na tomada elétrica e funciona normalmente. Tendo existência real, podem ser realizados outros testes, como movimentos, velocidades e forças necessárias. Pode-se medir também as variáveis ambientais, como o iluminamento, nível de ruídos ou isolamentos térmico e acústico.

ETAPA 6 – ELABORAÇÃO DE MANUAIS DE USO

Finalmente, quando o protótipo estiver aprovado, devem ser elaboradas as especificações para a fabricação do posto de trabalho, incluindo-se os desenhos técnicos e descrição dos materiais e processos produtivos. Se possível, incluir também estimativas dos custos de fabricação. Elabora-se um manual de uso, mostrando como devem ser instalados e operados. Pode haver também manuais de treinamento e de manutenção.

Essa documentação é particularmente importante para futuras manutenções e eventuais necessidades de modificações do projeto.

A seguir, serão apresentados alguns detalhamentos do posto de trabalho.

9.4 ARRANJO FÍSICO DO POSTO DE TRABALHO

O arranjo físico ou leiaute é o estudo da distribuição espacial ou do posicionamento relativo dos diversos elementos que compõem o posto de trabalho. Ou, em outras palavras, como serão posicionados os diversos materiais, instrumentos de informação e de controle existentes no posto de trabalho.

CRITÉRIOS PARA O ARRANJO FÍSICO

Existem diversos critérios para realizar os arranjos físicos dos postos de trabalho. Aqueles mais importantes são apresentados a seguir.

Importância – Colocar o componente mais importante em posição de destaque no posto de trabalho, de modo que ele possa ser continuamente visualizado ou facilmente manipulado. Por exemplo, no radar, o componente mais importante é a tela e, portanto, deve ocupar o centro das atenções. No automóvel, o velocímetro e o volante ocupam essas posições de destaque.

Frequência de uso – Os componentes usados com maior frequência devem ser colocados em posição de destaque ou de mais fácil alcance e manipulação. Assim, para o arranjo de uma bancada para montagem, as peças a serem utilizadas com maior frequência devem ser colocadas logo à frente do operador, onde são mais facilmente visualizadas e alcançadas com as mãos e, lateralmente, aquelas de menor frequência de uso. Por exemplo, o teclado deve ficar à frente do digitador, e o *mouse*, do lado.

Agrupamento funcional – Os elementos de funções semelhantes entre si formam subgrupos, que são organizados em blocos. Por exemplo, num painel de comando de um ônibus (Figura 9.4), todos os dispositivos visuais podem ser colocados na parte central. Lateralmente, à direita, colocam-se os botões rotativos e, à esquerda, os sinais auditivos.

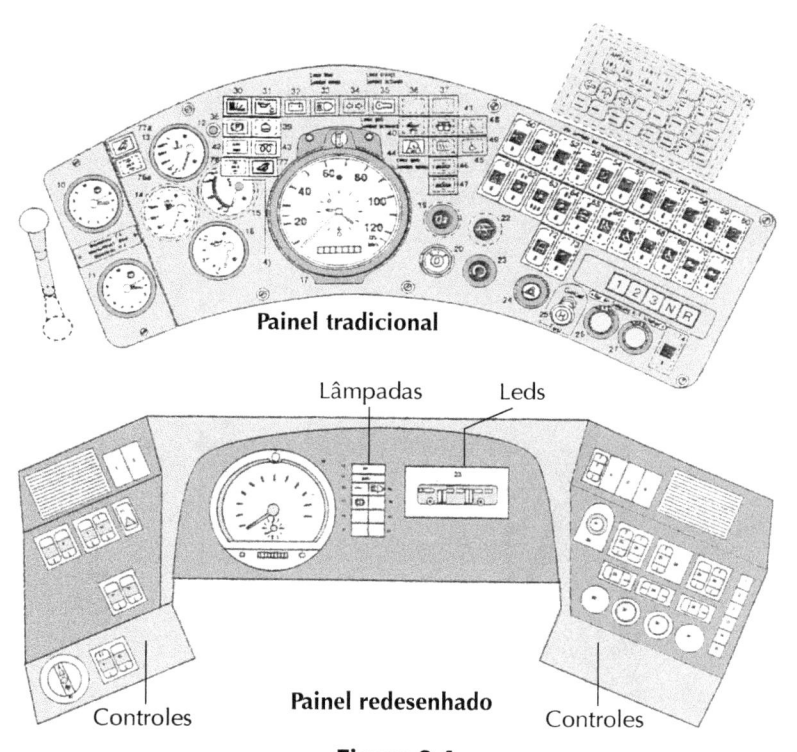

Figura 9.4
Redesenho do painel de instrumentos de um ônibus, com agrupamento de funções
(Göbel, Springer e Scherff, 1998).

Sequência de uso – Quando houver um ordenamento operacional ou ligações temporais entre os elementos, as posições relativas destes no espaço devem seguir a mesma sequência. Ou seja, aquele que deve ser acionado em primeiro lugar aparece na primeira posição, e assim sucessivamente (Figura 9.5).

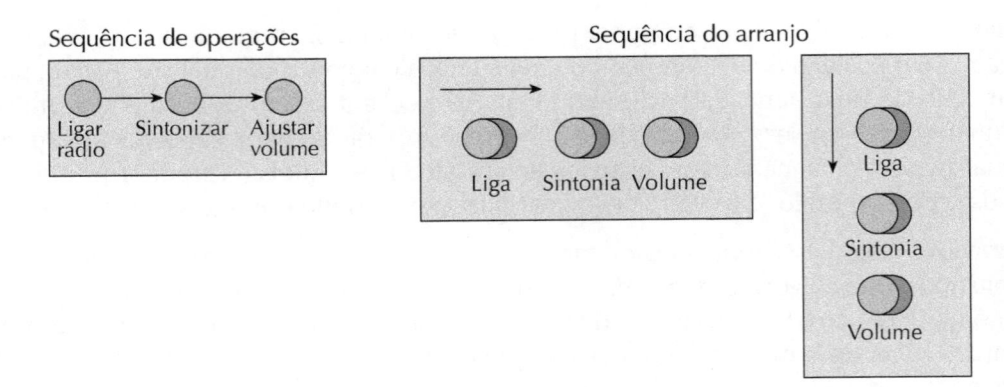

Figura 9.5
Arranjo pela sequência de uso, com relações de natureza temporal entre os elementos.

Intensidade de fluxo – Os elementos entre os quais ocorre maior intensidade de fluxo são colocados próximos entre si. O fluxo é representado por uma determinada variável que deve ser escolhida em cada caso, podendo ser de materiais, movimentos corporais ou informações. A Figura 9.6 apresenta um exemplo, baseado no fluxo de movimentos visuais no painel de um avião. As larguras dos traços são proporcionais às intensidades do fluxo.

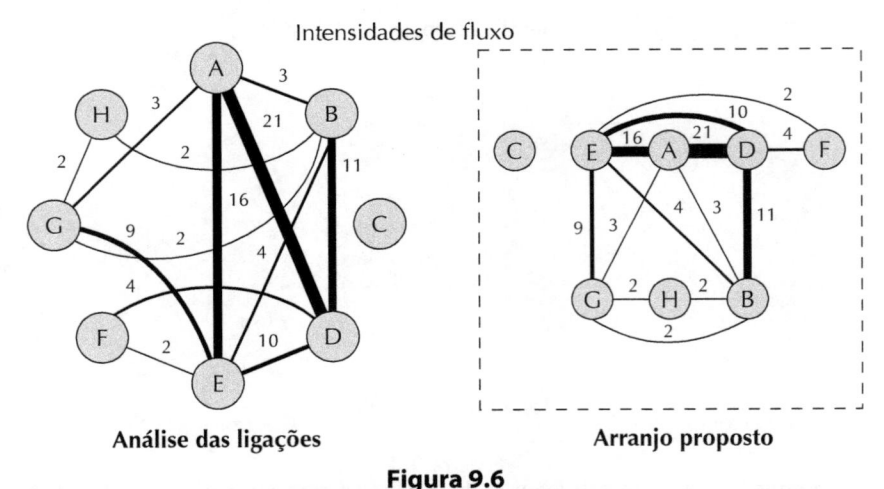

Figura 9.6
Arranjo proposto para a localização dos instrumentos de controle em um painel de avião, baseado nas intensidades de fluxo dos movimentos visuais entre eles. Os números e as larguras dos traços indicam intensidades de fluxo (McCormick, 1970).

Ligações preferenciais – Os elementos entre os quais ocorrem determinados tipos de ligações são colocados próximos entre si. Ao contrário do critério anterior, que se baseava na intensidade de um único tipo de fluxo, aqui pode haver diferenças qualitativas no fluxo, por exemplo, movimentos de controle, informações visuais e informações auditivas, como se vê na Figura 9.7.

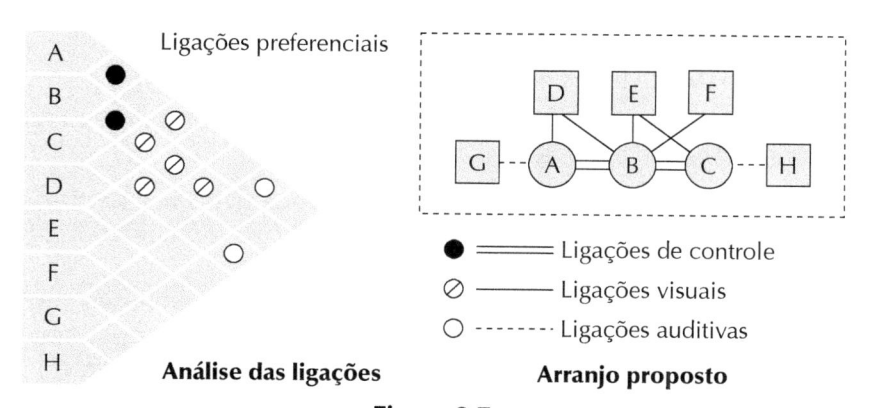

Ligações preferenciais

Análise das ligações   **Arranjo proposto**

●══════ Ligações de controle
⊘────── Ligações visuais
○------- Ligações auditivas

Figura 9.7
Arranjo proposto para os elementos de um painel de controle, pela análise das ligações preferenciais entre eles.

USO DOS CRITÉRIOS

Observa-se que os três primeiros critérios apresentados (importância, frequência de uso e agrupamento funcional) referem-se à *natureza* dos elementos, enquanto os demais (sequência de uso, intensidade de fluxo e ligações preferenciais) referem-se às *interações* entre eles. Esses critérios não são mutuamente exclusivos entre si, podendo ser aplicados de forma conjugada. Assim, por exemplo, pode-se fazer um agrupamento funcional por blocos e depois examinar a intensidade de fluxo entre os diversos blocos. Ou, quando se fizer as ligações preferenciais, já colocar no centro aquele elemento de maior importância.

A escolha dos critérios mais relevantes vai depender, naturalmente, de cada caso específico, da variedade dos elementos envolvidos e do tipo de ligações ou fluxos existentes entre eles. Quando esses elementos forem numerosos (acima de dez), pode-se fazer uma análise inicial pelas ligações preferenciais ou pela intensidade de fluxo, para se realizar um esboço preliminar do arranjo. Posteriormente, pode ser melhorado pelo uso de outros critérios, como o da importância ou da frequência de uso.

Após a elaboração do arranjo físico dos elementos, com distribuição espacial dos componentes do posto de trabalho, passa-se à fase de dimensionamento.

9.5 DIMENSIONAMENTO DO POSTO DE TRABALHO

O dimensionamento correto do posto de trabalho é uma etapa fundamental para o bom desempenho da pessoa que ocupará esse posto. Isso permite que o trabalhador mantenha uma postura natural (não forçada) e realize movimentos harmônicos. É possível que essa pessoa passe várias horas ao dia, durante anos a fio, trabalhando sentado ou em pé nesse posto. Qualquer erro cometido nesse dimensionamento pode, então, submetê-la a sofrimentos por longos anos. Esses erros levam a uma postura forçada, devido principalmente a:

- Alturas (mesas, cadeiras) e alcances (controles) incompatíveis com as medidas antropométricas;

- Espaços insuficientes para movimentos corporais (pernas, pés) e dos equipamentos (partes móveis);

- Posicionamentos e arranjos inconvenientes dos mostradores (*displays*) e controles (botões, teclados);

- Posicionamentos e arranjos inconvenientes dos materiais (matérias-primas, peças) e das ferramentas (chaves de fenda, martelos, soldadores).

Em alguns casos, quando o arranjo envolve mesas ou bancadas, as correções podem ser feitas de forma relativamente simples e econômica. Por exemplo, pode-se cortar os pés da mesa ou da cadeira, para reduzir a altura, ou, ao contrário, providenciar calços ou estrados para aumentar essa altura. Contudo, nos casos de projetos mais integrados, como a cabine de comando de uma locomotiva ou painel do centro de controle operacional de um sistema complexo, torna-se praticamente impossível introduzir esse tipo de correção.

NORMATIZAÇÃO

Com a crescente difusão da ergonomia no mundo e a gradativa institucionalização dos seus conhecimentos, muitas de suas recomendações transformaram-se em normas técnicas. Essas normas geralmente *não são* compulsórias (obrigatórias). Porém, quando seguidas, garantem certo padrão mínimo de qualidade e melhoram a intercambialidade de componentes e sistemas. A ISO (International Standardization Organization) iniciou, na década de 1980, um esforço para normatizar as medidas antropométricas em todo o mundo. Desde então, foram elaboradas mais de trinta normas relacionadas com a ergonomia. Entre aquelas relacionadas com o posto de trabalho, destacam-se:

- ISO 6385 – *Ergonomic Principles in the Design of Work systems* (editada em 1981 e atualizada em 2004).
- ISO 9241 – *Ergonomic Requirements for Office Work with Visual Display Terminals*.
- ISO 11064 – *Ergonomic Design of Control Centers*.

Além dessas, existem também as normas nacionais de vários países. No Brasil, a ABNT (Associação Brasileira de Normas Técnicas) (ver Capítulo 21), elaborou normas sobre móveis para escritório (cadeiras, mesas, sistemas de trabalho e armários). Essas normas sofrem frequentes alterações. No caso de uma aplicação prática, é aconselhável verificar se ainda continuam válidas.

DIMENSIONAMENTOS RECOMENDADOS

O posto de trabalho deve ser dimensionado de forma que a maioria de seus usuários sinta-se confortável. Para isso, diversos fatores devem ser considerados, como a postura adequada do corpo, movimentos corporais necessários, alcances dos movimentos, medidas antropométricas dos ocupantes do cargo, necessidades de iluminação, ventilação, dimensões das máquinas, equipamentos e ferramentas, e interação com outros postos de trabalho e o ambiente externo.

De uma maneira geral, as seguintes dimensões são consideradas mais importantes para adaptação do posto de trabalho aos seus usuários:

- Altura da superfície de trabalho;
- Alcances normais e máximos das mãos;
- Espaços para acomodar as pernas e realizar movimentações laterais do corpo;
- Dimensionamento das folgas;
- Altura para a visão e ângulo visual.

Essas dimensões guardam certa proporcionalidade com a estatura, como se pode ver no gráfico da Figura 9.8. Naturalmente, isso é válido apenas em primeira aproximação, pois, como já vimos na p. 184, há muitas diferenças individuais dos segmentos corporais. Desse modo, é sempre recomendável fazer testes e adaptações para uma amostra representativa dos usuários reais.

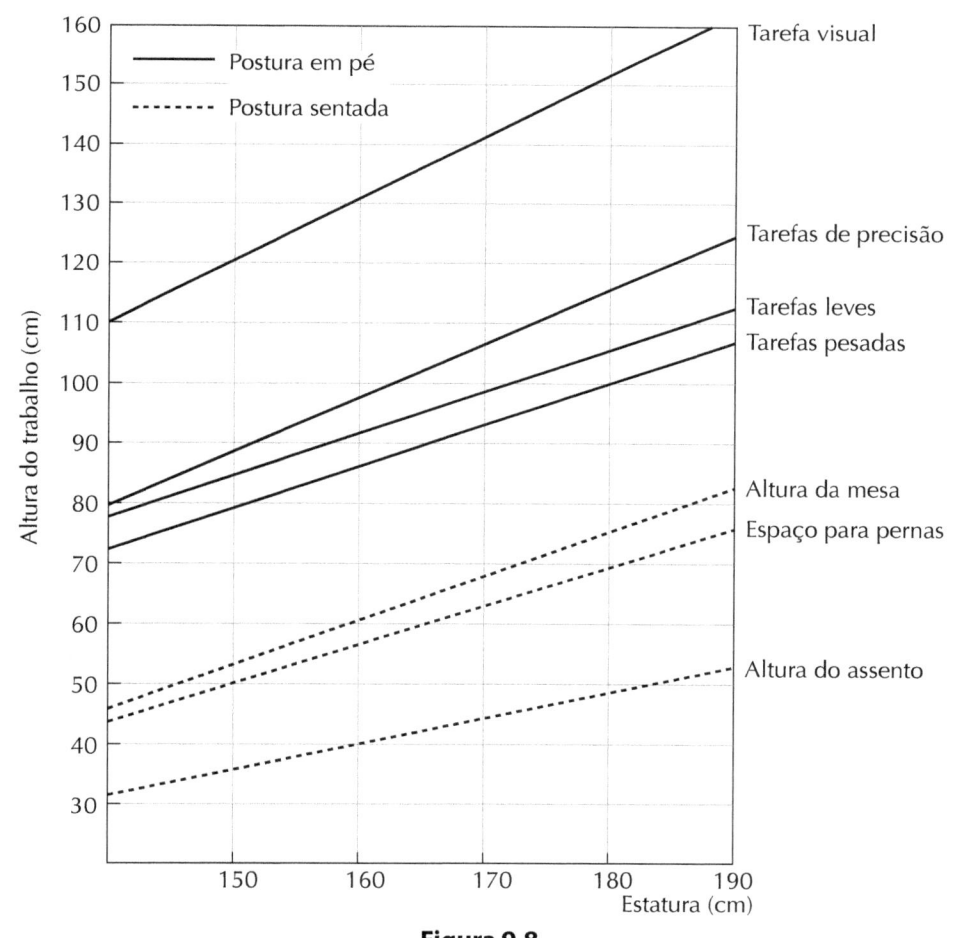

Figura 9.8
Alturas recomendadas para as superfícies de trabalho, em função das estaturas
(Zinchenko e Munipov, 1985).

ALTURAS

Já vimos que a altura ideal para a superfície de trabalho, na postura em pé, fica na altura dos cotovelos (ver p. 238), com os braços pendendo para baixo, para trabalhos de precisão (Figura 7.6, p. 240). Para trabalhos leves, essa superfície pode ser rebaixada em 5 cm e, para trabalhos pesados, em até 25 cm. Devem ser consideradas as medidas antropométricas da *média* e dos *extremos* da população, bem como as diferenças entre homens e mulheres.

Para o trabalho sentado, o assento deve ficar na altura poplítea, entre 35,1 e 48,0 cm a partir do piso (Tabela 6.5, p. 208). A superfície de trabalho deve ficar na altura do cotovelo (19,1 a 28,0 cm acima do assento) ou 2 a 3 cm abaixo dela (Tabela 6.5, p. 208).

ALCANCES

O alcance normal sobre a superfície de trabalho pode ser traçado pela ponta do polegar, girando-se o antebraço em torno do cotovelo, com o braço caído naturalmente na lateral do corpo (Figura 7.5, p. 239). O alcance máximo pode ser traçado com os braços estendidos, sem flexionar o dorso. Note que, em condições reais, o alcance pode ser maior, inclinando-se o corpo para a frente, mas essa postura não é recomendável para uso frequente.

Os alcances geralmente são dimensionados para o extremo *inferior* da população, correspondendo ao percentil 5 dos usuários. Isso significa que 95% dessa população conseguirá alcançá-la sem dificuldades.

As tarefas repetitivas e que requeiram maior atenção visual devem ser colocadas à frente do trabalhador, dentro da área normal de trabalho. Os controles, ferramentas e peças de uso esporádico podem situar-se fora dessa área, mas dentro da área de alcance máximo.

Os objetos colocados fora da área de alcance máximo exigem maior atividade muscular dos ombros e provocam estresse dos discos vertebrais. O uso repetitivo dessa postura pode provocar dores lombares.

ALTERNÂNCIA DAS POSTURAS

Para tarefas de longa duração, o posto de trabalho deve ser projetado de modo que as atividades possam ser realizadas com frequentes mudanças de posturas. Para isso, é importante que os móveis e equipamentos utilizados permitam essa mobilidade.

Alguns postos de trabalho são projetados para permitir tanto o trabalho sentado como em pé. Para isso, a superfície de trabalho é dimensionada para o trabalho em pé. Em seguida, providencia-se um assento alto, tendo apoio para os pés, 40 a 50 cm abaixo do assento (Figura 9.9), para o trabalho sentado. Nesse caso, deve existir espaço para acomodar as pernas sob a superfície de trabalho. Para trabalho em pé, é necessário que o assento seja removível. Com isso, pode-se alternar as posturas sentada/em pé e continuar o trabalho na mesma superfície.

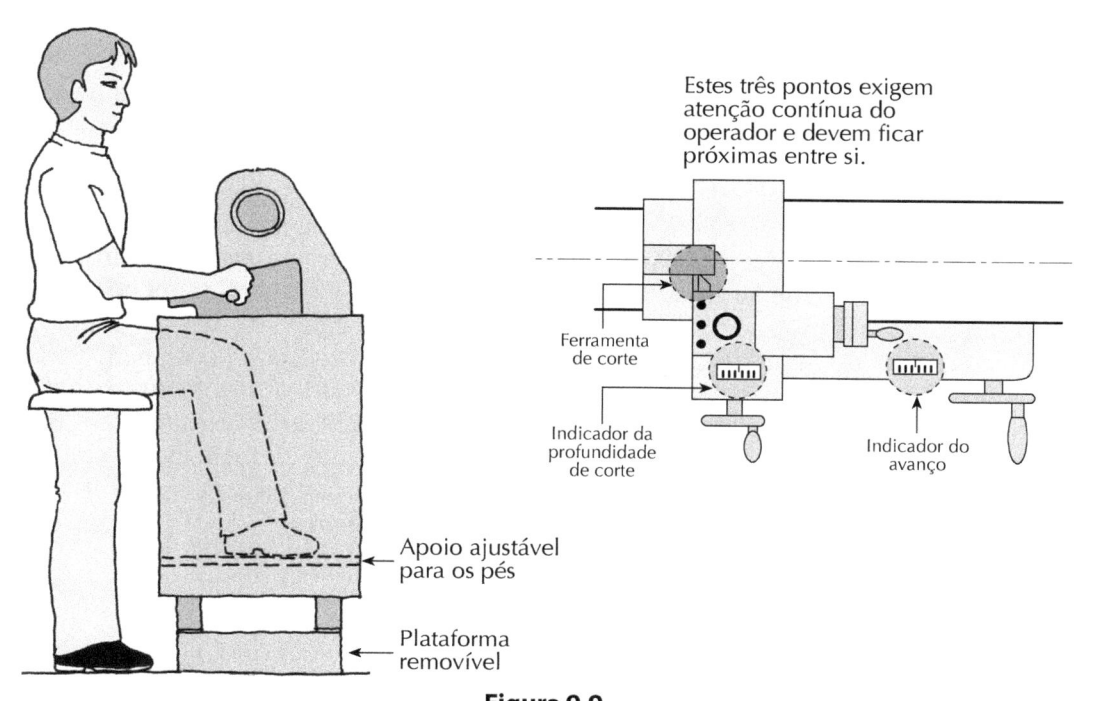

Estes três pontos exigem
atenção contínua do
operador e devem ficar
próximas entre si.

Ferramenta
de corte

Indicador da
profundidade
de corte

Indicador do
avanço

Apoio ajustável
para os pés

Plataforma
removível

Figura 9.9
Soluções adotadas no redesenho de um torno mecânico para possibilitar a sua operação com uso de uma
postura menos fatigante, possibilitando trabalhar em pé ou sentado (Harten e Derks, 1975).

Como alternativa à postura sentada, pode-se adotar a semissentada (Figura 7.16, p. 250). Embora esta seja menos confortável que a sentada, pode proporcionar alívio considerável, em relação ao trabalho contínuo em pé, quando o corpo fica "solto". Uma simples barra horizontal para apoio das nádegas já pode proporcionar esse alívio. Essa alternativa só é recomendada quando não houver espaço suficiente para o assento ou quando a postura sentada prejudicar os alcances, ou como solução subótima de baixo custo.

ESPAÇOS PARA MOVIMENTAÇÕES

O posto de trabalho deve ter determinadas folgas e tolerâncias para permitir movimentações corporais. Se for apertado, com espaço restrito, passa a exigir movimentos mais contidos, que tendem a causar estresse, além de reduzir a velocidade e aumentar os erros.

Em geral, recomenda-se um vão de 20 cm, no mínimo, entre o assento e a parte inferior do tampo da mesa, para permitir a acomodação das pernas. Deve-se prever também espaço frontal livre de 60 a 80 cm e laterais de 5 cm de cada lado, na altura da cintura, e 10 cm de cada lado, na altura dos ombros. Essas tolerâncias devem ser acrescidas às medidas antropométricas (Tabelas 6.5, p. 208 e 6.6, p. 209). Nesse caso, deve-se adotar o percentil superior (95°) da população.

DIMENSIONAMENTO DAS FOLGAS

Há necessidade também de dimensionar as folgas em corredores, passagens e escadas. Drury (1985) relata uma experiência em que os sujeitos deveriam passar por um corredor andando entre uma parede e uma pessoa sentada numa cadeira, a diferentes distâncias da parede. Registrando-se os movimentos dos sujeitos em um filme, constatou-se que estes deveriam realizar diversos movimentos corporais para não esbarrar na parede nem na pessoa sentada. Quando a passagem se estreitava para menos de 60 cm de largura, a *probabilidade de erros* (esbarrões na pessoa ou na parede) era superior a 80%, e as velocidades ficavam cada vez menores (Figura 9.10). Aumentando-se a largura, a partir de 64 cm, as pessoas conseguiam andar normalmente, sem forçar os movimentos corporais, a velocidades cada vez maiores. A partir de 92 cm, não se observaram melhorias significativas. Recomenda-se, portanto, largura mínima de 90 cm para corredores, que permitem, inclusive, a circulação das cadeiras de roda (Figura 18.6, p. 702). Fenômeno semelhante se observa no tráfego de carros, quando as ruas se estreitam ou se alargam.

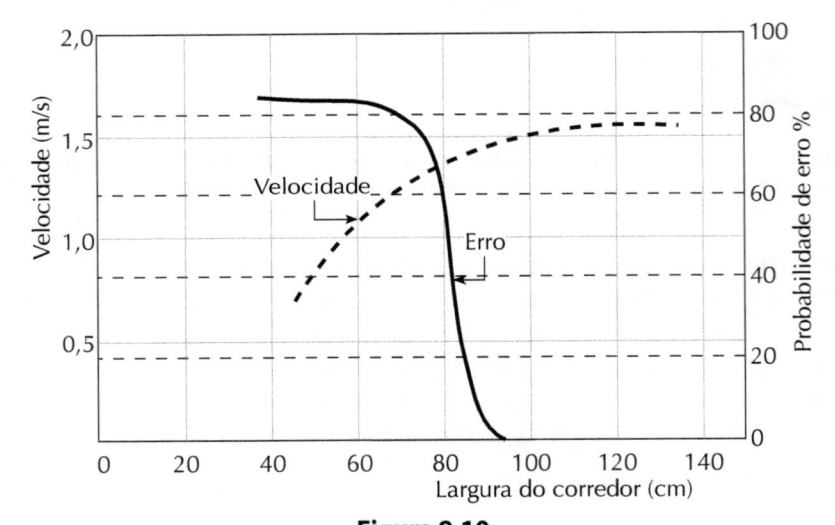

Figura 9.10
A largura do corredor influi na velocidade de fluxo e erros cometidos pelos transeuntes (Drury, 1985).

Em outro experimento, com operação simulada de evacuação de passageiros pela porta de emergência de uma aeronave, a velocidade de saída cresceu com o aumento da largura da porta até um máximo de 45 cm, acima da qual não se observaram melhorias significativas.

Experiências semelhantes foram realizadas com operadores de empilhadeiras em uma fábrica. Aumentando-se as folgas laterais do corredor de 3 cm para 10 cm, a probabilidade de erro caiu de 50% para 7% e a velocidade aumentou em 20%.

O problema das folgas existe também em operações de montagens. Os posicionamentos precisos exigem maior acompanhamento visual e maior controle motor, que causam retardamentos e erros. Em uma operação de colocar componentes em um furo, constatou-se que o tempo necessário poderia ser reduzido à metade, passando de dois minutos para um minuto, quando se aumentava a folga de 2 cm para 4 cm.

Portanto, no dimensionamento de postos de trabalho, o subdimensionamento de espaços, restringindo os movimentos, são bastante prejudiciais (exigem maior controle motor, aumentam o tempo, provocam mais estresse e erros), assim como os superdimensionamentos (exigem movimentos mais amplos, provocam posturas inadequadas e maior gasto energético).

TRABALHO VISUAL

Na posição em pé, os olhos devem situar-se à altura de 150 cm para a média das mulheres e 160 cm para a média dos homens. Na posição sentada, a altura dos olhos deve situar-se a 73 cm acima do assento para a média das mulheres e 79 cm para a média dos homens. Essas alturas devem ser consideradas como máximas, e as tarefas visuais predominantes devem situar-se abaixo delas.

As pesquisas demonstram que as pessoas, na postura sentada com o tronco ereto, preferem visualizar objetos a 20° abaixo da linha visual (traçada horizontalmente a partir dos olhos), com um desvio-padrão de 12°. Essas alturas devem ser adotadas para o posicionamento das tarefas visuais, mas também dos objetos visuais, como sinalizações, avisos e cartazes.

9.6 AJUSTES INDIVIDUAIS

Muitos móveis usados para compor postos de trabalho são produzidos em série. Por exemplo: mesas para digitadores, bancadas para uma linha de montagem, caixas para supermercados, assentos operacionais. Entretanto, pode acontecer que as tarefas executadas em cada um desses postos não sejam iguais entre si. E, certamente, haverá diferenças antropométricas entre os seus ocupantes. Por isso, é importante que os postos de trabalho tenham *flexibilidade* ou ajustes para acomodar esses casos particulares. Além disso, em alguns casos, será necessário adicionar alguns acessórios para facilitar a realização das tarefas.

Os ajustes nos postos de trabalho visam proporcionar uma postura flexível e mobilidade. Os principais objetivos desse tipo de posto são:

Permitir ajustes dimensionais – Os ajustes permitem acomodar as diferenças antropométricas entre os diversos ocupantes e atender às preferências individuais. No caso dos assentos e mesas, colocar dispositivos de ajuste das alturas.

Permitir mobilidade – A flexibilidade no uso facilita frequentes mudanças de posturas. Por exemplo, permitir que as pessoas trabalhem sentadas ou em pé, alternadamente. Embaixo da mesa, deve haver espaço suficiente para movimentar as pernas.

Esses ajustes não podem depender de mecanismos muito complicados, pesados ou demorados, que exijam muita força, habilidade, tempo ou uso de ferramentas especiais. Tudo isso acaba desestimulando o usuário a fazer os ajustes necessários.

A Figura 9.11 mostra, esquematicamente, quatorze tipos de ajustes recomendados em um posto de trabalho com computadores. Entre estes, os mais importantes (provocam maiores danos) são a altura do assento e a altura do teclado.

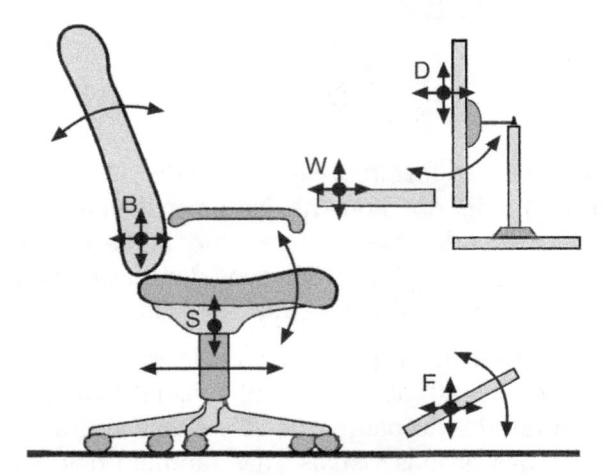

Figura 9.11
Ajustes possíveis em um posto de trabalho com computadores
(Kroemer, Kroemer e Kroemer-Elbert, 1994).

Muitas vezes, os ajustes não estão incluídos no projeto do posto, mas podem ser acrescidos com os acessórios disponíveis no mercado. Vários modelos desses acessórios podem ser encontrados em catálogos de fabricantes. As Figuras 9.12 (altura do monitor) e 9.13 (apoio para os pés) apresentam alguns exemplos desse tipo.

Figura 9.12
Exemplo de acessório para elevar a posição do monitor.

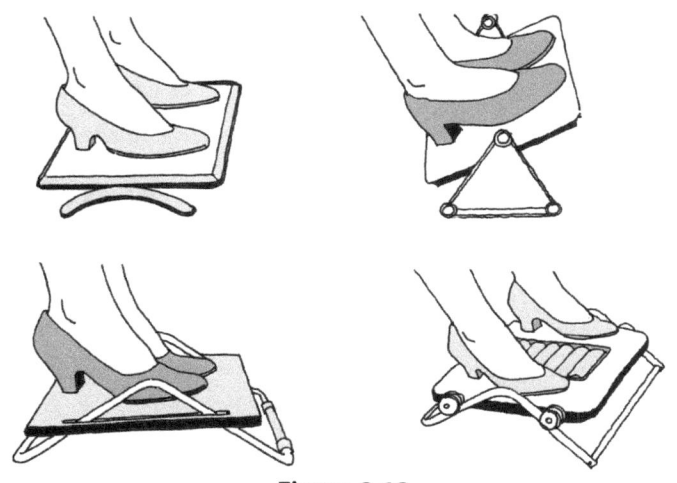

Figura 9.13
Exemplos de apoios para os pés (Moraes e Pequini, 2000).

Contudo, em casos mais específicos, torna-se necessário projetar e construir esses acessórios. A Figura 9.14 apresenta exemplo de uma base regulável para morsa (torno de bancada), permitindo adaptar a sua altura às características antropométricas de cada usuário, melhorando a sua postura.

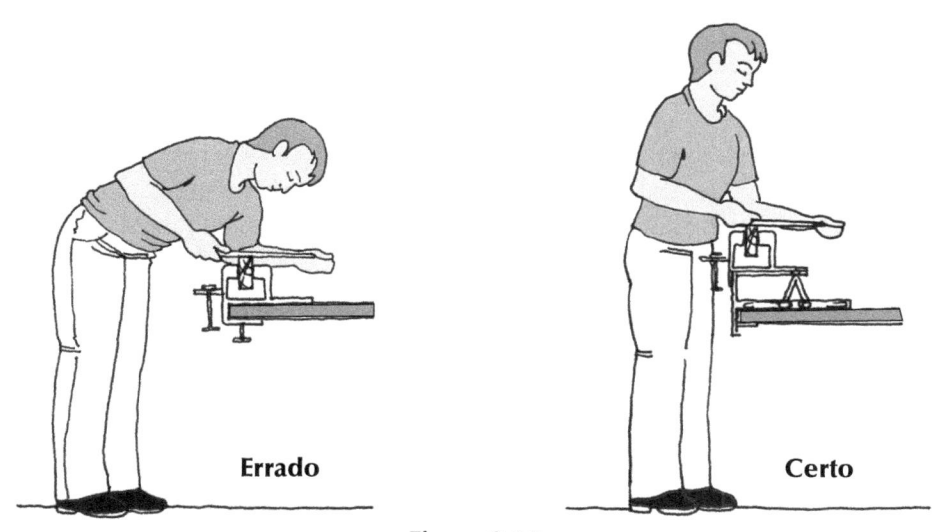

Errado **Certo**

Figura 9.14
Base regulável para morsa, com ajustes de altura (Boussena e Davies, 1989).

A Figura 9.15 apresenta três modelos de suportes para os braços usados para um estudo experimental: a) fixo; b) móvel no plano horizontal; c) móvel em todas as direções horizontais e verticais (Feng et al., 1997). Foram realizados experimentos com esses três modelos de suportes em diferentes tipos de tarefas e mediram-se as atividades musculares (eletromiografia) dos ombros e pescoço. Os resultados, em comparação com a situação sem nenhum suporte, são apresentados na Tabela 9.4.

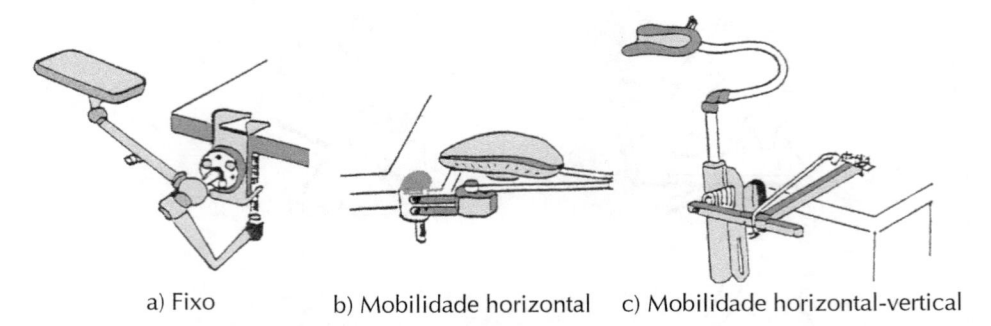

a) Fixo   b) Mobilidade horizontal   c) Mobilidade horizontal-vertical

Figura 9.15
Suportes experimentais para antebraços (Feng et al., 1997).

Tabela 9.4
Redução das atividades musculares dos ombros e do pescoço com uso de diferentes modelos de suporte para os braços (Feng et al., 1997)

Arranjo experimental	Atividade muscular	Redução (%)
Sem suporte (valor de referência)	631	–
Suporte horizontal-vertical	443	30
Suporte fixo	426	32
Suporte horizontal	378	40

Portanto, observa-se uma redução de até 40% das atividades musculares com o uso de suportes. O suporte horizontal foi mais eficiente para tarefas realizadas ao nível da mesa, e o de ajuste horizontal-vertical, para tarefas acima do nível da mesa. O suporte fixo foi considerado conveniente quando há pouco espaço, restringindo a mobilidade.

Nos casos práticos, esses apoios podem ser construídos para adaptar-se a cada tarefa, como se vê na Figura 9.16. Nesses casos, é necessário lembrar também que 6% a 10% da população é constituída de canhotos.

Figura 9.16
Exemplos de apoios para aliviar estresse nos braços (OIT, 2001).

9.7 CONSTRUÇÃO E TESTE DO POSTO DE TRABALHO

Como vimos anteriormente (p. 306), muitas vezes, a construção de um protótipo, com uso de máquinas, equipamentos e materiais reais, sai muito caro, podendo ser substituído por um *modelo simulado*, apenas para testar alguns parâmetros. O modelo pode ser bi ou tridimensional, em metal, madeira ou papelão (*mock-up* ou maquete) em escala 1:1, apenas para simular a distribuição espacial dos diversos elementos que compõem o posto de trabalho (Figura 9.17). Esse modelo não precisa ser completo, podendo conter apenas alguns parâmetros a serem testados, como o alcance dos movimentos, conforto, postura e a visibilidade dos instrumentos. Nesta fase, os ajustes necessários poderão ser introduzidos com poucos gastos de tempo e de recursos.

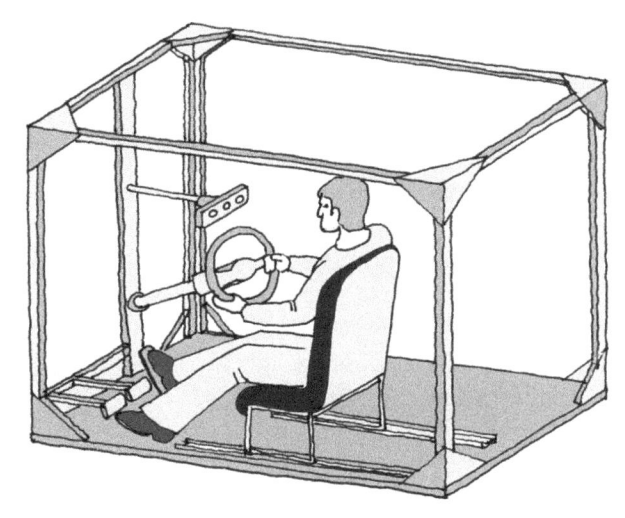

Figura 9.17
Exemplo de modelo tridimensional (*mock-up*) construído em escala 1:1 (Woodson, 1987).

Entretanto, o teste definitivo do posto de trabalho deve ser feito com um protótipo o mais próximo possível das condições *reais* de funcionamento, inclusive com a intervenção das condições operacionais, organizacionais e ambientais do local onde o posto de trabalho será instalado.

De preferência, o posto deve ser testado em uma implantação experimental, em condições controladas, acompanhado de observações e medidas de desempenho. Por exemplo, para testar uma cabina para venda de passagens para o metrô, seria necessário observar o comportamento dos usuários e se o ruído ambiental, presente no local onde essas cabinas serão instaladas, permite uma boa comunicação verbal entre o vendedor e os usuários.

Durante esses testes, podem ser verificados também certos detalhes, como a força necessária para acionar um pedal ou a existência de cantos "vivos", bordas cortantes ou protuberâncias nas bancadas, caixas ou bandejas. Os cantos angulosos devem ser substituídos por cantos arredondados com o maior raio de curvatura possível, para evitar possíveis contusões do operador e usuários.

ESPECIFICAÇÕES PARA FABRICAÇÃO

Quando o posto de trabalho estiver finalmente aprovado, deverão ser preparadas as especificações para a sua fabricação. Estas incluem desenhos técnicos, desenhos em perspectiva, desenhos de montagens, vista explodida, bem como as especificações dos materiais e descrição dos processos de fabricação e montagem. Se for pertinente, esse conjunto de documentos deverá ser acompanhado de um memorial técnico, descrevendo os objetivos, uso e características operacionais, além de uma estimativa dos custos de produção.

INSTRUÇÕES DE USO

Finalmente, devem ser preparadas as instruções para os usuários, em forma de manuais, microfichas, quadros, diagramas, vídeo, CD ou *pen drive*. Esses elementos podem ser usados em programas de treinamento e consultas durante as operações e manutenção.

As instruções devem ser redigidas em uma linguagem acessível, compatível com o repertório dos usuários, evitando-se o uso de abreviaturas, códigos, termos técnicos ou jargões profissionais que não sejam de domínio comum. Os conceitos que exigem percepção espacial devem ser apresentados em forma de desenhos, fotos e gráficos, e nunca por meio de descrições verbais, que dificultam a compreensão. Um teste realizado com instruções bem preparadas para localizar e corrigir defeitos em aparelhos eletrônicos mostrou que era possível economizar até 50% do tempo dos técnicos, em relação ao uso de manuais tradicionais (ver p. 508).

9.8 POSTOS DE TRABALHO COM COMPUTADORES

Devido à grande difusão da informática, nas últimas décadas, hoje existem postos de trabalho com computadores em praticamente todas as atividades. Em alguns casos, o uso de computadores é esporádico. Mas, em outros, o usuário passa horas com o corpo quase estático, com a atenção fixa na tela do monitor e as mãos sobre o teclado, realizando operações de digitação, altamente repetitivas. Isso acontece, por exemplo, nas centrais de *telemarketing* e nos Serviços de Atendimento ao Consumidor (SAC) das grandes empresas.

Em comparação com o trabalho tradicional de escritório, as condições de trabalho no terminal de computador são mais severas. As inadaptações ergonômicas desses postos de trabalho produzem consequências bastante danosas. Elas provocam fadiga visual, dores musculares do pescoço e ombros e dores nos tendões dos dedos. Estas últimas, nos casos mais graves, transformam-se em doença ocupacional chamada de distúrbios osteomusculares relacionados ao trabalho (DORT), como já vimos na p. 155.

São frequentes as reclamações de dores musculares entre os trabalhadores de digitação. Essas reclamações geralmente concentram-se em dores das costas, ombros, pescoço e, em menor grau, nos braços e pernas.

POSTURA DOS DIGITADORES

Durante muito tempo recomendou-se que os digitadores assumissem uma postura ereta, com pernas, coxas e tronco formando um ângulo de 90°. Contudo, alguns pesquisadores (Grandjean, Hanlinf e Piderman, 1983) afirmam que isso não tem justificativas fisiológicas ou ortopédicas. Observando-se as pessoas em condições reais de trabalho de digitação, verificou-se que apenas uma pequena parcela delas assume essa postura ereta.

Constatou-se que os digitadores preferem posturas inclinadas, mais *relaxadas*, que se assemelham à de uma pessoa dirigindo um carro, sendo, portanto, diferentes daquelas posturas geralmente adotadas em escritórios, que são mais eretas (Figura 9.18). Contudo, eles costumam também realizar frequentes mudanças de postura, inclinando o corpo para a frente e para trás. É importante que o posto de trabalho permita e facilite essas movimentações.

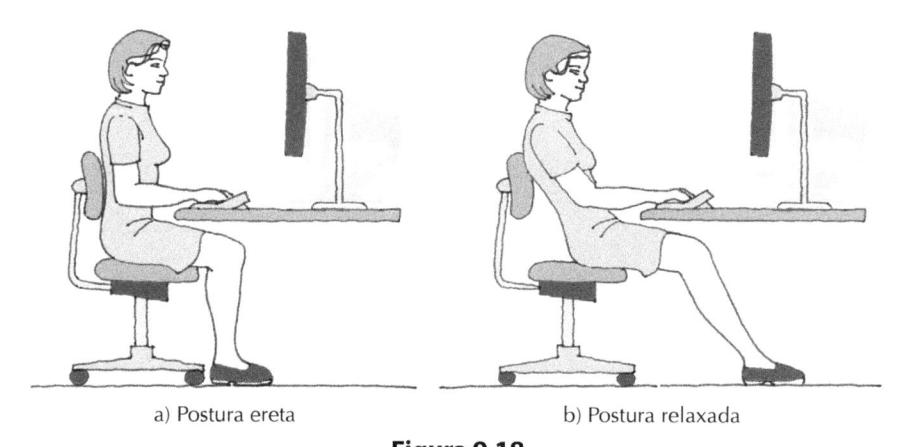

a) Postura ereta   b) Postura relaxada

Figura 9.18
Em postos de trabalho com terminais de computadores, verificou-se que os operadores preferem adotar posturas mais relaxadas, voltadas para trás, do tipo "b" (Grandjean, 1987).

Grandjean (1987) apresenta resultados de diversas pesquisas realizadas para estudar a postura das digitadoras. Ele observou que 30% a 40% delas se queixavam de dores no pescoço, ombros e braços. Esses índices são bem maiores que os de pessoas que realizam trabalhos gerais de escritório ou vendedoras de lojas. Nesses casos, os índices ficavam entre 2% e 10%.

Estudos realizados correlacionando as dores musculares com as características do posto de trabalho apresentaram as seguintes causas de desconforto:

- Altura do teclado muito baixa em relação ao piso;
- Altura do teclado muito alta em relação à mesa;
- Falta de apoios adequados para os antebraços e punhos;
- Cabeça muito inclinada para a frente;
- Pouco espaço lateral para as pernas – o operador desliza para a frente, estendendo as pernas sob a mesa; e
- Posicionamento inadequado do teclado – a mão faz uma inclinação lateral (abdução) superior a 20° em relação ao antebraço.

Diversos estudos realizados com dimensões ajustáveis do posto de trabalho para computadores indicaram os valores apresentados na Figura 9.19 e na Tabela 9.5.

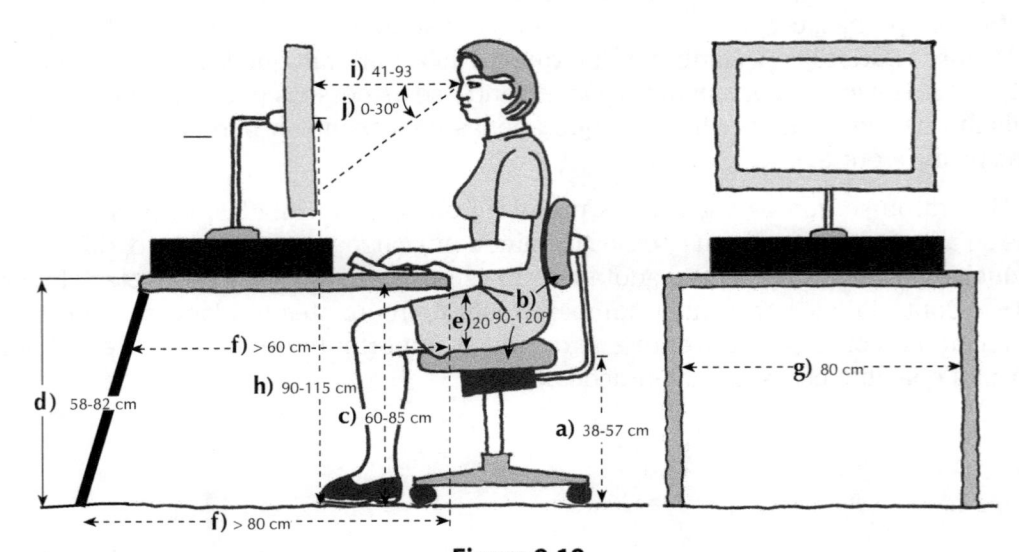

Figura 9.19
Variáveis a serem dimensionadas no projeto de um posto de trabalho com microcomputadores
(Carter e Banister, 1994).

Tabela 9.5
Dimensões recomendadas para um posto de trabalho com computadores
(Carter e Banister, 1994)

Variáveis	Dimensões recomendadas	Observações
Assento		
a) Altura do assento	38-57 cm	As coxas devem ficar na horizontal quando o joelho fizer 90°
b) Ângulo assento/encosto	90°-120°	Deve ser ajustável, com uma média de 110°
Teclado		
c) Altura do teclado	60-85 cm	Deve ficar na altura do cotovelo ou até 3 cm abaixo
d) Altura da mesa	58-82 cm	Deve seguir a altura do teclado, da tela e o espaço para as pernas
Espaço para as pernas		
e) Altura	20 cm	Deve permitir a acomodação e movimentação das coxas
f) Profundidade	60-80 cm	Profundidade de 60 cm na altura dos joelhos e 80 cm no nível do piso
g) Largura	80 cm	Deve permitir movimentação lateral das pernas
Tela		
h) Altura	90-115 cm	A altura é medida entre o centro da tela e o piso
i) Distância visual	41-93 cm	A distância depende do tipo de tarefa e preferências pessoais
j) Ângulo visual	0°-30°	É medida para baixo, a partir da horizontal no nível dos olhos

ASSENTO PARA COMPUTADOR

Os *assentos* para uso em posto de trabalho com computadores devem ter um encosto com inclinação regulável entre 90° e 120°. Observou-se também que os assentos tradicionais, em geral, têm encostos muito pequenos, não sendo adequados por não permitirem uma postura segura quando se descarrega o peso das costas sobre o encosto. Outras características desejáveis do assento são: altura regulável do assento, bordas do assento arredondadas, estofamento pouco espesso, eixo giratório, amortecimento vertical e cinco patas com rodas (ver pp. 241-250).

MESA PARA COMPUTADOR

Para o projeto experimental de uma mesa para computador, foram feitas observações e entrevistas com dez usuários (seis mulheres e quatro homens) de CAD e serviços administrativos (Karlqvist, 1998). Baseando-se nas informações obtidas, foram elaboradas as especificações de um projeto ideal (Tabela 9.6).

Tabela 9.6
Especificações para o projeto de uma mesa para computador (Karlqvist, 1998)

- A superfície de trabalho deve ter regulagem de altura entre 70 cm e 120 cm.
- O mecanismo deve ser de fácil ajuste.
- Não deve haver travas sob a mesa que atrapalhem o movimento das pernas.
- Deve haver apoio para os antebraços, inclusive durante o uso do *mouse*.
- Deve haver ajuste da distância visual para a tela.
- Os documentos a serem copiados devem ficar em uma superfície com inclinação ajustável superior a 45°.
- A mesa deve ter espaço para materiais de consulta.

Baseando-se nessas recomendações, construiu-se uma mesa experimental, equipada com motor elétrico para realizar ajustes entre 70 cm e 120 cm de altura. Parte da superfície podia ser inclinada, com a parte inferior chegando ao mínimo de 59 cm de altura. A altura da tela também era dotada de regulagens elétricas. O protótipo dessa mesa foi submetido a testes com 24 usuários masculinos e 15 femininos. Em comparação com outros modelos de mesas, a experimental foi considerada superior, principalmente devido à facilidade de ajustar a posição da tela e ajustar a altura da mesa. No Brasil, existem normas técnicas para o dimensionamento dos móveis para informática (ver Capítulo 21).

VISUALIZAÇÃO DO MONITOR

Existem basicamente dois modos para se apresentar textos em monitores: 1) o que tem caracteres claros sobre um fundo escuro; 2) o que tem caracteres escuros sobre um fundo claro.

No primeiro caso, quando caracteres brilhantes são apresentados na tela do monitor, contrastando com o fundo escuro, criam uma situação incômoda, chamada de *brilho relativo:* as áreas mais brilhantes tendem a diminuir a sensibilidade da retina, enquanto as partes escuras a aumentam. Em consequência, há redução da capacidade visual e diminuição da acuidade visual aos contrastes. O brilho relativo pode ser reduzido se a diferença de brilho entre a figura e o fundo no centro do campo visual for inferior a 3:1 e a entre o centro e a periferia do campo visual não exceder a proporção de 10:1. No caso de projeções em ambientes escuros, esses caracteres brilhantes podem melhorar a legibilidade.

O segundo caso assemelha-se à página de um livro impresso e há uma tendência para esse tipo, porque reduz o contraste visual com os outros objetos próximos, que exigem também fixação visual do digitador durante o trabalho.

ILUMINAÇÃO DO POSTO DE TRABALHO

Os níveis gerais de iluminamento recomendados para trabalhos normais de escritório são de 500 lux a 700 lux. Entretanto, Grandjean (1987) observou que, em muitas salas de trabalho com computadores, os próprios operadores haviam retirado algumas lâmpadas para reduzir o iluminamento ambiental para níveis de 200 lux a 300 lux. Esse autor recomenda, então, que o nível geral de iluminamento nos postos de trabalho com computadores seja de 300 lux. Contudo, para melhorar a legibilidade dos documentos a serem transcritos, eles devem ser iluminados com 500 lux e, quando essa legibilidade for menor, aconselha-se a colocação de uma fonte localizada, de até 1.000 lux, incidindo diretamente sobre o documento de baixa legibilidade.

Outro problema é o *ofuscamento*, causado pela presença de fonte com muito brilho no campo visual ou reflexos na superfície de vidro no monitor. O ofuscamento e os reflexos podem ser reduzidos utilizando-se fontes de luz difusa ou indireta, eliminando-se superfícies refletoras e colocando-se as luminárias de modo que a luz incidente no posto de trabalho tenha ângulos menores que 45° em relação à vertical (Figura 9.20). Às vezes torna-se necessário também mudar o posicionamento da tela em relação às fontes de brilho, como as janelas e luminárias (ver p. 435).

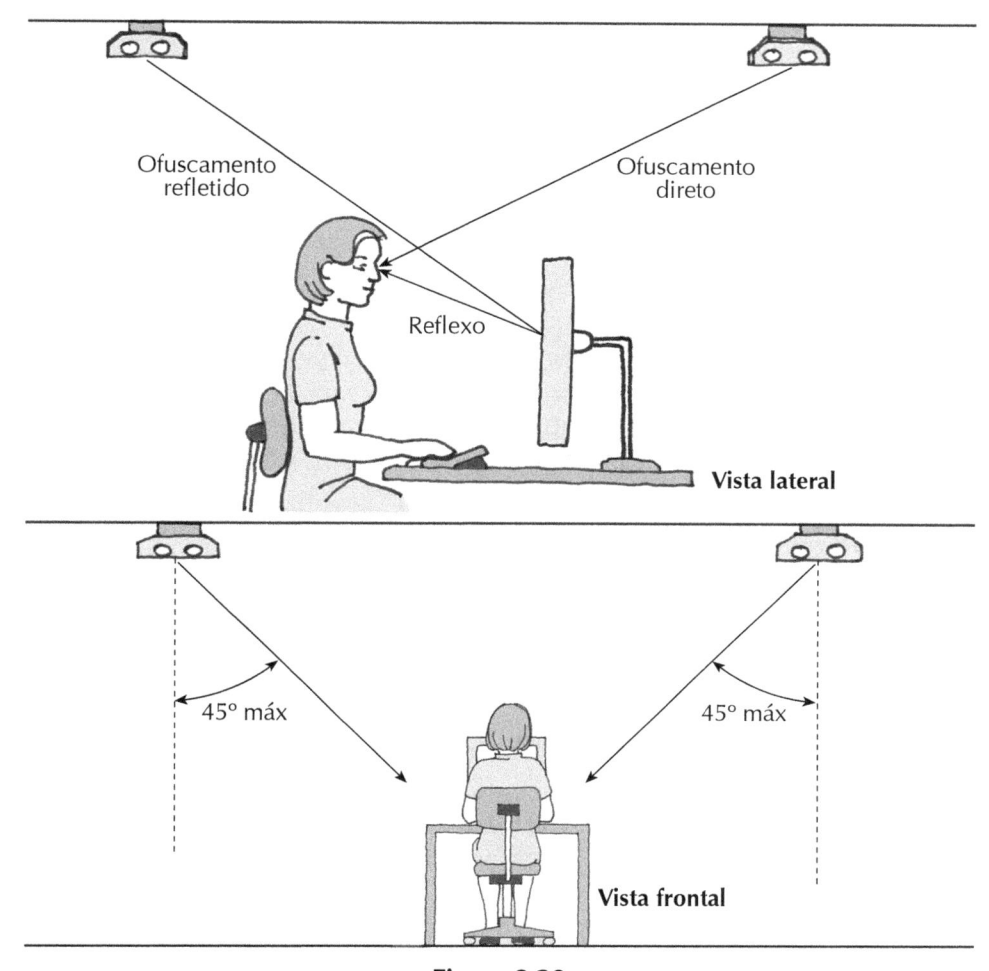

Figura 9.20
As luminárias devem ser posicionadas de modo a evitar os ofuscamentos provocados pelos brilhos diretos e reflexos no campo visual.

9.9 ESTUDO DE CASO – ILHAS DE ATENDIMENTO DE CAIXA[1]

Realizou-se projeto de reformulação de uma ilha de atendimento de uma rede de quatro lojas de departamento (roupas e acessórios) em Porto Alegre, RS (Guimarães et al., 2004)). As trabalhadoras (caixas) dessas ilhas atendem os clientes, recebendo pagamentos, fazendo desmagnetização dos lacres e embalando os produtos.

A demanda inicial da empresa foi para a escolha do "melhor assento" para o posto de trabalho das atendentes. Após testar vários modelos, não tinha encontrado nenhum satisfatório, porque "ninguém sentava".

A alternância das posturas em pé/sentada é fundamental para garantir maior conforto, trabalho dinâmico e, portanto, a redução da incidência de queixas por dores no final da jornada de trabalho. Esse tipo de queixas é reportado na literatura como

1 Baseado em Guimarães, L. B. de M., et al., 2004.

a doença dos vendedores (Grandjean, 1998). Ocorrem principalmente nas pernas e pés (20% das queixas), costas (19% das queixas) e dores de cabeça (19%). No Brasil, a Norma Regulamentadora NR17 exige que os postos de trabalho semelhantes possibilitem sentar-se.

Após analisar o problema, os pesquisadores concluíram que não seria possível resolvê-lo simplesmente com a substituição do assento. Propuseram ampliar as fronteiras do problema, o que foi aceito pela empresa.

Foi aplicado o método de Análise Macroergonômica do Trabalho (AMT), de natureza macroergonômica, proposto por Guimarães (1998), envolvendo a participação dos trabalhadores em todas as etapas do projeto. Isso ocorreu nas fases de definição de parâmetros projetuais, avaliação de *mock-ups* e protótipos e validação do projeto final. Além das usuárias diretas das ilhas (caixas), o projetou envolveu o pessoal de outros setores da empresa (arquitetura, recursos humanos, informática, logística).

Levantamento de dados – A identificação da demanda das caixas e dos clientes foi feita em cinco etapas:

1. Observações diretas – Foram realizadas observações diretas (sistemáticas e assistemáticas) e indiretas das tarefas e posturas adotadas pelas caixas, anotando-se principalmente as dificuldades para se sentaram.

2. Entrevistas coletivas com as caixas (grupo de foco) – Entrevistas realizadas em grupos de aproximadamente oito pessoas, com as 74 caixas das quatro lojas de todos os turnos.

3. Questionário aos ocupantes do cargo – O questionário foi elaborado a partir dos resultados das entrevistas, mas englobava também questões para avaliar a percepção dos trabalhadores sobre seu trabalho, questões específicas sobre as ilhas de atendimento, incluindo a importância de determinados equipamentos de segurança, e também questões sobre a ocorrência de desconforto/dor durante a jornada de trabalho. Esse questionário serviu para medir o nível de satisfação das trabalhadoras em relação aos Itens de Demanda Ergonômica (IDEs) priorizados na entrevista.

4. Questionário gerencial – Outro questionário foi aplicado a dezessete pessoas da chefia/gerência, visando medir como eles entendiam que as trabalhadoras das ilhas de atendimento se sentiam em relação às questões formuladas.

5. Entrevistas com clientes – Para se conhecer a demanda dos clientes (usuários externos), foram formuladas três questões objetivas: sobre o atendimento nas ilhas de caixas; sobre a adequação do balcão; e sobre a possibilidade de serem atendidos pelas caixas em posição sentada. Para responder, foram sorteados aleatoriamente 64 clientes das quatro lojas, que foram entrevistados enquanto estavam na fila para efetuar o pagamento das compras.

Considerando a questão "sentar" como foco do trabalho, perguntou-se a opinião sobre esse assunto aos caixas, gerentes e clientes. Os caixas, naturalmente manifestaram preferência pela postura sentada. Os gerentes consideraram que o atendimento deve ser feito de pé, porque o "*cliente prefere ser atendido de pé, por uma questão de cortesia...*". Quanto aos clientes, 50% deles consideraram que é bom que os atendentes se sentem.

Análise dos dados – As observações diretas e indiretas realizadas mostraram que os caixas não se sentam devido ao desenho inadequado do balcão, que não possui espaço para acomodação das pernas. A natureza do trabalho na ilha de atendimento e a disposição dos equipamentos (Figura 9.21) também não favorecem essa postura. As tarefas dos caixas exigem grandes movimentações para manuseio do produto para registro do preço, remoção dos dispositivos de segurança (bolacha, alarme antifurto) e empacotamento. Para isso, não há espaço suficiente para permitir os movimentos necessários.

Figura 9.21
Ilha de atendimento existente, com dificuldade de introduzir assentos, devido à falta de espaço para acomodar as pernas (Guimarães et al., 2004).

Projeto da nova ilha de atendimento – Foi elaborado um novo projeto para a ilha de atendimento, visando solucionar os principais problemas constatados, destacando-se os seguintes pontos:

Alternância das posturas – A alternância das posturas em pé/sentado tornou-se possível pela eliminação das gavetas e prateleiras sob o balcão, a fim de liberar área para acomodar e movimentar as pernas na postura sentada, incorporando um amplo apoio para os pés.

Projeto do balcão – As áreas de trabalho e disposição dos equipamentos foram projetadas de acordo com as medidas antropométricas, visando facilitar o alcance, reduzir a amplitude de movimentos e aumentar o conforto. A altura do balcão foi definida em 89 cm, correspondendo ao percentil inferior (5° da mulher) – pois no caso da rede de lojas, 80% da mão de obra é feminina. Esta pode ser considerada como uma solução de compromisso, possibilitando trabalho em pé e sentado para a maioria.

Rampa para entrega de mercadorias – Foi instalada uma rampa com sensor para que as sacolas escorregassem por gravidade até o cliente, eliminando-se a necessidade de entrega de sacola por cima do balcão e evitando-se o trabalho estático dos membros superiores.

Construção de modelos – Baseando-se no novo projeto, foram construídos cinco modelos (*mock-ups*) em papelão corrugado (Figura 9.22), que serviram para realizar testes dimensionais e operacionais do posto. Esses testes foram realizados nas dependências da universidade com quatro balconistas (mulheres, entre dezoito e trinta anos) das lojas e três pesquisadores da universidade (dois homens do 95º percentil; uma mulher do 5º percentil; todos na faixa de 28 a trinta anos de idade). Durante os testes, os operadores voluntários eram solicitados a simular o trabalho na ilha de atendimento nas duas posturas, em pé e sentado, e manifestar sua opinião a respeito do conforto em cada uma delas. Após avaliar os cinco modelos, aquele de melhor aceitação foi escolhido para a construção e teste do protótipo.

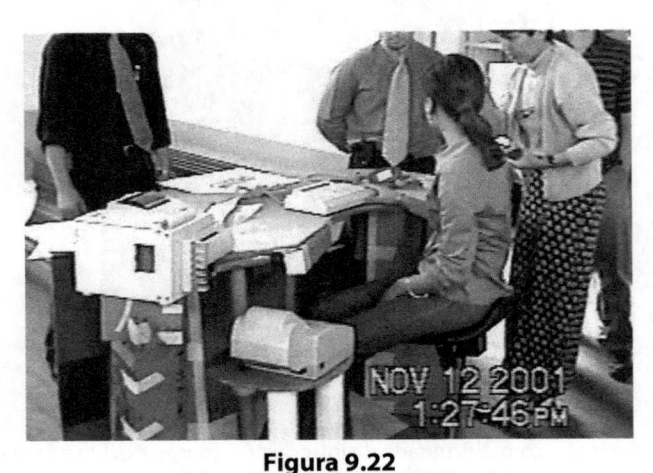

Figura 9.22
Modelo (*mock-up*) em papelão corrugado para testar dimensionamentos, posturas e aspectos operacionais da caixa (Guimarães et al., 2004).

Construção e teste do protótipo – O protótipo, em condições reais de funcionamento, foi construído em madeira (Figura 9.23). Ele foi instalado em uma das lojas e submetido a testes, com diferentes operadoras de caixa, durante um período de quatro meses e meio. Durante esse tempo, os pesquisadores fizeram visitas periódicas para acompanhar o trabalho das operadoras de caixa, coletando informações e providenciando modificações no detalhamento do balcão, conforme pedidos das operadoras ou observações feitas pelos próprios pesquisadores.

A validação ergonômica do protótipo da nova ilha de atendimento baseou-se em três critérios: carga postural, desconforto/dor e satisfação.

Carga postural – Foram comparadas as situações de trabalho das operadores na ilha antiga e na ilha nova.

O instrumento desenvolvido (Vitali Jr., 2004) e utilizado na avaliação da carga postural das ilhas de atendimento foi baseado em protocolos da análise postural já existentes na literatura para avaliação de risco da ocorrência de LER/DORT (Lesões por Esforços Repetitivos/Distúrbios Osteomusculares Relacionados ao Trabalho); OWAS (*Ovako Working Posture Analysing*), proposto por Karu, Kansi e Kuorinka, em 1977 (p. 93); o RULA (*Rapid Upper Limb Assessment*), desenvolvido por McAtamney e Corlett, em 1993 (p. 92); e o REBA (*Rapid Entire Body Assessment*) proposto por Hignett e McAtamney, em 2000 (p. 97). Estes protocolos analisam essencialmente os aspectos biomecânicos (postura corporal e posicionamento dos segmentos corporais) como fator de risco dos LER/DORT e geralmente baseiam-se em critérios semiquantitativos, com base na observação direta (*in loco*) ou indireta (filmagens). Aos protocolos de referência, foram acrescentados escores referentes a posicionamentos de segmentos corporais (de tronco, pescoço e braço) como: abdução de ombro e rotação e flexão lateral de tronco, que não estão previstos nos protocolos geralmente utilizados em ergonomia.

A avaliação da carga postural nas duas situações foi feita com base nas filmagens das câmeras de vídeo disponíveis no sistema interno de uma loja, obtidas de doze operadoras (todas mulheres, com vinte a 26 anos de idade, altura média de 165,1 cm, 58,83 kg de peso e 19,25 meses de média de tempo trabalhando na ilha). Dos quatorze dias de filmagens, somente três dias foram filmados com as operadoras trabalhando no balcão antigo, que resultaram em 345 operações. A ilha de atendimento nova (o balcão novo) esteve em operação durante todos os dias de filmagens, o que resultou em 1.279 operações.

Figura 9.23
Prótotipo do novo projeto, instalado e testado em condições reais numa das lojas (Guimarães et al., 2004).

Foram coletadas imagens por cinco minutos a cada hora (doze horas por dia), seis dias da semana, de segunda-feira a sábado, e cinco minutos a cada hora (cinco horas por dia) no domingo nas duas semanas de coleta de dados. A análise postural restringiu-se à avaliação dos movimentos de motricidade ampla, pois a baixa qualidade das imagens e das tomadas das câmeras de vídeo disponíveis no sistema interno da loja não permitiu analisar os movimentos de motricidade fina (que envolvem movimentos de antebraço, punho e mãos).

A ilha antiga não possibilitava alternâncias de postura. Assim, as operadoras permaneciam o tempo todo na postura em pé (95,6% do tempo), sendo 67,80% em postura de equilíbrio, na postura em pé com apoio bipodal, e 27,80% em postura em deslocamento, na postura de apoio unipodal.

A postura predominante na ilha nova é a sentada (84,1%), mas a postura em pé também foi adotada em 15,9% do tempo, sendo 13,2% com apoio bilateral dos membros inferiores, e 2,7% com apoio unilateral. O risco postural foi menor na ilha nova, em todas as partes do corpo envolvidas.

Desconforto – Foram comparadas as incidências de desconforto/dor das operadores na ilha antiga (antes) e na ilha nova (depois), em cinco segmentos corporais. O gráfico comparativo (Figura 9.24) indica reduções da percepção de desconforto em três segmentos corporais (pés, pernas, braços) e aumento em dois segmentos (pescoço, costas). Contudo, a análise estatística demonstrou que apenas a primeira delas, relativa ao desconforto/dores nos pés, apresenta diferença significativa entre a antiga e a nova.

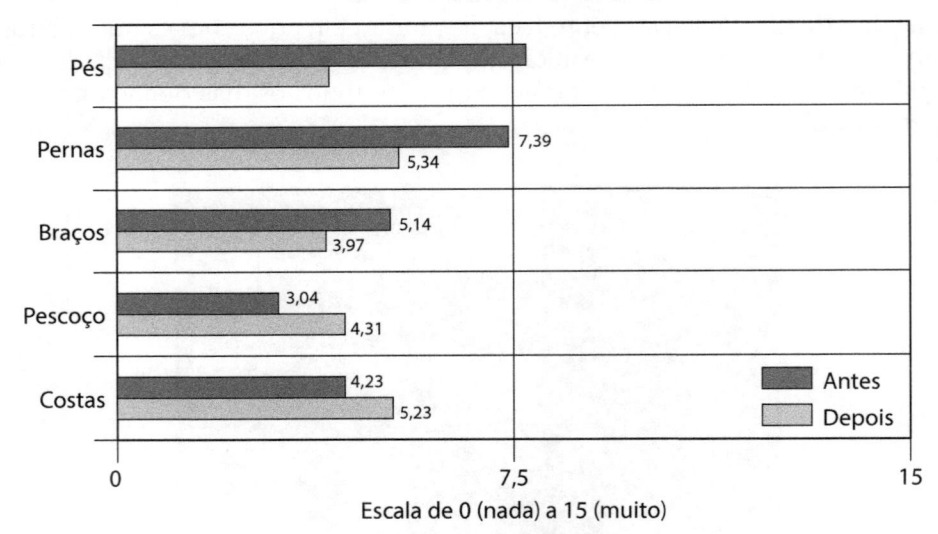

Figura 9.24
Gráfico comparativo de desconforto/dor das operadores de caixa na ilha antiga
(antes) e nova (depois) (Guimarães et al., 2004).

Satisfação – Foram comparadas as satisfações das operadoras na ilha antiga e na ilha nova, considerando sete fatores (Figura 9.25). O novo projeto obteve melhores avaliações em todos os fatores. Contudo, as diferenças foram mais significativas em três deles: espaço físico, altura do balcão, e remoção do alarme.

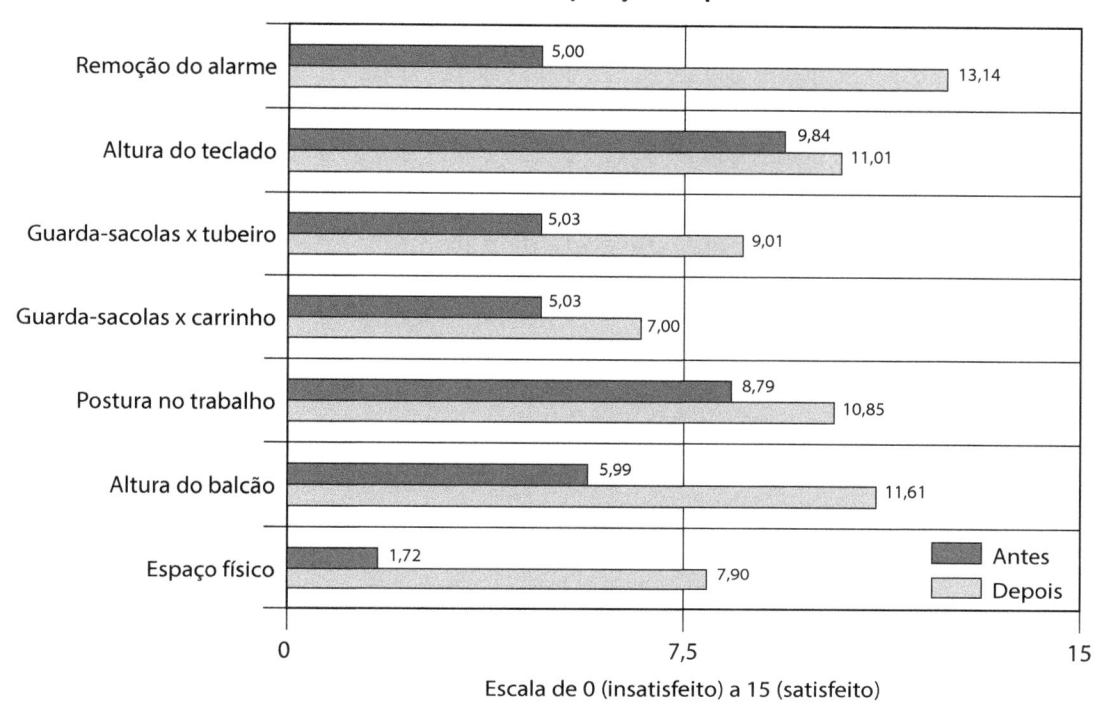

Comparação das partes da ilha

Remoção do alarme	5,00 / 13,14
Altura do teclado	9,84 / 11,01
Guarda-sacolas x tubeiro	5,03 / 9,01
Guarda-sacolas x carrinho	5,03 / 7,00
Postura no trabalho	8,79 / 10,85
Altura do balcão	5,99 / 11,61
Espaço físico	1,72 / 7,90

Antes
Depois

0   7,5   15

Escala de 0 (insatisfeito) a 15 (satisfeito)

Figura 9.25
Gráfico comparativo da satisfação das operadoras de caixa na ilha antiga (antes) e nova (depois)
(Guimarães et al., 2004).

Conclusão – A nova ilha atende ao Anexo 1 da NR17, que faz as seguintes recomendações para o trabalho em *checkouts* e dos operadores de caixa de supermercado: i) garantir um espaço adequado, conforme critérios técnicos e ergonômicos de conforto do trabalhador, ao longo do maior eixo da bancada, para livre movimentação do operador; ii) colocação de uma cadeira, a fim de permitir a alternância do trabalho na posição em pé com o trabalho na posição sentada. A alternância das posturas reduz fadiga e a monotonia. Assim, a ilha nova propiciou um aumento de produtividade de 2,3% a 4,5%.

Deve-se notar, no entanto, que a abordagem macroergonômica, participativa, adotada no estudo, apontou que o maior problema não era a falta de banco, ou as condições do posto, ou o trabalho em si. Para a maioria dos trabalhadores (as mulheres), os pontos mais importantes a serem resolvidos era o fato de elas terem que usar (e comprar) as meias finas para compor o uniforme, além da maquiagem. Esses problemas foram resolvidos de imediato, por proposição dos ergonomistas, referendada pelo juiz. O uniforme foi trocado: passou a ser composto por calças compridas e camiseta, em substituição à saia e ao sapato de salto, o que eliminou a necessidade de meias e trouxe mais conforto. A maquiagem passou a ser item fornecido pela empresa a cada seis meses.

QUESTÕES

1. Compare os enfoques tradicional e ergonômico do posto de trabalho.

2. Que critérios são importantes para se avaliar o posto de trabalho?

3. Como se faz a análise da tarefa?

4. Como se faz a descrição das ações?

5. Explique as etapas do projeto do posto de trabalho.

6. Quais são os critérios para a realização do arranjo físico do posto de trabalho?

7. Quais são os aspectos mais importantes para se fazer o dimensionamento do posto de trabalho?

8. Como se podem manter as alternâncias das posturas?

9. Quais são os principais aspectos a serem considerados no posto de trabalho com computadores?

EXERCÍCIOS

1. Analise um posto de trabalho que você usa com frequência, por exemplo, o seu local de estudo ou mesa com computador. Verifique se há algum problema e apresente recomendações ergonômicas para a melhoria dele.

2. Analise o posto de trabalho para dirigir um carro (seu ou da família). Verifique se as recomendações ergonômicas foram aplicadas ao projeto e, se for a caso, sugira melhorias.

10 CONTROLES E MANEJOS

OBJETIVOS

Controles e manejos estudam os acoplamentos entre o ser humano e a máquina, no sistema humano-máquina-ambiente (Figura 2.2, p. 31). Através deles, o ser humano consegue transmitir energia em forma de forças e movimentos para modificar o estado da máquina, direcionando-a para realizar o trabalho pretendido. (Em ergonomia, controlar significa exercer atividades para acompanhar e direcionar as ações, a fim de atingir um objetivo, sem a conotação popular de ação coercitiva.)

Essa é uma das subáreas mais antigas de pesquisas em ergonomia. Como já vimos (p. 9), foi iniciado com os *homens dos botões*, visando reduzir acidentes aeronáuticos. Hoje, praticamente todos os trabalhadores do mundo transformaram-se em *homens dos teclados*, em vista da difusão de instrumentos como microcomputadores, telefones, caixas eletrônicos e outros.

De acordo com os princípios ergonômicos, as máquinas são consideradas como "prolongamentos" do ser humano. Uma boa adaptação humano-máquina contribui para reduzir a fadiga, os erros e os acidentes. Em consequência, melhora-se o desempenho do sistema. Para isso, serão estudadas, inicialmente, as características humanas para transmissão dos movimentos, especialmente com o uso das mãos e dos pés. Depois, serão examinados os atributos que as ferramentas e máquinas devem ter para se adaptarem a essas características humanas.

Juntamente com o Capítulo 14, sobre dispositivos de informação, este capítulo fornece elementos para detalhar o posto de trabalho, já apresentado no Capítulo 9.

Tópicos

- Atividade de controle
- Estereótipo popular
- Movimentos compatíveis
- Controles discreto
- Controle contínuo
- Discriminação dos controles
- Prevenção de acidentes
- Telas sensíveis
- Tecnologia háptica
- Automação de controles
- Controle ativo
- Manejo fino
- Manejo de força
- Pega geométrica
- Pega antropomorfa
- Ferramentas manuais

10.1 Sistemas de controle

A palavra controle tem dois significados importantes na ergonomia. Um deles vem do verbo controlar e significa exercer atividades para direcionar, visando atingir certo objetivo. Por exemplo, exercer controle sobre um barco para mantê-lo na rota. O outro designa objetos de controle como volantes, manivelas, botões, teclados, *mouse*, *joysticks*, controles remotos e outros. Estes servem para o ser humano transmitir alguma forma de energia (movimento) à máquina, para modificar o estado do sistema humano-máquina-ambiente. Por exemplo, esterçar o volante para modificar a trajetória do carro. Esses dois aspectos serão apresentados neste capítulo.

Atividades de controle

Para exercer a atividade de controle são necessários três elementos: a) um objetivo ou meta a ser atingida; b) uma forma de verificar os desvios ou afastamentos da atividade real em relação à meta; c) mecanismos de ajuste para corrigir esses desvios. Desse modo, exercendo-se controles sucessivos, pode-se alcançar a meta.

De um modo geral, os sistemas podem ser classificados em abertos e fechados.

Sistemas abertos – São aqueles que *não* permitem ser controlados durante a trajetória, após a ação inicial. Por exemplo, quando um jogador de futebol chuta a bola na direção do gol, não pode mais corrigir a sua trajetória. Em consequência, apenas uma pequena percentagem dos chutes resulta efetivamente em gol.

Sistemas fechados – São aqueles que permitem controles contínuos durante a trajetória, até atingir a sua meta. Exemplo é o piloto de uma aeronave, que exerce controle contínuo durante o voo, corrigindo a sua trajetória durante toda a viagem, até chegar ao destino desejado. Desse modo, praticamente todos os voos conseguem atingir as suas metas. Da mesma forma, as antigas bombas voadoras lançadas durante a Segunda Guerra Mundial eram sistemas abertos e poucos atingiam o alvo. Os modernos mísseis teleguiados fazem contínuas correções da trajetória e conseguem atingir os alvos com precisão.

O sistema fechado depende de mecanismo de *feedback* ou retorno, informando continuamente sobre a evolução ou trajetória do sistema, para permitir as ações corretivas (Figura 10.1). Do ponto de vista ergonômico, esses sistemas fechados são de melhor qualidade que aqueles abertos. O projetista deve elaborar, sempre que possível, sistemas fechados.

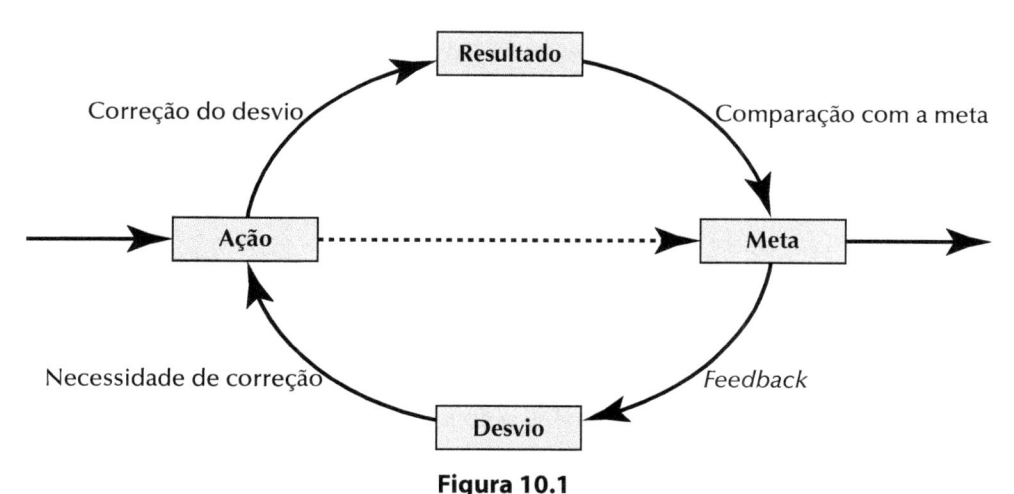

Figura 10.1
Representação esquemática de um sistema fechado de controle contínuo.

De forma consciente ou inconsciente, exercemos centenas de controles diariamente. Por exemplo, para agarrar um copo, controlamos os movimentos das mãos e, ao subir uma escala, fazemos o ajuste dos pés à altura do degrau. Contudo, em situações de trabalho, podem existir controles bastante complexos. Um exemplo é o processo químico que fugiu das condições normais de operação e precisa ser ajustado para retornar à normalidade. Exemplo semelhante ocorre na economia do país, quando a inflação foge da meta estabelecida. Nesses casos, as decisões são complexas e um erro pode causar resultados desastrosos.

10.2 Movimentos de controle

Movimento de controle é aquele executado pelo corpo humano para transmitir alguma forma de energia à máquina. Esses movimentos geralmente são executados com as mãos ou pés e podem consistirem desde um simples aperto de botão até movimentos mais complexos de perseguição (como nos *videogames*). Estes são realimentados continuamente por uma cadeia de informação-controle-informação (Figura 2.2, p. 31).

Controle com as mãos

Os movimentos das mãos e dedos constituem-se no principal modo de controle no sistema humano-máquina. Eles possibilitam muitos tipos de interações relativamente rápidas e precisas. Pesquisas recentes indicam que podem ser utilizados outros meios não convencionais de interação com a máquina, como a voz (reconhecimento da fala) e expressões faciais.

Controle com os pés

Os movimentos dos pés só servem para controles grosseiros. Embora a força transmitida pelos pés possa alcançar valores elevados, de até 200 kg para o operador sentado, ela é restrita a poucas combinações de direção e de sentido, e os movimentos são pouco precisos. Só se pode exercer o movimento de empurrar (e não o de puxar) com os pés. De qualquer forma, tem a grande vantagem de liberar as mãos para outras tarefas que exijam mais precisão. Tipicamente, os pés realizam operações do tipo liga-desliga ou operações de prender e soltar materiais no começo e fim das operações.

Adequação dos controles aos movimentos corporais

Na medida do possível, os movimentos de controle devem seguir aqueles movimentos naturais e mais facilmente realizados pelo corpo humano. Os movimentos corporais no trabalho foram estudados exaustivamente pelo casal Frank e Lilian Gilbreth, que formularam empiricamente vinte princípios de economia dos movimentos. Esses princípios foram posteriormente aperfeiçoados por Barnes (1977), que os transformou em 22 *princípios de economia dos movimentos* (Tabela 9.1, p. 294).

Segundo esses princípios, as mãos devem realizar movimentos rítmicos, seguindo trajetórias curvas e contínuas, evitando-se paradas bruscas ou mudanças repentinas de direção. O corpo tem dificuldade de realizar movimentos retilíneos, preferindo os curvos. Se os controles envolverem movimentos dos dois braços, estes devem ser feitos simultaneamente em direções opostas e simétricas. Observa-se que é muito difícil executar dois padrões diferentes de movimentos musculares simultâneos, como o de esterçar o volante e mudar a marcha do carro.

Murrell (1965) dá exemplo de um controle com movimentos conflitantes entre a máquina e o operador, em que o movimento da máquina não segue o movimento natural do corpo (Figura 10.2). No acionamento de pedais articulados, o pedal tende a deslocar-se para trás, afastando-se do corpo, enquanto o pé tende a aproximar-se do corpo, e essa *incompatibilidade* tende a desequilibrar o operador. Se esse problema mecânico não puder ser corrigido, pode-se melhorar a estabilidade do operador, colocando-se uma barra de apoio para as mãos.

Figura 10.2
Projeto de pedal incompatível com o movimento natural dos pés, provocando desequilíbrio do operador (Murrell, 1965).

ESTEREÓTIPO POPULAR

O estereótipo popular é a *expectativa* de um determinado efeito associado a uma ação, manifestada pela maioria da população. Pode-se dizer que é o resultado esperado pela maioria da população, em resposta a uma determinada ação. Esse comportamento tem base na intuição e nas experiências anteriores de cada pessoa. Por exemplo, para ligar o rádio, a maioria gira o botão para a direita, no sentido horário. As pessoas adquirem esse estereótipo pelo treinamento e pela experiência no dia a dia.

Alguns desses estereótipos seriam *naturais*, ou seja, inatos, caracterizados pelo próprio organismo. Povos primitivos, sem contato anterior com a civilização, podem apresentar alguns estereótipos semelhantes aos dos civilizados. Da mesma forma, testes realizados com crianças de cinco anos, com aparelhos que elas nunca tinham visto antes, mostraram que 70% delas seguem o padrão "esperado" dos movimentos. Por exemplo, para fazer curva à direita, com o carro, o volante será esterçado no sentido horário. Esse índice aumenta para 87% em adultos de vinte anos. Isso demonstra que há uma forte *tendência natural* para os movimentos compatíveis, que se acentua com o treinamento. Outros estereótipos são *convencionais* e dependem da aprendizagem. Um exemplo disso é o câmbio do carro para mudanças de marcha.

Movimentos compatíveis e incompatíveis

Os movimentos de controle que seguem o estereótipo popular são chamados de *compatíveis*. Inversamente, os que o contrariam são chamados de *incompatíveis*. Diversas pesquisas mostram que os movimentos compatíveis são aprendidos mais rapidamente e são executados com mais confiabilidade. Isso levou muitos pesquisadores a investigar os estereótipos em diversas situações. Smith (1981) realizou uma pesquisa em dezoito situações diferentes (ver um resumo na Figura 10.3).

Quesitos	Alternativas		Engenhei-ros	Mulheres	Especialis-tas
Movimento do *knob*					
Para mover a seta até o centro do mostrador, o *knob* deve ser girado no sentido: - Horário - Anti-horário	Horário		3	6	2
	Anti-horário		97	94	98
Fechadura de caixa					
Para abrir esta caixa você colocaria a chave com os dentes voltados para: - Cima - Baixo	Dentes para cima		17	23	20
	Dentes para baixo		83	77	80
Movimento da alavanca					
Para deslocar o ponteiro para a direita, você moveria a alavanca: - Empurrando - Puxando	Empurrando		76	59	71
	Puxando		24	41	25
	Sem resposta		—	—	4
Torneira de pia	*Esquerda*	*Direita*			
Indique em que sentido devem ser giradas as torneiras para abrir a água (vistas de cima):	Horário	Horário	17	34	22
	Horário	Anti-horário	23	20	13
	Anti-horário	Horário	13	26	16
	Anti-horário	Anti-horário	47	20	49
Teclado para calculadora	Tipo Calculadora	7 8 9 / 4 5 6 / 1 2 3 / 0	25	33	36
Coloque os algarismos de 1 a 0 como no teclado da máquina de calcular eletrônica:	Tipo Telefone	1 2 3 / 4 5 6 / 7 8 9 / 0	49	14	35
	Outros arranjos		26	54	29

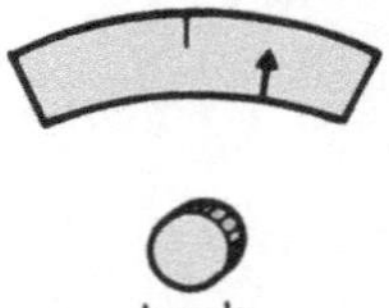

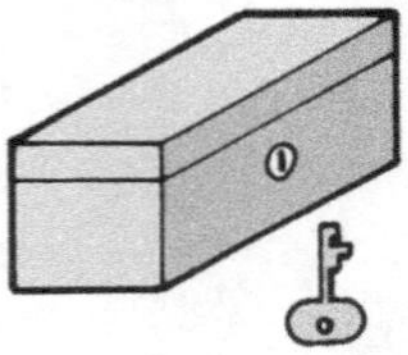

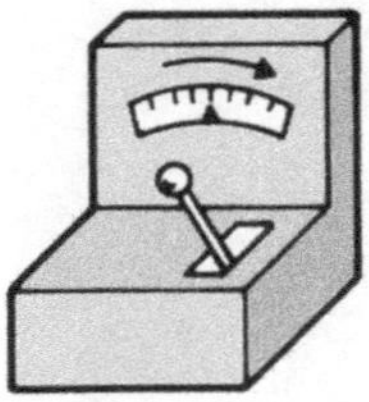

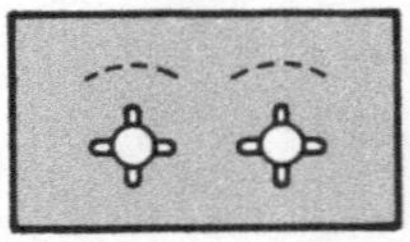

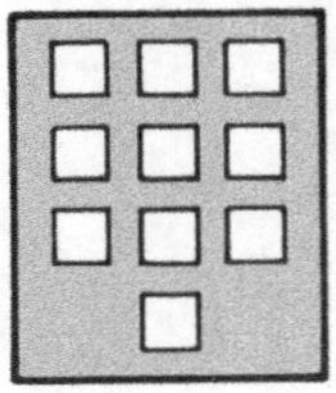

Figura 10.3
Exemplo de pesquisa sobre estereótipos populares, realizada com 92 engenheiros, 80 mulheres e 55 especialistas em ergonomia (quase todos homens). Os resultados aparecem em percentagens (Smith, 1981).

Verifica-se que, em alguns casos, como no movimento de botão (*knob*), fechadura de caixa e movimento de uma alavanca, há uma nítida preferência das pessoas. Em outros casos, como nos movimentos de torneira de pia, isso não aparece claramente. O arranjo do teclado da calculadora (algarismos 7, 8, 9 na fila superior) confunde-se muito com os arranjos de telefones e controles remotos (1, 2, 3 na fila superior). Além disso, em alguns casos, observaram-se diferenças significativas dos resultados entre os três grupos de sujeitos que participaram do experimento, sugerindo que, nestes casos, o treinamento e a experiência podem influir nos resultados. Muitos desses estereótipos são adquiridos por treinamento e, uma vez estabelecidos, fica difícil modificá-los.

Demonstrou-se também que as pessoas podem ser treinadas para fazer *intencionalmente* movimentos incompatíveis, mas o tempo gasto nesse treinamento é maior se comparado aos movimentos compatíveis. Além disso, numa situação de emergência ou de pânico, há uma forte tendência de retorno ao movimento compatível.

EXEMPLOS DE INCOMPATIBILIDADE

Murrell (1965) relata o caso de um registro que controlava o fluxo do óleo refrigerante em um navio (Figura 10.4). Esse registro apresentava um movimento incompatível com o mostrador. Para abrir o fluxo, o registro deveria ser girado para a esquerda (no sentido anti-horário), enquanto o ponteiro do mostrador girava para a direita (sentido horário), passando de *Off* para *On*. Além dessa posição aberta (*On*) havia uma terceira posição (*Bypass*) para desvio do fluxo, ao se continuar o giro do registro para a esquerda, com o ponteiro deslocando-se para a direita.

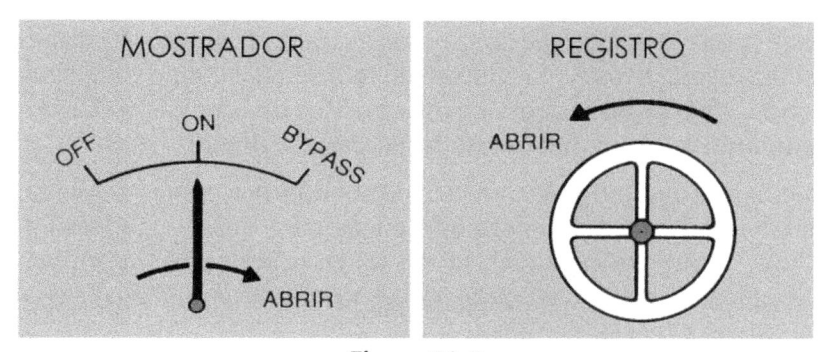

Figura 10.4
Exemplo de movimento incompatível entre o mostrador (abrir à direita) e o registro (abrir à esquerda) associados entre si (Murrell, 1965).

Em certa ocasião, o navio estava funcionando normalmente e o registro estava aberto e na posição *On*. Ao ocorrer uma emergência, o comandante gritou para o marinheiro passá-lo imediatamente para *Bypass* e este girou-o rapidamente no sentido *horário*, seguindo o movimento do ponteiro. Assim, realizou um movimento no sentido *contrário* daquele desejado, o que resultou em um sério acidente. Embora o marinheiro tenha sido treinado para girar o registro para a esquerda para desviar o fluxo de óleo, em uma situação de emergência, retornou ao seu estereótipo, ao contrário do padrão para o qual foi treinado. Isso demonstra a "força" do estereótipo e a dificuldade em contrariá-lo conscientemente.

Outro exemplo é o dos motoristas acostumados a dirigir na "mão" *inglesa*. Na Inglaterra, a posição do motorista no carro e o sentido do tráfego são invertidos em relação ao padrão do continente europeu. Os ingleses apresentam um dos menores índices de acidentes automobilísticos do mundo quando dirigem em seu país. Entretanto, um estudo realizado na Espanha demonstrou que eles provocam 216% mais acidentes nas estradas espanholas, em comparação com os próprios espanhóis (Bridger, 2003).

Isso indica que um motorista inglês, dirigindo no continente, precisa prestar muita atenção para não entrar na contramão. Contudo, numa situação de emergência ou pânico, esses motoristas retornam ao seu estereótipo, podendo provocar acidentes. Problema semelhante ocorre com os turistas de outros países em visitas à Inglaterra. Eles precisam prestar muita atenção para não serem atropelados pelos carros que trafegam na "contramão".

Portanto, os movimentos incompatíveis devem ser evitados, sempre que possível, durante o projeto. No caso em que isso for impossível, é preferível que todos os movimentos sejam incompatíveis, pois isso ainda é menos danoso que uma mistura de alguns movimentos incompatíveis com outros compatíveis, que tendem a causar confusão. Observa-se, por exemplo, que todos os movimentos de botões dos fogões *contrariam* o estereótipo popular, girando para a esquerda para "acender" ou "ligar".

DESTROS E CANHOTOS

Os canhotos, ou seja, aqueles que apresentam dominância no uso da mão esquerda, representam 6% a 10% da população. Apesar desse número não ser desprezível, praticamente todos os projetos de produtos são realizados supondo que todos os usuários são destros. As pesquisas sobre os movimentos dos controles quase sempre são realizadas supondo também que todas as pessoas são destras.

Os canhotos são obrigados a conviver no mundo dos destros. Alguns produtos, como facas e canetas, não oferecem diferenças para destros ou canhotos. Mas há outros produtos, como tesouras e abridores de latas, que causam problemas aos canhotos. Os problemas maiores surgem com os produtos assimétricos, como câmaras fotográficas, carros e teclados.

As pessoas apresentam um desempenho muscular significativamente melhor quando usam a mão *dominante*. Ou seja, os destros conseguem realizar movimentos com maior força, velocidade e precisão usando a mão direita. Com os canhotos, ocorre o inverso. Foi feito um teste com a inversão da mão dominante (Garonzik,1989). Os destros deveriam trabalhar com a mão esquerda, e os canhotos com a mão direita. Constatou-se que os canhotos apresentaram desempenho melhor. Ou seja, eles eram menos dependentes da mão dominante.

Isso talvez seja devido às pressões educacionais e culturais, que forçam os canhotos ao uso da mão direita em proporção maior que os destros, a usar a esquerda. Por exemplo, ao cumprimentar as pessoas ou fazer continência (militares) os canhotos são obrigados a usar a mão direita.

Os canhotos levam uma nítida desvantagem na operação de comandos em que são obrigados a usar a mão direita. A situação tende a agravar-se quando há grandes exigências de força, velocidade e precisão nos movimentos. Os projetistas podem contribuir de três maneiras para reduzir essa desvantagem:

- Desenhar instrumentos simétricos, de modo que possam ser operados indistintamente, com a mão direita ou a esquerda;

- Substituir comandos que exigem muita velocidade e precisão por outros tipos. Por exemplo, colocando alavancas no lugar de manivelas, e botões de pressão no lugar daqueles rotativos;

- Desenhar produtos ou acessórios especiais para os canhotos.

Em alguns casos extremos, quando nada disso for possível ou economicamente justificável, deve-se selecionar um operador destro. Contudo, para que não haja essa discriminação, o projetista deve conceber, preferencialmente, produtos e postos de trabalho que possam ser utilizados indiferentemente tanto por destros como canhotos (ver projeto universal, p. 704).

10.3 Tipos de controle

Os controles são classificados geralmente em três tipos básicos, de acordo com a função: discreto, contínuo e digital.

Controle discreto – É o que admite apenas algumas posições bem definidas, não podendo assumir valores intermediários entre as mesmas. O controle discreto abrange as seguintes categorias:

- *Ativação*: admite somente dois estados possíveis: sim/não ou liga/desliga.

- *Posicionamento*: permite selecionar um número limitado de posições discretas, como no caso do botão rotativo para selecionar o modo de operar uma máquina.

- *Entrada de dados*: conjunto de botões, como um teclado, que permite compor séries de letras e/ou números. Exemplo: teclados de computadores, calculadoras e telefones.

Controle contínuo – É o que permite realizar uma infinidade de diferentes ajustes. Pode ser subdividido em duas categorias.

- *Posicionamento quantitativo*: quando deseja-se fixar um determinado valor dentro de um conjunto contínuo, como no caso do *dial* de um rádio.

- *Movimento contínuo*: quando serve para alterar continuamente o estado da máquina, acompanhando a sua trajetória, como o volante de um automóvel.

Controle digital – Pode ser discreto ou contínuo e tem a grande vantagem de apresentar muitas opções em menus de telas (ver mais detalhes no Capítulo 14).

Para cada situação, há um controle mais adequado. Entre os controles do mesmo tipo, há variações de tamanhos, resistência, textura e outras características que podem influir no seu desempenho. Para a correta seleção dos controles, deve-se considerar, em primeiro lugar, as características dos comandos que se quer transmitir ao sistema (discreto ou contínuo); em segundo lugar, as características operacionais, como a frequência, velocidade, precisão e força dos movimentos exigidos do operador.

Tipo de controle		Função		Características		
		Discreta	Contínua	Velocidade	Precisão	Força
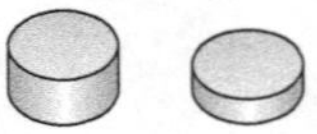	Botão liga-desliga	Ótimo para ativação 2 posições	Não	Boa	Baixa	Pequena 0,1 a 0,2 kg
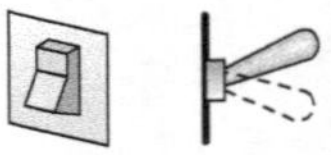	Interruptor	Ótimo para ativação 2 ou 3 posições	Não	Boa	Regular	Pequena até 1,0 kg para dedos até 5 kg para a mão
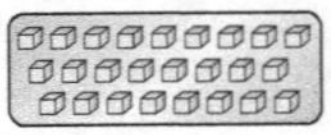	Teclado	Para entrada de dados	Não	Boa	Regular	Pequena 0,1 a 2,0 kg
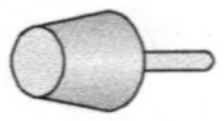	Botão rotativo	Não	Boa	Baixa	Regular	Até 2,5 kg x cm com diâmetro de 75 mm
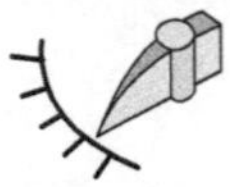	Botão discreto	Regular para 3 a 20 posições	Não	Boa	Boa dependendo do desenho	Até 1,5 kg x cm com diâmetro máximo de 100 mm
	Alavanca	Boa para 2 a 10 posições	Boa	Boa	Boa	Até 13 kg
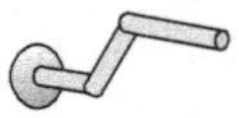	Manivela	Recomendada só para grandes forças	Boa	Lenta	Baixa	Até 3,5 kg com braço de 150 a 220 mm
	Volante	Não	Excelente	Regular	Boa	Até 25 kg com diâmetro de 180 a 500 mm
	Pedal liga-desliga	Boa para ativação 2 posições	Não	Boa	Regular	Até 10 kg
	Pedal simples	Regular	Boa	Boa	Baixa	Até 90 kg

Figura 10.5
Funções e características dos principais tipos de controles (Grandjean, 1983).

Para o controle de ativação (apenas duas posições discretas), os mais eficientes são o botão liga-desliga, interruptor e pedal. Essa ativação envolve mais o movimento balístico dos braços ou pernas do que o movimento fino com os dedos. Assim, não se recomenda o uso de botões rotativos, se considerarmos que a velocidade no acionamento é mais importante, sem necessidade de posicionamentos muito precisos. Para o posicionamento discreto, são indicados o botão ou alavanca. Para o controle contínuo, o volante ou pedal, e assim sucessivamente.

De maneira geral, podemos dizer que a precisão vai diminuindo quando se passa do movimento do dedo (caneta, teclado) para as mãos (maçanetas), daí para os braços (câmbio de automóvel, volante), ombros e o corpo; mas a força desses movimentos aumenta na mesma sequência. Naturalmente, nenhum desses movimentos ocorre isoladamente, pois há uma contínua interação entre eles. Contudo, em cada caso, pode haver um movimento predominante.

COMPATIBILIDADE ESPACIAL

Além da compatibilidade de movimentos, em que o próprio movimento de controle sugere o movimento do mostrador e vice-versa, há também a compatibilidade espacial, em que a posição relativa dos controladores e mostradores no espaço sugere essa correspondência.

Um experimento clássico foi realizado com *fogões* de quatro bocas, fazendo-se quatro arranjos diferentes de queimadores (mostradores) e botões (Figura 10.6). Observou-se que os sujeitos não cometem erros quando há algum tipo de correspondência espacial entre a posição dos botões e dos queimadores (arranjo 1). Quando essa correspondência deixa de existir (arranjos 2, 3 e 4), os erros aparecem a taxas de 6% a 11%. Em outro teste, perguntando-se a duzentos sujeitos sobre as suas preferências entre os arranjos 2, 3 e 4 (o arranjo 1 foi excluído deste teste), todos eles foram mencionados com frequências semelhantes, demonstrando, pelo menos nesse caso, a inexistência de um estereótipo determinante para a compatibilidade espacial. Observa-se também que os movimentos giratórios dos botões dos fogões *contrariam* o estereótipo popular – giram para esquerda para "acender" ou "ligar".

Nesses casos, em que a correspondência espacial entre mostradores e controles não fica evidente, há dois artifícios que podem ser usados para se reduzir os erros. O primeiro é desenhar *linhas* no painel ligando os controles aos respectivos mostradores. O segundo é o uso de um *código de cores* (correspondência de cores entre mostradores e controles). Em arranjos incompatíveis verificou-se que o uso das linhas de ligação reduziu os erros em até 95% e os tempos de reação em 40% com o uso de cores. Entretanto, nos casos em que já havia uma compatibilidade espacial, o acréscimo desses artifícios não aumentou a eficiência.

Em segundo lugar, no caso de grandes painéis, os botões podem ser arranjados em grupos de três a cinco, diferenciados pelas funções. Também se usam formas, tamanhos e cores diferentes para cada grupo, para facilitar a sua identificação (Figura 10.9). A colocação de letreiros para identificar os botões é a alternativa menos recomendada.

Percentagens de erros no acionamento do fogão

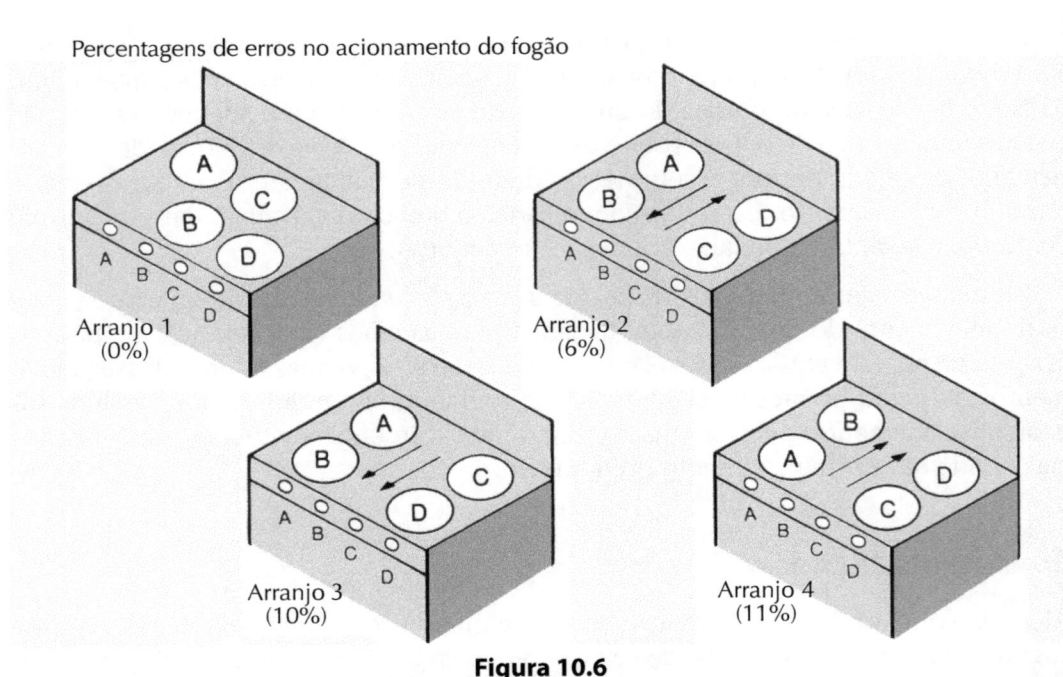

Figura 10.6
Resultados dos testes de compatibilidade, em percentagens de erros no acionamento, na associação entre botões e queimadores do fogão (Chapanis e Lindenbaum, 1959).

CONTROLES ASSOCIADOS A MOSTRADORES

No caso de controles associados aos movimentos de mostradores, *displays* ou luzes de um painel, o relacionamento entre eles é regido pelos princípios a seguir.

1º princípio – Os movimentos rotacionais no sentido horário estão associados a movimentos de mostradores "para cima" e "para a direita".

2º princípio – Nos movimentos de controles e mostradores situados em planos perpendiculares entre si, o mostrador segue o movimento da ponta de um "parafuso" executado pelo controle, ou seja, a rotação do controle à direita tende a afastar o mostrador, e vice-versa.

3º princípio – Os controles e mostradores executam movimentos no mesmo sentido, no ponto mais próximo entre ambos. Em outras palavras, é como se existisse uma engrenagem imaginária, de modo que o movimento de um deles "arrastasse" o outro. Esse princípio (Warrick, 1947) se aplica também aos controles e mostradores situados em planos diferentes.

A Figura 10.7 ilustra os casos mais frequentes da aplicação desses princípios. Em outros casos, o relacionamento entre mostradores e controles não segue padrões definidos, como acontece com mostradores associados a alavancas situados em planos diferentes.

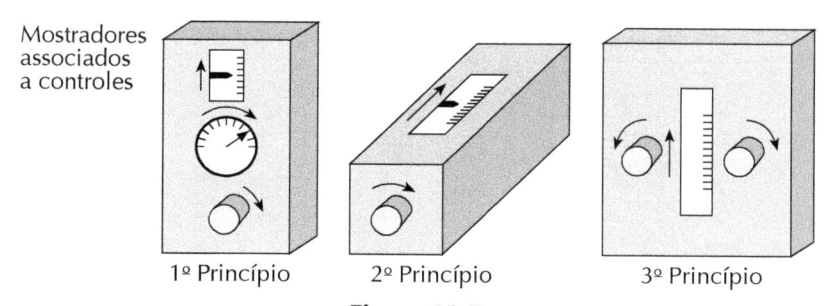

Mostradores associados a controles

1º Princípio   2º Princípio   3º Princípio

Figura 10.7
Aplicação dos princípios para associação entre movimentos de mostradores e controles.

SENSIBILIDADE DO DESLOCAMENTO

Quando se discute a questão do relacionamento entre mostradores e controles, além da compatibilidade dos movimentos, outro aspecto importante é o da sensibilidade do deslocamento. A sensibilidade é medida pela razão entre o deslocamento do mostrador e o movimento do controle. Assim, quando o deslocamento do mostrador é pequeno em relação ao movimento do controle, a sua sensibilidade é *baixa* e, inversamente, se o deslocamento do mostrador for grande em relação ao movimento do controle, a sensibilidade é *alta*.

Em um movimento contínuo de deslocamento do controle, há dois tipos de ajustes. Um é o deslocamento "grosso", quando o operador movimenta rapidamente o ponteiro até a vizinhança do seu objetivo e depois ocorre outro tipo de ajuste "fino" quando o ponteiro é colocado na posição exata. Os controles de baixa sensibilidade exigem maior tempo de deslocamento, mas são mais facilmente ajustados e, ao contrário, controles de alta sensibilidade se deslocam rapidamente, mas são mais difíceis de realizar o ajuste fino. Isso sugere que deve existir um ponto de ótima sensibilidade, onde a soma do tempo de deslocamento com o de ajuste fino seja mínimo. Esse ponto ótimo pode ser determinado graficamente (Figura 10.8) a partir das curvas de sensibilidade.

Naturalmente, existem também casos em que se usam deliberadamente baixas ou altas sensibilidades, conforme sejam mais importantes os ajustes "fino" ou "grosso", respectivamente. Por exemplo, no caso do *mouse*, o ajuste fino e preciso é mais importante.

A facilidade ou dificuldade desses ajustes está relacionada também com a resistência e a inércia dos movimentos envolvidos. Tanto um como outro podem dificultar a realização de movimentos, mas têm uma vantagem importante, pois servem para evitar os acionamentos acidentais e conservam os controles na posição desejada, principalmente nos casos em que estes estejam sujeitos a vibrações, como no caso dos rádios instalados em carros.

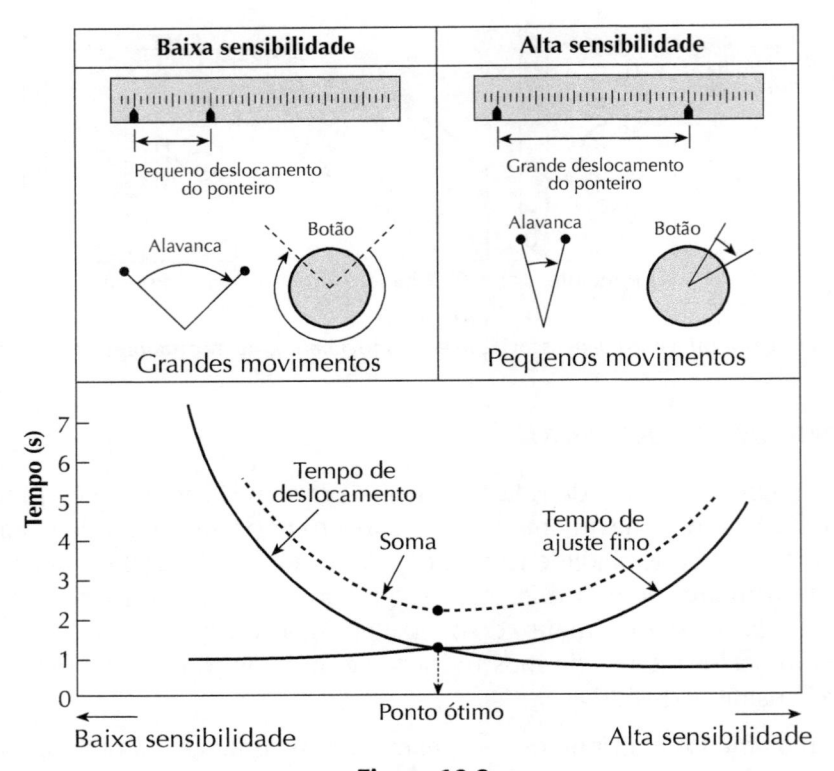

Figura 10.8
Curvas de sensibilidade dos movimentos de mostradores associados a movimentos de controles
(McCormick, 1970).

DISCRIMINAÇÃO DOS CONTROLES

Na medida do possível, os controles devem ser projetados de modo que sejam identificáveis apenas pelo tato e senso cinestésico, sem necessidade da visão. Contudo, a visão permite acrescentar diversas outras variáveis que contribuem na discriminação dos controles. Muitos artifícios podem ser utilizados para se diferenciar os controles e facilitar a sua correta identificação e operação, reduzindo-se o índice de erros e acidentes. Para facilitar essa discriminação entre os controles, pode-se fazer combinações entre diversas variáveis, tais como: forma, tamanho, cores, textura, modo operacional, localização e letreiros.

Formas – A discriminação pelas formas é aquela que ocorre apenas pelo *tato*. A seleção é feita apresentando-se os controles aos pares a sujeitos com os olhos vendados, que devem dizer se eles são iguais ou diferentes apenas pelo uso do tato. Nesses testes, consegue-se chegar a cerca de quinze formatos de botões (*knobs*) de mesmo material e textura que não são confundidos uns com os outros. Exemplos de doze controles desse tipo são apresentados na Figura 10.9 (Sorkin, 1987).

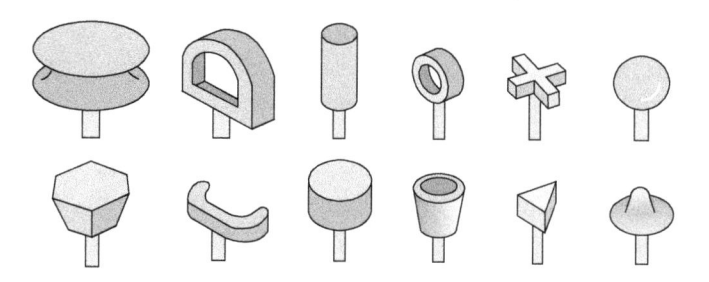

Controles discrimináveis pelo tato

Figura 10.9
Controles com formas que podem ser discriminados apenas pelo tato, sem necessidade de acompanhamento visual (Sorkin, 1987).

Tamanhos – A discriminação pelos tamanhos (com as mesmas formas e texturas) já é mais difícil do que pelas formas. Ela só funciona bem se os controles estiverem próximos entre si, para que possam ser comparados visualmente. Nesse caso, as diferenças entre eles devem seguir uma progressão *geométrica*, com incrementos mínimos de 20% em relação à anterior, para que possam ser discriminados. Exemplo: diâmetros na sequência: 10,0 – 12,0 – 14,4 – 17,3 – 20,7 – 24,9. Esse tipo de sequência deveria ser adotado para discriminar moedas de diferentes valores.

Cores – O uso de cores pode ser um elemento importante para a discriminação de controles. Além disso, as cores podem ser associadas a determinados *significados*, como o verde para ligar a máquina e o vermelha para desligar. A desvantagem é que exige um acompanhamento visual e não funciona bem em locais mal iluminados ou quando se suja facilmente. As cores podem sofrer mudanças sob diferentes tipos de iluminação. Deve-se considerar também que 1% das mulheres e 8% a 10% dos homens são daltônicos (ver p. 124).

Texturas – As texturas referem-se ao tipo de acabamento superficial do controle. Experiências realizadas com controles cilíndricos construídos de mesmo material demonstraram que é possível discriminar apenas *três tipos* de texturas: a superfície lisa, a superfície rugosa (recartilhada ou com pequenas estrias) e aquelas com pequenos sulcos no sentido axial. A discriminação entre elas, naturalmente, é prejudicada quando o operador usa luvas.

Modos operacionais – Cada tipo de controle pode ter um modo operacional (movimento) diferente. Por exemplo, alguns podem ser do tipo alavanca, outros do tipo puxar/empurrar e outros, ainda, do tipo rotacional. Cada um deles pode ser mais conveniente para cada tipo de aplicação. No uso desse tipo de controle, deve ser verificada a compatibilidade dos seus movimentos com os estereótipos.

Localizações – As localizações dos controles podem ser identificadas pelo senso cinestésico, sem acompanhamento visual. É o que ocorre, por exemplo, com o motorista manejando o câmbio, tendo a sua visão fixada no trânsito. Essa identificação exige certo distanciamento entre os controles, porque o senso cinestésico não tem muita precisão. Testes realizados demonstram que as distâncias mínimas entre dois controles, para que não sejam confundidos entre si, devem ser de pelo menos 6,3 cm para movimentos verticais e de 10,2 cm para aqueles horizontais.

Letreiros – Os letreiros referem-se à colocação de palavras ou códigos numéricos junto dos controles. Dessa forma, consegue-se discriminar uma *grande quantidade* de controles, sem exigir treinamento especial. As salas de controle em centrais nucleares, por exemplo, têm paredes inteiras com centenas de controles iguais, identificados apenas pelos letreiros. Naturalmente, pressupõe-se que os operadores sejam alfabetizados e sem problemas de visão. Esses letreiros devem ser colocados acima dos controles, para que não sejam cobertos pelas mãos do operador. Tem as desvantagens de usar código verbal, exigir certo tempo para leitura, não funcionar no escuro, poder sujar-se e exigir espaço adicional no painel para a colocação dos letreiros.

Telas sensíveis ao toque – Apresentam a vantagem de combinar informação com operação, podendo apresentar muitas opções, além de permitir movimentos dos dedos compatíveis com os movimentos da tela.

EXEMPLO DE CONTROLES DISCRIMINÁVEIS

Um exemplo clássico de discriminação dos controles foi aquela adotada em aeronaves pela força aérea dos Estados Unidos durante a Segunda Guerra Mundial (Figura 10.10). Antes, os controles dessas aeronaves tinham formas semelhantes entre si e causavam confusão, principalmente em situações de emergência. Em consequência, observaram quatrocentos acidentes em apenas 22 meses, devido à confusão entre os controles do trem de pouso e dos flapes. Os controles foram redesenhados para que pudessem ser identificados apenas pelo tato, mesmo sem o acompanhamento visual. Assim, o controle do trem de pouso foi desenhado em forma de pneu, feito de borracha. O controle dos flapes, em forma de asa, feito com alumínio.

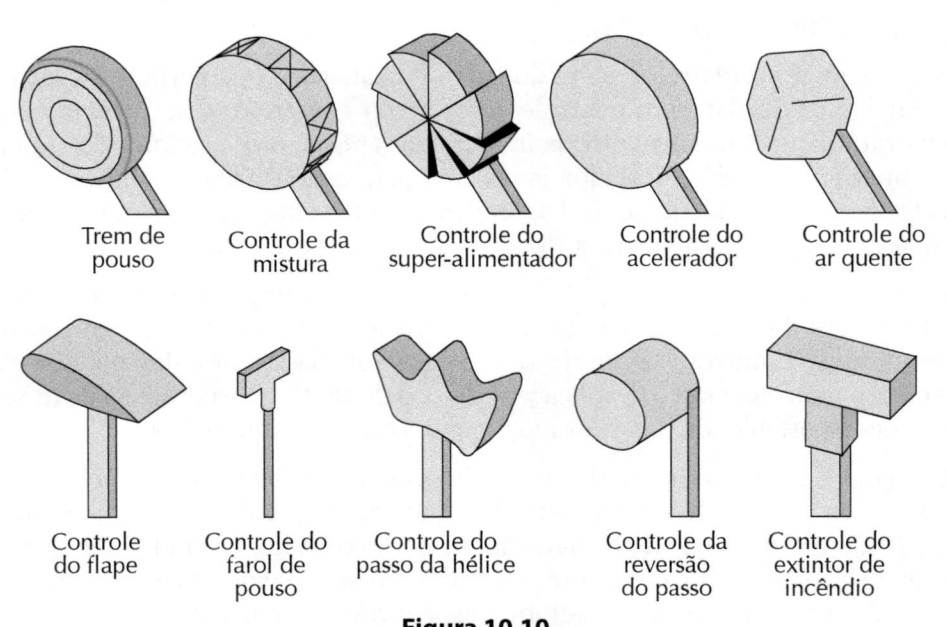

Trem de pouso   Controle da mistura   Controle do super-alimentador   Controle do acelerador   Controle do ar quente

Controle do flape   Controle do farol de pouso   Controle do passo da hélice   Controle da reversão do passo   Controle do extintor de incêndio

Figura 10.10
Padronização dos controles para uso aeronáutico, para facilitar a discriminação tátil, sem necessidade de acompanhamento visual (Sorkin, 1987).

COMBINAÇÃO DE CÓDIGOS

As diferentes maneiras de codificar os controles podem ser combinadas entre si, facilitando a sua discriminação. Em casos críticos, podem ser usados códigos *redundantes*, para melhorar essa discriminação, por exemplo, com a diferenciação simultânea de formas e cores. A Figura 10.11 apresenta exemplos de aplicação de formas e cores para a eliminação de ambiguidades. Contudo, a diferenciação entre os controles não deve ser exagerada, pois isso provoca confusão, além de dificultar a manutenção. Quando um controle danificado não estiver disponível no estoque de reposição, há risco de ser substituído por outro tipo, o que aumenta o risco de erro na operação.

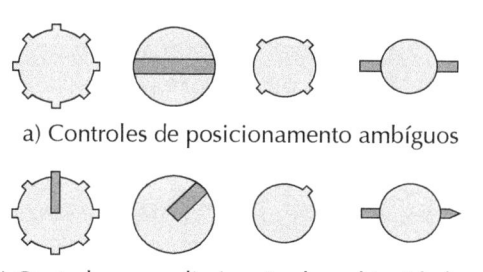

a) Controles de posicionamento ambíguos

b) Controles com eliminação de ambiguidades

Figura 10.11
Exemplos de modificações que podem ser introduzidas nos controles para a eliminação de ambiguidades (Oborne, 1982).

PREVENÇÃO DE ACIDENTES COM CONTROLES

Há muitos relatos de erros e acidentes provocados pelas operações indevidas de controles. Certos cuidados especiais no projeto contribuem para prevenir acionamentos acidentais ou inadvertidos. Entre eles, destacam-se os seguintes.

Localização – Colocar os controles para serem acionados sequencialmente, dentro de uma determinada lógica de movimentos. Exemplo: ligar um conjunto de interruptores da esquerda para a direita ou de cima para baixo.

Orientação – Movimentar o controle na direção em que não possa ser movido por forças acidentais do operador. Exemplo: botão que precisa ser puxado para ligar (não se liga acidentalmente com esbarrões).

Rebaixo – Encaixar os controles em um rebaixo no painel, de forma que não apresentem saliências sobre a superfície.

Cobertura – Proteger os controles por um anel ou uma caixa protetora ou colocá-los no interior de caixas com tampas.

Canalização – Usar guias na superfície do painel para fixar o controle numa determinada posição; o deslocamento é precedido de um movimento perpendicular, para destravar o controle.

Batente – Usar bordas para ajudar o operador a manter uma determinada posição, evitando, por exemplo, que os pés escorreguem.

Resistência – Dotar o controle de atrito ou inércia para anular pequenos movimentos acidentais.

Bloqueio – Colocar um obstáculo, de modo que os controles só possam ser acionados quando forem precedidos de uma operação de desbloqueio, como a remoção da tampa, retirada de cadeado.

Luzes – Associar o controle a uma pequena lâmpada que se acende, indicando que está ativado.

Código – Em sistemas computadorizados, exige-se a digitação de um código para permitir acesso ao sistema. Esse código pode estar contido em cartões magnéticos.

Controles bi-manuais – Devem ser acionados com as duas mãos ao mesmo tempo.

Sensores de segurança – Colocar dispositivos (mecânicos e não mecânicos) detectores de presença que interrompem ou impedem o início de funções perigosas (ver item 12.42 da NR12 "Segurança no Trabalho em Máquinas e Equipamentos".

A Figura 10.12 apresenta alguns exemplos desses dispositivos. Observa-se que dois ou mais desses dispositivos podem ser combinados entre si, para criar redundância e aumentar a segurança. Por exemplo, a orientação pode ser combinada com luzes, e assim por diante.

Em modernos sistemas informatizados, há métodos para identificação dos indivíduos pelo reconhecimento automático das impressões digitais ou da íris (olhos).

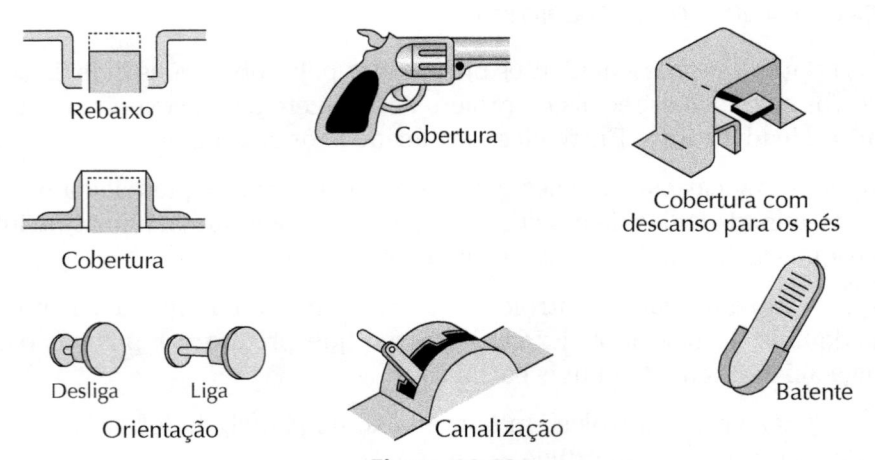

Figura 10.12
Exemplos de projetos para prevenir acidentes no uso de controles.

TELAS SENSÍVEIS AO TOQUE (*TOUCH SCREEN*)

Telas sensíveis ao toque são inovações tecnológicas difundidas recentemente no mercado, principalmente pela popularização de aparelhos como *smartphones* e *tablets*. Elas são operadas por pressões ou contatos realizados diretamente sobre a tela com a ponta dos dedos ou caneta. Apresentam diversas vantagens em relação aos controles mecânicos ou eletromecânicos tradicionais, porque fazem a fusão entre informação e controle, permitindo infinitas variações.

Recentes avanços tecnológicos produziram vários tipos de telas sensíveis. Aquelas mais utilizadas são: a resistiva, a capacitiva, o sensor de toque infravermelho, a de onda acústica de superfície e a de sensor óptico direto na tela.

Tecnologia resistiva – Consiste de uma superfície de vidro revestida de uma camada condutiva, colocada sobre outra camada resistiva metálica, separadas por espaçadores. Esta tecnologia é uma das mais antigas e mais baratas, utilizada em *smartphones* e *tablets*. Uma das suas limitações é a dificuldade de viabilizar o multitoque.

Tecnologia capacitiva – Usa uma superfície de vidro coberta por uma camada que armazena carga elétrica. Quando o usuário toca a tela, há uma alteração na carga elétrica nessa camada. Essa diferença de carga é percebida por circuitos localizados nos cantos da tela, permitindo que o computador identifique o local do toque. Esta tecnologia, usada no iPhone e em alguns *tablets,* facilita o multitoque e a qualidade das imagens é melhor porque utiliza menos camadas de tela, facilitando a propagação da luz no seu interior. A desvantagem é que não funciona bem com mão enluvada, porque a luva interfere na interação dos dedos com os campos elétricos.

Sensor de toque infravermelho – A imagem na superfície é projetada por baixo, junto com uma luz infravermelha. Câmaras infravermelhas detectam quando a luz é refletida pelos dedos ou outros objetos, como canetas. As imagens são processadas e traduzidas enquanto a pessoa move ou gesticula com fotos e objetos virtuais na tela. Essa tecnologia, usada pela Microsoft, tem a vantagem de ser antiga e barata, mas não é aplicável a telas grandes, como a mesa Surface. Outro problema é a interferência luz, por exemplo, um *flash* de máquina fotográfica ou uma exposição direta ao sol, que podem confundir os sensores.

Tela de onda acústica – Geram ondas ultrassônicas que ficam flutuando sobre uma superfície de transdutores. Se alguma coisa tocar na tela, produz uma perturbação, que é detectada. A vantagem é que não precisa de camada metálica, o que garante 100% de brilho e claridade; a desvantagem é que poeira e sujeira podem afetar a precisão.

Sensor óptico na tela – Os sensores ópticos possuem sensibilidade para detectar o dedo passando pixel a pixel na tela. Isso facilita o multitoque e pode funcionar como *scanner*. Atualmente, só é usado em telas de celulares e *notebooks*. Da mesma forma que no infravermelho, a tecnologia pode ser afetada por flutuações indesejadas de luz.

Aplicações das telas sensíveis

Até 2010, os computadores portáteis ou *laptops* (com telas tradicionais) eram os equipamentos móveis mais utilizados, até o advento dos *smartphones* e *tablets*. O primeiro *smartphone* foi o Simon da IBM, introduzido em 1992. A tecnologia das telas sensíveis foi utilizada em terminais de banco e outras telas de controle (por exemplo, aparelhos médicos) durante a década de 1990, mas só foi popularizada em 2007, com a introdução do *touch screen* no iPhone da Apple.

Os *tablets* começaram a ser produzidos em 2001 (Microsoft Tablet PC), mas só foram popularizados a partir de 2010, com o iPad da Apple. Os *tablets* conjugam as qualidades do *smartphone* e do *laptop*. Eles têm tela maior que a do *smartphone* e são mais leves que o *laptop*. Contudo, o iPad (0,68 kg) é pesado demais para manter-se nas mãos e geralmente se usa no colo, o que exige inclinação da cabeça, gerando dores nos pescoço e nas costas. Existem outros *tablets* mais leves, como o Amazon Kindle, que pesa 0,29 kg, mas sem o apelo emocional do iPad (ver p. 262).

A tecnologia de toque tornou mais amigável a operação de produtos como *tablets* e *smartphones*, porque o uso direto dos dedos para acionar os aparelhos é mais natural. A precisão do toque é menor que a de uma caneta ou seta de um *mouse*, porque o dedo é maior que elas. O tamanho confortável de toque é 44 x 44 pixels (7 × 7 mm) e o mínimo de um toque no iPhone é 44 × 22 pixels (7 × 3,5 mm), porque, se for menor, os erros de acionamento tendem a aumentar. A distância entre dois toques é 12 e 22 pixels.

Os *tablets*, por serem maiores que os *smartphones*, assemelham-se ao manuseio de um livro ou uma folha de papel. No entanto, essa tecnologia exige o uso da visão para garantir que os dedos toquem o local exato e não fornece retorno sobre a operação, como ocorre com a tecnologia háptica.

TECNOLOGIA HÁPTICA

A tecnologia háptica transmite informações vibratórias pelo contato com a pele (informação cutânea), senso cinestésico, e toque (tato). Ela é usada principalmente como alarme, para proporcionar *feedback* ao usuário durante alguma ação. Essa tecnologia usa dispositivos eletromagnéticos e permite que os usuários percebam diversas dimensões, como a textura, temperatura, força, movimento e vibrações. Assim, é melhor que o *touch screen*, porque é multidimensional e torna a experiência mais próxima da situação real. A tecnologia háptica é considerada um avanço em termos de interface, porque os usuários têm a sensação física do toque e a confirmação imediata das ações. A Figura 10.13 fornece exemplos de interfaces que incorporam tecnologias hápticas.

Pesquisas recentes estudam as possibilidades de usar o próprio corpo humano como interface computacional. Por exemplo, o Skinput (uma braçadeira colocada no braço) é formado por uma matriz de sensores de vibração de alta precisão, feitos com películas piezoelétricas. A partir disso, um programa de inteligência artificial identifica as características dos sinais bioacústicos, incluindo sua frequência e amplitude em cada toque na pele.

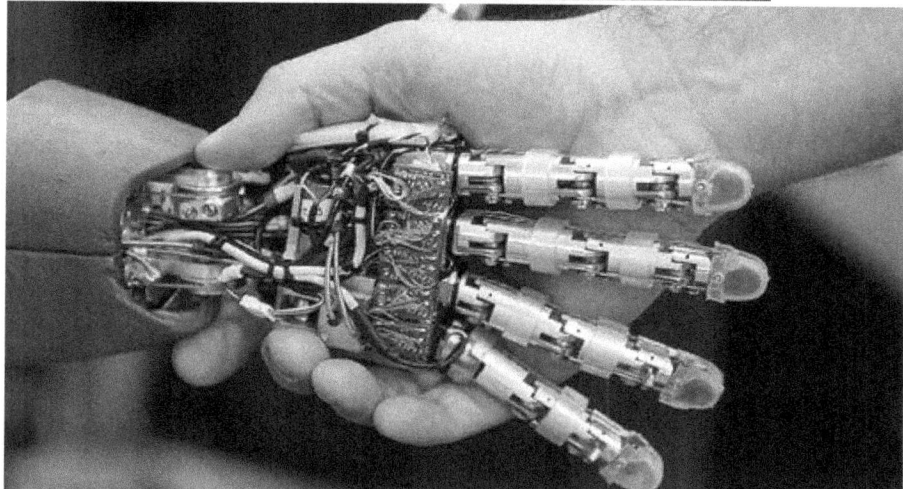

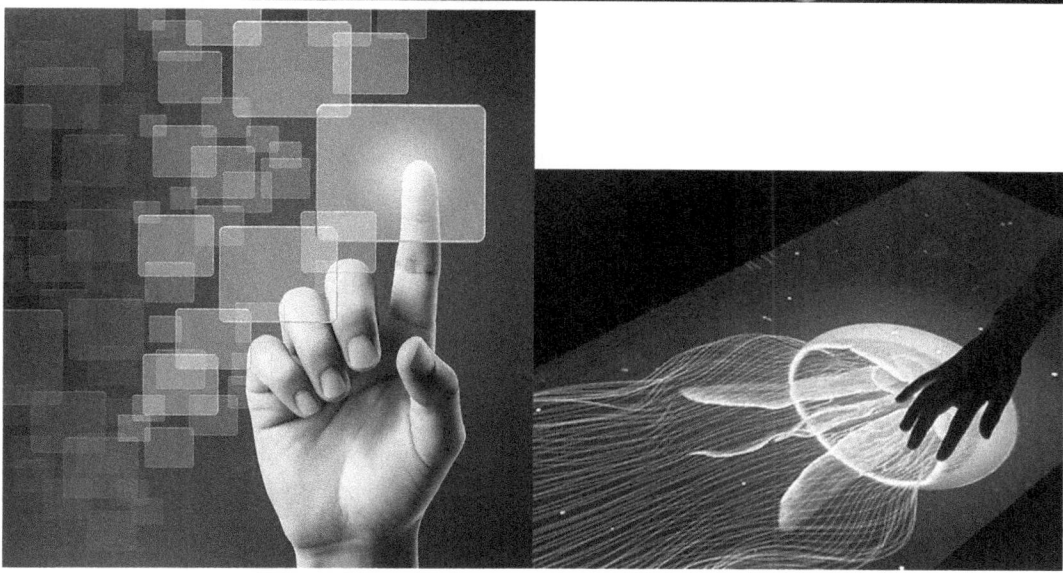

Figura 10.13
Exemplos dos novos monitores/interfaces com tecnologia háptica.

10.4 Automação de controles

Antes da era da informática, havia pouca integração entre os diversos postos de trabalho. Cada trabalhador exercia os controles eletromecânicos dentro de um âmbito restrito. Muitos controles de processos industriais eram realizados com operações manuais. O controle da temperatura era feito com atuação direta sobre o termostato, e o de pressões, sobre válvulas e manômetros. Desse modo, uma eventual falha tinha uma repercussão localizada e de consequências restritas.

A "filosofia" básica da automação é substituir a mão de obra humana, que é considerada cara e pouco eficiente, pelas máquinas. Existem, inclusive, estudos de sistemas cibernéticos (cyber-systems) onde máquinas robôs controlam as máquinas. Contudo, atualmente, as máquinas não são capazes de executar todas as tarefas humanas. O operador humano ainda exerce, vantajosamente, muitas tarefas que não foram automatizadas. Entre elas, o próprio controle do processo automatizado.

Controle de processos contínuos

Em fábricas modernas, com a introdução da automação de processos, todos os controles são realizados a partir de um *centro de controle operacional*, também conhecido pela sigla CCO (Figura 9.1), em que o operador tem uma visão global do processo. Naturalmente, o trabalho de monitoração, exercido pelo operador a partir desses centros, ficou mais eficiente e cômodo. Em contrapartida, uma falha pode provocar consequências desastrosas.

No controle *automático,* o operador atua como vigilante, devendo tomar providências só em casos de anormalidades. Pode passar longos períodos com poucas exigências. Mas, de repente, pode ocorrer uma situação de emergência, quando o operador pode enfrentar situações inesperadas e deve tomar uma decisão rápida. As consequências de um erro humano, nessas ocasiões, podem ter um impacto enorme em termos econômicos, danos ambientais e de vidas humanas.

Nas indústrias de processo contínuo, como a petroquímica e fábricas de celulose e papel, a tarefa básica do operador consiste em manter o processo funcionando *dentro* de certos parâmetros. Ou seja, deve acompanhar a evolução desses parâmetros e, ao constatar algum tipo de desvio, tomar as providências necessárias para restabelecer o estado normal do processo.

Para se entender o trabalho do operador, não basta fazer uma descrição das diferentes tarefas. É necessário entender o caráter dinâmico do trabalho, envolvendo as seguintes características (Persson, Wanek e Johansson, 2001):

- Várias decisões devem ser tomadas sequencialmente para se atingir o objetivo.

- As decisões não são independentes entre si – uma decisão anterior pode produzir resultados que influem na decisão posterior.

- O quadro das possíveis decisões altera-se devido às decisões anteriores e pela própria evolução do processo.

- As decisões devem ser tomadas em tempo real e pode haver certa demora (latência) até que o efeito do controle se manifeste.

Assim, para tomar decisões corretas, os operadores devem entender a natureza do processo e conhecer os efeitos provocados pelas suas atuações sobre o processo. Esses operadores devem receber treinamentos especiais, para que possam tomar decisões corretas. Por exemplo, a NASA treina os controladores de voos espaciais para tomarem decisões em vinte segundos, baseando-se em informações provenientes de até duzentas fontes diferentes. Em algumas fases críticas, esse tempo se reduz a apenas três segundos, interpretando cinquenta a sessenta diferentes informações.

CONTROLES PASSIVOS E ATIVOS

Os controles, em um processo contínuo, podem ser classificados em passivos e ativos, de acordo com o tipo de atividade exercida pelo controlador.

Controle passivo ocorre quando há predominância das atividades de monitoramento. Isso significa que o operador trabalha por exceção e fica esperando, durante a maior parte do tempo, pela ocorrência de alguma anormalidade. Só nessas eventualidades é solicitado a tomar as providências. Como essas situações são imprevisíveis, os operadores não podem controlar a sua carga de trabalho. Ao contrário, o ritmo do seu trabalho passa a ser ditado pela evolução do próprio processo. Nesse tipo de controle passivo, o operador tem baixo nível de excitação e seu trabalho pode ficar muito monótono. Quando ocorrer uma emergência, ele pode estar despreparado para enfrentá-la.

Controle ativo procura manter o controlador em atividade o tempo todo, a fim de reduzir a monotonia e deixá-lo alerta, para que possa agir mais rapidamente diante de uma eventualidade. Nesse caso, o operador não fica apenas esperando pelos acontecimentos. Ele exerce diversas outras atividades. Pode, por exemplo, atuar preventivamente, realizando estimativas e prevendo a evolução do processo, baseando-se em experiências anteriores. Ele pode elaborar um plano para manter o processo sob controle para as próximas horas. Desse modo, ele pode prever certas ocorrências e antecipar as medidas corretivas. Além disso, pode realizar outras tarefas adicionais, como a manutenção preventiva, controle de qualidade e preenchimento de relatórios de acompanhamento, a fim de reduzir a monotonia e manter-se em atividade, pronto para atuar em situações emergenciais.

TRANSFERÊNCIA DA APRENDIZAGEM

Muitos produtos mecânicos e eletromecânicos estão sendo substituídos por produtos eletrônicos e informatizados. Nessas substituições, é conveniente que esses novos produtos preservem as características operacionais daqueles antigos. Desse modo, a pessoa que estava acostumada com o antigo não terá problema de aprendizagem com o novo. Nesse caso, dizemos que há uma transferência *positiva* do aprendizado.

Quando isso não ocorrer, dizemos que a transferência é *negativa* (ver mais detalhes na p. 602).

Por exemplo, quando se introduziram os aparelhos de videocassete, muitos consumidores já estavam acostumados a operar os gravadores de fita (áudio). Os aparelhos de vídeo conservaram as mesmas funções básicas de *play, rewind, forward* e *record*, e a maioria das pessoas não teve dificuldade em adaptar-se rapidamente a essa nova classe de aparelhos. Contudo, os aparelhos de vídeo introduziram novas funções, como o *Timer* para a programação. A maioria nunca tinha utilizado essa função, que não estava contida em seu repertório anterior, e a mudança desse repertório é demorada. O mesmo se pode dizer das câmaras fotográficas digitais, que conservaram as mesmas funções básicas das câmaras com filmes, inclusive mantendo configurações físicas semelhantes.

Outro exemplo interessante é o dos automóveis. Apesar das substituições de muitos componentes mecânicos pelos eletrônicos, o processo de dirigir continua sendo basicamente o mesmo em todo o mundo.

Os telefones celulares apresentam aspectos de transferências positivas e negativas. Provavelmente, um novato não conseguiria operá-los sem o manual de instruções. Do lado positivo destaca-se o arranjo das teclas e a forma de acioná-las, que são semelhantes ao do telefone convencional. Contudo, há muitas outras diferenças significativas. No telefone convencional, basta tirá-lo da base para que fique ligado e, ao término da discagem, a transmissão é feita automaticamente, sendo desligado ao ser colocado novamente na sua base. No celular, é necessário pressionar o botão *on* para ligá-lo e o *send* para a transmissão e, ao final, acionar o *off*. Além disso, o celular oferece muitos outros serviços que não eram disponíveis no telefone tradicional. Todos esses aspectos que exigem uma nova aprendizagem representam transferências negativas.

Do ponto de vista do mercado, é conveniente que essas inovações sejam introduzidas gradualmente, para que os consumidores tenham tempo para assimilar as inovações. Essas assimilações são mais difíceis para as pessoas idosas e aquelas com baixo nível de escolaridade.

10.5 MANEJOS

Manejo é uma forma particular de controle, em que há predomínio da palma das mãos e dos dedos, pegando, prendendo ou manipulando alguma coisa.

A mão humana é uma das "ferramentas" mais completas, versáteis e sensíveis que se conhece. Graças à grande mobilidade dos dedos e ao dedo polegar trabalhando em oposição aos demais, pode-se conseguir uma grande variedade de manejos, com variações de força, precisão e velocidade dos movimentos. Em cada tipo de manejo, pode haver predominância de alguns desses aspectos. Cortar arame com alicate exige força, montar pequenas peças exige precisão e digitar textos exige velocidade.

Dimensões das mãos

As mãos humanas diferem muito em forma e tamanhos. Há diferenças significativas entre as medidas das mulheres e dos homens. Muitos projetos costumam acomodar uma faixa entre os extremos inferior (1° percentil das mulheres) e superior (99° percentil dos homens) (Tabela 10.1).

Tabela 10.1
Medidas das mãos (Lehto e Buck, 2008)

	Parte da mão	Inferior (1° das mulheres), em mm	Superior (99° dos homens), em mm
	a. Comprimento da mão	165	215
	b. Largura da palma	97	119
	c. Largura metacarpial	74	85
	d. Comprimento do polegar (1º dedo)	43	69
	e. Comprimento do indicador (2º dedo)	56	86
	f. Comprimento do dedo médio (3º dedo)	66	97
	g. Comprimento do anelar (4º dedo)	61	91
	h. Comprimento do midinho (5º dedo)	46	71
	i. Largura do polegar	16,5	23
	j. Diâmetro dedo médio (3º dedo)	20	22,5

Classificação do manejo

Existem diversas classificações de manejo, mas, de uma forma geral, elas recaem em dois tipos básicos: o manejo fino ou de precisão e o manejo grosseiro ou de força (Figura 10.14).

Manejo fino ou de precisão é executado com as *pontas dos dedos*. Os movimentos são transmitidos principalmente pelos movimentos dos dedos, enquanto a palma da mão e o punho permanecem relativamente estáticos. Esse tipo de manejo caracteriza-se pela grande precisão e velocidade, com força pequena transmitida pelos movimentos. Exemplos: escrever a lápis, enfiar linha na agulha, sintonizar rádio, digitar.

Manejo grosseiro ou de força é executado com o *centro da mão*. Os dedos têm a função de prender, mantendo-se relativamente estáticos, enquanto os movimentos são realizados pelo punho e braço. Em geral, transmite forças maiores, com velocidade e precisão menores que no manejo fino. Exemplos: serrar, martelar, capinar.

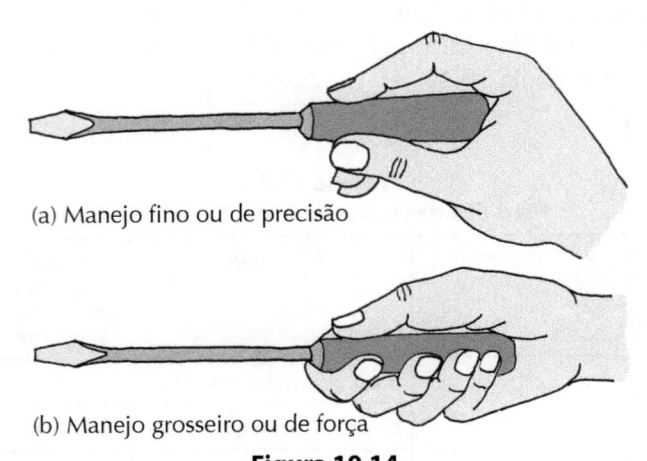

(a) Manejo fino ou de precisão

(b) Manejo grosseiro ou de força

Figura 10.14
Manejos grosseiro e fino da chave de fenda. Cada um deles é mais adequado para um certo tipo de uso (Iida, 1971).

Existem diversas outras classificações de manejos. Uma delas baseia-se em analogias mecânicas, abrangendo seis categorias (Figura 10.15): digital, tenaz, lateral, gancho, esférica e de anel (Taylor, 1954). As três primeiras assemelham-se ao manejo fino, e as três últimas, ao manejo grosseiro.

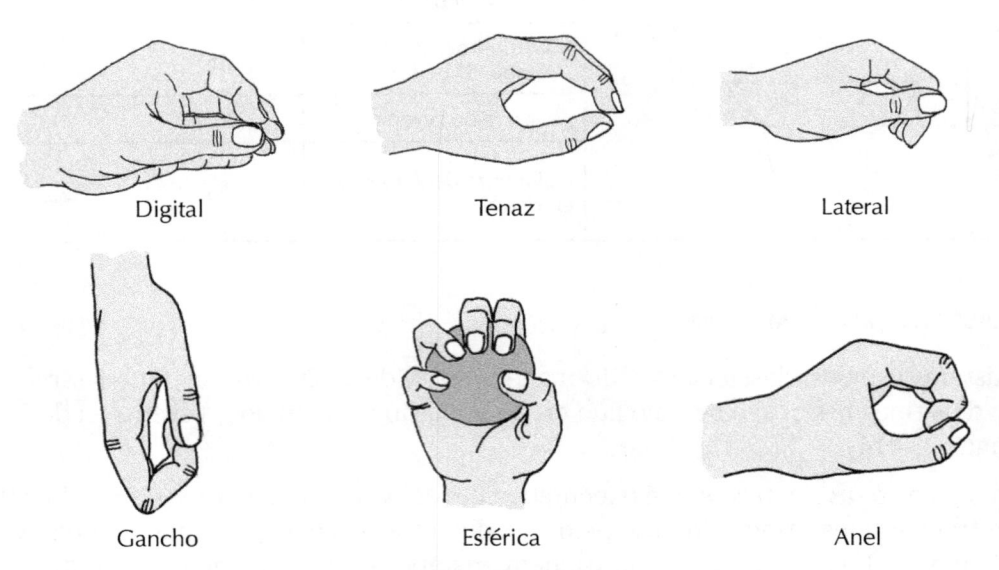

Digital　　　　　　　Tenaz　　　　　　　Lateral

Gancho　　　　　　　Esférica　　　　　　　Anel

Figura 10.15
Analogia mecânica dos manejos (Taylor, 1954).

SELEÇÃO DO MANEJO

Deve-se selecionar um dos tipos de manejo de acordo com as necessidades específicas em cada caso. Em geral, usam-se manejos finos quando há necessidade de precisão e manejos grosseiros, para maiores força e velocidade. Há diversos casos em que o manejo fino pode ser substituído vantajosamente pelo manejo de força, e vice-versa. Com o progresso tecnológico e contínuo aperfeiçoamento dos materiais, máquinas e ferramentas, as operações, em geral, passaram a exigir menos força e mais precisão. Desse modo, muitos manejos de força foram substituídos por manejos de precisão.

Por exemplo, os bisturis para dissecção, usados na Idade Média, tinham cabos grossos e eram operados com o punho, adotando-se manejo de força. Com o aperfeiçoamento das ligas de aço, o gume cortante ficou mais afiado, exigindo-se menores forças. Isso tornou possível elaborar bisturis mais leves, com massas balanceadas, permitindo movimentos mais precisos, com a ponta dos dedos. Modernamente, os movimentos de corte são realizados por um motor elétrico e essa precisão tornou-se ainda maior, pois os dedos só direcionam os movimentos, com pouca exigência das forças de pressão.

Existem também exemplos inversos, como o do torno mecânico, que tinha um botão do tipo *knob* rotativo para ligar e desligar. Ora, esse controle não exige precisão, pois apresenta apenas duas posições discretas (liga/desliga). Assim, pode ser substituído vantajosamente por um manejo grosseiro, como uma pequena alavanca movida com a palma das mãos ou até mesmo uma barra horizontal movida com os joelhos, ou um dispositivo movido por um pedal.

Há diversos casos em que se usam os dois tipos de manejo na mesma tarefa. Por exemplo, para colocar uma lâmpada, inicialmente há uma ação precisa, com as pontas dos dedos, para posicioná-la no bocal. Numa segunda etapa, se houver necessidade de força, pode-se usar o manejo grosseiro para atarraxá-la com a palma da mão. Isso acontece também com a chave de fenda. Inicialmente, há um giro rápido com a ponta dos dedos e, no final, um aperto mais forte com a palma da mão.

FORÇA DOS MOVIMENTOS

Os movimentos da pega com a ponta dos dedos, tendo o dedo polegar em oposição aos demais, permite transmitir uma força máxima de 10 kg. (O dedo opositor é uma das características dos primatas.) Já para as pegas grosseiras do tipo empunhadura, com todos os dedos fechando-se em torno do objeto, a força pode chegar a 40 kg para homens e 14 kg para mulheres. Para levantar e abaixar peso com um braço sem usar o peso do tronco, a força máxima é de 27 kg e, para movimentos de empurrar e puxar (para frente e para trás), é de 55 kg. Para girar o antebraço, conseguem-se torques máximos de 66 kg × cm para a direita e de 100 kg × cm para a esquerda, usando a mão direita. Entretanto, para fins operacionais, os valores recomendados são de 13 kg × cm e de 20 kg × cm, respectivamente. Algumas ferramentas elétricas costumam ser pesadas. A recomendação é limitar esse peso a cerca de 2,3 kg (5 libras), no máximo.

Muitas ferramentas manuais, como as tesouras, requerem movimentos repetitivos de abrir e fechar. Conseguem-se forças máximas com aberturas entre 6,5 e 8,5 cm e consegue-se a força maior para fechar do que aquela para abrir. Consegue-se economizar tempo e esforço dos operadores dotando-se os cabos das ferramentas de pequenas molas para abrir.

Diâmetro da pega

Para investigar a influência do diâmetro da pega, Pheasant e O'Neill (1975) construíram cilindros de aço polido com diâmetros variando de 1 a 7 cm, com intervalos de 1 cm. Inicialmente, foram medidas as áreas de contato entre as mãos e os cilindros. Isso é feito pintando-se as mãos dos sujeitos com tintas para carimbo e pedindo para agarrar os cilindros envolvidos em papel. Desenrolando esse papel, obtém-se a marca deixada pela mão (Figura 10.16). A Figura 10.17 apresenta os resultados obtidos de forma normalizada, ou seja, em percentagens em relação à média global obtida.

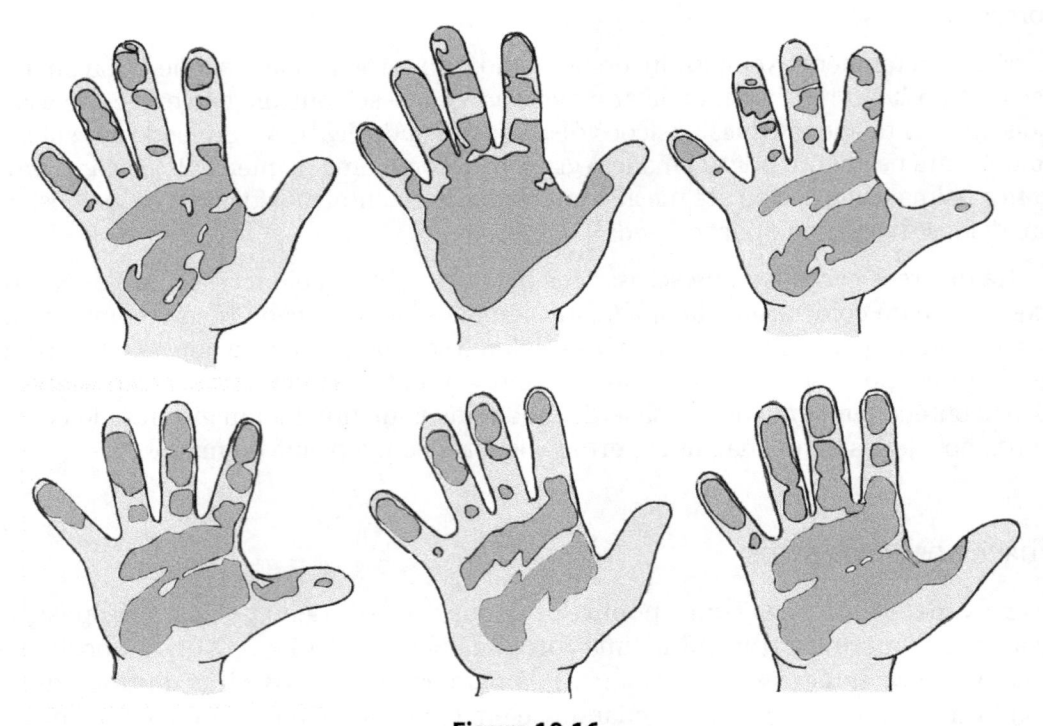

Figura 10.16
O grau de adaptação entre as pegas e a mão pode ser avaliado pelas suas áreas de contato (Garcia, 2001).

Na segunda etapa, foram medidas as forças de girar e empurrar (no sentido axial) esses cilindros, colocando-se sensores de pressão em diversos pontos de contato entre a mão e o objeto. Os resultados também aparecem na Figura 10.17. Os melhores resultados quanto à transmissão de forças são obtidos com os diâmetros de cilindros entre 3 e 5 cm. As áreas de contato são maiores nos diâmetros de 5 a 7 cm, mas estes cilindros não permitem uma boa pega, ou seja, os dedos não conseguem transmitir muita pressão sobre a superfície da pega.

Em outro estudo realizado com um cone de variação contínua do diâmetro (pegômetro) para determinar o conforto subjetivo da pega, chegou-se ao valor médio de 3,2 cm para o diâmetro que apresenta maior conforto. Recomenda-se esse diâmetro para o projeto de cabos de ferramentas manuais e também nos balaústres dos veículos coletivos.

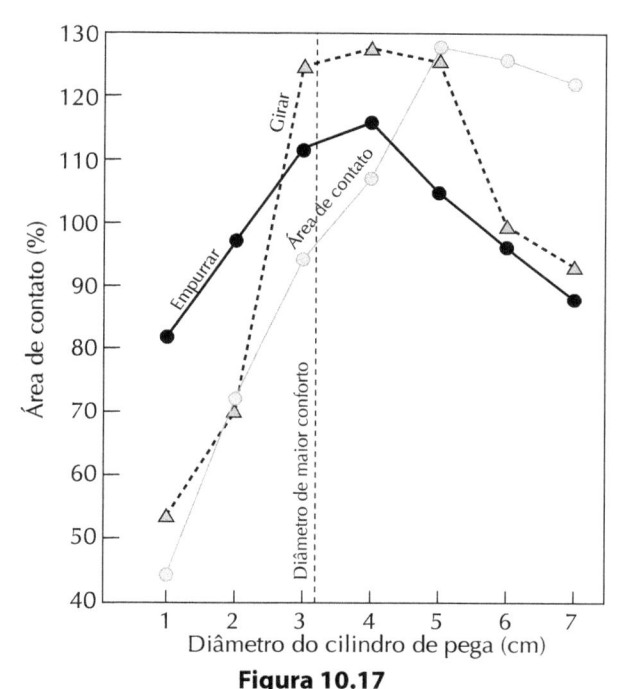

Figura 10.17
Áreas de contato entre a mão e cilindros de aço de diferentes diâmetros e as respectivas forças máximas transmitidas para empurrar e girar. Os resultados são apresentados de forma normalizada, atribuindo-se o valor 100 à média de cada variável (Pheasant e O'Neill, 1975).

DESENHO DE PEGAS

O desenho adequado da pega tem uma grande influência no desempenho no sistema humano-máquina. Assim, uma ferramenta destinada ao manejo fino deve ter formas menores que aquelas de manejo de força. Isso pode ser visto, por exemplo, nas chaves de fenda: algumas destinadas à transmissão de grandes torques têm cabos de maior diâmetro, enquanto aquelas de manejo fino têm diâmetros menores.

Entretanto, há casos em que as características do manejo fino devem ser conjugadas com as do manejo grosseiro. Por exemplo, na chave de fenda, pode-se combinar forma cilíndrica (manejo fino) de pequeno diâmetro com outras seções maiores, de formas retangulares, triangulares ou ovaladas, para facilitar a transmissão de forças (Figura 10.18).

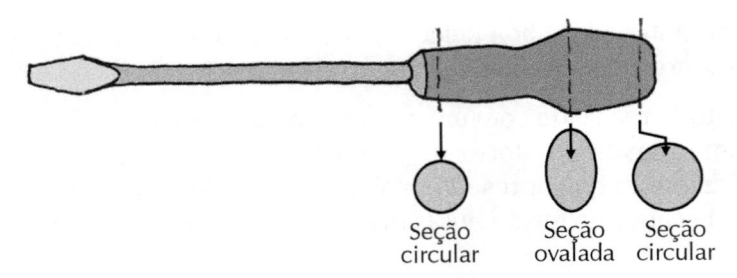

Figura 10.18
Chave de fenda combinando características para os manejos fino e grosseiro.

Existem muitas formas diferentes de pegas, desde um simples arame (baldes) até formas mais elaboradas, em *joysticks* e volantes. Basicamente, essas formas podem ser classificadas em dois tipos: geométrica e antropomorfa.

Pega geométrica – A pega geométrica é aquela que se assemelha a uma figura geométrica regular, como cilindros, esferas, cones, paralelepípedos e outros. Essas figuras, sendo um tanto quanto diferentes da anatomia humana, apresentam relativamente pouca superfície de contato com as mãos. Tem a vantagem da flexibilidade de uso, permitindo variações de pega e adaptando-se melhor às variações das medidas antropométricas. Mas tem a desvantagem de concentrar as tensões em alguns pontos da mão (arestas) e transmitir menos força. Portanto, o desenho geométrico, embora seja menos eficiente, pode ser mais adequado quando não se exigem grandes forças. Nesse caso, pode resultar em trabalho menos fatigante para o operador.

Pega antropomorfa – O desenho antropomorfo da pega geralmente apresenta formas curvas, conformando-se com a anatomia da parte do organismo usada no manejo. Geralmente possuem depressões ou saliências para o encaixe da palma da mão, dos dedos ou das pontas dos dedos. Por essa razão, as formas antropomorfas são conhecidas como "anatômicas". O desenho antropomorfo apresenta maior superfície de contato, permite maior firmeza na pega, transmissão de maiores forças, com concentração menor de tensões em relação à pega geométrica. Entretanto, pode ser mais fatigante em um trabalho prolongado, porque dificulta a mudança de postura da pega. Apresenta também dificuldade de conformar-se às variações antropométricas das mãos e dedos.

Portanto, o desenho antropomorfo pode ser usado vantajosamente quando: o trabalho é de curta duração; a pega exige poucos movimentos relativos; há necessidade de maiores forças; e a população de usuários apresenta poucas variações nas medidas antropométricas. É o caso, por exemplo, de muletas (Figura 10.19) e espátulas (Figura 10.20).

Observa-se, finalmente, que existe um grande número de formas intermediárias entre o geométrico e o antropomorfo, procurando combinar as vantagens de cada uma delas, ou seja, suavizando-se a rigidez da pega antropomorfa, mas procurando-se aumentar a área de contato da pega geométrica.

ACABAMENTO SUPERFICIAL

O acabamento superficial das pegas tem grande influência no desempenho. No manejo fino são preferíveis superfícies lisas, para facilitar a mobilidade. Já no manejo grosseiro, onde estão envolvidas maiores forças, é melhor uma superfície rugosa, para se aumentar o atrito com as mãos. As superfícies recartilhadas, com pequenas fendas ou estrias, também contribuem para aumentar esse atrito. As superfícies emborrachadas apresentam uma vantagem adicional, pois elas se conformam à anatomia e diluem as tensões.

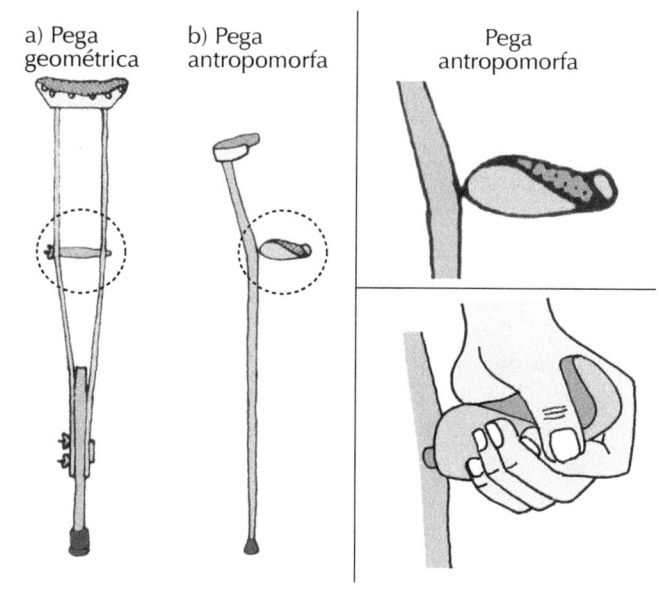

Figura 10.19
Aplicação das pegas geométrica e antropomorfa em muletas (Pruner, 1965).

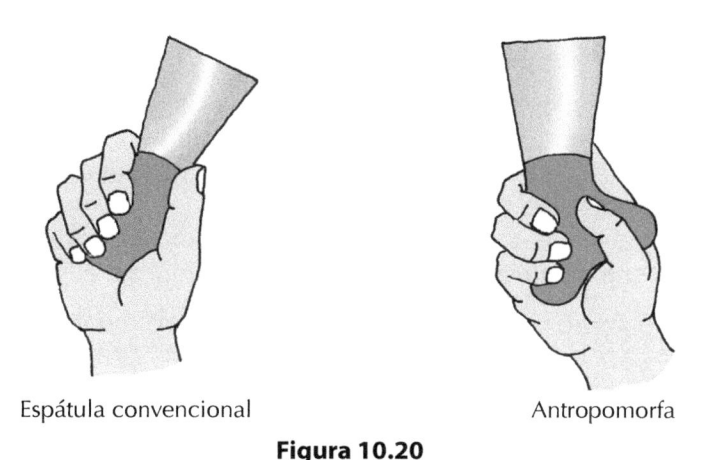

Espátula convencional   Antropomorfa

Figura 10.20
Redesenho da pega da espátula, substituindo-se a pega geométrica da espátula convencional pela pega antropomorfa, com maior área de contato (Tichauer, 1978; Woodson, 1981).

10.6 Ferramentas manuais

Todas as pessoas usam dezenas de ferramentas manuais, tanto na vida diária (escova de dentes, tesouras, talheres) como na profissional (alicates, martelos, furadeiras).

Diversas pesquisas indicam que há relação entre o projeto das ferramentas manuais e os traumas cumulativos que elas provocam nas mãos e antebraços de seus usuários. Kadefors et al. (1993) propuseram um diagrama (Figura 10.21) para o levantamento das áreas dolorosas das mãos, punhos e antebraços, à semelhança do diagrama de Corlett e Manenica (Figura 3.4).

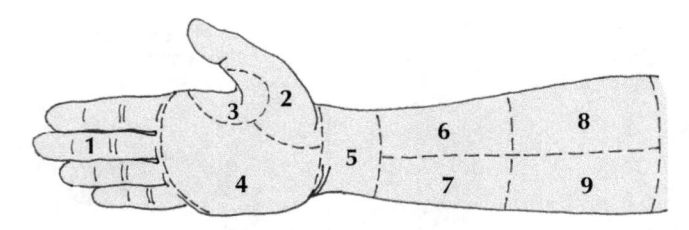

Figura 10.21
Diagrama para levantamento das áreas dolorosas no uso de ferramentas manuais (Kadefors et al., 1993).

Geralmente existem grandes variedades de desenhos de ferramentas manuais disponíveis para cada tipo de função. Elas devem ser selecionadas adequadamente, de acordo com as características das tarefas. Aquelas que exigem velocidade e precisão com pouca força devem ser mais leves e ter um perfil mais delicado, aproximando-se de formas geométricas, enquanto as que exigem transmissão de maiores de forças devem ser mais robustas, com a pega aproximando-se de formas antropomorfas.

Características das ferramentas manuais

Na escolha da ferramenta adequada, devem ser consideradas a sua funcionalidade e qualidades ergonômicas (usabilidade). Esta última depende das características da pega, do centro de gravidade e das condições de uso.

Funcionalidade – Funcionalidade é o requisito que caracteriza a utilidade de um produto. Depende dos requisitos técnicos, como o motor ou material empregado. Por exemplo, no caso da faca, tesoura e aparelho de barba manual, estes devem cortar bem. Se esses produtos não tiverem boa funcionalidade, provavelmente esta será a primeira fonte de problemas. Contudo, essa funcionalidade deverá ser complementada com as qualidades ergonômicas, para se garantir a segurança e conforto do operador.

Características da pega – As características a serem consideradas na pega incluem: as formas da pega; os movimentos a serem transmitidos (força, velocidade, precisão); duração da tarefa; possibilidade de usar as duas mãos (para aumentar a força ou precisão); e se é adaptável aos canhotos. A concentração das tensões na mão pode ser reduzida, melhorando-se o desenho da pega, aumentando-se o diâmetro da pega, eliminando-se as superfícies angulosas ou "cantos vivos" e substituindo-se as superfícies lisas por outras rugosas ou emborrachadas.

Centro de gravidade – O centro de gravidade deve se situar o mais próximo possível do centro da mão. Isso contribui para melhorar o controle motor e reduzir os momentos (no sentido da Física). Em consequência, há mais precisão e menores esforços musculares, com reduções da fadiga e dos gastos energéticos.

Características individuais – Em geral, nenhuma ferramenta pode ser considerada ideal para todos os usos. O posto de trabalho, a tarefa e o usuário determinam o desenho da melhor ferramenta em cada caso. Cada pessoa maneja a ferramenta de diferentes modos, adota diferentes posturas e possui um *modus operandi* próprio. Isso pode ser constatato observando-se diferentes pessoas apontando um lápis ou descascando uma laranja. Na tarefa de descascar batatas, algumas pessoas tracionam a lâmina (puxando-a na direção do corpo), enquanto outras, fazem o movimento contrário. Naturalmente, em cada caso, existe a ferramenta mais adequada.

AVALIAÇÃO DAS FERRAMENTAS MANUAIS

Diversas técnicas podem ser utilizadas para avaliar as ferramentas manuais. Os aspectos *biomecânicos* podem ser estudados usando-se técnicas de registro de imagens para analisar as posturas e os movimentos corporais executados durante o uso das ferramentas. Aquelas que exigem posturas neutras (não forçadas) e movimentos naturais são consideradas melhores. Podem-se usar também diversos tipos de dinamômetros para medir as forças envolvidas na execução de uma ação. Contudo, essas avaliações ficam mais fáceis em termos relativos, quando se comparam os desempenhos de diversos tipos de desenhos de ferramentas.

Outra classe de medidas incluem as *variáveis fisiológicas*. A energia gasta pode ser medida indiretamente pelo ritmo cardíaco ou consumo de oxigênio. Usa-se também a fotografia infravermelha para avaliar a temperatura dos pontos de contato entre as mãos e a ferramenta. O aumento da temperatura indica maior fluxo sanguíneo e concentrações de tensões nesses pontos. Outra técnica utilizada é a da eletromiografia (EMG), para avaliar as atividades elétricas do grupo de músculos envolvidos nos movimentos. A ferramenta de bom projeto tende a reduzir essas atividades musculares e distribuir os esforços para um conjunto maior de músculos, evitando-se concentração excessiva sobre certos músculos ou pontos de contato.

De modo geral, torna-se difícil avaliar *a priori* essas ferramentas, baseando-se apenas nos seus projetos. Devem-se elaborar os protótipos com diferentes configurações, para serem testados. No caso de produtos com vários modelos já disponíveis no mercado, estes podem ser submetidos a testes, a fim de escolher aqueles com as melhores características. Essas características poderiam ser incorporadas ao reprojeto para melhoria (*benchmarking*) ou ao projeto da nova ferramenta.

DESENHOS DAS FERRAMENTAS MANUAIS

O desenho das ferramentas manuais tem uma grande influência sobre a postura no trabalho, ângulo de flexão do punho, distribuição da pressão sobre a mão, carga muscular, fadiga e risco de lesões. Muitas vezes, mudanças de alguns detalhes no desenho podem provocar efeitos enormes, considerando-se que muitos profissionais (digitadores, pedreiros, pintores) usam a mesma ferramenta de forma contínua, durante meses e anos seguidos. As principais variáveis a serem consideradas pelo projetista são:

- Resultados mecânicos (força, torque, aceleração);
- Peso e centro de gravidade;
- Forma e dimensões da pega;
- Possibilidade de mudar o manejo;
- Superfície de contato com as mãos.

Vamos examinar dois casos de ferramentas manuais que foram redesenhadas para se adaptar melhor ao uso.

ALICATES

Na década de 1960, Fred Damon e Edwin Tichauer desenvolveram vários estudos de empunhaduras de ferramentas (alicates, serrotes, facas, ferros de soldar) com o objetivo de manter o punho na posição neutra (sem desvio ulnar) e evitar ou reduzir as tenossinovites (inflamações dolorosas dos tendões) e outros distúrbios osteomusculares relacionados ao trabalho (DORT).

Realizando estudos na empresa de eletricidade Western Electric Company, dos Estados Unidos, eles constataram que havia uma incidência anormal de tenossinovite, além de dores generalizadas no pulso, cotovelo e ombros, entre os trabalhadores. Um exame mais detalhado desse problema demonstrou que todos trabalhavam com um tipo de alicate convencional para cortar a fiação elétrica. Devido ao desenho inadequado desse instrumento, os trabalhadores eram obrigados a fazer uma postura forçada do punho, com concentrações de tensões, que provocavam as dores.

Após uma cuidadosa análise, Damon e Tichauer desenharam um novo alicate "ergonômico", de forma a: a) eliminar a inclinação forçada do punho; b) reduzir a concentração de tensões provocada pelo cabo na palma da mão; c) permitir a realização de movimentos necessários à execução da tarefa. O novo desenho pode ser visto na Figura 10.22.

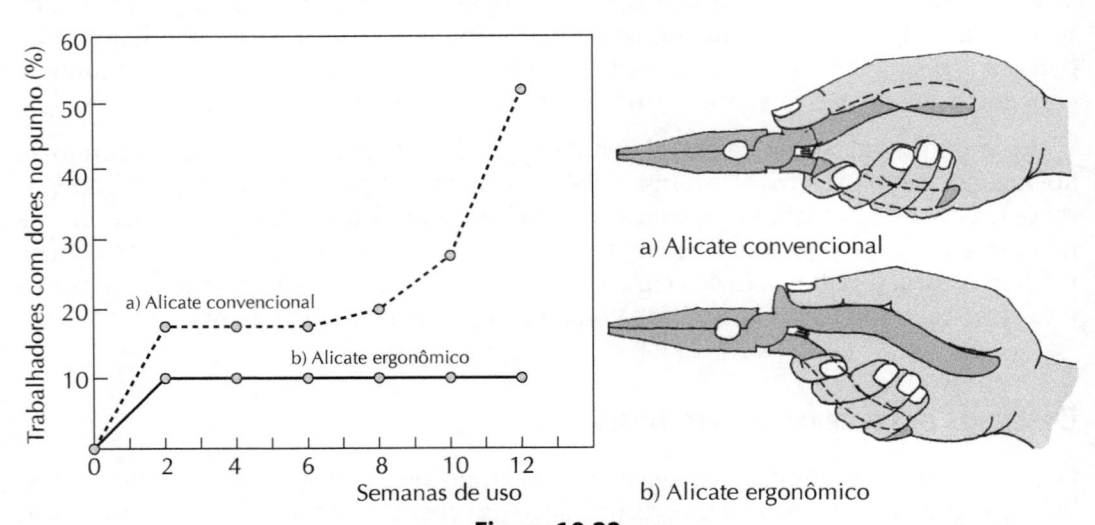

Figura 10.22
Comparação das dores nos punhos apresentadas pelos trabalhadores usando alicate convencional e alicate redesenhado para reduzir as tensões no punho (Tichauer, 1978).

Os dois tipos de alicates foram submetidos a testes experimentais com dois grupos de sujeitos, todos sem prática anterior na tarefa e que estavam sendo treinados. Entre os que usaram o alicate convencional, mais de 60% reclamaram de dores no punho após doze semanas de treinamento. Entre os que usaram o novo alicate, apenas 10% dos sujeitos fizeram essa reclamação. Isso gerou o lema "dobre a ferramenta, não o punho". Contudo, esses resultados dependem de outras condições de trabalho. Os alicates propostos reduzem o desvio ulnar quando a tarefa é realizada na altura do cotovelo, mas aumenta o desvio radial quando a tarefa é executada 25 cm abaixo da altura do cotovelo (Dempsey e Leamon, 1995).

Existem diversas pesquisas visando adaptar os desenhos de instrumentos cirúrgicos e odontológicos para cada uso específico. Por exemplo, Pece (1995) desenvolveu um fórceps de exodontia (para extração de dentes), modificando a configuração dos instrumentos tradicionais. A forma da pega foi redesenhada, aumentando-se a área de contato com as mãos e colocando-a perpendicularmente à garra. Com isso, melhorou a postura da mão, reduzindo o desvio ulnar e aumentando o controle motor. Além disso, facilitou o trabalho do dentista, melhorando a visualização dos dentes.

DESENHO DE FACAS

A faca é uma ferramenta simples e de baixo custo, muito utilizada em todo o mundo e presente em todos os lares. Alguns profissionais, como cozinheiros e magarefes, fazem uso contínuo dela. O projeto adequado para cada tipo de uso pode melhorar a eficiência e reduzir inúmeros sofrimentos desses profissionais. Por exemplo, estudos mostraram que a faca usada para corte de aves não era adequada para outros tipos de cortes. Ela provocava desvios na empunhadura e a melhor inclinação da lâmina dependia do tipo e da altura da tarefa. Assim, existem muitos tipos de facas, com desenhos específicos para cada finalidade (Figura 10.23).

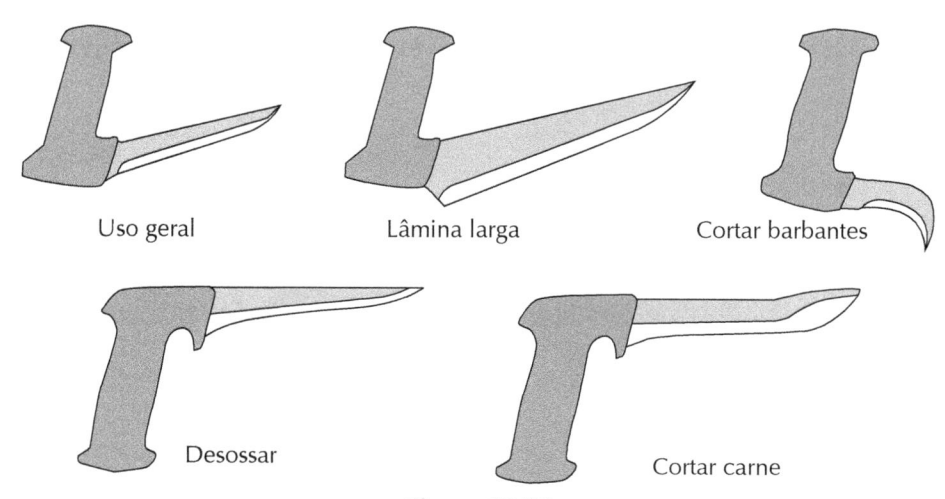

Uso geral · Lâmina larga · Cortar barbantes · Desossar · Cortar carne

Figura 10.23
Facas com desenhos diferenciados para cada tipo de uso específico (OIT, 2001).

Hsiang, McGorry e Bezverkhny (1997) realizaram estudos experimentais com vários tipos de facas e chegaram à conclusão de que as seguintes variáveis influem no desempenho da faca:

Comprimento da lâmina – Lâminas curtas permitem transmitir maior força na ponta, e as lâminas longas aumentam a velocidade de corte na ponta.

Largura da lâmina – As lâminas estreitas reduzem o atrito com o material cortado, e as lâminas largas melhoram o controle sobre o material cortado.

Ângulo cabo/lâmina – A angulação entre o cabo e a lâmina melhora a postura e reduz o estresse sobre o punho.

Perímetro do cabo – Perímetros maiores aumentam a área do contato e reduzem as pressões sobre as mãos, mas podem dificultar os movimentos e reduzir a eficiência no corte.

Naturalmente, um requisito essencial é a qualidade do aço para manter um bom fio de corte, mas esse fator foi mantido constante durante os experimentos. Os testes realizaram-se com nove desenhos diferentes de facas, com variações em quatro características:

- Comprimento da lâmina (85 a 155 mm);
- Largura da lâmina (10 a 15 mm);
- Ângulo cabo/lâmina (0° a 90°);
- Perímetro do cabo (44,4 a 63,5 mm).

Foram realizados experimentos com dez sujeitos, que usaram os nove modelos de facas para realizar cortes horizontais (12 cm), verticais (15 cm) e curvos (raio de 7 cm). Entre eles, sete escolheram a faca com lâmina de 85 mm de comprimento, 15 mm de largura, ângulo cabo/lâmina de 45° e perímetro do cabo de 50,8 mm. Contudo, essa recomendação só é válida para a tarefa em que as facas foram testadas. Além disso, as pessoas podem manifestar preferências individuais para algum tipo particular de faca.

PRINCIPAIS RECOMENDAÇÕES PARA PROJETO DE CONTROLES

Os controles (botões, teclados, volantes, controles remotos) servem para que o usuário transmita alguma forma de energia (pressão, rotações, deslocamentos, comandos) para operar o produto. São apresentadas as seguintes recomendações (check list) para reduzir os erros e acidentes, tornando-os mais seguros e eficientes.

Desenho dos controles

1. Identificar o tipo de controle (rotativo, de pressão, discreto, contínuo) mais adequado para cada função e características de operação (velocidade, força).

2. Providenciar variações nas formas, tamanhos, texturas e cores dos controles, para facilitar sua localização e identificação, preferencialmente adequadas às suas funções.

3. Destacar (salientar) aqueles de uso mais frequente (liga/desliga) ou emergenciais.

4. Dimensionar os controles para uma pega fácil, com espaço suficiente entre eles para que não sejam confundidos entre si ou acionados acidentalmente.

5. Providenciar bloqueios para evitar operações acidentais

6. Colocar letreiros próximos dos controles para identificar as suas funções, se possível com informações redundantes, como o uso de cores.

Arranjos dos controles

7. Arranjar os controles de forma lógica e de fácil entendimento, preferencialmente na mesma sequência das operações.

8. Agrupar os controles por funções, facilitando a sua identificação visual ou tátil, e posicioná-los a partir de uma referência, como as bordas de um teclado.

9. Posicionar os controles mais importantes ou de uso mais frequente (tipo liga/desliga) em posição de evidente destaque e de fácil identificação.

10. Localizar os controles na área de fácil alcance, sem uso de movimentos forçados, evitando-se torções dos braços ou do tronco pelos destros e canhotos, inclusive para os cadeirantes.

Operação dos controles

11. Reduzir as forças musculares, movimentos e mudanças de postura necessárias para operar os controles.

12. Seguir os movimentos compatíveis com os estereótipos populares e transferências positivas da aprendizagem.

13. Evitar uso simultâneo de dois ou mais controles, ou apresentar alternativas para operação sequencial destes. Evitar uso de controles com dupla função ou temporizadores.

14. Apresentar *feedbacks* visuais ou auditivos para confirmar a operação correta ou ocorrência de erros e possibilitar retorno à situação anterior.

15. Permitir sua localização e manipulação pelo tato ou senso cinestésico, em situações especiais (falta de luz) ou emergenciais.

16. Substituir, se possível, os controles manuais pelo controle remoto.

Acessos para inserção e retirada de materiais

17. Possibilitar a inserção e retirada de objetos (CD, *pen drive*) sem exigir acompanhamentos visuais, movimentos ou destrezas elevadas.

18. Colocar bordas ou funis para facilitar o posicionamento e a inserção de objetos, com fácil identificação visual ou tátil.

19. Utilizar meios motorizados, sempre que possível, para auxiliar na inserção e ejeção dos objetos.

20. Possibilitar fácil abertura e fechamento para acessar as partes internas para manutenções ou troca de suprimentos.

21. Evitar ambiguidades para reduzir erros na inserção e retirada dos objetos.

22. Evitar uso de fechaduras, trincos ou coberturas protetoras para abrir e fechar os produtos.

10.7 Estudo de caso – avaliação de podões[1]

O uso continuado de certas ferramentas manuais pode provocar traumas nos membros superiores, como tendinites das mãos e punhos, e síndrome do túnel do carpo, além de desordens osteomusculares dos ombros. Esses sintomas podem ser agravados por diversos fatores, como força da preensão manual, repetitividade dos movimentos, exposição a vibrações e posturas corporais.

Podões (serras de poda) são instrumentos de corte recurvos usados para podar árvores. Diferem dos serrotes convencionais porque são operados por tração, cortando o material quando são puxados na direção do corpo. Durante a operação, adotam-se diversos tipos de posturas, de acordo com a localização do ramo da árvore que se quer podar. Envolvem movimentos conjugados das mãos, punhos, cotovelos e ombros.

Foram testados seis modelos de podões encontrados no mercado (Figura 10.24). O experimento foi realizado em laboratório, com um dispositivo de fixação especialmente construído (Mirka, Jin e Hoyle, 2009). Este permitia fixar tarugos padronizados de madeira, a serem serrados na posição horizontal, em três alturas diferentes (Figura 10.25).

Tarefa – A tarefa consistiu em serrar tarugos de madeira de seção circular com 5 cm de diâmetro com três ajustes de alturas, usando os seis modelos de podões.

Variáveis independentes – Foram adotadas duas variáveis independentes. A primeira é o *modelo* do podão (seis modelos). A segunda é a *altura* da tarefa, realizada na postura em pé, com três ajustes de alturas. Esses ajustes visavam verificar a influência da estatura de cada sujeito, considerando: a) altura do cotovelo; b) metade do tórax (*midchest*); c) altura dos ombros.

Variáveis dependentes – Foram avaliadas duas variáveis objetivas e uma subjetiva. A principal variável objetiva foi baseada em registros eletromiográficos (EMG) de oito

---

[1] Baseado em Mirka, G.A., Jin, S. e Hoyle, J., 2009.

músculos, sendo dois da mão (flexor dos dedos, extensor dos dedos), dois do braço (bíceps braquial longo, bíceps braquial curto), três dos ombros (deltoide posterior, infraespinhal, latíssimo do dorso) e um do punho (desvio ulnar). Outra variável objetiva foi o tempo gasto até terminar a tarefa de corte. A variável subjetiva consistiu em ordenar os podões, após uso, em uma escala de seis níveis, de 1 (pior) a 6 (melhor).

Nº	Modelo do Podão	Forma do cabo	Dentes da serra	Lâmina
1	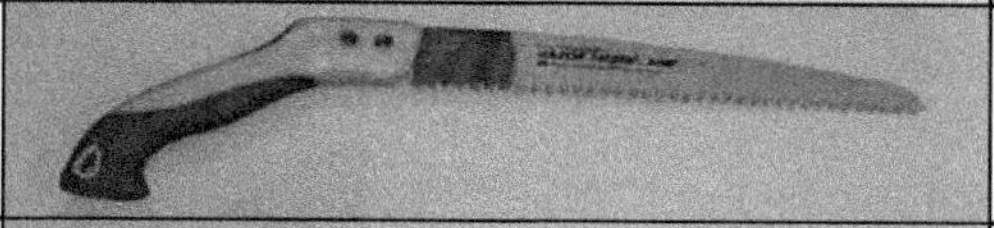	Longo e curvo	Grandes	Fixa
2	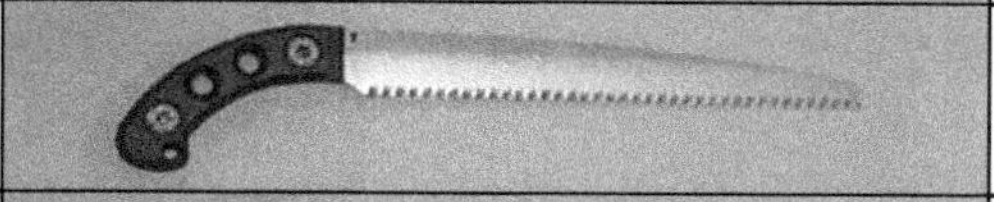	Curto e curvo	Grandes	Fixa
3	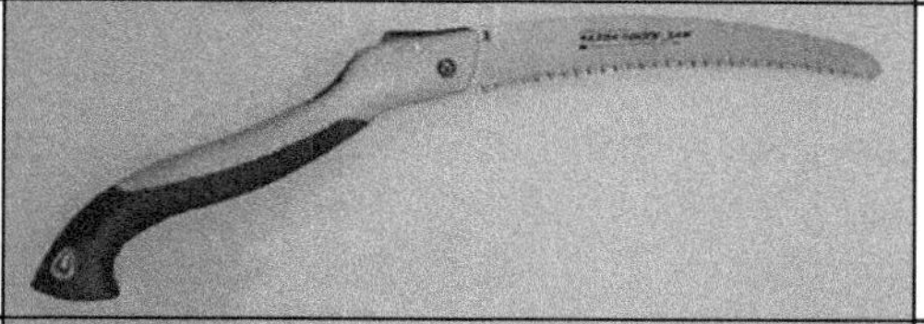	Longo e curvo	Grandes	Móvel
4	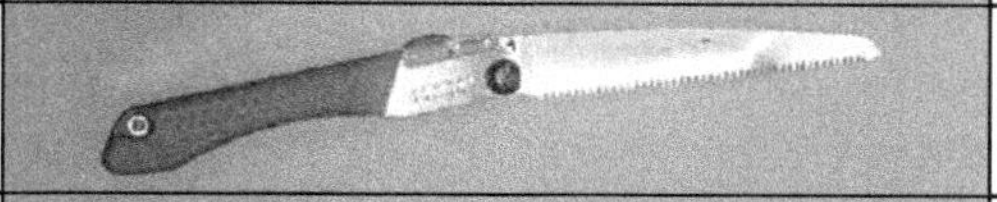	Longo e reto	Pequenos	Móvel
5	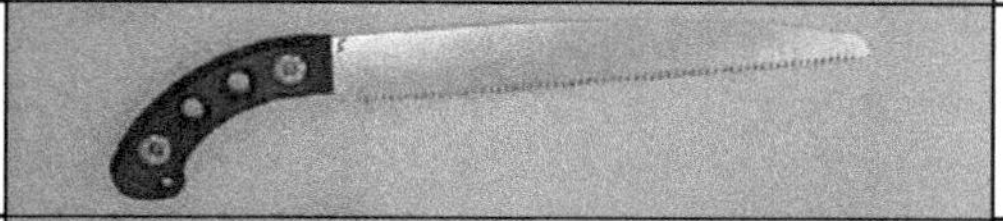	Curto e curvo	Pequenos	Fixa
6		Longo e reto	Grandes	Móvel

Figura 10.24
Características dos podões testados (Mirka, Jin e Hoyle, 2009).

Figura 10.25
Montagem experimental para testar os podões (Mirka, Jin e Hoyle, 2009).

Sujeitos – Foram selecionados dezoito sujeitos (dezesseis homens e duas mulheres), todos da Universidade da Carolina do Norte, onde o experimento foi realizado. Esses participantes tinham idade média de 30,2 anos (24 a 47 anos), estatura média de 175,5 cm (166,9 a 186,9 cm) e peso médio de 73,9 kg (59,1 a 96,8 kg). Nenhum deles atuava profissionalmente com uso de podões e nenhum deles apresentava problemas osteomusculares prévios na musculatura envolvida nos experimentos. Todos assinaram um termo de consentimento para participar dos experimentos.

Realização dos experimentos – Cada sujeito realizou uma sequência aleatória de dezoito serragens dos tarugos, usando os seis modelos de podões, com os tarugos colocados em três alturas diferentes. Inicialmente, receberam instrução de como deveriam realizar a tarefa e tinham cinco minutos para livre experimentação. Depois, os eletrodos eram fixados e a serragem deveria ser feita no menor tempo possível. Entre uma serragem e outra, eram concedidas pausas de um minuto. Ao completar a sequência, era solicitado que ordenassem os seis modelos de podões, de acordo com o desempenho (conforto, eficiência, velocidade, precisão).

Resultados – Durante o corte dos tarugos, com movimentos de puxar, são ativados diversos músculos da extremidade superior (flexor dos dedos, bíceps braquial), bem como músculos que comandam a extensão transversal dos ombros (deltoide posterior, latíssimo do dorso, infraespinhal). Nas análises estatísticas as atividades musculares demonstraram um efeito significativo, tanto do *modelo* do podão como da *altura* da tarefa. Contudo, não se observaram correlações significativas entre essas duas variáveis. A musculatura dos bíceps apresentou maior atividade com a tarefa executada na altura dos ombros, sendo 20% superior em relação àquela na altura dos cotovelos. Inversamente, a musculatura dos ombros (deltoide) é mais exigida, em 21%, com a tarefa na altura dos cotovelos, em relação à altura dos ombros. Os melhores resultados quanto ao *tempo* gasto foram apresentados pelos modelos 2 e 5. Coincidentemente, esses dois modelos foram também os preferidos pelas avaliações subjetivas dos sujeitos (Figura 10.26).

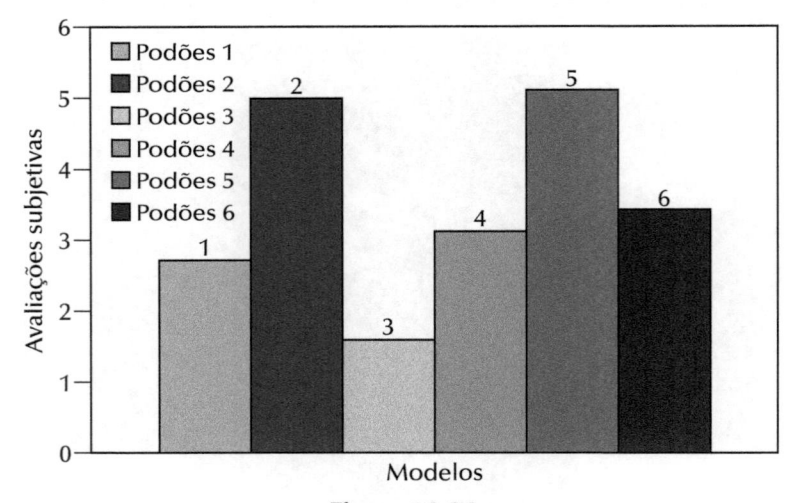

Figura 10.26
Preferências subjetivas dos sujeitos após uso dos podões (Mirka, Jin e Hoyle, 2009).

Esta pesquisa demonstrou que diferenças de projeto relativamente pequenas entre os modelos dos podões podem resultar em diferenças significativas de desempenho e de preferências subjetivas dos usuários.

10.8 Estudo de caso – controle de processos contínuos[2]

Os processos contínuos, que funcionam sem interrupção, são comuns nas indústrias química, petroquímica, siderúrgica e outras. Eles exigem que certas variáveis, como temperatura, pressão, densidade, acidez, vazão ou outras, sejam mantidas dentro de certos limites operacionais. Quaisquer desvios para cima ou para baixo desses limites podem provocar consequências danosas, causando prejuízos na qualidade, perda de material e riscos de acidentes.

Os trabalhadores que atuam no controle desses processos devem ficar vigilantes, fazendo frequentes observações visuais e medições para verificar se tudo está correndo normalmente, ou seja, dentro dos limites especificados. Ao notarem algum desvio, devem acionar as medidas corretivas para que o processo retorne ao seu curso normal. As condições de trabalho podem ser complexas e perigosas (Ferreira e Iguti, 2003). Além disso, os trabalhadores normalmente estão envolvidos em rotações de turnos, com todos os problemas que isso pode representar (ver pp. 673-675).

Paternotte (1978) realizou estudo de um caso prático de controle de duas colunas de destilação, com 30 m de altura, em uma refinaria. Essas duas colunas estavam interligadas diretamente entre si e se conectavam com mais seis colunas. Todas eram controladas a partir de um Centro de Controle Operacional (CCO), onde havia oito postos de trabalho, correspondentes aos controles das oito colunas, sendo dois deles para o controle da destilação, objeto dessa pesquisa.

A refinaria funcionava continuamente, em regime de turnos, com quatro operadores se revezando em cada posto de trabalho. Portanto, havia oito operadores envolvidos nos dois postos de trabalho da operação estudada.

Tarefas dos operadores – A tarefa dos operadores consistia em garantir a "operação normal" do processo de destilação, mantendo as variáveis do processo dentro de certas faixas de valores. Isso significa manter contínua vigilância sobre as variáveis desse processo, tomando providências para evitar/corrigir os eventuais desvios de uma ou mais variáveis do processo.

Essa tarefa de monitoramento do processo exige a percepção das variáveis de controle, a comparação com determinados padrões ou critérios, decisão sobre a necessidade de alguma ação para corrigir os eventuais desvios, e a realização dessas ações. Além dessa tarefa principal de monitoramento do processo, os operadores deveriam exercer outras tarefas, como algumas de manutenção, e preenchimento de relatórios.

---

[2] Baseado em Patternotte, P.H., 1978.

Observações realizadas – O comportamento dos oito operadores foi observado *in loco* durante três meses. Essas observações foram complementadas com perguntas sobre os objetivos de cada ação. Aplicou-se um questionário para obter outras informações complementares.

Para cada *ação* de controle executada, os pesquisadores perguntavam sobre os *objetivos* dessa ação e quais eram as *informações* que indicavam a necessidade desta. As respostas foram gravadas em fita. Um pequeno questionário com informações quantitativas foi aplicado aos operadores, fora do CCO, complementando as observações diretas. Informações adicionais foram obtidas com os administradores da empresa, envolvendo a política da empresa, programação da produção e os aspectos técnicos e econômicos do processo de destilação.

Os principais resultados obtidos nessa pesquisa podem ser resumidos nos seguintes tópicos.

Estratégias de controle – Os registros demonstraram que todos os oito controladores usavam estratégias semelhantes. Ou seja, em situações semelhantes, todos acionavam as mesmas variáveis de controle, mas diferiam entre si quanto à *intensidade* das ações. Os instrumentos de medida apresentavam pouca precisão, e os controladores realizavam os ajustes por tentativas, com base em suas experiências pessoais. Havia um retardamento nas informações de *feedback,* pois os resultados das ações de controle só apareciam quarenta minutos após as respectivas ações.

Diferenças individuais – Observaram-se grandes diferenças individuais nos padrões de controle, ou seja, as amplitudes das faixas em torno do valor especificado do processo eram diferentes para cada controlador (Figura 10.27).

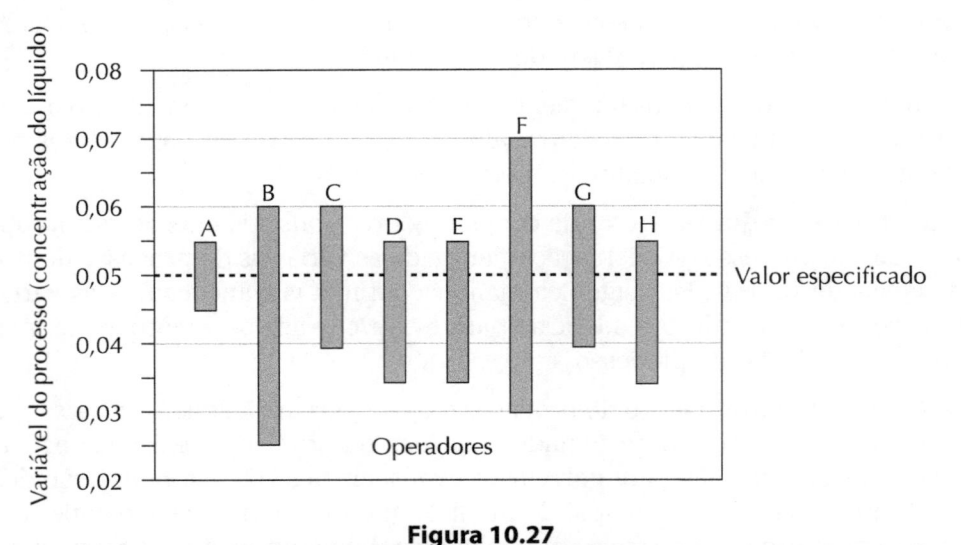

Figura 10.27
Faixas de oscilação dos ajustes, durante uma operação de controle de um processo contínuo, apresentados por oito operadores. O operador A é o que apresentou melhor precisão nos ajustes (Paternotte, 1978).

As diferenças entre a menor faixa, que correspondia ao operador mais preciso (Operador A), para aquela maior (Operador F) chegavam a quatro vezes. Observou-se, também, que o Operador A (mais preciso) realizava operações de controle com maior frequência, reagindo a desvios menores. Enquanto isso, o Operador F (menos preciso) só reagia aos desvios de maior amplitude, com menor frequência, das ações de controle. Outros autores, em investigações semelhantes, constataram que aqueles trabalhadores que apresentavam maiores precisões no controle correspondiam também aos mais atentos e motivados no trabalho.

Aspectos econômicos – Em entrevistas realizadas fora da sala de controle, os operadores foram indagados sobre as razões de se manter o processo em determinadas faixas operacionais e quais seriam as implicações destas nos custos. Cada um dos operadores apresentou uma série de argumentos, mas, quando estes foram comparados entre si, não formavam um conjunto consistente. Isso demonstrou que os operadores tinham pouca consciência sobre as *consequências* econômicas do seu trabalho e sobre a qualidade do produto final.

Os administradores da empresa confirmaram que as informações sobre os custos do processo não eram fornecidas aos operadores, por considerar que eram muito complexas e, portanto, poderiam causar confusão na mente dos operadores.

Conclusões – A administração da empresa elabora especificações sobre o funcionamento do processo que são válidas a longo prazo. A curto prazo, cada operador faz a sua interpretação, com diferenças individuais significativas. Além disso, os instrumentos de controle não forneciam informações com muita precisão e, então, os operadores também não se esforçavam muito para manter o processo dentro de limites estreitos. O *feedback* era demorado (quarenta minutos), e isso também não estimulava a manter os controles mais precisos.

O autor do estudo especula que essas diferenças individuais de controle provavelmente teriam implicações na qualidade e no custo do produto final. Assim, sugere que os operadores sejam informados sobre a qualidade final do produto e as consequências econômicas dos seus desempenhos. Isso provavelmente poderia torná-los mais eficazes, direcionando o processo no sentido mais econômico, dentro de parâmetros que não prejudicassem a qualidade do produto. Esse autor considera que esses tipos de levantamentos são importantes para o aperfeiçoamento dos futuros projetos de processos industriais.

QUESTÕES

1. Quais são as diferenças entre sistemas de controle abertos e fechados? Exemplifique.

2. Qual é a importância dos estereótipos populares na ergonomia?

3. O que entende por compatibilidade espacial dos controle? Exemplifique.

4. Quais são as inconveniências dos movimentos incompatíveis?

5. Como se pode melhorar a discriminação dos controles?

6. Como se pode reduzir os acidentes com os controles?

7. Quais são as vantagens das telas sensíveis e hápticas?

8. Como se pode transformar um controle passivo em ativo?

9. Que critérios podem ser adotados na seleção de um manejo?

10. Como devem ser selecionadas as ferramentas manuais?

Exercícios

1. Pegue o seu telefone celular e peça para três ou quatro amigos ou familiares digitarem o mesmo texto, fornecido por você, por escrito.

    a) Observe se todos seguram o aparelho e teclam da mesma forma.

    b) Pergunte por que adotaram aquele tipo de pega e se encontraram alguma dificuldade de operação.

    c) Se ocorrerem erros de digitação, verificar se esses erros foram os mesmos e as possíveis causas desses erros.

    d) Dê sugestões de melhoria para reduzir os erros e as dificuldades encontradas.

2. Escolha três modelos de alguma ferramenta manual com a mesa função (lápis, caneta, estilete, chave de fenda, alicate, faca, tesoura, abridor de lata) com diferentes desenhos de pegas e analise os desempenhos deles. Apresente sugestões para a sua melhoria.

11 AMBIENTE: TEMPERATURA, RUÍDO, VIBRAÇÕES E AERODISPERSOIDES

OBJETIVOS

Uma grande fonte de tensão no trabalho são as condições ambientais desfavoráveis, como excesso de calor, ruídos, vibrações e gases nocivos. Esses fatores causam desconforto, aumentam o risco de acidentes e podem provocar danos consideráveis à saúde.

Para cada uma das variáveis ambientais há certas características que são mais prejudiciais ao trabalho. Cabe ao projetista reconhecer essas condições e, na medida do possível, tomar as providências necessárias para manter os trabalhadores fora das faixas de risco. Entretanto, quando isso não for possível, devem ser avaliados os possíveis danos ao desempenho e à saúde dos trabalhadores, para que seja adotada aquela alternativa menos prejudicial, tomando-se todas as medidas preventivas cabíveis em cada caso.

Este capítulo estuda a influência de temperatura, ruído, vibrações e aerodispersoides sobre o trabalho, e é complementado pelo Capítulo 12, sobre iluminação e cores.

TÓPICOS

- Termorregulação
- Mecanismo de sudação
- Radiação
- Condução e convecção
- Conforto térmico
- Trabalho a altas temperaturas
- Doença do calor
- Trabalho a baixas temperaturas
- Tolerâncias ao ruído
- Ruídos contínuos e de impacto
- Surdez de condução
- Surdez nervosa
- Controle do ruído industrial
- Frequência de ressonância
- Controle das vibrações
- Aerodispersoides

11.1 MECANISMOS DE TERMORREGULAÇÃO

Os seres humanos têm uma grande capacidade de tolerar diferenças climáticas em comparação com outros primatas, devido ao seu corpo sem pelo e a alta capacidade de suas glândulas sudoríparas para eliminar o calor do organismo. Contudo, nem todas as condições climáticas são consideradas confortáveis ou adequadas ao trabalho eficiente, devendo ser cuidadosamente controladas para que não prejudiquem a saúde dos trabalhadores.

TERMORREGULAÇÃO

O ser humano é um animal homeotérmico. Sua temperatura corporal interna é mantida quase constante, a aproximadamente 37 °C, por meio dos mecanismos de termorregulação. Isso faz com que o corpo humano se mantenha sempre aquecido e pronto para a atividade, sem depender da temperatura externa. Outros animais de sangue frio, como os répteis, dependem da temperatura externa, que determina a sua disposição para a atividade.

A temperatura corporal interna (que é diferente da temperatura superficial da pele) pode oscilar em torno de 37 ± 2 °C, ou seja, entre 35 °C e 39 °C. Fora dessa faixa, indica alguma anormalidade. Temperaturas abaixo de 35 °C e acima de 42 °C podem tornar-se fatais. Isso é diferente da temperatura superficial da pele, que pode variar em cada parte do corpo, e também sofrer variações maiores em contato com a atmosfera externa.

EQUILÍBRIO TÉRMICO

O nosso organismo funciona como uma máquina térmica, gerando calor continuamente pelo processo metabólico de combustão, como já visto na p. 142. Os açúcares, gorduras e proteínas são usados como combustíveis, que são "queimados" pelo oxigênio, liberando gás carbônico e água. O calor produzido pelos processos metabólicos no interior do corpo é conservado pelos tecidos isolantes do corpo, principalmente pela gordura subcutânea. O excedente é eliminado pelos mecanismos de sudação. Além disso, o organismo humano realiza contínuas trocas de calor com o meio ambiente, pelos processos de condução, convecção e irradiação. Assim, o organismo mantém o equilíbrio térmico, que pode ser expresso pela seguinte equação:

$$S = M - W - E \pm R \pm C$$

onde:

S = calor ganho ou perdido pelo organismo, em certo intervalo de tempo. Com o corpo em equilíbrio térmico, S = 0;

M = calor gerado pelos processos metabólicos;

W = energia gasta no trabalho;

E = calor dissipado pela evaporação do suor;

R = calor radiante trocado com o ambiente;

C = calor trocado por condução e convecção com o ambiente.

Nessa equação, observe que o metabolismo (M) sempre aparece com sinal positivo, isto é, gera calor, enquanto o trabalho (W) é sempre negativo, isto é, consome calor. A evaporação (E) também é sempre negativa, eliminando calor do organismo. Os outros termos (R e C) podem ser positivos ou negativos, dependendo das diferenças de temperaturas entre o corpo e o ambiente. Na maioria das situações, M, W e E são os mecanismos mais importantes do equilíbrio térmico, enquanto R e C tornam-se importantes em algumas situações específicas. A seguir, vamos examinar melhor cada uma das parcelas dessa equação.

METABOLISMO (M)

Como já foi visto na pp. 142-144, o organismo humano funciona como uma máquina térmica que nunca para de funcionar, gerando continuamente calor, mesmo em estado de repouso absoluto. O corpo humano gasta cerca de 60 a 80 kcal/h com o metabolismo basal. Para realizar trabalhos, gasta adicionalmente mais 20 a 50 kcal/h para trabalhos normais leves, 70 a 120 kcal/h para trabalhos moderados com os braços e de 200 a 500 kcal/h para trabalhos pesados, envolvendo movimentos corporais maiores.

O calor gerado pelo metabolismo pode ser estimado pelo consumo de oxigênio, com equivalência de 4,8 calorias para cada litro de oxigênio consumido.

ENERGIA GASTA NO TRABALHO (W)

A energia gasta no trabalho varia entre 1,6 kcal/min para trabalhos leves (trabalhos manuais simples, sentado) até 16,2 kcal/min (subir escada com peso de 10 kg). Como já vimos no Capítulo 4 (Figura 4.18), essa energia vem dos alimentos (combustíveis) e depende da capacidade aeróbica (comburente) de cada pessoa.

EVAPORAÇÃO (E)

A evaporação é o mecanismo mais importante do equilíbrio térmico. Ela ocorre nos pulmões e na superfície da pele, sob a forma de suor. Cabe destacar que não é propriamente a produção de suor, mas a sua *evaporação* que contribui para remover o calor. Assim, quando o corpo apresenta gotículas de suor visíveis na pele, é uma indicação de desequilíbrio, ou seja, o suor produzido não está sendo removido em ritmo suficiente para manter o equilíbrio térmico.

Mecanismo de sudação – Os seres humanos são dotados de 1,6 milhão de glândulas sudoríparas, que conseguem produzir até quinhentos gramas de suor por metro quadrado de pele por hora. (Outros animais, como cavalos e camelos, produzem, respectivamente, cem e 250 gramas de suor por hora). Uma pessoa adulta tem cerca de 1,8 m² de pele. Isso significa que o homem pode suar aproximadamente 1,0 kg por hora, mas há muitas diferenças individuais. A capacidade de sudação pode aumentar com o treinamento e adaptação do organismo ao calor intenso.

A sudação provoca diluição de várias soluções eletrolíticas do corpo, como a de sódio, potássio e clorados. A redução da concentração de sódio no sangue pode acelerar o ritmo cardíaco, baixar a pressão e reduzir a circulação periférica. Quando a sudação for muito intensa, a água perdida deve ser imediatamente reposta, junto com pílulas de sal, para restabelecer o equilíbrio salino do sangue e tecidos.

A quantidade de calor eliminada pela evaporação depende da umidade relativa e do movimento do ar. A *umidade relativa* influi na quantidade de vapor que o ar pode receber. Esta é proporcional ao déficit de saturação, ou seja, a diferença para se chegar até a umidade de 100% (ar saturado). Quanto mais seco for o ar (menor umidade relativa) maior será esse déficit, favorecendo a evaporação do suor. Essa evaporação será quase nula em dias chuvosos, quando a umidade relativa se aproxima da saturação, com cerca de 100% de umidade relativa. O *movimento do ar* também favorece a evaporação, pois retira a camada do ar saturada próxima à pele, substituindo-a por outras, menos saturadas.

Adaptações a condições desfavoráveis – Em ambientes quentes, acima de 35 °C, a evaporação é o único mecanismo disponível para o organismo eliminar o calor e manter o seu equilíbrio térmico (Figura 11.1). Nessas condições, o organismo trabalha em desvantagem, devendo-se reduzir o ritmo da atividade para diminuir a geração de calor pelo metabolismo. Só assim será possível manter o seu equilíbrio térmico.

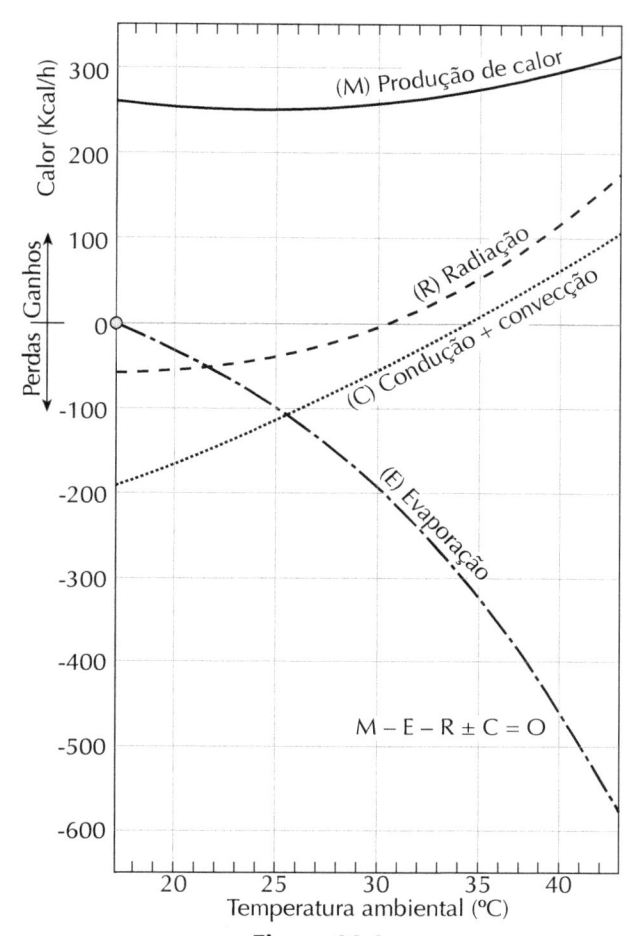

Figura 11.1
Esquema de balanço térmico do organismo, de acordo com
a temperatura ambiental (Lehmann, 1960).

Uma pessoa exposta ao calor intenso durante vários dias vai aumentando gradativamente a sua capacidade de produção de suor. No início, essa capacidade situa-se em torno de 1,5 kg/h de suor, para um homem que executa trabalhos pesados. Após dez dias, essa capacidade pode dobrar e, após seis semanas, pode chegar a 2,5 vezes a sua capacidade inicial, e depois tende a estabilizar-se (Figura 11.2). A evaporação de 1 g de água remove cerca de 0,6 kcal de calor. Portanto, a eliminação de calor por sudação pode chegar a 900 kcal/h e até a 2.250 kcal/h em casos extremos (Ganong, 1998). Entretanto, o organismo pode permanecer pouco tempo nessas condições extremas, sendo necessário conceder pausas de recuperação para restabelecer o equilíbrio. Em muitos casos, a duração dessas pausas deve ser maior que a duração da própria atividade.

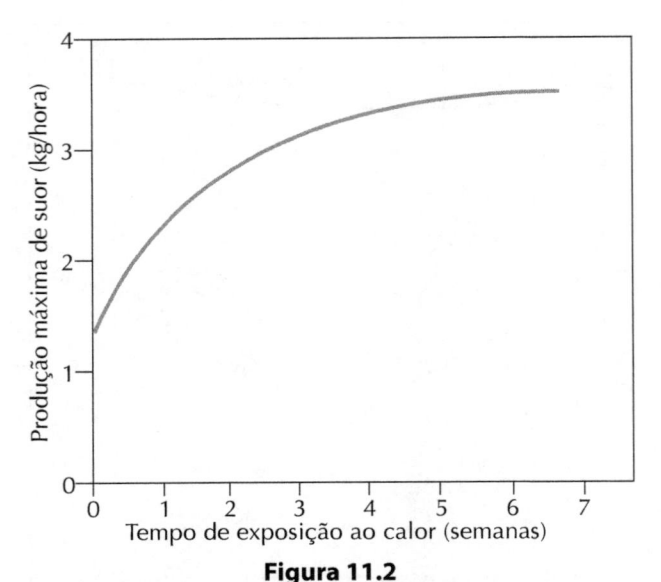

Figura 11.2
A capacidade de produção do suor aumenta com a adaptação do organismo ao calor intenso.

O trabalho físico muito pesado, quando associado a condições externas desfavoráveis, pode provocar um *desequilíbrio* térmico, com o consequente aumento da temperatura corporal interna. Temperaturas corporais de até 39,5 °C podem ser toleradas, mas só por curtos períodos de tempo. Além disso, temperaturas maiores provocam sobrecarga térmica, produzindo alterações no sistema nervoso central. Se a temperatura corporal chegar a 41 °C, o sistema termorregulador entra em colapso. Nessa situação, vários tecidos do organismo sofrem mudanças irreversíveis, particularmente o cérebro, e a morte geralmente se torna inevitável aos 42 °C.

Radiação (R)

O corpo humano troca calor continuamente com o ambiente, por radiação, recebendo calor daqueles objetos mais quentes e irradiando para aqueles mais frios que o seu corpo. A pele humana comporta-se como um bom absorvedor e radiador, assemelhando-se a um corpo negro (*corpo negro* é um conceito da Física – no caso, a cor da pele não influencia, exceto que a pele branca reflete mais radiação no espectro visível).

Os objetos de temperaturas diferentes emitem diferentes tipos de radiações. Quando mais quentes, emitem radiações de menores comprimentos de onda. Um objeto entre 50 e 100 °C emite radiações de ondas longas, da ordem de 3 a 5 mícrons (1 mícron = 10^{-6} m). Acima dessa temperatura, começa a haver emissões de 1 a 1,5 mícron, na faixa do infravermelho.

Um metal aquecido a 500 °C fica avermelhado, indicando que há emissões na faixa de 0,65 mícron. Se a temperatura continuar subindo até 1.000 °C, ficará esbranquiçado, devido a emissões em toda a faixa do espectro visível (0,4 a 0,75 mícron). Finalmente, se a temperatura chegar a milhares de graus, como ocorre no Sol, haverá radiações de ondas muito curtas, na faixa do ultravioleta (abaixo de 0,4 mícron).

Nem todas as radiações têm igual poder de penetração no corpo humano. O poder máximo de penetração, chegando a 5 cm e até 10 cm de profundidade, ocorre com ondas de 1 a 1,5 mícron, na faixa do infravermelho. Essas ondas provocam sensação de bem-estar, pelo aquecimento interno do corpo. Os raios mais longos, de 3 a 5 mícrons, já penetram pouco, aquecendo apenas a superfície, o que produz "queimadura" superficial e desconforto. O mesmo acontece no outro extremo do espectro visível, na faixa dos raios ultravioletas, que penetram apenas alguns décimos de milímetros na pele.

A luz solar tem uma intensidade maior na faixa de 1 mícron, o que explica a sensação de bem-estar do "banho" de sol em dias frios. Se essa luz solar atravessar uma superfície de vidro, há aumento do comprimento de onda, provocando o efeito "estufa", com sensação desagradável.

O calor radiante muito intenso pode transferir algumas centenas de calorias por hora ao corpo, chegando ao extremo de 1.000 cal/h. Isso produz uma *sobrecarga* térmica, que o corpo precisará eliminar pelo suor, exigindo um esforço adicional do coração. Se o ritmo de ganho do calor corporal for maior que a sua capacidade em eliminá-lo, haverá uma redução da capacidade de trabalho e outros distúrbios indicadores do *desequilíbrio térmico,* com sensações desagradáveis. Além disso, o calor radiante muito intenso poderá também provocar queimaduras na pele.

A melhor forma de proteger-se contra o calor radiante é pela colocação de uma superfície *refletora* entre a fonte e o trabalhador. Por exemplo, uma lâmina de alumínio refletirá quase completamente o calor radiante, protegendo o trabalhador. Não é muito prático combater o calor radiante com aumento de ventilação, porque assim só se favorece a evaporação do suor, mas não se evita que o corpo receba a radiação.

Condução e convecção (C)

A condução ocorre quando o organismo entra em contato direto com objetos mais quentes ou mais frios. O organismo geralmente fica protegido por roupas e calçados, que são bons isolantes. Assim, as trocas de calor por condução são reduzidas, podendo ser desprezadas em casos práticos. Excetuam-se as mãos e pés desnudos em contato com superfícies boas condutoras (metais) a temperaturas muito frias (perdem calor) ou quentes (ganham calor).

A troca por convecção ocorre pelo movimento da camada de ar próxima à pele, que tende a retirar o ar quente (se a temperatura ambiental for abaixo de 37 °C) e substituí-lo por outro mais frio. Dependendo da velocidade do ar, essa troca por convecção pode atingir valores significativos. É por isso que os motociclistas devem dirigir usando casacos impermeáveis, para proteger-se dos resfriamentos.

11.2 Efeitos fisiológicos do calor

As condições térmicas do ambiente produzem diversos efeitos sobre o trabalho humano. Na medida do possível, esse trabalho deve ser realizado na zona do conforto térmico (Figura 11.3). Contudo, quando isso não for possível, devem ser tomadas medidas para se controlar ou reduzir as condições desfavoráveis e, em casos extremos, proteger os trabalhadores com medidas especiais.

Temperatura efetiva

Temperatura efetiva é aquela que produz sensação térmica equivalente à de uma temperatura medida com o ar saturado (100% de umidade relativa) e praticamente parado (sem vento). Ou seja, uma temperatura efetiva de 25 °C é aquela que mede 25 °C com umidade de 100% e o ar calmo. Essa temperatura efetiva corresponde, então, a todas as combinações das três variáveis (temperatura ambiental, umidade relativa do ar e velocidade do ar) que produzem a mesma sensação térmica. Se a umidade diminuir ou a velocidade do ar aumentar, facilitando a evaporação do suor, a mesma temperatura efetiva pode ser representada por uma temperatura ambiental maior.

Na prática, a medida da umidade relativa é substituída pelas medidas de duas temperaturas, sendo uma com o *bulbo seco* e a outra com o *bulbo úmido* (envolvendo-se o bulbo do termômetro com um chumaço de algodão molhado). Se o ar estiver saturado, as duas medidas deverão coincidir. Quanto mais seco for o ar, maiores serão as diferenças entre essas duas temperaturas (Figura 11.3). Assim, por exemplo, a temperatura efetiva de 25 °C a 100% de umidade relativa coincide com os mesmos 25 °C marcados no bulbo úmido e no bulbo seco. Se a umidade relativa baixar para 70%, essa temperatura efetiva de 25 °C será equivalente a 23 °C de temperatura do bulbo úmido e 27 °C no bulbo seco. No outro extremo, com 10% de umidade relativa, essas temperaturas serão, respectivamente, 15,5 °C e 34 °C.

Aumentando-se a velocidade do ar, as temperaturas do bulbo seco e bulbo úmido, que produzem a mesma temperatura efetiva, tendem a aumentar também. Assim, uma temperatura efetiva de 25 °C (ar parado) é equivalente à temperatura de 26 °C para o ar se movendo a 0,5 m/s, e 28 °C para a velocidade do ar de 2,0 m/s. As combinações dessas variáveis (temperatura seca, temperatura úmida, velocidade do ar) para produzir temperaturas efetivas podem ser encontradas em gráficos chamados de cartas psicométricas (ver Ruas, 1999).

Observa-se que a temperatura efetiva, medida pelo método dos dois termômetros não considera o efeito da radiação. Em ambientes onde a radiação for intensa, será necessário substituir o termômetro seco por outro, chamado de termômetro de globo, que tem o bulbo envolto por uma bola de metal enegrecida. A temperatura efetiva assim obtida chama-se temperatura efetiva *corrigida*.

Conforto térmico

A primeira condição para o conforto é que haja equilíbrio térmico, ou seja, a soma da quantidade do calor gerado mais aquele ganho pelo organismo deve ser igual à quantidade do calor perdido para o ambiente. Isso, naturalmente, dentro de determinadas taxas toleráveis para o organismo. Contudo, esse equilíbrio não é suficiente para se garantir o conforto térmico. O sistema termorregulador do organismo é capaz de fazer várias combinações entre as variáveis ambientais e individuais, mas apenas uma estreita faixa dessas variáveis é considerada confortável (ver diagramas de conforto em Ruas, 1999).

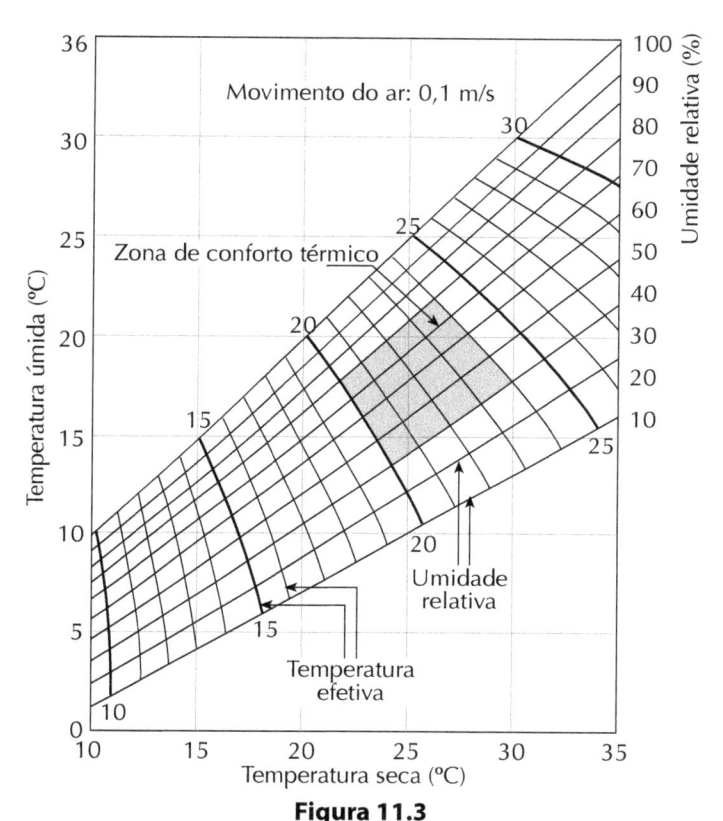

Figura 11.3
Diagrama de temperaturas efetivas, mostrando a zona de maior conforto térmico para o organismo (Lehmann, 1960).

O organismo utiliza vários mecanismos próprios para promover o equilíbrio térmico. Durante o frio, o organismo pode acelerar o metabolismo para produzir mais calor. Isso ocorre com os "tremores", quando a musculatura atua para gerar mais calor. Se o corpo estiver em grande atividade, o calor gerado pode chegar ao triplo em relação ao repouso. Os vestuários também ajudam a manter a temperatura corporal, conservando o ar quente próximo à pele e evitando as perdas por convecção. As roupas também absorvem o calor radiante do corpo. Contudo, se a roupa estiver úmida, perde grande parte do seu poder isolante.

Existem diversos fatores que se conjugam para a produção de um ambiente confortável. Eles se classificam em aqueles de natureza ambiental, pessoal e ocasionais. Entre as de natureza ambiental, destacam-se:

- temperatura do ar;
- temperatura radiante média;
- umidade e velocidade do ar.

O conforto térmico depende também das condições ocasionais e preferências individuais, sendo influenciado por fatores como: vestimenta (isolamento térmico) e intensidade do esforço físico (metabolismo).

Portanto, o conforto térmico não depende apenas da temperatura ambiental. Ele é influenciado também pela umidade relativa e velocidade do ar. Baixas taxas de umidade relativa (clima seco) e ventos favorecem a evaporação do suor e contribuem para aumentar a resistência ao calor. Por exemplo, com umidade de 90%, pode-se tolerar uma temperatura de 32 °C com movimento moderado do ar, entre 0,2 e 0,4 m/s. Se essa umidade abaixar para 20%, a temperatura tolerável já sobe para 38 °C, com a mesma velocidade do ar.

Umidades abaixo de 40% favorecem a evaporação do suor, mas aumentam o risco de infecções respiratórias. O ar seco provoca ressecamento e fissuras nas vias respiratórias, por onde penetram as bactérias presentes no ar.

Zonas de conforto térmico

A zona de conforto é delimitada entre as temperaturas efetivas de 20 °C e 24 °C, com umidade relativa de 40% a 80% e uma velocidade do ar moderada, da ordem de 0,2 m/s (Figura 11.3). As diferenças de temperatura (gradiente térmico) presentes no mesmo ambiente não devem ser superiores a 4 °C. Essa zona de conforto pode diferir para organismos adaptados ao calor ou ao frio, além das preferências individuais. Nos países temperados, durante o inverno, com o organismo adaptado ao frio, essa zona de conforto situa-se entre 18 °C e 22 °C para a mesma taxa de umidade e velocidade do ar. Inversamente, nos países tropicais, durante o verão, a zona de conforto pode deslocar-se para a faixa de 25 °C a 28 °C.

O conforto térmico no interior de fábricas e escritórios é conseguido mantendo-se a temperatura média da pele em torno de 33°C. Se a temperatura oscilar muito, mesmo mantendo-se essa média, o conforto tende a diminuir. A norma ISO 9241 recomenda temperaturas ambientais de 20 °C a 24°C no inverno e 23 °C a 26°C no verão, com umidade relativa oscilando entre 40% e 80%, e uma velocidade do ar moderada, da ordem de 0,2 m/s. Acima de 24°C, os trabalhadores sentem sonolência e, abaixo de 18 °C, aqueles envolvidos em trabalho sedentário ou com pouca atividade física começam a sentir tremores. A Legislação Trabalhista Brasileira (NR15) estabelece os valores de temperatura ambiental para diversas situações de trabalho.

Ambientes coletivos

Em ambientes coletivos de trabalho, há muitas diferenças individuais e torna-se difícil de satisfazer a todos. Dessa forma, procura-se regular o ambiente térmico (com ar condicionado) pela média da população. A norma ISO 7730:2005 recomenda o uso de dois índices para avaliar o ambiente térmico: PMV (*Predicted Mean Vote*), que avalia a *sensação térmica* média, e PPD (*Predicted Percentage of Dissatisfied*), para avaliar a *grau de satisfação* médio. Esses índices foram propostos pelo dinamarquês Ole Fanger (1972), baseando-se em estudos sobre conforto térmico. Ele considerou as influências da quantidade de roupa e do tipo de atividade desempenhada sobre a termorregulação e a sensação térmica dos trabalhadores.

Para calcular o PMV, cada trabalhador deve avaliar a *sensação térmica* que está sentindo, em uma escala de sete níveis, que vai de 0 (neutro) a –1, –2, –3 (muito frio) e +1, +2, +3 (muito quente). Depois, calcula-se a média do grupo. Naturalmente, o melhor ambiente térmico é aquele com média próxima do zero. A norma considera como satisfatórias apenas as médias no intervalo entre –0,5 a +0,5. O PPD considera o percentual médio de pessoas insatisfeitas com as condições térmicas de um ambiente. Utiliza a mesma escala do PMV, e as pessoas votam –1, –2 ou –3 (se quiserem um ambiente mais frio) ou +1, +2 ou +3 (se quiserem um ambiente mais quente). Nesse caso também, o ideal é a média próxima de zero.

VENTILAÇÃO

A ventilação é um aspecto importante do conforto térmico. Em ambientes muito quentes, é reconfortante sentir uma leve aragem junto à pele. A ventilação ajuda a remover, por convecção, o calor gerado pelo corpo. Ao remover o ar saturado próximo da pele, facilita a evaporação do suor e o resfriamento do corpo. Em ambientes industriais, a ventilação pode ter o objetivo principal de remover o ar contaminado de aerodispersoides (p. 409). Nesse caso, pode ter diferentes efeitos sobre o conforto, dependendo da temperatura do ar.

A velocidade do ar é considerada agradável entre 0,1 e 0,2 m/s em trabalhos leves a uma temperatura em torno de 24 °C. Acima de 24 °C, em trabalhos pesados, ou com o ar saturado, a velocidade preferida sobe para 0,2 a 0,5 m/s. A norma NR-17 estabelece a velocidade máxima de 0,75 m/s para atividades leves. No inverno, essa velocidade deve ser reduzida para 0,15 m/s. Em ambientes com fontes de calor ou trabalhos pesados, essa velocidade pode subir até 1,50 m/s.

Uma pessoa precisa de uma renovação de doze a quinze metros cúbicos de ar por hora. Em condições de trabalho pesado ou ambiente com fumantes, essa taxa deve ser dobrada. Para manter a *qualidade do ar* em ambientes internos é necessário fazer a renovação equivalente a pelo menos um volume desse ambiente por hora.

Para verificar a qualidade do ar em ambientes internos, deve-se analisar, em primeiro lugar, a temperatura, umidade e velocidade do ar. Se estes se mostrarem satisfatórios, deve-se medir a concentração do dióxido de carbono. A concentração usual de CO_2 é de 0,033%. O aumento dessa taxa indica renovação insuficiente do ar. O organismo é sensível a pequenos aumentos dessa taxa, quando passa a sentir o ar "abafado".

Pode-se construir um questionário para avaliar a qualidade do ar, listando-se os principais sintomas que caracterizam o desconforto ou principais tipos de queixas apresentadas pelos trabalhadores (Figura 11.4). Em cada situação específica, pode-se fazer uma lista de diferentes quesitos. Esse questionário tem o objetivo de elaborar o diagnóstico dos aspectos mais graves, a fim de estabelecer prioridades para as ações corretivas.

Como você está se sentindo hoje ?							
	1	2	3	**4**	5	6	**7**	
Muito frio	☐	☐	☐	☐	☐	☐	☐	Muito quente
Muito úmido	☐	☐	☐	☐	☐	☐	☐	Muito seco
Muito escuro	☐	☐	☐	☐	☐	☐	☐	Muito claro
Muito quieto	☐	☐	☐	☐	☐	☐	☐	Muito barulhento
Ar parado	☐	☐	☐	☐	☐	☐	☐	Corrente agradável
Ar viciado	☐	☐	☐	☐	☐	☐	☐	Boa qualidade do ar
Nariz escorrendo	☐	☐	☐	☐	☐	☐	☐	Nariz seco
Garganta seca	☐	☐	☐	☐	☐	☐	☐	Garganta normal
Boca seca	☐	☐	☐	☐	☐	☐	☐	Boca normal
Lábios secos	☐	☐	☐	☐	☐	☐	☐	Lábios normais
Pele seca	☐	☐	☐	☐	☐	☐	☐	Pele normal
Olhos secos	☐	☐	☐	☐	☐	☐	☐	Olhos normais
Olhos irritados	☐	☐	☐	☐	☐	☐	☐	Olhos sem irritação
Com dor de cabeça	☐	☐	☐	☐	☐	☐	☐	Sem dor de cabeça
Com tontura	☐	☐	☐	☐	☐	☐	☐	Sem tontura
Sentindo-se mal	☐	☐	☐	☐	☐	☐	☐	Sentindo-se bem
Cansado	☐	☐	☐	☐	☐	☐	☐	Descansado
Sem concentração	☐	☐	☐	☐	☐	☐	☐	Concentração normal
Mal-humorado	☐	☐	☐	☐	☐	☐	☐	Bem-humorado
Indisposição – 0%	☐	☐	☐	☐	☐	☐	☐	100% de disposição

Figura 11.4
Escala para avaliar a qualidade do ar em ambientes internos (Bridger, 2003).

11.3 INFLUÊNCIAS TÉRMICAS NO TRABALHO

O ambiente térmico, representado principalmente pela temperatura e umidade ambiental, influi diretamente no desempenho do trabalho humano. Estudos realizados em laboratórios e na indústria comprovam essas influências, tanto sobre a produtividade como sobre os riscos de acidentes.

Em uma pesquisa realizada durante longo tempo em uma mina de carvão, Vernon e Bedford (1927) demonstraram que o tempo necessário às pausas aumentava a partir de 19 °C, havendo um crescimento acentuado a partir de 24 °C (Figura 11.5). A frequência relativa de acidentes também tendia a crescer depois de 20 °C. A eficiência do trabalho caía 41% quando a temperatura subia de 19 °C para 28 °C. No sentido inverso, para temperaturas abaixo de 19 °C, tanto as pausas como o índice de acidentes também cresciam, embora mais lentamente. Esses efeitos eram mais pronunciados para trabalhadores idosos, acima de 45 anos. Observa-se que essa pesquisa foi realizada para trabalhadores adaptados ao clima temperado. No Brasil, provavelmente, esses resultados ocorrerão a temperaturas 3 °C ou 4 °C superiores, pois há pesquisas indicando que o desempenho ótimo ocorre em torno de 23 °C.

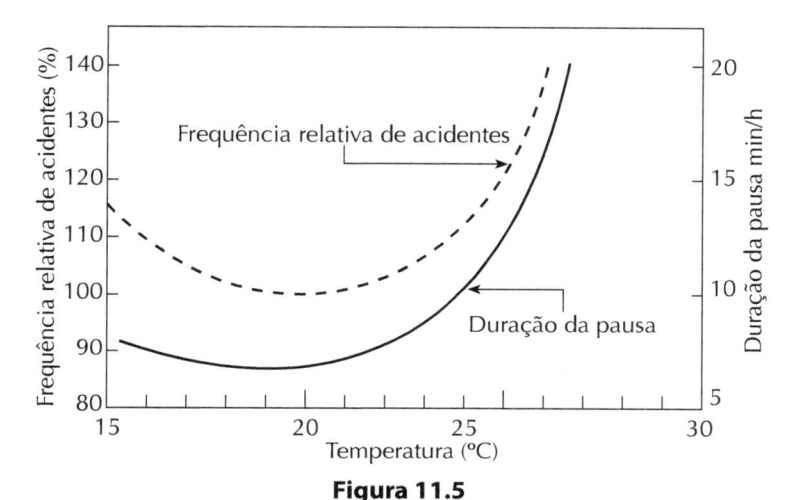

Figura 11.5
Influência da temperatura ambiental sobre as pausas no trabalho e a frequência de acidentes, em uma tarefa de carregamento de carvão (Vernon e Bedford, 1927).

A norma NR15 estabelece os limites máximos de exposição ao calor, acima dos quais há risco potencial de dano à saúde do trabalhador (Tabela 11.1), em função de duas variáveis: taxa metabólica e índice de bulbo úmido temperatura de globo (IBUTG). A taxa metabólica é a média ponderada das taxas metabólicas multiplicadas pelo tempo de duração, obtidas em intervalos de sessenta minutos corridos. O IBUTG é a média ponderada dos diversos valores da temperatura úmida multiplicados pelo tempo de duração, obtidos em sessenta minutos corridos. A avaliação de IBUTG é necessária quando há fonte de radiação de calor no ambiente de trabalho, ou seja, quando há sobrecarga térmica. Observe que, na Tabela 11.1, quanto maior o esforço físico, menores serão as temperaturas toleráveis.

Tabela 11.1

Limites de tempo toleráveis, com períodos de descanso no próprio local, para diversos tipos de atividades sob diferentes valores de IBUTG (NR15, Anexo 3, Ministério do Trabalho)

Regime de trabalho e de descanso	IBUTG (°C)		
	Esforço leve	Esforço moderado	Esforço pesado
Trabalho contínuo	Até 30,0	Até 26,7	Até 25,0
45 min trabalho 15 min descanso	30,1 a 30,6	26,8 a 28,0	25,1 a 25,9
30 min trabalho 30 min descanso	30,7 a 31,4	28,1 a 29,4	20,6 a 27,9
15 min trabalho 45 min descanso	31,5 a 32,2	29,5 a 31,1	28,0 a 30,0
Trabalho com exigências de medidas adequadas de controle	Acima de 32,2	Acima de 31,1	Acima de 30,0

TRABALHO A ALTAS TEMPERATURAS

O trabalho físico em condições extremas de calor provoca dois tipos de demandas. De um lado, a musculatura exige maior irrigação sanguínea, que pode chegar a até 25 L/min. De outro, o sangue deve fluir para a superfície da pele para eliminar o calor, a um fluxo de até 10 L/min. Contudo, a capacidade máxima do coração para o bombeamento do sangue é de 25 L/min. Portanto, esse passa a ser o fator limitante. O coração, nessas condições, é extremamente exigido, tanto pelos músculos como pela vasodilatação periférica. Nesses casos, deve-se moderar as exigências, para que o coração não sofra um colapso.

O trabalho pesado gera grande quantidade de calor pelos processos metabólicos. Em ambientes muito quentes (por exemplo, em fundições), o organismo recebe uma carga adicional de calor por convecção e radiação. Por outro lado, o único mecanismo disponível para eliminar o calor corporal é pela evaporação do suor. Qualquer desequilíbrio pode levar ao aumento da temperatura corporal, o que pode ser muito perigoso. Nessa situação, existem três tipos de providências cabíveis.

Atuar sobre o ambiente – Melhorar as condições ambientais para favorecer a evaporação do suor, com ventilações e uso de roupas adequadas.

Construir barreiras – Construir barreiras entre a fonte do calor e o trabalhador, colocando-se uma superfície refletora para o calor radiante ou roupa protetora, para que esse calor não atinja o corpo.

Reduzir o ritmo de trabalho – Reduzir o ritmo de trabalho ou conceder pausas para que o trabalhador tenha tempo suficiente para eliminar o calor excedente acumulado no organismo.

Durante essas pausas, o trabalhador deve afastar-se da zona quente, movendo-se para locais menos quentes, porque as diferenças de temperatura ajudam a remover o calor acumulado. Em condições muito severas, a duração dessas pausas deve ser igual ou até superior ao tempo em atividade (Tabela 11.1). Há situações mais severas, em que apenas cinco minutos de atividade exigem uma hora de pausa, afastando-se do calor para se restabelecer o equilíbrio térmico do organismo.

DOENÇA DO CALOR

O trabalhador pode sofrer doença do calor, devido à desidratação provocada pelo excesso de suor quando a temperatura externa for muito elevada. Isso pode acontecer no clima tropical ou em ambientes muito quentes, como no trabalho junto dos fornos. O suor gerado deve ser reposto pela ingestão de água. Contudo, o suor tem composição química diferente da água potável, que deve ser complementada com ingestão de pílulas de sais minerais.

Se houver desidratação, a produção do suor diminui e a temperatura interna do corpo tende a subir. Em situações extremas, o mecanismo de termorregulação começa a falhar e a temperatura corporal pode subir a até 41 °C. A pressão sanguínea cai e o sangue não chega na quantidade suficiente aos órgãos vitais, como cérebro e rins. A pele torna-se rosada, quente e seca. A pessoa, nessas condições, pode sofrer um colapso se não for imediatamente removida do ambiente quente e colocada em um local bem ventilado, sem as roupas, para facilitar a evaporação do suor.

TRABALHO A BAIXAS TEMPERATURAS

O clima frio exige maior esforço muscular. Em um ambiente a 5 °C, a tensão muscular aumenta em 20% e acelera a fadiga. Trabalhadores em frigoríficos entre 0 °C e 10 °C queixam-se principalmente do frio nas mãos e dedos (89%), punho (58%), dedos dos pés (59%) e ombros (52%). Comparados com outros trabalhadores que executam tarefas semelhantes em climas mais quentes, verificou-se que se queixam mais de dores nas mãos, braços e pescoço (Bridger, 2003).

O resfriamento dos tecidos periféricos, principalmente das mãos e dos pés, provoca reduções de força e do controle neuromuscular, com perda de destreza, tornando o trabalhador mais vulnerável a erros e acidentes. Se a temperatura corporal interna cair para menos de 33 °C, o sistema nervoso central entra em colapso.

O projeto de roupas adequadas para essas condições ambientais extremas não é um problema fácil de resolver. As roupas isolantes para proteger do frio e umidade têm a desvantagem de prejudicar também a evaporação do suor. Após algum tempo, podem tornar-se incômodas. Aquelas para proteger o trabalhador contra o calor radiante também podem reter o ar junto à pele, dificultando a evaporação do suor. Esse ar junto à pele torna-se saturado, impedindo a evaporação. Enfim, é uma questão que ainda exige mais pesquisa e desenvolvimento tecnológico para se criar novos materiais, protegendo o trabalhador em temperaturas desfavoráveis (muito quente ou muito frio), umidade excessiva (chuvas) e calor radiante, contudo, permitindo a evaporação do suor, para facilitar a termorregulação.

CONTATO COM SUPERFÍCIES QUENTES OU FRIAS

O contato com superfícies quentes ou frias pode provocar desconforto e até acidentes. As reclamações mais comuns desse tipo de desconforto resultam do contato das mãos e dos pés com superfícies quentes ou frias, como corrimões, ferramentas manuais, comandos de máquinas e pisos. Esses problemas podem ser resolvidos com a substituição de materiais bons condutores, como metais, por materiais isolantes, como plásticos e madeiras. Os calçados também podem ter solas com melhor isolamento térmico. Os calçados comuns só devem ser usados com pisos entre 19 °C e 39 °C.

QUEIMADURAS

As queimaduras ocorrem quando há contato da pele com altas temperaturas ou chamas. A gravidade das queimaduras depende da temperatura da fonte de calor e do tempo de contato, sendo classificada em três graus.

Primeiro grau – É queimadura leve e superficial, provocando apenas avermelhamento da pele e ardência, facilmente reversível.

Segundo grau – É queimadura que lesiona a pele, provocando o aparecimento de bolhas, embora não danifique os tecidos interiores. Quando essas bolhas estouram, há risco de infecções na pele, que fica desprotegida.

Terceiro grau – É a queimadura mais severa, penetrando em todas as camadas da epiderme e danificando os terminais nervosos. Nesse caso, os tecidos, músculos e vasos capilares são destruídos, com risco de gangrena. Os frios intensos também produzem efeitos semelhantes sobre a pele.

A radiação ultravioleta também provoca efeitos semelhantes ao das queimaduras. Ocorre, por exemplo, com o uso dos aparelhos de solda, fornos e raios *laser*. Nesse caso, os olhos são mais sensíveis que a pele, e precisam ser protegidos com o uso de óculos ou máscaras.

CHOQUES ELÉTRICOS

Choques elétricos muito intensos podem provocar contração das musculaturas do peito e paralisia cerebral, levando à interrupção da respiração, com consequências fatais. Normalmente, a pele seca apresenta alta resistência (isolante) à eletricidade, mas a pele molhada ou ferida perde 95% dessa resistência. Muitos acidentes acontecem quando as ferramentas metálicas, escadas ou outros condutores entram em contato com fios elétricos sem isolamentos. Esses isolamentos podem ser danificados pelo efeito do tempo, temperatura, poluição (chuva ácida), algum agente químico ou mecânico.

Os choques elétricos podem ser reduzidos elaborando-se projetos que dificultem o contato do organismo com as partes elétricas ativadas, colocando-as dentro de caixas ou compartimentos. Em segundo lugar, devem permitir o desligamento prévio, quando houver necessidade de contato humano, como no caso de manutenções. Nos casos de equipamentos que armazenam energia, como capacitores ou acumuladores, devem permitir a descarga prévia antes de serem manipulados.

Tarefas mentais

Diversas pesquisas comprovam a influência do clima no desempenho de tarefas mentais (Bridger, 2003). O desempenho, em uma tarefa simples de montagem, sofre pouca influência entre 18 °C e 28 °C, com umidade relativa entre 40% e 80%, observando-se o melhor desempenho a 23 °C. (No Brasil, com as pessoas adaptadas ao clima tropical, provavelmente pode-se acrescentar 2 °C a 3 °C a essas temperaturas).

As temperaturas elevadas (acima de 32 °C) prejudicam a percepção de sinais. A redução do desempenho em tarefas mentais torna-se mais evidente acima de 33 °C. Além disso, as pessoas passam a tomar decisões mais arriscadas e isso pode reduzir a qualidade do trabalho e aumentar os riscos de acidentes. No outro extremo, as temperaturas muito frias dificultam a concentração mental, porque a sensação de desconforto provoca distrações.

Projeto de edificações

O projeto de edificações determina o grau de penetração da energia solar e influencia a propagação do calor radiante. O nível de isolamento dos materiais, principalmente do telhado, tem grande influência na troca de calor entre a edificação e o ambiente externo.

Os telhados de zinco ou de cimento-amianto transferem muito calor para dentro das edificações. A colocação de um forro sob esses telhados alivia bastante o calor. Os telhados e as paredes expostas diretamente à luz solar podem ser pintadas externamente de cores claras para refletirem a radiação solar (Venâncio, 2011). Com providências desse tipo, consegue-se reduzir em até 2 °C a temperatura interna.

Os telhados, em climas tropicais, podem ter os beirais estendidos, de modo a proteger as janelas e paredes das incidências diretas da luz solar. Deve-se evitar essas incidências principalmente sobre as áreas envidraçadas. A orientação das edificações é importante para se evitar a incidência direta da luz solar sobre essas áreas envidraçadas. Há uma tendência, nas construções modernas, de aumentar as áreas envidraçadas para reduzir custos, mas isso provoca maiores trocas de calor, aumentando despesas com aparelhos de ar condicionado. Alguns tipos especiais de vidro aumentam a reflexão da radiação solar, reduzindo a sua conversão em energia térmica.

11.4 Ruído

Existem diversas conceituações de ruído. Aquela mais usual é a que considera o ruído como um "som indesejável". Esse conceito é subjetivo, pois um som pode ser desejável para uns, mas indesejável para outros, ou até para a mesma pessoa em ocasiões diferentes. Uma música pode ser agradável para os que estão em uma festa, mas indesejável para os vizinhos que estão dormindo.

Outra definição, de natureza mais operacional, considera o ruído como um "estímulo auditivo que não contém *informações úteis* para a tarefa em execução". Assim, o "bip" *intencional* de uma máquina ao final de um ciclo de operação pode ser considerado útil ao operador, porque é um aviso para ele iniciar um novo ciclo, mas pode ser considerado um estorvo pelo seu vizinho, cuja atenção está concentrada em outra tarefa.

Fisicamente, ruído é uma mistura complexa de diversas vibrações, medido na escala logarítmica, cuja unidade é o decibel (dB). Como já foi visto na p. 126, o ouvido humano é capaz de perceber uma grande faixa de intensidades sonoras, desde aquelas próximas de zero até potências 10.000.000.000.000 (10^{13}) vezes superiores, equivalentes a 130 dB (Tabela 11.2). Esse é o ruído correspondente ao motor do avião a jato, e é praticamente o máximo que o ouvido humano pode suportar sem sofrer danos. Acima disso, situa-se o limiar da *sensação dolorosa*, que pode produzir danos ao aparelho auditivo (Figura 4.8, p. 127).

Durações dos ruídos

Quanto à sua duração, existem, basicamente, três tipos de ruídos, que produzem diferentes efeitos no organismo: os de longa, curta e curtíssima duração. As durações dos ruídos provocam efeitos diferenciados sobre o desempenho humano, pois as mudanças frequentes ruído/silêncio são mais prejudiciais que um ruído constante ou de longa duração.

Ruídos de longa duração – Ruídos de longa duração, também chamados de contínuos, são aqueles de "fundo", ocorrendo com certa uniformidade durante toda a jornada de trabalho. Esses ruídos de longa duração (algumas horas), na faixa de 70 a 85 dB, não provocam mudanças significativas, tanto em tarefas intelectuais como naquelas manuais. Contudo, ruídos acima de 85 dB começam a provocar quedas no desempenho. Em tarefas que exigem atenção, o número de erros tende a aumentar significativamente.

O organismo tem um mecanismo de defesa, adaptando-se aos ruídos contínuos, que são mais "previsíveis". Após certo tempo de exposição, ele torna-se menos sensível a esse tipo de ruído. Essa adaptação do organismo a ruídos contínuos de longa duração foi comprovada em experimentos de laboratório. Nesse experimento, dois grupos foram submetidos, respectivamente, a ruídos contínuos de 70 e 100 dB. O segundo grupo (100 dB) apresentou um desempenho significativamente menor no primeiro dia. Entretanto, nos dias seguintes, essa diferença foi se reduzindo, comprovando o efeito de adaptação do segundo grupo ao ruído mais intenso e contínuo.

Tabela 11.2
Escala de ruídos, em decibéis (dB), com os níveis correspondentes das pressões sonoras e alguns exemplos típicos de ruídos

Intensidade da pressão sonora	Ruído (dB)	Exemplos típicos (escala logarítmica)
100.000.000.000.000	140	
		Limiar da dor
10.000.000.000.000	130	Avião da Jato
		Britadeira pneumática
1.000.000.000.000	120	
		Buzina de carro (1 m)
100.000.000.000	110	Forjaria
		Estamparia
10.000.000.000	100	Prensa
		Serra circular
1.000.000.000	90	Caminhão
		Máquinas-ferramenta
100.000.000	80	Barulho do tráfego
		Escritório barulhento
10.000.000	70	Carro (15 m)
		Fala normal
1.000.000	60	
		Escritório silencioso (dez pessoas)
100.000	50	Escritório silencioso (duas pessoas)
		Sala de estar residencial
10.000	40	
		Biblioteca
1.000	30	
		Quarto de dormir (à noite)
100	20	Tique-taque de relógio
		Sala acústica
10	10	
		Limiar da audição
1	0	

Contudo, isso só ocorre quando os ruídos contínuos não ultrapassam certos limites e não apresentem picos (impactos).

Ruídos de curta duração – Os ruídos de curta duração (um ou dois minutos) provocam queda no rendimento, tanto no início como no final do período do ruído (Figura 11.6). Isso significa que, logo no início do período ruidoso, o desempenho cai, mas, se o ruído for mantido, o desempenho retorna ao nível que estava antes de começar o ruído. Quando o ruído cessa, há nova queda do desempenho, retornando ao nível normal após alguns segundos. Portanto, dentro de certos limites, parece que não é propriamente o ruído, mas a sua intermitência que provoca alterações do desempenho.

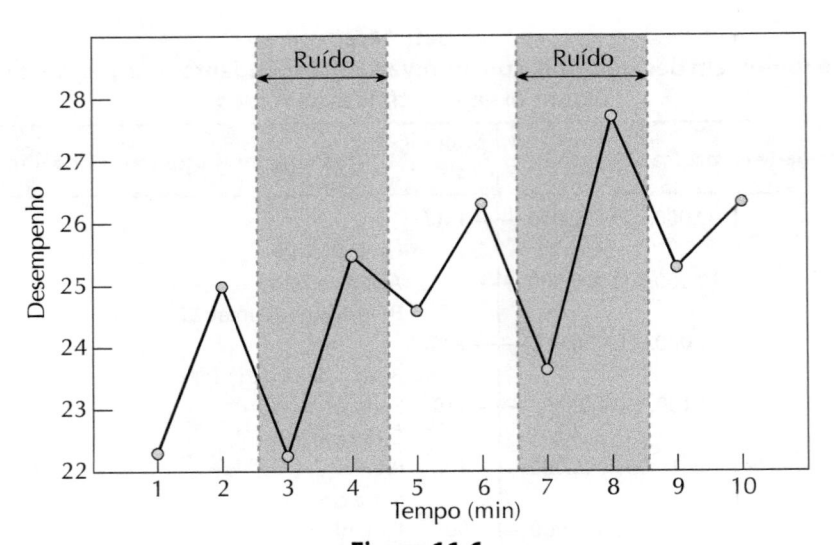

Figura 11.6
Em exposições a ruídos de curta duração (um a dois minutos), observa-se uma queda do desempenho, tanto no início como no fim do período ruidoso.

Ruídos de curtíssima duração – Os ruídos de curtíssima duração, também chamados de *impacto*, são aqueles com duração de apenas alguns segundos. São especialmente prejudiciais quando os picos de energia acústica atingem níveis de 110 a 135 dB. Ocorrem, por exemplo, com as batidas das máquinas em forjarias e estamparias (prensas). Podem ser considerados também ruídos de impacto aqueles de natureza inesperada e que se destacam no ambiente, como buzinas, batidas de porta, queda de objetos e gargalhadas repentinas.

O organismo tem dificuldade de adaptar-se aos ruídos de impacto, que são inesperados, atingindo-o quando ele está despreparado para recebê-lo. Por conseguinte, estes são os que mais o perturbam.

O som repentino de 100 dB com duração aproximada de 5 ms provoca susto, eliciando uma reação imediata de defesa. Nessas ocasiões, o organismo adota uma posição instintiva de máxima estabilidade postural, preparando-se para uma eventual fuga. Esse tipo de reação interfere no trabalho e retarda o tempo de reação para outras tarefas. Os operadores só se habituam a eles após quatro a cinco exposições sucessivas, desde que tenham alguma previsibilidade, ao longo de alguns minutos.

LIMITES TOLERÁVEIS DE RUÍDO

Os ruídos constituem-se na principal causa de reclamações sobre as condições ambientais. Eles ocorrem tanto no ambiente de trabalho como no doméstico, sendo alvo de constantes reclamações entre vizinhos. As pessoas apresentam muitas diferenças individuais quanto à tolerância aos ruídos. Embora os ruídos até 90 dB não provoquem sérios danos aos órgãos auditivos, os ruídos entre 70 e 90 dB dificultam a conversação e a concentração e podem provocar aumento dos erros e redução do desempenho. Portanto, em ambientes de trabalho, o ideal é conservar o nível de ruído ambiental abaixo de 70 dB. Aqueles de 85 dB são considerados os máximos toleráveis para exposições contínuas a ruídos em ambientes de trabalho (Tabela 11.3).

Tabela 11.3
Limites toleráveis de ruídos em diversos tipos de atividades

Nível de ruído dB (A)	Atividade
50	A maioria considera como um ambiente silencioso, mas cerca de 25% das pessoas terão dificuldade para dormir
55	Máximo aceitável para ambientes que exigem silêncio
60	Aceitável em ambientes de trabalho durante o dia
65	Limite máximo aceitável para ambientes ruidosos
70	Inadequado para trabalho em escritórios. Conversação difícil
75	É necessário aumentar a voz para conversação
80	Conversação muito difícil
85	Limite máximo tolerável para a jornada de trabalho

TEMPO DE EXPOSIÇÃO

O ruído contínuo de 85 dB é considerado o máximo tolerável para uma exposição durante oito horas de jornada diária de trabalho, pela norma brasileira NR-15. Entretanto, existem estudos indicando que ruídos de 80 dB já são prejudiciais. Em consequência, muitas normas estrangeiras já fixam o limite máximo em 80 dB. Acima desse nível, o tempo de exposição deve ser reduzido, pois começam a surgir riscos para os trabalhadores expostos a esses ruídos contínuos por muito tempo (Tabela 11.4). Por exemplo, se o ruído chegar a 90 dB, a exposição deve ser reduzida para 4 h/dia, e a 115 dB, para apenas 7 min/dia. Se a exposição ultrapassar esses limites, deve-se providenciar algum tipo de equipamento de proteção individual para os ouvidos.

Tabela 11.4
Tempo máximo de exposição permissível ao ruído contínuo ou intermitente
(NR-15, Anexo 1, Ministério do Trabalho)

Nível de ruído contínuo dB (A)	Exposição máxima permissível por dia
85	8 horas
90	4 horas
100	1 hora
105	30 min
110	15 min
115	7 min

O tempo de exposição depende também das frequências do som. Para o mesmo nível, se a frequência aumentar, esse tempo tende a diminuir (Figura 11.7). Os riscos são maiores para a faixa de 2.000 a 6.000 Hz, especialmente para ruídos em torno de 4.000 Hz. Por exemplo, a exposição a um ruído com 100 dB e 4.000 Hz deve limitar-se a apenas sete minutos.

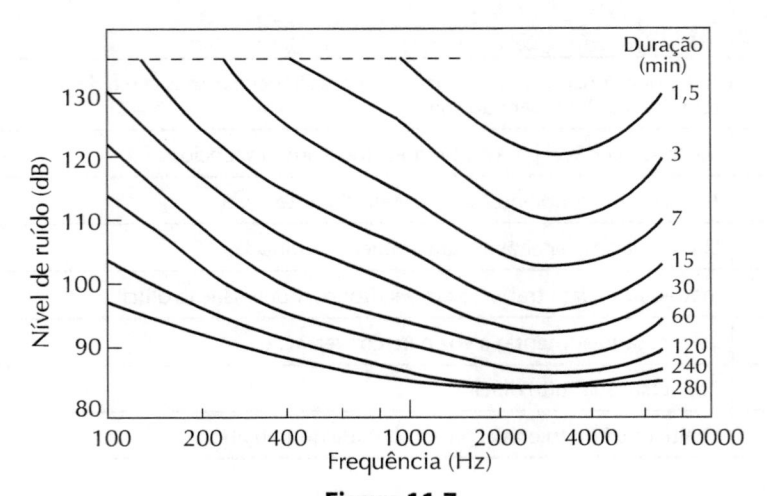

Figura 11.7
Curvas de exposições máximas permitidas (em minutos) a ruídos contínuos, sem riscos de surdez. A faixa mais prejudicial encontra-se entre 2.000 e 4.000 Hz (Oborne, 1982).

Surdez provocada pelo ruído

A consequência mais evidente do ruído é a surdez. Ela pode ser de duas naturezas: a surdez de condução e a surdez nervosa.

Surdez de condução – Resulta de uma redução da capacidade para transmitir as vibrações sonoras a partir do ouvido externo até o interno (ver Figura 4.7). Isso pode ser causada por diversos fatores, como acúmulo de cera, infecção ou perfuração do tímpano. Ruídos de impacto com alta intensidade podem provocar ruptura da membrana do tímpano ou danificar a transmissão pelos ossículos do ouvido médio. Com isso, as vibrações sonoras chegam amortecidas à cóclea, reduzindo a eficiência da percepção auditiva.

Surdez nervosa – Ocorre no ouvido interno e é causada pela redução da sensibilidade das células nervosas da cóclea. Para ruídos de até 80 dB, essas perdas são pequenas, mas tendem a crescer a partir desse nível, chegando a 27% aos 95 dB, principalmente após exposição prolongada a ruídos intensos. As perdas ocorrem nas faixas de alta frequência, acima de 1.000 Hz, sendo maiores em torno de 4.000 Hz, e são irreversíveis.

As pessoas idosas, sobretudo após os quarenta anos, começam a perder audição (p. 690). A exposição a ruídos acima de 90 dB tende a acelerar esse processo. Nesse particular, os homens apresentam uma perda auditiva mais rápida que as mulheres, principalmente na faixa de 2.000 a 4.000 Hz (Figura 18.2, p. 691).

SURDEZ TEMPORÁRIA OU PERMANENTE

A surdez pode ter um caráter temporário, reversível, ou pode ser permanente. Uma exposição diária durante a jornada de trabalho a um nível elevado de ruído (acima de 85 dB) sempre provoca algum tipo de surdez temporária, que pode ser revertido com o descanso diário.

Contudo, isso depende de vários fatores, como frequência, intensidade e tempo de duração dessa exposição ao ruído. Em alguns casos, pode ser que o descanso diário não seja suficiente para a recuperação, provocando efeito cumulativo. Ao persistir esse efeito, a surdez temporária pode se transformar em permanente, de caráter irreversível.

A perda de audição pode prejudicar a qualidade do trabalho e a carreira do trabalhador. Devido à dificuldade de audição, ele pode ser excluído de certas tarefas. Por exemplo, ele pode encontrar dificuldades em detectar sinais de sonar, a 35 dB em 8.000 Hz, ou em participar de trabalhos em grupo em que se exigem frequentes comunicações verbais. Hoje, existem diversos tipos de aparelhos auditivos que podem corrigir, pelo menos parcialmente, essas perdas.

INFLUÊNCIA DO RUÍDO NO DESEMPENHO

O ruído gera aborrecimentos, devido à interrupção forçada da tarefa ou aquilo que as pessoas gostariam de estar fazendo, como conversar ou dormir, e isso provoca tensões e dores de cabeça. Também pode prejudicar a memória de curta duração. As tarefas que exigem muitas informações verbais são prejudicadas, porque as pessoas precisam falar mais alto e nem sempre são compreendidas, devido ao efeito do mascaramento.

Como já vimos, os ruídos acima de 85 dB começam a provocar reações fisiológicas prejudiciais ao organismo, aumentando o estresse e a fadiga. Esses ruídos intensos também dificultam a comunicação verbal, porque as pessoas precisam falar mais alto e prestar mais atenção para serem compreendidas. Também tendem a prejudicar as tarefas que exigem muita atenção, concentração mental ou velocidade e precisão dos movimentos. O desempenho tende a piorar após duas horas de exposição ao ruído. Notam-se também diferenças individuais aos efeitos do ruído, e as pessoas treinadas para a execução de uma tarefa sofrem menos influência em relação àquelas sem treinamento.

Não é fácil caracterizar o ruído que mais perturba as pessoas, porque isso depende de uma série de fatores, como frequência, intensidade, duração, timbre, nível de pico e, inclusive, o horário em que ocorre. Há também diferenças individuais, pois cada pessoa tem uma sensibilidade diferente aos ruídos. Em geral, ruídos mais agudos são menos tolerados. Assim, a pessoa pode suportar até 100 dB na frequência de 100 Hz, enquanto esse nível cai para 85 dB a 4.000 Hz.

Em uma escola nos arredores de um aeroporto, observou-se uma mudança de comportamento de professores e alunos nos dias de maior movimento dos aviões. Nesses dias, os alunos ficavam mais excitados, barulhentos e menos inclinados ao trabalho escolar. Os professores diminuíam o ritmo, sentiam-se irritados e cansados, tinham dores de cabeça e frequentemente perdiam o controle sobre a disciplina na sala de aula.

MÚSICA AMBIENTAL

A música ambiental tem sido recomendada como um meio para quebrar a monotonia e reduzir a fadiga, principalmente em situações de trabalho altamente repetitivo e monótono. Seus defensores dizem que ela melhora a atenção e a vigilância, produz sensações de bem-estar, melhora o rendimento do trabalho e reduz os índices de acidentes e absenteísmo. Os trabalhadores em geral apreciam a música e conside-ram-na agradável, principalmente se não houver mascaramento pelo ruído de fundo.

Contudo, alguns estudos demonstraram que a música tocada continuamente não produz esses efeitos benéficos, perdendo o efeito estimulador. Ela deve ser tocada, então, de forma intermitente, durante parte da jornada de trabalho, preferivelmente nos horários em que a fadiga manifestar-se com maior intensidade. Esses estudos indicam que não é a música em si, mas a mudança provocada no ambiente, quebran-do a monotonia, que influi no desempenho. Notou-se também que o tipo de música, popular ou erudita, não faz diferença.

Se o ambiente for naturalmente ruidoso, com sons acima de 85 dB, a música pre-cisaria ser ainda mais intensa, para ser audível. Nesse caso, em vez de ajudar, pode converter-se em uma fonte adicional de ruído, prejudicando ainda mais o ambiente.

PRINCÍPIOS PARA CONTROLAR O RUÍDO

Já vimos que 85 dB é considerado como limite máximo para uma exposição contínua a ruídos durante a jornada de trabalho. Acima desse limite, devem ser tomadas medi-das para reduzir o seu nível, limitar o tempo de exposição ou proteger o trabalhador. A seguir, são apresentados os princípios para o controle desses ruídos.

1º Princípio: Atuar na fonte – A medida mais eficaz para reduzir o ruído é atuar diretamente na sua fonte. Isso significa, por exemplo, fazer o redesenho das máqui-nas ou substituí-las por outras, menos barulhentas. Muitas máquinas têm uma fonte primária (como o motor) e outra secundária de ruídos (sistemas de transmissão, partes que vibram). As fontes primárias geralmente produzem ruídos cíclicos e de frequências abaixo de 1.000 Hz. As fontes secundárias apresentam frequências mais altas. Deve-se atuar preferencialmente nas fontes primárias, por exemplo, substi-tuindo-se peças metálicas por outras de *nylon*. Fazendo-se isso em uma perfuradei-ra pneumática, o ruído original de 115 a 120 dB foi reduzido para 95 dB.

Geralmente, os motores hidráulicos e elétricos são mais silenciosos que aqueles pneumáticos ou de explosão, para potências equivalentes. As hélices (ventiladores, aspiradores, secadores de cabelo) também produzem muitos ruídos. Pode-se reduzir o seu ruído mantendo-se fluxo equivalente de ar, pelo aumento do diâmetro e redu-ção da rotação (rpm) da hélice.

Os materiais orgânicos, como madeira, borracha e plástico, geralmente são mais absorvedores e transmitem menos vibrações que os metais. Pode-se, por exemplo, colocar calços e arruelas de borracha ou plástico entre as fontes primária e secundária, para reduzir a transmissão das vibrações. A manutenção periódica (lubrificação, afiação, ajustes, aperto de parafusos frouxos, substituição de peças gastas ou desbalanceadas) também contribui para a redução dos ruídos.

2º Princípio: Isolar a fonte – As fontes de ruído podem ser enclausuradas dentro de cabinas isolantes, para criar uma barreira total ou parcial à propagação do som. O enclausuramento total consiste em criar uma cabina isolante em torno da fonte, deixando apenas pequenas aberturas para ventilação. O material usado no enclausuramento deve ter alta densidade, a fim de dissipar as ondas sonoras provocadas pelas reflexões nas paredes.

Internamente, a cabina pode ser revestida de material antiacústico, para absorver e dissipar o som. Esses materiais isolantes são leves e porosos. As ondas sonoras, quando penetram em seus poros, realizam trajetórias aleatórias e acabam dissipando energia, que é convertida em calor por atrito.

A eficácia do enclausuramento depende do volume do invólucro, tipo de parede (material, espessura), revestimento antiacústico e área da abertura para ventilação e inspeção. Um enclausuramento de boa qualidade pode reduzir o nível de ruído em cerca de 10 dB.

O isolamento parcial consiste em colocar uma barreira de material antiacústico entre a fonte e o receptor, como um biombo. Naturalmente, a sua eficácia é menor que o do enclausuramento total.

Outra forma de isolamento é pela separação da parte ruidosa, colocando-se apenas essa parte dentro de cabinas ou do lado externo da fábrica ou residência. Isso acontece, por exemplo, nos aparelhos domésticos de ar condicionado, que têm compressores (parte mais ruidosa) instalados no lado externo, com canalizações para conduzir o ar refrigerado para o ambiente interno.

3º Princípio: Reduzir a reverberação – O nível de ruído em um ambiente depende da intensidade de sua fonte e da reverberação nas diversas superfícies. A pessoa recebe o som direto da fonte e todos aqueles que são refletidos pelo piso, teto, paredes e outros objetos existentes no ambiente (Figura 11.8).

A reverberação em um ambiente fechado depende do seu volume (mas não do formato) e do material de revestimento. Ela pode ser diminuída, colocando-se materiais absorvedores, como carpetes no piso e cortinas nas paredes. As próprias pessoas e suas roupas são absorvedoras. Desse modo, um auditório lotado será mais absorvedor que um vazio.

Existem diversos tipos de carpetes e cortinas que absorvem ruídos. Para revestimentos em escritórios, são recomendados principalmente aqueles que absorvem ruídos de altas frequências (2.000 a 4.000 Hz), produzidos por máquinas como as impressoras. Materiais absorvedores também podem ser instalados no teto. As cortinas, principalmente, contribuem para evitar as reverberações, capturando as ondas sonoras e evitando que se propaguem.

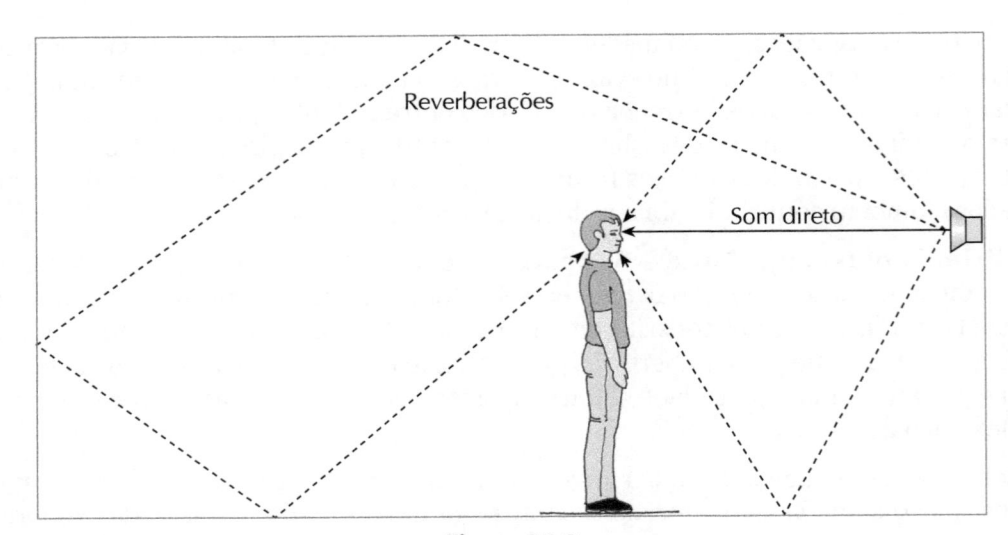

Figura 11.8
O ouvido capta o som direto da fonte e aquele reverberado em várias superfícies.

4º Princípio: Afastar o trabalhador – O trabalhador pode ser afastado do ambiente ruidoso, por exemplo, mudando-se o leiaute da fábrica. Quando possível, as máquinas ruidosas podem ser colocadas em um local afastado ou longe dos locais onde há maior concentração de trabalhadores. Essas máquinas também podem ser agrupadas em um determinado setor da fábrica (isolar a fonte), com tratamentos acústicos, para se evitar a propagação do ruído para outros ambientes. Se não houver necessidade de funcionamento contínuo, as máquinas ruidosas poderiam ser ligadas em horários que atrapalhem menos a rotina de trabalho. Se possível, somente à noite.

5º Princípio: Proteger o trabalhador – O uso de equipamentos de proteção individual (EPI), como os protetores auriculares, deve ser considerado o último recurso de defesa do trabalhador, quando todas as outras medidas se mostrarem ineficazes ou economicamente inviáveis. Nesses casos, é necessário instruir os trabalhadores sobre a necessidade de usar os EPI, que geralmente são desconfortáveis.

Existem basicamente dois tipos de protetores auriculares: *ear plugs* e *ear muffs*. Os *ear plugs* são tampões colocados diretamente no canal auditivo. Os *ear muffs* são colocados sobre as orelhas. Os *ear plugs* têm a vantagem de serem pequenos, fáceis de carregar e mais baratos. Os *ear muffs*, contudo, são mais eficazes e mais confortáveis. Em qualquer um dos casos, é importante que haja uma boa adaptação à anatomia do usuário. Seu uso correto promove redução de 4 a 14 dB a 1.000 Hz.

6º Princípio: Adotar controles administrativos – Existem vários tipos de controles administrativos que podem ser adotados para reduzir o impacto dos ruídos. O primeiro deles é o de conscientizar os trabalhadores sobre os efeitos danosos do ruído e submetê-los a treinamento para evitar exposições desnecessárias. Isso inclui, por exemplo, regulagens de certas máquinas e manutenções para a redução dos ruídos. Também se pode adotar um sistema de rotação dos trabalhadores, para evitar a exposição prolongada de cada um deles ao ruído, concedendo-lhes tempo para recuperação.

Dependendo do caso específico, cada um desses princípios pode ser mais eficaz. Eles não se excluem, podendo ser combinados entre si. Devem ser considerados também os custos e a facilidade de implantação em cada caso.

11.5 Vibrações

Vibração é qualquer movimento oscilatório que o corpo ou parte dele executa em torno de um ponto fixo. Esse movimento pode ter padrão regular ou irregular. Os regulares realizam movimentos cíclicos, como o barco sobre ondas. Os irregulares executam movimentos aleatórios, como no sacolejar de um carro andando em uma estrada de terra. Algumas vibrações podem ser consideradas prazerosas e desejáveis, enquanto outras são incômodas e indesejáveis, podendo interferir na execução de certas tarefas, além de causar lesões e doenças.

A vibração é caracterizada por três variáveis: a) frequência, medida em ciclos por segundo ou hertz (Hz); b) intensidade do deslocamento (em cm ou mm) ou aceleração máxima sofrida pelo corpo, medida em g (1 g = 9,81 m · s^{-2}); e c) direção do movimento, definida por três eixos triortogonais (Figura 11.9). As acelerações transversais são definidas pelos eixos x (das costas para a frente) e y (da direita para a esquerda), e as aceleração longitudinais, pelo eixo z (dos pés à cabeça). As combinações dessas variáveis podem produzir diferentes efeitos sobre o organismo.

Tipos de vibrações

As pessoas, em geral, sofrem vibrações diárias nos meios de transportes (carros, ônibus, trens) e nas atividades profissionais. Contudo, nem todas as vibrações são prejudiciais. O organismo humano apresenta diferentes sensibilidades de acordo com o sentido das vibrações (Figura 11.9). Os movimentos vibratórios que atingem o corpo humano são classificados em três tipos: do corpo inteiro, transmitido pelas mãos e enjoo.

Vibração do corpo inteiro – Ocorre quando o corpo está sentado sobre uma cadeira que vibra, ou com o corpo em pé sobre uma superfície vibratória. Isso ocorre, tipicamente, nos meios de transporte, como ônibus e trens, sentado ou em pé.

Vibração transmitida pelas mãos – Ocorre durante o trabalho com uso de ferramentas vibratórias ou peças que vibram, em contato com as mãos ou dedos. Diversas ferramentas vibratórias são utilizadas na construção civil (britadeiras, vibradores de concreto), indústria (furadeiras, politrizes), agricultura e mineração.

Enjoo – É uma indisposição (não é uma doença) causada pelos movimentos de baixa frequência (geralmente abaixo de 1 Hz) e sinais contraditórios entre a visão e os receptores vestibulares (acelerações).

A norma ISO 2631/1978 estabelece os tempos máximos permitidos para cada tipo de vibração, com diferentes combinações de frequências, acelerações e sentido das vibrações. No sentido longitudinal (eixo z, dos pés à cabeça) o corpo humano é mais sensível na faixa de 4 a 8 Hz, provocando maiores incômodos. No sentido transversal (eixos x e y, perpendiculares ao eixo z) o organismo é mais sensível na faixa de 1 a 2 Hz.

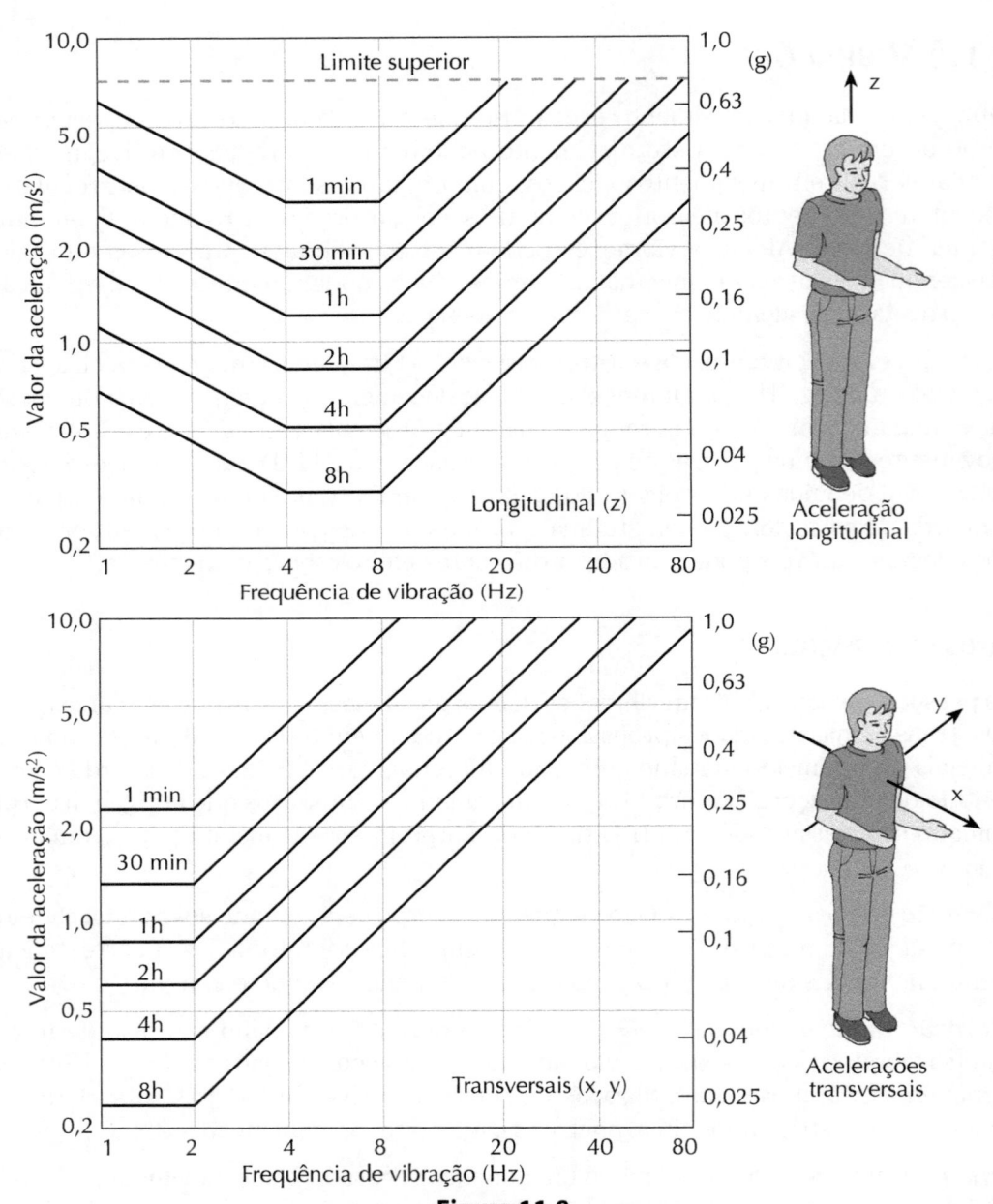

Figura 11.9
Tempos máximos de exposição permitidos a vibrações longitudinais (eixo z) e transversais (eixos x, y), de acordo com a ISO 2631/1978.

EFEITO DAS VIBRAÇÕES SOBRE O ORGANISMO

Nos últimos anos, diversos pesquisadores têm coletado dados sobre os efeitos fisiológicos e psicológicos das vibrações sobre o trabalhador, como perda de equilíbrio, falta de concentração e visão turva, diminuindo a acuidade visual. As vibrações provocam aumentos do ritmo cardíaco, ritmo respiratório e volume de oxigênio consumido. Além disso, produzem fadiga, dores de cabeça e insônia. Em casos extremos, podem danificar permanentemente alguns órgãos do corpo humano.

As vibrações sobre os braços, mãos e dedos prejudicam a circulação sanguínea. Isso ocorre principalmente na faixa de 40 a 125 Hz, embora haja muitas diferenças individuais. Em casos mais graves, os dedos ficam descoloridos, provocando o fenômeno do "dedo branco". Nessa situação, os dedos ficam insensíveis e podem sofrer necrose. Em trabalhadores florestais que usam motosserra, há uma degeneração gradativa do tecido vascular e nervoso, causando perda da capacidade manipulativa e do tato nas mãos, dificultando o controle motor.

As vibrações são particularmente danosas ao organismo nas frequências baixas, de 1 a 80 Hz. Elas provocam lesões nos ossos, juntas e tendões. As frequências intermediárias, de 30 a 200 Hz, provocam doenças cardiovasculares mesmo com baixas amplitudes (1 mm). Nas frequências altas, acima de 300 Hz, o sintoma é de dores agudas e distúrbios neurovasculares. Alguns desses sintomas são reversíveis. Após um longo período de descanso, eles podem reduzir-se, mas retornam rapidamente se o organismo for novamente exposto às vibrações.

TRANSMISSÃO DAS VIBRAÇÕES AO ORGANISMO HUMANO

O organismo humano é uma estrutura complexa, composta de diversos ossos, articulações, músculos e órgãos. Assim, não reage uniformemente ao efeito das vibrações. Cada parte do corpo pode tanto amortecer como amplificar as vibrações, dependendo das características de sua fonte. As amplificações ocorrem quando partes do corpo passam a vibrar na mesma frequência do agente causador e, então, dizemos que entrou em *ressonância*. As frequências que provocam esse fenômeno são chamadas de frequências de ressonâncias. Elas são muito prejudiciais, porque tendem a amplificar o efeito das vibrações (Tabela 11.5).

Podemos imaginar essas ressonâncias da seguinte forma. Se um homem ficar de pé sobre uma plataforma vibratória, que começa a vibrar lentamente e vai aumentando a sua frequência, veremos, em cada instante, uma determinada parte do corpo vibrando com maior intensidade e, depois, com o aumento progressivo da frequência, essa parte para, como se tivesse sido "desligada", e outra parte começa a vibrar.

Em geral, quanto maior for a massa da parte corporal, mais baixa será a sua frequência de ressonância. O corpo inteiro é mais sensível nas faixas de 4 a 5 Hz e 10 a 14 Hz, particularmente à vibração de 5 Hz, que corresponde à frequência de ressonância na direção vertical (eixo z). Na direção horizontal e lateral, as ressonâncias ocorrem a frequências mais baixas, de 1 a 2 Hz. Se considerarmos apenas certos segmentos do corpo, cada um tem diferentes frequências de ressonância. Assim, o antebraço ressoa entre 16 e 30 Hz, as mãos, entre 4 e 5 Hz, e os olhos ressoam entre 20 e 70 Hz.

Tabela 11.5
Frequências de ressonância de partes do corpo submetidas a vibrações no sentido vertical
(Kroemer, Kroemer e Kroemer-Elbert, 1994)

Parte do corpo	Frequência de ressonância (Hz)	Sintomas
Corpo inteiro	4 a 5, 10 a 14	Desconforto geral
Cérebro	Abaixo de 0,5 1 a 2	Enjoo Sono
Cabeça Olhos Queixo Laringe	5 a 20 20 a 70 100 a 200 5 a 20	Dificuldade visual Dificuldade de fala Mudança de voz
Ombros	2 a 10	
Antebraço	16 a 30	
Mãos	4 a 5	
Tronco Coração Caixa torácica Estômago Abdômen Rins	3 a 7 4 a 6 60 3 a 6 4 a 8 10 a 18	Dores no peito Dores estomacais Urina solta
Sistema cardiovascular	2 a 20	

Essas frequências que provocam ressonâncias são danosas ao organismo humano. Fora dessas frequências, a resistência do organismo às vibrações tende a aumentar. Portanto, no projeto de máquinas e equipamentos, essas frequências devem ser evitadas sempre que for possível, ou pelo menos substituídas por outras frequências menos prejudiciais.

Enjoos

Os enjoos ocorrem quando há sinais contraditórios entre a visão e os receptores vestibulares do ouvido interno (percepções de posições e acelerações do corpo). Alguns tipos de movimentos tendem a produzir mais enjoos. Por exemplo, o passageiro sentado dentro de uma aeronave durante uma turbulência ou um navio navegando com ondas fortes produzem náuseas. (O termo "náusea" é derivado do grego *nautia*, que significa "doença do mar".)

Os movimentos corporais podem ser ativos ou passivos. O corpo realiza movimento *ativo* quando ele exerce o controle sobre os movimentos, andando, correndo ou pulando. Os movimentos *passivos* ocorrem quando ele não tem esse controle, sendo sacolejado dentro de um ônibus ou trem. Os enjoos afetam menos no caso de movimentos ativos, ou quando se pode exercer algum tipo de controle sobre os movimentos. Por exemplo, o motorista de um carro é o membro ativo, pois ele pode controlar os seus movimentos. Além disso, ele pode antecipar os movimentos e fazer movimentos compensatórios com o corpo, de modo a ajustar a visão com os receptores vestibulares. Os outros passageiros passivos tornam-se mais propensos aos enjoos.

Os enjoos podem ser reduzidos quando se mantém a cabeça estática, mesmo com o movimento do corpo, ou quando se podem antecipar os movimentos, permitindo que o corpo realize movimentos compensatórios.

VIBRAÇÕES NOS MEIOS DE TRANSPORTE

Praticamente todos os meios de transporte provocam vibrações. Aquelas de baixa frequência (4 a 20 Hz) e acelerações de 0,06 a 0,09 g são particularmente incômodas, causando náuseas e vômitos. As vibrações de frequências muito baixas, inferiores a 1 Hz, como aquelas provocadas pelas ondas do mar, também causam enjoos, ânsias de vômito e indisposição geral.

Pode-se reduzir esses sintomas em veículos ou navios fazendo-se fixações visuais na paisagem distante ou na linha do horizonte, que permanecem relativamente estáticas. Os sintomas também podem ser atenuados olhando-se para o movimento das ondas, a fim de antecipar o balanço do navio. De certa forma, seria transformar os movimentos passivos em ativos, possibilitando movimentos compensatórios. Há também certos medicamentos que previnem o enjoo, inibindo a atividade dos neurotransmissores.

As mulheres são mais sensíveis que os homens, assim como as crianças entre um e doze anos de idade. Entre os adultos também há grandes diferenças individuais, alguns sendo mais suscetíveis que outros. Entretanto, o organismo humano também consegue criar resistência se for submetido diversas vezes a esses movimentos, como no caso dos jangadeiros nordestinos.

CONTROLE DAS VIBRAÇÕES

Uma vibração intensa, transmitida por máquinas e ferramentas manuais, propaga-se pelas mãos, braços e corpo do operador, podendo causar dormência dos dedos e perda de coordenação motora. Inúmeras máquinas usadas na indústria, como furadeiras elétricas, rebitadores, peneiras vibratórias e motosserras, provocam enjoos, interferência na fala e confusão visual. A exposição continuada pode levar a lesões da coluna vertebral, desordem gastrointestinal e perda de controle muscular de partes do corpo.

Existem diversas providências que o projetista pode adotar para reduzir as consequências das vibrações. Entre elas estão os seguintes princípios (são semelhantes ao do caso dos ruídos).

1º Princípio: Eliminar a fonte – A providência mais importante em relação às vibrações é tentar reduzi-las na fonte. Deve-se estudar particularmente as vibrações que provocam ressonâncias sobre cada parte do corpo. Por exemplo, numa britadeira manual, a vibração mais prejudicial, que provoca ressonância dos membros superiores, é a de 5 Hz. As outras vibrações também são prejudiciais, mas essa é mais importante, devendo merecer atenção prioritária. Essas vibrações podem ser reduzidas pelo redesenho das máquinas ou substituições de materiais.

2º Princípio: Isolar a fonte – Quando não for possível eliminar a fonte, esta deve ser isolada, para que o trabalhador não entre em contato direto com ela. Esse isolamento pode ser espacial, afastando-se a fonte, ou material, usando-se algum tipo de isolante para enclausurar a fonte de vibrações. Também pode ser temporal, de modo que as máquinas trabalhem em um horário e os trabalhadores, em outro período.

3º Princípio: Amortecer a transmissão – As vibrações podem ser amortecidas atenuando-se a cadeia de transmissão entre a fonte e o trabalhador. Por exemplo, as vibrações das ferramentas manuais podem ser reduzidas revestindo-se as pegas com material absorvente, como borrachas ou espumas plásticas. Também deve-se evitar as pegas muito justas, apertadas ou rígidas para a transmissão de forças para as ferramentas manuais, permitindo-se variações de posturas, a fim de diluir os efeitos danosos das vibrações.

As vibrações também podem ser amortecidas fazendo-se lubrificações e manutenções periódicas das máquinas e equipamentos, ou colocando-se calços de borracha e outros materiais absorventes, além dos mecanismos amortecedores de vibrações, como molas e amortecedores.

4º Princípio: Proteger o trabalhador – Se as providências anteriores não forem suficientes, pode-se proteger o trabalhador com equipamentos de proteção individual EPI, como botas e luvas, que ajudam a absorver as vibrações. O uso desses equipamentos deve ser cuidadosamente analisado, pois geralmente são incômodos e costumam ser eficientes apenas em determinadas faixas de frequências.

5º Princípio: Conceder pausas – Quando a vibração for contínua, devem ser programadas pausas (por exemplo, 10 min de descanso para cada hora de trabalho) a fim de evitar a exposição contínua do trabalhador. A frequência e a duração dessas pausas vão depender, naturalmente, das características da vibração e demais condições de trabalho. Se essas pausas tiverem duração adequada, permitem uma recuperação, pelo menos parcial, do organismo durante a jornada de trabalho, interrompendo o efeito cumulativo das vibrações no organismo. Naturalmente, a recuperação maior vai se processar durante o período normal de descanso, após a jornada de trabalho.

11.6 AGENTES QUÍMICOS

As indústrias modernas, particularmente a química, a petroquímica e a farmacêutica, usam atualmente cerca de 50 mil compostos, e cerca de 2 mil novos compostos são criados a cada ano. Apenas uma pequena parcela deles foi estudada quanto aos aspectos nocivos à saúde. Esses agentes químicos nocivos à saúde atingem o organismo por via da ingestão, contato com a pele e inalação. Para alguns deles, existem tabelas que apresentam as concentrações *máximas toleradas* pelo organismo humano e os respectivos tempos máximos permissíveis à exposição, sem causar doenças. Essas tabelas são elaboradas e atualizadas periodicamente por organismos internacionais e convertidos em normas e regulamentos (ver os anexos da norma NR-15 – Atividades e Operações Insalubres, *in* Manuais de Legislação Atlas, 2004). Aqui apresentaremos apenas alguns exemplos, a título ilustrativo.

AERODISPERSOIDES

Aerodispersoides são agentes químicos dispersos no ar, que podem ser inalados pelos trabalhadores. Compreendem uma grande variedade de substâncias e, quanto ao aspecto físico, classificam-se em: poeiras, fumos, gases, vapores e neblinas.

Poeiras – São aerodispersoides sólidos com granulações invisíveis (menores que 0,2 mícron) ou visíveis (dez a 150 mícrons). Aqueles menores que cinco mícrons flutuam no ar durante muito tempo, sendo que os menores que três mícrons atingem os alvéolos pulmonares. Resultam de operações de trituração, moagens, explosões e polimentos. Exemplo: poeiras de granito, sílica, algodão e fósforo.

Fumos – São partículas resultantes da condensação de vapores, com dimensões menores que um mícron. Ocorrem em processos de solda com ferro, alumínio e outros. Produzem sintomas de curta duração, semelhantes a uma gripe, como tosse, febre, dor de garganta e dores no corpo.

Gases – São partículas muito pequenas, que se difundem no ar, tendendo a ocupar todo o volume do espaço de trabalho. Exemplos de gases nocivos: monóxido de carbono, gás sulfídrico, anidrido sulforoso, gás cianídrico e cloro.

Vapores – São semelhantes aos gases e difundem-se facilmente no ar. Diferem dos gases porque, em condições normais de temperatura e pressão, encontram-se em estado líquido ou sólido. Exemplos: gasolina, benzeno, dissulfeto de carbono e mercúrio.

Neblinas – São partículas líquidas resultantes de um processo de dispersão mecânica. São produzidas pela passagem de ar ou de gás através de um líquido ou processos mecânicos como a aspersão. Ocorrem, por exemplo, em processos de irrigação e aplicação de agrotóxicos. Elas não se difundem no ar e apresentam tendência à deposição. As gotículas condensadas das neblinas e vapores chamam-se névoas.

Essa classificação é importante porque cada tipo pode exigir diferentes medidas de prevenção e controle. Muitas vezes, medidas eficazes para um tipo de aerodispersoide não produz efeito para outro tipo, devido, principalmente, às diferenças granulométricas, densidades e formas de difusão. Por exemplo, máscaras para poeiras podem ser ineficazes para gases.

PRINCIPAIS AGENTES QUÍMICOS

Apresentaremos, a seguir, alguns exemplos de agentes químicos frequentemente encontrados em ambientes de trabalho. Eles entram na composição dos aerodispersoides e de outros meios de difusão que podem provocar danos à saúde do trabalhador.

Monóxido de carbono (CO) possui grande afinidade com a hemoglobina, até trezentas vezes superior à do oxigênio. Portanto, ele ocupa o lugar do oxigênio no sangue, prejudicando o transporte e suprimento do oxigênio para os tecidos. Assim, concentrações muito pequenas do monóxido já produzem sintomas de "falta de ar", tontura, confusão mental, dores de cabeça, inconsciência e morte. Esse gás está presente nos locais onde ocorre a combustão, como fornos, lareiras, aquecedores e incêndios.

Metais pesados, como o chumbo, mercúrio e cádmio, estão presentes em muitos produtos industriais. O organismo exposto a esses materiais, mesmo em baixas concentrações, corre riscos, porque eles persistem por longo tempo dentro do organismo e seus efeitos são cumulativos. O chumbo, em particular, provoca a doença do saturnismo, de caráter irreversível.

Solventes são particularmente nocivos, porque são voláteis e penetram facilmente no organismo, provocando efeitos tóxicos de diversos níveis. Uma das substâncias mais prejudiciais é o benzeno, que causa anemia plástica e leucemia, devendo ser substituído pelo tolueno, que é menos nocivo.

Sílica, quando penetra pelas vias respiratórias, provoca lesão crônica irreversível nos pulmões, chamada de silicose. As partículas com diâmetros inferiores a cinco mícrons são as mais prejudiciais.

Fumaças, gases e vapores tóxicos são expelidos por automóveis, usinas e fábricas. Além do prejuízo à saúde humana, essas substâncias atingem também outros seres vivos (animais, plantas). Provocam também danos ecológicos, pelo aumento da temperatura global, com consequências previsíveis. A longo prazo, agravam o efeito estufa, causando aumento da temperatura dos oceanos e a fusão gradual da calota polar. Com isso, alteram o delicado equilíbrio da vida no planeta.

Agrotóxicos são produtos químicos usados para eliminar plantas daninhas, insetos ou fungos, mas também podem provocar efeitos nocivos ao ser humano e outras espécies animais e vegetais. Alguns tipos de agrotóxicos são bastante persistentes, podendo ser carregados pela água da chuva e contaminar o solo, rios e mares. Também acabam atingindo o consumidor final dos produtos agrícolas. Dessa forma, os agrotóxicos interferem fortemente no equilíbrio ecológico, quebrando o delicado balanço ecológico das vidas animal e vegetal. Os insetos desenvolvem uma resistência natural e obrigam a indústria a usar formulações cada vez mais fortes desses produtos químicos. Os trabalhadores industriais e os agricultores que manejam esses produtos devem tomar todos os cuidados possíveis para reduzir o contato com eles, através da pele e também pelas vias respiratórias e digestivas.

CONTROLES DOS AGENTES QUÍMICOS

Os locais onde existem agentes químicos potencialmente nocivos à saúde devem receber cuidados especiais. A primeira recomendação é eliminá-los ou substituí-los por outras substâncias e processos menos agressivos. Por exemplo, um processo de trituração de rochas a seco levanta muito pó e pode ser substituído por outro processo de via úmida. Outra recomendação, no caso de poeiras e gases, é providenciar uma exaustão junto à fonte, retirando os elementos nocivos, antes que se espalhem pelo ar. Se isso não for possível, pode-se fazer uma ventilação forçada, para diminuir a concentração deles no ar, principalmente nas proximidades das vias respiratórias.

Em áreas muito abertas e desprotegidas, como na agricultura e mineração, os trabalhadores devem ser protegidos com equipamentos de proteção individual, como luvas e máscaras de gases. Essas máscaras devem ter filtros compatíveis com a granulometria dos aerospersoides (máscaras para poeiras não são eficientes para gases). Além disso, deve-se fazer um acompanhamento médico periódico nos casos de exposição permanente aos agentes de risco.

11.7 ESTUDO DE CASO — TRABALHO EM FUNDIÇÃO[1]

Em uma fundição de peças grandes, como blocos de motores, o molde é preparado em caixas de areia. O metal fundido é vazado por canais abertos no molde e preenche todos os espaços vazios dentro desse molde, conformando a peça. Quando o metal estiver solidificado, a caixa é colocada sobre uma grade metálica vibratória, para quebrar o molde de areia e separar a peça fundida.

A areia escorre pela grade e é reutilizada. A peça fundida é encaminhada para a operação de limpeza e fica suspensa. Essa operação é feita pelos limpadores de peças fundidas e começa com a retirada do canal de fundição, que é quebrada com um martelo. A areia que ainda fica grudada à peça é limpa com um jato de granalha, areia ou abrasivos, impulsionados por ar comprimido. Também se usam escovas de aço para remover essa areia. A rebarba e os excessos de metal são retirados com um esmeril, movido por motor elétrico ou ar comprimido. O trabalhador segura essa ferramenta com as duas mãos e percorre a peça, esmerilhando as rebarbas.

O trabalho físico em fundições costuma ser pesado, com diversos tipos de carga a serem levantados e com exigência de posturas fatigantes (Figura 11.10). O ambiente geralmente é escuro, sujo, ruidoso e quente. Muitas vezes se respiram gases e poeira de sílica. Esta última provoca lesão nos pulmões, chamada de silicose, que é uma das mais graves doenças ocupacionais. As partículas menores que três mícrons penetram nos alvéolos pulmonares, onde se depositam definitivamente. Com o tempo, o trabalhador vai perdendo a capacidade de oxigenar o sangue. Consequentemente, se enfraquece e incapacita-se para o trabalho.

O ruído ambiental existente prejudica a comunicação verbal entre os trabalhadores e tende a aumentar a monotonia e a fadiga, provocando degradação dos padrões de movimentos, diminuindo a qualidade e aumentando os riscos de acidentes. Isso pode ser grave, devido ao grande peso das peças manipuladas.

Na análise de um posto de trabalho para limpeza de peças fundidas, Aberg, Bengtson e Veiback (1974) constataram que, durante o esmerilhamento, era produzido cerca de 1 kg de pó por hora. Cerca de 1% desse pó era constituído por partículas menores que três mícrons. Essas partículas flutuam no ar por muito tempo e acabam sendo respirado pelos trabalhadores, com risco de contrair silicose. Os onze fatores negativos do posto de trabalho foram avaliados (Tabela 11.6) em uma escala de quatro níveis (nível 4 = pior situação).

---

[1] Baseado em Aberg, U., Bengtson, L., Veiback, T., 1974.

Figura 11.10
Posto de trabalho para limpeza de bloco de motores, em fundição (Aberg, Bengtson e Veiback, 1974).

Tabela 11.6
Avaliação dos fatores de risco em uma fundição

Fator	Nível	Fator	Nível
Ruído	4	Temperatura	3
Poluição do ar	4	Iluminação	2
Posturas do corpo	4	Isolamento social	2
Carga de trabalho	3	Falta de espaço	1
Monotonia	3	Falta de cooperação	1
Riscos de acidentes	3		

Três fatores foram avaliados no nível máximo (ruído, poluição do ar, posturas do corpo). Isso demonstra a gravidade do problema encontrado. Ao analisar o problema, identificaram-se duas causas básicas dessa má situação. Uma, de caráter tecnológico (máquinas antigas), e outra, devido ao posto de trabalho.

Mudanças tecnológicas – As mudanças tecnológicas poderiam resolver alguns problemas em definitivo, adquirindo-se novos equipamentos de fundição. Estes permitiriam fundir as peças com melhor qualidade, sem as rebarbas e excesso de metal, mas exigiriam vultosos investimentos e só foram consideradas viáveis a longo prazo.

Posto de trabalho – Como medida de curto prazo, optou-se pela melhoria do posto de trabalho, visando colocar as condições de trabalho dentro de limites aceitáveis. Para isso, chegou-se à conclusão de que o posto de trabalho deveria ser confinado dentro de cabinas especiais, construídas com material de isolamento acústico, com as paredes claras, tendo iluminação e ventilação adequadas. Para que o trabalhador não se sentisse isolado, decidiu-se também colocar uma janela de vidro, de modo que ele pudesse olhar para fora, enquanto trabalhava dentro da cabina.

Cabinas experimentais – Para acomodar os postos de trabalho foram construídos, inicialmente, nove modelos diferentes de cabinas experimentais em madeira, com formas prismáticas. Foram adotadas três formas (quadrado, pentágono e hexágono) para as bases e três diferentes dimensões para cada forma totalizando nove protótipos. Esses protótipos foram colocados em uso experimental, para serem avaliados pelos próprios trabalhadores. Para isso, deveriam dar notas de 1 a 5 para oito quesitos: espaço de trabalho; espaço para máquina; facilidade de acesso; espaço livre; manuseio de materiais; acústica; ventilação; e janela. Assim, a forma hexagonal com 1,5 m de distância entre paredes opostas e com abertura em um dos lados obteve a melhor pontuação nos oito quesitos avaliados (Figura 11.11). Passou-se então à construção do protótipo final, que tinha as seguintes características.

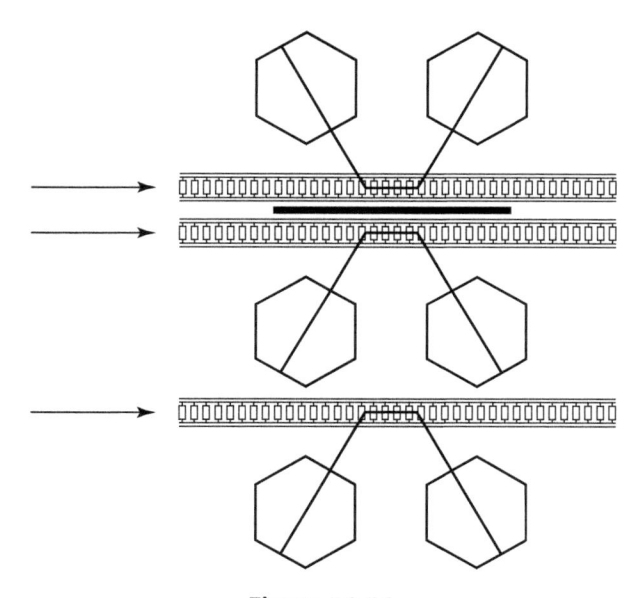

Figura 11.11
Leiaute das seis cabinas hexagonais. Elas foram montadas aos pares, com uso comum da mesma esteira transportadora. Foi colocado um biombo acústico entre os dois pares superiores
(Aberg, Bengtson e Veiback, 1974).

Equipamento – Foi projetada uma bancada com uso das medidas antropométricas, de modo que o operador pudesse trabalhar a maior parte do tempo sem inclinar-se. As ferramentas portáteis foram colocadas em um carrinho móvel, e aquelas alimentadas a ar comprimido foram penduradas na altura dos ombros, dentro da área de alcance dos braços, sem exigir posturas forçadas para alcançá-las. Em uma das paredes havia uma cadeira e mesa escamoteáveis, que eram usadas só durante as pausas. A cabina era provida de janela, para que o operador pudesse olhar para fora, reduzindo a sensação de isolamento. Junto do teto havia um trilho com resistência suficiente para suportar uma talha para transportar os blocos de motores até uma esteira de roletes.

Ruído – As paredes e o teto foram construídos com uma camada de 8 cm de lã de rocha, revestidos com chapas de metal perfurado e pintados de cor clara. As medições do ruído mostraram que, durante a operação de limpeza, havia geração de ruídos acima de 100 dB, o que obrigava ao uso de protetores auriculares. Contudo, havia uma passagem de apenas 14 dB para o lado externo da cabina. Considerando-se todos os ruídos existentes na fábrica, o ruído no interior de uma cabina parada era de 75 a 85 dB, o que permitia conversação durante as pausas, quando os protetores auriculares podiam ser retirados, sem riscos à saúde.

Ventilação – Dentro da cabina havia uma ventilação laminar, de cima para baixo, saindo de diversos furos no teto e sendo captada embaixo da bancada de trabalho. Com isso, havia um arraste do pó na zona de respiração. A concentração dos aerodispersoides no ar, medida na zona de respiração, durante operação normal da cabina, apresentou valores em torno de 0,8 mg/m³, quando o máximo permitido pela legislação era de 15 mg/m³. Portanto, o ambiente era satisfatório, e o operário poderia trabalhar normalmente sem uso de máscaras e sem riscos à saúde.

Implantação – O modelo da cabine foi aprovado e construído para ser implantado em toda a fábrica, contribuindo para melhorar significativamente o ambiente de trabalho dos limpadores de peças fundidas e o ambiente da fábrica em geral. Os custos de elaboração do projeto, construção e testes dos protótipos foram considerados relativamente baixos em comparação com os benefícios conseguidos.

11.8 Estudo de caso – ambientes sonoros em escritórios fechados ou abertos[2]

Existem dois tipos básicos de escritórios: o fechado e o aberto. Escritórios fechados são aqueles divididos em pequenas salas, separadas entre si por paredes ou divisórias altas e com portas de entrada/saída. Cada sala comporta apenas um ou dois ocupantes. Escritórios abertos são aqueles em que o mesmo ambiente é compartilhado por um grande grupo (dezenas e até centenas) de pessoas, separados apenas por divisórias baixas ou arranjos das mesas e outros móveis, sem portas. Há muitas discussões sobre vantagens e desvantagens entre os defensores de um ou outro tipo.

Os modernos prédios de escritórios tendem para os escritórios abertos, organizados em amplos espaços, sem paredes fixas. Seus defensores argumentam que há um melhor aproveitamento do espaço, maior flexibilidade para mudanças, e facilidades para iluminação e ventilação. Do ponto de vista organizacional, argumentam que facilitam as comunicações, relacionamentos sociais, cooperações, e trabalhos em grupo. Do ponto de vista econômico, há menor investimento *per capita*, devido à maior densidade de ocupação e ausência de paredes ou divisórias altas.

Contudo, há pessoas que reclamam dos ruídos elevados e da falta de privacidade, principalmente quando há necessidade de se tratar de assuntos privados ou confidenciais. Isso aumentaria as distrações, no caso do trabalho exigir concentração mental. Além disso, há pessoas que provocam perturbações no ambiente, como

[2] Baseado em Kaarlela-Tuomaala, A., et al., 2009.

aqueles que falam alto, dão gargalhadas ou gostam simplesmente de conversar "fiado", contando casos pessoais sem nenhuma relação com o trabalho. Em termos individuais, há aqueles que se adaptam facilmente ao escritório aberto, enquanto outros se sentem incomodados.

Trabalhos de escritório – Os trabalhos de escritório são muito variados. Há aqueles que simplesmente executam tarefas rotineiras, como lançamentos contábeis, enquanto outros estão envolvidos em trabalhos complexos, intelectuais e criativos, como na elaboração de pareceres ou execução de projetos. Estes últimos exigem não apenas desempenhos individuais, mas também interações sociais e trabalhos em grupos.

As tarefas de escritório, em geral, exigem atividades cognitivas e motoras, sendo que estas primeiras são predominantes em trabalhos de escritório. A cognição envolve funções de percepção, atenção, memória, processamento de informações e tomada de decisões. Cada uma dessas funções pode sofrer diferentes influências das variações ambientais. Além disso, há grandes diferenças individuais, sendo que algumas pessoas são mais sensíveis a certos estímulos. Por exemplo, o ruído ambiental pode afetar cada pessoa, de forma diferenciada.

Pesquisa longitudinal – Realizou-se uma pesquisa longitudinal na Finlândia, acompanhando trabalhadores que se transferiram de um escritório fechado para outro aberto (Kaarlela-Tuomaala et al., 2009). Nesse tipo de pesquisa, um grupo de sujeitos é acompanhado ao longo do tempo, em diferentes situações de trabalho. Eles trabalhavam em uma empresa do ramo de engenharia e manutenção e foram transferidos de um escritório fechado para outro aberto. A transferência ocorreu sem nenhuma alteração da estrutura organizacional ou dos cargos.

No total, 121 pessoas trabalhavam na empresa, sendo 85 em escritórios fechados. Destas, foram selecionadas 31 como sujeitos da pesquisa. Eles tinham entre 26 e 56 anos de idade, com média de 35 anos. A maioria tinha nível de instrução secundária ou superior. Trabalharam, em média, oito anos na empresa e 2,5 anos em seu cargo atual. Em um dia típico de trabalho, dedicavam-se: 38% do tempo em processamento de textos; 15% em tarefas criativas, planejamento, conversas telefônicas e reuniões de grupos; e 8% em tarefas operacionais, como tirar cópias e arquivar papéis.

Questionário – Os sujeitos foram submetidos a um questionário (Tabela 11.7), contendo quinze perguntas. Foi acrescida uma pergunta de controle, por exemplo, sobrenome de solteira da mãe. Algumas perguntas se desdobravam em outros quesitos, com total de 68 quesitos. Esses quesitos visavam detalhar certas circunstâncias da pergunta. Por exemplo, na pergunta 7 – "Que métodos você usa para abrandar os efeitos dos ruídos em seu posto de trabalho?" – foram colocados quesitos como: "converso sobre o problema do ruído com os colegas"; "adio a tarefa ou faço-a fora do expediente"; "uso protetores de ouvido ou fones para ouvir música"; e outros.

Esses questionários deveriam ser respondidos por escrito, em seus próprios locais de trabalho, com duração aproximada de quinze minutos para preenchimento. Os questionários preenchidos eram retornados a um local indicado, dentro de uma semana. O preenchimento foi feito em três ocasiões: a primeira, dois meses antes da mudança; a segunda, quatro meses após a mudança; e a terceira, um ano após. Todos os sujeitos foram avisados previamente sobre essas três ocasiões de preenchimento.

Tabela 11.7
Resumo do questionário utilizado para a pesquisa longitudinal
(Kaarlele-Tuomaala et al., 2009)

Tópico	Perguntas	Quesitos das perguntas	Escala utilizada (cinco níveis)
Posto de trabalho	1. Como você caracteriza o seu atual posto de trabalho?	nove descrições	1 = não se aplica 5 = totalmente
	2. Como os fatores ambientais o perturbaram em seu posto de trabalho nos últimos três meses?	nove situações	1 = não de aplica 5 = gravemente
	3. Você está satisfeito com o seu ambiente geral de trabalho?		1 = muito insatisfeito 5 = muito satisfeito
Ambiente acústico no posto de trabalho	4. Como considera o ambiente acústico em geral no seu posto de trabalho?		1 = muito insatisfeito 5 = muito satisfeito
	5. Quais são os ruídos que perturbam a sua concentração em seu posto de trabalho?	doze fontes de ruídos	1 = não se aplica 5 = totalmente
	6. De que maneira esses sons perturbam o seu trabalho?	seis tipos de sons	1 = não se aplica 5 = totalmente
	7. Que métodos você usa para abrandar os efeitos dos ruídos em seu posto de trabalho	onze métodos	1 = nunca 5 = quase sempre
	8. Quantos minutos por dia são desperdiçados devido aos efeitos danosos dos ruídos?		Questão aberta
	9. Você considera possível discutir um assunto em seu posto de trabalho sem levantar a voz?		1 = Dificilmente 5 = Certamente
	10. Você considera possível trabalhar em seu posto sem ouvir conversas desnecessárias às suas tarefas?		1 = Dificilmente 5 = Certamente
Características pessoais	11. Quais são os sintomas ou sentimentos que você teve nos últimos três meses?	oito sintomas	1 = não se aplica 5 = totalmente
	12. Como você avalia sua sensibilidade ao ruído?	quatro descrições	1 = não se aplica 5 = totalmente
	13. Você se sente ansioso?	quatro descrições	1 = não se aplica 5 = totalmente
	14. Você se considera extrovertido?	três descrições	1 = não se aplica 5 = totalmente
	15. Você consegue manter autocontrole?	duas descrições	1 = não se aplica 5 = totalmente

Análises estatísticas – Os resultados dos questionários e seus respectivos quesitos foram submetidos a várias análises estatísticas. Foram feitas comparações entre essas respostas, antes e depois da mudança. Observa-se que muitos apresentaram diferenças significativas (antes e depois), enquanto outras ficaram no nível não significativo (NS), a exemplo do que aparece na Figura 11.12.

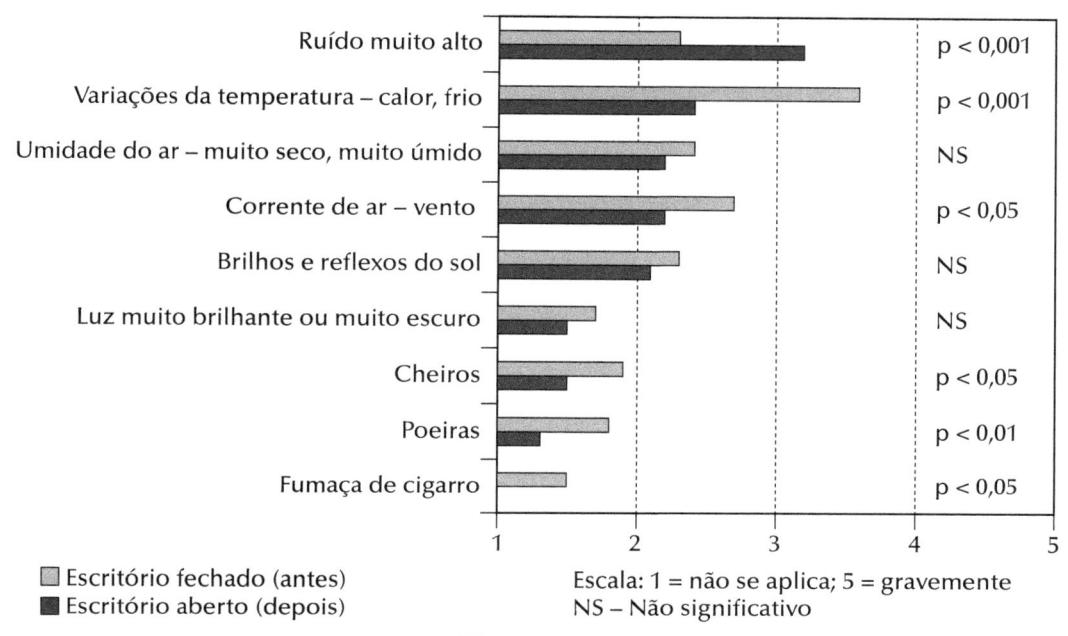

Escritório fechado (antes)
Escritório aberto (depois)

Escala: 1 = não se aplica; 5 = gravemente
NS – Não significativo

Figura 11.12
Comparações entre as respostas ao questionário e seus quesitos antes e depois da mudança. Pergunta 2 – "Como os fatores ambientais o perturbaram em seu posto de trabalho nos últimos três meses?"

Resultados – Todas as condições de trabalho melhoraram no escritório aberto, com a única exceção do ruído, que piorou significativamente. A principal reclamação recaiu sobre o aumento do ruído, que tende a perturbar e atrasar a execução das tarefas. O tempo médio perdido passou de nove minutos no escritório fechado para vinte minutos no escritório aberto. Portanto, recomenda-se realizar um estudo minucioso da acústica em escritórios abertos.

Em escritórios abertos podem ser adotadas diversos tipos de providências para a redução dos ruídos. Por exemplo, a aplicação de materiais absorvedores de som e construção de barreiras sonoras. Com isso, a propagação de uma fala audível a vinte metros pode ser reduzida a cinco metros.

A pesquisa demonstrou que os sujeitos, em geral, estavam menos satisfeitos no novo ambiente, embora o novo escritório seja mais moderno. Os autores da pesquisa concluem que, nesse caso, a mudança do escritório não foi benéfica para os trabalhadores, porque a maioria deles executava tarefas individuais de natureza cognitiva, que exigiam concentração. Possivelmente, os resultados seriam diferentes em trabalhos mais dinâmicos, de natureza coletiva.

Questões

1. Explique a equação da termorregulação do organismo.

2. Quais são as condições para se obter o conforto térmico?

3. Apresente algumas consequências do trabalho a altas temperaturas.

4. Apresente algumas consequências do trabalho a baixas temperaturas.

5. Como ocorre a surdez provocada pelo ruído?

6. Como influem os ruídos de longa e de curta durações no trabalho?

7. Explique pelo menos três medidas para controlar o ruído ambiental.

8. Como ocorrem as ressonâncias de vibrações no organismo?

9. Como se pode controlar as vibrações?

10. Dê pelo menos três exemplos de agentes químicos nocivos à saúde.

Exercícios

1. Examine as soluções acústicas aplicadas em um carro, tanto no compartimento do motor como na carroceria, e descreva pelo menos cinco tipos de materiais, mecanismos ou acabamentos aplicados para a redução dos ruídos e vibrações.

2. Analise uma situação de trabalho a temperaturas muito altas (fornos de padarias, pizzarias, cozinhas industriais, fundições) ou muito baixas (sorveterias, fábricas de gelo, frigoríficos). Entreviste dois ou três trabalhadores que operam nessas condições desfavoráveis.

    a) Pergunte sobre o conforto/desconforto que sentem e como isso influi no desempenho do trabalho

    b) Verifique se as roupas (uniformes) e os equipamentos de proteção individual utilizados pelos trabalhadores são adequados.

    c) Apresente sugestões para solucionar os problemas constatados.

12 AMBIENTE: ILUMINAÇÃO E CORES

OBJETIVOS

Iluminação e cores são essenciais para o trabalho humano porque grande parte das informações ambientais é captada pela visão. O correto planejamento da iluminação e das cores contribui para prevenir erros na leitura de instrumentos visuais, aumentar a satisfação no trabalho e melhorar a produtividade, além de reduzir os erros, a fadiga e os acidentes. Tem também um efeito subjetivo, pois ambientes bem iluminados e cores "alegres" contribuem para reduzir a monotonia e melhorar o ânimo.

Quase todas as formas de vida (vegetal e animal) dependem da luz solar. Contudo, na vida moderna, o ser humano passou a depender cada vez mais de luzes e cores produzidas artificialmente, tanto no ambiente profissional como no doméstico. No estudo das cores, é importante distinguir as diferentes propriedades entre cores dos corantes e cores de luzes. Os corantes tiveram grande avanço tecnológico na mídia impressa, a partir do desenvolvimento das indústrias química e petroquímica. Contudo, nas últimas décadas, as cores das luzes estão cada vez mais presentes na vida diária de todos, principalmente nas telas e mostradores de instrumentos informatizados, que cada vez mais substituem a mídia impressa.

Na prática, nem sempre os problemas de iluminação e cores são bem resolvidos. A baixa produtividade e insatisfação dos trabalhadores estão relacionadas, muitas vezes, com seu ambiente de trabalho. Este capítulo apresenta os principais conceitos para o correto planejamento da iluminação em ambientes de trabalho e aplicação das cores.

Tópicos

- Leis da iluminação
- Efeitos fisiológicos da luz
- Contraste figura/fundo
- Ofuscamento
- Fadiga visual
- Luz natural
- Sistemas de iluminação
- Iluminação de fábricas
- Princípios da iluminação
- Fotorreceptores
- Memória das cores
- Simbologia das cores
- Efeito aditivo das cores
- Efeito subtrativo das cores
- Cores primárias
- Cone de cores
- Círculo de cores
- Sistema Munsell
- Cores na mídia eletrônica
- Cores na fábrica
- Visibilidade das cores
- Legibilidade das cores
- Daltônicos

12.1 FOTOMETRIA

Para avaliar e realizar projeto de iluminação em postos de trabalho, é necessário medir as variáveis fotométricas (ver Tabela 12.1).

Para definir as unidades fotométricas, podemos imaginar uma fonte luminosa (lâmpada) que emite luz uniformemente em todas as direções, criando uma esfera de luz. A energia irradiada (watts) própria ou refletida por essa fonte é chamada de intensidade luminosa (I), medida em *candela* (cd). O fluxo de energia luminosa (F) do espectro visível (entre 400 e 700 nm – ver Figura 4.5) transmitida por segundo é medido em *lumens* (lm). Iluminamento (E) é a quantidade de luz que incide sobre uma superfície, sendo medida em lumens/m^2 ou *lux* (lx). À medida que se afasta da fonte (distância = D), o fluxo luminoso vai se espalhando e perdendo a capacidade de iluminamento. Luminância (L) é a quantidade de luz (própria ou refletida) emitida pela fonte que é percebida pelo olho humano, medida em candela/m^2 (cd/m^2). Reflectância (R) é a proporção da luz refletida em relação à luz incidente sobre uma superfície, é medida em %.

Tabela 12.1
Definição das principais variáveis fotométricas usadas na iluminação

Variável	Unidade	Definição
I – Intensidade luminosa	Candela (cd)	Luz emitida por uma fonte ou refletida em uma superfície iluminada
F – Fluxo luminoso	Lúmen (lm)	Energia luminosa que flui a partir de uma fonte
E – Iluminamento	Lux (lx) Lúmens/m^2	Quantidade de luz que incide sobre uma superfície
L – Luminância	Candela por m^2 (cd/m^2)	Quantidade de luz emitida por uma superfície e percebida pelo olho humano
R – Reflectância	(%)	Proporção da luz refletida pela superfície em relação à incidente

LEIS DA ILUMINAÇÃO

As leis da iluminação estabelecem relações matemáticas entre as seguintes grandezas físicas (Figura 12.1):

I – Intensidade luminosa da fonte, em candelas;

F – Fluxo luminoso, em lumens;

E – Iluminamento, em lux;

L – Luminância, em candela/m^2;

R – Reflectância, em %;

S – Superfície iluminada, em m^2;

D – Distância entre a fonte e a superfície, em metros.

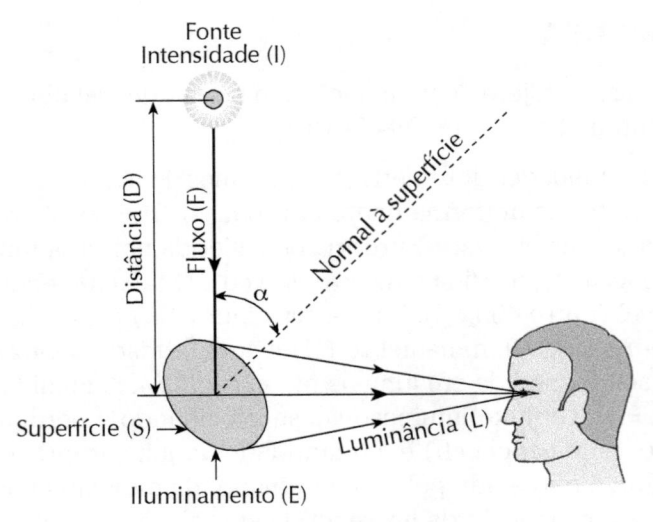

Figura 12.1
Grandezas físicas da iluminação.

Lei do fluxo luminoso – O fluxo luminoso é igual ao iluminamento multiplicado pela área incidente.

$$F = E \times S = I \times 12,57$$

A constante 12,57 representa a área total de uma esfera (m²) com 1 m de raio, no centro da qual se situa a fonte luminosa de intensidade I.

Lei do iluminamento – O iluminamento é inversamente proporcional ao quadrado da distância entre a fonte luminosa e a superfície iluminada, multiplicada pelo cosseno do ângulo de incidência.

$$E = \frac{I \cdot \cos\alpha}{d^2}$$

Se os raios incidirem perpendicularmente à superfície iluminada, $\alpha = 0°$, ou seja, $\cos\alpha = 1$, e temos:

$$E = \frac{I}{d^2}$$

Isso significa que o iluminamento de uma superfície diminui na razão quadrada da distância que a separa da fonte.

O iluminamento de 1 lux ou 1 lúmen/m² corresponde a uma fonte de 1 candela incidindo sobre uma esfera de 1 m de raio. Se essa esfera aumentar o raio para 2 m, mantendo-se a mesma fonte, o iluminamento na superfície interna cairá para 1/4 lux ou 0,25 lux.

Lei da reflectância – A reflectância mede a proporção da luz refletida (luminância) em relação à luz incidente (iluminamento), ou seja:

$$R = \frac{L}{E} = \frac{\text{Luminância}}{\text{Iluminamento}}$$

Se a superfície for perfeitamente refletora, a luminância será igual ao iluminamento, resultando R = 1,0. (Os valores de R podem ser expressos também em termos percentuais, multiplicando-se esse valor por 100.) Contudo, essa refletância total dificilmente ocorre, porque geralmente a superfície absorve parte da luz incidente e reflete a restante. A reflectância do papel branco é de 95%, da roupa branca é de 65%, e da folha de jornal impresso, cerca de 55%. Um papel preto fosco tem reflectância de 5%. Além disso, essa reflexão não se processa uniformemente para todos os comprimentos de onda incidentes. Essa reflexão seletiva das superfícies permite visualizar as suas cores, como se verá mais adiante.

12.2 Efeitos fisiológicos da luz

O nível de luminância interfere diretamente no mecanismo fisiológico da visão. Como já vimos (pp. 120-121), a intensidade luminosa que incide sobre os olhos influi no funcionamento dos dois tipos de células fotossensíveis do olho humano: os cones e os bastonetes. Influi também no funcionamento das musculaturas internas (ciliares) do globo ocular, responsáveis pela curvatura do cristalino (fazem a acomodação), e aquelas externas (oculares), que movimentam os globos oculares e comandam a convergência.

Existem muitos fatores que influem na capacidade de discriminação visual, como a faixa etária e as diferenças individuais, mas aqui vamos considerar apenas os três fatores julgados mais importantes e controláveis em nível de projeto dos locais de trabalho: a quantidade de luz; o tempo de exposição; e o contraste entre figura e fundo.

Quantidade de luz

Por muito tempo, os sistemas de iluminação nos ambientes de trabalho foram dimensionados de modo a poupar, ao máximo possível, a energia elétrica. Os valores recomendados até a década de 1950 oscilavam em torno de 10 a 50 lux, muito abaixo dos níveis atualmente recomendados.

Hoje, as recomendações são para luzes até dez vezes mais intensas. Foram desenvolvidas lâmpadas mais eficientes e econômicas, e o planejamento da iluminação permite uso mais adequado delas. A iluminação deficiente e a consequente fadiga visual causam 20% de todos os acidentes (Grandjean, 1998). Uma fábrica de tratores dos Estados Unidos conseguiu reduzir em 32% o índice de acidentes na linha de montagem aumentando o nível geral de iluminamento de 50 para 200 lux.

O rendimento visual tende a crescer, com o logaritmo do iluminamento a partir de 10 lux até cerca de 1.000 lux, enquanto a fadiga visual se reduz nessa faixa (Figura 12.2). A partir desse ponto, os aumentos do iluminamento não provocam melhoras sensíveis do rendimento, mas a fadiga visual começa a aumentar. Existem diversas tabelas de níveis de iluminamento recomendadas para cada tipo de ambiente, e quase todas recaem nas faixas apresentadas na Tabela 12.2. De um modo geral, para as áreas não produtivas, como almoxarifados, passagens e corredores, pode-se manter níveis em torno de 100 lux. Para as áreas produtivas, com a presença contínua de trabalhadores, são recomendados níveis de 200 a 600 lux.

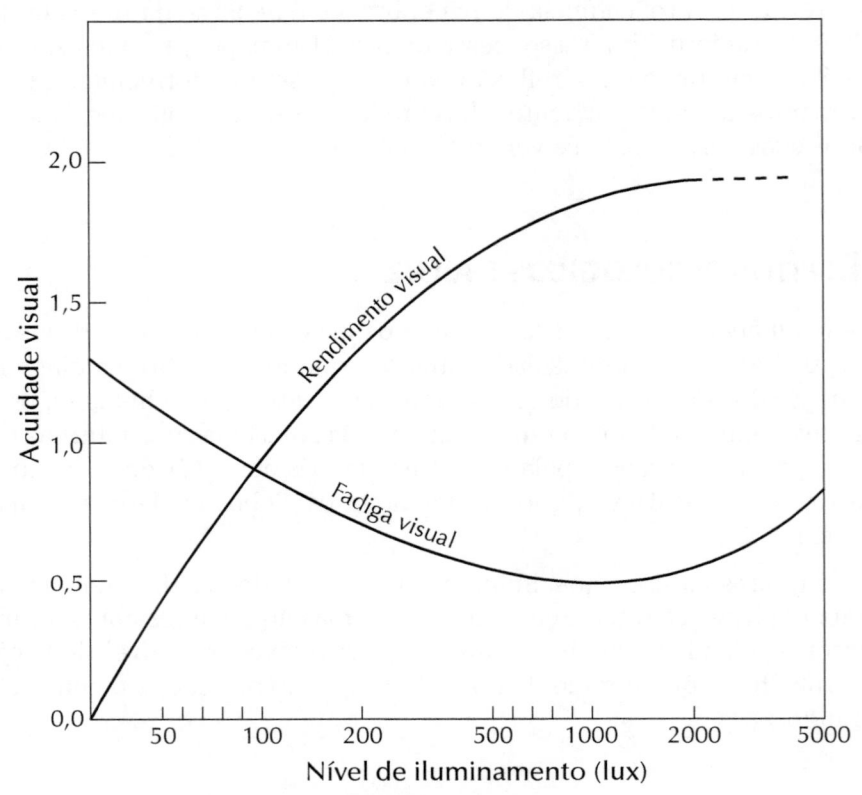

Figura 12.2
Variações do rendimento e da fadiga visual em função do nível de iluminamento (Hopkinson e Collins, 1970).

Se houver necessidade de um iluminamento maior, recomenda-se usar uma iluminação *localizada* de até 2.000 lux, diretamente sobre a tarefa, complementando a iluminação geral do ambiente. É o caso especial, por exemplo, de montagens ou inspeções de peças pequenas e complexas, com pouco contraste. Em certos casos excepcionais, como em operações cirúrgicas, pode-se chegar a 10.000 lux, por curtos períodos. Com essa providência, além de economizar energia, pode-se ter a vantagem de poder direcionar o foco da luz sobre os detalhes desejados ou eliminar sombras, reflexos e ofuscamentos. Esse foco dirigido também ajuda a aumentar a concentração do trabalhador sobre a tarefa, devido ao efeito *fototrópico*, pois os olhos são atraídos para os pontos mais brilhantes do campo visual.

Tabela 12.2
Níveis de iluminamento recomendados para algumas tarefas típicas

Tipo	Iluminamento recomendado (lux)	Exemplos de aplicação
Iluminação geral de ambientes externos	5-50	Iluminação externa de locais públicos, como ruas, estradas e pátios.
Iluminação geral para locais de pouca exigência visual	20-50	Iluminação mínima de corredores, almoxarifados e estacionamentos.
	100-150	Escadas, corredores, banheiros, zonas de circulação, depósitos e almoxarifados.
Iluminação geral em locais de trabalho	200-300	Iluminação mínima de serviço. Fábricas com maquinaria pesada. Iluminação geral de escritórios, hospitais, restaurantes.
	400-600	Trabalhos manuais pouco exigentes. Oficinas em geral. Montagem de automóveis, indústria de confecções. Leitura ocasional e arquivo. Sala de primeiros socorros.
	1.000*-1.500*	Trabalhos manuais precisos. Montagem de pequenas peças, instrumentos de precisão e componentes eletrônicos. Trabalhos com revisão e desenhos detalhados.
Iluminação localizada	1.500-2.000	Trabalhos minuciosos e muito detalhados. Manipulação de peças pequenas e complexas. Trabalhos de relojoaria.
Tarefas especiais	3.000-10.000	Tarefas especiais de curta duração e de baixos contrastes, como em operações cirúrgicas.

(*) Pode ser combinado com a iluminação localizada.

TEMPO DE EXPOSIÇÃO

O tempo de exposição para que um objeto possa ser discriminado depende do seu tamanho, contraste e nível de iluminamento.

Na maioria dos casos, é suficiente o tempo de um segundo para que haja uma boa discriminação. Se os objetos forem pequenos e o contraste for baixo, o tempo necessário poderá crescer sensivelmente. Por exemplo, para objetos pequenos, se o contraste for reduzido de 70% para 50%, o tempo necessário aumentará em quatro vezes.

Os olhos têm dificuldade em fixar os objetos em movimento, como já foi visto (pp. 122-124). Por exemplo, no caso de inspeção, em que o produto se move continuamente numa esteira transportadora, os olhos fazem várias fixações, aos "pulos". Se a velocidade aumentar, alguns objetos passarão despercebidos, diminuindo a eficiência da inspeção. Nesse caso, é preferível que os objetos se movam de forma intermitente (andam e param), em pequenos lotes, de modo que as fixações visuais se processem sobre os objetos parados.

Em um experimento de laboratório, a mesma tarefa foi realizada com diferentes níveis de iluminamento, na faixa de 10 a 2.000 lux (Figura 12.3). O tempo necessário para realizar essa tarefa foi se reduzindo com o aumento do iluminamento. Esse tempo, correspondendo a 90 s para 10 lux, reduziu-se para 35 s (39% do inicial) quando o iluminamento passou para 200 lux. A partir desse ponto, não foram observadas reduções significativas do tempo, mesmo que o iluminamento chegasse a 2.000 lux. Portanto, pode-se considerar que o aumento do nível de iluminamento é desnecessário acima de certo nível crítico, representando desperdício de energia, sem apresentar um aumento correspondente da produtividade. Além disso, como já foi visto, níveis acima de 1.000 lux favorecem o aparecimento da fadiga visual.

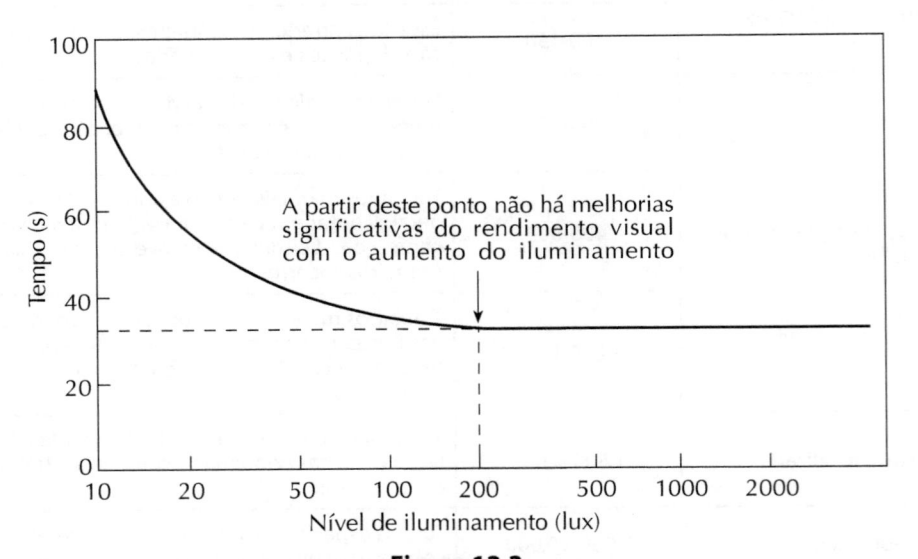

Figura 12.3

Redução do tempo necessário à exposição visual com o aumento do nível de iluminamento. Acima de 200 lux não há melhorias significativas.

Ofuscamento

O ofuscamento é uma redução da eficiência visual provocada por objetos ou superfícies presentes no campo visual de grande luminância, à qual os olhos não estão adaptados. O ofuscamento é produzido pelo sol, janelas, presença de lâmpadas no campo visual ou reflexões em superfícies polidas. É produzida também por faróis de carros na direção contrária, quando se dirige à noite.

A retina é capaz de adaptar-se a diferentes níveis de luminância, desde que os contrastes não sejam muito grandes. Desse modo, se não for possível eliminar ou recobrir a fonte luminosa, pode-se aumentar o nível de iluminação ambiental, para reduzir o contraste. Assim, quanto mais escuro for o ambiente geral, maior será a vulnerabilidade dos olhos ao ofuscamento. A iluminação de túneis, por exemplo, deve ser maior durante o dia, quando os olhos estão adaptados à maior claridade ambiental. Existem vários níveis de ofuscamento, desde o desconforto visual até a incapacitação visual.

Desconforto visual – É provocado pela presença de pontos luminosos brandos no campo visual, que distraem a atenção e produzem fadiga, mas não chegam a afetar seriamente o desempenho. Essa fadiga ocorre nos músculos que controlam a abertura da íris. Quando houver um objeto brilhante que se destaca em um ambiente escuro, há ações contraditórias entre os músculos que tendem a fechar (adaptação ao claro) e outros que tendem a dilatar (adaptação ao escuro) a íris, causando fadiga, irritação e distração. Isso ocorre em ambientes interiores com iluminação mal planejada ou quando se assiste à televisão numa sala escura.

Incapacitação visual – Ocorre quando luzes muito intensas surgem repentinamente no campo visual, podendo provocar uma "cegueira" temporária. Esse efeito pode permanecer por alguns segundos, mesmo após a retirada da fonte luminosa. As pessoas idosas são mais sensíveis a esse tipo de ofuscamento.

Os ofuscamentos ainda podem ser diretos ou indiretos. Os *diretos* ocorrem com a presença da fonte de brilho no campo visual. Esses ofuscamentos podem ser evitados removendo-se a fonte, colocando-a fora do campo visual ou instalando-se um anteparo entre a fonte e os olhos (Figura 12.9). Os *indiretos* são causados por reflexão (Figura 12.4). Podem ser evitados substituindo-se as superfícies lisas e polidas por outras foscas. Isso ocorre, por exemplo, com vidros e peças cromadas, que devem ser substituídas ou colocadas fora do campo visual. Os reflexos também podem ser evitados mudando-se a posição da fonte de brilho ou da superfície refletora.

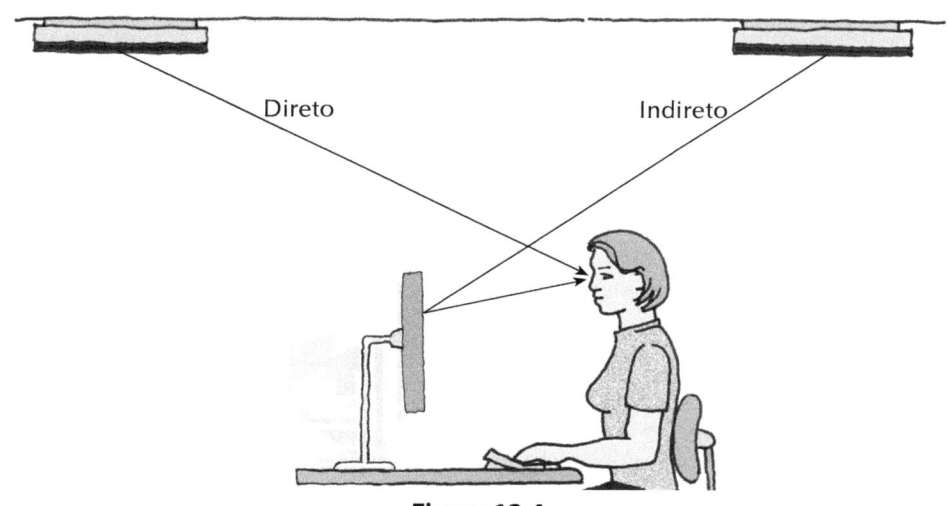

Figura 12.4
Fontes de ofuscamentos diretos e indiretos (reflexos).

OFUSCAMENTO E EFICIÊNCIA VISUAL

O efeito do ofuscamento sobre a eficiência visual foi testado colocando-se deliberadamente uma lâmpada de 100 watts no campo visual. A tarefa consistia em fazer identificações de barras paralelas de diferentes tamanhos e contrastes. A fonte de ofuscamento foi se deslocando para cima, fazendo ângulos de 5°, 10°, 20° e 40° em relação à linha de visão. A eficiência visual melhorou de 16% para 31%, 41% e 58%, respectivamente, com o progressivo afastamento da fonte de ofuscamento em relação ao objeto de teste (Figura 12.5).

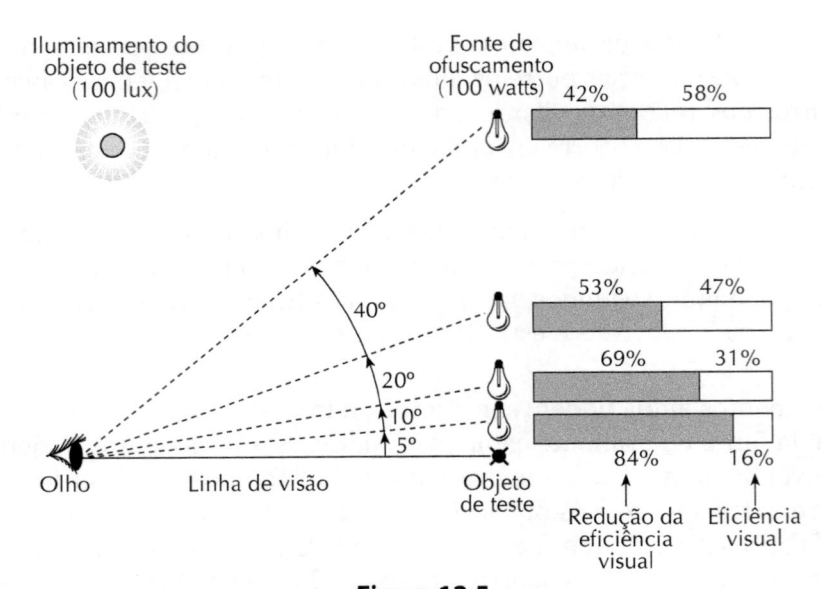

Figura 12.5
Efeitos do ofuscamento provocado por uma fonte luminosa de 100 watts no campo visual
(Luckiesh e Moss in McCormick, 1970).

REDUÇÃO DO OFUSCAMENTO

As medidas mais eficazes para acabar com o ofuscamento são: a eliminação da fonte de brilho (ofuscamentos diretos) e a substituição de superfícies refletoras (ofuscamentos indiretos) no campo visual. Isso aconteceu, por exemplo, com a substituição dos monitores CRT (*cathode ray tube*) por monitores LCD (*liquid crystal display*), cuja tela não é envidraçada, o que reduz os reflexos.

Quando isso não for possível, por exemplo, porque a fonte é uma janela que reflete a luz solar, pode-se mudar a posição do trabalhador, colocando-o de lado ou de costas para a janela. Os ofuscamentos também podem ser reduzidos com uma combinação adequada entre as iluminações direta e indireta. A luz direta incidente sobre a tarefa serve para melhorar o contraste, mas pode provocar sombras. A luz indireta é refletida no teto, paredes e outras superfícies e ajuda a fazer transição suave com outras áreas, além de reduzir as sombras.

Como uma regra geral, nenhuma lâmpada deve ficar "nua" no campo visual. As luminárias devem ser posicionadas de modo que a luz não incida diretamente sobre os olhos. No caso de lâmpadas fluorescentes, é preferível colocá-las paralelamente à linha da visão, com aletas perpendiculares, reduzindo-se a exposição da superfície luminosa. Geralmente, é preferível colocar um número maior de lâmpadas de potências menores, em vez de um pequeno número de lâmpadas potentes.

FADIGA VISUAL

A fadiga visual produz irritação dos olhos e lacrimejamento. A frequência do piscar vai aumentando, a visão torna-se "borrada" e se duplica. Tudo isso diminui a eficiência visual. Em grau mais avançado, ela provoca dores de cabeça, náuseas, depressão e irritabilidade emocional. Em consequência, há quedas do rendimento e da qualidade do trabalho.

A fadiga visual ocorre principalmente nas atividades que exigem grande concentração visual, como em microscópios, monitores, inspeção de peças e revisões de texto. Alguns fatores aumentam a fadiga visual, como a dificuldade pessoal de acomodação visual (Seção 4.2). Incluem-se também a má iluminação e fatores organizacionais, tais como rigidez das rotinas e longos períodos de trabalho sem pausas.

A fadiga visual é provocada principalmente pelo esgotamento dos pequenos músculos ligados externamente ao globo ocular (responsáveis pela movimentação e fixação) e também dos músculos ciliares (responsáveis pela focalização dos olhos). Raramente referem-se à dificuldade de percepção das células fotossensíveis. Ela pode ser atribuída às seguintes causas:

Fixação de pequenos detalhes – Objetos muito pequenos exigem grande esforço dos músculos que movimentam os olhos (convergência) e daqueles que ajustam a curvatura do cristalino (acomodação).

Iluminação inadequada – A intensidade luminosa insuficiente ou inadequada provoca brilhos e ofuscamentos.

Pouco contraste – Ocorre quando há pouca diferença entre a figura e fundo, porque ambos apresentam cores, tonalidades ou formas semelhantes.

Pouca legibilidade – Ocorre com objetos e figuras com traços ou contornos confusos, como cópias de má qualidade ou manuscritos pouco legíveis.

Objetos em movimento – Os objetos em movimento exigem maior ação muscular para serem focalizados, principalmente se forem pequenos, de baixo contraste e mal iluminados.

Má postura – A má postura pode dificultar a leitura, por exemplo, quando há paralaxe em instrumentos de medida.

Em alguns casos, a solução desses problemas pode tornar-se inviável na prática, devido à natureza desses problemas e aos altos investimentos envolvidos. Contudo, pode-se, pelo menos, diminuir o impacto deles, evitando que uns não ocorram simultaneamente a outros.

PREVENÇÃO DA FADIGA VISUAL

Para evitar a fadiga visual, deve haver um cuidadoso planejamento da iluminação, assegurando a focalização do objeto a partir de uma postura confortável. A luz também deve ser planejada, para não produzir sombras, ofuscamento ou reflexos indesejáveis. Além da iluminação adequada do objeto, a iluminação do fundo deve permitir um descanso visual durante as pausas e aliviar o mecanismo de acomodação. Recomendam-se pausas frequentes, mesmo que sejam de curta duração. Estas podem ser de cinco minutos a cada hora de trabalho ou até mais curtas e mais frequentes, com pausa de um minuto a cada dez minutos de trabalho.

IDADE E FADIGA VISUAL

A idade afeta a fadiga visual de diversas maneiras. A acomodação para focalizar objetos próximos exige gradualmente maiores distâncias, devido ao endurecimento e perda de transparência do cristalino. Já vimos (p. 119) que essa distância focal vai aumentando gradativamente durante a vida, de 8 cm (aos dezesseis anos) até 100 cm (acima dos sessenta anos). A partir dos 45 anos, quando a distância focal ultrapassar 25 cm, o esforço para focalizar pequenos detalhes vai se tornando cada vez maior, sendo aconselhável o uso de óculos para prevenir a fadiga visual.

A idade provoca também redução do tamanho da pupila, diminuindo a quantidade de luz que penetra nos olhos. Para a mesma intensidade de luz, a quantidade que penetra nos olhos reduz-se a um terço dos vinte aos sessenta anos. Esse problema é agravado pela perda de transparência interna dos olhos. Isso significa que as pessoas idosas precisam de mais luz, para prevenir a fadiga visual.

A velocidade e a precisão na discriminação de pequenos detalhes também se reduzem a partir dos trinta anos, e a sensibilidade visual diminui na faixa da luz azul. Apesar dessa redução da capacidade visual, a maioria das pessoas idosas continua apta para trabalhos que não exijam muitas acomodações. Contudo, isso é feito com mais fadiga visual, que pode ser parcialmente compensada pelo uso de óculos e pela melhoria da iluminação.

Existem também problemas com as pessoas que usam óculos, principalmente em trabalhos com computadores. Os óculos geralmente são prescritos para uma distância de leitura de 30 cm. Contudo, no trabalho com monitores, essa distância visual é maior, na faixa de 40 cm a 60 cm. Também não se recomenda uso de óculos com lentes multifocais em trabalhos de digitação. Nesses casos, seria recomendável usar outro par de óculos para as tarefas de digitação, com foco fixo e maior campo visual.

ASPECTOS PSICOLÓGICOS DA ILUMINAÇÃO

O aumento do iluminamento aumenta a satisfação das pessoas até o nível aproximado de 400 lux (Bridger, 2003). Acima disso, além de não aumentar a satisfação, pode provocar ofuscamentos e fadiga visual. A luz uniforme provoca monotonia, enquanto as suas variações são estimulantes. A luz solar apresenta variações durante o dia, tanto na intensidade como em sua composição espectral. Isso provoca contínuas alterações da paisagem durante o dia, com diferentes níveis de iluminamentos.

Muitas pessoas preferem trabalhar junto das janelas para terem contato com o "mundo exterior". Isso proporciona um alívio visual e contribui para manter o equilíbrio psicológico. Outras acreditam que a luz solar seja mais saudável que a luz artificial. Contudo, as janelas também são fontes de calor e a incidência da luz solar direta pode provocar fortes ofuscamentos e reflexos em superfícies refletoras. Para se evitar isso, é necessário realizar um projeto adequado das edificações e do leiaute interno das instalações.

12.3 Planejamento da iluminação

A iluminação dos locais de trabalho deve ser cuidadosamente planejada desde as etapas iniciais de projeto do edifício, fazendo-se aproveitamento adequado da luz natural e suplementando-a com luz artificial sempre que for necessário.

A luz natural, além de ter boa qualidade, proporciona economia com gastos de energia. Entretanto, a incidência direta da luz solar deve ser evitada, pois provoca perturbações visuais e, se ela incidir sobre paredes envidraçadas, tende a aquecer o ambiente pelo "efeito estufa".

A claridade do ambiente é determinada não apenas pela intensidade da luz, mas também pelas distâncias das fontes e pelo índice de reflexão das paredes, tetos, piso, máquinas e mobiliário.

Um bom sistema de iluminação, com o uso adequado de cores e a criação dos contrastes, pode produzir um ambiente de fábrica ou escritório agradável, onde as pessoas trabalhem confortavelmente, com pouca fadiga, monotonia e acidentes, e produzam com maior eficiência.

Luz natural

A luz natural, além de permitir boa visibilidade, produz importantes efeitos fisiológicos. A vitamina D é sintetizada na pele sob a ação dos raios ultravioleta (UV). Essa vitamina é usada no metabolismo do cálcio. A sua deficiência pode provocar o enfraquecimento dos ossos, principalmente nas crianças. O problema torna-se mais grave em moradores de locais de clima temperado, porque apresentam menor taxa de absorção do cálcio durante o inverno.

Há muito já se sabe que a luz solar regula as atividades cíclicas de animais, tais como reprodução e migração. Pesquisas recentes demonstraram que influem também no humor e comportamento das pessoas. Nos moradores de clima temperado, onde o dia tem menor duração durante o inverno, constatou-se maior incidência de estados depressivos, caracterizados por aumentos do sono e do apetite, ansiedade, menor disposição e dificuldades nos relacionamentos sociais. Esses pacientes foram tratados com fototerapia, expondo-os a uma luz artificial de 2.500 lux, para "prolongar" o dia em até seis horas.

A luz natural também produz efeitos terapêuticos benéficos. Ulrich (1984) apresenta relato de recuperação de pacientes pós-operatórios em um hospital da Filadélfia (Estados Unidos). Nesse hospital havia duas alas: uma com vista interna e outra com vista externa, por onde se podia receber luz solar e visualizar uma rua arborizada. Comprovou-se, estatisticamente, que os pacientes com vista externa apresentavam menor frequência de queixas, exigiam menos medicamentos para aliviar dores e recebiam alta em tempo menor.

TIPOS DE LÂMPADAS

Já vimos (p. 120) que o olho humano apresenta diferentes sensibilidades para cada faixa de onda, dentro do espectro visível, entre 380 e 770 nm. A luz solar apresenta um espectro contínuo, com intensidade mais ou menos uniforme dentro desse espectro visível (Figura 12.6).

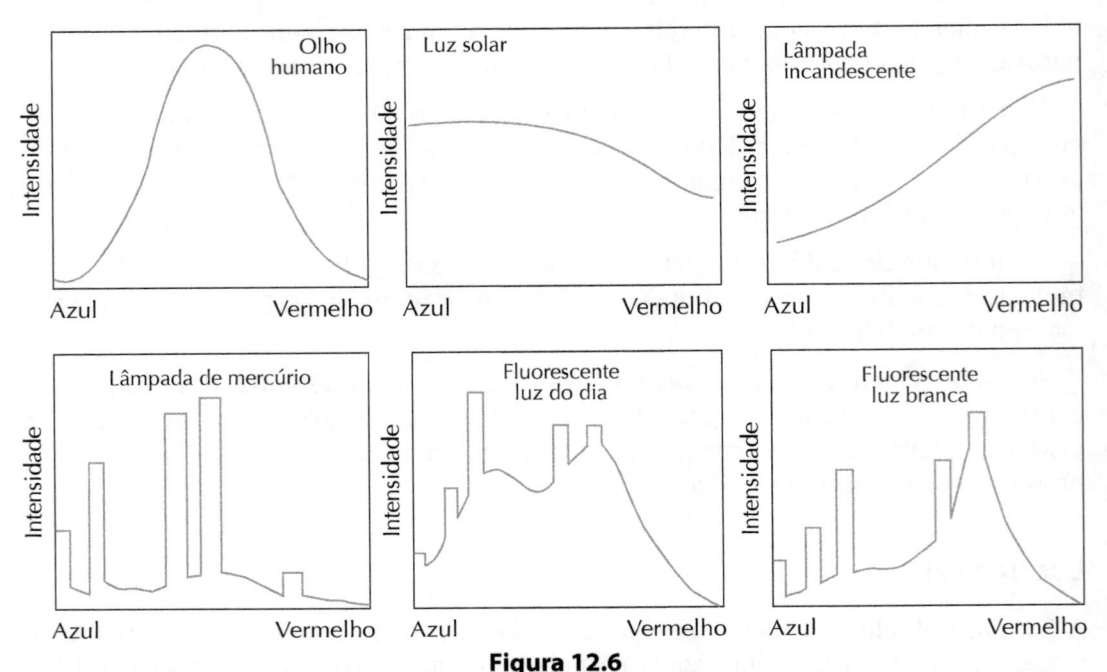

Figura 12.6
Sensibilidade do olho humano em comparação com o espectro da luz solar e alguns tipos de lâmpadas.

A lâmpada incandescente de filamento de tungstênio também apresenta um espectro contínuo. Contudo, em comparação com a luz solar, apresenta maiores intensidades nos comprimentos de onda mais longos, em torno de 700 nm (vermelho). Os outros tipos de lâmpadas apresentam um espectro *descontínuo*, com descargas em certas faixas de comprimentos de ondas. Para que a lâmpada tenha maior eficiência, procura-se concentrar essas descargas na faixa de maior sensibilidade do olho, entre 500 nm (verde) e 600 nm (amarelo).

Além disso, algumas lâmpadas apresentam intermitências incômodas, acendendo e apagando ciclicamente. As lâmpadas fluorescentes oscilam na mesma frequência da corrente alternada da rede elétrica. Cerca de 6% das pessoas, a maioria mulheres, apresentam sensibilidade a essas oscilações, queixando-se de dores de cabeça (Lindner e Kropf, 1993). Quando essas lâmpadas foram substituídas por lâmpadas eletrônicas de alta frequência, essas queixas desapareceram.

Outro problema relacionado com essas lâmpadas intermitentes é o efeito estroboscópico, provocado por motores, ventiladores e partes móveis de equipamentos. Se a velocidade deles coincidir com a frequência das lâmpadas, pode produzir uma imagem estática, criando risco de acidentes.

CONTRASTE ENTRE FIGURA E FUNDO

Contraste é a diferença de luminância entre a figura e o fundo. Ele é essencial para se garantir uma boa visibilidade, fazendo a figura destacar-se sobre o fundo. Se não houver esse contraste, a figura ficará camuflada e não será visível, como acontece, por exemplo, com um urso polar na neve ártica. Dessa forma, não se recomenda o uso de revestimentos brancos em mesas de trabalho onde houver manipulação de papéis brancos. É preferível usar um tom cinza ou bege para que a folha branca possa destacar-se sobre o fundo.

Numericamente, o contraste é definido pela expressão:

$$C = (E_1 - E_0)/E_1$$

onde: E_1 = luminância da figura,
E_0 = luminância do fundo.

Por exemplo, se a luminância da figura for de 80 cd/m^2 e a de fundo 20 cd/m^2, o valor de contraste será C = 60/80 = 0,75 ou, em termos percentuais, 75%. Segundo essa fórmula, o contraste assume valores no intervalo de 0 a 1 ou de 0 a 100%. O valor zero seria, por exemplo, uma página completamente branca, sem nenhuma marca, e o valor 1 seria o preto sobre o branco. Portanto, o contraste é um conceito relativo e não depende apenas do iluminamento absoluto da figura.

CONTRASTE DE ILUMINAMENTO

O contraste pode ser obtido também com diferentes níveis de iluminamento entre a área de trabalho (figura) e o seu entorno (fundo). A proporção recomendada para superfícies de trabalho em geral é de 3:1, podendo chegar ao máximo de 10:1, quando houver grande exigência para a percepção de detalhes. Algumas recomendações gerais para o contraste entre as áreas de trabalho e o entorno são:

- A área de trabalho deve ser mais clara no centro do campo visual do que nas bordas.
- O contraste entre a superfície no centro do campo visual e as bordas deve ser de 10:1 no máximo.
- O contraste entre as diferentes superfícies no centro do campo visual deve ser de 3:1 no máximo.
- O contraste entre dois itens em uma sala não deve ser maior que 40:1.
- O contraste entre as fontes de luz e o meio ambiente não deve ser maior que 20:1.

SISTEMA DE ILUMINAÇÃO

O sistema de iluminação, assim como a escolha do tipo de lâmpadas, luminárias e a distribuição destas dependem das características do trabalho a ser executado. Existem basicamente três tipos de sistemas de iluminação (Figura 12.7):

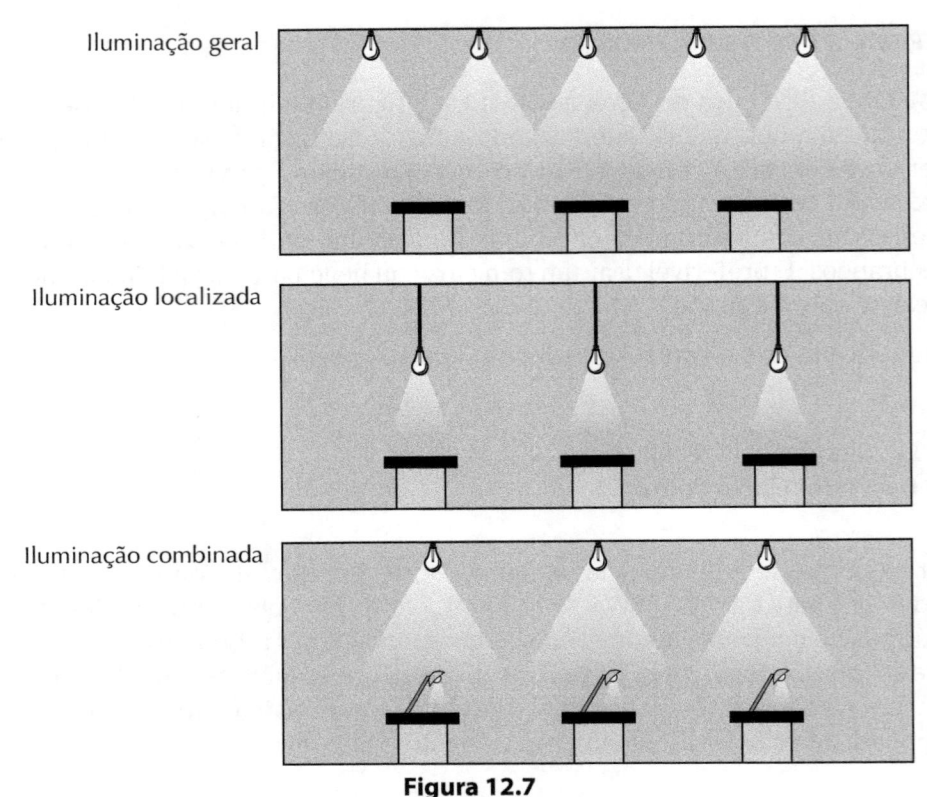

Figura 12.7
Sistemas de iluminação típicos em áreas de trabalho.

Iluminação geral – A iluminação geral se obtém pela colocação regular de luminárias em toda a área, garantindo-se, assim, um nível uniforme de iluminamento sobre o plano horizontal. Deve haver um cruzamento dos cones de luz acima da superfície de trabalho, para que não criem regiões sombreadas.

Iluminação localizada – A iluminação localizada concentra maior intensidade do iluminamento sobre a tarefa, enquanto o ambiente geral recebe menos luz. Consegue-se iluminação localizada pela colocação de luminárias, com luz mais intensa, próximas aos locais onde são executadas as tarefas. Ela deve ter intensidades duas a três vezes maiores em relação ao seu ambiente.

Iluminação combinada – A iluminação geral pode ser complementada com focos de luz localizados sobre a tarefa, com intensidade três vezes superior ao do ambiente geral, ou seja, na proporção de 3:1 Em alguns casos extremos, essa proporção pode chegar a 10:1, principalmente quando:

- a tarefa exige iluminamento local acima de 1.000 lux;
- a tarefa exige luz dirigida para discriminar certas formas, texturas ou defeitos;
- existem obstáculos físicos que dificultam a propagação da iluminação geral.

Uso de temporizadores – Em ambientes que não necessitem de iluminação contínua, pode-se usar temporizadores, comandados por sensores de presença. Desse modo, as luzes só se acenderiam com a presença humana, como nos corredores, economizando energia. Na iluminação pública usam-se células fotelétricas, para que as luzes só se acendam quando o ambiente se escurecer.

POSICIONAMENTO DAS LUMINÁRIAS

As luminárias devem ser posicionadas de modo a evitar a incidência da luz direta ou refletida sobre os olhos, para não provocar ofuscamentos. De preferência, devem situar-se 30° acima em relação à linha de visão (horizontal) e, se possível, devem ser colocadas lateralmente ou atrás do trabalhador, para evitar a incidência de luz direta ou refletida nos seus olhos (Figura 12.8).

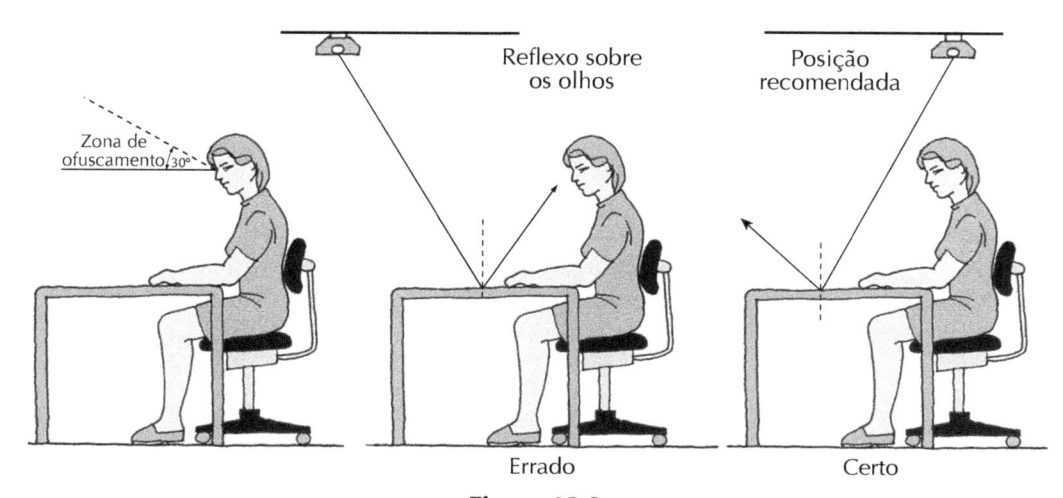

Figura 12.8
As luminárias devem ficar posicionadas 30° acima da linha de visão e atrás do trabalhador, para evitar ofuscamentos e reflexos.

Quando houver necessidade de colocar luminária em frente ao trabalhador, no caso de iluminação combinada, deve-se instalar um anteparo, a fim de evitar a incidência de luz direta sobre os olhos (Figura 12.9).

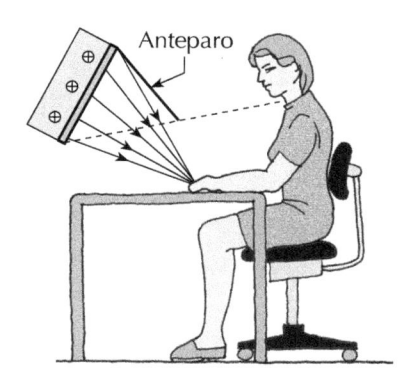

Figura 12.9
Na iluminação local, a luminária deve ser protegida por um anteparo, para evitar ofuscamentos.
(Grandjean, 1998).

Em certos casos, as sombras são provocadas intencionalmente e utilizadas a favor das tarefas. Por exemplo, no controle de qualidade de pinturas, usa-se luz tangencial à superfície, de modo que os defeitos, como riscos e bolhas, sejam "denunciados" pelas suas sombras.

ILUMINAÇÃO DE FÁBRICAS

Os edifícios industriais devem ter um pé-direito (altura das paredes) de pelo menos quatro metros. Isso permite um melhor aproveitamento da iluminação natural pelas janelas e pelo teto.

A forma mais tradicional de coberturas para fábricas é do tipo *dente de serra*, que permite a entrada de luz natural pela face sul (observe que, no hemisfério norte, recomenda-se a face norte). Nesse caso, a orientação do edifício deve ser cuidadosamente estudada em cada latitude, para que os locais de trabalho não recebam incidência de luz solar direta durante a jornada de trabalho. Esse tipo de solução apresenta algumas desvantagens.

Os trabalhadores que olham para o sul encontram uma grande área luminosa, que tende a iluminar as partes superiores e provocar sombras nas partes inferiores das máquinas. Se as paredes internas opostas à direção da luz forem pintadas de uma cor clara, esse problema pode ser reduzido pela reflexão da luz em direção ao norte, reduzindo-se o contraste. Entretanto, esse contraste só será satisfatoriamente reduzido se for permitida a entrada de pequena quantidade de luz natural pela face norte da cobertura.

Em prédios de vários andares, não se pode promover a iluminação natural pela cobertura. Resta o recurso de se aproveitar a luz *lateral*. Para isso, é necessário haver uma grande superfície de área envidraçada (Figura 12.10). A iluminação natural só será efetiva até uma profundidade de duas vezes a altura da janela, acima do plano de trabalho. Assim, supondo que o plano de trabalho esteja a um metro de altura e o pé-direito seja de quatro metros, com janela até o teto, a iluminação natural será efetiva até a distância de seis metros. As grandes áreas envidraçadas também são problemáticas. Elas tendem a aquecer muito no verão e a perder calor no inverno, prejudicando o conforto térmico. O ofuscamento é outro problema. As grandes áreas envidraçadas, com muita claridade, mesmo que não tenham luz solar incidindo diretamente, tendem a provocar desconforto visual.

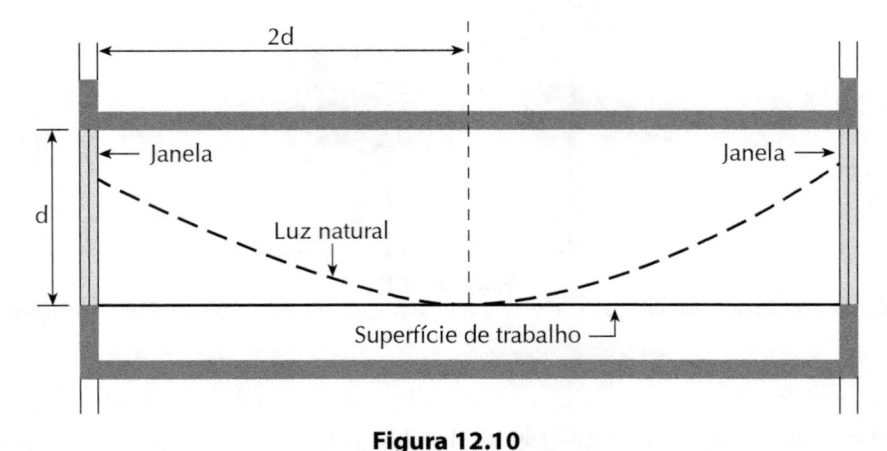

Figura 12.10
Perfil de propagação da luz natural que penetra pelas janelas. O alcance horizontal é o dobro da altura das janelas, acima da superfície de trabalho (Hopkinson e Collins, 1970).

Devido às razões apresentadas, em fábricas de vários andares, tem-se preferido usar uma suplementação permanente de luz artificial, criando condições adequadas de trabalho e deixando as janelas com a sua função insubstituível de "manter contato" com o exterior.

PRINCÍPIOS DA ILUMINAÇÃO

Resumidamente, são apresentados os seguintes princípios para a iluminação dos ambientes de trabalho.

1º Princípio – *Planeje nível de iluminamento adequado para cada tipo de tarefa* – O iluminamento deve ser planejado em função de duas variáveis: a acuidade visual e o contraste figura/fundo. A acuidade depende dos detalhes visuais contidos nas tarefas. O aumento do nível de iluminamento favorece a percepção de pequenos detalhes. Por exemplo, montagens de pequenas peças eletrônicas exigem maior acuidade visual que a colocação de produtos dentro de uma embalagem e, portanto, maior nível de iluminamento (ver Tabela 12.2). Quanto ao contraste, como já vimos, este depende da diferença de luminância entre a figura e o fundo. O nível de iluminamento necessário torna-se maior quando o contraste diminui.

2º Princípio – *Aproveite a luz natural* – A luz natural deve ser aproveitada sempre que for possível. Essa luz, além de ter boa qualidade, tem custo de aproveitamento relativamente baixo. Contudo, deve-se evitar a incidência direta da luz solar sobre superfícies envidraçadas.

As janelas devem ficar na altura das mesas, e aquelas de formatos mais altos na vertical são mais eficazes para permitir uma penetração mais profunda da luz natural no ambiente.

3º Princípio – *Combine iluminação geral com iluminação localizada* – Em geral, cada tipo de tarefa exige um diferente nível de iluminamento. Desse modo, pode-se providenciar um nível mínimo, uniformemente, em toda a fábrica e colocar iluminação localizada nos pontos onde há tarefas de maior exigência visual (ver Tabela 12.2). Nos postos de trabalho onde se exige maior precisão, providenciar um foco de luz adicional, que pode ter um iluminamento três vezes superior ao do ambiente geral, ou seja, na proporção de 3:1. Com isso, pode-se economizar energia elétrica, sem prejudicar o desempenho das tarefas. A intensidade dessa iluminação localizada deve ser aumentada também nos postos de trabalho ocupados por pessoas idosas, acima dos cinquenta anos.

4º Princípio – *Evite transições bruscas de iluminamento em ambientes contíguos* – Os olhos possuem mecanismos de adaptação ao claro e ao escuro, e esse processo pode demorar cerca de cinco a dez minutos. Se as diferenças de claridade forem grandes, ou o tempo de adaptação, muito curto, pode-se provocar cegueira temporária e muito desconforto. Mudanças muito frequentes do claro/escuro ou vice-versa produzem fadiga visual. Isso acontece, por exemplo, quando o motorista está dirigindo sob luz solar e penetra, repentinamente, em uma garagem subterrânea ou um túnel. Em fábricas pode ocorrer o inverso, quando um posto de trabalho de controle de qualidade é intensamente iluminado, dentro de um ambiente geral mais escuro. Para se evitar isso, o ideal é que a proporção entre o iluminamento da tarefa e do ambiente seja, no máximo, de 3:1. Proporções elevadas da ordem de 20:1 só são consideradas aceitáveis para locais distantes entre si, como entre o posto de trabalho e o depósito de materiais, quando se gasta certo tempo caminhando, de modo que os olhos tenham tempo para adaptar-se.

5º Princípio – *Reduza a luz ambiental para operação de instrumentos luminosos* – Muitas vezes, o trabalho exige fixações visuais contínuas sobre instrumentos luminosos, como na operação de monitores de CRT, LED ou painéis luminosos. Nesses casos, a redução da luz ambiental contribui para aumentar o contraste. Isso se aplica principalmente quando há incidência da luz natural nos locais de trabalho, quando devem ser colocadas cortinas ou vidros fumê para escurecer o ambiente.

6º Princípio – *Elimine ou reduza os ofuscamentos* – Os ofuscamentos podem ser reduzidos ou eliminados com diversas medidas, que podem ser adotadas isoladamente ou combinadas entre si: a) usar vários focos de luz, ao invés de um único; b) proteger os focos com luminárias ou anteparos, colocando um obstáculo entre a fonte e os olhos; c) aumentar o nível de iluminamento ambiental em torno da fonte de ofuscamento, para diminuir o brilho relativo; d) colocar as fontes de luz o mais longe possível da linha de visão; e) evitar superfícies refletoras, substituindo-as pelas superfícies difusoras.

7º Princípio – *Elimine ou reduza as sombras* – As sombras podem produzir desconforto pela transição claro/escuro (veja o 4º Princípio). Elas podem ser reduzidas quando se usam múltiplas fontes de luz ou iluminação indireta. Muitas vezes, as sombras não devem ser totalmente eliminadas porque fornecem informações úteis, indicando formas, profundidades e direções. Nesses casos, deve haver combinação das iluminações diretas e indiretas sobre as tarefas.

8º Princípio – *Combine as luzes com as cores dos objetos* – As cores dos objetos dependem da cor da luz incidente. Geralmente, quando nos referimos a cores, supõe-se a incidência da luz natural. Com luzes artificiais, essas cores podem mudar, conforme o espectro das lâmpadas. A qualidade das cores é importante em algumas tarefas, como as de inspeções visuais e de *design* gráfico. Há também ambientes de vitrines, *showrooms* e restaurantes em que o efeito das cores é considerado importante. As lâmpadas de cores "quentes" são consideradas mais agradáveis que aquelas "frias" porque produzem um efeito bronzeado sobre a pele (associado à saúde). As paredes, tetos e outras superfícies devem ser pintadas de cores claras e foscas, para reduzir a absorção da luz e evitar reflexos.

12.4 Percepção das cores

O sentido da visão é um dos mais desenvolvidos do ser humano, como já vimos na p. 117. Através dele, o ser humano obtém a maior parte das informações sobre o mundo que o cerca. O olho é um aparelho integrador de estímulos, ou seja, ele não percebe um estímulo isoladamente, mas um conjunto de estímulos simultâneos e complexos, que interagem entre si, formando imagens e movimentos. Estes podem ter características adicionais em relação à soma daqueles estímulos isolados. Por exemplo, a sucessão de várias imagens estáticas produz a sensação do movimento, como ocorre no cinema.

A percepção da cor é uma resposta subjetiva a um estímulo luminoso que penetra nos olhos. Associada com a forma dos objetos, a cor é um dos elementos mais importantes na transmissão visual de informações. Em primeiro lugar, por um motivo racional, pois podem transmitir maior número de informações que o sistema dicotômico branco/preto. Em segundo, podem proporcionar reações emocionais positivas, melhorando a estética dos objetos, textos, figuras, ícones e ambientes.

O ser humano, desde os tempos remotos, tentou aplicar as cores às coisas que criava. Isso remonta à era pré-histórica, quando fazia pinturas rupestres no interior das cavernas.

CARACTERÍSTICAS FISIOLÓGICAS DAS CORES

O olho humano tem uma "memória" e uma capacidade integrativa dos estímulos. Assim, diversas imagens intermitentes como as do cinema e da televisão são "integradas" como se fossem contínuas. Isso acontece também com a percepção das cores. Por exemplo, se for projetada uma luz violeta sobre uma tela branca, o olho verá essa cor violeta. Essa mesma sensação pode ser produzida fixando-se os olhos sobre uma tela verde-azul e passando-se rapidamente para outra azul. De forma semelhante, quando olhamos simultaneamente para objetos de diversas cores, há uma interferência entre essas cores, umas sobre as outras, o mesmo acontecendo quando se olha uma sucessão rápida de diversas cores. Esses fenômenos são chamados de contrastes simultâneo e sucessivo, respectivamente.

Contraste simultâneo – No contraste simultâneo, as cores apresentam sensações de modificação da claridade e da saturação, na presença de outras cores, que provocam interferências. Assim, objetos de mesma cor sobre fundos diferentes provocarão diferentes sensações de claridade e saturação. Da mesma forma, uma cor ao lado de outra mais escura parecerá mais clara do que realmente é, enquanto torna-se ainda mais escura pela aproximação daquela mais clara.

Contraste sucessivo – O contraste sucessivo é devido à memória visual que se mantém por alguns segundos. Quando o olho é deslocado rapidamente, após olhar fixamente para uma determinada cor, retém a cor *complementar* do objeto fixado. Assim, se um objeto vermelho for fixado durante algum tempo e depois deslocar rapidamente os olhos para uma superfície branca, será conservada a imagem do objeto na sua cor complementar, a verde-azul.

Esses dois tipos de contrastes devem ser considerados em projetos gráficos. O contraste simultâneo, quando houver aplicações de diversas cores de figura e fundo, e o sucessivo, quando houver rápida sucessão de cores, principalmente na mídia eletrônica.

Memória das cores

A percepção das cores depende também das experiências anteriores e das associações que se fazem entre certos objetos e cores. Por exemplo, desenhando-se os contornos de uma banana e de uma folha (apenas seus contornos, sem as cores) no mesmo fundo acinzentado, verificou-se que a percepção da banana fica amarelada e a da folha, esverdeada.

A nossa memória sobre cores tem uma tendência conservadora. Assim, não foram acusadas diferenças quando os mesmos objetos foram iluminados com diferentes tipos de luzes artificiais, como a amarela (tungstênio) ou branca (fluorescente). A percepção tende a ignorar ou neutralizar essas diferenças dos estímulos, dando mais importância ao *significado* dos objetos.

Além disso, as pessoas tendem a incluir na mesma categoria objetos de cores semelhantes entre si. Essa tendência pode ser usada para agrupar objetos que tenham a mesma função. Por exemplo, na sinalização urbana, deve-se usar sempre a mesma cor (azul) para as placas de denominação de ruas, outra cor (verde) para os direcionamentos do tráfego e uma terceira (marrom) para indicar atrações turísticas.

No caso de uma tela ou mapa com informações mais complexas, pode-se usar um código de cores para classificar essas informações ou separá-las por "zonas". Nesse caso, não se deve usar mais de três ou quatro cores porque, acima disso, torna-se confuso.

Características psicológicas e culturais das cores

Existem estudos comprovados da influência das cores sobre o estado emocional, produtividade e qualidade do trabalho. O ser humano apresenta diversas reações a cores, que podem provocar tristeza ou alegria, calma ou irritação. Vermelho, laranja e amarelo sugerem calor, enquanto verde, azul e verde-azul sugerem frio. Cores avermelhadas sugerem alegria e satisfação. O preto, quando usado só, é depressivo e sugere melancolia. Essas características são muito utilizadas em *marketing*. Assim, uma simples mudança da cor de uma embalagem provocou aumento de vendas em 1.000%. A indústria alimentícia usa diversos tipos de corantes para ressaltar as qualidades de seus produtos. Por exemplo, o salmão criado em viveiros tem a cor rosada devido ao corante adicionado à sua ração. (Na natureza, o salmão é rosado porque alimenta-se de *krill*).

As cores possuem também diferentes simbologias, associações e superstições, que variam de acordo com a região e a cultura. Por exemplo, a cor do luto no Ocidente é preta, na China é branca e, no hindu, é verde. A vermelha significa perigo na cultura ocidental, alegria na chinesa e ódio na japonesa (Tabela 12.3).

Tabela 12.3
Simbologia das cores em diferentes culturas (Coe, 1996)

Cultura/ Cor	Amarela	Azul	Branca	Preta	Verde	Vermelha
Budista		Frieza, sabedoria	Redenção, libertação	Servidão	Vida, morte (verde-claro)	
Chinesa	Realeza, honra	Céu, primavera, árvore	Morte, luto	Feminilidade, *yin*, inverno, água		Alegria, sorte
Cristã		Verdade, fé, eternidade	Pureza, virgindade, alegria, inocência	Desprezo, morte, luto, tristeza, diabo	Esperança, imortalidade	Amor, poder, dignidade, martírio
Hebreu	Beleza	Piedade, perdão	Alegria	Compreensão	Vitória	Severidade
Hindu			Paz, iluminação	Movimento descendente	Morte, luto	Atividade, criatividade
Japonesa	Graça, nobreza	Malvadeza, patifaria, desprezo	Morte, luto		Futuro, juventude, alegria	Raiva, ódio, perigo
Ocidental	Perigo, covardia	Masculinidade, calma, autoridade	Pureza, virtude	Morte, luto, diabo	Segurança, ácida, azeda	Perigo
Oriente Médio	Alegria, prosperidade	Virtude, fé, verdade			Fertilidade, força	
Vodu	Trabalho pesado	Paz	Proteção		Negócio	Poder

SIMBOLOGIA DAS CORES

Em todas as épocas, as cores e formas aparecem associadas a diversos códigos e símbolos nas sociedades organizadas, sendo frequente atribuir-lhes até certo caráter religioso e mágico.

Historicamente, a simbologia das cores nasceu da analogia direta, nas sociedades primitivas, e foi atingindo níveis crescentes de subjetividade e abstração, com a evolução e enriquecimento espiritual dessas sociedades. Assim, tornam-se cada vez mais requintadas e abstratas, dando vazão à fantasia, religiosidade e às aspirações humanas. O vermelho, associado inicialmente ao fogo e sangue, passou a lembrar força, poder e terror, no nível mais abstrato.

Entre as associações normalmente feitas com as diversas cores, podemos destacar as seguintes, a título de exemplos.

Vermelha – É cor quente, saliente, agressiva, estimulante e dinâmica até o enervamento. Sendo a cor do fogo e do sangue, é a mais importante para muitos povos, figurando quase sempre nas cores das bandeiras. É a cor preferida das civilizações primitivas e das crianças. É utilizada em decorações festivas e torneios esportivos ou quando se quer criar ambientes quentes e acolhedores. Associada ao verde, forma o par de cores complementares mais vibrantes. Quando aplicada em pequenas porções sobre o fundo verde, chega a produzir vibrações desagradáveis.

Amarela – Cor luminosa e digna, evocando dominação, riquezas material e espiritual. Representa calor, energia, claridade. Opõe-se à passividade e frigidez do azul. Desde a antiguidade está associada às cores do sol, do ouro e do fruto maduro. Muitas vezes é associada também a despeito, traição, solidão e desespero, por ser intensa e aguda. Junto com a vermelha, é considerada cor "masculina", enquanto verde, azul e violeta são consideradas "femininas".

Laranja – Cor muito quente, viva, acolhedora, saliente. Evoca o fogo, o sol, a luz e o calor. Associa-se a propriedades do vermelho e do amarelo, que lhe dão origem. As áreas coloridas de laranja parecem maiores do que são na realidade, devido ao seu poder de dispersão. É cor psicologicamente ativa e capaz de facilitar a digestão, sendo aplicada na decoração de restaurantes.

Verde – A cor verde é passiva, sugere imobilidade, alivia tensões e equilibra o sistema nervoso. Não se deixa acompanhar nem de alegria, nem de tristeza e de paixão. Medidas de tensões nervosas e pressões sanguíneas comprovam a qualidade calmante da verde, justificando o seu uso em hospitais, locais de repouso e mesas de jogo. Lembra a cor das florestas e dos campos gramados. É simbolicamente associada à esperança, felicidade e liberação do movimento para a frente (sinal verde).

Azul – A azul é cor fria por excelência. É calma, repousante e até mesmo um pouco sonífera. Sugere indiferença, imprudência e passividade. Evoca o ar, o céu, o mar e o espaço. Sua visão ampla dá a sensação de frescor. Exerce apelo intelectual, simbolizando inteligência e raciocínio, opondo-se ao apelo emocional da vermelha.

Branca – A cor branca é a da pureza e inocência, simbolizando paz, nascimento e morte. Ela conduz à ausência, ao vácuo noturno, em contraposição ao colorido diurno.

Preta – A cor preta é deprimente, evoca a sombra e o frio, o caos, o nada, o céu noturno, o mal, o diabo, a angústia, a tristeza, o inconsciente e a morte. Aparece como símbolo da perda irreparável, do luto e da angústia profunda.

Deve-se considerar também os significados de certas cores culturalmente arraigados em nossa sociedade. Por exemplo, a cor vermelha geralmente é associada a "perigo" ou "pare". A verde, a "operação normal" ou "siga". Laranja ou amarelo indicam "atenção" ou "perigo".

12.5 Cores da luz e do objeto

As cores que percebemos podem ter duas naturezas diferentes. Há aqueles objetos que emitem luz, como o Sol, estrelas, vaga-lumes, lâmpadas, TV, monitores, e *smartphones*. Outra classe de produtos é constituída por aqueles que não possuem luz própria e são iluminados por fontes externas de luz, como a Lua e a maioria dos objetos existentes na natureza (plantas, animais) e construídos artificialmente (máquinas, móveis, eletrodomésticos).

EFEITO ADITIVO DE CORES DAS LUZES

A percepção das cores por adição ocorre quando a fonte é emissora de luz. É consequência dos efeitos neurais provocados (nos bastonetes e cones) pelos diferentes comprimentos de ondas das luzes (ver p. 120).

A tela dos instrumentos luminosos (televisão, monitor, smartphone) é composta de grânulos que imitem luzes nas cores vermelha (*Red*), verde (*Green*) e azul (*Blue*), que constituem o sistema RGB. Dependendo da intensidade de cada uma, produzem a sensação de diferentes cores. Portanto, quando se faz um trabalho gráfico na tela de um computador, usam-se *cores de luzes*, com propriedades *aditivas* das cores. A partir do preto (ausência de luzes), quanto mais cores vão sendo adicionadas, o resultado tende ao claro, chegando, no máximo, ao branco (todas as luzes).

A cor de uma luz é caracterizada pelos comprimentos de onda de intensidades dominantes na fonte. A luz solar é considerada branca porque tem intensidades em todos os comprimentos de ondas visíveis. A luz artificial da lâmpada de tungstênio é avermelhada porque tem maiores intensidades na faixa de ondas mais longas (vermelha). Desse modo, o mesmo objeto pode apresentar colorações diferentes quando for iluminado por fontes que emitem diferentes comprimentos de ondas.

EFEITO SUBTRATIVO DE CORES DAS SUPERFÍCIES

O efeito subtrativo ocorre em superfícies sem luz própria, que refletem luzes de outras fontes. As cores dessas superfícies sem luz própria resultam de um processo de absorção e reflexão seletiva dos diferentes comprimentos de onda da luz incidente. Portanto, a cor que enxergamos é aquela que foi *refletida* pelo objeto, ou seja, aquilo que resultou da subtração feita pelo próprio objeto.

O efeito subtrativo dos vários comprimentos de onda é exercido pelos pigmentos presentes nas superfícies refletoras dos objetos. Uma superfície de cor negra é aquela que absorve tudo, sem nada refletir. Ao contrário, a branca reflete todos os comprimentos de onda da luz solar. Uma cor verde reflete as ondas em torno de 500 nm e absorve as demais. A vermelha reflete aquelas em torno de 700 nm (Figura 12.11). O sistema subtrativo começa no branco e termina em preto. À medida que mais cores vão sendo absorvidas, o resultado tende do claro para o escuro, chegando ao preto, no máximo.

A cor de um objeto poderá mudar, de acordo com o comprimento de onda dominante na luz incidente. Geralmente, quando nos referimos à cor de um objeto, subentendemos que este é visto sob luz branca ou solar. Com a incidência de outras luzes, como acontece com muitos tipos de lâmpadas, as cores percebidas podem ser alteradas. Isso é usado vantajosamente no comércio. Por exemplo, usam-se luzes artificiais para ressaltar as cores avermelhadas no comércio de carnes (ninguém compraria uma carne verde ou amarelada).

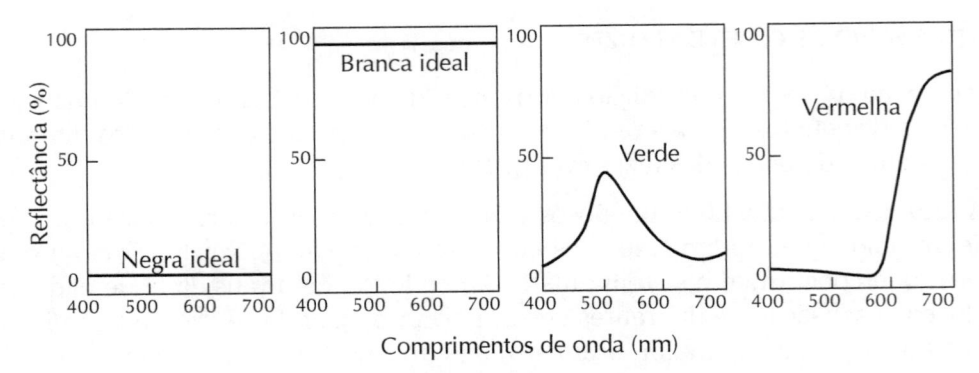

Figura 12.11

Exemplos de curvas de reflectância de várias superfícies opacas de materiais coloridos, iluminadas com luz branca.

CORES PRIMÁRIAS, SECUNDÁRIAS E TERCIÁRIAS

As cores se classificam em primárias, secundárias e terciárias. As cores primárias são aquelas que não podem ser produzidas pela mistura das outras. Elas também não se anulam mutuamente. Inversamente, as misturas delas, em diferentes proporções, podem reproduzir quase todas as demais cores (as exceções seriam as cores metálicas, como ouro, prata e cobre). As cores secundárias são aquelas obtidas pela mistura de duas cores primárias, enquanto as cores terciárias são obtidas pela mistura de cores primárias e secundárias. As cores primárias das luzes são diferentes das cores primárias dos corantes, e ambas podem ser representadas em um triângulo (Figura 12.12).

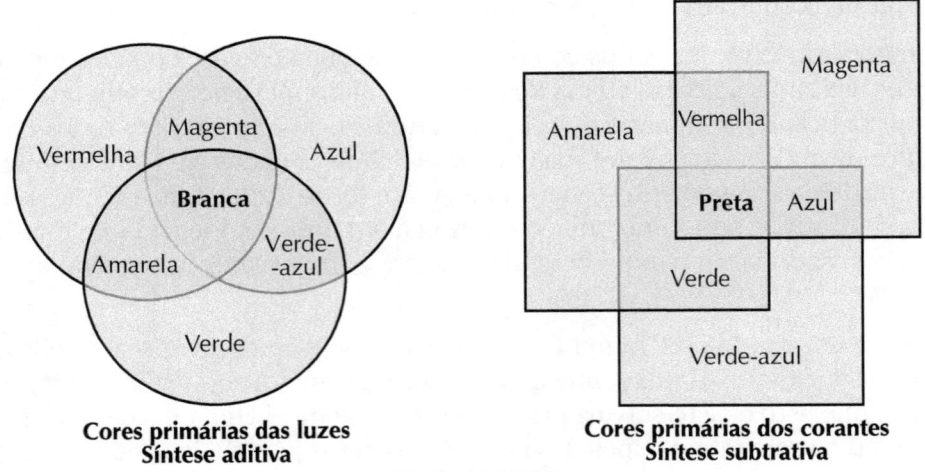

Figura 12.12

Cores primárias de luzes e de corantes.

Existem diversas cores primárias de luzes, mas aquelas mais usadas são a vermelha, azul e verde (sistema RBG). Se forem misturadas em quantidades iguais, produzem a sensação da luz *branca*. As cores primárias dos corantes são representadas por ciano (verde-azul), magenta e amarelo. A mistura delas produz a cor *preta*. Os processos de impressão em cores sobre papel usam o sistema CMYK, composto do ciano (C), magenta (M), amarelo (Y) e preto (K). Devido a isso, é necessário passar quatro vezes na impressora, com uma dessas cores de cada vez. A rigor, a mistura de C, M e Y poderia produzir a preta, mas como há predominância dessa cor preta em muitos trabalhos gráficos (como nos jornais, principalmente para os textos), adiciona-se também o pigmento preto. Isso porque o preto geralmente é usado em detalhes muito finos, e o preto puro seria difícil de obter misturando os três pigmentos primários C, M e Y, devido às impurezas encontradas neles. Além disso, o pigmento preto é o mais barato de todos, portanto gerar um preto "puro" com os outros três pigmentos seria muito mais caro.

12.6 CARACTERIZAÇÃO DAS CORES

Descrever cores por palavras é muito difícil e torna-se impreciso. Muitas indústrias, como a gráfica e a estamparia têxtil, dependem da caracterização precisa das cores. Diante dessa necessidade, surgiram vários sistemas para caracterizar e codificar as cores.

CARACTERÍSTICAS BÁSICAS DAS CORES

As cores que percebemos podem ser caracterizadas por três variáveis básicas: matiz, claridade e saturação.

*Matiz, tom ou gama (*hue*)* – Matiz, tom ou gama é a característica que vulgarmente chamamos de *cor* (azul, verde, amarela, vermelha). Ela é caracterizada pelo comprimento de onda dominante na luz refletida, dentro do espectro visível, entre 380 nm (violeta) e 770 nm (vermelho-alaranjado). Na faixa de 470-475 nm situa-se o azul; o verde, entre 495-535 nm; o amarelo, entre 575-589 nm; o laranja, entre 590 a 630 nm; e o vermelho, acima de 630 nm.

As cores que percebemos geralmente resultam de uma grande mistura de comprimentos de onda, com predominância de uma delas. As cores consideradas puras ou monocromáticas (apenas um comprimento de onda) raramente ocorrem. Elas só podem ser produzidas em condições controladas, em laboratórios.

*Claridade, luminância ou valor (*value*)* – A claridade depende da capacidade de uma superfície em refletir a luz branca. É a característica da cor que classificamos como *clara* ou *escura*. Acrescentando-se pigmentos brancos a uma cor, aumentamos a sua claridade. O processo inverso ocorre com a adição de pigmentos pretos. No caso de luzes, geralmente fala-se em luminância (muitas vezes, refere-se ao contraste de luminância entre duas superfícies). Quanto mais intensa for a luz incidente, maior será a luminância da superfície, como a praia durante o dia. Diminuindo-se a intensidade da luz incidente, a paisagem fica escurecida, pela redução da luminância. Isso acontece com a cor da praia à noite, quando há pouca luz branca para refletir.

Saturação (chroma) – Saturação é a característica da cor que descrevemos como "pureza". Uma cor saturada ou pura é monocromática, ou seja, é composta de um único comprimento de onda (pelo menos teoricamente). A mistura de outros comprimentos de onda produz cores insaturadas, pela redução da *pureza*. Por exemplo, a luz vermelha pura, quando adicionada de branca ou cinza, produz a coloração rósea, insaturada. As cores insaturadas, comparadas com aquelas puras, têm uma aparência "desbotada" ou "lavada".

Essas três variáveis podem ser especificadas numericamente, como acontece nos sistemas de cores Munsell, Pantone e outros, como se verá mais adiante.

CONE DE CORES

Pode-se fazer uma representação espacial dessas variáveis (matiz, claridade, saturação), colocando-as em dois cones justapostos pela base, chamado de cone de cores (Figura 12.13). A claridade varia no sentido do eixo, de baixo (preta) para cima (branca), a matiz (vermelha, amarela, verde, verde-azul, azul, magenta) no círculo central e a saturação no raio desse círculo. No centro fica a cor cinza, que é a mistura de todas as cores insaturadas, entre a preta e a branca. Todas as demais cores estariam contidas dentro desse volume.

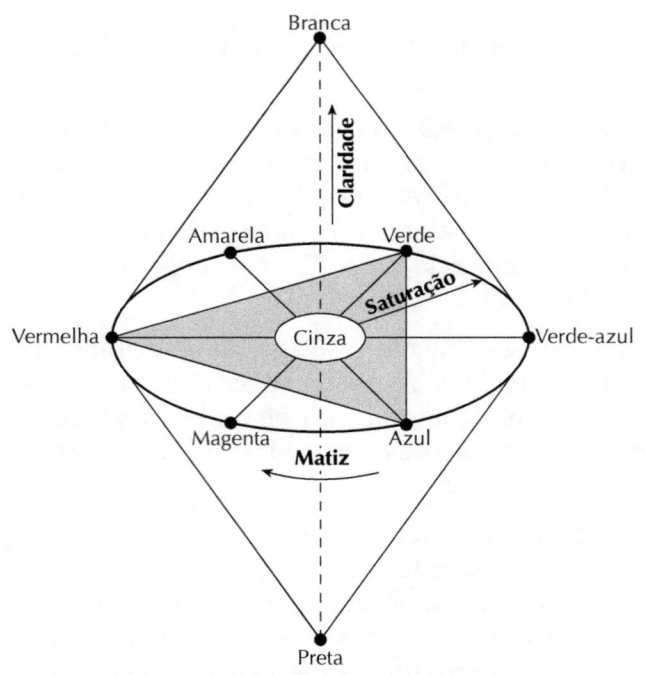

Figura 12.13
Cone de cores, de acordo com o sistema Munsell de cores.

CÍRCULO DE CORES

O círculo de cores está na interseção dos dois cones de cores. Ele faz a representação visual dos diferentes comprimentos de onda, ou matizes, de acordo com sua relação cromática Pode-se construir um círculo posicionando-se as três cores primárias das luzes (vermelha, azul, verde) e a mistura entre elas produz as cores secundárias e terciárias. O círculo apresenta mais nove cores entre essas três primárias (Figura 12.14).

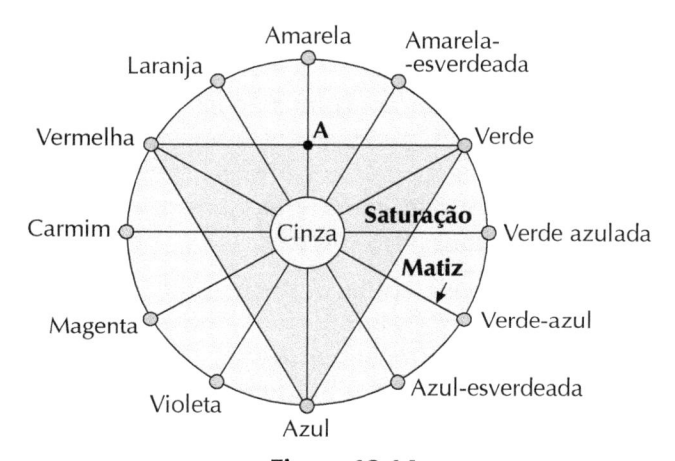

Figura 12.14
Círculo de cores. As cores diametralmente opostas são complementares entre si. O triângulo assinalado representa as cores primárias das luzes.

As cores diametralmente opostas no círculo de cores são chamadas de *complementares*. Os pares complementares mais comuns são o vermelha/verde-azul, verde/magenta, e azul/amarela. Se forem misturadas, elas se anulam mutuamente, resultando na branca ou cinza. A mistura de cores não complementares produz sensação de outra cor, por efeito aditivo. Por exemplo, misturando-se luzes vermelha e verde, resulta na amarela (ver ponto A da Figura 12.14). Isso significa dizer que uma onda de 700 nm (vermelha), misturada com outra de 520 nm (verde) produz a sensação de 580 nm (amarela). A nossa sensação visual não consegue distinguir essa mistura. Portanto, a sensação da amarela pode ser produzida por uma onda de 580 nm ou mistura de 520 nm e 700 nm.

SISTEMAS DE CORES

A geração de cores no computador visando posterior reprodução impressa requer cuidados especiais, porque significa passar de um sistema para outro e podem ocorrer diferenças. O que se vê na tela (luzes) não é necessariamente o que será obtido na impressão (pigmentos), já que os sistemas são diferentes. Assim, a transposição de um sistema aditivo para o subtrativo pode gerar "ruídos". Um computador pode gerar 16 milhões de cores (de luzes) no sistema RBG, mas apenas uma pequena parcela delas pode ser reproduzida pelo sistema CMYK (de corantes). Portanto, o designer gráfico, ao elaborar um trabalho no computador, para posterior impressão, deve aplicar apenas as cores do sistema CMYK, ou de outros correlatos, como o sistema Pantone.

Descrever e comunicar uma cor por palavras é muito difícil e impreciso. Para resolver esse problema de identificação das cores, foram criados diversos tipos de codificações. O pioneiro Albert H. Munsell criou, em 1912, o sistema de padrões de cores que leva o seu nome. Com a adoção desse sistema, especificações das cores tornaram-se mais objetivas e precisas.

SISTEMA MUNSELL DE CORES

O sistema Munsell de cores resulta das combinações das três características, matiz, claridade e saturação, de modo que duas cores adjacentes na amostra sejam representadas por iguais diferenças na percepção (escala equidistante). Esse sistema forma um espaço tridimensional que, para aplicações práticas, foi reduzido a cem pranchas, representando cem diferentes matizes.

Cinco dessas matrizes são consideradas fundamentais, designadas pelas letras R (vermelho), B (azul), G (verde), Y (amarelo) e P (magenta ou púrpura). Qualquer outra matiz é designada por uma *letra* e um *número*. Por exemplo, 5R significa matiz 5 do vermelho (R). Cada prancha representa um matiz e apresenta, na escala vertical, onze claridades numeradas de 0 a 10. Na escala horizontal aparecem as variações da saturação, numeradas de dois em dois, entre 0 e 12. Os valores da claridade e saturação aparecem separados por uma barra. Por exemplo, 5R 4/6 significa matiz 5 do vermelho (R), claridade nº 4 e saturação nº 6. A principal vantagem do sistema Munsell é a rapidez e precisão na identificação das cores, de forma codificada, e apresenta flexibilidade para a inclusão de novos valores que venham a surgir com os aperfeiçoamentos tecnológicos da indústria de tintas e corantes.

OUTROS SISTEMAS DE CORES

Atualmente, existem outros sistemas de cores, todos derivados do Munsell. Entre aqueles mais difundidos estão o Pantone, Trumatch e o CIE.

O sistema *Pantone*, criado em 1963, consiste em um livro com mais de 3 mil cores impressas no sistema CMYK. Por exemplo, uma página apresenta vários matizes de azul com variações de claridade, desde o mais claro até o mais escuro. Cada cor é definida por uma fórmula, que é produzida pela mistura de dez cores primárias, a fim de criar a tonalidade exata. O usuário do sistema Pantone escolhe as cores pelo Guia Pantone, especificando o *número* da cor, para que a empresa de impressão possa produzir *exatamente* a cor desejada. Essas Guias são editadas anualmente porque as tintas utilizadas em cada edição degradam-se com o tempo. Os softwares de imagens gráficas também contêm estas amostras.

O *Trumatch* fornece mais de 2 mil cores no sistema CMYK, geradas por computador. Esse sistema apresenta cinquenta famílias de matizes com até quarenta tons de cada matiz, além de tons de cinza, criados em processo de quatro cores.

O sistema CIE (*Comision Internationale de L' Eclairage*) baseia-se na maneira como o olho percebe as cores. As cores são definidas por um valor de claridade (L) que varia de 0 a 100, e duas faixas de matiz (de verde a vermelho e de azul a amarelo).

12.7 LEGIBILIDADE DAS CORES

A característica mais importante dos dispositivos visuais é a sua legibilidade, que é a correta identificação da informação que se pretende transmitir. Ela depende de vários fatores, como a visibilidade, formato e proporção das letras, combinação de cores e outros.

CORES ATIVAS E PASSIVAS

O círculo de cores (Figura 12.14) pode ser dividido em faixas de cores que são visualmente ativas ou passivas. As cores *ativas* parecem avançar quando colocadas junto a cores passivas, e as *passivas* parecem recuar quando colocadas contra cores ativas. As cores ativas, que avançam, geralmente são aquelas mais quentes (vermelha), saturadas e mais claras. As cores passivas, que parecem recuar, são frias (azul), com baixa saturação e mais escuras. Os tons de baixa saturação parecem mais claros que os tons saturados (puros).

VISIBILIDADE DAS CORES

A cor atrai a atenção e prende a visão, de acordo com o seu grau de visibilidade. Essa visibilidade depende grandemente do contraste e da pureza da cor. De modo geral, todas as cores tornam-se mais visíveis quando se contrastam com as suas complementares, desde que estas últimas sejam suavizadas (com mistura de branco) ou escurecidas (com preto). Por exemplo, o amarelo é uma cor de grande visibilidade e torna-se ainda mais visível quando tem, no fundo, a sua cor complementar, a azul. Porém, um par de cores complementares, uma ao lado da outra (por exemplo, vermelha e verde-azul), pode tornar-se desagradável e devem ser separadas por uma faixa de cor neutra (cinza ou preta).

Cores de grande visibilidade são vibrantes e apresentam forte efeito em propaganda, embalagens e demarcações de áreas perigosas. Devem ser usadas quando se quer atrair a atenção. Contudo, não devem ser usadas para atenção permanente, porque se tornam fatigantes.

MELHORIA DA LEGIBILIDADE

De modo geral, a legibilidade melhora quando se aumentam os contrastes entre figura e fundo. Esses contrastes podem ser produzidos com variações de matiz e de luminância (valor) e tendem a aumentar com a adição de preto à figura, mantendo o fundo claro. Quando esse contraste for insuficiente, a figura aparecerá pouco nítida, borrada ou com um efeito halo em seu contorno, dificultando a leitura e gerando fadiga visual.

A legibilidade pode ser melhorada também quando uma figura colorida contrastar com o fundo acromático (preto, cinza ou branco), por exemplo, verde sobre branco. Efeito semelhante se consegue com a figura em branco ou preto contrastando com um fundo cromático (fundo colorido, exceto preto, cinza ou branco), por exemplo, figura preta sobre fundo amarelo. Inversamente, a legibilidade diminui quando a figura e o fundo apresentam características cromáticas (comprimentos de onda) semelhantes entre si, por exemplo, amarela sobre vermelha, azul sobre verde. É importante destacar a importância do contraste de luminância das cores, pois é ele que garante que as pessoas daltônicas possam ler, já que elas têm dificuldade de diferenciar alguns matizes.

Em letreiros, só se devem usar cores puras nos títulos principais, com fundo mais claro. Os letreiros longos podem ter a mesma cor do fundo, porém mais escuro, de modo que, quanto menor a letra, maior deverá ser o conteúdo de preto. Em letreiros curtos, pode-se usar uma cor complementar no fundo, como a vermelha sobre a verde-azul e vice-versa, separadas com uma cor neutra.

A legibilidade depende ainda do tipo de letra e de suas proporções (ver p. 512). Outros fatores que influenciam a legibilidade são o nível de iluminação e o movimento relativo entre a imagem e o espectador. Naturalmente, é mais fácil identificar objetos parados do que aqueles em movimento.

Na área de segurança do trânsito, as cores recomendadas são o *amarelo* e o *verde-limão*, para veículos e outros elementos importantes em uma rua ou estrada. Essas cores situam-se na parte mais visível do espectro, em torno de 550 nm (Figura 4.5). Apresentam a vantagem de contrastarem com a maior parte das cores encontradas na natureza, e serem visíveis à noite, mesmo em condições de neblina, inclusive para os daltônicos. Em alguns países, os carros do corpo de bombeiros, tradicionalmente vermelhos, agora estão adotando essas cores mais visíveis. Essas cores são aplicadas também nas faixas dos coletes de policiais, bombeiros e salva-vidas, em alguns casos, com material fluorescente.

Pesquisas sobre legibilidade

Muitas pesquisas já foram realizadas sobre a legibilidade, fazendo-se combinações de diversas cores com diferentes níveis de luminância (Humar, Gradisar e Turk, 2008). Essas pesquisas podem ser classificadas em três grupos. Em todos eles, a variável independente é constituída de várias combinações de cores de figura (texto)/fundo, e a variável dependente é o tempo de resposta ou acertos/erros cometidos.

Grupo 1. Tarefas visuais – São apresentadas pranchas com diferentes combinações aleatórias figura/fundo de letras, palavras ou figuras (não conectadas entre si) e solicita-se que os sujeitos as identifiquem. Essas pranchas diferem quanto às combinações de cores figura/fundo e luminâncias. Registram-se os acertos ou erros nessas identificações.

Grupo 2. Tempo de leitura – São apresentadas pranchas contendo textos com diferentes combinações de cores figura/fundo. Os sujeitos são submetidos a situações semelhantes ao do grupo 1, medindo-se o tempo necessário para ler certa quantidade de texto. Nesse caso, o tempo decorrido é correlacionado com as combinações de cores dos textos.

Grupo 3. Reconhecimento de caracteres. Nesse caso, as pranchas contendo letras ou palavras com diversas combinações de cores figura/fundo são apresentadas em *flashes* de curta duração, com tempo de exposição constante, e se medem as identificações corretas desses caracteres.

PESQUISAS DE LE COURIER

Uma das pesquisas pioneiras sobre legibilidade de cores foi realizada por Le Courier (1912). Ele testou treze combinações de cores (figura/fundo), que foram ordenadas pela legibilidade (Tabela 12.4). O melhor resultado é a da *preta sobre amarela*. Surpreendentemente, a combinação tradicional da *preta sobre branca* aparece apenas em 6º lugar.

Posteriormente, os pesquisadores M. A. Tinker e D. G. Paterson realizaram também vários estudos sobre legibilidade das cores, considerando a frequência de fixação, duração da pausa entre as fixações e tempo de percepção (Tinker, 1963).

Embora tenham testado combinações diferentes, esses dois estudos comprovaram a melhor legibilidade da *preta sobre amarela* e a *vermelha sobre branca*. As eventuais divergências dos resultados entre essas duas pesquisas e diversas outras podem ser atribuídas às diferenças das condições experimentais.

Tabela 12.4
Ranking de legibilidade com diferentes combinações de cores figura/fundo

Combinação de cores figura/fundo	Le Courier	Tinker e Paterson
Preta sobre amarela	1	1
Verde sobre branca	2	—
Vermelha sobre branca	3	2
Azul sobre branca	4	—
Branca sobre azul	5	—
Preta sobre branca	6	4
Amarela sobre preta	7	—
Branca sobre vermelha	8	—
Branca sobre verde	9	—
Branca sobre preta	10	—
Vermelha sobre amarela	11	—
Verde sobre vermelha	12	3
Vermelha sobre verde	13	7
Preta sobre magenta	—	5
Laranja sobre branca	—	6

Cores na mídia eletrônica

Na mídia eletrônica, as informações são apresentas em telas (*displays*) emissoras de luz. Nesses casos, as cores (das luzes) apresentam propriedades aditivas, diferindo das cores (dos corantes) impressas em superfícies, que são subtrativas. Frequentemente, as imagens virtuais acrescentam uma dimensão adicional, com as figuras em movimento.

As telas das mídias eletrônicas geralmente têm constrastes de luminância menores que aquelas das mídias impressas. O contraste entre um texto preto sobre papel branco é da ordem de 1:40, o que significa que o papel branco tem luminância 40 vezes superior ao texto preto. Um vídeo de computador fornece contraste de até 1:8, enquanto o contraste nos *displays* de telefones móveis atuais é da ordem de 1:5. Estudos sobre cores em *displays* enfatizam que o contraste de luminância entre figura e fundo deve ser de no mínimo 1:3 para atender às pessoas com visão normal, e de 1:5 a 1:7 para atender às pessoas com alguma perda de visão.

Nas telas acromáticas das mídias eletrônicas, o contraste é obtido apenas pelas diferenças de luminância, não envolvendo diferenças de matiz. Nesse caso, o maior contraste (e máxima legibilidade) é obtido com figuras (letras e símbolos) pretas sobre fundo branco. O inverso, ou seja, o contraste do branco sobre fundo preto, apresenta maior contraste de luminância, mas tende a gerar fadiga visual, assim como ocorre com cores claras sobre fundo preto. Quando o fundo for preto, os melhores contrastes são obtidos com figuras em amarelo, verde, ciano ou magenta, com alta saturação.

Legibilidade na mídia eletrônica

A legibilidade na mídia eletrônica difere daquela impressa, porque pode introduzir duas variáveis adicionais: movimento e tempo de leitura (no caso de figuras dinâmicas). Além disso, não se deve esquecer as diferenças entre os efeitos aditivos (luzes) e subtrativos (corantes) das cores.

O pior tipo de contraste ocorre com o uso de cores opostas ou complementares entre si, porque geram o efeito do contraste simultâneo. Por exemplo, nos casos do texto escrito (figura) em verde sobre fundo magenta, texto azul sobre fundo amarelo, texto vermelho sobre fundo ciano. O texto parece vibrar, o que torna a leitura difícil e gera fadiga visual. Outras combinações que dificultam a leitura são as que usam cores de comprimento de onda muito distantes entre si no espectro (por exemplo, vermelha e azul), porque as pessoas têm que mudar o foco constantemente para ver as duas cores, resultando em desconforto e fadiga visual. Já vimos (p. 121) que os cones se diferenciam pelas sensibilidades às cores e as imagens de cada comprimento de onda formam-se em partes distintas do olho. Desse modo, às vezes, o olho tem dificuldade de fazer a integração das diversas imagens parciais, principalmente em situações muito dinâmicas.

Em geral, recomenda-se o uso de figuras escuras sobre fundo claro. O inverso, figuras claras sobre fundo escuro, só é recomendado para pequenos textos em negrito (cabeçalhos, *links*, informação de navegação), com tamanho da fonte suficientemente grande para ser legível. Deve-se evitar textos e símbolos com traços finos em cor cinza sobre um fundo cromático, porque o efeito do contraste sucessivo faz com que eles assumam a cor complementar do fundo.

Deve-se tomar cuidado com o uso do azul porque apenas 2% dos cones são sensíveis a este matiz e também porque a visão do azul é míope, ou seja, o olho coloca o foco do azul antes da retina, ao invés de colocá-lo sobre a retina. A acuidade visual para as cores na faixa do azul é menor do que para qualquer outra cor, e tende a piorar com a idade. Assim, a legibilidade da figura (texto) em azul é baixa, mas essa cor é adequada para o fundo.

Pesquisas sobre legibilidade na mídia eletrônica indicam resultados diferentes daquelas baseadas em material impresso (Tabela 12.5).

Tabela 12.5
Comparações de legibilidades entre o texto impresso e a mídia digital
(Humar, Gradisar e Turk, 2008)

Figura	Fundo	Legibilidade	
		Monitores[1] (luzes)	Impressos[2] (corantes)
Amarelo	Preto	1	7
Branco	Azul	2	5
Preto	Amarelo	3	1
Branco	Preto	4	10
Preto	Branco	5	6
Azul	Branco	6	4
Vermelho	Amarelo	7	11
Branco	Vermelho	8	8
Vermelho	Branco	9	3
Vermelho	Verde	10	13
Verde	Branco	11	2
Branco	Verde	12	9
Verde	Vermelho	13	12

[1]Humar, Gradisar e Turk, 2008; [2]Le Courier, 1912.

ADAPTAÇÃO DOS DALTÔNICOS

A incidência relativamente elevada do daltonismo (ver p. 124), principalmente na população masculina, tem impacto direto nos *projetos gráficos*. Para garantir que todos percebam a informação desejada, esses projetos não podem se basear apenas no uso de contraste de cores (matizes). Seria conveniente testar o projeto quanto à claridade (luminância ou valor) da cor, ou seja, também em preto e branco, pois os daltônicos que não conseguem perceber os matizes poderiam captar as mesmas informações pelo contraste entre as cores cinzas, na escala do preto ao branco.

As pessoas daltônicas desenvolvem certas estratégias compensadoras. Cada pessoa desenvolve um padrão próprio para compensar as suas deficiências, dependendo do tipo e do grau de daltonismo. Alguns estudos concluíram que elas têm maior sensibilidade à claridade das cores e, portanto, aos contrastes, quando comparadas com as pessoas de visão normal. Os daltônicos também têm maior capacidade de perceber texturas e formas, visualizar imagens em três dimensões, e melhor capacidade de visão noturna. Durante a II Guerra Mundial, os soldados daltônicos foram escalados para detectar camuflagens, porque tinham maior percepção das diferenças de claridades, contrastes, formas e texturas.

Os daltônicos sentem dificuldade com a sinalização do trânsito, que se baseia na dicotomia vermelho/verde. Nesses casos, torna-se fundamental padronizar a posição relativa dos sinais luminosos: o vermelho na parte de cima e o verde em baixo (ou o vermelho à esquerda e o verde à direita, para sinais horizontais).

Em algumas cidades do exterior já se adotam sinais vermelhos, verdes e amarelos com formatos diferentes, para facilitar a identificação. Outra melhoria é a colocação de uma tarja horizontal no sinal amarelo (que fica no meio), com setas indicando qual luz está acesa, se a de cima (vermelha) ou a de baixo (verde). A iluminação muito brilhante dos sinais luminosos em LED (*light emitting diodes*) pode ser confundida com as luzes de iluminação noturna, atrapalhando os daltônicos.

Em sinalizações estáticas, como as placas de trânsito, é importante manter um bom contraste entre figura e fundo e diferenças de claridade, conforme determina o Código Brasileiro de Trânsito. Nesses casos, são recomendadas as combinações branca/vermelha, azul/branca, verde/branca e amarela/preta. Devem ser evitadas aquelas combinações de menor contraste, como verde/cinza, laranja/verde e rosa/cinza.

12.8 Aplicações das cores

Ao longo da história, o uso das cores esteve sempre presente na produção de artefatos e nas representações pictóricas, como dos vestuários e ornamentos corporais. Contudo, a gama de cores era muito limitada, pois dependia-se de corantes naturais. A partir da década de 1950, o uso das cores ganhou grande impulso devido ao desenvolvimento da indústria petroquímica, que passou a produzir muitas variedades de corantes. Ao mesmo tempo, houve um avanço dos meios fotográficos, impressoras e copiadoras a cores, bem como a produção, transmissão e difusão de imagens coloridas pelas mídias eletrônicas, como a televisão e a Internet.

As aplicações de cores em projetos apresentam diversas vantagens em relação aos preto/branco ou aqueles monocromáticos, porque podem portar maior número de informações. Entre outras, destacam-se as seguintes vantagens:

- Acrescentar uma nova dimensão;
- Classificar e agrupar as informações;
- Chamar a atenção;
- Diminuir o tempo de reação;
- Reduzir erros de leitura; e
- Reduzir a monotonia.

Muitas vezes, o uso de cores aumenta os custos de produção e de divulgação. Esse custo adicional é relativamente grande nas mídias impressas, mas torna-se menor nas mídias eletrônicas. Contudo, ele pode ser compensador, se forem consideradas as vantagens acima.

CORES NO AMBIENTE DE TRABALHO

Um planejamento adequado das cores no ambiente de trabalho tem produzido economias de até 30% no consumo de energia e aumentos de produtividade que chegam a 80% ou 90%. Aplicam-se cores claras em grandes superfícies, com contrastes adequados para identificar os diversos objetos, associado a um planejamento da iluminação.

Existem diversas experiências comprovando a influência das cores no desempenho humano. Por exemplo, numa fábrica de produtos fotográficos, o processo de fabricação exigia o uso de luzes especiais. Diversos problemas disciplinares ocorridos nessa fábrica desapareceram assim que a luz vermelha das salas foi substituída pela verde.

A pintura de uma forjaria em azul proporciona uma sensação de frescor, puramente psicológica, apesar do calor reinante. Ao contrário, a sensação do frio em lavabos e vestiários pode ser reduzida com o uso racional de cores quentes, como amarelo, laranja e vermelho. Por outro lado, cores claras, de alta luminosidade, ajudam a manter esses lugares limpos e higiênicos. Ao contrário, cores escuras, como o marrom e o cinza, "atraem" as sujeiras.

Muitas experiências também procuraram determinar as preferências humanas pelas cores. Observa-se que há uma grande dispersão dessas preferências, motivada pelas diferenças de sexo, idade, cultura e religiões. De modo geral, podemos apontar as seguintes preferências, em ordem decrescente: azul, violeta, branca, vermelha, amarela e magenta. Os homens preferem as cores azul, vermelha, amarela e magenta, e as mulheres, azul, verde, violeta e vermelha.

CORES NAS FÁBRICAS

O uso de cores nas fábricas deve ser cuidadosamente planejado, junto com a arquitetura do edifício e a iluminação, de modo que o conjunto seja harmônico. Esse planejamento deve incluir as cores das paredes, máquinas, equipamentos de transporte, utensílios e ferramentas individuais e vestuários profissionais. Nos pontos onde há necessidade de maior visibilidade, pode-se aumentar o contraste de cores e o nível de iluminação. Eventualmente, poderão ser utilizados dois ou mais graus de luminosidade para criar um conjunto alegre e dinâmico. Nas fábricas, em geral, são recomendadas as seguintes combinações de cores, visando destacar as cores das máquinas e equipamentos:

Paredes: cinza-clara, bege-creme, ocre-amarela fosca

Máquinas: verde-clara, verde-azulada clara, azul-clara

Os ambientes monocromáticos são monótonos e devem ser evitados. Essa monotonia pode ser reduzida aplicando-se cores diferentes em algumas paredes, vigas, pilares, cortinas, máquinas, mesas, cadeiras, estantes, e assim por diante. Por outro lado, não se deve exagerar nessa complexidade visual, pois ela pode tornar-se muito confusa e estressante. Não se recomenda o uso de cores muito fortes e "chamativas" nas paredes, pisos, tetos e móveis, pois isso pode distrair a atenção.

CORES NOS EQUIPAMENTOS

Uma combinação adequada de cores, usada harmoniosamente, quebra a monotonia e ajuda a obter concentração do trabalhador sobre determinadas partes do equipamento, ajudando a reduzir acidentes. As cores claras também incentivam a manter o equipamento limpo.

Em geral, não convém pintar todo o equipamento de uma única cor. Existem normas para pintar as partes móveis e perigosas de equipamentos e das tubulações, para que fiquem mais visíveis. O corpo principal deve ser pintado de cor clara, que descanse a vista, sendo recomendadas as seguintes:

- verde-clara;
- azul-clara;
- verde-azul clara;
- cinza-clara.

Cores foscas são melhores que aquelas brilhantes, pois estas últimas produzem reflexos e ofuscamentos que prejudicam a visão e distraem o trabalhador.

NORMAS BRASILEIRAS

Existem diversas normas brasileiras que regulamentam o uso de cores, como a norma NBR 6503/1984, que fixa a terminologia das cores.

A norma NBR 7195/1995 apresenta recomendações para uso das cores na *segurança*, com o objetivo de prevenir acidentes e advertir contra riscos. Existem oito cores de uso padronizado: vermelha, laranja, amarela, verde, azul, púrpura, branca e preta. Essas cores não devem ser usadas na pintura das máquinas, exceto a branca, a preta e a verde. Seguem-se algumas aplicações típicas.

Vermelha – É usada em equipamentos de proteção e combate ao incêndio, inclusive portas e saídas de emergência. Os acessórios, como registros e válvulas, são identificados pela cor amarela. A cor vermelha é usada também para indicar proibição e parada obrigatória, bem como em luzes de sinalização nos tapumes, barricadas e paradas de emergência.

Laranja – A cor laranja indica "perigo" em partes móveis e perigosas de máquinas e equipamentos, como polias, engrenagens e tampas de caixas protetoras (pintar do lado interno, para que fiquem visíveis na posição aberta). É usada também em equipamentos de salvamento aquático, como boias e coletes salva-vidas.

Amarela – A cor amarela indica "cuidado" em escadas, vigas, pilastras, postes, partes salientes em estruturas, bordas perigosas, equipamentos de transporte e de movimentação de materiais. É usada também para indicar avisos e advertências. Pode ser combinada com listas ou quadrados pretos (máximo de 50% da área) para melhorar a visibilidade, como em para-choques ou faixas e fitas para delimitar locais de trabalho perigosos, áreas de segurança e locais destinados a armazenagem.

Verde – A cor verde indica "segurança", servindo para identificar caixas e equipamentos de primeiros socorros, macas, chuveiros de segurança, localização de EPIs (equipamentos de proteção individual) e quadros para exposição dos cartazes de segurança. Pode ser usada em faixas para delimitar áreas de segurança e áreas de vivência (fumantes, descanso).

Azul – A cor azul indica uma ação compulsória, como o uso obrigatório dos EPIs. Indica também equipamentos fora de serviço, que não devem ser energizados ou movimentados.

Púrpura – É usada para indicar perigos provenientes das radiações eletromagnéticas penetrantes e partículas nucleares. Marca os locais onde esses materiais estão enterrados ou armazenados.

Branca – É usada nas faixas ou setas para demarcar corredores e locais onde circulam exclusivamente pessoas. Usa-se também nas áreas em torno dos equipamentos de emergência, primeiros socorros e coletores de resíduos.

Preta – A cor preta identifica os coletores de resíduos, exceto aqueles originários dos serviços de saúde (resíduos hospitalares).

Para melhorar a visibilidade, as cores de segurança devem ser pintadas sobre um fundo contrastante. É indicado um fundo branco para as cores: vermelha, verde, azul, púrpura e preta. O fundo preto é usado para: alaranjada, amarela e branca.

A norma NBR 6493/1994 padroniza o uso de cores nas *tubulações*, para canalização de fluidos, material fragmentado e condutores elétricos, indicando os seguintes conteúdos:

- *Alaranjada* – produtos químicos não gasosos.
- *Alumínio* – gases liquefeitos, inflamáveis, combustíveis de baixa viscosidade (gasolina, óleo diesel, querosene, óleo lubrificante, solventes).
- *Amarela* – gases não liquefeitos.
- *Azul* – ar comprimido.
- *Branca* – vapor.
- *Cinza-clara* – vácuo.
- *Cinza-escura* – eletroduto.
- *Marrom* – materiais fragmentados (minérios) e petróleo bruto.
- *Preta* – inflamáveis e combustíveis de alta viscosidade (óleo combustível, alcatrão, asfalto, piche).

- *Verde* – água, exceto para combate a incêndio.
- *Vermelha* – água e outras substâncias para combate a incêndio.

Essas cores não precisam ser pintadas em toda a extensão das tubulações, mas em faixas de identificação, com 40 cm de comprimento. Essas faixas devem situar-se em locais bem visíveis, bem iluminados, nos pontos de inspeção, junto às válvulas ou onde haja possibilidade de desconexão. Junto à faixa, podem ser colocadas setas indicando o sentido do fluxo ou palavras identificadoras, como "alta tensão". A tubulação de água potável deve ser diferenciada, colocando-se a letra P em branco sobre a faixa verde.

Diversos outros códigos de cores são usados na indústria, por exemplo, para identificar conteúdos de botijões de gás e resistividades elétricas, mas não os apresentaremos aqui porque referem-se a aplicações específicas

RECOMENDAÇÕES GERAIS PARA USO DE CORES

O uso adequado das cores facilita as comunicações, contribui para reduzir os erros e, consequentemente, aumenta a eficiência no trabalho. São apresentadas as seguintes recomendações para o uso adequado delas.

- Faça um planejamento das cores em todo o ambiente e objetos circunvizinhos.
- Considere a influência dos sistemas de iluminação.
- Considere que a visibilidade aumenta com o uso das cores complementares entre si, mas pode ser desagradável ao olhar e elas devem ser separadas por uma faixa neutra.
- Considere que a legibilidade das cores pode ser influenciada pela luz, tamanho, forma, ângulo visual e textura.
- Use cor preta sobre a branca para melhorar a legibilidade. Outras combinações interessantes são o verde-limão e vermelho sobre o branco. Nunca use amarelo sobre branco.
- Evite combinações da vermelha com a azul-marinho, que provocam vibrações.
- Aumente os tamanhos de letras e símbolos usados em ambientes de baixa iluminação.
- Evite usar código de cores em condições de pouca iluminação, porque não será possível discriminar as cores.
- Evite usar mais de seis cores em um *display*.
- Evite misturar diferentes cores na mesma palavra, com diferentes graus de legiblidade.
- Evite colocar letreiros sobre fundos que variam de matizes e claridades, como fotos de paisagens coloridas.
- Evite usar cores como um código único, adotando-se informações redundantes (formas, letras, números), sempre que possível.

- Considere sempre as associações emocionais, visuais e culturais, especial-mente em produtos destinados à exportação.

QUESTÕES

1. Quais são os fatores que influem na discriminação visual?

2. Como se pode reduzir o ofuscamento?

3. Apresente pelo menos três causas da fadiga visual.

4. Quais são os três tipos básicos de iluminação?

5. Qual é a importância da simbologia das cores? Exemplifique.

6. Como se diferenciam as cores da luz e do objeto?

7. Quais são as três características básicas das cores?

8. Que cuidados devem ser tomados na transposição do sistema RGB para o CMYK?

9. Como foi elaborado o sistema Munsell de cores?

10. Como se pode melhorar a legibilidade das cores? Exemplifique

11. Dê três exemplos de aplicações de cores na fábrica e nos equipamentos.

EXERCÍCIOS

1. Identifique uma situação em que ocorre ofuscamento. Apresente sugestões para reduzi-lo.

2. Analise a legibilidade das placas de carro ou algum tipo de sinalização urbana (placas com nomes de ruas, logradouros, setas indicativas de direção). Faça su-gestões para sua melhoria.

3. Analise as cores de alguma embalagem de alimento. Verifique se elas poderão provocar associações indesejáveis se forem exportadas para países de culturas diferentes da nossa.

13 PERCEPÇÃO E PROCESSAMENTO DE INFORMAÇÃO

13.1 SENSAÇÃO E PERCEPÇÃO
13.2 MEMÓRIA
13.3 ORGANIZAÇÃO DA INFORMAÇÃO
13.4 PROCESSAMENTO DA INFORMAÇÃO
13.5 TOMADA DE DECISÃO

OBJETIVOS

Este capítulo apresenta as bases da ergonomia cognitiva, que envolve os processos sensoriais de captação de sinais (percepção), processamento e armazenamento de informações (memória) e seu uso no trabalho (tomada de decisão).

O enfoque cognitivo aumentou de importância na ergonomia a partir da década de 1980, com a crescente difusão da informática para a automação e robotização do trabalho. Isso permitiu que muitas tarefas repetitivas, que exigiam o uso de forças, fossem transferidas para as máquinas, restando ao ser humano as tarefas de programação, manutenção, comando e controle dessas máquinas. O desempenho desses sistemas modernos depende mais da cognição humana para captar informações e tomar decisões. Assim, a ergonomia passou a estudar os aspectos *cognitivos* das interações entre as pessoas e o sistema de trabalho, a fim de realizar projetos de máquinas mais eficazes, principalmente aquelas informatizadas. O Capítulo 3 apresenta alguns métodos e técnicas empregados em ergonomia cognitiva.

TÓPICOS

- Sensação
- Percepção
- Atenção
- Memória de curta duração
- Memória de longa duração
- Memória verbal
- Memória espacial
- Rede neural
- Esquecimento
- Capacidade de canal
- Sinais simultâneos
- Sinais redundantes
- Instrução verbal
- Modelo sequencial
- Estímulo-resposta
- Vigilância
- Expectativa da informação
- Tomada de decisão
- Modelo cognitivo
- Objetivos conflitantes
- Desvios da percepção

13.1 SENSAÇÃO E PERCEPÇÃO

Sensação e percepção são etapas de um mesmo fenômeno, envolvendo a captação de um estímulo ambiental e transformando-o em informação. Informação, no senso comum, geralmente confunde-se com notícias transmitidas pelo jornal, televisão ou fala. Num sentido mais amplo, informação pode ser considerada como uma transferência de energia que tenha algum significado em uma dada situação. Assim, uma luz que se acende e se apaga, um ponteiro que se move, uma sirene que toca ou uma pessoa que pisca intencionalmente um dos olhos transmitem informações. Como o ser humano interage continuamente com outras pessoas, máquinas e o ambiente, há uma troca contínua de informações entre esses elementos nos dois sentidos, ou seja, recebendo e transmitindo informações.

Para ocorrer a transmissão da informação, é necessário haver uma fonte, um meio (transmissor) e um receptor. A comunicação só ocorre quando o receptor recebe e interpreta corretamente a mensagem que a fonte desejava transmitir. A informação captada pelo organismo humano é conduzida até o seu sistema nervoso central, onde ocorre uma decisão. Muitas vezes, essa informação é armazenada na memória para uso em futuras decisões.

SENSAÇÃO

Sensação refere-se ao processo *biológico* de captação de estímulos (energia ambiental), sob a forma de luz, calor, pressão, movimento, partículas químicas, e assim por diante. Esse estímulo é captado por receptores especializados dos órgãos sensoriais. Depois, é codificada em impulsos eletroquímicos, e transmitida ao sistema nervoso central, onde pode ser ou não processado.

Existem quatro variáveis que influem no processo de captação dos estímulos e sua transformação em informação:

- Modalidade do estímulo (luz, calor, vibrações sonoras);
- Intensidade do estímulo (dentro de certos limites mínimos e máximos);
- Duração do estímulo (tempo);
- Localização (espacial).

Os estímulos captados são convertidos em impulsos elétricos e transmitidos ao sistema nervoso central. Cada modalidade de estímulo é direcionada a uma área específica do cérebro. Ou seja, a parte do cérebro que processa impulsos visuais não recebe impulsos auditivos ou olfativos, e assim por diante.

Para haver sensação, é necessário que a energia ambiental, estimuladora das células nervosas, esteja dentro de certos limites, chamados de *limiares* mínimos e máximos. Os estímulos abaixo do mínimo não são captados. Por outro lado, quanto mais intenso for o estímulo, mais facilmente ele será detectado, e as respostas também serão mais rápidas. Acima do limite máximo, a sensação passa a ser incômoda e dolorosa. Por exemplo, seres humanos só conseguem captar sons entre 20 Hz (limiar da audição) e 20.000 Hz. Acima disso, a sensação torna-se dolorosa (limiar da sensação dolorosa).

O ser humano capta estímulos por meio de cinco sentidos básicos (visão, audição, tato, olfato e gustação), mas também por outros sentidos, para perceber vibração, calor, frio, pressão, dor, movimento, aceleração e equilíbrio.

PERCEPÇÃO

Percepção é o resultado do processamento do estímulo sensorial, dando-lhe um *significado*. Os estímulos recebidos são organizados e integrados em informações significativas sobre objetos e o ambiente. Nesse processo são usadas informações já armazenadas na memória para converter as sensações em significados, relações e julgamentos.

Enquanto a sensação é um fenômeno essencialmente biológico, a percepção envolve *processamento*. A percepção está ligada à recepção, reconhecimento e interpretação de uma informação, comparando-a com uma informação anteriormente armazenada na memória. Depende também das experiências (conhecimentos) anteriores e de fatores individuais como personalidade, nível de atenção e expectativas. A mesma sensação pode produzir percepções diferentes em diferentes pessoas, levando-as a diferentes tipos de decisões.

Por exemplo, para ler um texto, as letras impressas no papel são convertidas em sensações pelas células fotossensíveis dos olhos. Esses estímulos são conduzidos pelo nervo óptico até o lobo occipital do cérebro, onde são "decifrados" com o uso da memória. A percepção da letra A, por exemplo, está ligada à identificação de suas formas e o seu reconhecimento em comparação com um padrão armazenado na memória (se a pessoa for alfabetizada).

A pessoa analfabeta não tem essa memória e não consegue fazer a "decodificação" das letras, ou seja, transformar alguns traços no papel em *significados*. Isso ocorre também com os usuários de computadores, *smartphones* e outros aparelhos informatizados. Os programas que usam interfaces gráficas apresentam diversos tipos de ícone e os usuários que não conhecem o significado destes, não conseguem decifrá-los e, então, há um bloqueio da percepção.

Na prática, sensação e percepção fazem parte do mesmo fenômeno. Em geral, quando se fala em percepção, ela engloba também a fase preliminar da sensação. Esse é um processo contínuo. O nosso cérebro recebe e processa continuamente as informações do ambiente. Isso ocorre em alguns microssegundos e nem sempre é um processo consciente, podendo ocorrer automaticamente.

ESTÁGIOS DA PERCEPÇÃO

O processo de percepção visual ocorre em dois estágios. Inicialmente identifica-se que existe "algo" diferente no ambiente, pela ação dos bastonetes (ver p. 121). Esse processo ocorre aleatoriamente e se chama *pré-atenção*. Nessa fase são detectadas apenas as características globais do objeto, como formas e movimentos. Algum aspecto ou característica particular pode despertar maior interesse, indicando que deve ser mais bem examinado. Isso ocorre, por exemplo, com tonalidades salientes, formas atraentes, movimentos inesperados, e assim por diante.

No segundo estágio, chamado de *atenção*, há uma focalização dos olhos naqueles aspectos interessantes, identificados pela pré-atenção. Nessa fase, pela ação dos cones, ocorre uma identificação, quando as informações recebidas são comparadas com outras informações armazenadas na memória e reconhecidas. A atenção também pode ser focalizada intencionalmente, por exemplo, quando se quer fazer a leitura de um texto.

ATENÇÃO

Atenção é a concentração da percepção sobre algum assunto, melhorando o processamento da informação. Existem basicamente quatro tipos de atenção: atenção contínua (ou vigilância), atenção seletiva, atenção focada e atenção dividida.

Atenção contínua – Atenção contínua ou vigilância é aquela mantida por um determinado tempo, em estado de alerta. Ocorre em tarefas tais como dirigir um automóvel, pilotar um avião ou monitorar um radar na torre de controle. Este tipo de atenção pode gerar sobrecarga mental, sendo difícil de mantê-la por longos períodos. Essa sobrecarga pode ser reduzida proporcionando-se pausas no trabalho, aumentando a variedade de atividades que compõem a tarefa, reduzindo a incerteza (aumentando a expectativa) da ocorrência de um sinal, aumentando a discriminação de sinais (usando sinais mais altos, mais intensos, mais salientes, mais duradouros), treinando e motivando os usuários e controlando os fatores ambientais.

Atenção seletiva – A atenção seletiva ocorre quando há simultaneidade de várias fontes ou canais de informação, e o usuário deve escolher aquele que vai atender prioritariamente. Por exemplo, quando há várias pessoas falando simultaneamente em uma equipe de trabalho e ele deve selecionar aquela que transmite o conteúdo mais relevante. Isso se assemelha à situações em que há vários instrumentos tocados simultaneamente em uma orquestra e o maestro é capaz de identificar o som de um violino desafinado. Em condições operacionais, o trabalhador pode ser treinado para identificar os sinais mais importantes, para os quais deve dar prioridade. Para facilitar, ele pode ser informado previamente sobre onde ou qual sinal provavelmente vai ocorrer no futuro, melhorando a sua expectativa e reduzindo seu nível de estresse.

Atenção focada – A atenção focada ocorre quando o usuário precisa concentrar-se em apenas uma ou poucas fontes de informação, sem se distr air com outras fontes que competem com a sua atenção. Os sinais das fontes de interesse devem ser maiores, mais salientes e mais intensos, na parte central da interface. A concorrência dos outros sinais pode ser minimizada reduzindo-se o número de competidores, diferenciando-se a modalidade dos sinais (diferentes canais) que competem e separando-se fisicamente as fontes que competem.

Atenção dividida – A atenção dividida ocorre em tarefas que exigem atenção concomitante a diferentes fontes, quando ocorrem sinais simultâneos (ver p. 476). Por exemplo, em uma dada atividade, é necessário conjugar sinais visuais com sinais sonoros. Mesmo que esses sinais ocorram simultaneamente, a percepção deles ocorre sequencialmente, com uma alternância de canais, passando-se rapidamente de um para outro (*time sharing*). Nesses casos, os operadores devem ser treinados para atuarem em condições de sobrecarga, utilizando uma estratégia para priorizar as atividades. As tarefas que exigem atenção dividida podem ser facilitadas minimizando-se o número de fontes e diferenciando-se a natureza dos diferentes sinais.

13.2 Memória

A memória está relacionada com transformações das sinapses da estrutura neural do cérebro. O cérebro usa esse mecanismo para armazenar algumas informações percebidas, visando seu uso posterior. O ser humano tem cerca de 10 bilhões de células nervosas no seu sistema nervoso central (isso é maior que toda a população mundial). A capacidade total da memória é estimada em cerca de 100 milhões de *bits*, embora alguns autores deem cifras que chegam a 43 bilhões de *bits*.

Atkinson e Shiffrin (1968) elaboraram um modelo em que a informação é captada e processada (interpretada, filtrada e armazenada) em três estágios:

- Memória sensorial (sensação e percepção);
- Memória de curta duração (MCD);
- Memória de longa duração (MLD).

Como já vimos, nem todas as sensações se transformam em percepções, nem todas as percepções se transformam em memória de curta duração, e apenas algumas delas são transferidas para a memória de longa duração. Embora não se conheça precisamente como as informações fluem entre esses três níveis, sabe-se que são influenciadas pelas emoções (a pessoa nunca se esquece de um evento que tenha lhe causado uma grande comoção) e pelos interesses (as pessoas filtram as informações que lhes interessam).

Memória sensorial

Os estímulos ambientais, captados por diferentes sensores, são armazenados localmente durante um curtíssimo tempo, produzindo uma memória sensorial, antes de se dissiparem. Esse processo dura menos de um segundo para os estímulos visuais e alguns segundos para os estímulos auditivos. Aquilo que é captado na memória sensorial é conduzido para a memória de curta duração.

Memória de curta duração

A memória de curta duração (MCD), também chamada de memória de trabalho ou de curto prazo, retém as informações por períodos extremamente curtos, de cinco a trinta segundos, ao cabo dos quais são completamente esquecidas na maior parte das vezes. É o que acontece, por exemplo, quando alguém dita o número de um telefone. Este é retido na memória, até ser transcrito no papel e, se esse processo demorar mais de trinta segundos, não seremos mais capazes de lembrá-lo.

A memória de curta duração está associada a circuitos autorregenerativos de neurônios que se *ligam* e *desligam* rapidamente. A capacidade média de retenção é de sete unidades não relacionadas entre si (não vale, por exemplo, o número de letras em uma palavra ou uma sequência lógica de números). Dependendo das circunstâncias e do grau de atenção, essa capacidade pode variar entre cinco e nove unidades (7 ± 2). Esta quantidade "mágica" 7 ± 2 foi proposta por George A. Miller em um artigo de 1956, intitulado "The magical number seven, plus or minus two: some limits on our capacity for processing information", sendo um dos artigos mais citados em psicologia. Isso significa que, em geral, há um acerto de 100% para lembrar até cinco unidades não relacionadas entre si e, a partir daí, os erros começam a aumentar rapidamente, sendo praticamente certa a ocorrência de erros acima de nove unidades.

Se, em certo momento, já houver sete unidades na MCD e chegar uma nova unidade, será descartada uma unidade antiga para se colocar aquela nova. Portanto, a informação armazenada pode ser *perdida* tanto pelo *tempo* decorrido, como pela *sobrecarga*. Além disso, ela pode ser confundida com a ocorrência de outras informações simultâneas, mesmo que seja durante apenas alguns segundos. Por exemplo, ocorre nas conversas paralelas ou quando se deve atender ao telefone enquanto se realiza uma operação aritmética. As tarefas que exigem uso simultâneo de diversos canais de informação provocam uma grande sobrecarga mental e consequente perda de informações.

MEMÓRIA DE LONGA DURAÇÃO

A memória de longa duração (MLD) ou de longo prazo é aquela que retém informações por um tempo maior, podendo persistir por várias décadas. Ela está associada a modificações da *estrutura* da célula nervosa, de caráter mais duradouro (e não a circuitos que se ligam e desligam). A MLD tem uma capacidade muito maior de armazenamento em relação à MCD.

Além disso, a MLD tem caráter associativo. As novas informações são fixadas com maior facilidade quando se conectam com a rede neural já existente no cérebro. Essa rede apresenta certas rotas que podem ser seguidas quando se tenta relembrar uma informação memorizada. A inclusão de novas informações na MLD é lenta porque é necessário estabelecer essas conexões com a rede neural existente e promover as respectivas transformações sinápticas.

DIFERENÇAS ENTRE AS MEMÓRIAS DE CURTA E DE LONGA DURAÇÃO

A memória MCD é de natureza fonética (forma), enquanto a MLD codifica-se pelos aspectos semânticos (conteúdos).

Assim, a MCD relaciona-se mais com os aspectos *formais* do que aqueles conceituais da informação. Ela tende a confundir palavras que têm sons semelhantes entre si, como *são, som, tom, bom*, mas não as palavras diferentes que têm significados semelhantes, como *negro, escuro, preto* ou *atro*. Com a MLD, ocorre o inverso, relacionando-se mais com os aspectos conceituais ou *semânticos*. Ou seja, tende a confundir informações de conteúdos semelhantes, como *ilustração, figura, foto, gráfico* ou *diagrama*. Por exemplo, na MCD pode-se confundir Mário com Márcio, e na MLD, Rodrigo com João, porque são irmãos, estudam na mesma sala ou ambos exercem a mesma profissão (Tabela 13.1).

Tabela 13.1
Diferenças entre a memória de curta duração e a memória de longa duração

Características	Memória de curta duração (MCD)	Memória de longa duração (MLD)
Capacidade de armazenamento	7 ± 2 itens	Grande
Tempo de retenção	5 a 30 segundos	Muitos anos
Forma de codificação	Fonética (sons)	Semântica (significados)
Perda de informação	Concorrência de outros sinais	Dificuldade de relembrar

INTERAÇÕES ENTRE AS MEMÓRIAS DE CURTA E DE LONGA DURAÇÃO

Sabe-se que apenas algumas informações da MCD transformam-se em MLD. Contudo, ainda se investiga se seriam etapas do mesmo processo ou se seriam processos distintos entre si, ocupando diferentes regiões de armazenamento no cérebro, embora as pesquisas demonstrem que elas têm mecanismos distintos de funcionamento. É possível que a MCD funcione como uma espécie de fila, enquanto se aguarda um "arquivamento" definitivo na MLD, embora a maior parte das informações na MCD seja rapidamente descartada, mediante alguns critérios.

Na prática, essa distinção entre MCD e MLD fica difícil, pois parece que elas operam conjuntamente. Em muitos casos de utilização da MLD descobriu-se que tinha havido interferência da MCD, e vice-versa. A MCD também parece exercer papel importante na organização da MLD (Figura 13.1).

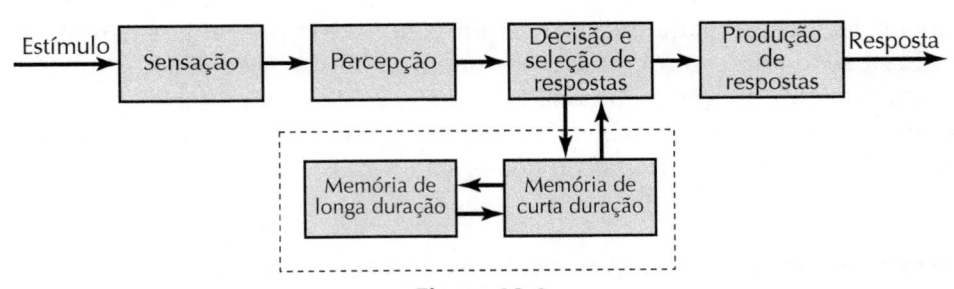

Figura 13.1
Modelo de processamento humano de informações (Wickens, 1984).

Pode-se fazer analogia com a programação de um computador. Durante a execução de uma tarefa (MCD), opera-se um aplicativo ou programa de *software* (MLD). Terminando-se a tarefa, esta pode ser apagada, mas o programa permanece, podendo ser utilizado em outras tarefas.

As informações memorizadas classificam-se em verbal e espacial, quanto à sua natureza e, declarativa e operacional, quanto à sua dinâmica.

Memórias verbal e espacial

As informações armazenadas na MLD podem ser classificadas em dois formatos básicos quanto à sua natureza: memória verbal e memória espacial. A memória *verbal* tem propriedades fonéticas e acústicas e armazena informações linguísticas, como palavras e números. A memória *espacial* tem propriedades visuais e armazena informações analógicas e pictóricas, como figuras, desenhos e mapas. A maneira de apresentar as informações influi na memorização e posterior recuperação dessas informações. As informações que contêm simultaneamente as duas características, verbal e espacial, são retidas com maior facilidade. Há também muitas diferenças individuais na capacidade de armazenamento entre essas duas memórias, que influem até na escolha das profissões.

Muitas vezes, a lembrança (recuperação) de informações verbais e espaciais armazenadas simultaneamente ocorre mais facilmente para um dos tipos. Exemplo disso é quando conseguimos nos lembrar das feições de uma pessoa (espacial), mas esquecemos do nome dela (verbal).

Processamento de códigos semelhantes

Embora os seres humanos tenham sensores para captar vários estímulos diferentes, a maioria dos estudos em ergonomia considera apenas as informações que advêm dos estímulos visuais e auditivos, que são aqueles mais importantes para o trabalho. Estes geralmente são classificados em duas dimensões:

- *Modalidade* – pode ser auditiva ou visual;
- *Formato ou código* – pode ser verbal ou espacial.

Estas possibilitam quatro combinações entre modalidades e formatos:

- *Auditivo-verbal* – sons da fala normal, sons de rádio;
- *Auditivo-espacial* – sons com "terceira" dimensão, como o som estéreo e *home theater*;
- *Visual-verbal* – textos impressos;
- *Visual-espacial* – elementos análogos e pictóricos, figuras, gráficos, cartazes, fotos.

Naturalmente, essas modalidades e formatos podem ser combinados entre si, como acontece, por exemplo, no cinema e na televisão.

O processamento de informações será mais eficiente se houver compatibilidade entre a modalidade da informação e a forma de apresentá-la (Figura 13.2).

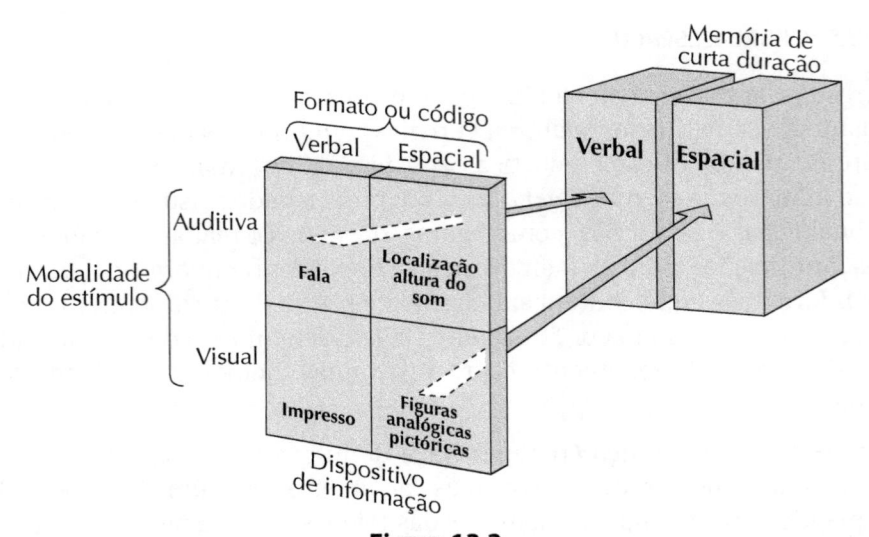

Figura 13.2
Compatibilidade entre os dispositivos de informação e a memória de curta duração (Wickens, 1987).

As tarefas que exigem memória espacial serão mais bem executadas se as informações forem apresentadas no formato espacial, e aquelas que exigem memória verbal, com as informações verbais. Por exemplo, a sequência de montagem de uma peça (espacial) deverá ser apresentada na forma visual-espacial. Se ela for apresentada na forma visual-verbal (textos explicativos), a dificuldade de compreensão será maior. Analogamente, tarefas que usam memória verbal, como redação, interpretação de textos ou trabalho com números, serão mais bem executadas com as instruções verbais.

O canal auditivo tem a desvantagem de ser sequencial e transiente, não permitindo retrocesso. Essa deficiência poderá ser contornada, principalmente no caso de mensagens longas, que superem a capacidade da memória de curta duração, fornecendo-se a mesma informação por escrito (visual), para criar redundância. A combinação auditivo-espacial (direção ou altura de um ruído) é a menos eficiente, devendo ser usada somente para alarme ou avisos, ou quando os demais canais estiverem sobrecarregados.

MEMÓRIAS DECLARATIVA E OPERACIONAL

A memória declarativa contém informações de natureza "estática" (um estado de coisas), enquanto a operacional relaciona-se com o *saber fazer*. Quem recita uma poesia de Camões usa a memória declarativa. Saber cozinhar ou acessar a Internet é operacional.

A memória declarativa é organizada por estruturas semânticas (categorias, esquemas, classes, grupos). A memória operacional é estruturada pelas regras de produção. Essas regras indicam que, se houver determinadas *condições*, certa *ação* poderá ser executada.

Em uma atividade prática, usamos simultaneamente esses dois tipos de memórias. Por exemplo, um guia que conduz um grupo de excursão dentro da selva deve conhecer o caminho (operacional). Mas também deve conhecer as plantas e os animais (declarativa), para se evitar aqueles perigosos ou peçonhentos.

Algumas pessoas podem apresentar predominância de um dos tipos de memória. Um guia experiente pode ter um bom conhecimento do caminho (operacional), mas poucos conhecimentos teóricos sobre flora e fauna (declarativa). Um biólogo que realiza pesquisas em laboratório, ao contrário, pode ter um bom conhecimento da flora e fauna, mas não do caminho para guiar o grupo.

De forma semelhante, algumas profissões exigem mais a memória declarativa (advogados, padres, professores de línguas), enquanto outras, a memória operacional (esportistas, dançarinos, fisioterapeutas, cirurgiões).

ESQUECIMENTO

Para recuperar uma informação memorizada, seguimos um determinado caminho ou lógica para localizá-la. Se isso fracassar, ocorre o esquecimento, que é a incapacidade de recuperar informações memorizadas. O esquecimento pode ocorrer quando a informação for "arquivada" na "pasta" errada. Nesse caso, não conseguimos localizar a informação correta na memória. A memória relaciona-se também com associações a determinadas ocasiões e circunstâncias. Por exemplo, uma pessoa conhecida de uma academia de ginástica (memorizada com trajes esportivos) talvez não seja reconhecida em um baile, com traje a rigor. Também ocorre a interferência entre as informações armazenadas e a memória de curta duração, e vice-versa.

O esquecimento pode estar relacionado com a degeneração das células nervosas em pessoas idosas ou aquelas que sofreram um acidente vascular cerebral. Existem também as causas emocionais, pois podemos esquecer os fatos desagradáveis e preservar aqueles agradáveis.

ERROS DE MEMORIZAÇÃO

Os erros no uso da memória são muito frequentes. Eles poderão ser evitados ou corrigidos, conhecendo-se os mecanismos que os provocam. Os exemplos abaixo são apresentados em números, por simplicidade, mas podem ocorrer situações semelhantes com palavras ou conceitos.

Erro de transposição – O erro de transposição ocorre quando dois ou mais dígitos têm as suas posições trocadas. Exemplo: 67**8**43 no lugar de 68**7**43.

Erro de substituição – O erro de substituição ocorre quando um conjunto diferente é lembrado no lugar daquele correto. Exemplo: 8163 no lugar de 8465.

Erro de repetição – O erro de repetição ocorre quando um algarismo que apareceu anteriormente repete-se indevidamente. Exemplo: 25.**7**.19**7**5 no lugar de 25.**7**.19**8**5.

Erro de confusão – O erro de confusão ocorre quando formas ou sons semelhantes são confundidos entre si. Por exemplo: 9**6**6 no lugar de 9**9**6.

Erro de omissão – O erro de omissão ocorre quando se esquece um elemento de uma sequência, produzindo um espaço em "branco". Exemplo: 675?3 no lugar de 67583.

Para se evitar esses tipos de erros, principalmente quando se usa o processamento eletrônico de dados, foi introduzido o dígito verificador ou de controle. Existem também algumas maneiras práticas de reduzir a incidência desses erros, como veremos a seguir.

Aperfeiçoamento da Memória de Curta Duração

A memória de curta duração caracteriza-se por ter uma capacidade extremamente pequena e ser rapidamente perecível. Apesar disso, ela tem uma importância fundamental na ergonomia, pois é através dela que as instruções são convertidas em ação. Isso significa que essa pequena capacidade disponível da MCD deve ser utilizada da melhor maneira possível. Para isso, podem ser usados certos artifícios, como os que serão apresentados a seguir.

Fazer agrupamento – O agrupamento aumenta a capacidade da memória de curta duração porque cada grupo passa a ocupar apenas uma posição da memória. Por exemplo, a palavra *clips* é mais fácil de memorizar que *pslci* porque ela, em si, constitui uma só unidade.

É difícil memorizar o número de telefone contendo doze dígitos: 558133681423. Entretanto, fica mais fácil se ele for separado em blocos 55-81-3368-1423, em que 55 é o código do país, 81 o da cidade, 3368 o do bairro e 1423 o do assinante. Explicitando-se a estrutura, esses doze dígitos reduzem-se a sete itens (os três códigos e mais quatro dígitos do assinante), assim, recaindo dentro da capacidade da MCD. Além disso, pode-se lembrar que esse último bloco contém dois sub-blocos (14 e 23), ambos somando 5.

Esse agrupamento ocorre também no nível semântico. Os grandes mestres de xadrez são capazes de memorizar, após alguns segundos, as posições de 25 peças, enquanto os novatos limitam-se às posições de apenas seis peças. Para isso, os grandes mestres recorrem à memória de longa duração e relacionam as posições das peças com as jogadas (movimentos das peças), enquanto os novatos usam apenas a memória de curta duração, para determinar simplesmente as posições de cada peça, de forma isolada. Se, em vez de um jogo real, as peças forem colocadas aleatoriamente no tabuleiro, a vantagem dos grandes mestres desaparece.

Usar letras no lugar de números – O uso de letras no lugar de números facilita a memorização porque elas têm mais chances de se relacionarem entre si, formando conjuntos com algum significado, ou que a pessoa possa "completar", formando uma palavra que tenha significado. Por exemplo, chapas de táxi com iniciais TX têm uma identificação imediata. Esse artifício é muito usado na codificação de peças. Por exemplo, CP2312 pode indicar cadeira de plástico modelo 2312; MF31245, mesa com pés de ferro, modelo 31245. Esses números podem estar associados também a certos significados, representando cores, tipos de acabamentos, e assim por diante.

Fazer diferenciação – As pesquisas demonstram também que as características próprias, distintas e bem diferenciadas entre si são mais facilmente memorizadas. De preferência, essas características não devem competir com outros sinais semelhantes existentes no ambiente, com os quais poderiam ser confundidos. Inversamente, formas, cores, sons e códigos semelhantes entre si são mais facilmente confundidos entre si.

Por exemplo, o conjunto (X,P,K,Y) é mais fácil de ser memorizado que outros com letras de formas semelhantes (O,Q,C,G) ou sons semelhantes (D,G,C,B). Códigos semelhantes do tipo A2312, A2123, A2231 também são facilmente confundidos entre si.

Verbalizar – As informações apresentadas verbalmente são retidas pela MCD com mais facilidade do que aquelas apresentadas apenas visualmente. Isso significa que um conjunto de letras ou números escritos pode ser memorizado mais facilmente se for lido em voz alta ou mesmo silenciosamente. A prática adotada nas instruções militares, que faz sempre repetir a ordem recebida em voz alta, facilita a retenção da informação na MCD, para a correta execução dessa ordem, e, além disso, serve de *feedback* para o instrutor.

APERFEIÇOAMENTO DA MEMÓRIA DE LONGA DURAÇÃO

É sabido que há grandes diferenças individuais na capacidade de memorização na MLD. Entretanto, sabe-se também que essa capacidade pode ser desenvolvida através de um esforço consciente e aplicação de algumas regras simples, como as que são apresentados a seguir.

Construir redes neuronais – A memória de longa duração é de natureza semântica/associativa, ou seja, conecta-se pelos seus significados. A memória organiza-se em uma série de nós de uma rede, que associam palavras com conceitos. Uma palavra pode estar associada a vários conceitos (exemplo: família associa-se com pais, filhos, casa) e o mesmo conceito pode estar associado a diversas palavras (exemplo: lazer associa-se com cinema, televisão, férias). Para lembrar-se é necessário puxar o "fio da meada", através desses conceitos.

Por exemplo, o nome de uma pessoa pode ser lembrado por um animal (Carneiro, Lobo), vegetal (Carvalho, Oliveira), localidade (Porto, Coimbra) ou figuras históricas (Ulisses, Sócrates). Nessa "perseguição", a memória vai passando de um nó para outro. Por exemplo, procurando lembrar-se do nome de um cantor de *jazz*, podemos lembrar de outros músicos que estejam no cruzamento dos mesmos nós (negros, norte-americanos, estilos).

Muitas vezes, conseguimos lembrar apenas de alguns aspectos que nos chamaram a atenção. Por exemplo, ao tentarmos lembrar os detalhes de uma reportagem, podemos lembrar o motivo de um crime, mas não o local onde ocorreu. Dessa forma, a memória poderá ser aperfeiçoada fazendo-se um esforço consciente para conectar cada parte de uma nova informação com aquelas já existentes na memória.

Usar informações-chave – As informações podem ser classificadas por grupos semânticos, colocando-as em categorias ou classes já existentes na memória de longa duração. Por exemplo, um biólogo, ao observar a fauna de uma região, provavelmente será capaz de descrevê-la melhor usando as categorias já existentes em sua memória (Figura 13.3).

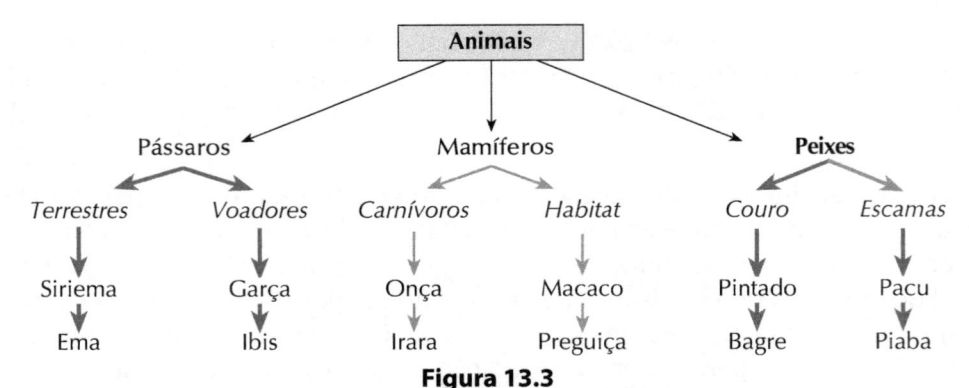

Figura 13.3
Exemplo de classificação semântica dos animais, usando a memória de longa duração.

Ele vai "arquivando" cada espécie animal, de acordo com essas categorias, que se assemelham a "gavetas" ou "pastas", também chamadas de *informações-chave*. Enquanto isso, outra pessoa, sem ter esses conhecimentos prévios, provavelmente faria uma descrição aleatória desses animais, lembrando-se de uns e esquecendo-se de outros. Isso se deve à falta de sistematização dessas informações, dificultando a recuperação delas.

Usar informações salientes – Algumas informações são retidas na memória devido ao conteúdo muito "vivo" ou "dramático" que chama a atenção ou provoca forte emoção. Isso é muito usado na propaganda, principalmente quando se quer evitar determinados tipos de comportamento, associando-os com imagens muito "fortes". O efeito é semelhante ao de uma pessoa que presencia um desastre. Após algum tempo, realizam-se pesquisas para verificar se essas imagens foram fixadas na memória dos espectadores.

Dar significados – Os números, conceitos ou fatos não relacionados entre si podem ser associados com outros que tenham significado para a pessoa, como datas de aniversário, número da sua casa, número do seu telefone, e assim por diante. Por exemplo, 182279 seria associado com o ano da Independência (1822), e 79 poderia ser associado com a data 7 de setembro.

Formar palavras mnemônicas – Um truque muito usado para memorizar sequências de palavras é o de formar novas palavras, usando-se as iniciais dessas palavras para criar acrósticos que tenham sons pronunciáveis. Por exemplo, as palavras *deoflloprucam*, *rodafonil* e *hervendelepitarwas* contêm as iniciais de todos os presidentes da República do Brasil, entre 1889 e 1930, representados pelas três letras iniciais do seu nome: *Deo*doro da Fonseca, *Flo*riano Peixoto, *Pru*dente de Moraes, *Cam*pos Sales e assim por diante, com uma única inversão do nome de Artur Bernardes (*tar*) para facilitar a sonorização. Pode-se fazer isso com números. Por exemplo, *tuno* são iniciais de 3198.

Construir imagens visuais – Outra regra mnemônica bastante usada é a de associar os itens com imagens visuais, que são disponíveis em grande número e variedade na memória de longa duração, criando associações novas e até bizarras, de acordo com as experiências pessoais de cada um. Por exemplo, uma pessoa chamada Sócrates pode ser lembrada se for associada ao filósofo grego ou ao jogador de futebol homônimo.

Construir histórias – Outra maneira é pela construção de histórias ou imagens visuais, conectando entre si os elementos que antes estavam desconexos. Essas histórias e imagens devem ser fantasiosas e ilógicas (é mais difícil de lembrar as conexões lógicas). Por exemplo, suponha que você precise lembrar-se de três palavras: banana, nuvem, vaca. Aparentemente, são coisas desconexas entre si. Pode-se construir uma imagem visual de uma pessoa alta, "plantando bananeira" e encostando os pés em uma nuvem que tem a forma de vaca. Se as palavras forem: garfo, fogo e mão, pode-se imaginar um garfo queimando que se espeta na mão. Para lembrar da palavra trépano (instrumento cirúrgico) pode-se imaginá-lo envolto em três panos. Para diferenciar estalactite (formação no teto das cavernas) de estala**g**mite (formação no solo), pode-se associar a letra "g" a *geo* (terra).

A aplicação dessas regras depende de um esforço consciente de cada pessoa, usando-se o repertório individual da MCD, a fim de construir as redes neurais.

13.3 ORGANIZAÇÃO DA INFORMAÇÃO

Um dispositivo de informação não transmite propriamente informações, mas emite estímulos que podem ter ou não ter significado para o receptor. Diversas características desses estímulos, como frequência, intensidade e duração, podem ser importantes para que eles possam ser corretamente percebidos e interpretados pelo receptor.

CAPACIDADE DE CANAL

O conceito de capacidade de canal é aplicado em dois tipos de situações. Em primeiro lugar, quando se fala em canal, refere-se a uma determinada *modalidade* de estímulo (audição, visão). Cada canal tem um limite superior, representado pela quantidade de informações que pode ser recebida nesse canal, por unidade de tempo, em termos absolutos.

O segundo conceito está relacionado com o limite superior da *quantidade* de informações que pode ser recebida e processada pela pessoa, considerando-se as várias modalidades de estímulos que ela possa perceber em certo intervalo de tempo. Esse limite situa-se entre quarenta e cinquenta *bits* por segundo. Acima disso, a pessoa fica estressada e começa a perder informações. Experiências realizadas em laboratório demonstram que há uma relação linear entre a quantidade de estímulos recebidos por minuto (x) e o número de erros (y) cometidos na leitura de dispositivos visuais, segundo a equação:

$$y = 0,11x - 16,67; y > 0$$

Isso significa que, para valores de (x) abaixo de 150 estímulos por minuto, não há praticamente erros de leitura ($y = 0$). Se esse número aumentar para duzentos estímulos por minuto, pode-se esperar uma incidência de 5,3 erros de leitura por minuto. Essa equação significa também que o tempo mínimo de reação a cada estímulo é de 0,4 s (correspondendo a 150 estímulos por minuto). Contudo, deve-se considerar que esse valor foi determinado em laboratório, com as condições experimentais controladas. Na vida real, quando o operador precisa tomar decisões a partir das informações recebidas, esses tempos poderão ser maiores. E, quanto maior for o número de alternativas possíveis, maior será esse tempo.

SINAIS SIMULTÂNEOS

Sinais simultâneos são dois ou mais estímulos relevantes apresentados ao mesmo tempo, exigindo que o operador divida a sua atenção (*time sharing*). Muitos trabalhadores estão envolvidos nessas situações, que exigem o uso simultâneo de dois ou mais canais de informação. Por exemplo, um digitador usa preferencialmente a visão, mas pode receber também um aviso sonoro, indicando que algo está errado.

A rigor, não se pode dar atenção simultânea a mais de um estímulo. O que ocorre é um desvio consciente da atenção, indo e voltando rapidamente de um estímulo para outro, tentando captar fragmentos deles, que ficam armazenados na memória de curta duração. A partir desses fragmentos, a mente humana faz integração, completando os estímulos, dando-lhes um sentido. As experiências realizadas com sinais simultâneos indicam que eles provocam facilmente uma *degradação* no desempenho e, portanto, devem ser evitados, na medida do possível.

Quando ocorrem sinais simultâneos, em geral, há *interferência* de um canal sobre o outro. Assim, a capacidade do conjunto é menor que a soma das suas capacidades isoladamente. Por exemplo, a capacidade de lembrar informações verbais e numéricas torna-se menor quando se está dirigindo. Além disso, torna-se mais demorada. O tempo de reação de um motorista aumenta em 0,5 segundo quando sua memória está ocupada com uma tarefa adicional. Assim, não se recomenda o uso do telefone celular quando se está dirigindo. Nesse caso, há dois agravantes. O primeiro de caráter motor, segurando ou operando o telefone. O segundo, a necessidade de dividir a atenção entre o tráfego e a conversa telefônica.

MASCARAMENTO DE SINAIS SIMULTÂNEOS

O mascaramento ocorre quando há interferência de um sinal sobre o outro. Este tende a crescer com sinais simultâneos apresentados pelo mesmo canal e quando há semelhança entre esses sinais. Por exemplo, uma fala tende a interferir mais na outra fala do que a música ou o ruído da rua.

Em geral, recomenda-se usar canais diferentes quando houver necessidade de apresentar sinais simultâneos. Por exemplo, em vez de apresentar dois sinais auditivos simultâneos, é melhor apresentar um deles pelo canal visual. Contudo, quando isso não for possível, deve haver uma clara diferenciação na natureza dos sinais (uma voz masculina e outra feminina serão melhores que duas vozes masculinas), para se reduzir o mascaramento.

Quando os sinais simultâneos forem inevitáveis numa situação de trabalho, recomenda-se estabelecer um critério de *prioridade* para atendimento daqueles mais importantes. Por exemplo, o som de um alarme pode requerer prioridade absoluta sobre qualquer outro tipo de sinal, por exigir uma ação imediata.

SINAIS REDUNDANTES

Os sinais redundantes destinam-se a criar uma situação de duplicidade, ou seja, são apresentados estímulos por dois ou mais canais diferentes para o mesmo propósito. O caso mais comum é o sinal auditivo que se superpõe ao sinal visual para transmitir a mesma informação, um confirmando o outro. Exemplo: o pisca-pisca do alarme visual apresentado junto com a sirene do alarme sonoro.

Em um experimento realizado em laboratório, foram usados dois tipos de sinais. Os sinais visuais eram apresentados em um monitor e os sinais auditivos consistiam de ruídos claramente audíveis na faixa de 300 a 900 Hz. Medindo-se a percepção dos mesmos isoladamente e depois conjuntamente, foram observados os resultados da Tabela 13.2.

Tabela 13.2
Percepção e tempo de reação de sinais visual, auditivo e auditivo-visual (Colquhoun, 1975).

Sinal	Percepção média (%)	Tempo de reação (s)
Visual (somente)	28,6	1,00
Auditivo (somente)	54,9	0,99
Duplo (auditivo-visual)	61,0	0,89

Portanto, o sinal duplo auditivo-visual apresentou melhor desempenho que os sinais isolados, tanto no nível de percepção quanto no menor tempo de reação. A Figura 13.4 apresenta esses resultados separadamente, para os dez dias de duração dos testes (Colquhoun, 1975).

Em outro experimento mediu-se a detecção de 24 sinais apresentados aleatoriamente, durante períodos de sessenta minutos. Constatou-se que os sinais visuais eram corretamente percebidos em 77% dos casos, os sinais auditivos, em 83% dos casos, e a combinação auditivo-visual, em 90% dos casos.

Os sinais redundantes também podem ser usados com bons resultados para gerar estado prévio de alerta, criando expectativa para a mensagem a ser transmitida posteriormente por outro canal. Por exemplo, um painel com diversas lâmpadas coloridas pode estar associado a um grupo de trabalho, de modo que cada pessoa esteja associada a uma determinada cor da lâmpada. Ao se acender uma dessas lâmpadas, a pessoa correspondente pode esperar uma mensagem verbal que será transmitida em seguida. Analogamente, em um painel de controle complexo, cada mostrador pode estar associado a ruídos de frequências diferentes. Ao soar um determinado tipo de ruído, o operador concentra sua atenção naquele mostrador correspondente.

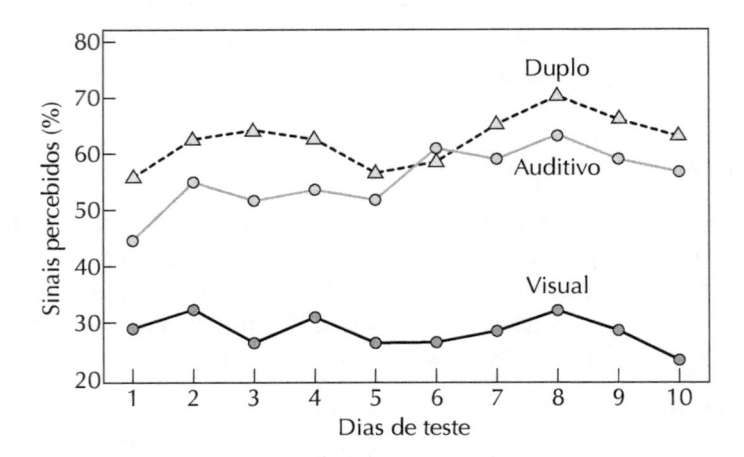

Figura 13.4
Os sinais duplos auditivo/visuais apresentados simultaneamente produzem melhores resultados que aqueles apresentados isoladamente (Colquhoun, 1975).

Também se usa redundância de sinais em alguns projetos, visando torná-los acessíveis a uma gama maior de diversidade sensorial. Por exemplo, pessoas com deficiência auditiva ou visual podem ser beneficiadas com sinais vibratórios.

RUÍDO

Como já vimos (p. 394), ruído é considerado um estímulo desagradável ou indesejável que pode atrapalhar a percepção do sinal. Entretanto, isso supõe uma avaliação subjetiva para classificar um som como agradável ou desagradável. Assim, a mesma música pode ser agradável para uma pessoa e ser considerada um ruído pelo vizinho que está interessado em dormir.

O termo ruído geralmente é associado a sinais auditivos, mas esse conceito pode ser estendido para qualquer tipo de sinal que atrapalhe a percepção, como a copiadora que altera as cores originais, os reflexos que prejudicam a nitidez de uma fotografia, os "chuviscos" que ocorrem na tela de televisão, ou as luvas que reduzem a sensibilidade tátil dos dedos.

Em muitas situações, os ruídos de diversas naturezas tendem a degradar a percepção de um estímulo, pelo efeito do mascaramento. Nesses casos, deve-se aumentar a intensidade desse estímulo ou usar certos tipos de estímulos menos suscetíveis a interferências.

JULGAMENTOS ABSOLUTO E RELATIVO

A discriminação de um estímulo pode ser feita de forma absoluta ou relativa. O julgamento absoluto é feito isoladamente, sem comparações, e o relativo, quando há possibilidade de comparar dois ou mais estímulos entre si.

A quantidade de estímulos discrimináveis aumenta bastante se for feita em condições relativas. Por exemplo, a capacidade de discriminar cores, em termos absolutos, limita-se a dez ou doze matizes, enquanto em termos relativos, apresentando-se as cores aos pares, com diferenças de matiz, claridade e saturação (ver pp. 445-446), essa possibilidade de discriminações já aumenta para algo em torno de 100 mil a 300 mil.

Na situação de trabalho, os estímulos normalmente aparecem isolados, ou seja, devem ser discriminados de forma absoluta. A quantidade de discriminações que uma pessoa consegue fazer de forma absoluta pode ser quantificada. As quantidades mais frequentes dessas discriminações para vários tipos de estímulos são apresentadas na Tabela 13.3.

Tabela 13.3
Quantidades de informações que o organismo humano consegue discriminar pelos seus diversos sentidos, em julgamentos absolutos (McCormick,1970)

Tipo de estímulo sensorial	Quantidade de níveis discrimináveis em julgamentos absolutos	Quantidade de informações transmitidas em *bits*
VISÃO – dimensão simples		
• posição do ponteiro em escala linear	10	3,2
• tamanho visual	7	2,8
• cores – matiz	9	3,1
• cores – claridade	5	2,3
VISÃO – combinação de várias dimensões		
• cores – matiz e saturação	15	3,9
• tamanho e cores	17	4,1
AUDIÇÃO • dimensão simples	5	2,3
• combinação de seis variáveis(*)	150	7,2
ODOR • dimensão simples	4	2,0
• combinação de três dimensões (qualidade, intensidade e número)	16	4,0
GOSTO • salgado	4	1,9
• doce	3	1,7

(*) Frequência, intensidade, ritmo das interrupções, frações de tempo, duração total e localização espacial do som.

Observa-se que o número de possíveis discriminações que as pessoas conseguem realizar em uma única dimensão sensorial é relativamente baixo, caindo geralmente na faixa de quatro a dez sinais, que correspondem, respectivamente, a 2,0 e 3,2 *bits*. Com combinação de várias dimensões, por exemplo, com mudança de forma e cores de mostradores ou frequência, intensidade e duração do som, a capacidade de discriminação das informações transmitidas já aumenta para 3,9 a 7,2 bits.

TEMPORALIDADE DA INFORMAÇÃO VERBAL

A fala tem o problema de ser transiente, ou seja, ela é rapidamente perecível no tempo, devido à reduzida capacidade da memória de curta duração. Quando houver necessidade de se usar mais de duas variáveis simultâneas para a tomada de decisões, provavelmente começarão a surgir problemas de esquecimentos e omissões.

Muitas vezes, uma informação deve ser retida durante algum tempo, porque ela vai influenciar outras decisões a serem tomadas sequencialmente. Um exemplo disso é a informação sobre as condições meteorológicas que um piloto em voo recebe da torre de controle do aeroporto. Ele deve reter essa informação durante certo tempo, na memória de curta duração, para tomar várias decisões, como a correção da rota de voo. Nesse caso, a solução recomendada é a de apresentar essas informações com auxílios visuais, como quadros, telas ou *displays*, que mantenham a informação disponível durante algum tempo, enquanto se executam as operações.

INSTRUÇÃO VERBAL E A MEMÓRIA

Muitas tarefas dependem da correta lembrança (recuperação) de instruções verbais. Entretanto, isso depende da forma como essas informações foram apresentadas e memorizadas. São feitas as seguintes recomendações para que as informações memorizadas possam ser corretamente relembradas.

Sequência das palavras – A sequência das palavras contidas na instrução deve corresponder à mesma sequência das operações. Por exemplo, se for necessário retirar uma tampa para apertar um parafuso, a instrução correta deve ser "retire a tampa e aperte o parafuso" e não "aperte o parafuso depois de retirar a tampa".

O certo e o errado – As instruções devem dar ênfase apenas à maneira correta de realizar uma tarefa, jamais misturando o certo com o errado. Vamos supor o caso de um instrutor que apresente a maneira *certa* e a maneira *errada* de realizar uma tarefa. Essas duas formas serão igualmente memorizadas e vai ser difícil, no futuro, separar o certo do errado, causando uma grande confusão na mente do aprendiz. Se houver necessidade de transmitir formas alternativas de executar a tarefa, estas devem ser feitas posteriormente, após algum tempo, quando o método-padrão ou tipo básico da tarefa tiver sido firmemente apreendido, e sem riscos de causar confusões entre o certo e o errado.

Informações-chave – Quando se quer recuperar uma informação armazenada na memória, as primeiras palavras mencionadas devem fornecer as informações-chave, que servem para "puxar" a rede neural correspondente. Isso corresponde a localizar e abrir a "pasta" do assunto (*menu*) ou achar o fio da meada.

Por exemplo, para se reclamar de um conserto feito na máquina X, na semana passada, há duas "pastas" possíveis: máquina X; e semana passada. Poderia ser dito: "aquele conserto feito na semana passada na máquina X não deu certo". Supondo que o técnico tenha consertado várias máquinas na semana passada, vai ser difícil ele localizar a máquina X na "pasta" de consertos da semana passada. Provavelmente, a reclamação seria mais eficiente se fosse formulada da seguinte forma: "a máquina X, consertada na semana passada, continua com defeito".

Expectativas do receptor – As pessoas conseguem perceber melhor aquelas informações que, de certa forma, já estejam esperando. Podem-se usar as informações-chave para "ligar" o ouvinte, anunciando, inicialmente, o assunto que será apresentado, e criar uma expectativa favorável à recepção da informação. Da mesma forma, no início de uma fala, é conveniente "avisar" os interlocutores sobre qual é o assunto que se quer abordar, repetindo o procedimento todas as vezes que houver mudança de assunto: "agora vamos tratar das recentes evoluções da ergonomia". Observou-se que essa tática é usada por oradores e professores experientes. Eles usam alguns minutos iniciais para motivar, a fim de criar expectativa e melhorar a receptividade dos ouvintes sobre o assunto a ser apresentado.

13.4 PROCESSAMENTO DA INFORMAÇÃO

A cadeia percorrida pela informação (ver Figura 13.1), desde a sensação e percepção até a resposta (movimentos musculares de comando), pode sofrer diversos tipos de influências. Existem vários modelos que procuram explicar esse percurso, entre os quais, o modelo sequencial e o de estímulo-resposta, apresentados a seguir.

MODELO SEQUENCIAL

O modelo sequencial inclui sete etapas da recepção e processamento humano de informações (Figura 13.5) e foi proposto por Wogalter, Conzola e Smith-Jackson (2002). Esse modelo começa com a fonte da informação (etapa 1), passando pelo canal utilizado para transmissão (etapa 2) e as características do receptor (etapas 3, 4, 5 e 6), até chegar ao comportamento desejado (etapa 7).

As etapas 3, 4, 5 e 6 são influenciadas por certas características pessoais do receptor. A Atenção (etapa 3) depende da sua disposição momentânea. A Compreensão (etapa 4) e a Motivação (etapa 6) são influenciadas pelas experiências passadas e conhecimentos do receptor. A etapa 5 representa o "filtro", pessoal, constituído de atitudes, crenças e valores do receptor. Esse filtro avalia a *credibilidade* da mensagem recebida e se vale a pena seguir as suas recomendações. Assim, ao longo dessa cadeia, uma informação pode levar a diferentes comportamentos, dependendo das características e experiências anteriores do receptor e da sua disposição para atuar.

Por exemplo, uma placa com aviso de perigo na estrada (curva perigosa, pista escorregadia) pode ser acatada por uns e desprezada por outros. Da mesma forma, alguns trabalhadores podem seguir a recomendação para o uso de equipamentos de proteção individual, enquanto outros, não. Portanto, os alarmes devem ter credibilidade, a fim de induzir o seu receptor a algum tipo de comportamento.

Em certos casos, essa credibilidade é construída aplicando-se punições para os comportamentos considerados indesejáveis, como no caso das multas de trânsito.

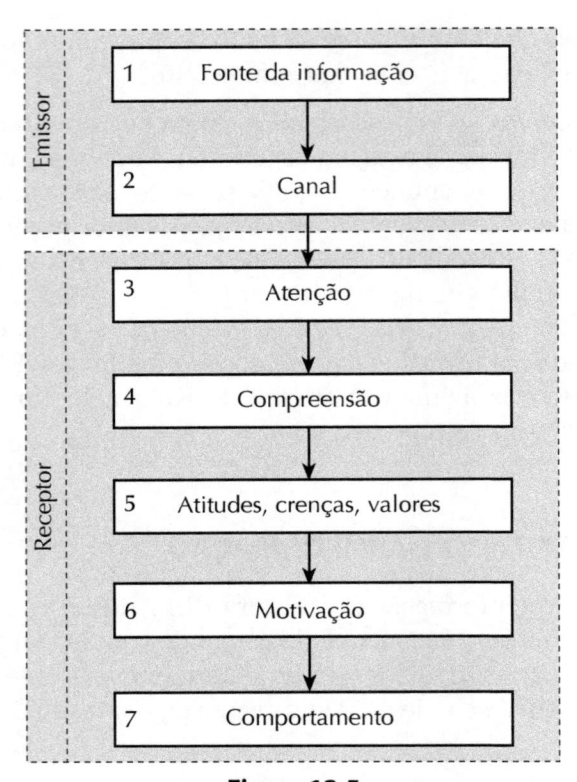

Figura 13.5
Modelo de recepção e processamento humano de informação
(Wogalter, Conzola e Smith-Jackson, 2002).

MODELO DE ESTÍMULO-RESPOSTA

O modelo de estímulo-resposta baseia-se nas características do mecanismo fisiológico de processamento da informação. Esse modelo abrange três etapas, conforme proposta de Card, Moran e Newell (1983):

- *Etapa 1* – processador perceptual (ver, ouvir), dura mais ou menos 100 ms.
- *Etapa 2* – processador cognitivo (pensar, decidir), dura mais ou menos 70 ms.
- *Etapa 3* – processador motor (agir), dura mais ou menos 70 ms.

Os estímulos captados pelo processador perceptual (órgãos sensoriais) são transmitidos ao sistema nervoso central por meio das conexões entre células nervosas, que formam uma fibra nervosa, chamada via *aferente* (Figura 4.1, p.115). Depois, chegam ao processador cognitivo, no sistema nervoso central, onde ocorrem as decisões. Estas chegam ao processador motor (órgãos de ação) pela via *eferente*, produzindo respostas motoras (movimentos). Certas condições tendem a facilitar ou dificultar a transmissão e o processamento desses estímulos, como veremos a seguir.

TEMPO DE REAÇÃO

Tempo de reação é o intervalo de tempo entre a percepção de um estímulo e a emissão da resposta pelo organismo, abreviadamente designado por estímulo-resposta. Em certas ocasiões, é necessário que essa resposta seja emitida rapidamente e sem erros. Existem diversas circunstâncias que podem modificar a velocidade e a precisão dessas respostas.

O tempo de reação é influenciado diretamente pelo grau de incerteza da resposta: quanto maior o número de alternativas a serem selecionadas, maior será o tempo de reação (TR). Esse tempo pode ser expresso matematicamente pela seguinte fórmula, chamada Lei de Hick-Hyman:

$$TR = a + b \log_2 N$$

onde a e b são constantes determinadas experimentalmente e N é o número de possíveis pares de estímulos-respostas equiprováveis (com probabilidades iguais de ocorrência).

Como $\log_2 N$ é equivalente à quantidade de informações contida em um estímulo, a equação acima poderá ser escrita de outra forma:

$$TR = a + b H$$

onde H é a quantidade de *bits* contida no estímulo.

Fisiologicamente, o tempo de reação é a soma de diversos processos distintos, numa cadeia de eventos em que o estímulo é convertido em resposta. Assim, a constante a está relacionada com o processador perceptual do estímulo, e b está relacionada com o processador cognitivo no sistema nervoso central. Assim, os atos *reflexos*, que não exigem processamentos no sistema nervoso central, teriam tempo de reação igual a a, enquanto b depende da complexidade da decisão a ser tomada.

Para determinar os coeficientes a e b, Sternberg (1969) realizou a seguinte experiência: conjuntos de duas a cinco letras sem relações entre si eram apresentados na forma escrita ou falada, para serem armazenados na memória de curta duração. A seguir, eram apresentadas diferentes letras, uma de cada vez, também na forma escrita ou falada, e a pessoa deveria indicar, o mais rápido possível, se a letra já estava ou não contida no conjunto anteriormente memorizado. A resposta deveria ser dada verbalmente ou apertando-se um botão.

Registravam-se os tempos decorridos entre a apresentação do estímulo (letra apresentada) e a emissão da resposta. Naturalmente, quanto maior era o conjunto de letras memorizado, maior era o tempo de resposta. Colocando-se os valores obtidos em um gráfico (Figura 13.6) pode-se obter uma função linear do tempo TR em relação ao número de informações contidas no estímulo. A interseção dessa reta com o eixo TR dá o valor da constante a e a inclinação da reta representa o valor de b. Naturalmente, aumentando-se a complexidade do estímulo ou das regras de decisão, o valor de b tende a crescer.

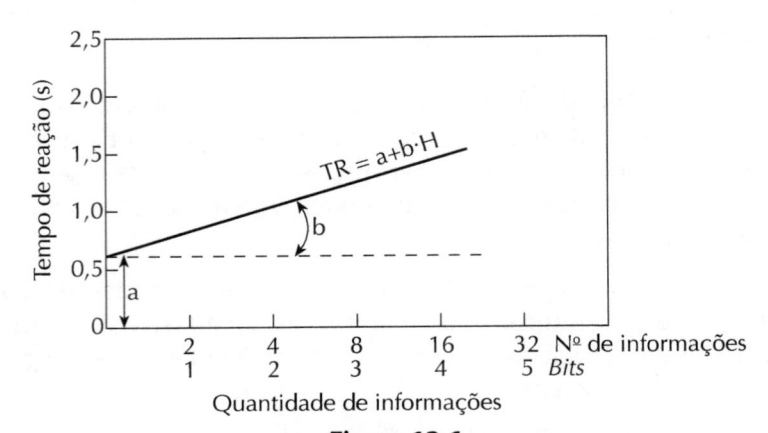

Figura 13.6
O tempo de reação é função linear da quantidade de informações (em *bits*) contidas no estímulo
(Lei de Hick-Hyman).

SELETIVIDADE

Em condições de saturação, as pessoas têm capacidade para *selecionar* (filtrar) aquelas informações e ações consideradas mais importantes para a tarefa em execução ou para as quais os seus sentidos estão mais "ligados". Assim, elas podem aumentar a sensibilidade para certos estímulos e descartar outros, considerados menos importantes. Por exemplo, uma mãe pode ouvir o choro do seu bebê durante uma festa barulhenta, enquanto este passa despercebido para outras pessoas.

Contudo, deve haver regras de prioridades claramente estabelecidas, a favor da eficiência, qualidade ou outros resultados esperados. Do contrário, cada trabalhador vai decidir de acordo com os seus próprios critérios. Esses critérios podem incluir conveniências pessoais ou interpretações sobre supostas preferências do seu chefe ou benefício da empresa. Contudo, isso nem sempre leva ao bom desempenho do sistema globalmente, e nem sempre é favorável à empresa.

NÍVEIS DE EXCITAÇÃO

O nível de excitação de uma pessoa influi na sua capacidade de captar os estímulos e produzir as respostas fisiológicas. Esse nível pode ser verificado por diversas técnicas, como a EEG (eletroencefalograma) do córtex cerebral, temperatura corporal, pulsações e níveis hormonais de adrenalina.

O nível de excitação permanece no ponto mínimo durante o sono e vai aumentando gradativamente durante a vigília, produzindo estados de alerta, até atingir um ponto máximo (Figura 13.7). Após esse ponto, se a excitação continuar aumentando, a captação dos estímulos decresce, passando-se por estados de perturbação emocional, desorganização e pânico. Portanto, as pessoas apresentam baixo desempenho nos dois extremos, tanto nos casos de baixa como de alta excitação. Há um nível intermediário, entre esses dois extremos, em que as pessoas apresentam um desempenho ótimo.

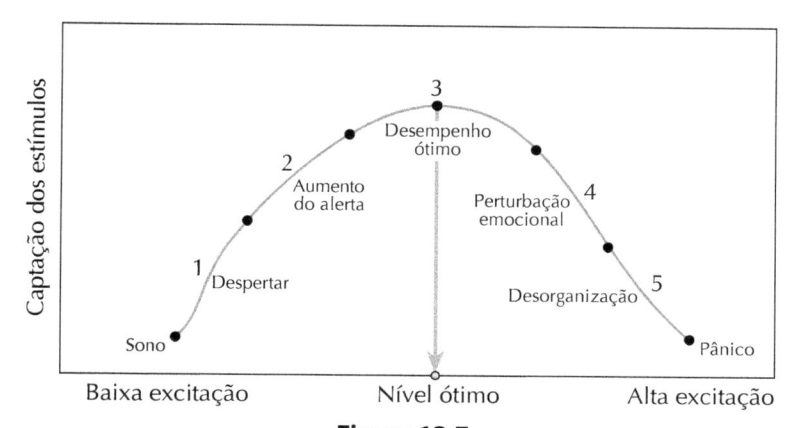

Figura 13.7
Influência do nível de excitação na captação de estímulos.

O trabalho pode ser organizado de modo a manter certo nível de excitação, procurando situá-lo em torno de seu ponto ótimo. Por exemplo, o trabalho dos controladores passivos é pobre em excitação, causando monotonia. Acrescentando-se outras tarefas, pode-se aumentar o nível de excitação, transformando-os em controladores ativos. Esses controladores ativos apresentam alto nível de excitação, e consideram seu trabalho interessante e estimulante. Eles também se sentem mais responsáveis e comprometidos com o trabalho, enquanto aqueles passivos costumam reclamar de fatores ambientais, como calor e alto nível de ruídos.

Contudo, o estresse no ambiente de trabalho não depende apenas do nível absoluto de demanda (exigências), mas também dos recursos disponíveis para solucionar o problema. Se houver um *desbalanceamento* entre demanda e oferta desses recursos, o nível de estresse tende a aumentar. Isso ocorre quando há, de um lado, um alto nível de demanda e, de outro, recursos insuficientes sob controle do operador para resolver o problema. Portanto, no projeto do posto de trabalho, é importante disponibilizar, ao trabalhador, todos os meios necessários para resolver os problemas sob sua responsabilidade.

VIGILÂNCIA

Vigilância é a capacidade de manter elevada atenção. Em alguns casos, ela deve ser mantida durante longos períodos, como ocorre com os controladores de voos.

Em geral, os trabalhadores não apresentam bons resultados em tarefas que exigem vigilância contínua durante longo tempo. O seu desempenho cai cerca de 20% após meia hora e os erros tendem a crescer, devido à distração, monotonia e sono. Diversas pesquisas realizadas sobre a vigilância indicam que ela pode ser melhorada com as seguintes providências:

- O sinal auditivo deve estar pelo menos 5 dB acima do ruído ambiental.
- O sinal visual deve ter duração mínima de dois a três segundos.
- A redundância (sinais auditivos e visuais) melhora a percepção.

- A criação de expectativas aumenta a vigilância, facilitando a percepção.
- A diminuição das incertezas melhora a percepção, por exemplo, emitindo-se sinais padronizados para cada tipo de evento.
- A realimentação das informações, para conhecimento dos resultados ou consequências da operação, ajuda a manter a vigilância.

As mudanças das condições ambientais, quebrando a monotonia, também contribuem para manter a vigilância. Por exemplo, motoristas de caminhão que fazem longos percursos à noite costumam abrir a janela, periodicamente, para tomar rajadas de ar frio. Isso os mantém despertos e melhora a vigilância. O mesmo acontece com as músicas intermitentes no ambiente de trabalho, que contribuem para reduzir a monotonia.

REALIMENTAÇÃO

A realimentação (*feedback*) é um sinal emitido pelo sistema como "resposta" a uma ação executada pelo trabalhador. Esse sinal pode confirmar que a ação foi corretamente executada. Um sinal diferente pode indicar que houve erro.

O tempo decorrido entre a ação e a resposta tem forte influência no desempenho do trabalhador. Quanto mais rápida for a realimentação, melhor será o desempenho, contribuindo para manter o interesse e a vigilância. A demora excessiva pode aumentar o desinteresse e a insatisfação. Além disso, essa demora pode contribuir para romper a conexão entre o estímulo e sua resposta (por que estou sendo elogiado ou punido?).

A realimentação, mostrando o resultado imediato do trabalho, facilita o espírito de competição entre as pessoas, cada um tentando obter melhores resultados que os outros. Isso é semelhante aos corredores de rua, que conseguem visualizar continuamente o tempo decorrido, a distância percorrida e as posições de outros competidores.

A importância da realimentação foi comprovada no caso de um trabalho repetitivo, em que o número de peças trabalhadas era registrado em contadores mecânicos facilmente visíveis (Chapanis, 1962). Realizou-se um experimento com dois grupos de produção, que não tinham experiência anterior na tarefa, e ambos trabalharam duas semanas em condições semelhantes, sem supervisão. As quantidades produzidas eram registradas automaticamente, e o contador mecânico para registro da produção permaneceu visível para um dos grupos. O contador do outro grupo foi coberto, de modo que os sujeitos não ficavam sabendo quantas peças tinham processado. Ao cabo de duas semanas, o grupo com o contador visível havia processado 81.300 peças, e o com o contador oculto, apenas 37.400 itens. Portanto, o primeiro apresentou uma produtividade 117% superior com essa simples informação de realimentação.

No caso do consumo doméstico de energia elétrica, constatou-se uma economia de 12% nas contas mensais, instalando-se um wattímetro com mostrador bem visível, indicando continuamente o valor da conta a ser paga. Para pessoas que fazem regime de emagrecimento, verificou-se a utilidade de gráficos registrando diariamente os seus pesos.

Um aspecto importante a ser considerado é a *associação direta* entre a realimentação e a ação a que se refere. A realimentação deve estar relacionada apenas com os aspectos importantes que se quer monitorar. Quando ela for muito detalhada, pode provocar uma sobrecarga de informações. Por outro lado, se for muito genérica, fica difícil de associá-la a um comportamento específico. Um dos maiores problemas de antigos programas de computadores era a imprecisão das mensagens de realimentação (*illegal entry, syntax error*), que eram muito genéricas, não apresentando uma orientação segura para se fazer as correções necessárias.

EXPECTATIVA DA INFORMAÇÃO

Como já vimos, expectativa é uma informação esperada. Essa expectativa é construída pela pessoa, tanto a partir de outros estímulos ambientais como pela extrapolação, a partir de informações anteriormente recebidas. A percepção é facilitada se a informação fornecida, de algum modo, corresponder à sua expectativa, ou seja, se ela coincidir com a informação *esperada*. Por exemplo, uma pessoa, ao ser cumprimentada, depois de ouvir a palavra "como", espera ouvir o seu complemento "vai?". Ou, quando o sinal vermelho do controle de tráfego apaga-se, há expectativa da luz verde acender-se.

A expectativa ocorre também quanto aos movimentos, ou seja, qual parte do sistema se move em relação aos demais. Em um mostrador circular, por exemplo, a expectativa é que o ponteiro mova-se, e não a escala. Essa expectativa existe não apenas quanto à parte que se move, mas também quanto à direção do movimento.

Por exemplo, para dirigir os movimentos de um robô por controle remoto, foram analisadas duas alternativas para a colocação da câmara para monitorar os seus movimentos: dentro do robô (como se fossem seus olhos) ou fora dele. Descobriu-se que a expectativa do operador era o de movimentar o robô contra uma paisagem fixa e, nesse caso, o controle é mais eficiente se a câmara for colocada fora do robô.

AUXÍLIOS PARA NAVEGAÇÃO

Os auxílios para navegação fornecem informações para tomada de decisões, compensando, de certa forma, a baixa capacidade da memória de curta duração. Podem assumir diversas formas, como uma lista de alternativas, *menus*, roteiros, gráficos ou mapas. Pode-se citar como exemplo típico o mapa do GPS que orienta o trajeto do motorista durante a viagem. A principal característica desses auxílios é o fornecimento da informação de modo claro e direto, sem exigir interpretações ou elaborações mentais. Além disso, devem ficar disponíveis durante o tempo necessário para a tomada das decisões.

Em geral, a capacidade do ser humano para prever o comportamento futuro de um sistema é muito baixa. Por exemplo, ele encontra dificuldade para prever a trajetória futura de veículos ou a evolução da temperatura ou pressão de um processo químico. Esses tipos de extrapolações são feitos de forma ineficiente e sobrecarregam a capacidade de processamento mental. Dessa forma, qualquer dispositivo artificial que informe a *tendência* do comportamento contribui para aliviar a carga do operador, reduzir o estresse e melhorar o seu desempenho. Essas tendências podem ser apresentadas, por exemplo, em um monitor ou na tela de um radar. Existem também modelos matemáticos e estatísticos que permitem extrapolar ou simular os comportamentos futuros de sistemas em computadores.

13.5 TOMADA DE DECISÃO

Decisão é a escolha de uma entre diversas alternativas (opções ou cursos de ação) possíveis em certa situação. A tomada de decisão é uma das atividades intelectuais mais comuns ao ser humano. Diariamente, tomamos centenas de decisões, desde que acordamos até o momento de dormirmos. Algumas decisões, como a escolha da roupa que vestiremos no dia, são relativamente simples. Outras, como a de um jovem que escolhe a sua futura profissão, são bastante complexas. As decisões também podem ser tomadas individualmente ou em grupo, como ocorre em reuniões e assembleias.

Existem diversos tipos de modelos matemáticos e probabilísticos para ajudar na decisão. Pode-se, por exemplo, descrever todas as alternativas possíveis e associar cada uma delas a uma probabilidade ou valor. Contudo, nem todas as variáveis que influem na decisão podem ser explicitadas. Além disso, podem ocorrer eventos inesperados ou surpresas, que dificilmente podem ser colocados no modelo.

NÍVEIS DE DECISÃO

Em uma organização, são tomados diversos tipos de decisões, que variam muito, desde aquelas corriqueiras do dia a dia até aquelas estratégicas, envolvendo decisões de longo prazo, como novos investimentos em tecnologias ou conquista de novos mercados. Basicamente, podem ser classificadas em dois tipos: decisão objetiva e decisão na incerteza.

Decisão objetiva – A decisão objetiva ocorre quando o sistema e as suas variáveis independentes e dependentes podem ser descritos com clareza, e as informações obtidas são confiáveis. Ocorre, por exemplo, em tarefas produtivas de nível operacional, do tipo "se ocorrer isso, tome tais providências". No trabalho de controle de qualidade, por exemplo, pode-se estabelecer regras do tipo "refugue o lote se o nível de defeituosos estiver acima de 2%" e aquilo que é considerado como "defeituoso" é claramente definido. Esse tipo de decisão é predominante nos estudos em ergonomia, sobretudo naqueles classificados como microergonomia.

Decisão na incerteza – A decisão na incerteza é baseada em apenas algumas informações incompletas e difusas. Ocorre quando se sobe na hierarquia da organização, abrangendo sistemas cada vez mais amplos, quando esses sistemas não podem ser claramente definidos. Essas decisões, ditas estratégicas, costumam ser menos determinísticas, mais subjetivas e difíceis de serem explicitadas objetivamente. Nesse nível das decisões estratégicas, atualmente admite-se a importância da intuição dos dirigentes, que é a capacidade de perceber certas tendências, verdades/mentiras, qualidades "ocultas" e ocasiões oportunas para a tomada de decisões, no domínio da macroergonomia.

Na prática, não há uma separação nítida entre esses dois tipos, pois há casos de decisões objetivas que devem ser tomadas em ocasiões de incerteza, e vice-versa – nas decisões estratégicas, procura-se obter a maior quantidade possível de informações para se reduzir as incertezas.

Descobriu-se também que os seres humanos não são tão racionais quanto se supunha. Eles consideram apenas um número reduzido de opções possíveis e avaliam mal as probabilidades de cada uma. Alguns fatores "irracionais" podem prevalecer nas decisões, incluindo intuição, simpatias pessoais, gostos, medo, acomodação, relações familiares, crenças, experiências passadas, predominância de fatos recentes, busca de resultados imediatos e de vantagens pessoais.

O PROCESSO DECISÓRIO

O processo decisório usa tanto a memória de curta duração como aquela de longa duração. A principal causa da dificuldade das decisões complexas está na baixa capacidade da memória de curta duração. Desse modo, algumas opções são esquecidas ou omitidas.

Muitas vezes somos obrigados a tomar decisões sem conhecer todas as alternativas possíveis. Nesse caso, nem sempre a alternativa escolhida é a melhor. Às vezes, a melhor alternativa pode estar entre aquelas opções que foram omitidas por falta de percepção, conhecimentos ou julgamentos incorretos das fronteiras do problema.

As consequências de uma decisão são chamadas de resultados. Esses resultados são associados a um valor subjetivo de *utilidade*. Cada pessoa tem um conjunto de valores subjetivos, que diferem de um indivíduo para outro, explicando porque as pessoas tomam decisões diferentes diante da mesma situação. As pessoas também conseguem fazer certa avaliação subjetiva das probabilidades futuras de ocorrência dos eventos envolvidos na decisão. Muitos desses eventos dependem de fatores externos e estão fora do controle das pessoas. Contudo, esses eventos estão associados a determinadas probabilidades de ocorrência, que podem ser estimadas em alguns casos.

CRITÉRIOS DE DECISÃO

Em uma organização, os critérios de decisão não devem ficar ao acaso ou ao livre arbítrio de cada trabalhador. Na medida do possível, devem ser claramente estabelecidos nas regras, em manuais e nos treinamentos. Estes incluem o estabelecimento claro de uma *hierarquia* de decisões, e treinamento dos trabalhadores sobre os procedimentos corretos que devem adotar em caso de conflitos. Se for constatada uma tendência de decisões inadequadas, devem ser tomadas providências corretivas.

Muitas vezes, isso decorre da própria *política* da empresa, que pode privilegiar certas orientações ou prioridades, como dar segurança aos trabalhadores, garantir a qualidade dos produtos, a satisfação dos clientes, e assim por diante. Em muitas empresas, essas orientações são adotadas até como lemas temporários ou permanentes de atuação, como atingir "defeito zero" ou "satisfação do cliente". Por exemplo, no caso do "defeito zero", um torneiro mecânico deve ser instruído para afiar e trocar periodicamente as ferramentas de corte, pois as ferramentas gastas tendem a produzir defeitos. Essa atitude deve prevalecer, nesse caso, sobre qualquer outra de natureza conflitante, como economia no custo das ferramentas ou interrupções da produção para efetuar a afiação ou trocas das ferramentas. Evidentemente, cada trabalhador, em seu posto de trabalho, deve ser conscientizado sobre os tipos de comportamentos que contribuem para que essas orientações sejam seguidas.

Para os casos de decisões objetivas, existem alguns modelos que consideram três etapas na tomada dessas decisões: coleta de informações, avaliação e seleção da opção.

COLETA DE INFORMAÇÕES

Antes de tomar uma decisão, as pessoas procuram informar-se. Naturalmente, quanto melhor a qualidade das informações, melhor poderá ser também a qualidade da decisão. Em alguns casos, as informações são incompletas e fragmentadas. Nesses casos, a decisão é baseada em certas suposições, como ocorre em investigações policiais.

Em outros casos, ocorre o inverso: há excesso de informações. Nesse caso, a qualidade da decisão depende da capacidade de "filtrar" as informações relevantes para a construção do modelo cognitivo. Se esse modelo for falho ou incompleto, a pessoa poderá equivocar-se, atuando sobre variáveis irrelevantes e, assim, não será capaz de resolver o problema real. Existem também casos de pessoas que possuem uma visão parcial do problema e tomam decisões de subotimização. Como já vimos (p. 33), isso nem sempre é benéfico para a solução do problema.

Muitas vezes, o filtro das informações relevantes é feito por outras pessoas, como no caso de dirigentes que possuem assessores para fazer análises e pareceres prévios e elaboram recomendações para as decisões. Esses filtros podem apresentar certos tipos de tendências, que distorcem a realidade. Para se evitar isso, é importante diversificar as fontes de informações e aumentar a quantidade de análises e pareceres, inclusive daqueles que tenham opiniões divergentes. No caso de um projeto, por exemplo, deve-se ouvir argumentos, tanto das pessoas favoráveis como daquelas contrárias. Estas últimas podem mostrar que as opiniões favoráveis foram baseadas em informações incompletas, falhas ou tendenciosas.

COMPLEXIDADE DA INFORMAÇÃO

O caso mais simples de decisão envolve apenas dois eventos equiprováveis (1 *bit* de informação), tipo sim/não ou cara/coroa. Nesse caso, a capacidade máxima é de duas decisões por segundo ou 0,5 s por decisão. Esse tempo de decisão aumenta em função de sua complexidade. Contudo, a quantidade total de informações transmitidas é relativamente maior quando há um pequeno número de decisões *complexas* do que em um grande número de decisões mais simples. Ou seja, pode-se dizer que o aumento de complexidade reduz a velocidade das decisões, mas a quantidade total de informações transmitidas por unidade de tempo pode aumentar.

Além da complexidade, diversos outros fatores colaboram para aumentar o tempo de decisão. Estes incluem a falta de compatibilidade entre o estímulo e a resposta e a inexistência da expectativa para recepção do estímulo provocando surpresas. Esses fatores também contribuem para aumentar a frequência dos erros. Portanto, os sistemas de decisão mais simples permitem respostas mais rápidas e apresentam maior confiabilidade dessas respostas.

MODELO COGNITIVO

O modelo cognitivo serve para avaliar a situação e prever a sua futura evolução, a fim de fundamentar a decisão. A qualidade da decisão depende do grau de fidelidade desse modelo em representar a situação real. Interpretações equivocadas dos fenômenos provavelmente conduzirão a decisões erradas. Nessa avaliação é importante considerar também que os sistemas são dinâmicos e estão evoluindo continuamente. Assim, o processo decisório deve adaptar-se a essas mudanças.

Rasmussen (1983) propôs um modelo de controle cognitivo (Tabela 13.4) baseando-se nos requisitos e habilidades exigidos dos operadores. Ele distingue três níveis de controle, baseados nas habilidades *(skill)*, regras *(rule)* e conhecimentos *(knowledge)*.

Nível 1 – Quando a pessoa já tem muita familiaridade com uma atividade (rotina), ela não precisa tomar novas decisões, e a atividade é executada de forma automática, com uso de suas *habilidades*. Por exemplo, executar tarefas repetitivas em uma linha de produção.

Nível 2 – As decisões já não rotineiras, mas podem ser baseadas em *regras* estabelecidas, por exemplo, num manual de operações ou outras pessoas, que devem ser consultados para a tomada de decisão. Por exemplo, quando surge um defeito na linha de produção.

Nível 3 – Ocorre no caso de novas atividades, não familiares, e situações complexas. Nessas condições, a pessoa precisa usar seus conhecimentos para pensar e analisar bastante a situação, antes de tomar a decisão, e os resultados não são óbvios. Por exemplo, na introdução de novos equipamentos automatizados em uma linha de produção.

A complexidade vai aumentando quando se passa do nível 1 para os níveis 2 e 3. A execução de uma atividade de nível 3 pode ser problemática e ela deve ser detalhada ou decomposta, para não sobrecarregar o operador. Em alguns casos, exige-se treinamento para reciclar esse operador.

Tabela 13.4
Hierarquização do processo cognitivo (Rasmussen, 1983)

Nível	Natureza da tarefa	Base de decisão	Comportamentos
Nível 1	Tarefas rotineiras	Automatismo	Habilidades (*skill*)
Nível 2	Rotinas estabelecidas	Consultas	Regras (*rule*)
Nível 3	Novidades	Elaboração	Conhecimentos (*knowledge*)

SELEÇÃO DA OPÇÃO

A última etapa da decisão é a seleção da opção. Uma vez escolhida uma opção, é necessário descrevê-la detalhadamente e providenciar os instrumentos necessários para implementá-la. Isso envolve a atribuição de responsabilidades e a provisão dos recursos (humanos, materiais, financeiros, institucionais) necessários para a implementação. Esta deve ser acompanhada por um sistema de monitoramento (*feedback*) para identificar eventuais desvios e introduzir as correções necessárias.

FATORES DOMINANTES

Estudos realizados sobre as decisões humanas demonstram que é muito difícil considerar todos os fatores envolvidos em uma decisão. Na maioria dos casos, observa-se uma grande simplificação da realidade, baseando-se em apenas um fator, que é considerado dominante (estética ou preço, por exemplo). Todos os demais fatores não dominantes (qualidade, funcionalidade, segurança) são considerados menos relevantes e desprezados. Naturalmente, isso é uma grande simplificação da realidade e nem sempre produz soluções ótimas (mas apenas subótimas), que podem depender de múltiplos fatores.

A estrutura da dominância compreende quatro etapas sequenciais (Montgomery, 1989).

- Fazer levantamento preliminar das alternativas possíveis.

- Escolher a alternativa dominante, selecionando-se aquela considerada mais promissora.

- Testar para verificar se a alternativa escolhida é superior às demais.

- Substituir a alternativa escolhida quando ela não for dominante, escolhendo-se outra, mas há também casos em que a dominância é forçada, desprezando-se as possíveis desvantagens da alternativa escolhida.

Usando-se essa dominância, a pessoa examina as opções possíveis, até encontrar aquela que é considerada satisfatória, quando atinge ou ultrapassa seu nível de aspiração. As decisões baseadas em fatores não dominantes são consideradas comodistas (subótimas) e ocorrem quando: a) o nível de exigência ou de aspiração for baixo; b) há urgência na solução do problema; c) o custo de procurar e avaliar as demais opções é elevado.

Do ponto de vista ergonômico, isso aconselha que os projetistas elaborem e descrevam os atributos relevantes, que possam transformar-se em dominâncias. Isso ocorre com a inclusão de certas características salientes, com facilidades de visualização, medição ou comparações, a fim de subsidiar a tomada de decisões.

OBJETIVOS CONFLITANTES

Objetivos conflitantes ocorrem quando há *oposição* entre as alternativas possíveis. Essas situações são muito frequentes em tarefas de controle na indústria. Por exemplo, um engenheiro que opera uma sala de controle de distribuição de eletricidade pode enfrentar conflito entre desligar a rede para fazer a manutenção, prejudicando o fornecimento, ou mantê-la ligada, expondo os técnicos ao risco de acidentes.

Em alguns casos, esses conflitos são dramáticos. Todas as opções disponíveis são más e se deve escolher aquela "menos ruim". Nesses casos, a decisão chama-se *trágica*. Exemplo: uma pessoa está dirigindo e, de repente, à esquerda, surge um pedestre com risco de atropelamento, mas se ele desviar à direita pode colidir com um ciclista.

Se não houver um critério claramente estabelecido, as pessoas geralmente adotam critérios pessoais para decidir. Esses critérios quase sempre são aqueles que atendem melhor aos interesses pessoais de cada um. Desse modo, nem sempre contribuem para se atingir a solução ótima do sistema.

Estudos realizados em uma mina de carvão mostraram que os trabalhadores davam maior ou menor atenção aos procedimentos de segurança quando estes *conflitavam* com os ganhos. Quando o pagamento era proporcional à quantidade produzida, os trabalhadores procuravam aumentar a produtividade, mesmo correndo maiores riscos de acidentes. No cômputo global, essa produção adicional pode ser prejudicial para a empresa se forem considerados os custos dos acidentes.

DESVIOS INTRODUZIDOS PELA PERCEPÇÃO HUMANA

A percepção humana introduz diversos tipos de desvios, que podem influir nas decisões. Estes são decorrentes tanto de sua limitação natural como pela inclinação para obter resultados "esperados" ou julgados mais favoráveis (aquilo que seus chefes gostariam). Ou seja, as pessoas "torcem" para que os resultados estejam dentro de suas expectativas ou conveniências. Isso não quer dizer que as pessoas sejam trapaceiras ou desonestas. Esses desvios ocorrem naturalmente e ninguém está livre de suas influências. A seguir, são apresentados aqueles mais importantes, segundo Wickens (1984).

Simplificação – Devido à reduzida capacidade da memória de curta duração, as pessoas tendem a simplificar a realidade, enquadrando-a dentro dessa capacidade. Na prática, isso se restringe à análise de duas ou três alternativas, no máximo.

Tendência conservadora – As pessoas geralmente tendem a conservar as suas hipóteses iniciais de trabalho, mesmo que fatos novos acontecidos durante o trabalho evidenciem o aparecimento de uma nova situação. Às vezes, até desprezam esses fatos novos para que a hipótese inicial seja mantida.

Tendência central – As pessoas tendem a superestimar as probabilidades de baixíssima frequência e a subestimar aquelas de alta frequência. É por isso que as pessoas apostam em loterias com probabilidades de acertos extremamente baixas, temem as doenças de baixíssima ocorrência e desprezam os cuidados com acidentes de alta frequência.

Predominância de fatos mais recentes – Os fatos mais recentes tendem a predominar sobre aqueles mais antigos, mesmo que estes últimos tenham sido mais intensos ou mais graves. Isso equivale a dizer que o tempo contribui para amortecer os fatos, reduzindo gradativamente a gravidade destes.

Influência de fatores estranhos – Alguns fatores aparentemente sem ligações entre si podem aparecer correlacionados. Por exemplo, se forem instalados motores novos em dois carros usados, aquele que tiver a carroceria mais amassada e enferrujada poderá ser considerado também o de pior motor, embora sejam iguais.

Preferência do observador – O observador manifesta preferência por objetos visualmente salientes (maior contraste, mais cores, mais brilho, com movimentos) e que se localizam no centro do seu campo visual. Essa preferência tende a acentuar-se quando o operador estiver fatigado ou estressado.

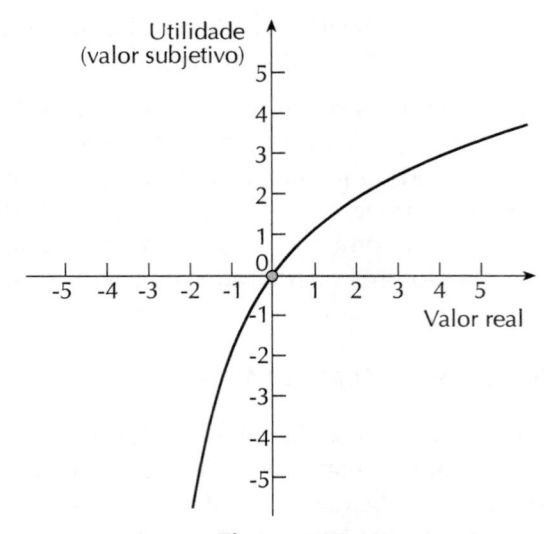

Figura 13.8
Relação hipotética entre o valor real e a utilidade (valor subjetivo).

Funcionalidade e agradabilidade – O observador manifesta preferência por produtos e serviços considerados atraentes e agradáveis, e isso interfere na avaliação da funcionalidade destes.

Utilidade marginal decrescente – A utilidade, ou seja, os valores subjetivos de ganhos ou perdas, não se relacionam linearmente com o seu valor objetivo. O sentimento de utilidade é relativamente maior para ganhos menores, e é relativamente maior para perdas maiores. Ou seja, um *ganho* de 5 em 100 é considerado subjetivamente maior que o ganho de 50 em 1.000, e uma *perda* de 50 em 1.000 é considerado maior do que 5 em 100. Além disso, comparando-se as perdas e ganhos de mesmo valor absoluto, as perdas costumam aparecer subjetivamente ampliadas (Figura 13.8).

Naturalmente, as pessoas não escolhem conscientemente nenhuma dessas tendências. Elas fazem parte do próprio processo de percepção humana e podem induzir a decisões erradas. Duas ou mais tendências também podem aparecer associadas entre si. Portanto, ao tomar as decisões, é importante reconhecer a influência dessas tendências. Na medida do possível, pode-se fazer uma depuração, promovendo-se um "desconto" para que a verdade seja restabelecida.

QUESTÕES

1. Quais são as características da memória de curta duração?

2. Quais são as características da memória de longa duração?

3. Como se pode melhorar a memória de curta duração?

4. Como se pode melhorar a memória de longa duração?

5. Quais são as condições que favorecem a percepção de sinais simultâneos?

6. Quais são as vantagens dos sinais redundantes?

7. Qual é a importância da informação-chave para a memorização?

8. Quais são as condições que contribuem para se reduzir o tempo de reação?

9. O que é processamento de códigos semelhantes?

10. Quais são as etapas do processo decisório?

11. Como ocorrem os desvios introduzidos pela percepção humana?

EXERCÍCIOS

1. Aplique as recomendações apresentadas neste capítulo e analise o manual de instruções ou de montagem de algum aparelho ou móvel existente (eletrodoméstico, telefone celular, relógio digital, armários).

2. Peça para cada um de seus familiares memorizarem a seguinte "Sequência A":

AETNGITDLNIA

a) Veja quantos conseguem repetir a sequência memorizada.

b) Agora peça para os mesmos familiares repetirem as palavras da "Sequência B" abaixo. Veja quantos conseguiram.

ANTENA DIGITAL

c) Explique por que seus familiares não conseguiram atingir o objetivo na "Sequência A", mas conseguiram na B.

3. Escolha uma frase (escreva no papel) e peça para seus familiares ou colegas repetirem verbalmente a frase para o outro, formando uma cadeia de pelos menos cinco pessoas. Verifique se a frase do último elemento é a mesma da sua frase inicial. Se não for, explique por quê.

14 DISPOSITIVOS DE INFORMAÇÃO

14.1 APRESENTAÇÃO DA INFORMAÇÃO
14.2 PALAVRA ESCRITA
14.3 SÍMBOLOS
14.4 MOSTRADORES VISUAIS E AUDITIVOS
14.5 ELABORAÇÃO DE *WEBSITES*
14.6 INFORMAÇÃO NAS NOVAS MÍDIAS
14.7 ALARMES
14.8 ESTUDO DE CASO – SINALIZAÇÕES EM SERVIÇOS DE SAÚDE

OBJETIVOS

Este capítulo analisa os modos de organizar e apresentar as informações ao ser humano, para que possam ser captadas e processadas com mais eficiência. Até recentemente, essas informações eram fornecidas basicamente pela palavra escrita e diversos tipos de mostradores visuais. Muitas delas foram substituídas por meios informatizados, estabelecendo-se um novo tipo de relacionamento humano-máquina. Juntamente com o Capítulo 10, este capítulo constitui um detalhamento do posto de trabalho, já apresentado no Capítulo 9.

Os dispositivos de informação constituem a parte do sistema que fornece informações ao operador humano, para que este possa tomar decisões. O ser humano é dotado de muitos tipos de células sensíveis, mas principalmente a visão e audição são importantes no contexto do trabalho e, portanto, são mais estudadas pela ergonomia. A visão, em particular, se destaca como o principal órgão para recepção de informações no trabalho. Os novos aparelhos informatizados usam, cada vez mais, as vibrações táteis para a transmissão de informações hápticas.

Os dispositivos de informação estão presentes em muitos tipos de produtos, ambientes e situações. Isso inclui desde objetos de uso cotidiano, como rádios, relógios, *smartphones*, até painéis de controle complexos, como cabines de aeronaves e centrais de controle de uma usina nuclear. Um projeto inadequado de tais instrumentos pode causar erros, demoras e acidentes. Em alguns casos, as consequências podem ser desastrosas. Dessa forma, a ergonomia procura atuar preventivamente, elaborando projetos adequados de produtos e ambientes de trabalho.

Tópicos

- Menus visuais
- Menus auditivos
- Compreensão da mensagem
- Regras do *Gestalt*
- Instruções verbais
- Manuais de instruções
- Texto impresso
- Texto estruturado
- Símbolos
- Desenvolvimento de ícones
- Escalas analógicas e digitais
- Mostradores informatizados
- Elaboração de *websites*
- Avaliação de *websites*
- Telefones móveis
- Mensagens em alarmes

14.1 Apresentação da informação

Já vimos que o ser humano é dotado de vários órgãos sensoriais, mas dois deles são geralmente os mais importantes para o trabalho: a visão e a audição (Capítulo 4). No ambiente de trabalho há uma grande predominância das informações visuais. As informações auditivas são usadas apenas em algumas situações específicas ou de forma complementar às informações visuais. Contudo, elas podem ser predominantes em algumas situações, como na sala de aula ou conferências.

Existem diversos modos de apresentar as informações. Para cada situação pode haver uma modalidade mais adequada. A escolha dessas modalidades depende de certas condições, que devem ser analisadas. Pode-se começar com as seguintes perguntas (Cushman e Rosenberg, 1991).

- A natureza da informação é simples ou complexa?
- A informação é predominantemente de natureza verbal ou espacial?
- Seriam suficientes apenas a informação qualitativa ou indicação das faixas de operação?
- Há necessidade de uma informação quantitativa e precisa?
- Quais são os canais sensoriais mais indicados do receptor (visão, audição, tato)?

- A informação é exclusiva (pessoal), para um grupo ou para o público em geral?
- Qual é o repertório (conhecimentos, treinamentos) do receptor?
- A informação deve ser acessível também às pessoas não especializadas?
- Qual é a temporalidade (prazo) em que a informação fica disponível?
- A informação exige uma ação imediata?
- A informação deve ser precedida de um aviso ou alarme indicando que está disponível?
- A informação deve ser confirmada, após a recepção, por algum tipo de *feedback*?
- O receptor trabalha em local fixo ou fica andando?
- Quais são as características da iluminação e do ruído ambiental no local da recepção?
- Quais são as possíveis fontes de ruídos e de mascaramentos?
- Quais são as barreiras (tapumes, árvores, isolamentos acústicos) existentes no local da recepção?

Uma cuidadosa análise da tarefa pode fornecer respostas para a maioria dessas perguntas. Podem-se escolher mostradores visuais, auditivos, táteis ou outros, dependendo das características da informação, posição do receptor em relação à fonte e das condições ambientais (Tabela 14.1). Por exemplo, se a natureza da informação for complexa e o ambiente ruidoso, recomenda-se informação visual. Contudo, se o receptor ficar andando ou se a situação exigir uma ação imediata, a modalidade auditiva será a mais indicada. Se o ambiente for ruidoso ou escuro, pode-se usar a vibração tátil.

Tabela 14.1
Vantagens relativas entre as apresentações visual e auditiva das informações (Cushman e Rosenberg, 1991)

Situações	Preferências	
	Visual	Auditiva
A informação ou mensagem: • É simples e curta • É complexa e longa • Há demora para execução • Há urgência de execução • Envolve localizações espaciais	• • •	• •
O ambiente é escuro		•
O ambiente é ruidoso	•	
O receptor move-se continuamente		•
Há barreiras físicas no local		•

MENUS VISUAIS OU AUDITIVOS

Os menus podem ser elaborados com opções visuais ou auditivas. Os menus visuais são vantajosos porque podem apresentar maior número de opções, permitem uma visualização global e as informações não são perecíveis no tempo. Esse tipo de menu é muito usado em programas de computador.

Os menus auditivos, também chamados de interfaces de estilo telefônico, aparecem, por exemplo, em mensagens gravadas. Após ouvir cada mensagem, uma voz apresenta um menu com opções. Exemplo: "tecle dígito 1 para compras, 2 para pagamentos e 3 para assistência técnica". Nesse tipo de menu, o usuário deve reter as opções em sua memória de curta duração (ver p. 466).

Entretanto, devido à baixa capacidade de armazenamento da memória de curta duração (MCD), ocorrem frequentemente dois tipos de erros quando há um grande número de opções: erro de *omissão* (o usuário esquece o número da tecla); e de *seleção* (a opção escolhida é incorreta). Para reduzir esses erros, pode-se organizar um menu hierárquico, sob a forma de árvore de decisão. Desse modo, em cada nível, devem existir apenas três opções. Elas vão se desdobrando, sucessivamente, em outras opções, cada vez mais específicas. Por exemplo, ao discar 1 para compras, apresentam-se mais três opções: "disque 1 para móveis, 2 para eletrodomésticos, 3 para informática", e assim por diante.

COMPATIBILIDADE ESTÍMULO-RESPOSTA

O tempo de reação entre um estímulo e a sua resposta oscila entre 100 e 500 ms. Desse tempo total, cerca de 60% a 70% é consumido pelo processamento da informação recebida e tomada de decisão. Esse tempo pode ser abreviado se houver compatibilidade entre o estímulo e a resposta (ver p. 482). Por exemplo, ações que requerem uma atividade espacial devem ser informadas nessa mesma modalidade (Figura 13.2, p. 470). No caso da montagem de uma peça, deve haver instruções com desenhos, esquemas visuais ou fotos, e não com descrições verbais.

O projetista do sistema pode abreviar o tempo de reação, simplificando as decisões a serem tomadas e aumentando a compatibilidade entre o sistema real e a sua representação, além de seguir os movimentos compatíveis com os estereótipos populares (p. 338).

Em *shopping centers* encontram-se os mapas de orientação do tipo "você está aqui". Entretanto, esses mapas geralmente estão colocados em expositores verticais. Para orientar-se é necessário fazer o rebatimento mental desse mapa para o piso e, muitas vezes, uma rotação. Muitas pessoas têm dificuldade de raciocínio espacial para realizar essas operações mentais. A indicação seria melhor se o mapa estivesse no chão, coincidindo com a orientação do edifício (direção norte do mapa coincidindo com o norte do edifício).

COMPREENSÃO DA MENSAGEM

A característica mais importante da mensagem é que ela seja percebida e interpretada corretamente. Em mensagens longas, surge o problema do nível de detalhamento. Para isso, é necessário escolher os conceitos-chave ou palavras-chave considerados mais importantes. As informações complementares podem ficar implícitas na mensagem, explicitando-se apenas aquelas consideradas mais importantes. Para isso, é necessário também avaliar o repertório do receptor, de forma que aquilo que já é conhecido pode ficar implícito, para não sobrecarregar o conteúdo da mensagem (vulgo "chover no molhado"). A compreensão da mensagem depende principalmente da semântica, sintaxe e contexto.

Semântica – A semântica refere-se ao significado das palavras e símbolos. Alguns símbolos, chamados de pictogramas ou ícones, assemelham-se ao objeto físico que representam. Por exemplo, as figuras masculina e feminina nas portas dos banheiros permitem uma identificação imediata. Outros símbolos apresentam maiores níveis de abstração. O nosso alfabeto tem um elevado grau de abstração. Em sua origem, a escrita era baseada em pictogramas (como nas pinturas rupestres), evoluiu depois para ideogramas (a escrita chinesa ainda mantém esses ideogramas) e, finalmente, para o alfabeto, como conhecemos hoje. Naturalmente, o grau de abstração pode dificultar a compreensão e a correta identificação da mensagem. No caso de mensagens verbais (escrita ou falada), deve-se tomar o cuidado com o significado das palavras, cujo sentido pode variar de acordo com o contexto.

Sintaxe – A sintaxe refere-se à composição com uso das palavras e símbolos. Essa composição permite construir inúmeros significados diferentes com uso de um reduzido número de palavras e símbolos, formando frases, fórmulas ou composições, como ocorre na matemática, química e música, que usam certos símbolos universais.

Contexto – O contexto relaciona-se com a situação em que as palavras e símbolos são utilizados. Naturalmente, dependendo desse contexto, essas palavras e símbolos podem ter diferentes significados. Dependem também do receptor (repertório) e do evento que o antecede. Por exemplo, a palavra "fogo" tem significados diferentes para um instrutor de tiro e para um vigia noturno em uma refinaria de petróleo.

Desse modo, a combinação dessas características permite criar milhares de diferentes mensagens, e algumas podem ser mais eficazes que outras. O importante é que elas consigam transmitir aquilo que realmente se pretende em cada caso.

HIERARQUIA DAS TAREFAS VISUAIS

Nossos olhos têm uma grande mobilidade, podendo fazer muitas fixações, praticamente sem movimentos da cabeça (ver p. 122). Entretanto, quando se exige atenção em um campo visual mais amplo, pode-se estabelecer uma hierarquia em quatro níveis (Figura 14.1).

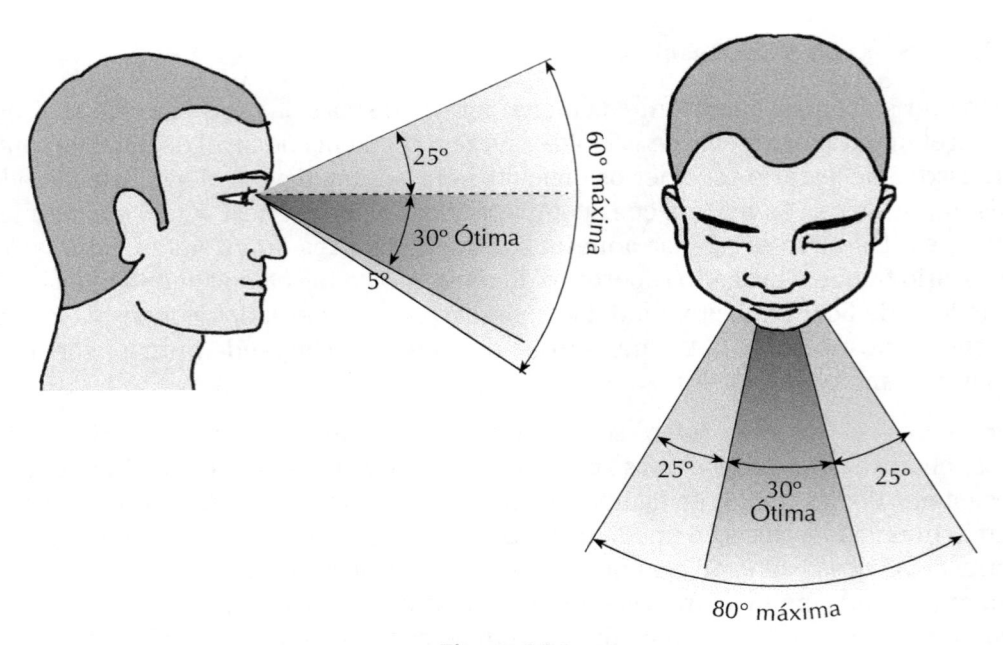

Figura 14.1
Cones de visão ótima e máxima.

Nível 1. Visão ótima – Os objetos situados dentro dessa área podem ser visualizados continuamente, praticamente sem nenhum movimento dos olhos. É representado por um cone abaixo da linha horizontal de visão com abertura de 30° para frente e para os lados. Esse cone é conhecido como área de visão ótima.

Nível 2. Visão máxima – É a visão que se consegue movimentando-se somente os olhos, sem movimentar a cabeça. Situa-se até 25° acima e 35° abaixo da linha horizontal de visão e, lateralmente, faz uma abertura horizontal de 80°, portanto, a 25° de cada lado, além da área de visão ótima. Esse cone ampliado, com 80° de abertura horizontal e 60° na vertical, é chamado de área de visão máxima.

Nível 3. Visão ampliada – No nível 3, situa-se o campo visual que se consegue atingir com o movimento da cabeça, lembrando que a coluna cervical tem uma grande mobilidade. A cabeça consegue girar até 55° para a esquerda ou direita, inclinar-se até 40° para baixo e 50° para cima e pender-se para um dos lados do ombro, à esquerda ou à direita, em até 40°. Os cones de visão ótima e de visão máxima acompanham esses movimentos da cabeça.

Nível 4. Visão estendida – Nesse nível exigem-se movimentos corporais maiores, como "estender" o pescoço, girar o tronco ou levantar-se da cadeira.

Essa classificação das tarefas visuais em quatro níveis leva a recomendar que os dispositivos visuais também sejam classificados em quatro categorias, de modo que aqueles de maior importância se situem no nível 1, os de média importância no nível 2, aqueles de uso menos frequente no nível 3 e aqueles de uso eventual no nível 4.

No nível 1, as visualizações podem ser feitas mais rapidamente e com pouco esforço. O tempo exigido e o esforço crescem quando se passa do nível 1 para o 2 e destes para os níveis 3 e 4. No nível 1, podem ser feitas duas verificações simultâneas, com apenas uma fixação visual. Isso significa que aí podem ser colocados dois dispositivos visuais que requeiram um acompanhamento contínuo.

No nível 2, os dispositivos ficam num campo de visão periférica. Nessa área, os olhos detectam apenas os movimentos grosseiros ou qualquer tipo de anormalidade, mas exige uma fixação visual posterior para a percepção dos detalhes. No nível 3, os objetos só podem ser percebidos quando houver um movimento consciente da cabeça e, no nível 4, com movimentos corporais maiores. Se estes forem frequentes, haverá maiores gastos energéticos.

Quando o operador se fatiga, tende a simplificar o seu trabalho, inclusive como autodefesa para preservar a sua saúde. Nessas condições, ele para de executar as tarefas de nível 4. Aqueles de nível 3 passam a ser menos observados e depois os de nível 2, sendo que os de nível 1 serão os últimos a serem afetados.

As REGRAS DO *GESTALT*

As regras do *Gestalt* (palavra alemã que se refere à forma, configuração), começaram a ser formuladas por volta de 1910 por um grupo de psicólogos alemães, Wertheimer, Kohler e Koffka, da Universidade de Frankfurt. De acordo com essas regras, a nossa percepção não seria apenas uma soma das partes, pois acabamos construindo uma *relação* entre elas. Por exemplo, olhando-se para os três pontos da Figura 14.2, percebemos um *triângulo,* como se existissem segmentos imaginários ligando esses pontos.

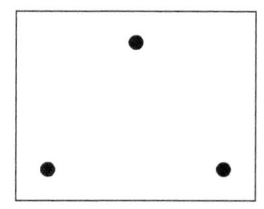

Figura 14.2
Olhando-se para esses três pontos, percebemos um triângulo.

Quando ouvimos uma música percebemos o conjunto, a sua harmonia, e não as notas separadamente. Essas notas podem ser modificadas, mas se forem tocadas na mesma sequência, reconhecemos a mesma música. Portanto, para a *Gestalt*, o "conjunto não é uma simples soma das partes, porque adquire um significado próprio".

De acordo com a *Gestalt,* quando olhamos para uma imagem qualquer, o nosso cérebro tende a organizá-la, acrescentando-lhe um *significado*. Isso depende das características visuais dessa imagem, tais como formas, proporções, localizações e interações entre os seus elementos. Em 1923, Max Wertheimer formalizou os seguintes princípios do *Gestalt* (Figura 14.3).

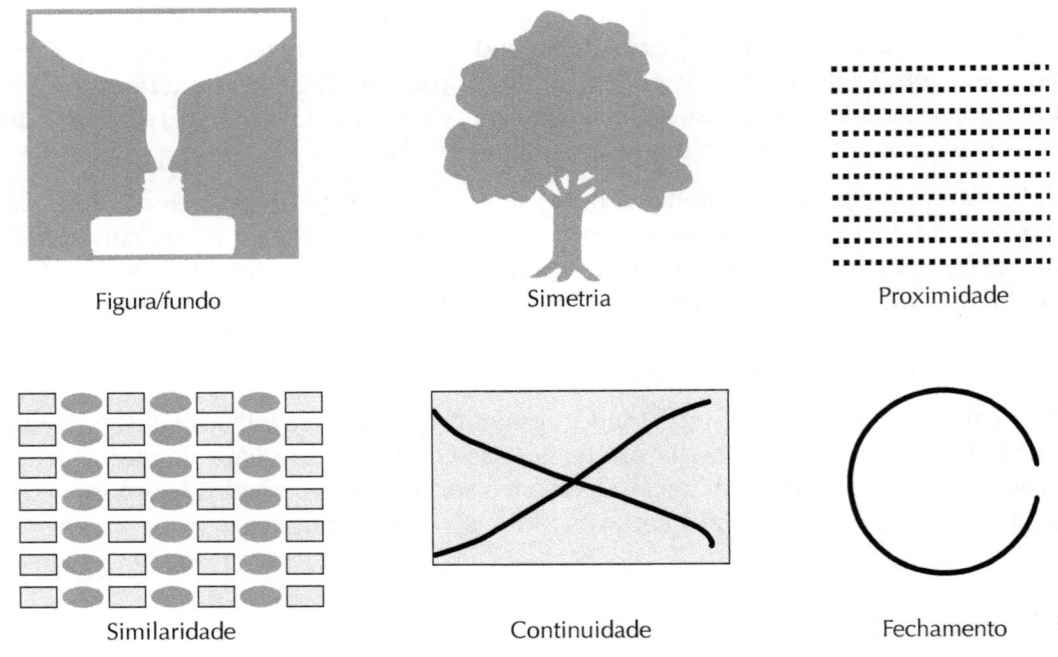

Figura 14.3
As regras do *Gestalt* (Baxter, 2000).

Figura/fundo – A nossa percepção destaca uma parte da imagem, que é considerada mais importante, chamada de objeto ou figura. O resto é o fundo ou paisagem. Às vezes, em imagens ambíguas, a figura pode ser trocada pelo fundo, mas não conseguimos perceber os dois simultaneamente.

Simetria – Nós temos uma grande habilidade em descobrir simetrias em formas complexas. Esta é, provavelmente, a regra mais forte, pois está presente em quase todos os objetos e figuras consideradas mais belas e equilibradas.

Proximidade – Conjuntos de objetos ou figuras que se situam próximos entre si são "fundidos" entre si e percebidos como um conjunto único. Uma sucessão de pontos é percebida como uma linha contínua.

Similaridade – Objetos ou figuras com formas semelhantes são percebidos como um conjunto. Há uma tendência de se perceber esses elementos similares como um grupo único.

Continuidade – A percepção tende a fazer prolongamentos e extrapolações às trajetórias, mostrando uma tendência conservadora.

Fechamento – Figuras incompletas tendem a ser percebidas como completas. Fragmentos ou falhas dessas figuras são repostos, reproduzindo objetos que tenham significado.

Assim, os desenhos simétricos, com um contorno bem definido, são mais facilmente percebidos como figuras, destacando-se do fundo (Figura 14.4).

	Ruim	Bom
Contornos fortes	→ou ⇒	⇒ou ➡
Simplicidade de forma		
Figura fechada		
Estabilidade de forma		
Simetria		

Figura 14.4
Recomendações para o desenho de símbolos (Easterby, 1970).

As regras do *Gestalt* podem ser aplicadas no arranjo dos elementos de um painel. Em cada setor podem ser agrupados os elementos que tenham formas ou funções semelhantes entre si. A Figura 14.5 mostra, do lado esquerdo, um painel com 56 elementos difíceis de serem identificados. Colocando-se traços horizontais e verticais separando os diversos subsistemas, eles formam blocos, facilitando a identificação. Isso se aplica ao arranjo das teclas do telefone celular, controles remotos e outros.

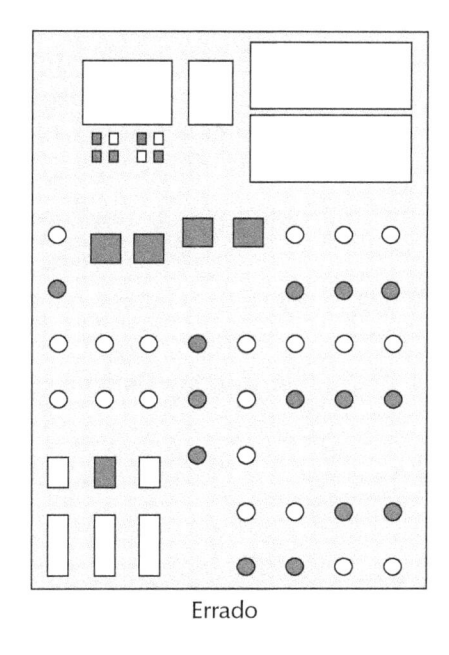
Errado

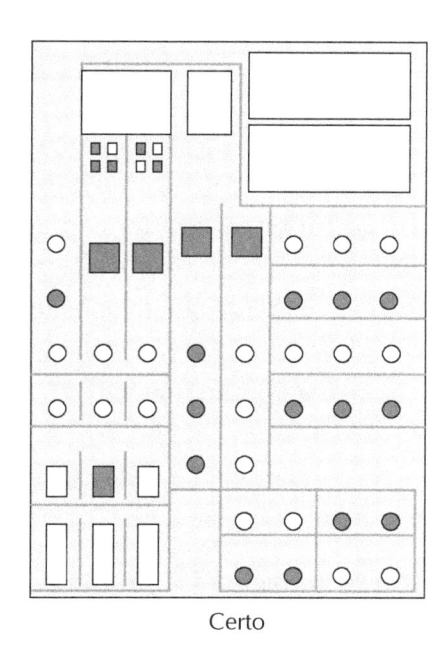
Certo

Figura 14.5
A separação dos instrumentos de um painel em blocos, identificando cada um dos subsistemas facilita a identificação deles (Bridger, 2003).

14.2 PALAVRA ESCRITA

A palavra escrita aparece no contexto do trabalho em forma de manuais, bulas, especificações e também sob a forma de rótulos dos produtos e etiquetas e letreiros junto às máquinas. Em postos de trabalho informatizados podem ocorrer tarefas como preenchimento de formulários, respostas a pedidos, reclamações, e assim por diante.

INSTRUÇÕES VERBAIS

As instruções verbais são aquelas transmitidas por meio de palavras escritas ou faladas. Elas são importantes porque são o principal meio de transmissão de informações entre as pessoas, e podem assumir diversas formas. Algumas delas tendem a facilitar e outras tendem a complicar a transmissão de informações. Geralmente, as instruções verbais são mais facilmente compreendidas quando se tomam os seguintes cuidados:

Construir frases curtas e simples – Recomenda-se construir frases curtas, limitando-as a dez palavras, no máximo. Frases longas são aquelas que contêm quinze ou mais palavras, e podem ser consideradas como junções de duas ou mais frases curtas. Seu desmembramento facilita a compreensão. Exemplos:

Longa: Os trabalhadores, em função dos critérios de gestão atualmente predominantes, ficam cada vez mais isolados quando se reduz a equipe, em consonância com a automação.

Curtas: A automação isola os trabalhadores. Isso se deve à redução da equipe. Os critérios atuais de gestão também contribuem para isso.

Separar os diferentes conceitos ou ações – Os conceitos ou ações diferentes devem estar em frases distintas, evitando que se misturem. Essa recomendação complementa a anterior, colocando-se apenas um conceito ou uma ação em cada frase, de preferência, seguindo-se a sequência em que ocorrem. Exemplos:

Misturada: O rato que foi caçado pelo gato mordido pelo cachorro comeu o queijo.

Separadas: O rato comeu o queijo. Ele foi caçado pelo gato. O cachorro mordeu o gato.

Usar a voz ativa (e não a passiva) – Frases na voz ativa, denotando uma ação, são preferíveis às passivas. Exemplos:

Passiva: A máquina foi ligada pelo operador.

Ativa: O operador ligou a máquina.

Usar a forma afirmativa (e não a negativa) – A forma negativa fica difícil de entender porque representa a exclusão ou complemento de uma ação. Exemplos:

Negativa: Não se pode afirmar que não ocorreram falhas.

Afirmativa: Ocorreram falhas.

As pessoas têm especial dificuldade de entender as frases contendo mais de uma negação, do tipo: "não quero dizer que não concordamos, muito ao contrário". Fica a dúvida: duas negações equivalem a uma afirmação?

FRASES NEGATIVAS E PASSIVAS

Como regra geral, as instruções devem ser transmitidas em frases mais simples, afirmativas e ativas, porque são mais fáceis de serem entendidas, memorizadas e lembradas. As formas negativas e passivas geralmente provocam atraso na compreensão e podem causar erros de memorização. Vejamos os seguintes exemplos:

Afirmativa: "O botão verde liga a máquina".

Negativa: "O botão vermelho não liga a máquina".

Passiva: "A máquina é ligada pelo botão verde".

Embora essas frases tenham o mesmo objetivo, nem todas são igualmente compreendidas pelo operador. Algumas podem exigir mais tempo para serem entendidas e outras, ainda, são mais fáceis de serem memorizadas e lembradas.

Diversas experiências realizadas (Broadbent,1977) mostraram que as instruções transmitidas na forma negativa ou passiva muitas vezes são memorizadas na forma afirmativa (oposta) e, então, na hora de serem lembradas, podem sofrer *inversões* ou interpretações diferentes, alterando o sentido. Por exemplo, a instrução "não apertar o botão vermelho antes do verde" é memorizada da seguinte forma: "primeiro o verde e depois o vermelho".

A forma passiva pode ser usada em alguns casos em que há diversas causas provocando um efeito e se quer destacar uma delas. Por exemplo, um acidente automobilístico pode ter diversas causas, mas supondo que se queira estudar a influência do alcoolismo no acidente, a instrução poderia ser "verificar se o acidente foi provocado pelo alcoolismo do motorista".

Mas há algumas exceções em que as frases negativas ou passivas são mais eficientes. Por exemplo, numa fila de oito botões com o quarto botão vermelho e os demais verdes, é mais fácil descrevê-lo como "o quarto botão *não* é verde" do que "todos os botões, exceto o quarto, são verdes". As frases negativas podem ser mais efetivas quando a instrução tem o objetivo de proibir, cancelar ou restringir uma ação. Por exemplo, em proibições, como "*não* pise na grama", e de restrição, como "*não* ligue a máquina se a porta estiver aberta". Fora essas exceções, em geral, as frases afirmativas e diretas são melhores, começando com o sujeito da oração. Observa-se também que as frases sem verbo, do tipo "Rio de Janeiro, apesar de tudo", dificultam a compreensão, pois a ação fica subentendida e pode dar margens a diversas interpretações diferentes.

COMPLEXIDADE DO TEXTO

A complexidade de uma frase é determinada pela quantidade de conceitos ou proposições contidas nela e não propriamente pelo número de palavras ou de termos desconhecidos. Estima-se que a MCD seja capaz de reter apenas quatro proposições de cada vez, no máximo, podendo chegar a cinco em alguns casos excepcionais. As pessoas experientes são seletivas, retendo aquelas informações consideradas mais importantes para a tarefa em execução.

Além disso, as pessoas são capazes de entender as palavras com erros ortográficos e informações incompletas. Essas falhas são compensadas com as expectativas, contexto e redundâncias normalmente presentes na língua falada.

REDAÇÃO DE TEXTOS

Na redação de textos, as definições dos *objetivos* ou *conceitos* devem ser apresentadas em primeiro lugar. Depois vem o *contexto* (histórico, justificativas, explicação, exemplos). Os textos que começam com o contexto são difíceis de entender, porque o leitor fica sem referência e não sabe as razões de tudo aquilo que está sendo colocado. Quando finalmente o objetivo ou conceito for apresentado, esse leitor provavelmente terá de fazer uma nova leitura para situar-se no contexto.

O mesmo se aplica na redação de projetos e relatórios. Os objetivos devem ser colocados em primeiro lugar. Depois vêm as justificativas, metodologias e outras explicações. Finalmente, devem ser apresentadas as análises e conclusões, com um resumo de tudo que foi exposto.

MANUAIS DE INSTRUÇÕES

Os manuais de instruções que acompanham os produtos muitas vezes não são claros ou pressupõem conhecimentos e habilidades que a maioria dos usuários desses produtos não possui. Outro problema relaciona-se com o tipo de conhecimento exigido: declarativa (estática) ou operacional (saber fazer). No caso da memória operacional, algumas representações gráficas, como esquemas, desenhos ou fotos, são preferíveis aos textos escritos. Os esquemas com vistas explodidas são particularmente úteis para mostrar a sequência das montagens.

Sremec (1972) fez experiência de montagem de um pequeno toldo para janela, disponível no mercado. As pessoas deveriam montar o toldo, seguindo as instruções do fabricante que acompanhavam o produto. Em um total de quinze pessoas que nunca tinham visto antes o produto, só cinco delas, ou seja, 33%, foram capazes de montar corretamente o toldo. Entre aqueles que acertaram, muitos já tinham habilidades mecânicas ou conhecimentos anteriores em nível superior à média da população. As instruções foram modificadas, sanando-se os problemas constatados. Feito um novo teste com quinze outras pessoas, onze delas, ou seja, 73,3%, acertaram na montagem do produto.

O problema é que essas instruções geralmente são redigidas por especialistas, que se expressam como se estivessem dirigindo-se a seus colegas de profissão e não ao público em geral. O repertório dos usuários do produto pode ser bem diferente e talvez o especialista não consiga se colocar no lugar deles para redigir essas instruções de forma clara e acessível para a maioria da população. Nesses casos, essas instruções deveriam ser testadas em uma amostra representativa do público-alvo antes de serem colocadas no mercado.

TEXTOS ESTRUTURADOS

Os textos estruturados são aqueles organizados por tópicos, colocando-se um *subtítulo* em cada um deles. Em geral, os textos estruturados contêm mais informações, são mais objetivos e facilitam a consulta. São recomendados para organizar instruções e manuais para fornecer algum tipo de conhecimento operacional ou sanar alguma dúvida específica. Além disso, alguns trabalhadores não têm hábito de leitura e têm dificuldades de extrair as informações necessárias a partir de um texto muito longo.

Exemplo de texto não estruturado

Os símbolos são usados cada vez mais no lugar das palavras para indicar funções e comandos das máquinas. Entretanto, muitos desses símbolos não apresentam clareza suficiente para representar a função pretendida.

Realizou-se um experimento em duas etapas para verificar a preferência dos símbolos usados na operação de uma copiadora de grande porte.

Na primeira etapa, um grupo de 36 pessoas inexperientes no uso de copiadoras fez desenhos para representar as dezesseis funções operacionais da máquina. A partir desses desenhos foram produzidos ícones para representar essas funções.

Numa segunda etapa, outras 67 pessoas, todas sem experiência anterior no uso de copiadoras, fizeram as avaliações. Para isso, foram comparados os ícones gerados na primeira etapa com aqueles que a empresa já usava em suas máquinas. A maioria preferiu os novos ícones, exceto para funções que indicavam impressão em uma ou duas faces do papel. Os resultados sugerem que a ergonomia pode contribuir na geração de símbolos mais facilmente compreendidos pelos usuários.

(Howard *et al.*, 1991)

Exemplo de texto estruturado

Objetivo – Gerar símbolos mais eficazes para operar uma copiadora de grande porte, com envolvimento dos usuários.

Contexto – Há tendência crescente para uso de símbolos, substituindo palavras para representar funções e comandos em máquinas.

Método – Primeira etapa: foram produzidos ícones para representar dezesseis funções da copiadora, baseando-se em desenhos realizados por 36 pessoas sem experiência anterior no uso das copiadoras. Segunda etapa: os ícones produzidos foram comparados com aqueles que a empresa já usava em suas máquinas. Essas comparações foram feitas por 67 pessoas também sem experiências anteriores.

Resultados – Os ícones gerados tiveram a preferência da maioria, com exceção da função de imprimir em uma ou duas faces do papel.

Conclusão – A ergonomia pode contribuir para a produção de símbolos mais facilmente compreendidos pelos usuários (Howard et al., 1991).

Analogamente, quando se quer apresentar diversas alternativas ou cursos de ação, é melhor organizá-las de forma itemizada, em vez do texto corrido. Essa apresentação itemizada fica mais clara e visível.

Exemplo de texto corrido

"Este medicamento é indicado para combater arritmias cardíacas, insuficiência coronária e artroses."

Exemplo de texto itemizado

"Este medicamento é indicado para o tratamento de:

- arritmias cardíacas;
- insuficiência coronária;
- artroses."

Além disso, o texto pode ser estruturado por blocos, dividindo-se o texto em tópicos e colocando-se um subtítulo em cada um deles, como na página anterior.

CONFORTO NA LEITURA DO TEXTO IMPRESSO

Como já vimos, a visão não é um processo contínuo (ver p. 123). Os nossos olhos, quando percorrem uma linha escrita, movem-se aos pulos, em fixações sucessivas. Primeiro, eles param em um ponto. Depois movem-se para o ponto seguinte e param novamente. O movimento de um ponto para outro chama-se sacádico e demora cerca de 0,25 s. Entre um ponto e outro ocorre uma fixação, quando os olhos captam um pequeno conjunto de duas a três palavras (Figura 14.6). O cérebro vai processando à velocidade de 0,25 a 0,50 s por fixação.

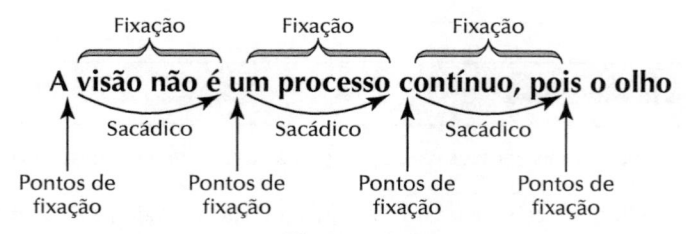

Figura 14.6
Durante a leitura, os olhos movimentam-se aos pulos, de uma fixação para outra (Coe, 1996).

Estudos realizados com diversos arranjos de material impresso demonstraram que a facilidade de leitura depende criticamente da extensão das linhas e do espaçamento *entre linhas*. Linhas muito longas e pouco espaçadas entre si provocam embaralhamento visual. Assim, alguns autores sugerem que, para conservar a mesma quantidade de letras na página, seria preferível reduzir um pouco o espaçamento entre as letras para compensar o aumento dos espaços entre as linhas.

Assim, não se recomenda elaborar textos justificados nas duas margens (esquerda e direita), porque isso aumenta o espaçamento entre as palavras. Isso dificulta a captação do conjunto de palavras em cada fixação visual. Para se trabalhar com textos justificados, deve-se separar as palavras em sílabas ao final de cada linha, a fim de reduzir os grandes espaçamentos entre as palavras.

As linhas longas e homogêneas do texto impresso formam um padrão de listras (Figura 14.7). As características espaciais desse padrão provocam desconforto visual e ilusões ópticas. Portanto, sempre que for possível, deve-se fugir desse padrão. Isso pode ser realizado colocando-se parágrafos frequentes, organizando-se mais de uma coluna na página, intercalando-se o texto com fotos e ilustrações ou alternando o tamanho das letras. Essas características são adotadas em jornais, que apresentam o texto em colunas estreitas, frequentemente interrompidas com títulos ou ilustrações.

Figura 14.7
As linhas homogêneas do texto impresso formam um padrão de listras, que são desconfortáveis e provocam ilusões ópticas (Wilkins e Nimmo-Smith, 1987).

RECOMENDAÇÕES SOBRE TEXTOS ESCRITOS

Algumas recomendações sobre textos escritos, visando facilitar a leitura, são apresentadas a seguir.

Tipos simples – Use tipos de letras mais simples. Letras muito rebuscadas ou enfeitadas dificultam a leitura.

Serifas – Use letras minúsculas com serifas (pequeno traço perpendicular nas terminações das letras) para o texto. Exemplos: Times New Roman, `Courier`, Century. Use sem serifas para os títulos: **Arial**, Helvetica, Calibri.

Maiúsculas e minúsculas – Use letras maiúsculas apenas para início de frase ou em nomes e títulos. Evite palavras inteiras com letras maiúsculas.

Dimensões – As dimensões das letras dependem da distância visual (Figura 14.8). Como regra geral, a altura das letras maiúsculas deve ser de 1/200 da distância. Por exemplo, em uma sala de conferência, onde o espectador mais distante fica a 20 m, a altura da letra deve ser de 10 cm. Para leitura em tela de computador (distância aproximada de 40 cm) recomenda-se altura mínima de 2 mm.

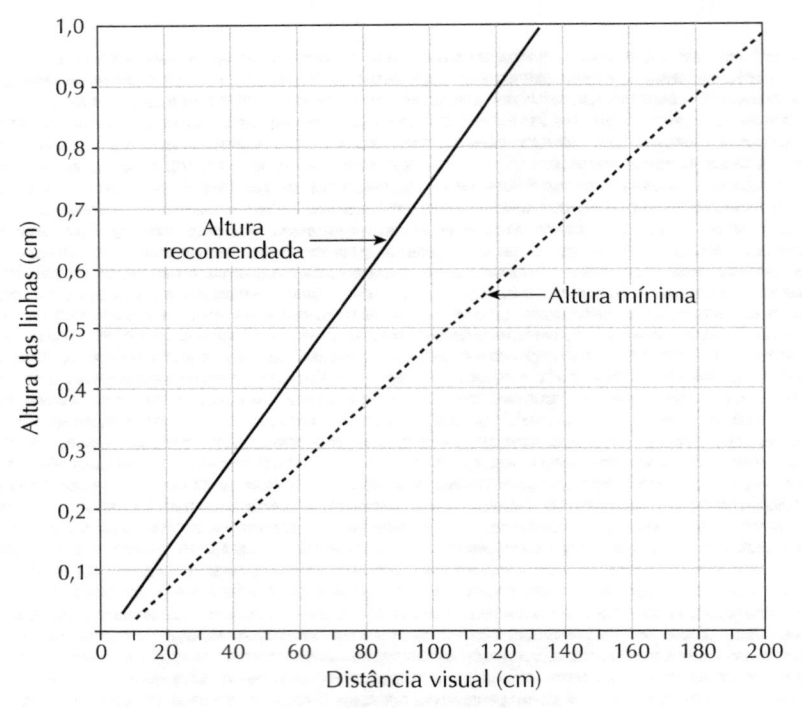

Figura 14.8
Alturas mínimas e alturas recomendadas para letras, de acordo com as distâncias visuais.

Proporção largura/altura – Deve haver uma proporcionalidade entre a largura e altura das letras. Recomenda-se que a largura para maiúsculas tenha 60% da altura (variando entre 50% e 75%). Para letras minúsculas estreitas como "i" e "l", largura de 20% da altura e, para letras largas como "m" e "w", 80%.

Espaçamento entre linhas – O espaçamento entre linhas deve ser proporcional ao seu comprimento. Recomenda-se um espaçamento de pelo menos 1/30 do comprimento. Se a linha tiver 15 cm de comprimento, o espaçamento entre linhas deve ser de 0,5 cm.

Contraste figura/fundo – Assegure um bom contraste figura/fundo (letra clara em fundo escuro ou vice-versa). O melhor contraste é conseguido com preto sobre branco. A colocação de fotografias e outras imagens no fundo dificulta a leitura porque provoca variações de contrastes.

14.3 Símbolos

A linguagem é uma das maiores barreiras à comunicação entre povos de diferentes culturas. Estima-se que existam hoje cerca de 5 mil línguas e dialetos em uso no mundo, das quais cerca de cem são consideradas de maior importância. Em muitos casos, a comunicação entre elas fica difícil ou quase impossível. Para superar essa barreira de linguagem, algumas áreas de atividades humanas desenvolveram símbolos universais, como ocorre na música, matemática e muitas outras áreas.

Vantagens dos símbolos

A principal vantagem dos símbolos sobre as palavras decorre da maior proximidade semântica com o objeto real que representam. Por exemplo, para indicar um homem, o desenho da figura humana apresenta maior proximidade que a palavra "homem". Vários estudos comparativos demonstraram a superioridade dos símbolos sobre as instruções verbais. Essa superioridade se traduz em maior facilidade de compreensão e maior rapidez das respostas. Contudo, não se observaram diferenças significativas no número total de respostas corretas.

No caso de onomatopeias (tique-taque, reco-reco, chiado, mugido, tibum!) a linguagem está muito próxima do seu significado. Mas isso não é o caso da maioria das palavras, que apresentam maior grau de abstração. Os símbolos também podem ser desenhados com vários graus de abstração. Quanto maior for a distância semântica entre a figura e aquilo que é representado, maior será a dificuldade de reconhecimento.

Nem todos os símbolos apresentam um significado claro para os usuários. Existem diversos fatores que podem provocar divergências na interpretação dos símbolos. Entre estes aparecem os diferentes repertórios profissionais, nível de instrução, cultura, religião e outros.

Veja-se, por exemplo, os diversos tipos de indicações de banheiros masculinos ou femininos em locais públicos. A identificação imediata seria com as figuras de um homem ou uma mulher ou palavras de identificação imediata como "Homem" e "Mulher" ou "Ele" e "Ela". À medida que se afasta dessas figuras e palavras, a identificação vai se tornando mais difícil. Por exemplo, a figura masculina pode ser substituída por uma cartola e bengala (quem usa isso, atualmente?), e a feminina, por uma bolsa. As palavras homem e mulher podem ser substituídas pelas iniciais H e M. Nesse caso, pode gerar confusão, pois M pode ser entendido também como inicial de masculino. Pior ainda, por outras letras como C (cavalheiros) e S (senhoras) ou apenas por cores (azul, rosa). Essas identificações tornam-se ainda mais difíceis quando os símbolos são apresentados separadamente, não permitindo o efeito comparativo.

SÍMBOLOS UNIVERSAIS

Existem muitas propostas para a elaboração de símbolos universais para as comunicações humano-máquina. Dreyfuss (1972) fez uma pesquisa sobre uma coleção de cem símbolos (Figura 14.9) que são internacionalmente usados, como aqueles em sinais de trânsito. Esses símbolos, principalmente aqueles usados em programas de computador, são chamados também de ícones. Muitos desses ícones já são de uso universal, mas a proliferação deles causa muita confusão.

A hipótese de se criar uma "linguagem" universal dos símbolos é particularmente atraente para fabricantes de equipamentos que exportam seus produtos para vários países do mundo. Existem muitas tentativas de padronizar alguns desses símbolos em nível mundial.

Figura 14.9
Exemplos de símbolos básicos de uso internacional (Dreyfuss, 1972).

NORMAS TÉCNICAS

Alguns órgãos procuram padronizar os símbolos de uso universal. A norma ISO 3864 exige que as identificações corretas dos símbolos visuais sejam feitas, no mínimo, por 66% dos usuários, quando testados em seis países diferentes. A Figura 14.10 apresenta alguns desses símbolos recomendados pela ISO.

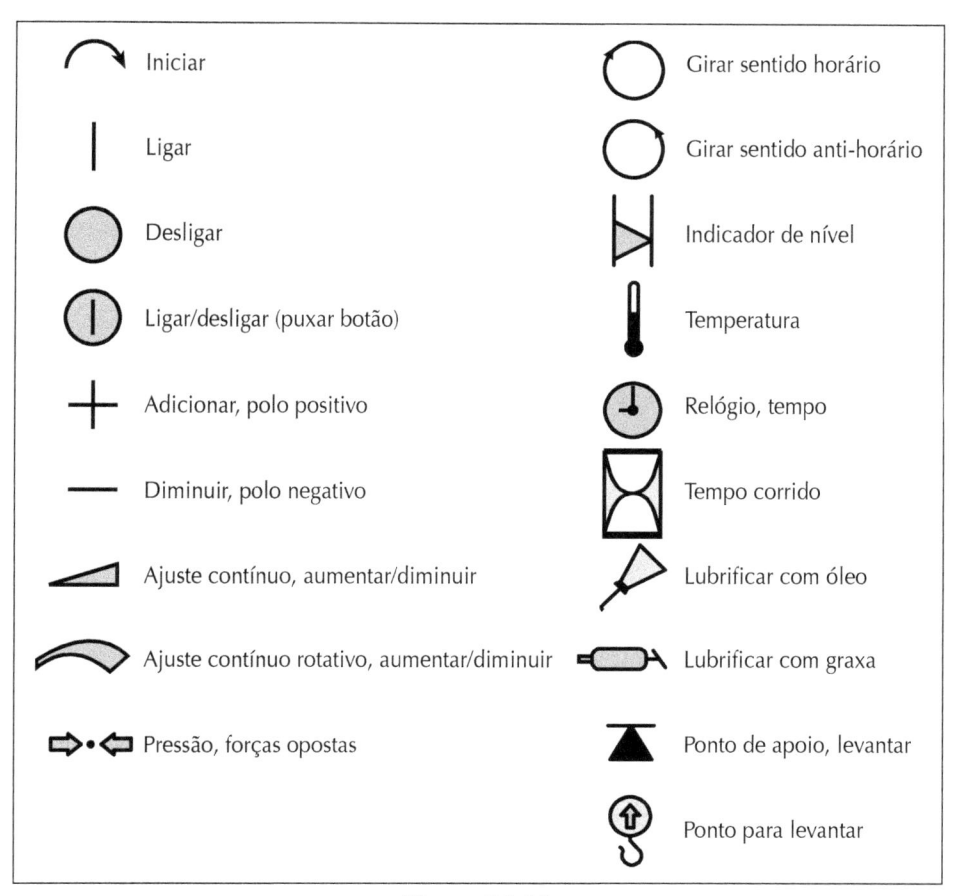

Figura 14.10
Exemplos de símbolos recomendados pela ISO.

A norma norte-americana ANSI Z535.1-5 é mais rigorosa e exige que essas identificações corretas sejam feitas por 85%. Visando melhorar essas identificações, a American Disability Association (ADA) elaborou recomendações detalhadas para o projeto de símbolos, em 2002, destacando os seguintes pontos (ADA, 2010):

- A proporção largura/altura das letras e dos números nos símbolos deve ficar entre 3:5 e 1:1.
- A proporção largura do traço/altura das letras e dos números deve ficar entre 1:5 e 1:10.
- O tamanho mínimo das letras e dos números é de 7,5 cm, devendo ser aumentado para distâncias maiores de leitura.
- Os símbolos (ícones) devem ter altura mínima de 15 cm.
- Os símbolos (ícones) devem ser acompanhados de letreiros com seus significados, colocados logo abaixo.
- Deve haver um bom contraste entre a figura e o fundo, para melhorar a legibilidade.

- O fundo deve ser fosco, não reflexivo.
- A identificação das portas e entradas deve ser colocada na parede adjacente, no lado da dobradiça.
- Os símbolos devem ser posicionados a 150 cm (na altura dos olhos), entre o piso e a posição central do símbolo (cartaz).
- Os símbolos devem ser colocados onde não haja barreiras visuais, como colunas, biombos e árvores.

Essas normas apresentam orientações gerais para a elaboração de símbolos, mas não para os casos específicos, como na sinalização dos hospitais (ver estudo de caso 14.8, p. 537).

Diferenças culturais dos ícones

As figuras e cores podem ter significados diferentes em cada cultura. Na produção de ícones, deve-se ter o cuidado sobre os significados que receberão em diferentes culturas. Em alguns casos, chegam a ter significados opostos.

Por exemplo, a serpente nas culturas cristã e hebraica tem a conotação de diabo, tentação e pecado. Na cultura egípcia, sabedoria, poder e conhecimento. Na africana, realeza e imortalidade. O urso, na cultura cristã, significa demônio, crueldade e ganância. Na japonesa, benevolência, sabedoria e força.

Coe (1996) chama a atenção sobre dois tipos de figuras que podem ter muitas conotações culturais diferentes. Uma delas é a figura feminina. Ainda existem muitos tabus relacionados com o papel da mulher na sociedade. A outra são os gestos feitos com as mãos. O gesto de "*ok*" usado pelos norte-americanos para indicar que "está tudo bem" pode ser extremamente ofensivo aos povos latino-americanos. Para evitar esses problemas, podem-se produzir ícones estilizados, para que não se identifiquem diretamente com os tabus e crenças de diferentes culturas.

De forma semelhante, as cores também podem ter significados muito diferentes (ver Tabela 12.3, p. 441). A cor branca, na cultura cristã, simboliza pureza e inocência. Na chinesa, morte e luto. O preto, na cristã, simboliza luto, morte e desespero. Na chinesa, feminilidade, inverno e água. O verde simboliza esperança e imortalidade para os cristãos. Para os hindus, a morte. A vermelha, na civilização ocidental, está associada com "pare", agressão e vergonha. Na chinesa, alegria. A amarela, na ocidental, significa perigo, covardia. Na chinesa, honra, realeza. Na árabe, alegria, prosperidade.

A aplicação das cores e símbolos deve ser estudada principalmente nos produtos para exportação. Uma aplicação errada deles pode inviabilizar comercialmente esses produtos, devido às diversas conotações que provocam. Por exemplo, os chineses exportam grande quantidade de árvores de Natal de plástico para os Estados Unidos. Eles estranham a preferência dos norte-americanos pelas árvores brancas, pois seria uma combinação incompatível do luto com uma data festiva.

DESENVOLVIMENTO DE ÍCONES

Frequentemente, os ícones são elaborados por projetistas da própria empresa, a partir de algumas suposições e experiências pessoais. Mas nem sempre os resultados são satisfatórios. Howard et al. (1991) desenvolveram uma técnica de consulta aos usuários, abrangendo duas etapas: pesquisa de imagens e teste de validação.

Pesquisa de imagens – Para a pesquisa de imagens, seleciona-se um conjunto de palavras-chave que representam os comandos que se quer introduzir no sistema. Essas palavras são impressas no alto de folhas em branco (tamanho A-4). Coloca-se uma palavra em cada folha. Essas folhas são distribuídas a um grupo de pessoas, que devem desenhar uma imagem para representar a palavra impressa.

De preferência, esse grupo deve ser representativo dos futuros usuários do sistema. As imagens assim obtidas visam identificar os estereótipos populares associados a cada tipo de comando. A partir dessas imagens, são elaborados os símbolos. Essa tarefa não é trivial, porque costuma haver uma grande variedade de imagens. Em muitos casos é possível construir diversos ícones para representar o mesmo tipo de função, para serem submetidos ao teste de validação posterior.

Teste de validação – No teste de validação, os símbolos ou ícones gerados são submetidos à avaliação por um número maior de pessoas. Recomenda-se realizar esses testes com pelo menos cinquenta pessoas do público-alvo (Lehto e Buck, 2008). Considera-se satisfatório quando pelo menos 85% fazem as identificações corretas, admitindo-se o máximo de 5% para as confusões críticas (leituras opostas às corretas).

A Figura 14.11 apresenta o exemplo de dezesseis tipos de comandos desenvolvidos para uma copiadora de grande porte. Neste caso, os símbolos criados pela pesquisa das imagens foram comparados com aqueles já existentes, que tinham sido desenhados pelos projetistas da empresa. Em nove casos, os símbolos criados tiveram preferência maior, enquanto os símbolos existentes foram considerados melhores em sete casos. Observe que há preferência pelas imagens que guardem analogia direta com a operação física, como nos casos de "escurecer", "clarear" e "separar", além dos gestos usuais, como "espere" e "pronto".

Esse teste de validação pode ser estendido também a diferentes regiões e culturas. Por exemplo, a figura da mão espalmada (espere) encontrou dois problemas na França: os policiais a interpretaram como "pare" e os motoristas de táxi consideraram-na ofensiva.

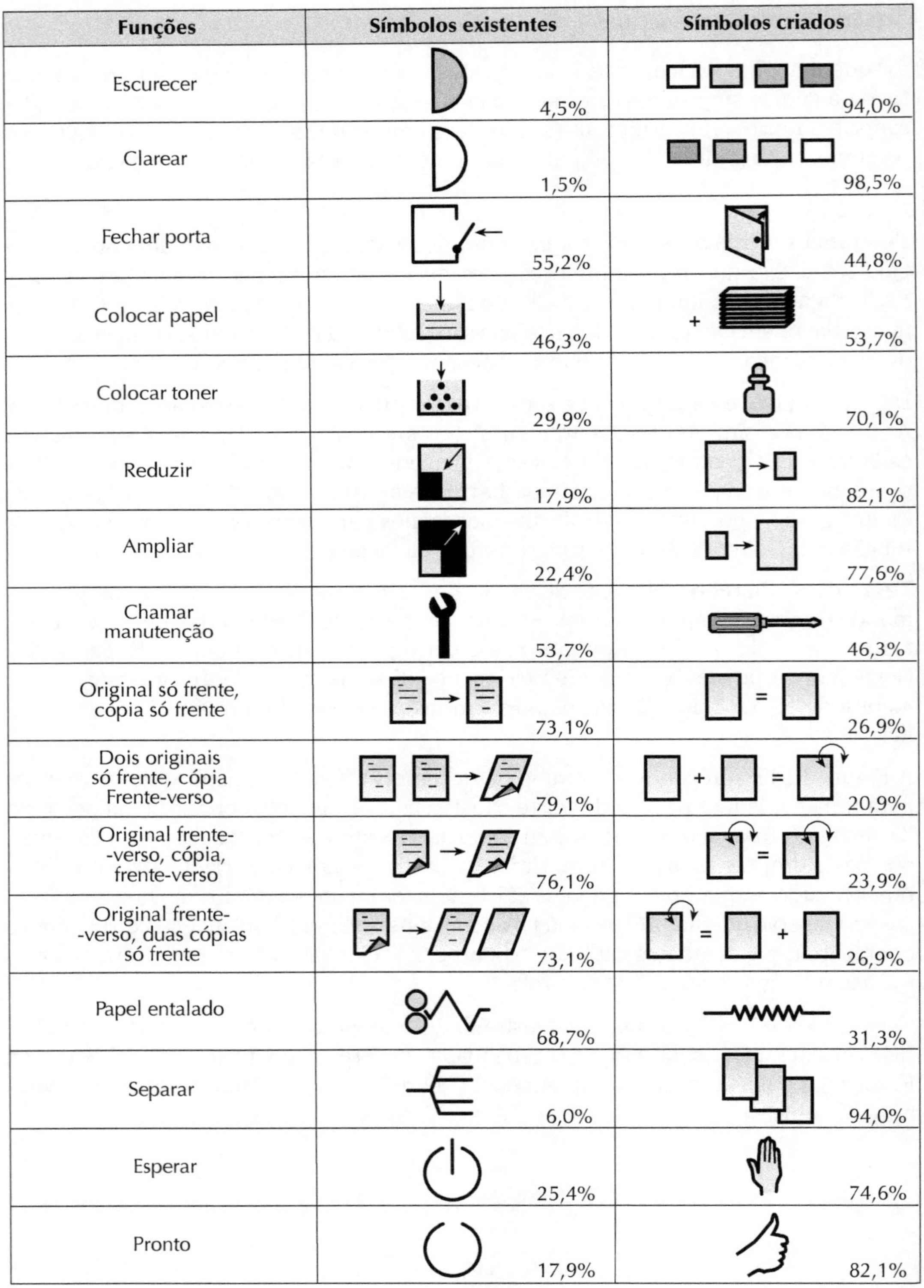

Funções	Símbolos existentes	Símbolos criados
Escurecer	4,5%	94,0%
Clarear	1,5%	98,5%
Fechar porta	55,2%	44,8%
Colocar papel	46,3%	53,7%
Colocar toner	29,9%	70,1%
Reduzir	17,9%	82,1%
Ampliar	22,4%	77,6%
Chamar manutenção	53,7%	46,3%
Original só frente, cópia só frente	73,1%	26,9%
Dois originais só frente, cópia Frente-verso	79,1%	20,9%
Original frente--verso, cópia, frente-verso	76,1%	23,9%
Original frente--verso, duas cópias só frente	73,1%	26,9%
Papel entalado	68,7%	31,3%
Separar	6,0%	94,0%
Esperar	25,4%	74,6%
Pronto	17,9%	82,1%

Figura 14.11

Preferências (em percentagens) entre os símbolos existentes para operar uma copiadora de grande porte, em comparação com símbolos criados pelos usuários (Howard et al., 1991).

14.4 Mostradores visuais e auditivos

Mostradores são os instrumentos (partes da máquina) que apresentam informações ao operador no sistema humano-máquina-ambiente. Existem diversos tipos de mostradores (visuais, auditivos, hápticos) e cada um tem características próprias que os recomendam para uma determinada aplicação. O uso de mostradores inadequados pode prejudicar o desempenho do sistema humano-máquina-ambiente, aumentando o tempo de reação e os erros. Pode também aumentar os custos de instalação e de manutenção.

Classificação de mostradores

Atualmente existe uma grande variedade de mostradores, principalmente devido à difusão da informática, computadores pessoais e aparelhos de comunicação portáteis, como telefones, *smartphones*, *tablets* e muitos outros. Existem diversas classificações desses mostradores, dependendo dos critérios aplicados, mas geralmente recaem nos seguintes casos:

Variáveis – As variáveis devem ser definidas de acordo com as necessidades de controle no sistema homem-máquina-ambiente. Classificam-se em dois tipos básicos: quantitativo e qualitativo. Uma subclasse importante dos mostradores qualitativos são os pictóricos.

Escala – A escala de leitura, no caso dos mostradores quantitativos, classifica-se em analógica e digital.

Movimentos – Alguns mostradores dinâmicos apresentam movimentos de escala, ponteiros ou números. Outros são de natureza estática.

Tecnologia – As máquinas convencionais usam a tecnologia eletromecânica, enquanto a tecnologia informatizada predomina nos modernos instrumentos e aparelhos.

Há diversas combinações possíveis entre esses tipos. Por exemplo, um mostrador pode ser quantitativo-digital-informatizado, outro, quantitativo-estático, qualitativo-estático, e assim por diante. A Figura 14.12 apresenta alguns exemplos.

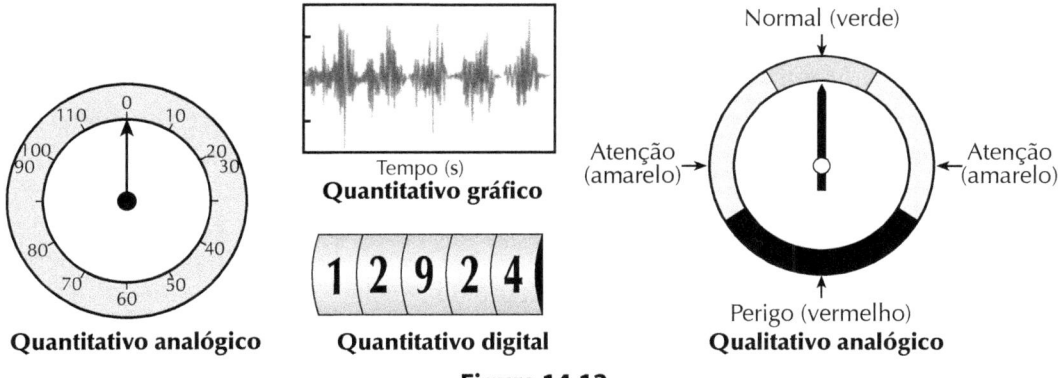

Figura 14.12
Exemplos de mostradores visuais.

MOSTRADORES QUANTITATIVOS

O mostrador quantitativo é usado quando a informação a ser fornecida é de natureza quantitativa, ligada a alguma variável mensurável, como volume, pressão, peso, comprimento, temperatura, e assim por diante. Aqui existem dois grandes subgrupos: os analógicos e os digitais. Os *mostradores analógicos* apresentam um ponteiro ou uma escala móvel, que seguem uma evolução análoga ao estado da máquina, como o velocímetro de um carro, assim como um barômetro (pressão) ou dinamômetro (força).

O *mostrador digital* apresenta a situação da variável em números. Esse tipo de mostrador tem se difundido bastante com a evolução da eletrônica e advento dos relógios digitais e calculadoras eletrônicas. Muitos instrumentos de medida analógicos estão sendo substituídos pelos digitais, devido à sua maior facilidade, rapidez e precisão nas leituras. Assim, surgiram balanças digitais, paquímetros digitais, termômetros digitais e muitos outros.

Existe também o mostrador quantitativo gráfico, que faz o registro contínuo da variável em uma fita de papel. Esse tipo é muito usado em instrumentos médicos como eletrocardiogramas e eletromiogramas. Servem também para acompanhar a evolução de uma variável durante um longo tempo, como no caso dos sismógrafos e tacógrafos.

LEITURAS ANALÓGICAS E DIGITAIS

Experiências realizadas em laboratório, em condições controladas (Nason e Bennett, 1973), demonstraram que os contadores digitais são superiores aos diais (analógicos) para leituras quantitativas, tanto no tempo de leitura como na precisão das leituras.

Os tempos de leitura nos contadores digitais permaneceram quase constantes a 0,5 segundos, para números de dois a quatro algarismos. Enquanto isso, para os diais, os tempos variaram de um segundo até três segundos, para dois a quatro algarismos, respectivamente. Esses resultados podem ser explicados, porque, na leitura no contador, basta uma fixação visual. O processo é mais complexo no dial. Primeiro, é necessário, localizar o ponteiro e, depois, escolher a porção da escala a ser lida, fazer a leitura das graduações mais próximas do ponteiro e, finalmente, interpolar o valor para a posição indicada pelo ponteiro.

Observou-se, também, que as leituras dos contadores sofrem menos influência das diferenças individuais, e que o tempo de treinamento pode ser reduzido, enquanto a leitura em diais exige longo treinamento: de 250 a 2.500 leituras para que o operador possa adquirir habilidade na leitura. As pessoas sem treinamento têm dificuldade para fazer interpolações na escala (estimar o valor entre duas marcações sucessivas da escala). Muitas delas executam mal essa ação e alguns simplesmente marcam 0,5 para qualquer ponto intermediário da escala.

Contudo, o contador digital não poderá ser utilizado na situação em que os números se sucedem com muita rapidez, de modo que o tempo de exposição seja menor que 1 s, não permitindo leitura. Em outros casos, constatou-se que os diais analógicos também têm uma função qualitativa muito importante, que os mostradores digitais não fornecem. Eles permitem acompanhar a *tendência* de evolução da variável. Por exemplo, o velocímetro de um carro raramente é usado para a leitura exata da velocidade do carro, mas para verificar determinadas faixas de velocidade e também os aumentos e reduções de velocidades (importantes para mudanças de marcha). Portanto, nesse caso, a substituição do mostrador analógico por um digital não seria vantajosa.

MOSTRADORES QUANTITATIVOS ESTÁTICOS

Os mostradores quantitativos *estáticos* são representados principalmente por gráficos e cartazes (Figura 14.13). Pesquisa realizada sobre a legibilidade de gráficos de linha, barras verticais e barras horizontais, demonstrou superioridade do primeiro, tanto no tempo médio de leitura como no número de erros, ficando o de barras verticais em segundo, e o de barras horizontais em terceiro lugar. Os gráficos de linhas múltiplas, quando apresentados separadamente, são superiores aos que apresentam várias linhas simultaneamente. O tempo de leitura para esse último tipo foi 47% maior em relação aos gráficos apresentados separadamente.

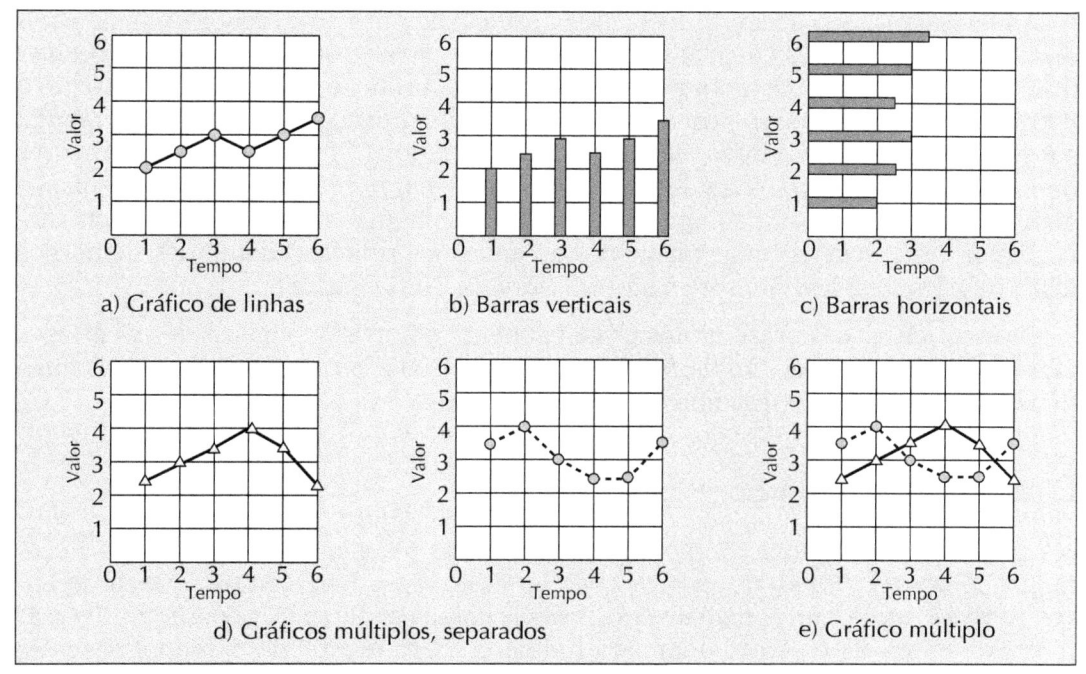

Figura 14.13
Exemplos de diferentes tipos de representação na elaboração de gráficos (McCormick, 1970).

Nessa categoria incluem-se também as placas de quilometragem em uma estrada, indicação da altitude de uma localidade e outros que contenham informações quantitativas.

MOSTRADORES QUALITATIVOS

Os mostradores qualitativos apresentam indicações sobre valores aproximados de uma variável, acompanhando a sua tendência, variação de direção ou desvio em relação a um determinado valor. São utilizados quando não se necessita conhecer o valor exato da variável, mas apenas a sua evolução e a posição relativa. Isso ocorre principalmente em leituras de verificação, para acompanhar a evolução de certas variáveis e constatar se ela permanece dentro de uma faixa de operação ou de segurança.

Por exemplo, usa-se no controle de processos industriais contínuos, quando certas variáveis como pressão, temperatura, volume ou fluxo devem ser mantidas dentro de uma determinada faixa de operação. É também o caso do indicador de temperatura do motor do carro. Nesses casos, os mostradores servem principalmente para indicar a ocorrência de anormalidades ou emergências, como aumentos repentinos da pressão ou temperatura, podendo estar associados a alarmes luminosos ou sonoros.

MOSTRADORES PICTÓRICOS

Os mostradores pictóricos constituem-se em um grupo particular de mostradores qualitativos. Há uma grande variedade de mostradores pictóricos, tanto dinâmicos como estáticos.

Aqueles *dinâmicos* são representados principalmente pelos tubos de raios catódicos (TRC) existentes em aparelhos de televisão, radar e outros. Há muitos problemas associados aos TRCs, como o volume ocupado, brilho do objeto, contraste com o fundo, e os diversos tipos de ruídos (distorções) que provocam. Os TRCs estão sendo substituídos por mostradores planos de cristal líquido (LCD) e de diodos emissores de luz (LED). Estes apresentam diversas vantagens, porque não emitem radiação eletromagnética, são mais compactos e leves, consomem menos energia, emitem menos calor e não distorcem as imagens. São aplicados principalmente nos modernos instrumentos de televisão, *smartphones, tablets,* GPS e outros.

Os *estáticos* são representados principalmente por avisos, sinalizações e cartazes impressos. Em fábricas, são disponíveis muitos avisos e cartazes relacionados com a higiene e segurança do trabalho (ver p. 535).

LEGIBILIDADE EM MOSTRADORES QUALITATIVOS

A principal característica do mostrador qualitativo é a sua legibilidade (ver "Recomendações para projeto de mostradores", p. 525). Para isso, sempre que for possível, deve ser usado um código de cores. Essas cores servem para separar as diversas faixas de operação e contribuem para reduzir a carga mental do operador. Deve-se tomar cuidado com os estereótipos associados a certas cores. Exemplos:

- Verde: indica andamento normal do processo.
- Amarelo: indica atenção – o processo saiu do normal e poderá exigir uma ação corretiva.
- Vermelho: indica perigo – o processo está fora do normal e exige uma ação corretiva.

Para que sejam facilmente discrimináveis, deve-se usar de três a quatro cores, no máximo. Para cores de mostradores, deve-se tomar cuidado com a iluminação do ambiente, que pode provocar alterações. Na cabina de controle de aeronaves, por exemplo, onde é mantida luz vermelha no ambiente para permitir adaptação à visão periférica, o código de cores é substituído por figuras geométricas na escala (Mc Cormick, 1970).

MOSTRADORES INFORMATIZADOS

As representações gráficas informatizadas devem mostrar a evolução do sistema de forma mais direta possível. Assim, consegue-se reduzir as operações mentais necessárias para interpretar as informações, diminuindo o tempo de reação. Comparando-se as representações em histogramas (barras) e seções circulares (pizza), verificou-se que o primeiro era melhor para representar mudanças de estado (percentagem da tarefa completada). A representação circular era melhor para indicar proporções.

As cores podem ser usadas como um elemento adicional para organizar as informações e facilitar a visualização. São feitas as seguintes recomendações para o uso de cores em telas:

- Usar cores similares para significados similares.
- Usar uma cor de fundo para agrupar elementos relacionados entre si.
- Selecionar combinações de cores figura/fundo de boa legibilidade. Nem todas as cores são igualmente legíveis.
- Usar brilho e saturação para destacar elementos e atrair a atenção.
- Evitar o vermelho e verde para contornar grandes áreas claras.
- Evitar o azul puro para texto, linhas finas e figuras pequenas.

Deve-se considerar que os meios de reprodução (copiadoras) e projetores provocam ruídos, alterando as cores. As cores projetadas perdem definição e sofrem distorções, não sendo idênticas às da tela do computador. Nessas projeções, a iluminação ambiental também pode influir na percepção de cores.

TELA DO COMPUTADOR

Os computadores podem gerar vários tipos de representações gráficas, de forma dinâmica, acompanhando a evolução de um sistema em tempo real. Esses gráficos podem ser continuamente atualizados à medida que o sistema evolui. Por exemplo, um gráfico de barras pode indicar até que ponto uma tarefa já foi realizada.

Uma limitação da tela do computador é a dificuldade de visualizar o *conjunto*, quando se trabalha nos detalhes de gráficos ou redes maiores. Processadores de texto modernos podem mostrar uma miniatura do leiaute em um canto da tela, mostrando como ficará a página impressa.

No caso de rede complexa com muitos nós, uma *miniatura* dessa rede pode aparecer em um canto, para orientar na navegação. Em cada tela aparece apenas uma parte dessa rede, mas a miniatura mostra sua posição na rede total, do tipo "você está aqui".

Para se facilitar a navegação, as decisões podem ser hierarquizadas. É análoga à procura de um produto em um *shopping center*. Primeiro escolhe-se o *shopping*, depois a loja e, em seguida, a seção dentro da loja. A busca pode prosseguir passando-se para outro *shopping*, e assim sucessivamente.

No sistema de *hipertexto* não existe esse tipo de hierarquia. As informações são conectadas por nós e pode-se passar de um nó para qualquer outro, sem seguir uma sequência rígida. A desvantagem é que o usuário pode ficar desorientado e não conseguir atingir o seu objetivo. Os usuários experientes possuem um mapa mental para navegação. Entretanto, descobriu-se que o mapa do tipo "você está aqui" não é muito útil para os novatos. Há problema em associar o mapa ao sistema e, depois, para conservar as indicações na memória de curta duração.

LOCALIZAÇÃO DE MOSTRADORES

A localização dos mostradores tem uma grande importância para facilitar a sua visualização. Quando houver diversos mostradores em um painel, estes devem ser agrupados de modo que facilite a percepção do operador, aplicando-se as regras do *Gestalt*. Na medida do possível, o próprio arranjo espacial deles deve sugerir uma associação com as variáveis que estão sendo controladas, aplicando-se os seguintes critérios.

Importância – Os mostradores mais importantes, e que devem ser continuamente observados, devem ficar bem à frente do operador, dentro do cone de visão ótima (ver Figura 14.1).

Associação – No caso de mostradores associados a controles, ambos devem ser colocados na mesma ordem ou mesmo tipo de arranjo espacial.

Sequência – Quando os mostradores estiverem associados a operações sequenciais, devem ser colocados na mesma sequência dessas operações.

Agrupamento – Em painéis mais complexos, com diversos tipos de mostradores, eles podem ser agrupados por tipos ou funções que exercem.

A Figura 14.14 apresenta exemplos de arranjos compatíveis dos mostradores e seus respectivos controles.

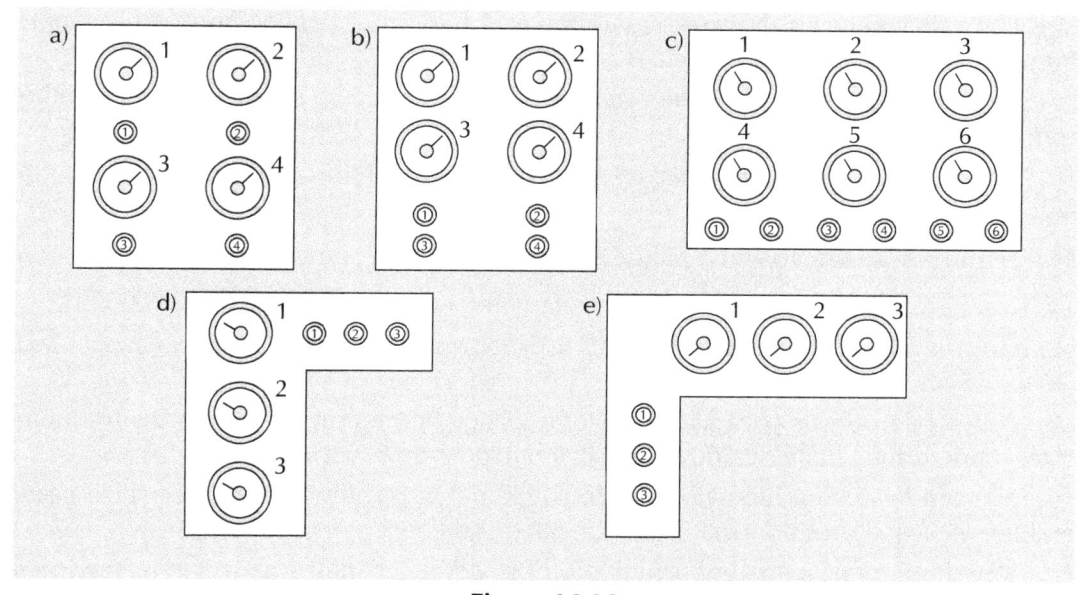

Figura 14.14
Exemplos de arranjos compatíveis entre mostradores com os seus respectivos controles
(Kroemer, Kroemer e Kroemer-Elbert, 1994).

RECOMENDAÇÕES PARA PROJETO DE MOSTRADORES

Os mostradores destinam-se a fornecer informações úteis aos usuários, visando a correta execução de uma tarefa. Essas informações devem ser perceptíveis e claramente identificáveis. Classificam-se basicamente em visuais e auditivos. Apresentam-se as seguintes recomendações para projetos de mostradores. Estas complementam aquelas recomendações para o projeto de controles apresentadas nas pp. 368-370.

Mostradores visuais – São aqueles percebidos pela visão.

1. Elaborar painéis simples, com uso de linguagem e letreiros simples, apresentando apenas uma opção de cada vez, sem misturar significados ou conceitos.

2. Posicionar painéis ou letreiros importantes na parte frontal, na altura dos olhos ou de modo que fiquem facilmente legíveis, inclusive para os cadeirantes, evitando-se o uso de códigos ou abreviações.

3. Ordenar os assuntos dos textos escritos, colocando-se primeiro aqueles mais importantes.

4. Desenhar ícones e símbolos acompanhados de letreiros com os seus significados.

5. Usar letras e símbolos suficientemente grandes, com uso de tipografia simples e sem serifa para os títulos e letreiros. Os números arábicos (1, 2, 3) são preferíveis aos romanos (I, II, III).

6. Manter espaçamentos entrelinhas suficientemente grandes para que não se embaralhem, agrupando-se informações de diferentes naturezas ou objetivos.

7. Usar apenas branco e preto ou cores contrastantes, mas as cores em si não devem conotar informações. Em caso positivo, o código de cores deve ser diferenciado também pelas formas ou posições relativas.

8. Evitar uso das cores de luzes amarela e azul para informações importantes, pois prejudicam a percepção por parte dos idosos.

9. Providenciar intensidade luminosa suficiente, evitando-se superfícies que produzam reflexos.

10. Providenciar redundância das informações visuais importantes, com uso dos canais auditivo ou tátil.

Mostradores auditivos – São aqueles percebidos pela audição.

11. Usar sons graves, com frequências relativamente baixas, entre 500 e 3.000 Hz.

12. Para voz sintetizada, são preferíveis aqueles que se assemelham à voz masculina (mais graves).

13. Usar sons intensos para alarmes, com dois componentes de diferentes frequências, sendo um na faixa de 300 a 700 Hz e outro na de 500 a 3.000 Hz.

14. Soar um *bip* como um aviso prévio, antes de emitir a mensagem. Se for o caso, emitir esse aviso com informações hápticas (vibrações).

15. Repetir as mensagens importantes ou providenciar meios para que os ouvintes possam ouvi-las novamente.

16. Providenciar intensidades ajustáveis dos sons, de acordo com o ruído ambiente.

17. Providenciar redundância das informações aditivas com informações visuais ou hápticas.

Documentação – Incluem as informações contendo instruções operacionais.

18. Utilizar formas adequadas de apresentação para cada tipo de mensagem (textos escritos, ilustrações, fotos, meios eletrônicos, Braille).

19. Apresentar, inicialmente, os objetivos e os conceitos. Depois, as explicações, justificativas, históricos, e contextos.

20. Fornecer apenas as instruções essenciais, evitando-se descrições muito detalhadas ou de difícil entendimento para os usuários.

21. Utilizar linguagem simples, clara e direta, no sentido afirmativo e na voz ativa (evitar frases negativas ou voz passiva), frases curtas (apenas uma ação em cada frase), evitando-se uso de jargões profissionais e termos direcionais (direita, esquerda, acima, abaixo).

22. Utilizar texto estruturado, com subtítulos para cada tópico, como nas bulas de remédios.

23. Agrupar os assuntos por funções ou operações, com instruções passo a passo. Nos manuais para montagens, incluir ilustrações, CDs ou vídeos.

24. Colocar as instruções dentro do próprio aparelho ou próximas do local de uso.

Segurança – Incluem os alarmes e outros avisos de perigos ou sinistros.

25. Evitar, dificultar, neutralizar ou bloquear as operações erradas, indevidas ou perigosas.

26. Colocar os pontos ou operações perigosas em clara evidência, se possível, com uso de sons, luzes e cores de advertência.

27. Emitir avisos ou sinais de *feedback* imediatos quando ocorrer erros ou desvios.

28. Solicitar confirmações nos casos de operações duvidosas ("é isso mesmo?").

29. Permitir correções ou retornos à etapa anterior, no caso de erros.

30. Utilizar alarmes sonoros, com pelo menos duas frequências diferentes, entre 500 e 3.000 Hz.

31. Utilizar redundância nos sinais de alarme (visuais, sonoros, hápticos).

32. Providenciar ajudas ou socorros na incidência de erros, acidentes ou ocorrências catastróficas.

14.5 Elaboração de *WEBSITES*

Os *websites* constituem-se em um dos principais meios de comunicação da era infomatizada e são classificados basicamente em sete tipos, de acordo com a finalidade (Tabela 14.2). Esses tipos variam quanto ao nível do conteúdo, uso de ilustrações e/ou textos, facilidade de navegação e estética. Portanto, para cada finalidade, pode existir o tipo mais adequado.

Tabela 14.2
Classificação dos tipos usuais de *websites*

Tipo	Objetivo	Características
Portal	Permitir acessar outros *websites* ou endereços (URL). Exemplo: www.mec.gov.br	Apresenta lista de conexões (*links*), com poucas descrições, organizada em ordem alfabética ou por temas.
Institucional	Fornecer informações específicas sobre uma empresa, associação, organização, serviços ou produtos Exemplo: www.inmetro.gov.br	Dá ênfase às características de atuação da instituição e seus produtos ou finalidades. Geralmente é identificado pelo logotipo ou imagens da instituição.
Comércio eletrônico	Vender produtos ou serviços. Exemplo: submarino.com.br	Apresenta catálogo para busca de produtos ou serviços, incluindo mecanismos seguros para realizar transações financeiras *on-line*.
Informação e difusão	Fornecer notícias atualizadas e fáceis de navegar, muitas vezes mantidos por jornais ou canais de televisão. Exemplo: g1.com/globonews	Apresenta predominância de textos com poucas imagens gráficas, com simplicidade, objetividade e facilidade de navegação, atualizados com frequência.
Redes sociais	Permitir comunicação e interação entre usuários. Exemplo: www.facebook.com	Contém mensagens, imagens e salas de bate-papo (*chat rooms*).
Pesquisa	Permitir a realização de pesquisas sobre temas específicos Exemplo: www.google.com.br	Contém conceitos, histórias e outros temas, organizados em ordem alfabética, datas, assuntos ou nomes.
Entretenimento	Permitir interações prazerosas e divertidas Exemplo: f5.folha.uol.com.br	Contém jogos, passatempos, curiosidades ou anedotas, com ênfase em fotos, desenhos, vídeos e música.

Conteúdos do *website*

Para definir os conteúdos do *website*, deve-se pesquisar dois grupos de pessoas que representem: os usuários e os especialistas.

Usuários (público-alvo) – Os usuários devem ser pesquisados quanto a: a) caracterização do público-alvo (faixa etária, nível de instrução, conhecimentos sobre informática, habilidades no uso de programas); b) objetivos procurados e tipos de informações que costumam acessar; e c) os modelos mentais que utilizam.

Com isso, será possível descrever as características (conhecimentos e habilidades), bem como as necessidades/preferências manifestadas pelos usuários. Por exemplo, se houver muitos usuários idosos, deve-se aumentar o tamanho das letras, melhorar a legibilidade e evitar cores na faixa do verde e azul do espectro visível.

Especialistas – Os especialistas ajudam a elaborar o projeto de *website,* definindo a forma de organizar e apresentar as informações de maneira compatível com os conhecimentos/habilidades e modelos mentais dos usuários, para que todas as operações sejam executadas de forma rápida e efetiva. Isso significa, por exemplo, que o usuário de um *e-commerce* possa encontrar rapidamente o item que procura, se possível, com abertura para as descrições detalhadas, e efetuar as respectivas compras e pagamentos, com confirmações da transação realizada.

Essas informações podem ser obtidas aplicando-se técnicas já apresentadas no Capítulo 3, como entrevistas, questionários, grupos de foco, observações diretas e outros.

Organização do *website*

Os conteúdos do *website* devem ser organizados de modo que facilitem a apresentação das informações e o acesso a elas. Os principais aspectos a serem considerados nessa organização são os seguintes.

Estrutura – A estrutura define a hierarquia e o programa lógico para apresentar as diversas informações e a forma de acessá-las. Por exemplo, um *site* para venda de livros, pode apresentar uma classificação por assuntos (engenharia, filosofia, artes) e uma ligação *hyperlink* permite realizar consultas pelo título do livro, autor ou palavras-chave.

Títulos – Os títulos servem para identificar os assuntos específicos, de forma consistente em todo o *site*. Geralmente são representados por uma palavra-chave ou descrições sumárias dos conteúdos. Cada página do *website* deve ter um *título*, para orientar a localização do usuário. Esse título deve ter entre quarenta a sessenta caracteres, no máximo. Os *cabeçalhos* são colocados acima dos assuntos (pode haver diversos cabeçalhos em cada página), para indicar seu conteúdo. Eles devem refletir os respectivos conteúdos da maneira mais fiel possível. A maioria dos usuários percorre rapidamente esses cabeçalhos até encontrar o assunto de interesse.

Navegação – A navegação indica os procedimentos necessários para a localização de um assunto específico em diferentes locais do *website* e os procedimentos para se passar para outros assuntos. Ela geralmente começa com a página de abertura (*homepage*) e depois prossegue para cada assunto específico. Ligações de *hyperlink* devem permitir acesso direto ao assunto desejado, sem percorrer diversas hierarquias. Para facilitar a navegação, o *website* deve ser estruturado da forma mais natural e intuitiva, possível. Deve ter setas de avanço e de retorno à pagina anterior, em caso de erros, evitando-se os "becos" sem saída, que não fornecem ligações com outras páginas. Além disso, pode apresentar um mapa ou diagrama, mostrando a estrutura e a posição do usuário.

BUSCAS NA TELA

Durante as buscas, a operação mais importante é encontrar a *palavra* ou *frase* que represente a ação pretendida. Geralmente, uma pessoa experiente sabe qual é a palavra ou frase que lhe serve e qual é a posição que ela ocupa na tela. Entretanto, durante a aprendizagem, o arranjo do *menu* influencia no tempo de busca e no número de erros cometidos.

Pesquisas experimentais descobriram que os usuários apresentam dois tipos de comportamento durante a busca (Cañas e Waerns, 2001). Em primeiro lugar, há uma busca rápida, quando se aceita ou recusa os itens que têm altas ou baixas probabilidades de acerto.

Se essa busca rápida fracassar, há uma segunda busca, mais detalhada e mais lenta. O tempo dessa busca é proporcional ao número de opções oferecidas no menu. Esse procedimento estaria relacionado com as informações previamente memorizadas. Em primeiro lugar, há uma decisão rápida, classificando-se a informação apresentada como familiar ou estranha. Em segundo lugar, quando não existir esse grau de certeza, ocorre um processo mais lento, quando se busca na memória a existência ou não dessa informação.

A busca começa com a formulação mental da palavra ou frase que representaria a ação pretendida. A primeira dificuldade está justamente nesse ponto. O usuário não encontra no menu aquela palavra ou frase que tinha imaginado. Em um experimento de laboratório, pediu-se a um grupo de pessoas que emitissem palavras para designar certas ações e conceitos (não objetos). Descobriu-se uma *coincidência* máxima de 18% das palavras para designar as mesmas coisas. Portanto, a probabilidade do usuário encontrar no menu exatamente aquela palavra ou frase que tinha imaginado é muito baixa, situando-se em torno de 20%. Assim, ele passa a explorar as outras opções apresentadas no menu e que tenham equivalência semântica com aquela que tinha imaginado.

O programador deve organizar as informações de modo a facilitar essa busca. Além disso, deve considerar também que há alta probabilidade de a escolha recair em uma opção errada. Quando isso ocorrer, é preciso prever mecanismos de correção ou retorno ao estado anterior.

AVALIAÇÃO DE *WEBSITES*

A avaliação de *websites* é realizada para determinar a facilidade de uso e a sua eficácia (atingir o objetivo) e eficiência (com rapidez). Essas avaliações podem ser realizadas durante o processo de desenvolvimento, utilizando-se um grupo de especialistas. Quando o projeto estiver terminado, pode ser submetido à avaliação de laboratório, com um grupo representativo do público-alvo.

Avaliação dos especialistas – Os especialistas podem examinar diversas características, como a adequação da forma e funções ao objetivo proposto. Podem examinar também outros aspectos, como a configuração das páginas, leiaute, títulos, uso de cores, apresentação das informações e navegação. Recomenda-se que essa avaliação seja realizada por três a cinco especialistas (cada um deles pode ter diferentes especializações). Um especialista é capaz de detectar cerca de 35% dos problemas de usabilidade, para que sejam corrigidos antes de entrar em operação.

Avaliação em laboratório – Em laboratório, trabalha-se com uma amostra representativa do *público-alvo*, em condições controladas, para observar certos desempenhos durante a execução de uma tarefa específica. Podem ser mensuradas diversas variáveis, como alcance dos objetivos, tentativas fracassadas, número de erros cometidos e tempo para completar a tarefa. Nesse caso, devem ser tomados todos os cuidados exigidos para os experimentos com seres humanos em laboratório (ver p. 38). Devem ser selecionados cerca de cinco pessoas representativas do público-alvo, que conseguem identificar 80% dos problemas de usabilidade. Aumentando-se esse número para oito a dez usuários, essas identificações podem chegar a 90% ou 95%.

Naturalmente, esses dois tipos de avaliações são realizados em condições simuladas e não substituem o teste definitivo, na prática, com os usuários reais. Estes podem incluir maior variedade de pessoas, entre elas as crianças (se for o caso), idosos e pessoas com deficiência (como os daltônicos). Com isso, pode-se chegar, finalmente, à identificação de 100% dos problemas de usabilidade (ou algo próximo disso).

14.6 INFORMAÇÃO NAS NOVAS MÍDIAS

As novas tecnologias, como o LED e controle por tato (*touch screen* e tecnologias hápticas), mudaram bastante a forma de apresentação das informações e controle de *displays*. Até recentemente, os sentidos visual e auditivo eram os mais utilizados, mas hoje há uma tendência para utilizar cada vez mais a percepção tátil. As chamadas tecnologias hápticas (de toque) baseiam-se no senso tátil para gerar informações baseadas nas forças, vibrações, movimentos e temperaturas.

Muitos produtos atuais já usam essas novas tecnologias, como os monitores planos, PDAs, *tablets*, *smartphones*, *e-books*, GPS, *displays* por controle tátil, por realidade virtual, por tecnologia háptica, *skinput* e outros (ver pp. 350-353). O projeto das interfaces com uso dessas tecnologias exige nova abordagem da interface humano-computador. A separação entre *dispositivos de informação* e os *dispositivos de controle* da era eletromecânica deixaram de existir na nova era da informática. Hoje, pode-se acionar diretamente sobre as informações apresentadas no mostrador.

CARACTERÍSTICAS DAS INTERFACES

O projeto da interface humano-computador com uso das tecnologias informatizadas deve apresentar certas características, para torná-la o mais natural possível e, em consequência, com menor índice de erros. Para isso, são apresentadas as seguintes recomendações de projeto.

Atender às expectativas – A interface deve ser compatível com as expectativas da maioria dos usuários, adequando-se ao modelo mental e estereótipos desses usuários.

Apresentar consistência – A interface precisa ser consistente, ou seja, para cada informação deve corresponder determinada ação, sempre da mesma forma. Isso serve para confirmar a expectativa do usuário e reduzir a probabilidade de erros.

Facilitar operação natural – Dar preferência à manipulação direta, ou seja, ao processamento e operações naturais e intuitivas. A tecnologia *touch screen* do *tablet* iPad teve grande sucesso por permitir ações análogas às naturais, como esticar os dedos na tela para ampliar uma figura, apertar diretamente um símbolo gráfico e acessar o que se deseja, puxar o canto inferior direito para passar à página seguinte, e assim por diante.

Fornecer feedbacks – A interface precisa dar retornos (*feedbacks*) imediatos e frequentes ao usuário, para que ele saiba o que está fazendo e para onde está indo.

Evitar sobrecargas – A interface precisa manter as exigências de memória de curta duração do usuário dentro dos limites aceitáveis, pois a sobrecarga pode provocar estresse, com aumento dos erros.

Permitir uso universal – A interface deve atender à ampla gama de usuários. Isso é especialmente importante porque as pessoas têm diferentes capacidades de memória e habilidades cognitivas. Em uma dada população, a amplitude (variância) das diferenças cognitivas é bem maior que aquela das variáveis motoras/biomecânicas.

A seguir, vamos examinar duas aplicações usuais dessas tecnologias, em telefones móveis e *tablets*.

TELEFONES MÓVEIS

O projeto de telefones operados por *touch screen* requer o conhecimento da posição dos dedos (principalmente os polegares) que vão acionar o dispositivo informacional. Os polegares podem alcançar quase totalmente a tela de um telefone pequeno, embora apenas a parte inferior do dispositivo seja alcançável com menos esforço. Por isso, geralmente é preferível que comandos de navegação, de ferramentas e todas as outras informações-chave sejam colocados nessa parte inferior.

Se o dispositivo for suportado por apenas uma mão (geralmente a direita, já que 90% da população é destra), a área mais acessível é o canto inferior esquerdo (oposto à mão que segura). Contudo, os usuários desses novos dispositivos geralmente usam ambas as mãos ou alternam o uso das mãos direita e esquerda. Desse modo, é desejável certa simetria e flexibilidade operacional, desde que os comandos situem-se na parte inferior.

As recomendações para o *design* de novos dispositivos *touch screen* são: a) posicionar controles manuais na parte inferior da tela; e b) colocar conteúdo/informação visual na parte superior. Isso difere das orientações para os *displays* visuais, que recomendam colocar essas informações no topo da tela, da esquerda para a direita, seguindo a forma tradicional de leitura na cultura ocidental. Nas telas dos telefones, os dedos tendem a cobrir a área inferior, e as informações de leitura devem ser colocadas acima dessa área. As informações visuais importantes mas que não devem ser facilmente tocadas (como o botão de edição, por exemplo) geralmente são colocadas no topo superior esquerdo (fácil de ver, mas difícil de ser acionado por engano).

O tamanho dos controles para dispositivos móveis varia com o tamanho do dispositivo, sendo recomendado o mínimo de 7 mm (44 pontos). Considerando a falta de espaço, uma solução de compromisso seria um botão de 44 x 30 em vez de 44 x 44 pontos, tomando-se o cuidado de se deixar um espaço maior entre os botões, para reduzir os acionamentos acidentais. Se não houver espaço suficiente entre os botões, deve-se aumentar os tamanhos deles.

TABLETS

As recomendações anteriores também se aplicam para dispositivos maiores (como *tablets*), apesar do seu manuseio diferir dos telefones. No caso de a pessoa estar de pé, o *tablet* é colocado próximo ao corpo, sendo suportado com uma mão enquanto é acionado pela outra. Quando sentados, muitos usuários colocam o *tablet* no colo (então a distância visual é maior) e digitam com as duas mãos.

Normalmente, o *tablet* é segurado na sua metade superior, e os polegares ficam no terço superior, próximos aos cantos da tela. Além disso, como a tela é maior que a do telefone, não se tem a visão total da tela de uma só vez. O foco da leitura geralmente situa-se no topo da tela, da esquerda para a direita, como ocorre com as telas de um computador convencional. Dessa forma, os principais controles e informações visuais deveriam ficar nessa área. No entanto, os botões (por exemplo, botões de navegação e para ações com um toque) devem ser colocados preferencialmente nas laterais da tela ou logo abaixo do conteúdo (por exemplo, controles de *browse*). Com isso, pode-se reduzir a interferência das mãos encobrindo essa área visual durante as operações.

Dispositivos táteis

O senso tátil está sendo cada vez mais utilizado para enviar informações, em complemento aos canais visual e auditivo. Ele é útil principalmente quando os olhos estão fixados na execução de outra tarefa (ou mesmo no escuro) ou em ambientes muito ruidosos, onde o som seria inaudível. Aplicações típicas ocorrem em *feedbacks* de instrumentos cirúrgicos e de navegação em operações militares. Tem-se utilizado também, cada vez mais, em telefones móveis para indicar chamadas.

Esse senso tátil apresenta diversas vantagens: a) a grande sensibilidade cutânea para capturar vibrações; b) grande superfície corporal disponível para receber informações – um adulto tem 1,8 a 2,0 m^2 de pele; c) o canal tátil ainda é pouco utilizado, apresentando um grande potencial; d) informações sigilosas podem ser transmitidas silenciosamente e "no escuro".

Sensibilidade às vibrações táteis

As vibrações ativam cinco tipos de receptores mecânicos presentes na pele humana. A sua sensibilidade depende da frequência, amplitude e duração dos estímulos vibratórios, e também da parte corporal atingida (Jones e Sarter, 2008).

A sensibilidade depende da densidade de inervação em cada parte do corpo. As partes do corpo mais sensíveis são a ponta dos dedos, antebraço, sola do pé e dedos do pé. Aquelas de menor sensibilidade são o quadril, testa, abdômen e barriga da perna. Para atingir essas áreas menos sensíveis, deverá haver um aumento da amplitude dos sinais. Experimentos realizados com diferentes frequências, entre 1 e 1.000 Hz, mostraram que a sensibilidade ótima ocorre nas frequências entre 150 e 300 Hz. As durações preferidas para os sinais táteis utilizados para alerta situam-se entre 50 e 200 ms. Durações maiores são consideradas irritantes.

As combinações de diferentes frequências, amplitudes e durações permitem produzir diferentes tipos de estímulos. Contudo, o organismo é capaz de distinguir apenas três a quatro diferentes combinações. No caso em que os estímulos táteis são usados como redundância, a fim de reforçar sinais visuais ou auditivos, esse número cresce para cinco a oito estímulos. Em vez de usar sinais de frequência constante, pode-se usar frequências crescentes para indicar urgência e decrescentes para indicar perigo.

14.7 Alarmes

Alarmes são informações que servem para chamar a atenção, indicando a ocorrência de uma situação crítica, emergencial ou perigosa. Eles podem ser direcionados para uma pessoa específica (consumidor do produto) ou à população em geral (sinais de trânsito). Podem ser atemporais (embalagens de produtos tóxicos) ou emergenciais (incêndio). No caso dos produtos, devem alertar os usuários sobre os cuidados para fazer uso correto deles para não danificá-los, bem como sobre os riscos potenciais contidos nos produtos.

Para que os alarmes sejam efetivos, é necessário transmitir a informação com o seu significado correto e bem perceptível. Além disso, devem ser "convincentes" para que o receptor realize a ação esperada. Deve-se evitar os falsos alarmes, pois isso pode levar ao descrédito do sistema. Nesse caso, quando ocorrer um perigo real, as pessoas podem achá-lo irrelevante, devido a esses falsos alarmes ocorridos no passado.

SALIÊNCIA DOS ALARMES

O primeiro requisito do alarme é que ele consiga atrair a atenção sobressaindo-se sobre os demais estímulos concorrentes do ambiente. Isso ocorre na etapa de pré-atenção, sendo retido na memória de curta duração durante três a seis segundos. Se a informação for considerada relevante, poderá levar às ações subsequentes.

No caso de alarmes visuais, a visibilidade poderá ser aumentada usando-se letras de traços largos, alto contraste, cores salientes, bordas, símbolos chamativos e efeitos especiais, como luzes piscando. A cor vermelha é a que se associa melhor ao perigo. Depois vem, em ordem decrescente, laranja e amarelo.

A visibilidade pode ser melhorada com a colocação de um símbolo para chamar a atenção. Esse símbolo deve ter traços simples, com significado concreto (evitar conceitos abstratos). O símbolo deve ser destinado também àquelas pessoas que não conseguem ler (crianças e analfabetos) e pessoas de outras línguas, que não entendem o texto escrito ou falado do alarme.

Os sinais de alarme devem localizar-se em posição de destaque, bem visível, o mais próximo possível da fonte de perigo e na altura dos olhos. Se for possível, devem ser colocados nas próprias máquinas e equipamentos que representam perigo. Os alarmes devem ser destacados em documentos que contêm grande número de informações, como bulas, manuais ou prospectos. Nesses casos, são mais lembrados quando aparecem logo no início do documento e, em segundo lugar, na parte final. Aqueles que ocupam posições intermediárias são mais facilmente esquecidos.

MENSAGENS EM ALARMES

As mensagens em alarmes destinam-se a transmitir os conteúdos desses alarmes, explicando o porquê de eles existirem e dando outras instruções. Essas mensagens devem ter quatro componentes (Wagalter, Conzola e Smith-Jackson, 2002).

Título – Uma palavra ou símbolo (ou ambos) para chamar a atenção. As palavras mais usadas são: Atenção (*Notice*), Cuidado (*Caution*), Alerta (*Warning*) e Perigo (*Danger*), com a noção de gravidade crescendo nessa ordem. Em muitos casos, são substituídos por desenhos, que podem ter caráter mais universal.

Descrição – Conteúdo do aviso que se pretende dar, do tipo: produto tóxico, curva perigosa, animais na pista.

Possíveis consequências – Explicação sobre as razões do alarme e suas possíveis consequências, do tipo: pode causar surdez, é cancerígeno.

Instruções preventivas – As instruções devem descrever as ações que levem a um comportamento seguro. Exemplos: use máscara contra gases, verifique os freios, reduza a velocidade.

As mensagens podem ser organizadas em forma de etiquetas de alarme, geralmente compostas de duas partes (Figura 14.15). Na parte superior, há uma palavra ou um símbolo (ou ambos) para atrair a atenção. Na parte inferior, a descrição do alarme. Depois, vêm as possíveis consequências e as instruções de como evitá-las. Contudo, esses textos não devem ser longos. Se as consequências forem bem evidentes, não será necessário explicitá-los.

Figura 14.15
Exemplos de alarmes visuais (Wogalter, Conzola e Smith-Jackson, 2002).

ALARME SONORO

O alarme sonoro tem a vantagem de propagar-se em todas as direções, principalmente nos casos emergenciais. Aqueles de natureza não verbal (buzina, sirene) podem ser usados em casos de emergência. Em geral, eliciam respostas mais rápidas que os alarmes visuais. Eles podem diferenciar-se pelas características sonoras (frequências, intensidades) e pelo ritmo. Para advertir motoristas que trafegam na contramão, as frequências mais audíveis situam-se entre 750 e 1.000 Hz, com pulsações de 6 Hz e intensidade 10 dB acima do ruído ambiental, de modo a evitar o mascaramento (confusão com outros ruídos ambientais).

O alarme multicanal (sonoro, visual, háptico) leva a um desempenho superior do que aqueles estímulos apresentados isoladamente. Quando a mesma informação chegar à memória por dois ou mais canais sensoriais, há uma melhor percepção do alarme, e o receptor pode dar-lhe prioridade.

Se o volume de informações for muito grande, o alarme sonoro pode remeter ao exame de um documento visual, facilmente acessível e contendo os detalhes necessários.

Princípios sobre alarmes

As principais recomendações para projeto e aplicação dos alarmes podem ser resumidas nos seguintes princípios.

Princípio 1: Conteúdo conciso e completo – Os alarmes devem ser concisos e completos, na medida do possível. Esses dois requisitos podem parecer antagônicos entre si, mas indicam que só devem ser selecionadas aquelas informações mais importantes. As pessoas não leem informações muito longas ou detalhadas e têm dificuldade de separar aquilo que é importante daquilo que é secundário.

Princípio 2: Priorização – A priorização indica os procedimentos a serem adotados no caso de eventos múltiplos. Isso inclui critérios de inclusão/exclusão, sequência de atendimento e ênfase relativa a cada evento. Eles se baseiam na severidade ou impacto provável de cada evento (quantidade de pessoas atingidas, prejuízos materiais) e na eficácia da intervenção (que tipo de ação produz melhores efeitos).

Princípio 3: Adequação ao receptor – Um alarme só se torna efetivo se for corretamente captado e entendido pelo receptor. Isso significa que deve ser adequado para cada pessoa, produto ou situação de uso. Em alguns casos, isso pode incluir pessoas com poucas experiências ou baixas habilidades, inclusive idosas ou com deficiência.

Princípio 4: Durabilidade – Os alarmes devem ter durabilidades compatíveis com a vida útil do produto ou serviço. Em alguns casos, não é suficiente colocar os alarmes nas embalagens (são descartados) ou manuais (são perdidos). Em casos críticos, devem ser impressos nos próprios produtos e, se possível, junto aos pontos perigosos de uso ou manuseio.

Princípio 5: Avaliação – Os alarmes devem se avaliados por um grupo representativo do público-alvo. Essas avaliações devem visar principalmente a dois aspectos: a) correta compreensão do alarme; b) credibilidade da informação, de acordo com as experiências, crenças e atitudes de cada um. Essas duas qualidades visam motivar as pessoas a adotarem um comportamento seguro ou agir corretamente diante de uma emergência.

Em resumo, o projeto de alarmes deve ser incluído como parte do projeto de sistemas de produtos ou serviços. O investimento neles tem produzido resultados de custo/benefício significativo, ao contribuir para reduzir erros, acidentes e doenças.

14.8 ESTUDO DE CASO – SINALIZAÇÕES EM SERVIÇOS DE SAÚDE[1]

As sinalizações de locais públicos tem a importante função de informar e direcionar corretamente as pessoas. Contudo, alguns são de difícil compreensão porque utilizam ícones complexos e diferentes aplicações de letras e números. Outros problemas relacionam-se com falta de legibilidade, colocação em locais de difícil visualização e iluminações deficientes.

As sinalizações em serviços de saúde são amplamente utilizadas em todo o mundo para comunicar-se com pessoas de diferentes línguas e culturas. Cerca de 70% dos usuários tem dificuldade de identificar corretamente esses sinais visuais (Rousek e Hallbeck, 2011). O tamanho muito pequeno é mencionado por 60% dos usuários, 38% apresentam dificuldade de compreender seus significados, 38% reclamam de iluminamento inadequado, 36% sobre o posicionamento em locais de difícil visualização. Entre esses, destacam-se 18% que consideram os letreiros muito pequenos, falta de contraste figura/fundo (10%) e posicionamento muito alto (8%).

Pesquisa – Realizou-se uma pesquisa para avaliar a compreensão, legibilidade e preferências pessoais dos ícones em serviços de saúde (Rousek e Hallbeck, 2011). Foram selecionados diversos ícones utilizados em diferentes países e cada um deles foi colocado em uma prancha de papel, em preto/branco, no tamanho 15 × 15 cm. Os sujeitos deveriam olhar os ícones, um a um, em ordem aleatória, e identificar os significados dos mesmos. Outros ícones foram preparados em cores, também em 15 × 15 cm para testar as preferências das cores. Todos os sujeitos participaram de três rodadas de questionários por escrito e uma rodada de entrevista verbal, para se identificar as preferências pelas cores.

Sujeitos – Foram selecionadas cinquenta pessoas (25 homens e 25 mulheres) para realizar a pesquisa. Esses participantes tinham idade entre dezoito e trinta anos, e estatura entre 164,8 a 180,3 cm. Todos eram aparentemente saudáveis, nenhuma apresentava problemas visuais e concordaram em participar dos experimentos.

Questionário 1

Para o primeiro questionário foram utilizados catorze ícones (Figura 14.16). Cada sujeito deveria indicar o nome do setor de saúde correspondente. Não foi fornecida nenhuma lista prévia desses setores. O participante poderia indicar mais de um significado para cada ícone.

Os resultados obtidos podem ser vistos na Figura 14.17. Observa-se que apenas seis deles (42%) atingiram o mínimo exigido pela norma ISO (67%) e apenas quatro deles (28%) foram superiores aos 85% exigidos pela norma ANSI. Não se constataram diferenças entre os sexos.

---

[1] Baseado em ROUSEK, J. B.; HALLBECK, M. S., 2011

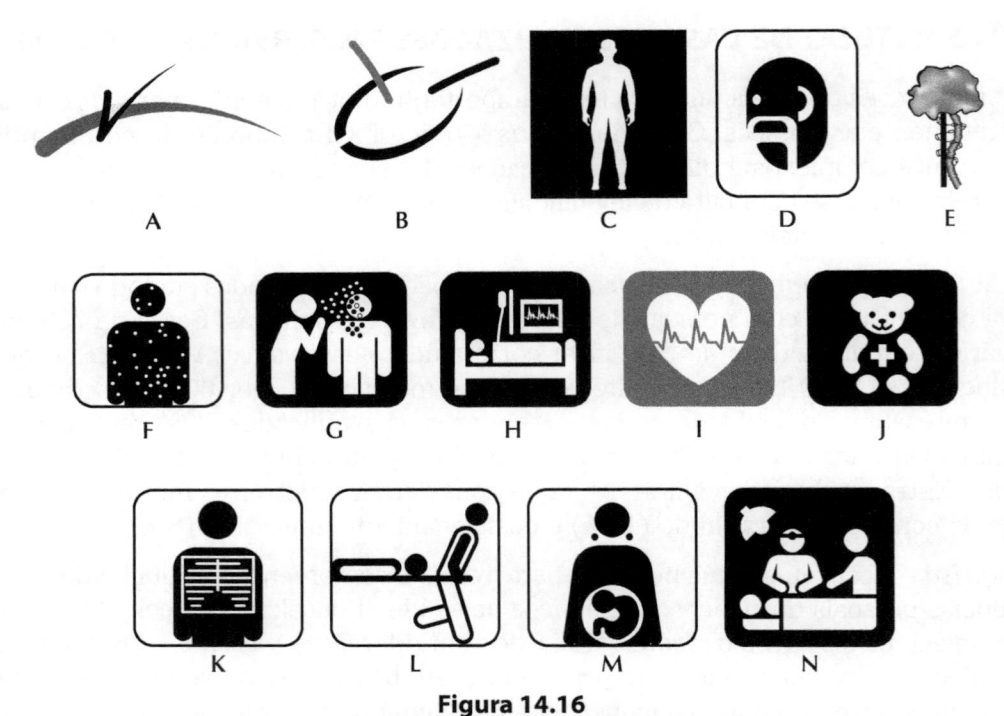

Figura 14.16
Conjunto de catorze ícones utilizados no Questionário 1 da pesquisa
A – Cirurgia I; B – Urologia I; C – Oncologia; D – Otorrino; E – Ortopedia I; F – Dermatologia;
G – Doenças Infecciosas; H – UTI; I – Cardiologia; J – Pediatria; K – Radiologia I; L – Pronto-socorro;
M – Ginecologia; N – Cirurgia II (Rousek e Hallbeck, 2011).

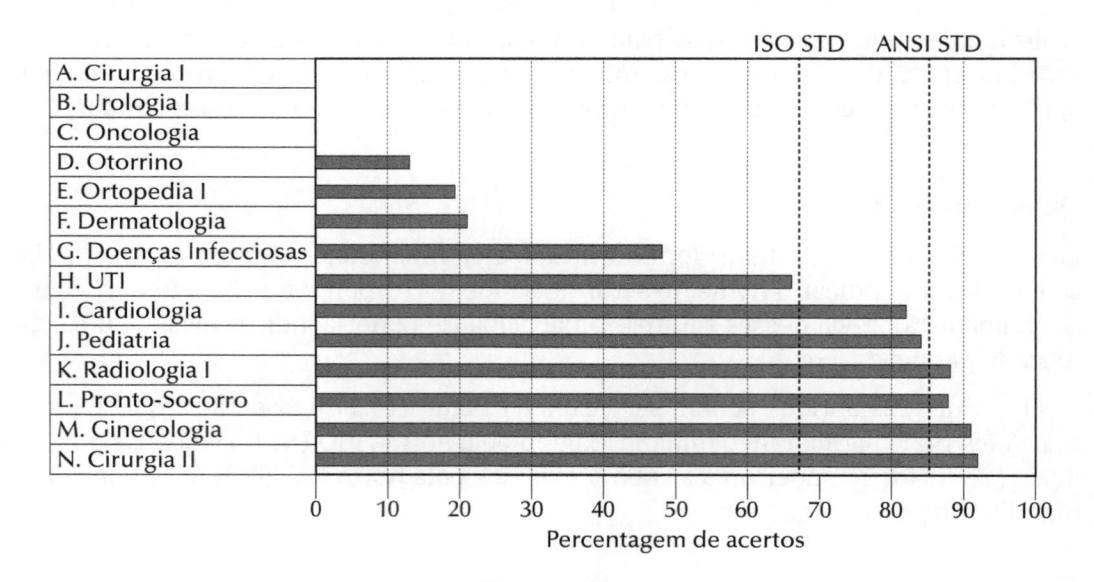

Figura 14.17
Acertos percentuais dos significados dos ícones apresentados no Questionário 1, em relação aos padrões
ISO (67%) e ANSI (85%) (Rousek e Hallbeck, 2011).

Questionário 2

No segundo questionário foram utilizados trinta ícones. A Figura 14.18 mostra 21 deles. Foram acrescidos mais seis, retirados do primeiro questionário, e três foram omitidos porque apresentam muita semelhança com os demais, resultando 27 ícones. Em cada prancha foram colocados nomes de doze diferentes departamentos de saúde e o participante deveria indicar aquele correspondente ao desenho do respectivo ícone. No caso de não se identificar nenhum desses doze nomes, o participante poderia acrescentar outro nome por escrito.

Os resultados podem ser vistos na Figura 14.19. Constatou-se que dez ícones não atingem a meta de 67% de identificações corretas, cinco ficam na faixa entre 67% e 85% e doze ícones (44,4%) foram identificados corretamente por mais de 85% dos participantes. Os resultados, em relação ao Questionário 1, foram superiores. Isso se explica pelo efeito da aprendizagem e pela apresentação simultânea da lista de doze departamentos.

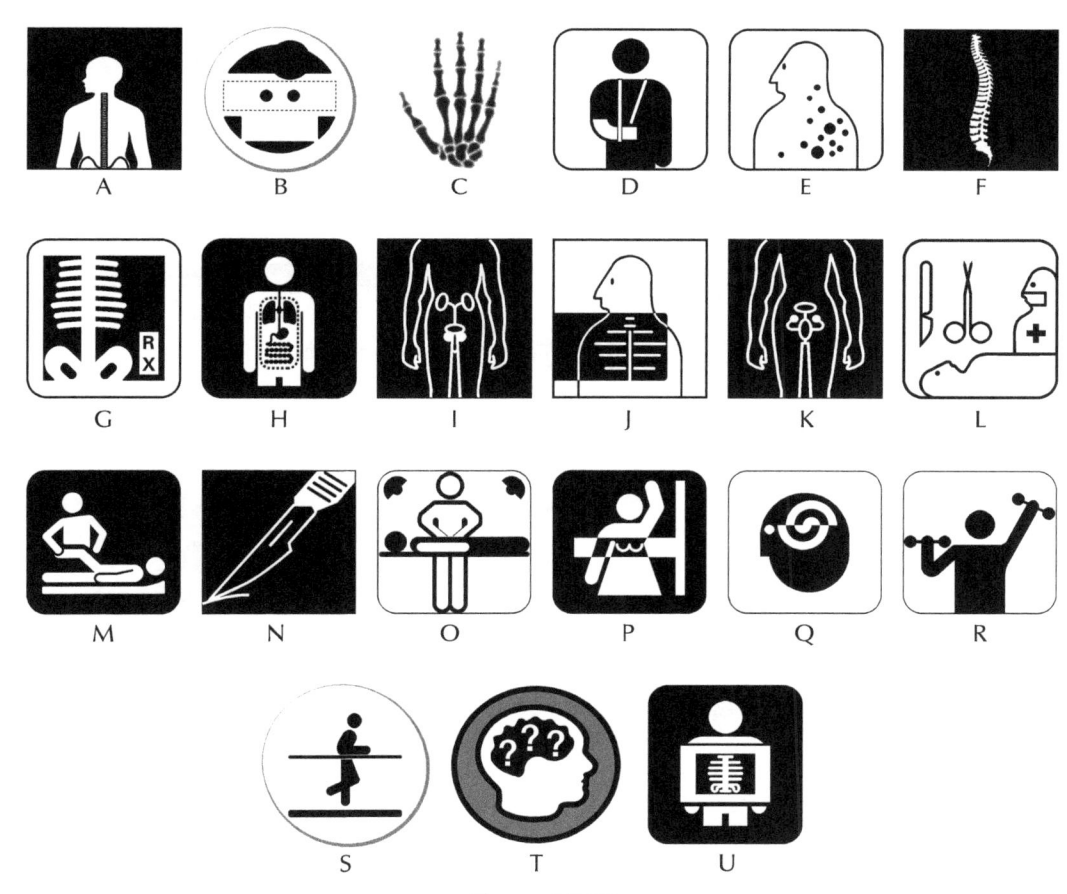

Figura 14.18
Conjunto de 21 ícones utilizados no Questionário 2 da pesquisa.
A – Clínica Médica; B – Cirurgia III; C – Radiologia II; D – Ortopedia II; E – Dermatologia II; F – Ortopedia III;
G – Radiologia III; H – Clínica Médica II; I – Urologia II; J – Radiologia IV; K – Ginecologia; L – Cirurgia IV;
M – Fisioterapia I; N – Cirurgia V; O – Cirurgia VI; P – Mamografia; Q – Psiquiatria; R – Fisioterapia II;
S – Fisioterapia III; T – Psiquiatria II; U – Radiologia V. (Rousek e Hallbeck, 2011).

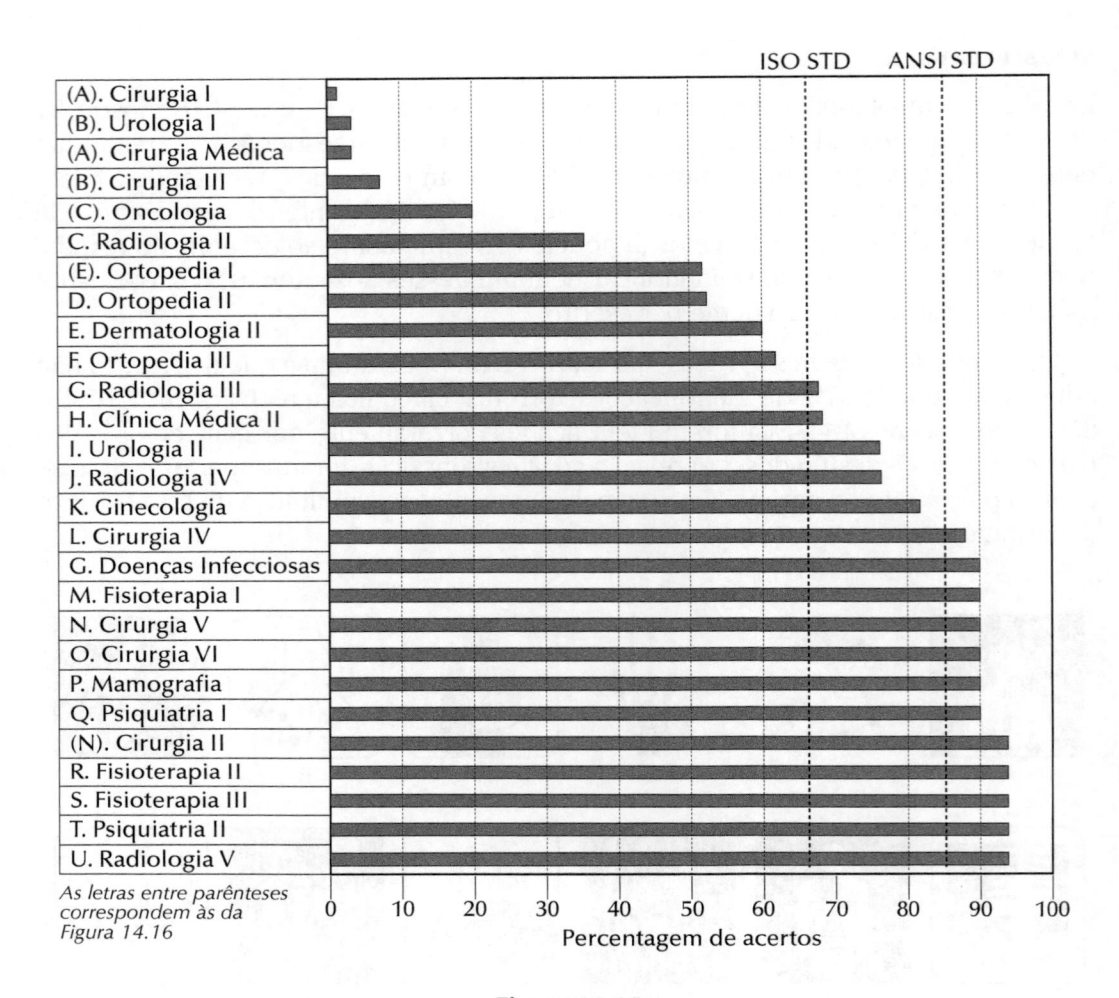

Figura 14.19
Acertos percentuais dos significados dos ícones apresentados no Questionário 2, em relação aos padrões
ISO (67%) e ANSI (85%) (Rousek e Hallbeck, 2011).

Questionário 3

No terceiro questionário foram colocados dezoito ícones representando Farmácia. A
Figura 14.20 mostra doze deles, incluindo-se os seis de maior preferência e os seis
de menor preferência. Os participantes deveriam escolher três ícones considerados
mais representativos, indicando um deles como o melhor.

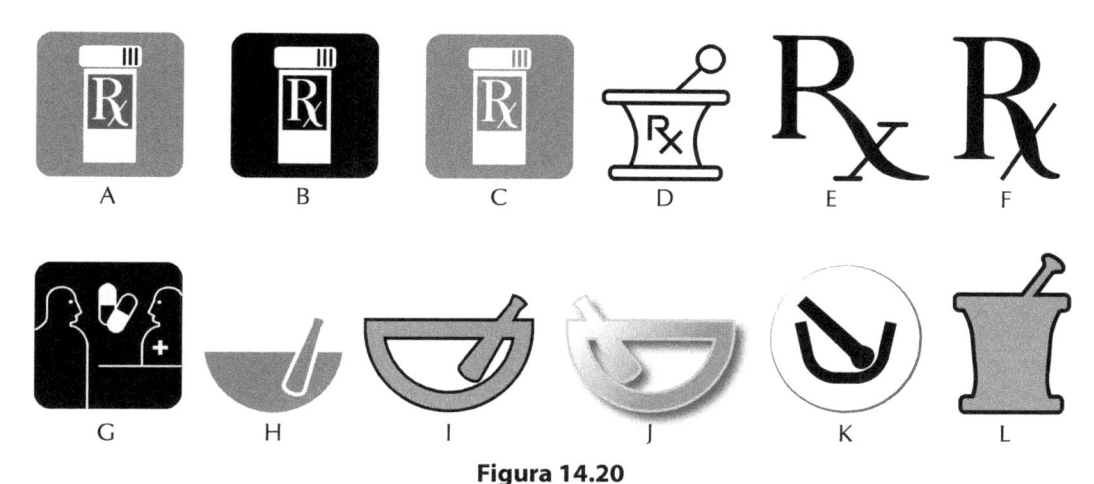

Figura 14.20
Ícones para representar Farmácia (no original, aparecem em cores), colocados em ordem decrescente de preferência (Rousek e Hallbeck, 2011).

Principais resultados – Foram realizadas análises dos três questionários e das entrevistas verbais. Além disso, os sujeitos foram submetidos a outros testes, incluindo: preferências por cores e contrastes e as visões deformadas, provocadas por cinco anomalias visuais (catarata, glaucoma, degeneração macular, retinopatia diabética e hemianopsia). Os principais resultados encontrados são apresentados, resumidamente, nos tópicos abaixo.

Símbolos abstratos – Símbolos abstratos podem ser mais estéticos, mas dificultam a compreensão. O desenho da figura humana, com clara indicação do procedimento médico correspondente, aumenta a compreensão. Isso pode ser constatado comparando-se os ícones A (Cirurgia I) e N (Cirurgia II) da Figura 14.16. Ambos representam Cirurgia. O primeiro teve acerto de 0%, e o outro, de 94%. O ícone A representa um simples corte, em arco, e as pessoas não conseguem associá-lo a uma operação no ser humano. Esse ícone mostrou-se incompreensível, a não ser que seja complementado com algum texto explicativo. Outros casos analisados comprovam que as abstrações, quanto mais afastadas da realidade, tendem a dificultar as identificações corretas.

Símbolos simplificados – A simplificação exagerada produz baixa compreensão e tende a aumentar a confusão. Por exemplo, na Figura 14.18, os ícones A (Clínica Médica), B (Cirurgia III) e D (Ortopedia II) produziram acertos de 4%, 8% e 52%, respectivamente. O ícone D mostra um braço engessado, apoiado com tipoia. Ele pretende representar Ortopedia, mas foi confundido, em quase 50% dos casos, com serviços de Reabilitação. Portanto, os ícones devem representar a parte do corpo envolvida e o procedimento médico correspondente.

Símbolos conservadores – Alguns ícones relacionados com a história ou antiguidade são de difícil reconhecimento. Por exemplo, na Figura 14.16, o ícone E (Ortopedia) mostra uma coluna vertebral apoiada em uma árvore, baseando-se em uma ilustração de Andry, do século XVIII. Contudo, a maioria não conhece essa história e apenas 18% o associaram corretamente com a Ortopedia. Da mesma forma, os ícones H, I, J, K e L da Figura 14.20, usando um pilão para representar Farmácia, tiveram baixo grau de reconhecimento, pois evocam o tempo em que os medicamentos eram manipulados pelos boticários.

Tipografia – Os serviços hospitalares recebem uma clientela muito diversificada, com diferentes níveis de habilidades físicas e mentais. Desse modo, é importante usar um vocabulário compreensível e tipografia legível para a maioria das pessoas. Pode-se melhorar a legibilidade com uso de maiúsculas e minúsculas, tipo com serifa e traços grossos (*bold*). Os caracteres devem ser grandes, mas dependem da distância de leitura e do nível de iluminamento. Variações desse tamanho, no mesmo painel podem ser interessantes para atrair a atenção. Contudo, a compactação dos caracteres exige mais esforço visual. Os estilos e palavras diferenciadas são justificados apenas para os sinais de alarme.

Cores – O uso de cores produz diversos efeitos, influenciando a legibilidade, compreensão e atração visual. Em geral, recomenda-se uso de duas cores diferentes para contrastar figura/fundo. Os melhores resultados foram conseguidos com a combinação vermelha/preta/branca. No caso de alarmes, a vermelha atrai mais a atenção que aqueles em preto. Contudo, algumas combinações de cores são prejudiciais, como a vermelha/azul, que provoca vibrações, porque essas cores ocupam posições opostas no círculo das cores visíveis. Existem algumas normas, como a ISO 3864-1, que recomendam uso universal de certas cores, como o verde para *permissão, segurança* e *equipamentos de segurança,* e o vermelho para *proibição.*

Padronização dos símbolos – Muitos ícones são dúbios e permitem falsas interpretações. Por exemplo, o ícone D (Otorrinolaringologia) da Figura 14.16 pretende representar o olho, o ouvido e a garganta da face humana, com acerto de apenas 12%. O desenho da garganta foi confundido com uma cama, e o olho e ouvido, com estrela e lua. Desse modo, muitos participantes identificaram-no como *quarto*. Provavelmente, essa confusão poderia ser reduzida se essa figura fosse apresentada dentro de um contexto, compondo uma *família* de pictogramas, com desenhos padronizados, como acontece, por exemplo, na representação das diferentes modalidades esportivas em um jogo olímpico.

Conclusões – Essa pesquisa demonstra que a compreensão dos símbolos aumenta quando se caminha do abstrato para o figurativo. No caso de serviços de saúde, recomenda-se e presença da figura humana ou de partes do corpo, correspondendo ao procedimento médico que se quer representar. Contudo, detalhes excessivos tendem a dificultar e confundir as identificações. Desse modo, o projetista deve buscar um equilíbrio adequado entre simplicidade e complexidade que tem grande influência nos resultados.

QUESTÕES

1. Quando se recomendam menus visuais ou auditivos?

2. Que fatores influem na compreensão da mensagem?

3. O que você entende por hierarquia entre as tarefas visuais?

4. Qual é a importância das regras do *Gestalt* para organizar as informações?

5. Como se pode melhorar a legibilidade e o conforto do texto escrito?

6. Como se deve desenvolver os ícones?

7. Compare os desempenhos dos mostradores analógicos e digitais.

8. Como se pode facilitar as buscas na tela?

9. Quais são as principais recomendações para o projeto de *websites*?

10. Quais são as principais características dos alarmes?

EXERCÍCIOS

1. Escolha algum mostrador que você conhece. Classifique-o por tipo e analise a sua legibilidade. Apresente sugestões para a sua melhoria.

2. Faça a análise de um controle remoto quanto aos ícones empregados, legibilidade, aplicações das regras do *Gestalt* e dos estereótipos.

3. Selecione dez símbolos da Figura 14.10. Imprima cada um deles sem a legenda. Peça para amigos ou familiares dizerem o que significa cada um deles.

    a) Avalie se as respostas foram semelhantes.

    b) Identifique quais dos símbolos tiveram maior acerto e quais tiveram menor acerto.

4. Pegue o seu telefone celular com o manual de instrução e peça para familiares programarem para despertar em um minuto:

    a) Alguém leu o manual? Se alguém não leu, por quê?

    b) Avalie se eles atingiram o objetivo e quanto tempo levaram para tal.

    c) Pergunte a cada um deles se tiveram alguma dificuldade e por quê. As dificuldades foram as mesmas?

    d) Aqueles que leram o manual tiveram maior dificuldade em entender o manual ou operar o telephone?

    e) Se algum deles não atingiu o objetivo, qual a razão?

    f) Você identificou alguma variável independente (por exemplo, sexo, idade, grau de instrução etc.) que tenha interferido nos resultados?

15 SEGURANÇA NO TRABALHO

OBJETIVOS

A segurança no trabalho é um assunto da maior importância, que não interessa apenas aos trabalhadores, mas também às empresas e à sociedade em geral. Sempre que um trabalhador for acidentado, há sofrimentos pessoais e da família. Provoca despesas à empresa, ao sistema de saúde e à previdência.

Na análise dos acidentes, muito já se conhece sobre as falhas mecânicas e dos materiais. As engenharias já dispõem de várias técnicas para dimensionar máquinas e materiais, de acordo com as resistências e solicitações requeridas. Por outro lado, muitos acidentes têm sido atribuídos a *falhas humanas*. As descrições dessas falhas geralmente recaem nas categorias de desatenção, negligências, sono, alcoolismo e outras deficiências do ser humano. Contudo, a ergonomia tem adotado uma visão mais abrangente. Ela estuda principalmente as interações no sistema humano-máquina-ambiente para descobrir, analisar e corrigir preventivamente as possíveis falhas desse sistema, visando minimizar a ocorrência dos acidentes.

Neste capítulo será estudado o "erro humano" como causador dos acidentes e as formas de tornar os sistemas mais seguros. A prevenção de acidentes deve ser objeto de contínua preocupação de todas as empresas e da sociedade em geral.

TÓPICOS

- Erro humano
- Violação
- Confiabilidade
- Incidentes críticos
- Homeostase do risco
- Dominó do acidente
- Teoria do queijo suíço
- Árvore de falhas
- Modelo epidemiológico
- Resiliência
- Construção de barreiras
- Pontos perigosos
- Quedas
- Programa de segurança
- Práticas seguras

15.1 O ERRO HUMANO

Erro é uma falha em produzir um resultado *desejável* e contribui para produzir uma consequência *indesejável*. Esse conceito depende de critérios para definir aquilo que é considerado "desejável" e "indesejável". Por exemplo, no futebol, a consequência desejável de um chute em direção à meta é o gol, e a consequência indesejável é a derrota do time. Contudo, em outras áreas, esse limite entre o desejável e o indesejável nem sempre fica claramente estabelecido e podem surgir dúvidas sobre a ocorrência ou não de erros.

A abordagem do erro humano tem sofrido mudanças na medida em que se compreende melhor o comportamento do sistema humano-máquina-ambiente. Atualmente, existem modelos que permitem analisá-lo melhor, para se prever o desempenho futuro de sistemas em que haja participação humana.

Muitos acidentes costumam ser atribuídos ao erro humano ou ao fator humano. Quando se fala em erro humano, geralmente se refere a uma desatenção ou negligência do trabalhador. Veremos aqui que isso não é tão simples assim. Para que essa desatenção ou negligência resulte em acidente, houve uma série de decisões anteriores que criaram as condições para que isso acontecesse. Se essas decisões tivessem sido diferentes, essa mesma desatenção ou negligência poderia não ter resultado em acidente.

A NATUREZA DO ERRO HUMANO

Erro humano é um ato involuntário que se desvia (sem querer) daquele padrão normal ou resultado pretendido e decorre naturalmente da variabilidade do comportamento humano. Por exemplo, um digitador que escreve *catra* quando pretendia escrever *carta*. O erro geralmente recai nos domínios da percepção, processamentos humanos das informações, tomada de decisões ou interações inadequadas com o sistema.

Até mesmo os trabalhadores muito experientes ou aqueles que executam tarefas simples e repetitivas apresentam certas variações de comportamentos, que podem resultar em erros. Para cada tipo de tarefa existe uma determinada faixa de variação que é considerada aceitável e está dentro do limite de segurança. Entretanto, quando elas começam a ultrapassar certos limites, pode-se considerar que há alguma anormalidade, aumentando os riscos de acidentes.

Existem duas situações em que essa variação de comportamento é considerada um erro e, portanto, indesejável. Uma delas é por "excesso", quando a *intensidade* da variação for muito grande, colocando-a fora de uma faixa considerada normal ou aceitável. A outra é por "falta", quando essa variação ou movimento não for suficiente para *acompanhar* mudanças exigidas pela tarefa ou ambiente. É como se um motorista não conseguisse acompanhar a curva de uma estrada.

A variação normal do comportamento humano é causada por fatores internos do organismo e pode provocar consequências externas, como a quebra de uma máquina. Muitas vezes é difícil estabelecer essa relação entre o funcionamento *interno* do organismo humano, que não é observável facilmente, e as suas consequências *externas*. Como exemplos desse funcionamento podem ser incluídos a percepção de um sinal, as decisões exigidas pela tarefa, falha da memória ou do entendimento do sistema ou até a presença de fatos estranhos que provocam desvios de atenção.

Esses elementos podem ser deduzidos a partir da análise das características da tarefa e da situação de trabalho em que foi constatado o erro. Um modelo desse tipo é o que analisa as causas das falhas em três níveis possíveis: no sistema sensorial; no sistema nervoso central; e no sistema motor. Em cada um desses níveis podem ocorrer desvios que contribuem para causar acidentes. Esses desvios já foram apresentados nas pp. 493-494.

O erro humano resulta, portanto, de interações que não atendam a determinados padrões esperados no sistema humano-trabalho-ambiente. Isso significa dizer que podem ocorrer mudanças na tarefa, máquina ou ambiente que se desviem de determinados padrões esperados. Essas mudanças podem ocorrer no próprio ser humano, devido à má compreensão do sistema, problemas de percepção sobre o sistema, desatenção ou distração momentânea. Nessas situações, o ser humano deve tomar certas decisões e realizar ações que podem resultar ou não em acidente.

TIPOS DE ERROS HUMANOS

Existem muitos tipos de erros humanos. Aqueles mais comuns são ocasionados por erros de percepção ou quando as ações humanas não produzem o efeito desejado (ver Capítulo 13). Há também casos de ações certas, mas que são executadas no tempo errado, ou ações que são omitidas ou acrescidas sem necessidade. Há diversas classificações de erros humanos, mas uma bastante aceita é a de Wickens (1984), que os relaciona com o nível de atuação do sistema humano (Figura 15.1).

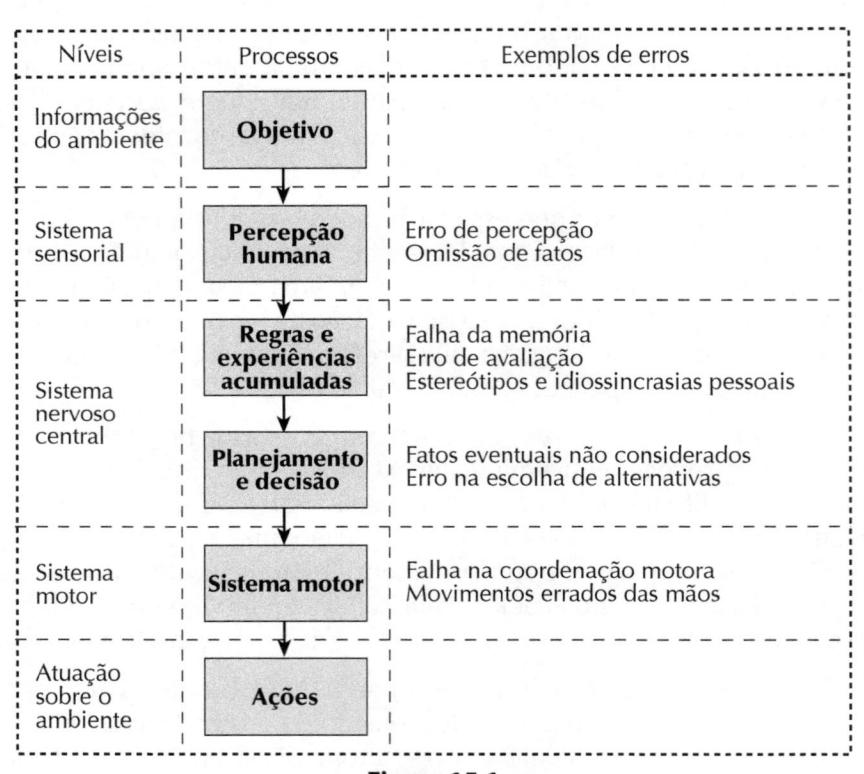

Figura 15.1
Exemplos de erros humanos que ocorrem em diversos níveis de percepção e processamento de informações.

Erros de percepção – São erros devidos aos órgãos sensoriais, como falha em perceber um sinal, identificar incorretamente uma informação e outros.

Erros de decisão – São aqueles que ocorrem durante o processamento das informações pelo sistema nervoso central, como erros de lógica, avaliações incorretas, escolha de alternativas erradas e outros.

Erros de ação – São erros que dependem de ações musculares, como movimentos incorretos, posicionamentos errados, trocas de controles, força exagerada, força insuficiente ou demora na ação.

Existem muitas condições que podem agravar os erros no ambiente de trabalho. Entre estas podem-se citar a falta de treinamento, instruções erradas, fadiga, monotonia, estresse, posto de trabalho deficiente, má iluminação, organização inadequada do trabalho e outros. A correção ou eliminação dessas condições contribui para a construção de uma barreira à ocorrência de erros.

ANÁLISE DOS ERROS

Nem sempre é fácil identificar e caracterizar os erros, porque o julgamento do que é certo ou errado envolve certo grau de subjetividade. O que é errado para uns pode ser certo para outros, dependendo dos critérios pessoais ou institucionais. Além disso, nem todos os erros produzem consequências danosas, como normalmente se supõe.

O julgamento do erro humano – Para que um comportamento humano insatisfatório seja classificado como um erro humano é necessário haver um julgamento. Esse *julgamento* é feito, em primeiro lugar, pela própria pessoa que realiza a ação. Essa pessoa quase sempre é capaz de perceber que errou, desde que o objetivo daquilo que era pretendido e as faixas de tolerância sejam claramente definidos com antecedência e que haja um sistema de realimentação para informá-la sobre o resultado da ação.

Contudo, esse julgamento pode ser feito também por outras pessoas, como chefes, supervisores e certos tipos de "profissionais" do julgamento, como inspetores de qualidade, inspetores de segurança, investigadores de seguros ou juízes. Nesse caso, em geral, há um lapso de tempo entre a ação e o julgamento, e os resultados dependem de uma reconstrução analítica. Esses resultados apresentados por terceiros nem sempre coincidem com as apreciações do próprio trabalhador. As divergências podem aumentar ou diminuir em função do tempo decorrido entre a ação e o respectivo julgamento.

Enfoque analítico – Até recentemente, os acidentes eram registrados como fatos isolados, sem maiores considerações sobre o processo de trabalho e as condições onde ocorriam. Nos últimos anos, tem-se dado maior ênfase ao enfoque analítico do acidente, com uso de métodos semelhantes aos que eram usados para investigar as falhas do sistema técnico. Isso ocorreu a partir da aceitação da ideia de que o acidente é uma consequência de *desvios* em relação àquilo que seria considerado um resultado normal, aceitável ou bem-sucedido. Assim, nos registros de acidentes, solicita-se a descrição das *condições reais* encontradas, e não apenas daquilo que "deveria" ter ocorrido.

Comparadas com as simples estatísticas de acidentes, essas análises aumentam a compreensão sobre os mecanismos do acidente e facilitam a tomada de providências para se sanar os desvios constatados. Assim, recomenda-se que as descrições de erros ou acidentes não sejam apresentadas simplesmente como fatos isolados, mas complementadas com a descrição das *circunstâncias* que causaram os desvios, em comparação com aquilo que seria normalmente esperado.

FREQUÊNCIA DE ERROS

A frequência de erros depende do funcionamento da interface humano-trabalho-ambiente. Se o ser humano for capaz de identificar imediatamente os desvios nesta interface, ele poderá adotar ações corretivas, diminuindo a frequência dos erros. Portanto, os erros dependem da facilidade de percepção das condições anormais e da reversibilidade do sistema. Essa reversibilidade depende da dinâmica e da complexidade do sistema, sendo mais fácil, naturalmente, quando há uma resposta (*feedback*) direta e linear do sistema.

Isso quer dizer que os erros humanos não podem ser estudados isoladamente das condições onde ocorrem. Se as características da tarefa e do ambiente forem organizadas de modo que as pessoas possam detectar e corrigir imediatamente uma situação anormal, a frequência dos erros tende a diminuir. Em muitos casos, principalmente nos sistemas complexos, não há coincidência entre aqueles que percebem o erro e aqueles que devem acionar as medidas corretivas. Esse problema pode ser resolvido com o projeto e operações adequadas desses sistemas.

PREVENÇÃO DE ERROS

Existem diversas formas para prevenir erros humanos. Uma delas é substituir o ser humano pela máquina, principalmente em tarefas simples e repetitivas ou que exijam grandes forças e posturas incômodas. Contudo, deve-se observar que as máquinas erram menos, mas dificilmente corrigem os seus próprios erros, enquanto o ser humano é mais sensível a isso, principalmente na percepção dos eventos raros, assistemáticos ou inéditos.

A aplicação dos conhecimentos ergonômicos no aperfeiçoamento de mostradores, controles, postos de trabalho e outros dispositivos contribui claramente para a redução dos erros. Desse modo, as máquinas devem ser construídas de modo que só funcionem quando todos os procedimentos de segurança tenham sido adotados. Por exemplo, trens e elevadores que só se movimentam com as portas fechadas, ou uma caixa de chave elétrica que só se abre quando a energia estiver desativada. Existem também eletrodomésticos, como fornos e lavadoras, que só funcionam com as portas fechadas. Certos dispositivos incluídos na própria máquina também podem reduzir os erros e acidentes. Os erros de digitação de teclados podem ser reduzidos se houver um tempo mínimo de 20 a 30 ms entre dois acionamentos sucessivos. É o caso também de veículos que tenham um limite superior de velocidade.

A seleção, treinamento e supervisão adequados do operador também contribuem na redução de erros. Naturalmente, um operador treinado e motivado, que execute o trabalho com satisfação, com um ritmo adequado, sem estresse, cometerá menos erros.

TOLERÂNCIA AO ERRO

Comparando-se trabalhadores novatos com aqueles experientes, observou-se que ambos cometem erros. Muitas vezes, os experientes cometem até mais erros. Entretanto, há uma grande diferença entre eles quando se trata de corrigir os erros. Os experientes são sempre mais rápidos na percepção e na correção dos erros.

Portanto, no projeto de sistemas, não é suficiente preocupar-se apenas com a prevenção dos erros. É necessário que esses erros se tornem facilmente detectáveis (visíveis) e *corrigíveis*. Mais que isso, que as consequências indesejáveis do erro sejam minimizadas. Por exemplo, se o motor do carro já estiver funcionando e um motorista distraído acionar novamente a chave de ignição, isso não deve provocar nenhuma consequência danosa sobre o motor. Esse tipo de sistema chama-se *tolerante a erros*. Desse modo, o projetista de sistemas deve considerar que certos erros serão praticados, tanto pelos aprendizes como pelos experientes. Além disso, ele pode listar os possíveis erros e trabalhar ativamente para detectá-los e corrigi-los. O importante é que os erros, quando cometidos, possam ser imediatamente percebidos e facilmente revertidos, sem produzir efeitos danosos.

VIOLAÇÕES

Violações são procedimentos que se desviam deliberadamente das ações consideradas normais ou esperadas. Diferem dos erros porque são atos *deliberados* (querendo), com desvio consciente (dependem de decisão) da ação segura ou norma estabelecida. A violação ocorre no contexto social e envolve fatores cognitivos e motivacionais, levando a pessoa a ultrapassar intencionalmente os procedimentos normais ou seguros. Em ambientes de trabalho, pode ser causada pelos problemas situacionais, como atrasos, pressões para atingir certas metas, equipamento defeituoso, falta de material, rotinas aborrecedoras e outros. Um tipo especial de violação é a *sabotagem*, quando uma violação é praticada de forma proposital para produzir dano.

As violações geralmente resultam das tensões entre os trabalhadores e a organização do trabalho e/ou ambiente. De um lado, a organização estabelece regras, normas, leis e procedimentos que ela considera corretos. De outro, os trabalhadores consideram que essas determinações são restritivas, injustas e atrapalham o seu desempenho. Por exemplo, as normas de segurança podem recomendar uso de certos EPIs (equipamentos de proteção individual), como óculos, botas, luvas, cintos, capacetes, coletes, protetores auriculares e outros, mas os trabalhadores os consideram incômodos e atrapalhadores. Em muitos casos, arriscam-se a não usá-los, cometendo violações das regras estabelecidas. Da mesma forma, um motorista que dirige alcoolizado comete violação, pois ele sabe que isso não é permitido por lei.

Os erros têm sido estudados por psicólogos e outros profissionais há pelo menos um século, sem separá-los das violações. Feita essa distinção, constatou-se que muitos acidentes antes atribuídos aos erros, na verdade, foram devidos às violações. No grande desastre nuclear de Chernobyl (1986), por exemplo, constatou-se que cinco das sete causas identificadas poderiam ser classificadas como violações, e não como erros. Essa distinção entre erros e violações é importante porque nem sempre as medidas preventivas para evitar os erros (involuntários) são eficazes para o caso das violações (intencionais).

CAUSAS DE VIOLAÇÕES

As violações são de natureza complexa e não se explicam apenas pelos fatores físicos. Elas apresentam conteúdos motivacionais, pois são *conscientemente* praticadas. Um motorista que vê e ultrapassa o sinal vermelho no trânsito não apresenta erro de percepção e, mesmo assim, decide infringir uma norma estabelecida, sabendo que isso envolve um elevado risco de ser multado ou provocar um acidente. As violações podem ser explicadas por duas causas.

Motivações internas – são ocasionadas por problemas pessoais de natureza psicológica, necessidade de autoafirmação, rebeldia, insegurança, demonstrações de não conformidade a certos estereótipos, códigos ou regras estabelecidas.

Motivações externas – são ocasionadas por fatores ambientais ou sociais, como a premência de tempo, necessidade de ganhar dinheiro, pressões sociais, ou seguir regras, valores e exigências de certos grupos ou da sociedade.

Muitas vezes, essas causas não aparecem isoladas, podendo ocorrer várias causas simultâneas, que contribuem para provocar erros ou violações.

CONFIABILIDADE

Confiabilidade é a probabilidade de um elemento estar funcionando, ou seja, a probabilidade de não falhar no intervalo de tempo t (ver Costa Neto e Canuto, 2010). Analogamente, *confiabilidade humana* é a probabilidade de o componente humano do sistema operar sem falhas durante certo período de tempo t. Esse assunto tem sido muito estudado nas últimas décadas, principalmente em operações de sistemas complexos, quando a *falha humana* pode levar a consequências desastrosas.

A função de confiabilidade pode ser expressa como:

$$R(t) = e^{-\lambda t}$$

Nessa equação, λ é um parâmetro que caracteriza a frequência média com que os sucessos ocorrem, e t representa o intervalo de tempo. O produto (λt) representa o número médio de sucessos no intervalo de tempo t.

Por exemplo, supondo $\lambda = 0,1$/mês (ou vida útil de $\mu(t) = 1/\lambda = 10$ meses), a confiabilidade de 1 elemento durante $t = 2$ meses será:

$$R(2) = e^{-0,1 \times 2} = 0,81873$$

Em um sistema composto de vários elementos interligados entre si, a confiabilidade dependerá do tipo de ligações: em série, paralelo ou estepe (Figura 15.2).

Ligações em série – Nos sistemas compostos de diversos elementos (subsistemas) ligados *em série*, como elos de uma corrente, a confiabilidade é reduzida, pois basta romper um dos elos para que a corrente (sistema) seja danificada. Nesse caso, a confiabilidade do sistema é menor que aquela de cada elemento separadamente. Para dois elementos ligados em *série*, no exemplo acima, a confiabilidade é expressa por:

$$R_s(2) = R(2) \times R(2) = 0,81873 \times 0,81873 = 0,67032$$

Ligações em paralelo – As ligações em paralelo, também chamadas de *redundantes*, aumentam a confiabilidade dos sistemas compostos de vários subsistemas. Nesse caso, há dois ou mais subsistemas que executam a mesma operação simultaneamente. Assim, mesmo com a falha de um desses subsistemas, o sistema continua a funcionar. É o caso dos aviões de carreira equipados com dois motores. Piloto e copiloto também trabalham em paralelo. Para dois elementos ligados em *paralelo*, a confiabilidade é expressa por:

$$R_p(2) = 1 - \{1 - R(2)\}^2 = 1 - 0{,}18127^2 = 0,96714$$

Ligações em estepe – No sistema com ligação em estepe (*stand-by*) há um elemento de reserva, que só é acionado após a ocorrência da falha. Este é considerado como uma reserva, pronta para entrar em operação se houver falha do "titular". Tipicamente, isso ocorre com o pneu estepe dos automóveis ou gerador diesel em hospitais. Para dois elementos ligados em estepe, a confiabilidade é expressa por:

$$R_{sb}(t) = (1 + \lambda t)\, e^{-\lambda t} = (1 + 0{,}2)\, e^{-0{,}2} = 1{,}2 \times 0{,}81873 = 0,98248$$

Observe que a confiabilidade do sistema em estepe é maior que aquele em paralelo, pois o segundo elemento só entra em funcionamento após a falha do primeiro, podendo ter maior vida útil.

Desse modo, aumentando-se os elementos em série, a confiabilidade do sistema tenderá a diminuir. Inversamente, ela cresce com mais componentes em paralelo ou em estepe. Na prática podem existir sistemas complexos com várias combinações em série, em paralelo e em estepe. Contudo, os componentes em paralelo e estepe podem aumentar os custos do sistema. Em algumas aplicações, colocam-se os elementos em paralelo apenas naquelas operações consideradas críticas ou cuja falha poderia causar elevados custos ou produzir efeitos muito danosos, deixando-se aquele de estepe como reserva emergencial.

Componentes	Configuração	Confiabilidade
Um elemento	 → [A] →	0,81873
Dois elementos em série	 → [A] → [B] →	0,67032
Dois elementos em paralelo	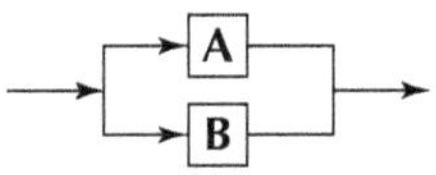 → [A] / [B] →	0,96714
Dois elementos em estepe (*stand-by*)	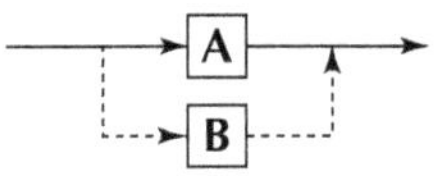 → [A] / [B] →	0,989248

Figura 15.2
A confiabilidade de um sistema tende a diminuir com elementos ligados em série e aumentar com as ligações em paralelo ou em estepe. Os números representam apenas um exemplo.

15.2 FATORES RELACIONADOS AOS ACIDENTES

Acidente é uma situação emergencial, inesperada, que foge dos padrões normais ou esperados, podendo provocar prejuízos humanos e/ou materiais. Pode decorrer de erros humanos, mas também dos subsistemas materiais e ambientais, inclusive de causas naturais, como tempestades e terremotos. Contudo, aqui nos limitaremos ao estudo dos acidentes nas situações de trabalho.

Os acidentes de trabalho geralmente resultam de interações inadequadas entre o ser humano, a tarefa e o seu ambiente. Pode ser causado pelos fatores materiais, como inadequações do posto de trabalho, produtos mal projetados ou falhas da máquina. Entre os fatores humanos que influem no acidente, há falta de treinamento, comportamento de risco do operador, além de monotonia, estresse e fadiga. A explicação pode vir também do meio ambiente, como calor excessivo, ofuscamentos e buracos na estrada. Em cada caso, pode haver predomínio de um desses fatores. Contudo, geralmente essas causas não aparecem isoladamente e o acidente só ocorre quando há uma conjugação de vários fatores negativos.

Os sistemas geralmente são dinâmicos, complexos e instáveis. As contínuas evoluções e interações entre diversos fatores podem gerar situações que resultem em acidentes. Esses fatores, normalmente incluídos em estudos de acidentes, são: estrutura organizacional; conteúdo da tarefa; trabalhador; sonolência e fadiga; máquinas, ferramentas e posto de trabalho; e ambiente físico. Vamos analisar melhor cada um desses fatores.

ESTRUTURA ORGANIZACIONAL

Um trabalho bem organizado contribui para reduzir os acidentes. Isso significa que as tarefas e responsabilidades de cada trabalhador devem estar claramente definidas, em um ambiente descontraído e um clima amistoso entre os colegas e os superiores.

Como será visto na p. 671, a questão dos horários e turnos de trabalho também tem uma forte influência, devido aos ciclos circadianos. Além disso, o trabalhador no turno da noite não tem tanta assistência como no turno diurno, pois determinados setores da empresa só funcionam durante o dia. Esses trabalhadores noturnos, em geral, também têm menor contato social e isso aumenta a monotonia, tornando-os mais suscetíveis a acidentes.

Uma organização que favoreça a interação dos trabalhadores entre si pode contribuir para reduzir os acidentes. Isso inclui um ambiente de franqueza (ver p. 639), em que os problemas, principalmente aqueles relacionados com a prevenção de acidentes, sejam discutidos com os superiores para resolvê-los cooperativamente. Mas isso não é suficiente, sendo desejável uma atuação mais proativa. Sempre que for possível, devem ser promovidas palestras e discussões, com apresentação de materiais visuais, como filmes e vídeos, que enfatizem a necessidade de comportamentos seguros no trabalho.

Conteúdo da tarefa

Em muitas investigações sobre acidentes, as atenções são concentradas no ser humano, no equipamento ou no ambiente. Muitas vezes isso leva a uma visão segmentada e estática do acidente, porque não considera devidamente o conteúdo da tarefa. Uma forma mais dinâmica de investigar um acidente é pela análise do conjunto de fatores humanos envolvidos, dando-se maior importância à atividade, comparando-a com as *exigências* da tarefa. Uma incompatibilidade entre o trabalhador e sua tarefa pode ser uma das principais causas do acidente.

Para facilitar a análise das capacidades humanas, elas podem ser decompostas em diversos fatores, como: antropométrico, biomecânico, metabólico, ambiental, controle dos movimentos, alcances, percepção, tomada de decisões e influências sociais. Naturalmente, para cada tipo de tarefa pode existir uma classificação mais conveniente desses fatores. Estes podem ser confrontados com as respectivas demandas das tarefas. Assim, pode-se identificar a variável que é a causa provável do acidente e sobre a qual se deve atuar.

Durante a execução dos trabalhos, é possível que ocorram *desvios* ou mudanças em relação àquilo que foi planejado ou previsto como normal. Esses tipos de desvios ocorrem com maior frequência em trabalhos pouco estruturados, como na construção civil, mineração e agricultura. Drury e Brill (1983) fizeram um levantamento da natureza desses desvios durante análises de acidentes ocorridos em trabalhos de mineração. Constataram que entre os desvios: 54% ocorreram nas atividades, 25% no ambiente e apenas 2% foram devidos aos fatores individuais.

Evidentemente, em um trabalho mais estruturado, como na produção industrial repetitiva, onde há melhor planejamento, organização, supervisão e controle, é possível que esses desvios das atividades ou do ambiente não ocorram com tanta frequência relativamente aos desvios dos fatores individuais.

Incidentes críticos

Muitas vezes, os erros são analisados retrospectivamente, a partir de acidentes que ocorreram. Contudo, esse enfoque nem sempre produz bons resultados, por três motivos: a) nem todos os erros resultam em acidentes; b) os acidentes não ocorrem com tanta frequência e, portanto, não oferecem muitas oportunidades para estudo dos erros; e c) existe pouca relação entre a gravidade do erro e a gravidade do acidente (pequenos erros podem provocar grandes acidentes, e vice-versa).

Para não ficar apenas na dependência dos acidentes para estudar os erros, Fitts e Jones (1947) desenvolveram um método chamado de incidentes críticos. Eles são representados pelas situações chamadas de *quase acidentes*, que aconteceram efetivamente, mas foram evitadas a tempo, antes que se transformassem em acidentes. Os estudos desses incidentes são mais interessantes porque são mais numerosos que os acidentes e produzem informações mais detalhadas. Além disso, as suas causas podem ser corrigidas preventivamente, antes que provoquem acidentes.

Para levantar os incidentes críticos, Fitts e Jones usaram um grupo de pilotos de avião, que foram entrevistados semanalmente. Eles eram solicitados a descrever as situações de perigo em que estiveram envolvidos, com sérios riscos de acidentes. Pedia-se aos pilotos que anotassem esses acontecimentos, para serem mais facilmente lembrados durante a entrevista. Com isso, foram constatadas diversas falhas, como:

- *Falhas nos mostradores*: ilegibilidade, erro de leitura, inversão, interpretação, instrumentos confusos, interpolação na escala, ilusões, esquecimentos, reflexos, instrumentos inoperantes.
- *Falhas nos controles*: substituição, inversão, erro de ajuste, ativação involuntária, esquecimentos, fora de alcance.
- *Falhas nos procedimentos*: deficiências nos procedimentos para corrigir os desvios.
- *Falhas pessoais*: ausência de motivação e de estímulos para reduzir a monotonia, fadiga e estresse.

Fazendo-se essa análise dos incidentes críticos, conseguiu-se compilar uma grande quantidade de informações, que contribuiu consideravelmente para o aperfeiçoamento dos controles e mostradores em aeronaves. Provavelmente, isso não seria possível se a coleta de informações tivesse se baseado apenas nas análises dos acidentes, muito mais raros que os quase acidentes. Além disso, em acidentes mais graves, essas provas materiais podem ficar danificadas. Técnicas semelhantes têm sido bastante utilizadas no estudo de direção de veículos, instalando-se instrumentos especiais para registrar os incidentes críticos, como freadas bruscas ou mudanças repentinas de direção.

CARACTERÍSTICAS DO TRABALHADOR

Existem diversos atributos pessoais do trabalhador que podem contribuir para aumentar ou reduzir os riscos de acidentes. Aí se incluem as capacidades sensoriais, habilidades motoras, capacidade de tomar decisões e experiências anteriores. Por exemplo, ao dirigir um carro na estrada, de repente, o motorista poderá vislumbrar um caminhão vindo na contramão. A decisão de frear ou desviar-se pela esquerda ou direita vai depender das percepções e da experiência do motorista. A chance de ser bem-sucedido em cada uma dessas manobras depende das habilidades do motorista e, naturalmente, das reações do outro motorista.

Após perceber a existência do perigo, a pessoa deve decidir como responderá à situação emergente. Esse processo é bastante complexo, porque pode sofrer influência de inúmeros fatores. O tempo necessário para a tomada de decisão tende a aumentar tanto com o aumento do número de informações de entrada (*inputs*) como pelo aumento das alternativas possíveis. A velocidade das decisões pode ser aumentada com certas "regras práticas", mas isso nem sempre é simples e não pode ser generalizado. Se as várias informações forem conflitantes entre si, a pessoa necessitará de mais tempo para estabelecer uma hierarquia entre elas e escolher aquela alternativa que julgar mais conveniente.

Em geral, o trabalhador tende a optar por aquela alternativa que, a seu juízo, seria melhor recebida pela empresa ou pelos seus superiores hierárquicos, ou aquela que mais o beneficiaria pessoalmente (ver mais detalhes sobre o processo de tomada de decisão na p. 488).

Estudos mais aprofundados demonstram que características individuais como personalidade, sexo, idade e capacidades intelectuais não apresentam influências significativas sobre os acidentes. Em geral, são superados por outros fatores, como máquinas inadequadas ou ambientes desfavoráveis. Constatou-se também que o estresse e preocupações surgidas na vida pessoal, fora do trabalho, têm uma forte influência na ocorrência de acidentes.

SONOLÊNCIA E FADIGA

A maioria dos trabalhadores relata que já passou pela experiência da sonolência no trabalho. Esta prejudica o desempenho, em um instante em que a atenção é necessária. Cerca de 85% dos trabalhadores noturnos e 64% dos motoristas declaram que sentem sonolência durante o trabalho (Wedderburn, 1987). Contudo, apenas 4% a 5% desses casos resultam em acidentes. Entre os acidentes de tráfego com resultados fatais, estima-se que 45% seriam devidos à sonolência dos motoristas. Esse tipo de acidente costuma ser mais violento porque a sonolência do motorista dificulta a redução de velocidade ou desvio para evitar colisões.

As pesquisas demonstraram que os momentos de sonolência são muito breves, durando apenas 0,5 a 1,5 segundo, mas são suficientes para provocar sérios acidentes. Os estudos sobre o hábito de dormir recomendam pelo menos duas horas de sono para se recuperar da sonolência, mas muitos motoristas relatam que sonecas rápidas de cinco minutos os aliviam bastante.

Para combater a sonolência, os motoristas procuram modificar os estímulos ambientais, abrindo a janela, reduzindo a calefação, dirigindo mais lentamente ou variando deliberadamente a velocidade. Em outros casos, procura-se uma estimulação direta sobre o organismo, esticando-se, dando beliscões, mordendo os lábios, lavando o rosto, fumando, tomando água, café, sucos, e comendo doces ou chocolates. Também podem introduzir tarefas secundárias, como cantar ou assobiar.

Em resumo, a sonolência é um aviso de que o organismo está fatigado e que precisa dormir. Ela é agravada pela monotonia da tarefa. Nessas ocasiões, o trabalho deveria ser interrompido durante um intervalo de uma ou duas horas ou até mesmo para uma pequena pausa para uma soneca, de alguns minutos. Isso contribui para aliviar ou reduzir os estados de sonolência.

CARACTERÍSTICAS DAS MÁQUINAS, FERRAMENTAS E POSTOS DE TRABALHO

As características das máquinas, ferramentas e postos de trabalho usados pelos trabalhadores podem influir no risco de acidentes. Suas características operacionais devem situar-se dentro dos limites de percepção do organismo humano, assim como as exigências de movimentos musculares e energéticas. Quanto mais essas exigências se aproximarem daqueles limites máximos ou mínimos, maiores serão os riscos.

Um fator importante a ser considerado é o projeto do posto de trabalho (ver pp. 302-306). Quando o trabalhador é forçado a manter posturas inadequadas ou manipular controles que estejam fora de seu alcance normal, muitas vezes é obrigado a executar movimentos difíceis, aumentando o risco de acidentes. Por outro lado, os postos de trabalho bem dimensionados, limpos, com boa iluminação e onde as exigências da tarefa estejam dentro de suas capacidades sensoriais, cognitivas e motoras tornam o trabalhador mais apto a identificar as situações de risco e evitar os acidentes.

Outro aspecto é a contínua realimentação das informações, para que o trabalhador possa corrigir prontamente os eventuais desvios. Quanto mais rápida for essa realimentação, tanto melhor, pois a correção poderá ser realizada imediatamente, antes que se propaguem, multiplicando as suas consequências. Deve-se considerar também a importante questão dos estereótipos (p. 337) e da compatibilidade de movimentos (p. 338).

AMBIENTE FÍSICO

O ambiente físico exerce grande influência sobre os acidentes, porque é fonte permanente de estresse dos trabalhadores. Um ambiente muito quente e sem ventilação, um ruído indesejável ou um ofuscamento visual podem modificar o comportamento do trabalhador, favorecendo a ocorrência de acidentes. Esses aspectos foram apresentados nos Capítulos 11 e 12.

15.3 TEORIAS E MODELOS SOBRE ACIDENTES

As diversas teorias e modelos sobre acidentes procuram dar explicações sobre as causas dos acidentes, a começar pelos modelos unifatoriais mais simples, passando pelos modelos lineares, até os modelos sistêmicos atuais. Alguns se concentram na parte humana do sistema, enquanto outros analisam mais os fatores materiais, ambientais e organizacionais do trabalho. Algumas dessas teorias e modelos serão discutidas a seguir.

TEORIAS DA CAPACIDADE DO TRABALHADOR

Algumas teorias procuram explicações no desequilíbrio entre a capacidade do trabalhador e a demanda de trabalho. Estas se baseiam em três causas principais:

Aumento do estresse – As taxas de acidente aumentam quando o nível de estresse sobe, reduzindo a capacidade do indivíduo executar a tarefa.

Aumento da distração – A distração aumenta com o crescimento do risco e das preocupações dos trabalhadores, inclusive aquelas relacionadas com a sua vida pessoal.

Redução da vigilância – Os acidentes tendem a aumentar em trabalhos monótonos e pouco estimulantes, mas também em situações de sobrecarga, quando o nível de alerta exigido for muito alto.

Outras teorias baseiam-se em explicações psicossociais. Entre elas, a teoria psicoanalítica considera o acidente como fruto do sofrimento psíquico e da autopunição, devido ao sentimento de incapacidade do trabalhador em relação às suas responsabilidades. A teoria sociológica relaciona os acidentes com as relações de trabalho, focando em punições e recompensas controladas pela organização.

TEORIA DA HOMEOSTASE DO RISCO

A teoria da homeostase do risco considera que cada pessoa tem um determinado *marco* (limite superior) individual para o risco. Isso significa que essas pessoas estão dispostas a correr certo nível de risco, até que este se aproxime do seu respectivo marco (Bridger, 2003).

Segundo essa teoria, haveria um mecanismo de *ajuste* ao risco, aumentando-o ou reduzindo-o, em função das condições de segurança. Desse modo, uma pessoa adotaria comportamentos mais seguros em ambientes perigosos, e vice-versa. Conclui-se que a simples instalação dos equipamentos de segurança não contribui para diminuir os acidentes. Por exemplo, a instalação de equipamentos de segurança em automóveis, como cintos de segurança, freios ABS e *airbags*, diminuiu o risco. Contudo, alguns motoristas, ao sentirem-se mais seguros, passaram a dirigir de forma mais agressiva, aumentando deliberadamente os riscos, até se aproximarem novamente dos seus respectivos marcos.

De acordo com a teoria da homeostase, a forma mais eficiente de reduzir os acidentes é atuar sobre o *marco*, procurando baixar o seu nível. Isso naturalmente só é válido nos casos em que a própria pessoa tem controle sobre o grau de risco a que está exposta. (Não vale, por exemplo, para os casos em que o ritmo da produção é comandado pela máquina.) Existem muitas maneiras de reduzir esse marco. Seguem-se alguns exemplos:

Instruir os trabalhadores – Mostrar as ligações entre comportamentos de riscos e os respectivos acidentes, bem como suas consequências em termos materiais, humanos e sociais. Isso é particularmente válido quando há falha na percepção do risco, ou seja, quando o risco real for maior que aquele suposto pelo trabalhador.

Reforçar atos seguros – A prática de atos seguros pode ser reforçada com alguma consequência agradável, visando aumentar a frequência deles. Por exemplo, pode-se conceder um prêmio ou um dia de folga para os trabalhadores que completarem certa quantidade de dias trabalhados sem envolver-se em acidentes.

Punir atos inseguros – Aumentar as consequências desagradáveis dos atos inseguros, visando diminuir a frequência destes, aplicando-se as punições. Por exemplo, aumentar o valor das multas para excessos de velocidade ou direção alcoolizada.

Portanto, segundo a teoria da homeostase, o investimento puro e simples no sistema para melhorar a segurança seria pouco eficaz, porque o ser humano acaba também ajustando o seu comportamento, passando a correr maiores riscos ao sentir-se seguro. Para ser efetivo, deve-se atuar sobre o ser humano, a fim de baixar o nível do seu marco (limite superior) de risco. Isso pode ser feito de forma sistemática em empresas, com a elaboração de certas normas de segurança (procedimentos seguros) e sua divulgação e discussão com os trabalhadores, a longo prazo, até que se incorporem como "cultura" dessas empresas.

TEORIA DA PREDISPOSIÇÃO AOS ACIDENTES

Diversos estudos estatísticos realizados desde a década de 1920, analisando as pessoas que se acidentavam, demonstraram que a frequência de acidentes não se distribui uniformemente entre os trabalhadores. Ao contrário, havia um pequeno grupo de trabalhadores que apresentava frequências de acidentes acima da média. Isso levou à formulação da teoria da *predisposição*, segundo a qual existiriam pessoas com maior propensão a acidentes. Depois, tentaram identificar os traços de personalidade que caracterizariam essas pessoas.

Os estudos sobre o comportamento social dessas pessoas mostraram que elas eram agressivas e tinham tendências antissociais. Descobriu-se também uma correlação positiva entre a frequência dos acidentes, a idade e a experiência. Os *jovens*, com menos experiência, apresentam taxas mais altas de acidente por serem menos atentos, menos disciplinados, mais impulsivos, por subestimarem os riscos, acharem-se muito capazes e serem orgulhosos. Os *idosos* (acima de cinquenta anos) são mais experientes, mas também são mais propensos a acidentes (mas em menor índice que os jovens) porque têm habilidades sensoriais e motoras reduzidas pela idade. Existe também a cultura *machista* entre os homens, que tendem a elevar os seus marcos (homeostase). Contudo, esses estudos não conduziram a nenhum conjunto consistente de traços de personalidade que pudessem se caracterizar como atributos permanentes daquelas pessoas mais suscetíveis a acidentes.

Estudos mais profundos, realizados nos anos 1960, descobriram que essas pessoas mais suscetíveis a acidentes existem de fato, mas não seriam dotadas de características permanentes que as tornem mais propensas a sofrer acidentes durante *toda* a vida. Essas características dependem de traços de personalidade (permanentes), mas também de outros fatores transitórios (doenças, estresses, problemas pessoais) e de fatores ambientais que se transformam com o tempo.

Algumas pessoas, devido a esses fatores transitórios, podem tornar-se mais suscetíveis a acidentes durante *certo período* e depois sair dessa situação, assim que os seus problemas pessoais sejam resolvidos. Outras pessoas que se mostravam relativamente seguras até então podem sofrer um repentino desequilíbrio em suas vidas, fazendo com que se tornem mais suscetíveis. É como se existisse uma espécie de "clube" das pessoas suscetíveis, cujos "sócios" não seriam permanentes, pois sempre existem pessoas entrando e saindo dele.

MODELOS EXPLICATIVOS DOS ACIDENTES

Os modelos explicativos dos acidentes foram evoluindo, passando daqueles mais simples e diretos para uma visão mais sistêmica, e podem ser classificados em três categorias: sequenciais, epidemiológicos e sistêmicos.

Modelos sequenciais – Atribuem o acidente a uma cadeia linear de eventos, mais ou menos independentes entre si. Isso permite estabelecer uma relação direta entre causa e o efeito dos acidentes, no local onde elas ocorrem, como nos modelos do dominó e da árvore de falhas.

Modelos epidemiológicos – Também considera o acidente como consequência de fatos isolados entre si, que saíram da normalidade. Difere dos modelos sequenciais por construir interações não lineares entre causa e efeito. Exemplo é a teoria do "queijo suíço".

Modelos sistêmicos – Considera o acidente como resultado de decisões e comportamentos que ocorrem em diversos níveis organizacionais, analisando os diversos fatores que interagem continuamente dentro de um sistema complexo.

Os dois primeiros modelos acima apresentam uma visão tradicional, em que os eventos são considerados como fatos isolados entre si. O terceiro modelo é mais atual, considerando as interações que ocorrem entre os subsistemas dentro de um sistema complexo. Eles serão detalhados a seguir.

O DOMINÓ DO ACIDENTE

Heinrich (1959) formulou um modelo sequencial bastante difundido, chamado também de *dominó* do acidente, pois existiriam cinco eventos encadeados linearmente que levariam ao acidente: personalidade, falhas humanas, evento causador (condições inseguras ou atos inseguros), acidente e lesão.

Segundo essa teoria do dominó, a prevenção deveria ser feita pela retirada de uma das "pedras" para se interromper a corrente e, assim, evitar a propagação da queda no dominó. Essa teoria é muito contestada, porque admite a existência de certos traços de personalidade (insegurança, irresponsabilidade, teimosia, valentia, machismo) que tornariam algumas pessoas mais suscetíveis a acidentes, mas isso não tem comprovação. Como já vimos (p. 560), essa predisposição aos acidentes não se constitui em traços permanentes de uma pessoa, mas acontecimentos circunstanciais e temporários.

MODELO DA ÁRVORE DE FALHAS

O modelo da árvore de falhas apresenta um relacionamento não linear e mais complexo entre as falhas, sob a forma de um diagrama (Leplat e Rasmussen, 1984). Esse modelo faz análise de um acidente que já ocorreu, visando remover as suas causas, para que não se repitam.

O modelo da árvore faz a representação gráfica das interações entre as diversas falhas que conduzem a um acidente. Entende-se aqui, por falha, qualquer tipo de erro humano, defeito mecânico ou deficiências ambientais que provocam desvios na tarefa. Em geral, há uma cadeia de eventos que levam até o acidente. Evidentemente, no caso de uma simples falha de um componente, como uma lâmpada que se queima, é uma causa isolada, que não provoca maiores consequências. Mas, em geral, os acidentes são precedidos de diversas falhas, cujos efeitos cumulativos resultam em acidentes.

Para a construção da árvore de falhas, parte-se de um acidente que já aconteceu e, a partir daí, organiza-se, retroativamente, a lista das falhas que contribuíram para a ocorrência do acidente. Depois são definidas as relações entre essas falhas, que podem ser de dois tipos:

Relação sequencial ou em série $(x \rightarrow y)$ – Indica que o evento x é uma condição necessária ou pré-requisito para a ocorrência do evento y. Se não existisse x, o evento y também não existiria. É o caso de uma pessoa que caiu (y) de uma escada (x): se não tivesse subido na escada, a pessoa não teria caído.

Relação de confluência ou em paralelo $(x_1, x_2 \rightarrow y)$ – Significa que é necessário ocorrer dois ou mais eventos simultâneos x_1 e x_2 para que ocorra a consequên-cia y. Sem x_1 ou sem x_2, o evento y não ocorreria. Por exemplo, uma pessoa que caiu (y) de uma escada (x_1) porque esta escorregou em um chão liso (x_2).

Dessa maneira, listando-se as falhas ocorridas e estabelecendo-se as relações entre elas, pode-se construir o diagrama da árvore de falhas.

EXEMPLO DA ÁRVORE DE FALHAS

Leplat e Rassmussen (1984) apresentam um exemplo de transporte de carga pesada com uso de empilhadeira (Figura 15.3). O operador recebeu ordem para transportar uma carga pesada do depósito até outro local da fábrica. A empilhadeira habitual, que ele estava acostumado a usar, estava defeituosa. Então, foi necessário recorrer a uma empilhadeira de reserva, que tinha menor capacidade que a empilhadeira habitual, provocando uma sobrecarga. O operador não estava costumado a dirigir essa empilhadeira de reserva, pois os controles se diferenciavam daquela habitual. Além disso, essa empilhadeira de reserva, por deficiência de manutenção, apresentava um defeito no sistema de freio.

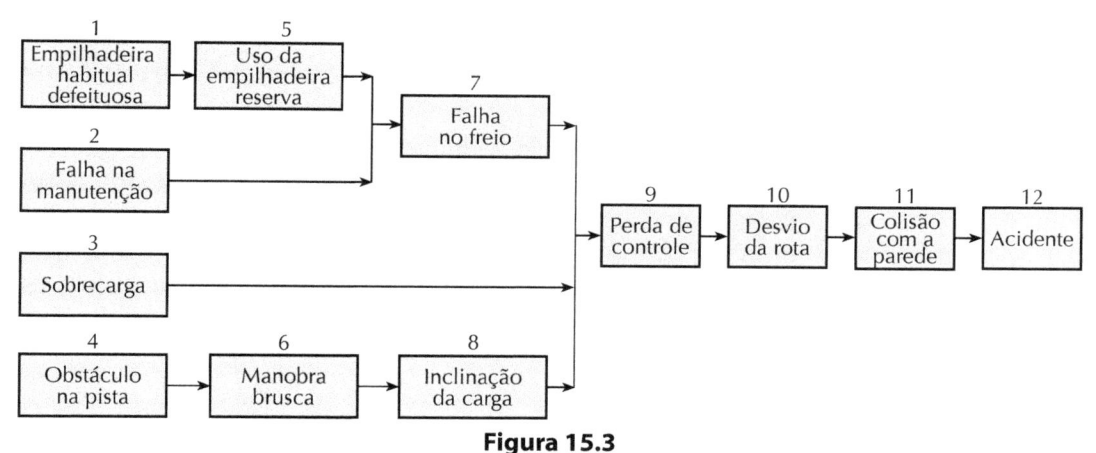

Figura 15.3
Exemplo de uma árvore de causas, usada na análise de um acidente com operação de empilhadeira
(Leplat e Rasmussen, 1984).

Durante o trajeto, surgiu um obstáculo inesperado na pista. O condutor teve que fazer uma manobra brusca, o que provocou uma inclinação da carga. Como a empilhadeira estava sobrecarregada, os freios não estavam funcionando e o condutor não estava acostumado a dirigi-la, ele perdeu o controle. A empilhadeira, então, desviou-se do seu trajeto e colidiu contra uma parede, causando ferimento no operador e um grande prejuízo material.

Nesse caso, observamos quatro eventos confluentes: empilhadeira habitual com defeito; falha na manutenção da empilhadeira reserva; sobrecarga da empilhadeira reserva; e obstáculo na pista. Observando-se essas causas, podem ser adotadas certas medidas corretivas para que, futuramente, não ocorram outros acidentes semelhantes:

- A empilhadeira de reserva deveria ser de modelo semelhante àquela habitual, com a mesma capacidade de carga e os mesmos tipos de controles, se possível, padronizando-se a frota.

- O sistema de manutenção deveria ser reorganizado, com manutenções preventivas e revisões periódicas do sistema de freios, inclusive naquele de reserva.

- A sobrecarga poderia ser evitada, por exemplo, escrevendo-se a capacidade de carga máxima em um lugar bem visível da empilhadeira, e as cargas também deveriam ter os seus pesos declarados de forma bem visível. A empilhadeira ainda poderia ser dotada de algum sistema de aviso ou alarme para "avisar" da sobrecarga (isso ocorre em alguns elevadores).

- As rotas onde trafegam as empilhadeiras deveriam ser mantidas limpas e desobstruídas.

- Para reduzir o efeito das colisões, podem ser usados certos dispositivos, como para-choques nas empilhadeiras ou *guard-rails* nas paredes onde os choques ocorrem com maior frequência.

- Finalmente, se for constatado também algum tipo de imperícia do operador, este poderia ser retreinado para saber como se deve agir em situações de emergência.

Esses modelos sequenciais simplificam o problema pela linearidade das causas e geralmente atribuem o acidente a algum evento que provocou alteração na estabilidade do sistema. No entanto, hoje se sabe que os acidentes são multicausais. A realidade não pode ser explicada apenas por uma sequência de eventos em cadeia, pois é uma situação dinâmica, complexa e instável. Modelos mais recentes, como os apresentados a seguir, apresentam propostas mais abrangentes.

MODELOS EPIDEMIOLÓGICOS DE ACIDENTES

Reason (1995) propôs um modelo mais abrangente e mais complexo sobre as causas dos acidentes. Esse modelo, conhecido como *queijo suíço*, atribui os acidentes a uma interconexão entre vários fatores que ocorrem em diversos níveis da organização. Assim, os acidentes não ocorrem devido a um único fator, mas pela conjugação desses diversos fatores. Estes incluem certas condições latentes (estrutura organizacional, práticas gerenciais, influências culturais), combinadas adversamente com condições locais (posto de trabalho, equipamentos, ruídos, temperatura) e falhas ativas humanas (erros e/ou violações de procedimentos).

Nesta abordagem, a causa imediata ou próxima do acidente é a falha das pessoas que estão envolvidas diretamente na execução das tarefas e no controle do processo ou em interação com a tecnologia nas organizações, dividindo-as em três blocos (Figura 15.4).

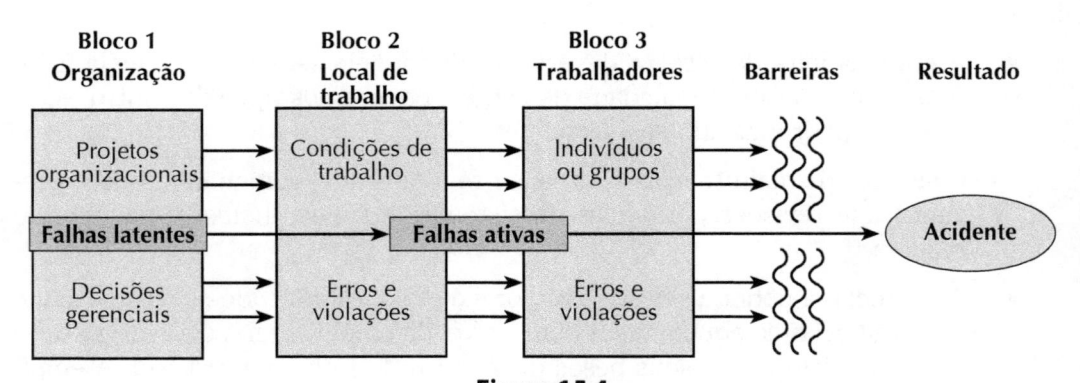

Figura 15.4
Modelo de causa organizacional dos acidentes (Reason, 1995).

Bloco 1. Organização – Certas decisões organizacionais podem criar condições que propiciam o aparecimento de acidentes. Estas são chamadas de *falhas latentes* e incluem inadequações de fatores como o projeto da fábrica, projeto do produto, projeto do trabalho, planejamento e controle da produção, plano de cargos e salários, investimentos na automação dos equipamentos e outros.

Muitas vezes, essas decisões são condicionadas por restrições financeiras, políticas da empresa, prazos limitados, problemas ambientais ou improvisações. Exemplo disso são alguns problemas encontrados nas instalações da fábrica, como pisos escorregadios, desníveis no piso, pilares, passagens estreitas, má iluminação e outros. Em consequência, nem sempre se pode garantir as melhores condições para a realização do trabalho. Isso acaba criando as falhas latentes. Essas falhas propagam-se dentro da organização e seguem o fluxo produtivo, através dos diversos departamentos.

Bloco 2. Local de trabalho – No local de trabalho surgem as condições para a ocorrência de erros e violações durante as atividades. Entre estas incluem-se equipamentos e ferramentas inadequadas ou mal conservadas, postos de trabalho mal projetados, ambientes sujos e ruidosos, posturas inadequadas, cargas excessivas e outros.

Bloco 3. Trabalhadores – Neste bloco são examinadas as condições pessoais que podem favorecer a ocorrência de erros e violações, como estresse, fadiga, monotonia, treinamento inadequado e conflitos com colegas e chefias.

As falhas do Bloco 1 são ditas *latentes* porque surgem nos escalões superiores e são criadas por pessoas afastadas dos acidentes, tanto no espaço como no tempo. O projeto da fábrica, por exemplo, pode ser realizado em outro país distante. Muitas decisões estratégicas podem produzir algum tipo de falha latente. Já as falhas dos Blocos 2 e 3 são chamadas de *ativas* e ocorrem no local do trabalho, produzindo efeito imediato, causando lesões e/ou danos materiais.

É praticamente impossível eliminar todas essas falhas. Desse modo, os recursos disponíveis devem ser direcionados prioritariamente para as áreas críticas, onde os acidentes poderiam produzir consequências mais graves. Além disso, o modelo apresentado abrange apenas as variáveis internas à empresa. Considerando que a empresa não é um sistema fechado, significa dizer que ela recebe diversos equipamentos, materiais, energias e serviços de terceiros. Muitas vezes, as causas dos acidentes podem estar embutidas nesses fornecimentos recebidos pela empresa.

MODELOS SISTÊMICOS

Os modelos sistêmicos baseiam-se no funcionamento de sistemas complexos. Perrow (1984) considera como sistemas complexos aqueles constituídos de componentes (ou subsistemas) interconectados e interdependentes entre si, apresentando comportamentos de dinâmica não linear, incerteza e variabilidade. Portanto, são de natureza não determinística. Esses modelos sistêmicos de acidentes baseiam-se em três premissas básicas:

Interações entre todos os subsistemas – O comportamento de um sistema é fruto das relações e interações entre todos os subsistemas, e não apenas de algumas partes isoladas.

Conexões externas – O comportamento de um sistema, em um determinado nível, sofre influências das variáveis e dinâmicas externas.

Fronteira – A definição dos componentes do sistema e dos níveis de análise dependem do objetivo e da perspectiva adotada.

Essa abordagem considera que o desempenho normal, assim como as falhas, são influenciadas pela variabilidade do sistema (Hollnagel e Woods, 2005). Desse modo, os resultados das ações podem diferir daquilo que era pretendido ou esperado, devido às perturbações encontradas no caminho.

CAPACIDADE DE RESILIÊNCIA

Resiliência é a capacidade de um sistema em ajustar seu funcionamento, antes, durante e após um evento adverso (que provoca perturbação), de forma que ele consiga recuperar sua capacidade de operar em condições esperadas, retornando ao seu estado normal ou de equilíbrio. Pode-se fazer analogia com uma mola que se contrai e expande ou uma vara de pesca que se curva e retorna à sua forma original, sem se romper.

Na abordagem sistêmica, acidente é considerado como uma perturbação provocada por alguma interação anormal entre os subsistemas. Assim, não se restringe à análise da causa e efeito como fatores isolados, mas na capacidade de *resiliência* do sistema como um todo. O monitoramento e a gestão da resiliência de um sistema (e o seu oposto, a sua fragilidade) baseiam-se no entendimento das seguintes propriedades (Hollnagel, Woods e Levenson, 2006).

Capacidade – Capacidade de absorver as perturbações, preservando a sua estrutura, de modo que possa recuperar-se, retornando ao seu estado normal.

Flexibilidade – Capacidade de adaptar-se e reestruturar a resposta diante de diferentes solicitações e pressões externas.

Tolerância – Representa os limites mínimo e máximo, dentro dos quais o sistema consegue operar sem sofrer danos.

Ruptura – Degradação e colapso do sistema, quando os limites de tolerância forem ultrapassados. A partir desse ponto, a capacidade de recuperação é anulada.

As diversas interações entre pessoas, tecnologia e trabalho em sistemas complexos produzem as suas características de resiliência (ou seu oposto, de fragilidade). Analogamente, em organizações produtivas, há aquelas mais resilientes, capazes de sobreviver às crises, enquanto outras, menos resilientes, vão à falência.

A resiliência dentro dessas organizações pode ser criada de cima para baixo (*top-down*) ou de baixo para cima (*down-up*). A resiliência de cima para baixo relaciona-se com o contexto organizacional que cria ou facilita a resolução de pressões, conflitos e dilemas, a fim de alcançar suas metas. A resiliência de baixo para cima é afetada pela forma como os próprios trabalhadores da base produtiva (chão de fábrica) contornam as situações emergentes e apresentam soluções que contribuam para o alcance das metas, tanto individualmente como em grupos (ver p. 655).

MODELO DE GERENCIAMENTO DE RISCO

Rasmussen, Pejterson e Goodstein, (1994) propuseram um modelo de gerenciamento de risco (Figura 15.5) que considera o funcionamento dinâmico de um sistema complexo. O espaço de trabalho é delimitado por quatro fronteiras, representando: desempenho aceitável, limite de segurança, carga de trabalho e restrições econômicas (custos). Dentro desse espaço de trabalho existem diversas pressões, como aquela gerencial, exigindo aumento da produtividade, e a dos trabalhadores, para a redução dos esforços. Essas pressões internas modificam continuamente o espaço de trabalho, e acabam pressionando as fronteiras.

O objetivo é mantê-lo dentro dos limites aceitáveis (maleáveis, de acordo com as resiliências das fronteiras), para não se perder o controle, preservando a sua resiliência. Quando houver um forte movimento de dentro para fora, com tendência de ultrapassar o limite de alguma fronteira, pode haver ameaça de ruptura e perda de controle. Por exemplo, uma forte reivindicação salarial dos trabalhadores pode pressionar os custos e, com isso, a empresa pode perder a competitividade. Isso indica que alguma providência deverá ser tomada, visando manter as condições operacionais do sistema, colocando-o novamente dentro dos limites aceitáveis.

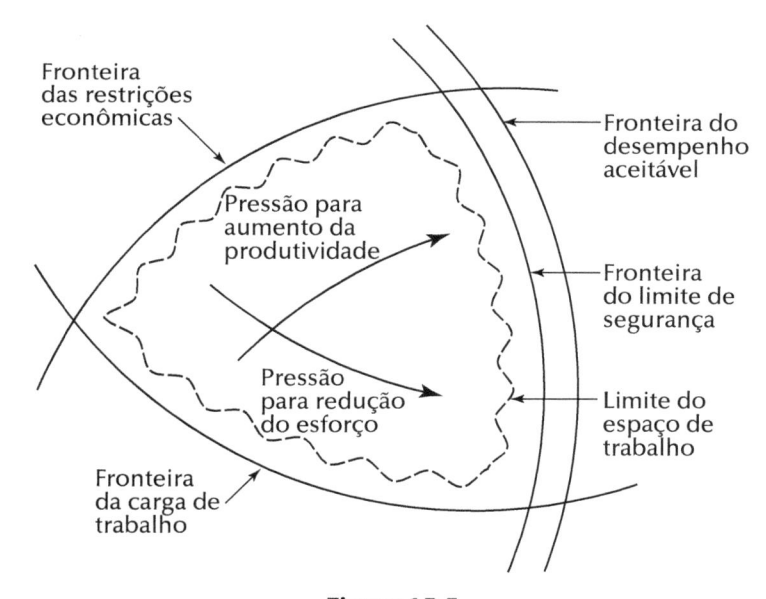

Figura 15.5
Modelo do espaço de trabalho delimitado por fronteiras com limites aceitáveis de desempenho, segurança, carga de trabalho e custos (Rasmussen, Pejtersen e Goodstein, 1994).

15.4 SEGURANÇA NAS ORGANIZAÇÕES

Muitas organizações modernas caracterizam-se pelo avanço tecnológico, complexidade das operações e alto grau de investimento em capital. Isso significa dizer também que possuem muitos pontos vulneráveis, onde podem ocorrer acidentes, com grande potencial de perdas e danos. Diferentes métodos têm sido desenvolvidos para analisar os incidentes e acidentes, com o objetivo de identificar as suas causas e propor medidas de segurança, atuando-se preventivamente.

Realizando-se análises sistemáticas, algumas empresas conseguiram reduzir ao mínimo os acidentes provocados pelos erros humanos. Considerando a dificuldade de estimar a confiabilidade humana de forma global, sua análise é decomposta em tarefas mais simples e se pesquisam as confiabilidades de cada uma dessas tarefas. Assim se identificam algumas *tarefas críticas* do sistema, cujas confiabilidades podem ser determinadas em comparação com outros casos semelhantes. Durante o projeto do sistema, deve ser dada especial ênfase a essas tarefas críticas. Nesse ponto, deve-se tomar uma decisão sobre o *grau de confiabilidade* que se quer atribuir a essas tarefas críticas.

Evidentemente, torna-se praticamente impossível ou antieconômico aumentar a confiabilidade além de certo limite. Isso significa dizer que a confiabilidade de 100% só existe teoricamente. Portanto, certo grau de risco é inerente à operação de qualquer sistema. Consequentemente, os trabalhadores sempre estarão sujeitos a algum tipo de risco no seu dia a dia.

No nosso caso, vamos nos restringir às operações de máquinas e equipamentos operados diretamente pelos trabalhadores e que possam causar lesões nestes. Naturalmente, podem existir outros tipos de acidentes, de baixa frequência de ocorrência, mas cujas consequências podem ser catastróficas, como no caso de vazamento de gases tóxicos ou explosões de caldeiras. Existem métodos para indicar pontos fracos ou vulneráveis de toda a planta industrial e de sua operação global, mas estes fogem do escopo deste livro.

CONSTRUÇÃO DE BARREIRAS

Barreiras são medidas de proteção (defesas), que funcionam como anteparos para evitar que os erros e falhas se propaguem e se transformem em acidentes. Por exemplo, as luvas de malha de aço usadas pelo magarefe funcionam como barreira para que a faca não corte seus dedos.

As barreiras podem ter diferentes naturezas, classificadas em físicas, funcionais e sociais/culturais (Tabela 15.1). Elas podem ser construídas com equipamentos dotados de dispositivos de segurança, equipamentos de proteção individual, manual de procedimentos seguros, manutenção preventiva, limpeza, ordem, e arrumação. Importantes barreiras podem ser construídas atuando-se no ser humano, com treinamento, ginástica laboral, reduções da monotonia, fadiga, estresse, exames médicos periódicos, melhor relacionamento social, e assim por diante.

Contudo, as operações complexas assemelham-se ao "queijo suíço", onde podem surgir "buracos" nas barreiras, tanto devido às falhas latentes como às falhas ativas (Figura 15.4). Quase todos os eventos adversos envolvem combinações dessas falhas latentes, permitindo que as defesas sejam ultrapassadas. Muitas vezes, por questões econômicas ou outras limitações (nível tecnológico, prazos, gerenciamento), não é possível atuar simultaneamente em todos os três blocos (organização, local de trabalho, trabalhadores).

Nesses casos, é possível que a atuação seletiva sobre aquela causa considerada a mais importante, chamada de *nó crítico* (aquele que provoca maior impacto), seja suficiente para interromper a cadeia (em modelos sequenciais) e evitar o acidente. Para isso, pode-se construir a árvore de falhas. Sua análise pode indicar a existência de um ou mais nós críticos, onde a atuação seria mais efetiva para se evitar futuros acidentes. No exemplo da empilhadeira (Figura 15.3), é possível que a manutenção periódica possa ser escolhida como um desses nós críticos.

Outro tipo de barreira são os sistemas tolerantes a erros. Isso consiste em introduzir modificações no sistema produtivo, de modo que ele possa resistir aos erros humanos, ou para que tenha *tolerância* para absorver certa faixa de variação do comportamento humano. Por exemplo, vamos supor que uma pessoa deva dirigir um carro de 150 cm de largura em linha reta, mas, devido à variação natural do comportamento humano, ele provoque desvios frequentes à direita e à esquerda, e que esses desvios sejam de 50 cm, no máximo, para cada lado, à velocidade de 80 km/h. Nesse caso, a estrada deveria ter pelo menos 250 cm de largura para absorver as variações de comportamento do motorista.

Tabela 15.1
Exemplos de barreiras para se evitar a propagação de erros e falhas dentro da organização

Tipo	Objetivo	Exemplos
Barreiras físicas	Impedir acesso às áreas perigosas	Separar com paredes, portas, alambrados, cercas, gaiolas
	Impedir contato com o perigo	Usar equipamentos de proteção individual, proteger as áreas perigosas das máquinas
	Impedir propagação do perigo	Aplicar material antichamas, *sprinklers*, vidros de segurança, isolantes acústicos, filtros
	Reduzir impactos	Eliminar cantos e protuberâncias cortantes, revestir com material antiderrapante e absorvedores de choques mecânicos, *airbags*
Barreiras funcionais	Impedir acionamentos perigosos	Colocar travas, senhas, códigos de entrada, detectores do nível alcoólico
	Melhorar visibilidade dos sinais	Reduzir erros de percepção, julgamentos e acionamentos de sinais e alarmes
	Formalizar as ações	Elaborar normas e manuais de operações, ordens de serviço, permissão para atuar, horários
	Melhorar as comunicações	Facilitar as comunicações entre os níveis hierárquicos e dentro do grupo de trabalho
	Melhorar as habilidades pessoais	Introduzir cursos de treinamento e reciclagem periódica dos trabalhadores
Barreiras sociais e culturais	Reduzir marco do risco	Aumentar a percepção do risco e a consciência sobre as consequências de acidentes
	Atuar nas regras e normas de grupo	Elaborar manuais de procedimentos e organizar discussões em grupos

Acidentes acontecem mesmo com todas as barreiras de um programa de segurança porque, no sistema complexo, dificilmente todas as situações podem ser previstas. A análise dos acidentes deve ser feita sem atribuição de culpas, mas considerando-os como oportunidades para se construir organizações mais resilientes. Entender a dinâmica e o cenário de um acidente é o primeiro passo para que as pessoas estejam mais aptas a retomar o controle da situação.

A seguir, vamos examinar alguns casos específicos de construção dessas barreiras nas operações industriais.

PONTOS PERIGOSOS

Máquinas e equipamentos exigem cuidados especiais, pois geralmente têm partes móveis que representam riscos potenciais. Mas eles podem tornar-se seguros se forem adequadamente projetados e construídos, bem instalados e operados por pessoas habilitadas. Existem três pontos críticos na máquina, que normalmente são responsáveis pela maioria dos acidentes.

Geração e transmissão de movimentos – Abrange a fonte de movimentos e o sistema de transmissão, incluindo o motor, eixos, engrenagens, polias, correias, volantes, correntes, bielas e outros. Esses pontos são perigosos quando estão expostos.

Ponto de operação – É onde se processa o trabalho propriamente dito, realizando operações como corte, estampagem, solda, moldagem, dobramento, moagem, mistura, limpeza, pintura, e assim por diante. Esses pontos são especialmente críticos quando a alimentação e retirada de peças são feitas manualmente, há emanação de gases, poeiras ou altas temperaturas.

Outras partes móveis – No sistema produtivo existem diversas outras partes que se movimentam, não pertencentes às categorias anteriores. Exemplo disso são as correias transportadoras, alimentadores de rolo, pontes rolantes, guindastes, elevadores, veículos e diversos outros.

Esses pontos merecem atenção prioritária do analista, pois são responsáveis por grande parte dos acidentes (ver *Pontos de Verificação Ergonômica*. Fundacentro, 2001).

SEGURANÇA NA OPERAÇÃO DE MÁQUINAS

Existem duas classes de medidas para se aumentar a segurança na operação de máquinas: a) aquelas que atuam na máquina; e b) as que atuam no ser humano. A primeira classe é mais eficaz, pois pode-se modificar o projeto de máquinas e equipamentos, de modo a eliminar ou neutralizar os pontos perigosos. Por exemplo, pode-se construir isolamentos ou proteções na máquina para evitar o contato humano com os pontos perigosos.

A atuação sobre o trabalhador deve ser considerada como medida de segunda ordem. Os seres humanos apresentam variações de comportamento e não se pode esperar que estejam sempre atentos e vigilantes para a prática de atos seguros. A primeira providência para se atuar sobre o trabalhador é afastá-lo das partes perigosas. Se esse afastamento não for possível, recomenda-se o uso dos equipamentos de proteção individual (EPI), como último recurso. A seguir, vamos detalhar algumas dessas medidas.

Desenvolver projeto seguro

O projeto seguro é aquele que não expõe o operador ao risco. As partes móveis são devidamente protegidas, como no caso da serra circular (Figura 15.6). Em outros casos, os produtos só podem ser acionados após tomar medidas preventivas de segurança. É o caso, por exemplo, da máquina de lavar roupas e do forno de microondas, que só funcionam com as suas portas fechadas. Um cuidado especial deve ser tomado com os dedos, mãos e braços, para não sejam colocados em situações perigosas (Figura 15.7). Outro cuidado refere-se à eliminação de cantos vivos ou protuberâncias que podem causar lesões no caso de pancadas (ver outros detalhes no Capítulo 9).

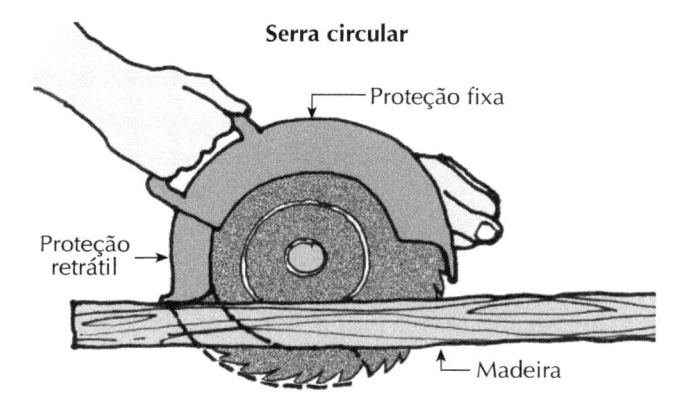

Figura 15.6
Exemplo de proteção para as mãos e os dedos.

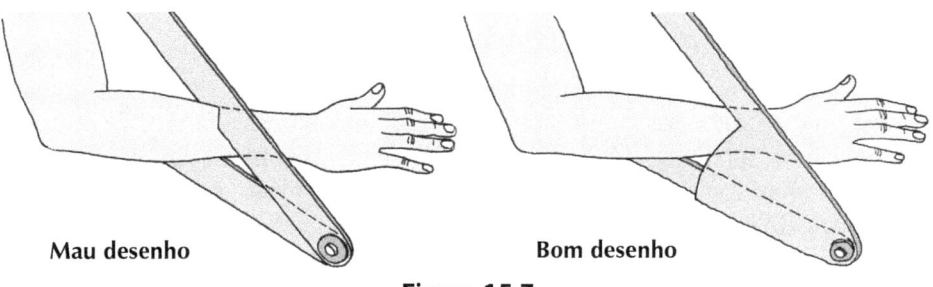

Figura 15.7
Exemplo de desenho de máquina destinado a prevenir acidentes.

Isolar a máquina

Máquinas perigosas e que não precisem ter contatos frequentes com o ser humano devem ser isoladas em salas ou cubículos fechados, por meio de uma grade protetora ou alambrado. Assim, evitam-se os contatos com aqueles que desconheçam o perigo que elas representam. Os alambrados ou parapeitos devem ter uma altura mínima de 200 cm ou serem afastados de pelo menos 100 cm da máquina, para que fiquem fora de alcance das pessoas. Exemplos típicos são os compressores de ar, cuja ligação com os pontos de uso pode ser feita com mangueiras ou tubulações. Nesse caso, ele pode ser instalado no lado externo, usando a própria parede como elemento isolante.

Isolar a parte perigosa da máquina

Quando não for possível isolar a máquina por inteiro, deve-se isolar pelo menos aquelas partes perigosas e que não exijam contato permanente com o operador. Esse princípio é particularmente aplicável aos pontos de geração e transmissão de movimentos. Em geral, todos os pontos perigosos que fiquem até a altura de 210 cm a partir do piso devem ser isolados por telas ou grades protetoras de malha fina, que não permitam a introdução dos dedos. Para isolar as mãos e os dedos nos pontos de operação, a abertura máxima recomendada na proteção é de 6 mm, e a barreira protetora deve estar a pelo menos 40 mm de distância do ponto de operação.

Proteger as partes perigosas das máquinas

Quando os pontos de operação da máquina não podem ser isolados, devem ser protegidos por dispositivos especiais, como bocais, grades ou guardas protetoras. Estes diferem do isolamento porque permitem acesso para colocação e retirada de peças, mas as mãos do operador devem ser mantidas a distâncias seguras. Isso ocorre na operação das prensas e guilhotinas, que oferecem sérios perigos à mutilação dos dedos e mãos se não tiverem guardas protetoras que se fechem durante a operação (Figura 15.8 e 15.9). Em outros casos, essa guarda está acoplada ao pedal que aciona a prensa, de modo que, ao acionar o pedal, a guarda desce automaticamente.

Interromper o funcionamento da máquina

Numa situação de emergência, a máquina pode ser freada ou desligada por meio de um dispositivo mecânico, como um cabo de aço, barras ou alavancas (Figura 15.10). Esses dispositivos, usados em laminadoras, prensas e tesouras, destinam-se a paralisar a máquina quando as mãos ou braços estiverem a perigo, e devem ser acionados por outra parte do corpo, como o punho, joelho, cabeça ou pés. O sistema pode ser acionado também por uma célula fotelétrica, que paralisa automaticamente a máquina, quando a mão ou outro objeto estranho invadir a área perigosa. Dispositivo semelhante é utilizado em portas de elevadores. Aparelhos eletrodomésticos, como máquinas de lavar e fornos, interrompem o funcionamento quando as suas portas são abertas.

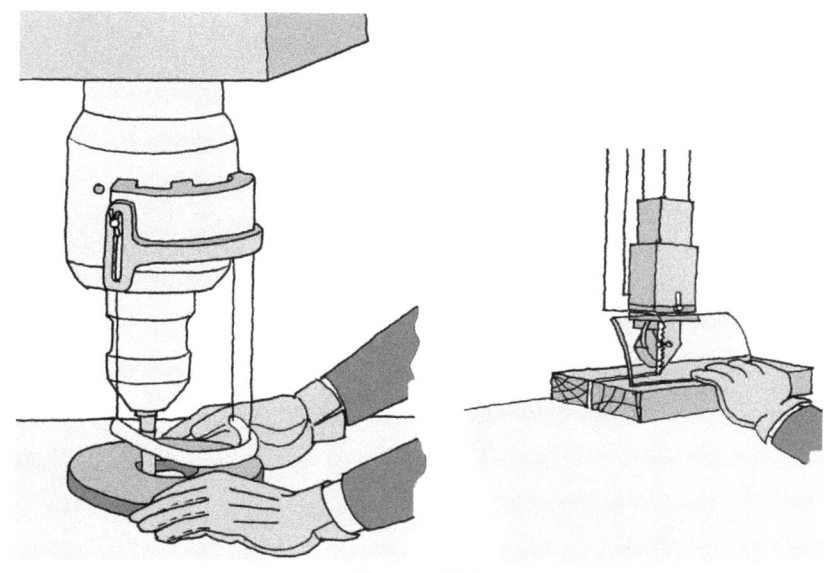

Figura 15.8
As proteções transparentes permitem visualizar a operação em andamento (OIT, 2001).

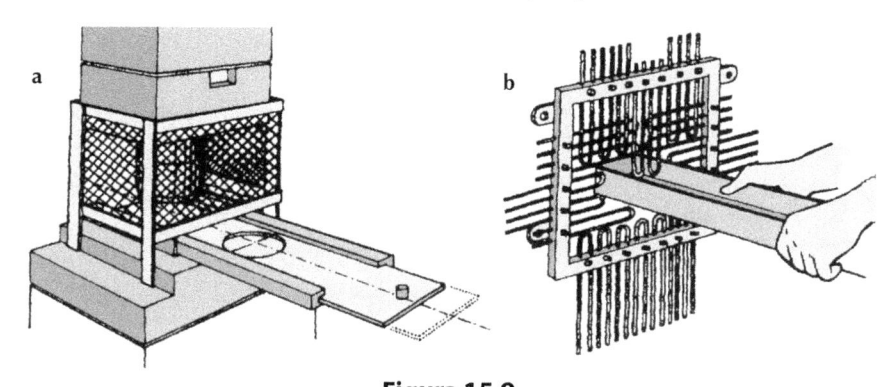

Figura 15.9
Proteção para partes perigosas da máquina.
a) Alimentador deslizante para prensa. b) Guarda com abertura regulável para prensa (OIT, 2001).

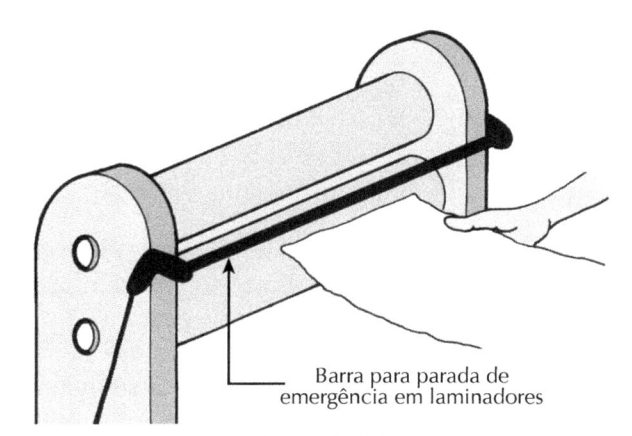

Figura 15.10
Exemplo de dispositivo mecânico para paralisar a máquina em caso de perigo. Quando a mão se esbarra na barra de proteção, a máquina se desliga automaticamente.

Afastar o operador da área perigosa

A forma mais simples de afastar o operador da área de perigo é colocar a máquina ou sua parte perigosa fora do alcance do operador construindo-se uma barreira física entre eles (Figura 15.11). Quando isso não for possível, as mãos do operador devem ser retiradas da zona perigosa por algum dispositivo mecânico ou mantidas a uma distância segura durante a operação. É o caso, por exemplo, do dispositivo de arraste, que se move mecanicamente, acoplado ao êmbolo da prensa, e faz a "varredura" da área perigosa. Outro tipo é o dispositivo afastador de mãos, que consiste de um cabo de aço amarrado ao pulso ou luvas do operador e que puxa as suas mãos para fora da área perigosa, antes da prensa bater.

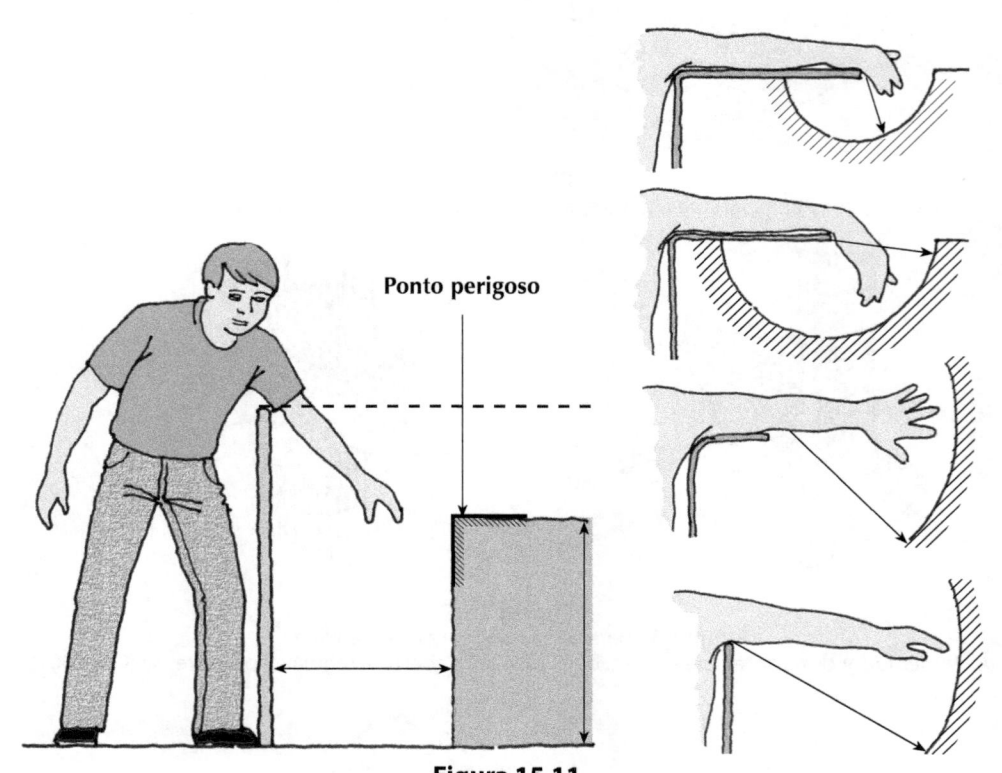

Figura 15.11
Exemplos de distâncias seguras do ponto de perigo (DIN 31001).

Utilizar comando duplo

O comando duplo tem a função de manter as duas mãos ocupadas durante a operação (Figura 15.12). Consiste de dois botões ligados eletricamente ou duas alavancas que devem ser acionadas simultaneamente, a fim de manter as duas mãos ocupadas, fora da área de perigo. Esses comandos duplos devem ser separados entre si pelo menos 50 cm, para evitar que sejam operados com uma só mão e o antebraço. Se ficarem mais próximos, devem ter um anteparo separando-os ou terem uma moldura protetora, para evitar o acionamento com o antebraço.

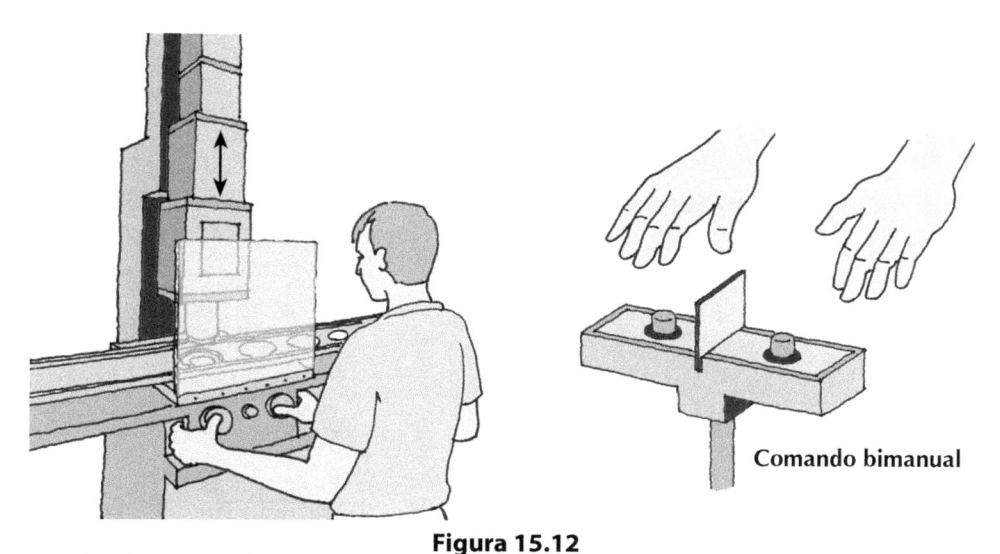

Figura 15.12
Exemplos de comando bimanual para manter as duas mãos ocupadas durante a operação de uma máquina perigosa.

Usar ferramentas especiais

Uma forma de afastar as mãos dos pontos perigosos de operação é pelo uso de ferramentas especiais para colocar ou retirar peças do ponto de operação. Existem muitos tipos de alicates, pinças e alongadores (Figura 15.13) para essa finalidade. Algumas dessas ferramentas são dotadas de imãs ou cones de sucção, para que as peças possam ser "grudadas" mediante um simples contato superficial.

Figura 15.13
Uso de ferramentas especiais para afastar as mãos da área de perigo.

Usar equipamentos de proteção individual

As partes do corpo com maiores riscos de acidentes podem ser protegidas com os equipamentos de proteção individual (EPI), como luvas, botas, capacetes e óculos (Figura 15.14). Alguns desses EPIs (máscaras, protetores auriculares) são usados também para proteger-se das condições ambientais adversas. Diversos EPIs também são usados em atividades não industriais, como na prática de esportes (joelheiras, caneleiras); policiais (coletes à prova de balas); saúde (aventais, luvas, máscaras) e transportes (cintos de segurança, capacetes).

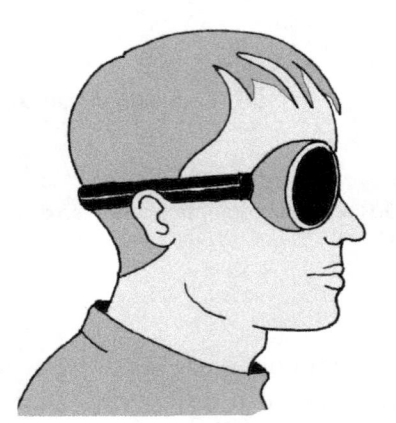

Figura 15.14
Exemplos de equipamentos de proteção individual.

Os EPIs devem ser utilizados como última linha de defesa do trabalhador, porque geralmente são incômodos e interferem no desempenho. Um protetor auricular, por exemplo, pode proteger o trabalhador contra os ruídos excessivos, mas também dificulta as comunicações. As máscaras dificultam a respiração. As luvas dificultam o movimento dos dedos e tiram a sua sensibilidade. Os óculos ficam frequentemente sujos quando recebem respingos. Além disso, alguns EPIs apresentam uma falsa segurança: os filtros eficazes para poeiras não funcionam para os gases.

Observa-se também que muitos EPIs não são eficazes para as mulheres, porque são fabricados apenas nas dimensões para homens, como as luvas que ficam folgadas ou máscaras que deixam entrar gases pelos lados quando usadas pelas mulheres.

Portanto, os EPIs devem ser usados somente nos casos excepcionais, quando outros recursos são impraticáveis ou muito dispendiosos. Justifica-se seu uso, por exemplo, em canteiros de obras, onde os riscos estão muito dispersos. Como regra geral, a empresa deve adotar medidas sistemáticas, mais efetivas para proteger o trabalhador, eliminando as falhas latentes e melhorando o posto e o ambiente de trabalho. Deve-se evitar a transferência de responsabilidade da empresa para o trabalhador, simplesmente acusando-o de desleixo e culpando-o pelo acidente.

Ressalta-se, finalmente que o hábito de tomar leite nos casos de intoxicação também é uma falsa proteção, porque não há evidências de sua eficácia nesses casos. Ele só apresenta a vantagem de ser um bom alimento.

PROCEDIMENTOS SEGUROS

Procedimentos seguros são manuais contendo recomendações escritas sobre operações e comportamentos que visem reduzir os acidentes nos locais de trabalho. Podem incluir as orientações e recomendações contidas em normas e leis. Também incorporam as novas descobertas, baseadas nas análises de incidentes e acidentes ocorridos no passado. Eles são continuamente atualizados para se adaptar aos novos equipamentos, novas tecnologias e mudanças das condições de trabalho. Assim, há tendência de que esses procedimentos se tornem cada vez mais detalhados e restritivos.

PREVENÇÃO DAS QUEDAS

As quedas estão entre os acidentes mais significativos que ocorrem fora da operação de máquinas. Elas representam a principal fonte de acidentes em ambientes domésticos, principalmente para crianças e idosos. As seguintes medidas são recomendadas para prevenir as quedas:

- Evitar pisos lisos e encerados, principalmente em locais sujeito a chuvas e umidades.
- Limpar imediatamente os pisos molhados e manchas de óleo ou graxa.
- Remover obstáculos no piso, como fios elétricos, cabos telefônicos e outros.
- Remover pequenos tapetes, carpetes, papéis, lixos e outros materiais "soltos" no piso.
- Retirar objetos que possam obstruir as passagens e corredores.
- Colocar faixas no piso para indicar mudanças bruscas de direção ou desníveis.
- Evitar pequenos desníveis e protuberâncias no piso, principalmente aqueles menores de 5 cm.
- Transformar pequenos desníveis em rampas, com revestimentos antiderrapantes.
- Colocar elevadores para os grandes desniveis.
- Colocar corrimão nas escadas e desníveis.
- Melhorar a iluminação de escadas e desníveis.
- Localizar as atividades, em que há maior fluxo no mesmo piso, evitando-se as escadas.
- Evitar fluxos cruzados de pessoas que possam causar esbarrões.
- Em locais onde forem constatadas quedas frequentes, os pisos devem ser substituídos por materiais antiderrapantes.

15.5 IMPLEMENTAÇÃO DA SEGURANÇA NO TRABALHO

Algumas empresas conseguiram obter resultados significativos na redução dos acidentes com uma atuação sistemática e a longo prazo. Isso exige que a administração superior elabore uma política abrangente, envolvendo todos os escalões da empresa na execução de diversas atividades programadas.

PROGRAMA DE SEGURANÇA DO TRABALHO

O programa de segurança do trabalho deve ter existência formal, baseando-se em documentos escritos, que façam parte da política geral da empresa. Também é importante que haja recursos especialmente destinados à sua implementação, para que os seus responsáveis tenham autonomia de ação e rapidez nas decisões, sem depender de ordens superiores, mecanismos complicados ou burocratizados de decisão. Esse programa deve incluir as seguintes etapas:

Comprometer a administração superior da empresa – A administração superior deve tomar decisões estratégicas, alocando pessoas e recursos necessários, com definições claras dos objetivos e metas a serem alcançadas. Deve haver também um sistema de acompanhamento e "cobrança" sistemática dos resultados, através de relatórios periódicos (mensais).

Criar uma unidade responsável pela implementação – Deve haver um grupo responsável pela implementação do programa, podendo ser subdividido em várias atividades, como segurança interna, projeto de produtos seguros, realização de avaliação e testes, e assim por diante. Esse grupo deve responsabilizar-se também pelas investigações dos acidentes e elaboração de análises, estatísticas e relatórios periódicos.

Envolver todos os escalões administrativos e de trabalhadores – O grupo responsável pela implementação do programa deve realizar frequentes reuniões, palestras e outros eventos, a fim de promover o envolvimento de todos.

IMPLEMENTAÇÃO DO PROGRAMA

O "espírito" de segurança deve perpassar toda a organização, desde a alta administração até o trabalhador mais humilde. A administração superior deve demonstrar apoio ao programa, dirigindo-se aos empregados para falar sobre a política da empresa, as condições de trabalho e problemas de segurança. As palestras podem ser feitas em reuniões ou encontros formais, mas são mais eficazes num ambiente informal.

A média administração deverá ter um envolvimento mais direto, participando de reuniões mensais ou até semanais, para efeito de planejamento, acompanhamento e avaliação das atividades desenvolvidas pelo programa. Essas reuniões devem incluir representantes dos trabalhadores, para que eles apresentem reivindicações da classe, opiniões e sugestões (ver Círculo de Controle de Qualidade na p. 722) É importante que essas atividades ocorram de forma regular e sistemática, e não apenas em situações emergenciais ou após um acidente.

As pesquisas demonstram que as organizações mais democráticas, que atuam positivamente, estimulando a *participação* dos trabalhadores nas decisões, podem aumentar a motivação destes, concorrendo para reduzir os acidentes e reforçar as atitudes seguras. Inclusive, podem-se atribuir prêmios e vantagens aos trabalhadores que tenham se destacado na prevenção de acidentes. O reverso da medalha, ou seja, organizações autoritárias, que procuram os "culpados" e usam punição para castigar as pessoas que cometem erros, apresentam pior resultado, aumentando a frequência de acidentes.

Um fator motivacional importante é a comunicação frequente entre vários níveis da organização (alta administração, média administração, trabalhadores), aumentando a participação de todos na discussão dos assuntos relacionados à segurança. Com isso, pode-se construir uma atitude receptiva quanto aos objetivos e metas do programa de segurança. As comunicações informais são ainda mais motivadoras e fornecem informações mais confiáveis para o relato de acidentes do que aquelas "oficiais", contidas em boletins internos.

CIPA e SESMT

No Brasil, a Norma Regulamentadora nº 5 (NR 5) (1978, última alteração em 2011) exige a organização da Comissão Interna de Prevenção de Acidentes (CIPA) em todos os estabelecimentos com mais de vinte empregados (ver *Manuais de Legislação Atlas*). A CIPA é composta de representantes da empresa e dos empregados. Estes últimos são eleitos pelos empregados. O número de elementos dessa comissão depende do número total de empregados e do setor de atuação da empresa. Por exemplo, para o setor de equipamentos, máquinas e ferramentas, deve haver um representante eleito para empresas com até cinquenta empregados, dois até cem, três até 120, quatro até trezentos, e assim sucessivamente. A CIPA deve reunir-se pelo menos uma vez por mês ou sempre que houver um acidente, podendo atuar preventivamente ou corretivamente, assessorando a empresa na tomada das medidas necessárias.

O Serviço Especializado em Engenharia de Segurança e em Medicina do Trabalho (SESMT) está estabelecido no artigo 162 da Consolidação das Leis do Trabalho (CLT) e é regulamentado pela Norma Regulamentadora nº 4 (NR4) (1978, última alteração em 2014). A equipe do SESMT, contratada pela empresa, tem a função de proteger a integridade física dos trabalhadores. Dependendo da quantidade de empregados e da natureza das atividades, o serviço pode incluir os seguintes profissionais: médico do trabalho, enfermeiro do trabalho, técnico de enfermagem do trabalho, engenheiro de segurança do trabalho e técnico de segurança do trabalho.

ACOMPANHAMENTO DA SEGURANÇA

O acompanhamento da segurança pode ser feito por meio de inspeções periódicas aos principais postos de trabalho, podendo usar questionários ou *check-lists* para fazer as verificações. Se houver um acidente, deve ser preparado um relatório minucioso, descrevendo o tipo de acidente, a lesão causada e as condições do local onde ocorreu o acidente, verificando principalmente se houve algum desvio em relação às condições normais de operação.

Se for constatada a ocorrência de alguma condição insegura no posto de trabalho ou equipamento, deve-se fazer um relatório com recomendações dirigidas aos engenheiros e *designers* responsáveis pelo projeto, para que o problema seja resolvido.

Para acompanhamentos globais destinados à alta administração, devem ser construídos dois índices: o coeficiente de frequência e o coeficiente de gravidade.

Coeficiente de frequência – Expressa o número de acidentes ocorridos com perda de tempo em relação a um milhão (10^6) de horas trabalhadas, contabilizando-se todos os trabalhadores da empresa. Por exemplo, se forem constatados, em um determinado mês, 10 acidentes em 200.000 horas trabalhadas, o coeficiente de frequência será:

$$CF = \frac{10}{200.000} \times 1.000.000 = 50$$

Coeficiente de gravidade – O coeficiente de gravidade representa a perda de tempo com os acidentes, em número de dias, ocorridos em um milhão (10^6) de horas trabalhadas. Difere do coeficiente de frequência, que indica apenas a quantidade de acidentes. Assim, em certo mês, se ocorrerem 10 acidentes, que provoquem um total de 200 dias perdidos, em um total de 200.000 horas trabalhadas, o coeficiente de gravidade será:

$$CG = \frac{200}{200.000} \times 1.000.000 = 1.000$$

Esses dois coeficientes (ver Figura 15.15) servem como indicadores gerais da situação de acidentes em uma empresa. Podem ser elaborados gráficos desses dois coeficientes, mostrando suas tendências nos últimos doze meses, atualizados mensalmente, para o acompanhamento da alta administração. Eles se complementam entre si, mas podem indicar diferentes tendências, exigindo diferentes tipos de medidas preventivas.

IMPLANTAÇÃO DE PRÁTICAS SEGURAS

Para implantar práticas seguras no trabalho, é necessário, em primeiro lugar, identificar as situações de risco. Isso pode ser feito examinando-se os relatórios de acidentes. Contudo, estes podem ser imprecisos, por registrarem apenas os casos mais graves e aqueles que implicaram em lesões dos trabalhadores.

Outra fonte de informações são os próprios trabalhadores e seus superiores imediatos. O levantamento pode ser feito por meio de questionários, desde que a linguagem usada seja apropriada. Mas estes provocam certa desconfiança nos trabalhadores. Para superar essas limitações, é melhor fazer observações e entrevistas diretas, baseando-se em fatos reais, evitando-se as opiniões ou suposições pessoais. Quando forem identificadas todas as situações de risco, estas podem ser classificadas de acordo com a gravidade e frequência das ocorrências, para se estabelecer as prioridades de tratamento.

Na etapa seguinte, deve-se desenvolver *práticas seguras* de trabalho para serem ensinadas aos trabalhadores. Muitas vezes, a própria observação do trabalho pode indicar a existência de uma prática mais segura. Em outros casos, esta precisa ser desenvolvida, e pode exigir mudanças tecnológicas, ferramentas, modificações do local de trabalho ou uso de equipamentos de proteção individual. A prática segura no trabalho decorre das seguintes atividades.

Descobrir as condições inseguras – As condições inseguras devem ser descobertas por pessoas especializadas ou pelos próprios trabalhadores, desde que estes recebam um treinamento especial para reconhecer essas condições. Uma vez identificadas, essas condições devem comunicadas a todos os trabalhadores, para que fiquem alertas e tomem os devidos cuidados.

Adotar práticas seguras – O conhecimento das condições inseguras facilita ao trabalhador adotar práticas seguras no trabalho. Em caso de perigo difuso, deve-se usar algum tipo de EPI. Se houver perigo extremo ou desastre iminente, o trabalhador deve adotar comportamentos emergenciais, como cortar a fonte de energia, desligar a máquina, disparar o alarme ou sair correndo.

Conservar e manter limpo – A conservação e a limpeza, consertando os equipamentos danificados, ajudam a prevenir as situações de perigo e motivam o trabalhador a adotar práticas seguras. Objetos ou sujeiras espalhadas no chão podem ser fontes de tropeços e quedas, além de "atraírem" mais sujeira. A aplicação do 5-S pode ser útil para isso (ver tópico seguinte).

Praticar primeiros socorros – Como conhecimento suplementar, os trabalhadores devem aprender algumas práticas de primeiros socorros, para ajudar imediatamente os colegas acidentados enquanto se aguarda a chegada de uma assistência mais especializada. Certas práticas, como a massagem cardíaca e a respiração boca a boca podem salvar vidas. Contudo, se houver suspeita de fraturas ósseas, principalmente da coluna vertebral, o acidentado deve ser imobilizado e a sua remoção deve ser feita por especialistas.

A PRÁTICA DO 5-S

"5-S" é uma prática bastante simples, barata e eficiente para manter os locais de trabalho limpos, arrumados e saudáveis e para reduzir os riscos de acidentes. Essa sigla tem origem em cinco palavras japonesas (todas começando com **S**), e podem ser traduzidas por: ordenação, arrumação, limpeza, higiene e autodisciplina.

Ordenação – Os utensílios, materiais e equipamentos necessários ao trabalho devem ser separados e classificados por tipo e tamanho. Isso inclui também as informações e dados necessários a cada tarefa. Somente aqueles necessários devem estar no local do trabalho.

Arrumação – Deve haver um lugar certo para guardar cada tipo de objeto, adotando-se algum princípio ou método de arrumação. Cada objeto deve ter um lugar certo, de modo que seja facilmente encontrado quando for necessário. Isso inclui também os arquivos de papéis e aqueles informatizados.

Limpeza – A área de trabalho deve ser mantida limpa e desimpedida, sem acúmulo de entulhos desnecessários, retirando-se as sujeiras e lavando-se aquilo que for lavável. Isso inclui também o uso apenas das matérias-primas, informações e dados necessários em cada tarefa.

Higiene – A área de trabalho deve ter boas condições higiênicas e sanitárias, incluindo iluminação, ruídos, temperatura ambiental, poluição atmosférica e outros. Essas condições devem ser favoráveis à saúde física e mental.

Autodisciplina – Deve-se criar o hábito de observar as recomendações, preceitos e normas, com exercício do autocontrole e autodireção, tendo iniciativa para propor e executar ações cabíveis. (Exemplos: colocar o lixo no cesto, catar objetos caídos, chamar equipe de manutenção.)

O 5-S ajuda a desenvolver práticas seguras no trabalho, para que os riscos sejam evitados. Os benefícios imediatos do 5-S são a melhoria do ambiente de trabalho, uso eficiente do tempo, melhor aproveitamento de materiais, prevenção de acidentes e aumento da produtividade. Varrer o chão sujo e jogar no lixo tudo que é inútil pode ser um bom começo. Pode-se instituir um "dia do 5-S", quando todos "arregaçam as mangas" para remover as sujeiras e coisas inúteis do seu local de trabalho.

TREINAMENTO EM SEGURANÇA

O treinamento em segurança visa transmitir as práticas seguras no trabalho, desenvolvendo a capacidade de reconhecer as condições inseguras e criando habilidade para evitar os acidentes. No caso da ocorrência de acidente, o trabalhador deve saber como proceder, comunicando imediatamente o fato aos seus superiores ou acionando a chamada de profissionais especializados (bombeiros, socorristas, médicos). Em alguns casos, ele próprio pode prestar os primeiros socorros ao colega acidentado, desde que tenha recebido treinamento para isso.

Existem várias modalidades de treinamento em segurança. Aquele mais simples é o que ocorre no próprio local de trabalho (*on-the-job training*), em que um trabalhador mais experiente ou o supervisor treina o novato. Esse treinamento tem a vantagem de ser feito nas condições reais de trabalho, mas também tem a desvantagem de não seguir um método sistemático. Além disso, alguns trabalhadores e supervisores não têm habilidade ou entusiasmo para transmitir as suas experiências. Desse modo, os resultados podem ser muito variáveis.

Um tipo de treinamento mais efetivo é o que consiste de *aulas* apresentadas por especialistas. Essas aulas devem ser realizadas em sessões diárias de trinta minutos, para não interferir muito na rotina do trabalho. Cada turma deve ter um máximo de quinze alunos, para facilitar a manifestação individual de cada participante. As aulas devem ser sempre complementadas com filmes, vídeos, discussão de casos e visitas aos locais de trabalho, com o instrutor mostrando *in loco* os pontos perigosos.

O treinamento, por si só, não é suficiente para se garantir um comportamento seguro dos trabalhadores. Ele deve ser complementado com programas de valorização, recompensas e prêmios, visando *reforçar* o comportamento seguro. O treinamento também pode contar ponto para promoções. Um treinamento realizado dessa forma, durante um programa com nove semanas de duração, conseguiu aumentar as práticas seguras de 35% para 95%.

PAPEL DOS SINDICATOS E DOS ÓRGÃOS FISCALIZADORES

Os sindicatos de trabalhadores podem ter grande influência na forma como o trabalho é organizado nas empresas. A introdução do sistema de produção semiautônomo (volvismo) na Suécia (ver p. 667) foi possível devido ao alto nível de instrução dos trabalhadores, mas também pela pressão dos sindicatos fortes, que lutavam por melhores condições de trabalho. No Japão, os sindicatos não são organizados por categorias de trabalhadores, mas por empresas, e eles se interessam pelos resultados globais delas. Em países menos desenvolvidos, os sindicatos ocupam-se prioritariamente com as questões salariais, e raramente por melhores condições de trabalho, em defesa da saúde dos trabalhadores.

Um exemplo é o complexo automobilístico da Ford instalado em Camaçari, na Região Metropolitana de Salvador. Este iniciou suas operações no ano de 2001, e já no ano seguinte, começaram a surgir os primeiros casos de trabalhadores acometidos por lesões por esforços repetitivos (LER). Aspectos ligados à organização do trabalho, impondo ritmo intenso na linha de montagem, pressão por resultados, falta de pausas durante a produção, associados às más condições ergonômicas, são apontados por sindicalistas e trabalhadores como os principais fatores geradores desse tipo de agravo à saúde.

Um estudo realizado por Sena (2009) constatou que a ação sindical nessa fábrica da Ford concentrou-se, desde o início da operação, em temas como a elevação do piso salarial da categoria, redução da jornada semanal de trabalho e negociações em torno do pagamento da PLR (Participação nos Lucros e Resultados). Esses temas tiveram nítida prevalência em relação às questões relacionadas à LER, apesar do número significativo de trabalhadores acometidos pela doença. Isso leva a concluir que a entidade sindical não priorizou, como seria desejável, a defesa da saúde dos trabalhadores.

Em outro caso, a fábrica da GM no Rio Grande do Sul, também da indústria automobilística, foi notificada pela Delegacia Regional do Trabalho, em razão das más condições de trabalho, que geravam perda de audição, DORT e doenças psicossociais, causando altos índices de absenteísmo e de *turnover*. Esses indicadores não foram suficientes para que a empresa investisse na melhoria das condições de trabalho (incluindo os postos de trabalho e ambiente físico), organização do trabalho e gestão de recursos humanos. Após oito anos, no início de 2013, o Ministério Publico do Trabalho deu ganho de causa aos trabalhadores, obrigando a empresa a pagar-lhes indenização pelos danos sofridos. Evidentemente, isso representa perdas (financeiras e de prestígio) para a empresa e não restitui a saúde perdida pelos trabalhadores.

15.6 Estudo de caso – violações nos serviços de saúde[1]

De acordo com a classificação de Reason (1995) (ver Figura 15.4), os acidentes e violações são provocados por dois tipos de falhas: ativas e latentes. Aquelas ativas estão ligadas diretamente ao acidente, como os atos inseguros e deficiências dos mecanismos de proteção. As latentes são aquelas que criam as condições inseguras, como uso de máquinas e equipamentos inadequados e falta de treinamento. Nessa classificação, as violações estariam relacionadas com as falhas latentes, também consideradas como "condições para a ocorrência de violações".

Os serviços de saúde envolvem grande responsabilidade e, muitas vezes, são praticados em condições adversas e estressantes. Essas condições situacionais podem levar os profissionais dessa área à prática de violações. Phipps et. al., (2008) estudaram diversos tipos de violações nos serviços de anestesia, em dois hospitais, conforme descrito a seguir.

Violações nos serviços de anestesia – A anestesia é um dos procedimentos mais críticos no tratamento da saúde, dependendo de muitos instrumentos complexos. Os estudos de acidentes nessa área têm se concentrado na análise das falhas ativas, principalmente aquelas associadas a falhas humanas. Contudo, recentemente, tem-se identificado cada vez mais as falhas latentes desses acidentes. Entre elas incluem-se projetos inadequados dos equipamentos e os procedimentos de segurança, que se constituem em pré-condições para a ocorrência de violações.

Estudos realizados sobre os fatores que contribuem para a ocorrência de violações localizaram duas causas (Beatty e Beatty, 2004). Por exemplo, muitas violações eram cometidas pelos anestesistas porque eles simplesmente acreditavam que estavam agindo corretamente em uma dada situação. Desligar alarmes sonoros também era uma prática, porque os anestesistas entendiam que nem sempre eles exigiam uma ação, e acabavam por se tornar um transtorno.

Pesquisa sobre violações – Para realizar uma pesquisa sobre as causas das violações no trabalho do anestesista, foram recrutados, como sujeitos, 23 anestesistas, em dois hospitais no noroeste da Inglaterra. Todos eles assinaram um termo de consentimento para participar dos experimentos. As informações sobre o trabalho dos anestesistas foram obtidas por observações diretas e entrevistas semiestrutudadas. A coleta de dados foi feita mediante supervisão de um consultor com bastante experiência em anestesia. Além dessas observações diretas e entrevistas, foram consultados, também, documentos sobre as tarefas e as normas de trabalho do anestesista.

Observações diretas – As observações diretas foram realizadas nos próprios locais de trabalho dos anestesistas. Havia um agendamento prévio e as observações foram feitas em sessões contínuas de quatro horas de trabalho, abrangendo diversas especialidades, com um total de 170 horas (ver Tabela 15.2). O observador treinado ficava em uma posição discreta, para não provocar transtornos às rotinas dos anestesistas, e nenhum meio de gravação em vídeo ou áudio foi utilizado. O observador anotava os eventos e as interações ocorridas. Eventualmente, ocorriam oportunida-

[1] Baseado em Phipps, D. L., et al., 2008.

des de conversa entre os anestesistas e o observador. Foram anotadas as características gerais do trabalho dos anestesistas, suas principais ações e os respectivos equipamentos envolvidos. Em princípio, não foi possível identificar e descrever as eventuais violações.

Entrevistas – As entrevistas foram realizadas individualmente com os sujeitos, mediante consentimento prévio destes. As entrevistas seguiam um roteiro de cinco perguntas (ver Tabela 15.3), duravam cerca de uma hora com cada sujeito e foram realizadas após as observações. Como esse roteiro não era rigidamente seguido, surgiam oportunidades para esclarecer certos aspectos das observações realizadas.

Tabela 15.2
Tempos de observações realizadas com o trabalho dos anestesistas (Phipps et al., 2008)

Especialidade médica	Horas
Palato fendido	4
Cirurgia dental	4
Garganta, nariz, ouvido	12
Emergências	24
Gastroscopia	8
Cirurgia geral	45
Ginecologia	8
Maxilo-facial	4
Ortopedia	24
Plástica	16
Traumatologia	5
Urologia	12
Cardiologia – cateteres	4
Total (horas)	170

Tabela 15.3
Perguntas para entrevistas semiestruturadas com os anestesistas

Perguntas
Qual é a especialidade do seu trabalho?
Quais são as principais dificuldades que você encontra?
Existem muitas normas para direcionar o seu trabalho?
Essas normas são sempre seguidas?
Como você decide se segue ou não essas normas?

Análise dos dados – Os dados coletados pelas observações e entrevistas foram analisados e classificados em três fatores, desdobrados em onze causas (Tabela 15.4).

Tabela 15.4
Temas identificados pela análise dos dados

Fatores	Causas
Fatores associados às normas	1.a. Credibilidade 1.b. Autoria 1.c. Consequência 1.d. Clareza
Fatores pessoais	2.a. Percepção do risco 2.b. Experiência 2.c. Normas de grupo
Fatores situacionais e organizacionais	3.a. Urgência 3.b. Recursos 3.c. Projeto do equipamento 3.d. Interferência de outras tarefas

1. **Fatores associados às normas.** As diversas normas existentes sobre o trabalho do anestesista foram consideradas apenas como orientações gerais, não oferecendo informações seguras para casos específicos. As seguintes causas foram identificadas para essas divergências.

1.a *Credibilidade.* Algumas normas foram consideradas questionáveis, porque não se baseavam em princípios médico-científicos ou em evidências empíricas.

1.b *Autoria.* Há dúvidas sobre a legitimidade dos autores. Muitas normas são redigidas sem a devida participação dos profissionais experientes na área.

1.c *Consequência.* Muitas normas referentes aos procedimentos têm pouca relação com os resultados e tendem a ser desprezadas, porque influem pouco na qualidade final do trabalho.

1.d *Clareza.* Algumas normas são consideradas dúbias e permitem diferentes interpretações.

2. **Fatores pessoais.** Diversos fatores pessoais, como habilidades e experiências, influenciam a ocorrência de violações.

2.a *Percepção do risco.* Muitos anestesistas relataram que há situações em que devem decidir se seguem ou não as normas estabelecidas. Em geral, usam o critério de decisão a favor do paciente, ou seja, quando os ganhos são considerados superiores às possíveis perdas.

2.b *Experiência.* Muitos anestesistas julgam que já têm experiência suficiente para desprezar as normas e desviar-se dos procedimentos recomendados.

2.c *Normas de grupo.* Observou-se que há certas interpretações coletivas das normas, condicionadas pelas restrições e demandas organizacionais. Muitos participantes responderam que consultam os colegas e adotam procedimentos consagrados.

3. **Fatores situacionais e organizacionais.** Os anestesistas admitem que há influência de fatores situacionais, influenciados pela natureza da tarefa e pelas condições de trabalho.

3.a *Urgência.* A urgência no atendimento pode exigir omissão, simplificação ou adiamento de certos procedimentos, a fim de ganhar tempo. Por exemplo, prétestes dos equipamentos podem ser desprezados e o preenchimento do relatório pode ser retardado.

3.b *Recursos.* A falta de materiais ou mau funcionamento dos equipamentos podem levar a certas violações. Por exemplo, certos materiais descartáveis podem ser reutilizados, desde que se julgue que não prejudicarão os pacientes. A falta de pessoal auxiliar também pode exigir certas improvisações.

3.c *Projeto do equipamento.* Os modernos equipamentos para anestesia são muitos complexos e causam dificuldade de operação, principalmente quando há substituição de modelos. Há muitos alarmes de monitoramento e os anestesistas sentem-se sobrecarregados. Nesses casos, fazem simplificações deliberadas.

3.d *Interferência de outras tarefas.* A atenção do anestesista é dividida entre vários estímulos simultâneos, por exemplo, acompanhando as variáveis fisiológicas durante a anestesia ou outros equipamentos acoplados ao paciente. Nesses casos, deve selecionar aqueles mais importantes para os resultados almejados.

4. **Combinação de fatores.** Na prática, esses fatores não ocorrem isoladamente, pois diversas causas podem explicar a ocorrência de uma violação. Por exemplo, um anestesista resolveu dividir o conteúdo de uma ampola entre dois pacientes, contrariando as normas. Essa violação pode ser explicada pela falta de recursos, urgência, consequência, experiência e credibilidade. Todas essas causas contribuem para explicar a decisão tomada pelo anestesista.

5. **Conclusões.** As violações nos serviços de anestesia são causadas pelas interações entre a prática médica (normas de procedimentos), fatores pessoais e aqueles organizacionais. Dependendo da conjugação desses fatores, algumas normas são mais aceitas que outras. Muitas violações são praticadas na suposição de que estariam beneficiando os pacientes. Elas podem ser reduzidas se houver um conhecimento maior das possíveis consequências e custos dos diversos tipos de violações.

15.7 ESTUDO DE CASO – PROGRAMA GLOBAL DE SEGURANÇA DA DUPONT[2]

A empresa química Dupont resolveu implantar um programa global de segurança, devido ao elevado índice de acidentes observado em suas fábricas (Griffiths, 1985). Para isso, houve uma decisão inicial da alta administração da empresa. Depois foram

---

[2] Baseado em Griffiths, D. K., 1985.

envolvidos sucessivamente outros setores, como: produção, *marketing*, pessoal e qualidade. Esse programa foi baseado nos seguintes princípios:

Principio 1: Segurança é uma responsabilidade da alta administração – A segurança faz parte das responsabilidades da alta administração, e não pode ser delegada aos escalões inferiores. É ela que deve estabelecer os objetivos, providenciar recursos e exercer o controle global do programa de segurança.

Principio 2: Os chefes são responsáveis pela segurança dos seus subordinados – Os supervisores de linha, assim como os chefes de outros níveis, devem responsabilizar-se pela segurança dos trabalhadores sob seu comando, garantindo a adoção de práticas seguras no trabalho.

Principio 3: A segurança deve fazer parte de todas as atividades – A segurança deve estar incluída entre as preocupações contínuas dos trabalhadores, no mesmo nível de outros objetivos, como a produtividade, qualidade e custos.

Principio 4: Todos os acidentes podem ser evitados – Se os acidentes forem aceitos como fatalidades, eles continuarão a ocorrer. Se, ao contrário, forem considerados como anormalidades, algo deverá ser feito para que não ocorram ou não se repitam.

Formulação do programa

Esses quatro princípios foram aplicados na formulação de um programa de segurança para todos os níveis da empresa, abrangendo as seguintes etapas:

Etapa 1: Definição da política global de segurança – Os objetivos globais do programa foram estabelecidos de uma forma objetiva e clara, definindo-se as metas e os recursos a serem aplicados no programa. Foram definidas também as atividades a serem desenvolvidas com a aplicação desses recursos (treinamento de pessoal, aquisição de equipamentos, modificações do processo produtivo, introdução de procedimentos de controle).

Etapa 2: Planos setoriais de segurança – O programa da empresa foi desdobrado em níveis setoriais. Cada setor da empresa foi orientado a elaborar um plano anual de segurança para o seu respectivo setor. Esse plano deveria fixar os objetivos, as principais metas e prazos para atingi-los, descrevendo as medidas a serem adotadas para que essas metas fossem atingidas dentro dos prazos estabelecidos.

Etapa 3: Relatórios de incidentes – Todos os incidentes (quase acidentes) que tivessem causado perdas materiais ou ferimentos ou que pudessem vir a causá-las deviam ser relatados e investigados imediatamente. Esses relatos são essenciais para elaborar as medidas de prevenção de acidentes. Eles permitem atuar sobre as causas antes que provoquem consequências maiores.

Etapa 4: Envolvimento dos trabalhadores – Os trabalhadores foram envolvidos através de programas de treinamento e revisão periódica dos procedimentos para operação, transporte de materiais e manutenção de máquinas. Cada trabalhador deveria participar de grupos para discussão de assuntos ligados à segurança em sua área. Esse tipo de reunião em pequenos grupos é chamado de Círculo de Controle de Qualidade, ou CCQ (ver p. 722).

Etapa 5: Acompanhamento – A administração da empresa realizou o acompanhamento do programa não apenas através de relatórios, mas também com a supervisão direta das atividades de treinamento, reuniões com os responsáveis e visitas periódicas aos diversos setores da empresa para verificar o cumprimento das normas de segurança.

A empresa empregava 33 mil pessoas, que trabalhavam com produtos químicos, totalizando cerca de 5 milhões de horas trabalhadas por ano. Antes da introdução do programa ocorriam cerca de 120 acidentes por ano, com aproximadamente 3 mil dias perdidos. Isso resultava, respectivamente, no Coeficiente de Frequência = 24 e Coeficiente de Gravidade = 600. Esses índices vinham se mantendo constantes ao longo dos anos.

Resultados – Com a introdução do programa e a adoção das medidas acima descritas, os efeitos começaram a aparecer no ano seguinte ao da implantação. Os índices começaram a cair e continuaram a reduzir-se, ano após ano. Ao cabo de seis anos de vigência do programa, o Coeficiente de Frequência havia caído para 0,4, ou seja, apenas 1,6% da marca anterior, e o Coeficiente de Gravidade caiu para 30, o que representa apenas 5% da marca anterior à introdução do programa (Figura 15.15).

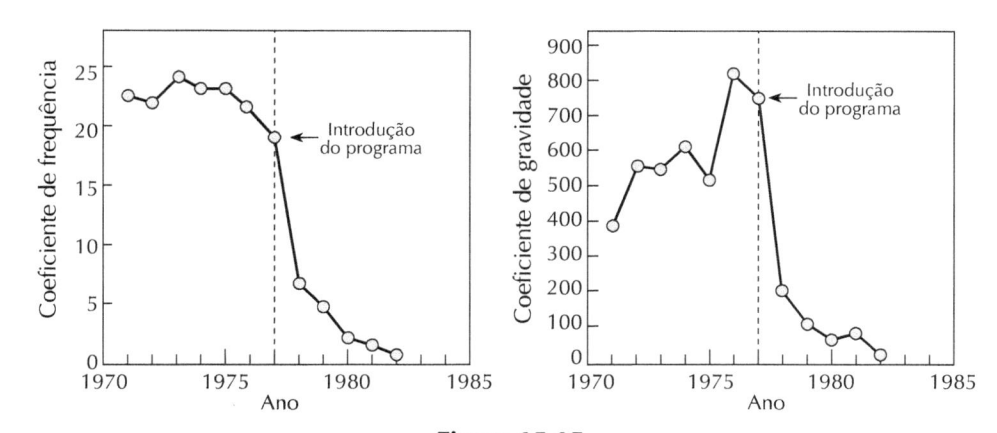

Figura 15.15

Evolução dos coeficientes de frequência e de gravidade de acidentes antes e depois da introdução de um programa de segurança do trabalho (Griffiths, 1985).

Um programa desse tipo pode ser facilmente justificado do ponto de vista econômico, além de poupar enormes sacrifícios humanos. Cada acidente provoca prejuízos materiais e despesas com tratamentos médicos, além das comoções e interrupções na produção. O tempo real perdido, na verdade, não envolve apenas aquele do trabalhador acidentado, mas de todos os outros que interrompem o seu trabalho para socorrer o colega acidentado, ou simplesmente para saber o que aconteceu, podendo gerar vários tipos de comentários ou boatos. Tudo isso sem falar que um acidente contribui para diminuir o ânimo e o moral dos demais trabalhadores, provocando queda da produtividade. A longo prazo, pode afetar a motivação dos trabalhadores e a própria imagem da empresa com a sociedade.

Esse programa de segurança da Dupont, embora tenha produzido resultados significativos, é criticado porque se baseia em uma visão tradicional e reducionista do problema. Esses programas consideram que a segurança é obtida aumentando-se a segurança de cada um dos vários componentes que configuram o sistema. Eles se sustentam em paradigmas lineares para explicar os acidentes. A visão atual faz abordagens mais abrangentes da segurança. Consideram a complexidade dos sistemas, analisando as interações entre os diversos componentes do sistema, e não apenas de certas variáveis isoladamente.

QUESTÕES

1. Que se entende por erro humano?

2. Diferencie erro de violação. Apresente exemplos comparativos.

3. Por que é importante analisar os incidentes críticos?

4. Apresente e comente pelo menos dois fatores relacionados aos acidentes.

5. Qual é a importância da homeostase do risco na prevenção de acidentes?

6. Quais são os argumentos a favor e contra a teoria da predisposição aos acidentes?

7. O que você entende por falhas latentes? Como ocorrem?

8. Como se pode construir a resiliência em uma organização?

9. Apresente pelo menos dois exemplos de barreiras aos acidentes.

10. Como se faz para implantar práticas seguras em uma organização?

EXERCÍCIOS

1. Descreva um acidente que você ou alguém de sua família tenha sofrido. Construa a árvore de falhas e faça uma análise fatorial desse acidente.

2. Identifique um ponto perigoso em alguma máquina ou equipamento. Apresente sugestões para aumentar a sua segurança.

3. Identifique uma situação real com risco de queda. Apresente sugestões para reduzi-lo.

16 FATORES HUMANOS NO TRABALHO

OBJETIVOS

Neste capítulo vamos examinar as características fisiológicas do organismo humano que influem no desempenho do trabalho. O estudo da adaptação humana ao trabalho abrange as transformações que ocorrem quando o organismo passa do estado de repouso para a atividade e também aquelas transformações de caráter mais duradouro, devido ao treinamento.

A monotonia, fadiga e motivação são três aspectos muito importantes, que devem interessar a todos aqueles que realizam análise e projeto do trabalho humano. A monotonia e fadiga estão presentes em quase todos os trabalhos e não podem ser totalmente eliminados, mas controlados e substituídos por ambientes mais interessantes e motivadores.

As questões da idade, sexo e deficiência no trabalho estão atraindo cada vez mais atenção dos pesquisadores. Antigamente, o paradigma do trabalhador era o homem adulto entre vinte e quarenta anos. Isso se referia, provavelmente, às tarefas que exigem maiores esforços físicos. Mas isso está sendo cada vez menos real, considerando que a maioria das tarefas atuais exige principalmente esforços cognitivos. Assim, outros segmentos da sociedade estão participando cada vez mais das atividades produtivas. Aí se inclui a participação crescente das mulheres em quase todas as atividades. As pessoas idosas também prolongam seu período de vida ativa.

Muitos conceitos utilizados neste capítulo já foram apresentados anteriormente no Capítulo 4 e reaparecerão aqui no contexto aplicado ao trabalho.

TÓPICOS

- Ritmo circadiano
- Indivíduo matutino
- Indivíduo vespertino
- Fases do sono
- Aprendizagem
- Modelo mental
- Esquecimento
- Fadiga no trabalho
- Mecanismos do estresse
- Redução do estresse
- Monotonia
- Motivação
- Teoria de Maslow
- Teoria de Alderfer
- Estudo de Herzberg
- Trabalho feminino
- Senilidade e trabalho

16.1 FATORES FISIOLÓGICOS NO TRABALHO

O organismo humano não tem um desempenho constante, pois pode mostrar-se mais apto ao trabalho em certos dias e horas. Nessas ocasiões, além de o rendimento ser maior, há também menores riscos de acidentes. Diversos fatores condicionam esse estado favorável à atividade. Alguns são intrínsecos à própria natureza, como o ritmo circadiano, e outros são deliberadamente realizados pelo ser humano, como nos casos de ginásticas de aquecimento e treinamentos. Vamos examinar aqueles mais importantes para o trabalho humano.

RITMO CIRCADIANO

O organismo humano apresenta oscilações em quase todas as suas funções fisiológicas com um ciclo de 24 horas. Daí o nome de circadiano, derivado do latim *circa dies*, que significa "cerca de um dia" – os ritmos circadianos não devem ser confundidos com a teoria dos biorritmos, que não tem comprovação científica (Wolcott et al., 1977).

Assim, por exemplo, o rim produz menos urina durante a noite e a sua composição noturna é diferente da diurna, sendo mais ácida à noite. A produção de hormônios corticais nas glândulas suprarrenais atinge o mínimo entre 4 h e 6 h da manhã e o máximo por volta das 12 h. O mesmo acontece com diversas outras funções fisiológicas.

A variável fisiológica mais importante para o trabalho e de medição relativamente fácil é a *temperatura interna* do corpo (é diferente da temperatura superficial da pele). Ela sofre oscilações de 1,1 °C a 1,2 °C durante o dia, variando entre 36,2 °C e 37,4 °C, embora se observem diferenças individuais. Essa temperatura começa a subir por volta das 8 h da manhã e mantém-se elevada até 22 h, quando começa a cair, atingindo o mínimo entre duas e quatro horas da madrugada. Depois, volta a subir, para completar o ciclo.

O ritmo circadiano e os demais indicadores fisiológicos são comandados pela presença da luz solar. Assim, mesmo no caso de trabalhadores que trabalham à noite e dormem durante o dia, esse ritmo mantém-se quase inalterado, havendo apenas pequenas adaptações, que demoram cerca de duas semanas para ocorrer.

O ritmo circadiano apresenta variações entre os indivíduos, pois o relógio biológico de cada um é que define o horário de dormir e despertar e, portanto, o período de maior desempenho e bem-estar. Esta característica individual é denominada cronotipo.

MATUTINOS E VESPERTINOS

A cronobiologia, que estuda os ritmos circadianos e os cronotipos, aponta que uma população pode ser dividida em pelo menos três cronotipos: os indiferentes, e os que estão no extremo de um continuo: os matutinos e os vespertinos.

Matutinos – São aqueles que acordam de manhã com mais facilidade, apresentam melhor disposição na parte da manhã e costumam dormir cedo. A sua temperatura sobe mais rapidamente, a partir das 6 h e atinge a máxima por volta das 12 h (Figura 16.1).

Vespertinos – Têm dificuldade de acordar cedo, mas tornam-se mais ativos à tarde e no início da noite. A temperatura corporal sobe mais lentamente na parte da manhã e atinge a máxima só por volta das 18 h. Embora demonstrem menor disposição na parte da manhã, são mais adaptáveis ao trabalho noturno.

Em uma população, os casos extremos de indivíduos tipicamente matutinos ou vespertinos constituem minoria. A maioria distribui-se em posições intermediárias, com diversos graus de tendências entre esses dois extremos. O cronotipo pode ser identificado por meio de um questionário de matutinidade/vespertinidade, desenvolvido por Horne e Ostberg (1976) e traduzido pelo Grupo Multidisciplinar de Desenvolvimento e Ritmos Biológicos da USP.

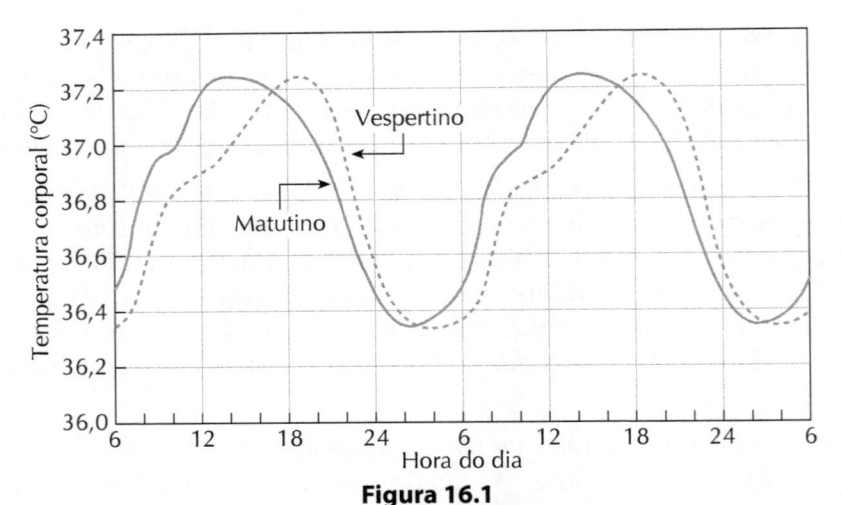

Figura 16.1
Variações da temperatura corporal durante o dia para indivíduos matutinos e vespertinos, devidas ao ritmo circadiano.

Importância do ritmo circadiano

Existem resultados comprovados da influência do ritmo circadiano no nível de alerta e desempenho no trabalho. Experimentos realizados em tarefas de inspeção demonstram que os matutinos são mais eficientes na parte da manhã para detectar falhas, enquanto os vespertinos são superiores na parte da tarde (Figura 16.2), com diferenças estatisticamente significativas entre esses dois grupos.

Diversas pesquisas comprovam as oscilações da atenção, vigilância e sono durante as 24 horas do dia. Uma pesquisa realizada em uma usina sueca de gás que funciona ininterruptamente registrou, diariamente, durante dezenove anos, os erros cometidos pelos controladores (Berjner, Holm e Swensson, 1955). Foram verificados 75 mil erros em 175 mil observações realizadas. Analisando-se a distribuição desses erros durante as horas do dia, constatou-se a existência de dois picos (Figura 16.3). Um deles entre 12 h e 14 h e outro entre 2 h e 4 h, com predominância do segundo.

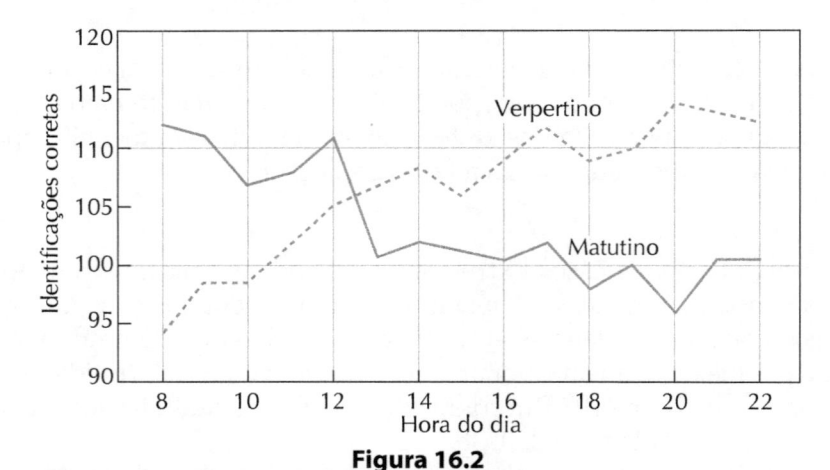

Figura 16.2
Número de falhas corretamente identificadas por elementos dos tipos matutino e vespertino, durante o dia. O matutino apresenta melhor desempenho na parte da manhã, e o vespertino, na parte da tarde (Horne, Brass e Pettitt, 1980).

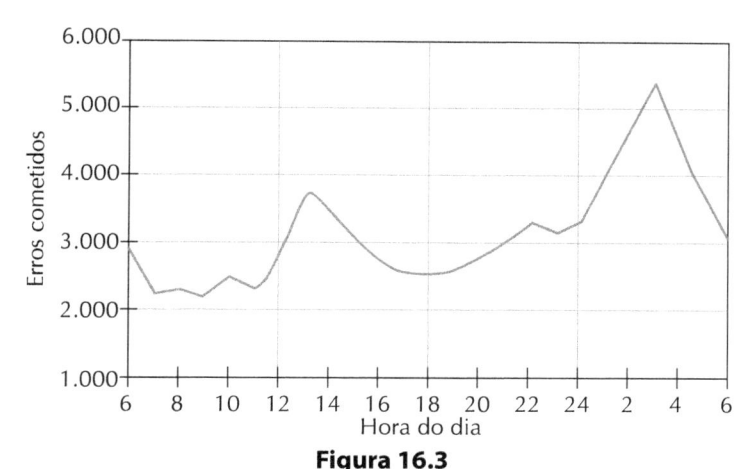

Figura 16.3
Influência dos horários na quantidade total de erros cometidos por controladores em uma usina de gás.
Às 3 h da madrugada, o número de erros chega a ser o dobro daquele do turno da manhã
(Berjner, Holm e Swensson, 1955).

Outra pesquisa foi realizada com quinhentos motoristas de caminhão, que não tinham horários determinados de trabalho (Grandjean, 1998). Foi perguntado a eles em que horas do dia sentiam mais sono, quando, praticamente, dormiam ao volante. A Figura 16.4 apresenta as frequências das respostas obtidas. Observa-se a existência de dois picos. Um durante o dia, em torno das 12 h às 15 h, e outro após a meia-noite, principalmente entre 23 h e 5 h, com predominância do segundo.

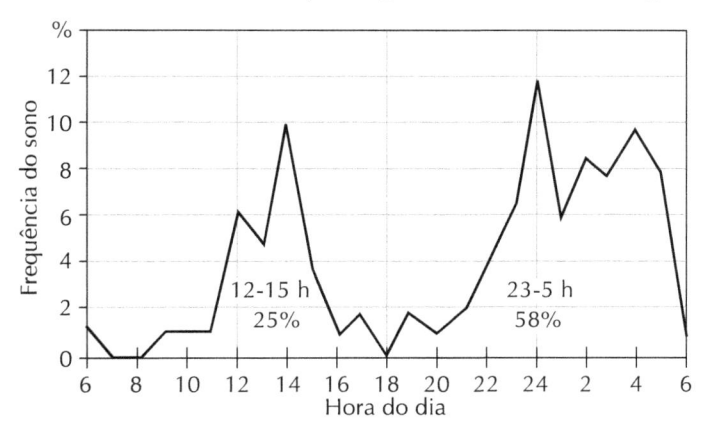

Figura 16.4
Frequências do sono ao volante, em relação às horas do dia, manifestados por 500 motoristas de caminhão (Grandjean, 1998).

Os resultados dessas duas pesquisas podem ser explicados pelo efeito do ciclo circadiano. Estudos em cronobiologia (Monk et al., 1996) mostram que a maioria das pessoas apresenta duas quedas na curva de alerta, nos momentos em que sentem mais sono. Uma delas ocorre entre 2 h e 6 h da madrugada, e a outra, entre 14 h e 16 h da tarde. Essa segunda, conhecida como hora da sesta (*post-lunch dip*) ocorre mesmo que não tenham ingerido comida. No sentido inverso, as pessoas apresentam também dois picos de alerta. O primeiro ocorre entre 11 h e 12 h, e o segundo, entre 18 h e 19 h. Naturalmente, há grandes variações individuais dessas curvas.

DIGESTÃO E RITMO BIOLÓGICO

Após ingestão de refeições há um amortecimento da vigília, devido à sobrecarga dos órgãos digestivos. Isso ocorre porque maior quantidade de sangue é desviada para os músculos do estômago para fazer a digestão, reduzindo o sangue disponível para a atividade muscular esquelética. A qualidade da comida também pode influenciar. As refeições "pesadas" dificultam a digestão, e o organismo fica menos apto para o trabalho. Na maioria dos casos, uma pausa de 45 a sessenta minutos para almoço é suficiente para a digestão (Grandjean, 1998). Se essa pausa não for respeitada, há uma tendência de aumento dos erros e acidentes, devido ao menor nível de alerta nesse período.

RITMO CIRCADIANO E O SONO

O ritmo circadiano é comandado por dois "relógios", que controlam as funções vitais. Eles têm um ciclo regular de 24 horas e são ajustados pela luz solar. Um deles controla os períodos de sono e vigília, e o outro, as funções fisiológicas, como a temperatura corporal e batimentos cardíacos. Em condições normais, há uma sincronização entre esses dois relógios. Assim, a temperatura corporal e outras funções fisiológicas aumentam quando estamos acordados e decaem quando dormimos.

Contudo, o sincronismo entre esses dois relógios pode ser perturbado, por exemplo, quando se trabalha no período noturno. Um dos relógios abaixa o ritmo dos níveis fisiológicos, indicando que está na hora de dormir. O outro relógio "diz" que está na hora de trabalhar, e não de dormir. Há um conflito entre eles e o organismo procura compatibilizá-los. O processo de adaptação dura cerca de duas semanas, mas não ocorre de forma completa. Ao contrariar o ritmo natural do organismo, consegue-se apenas uma adaptação parcial aos novos horários de dormir e de acordar.

Uma pessoa adulta dorme, em média, oito horas diárias. Mas há muitas variações individuais, situando-se em torno de 8 ± 2 horas, ou seja, entre seis e dez horas. Existem alguns casos extremos de pessoas que só precisam de três a quatro horas de sono. Se uma pessoa dormir menos que o seu organismo exige, acaba acumulando um débito, que poderá ser compensado nos finais de semana ou em dias de folga, de modo que a média diária seja mantida.

Durante o sono há uma recuperação das capacidades física e mental, sendo que a mental é mais importante. A fadiga mental provoca irritação e redução na qualidade das tarefas que exigem atenção e concentração mental. Alguns pesquisadores sugerem que a fadiga física seria uma consequência dessa fadiga mental.

FASES DO SONO

O sono não é um processo homogêneo. Durante o sono há uma sucessão de quatro fases: adormecimento, sono superficial, sono profundo e REM (*rapid eye moviments*). Em cada uma dessas fases há variações de índices fisiológicos, como o ritmo cardíaco, ritmo respiratório, tônus muscular e atividades elétricas do cérebro (EEG).

A primeira fase, de adormecimento, marca o início do sono e dura de um a sete minutos. Depois disso, há uma sucessão das outras fases, com diferentes durações, e que se repetem a cada noventa a cem minutos (Figura 16.5). Na fase REM, o cérebro torna-se ativo, como se estivesse acordado, os olhos movem-se rapidamente e os sonhos são frequentes. Nessa fase ocorre a máxima desconcentração muscular e há dificuldade em acordar. Um sono só é considerado reparador e de boa qualidade se atingir algumas fases REM.

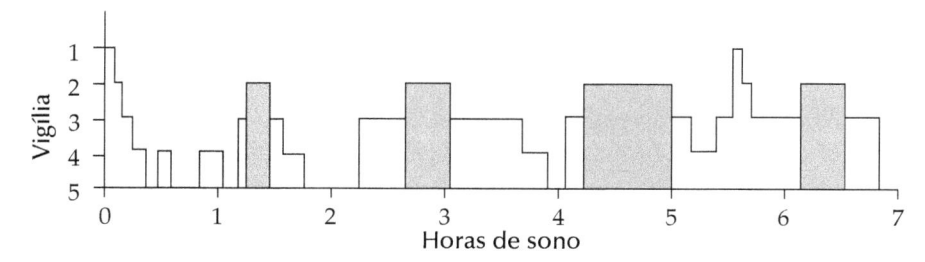

Figura 16.5
Representação esquemática da sucessão de fases do sono. As áreas sombreadas indicam as fases REM (Grandjean, 1998).

Diversas substâncias estimulantes costumam ser usadas pelos trabalhadores para "espantar" o sono e manter a vigilância. Os mais comuns são cafeína, fumo e álcool.

CAFEÍNA

A cafeína é um estimulante rapidamente absorvido pela corrente sanguínea. Em geral aumenta a vigilância, reduz a inibição, alivia a fadiga e provoca queda do apetite. Ao tomar uma xícara de café, chá ou ingerir uma barra de chocolate, há um aumento do ritmo cardíaco, entre duas a dez batidas por minuto, durante cinco a quinze minutos. O seu efeito cessa em meia hora.

Experimentos realizados com pessoas que consumiam doses de 0,2 a 0,4 g de cafeína demonstraram um aumento do nível de atenção, com redução dos tempos de reação. Os motoristas que consumiam 0,2 g de cafeína e se submetiam a testes de direção durante noventa minutos demonstraram maior atenção, com uma significativa diminuição dos tempos para acelerações e desacelerações. Esses resultados foram obtidos em comparação com um grupo de controle que havia recebido placebo.

Mas ela produz também alterações fisiológicas, elevando a temperatura corporal, acelerando o ritmo cardíaco e aumentando o consumo de oxigênio. Entretanto, cada pessoa tem um determinado nível de tolerância. Se este for ultrapassado, ocorrem diversos efeitos nocivos, como a indigestão, nervosismo e insônia. Em alguns casos crônicos, o consumo excessivo da cafeína pode provocar patologias mais sérias.

FUMO

O fumo contém monóxido de carbono à razão de 4% do seu volume. Esse gás tem afinidade de duzentas a trezentas vezes maiores do que a do oxigênio para combinar com a hemoglobina do sangue. Como essas hemoglobinas funcionam como "carrinhos" para transportar oxigênio dos pulmões para os músculos, o monóxido de carbono tenderá a ocupar os lugares do oxigênio, reduzindo a capacidade circulatória para transportar oxigênio.

As pessoas que fumam de quinze a 25 cigarros por dia apresentam uma taxa de 6,3% de hemoglobina combinada com o monóxido, o que resulta numa redução de 5% a 10% de sua capacidade aeróbica, comprometendo a sua capacidade física.

Uma pesquisa realizada na Inglaterra entre 285 atletas mostrou que havia, entre eles, 16% de fumantes, mas todos estavam no grupo que dependia mais de suas habilidades motoras (como tiro ao alvo) do que de esforço físico contínuo. Entre os corredores de longa distância, por exemplo, não foi encontrado um único fumante. Além disso, o fumo contém uma grande mistura de substâncias tóxicas e cancerígenas que têm efeito depressivo e reduzem a capacidade física dos fumantes.

A longo prazo, o fumo pode provocar danos irreversíveis, como doenças vasculares e diversos tipos de câncer. Recentes pesquisas demonstraram que os não fumantes (fumantes passivos), confinados no mesmo ambiente dos fumantes, apresentam os mesmos sintomas destes, ao respirarem o ar contaminado. Isso é agravado em ambientes fechados, como os com ar condicionado.

ÁLCOOL

O álcool (etanol) mistura-se em qualquer proporção com água e, portanto, com o sangue. Uma vez ingerido, passa facilmente para a corrente sanguínea e atinge os órgãos bem abastecidos de sangue, como o cérebro, pulmões, fígado e rins. O teor máximo de álcool no sangue ocorre meia hora após a sua ingestão. A sua eliminação começa no momento da ingestão e ocorre gradativamente, até que a concentração se torne muito baixa. Se o volume ingerido for grande, pode demorar de seis a oito horas até que o fígado tenha tempo suficiente para eliminá-lo. Esse processo não pode ser acelerado.

O álcool destilado (cachaça) é absorvido mais rapidamente que o fermentado (cerveja). Se for acompanhado de alimento, o ritmo de absorção pode ser retardado. Entretanto, esse ritmo depende da composição do alimento. É mais lento com carboidratos, médio com gorduras e rápido com proteínas. Além disso, há muitas diferenças individuais. Mulheres, pessoas obesas e idosas são mais suscetíveis ao efeito do álcool. Há influência também do ritmo circadiano. No início da tarde, quando o organismo está mais ativo, o seu efeito manifesta-se mais rapidamente do que à noite.

Em doses muito pequenas, de até 0,01% do volume do sangue, o álcool pode ser benéfico ao sistema cardiovascular. Porém, a partir disso, começam a aparecer os *efeitos nocivos*, agravando-se a partir de 0,07%. A concentração acima de 0,1% no sangue provoca depressão e mudanças de humor, como gargalhadas ou choro compulsivo. A 0,2% provoca perda de controle emocional, e o estado de coma advém a 0,4% (Kroemer, Kroemer e Kroemer-Elbert, 1994).

O álcool prejudica tanto o sistema neurológico como o muscular. No sistema neurológico, retarda a transmissão dos impulsos nervosos nas junções sinápticas e afeta o córtex cerebral, causando falhas na memória, distúrbios de linguagem e descontrole motor. O tempo de reação começa a aumentar a partir da concentração de 0,07% no sangue. A sensibilidade tátil é reduzida, assim como a olfativa. As acuidades visual e auditiva são menos suscetíveis. Em tarefas complexas, observam-se retardamentos das respostas motoras e há maior incidência de erros.

O álcool prejudica também o sistema muscular, provocando degradação dos movimentos. Há perdas de velocidade e precisão. A pessoa alcoolizada não consegue andar em linha reta. Os motoristas alcoolizados não conseguem dirigir em linha reta e apresentam dificuldades para desviar-se dos obstáculos, reagir rapidamente aos incidentes e estacionar. Na indústria, foram constatados diversos efeitos negativos, prejudicando tanto a qualidade como a quantidade da produção. Com o teor de 0,09%, a produtividade é reduzida a 50%.

Portanto, o álcool, mesmo em dosagens pequenas, pode trazer consequências danosas ao trabalho. Há reduções da percepção, capacidade de tomar decisões corretas, memória, fala, aumento do tempo de reação e degradação do controle motor. Em consequência, os erros, acidentes e a produtividade são seriamente afetados. Infelizmente, o álcool também reduz a capacidade de autocrítica. Assim, uma pessoa alcoolizada tem dificuldade de reconhecer os seus erros.

16.2 CONHECIMENTO, APRENDIZAGEM E TREINAMENTO

Conhecimento é tudo que aprendemos e sabemos. Aprendizagem é o processo de aquisição de novos conhecimentos. Treinamento é o enriquecimento da memória com conhecimento operacional.

INFORMAÇÃO E CONHECIMENTO

Há uma diferença conceitual entre informação e conhecimento. *Informação* é uma notícia impressa no jornal, um dado armazenado no computador ou aquilo que se pode acessar pela Internet. O *conhecimento* já envolve algum tipo de operação ou uso dessa informação. Por exemplo, um motorista pode receber informação sobre um acidente no caminho. Diante dessa informação, ele pode usar seus conhecimentos sobre o tráfego e traçar uma via alternativa.

O conhecimento está armazenado na memória de longa duração. Como já vimos (p. 470), ele pode ser de caráter declarativo ou operacional. O conhecimento declarativo armazena conteúdos semânticos em forma de fatos, imagens ou sentimentos. O conhecimento operacional é aquilo que sabemos fazer, como cozinhar ou dirigir um automóvel.

O conceito de conhecimento pode ser estendido às organizações. Assim, uma organização, como uma empresa, adquire conhecimentos, armazena-os e os usa em suas operações. Uma empresa possui tanto os conhecimentos declarativos como aqueles operacionais. Conhecimentos declarativos são de natureza "estática", como os relatórios, normas técnicas, manuais de operação, endereços dos fornecedores e outros. Os conhecimentos operacionais indicam "como" fazer: como projetar, como fabricar, como controlar a qualidade, como distribuir, e assim por diante.

GESTÃO DO CONHECIMENTO

No mundo moderno, o domínio de certos conhecimentos (*software*) tornou-se muito precioso para algumas empresas, superando os valores materiais (*hardware*). Empresas que usam muitos conhecimentos são classificadas na categoria de *conhecimentos intensivos*. Para essas empresas, a gestão do conhecimento tem se transformado em uma das suas principais preocupações. Essa gestão atua nas fases de aquisição, recuperação e codificação das informações, para que elas possam ser utilizadas quando forem necessárias.

Aquisição – É a tarefa de capturar a informação, classificá-la e armazená-la de forma estruturada, para futuros usos. Essa tarefa assemelha-se a guardar um novo livro na biblioteca. Se não for adequadamente classificado e colocado na estante correta, será praticamente impossível localizá-lo depois, no meio de milhares de outros livros. Nessas condições, a informação ficará praticamente perdida.

Recuperação – É a tarefa de buscar a informação armazenada na ocasião em que se necessita dela. Para isso, é necessário filtrar e selecionar somente aquela informação relevante para o usuário, seja ele individual ou organizacional. Dessa forma, as pessoas podem receber informações que tenham significado e valor para o seu trabalho, sem perder tempo com informações inúteis.

Codificação – Codificação é o uso da informação própria a uma empresa, grupo ou em tarefas específicas. Isso é facilitado, por exemplo, pelo uso de um vocabulário padronizado, também chamado de "jargões" profissionais, para designar os conceitos restritos a certa área de trabalho. Quando a linguagem natural não oferecer precisão suficiente para designar os vários conceitos, pode-se criar um código próprio para essas comunicações específicas. Isso ocorre, por exemplo, na comunicação entre os pilotos e as torres dos aeroportos, no sistema de controle do tráfego aéreo.

Atualmente, a maioria das empresas usa sistemas informatizados (*e-mail*, intranet) e o volume de informações disponíveis é muito grande. O excesso de informações pode ser prejudicial. Em vez de ajudar, acaba atrapalhando. Então, o maior problema está em estabelecer um critério adequado para as três etapas acima descritas, para que não haja aquisição e armazenamento de informações inúteis, que jamais serão utilizadas. Na hora da recuperação, devem ser obtidas apenas aquelas informações realmente relevantes e que se relacionem com o trabalho em execução.

COMUNICAÇÕES DENTRO DAS EQUIPES DE TRABALHO

O sucesso de um trabalho em equipe depende muito das comunicações eficazes entre seus membros. Isso se torna mais importante à medida que a complexidade dos sistemas vai crescendo e muitas decisões devem ser tomadas. Por exemplo, até a década de 1980, os programas de computador eram relativamente simples e podiam ser desenvolvidos por um único programador. Os ergonomistas analisavam o trabalho desse programador solitário e depois generalizavam as suas conclusões para o grupo. Hoje, as programações são complexas e dependem da cooperação mútua entre vários especialistas e intensa troca de informações entre eles.

Os programadores que fazem parte de uma equipe trocam muitas informações entre si, usando basicamente três meios: comunicação pessoal; telefone; e Internet. A *comunicação pessoal* é mais eficaz para os aspectos estratégicos e criativos. Ela deve ser usada principalmente na fase inicial dos trabalhos, envolvendo discussões em grupo, para que o objetivo fique bem claro para todos, inclusive na atribuição das tarefas e responsabilidades que cabem a cada participante. São recomendadas principalmente nos casos que envolvem ajustes ou negociações entre esses participantes. Já o *telefone* é usado para informações mais superficiais, para confirmar uma informação, esclarecer dúvidas ou agendar um compromisso, mas tem a grande desvantagem de ser transitente. A *Internet* é eficaz para os detalhes técnicos e operacionais, podendo incluir, além da linguagem, imagens, vídeos, gráficos e desenhos. Outra vantagem da Internet é a possibilidade de registro e armazenamento, podendo imprimir ou guardar para uso posterior.

As comunicações, principalmente aquelas de natureza pessoal, dependem da *confiança mútua* entre pessoas. Ela pode ser muito intensa entre as pessoas que se confiam mutuamente e pequena ou até nula quando não houver essa confiança. Quando essa confiança for baixa, as comunicações tendem a ser mais formalizadas e "frias". Esse tipo de comunicação não ajuda o processo criativo, porque não são "enriquecedoras". Portanto, o sucesso do grupo vai depender do uso adequado desses meios de comunicação e da confiança mútua entre as pessoas da equipe.

MODELO MENTAL E APRENDIZAGEM

Durante a aprendizagem, uma pessoa adquire conhecimentos sobre as relações estruturais e o funcionamento do sistema em que atua. Com esses conhecimentos, ela constrói um modelo mental do sistema, abrangendo as representações da sua estrutura e do funcionamento. O modelo mental (Figura 16.6) permite que uma pessoa simule mentalmente o funcionamento de um sistema, do tipo: "se eu apertar essa tecla vai acontecer tal coisa".

Quem projeta um sistema deve desenvolver o modelo completo de funcionamento desse sistema. Contudo, do outro lado, os seus usuários não têm essa percepção global. Eles tomam conhecimento do sistema gradativamente. Aos poucos, com a experiência, vão descobrindo novas relações e detalhes do sistema. (É como aquela anedota dos cegos apalpando um elefante. Aquele que pegar a tromba dirá que o elefante é um conjunto de tubos rugosos e flexíveis. O que pegar a orelha, que são folhas largas, lisas e flexíveis. O marfim, que é um cone duro, liso e pontudo, e assim por diante.) Cabe, portanto, ao projetista do sistema permitir que o usuário novato construa um modelo mental correto desde as primeiras "apalpadas".

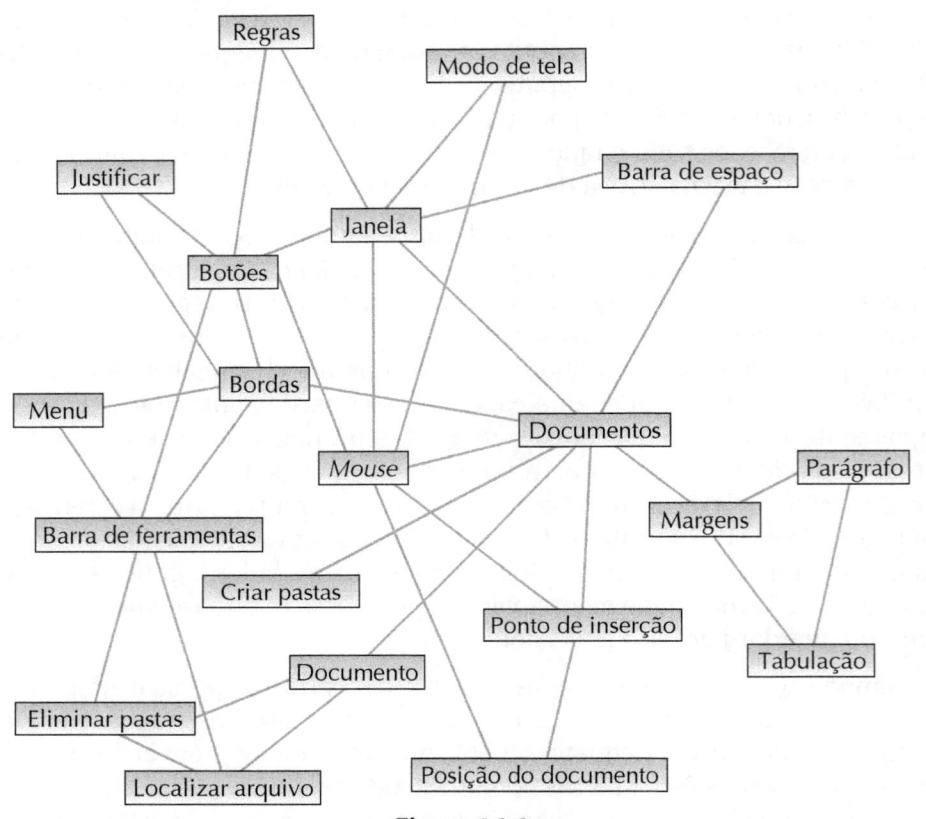

Figura 16.6
Rede conceitual dos usuários de um processador de textos (Cañas e Waerns, 2001).

TRANSFERÊNCIAS DE MODELOS MENTAIS

Para facilitar a aprendizagem exploratória, o projetista de sistemas deve partir de modelos mentais que já existam no repertório dos aprendizes. Deve aproveitar as habilidades já desenvolvidas na operação de algum sistema anterior, para fazer extrapolações a partir delas. Assim, o tempo de adaptação será abreviado, além de reduzir os erros na operação do novo sistema. Nesse caso, o modelo mental do sistema antigo é transferido para o novo e dizemos que há uma *transferência positiva* do aprendizado. Um bom projeto de sistema deve ser composto de sub-rotinas coerentes com certa lógica já estabelecida, para que o usuário possa entendê-lo com mais facilidade, usando essa transferência positiva do aprendizado.

Em caso contrário, quando ele não puder aplicar o modelo mental já existente, terá dificuldade na aprendizagem, cometerá mais erros e será incapaz de agir diante de eventos inesperados. No caso da transferência positiva, torna-se capaz de prever com certa segurança o comportamento do sistema e saberá como agir em casos imprevistos.

A aprendizagem por exploração torna-se mais fácil também quando houver *semelhança semântica* entre a imagem que aparece na interface e a ação pretendida. Essa correspondência semântica entre a imagem e sua ação também contribui para reduzir o tempo necessário à aprendizagem. A Figura 16.7 mostra alguns exemplos. Os ícones à direita apresentam maior semelhança semântica com os seus respectivos significados. Na linha superior, o nível de carga da bateria fica melhor representado usando-se a figura da própria bateria. A representação da lupa para indicar o caminho "Para onde?" é pobre porque, além de ser estática, pode conotar outros significados, como ampliar a imagem. Naturalmente, a figura do mapa tem uma ligação mais direta com a ação pretendida de indicar o caminho. Na linha inferior, os ícones para alterar o volume do som e utilizar ferramentas também têm uma conotação direta com as ações pretendidas.

Figura 16.7
A semelhança semântica entre o ícone e a ação pretendida facilita a aprendizagem.

APRENDIZAGEM POR PROCESSO EXPLORATÓRIO

Aprender significa adquirir conhecimentos e armazená-los na memória de longa duração. O processo de aprendizagem de uma tarefa geralmente começa com uma apresentação verbal, em que se descreve como deve ser realizada a tarefa. Essa informação inicial é armazenada em forma declarativa. Com o treinamento posterior na execução da tarefa, a informação adquire a dimensão operacional, transformando-se em conhecimento.

Por exemplo, para aprender a usar um novo processador de textos, podemos adquirir conhecimento declarativo lendo o manual, ouvindo a explicação de um professor ou seguindo uma instrução programada.

Entretanto, nos casos práticos, os usuários raramente fazem leitura dos manuais ou dispõem de professores ou instrução programada. Observando-se como as pessoas aprendem na prática, verificou-se que elas preocupam-se em aprender apenas alguns *fragmentos* do sistema que consideram importantes e que estejam diretamente relacionados com o trabalho em execução. Depois aprendem gradativamente outras facetas, em um processo exploratório, por tentativas e erros.

Nesse processo *exploratório*, o usuário procura imagens (palavras, ícones, menus) que possam estar relacionadas com a tarefa que pretende realizar. Isso indica que a interface deve ser projetada de modo que as imagens apresentadas estejam relacionadas com essa tarefa.

Os modernos programas de computadores são elaborados para que se possam executar algumas tarefas básicas com pouca ou nenhuma instrução. Isso acontece também com os jogos eletrônicos. Ao receberem *feedbacks* imediatos de suas ações, as pessoas são encorajadas a prosseguir, principalmente se houver uma recompensa pelos acertos. Os usuários desses sistemas acabam desenvolvendo seus próprios *modelos mentais* sobre o funcionamento do sistema. A partir dessa experiência empírica, eles se tornarão capazes de prever os resultados de novas ações. Com o aumento da autoconfiança, tornam-se capazes de executar ações cada vez mais complexas.

MODELO MENTAL E NAVEGAÇÃO

Os modelos mentais não são estáticos. Eles evoluem à medida que as pessoas adquirem experiência, e podem ser corrigidos, simplificados ou acrescidos de novos detalhes. À medida que adquirem experiência, os operadores introduzem simplificações em seus modelos mentais, baseando-se em sua experiência. Essas simplificações são feitas a favor da eficiência, pois os operadores experientes constroem atalhos, preservando as conexões importantes, para obter os resultados pretendidos.

Um projetista de sistema pode conceber um sistema flexível, que vai se adaptando, à medida que o operador adquire experiência. Ele pode providenciar atalhos para os operadores experientes. De qualquer forma, é necessário haver alguns indicadores *durante* o processo para conferir se a rota está correta (e não apenas ao final da operação). Se ocorrer algum erro, o operador deve ser avisado o mais rápido possível, com um alarme do tipo "bip".

Cañas e Waerns (2001) descrevem um experimento em que foram comparados os modelos mentais de dois grupos de *pilotos* de aviões de caça. Um deles era constituído de novatos, com duzentas horas de voo e pouca experiência em situações de combate. Outro, de pilotos veteranos, com média de 2.500 horas de voo e com experiência em situações simuladas de combate aéreo.

Os novatos conheciam melhor os procedimentos gerais de voo, mas apresentavam um desempenho inferior nas situações de combate. O modelo mental dos novatos apresentava maior número de conexões (49) do que dos veteranos (37). Contudo, descobriu-se que essa simplificação daqueles veteranos não era feita aleatoriamente. Eles descartavam as relações pouco importantes e preservavam aquelas ligações importantes, o que indica uma maior clareza das suas relações conceituais, que leva à maior eficiência operacional. Desse modo, a experiência funciona como um filtro. As pessoas experientes tendem a simplificar os modelos mentais, mas preservam as conexões importantes para atingir os mesmos objetivos de maneira mais eficaz.

ADAPTAÇÃO E TREINAMENTO

O organismo apresenta várias adaptações fisiológicas durante o processo de aprendizagem. Um novato, realizando uma tarefa pela primeira vez, sentirá mais dificuldade que uma pessoa experiente, já acostumada a essa tarefa. O novato vai fazer movimentos bruscos, deselegantes, cometer mais erros, e sentir-se mais estressado e fatigado.

No dia seguinte já sentirá menos dificuldades. Com o tempo, a sua coordenação muscular vai melhorando e os seus movimentos se tornam mais suaves e harmoniosos. Em consequência, o consumo de energia se reduz, a fadiga diminui e a sua produtividade aumenta. Um trabalhador experiente consegue regular o seu gasto energético, de modo que possa suportar bem a jornada de trabalho sem grandes oscilações.

CURVA DE APRENDIZAGEM

Pesquisas realizadas com a curva de aprendizagem demonstram que o tempo do ciclo se reduz em *escala logarítmica* em função do número de vezes que uma tarefa é repetida. Isso significa que, no início, essa redução é rápida, e depois vai se atenuando gradativamente. A velocidade dessa redução depende de vários fatores. Em geral, com cinquenta a cem ciclos, o tempo pode chegar à metade ou um terço do tempo inicial. Há casos em que, após 10 mil ciclos, ainda se observam reduções de tempo.

A curva de aprendizagem nem sempre é contínua. Às vezes, o tempo do ciclo sofre quedas bruscas, indicando que o trabalhador encontrou um método melhor para executar o trabalho com a experiência adquirida. A energia gasta também pode reduzir-se à metade da inicial ao cabo de um período de dez dias de trabalho, acontecendo reduções semelhantes com outros índices fisiológicos como a frequência cardíaca e a temperatura corporal. Essas reduções de tempo dependem ainda de diferenças individuais. Certas pessoas apresentam maior velocidade nessa redução, sendo que algumas não conseguem ultrapassar determinados limites.

FASES DA APRENDIZAGEM

Diversas transformações ocorrem no organismo do trabalhador durante a aprendizagem, tornando-o mais apto a executar a tarefa. Estas podem ser classificadas em quatro fases.

Fase 1. Aprendizagem da sequência de atividades – Envolve a execução de uma instrução escrita ou verbal, ou a imitação de um comportamento. Nesse particular, observa-se que a maioria dos trabalhadores industriais com alguma experiência anterior é capaz de executar rapidamente uma sequência relativamente longa de atividades. Desse modo, em geral, não há necessidade de fracioná-la em subconjuntos mais simples.

Fase 2. Ajuste dos canais sensoriais – Os canais sensoriais usados para obter informações sobre a tarefa vão se modificando, à medida que o trabalhador vai adquirindo habilidade. Um exemplo típico é a crescente participação do senso cinestésico, substituindo a visão. Por exemplo, uma pessoa que está aprendendo a andar de bicicleta sempre olha para os pés na hora de posicioná-los nos pedais, e depois torna-se capaz de fazer esse movimento "às cegas", somente com o uso do senso cinestésico.

Com o tempo, o trabalhador acaba selecionando um conjunto de canais sensoriais que transmitem só as *informações essenciais* para o seu trabalho. Observa-se também um uso mais eficiente dessas informações, com a simplificação do modelo cognitivo. A atenção passa a concentrar-se naqueles aspectos realmente importantes, ignorando aqueles menos significativos. Além disso, há melhor sincronização entre informações e ação, de modo que as primeiras são obtidas no tempo certo em que se tornam necessárias.

Fase 3. Ajuste dos padrões motores – Ocorre uma adaptação dos padrões motores, com uma seleção mais adequada dos movimentos corporais (como a escolha do dedo correto para cada manipulação), em resposta aos estímulos recebidos dos canais sensoriais. Há também uma melhoria na velocidade, trajetória e ritmo dos movimentos. Por exemplo, um trabalhador experiente pode arrumar as peças para montagem em uma sequência que favoreça as fixações visuais e de forma que elas sejam apanhadas com a mão, logo após ocorrerem essas fixações visuais, sincronizando a visão com os movimentos das mãos.

O tempo necessário para se adquirir padrões consistentes, tanto dos canais sensoriais como dos movimentos motores, está diretamente relacionado com a variância (dispersão) desses padrões. Ou seja, quanto menor for a variância, mais rapidamente esses padrões serão alcançados, aumentando-se a precisão e a constância dos movimentos.

Fase 4. Redução da atenção consciente – Na última fase de aquisição de habilidade, o trabalhador passa a executar a ação de forma "automática", sem necessidade de muitas informações. Dizemos que ele passa a operar no "piloto automático". Apenas algumas informações "chave" servem para monitorar a tarefa, que é interrompida quando se percebe a ocorrência de alguma anormalidade.

Dessa forma, os trabalhadores experientes passam a necessitar de menos informações para as suas tarefas rotineiras, preservando apenas aquelas mais importantes, e desenvolvem, paralelamente, sensibilidade para fazer *controle por exceção*. Isso significa que, quando uma informação recebida não corresponder à sua expectativa, voltam a ser acionados os canais sensoriais, como a visão, que haviam sido "dispensados" pelo efeito da aprendizagem. Essa simplificação da atenção consciente sobre a tarefa ocorre aleatoriamente, pela prática de cada um, mas pode ser introduzida intencionalmente durante o treinamento, fazendo com que o trabalhador passe a ignorar deliberadamente certas informações, mantendo apenas aquelas consideradas essenciais ou aquelas que indiquem algum tipo de anormalidade.

Curva de esquecimento

A curva de esquecimento ocorre quando uma ação aprendida deixa de ser praticada durante algum tempo. Ela funciona como uma curva de aprendizagem invertida. Por exemplo, se uma fábrica substituir o produto A pelo produto B, precisa fazer o treinamento dos trabalhadores para a fabricação desse novo produto. Estes, provavelmente esquecerão as habilidades que tinham antes, quando fabricavam o produto A. Começa a ocorrer o esquecimento do produto A e o trabalhador entra em novo ciclo de aprendizagem para fabricar o produto B, e assim sucessivamente.

Se a produção de A for posteriormente retomada, a produtividade será baixa, no início, devido ao esquecimento ocorrido. Esse esquecimento poderá ser atenuado com frequentes cursos ou treinamentos de reciclagem, por exemplo, como ocorre nas práticas de primeiros socorros. Assim, tanto a aprendizagem como o esquecimento acarretam custos adicionais para a empresa.

16.3 Fadiga no trabalho

Fadiga é o efeito de um trabalho continuado, provocando uma redução reversível da capacidade do organismo. Geralmente resulta na degradação qualitativa e quantitativa desse trabalho. A fadiga é causada por um conjunto complexo de fatores, cujos efeitos são cumulativos. Em primeiro lugar, estão os fatores fisiológicos, relacionados com a intensidade e duração do trabalho físico e mental. Depois, há uma série de fatores psicológicos, como a monotonia, a falta de motivação, além dos fatores ambientais (iluminação, ruídos, temperaturas, umidade) e do relacionamento social (problemas com a chefia e os colegas de trabalho, problemas familiares).

Consequências da fadiga

Embora os mecanismos causadores da fadiga não sejam totalmente conhecidos, há uma razoável descrição das suas consequências. Uma pessoa fatigada tende a aceitar menores padrões de precisão e segurança. Ela começa a fazer uma simplificação de sua tarefa, eliminando tudo o que não for essencial. A força, velocidade e precisão dos movimentos tendem a diminuir. Os movimentos tornam-se descoordenados, podendo ser constatados por métodos cronociclográficos (Figura 16.8). Os erros também tendem a aumentar (Barnes, 1977).

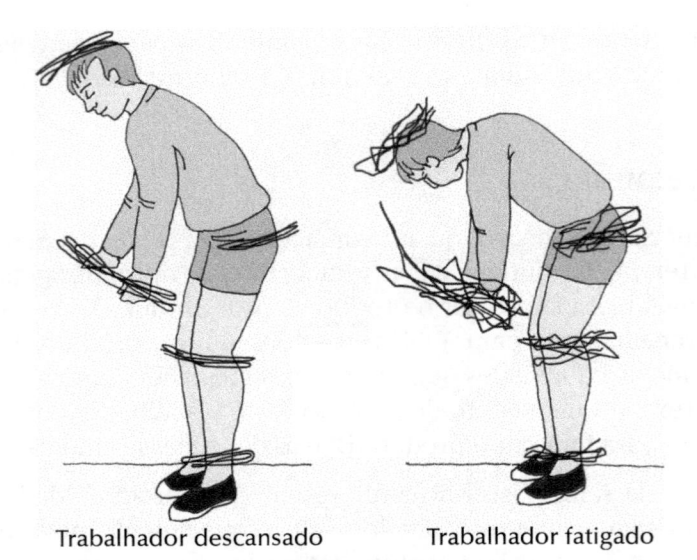

Trabalhador descansado   Trabalhador fatigado

Figura 16.8
Registros cronociclográficos mostrando que a fadiga tende a deteriorar o padrão dos movimentos musculares.

Um motorista fatigado, por exemplo, olha menos para os instrumentos de controle, reduz a frequência das mudanças de marcha e torna-se menos sensível às informações ambientais. Os pilotos de avião fatigados, após longa viagem, apresentam uma tendência irresistível de relaxar quando se aproximam do aeroporto, e isso produz um aumento repentino dos erros, que podem aumentar o risco de acidentes. Mesmo que a pessoa esteja pensando em fazer o melhor possível, o seu padrão de desempenho vai piorando. Isso ocorre com ações corretas realizadas em tempos errados ou ações erradas nos tempos corretos, dependendo daquela variável que estiver sob maior controle.

As tarefas com excesso de carga mental provocam redução da precisão na discriminação de sinais, *retardando* as respostas sensoriais e aumentando a irregularidade das respostas. No caso de tarefas complexas, a fadiga também leva à desorganização das estratégias do operador para atingir os seus objetivos. Isso se deve a diversas causas, como a dificuldade de coordenar estímulo/resposta, omissões das tarefas de baixa frequência e alterações na memória de curta duração.

A *sobrecarga* ocorre quando as solicitações feitas sobre o indivíduo excederem a sua capacidade de resposta, e isso depende do grau de liberdade que o operador dispõe para resolver o problema, da estratégia adotada para solucionar o problema e também dos conhecimentos e habilidades individuais. Há grandes diferenças individuais de reações à sobrecarga. Algumas pessoas conseguem simplificar, abandonar ou protelar parte das tarefas, para continuar operando no limite de suas capacidades. Enquanto isso, outras podem simplesmente descontrolar-se e entrar em pânico.

FATORES FISIOLÓGICOS DA FADIGA

A fadiga fisiológica resulta do acúmulo de ácido lático nos músculos, como já vimos (p. 134). Quando a atividade muscular for muito intensa, o ritmo de produção do ácido lático e outros subprodutos do metabolismo é maior que a capacidade do sistema circulatório em removê-los, ocorrendo, então, um desequilíbrio. A fadiga decorre também do esgotamento das reservas de energia, que se manifesta pelo baixo teor de glicose no sangue. Essa reserva pode ser reposta pela ingestão de açúcar ou alguma outra substância que possa ser facilmente utilizada pelo metabolismo (Figura 4.17, p. 143).

A fadiga fisiológica é reversível, desde que não ultrapasse certos limites. O organismo pode se recuperar com pausas concedidas durante o trabalho, ou com o repouso diário. Entretanto, existe outro tipo de fadiga, chamada de *crônica*, que não é aliviada por pausas ou sonos e tem um efeito cumulativo. A fadiga crônica é caracterizada por aborrecimento, desânimo, depressão, falta de iniciativa e aumento progressivo da ansiedade. Esses sintomas podem ser aliviados com certos sais de potássio e de magnésio.

Com o tempo, essa fadiga crônica pode provocar doenças como úlceras, doenças mentais e cardíacas. Nessa situação, o descanso já não é suficiente para se recuperar, devendo-se recorrer ao tratamento médico. A fadiga crônica tem causas complexas, mas, em geral, não se deve unicamente à situação de trabalho. Ela é agravada por conflitos e frustrações pessoais, decorrentes, por exemplo, de problemas familiares ou financeiros.

FATORES PSICOLÓGICOS DA FADIGA

Os sintomas da fadiga psicológica são mais dispersos e não se manifestam de forma localizada, mas de forma mais ampla, como sentimento de cansaço geral, aumento da irritabilidade, desinteresse e maior sensibilidade a certos estímulos, como fome, calor, frio ou má postura.

Esse tipo de fadiga está relacionado de forma complexa a uma série de fatores, como a monotonia, motivação, estado geral da saúde, relacionamento social, e assim por diante. Por exemplo, em competições esportivas, os jogadores do time perdedor manifestam mais fadiga que os ganhadores, embora ambos tenham feito esforços físicos semelhantes durante a partida. A fadiga também tem um componente emocional. As pessoas estressadas por algum motivo alheio ao trabalho podem ficar mais suscetíveis a ela.

A fadiga também ocorre em situações em que há predomínio do trabalho mental com poucas solicitações de esforços musculares. Por exemplo, pessoas executando operações aritméticas, após algum tempo, repentinamente sofrem lapsos ou bloqueios e os erros tendem a crescer. Estes vão se tornando mais frequentes com o aumento da fadiga.

DIFERENÇAS INDIVIDUAIS PARA A FADIGA

Existem muitas diferenças individuais que influem no aparecimento da fadiga, desde diferenças de compleição física das pessoas até o treinamento, e mesmo fatores psicológicos, como a personalidade e a autoconfiança.

A fadiga muscular pode ser medida objetivamente usando-se um aparelho chamado Ergógrafo de Mosso, que registra a contração máxima de um dos dedos da mão, a um ritmo constante (Figura 16.9). O perfil da curva assim obtida chama-se *ergograma*. Alguns psicológicos experimentais fizeram extensas pesquisas sobre esses ergogramas, tendo-se chegado às seguintes conclusões:

Perfil individual – Cada pessoa tem um perfil típico do ergograma, que se mantém mais ou menos inalterado, mesmo após vários anos.

Máximo controlado – As pessoas nunca exercem a sua força máxima, no limite de sua capacidade física (isso é conseguido hipnotizando-as). A diferença entre esse máximo fisicamente possível e o máximo controlado mentalmente depende de cada pessoa.

Tipos característicos – Há pelo menos dois tipos característicos de indivíduos quanto ao comportamento à fadiga (Figura 16.10).

Tipo A – Consegue manter o desempenho mais ou menos constante durante um longo período e, quando se fatigam, a curva cai bruscamente.

Tipo B – Manifesta queda de desempenho pela fadiga desde o início, diminuindo gradativamente a sua capacidade de trabalho, mas sem quedas bruscas.

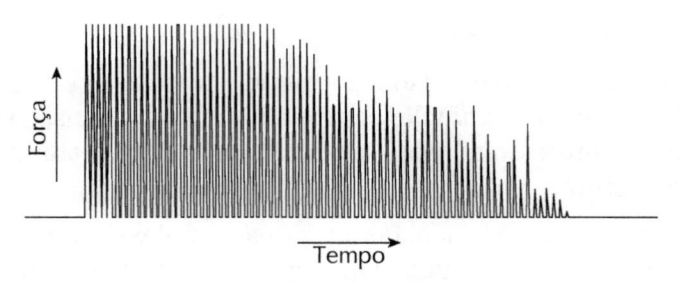

Figura 16.9
Exemplo de ergograma, com registro de forças em contrações musculares repetitivas, realizado em ergógrafo (Walter, 1963).

Na prática, as pessoas, em geral, ocupam posições intermediárias entre esses dois tipos. Esses ergogramas já foram utilizados como testes para a seleção de pessoal e para dimensionar as pausas no trabalho. Mas deve-se tomar cuidado para não generalizar os resultados, pois a situação real do trabalho provavelmente é bem diferente daquela que consiste somente em contrair um dedo a um ritmo constante, em laboratório. Além disso, como já vimos, os mecanismos da fadiga são complexos e não podem ser avaliados por um simples tipo de contração muscular. De qualquer forma, serve para demonstrar as diferenças individuais entre sujeitos submetidos a condições semelhantes de teste.

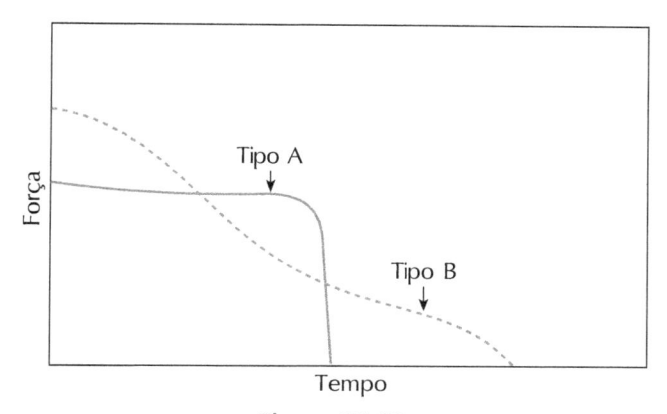

Figura 16.10
Diferenças individuais de ergogramas. O indivíduo do tipo A apresenta uma queda brusca de desempenho, e o do tipo B, uma queda gradual (Walter, 1963).

Em um sistema produtivo, as diferenças individuais aos efeitos da fadiga são significativas. Algumas pessoas se fatigam mais facilmente que outras. Outras, ainda, apresentam maior resistência em determinados tipos de tarefas. Existem também pessoas que se tornam mais suscetíveis à fadiga em certos dias ou em determinadas fases da vida.

FADIGA E PRODUTIVIDADE INDUSTRIAL

A fadiga é uma das principais causas da redução da produtividade industrial. Em alguns casos, é relativamente fácil localizar as fontes de fadiga, que podem estar na exagerada carga muscular ou ambientes desfavoráveis. Em outros casos estão relacionados com horários, trabalhos em turnos, programação da produção ou relações sociais dentro e fora do trabalho.

Em trabalhos industriais, observou-se que as *jornadas* muito longas provocam reduções de desempenho. Na maioria dos casos, considera-se que a jornada de oito a 8,5 horas é a máxima para se manter uma boa produtividade. Se ela for estendida para nove horas ou mais, a produção total não será muito diferente, a menos que os trabalhadores sejam forçados a ritmos comandados pela máquina ou correias transportadoras.

Mesmo nesse caso, apesar da velocidade permanecer forçosamente constante, observa-se que os *erros* começam a aparecer aleatoriamente, com frequência cada vez maior. Portanto, mesmo que a produção se mantenha nessas horas adicionais, a qualidade dela tende a cair. O custo dos refugos e retrabalhos talvez não justifique essa produção adicional.

ACOMPANHAMENTO DA FADIGA

A fadiga pode ser provocada por fatores físicos, ambientais e psicológicos. Sempre que essas causas da fadiga puderem ser identificadas, devem ser analisadas e resolvidas. São relativamente fáceis de resolver no caso de fatores físicos. Por exemplo, a fadiga pode ser provocada por postos de trabalho mal dimensionados ou com arranjos inadequados, que exigem torções do tronco, cabeça inclinada para frente ou manipulações fora das áreas normais de alcance. O problema torna-se mais complexo quando envolve fatores ambientais e psicológicos.

A administração deve estar sempre atenta para a ocorrência da fadiga. Deve tomar medidas para selecionar, treinar e alocar as tarefas adequadamente, visando reduzir a fadiga. De preferência, deve-se atuar preventivamente. Em casos mais agudos, tomar providências, encaminhando os trabalhadores para tratamento de saúde e corrigir as suas causas. Na empresa, geralmente existem diversos tipos de profissionais que podem contribuir para essas providências. Entre eles incluem-se os médicos, psicólogos industriais, fisioterapeutas e engenheiros de produção.

Pausas no trabalho

Em trabalhos que exigem atividade física pesada, ou em ambientes desfavoráveis com altas temperaturas ou excesso de ruídos, devem ser proporcionadas pausas durante a jornada de trabalho. Em geral, pausas frequentes de curta duração ao longo dessa jornada são mais efetivas que aquelas longas, que só ocorrem após o término desta. Nesse caso, há efeito cumulativo da fadiga e a recuperação torna-se mais difícil.

Para trabalhos moderados, pausas de dez minutos a cada hora de trabalho geralmente são suficientes para permitir a recuperação da fadiga. Em trabalhos árduos ou em ambientes hostis, há necessidade de aumentar as frequências e/ou durações dessas pausas. Há casos em que a duração das pausas deve ser maior que a duração do próprio trabalho. Nos casos extremos, como em temperaturas muito altas, o trabalhador pode ficar exposto a elas apenas durante cinco minutos. Depois, deve fazer uma longa pausa (uma hora), para que o organismo possa eliminar o excesso de carga térmica acumulada e restabelecer o equilíbrio orgânico.

Em muitos casos, as pausas estão embutidas no próprio *ciclo* de trabalho. A variação de atividades durante o próprio ciclo serve para prevenir ou retardar a fadiga. Por exemplo, em digitação, a própria operação de virar a folha serve como pausa. Outro exemplo é o do carregador que leva a carga e retorna sem ela.

Contudo, isso não dispensa outro tipo de pausa, reservada às necessidades fisiológicas. Nessas ocasiões, a pessoa pode se levantar e andar, ativando a circulação das pernas e dos músculos dorsais. Durante essas pausas, se houver oportunidades de contatos sociais (conversas) com colegas, poderá haver um aumento do moral, retardando o aparecimento da fadiga.

16.4 Estresse no trabalho

Os trabalhadores vivem cada vez mais em situações estressantes, pressionados pelas exigências de produtividade, qualidade, atualizações, conflitos com a chefia, falta de dinheiro, problemas familiares, ameaça de perda de emprego e outras dificuldades do dia a dia. Além disso, a produção moderna é caracterizada pelas rápidas transformações, avanço tecnológico, aumento da competição e pressão de consumo.

Algumas empresas desenvolvem programas integrados, executados a longo prazo, visando eliminar sistematicamente as fontes de estresse. Com isso, os trabalhadores recebem constante atenção por parte da administração da empresa. Alguns desses programas produzem resultados significativos. Os benefícios obtidos chegam a até cinco vezes o custo desses programas.

Mecanismos do estresse

As pessoas estressadas apresentam algumas mudanças visíveis de comportamento. Em primeiro lugar, há uma perda da autoestima e da autoconfiança, que as levam a relaxar os cuidados com a higiene pessoal. Ao mesmo tempo, sofrem de insônia, tornam-se agressivas e passam a tomar bebidas alcoólicas ou fumar exageradamente. Em segundo lugar, ocorrem transformações neuroendocrinológicas que interferem nas funções fisiológicas e inibem as defesas naturais do organismo. Isso torna-as mais suscetíveis a doenças, como dores osteomusculares, problemas gastrointestinais e doenças cardiovasculares.

Uma explicação simples para o estresse seria a seguinte: quando a pessoa recebe um estímulo qualquer do ambiente para agir, há, imediatamente, uma preparação psico-fisiológica do organismo para essa ação, mobilizando a energia do corpo e ajustando o nível das funções fisiológicas. Se essa ação não se completar por um motivo qualquer, há uma frustração e a energia acumulada deve ser dissipada, provocando efeitos físicos e psicológicos prejudiciais.

A primeira reação do estresse aparece na glândula pituitária, que produz um hormônio que, por sua vez, serve para estimular outras glândulas, como a tireoide, pâncreas, fígado e suprarrenal. A suprarrenal injeta grande quantidade de *adrenalina* na circulação sanguínea, que dilata a pupila, inibe o processo digestivo e acelera a atividade cardíaca. Elas agem conjuntamente, preparando o organismo para enfrentar um desafio ou fugir da situação de *perigo*. Os hormônios provocam dilatações cardiovasculares para aumentar o fluxo sanguíneo e, ao mesmo tempo, constrições na circulação periférica, economizando sangue, preparando para enfrentar alguma eventualidade, e isso produz um aumento da pressão sanguínea.

Se esse fenômeno for repetido com grande frequência, pode gerar *hipertensão*, aumentando o risco de doenças cardiovasculares, úlceras gástricas e infecções respiratórias. Contudo, a hipertensão pode estar associada a diversas outras causas. O estado de estresse prolongado passa a influir no desempenho do trabalho, reduzindo a produtividade e a qualidade, podendo também aumentar os riscos de acidentes, absenteísmo e a rotatividade dos trabalhadores.

O estresse também afeta o sistema nervoso central, reduzindo a capacidade do organismo em responder aos estímulos, diminuindo a vigilância e provocando distúrbios emocionais. Também são frequentes os sintomas de ansiedade e depressão. Muitas pessoas recorrem ao uso do álcool, fumo e drogas para aliviar os sintomas do estresse. Outros comportamentos de "fuga", como o hábito de comer em demasia, dormir muito ou exercitar-se exageradamente, podem produzir consequências nocivas à saúde.

CAUSAS DO ESTRESSE

As causas do estresse são muito variadas e possuem efeito cumulativo. As exigências físicas ou mentais exageradas provocam estresse, mas este pode incidir mais fortemente naqueles trabalhadores já afetados por outros fatores, como conflitos com a chefia ou até problemas familiares. Vamos examinar algumas dessas principais causas.

Conteúdo do trabalho – Uma das maiores causas do estresse no trabalho é a pressão para manter certo ritmo de produção e cumprir os prazos. Isso ocorre não apenas na linha de produção, mas também no atendimento a pessoas de uma fila ou devido ao prazo exíguo para entrega de um trabalho. Contribuem também para o estresse, as responsabilidades, conflitos, o baixo significado do trabalho para o trabalhador, e outras fontes de insatisfação no trabalho.

Sentimentos de incapacidade – O estresse é causado também por uma percepção pessoal de incapacidade em atender à demanda do trabalho ou terminá-lo dentro de um prazo estabelecido. Isso resulta de uma avaliação pessoal de que não se conseguirá atender a essa demanda ou não se conseguirá obter os recursos ou apoios necessários para completar o trabalho.

Condições de trabalho – As condições físicas desfavoráveis, como o excesso de calor, umidade saturada, ventilação deficiente, ruídos exagerados, luzes inadequadas, ofuscamentos, gases tóxicos ou uso de cores irritantes no ambiente de trabalho, também aumentam o estresse. Aqui se inclui também o projeto deficiente do posto e das tarefas, com exageradas demandas físicas e mentais. O dimensionamento inadequado do posto de trabalho e dos equipamentos provoca postura inadequada, dificuldades de visualizar os instrumentos e alcançar os controles e demais instrumentos. O dimensionamento inadequado das tarefas pode provocar sobrecarga física ou cognitiva nos trabalhadores, gerando estresse.

Fatores organizacionais – Entre os fatores organizacionais, incluem-se os comportamentos dos chefes e supervisores, que podem ser demasiadamente exigentes e críticos e, portanto, pouco encorajadores. Há também as questões de salários, carreira, horários de trabalho, horas extras e turnos.

Pressões econômico-sociais – A questão do dinheiro para pagar as contas e a forte pressão exercida pela sociedade de consumo são elementos de frequentes preocupações. Além disso, os conflitos com colegas de trabalho, amigos e familiares podem também trazer aborrecimentos que contribuem para o estresse.

ANALOGIA HIDRÁULICA

Grandjean (1983) fez uma analogia hidráulica para os mecanismos de estresse (Figura 16.11). Diversas torneiras (fatores do estresse) despejam água dentro da caixa, provocando os sintomas do estresse, até que chega o momento dessa água entornar. Nesse ponto surgem as *doenças* do estresse. Naturalmente, não é necessária a ocorrência simultânea de todos os fatores mencionados.

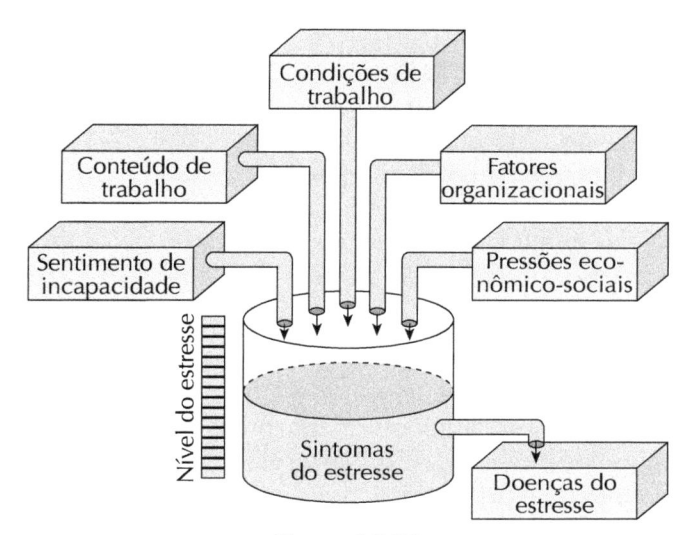

Figura 16.11
O estresse ocupacional é provocado por diversos fatores, que têm um efeito cumulativo sobre o organismo. A persistência desses fatores pode levar a doenças típicas do estresse (Grandjean, 1983).

Em cada caso, alguns desses fatores podem ter maior influência que os outros. O "nível" em que a água se entorna também é bastante variável, dependendo das características individuais, em termos de conhecimentos, habilidades, experiência, preparo e disposição para "enfrentar" a situação. Portanto, o nível absoluto da demanda nem sempre é o fator dominante. O que importa é a diferença existente entre essa demanda e a disposição pessoal e de sua capacidade para superá-la.

DIFICULDADES PERCEBIDAS NO TRABALHO

Uma das maiores causas de estresse dos trabalhadores é a dificuldade encontrada na realização do próprio trabalho. Entretanto, não é fácil diagnosticar essas causas. Muitas vezes são introduzidas ações corretivas no posto de trabalho baseando-se em falsas suposições. A atuação corretiva, nesse caso, torna-se ineficaz, quando as causas reais que provocam o estresse não forem eliminadas. Para resolver esse problema, Herbert (1978) desenvolveu uma metodologia de três etapas para avaliar as dificuldades percebidas no trabalho pelos próprios trabalhadores.

Etapa 1: Identificação das dificuldades – Para identificar as dificuldades, foram inicialmente selecionados alguns cargos para estudo, como os de contabilistas e chefes de enfermagem. Para cada cargo, foram escolhidos cinco a dez ocupantes deste. Essas pessoas selecionadas passaram a ser entrevistadas semanalmente, para que pudessem falar sobre as dificuldades encontradas no cargo. Algumas pessoas só foram entrevistadas duas ou três vezes, mas outras chegaram a ser entrevistadas até dez vezes, em semanas consecutivas. Com o tempo, elas mesmas se organizaram para fazer pequenas anotações sobre as dificuldades encontradas durante a semana, que eram apresentadas durante as entrevistas. Com isso, foram obtidas listas de mais de cem quesitos sobre as dificuldades de cada cargo. Estes foram classificados em três tipos. Seguem alguns exemplos:

a) Dificuldades relacionadas com a tomada de decisões. Exemplos:
- As informações disponíveis não são suficientes.
- As informações disponíveis não são confiáveis.
- As informações disponíveis são complicadas.
- Desconheço as possíveis consequências da minha ação.
- Minha ação pode prejudicar outras pessoas.
- Minha ação pode prejudicar a empresa.

b) Dificuldades relacionadas com o gasto de tempo e de energia. Exemplos:
- A tarefa é muito pesada e desgastante.
- O tempo disponível é muito curto.
- O trabalho é muito interrompido por conversas e telefonemas.
- Há atrasos que dependem de outras pessoas.
- O ruído ambiental perturba muito.

c) Dificuldades relativas ao relacionamento pessoal. Exemplos:
- Preciso convencer as pessoas que têm opiniões diferentes.
- As pessoas não fazem aquilo que foi combinado.
- Algumas pessoas não passam as informações corretas.
- Preciso agir com cautela porque tem gente desleal.
- Não consigo entender/não concordo com as ordens do meu chefe.
- O que os outros vão pensar?

Etapa 2: Avaliação das dificuldades – Com base nesses quesitos, foi elaborado um questionário para ser respondido por um número maior de pessoas. Foram escolhidas dez a quinze pessoas de cada cargo, preferencialmente aquelas com maior experiência e que tivessem uma visão abrangente do respectivo cargo. Essas pessoas deveriam avaliar cada um dos quesitos numa escala de zero a dez, com o grau zero correspondendo a "extremamente fácil" e o grau dez a "dificuldade máxima que posso suportar".

Etapa 3: Análises estatísticas – As avaliações de cada quesito foram totalizadas e colocadas em ordem decrescente de dificuldade. Diversas análises estatísticas foram realizadas para validar os resultados obtidos. Em alguns casos, constataram-se resultados contraditórios entre si que, então, foram eliminados. Os quesitos que restaram representam realmente as dificuldades de cada cargo na opinião dos próprios trabalhadores, e isso certamente é diferente de suposições feitas por pessoas estranhas ao cargo.

Em resumo, o método mostrou-se válido para levantar diretamente, com os trabalhadores o elenco das principais dificuldades que eles sentiam no cargo, fornecendo bases mais confiáveis para se fazer as intervenções visando eliminar ou reduzir essas dificuldades.

Redução do estresse

O estresse tem várias causas e afeta diferentemente as pessoas. Assim, não é possível estabelecer uma forma única para preveni-lo ou combatê-lo. Existem diversas medidas que podem ser adotadas e que são descritas a seguir.

Redesenho do posto de trabalho – O redesenho do posto de trabalho deve visar uma postura melhor do trabalhador, adaptando-se às suas dimensões antropométricas e facilitando a realização dos movimentos corporais. Esse redesenho deve reduzir também as cargas cognitivas (visual, auditiva, tomada de decisões) e muscular, sempre que for constatada alguma sobrecarga destas. Adicionalmente, deve-se verificar se as variáveis do ambiente físico estão dentro da faixa de valores recomendados, abrangendo a temperatura, umidade, velocidade dos ventos, ruídos, vibrações, iluminação, uso de cores e outros.

Melhoria dos contatos sociais – Os contatos sociais frequentes são muito importantes para reduzir a monotonia e combater o estresse. No redesenho do posto de trabalho, deve-se tomar especial cuidado para não provocar isolamento dos trabalhadores entre si, impedindo ou dificultando esses contatos sociais. Em alguns casos, os ambientes ruidosos não permitem uma conversa normal. Em outros, há um isolamento físico (cabinas acústicas, cabinas de controle de qualidade) ou temporal (guardas noturnos). Nesses casos, é importante providenciar *pausas* frequentes no trabalho, para que esses contatos sociais se tornem possíveis. Essas pausas também têm a função de permitir mudanças na postura e promover recuperação da fadiga.

Mudança de estilo gerencial – Algumas organizações muito hierarquizadas e rígidas, com chefias autoritárias, podem dificultar os contatos sociais. Em muitos casos, esses contatos são muito formais e "frios" e tendem a aumentar o estresse dos subordinados. Uma organização mais participativa, em que os trabalhadores sintam-se seguro em manifestar as suas opiniões, pode contribuir para reduzir o estresse (ver mais detalhes no Capítulo 17).

Providenciar treinamento – Os novatos devem ser submetidos a algum tipo sistematizado de treinamento (*trainee*) para o desenvolvimento das habilidades específicas do cargo. Além disso, devem receber informações sobre a empresa e os serviços que ela oferece aos seus empregados, como alimentação, transportes, creches, serviços de saúde, assistência social, atividades esportivas, e assim por diante. Muitas empresas não oferecem um treinamento sistematizado e, simplesmente, colocam o novato ao lado de outro mais experiente, para que seja treinado no próprio cargo (*on-the-job training*). O novato enfrenta uma situação muito estressante, principalmente se houver possibilidade de não ser bem-aceito pelos colegas de trabalho. A insegurança dos novatos pode ser reduzida fazendo-se uma apresentação formal deles aos veteranos, para que sejam bem-aceitos. Há possibilidade de esses veteranos sentirem-se ameaçados, se perceberem que os novatos são mais preparados ou mais prestigiados pelos dirigentes da empresa.

Manter ajudas emergenciais – O trabalhador deve ser instruído sobre os procedimentos a serem seguidos diante de algum incidente, evento inesperado ou emergencial, como falta de energia, quebra de máquina, incêndio ou acidente de trabalho. Isso, naturalmente, depende da natureza do evento, mas o importante é que o trabalhador saiba *o que* fazer e a *quem* recorrer em cada caso. Quando não houver serviços próprios, muitas empresas mantêm convênios com prestadores externos de serviços, como os convênios médicos. O problema maior ocorre no turno da noite e nos finais de semana, quando esses serviços de apoio geralmente não funcionam.

Fazer exercícios de relaxamento – Muitas empresas adotam a prática da ginástica laboral ou exercícios físicos para relaxar. Há também programas mais completos, incluindo exercícios para relaxamento muscular, exercícios respiratórios, psicoterapia de grupo, e assim por diante. Alguns desses exercícios podem ser feitos coletivamente, durante dez a quinze minutos, antes da jornada de trabalho. Em outros casos, há empresas que fazem pausas coletivas a cada duas horas, para que os trabalhadores façam exercícios de alongamento e relaxamento nos próprios locais de trabalho, com cerca de dez minutos de duração.

Nos casos de trabalhos muito estressantes, há empresas que organizam "salas de descompressão" onde as pessoas podem relaxar-se. Em todos esses casos, há resultados positivos comprovados, com a redução do nível de ansiedade e das dores de cabeça. Entretanto, os casos mais graves e persistentes devem ser tratados individualmente, com a assistência de um médico ou psicólogo. Essas medidas não são isoladas entre si e podem ser adotadas simultaneamente.

16.5 Monotonia e motivação

Monotonia e motivação são processos que se sobrepõem à fadiga, podendo agravá-la ou aliviá-la. Eles são causados principalmente pelos estímulos ambientais, que podem ser monótonos ou motivadores.

Causas da monotonia

Monotonia é a reação do organismo às tarefas ou ambiente *uniformes*, pobres em estímulos ou pouco excitantes. Os sintomas indicativos da monotonia são uma sensação de fadiga, sonolência, morosidade e uma diminuição da vigilância.

As experiências demonstram que as atividades prolongadas, repetitivas e de baixa dificuldade tendem a aumentar a monotonia. As operações repetitivas na indústria e no tráfego rotineiro são condições propícias à monotonia. Os trabalhos de vigilância que exigem atenção continuada, mas com baixa frequência de excitação, também provocam monotonia. Da mesma forma, um professor que apresenta aula com tom de voz uniforme e intensidade constante provoca monotonia nos alunos.

Um operador monitorando um quadro de comando para detectar anormalidades que raramente ocorrem enfrenta uma situação *pobre* em excitações. O mesmo acontece na operação de máquinas semiautomatizadas, em que há uma reduzida participação do operário. Alguns cargos, como o do vigilante noturno, podem ser extremamente monótonos.

Observações realizadas na indústria demonstram que há certas condições agravantes da monotonia: a curta duração do ciclo de trabalho; períodos curtos de aprendizagem; e restrição aos movimentos corporais. Os locais mal iluminados, muito quentes, ruidosos e com isolamento social (pouca possibilidade de contato com os colegas de trabalho) são outros fatores que agravam a monotonia.

FATORES FISIOLÓGICOS DA MONOTONIA

Os órgãos dos sentidos são sensíveis às *mudanças* das excitações e se tornam insensíveis às excitações contínuas de nível constante. As variações dos níveis de excitação estimulam as estruturas de ativação do cérebro, enquanto as excitações constantes não transmitem sinais aos órgãos que provocam essa ativação.

Portanto, para o sistema sensorial, as excitações constantes e regulares comportam-se praticamente como se não houvesse novas excitações, porque o organismo se adapta ao nível dessas excitações constantes e só é ativado novamente com a mudança no nível da excitação. Esse é um mecanismo de defesa do organismo, que tende a proteger-se das excitações constantes, "desligando-se" delas. Assim, as tarefas repetitivas tendem a diminuir o nível de excitação do cérebro, provocando uma diminuição geral das reações do organismo. (De forma semelhante, no reino animal, alguns predadores não conseguem enxergar as figuras estáticas. Uma das defesas da possível presa é ficar imóvel, tornando-se invisível, até que cessem as ameaças).

Uma das causas dessa redução do nível de atividade é a menor produção da *adrenalina* pelas glândulas suprarrenais. A produção desse hormônio, que é responsável por manter o nível de atividade humana, está ligada a perigos e desafios físicos, psíquicos e mentais. A adrenalina prepara o organismo para evadir-se diante de um perigo iminente.

A pessoa submetida durante longo tempo a uma tarefa monótona sofre uma redução de suas capacidades física e mental, provocada pela falta de novos "desafios". Esses desafios são essenciais para o desenvolvimento do ser humano. Sua ausência pode provocar atrofias, à semelhança da musculatura da perna que fica imobilizada pelo gesso após um acidente. Experiências realizadas com animais de laboratório demonstraram que os fortes desafios mentais provocam desenvolvimento desses animais nos planos funcional, morfológico e bioquímico, tornando-os mais ativos e sensíveis à excitação.

Pode-se concluir que uma tarefa exageradamente monótona e repetitiva, que não provoque novos desafios ao ser humano, tende a atrofiá-lo, enquanto os ambientes que provocam excitação ou novos desafios tendem a desenvolvê-lo. Aqui também ocorre o efeito da aprendizagem. Se uma pessoa for submetida gradativamente a níveis crescentes de desafios, estes poderão ser aumentados. Entretanto, não se devem ultrapassar certos limites. As pessoas submetidas a desafios muito grandes ou insuportáveis sofrem de estresse, manifestam comportamentos de fuga e podem adoecer.

FATORES PSICOLÓGICOS DA MONOTONIA

As tarefas compatíveis com as capacidades e preferências da pessoa serão executadas com maior interesse, satisfação, motivação e bom rendimento. Ao contrário, aquelas muito repetitivas e pouco estimulantes, que não desafiem as suas capacidades, serão considerados monótonas e pouco motivadoras. No outro extremo, uma tarefa que exija muito, além das suas capacidades, também não produz um bom rendimento.

Essas considerações levam à construção de uma curva teórica, pela qual deve existir um *nível* ótimo de complexidade da tarefa, quando se obtém o máximo rendimento (Figura 16.12). Na prática, a forma real dessa curva depende de vários fatores, como as diferenças individuais (o que é monótono para uns pode ser desafiador para outros), tipo de tarefa e do ambiente em geral.

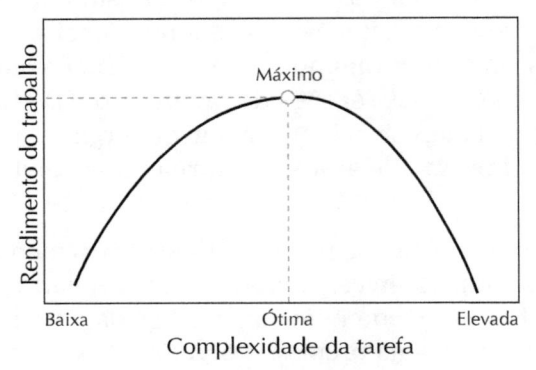

Figura 16.12
Curva teórica de rendimento do trabalho em função da complexidade da tarefa.

Uma das consequências mais sérias da monotonia é a saturação psíquica: um conflito interior entre o "dever trabalhar" e um forte desejo de "parar de trabalhar". Esse conflito provoca ansiedades e tensões cada vez mais fortes nas pessoas submetidas a um ritmo de trabalho repetitivo.

As pessoas de personalidade mais extrovertida apresentam maior suscetibilidade à monotonia. Por outro lado, não se observou nenhuma correlação entre a inteligência e a monotonia. Além disso, a crença de que as mulheres seriam mais resistentes à monotonia não teve comprovação científica.

CONSEQUÊNCIAS DA MONOTONIA

Em termos operacionais, existem duas consequências mensuráveis da monotonia: a diminuição da atenção; e o aumento do tempo de reação. Como consequência, os erros aumentam.

Experimentos realizados em laboratório demonstram que há redução da vigilância em tarefas monótonas. Isso foi comprovado com um dispositivo contendo um ponteiro que girava sobre uma escala circular com cem marcações, à razão de um giro por minuto. O experimento foi realizado em quatro ciclos sucessivos e contínuos de trinta minutos cada, totalizando duas horas. A cada ciclo, o ponteiro realizava doze saltos aleatórios, pulando uma marcação, que os sujeitos deviam registrar. No primeiro ciclo, houve 15% de sinais não detectados. Essa percentagem cresceu, respectivamente, para 26%, 27% e 28% nos três ciclos seguintes, até completar as duas horas do experimento. Portanto, no último ciclo, houve um aumento de 86% em relação ao primeiro. Provavelmente, se fossem concedidas pausas entre esses ciclos, o efeito cumulativo poderia ser reduzido.

Outras pesquisas comprovam que a vigilância *diminui* significativamente após trinta minutos de trabalho contínuo. Em tarefa de vigilância na tela do radar, durante duas horas seguidas, registrou-se a quantidade média de sinais não detectados a cada ciclo de trinta minutos. No primeiro foi de 50% e essas percentagens subiram, respectivamente, para 77%, 84% e 90% para os três ciclos seguintes, indicando um aumento de 80% no último ciclo, em relação ao primeiro. Observa-se que esses resultados são influenciados pelo estado de fadiga do operador e pelas condições ambientais desfavoráveis, como temperaturas elevadas e excesso de ruídos. Observa-se, também, que a vigilância aumenta (os sinais não detectados diminuem) após o intervalo de almoço (entre 12 h e 13 horas), mas isso não contribui para reduzir o tempo de reação (Figura 16.13).

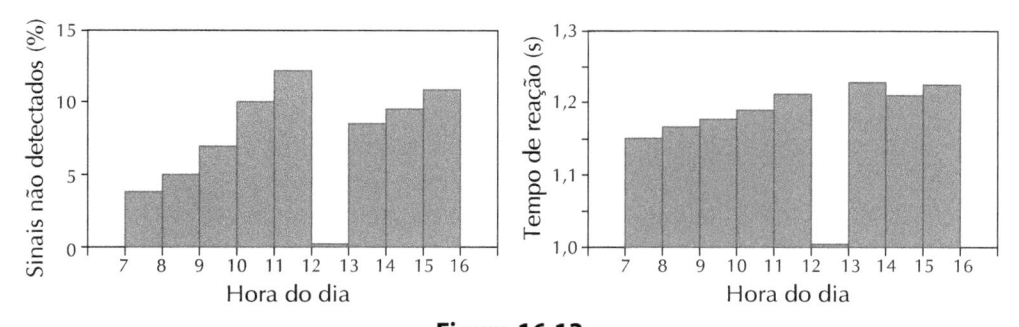

Figura 16.13
O trabalho repetitivo tende a aumentar a quantidade dos sinais não detectados e dos tempos de reação (média para 21 trabalhadores) durante a jornada de trabalho (Haider in Grandjean, 1968).

REDUÇÃO DA MONOTONIA

Em condições experimentais, verificou-se que o desempenho na percepção de sinais pode ser aumentado, melhorando-se a *visibilidade* do sinal (contraste, forma) e sua *intensidade* (altura do som, luminosidade), proporcionando-se uma realimentação (*feedback*) ao operador e aumentando (até certo ponto) a frequência dos sinais. O aumento dessa frequência diminui a monotonia, mas o seu aumento exagerado também provoca saturação dos canais sensoriais. Na prática, observou-se que menos de cem sinais durante intervalos de trinta minutos causam monotonia. Mas, acima de trezentos sinais, causam saturação. Portanto, recomenda-se uma faixa de trabalho entre cem e duzentos sinais apresentados a cada trinta minutos ou uma média de três a sete sinais por minuto (Figura 16.14). O rendimento máximo ocorre com a apresentação de seis sinais por minuto, em média. Observe a semelhança entre as curvas das Figuras 16.12 e 16.14.

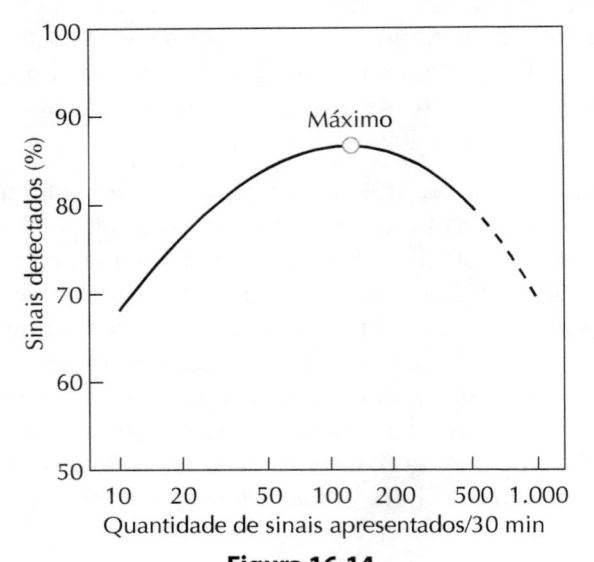

Figura 16.14
Relação entre a quantidade de sinais apresentados em intervalos de trinta minutos e aqueles detectados pelo observador.

AVALIAÇÃO DA MONOTONIA

A diminuição da satisfação com o trabalho é considerada um pré-requisito da monotonia. Wyatt e Marriot (1956) desenvolveram uma escala de medida de *satisfação* com o trabalho, a partir de respostas e de uma classificação feita pelos próprios trabalhadores. Aplicando esses critérios a duas empresas da indústria automobilística, eles entrevistaram 340 pessoas na fábrica A e 217 na fábrica B, determinando o grau de interesse, monotonia e satisfação com os três tipos de sistemas de trabalho encontrados nessas empresas (Tabela 16.1):

- Ritmo constante, determinado por uma correia transportadora.
- Ritmo variável, com mudanças de velocidade da correia.
- Trabalho livre, em que cada um trabalhava de acordo com o seu próprio ritmo.

Pode-se observar que os resultados do sistema de trabalho livre (c) representam aproximadamente o dobro nos índices de interesse e satisfação, em relação ao sistema de ritmo constante (a), enquanto o trabalho em ritmo variável (b) apresenta valores intermediários entre esses dois sistemas. Portanto, entre os três tipos avaliados, a organização do trabalho que impõe ritmo constante aos trabalhadores é a que apresenta piores resultados.

Tabela 16.1
Opiniões subjetivas apresentadas por trabalhadores de duas empresas automobilísticas, sobre três tipos diferentes de organização do trabalho (Scherrer,1981)

	Empresa	Tamanho da amostra	(a) Trabalho em ritmo constante	(b) Trabalho em ritmo variável	(c) Trabalho livre
O trabalho é interessante	A	340	35%	56%	67%
	B	217	34%	57%	94%
O trabalho é monótono	A	340	54%	42%	39%
	B	217	55%	37%	28%
Índice de satisfação	A	340	0,53	0,92	0,96
	B	217	0,57	1,00	1,17

Dentro de um grupo de trabalhadores que realizam operações repetitivas semelhantes, observou-se que alguns deles são mais resistentes à monotonia. Descobriu-se que estes, geralmente, têm outros objetivos na vida, fazendo do seu trabalho repetitivo apenas um meio para alcançar outros fins. É o caso de pessoas que tinham outros compromissos após o expediente (mãe cuidando do bebê) ou outros objetivos no emprego (imigrantes, que pensavam em ganhar dinheiro para retornarem aos seus países de origem). De forma semelhante, os aprendizes, para os quais o trabalho tinha sabor de "novidade", apresentavam menos sintomas de monotonia que os trabalhadores mais experientes.

MOTIVAÇÃO

Motivação é a característica do comportamento humano que faz uma pessoa perseguir uma determinada meta ou objetivo. Ela se mantém durante certo tempo, que pode ser de curto ou longo prazos, e não depende apenas dos conhecimentos, experiências ou habilidades (pré-requisitos). Esse "algo mais" é chamado de determinação, impulso, ânimo, garra, objetivo, vontade, necessidade ou, mais genericamente, *motivo*, e o processo pelo qual ele é ativado e que o mantém em funcionamento chama-se motivação.

Não se pode observar diretamente a motivação, mas os seus efeitos podem ser mensurados indiretamente. Por exemplo, pode-se fazer a contagem das quantidades adicionais de peças produzidas por um trabalhador motivado. Portanto, a produtividade em um trabalho seria o resultado da conjugação entre habilidade e motivação. A habilidade está relacionada com os conhecimentos, experiências ou condições prévias (pré-requisitos), e a motivação, com a decisão e dedicação em realizar esse trabalho.

TAREFAS MOTIVADORAS

Um trabalhador motivado pode produzir mais, mantém melhor autocontrole e não precisa de supervisões constantes. Uma tarefa monótona e rotineira pode ser transformada em outra, mais interessante e motivadora, tomando-se algumas providências, tais como: estabelecer metas, desafiar, informar e recompensar.

Estabelecer metas – As experiências demonstram que a fixação de metas ou objetivos a serem alcançados é mais motivador do que outra situação em que não se sabe onde se quer chegar (façam o melhor que puderem!). Sem a fixação dessas metas, o trabalho parecerá não ter fim (nunca termina). O simples fato de terminar uma tarefa já é motivador. Essas metas podem ser fixadas até mesmo em um trabalho repetitivo, estabelecendo-se a quantidade a ser produzida em certo período ou dividindo-se a produção em lotes a serem produzidos num determinado prazo. No caso de trabalhos muito longos ou complexos, podem ser fixadas metas intermediárias, que servem como marcos (*milestones*).

Desafiar – As tarefas que contêm desafios tornam-se mais motivadoras que aquelas rotineiras e triviais. Em geral, as pessoas gostam de novas experiências, novas emoções e novas realizações. Também há pessoas que gostam de competir, e o desafio pode estar na superação de resultados anteriores (quanto produzimos ontem? vamos superar esta marca?). Esse tipo de desafio existe em competições esportivas, em que certas marcas (recordes, índices olímpicos) devem ser superadas. Contudo, esse desafio não pode ser exacerbado, porque pode tornar-se prejudicial, arruinando o espírito de equipe dentro do grupo.

Informar – Se o trabalhador receber informações contínuas ou periódicas sobre o seu desempenho, tende a melhorá-lo. Por exemplo, ele pode ser informado periodicamente sobre "quanto falta" ainda para se atingir a meta. A simples instalação de um contador mecânico para registrar a quantidade de peças processadas já serve para motivá-lo, como vimos na p. 486. Essas informações podem ser também de caráter mais global, como a contribuição dada pelo trabalhador para reduzir o índice de acidentes ou aumentar o lucro da empresa.

Recompensar – A motivação também pode ser criada pelas consequências do trabalho. Estas podem ser de caráter monetário (mais ganhos, recompensas, abonos), organizacional (promoção, prêmios) ou social (reconhecimentos, elogios). O estímulo motivador pode depender da atividade exercida. Por exemplo, um operário é motivado para ganhar um adicional de produtividade (monetário), um estudante, para tirar uma boa nota e passar de ano (organizacional), e um artista, para ser admirado (social). Esses tipos de recompensas podem estar associados entre si.

Naturalmente, existem muitas diferenças individuais quanto aos efeitos motivadores dessas medidas. Existem também várias teorias psicológicas que procuram explicar a motivação. Muitos experimentos já foram realizados na tentativa de comprová-las. Elas se dividem basicamente em dois grupos: teorias de processo; e teorias de conteúdos.

Teorias de processo em motivação

As teorias de processo preocupam-se em explicar as causas e objetivos do comportamento e determinar as variáveis ou componentes envolvidas neste processo. A teoria de processo mais conhecida é a da *expectância-valência*. Segundo essa teoria, o comportamento humano dependeria de uma avaliação subjetiva da expectância, *vis-à-vis* a sua valência.

Expectância seria uma avaliação subjetiva das chances ou probabilidades de sucesso que uma pessoa faz antes de iniciar uma tarefa. Ela está relacionada com a quantidade de esforço que seria necessário para se atingir uma meta, como posicionar uma peça corretamente em uma montagem, ser aprovado em um concurso ou vencer uma maratona.

Valência seria o possível valor do resultado alcançado. Dependendo desse valor, a pessoa decidiria se compensa ou não realizar a atividade. Essa valência seria uma combinação de motivos e recompensas e dependeria da experiência pessoal e da realimentação externa. Geralmente, a atividade não tem valor por si só, mas pelas suas consequências ou recompensas. Naturalmente, há certa subjetividade nesse conceito, porque cada pessoa pode ter uma diferente escala de valores.

Desse modo, as pessoas tenderiam a refugar as atividades de baixa expectância (pouca probabilidade de sucesso) associadas à baixa valência (resultados pouco compensadores). Podem arriscar, se a expectância for baixa (caso de jogos de azar), mas a valência for elevada (prêmios elevados). A maioria acaba se conformando com situações de alta expectância (alta probabilidade de sucesso, com baixos riscos) e baixa valência (poucos rendimentos) – nesse caso, os ganhos são reduzidos, mas assegurados. As melhores situações são aquelas de alta expectância (quase certo) associadas à alta valência (muitos ganhos). Naturalmente, existem muitas diferenças individuais quanto a esse balanço entre expectância e valência.

Teorias de conteúdo em motivação

As teorias de conteúdo procuram determinar as classes de necessidades que motivam as pessoas. Essas teorias assumem que todas as pessoas têm certas necessidades a serem preenchidas ou certos motivos que direcionam as suas ações. Se uma pessoa tiver várias alternativas para escolher, sem outros critérios externos (leis, normas), será guiada pelas necessidades ou motivos pessoais (egoístas), escolhendo aquela ação que lhe for mais conveniente.

Essas teorias têm atribuído várias origens para o motivo: seria uma necessidade inata, um estado de privação ou um desequilíbrio com o ambiente. As teorias mais antigas tendem a localizar os motivos na própria pessoa, representados pelas necessidades pessoais. Modernamente, tem-se dado maior importância ao ambiente, ou seja, ao relacionamento do indivíduo com o mundo que o cerca. Outras tentaram estabelecer uma hierarquia de motivos, ou seja, existiriam alguns motivos que seriam dominantes sobre os demais. As teorias de motivo mais conhecidas são as de Maslow e Alderfer.

Teoria de Maslow

Uma das teorias de conteúdo mais difundidas é a de Maslow (1943). Segundo essa teoria, as pessoas são motivadas a alcançar ou manter certas necessidades relacionadas com o bem-estar físico, intelectual e social, gradativamente, em cinco níveis.

Nível 1. Necessidade fisiológica – Relaciona-se com a sobrevivência imediata, individual e da espécie, satisfazendo a fome, sede, respiração, conforto térmico, atividades sexuais e outros. Essas necessidades fisiológicas predominam sobre todas as outras.

Nível 2. Necessidade de segurança – Proteção contra ambientes negativos, incômodos e agressivos, como doenças, crimes, guerras, catástrofes naturais, acidentes, assaltos, conturbações sociais, neuroses, loucuras e qualquer outra situação que cause estresse ou medo.

Nível 3. Necessidade de aceitação – A busca (no sentido positivo) da estima ou afeição de membros da família, dos amigos e dos colegas de trabalho. Procura-se aceitação pelo grupo social, manifestando o espírito gregário.

Nível 4. Necessidade de ego – Sobressair-se no grupo ou na sociedade, destacando-se sobre as demais pessoas, pelo reconhecimento das suas qualidades, capacidades, conhecimentos e atributos físicos. Esse reconhecimento aumenta o poder sobre essas pessoas.

Nível 5. Necessidade de autorrealização – Sentir-se realizado, com pleno aproveitamento de suas potencialidades.

Segundo essa teoria, os cinco níveis de necessidades seriam hierarquizados, ou seja, uma pessoa só se sentiria motivada ao nível 2 quando o nível 1 já estiver satisfeito. Assim, uma pessoa no nível básico de sobrevivência (fome, sede, frio) só seria motivada pelas necessidades fisiológicas imediatas. Quando estas já estiverem atendidas, não seriam mais motivadoras e, daí, só seriam motivadoras aquelas de nível 2, pela busca da segurança, e assim sucessivamente, passando para os níveis superiores.

Teoria de Alderfer

A teoria de Alderfer, também de conteúdo, faz uma simplificação da teoria de Maslow, baseando-se em apenas três níveis.

Nível 1. Necessidades básicas – São as necessidades de sobrevivência do indivíduo e da espécie, também chamadas de necessidades de existência.

Nível 2. Necessidades de relacionamento – São as necessidades de contato social, sentindo a proximidade e sendo aceito e estimado pelos outros.

Nível 3. Necessidades de crescimento – São as necessidades de diferenciação, destacando-se dos demais, adquirindo poder e conseguindo influenciar para mudar a situação.

Resumindo, pode-se dizer que as necessidades de nível 1 são de natureza biológica, as de nível 2, de caráter social, refletindo o caráter gregário do ser humano, e aquelas de nível 3, de poder e dominação sobre os demais.

Essas teorias de Maslow e de Alderfer são bastante questionáveis e de difícil comprovação na prática. Geralmente existe consenso sobre necessidades de nível 1, porque são fisiológicas ou básicas e estão na raiz da sobrevivência biológica. Mas os demais níveis nem sempre sucedem-se na ordem hierárquica. Em termos individuais, existem muitas exceções. Há cientistas, artistas, esportistas, capazes de passar fome, frio, privações e isolamento social, desprezando a segurança e vantagens pessoais, em busca da autorrealização e de reconhecimento social. É conhecida a história da cientista Maria Curie, que chegou a desmaiar de fome, porque desviava o dinheiro da comida para adquirir materiais radioativos para sua pesquisa.

Na indústria, é muito comum o pagamento de incentivo monetário. Segundo as teorias acima, isso só seria efetivo para as pessoas que estivessem nos níveis 1 e 2 de Maslow ou nível 1 de Alderfer. A partir disso, os incentivos monetários seriam pouco efetivos, pois, em princípio, é mais difícil "comprar" estima e autorrealização com dinheiro, pelo menos com aqueles montantes pagos aos trabalhadores.

ESTUDO DE HERZBERG

Existem diversos outros estudos que procuram identificar os conteúdos motivacionais em um ambiente de trabalho. Provavelmente, o estudo mais significativo nesse assunto foi realizado por Herzberg, Mausner e Snyderman (1959), que entrevistaram 1.685 trabalhadores perguntando as causas de maior satisfação e maior aborrecimento deles no trabalho. Por exemplo, uma resposta típica que mostra a satisfação é: "fiquei satisfeito porque consegui terminar o meu trabalho no prazo", e o de insatisfação: "não gosto do chefe do departamento para o qual fui transferido".

Os fatores de maior *satisfação*, que agem positivamente, foram chamados de motivadores, e são: realização, reconhecimento pela realização, o trabalho em si, responsabilidade, avanço e crescimento. Os fatores de maior *insatisfação* são: política e administração da empresa, supervisão/relacionamento com o superior, condições de trabalho, salário, relacionamento com os colegas, vida pessoal, relacionamento com os subordinados, *status* e segurança. Note que esses fatores de insatisfação não são necessariamente opostos àqueles motivadores. Se não existirem, geram insatisfação, mas, se existirem, nem sempre são fontes de satisfação (como a saúde).

O estudo de Herzberg tem sido criticado por aqueles que consideram o trabalho, em si, motivo secundário (e não a principal causa) da satisfação ou insatisfação. A relação entre trabalho e sua satisfação envolveria aspectos mais amplos e complexos. As pessoas teriam também outros objetivos externos mais importantes. Entre eles, a vida familiar, ação comunitária, prática de esportes, diversões e *hobbies.* O trabalho seria apenas um meio de ganhar dinheiro para se atingir esses outros objetivos, que seriam as verdadeiras fontes de satisfação.

Mais recentemente, West e Patterson (1998) fizeram um levantamento do grau de satisfação entre trabalhadores de 42 empresas industriais da Inglaterra (Bridger,

2003). Eles descobriram que o nível geral da satisfação depende dos resultados globais alcançados pela empresa. Fazendo-se uma analogia esportiva, é como se sentisse orgulho em jogar num time que está vencendo. Isso aumenta as responsabilidades e cooperação entre os membros e facilita o trabalho em equipe.

IMPORTÂNCIA DA MOTIVAÇÃO

O trabalhador motivado produz mais e melhor. Sofre menos os efeitos da monotonia e da fadiga. Não precisa de muita supervisão, pois procura, por si mesmo, resolver os problemas para alcançar os objetivos. Por outro lado, aqueles desmotivados interrompem o trabalho por qualquer motivo e costumam reclamar de coisas corriqueiras.

Portanto, é compreensível que as administrações de empresas procurem manter os seus trabalhadores motivados. Mas, como já vimos, isso nem sempre é fácil. Seria necessário conhecer primeiro *o que* motiva as pessoas. Esse assunto é complexo e não se pretende alongá-lo aqui. Chamaríamos a atenção apenas para dois aspectos: salário e ambiente de trabalho.

Salário – O fator que mais motiva é o salário, pelo menos para aqueles trabalhadores de menor renda, que se situam nos níveis de necessidades 1 e 2 de Maslow, que podem ser satisfeitas pelos bens materiais. Para os demais, os salários podem ser até fontes de insatisfação. Não os salários em si, mas principalmente as injustiças salariais dentro da mesma organização.

Ambiente de trabalho – O ambiente torna-se motivador quando houver relacionamento de franqueza, respeito e confiança mútua entre os trabalhadores e a administração da empresa. Deve haver também um justo reconhecimento de seu mérito. Os critérios de remuneração e promoção devem estar claramente estabelecidos e facilmente perceptíveis aos trabalhadores. Sempre que possível, devem basear-se no desempenho, dedicação, mérito e aperfeiçoamentos pessoais.

Por exemplo, a administração pode escolher um dos elementos de um grupo e promovê-lo a supervisor. Contudo, se ele não for reconhecido pelos seus pares pela maior capacidade, liderança ou antiguidade, constituirá um fator de insatisfação, diminuindo a motivação. Aqueles que se julgam com maior mérito sentir-se-ão desprestigiados, preteridos, injustiçados ou até perseguidos. Podem surgir ilações de nepotismos ou favorecimentos pessoais. Muitas vezes, isso causa hostilidades, pedidos de transferência para outros departamentos e até sabotagens ou pedidos de demissão da empresa.

16.6 INFLUÊNCIAS DE SEXO, IDADE E DEFICIÊNCIA

No mundo atual ainda existem, infelizmente, discriminações e preconceitos ao trabalho de mulheres, orientação sexual, pessoas idosas e aquelas com deficiência. Em muitos países do mundo houve avanços na legislação, coibindo essas discriminações, e, em alguns casos, há leis especiais protegendo certas minorias populacionais.

A ergonomia tem mostrado um crescente interesse pelo estudo dessas minorias (ver Capítulo 18), pois a participação delas na força de trabalho tem sido cada vez maior. As mulheres estão cada vez mais livres dos afazeres domésticos e educação das crianças, para ingressarem no mercado de trabalho. Com a diminuição das taxas de natalidade e aumento da expectativa de vida, o contingente das pessoas idosas tem aumentado em todos os países. As pessoas com deficiência, com os progressos das técnicas de reabilitação e o desenvolvimento de equipamentos especiais, estão se capacitando cada vez mais para o trabalho produtivo.

TRABALHO FEMININO

Durante séculos, a mulheres ficaram confinadas ao lar, dedicando-se aos afazeres domésticos e à criação dos filhos. A partir do século XIX, as mulheres começaram a participar mais das atividades produtivas, devido à crescente urbanização, industrialização, avanço tecnológico e evolução da sociedade. Elas passaram a ter maior acesso à educação, ao treinamento e ao mercado de trabalho. Ao mesmo tempo, a popularização de eletrodomésticos (geladeiras, máquinas de lavar, fornos micro-ondas) aliviou os trabalhosos afazeres domésticos.

A mão de obra feminina foi beneficiada pela expansão do setor terciário ou de serviços e pelo avanço tecnológico. Com esse avanço, principalmente a partir da segunda metade do século XX, o trabalho passou a depender cada vez menos da força física e cada vez mais das habilidades manuais e cognitivas.

Até a Segunda Guerra Mundial, a participação feminina nas atividades produtivas era representada principalmente pelas jovens antes do casamento. Hoje, elas já trabalham por longos períodos e representam 43,9% da força de trabalho no Brasil. Quanto à escolaridade, 19,2% da população feminina ocupada tem o curso superior, enquanto esse percentual é de 11,5% na população masculina; 34,8% das mulheres ocupadas não têm instrução ou declaram ter ensino fundamental incompleto, e este índice sobe para 45,5% na população masculina ocupada (IBGE, 2010).

As mulheres não se distribuem igualmente em todas as funções. Há uma concentração delas em certos setores, como educação, saúde, comércio, trabalhos de escritório. Em algumas profissões, como no ensino fundamental e enfermagem, a presença delas é quase absoluta. Na indústria, a presença delas é maior no setor de alimentos, têxtil e eletrônica. Hoje, elas já são admitidas em setores tradicionalmente masculinos, como na construção civil, transportes e forças armadas.

Entretanto, no mundo em que houve predominância masculina durante tanto tempo, ainda existem muitas máquinas, postos de trabalho e sistemas adaptados somente ao uso masculino. É o caso dos automóveis, que foram dimensionados apenas para os homens até a década de 1950, porque só eles dirigiam. A partir de então, com o crescente número de mulheres na direção, houve uma revisão do projeto dos automóveis. Mas isso ainda não aconteceu em muitos outros setores, constituindo-se em oportunidades para realização de projetos para melhorias e adaptações ergonômicas de produtos, serviços e sistemas à população feminina.

CARACTERÍSTICAS FEMININAS NO TRABALHO

Homens e mulheres não apresentam diferenças quanto à capacidade intelectual, mas são significativamente diferentes em suas funções fisiológicas, capacidade cardio-vascular, forças musculares e dimensões antropométricas. A seguir, vamos examinar aquelas, que apresentam maior importância para o trabalho.

Antropometria – As mulheres são cerca de 12 cm mais baixas em relação aos homens. Entretanto, se forem considerados os segmentos do corpo, nem sempre são menores que os homens na mesma proporção da estatura. O problema surge quando as mulheres precisam trabalhar com máquinas, postos de trabalho e acessórios de uso individual, que foram projetados para uso masculino, mesmo naqueles casos em que há predominância da mão de obra feminina. A falta de adaptação desses equipamentos torna o trabalho mais difícil e mais fatigante (ou até inoperante) para elas.

Capacidade física – As mulheres têm uma capacidade muscular de aproximadamente 60% a 70% da dos homens (Figura 16.15). A capacidade pulmonar também é de 70% da dos homens. Em geral, elas possuem um coração menor, menor volume de sangue e menor concentração de hemoglobina no sangue, fazendo com que haja menos suprimento de oxigênio nos músculos. O limite para levantamento de peso e carregamento manual, para as mulheres, deve ser fixado em 20 kg, no máximo. Pode-se reservar aos homens as tarefas que exijam maior força física. Entretanto, considerando-se a totalidade das tarefas existentes no país, esses casos constituem a minoria.

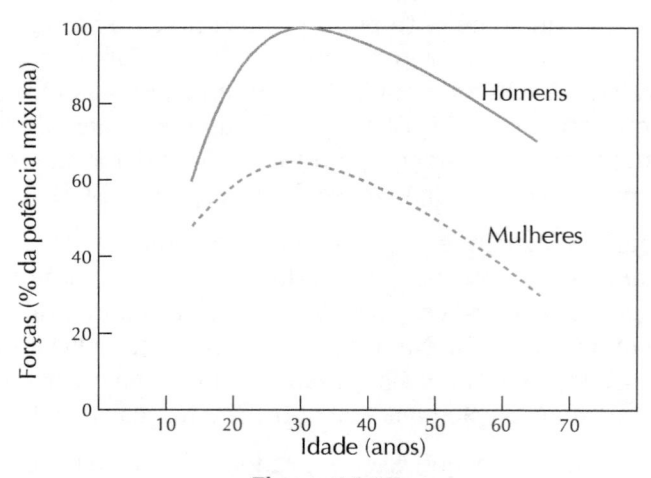

Figura 16.15
Forças relativas de homens e mulheres, em comparação aos homens de vinte a trinta anos.

Menstruação – A menstruação ocorre nas mulheres em períodos de aproximada-mente 28 dias. Cerca de 30% a 40% delas sofrem da síndrome da tensão pré-mens-trual, também conhecida como TPM. Essa síndrome atinge mais fortemente 10% delas, que sentem fortes dores e chegam a ter depressões profundas, incapacitando-as ao trabalho. A TPM surge de sete a dez dias antes da menstruação, sendo causada por alterações dos níveis hormonais e retenção de líquidos na mama, pernas, intestinos e cérebro, aumentando o peso em até um quilo.

Diversos estudos comprovam que atividades físicas pesadas executadas pelas mulheres desorganizam o seu ciclo menstrual. Isso ocorre, por exemplo, com as atletas em período de competição. Em adolescentes, pode ocorrer o retardamento da menarca. Contudo, estudos realizados com trabalhadoras em indústrias demonstraram que os esforços físicos exigidos delas raramente chegam a esse nível, a ponto de interferir no ciclo menstrual.

Outros estudos, ainda não completamente comprovados, tentam medir o efeito do ciclo menstrual sobre a produtividade. Entre as atletas olímpicas, 17% delas acreditavam que tinham desempenho inferior no período pré-menstrual e 15% afirmaram que não conseguiam um bom rendimento durante a menstruação (duração de 24 a 36 horas). Outras pesquisas, realizadas também entre atletas, indicaram que 30% delas são afetadas por queda de rendimento no período menstrual (Gamberale, 1985). Embora todos esses casos se refiram a extremos, com grandes exigências físicas, aconselha-se que as mulheres menstruadas sejam poupadas do trabalho físico mais pesado, como levantamento de pesos e transporte manual de cargas superiores a 20 kg. Essa restrição deve ser observada também para as mulheres grávidas e na menopausa.

Em resumo, pode-se dizer que homens e mulheres podem se complementar no trabalho, cada um executando atividades mais adequadas às suas capacidades físicas. Se os homens têm mais força física, as mulheres se adaptam mais facilmente às tarefas que exigem atenção a pequenos detalhes e contato social. Em geral, elas são mais cuidadosas e se envolvem menos em acidentes.

SENILIDADE E TRABALHO

O processo de envelhecimento provoca degradação progressiva de diversas funções orgânicas, embora não afete uniformemente todas essas funções. Ele incide tanto no sistema osteomuscular como nos processos cognitivos (ver mais detalhes no Capítulo 18).

Há perdas de habilidades físicas e cognitivas, mas isso não significa que as pessoas idosas fiquem incapacitadas para o trabalho. Essas pessoas, tendo acumulado experiência durante muitos anos, podem apresentar um bom desempenho no trabalho, desde que este não faça exigências acima de suas capacidades. Os sintomas de senilidade não ocorrem uniformemente e devem ser vistos como uma das faces das diferenças individuais entre as pessoas. Há pessoas de sessenta anos de idade com tanta força e disposição para o trabalho quanto outras de vinte a trinta anos. Além do mais, a atividade constante funciona como tônico para preservar a capacidade física, psicomotora e mental das pessoas.

Em relação aos trabalhadores mais jovens, as pessoas idosas são mais cautelosas na tomada de decisões, adotam procedimentos mais seguros, reduzem as incertezas e são mais seletivas no aprendizado de novas habilidades. Pode-se dizer que há um mecanismo de compensação. A redução de sua capacidade de receber e processar informações é compensada pela tendência de estreitar o campo de interesse e ignorar certos eventos. Isso pode contribuir para reduzir a dispersão e aumentar a concentração e a confiabilidade nos resultados.

Os postos de trabalho devem ser adaptados aos idosos. As ferramentas e materiais de trabalho devem ser colocados mais próximos para facilitar o alcance e reduzir os movimentos corporais. Se possível, deve-se reduzir a complexidade das informações, eliminando as informações irrelevantes e reforçando aquelas importantes. A intensidade dos estímulos, assim como a luminosidade no local de trabalho, devem ser aumentadas. Cuidados semelhantes deve ser tomados com as pessoas com deficiência, como será visto no Capítulo 18.

QUESTÕES

1. Qual é a importância do ritmo circadiano para o trabalho?

2. Quais são os efeitos prejudiciais da cafeína, fumo e álcool no trabalho?

3. Diferencie os conceitos de informação e de conhecimento.

4. Qual é a importância do modelo mental na aprendizagem?

5. Explique o modelo hidráulico da fadiga.

6. Como se pode reduzir o estresse no trabalho?

7. Por que a monotonia é prejudicial ao trabalho?

8. Como se pode aumentar a motivação?

9. Qual é a importância das teorias de Maslow e de Alderfer?

10. Que adaptações devem ser feitas ao trabalho feminino?

EXERCÍCIOS

1. Em sua experiência pessoal, examine um caso de transferência positiva e outra negativa de modelos mentais.

2. Descreva uma situação monótona ou fatigante que você conheça (uma aula, por exemplo). Faça sugestões para melhorar a motivação. Justifique-as de acordo com as teorias de Maslow, Alderfer e Herzberg.

3. Descreva um produto ou situação com falta de adaptação ao trabalho feminino ou às pessoas idosas. Como esse produto ou situação poderia ser corrigido?

17 ORGANIZAÇÃO DO TRABALHO

17.1 O TRABALHO TAYLORISTA
17.2 O TRABALHO MODERNO
17.3 O TRABALHO FLEXÍVEL
17.4 ALOCAÇÃO DO TRABALHO EM GRUPO
17.5 SELEÇÃO E TREINAMENTO
17.6 TRABALHO NOTURNO E EM TURNOS
17.7 ESTUDO DE CASO – REORGANIZAÇÃO EM UMA EMPRESA CALÇADISTA

OBJETIVOS

Este capítulo apresenta a aplicação de conhecimentos da ergonomia na organização do trabalho, de modo que a monotonia, fadiga e erros sejam reduzidos, e se criem ambientes menos estressantes, mais cooperativos e motivadores.

A ergonomia tem contribuído para melhorar as condições do trabalho humano, sobretudo na redução de estresse, erros, acidentes e doenças ocupacionais. Contudo, essa contribuição não se restringe a eliminar os aspectos negativos no trabalho, pois visa atuar também de forma proativa, introduzindo melhorias organizacionais, para que os trabalhadores permaneçam saudáveis e motivados, a fim de melhorar a sua qualidade e eficiência na produção.

Um dos maiores problemas dos trabalhadores modernos é o estresse, causado principalmente pelas muitas exigências, competições excessivas e conflitos humanos. Estes, até certo ponto, podem ser reduzidos pela correta definição e atribuição de tarefas, seleção e treinamento, estabelecimento de planos salariais e de carreira e, principalmente, por um relacionamento franco, sincero e saudável entre os trabalhadores e a administração da empresa.

Dois aspectos importantes serão examinados com mais detalhes neste capítulo: a questão da alocação do trabalhador em grupo e a do trabalho em turnos e noturno. O trabalho em grupo é quase regra na produção industrial, pois a produção moderna depende do esforço coordenado de centenas ou até milhares de pessoas. Cerca de 20% a 30% desses trabalhadores estão envolvidos de alguma forma com o trabalho noturno, que apresenta profundas diferenças em relação ao trabalho diurno.

Este capítulo pode ser considerado uma continuação do Capítulo 16, onde foram apresentados os principais fatores humanos que influem no trabalho. Agora, veremos como o trabalho pode ser organizado a fim de criar um ambiente produtivo. Deve-se também evitar ou reduzir as consequências dos fatores negativos encontrados no ambiente de trabalho.

Tópicos

- Taylorismo
- Fordismo
- Relações humanas
- Efeito Hawthorne
- Trabalho moderno
- Insatisfação dos trabalhadores
- Comportamento egoísta/altruísta
- Grupos e times
- Decisões em grupo
- Trabalho flexível
- Alargamento do trabalho
- Enriquecimento do trabalho
- Objetivo do grupo
- Modelos de alocação
- Rotação de trabalhadores
- Sistema sociotécnico
- Grupos semiautônomos
- Toyotismo
- Volvismo
- Seleção de pessoal
- Programa de treinamento
- Curva de aprendizagem
- Trabalho noturno
- Trabalho em turnos

17.1 O TRABALHO TAYLORISTA

Na era pré-industrial (até o século XVIII), o trabalho foi considerado um "castigo" ou um mal necessário, pois era executado em condições extremamente árduas e insalubres. Bernardino Ramazzini publicou, em 1700, o livro *As doenças dos trabalhadores* (Ramazzini, 1999), descrevendo 54 doenças típicas de cada profissão, como doenças dos oleiros, ferreiros, pedreiros, pescadores, e assim por diante, tudo em consequência das condições insalubres dessas profissões.

Essas condições começaram a mudar gradativamente, a partir da revolução industrial (o seu marco inicial foi a invenção do *tear spinning jenny,* em 1764, na Inglaterra). As fábricas antigas, no início da revolução industrial, eram sujas, escuras, ruidosas e perigosas. Os postos de trabalho eram improvisados. A exigência de força física, levantando e carregando peças pesadas e desajeitadas, era muito grande, provocando frequentes acidentes. Essas condições permaneceram durante mais de um século.

No final do século XIX, houve uma grande mudança na organização do trabalho industrial, por influência do engenheiro norte-americano Frederick Winslow Taylor (1856-1915), que introduziu a *administração científica do trabalho,* mais tarde conhecida como *taylorismo,* em sua homenagem. As ideias de Taylor estão contidas na famosa obra *Princípios de administração científica* (Taylor, 1976), publicada originalmente em 1912.

CARACTERÍSTICAS DO TAYLORISMO

Embora tenha o nome de "científico", o taylorismo era baseado em observações empíricas nas fábricas. O trabalho deveria ser observado e "cientificamente" mensurado. Para cada tarefa, deveria ser estabelecido o método correto de executá-la, com um tempo determinado, usando as ferramentas corretas. Para cada tipo de tarefa deveria ser desenvolvido o *melhor método* de realizar o trabalho, de modo que nada fosse deixado ao livre arbítrio do operário. Esse método era implantado como um *padrão*, e deveria ser seguido por todos. Os tempos para execução de cada tarefa eram cronometrados pelos analistas de trabalho, especialmente treinados para realizar esses registros e análises, determinando os *tempos-padrão* para cada tarefa.

Taylor dividiu claramente as responsabilidades entre a gerência e os trabalhadores. Caberia à gerência estabelecer os métodos e os tempos-padrão de cada tarefa, de modo que os trabalhadores pudessem se concentrar unicamente na *execução* da atividade produtiva. Os trabalhadores deveriam ser controlados, medindo-se a produtividade de cada um e pagando-se *incentivos salariais* àqueles mais eficientes. Taylor se justificava, dizendo que até uma simples tarefa como carregamento com uma pá deveria ser cuidadosamente estudada, de modo a determinar o tamanho adequado da pá para cada tipo de material (antes utilizava-se a mesma pá para se carregar materiais de diferentes densidades, como o carvão e cinza).

PROBLEMAS DO TAYLORISMO

O taylorismo faz uma grande simplificação da realidade, atribuindo a baixa produtividade à tendência de *vadiagem* dos trabalhadores, e os acidentes de trabalho, à *negligência* destes. Hoje, sabe-se que as coisas não são tão simples assim. Há uma série de fatores ligados ao projeto de máquinas e equipamentos, ao ambiente físico (iluminação, temperatura, ruídos, vibrações), ao relacionamento humano e diversos fatores organizacionais que podem ter uma forte influência sobre o desempenho do trabalho humano. Os acidentes não acontecem simplesmente pela vadiagem ou negligência, mas resultam de diversos fatores pré-existentes e decisões tomadas em outros níveis. Não se pode também isentar os níveis gerenciais das suas responsabilidades.

Outro conceito taylorista, sempre muito questionado, é o do "homem econômico". Segundo ele, o ser humano seria motivado a produzir simplesmente para *ganhar* dinheiro. Então, cada trabalhador deveria ser pago de acordo com a sua produtividade. Hoje, sabe-se que isso nem sempre é verdadeiro. Há, de fato, certas pessoas que se motivam mais pelo dinheiro. Mas estas se incluem entre os trabalhadores de menor renda e aqueles de temperamento individualista, que são malvistos e isolados pelos próprios colegas.

Grande parte dos trabalhadores é motivada por fatores não monetários, como a autorrealização, coleguismo, justiça, respeito e reconhecimento pelo trabalho que realizam. Um psicólogo norte-americano estudou o comportamento dos trabalhadores, convivendo diariamente com eles durante seis meses, e chegou à conclusão de que muitos preferem "manter a cabeça erguida do que o estômago cheio", referindo-se à questão do dinheiro, que nem sempre era considerada a mais importante ou superior ao sentimento de dignidade.

DIFUSÃO DO TAYLORISMO

As ideias de Taylor difundiram-se rapidamente nos Estados Unidos. Em praticamente todas as fábricas foram criados departamentos de análise do trabalho, também chamados de Organização e Métodos (O&M), para fazer *cronometragens* e desenvolver métodos racionais de trabalho, principalmente nas longas linhas de produção, com operações altamente repetitivas.

Criou-se um grande aparato, na maioria das empresas, em diversos níveis gerenciais, para definir os métodos de trabalho, realizar as cronometragens das tarefas e definir os tempos-padrão. Estes eram utilizados para calcular os pagamentos por peças produzidas, em forma de incentivos salariais, proporcionais às produtividades individuais. Todas as tarefas eram cuidadosamente planejadas no departamento de O&M das empresas, até os seus mínimos detalhes, com especificação de métodos e tempos-padrão para cada atividade, não deixando qualquer grau de liberdade aos trabalhadores. Os trabalhadores deveriam acatá-los de forma impositiva. Houve uma nítida separação entre aqueles que planejam (gerência, O&M) e aqueles que executam (trabalhadores) as tarefas. Estes foram considerados apenas como "braços e pernas", desprovidos de cérebro, pois não precisavam pensar, mas executar mecanicamente aquilo que lhes era determinado.

LINHA DE PRODUÇÃO

As ideias de Taylor foram adotadas para a organização da pioneira fabrica automotiva da Ford. No início do século XX, Henry Ford (1863-1947), considerado o "pai" da linha de montagem, parcelou o trabalho ao máximo e reduziu os tempos de produção, colocando cada trabalhador em tarefas muito simples e repetitivas, com curtíssimo tempo de ciclo. Esse tempo era controlado mecanicamente nas linhas de produção pela velocidade da esteira. Desse modo, baseando-se nos princípios tayloristas, cada trabalhador realizava tarefas simples e altamente repetitivas, definidas pela gerência. Ford teve essa brilhante ideia ao visitar um frigorífico, onde as carcaças bovinas eram "desmontadas" progressivamente pelos magarefes, que trabalhavam "em linha". Ele vislumbrou que um processo inverso poderia se aplicado para montar os automóveis.

A difusão do taylorismo e das linhas de produção foi considerada um notável avanço nas primeiras décadas do século XX, tendo contribuído para aumentar a produtividade e a competitividade industrial nos principais países industrializados. Isso provavelmente contribuiu para a grande hegemonia mundial das indústrias norte-americanas na produção massificada de bens durante as primeiras décadas do século XX. Contudo, gerou também movimentos de resistência por parte dos trabalhadores.

RESISTÊNCIAS AO TAYLORISMO

Apesar do inegável sucesso, hoje o taylorismo sofre muitas resistências, devido principalmente à simplificação exagerada das tarefas e sua alta repetitividade, em ciclos curtos. Essas tarefas altamente repetitivas provocam fadiga localizada em certas partes do corpo. A monotonia do trabalho repetitivo reduz a vigilância e tende a provocar erros e acidentes. Tudo isso se reflete na baixa qualidade da produção, aumento de absenteísmo e rotatividade (também chamado de *turnover*, mede a taxa de demissões/admissões durante certo período).

O trabalho prescrito pela gerência nem sempre considerava as *condições reais* onde o trabalho era executado nem as características individuais do trabalhador. Em muitos casos, os tempos-padrão estabelecidos eram completamente irreais, sendo estabelecidos unilateralmente, sem a mínima participação dos trabalhadores e, muitas vezes, sem considerar as reais condições de trabalho. Isso se agravava nas linhas de produção, onde o ritmo é determinado mecanicamente pela velocidade da esteira, sem o menor respeito às diferenças individuais ou indisposição momentânea ao trabalho.

Os trabalhadores, envolvidos em tarefas repetitivas e com excesso de controles, sem a visão do conjunto, sentem-se angustiados porque parece que seu trabalho nunca termina, por mais que se esforcem. Em consequência, há baixa identificação do trabalhador com os objetivos da empresa. Em linguagem popular, pode-se dizer que eles "não vestem a camisa" da empresa. Em certos casos extremos, devido ao enorme descontentamento, são até capazes de cometer violações (sabotagens), aumentando deliberadamente o tempo de operação ou índice de refugos.

A nítida divisão de responsabilidades, separando-se o planejamento do trabalho (gerência) da sua execução (trabalhadores), é, provavelmente, o lado mais perverso do taylorismo/fordismo, porque promove a *desapropriação* do conhecimento sobre o trabalho, antes dominado pelos próprios trabalhadores. Tendo perdido a autonomia e o conhecimento sobre o trabalho, e impedido de tomar qualquer tipo de decisão sobre o seu próprio trabalho, eles se sentem moralmente desobrigados a seguir os padrões e reagem, descumprindo regras estabelecidas, desregulando máquinas e prejudicando intencionalmente a qualidade. Por um lado, o sistema taylorista/fordista gera insatisfação, desinteresse e não comprometimento dos trabalhadores com os resultados. Por outro lado, a administração da empresa perde a oportunidade de obter valiosas sugestões dos próprios trabalhadores, que poderiam resultar em melhorias dos métodos e economia de materiais.

O taylorismo surgiu dentro das fábricas, com base na observação empírica do trabalho. A denominada "administração científica" do trabalho baseou-se em observações experimentais, mas suas propostas não se baseavam propriamente em conhecimentos científicos. Como já vimos (p. 8), os estudos científicos relacionados com a fisiologia do trabalho desenvolveram-se paralelamente em laboratórios, a partir do final do século XIX, acumulando conhecimentos sobre a natureza do trabalho humano. Esses conhecimentos contribuíram para transformar gradativamente os conceitos tayloristas. As duas vertentes – de um lado, a resistência dos próprios trabalhadores e, de outro, os novos conhecimentos científicos sobre a natureza do trabalho – influenciaram a gerência industrial a rever as suas posições ao longo do século XX.

ESCOLA DE RELAÇÕES HUMANAS

Na década de 1920 surgiu a escola de relações humanas, como uma alternativa ao taylorismo. Enquanto o taylorismo era baseado em medidas físicas (tempos, métodos), a escola de relações humanas enfatizava os aspectos psicológicos e sociais. Ela resultou de uma famosa experiência realizada por Elton Mayo na empresa Western Electric, situada em Hawthorne (EUA).

Mayo pretendia investigar a influência dos níveis de iluminamento sobre a produtividade. Para isso, preparou uma sala experimental, onde um grupo trabalhava sob observação contínua. O experimento foi realizado em duas etapas. Na primeira, o nível de iluminamento da sala foi aumentado gradativamente e a produtividade do grupo também subiu. Na segunda etapa, esse nível foi reduzido e, pela lógica, deveria provocar queda da produtividade. Porém, surpreendentemente, a produtividade continuou a subir. Isso foi chamado de *efeito Hawthorne*. Nesse caso, o aumento da produtividade não seria explicado apenas pelos fatores físicos. Os trabalhadores foram alvo de atenção especial e, sabendo que estavam sendo observados, sentiam-se valorizados e ficaram motivados a produzir cada vez mais.

Isso provocou um questionamento ao taylorismo, que analisava o trabalhador isoladamente, associando o rendimento deles aos fatores físicos e a incentivos financeiros. Porém, o efeito Hawthorne mostrou que há "algo mais". O ambiente social e os relacionamentos humanos seriam tão motivadores quanto o ambiente físico e os incentivos salariais.

Isso levou Mayo a propor uma "humanização" da produção, baseada em *incentivos morais* e *psicológicos*. Iniciou-se, assim, a prática das relações humanas, com estímulos para a criação de uma atitude positiva no trabalho, visando substituir o comportamento individualista por uma atitude coletiva e colaborativa. Em consequência, a Western Electric criou um departamento especializado para fazer *aconselhamento* dos trabalhadores. Em 1950, para 20 mil empregados, existiam quarenta especialistas só para fazer esses aconselhamentos.

As experiências de Mayo lançaram novas luzes para o estudo do trabalho e deu origem à *sociologia industrial*. Contudo, não deixa de ter o seu lado perverso. As empresas consideraram-na como um meio relativamente barato de aumentar a produtividade, sem a necessidade de pagar os incentivos financeiros preconizados pelo taylorismo.

17.2 O TRABALHO MODERNO

A partir da década de 1960, começaram a surgir novas experiências de organização do trabalho, visando diminuir os efeitos nocivos das tarefas altamente repetitivas e rigidamente padronizadas, preconizadas anteriormente pela organização taylorista. Com isso, procurou-se aumentar o grau de motivação, produtividade e estabilidade dos trabalhadores, reduzindo o absenteísmo e a rotatividade.

Modernamente, há poucas tarefas dependendo majoritariamente da força física, pois hoje elas costumam envolver muitos aspectos *cognitivos*. A cognição refere-se ao processo de aquisição de informação (aprendizagem), armazenamento (memória) e uso dos conhecimentos (decisões) no trabalho. A melhor imagem que se faz de um moderno trabalhador é aquele que fica sentado diante de um monitor ou painel de controle, onde se requer pouca força física, mas muita atenção, concentração mental e tomada de decisões.

O trabalho moderno é caracterizado pela *flexibilidade* e maior respeito às diferenças individuais e características próprias de cada grupo. Com isso, o trabalhador tem maior grau de liberdade para tomar decisões sobre o seu próprio trabalho. A distribuição das tarefas dentro de uma equipe pode ser decidida pelos próprios elementos dessa equipe, de acordo com as habilidades e preferências de cada um. No caso de uma linha de montagem, a esteira pode ter velocidade variável. No início da jornada, a velocidade pode ser menor, e ela vai aumentando quando os trabalhadores se sentirem "aquecidos". Da mesma forma, quando se sentirem cansados, podem reduzi-la.

O ambiente físico também se transformou. Modernamente, as fábricas vêm adquirindo outro aspecto. Existem postos de trabalho com máquinas de alta complexidade, que exigem muitos estudos de diversos especialistas para que possam ser operadas de forma eficiente, com um mínimo de riscos. A temperatura e a iluminação são também cuidadosamente estudadas para se criar um ambiente agradável. Os arranjos espaciais (leiautes) são organizados de forma a permitir um bom relacionamento com os colegas e os supervisores.

Para se promover essa transformação, é necessário analisar as principais fontes de insatisfação e ineficiência dos trabalhadores e atuar sobre elas.

FONTES DE INSATISFAÇÃO DOS TRABALHADORES

As fontes de insatisfação dos trabalhadores dependem, naturalmente, do tipo de trabalho. Provavelmente, os trabalhadores de uma metalúrgica terão diferentes fontes de insatisfação, comparados aos da indústria de alimentos ou de prestação de serviços. Mas, de uma forma geral, elas podem ser agrupadas nas seguintes categorias: jornada de trabalho, remuneração, organização, ambiente psicossocial e ambiente físico.

Jornada de trabalho

Com o progresso tecnológico e o aumento da produtividade, há uma tendência histórica de se reduzir a jornada de trabalho. Ela já chegou a dezesseis horas diárias, sem descanso semanal e sem férias, no início do sistema fabril (revolução industrial), na década de 1780. Hoje, nos países desenvolvidos, a indústria já adotou o sistema de cinco dias semanais de trabalho, com jornadas diárias de oito a nove horas, totalizando quarenta a 45 horas semanais. Seguindo essa tendência de redução, os especialistas acreditam que se poderá chegar a trinta horas semanais de trabalho, com férias anuais de cinco a seis semanas, ao cabo de duas ou três décadas, nos países desenvolvidos.

Enquanto isso, nos países menos desenvolvidos, onde a produtividade é baixa, ainda existem jornadas de 44 e até 48 horas semanais. Essa questão, geralmente, é regulamentada pelas leis trabalhistas de cada país, mas, além da jornada normal de trabalho, muitas empresas recorrem ao trabalho em horas-extras. Isso é muito comum em empresas que trabalham com produtos de demanda sazonal, como os ovos de Páscoa e adereços de Carnaval.

O que se pode dizer, do ponto de vista ergonômico, é que as jornadas superiores a oito ou nove horas diárias de trabalho são improdutivas. As pessoas que são obrigadas a realizar horas extras costumam reduzir o seu ritmo durante a jornada normal, acumulando reservas de energia para suportar a jornada adicional. Assim, o volume total produzido com as horas extras não será muito diferente daquele que seria produzido em regime normal. Além disso, há uma correlação direta do volume de horas extras com problemas como doenças e absenteísmo (Figura 17.1). Outra questão relacionada é o trabalho noturno, que será visto mais adiante, nas pp. 671-675.

Remuneração

Embora todos trabalhem, de uma maneira ou de outra, para ganhar dinheiro, esta não é necessariamente a única e nem a maior motivação para o trabalho. Existem pessoas que atribuem importância relativamente menor ao salário, procurando outras compensações, como estabilidade no emprego e realização profissional. Existem também diferenças culturais e educacionais na questão de valorizar a remuneração. Além disso, em algumas empresas, observa-se que os trabalhadores são mais "ligados" à questão salarial do que em outras.

Contudo, os trabalhadores, em geral, são mais sensíveis aos ganhos relativos, ficando mais incomodados com as *injustiças salariais* em relação aos seus colegas do que propriamente com os seus valores absolutos. Isso está associado à questão de prestígio, *status* e reconhecimento do seu mérito pela empresa. As queixas sobre os salários também aparecem com maior frequência quando há outras fontes de insatisfações, como conflitos com a chefia e inadequações do ambiente físico ou psicossocial. Às vezes, os próprios trabalhadores não são capazes de explicitar claramente os motivos de suas insatisfações e, então, elas são descarregadas sobre os salários, que podem se transformar em reivindicações objetivas.

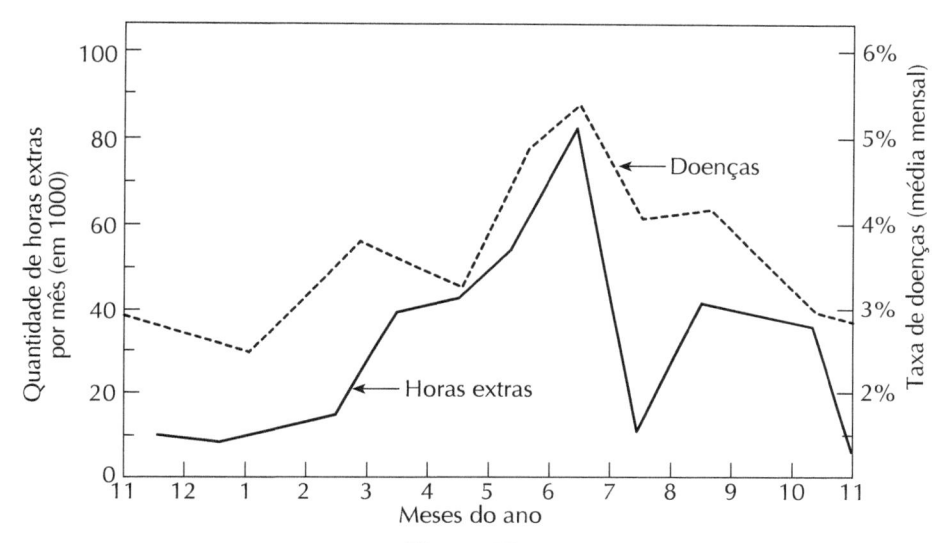

Figura 17.1
Influência das horas extras na incidência de doenças entre os trabalhadores
(Behrens in Grandjean, 1983).

Organização

A organização do trabalho deve permitir que cada pessoa exercite as suas habilidades, com sentimento de autorrealização, sem necessidade de controles rígidos sobre suas atividades. As pessoas devem sentir-se respeitadas, sem discriminação, tendo um relacionamento amigável com os seus colegas e superiores.

Na medida do possível, essa organização deve ser *participativa*, com envolvimento dos próprios trabalhadores nas decisões, como se verá no item seguinte. Esse envolvimento deve ser feito da maneira mais franca e leal possível, para que os trabalhadores não se sintam iludidos pela empresa. As decisões tomadas devem ser implementadas o mais rápido possível, para que haja uma associação clara entre as sugestões apresentadas pelos trabalhadores e as providências adotadas.

Ambiente psicossocial

O ambiente psicossocial abrange aspectos intrínsecos do trabalho, como sentimento de segurança e autoestima, oportunidades de progresso funcional, percepção da imagem da empresa, relacionamento social com os colegas e os benefícios que o trabalhador recebe da empresa. Muitas vezes existem chefes e colegas que são antipatizados, porque não confiam ou não gostam deles. Esses aspectos, às vezes, são difíceis de definir e medir objetivamente. Nem por isso deixam de ser menos importantes.

Ambiente físico

O ambiente físico abrange o posto de trabalho e condições físicas como iluminação, cores, temperatura, ruídos e vibrações. Destaca-se principalmente a presença de materiais poluentes e nocivos à saúde, como poeiras e gases tóxicos. Se esses materiais não estiverem dentro das faixas de tolerância humana, constituem-se em fontes de estresse e de insatisfação no trabalho. Estes aspectos já foram apresentados nos Capítulos 11 e 12.

ORGANIZAÇÃO DO TRABALHO E SAÚDE

Conforme já foi apresentado no Capítulo 5, diversas providências podem ser tomadas para melhorar a postura e aliviar a carga de trabalho. Vamos examinar aqui algumas implicações desses aspectos com a organização do trabalho.

Mudança de método

Os métodos muito simples e altamente repetitivos têm a desvantagem de exigir sempre a contração dos mesmos músculos, acumulando a fadiga localizada. Aumentando-se a *variedade* de tarefas, essa fadiga poderá ser melhor distribuída. Vihma (1982) apresenta um experimento realizado numa empresa de confecções. As costureiras que faziam o mesmo produto foram divididas em dois grupos: no Grupo A, o trabalho era organizado em linha, com as costureiras realizando pequenas operações repetitivas. No Grupo B, cada costureira se encarregava de produzir uma peça inteira. As do Grupo A apresentaram 63% mais queixas de dores no pescoço e nos ombros e 760% a mais nas pernas, em relação às do Grupo B (Tabela 17.1).

Tabela 17.1
Queixas de dores apresentadas por costureiras que realizavam operações repetitivas (Grupo A) e integradas (Grupo B) (Vihma,1982)

Localização das dores	Grupo A Operações repetitivas (%)	Grupo B Operações integradas (%)
Pescoço e ombros	98	60
Pernas	43	5
Pelo menos quatro queixas	38	0

Rigidez organizacional

Dejours (1987) apresenta a teoria de que a rigidez excessiva na organização do trabalho, com a imposição de um ritmo artificial, neutraliza a vida mental durante o trabalho, tornando o trabalhador mais suscetível a doenças. Quando os trabalhadores têm certa liberdade para organizar o seu próprio trabalho, eles o fazem de maneira peculiar, cada um promovendo pequenos ajustes, de acordo com suas necessidades físicas e sua personalidade, e isso proporciona maior equilíbrio emocional.

Em uma fábrica de acumuladores com placas de chumbo (o chumbo provoca uma doença ocupacional chamada de saturnismo), a administração promoveu uma mudança dos métodos de trabalho, aumentando a sua rigidez. Isso provocou uma grande insatisfação dos trabalhadores. Embora esse novo método não tivesse aumentado o risco de contaminação com o chumbo, começaram a ocorrer mais casos de sintomas da fadiga e se constatou um nítido aumento da contaminação sanguínea com o chumbo.

Como isso não poderia ser atribuído a alterações do nível da poluição ambiental, chegou-se à conclusão que o novo método havia aumentado a suscetibilidade dos trabalhadores à contaminação. Isso foi atribuído ao aumento da rigidez no trabalho, afetando o funcionamento da vida mental dos trabalhadores, provocando desorganização do seu sistema imunológico e favorecendo o aparecimento de doenças. O corolário disso é que trabalhadores bem ajustados e satisfeitos ficam menos sujeitos a doenças e acidentes, por terem as suas defesas orgânicas em plena atividade.

Participação dos trabalhadores

Uma administração que consiga envolver os trabalhadores na busca de soluções só poderá obter vantagens, porque não há ninguém que conheça melhor o trabalho do que eles próprios. Mesmo que esse trabalho seja cuidadosamente analisado por especialistas, é possível que escapem certos detalhes que, na prática, podem ser importantes.

Outra vantagem é que isso contribui para melhorar a aceitação de novas propostas pelos trabalhadores, reduzindo-se as resistências às mudanças. Esta é uma tendência humana natural. As pessoas sempre relutam em aceitar aquilo que é desconhecido ou duvidoso e tendem a aceitar melhor aquilo que é conhecido ou familiar. As contribuições dos trabalhadores, então, não devem ser desprezadas, mesmo que se trate de pequenos detalhes aparentemente insignificantes, pois servem para marcar a participação desses trabalhadores.

COMPORTAMENTOS EGOÍSTA E ALTRUÍSTA

Quando uma pessoa decide isoladamente, pode adotar um comportamento *egoísta*, também chamado de individualista, principalmente se sentir que não está sendo visto ou observado por outras pessoas. Isso significa que ela tende a otimizar as suas preferências, conveniências e vantagens pessoais, em detrimento dos outros, da família e da sociedade.

Se estiver sendo observado, passa a adotar um comportamento *altruísta* com maior respeito às normas éticas e sociais. Ele faz isso porque precisa se conformar às normas do grupo e ser aceito como um de seus membros, dando uma contribuição positiva, que aumente a autoestima e aceitação pelo grupo. Assim, passa também a evitar os comportamentos considerados errados ou imorais pelo grupo (trapaças, desonestidades, roubos). O comportamento altruísta provoca o coletivismo, indicando que as pessoas atuam a favor do grupo, mesmo renunciando a certas vantagens pessoais.

Por exemplo, uma pessoa, quando está só em uma rua erma, pode adotar comportamentos egoístas, como jogar lixo na rua ou chutar a lata de lixo. Se houver outras pessoas olhando, será mais altruísta, colocando o lixo na lixeira, pois jogá-lo na rua é um comportamento condenado pela sociedade. Em alguns casos, verificou-se que até fotos ou desenhos de olhos já são suficientes para provocar mudanças de comportamento. Essas mudanças podem ser observadas até em animais. Colocando-se uma foto com olhos em um ninho de águia, observou-se que a mãe aumenta a frequência em que alimenta o filhote, mais do que a ela própria.

GRUPOS E TIMES

Em muitas situações de trabalho, as decisões são tomadas em conjunto. A natureza e a qualidade dessas decisões diferem daquelas tomadas individualmente. Além disso, os pesquisadores da área fazem distinção entre grupos e times, que funcionam de maneira diferente.

Um grupo é um conjunto de pessoas que atuam em conjunto, com diversos graus de coesão entre eles. Seus componentes podem encontrar-se ocasionalmente e nem sempre têm objetivos convergentes entre si. Em alguns casos, podem adotar estratégias *competitivas*, com seus membros competindo entre si.

Um time diferencia-se de um grupo porque seus participantes têm objetivos em comum e normas próprias de funcionamento. Para que possa funcionar, o time pressupõe a existência de uma estratégia *colaborativa*, de modo que todos trabalhem para o mesmo objetivo. Por exemplo, jogadores de futebol constituem um time, porque têm um objetivo em comum e estão sujeitos a regras próprias de funcionamento. Já um conjunto de torcedores que se encontram ocasionalmente é um grupo, pois não têm o mesmo grau de coesão do time de futebol.

Na prática, esse limite entre grupo e time nem sempre fica bem estabelecido, pois pode haver certo grau de colaboração dentro de um grupo, e vice-versa, os membros de um time competindo entre si. Contudo, quando essa competição for exacerbada, tende a destruir a coesão do time. Em muitos casos, os próprios membros do time procuram isolar ou excluir aquele participante que apresente um comportamento muito egoísta, pouco contribuindo para o desempenho do time.

Em termos organizacionais, evidentemente, é melhor ter times em vez de grupos. Para isso, é necessário desenvolver um trabalho sistemático, visando transformar estratégias competitivas em colaborativas. Esse processo é análogo ao do técnico de futebol (ou de qualquer outro trabalho coletivo), que tem a tarefa de transformar um *grupo* de jogadores em um *time* de futebol.

Isso explica a dificuldade de reunir um grupo de empresas para se organizar trabalhos colaborativos, em forma de associações ou cooperativas. Os empresários, por sua natureza, estão acostumados a uma estratégia competitiva. Organizar essas associações ou cooperativas significa que deve haver uma mudança dessa estratégia, passando-se para uma atitude colaborativa entre seus membros. Significa transformar um *grupo* de empresas em um *time* de empresas, visando alcançar objetivos mais amplos. Esse processo não é simples e pode ser demorado, até que cada membro consiga vislumbrar as vantagens do grupo e adquira confiança na atuação coletiva.

Na prática, existem diversas gradações (dependendo do grau de coesão) entre grupos e times. Em geral, o termo grupo tem uma acepção mais ampla. Desse modo, as considerações a seguir, sobre grupos, geralmente se aplicam também aos times.

DECISÕES EM GRUPO

Existem muitas diferenças entre as decisões individuais e aquelas em grupos. As decisões em grupos fazem uma "média" dos indivíduos, e são menos profundas que a soma das partes. Os grupos podem ser mais "corajosos" que os indivíduos e são mais propensos a assumir riscos. Os grandes grupos tendem a assumir posições mais polarizadas e extremas, aderindo às propostas de um líder mais eloquente. Os grupos também tendem a valorizar mais os conhecimentos comuns entre seus membros e a excluir aqueles estranhos ou muito diferentes.

As decisões em grupo não significam necessariamente melhoria de qualidade. Há muitos casos em que se observam falhas em considerar todos os objetivos e as alternativas, falhas em analisar os dados disponíveis, e falhas em projetar o futuro. Como resultado de decisões coletivas, citam-se as diversas mazelas da vida moderna, como a destruição dos recursos naturais, congestionamentos em metrópoles, violência urbana e muitas outras.

Para melhorar as decisões em grupos, foram desenvolvidas diversas técnicas e métodos, como o *brainstorming*, grupo de foco, método Delphi (ver Capítulo 3). Todos eles procuram estruturar o processo de tomada de decisões em grupo e, geralmente, envolvem seis etapas: 1) definir o problema, identificando seus objetivos, fronteiras, recursos disponíveis e outras restrições; 2) estabelecer critérios para aceitação da solução (uso de recursos, qualidade, prazos, custos, retorno do investimento); 3) analisar o problema, coletando dados relevantes; 4) gerar as alternativas para solucionar o problema; 5) analisar as alternativas usando os critérios estabelecidos e selecionar a melhor delas; 6) implementar a solução escolhida.

Naturalmente, essas etapas podem sobrepor-se umas às outras e podem ocorrer diversos retornos às etapas anteriores. Contudo, procuram disciplinar a busca de soluções, para que a alternativa a ser adotada não decorra de simples opiniões, conveniências ou caprichos pessoais. Em termos mais amplos, existem os métodos de planejamento estratégico, para elaborar planos prospectivos nas organizações.

CULTURA ORGANIZACIONAL

Cultura organizacional é o conjunto de crenças, valores, procedimentos, estratégias e práticas próprias de uma instituição. Abrangem certos valores corporativos, como honestidade, lealdade, respeito mútuo, pontualidade, combate ao desperdício, respeito ao meio ambiente, e assim por diante. Muitas empresas trabalham ativamente na construção dessa cultura organizacional, que pode constituir-se em importante elemento de competitividade ou de sobrevivência dessas instituições, principalmente em épocas de crise. O importante é que todos os trabalhadores integrem-se, solidariamente, na construção coletiva de certos objetivos, também chamados de "lemas".

Dentro de uma organização, existem naturalmente as pessoas altruístas, mais orientadas pelo coletivismo, enquanto outras pautam-se pelo individualismo. As altruístas aceitam melhor as responsabilidades coletivas e "culturais", mas aquelas individualistas tendem a valorizar mais os seus objetivos pessoais e a procurar as causas dos erros em outras pessoas.

Esse comportamento egoísta/altruísta depende da percepção da distância de poder entre si próprio e seus subordinados e superiores. Quando essa distância for grande, os trabalhadores sentem-se constrangidos a comentar erros dos seus superiores. Também não se encorajam a apresentar sugestões e participam menos dos programas que visem a introdução de melhorias na empresa. Isso acontece também em ambientes autoritários (menos democráticos). Nesse tipo de organizações, os trabalhadores sentem-se constrangidos, tornando-os menos confiáveis na execução de tarefas que envolvam elevados riscos e observa-se tendência de crescimento dos erros.

Os comportamentos egoístas podem ser reduzidos incentivando-se a comunicação entre chefes e subordinados, em um ambiente franco, que contribua para melhorar a cultura organizacional. Isso se coloca, por exemplo, como um requisito necessário para construção de uma cultura proativa de segurança.

17.3 O TRABALHO FLEXÍVEL

Até as décadas de 1970 e 1980, produtos padronizados eram produzidos em grande escala por processos eletromecânicos. Alguns desses produtos permaneciam na linha de produção durante várias décadas, acomodados pelo mercado demandante, poucas concorrências e consumidores pouco exigentes. Esse panorama modificou-se a partir da década de 1980, com a automação e informatização da produção. Os consumidores tornaram-se cada vez mais exigentes, e alguns mercados ficaram saturados pela oferta abundante de produtos. Em consequência, o *redesign* de produtos tornou-se mais frequente e as séries de produção ficaram cada vez menores. No extremo, essa série é constituída de uma única peça, ou seja, cada peça produzida é diferente da outra, assemelhando a produção industrial à produção artesanal. Essas profundas mudanças no sistema produtivo mundial podem ser atribuídas às seguintes causas:

Novas tecnologias – A difusão de novas tecnologias, como a informática, Internet e telefone celular, mudaram a natureza do trabalho, facilitando as comunicações e os transportes, e incrementando o comércio mundial.

Novos produtos – Grande diversificação da linha de produtos, com obsolescências cada vez mais rápidas, devido aos avanços tecnológicos, concorrências ou certos modismos, cada vez mais acelerados.

Novos competidores – Emergência de novos países industrializados, com aumento considerável da competição em nível mundial. Os países orientais, como Coreia do Sul e China, surgiram no cenário como fortes competidores.

Qualificação dos trabalhadores – Melhor qualificação dos trabalhadores e fortalecimento das organizações de classes, com maior poder de reivindicações.

Exigências do consumidor – Maior conscientização dos consumidores, que não aceitam produtos e serviços de má qualidade ou aqueles baseados em processos injustos, baseados no trabalho escravo, trabalho infantil ou atividades predatórias dos recursos naturais.

Regulações – Diversos tipos de normas, regulamentos e leis, como o *Código de Defesa do Consumidor,* procuraram regulamentar as relações de consumo, garantindo os direitos do consumidor.

Diante dessa situação, as empresas não conseguem mais manter sistemas de produção rígidos, baseados em princípios tayloristas. Surgiram novas propostas para reorganizar a produção, promovendo o alargamento e enriquecimento do trabalho nas linhas de produção e tornando-o mais flexível, com a organização de grupos semiautônomos (Figura 17.2). O alargamento e o enriquecimento apareceram como propostas para reduzir as inconveniências dos trabalhos altamente repetitivos, aumentando tanto o ciclo de trabalho como as responsabilidades dos trabalhadores.

ALARGAMENTO DO TRABALHO

O alargamento, também chamado de enriquecimento *horizontal,* acrescenta a cada trabalhador outras tarefas de complexidades semelhantes, sem mudanças substanciais na natureza do trabalho. Isso é feito para aumentar o tempo de ciclo, contribuindo para reduzir a fadiga e a monotonia, com investimentos relativamente pequenos na qualificação e no treinamento dos trabalhadores.

Um exemplo típico é o alargamento das tarefas do caixa de bancos. Antes da informatização, ele só fazia o pagamento de cheques, cujos saldos e assinaturas eram conferidos por outros funcionários. Com a informatização, o próprio caixa incorporou essas atividades para diversificar a suas tarefa. Outro tipo de alargamento é o que ocorre com rotações periódicas entre cargos semelhantes. Para isso, é necessário que os trabalhadores sejam treinados para ocupar três ou quatro cargos diferentes, mas de níveis semelhantes.

Figura 17.2
As linhas de produção tayloristas, com divisão de tarefas, podem ser substituídas por grupos semi-autônomos, com tarefas mais integradas (OIT, 2001).

ENRIQUECIMENTO DO TRABALHO

O enriquecimento do trabalho, formulado por Herzberg (1968), ocorre no sentido *vertical* e se propõe a introduzir mudanças qualitativas, aumentando as responsabilidades, autorrealização e as chances de crescer. O trabalho, assim, passa a ter significado maior. Envolve mudanças mais profundas que as do alargamento e coloca os trabalhadores em situações em que eles se sintam realmente *desafiados* pela exigência de novas responsabilidades, novos conhecimentos, novas habilidades e tenham chances de mostrar o seu valor, como nos seguintes exemplos.

Remoção dos controles diretos – Os controles não se exercem diretamente sobre as tarefas, mas aos resultados mais gerais ou globais do desempenho, como produção de um lote, redução dos acidentes ou aumento dos lucros. Com isso, o próprio trabalhador passa a responsabilizar-se pelo seu desempenho.

Atribuição de tarefas mais difíceis – Os trabalhadores não se restringem a executar as suas tarefas rotineiras de produção, e passam a responsabilizar-se, também, pela programação da produção, preparação da máquina, manutenção e controle de qualidade. Essas tarefas exigem maiores conhecimentos e habilidades (Figura 17.3).

Organização de postos de trabalhos mais integrados – Em postos de trabalho integrados, uma pessoa ou uma equipe responsabiliza-se pela realização de um ciclo completo de produção, sem necessidade de controles intermediários. Por exemplo, em cada posto, cada trabalhador responsabiliza-se pela montagem completa de um aparelho de rádio ou televisão.

Em resumo, passa-se a controlar os resultados globais do trabalho, deixando as etapas intermediárias a cargo do próprio trabalhador. Esse processo deve ser feito gradativamente e com acompanhamento contínuo, para não fracassar. No começo, pode haver muita insegurança dos trabalhadores, e até resistência ao novo método por parte daqueles mais conservadores e inseguros.

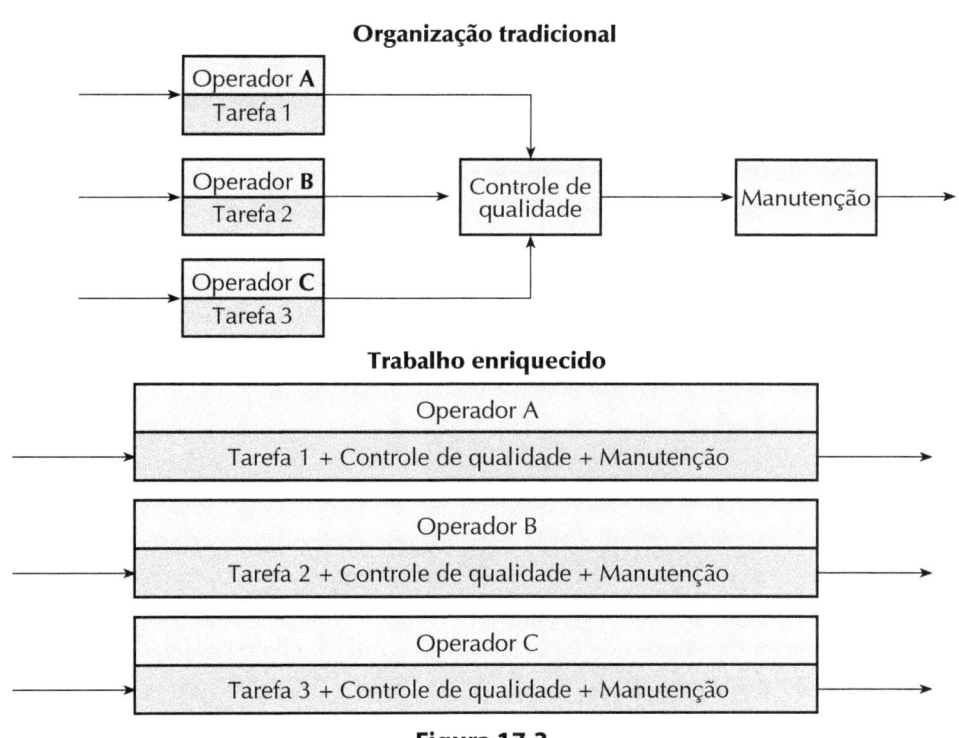

Figura 17.3
Enriquecimento do trabalho, com incorporação de tarefas de maior complexidade ao cargo.

RESULTADOS DO TRABALHO ENRIQUECIDO

Em uma implantação experimental do trabalho enriquecido, verificou-se uma queda da produtividade nos três primeiros meses. Contudo, a partir do quarto mês, a produtividade começou a crescer e, no oitavo mês, a produtividade já tinha alcançado o *dobro* daquele valor anterior à implantação do novo processo. A satisfação dos trabalhadores, medida em uma escala de 80 pontos, no máximo, subiu de 40 para 55 pontos durante esse período de oito meses. Uma vantagem adicional do processo é a simplificação e barateamento dos controles administrativos, que passam a ser feitos apenas sobre aspectos mais globais e críticos da produção.

Embora exija um custo maior no treinamento, organização e controle da produção, o enriquecimento do trabalho produz economia pela maior motivação, reduções de absenteísmo, rotatividade e outros problemas trabalhistas. Porém, o que mais diferencia esse sistema produtivo dos demais é a melhoria da responsabilidade e da *qualidade* do trabalho, sendo especialmente indicado nos casos em que há necessidade de produzir peças de alta qualidade e confiabilidade.

No sistema tradicional, o trabalhador não tem a mesma preocupação com a qualidade, porque isso fica a cargo dos inspetores. Ao responsabilizar-se também pela qualidade, ele tomará mais cuidado para produzir peças boas, além de corrigir rapidamente os eventuais defeitos, antes que se propaguem. Se isso acontecer, a responsabilidade será dele próprio e do seu grupo.

MODOS DE AUMENTAR A FLEXIBILIDADE

As empresas modernas e competitivas são caracterizadas por uma grande flexibilidade operacional e rapidez para absorver novas tecnologias, redesenhar produtos existentes e lançar novos produtos, tendo qualidade superior e preços competitivos. Essa flexibilidade é caracterizada pelos seguintes aspectos:

Organograma – No organograma tradicional, os cargos são hierarquizados em seis a dez níveis. O fluxo de informações é unidirecional, de *cima para baixo*. A estrutura é departamentalizada e há pouco fluxo de informações *horizontais*. Na empresa flexível, os níveis hierárquicos são reduzidos a três ou quatro e as fronteiras entre esses níveis hierárquicos são diluídos (Figura 17.4).

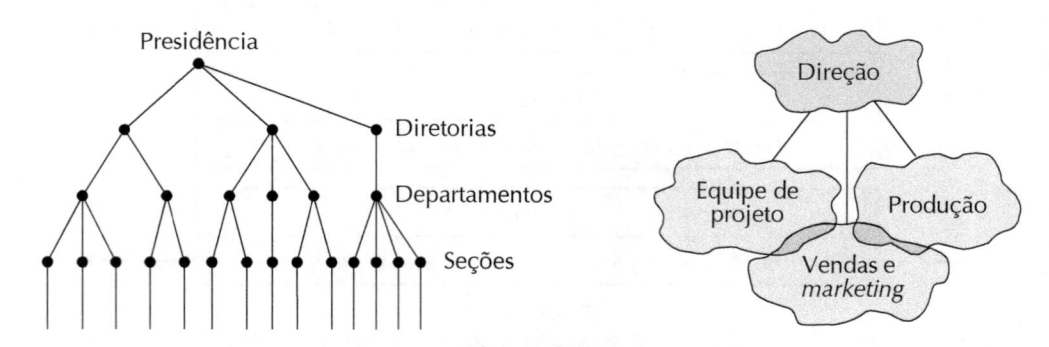

Figura 17.4
O organograma hierarquizado das estruturas tradicionais é substituído por formas mais flexíveis de organização (Dul e Weerdmeester, 2012).

A Tabela 17.2 apresenta um exemplo em que nove níveis hierárquicos foram reduzidos para quatro em uma empresa com altas exigências de qualidade. Na estrutura tradicional, o *objetivo-fim* da organização é desdobrado em *atividades-meio* para cada unidade da organização e pode ficar muito diluído ao longo da cadeia de comando. Naquela flexível, há uma divisão em grupos menores, chamados de *semiautônomos*. Cada um deles é focalizado em determinados objetivos-fim. Uma organização típica é aquela por "unidade de negócios", em que cada grupo responsabiliza-se por certa área de atuação, tendo mais flexibilidade e rapidez nas decisões.

Trabalhadores flexíveis – Organizações flexíveis exigem trabalhadores flexíveis. Isso significa que, na nova organização, os trabalhadores não devem se restringir a realizar apenas tarefas simples e repetitivas. Os cargos devem incluir uma variedade maior de tarefas, mesclando aquelas de natureza simples e repetitivas com outras mais complexas. Nem todos os trabalhadores aceitam essa nova situação. Em geral, 60% deles aceitam os novos desafios, 30% preferem continuar nas tarefas simples e repetitivas e 10% não gostam nem de um nem de outro.

Líderes no lugar de chefes – As estruturas formais têm chefes nos postos de comando, enquanto a empresa flexível tem líderes. A Tabela 17.3 apresenta as principais diferenças entre eles. O poder dos chefes vem por delegação dos seus superiores. Eles distribuem as tarefas e controlam o desempenho dos seus subordinados.

Tabela 17.2
A introdução de grupos semiautônomos de produção permite reduzir os níveis hierárquicos e direcionar os grupos para as atividades-fim (Di Martino e Corlett, 1998)

A empresa sueca SKF, produtora de rolamentos, resolveu fazer uma mudança profunda de sua estrutura organizacional em 1986. A antiga estrutura funcional e hierarquizada foi substituída por outra, resultando em uma estrutura mais "achatada" e ágil, por unidade de negócios, moldada para atender aos requisitos do mercado e dos clientes.

Níveis da organização anterior por hierarquia	Níveis após a reorganização por unidade de negócios
1. Presidente	1. Gerente da área
2. Diretor industrial	2. Gerente da fábrica
3. Chefe de departamento	3. Gerente do setor
4. Chefe de seção	4. Encarregado da produção
5. Engenheiro da fábrica	
6. Supervisor de produção	
7. Mestre	
8. Preparador da máquina	
9. Operador da máquina	

Os líderes são reconhecidos pelo grupo, devido ao seu conhecimento, experiência e capacidade de coordenação. São também chamados de *facilitadores*, porque providenciam os meios para que o seu pessoal possa trabalhar eficientemente. Enquanto o chefe representa a administração da empresa perante os trabalhadores, o líder faz o inverso: representa o grupo perante a administração.

Horários flexíveis – A organização flexível não precisa manter a rigidez dos horários de trabalho. Em vez de se fixar rigidamente um horário único para todos, pode-se fixar uma faixa. Digamos, entre 8h e 8h30 para se chegar ao trabalho. Contudo, a quantidade total de horas trabalhadas deve ser a mesma para todos. Quando o trabalho depender de atividades coletivas, como na linha de montagem, deve haver um núcleo comum, onde todos estejam presentes.

Tabela 17.3
Diferenças de estilos gerenciais entre chefes e líderes (Dul e Weerdmeester, 2012)

Chefes	Líderes
Os chefes não revelam tudo – mantêm algumas informações confidenciais.	Os líderes apresentam logo todas as informações disponíveis a todos os elementos do grupo.
Os chefes conhecem tudo – você pode perguntar qualquer coisa a eles.	Os líderes admitem que não conhecem tudo, mas poderão buscar as informações necessárias.
Os chefes conhecem tudo melhor, e fazem questão de demonstrar isso.	Os líderes não conhecem tudo e procuram aproveitar os conhecimentos dos seus subordinados.
Os chefes centralizam e tomam as decisões solitariamente.	Os líderes criam condições para que cada um tome as suas próprias decisões.
Os chefes estão sempre ocupados com o seu trabalho.	Os líderes têm maior disposição para apoiar o trabalho dos seus subordinados.
As comunicações com os subordinados restringem-se aos assuntos de trabalho, sempre de cima para baixo.	As comunicações são mais francas, nos dois sentidos, de cima para baixo e vice-versa.
Se você trabalhar bem, nada houve – se você errar, estará enrascado.	O líder está interessado nos subordinados – ele pergunta e ouve os motivos.
O empregado é sempre o culpado pelos erros e fracassos.	Diante de um erro, o líder pergunta o que se pode fazer para que não se repita.

Esse tipo de flexibilidade está muito longe de um *laissez-faire*, em que cada um decide o que quer fazer. Ao contrário, os horários de cada pessoa são propostos e discutidos com o grupo e aceitos pelo líder. Uma vez acertados, cada um deve cumprir o seu horário, a fim de preservar a capacidade produtiva do grupo.

Pode haver uma diferenciação de tarefas, de acordo com os horários de cada pessoa. Aqueles que chegam antes podem realizar certas atividades preparatórias, como abastecimento de material, e aqueles que ficam no final, as atividades de fechamento, como o relatório da produção. Em um restaurante, aqueles que chegam antes ajudam na preparação dos alimentos, e os que ficam depois cuidam da limpeza.

Terceirização

A terceirização ocorre quando uma empresa-mãe ou empresa-estruturante "delega" parte de suas atividades a outras empresas (terceirizadas), mediante contratos de fornecimentos de materiais, peças ou serviços. É uma modalidade extrema do trabalho flexível, em que a empresa-mãe controla apenas os dois extremos (início e fim) da cadeia produtiva, terceirizando os processos intermediários, geralmente aqueles que exigem maior volume de mão de obra ou trabalhos especializados.

A terceirização ocorre tipicamente com as montadoras de automóveis, que podem trabalhar com até 50 mil empresas fornecedoras, escalonadas em vários níveis. É muito adotada em indústria de confecções, permitindo que a costureira trabalhe na própria casa, dividindo o seu tempo entre afazeres domésticos e profissionais. Existe também em setores de alta tecnologia, como computação e *design* gráfico. Até mesmo grandes empresas como estaleiros e fábricas de automóveis podem ter, no interior de suas plantas, várias empresas de menor porte terceirizadas. Organizações semelhantes são adotadas no setor agropecuário, na criação de aves e suínos, por exemplo, por sistema integrado de parcerias. Há casos em que esses terceirizados organizam-se em cooperativas de produção, investindo na aquisição de equipamentos e construção de galpões e depósitos para uso coletivo.

Entretanto, do ponto de vista da ergonomia e das leis trabalhistas, essa terceirização tem o seu lado perverso. Muitas pessoas, microempresas e cooperativas terceirizadas, com pouca capacidade de investimento, acabam improvisando seus postos de trabalho e trabalham em uma jornada estafante. Muitas vezes envolvem mão de obra de crianças e adolescentes em condições desumanas de trabalho. Trabalhando informalmente, acabam sem a proteção da legislação trabalhista, principalmente nos casos de acidentes, doenças e desemprego.

PRODUÇÃO SEM ESTOQUES

A produção sem estoques, também chamada de *just-in-time* (JIT), baseia-se em um princípio simples: produzir apenas a quantidade vendida, fabricar apenas as peças ou componentes necessários para as montagens e comprar apenas matérias-primas na quantidade certa, quando for necessário. Nesse sistema de produção, cada etapa do processo produtivo só é acionado quando houver uma demanda da etapa seguinte. Desse modo, esse sistema é "puxado" por uma demanda final, externa ou interna. Assemelha-se ao serviço de *delivery*, quando um material só é encomendado se ocorrer a demanda, como acontece nas pequenas oficinas mecânicas. Contudo, isso depende de um eficiente serviço de entregas, realizado pelos *motoboys* e outros sistemas de transporte e entregas.

O JIT elimina os estoques, que são considerados como amortecedores para compensar as ineficiências do sistema. Os estoques funcionam como acumuladores que abastecem o sistema e permitem que ele continue funcionando, mesmo quando houver falha em algum dos sub-sistemas.

No JIT, todo o sistema, constituído da empresa-mãe e diversas outras terceirizadas, funciona como uma linha de produção ampliada, exigindo-se uma sincronia global de todas as operações e fornecedores. Ele é interessante para o cliente, porque apressa as entregas, e para a empresa, porque reduz o investimento financeiro em estoques e nos procedimentos de controle. Entretanto, é muito estressante para os trabalhadores, pois estes trabalham sob pressão contínua e não podem falhar. Todos os fornecedores externos também devem ser confiáveis, realizando entrega das peças e suprimentos nos prazos determinados, nas quantidades e qualidades certas. Esses fornecedores abastecem diretamente a linha de produção da empresa-mãe. Nesses casos, as consequências e os custos de uma falha são muito maiores, se comparados com os sistemas tradicionais de produção com estoques.

17.4 ALOCAÇÃO DO TRABALHO EM GRUPO

Todas as tarefas existentes em uma empresa são estruturadas em cargos. Esses cargos podem abranger um conjunto de tarefas, desde as simples e rotineiras (porteiro, faxineiro, almoxarife) até aquelas mais complexas (diretor industrial, diretor financeiro). Os cargos relacionam-se também com os salários e carreiras.

CARGOS, SALÁRIOS E CARREIRAS

Cargo é o conjunto de tarefas executadas por uma pessoa. Geralmente, um cargo é ocupado por mais de uma pessoa, que exercem tarefas semelhantes. Por exemplo, todos os atendentes de um *call center* ocupam o mesmo cargo. A descrição do cargo faz o detalhamento das suas tarefas, incluindo a descrição das atividades e as especificações do cargo (Tabela 17.4). Essas especificações descrevem os requisitos exigidos para um ocupante desse cargo. Além disso, são importantes para a seleção dos ocupantes, treinamento e promoções.

Para cada cargo, deve existir um salário definido. Esse salário não é fixo, mas determinado por uma faixa onde se distribuem os ocupantes daquele cargo. As variações individuais de salários, para os ocupantes do mesmo cargo, são relacionadas a diversos fatores, como nível de escolaridade, especializações, experiência, antiguidade ou mérito pessoal.

Um plano de cargos bem definido permite estabelecer *carreiras*, que são sucessões de cargos de naturezas semelhantes e níveis crescentes. Estes se constituem em opções, que um empregado pode ir galgando, ao longo do tempo, em sucessivas promoções. Esse "roteiro" para promoções não é rígido, pois depende da avaliação do desempenho de cada trabalhador, feito por um sistema de avaliação do mérito (individual).

O plano de cargos, salários e carreiras, complementado com avaliações individuais de mérito, permite que os empregados mais dedicados e capazes, com espírito de liderança, sejam promovidos e, assim, permaneçam por um longo tempo na empresa. As empresas que não procederem assim, podem estar sujeitas a uma elevada rotatividade de pessoal (*turnover*), com despesas de seleção, treinamento e custos trabalhistas, além de não terem um quadro de pessoas identificadas com os objetivos e a cultura da empresa.

Tabela 17.4
Exemplo de descrição de cargo

Descrição de cargo	Empresa: X
Cargo: Eletricista de Manutenção	Código: MAT471
Departamento: Manutenção	

A. Objetivos
Reparar motores elétricos, transformadores e aparelhos de medição.
Fazer instalações e executar medições elétricas elementares.

B. Descrição das tarefas
Tarefas diárias
Testar o funcionamento e reparar motores, transformadores e aparelhos de medição.
Instalar e vistoriar motores e transformadores.
Medir voltagens, amperagens e isolamentos.

Tarefas periódicas
Vistoriar o funcionamento das instalações elétricas.
Atender a solicitação de emergência.
Fazer pedidos de materiais e peças de reposição.

Tarefas ocasionais
Auxiliar na montagem de equipamentos e instalações.
Treinar ajudantes.

C. Especificações do cargo
1. Instrução geral: Nível fundamental
2. Instrução técnica/especializada: Curso SENAI – eletricidade básica
3. Experiência anterior: 2 a 3 anos em reparo de motores e transformadores
4. Responsabilidade por equipamento: Descuidos e erros poderão causar prejuízos de até 20 salários mínimos em equipamentos.
5. Responsabilidade por material e ferramentas: Materiais, ferramentas e instrumentos de medida utilizados valem até 10 salários mínimos.
6. Esforço físico: Peso das ferramentas e materiais manipulados situa-se abaixo de 20 kg. Poucos movimentos corporais exigidos
7. Esforço visual e mental: Exige concentração visual e esforço mental para analisar e descobrir as causas dos defeitos.
8. Responsabilidade pela segurança de terceiros: Acidentes prováveis podem provocar afastamento do trabalho por até 30 dias.
9. Condições de trabalho: O ocupante trabalha a maior parte do tempo sentado junto à bancada. Local de trabalho bem iluminado, ventilado e limpo.
10. Riscos: Acidentes prováveis incluem choques elétricos, queimaduras e lesões de certa gravidade. Contudo, não chega a incapacitar o ocupante para o trabalho.

D. Provimento
Interno – entre os ocupantes do cargo de Auxiliar de Eletricidade

E. Promoção
Cargo de Supervisor de Manutenção

Preparado por:	Aprovado por:	Data:

TRABALHO EM GRUPO

Ocupantes de um mesmo cargo ou de cargos semelhantes entre si podem ser organizados em grupos. A distribuição de tarefas a membros desse grupo depende de vários fatores, como a natureza dessas tarefas, a duração de cada uma delas, e habilidades de cada membro. Algumas tarefas exigem treinamentos e habilidades especiais para as quais existem trabalhadores especialmente qualificados. Muitas vezes, a administração da empresa fixa as tarefas que cabem a cada trabalhador, como forma de atribuir responsabilidades. Assim, quando surgir algum tipo de problema, o respectivo responsável da área ou setor onde este tenha ocorrido deverá tomar as providências necessárias, evitando-se os subterfúgios e os jogos de "empurra".

Cada grupo tem a sua dinâmica própria, pois o grupo não é uma simples soma dos talentos e habilidades individuais. Às vezes, grupos constituídos de pessoas medianas funcionam melhor que um grupo de "gênios", preocupados mais em exprimir as suas individualidades (comportamento egoísta), dando pouca importância ao trabalho coletivo do grupo. Como já vimos, esses grupos não se transformam em times.

Organização social do trabalho

Todos os grupos de trabalho têm normas próprias de funcionamento, quase sempre de natureza informal. Essas normas nem sempre coincidem com o que está descrito na organização formal do trabalho (descrição de cargos e funções) ou com aquilo que é suposto pelos seus superiores.

Ao se propor uma mudança do método de trabalho, deve-se conhecer, primeiro, como ele está sendo executado. Ao analisar as ferramentas ou técnicas utilizadas, deve-se verificar também *como* são utilizadas, por *quem* e *quando*. No caso de ferramentas manuais, pode ser que haja um uso compartilhado de forma muito bem organizada pelos próprios membros do grupo. Portanto, os ergonomistas recomendam uma observação cuidadosa de *como* o trabalho é realizado, antes de propor mudanças. Para isso, é necessário ganhar a confiança dos trabalhadores e fazer as observações durante certo tempo (pode ser demorado, levando meses), para que todos os detalhes sejam compreendidos.

Sistema sociotécnico

Os pesquisadores Erick Trist e Kenneth Bamforth, do Tavistock Institute of Human Relations, estudaram a queda de produtividade, que ocorreu após introdução de uma nova tecnologia em minas de carvão de Durham, norte da Inglaterra, em 1949. Eles concluíram que o fator determinante dessa queda não era propriamente a nova tecnologia, e sim a nova organização do trabalho que foi adotada junto com ela.

Antes da modernização, o trabalho era feito de forma artesanal, por grupos que eram responsáveis pelo próprio trabalho (sem divisão de tarefas) e eram pagos pela quantidade produzida. Com a introdução da nova tecnologia, o sistema de trabalho foi modificado para uma forma segmentada, com divisão do trabalho (cada trabalhador especializando-se em certas tarefas), reduzindo-se a autonomia dos trabalhadores. Com isso, houve queda de produtividade e começaram a surgir conflitos entre os trabalhadores.

Os pesquisadores reorganizaram o trabalho em grupo, com mais autonomia, baseando-se no modelo que eles chamaram de *sistema sociotécnico*. Esse sistema considera que o comportamento das pessoas depende da forma de organização do trabalho e do conteúdo das tarefas a serem executadas. Nesse modelo, os sistemas, em geral, são compostos de dois subsistemas: o *social* (pessoas, grupos, seus sentimentos, comportamentos, capacidades, cultura) e o *técnico* (máquinas, equipamentos, materiais). Esses dois subsistemas devem ser coordenados e otimizados conjuntamente. Dessa forma, tanto as capacidades pessoais como as máquinas e equipamentos serão mais bem utilizados para se alcançar os objetivos organizacionais.

Embora sejam relativamente antigos, os conceitos sociotécnicos ainda não estão amplamente difundidos. Uma das razões para isso é o seu caráter democrático, que exige muita mudança na cultura organizacional, proporcionando maior autonomia aos trabalhadores. Contudo, já existem vários exemplos de suas aplicações com sucesso, como no caso da organização dos grupos semiautônomos de produção, como se verá no estudo de caso na p. 680.

Exemplo de programação em empresa gráfica

Existe o caso de introdução problemática de um sistema computadorizado para se fazer a programação e controle da produção em uma empresa gráfica que tinha demandas sazonais durante o ano (Button, 1993). Antes da introdução desse sistema, os próprios trabalhadores estabeleciam as prioridades de impressão. Eles sabiam, por experiência, quais eram as épocas do ano em que recebiam grandes demandas. Isso era determinado pelo calendário escolar e datas comemorativas, como o dia das mães e Natal. Entre uma demanda e outra, havia uma ociosidade, quando os próprios trabalhadores aproveitavam para preparar as máquinas para a demanda seguinte. Assim, eles se *antecipavam*, porque sabiam, por experiência, quando chegariam as demandas.

O novo sistema de programação da produção determinou que essas preparações fossem feitas só após as encomendas recebidas. Em consequência, surgiu um grande atropelo na preparação das máquinas, atraso nas entregas e aumento do tempo ocioso, enquanto se ficava esperando pela chegada dos novos pedidos. O erro aqui foi o de utilizar a chegada dos pedidos como única informação para ordenar a produção, desprezando-se o conhecimento acumulado pelos trabalhadores ao longo dos anos.

É importante ressaltar que essa organização interna dos trabalhadores visa também criar certas *conveniências* para eles mesmos. Por exemplo, eles podem acelerar o trabalho para criar um período de descanso mais à frente, para comemorar o aniversário de um colega ou para alguém tirar um dia de folga para tratar de assuntos particulares. Nesses casos, a administração da empresa só deve interferir se julgar que está prejudicando a produtividade do grupo. Interferências indevidas geralmente geram descontentamento e ressentimento, que podem ser prejudiciais.

OBJETIVO DO GRUPO

É desejável que um grupo ou time tenha objetivo em comum (no futebol, chegar ao gol). Em alguns casos, o objetivo do grupo pode ser simplesmente a soma daqueles objetivos individuais. Contudo, esses objetivos individuais nem sempre são convergentes entre si, pois cada pessoa pode ter um objetivo próprio. Isso significa que cada pessoa deve fazer certas concessões para se adaptar ao objetivo global. Pode haver negociações dentro do grupo, em que uns perdem e outros ganham, para se chegar a um "denominador comum", também chamado de *solução de compromisso*. Em outros casos, o objetivo do grupo é imposto por um fator externo, como uma ordem de serviço de uma empresa. Nesse caso, a margem de negociação pode ser muito pequena, ou mesmo nula, como acontece com as ordens militares.

Em geral, as pessoas fixam objetivos diferentes quando trabalham individualmente ou em grupo. As pessoas que trabalham individualmente costumam fixar um nível mais alto que aqueles em grupo, quando há *diluição* das responsabilidades. Além disso, em grupo, as pessoas acreditam que é mais importante causar uma boa impressão do que assumir responsabilidades pessoais. Essa responsabilidade reduz-se ainda mais quando há rigidez nas ordens e nos comandos recebidos. Uma pessoa que simplesmente cumpre ordens, de certa forma, sente-se descompromissada com os objetivos. Esses objetivos são "dos outros", e não os meus próprios.

Considerando que as pessoas trabalham pior em grupo do que individualmente, é necessário haver uma *coordenação* adequada para que os esforços individuais não se distanciem dos objetivos do grupo (papel do técnico do time). Sem essa coordenação, cada indivíduo atuará da forma que lhe pareça mais conveniente, adotando um comportamento egoísta. Isso nem sempre leva à convergência na direção do objetivo do grupo. (Cada jogador chuta a bola de um lado para o outro e nunca se atinge o gol.)

A principal vantagem do trabalho em grupo está no aproveitamento dos diferentes conhecimentos e habilidades profissionais. Para os projetos complexos, é necessário contar com a colaboração de diversos tipos de profissionais, como engenheiros mecânicos, *designers*, médicos, fisioterapeutas e outros. Cabe, então, ao coordenador do grupo conjugar esses diferentes talentos, a fim de atingir o resultado pretendido.

MODELOS DE ALOCAÇÃO

Alocação é a distribuição das tarefas entre os membros de um grupo. Existem, basicamente, três modelos de alocação, baseados em ligações série/paralelo (ver Figura 15.2, p. 553).

Alocação em série ou organização vertical – Na alocação em série, cada membro do grupo realiza uma parte do trabalho e passa-o para o membro seguinte, que faz outra parte, e assim sucessivamente, até completar o trabalho, como elos de uma corrente. Isso ocorre tipicamente nas linhas de produção. Esse sistema funciona relativamente bem no caso de fluxo físico (*hardware*) de materiais, como peças e componentes de um produto. Entretanto, quando o fluxo for de informações (*software*), as possibilidades de falha são maiores e, se houver falha em um único elo, o sistema todo ficará prejudicado.

Alocação em paralelo ou organização horizontal – Na alocação em paralelo há mais de um elemento executando simultaneamente a mesma tarefa (Figura 15.2, p. 553). No caso de informações, dizemos que há uma redundância. Em sistemas produtivos, colocam-se dois ou mais trabalhadores executando simultaneamente o mesmo tipo de trabalho, multiplicando a capacidade produtiva. Em sistemas de informação, muitas vezes, a redundância é criada intencionalmente, para se prevenir de alguma falha e aumentar a confiabilidade do sistema (p. 553).

Sistemas mistos – Os dois modelos básicos apresentados acima podem ser combinados entre si para produzir alocações híbridas vertical-horizontal ou série-paralelo. Esses sistemas procuram aproveitar as vantagens de cada um, para resolver determinados problemas específicos. Somente naquelas tarefas em que houver "congestionamentos" ou que exigem maiores confiabilidades, as operações são feitas por diversos trabalhadores colocado em paralelo, e, no restante do sistema, pode-se manter a organização vertical ou em série. O tipo vertical leva a uma especialização maior dos trabalhadores, enquanto o tipo horizontal exige trabalhadores mais "ecléticos" e versáteis, facilitando a rotação entre eles.

Por exemplo, na edição de um livro, a digitação pode ser feita por uma única pessoa (organização vertical), enquanto a revisão poderia ser feita por duas pessoas (horizontal). A Tabela 17.5 apresenta um exemplo de quatro diferentes possibilidades para a alocação de três tarefas (X, Y e Z) a três trabalhadores (A, B e C).

Na prática, existem situações bem mais complexas, com diversas combinações em série e paralelo, inclusive com alocações assimétricas de tarefas. Isso acontece, por exemplo, quando há três faxineiros limpando uma sala e dois deles se concentram naquela área mais suja, enquanto o terceiro se encarrega sozinho da área menos suja.

Tabela 17.5
Diferentes possibilidades de organização de um trabalho com três tarefas (X, Y e Z) e três trabalhadores (A, B e C)

Tipo de alocação	Trabalhador A	Trabalhador B	Trabalhador C
Vertical, em série	x	y	z
Horizontal, em paralelo	1/3 (x y z)	1/3 (x y z)	1/3 (x y z)
Híbrido vertical--horizontal	x	1/2 (y z)	1/2 (y z)
Híbrido horizontal--vertical	1/2 (x y)	1/2 (x y)	z

Uso de computadores na alocação

Em sistemas que trabalham com fluxo de informações (e não de materiais), o computador pode ser usado com grande vantagem para alimentar vários postos de trabalho em paralelo, pois ele pode fornecer as informações necessárias a várias pessoas que trabalham simultaneamente na mesma tarefa, como em balcões para fazer marcações de passagens aéreas em aeroportos. A rede de computadores apresenta a característica da *ubiquidade,* que pode ser aproveitada vantajosamente na organização do trabalho. Apresenta ainda a vantagem de possibilitar uma simplificação de tarefas complexas e eliminar a sobrecarga da memória de curta duração dos operadores, para a tomada de decisões.

Já vimos (p. 466) que a pequena capacidade dessa memória de curta duração é causa frequente de erros e omissões na tomada de decisões. Portanto, os computadores, com essa ubiquidade, que as pessoas não possuem, permitem multiplicar os postos de trabalho em paralelo.

Isso ocorreu, por exemplo, com os caixas de bancos. Antes da introdução dos computadores, as filas de clientes eram organizadas pelo dígito final de suas contas, e cada caixa ficava com um lote de correntistas para atender. Com o computador, essa divisão tornou-se desnecessária, pois todos os caixas passaram a ter acesso, indistintamente, a todas as contas. Isso possibilitou a introdução da fila única, em que os clientes podem ser atendidos por qualquer um dos caixas, por ordem de chegada.

Exemplo do centro de controle de ambulâncias

Um Centro de Controle Operacional (CCO) de ambulâncias, em uma grande cidade, funcionava recebendo os pedidos e transmitindo ordens para a movimentação das ambulâncias, que ficavam circulando pela cidade (Stammers e Hallam, 1985). A cidade era dividida em três zonas, com funcionamentos autônomos. Cada zona tinha atendente, controlador, operador de rádio e frotas próprias de ambulâncias (Figura 17.5).

Nesse CCO, os pedidos eram recebidos por telefone, pelos atendentes, e anotados em formulários de requisição de ambulância, que eram entregues fisicamente aos respectivos controladores de cada zona. Os controladores deveriam analisar os pedidos, avaliar a urgência de cada caso, estabelecer prioridades, verificar as disponibilidades de ambulâncias, tomar decisão e passar as ordens para os operadores de rádio, que se encarregavam, finalmente, de transmiti-las às ambulâncias.

A demanda era muito variável. Quando ocorria catástrofe em uma zona, as respectivas ambulâncias ficavam sobrecarregadas. Enquanto isso, as outras ficavam ociosas, mas elas não eram transferidas de uma zona para outra, porque cada frota ficava sob a responsabilidade de um controlador próprio.

Esse sistema seguia um modelo vertical de organização, que se repetia três vezes, uma para cada zona da cidade. Qualquer omissão nessa cadeia de informações em série resultava em falhas, que ocorriam frequentemente. Outro problema era o do desbalanceamento dos serviços, com evidente subotimização do sistema, pois cada controlador funcionava como um subsistema independente. O trabalho era monótono e havia pouco contato dos controladores entre si, bem como entre os atendentes e entre os operadores de rádio.

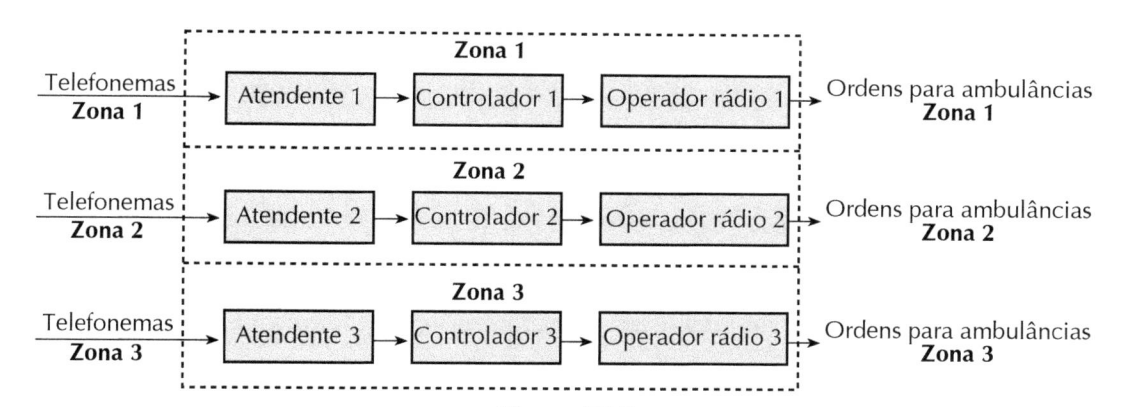

Figura 17.5
Processo de trabalho em um centro de controle operacional de ambulâncias, organizado em três equipes em série, divididas por zonas de atendimento (Stammers e Hallam, 1985).

O sistema foi reestruturado, introduzindo-se um computador para auxiliar na tomada de decisões. Um único atendente passou a receber todos os telefonemas. Os pedidos eram digitados imediatamente no computador. Os três controladores tinham acesso, simultaneamente, às informações na tela. Estes conversavam entre si para decidirem sobre as ordens prioritárias a serem transmitidas aos operadores de rádio (Figura 17.6). A disponibilidade das ambulâncias era obtida também imediatamente no computador. Os operadores de rádio também trabalhavam em paralelo, e estes foram reduzidos de três para dois.

Nesse novo sistema, embora cada controlador continuasse a controlar uma zona preferencial, não havia uma divisão rígida de tarefas. Um controlador poderia ajudar o outro em uma situação de sobrecarga. As informações disponíveis no computador aliviavam a memória de curta duração. Com ajuda do computador, dificilmente as informações eram perdidas. Além disso, havia constante cruzamento de informações entre os controladores e entre os operadores de rádio. Portanto, houve uma considerável melhoria de qualidade no fluxo de informações.

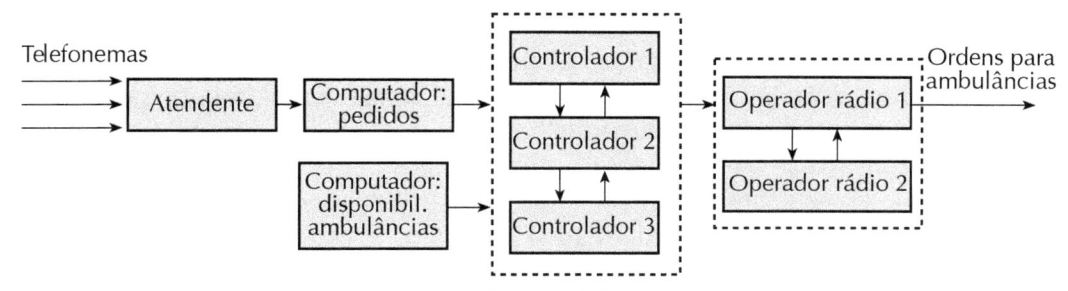

Figura 17.6
Reorganização do centro de controle operacional de ambulâncias, com a introdução de computadores para apoiar a tomada de decisões. Os três controladores trabalham em paralelo, o mesmo acontecendo com os dois operadores de rádio (Stammers e Hallam, 1985).

O contato social frequente entre os controladores e os operadores de rádio contribuiu para aumentar a motivação no trabalho, reduzindo a monotonia e os erros. É importante observar o uso inteligente do computador nesse caso. Ele não foi usado apenas como uma memória artificial, mas como um elemento integrativo do trabalho, modificando a estrutura e o funcionamento do sistema.

ROTAÇÃO DE TRABALHADORES

A rotação de trabalhadores é uma forma de organização em que um trabalhador é transferido, periodicamente, de um cargo para outro. (Esse conceito não deve ser confundido com o de rotatividade dos trabalhadores ou *turnover*, que é a taxa de demissão e admissão de trabalhadores em certo espaço de tempo.)

Essa rotação contribui para reduzir a monotonia e a sobrecarga osteomuscular. Contudo, para ser eficaz, é necessário haver uma diferença nos padrões dos movimentos musculares entre os cargos revezados. Por exemplo, pode-se fazer rotação entre um cargo que exija postura sentada, tendo movimentos predominantes das mãos e braços, por outro em que se fique em pé, andando, transportando e fazendo abastecimento de material.

Para que a rotação de trabalhadores seja possível em uma empresa, é necessário que eles estejam habilitados a ocupar um determinado conjunto de cargos. Numa situação ideal, é interessante que haja um aumento gradual de complexidade nessa sucessão de cargos, para que os trabalhadores tenham oportunidade de enfrentar gradativamente novos desafios. Esse tipo de organização tem sido adotado por diversas empresas como uma forma de combater a monotonia. A condição necessária para que esse tipo de organização possa funcionar é que todos os trabalhadores conheçam as tarefas de todos os postos e estejam dispostos, coletivamente, a assumir responsabilidades pela produção global do grupo.

Em algumas linhas de montagem, costuma-se usar a figura do operário-curinga, também chamado de *multifuncional*, que é treinado para ocupar qualquer um dos postos de trabalho dessa linha. Ele está preparado para substituir qualquer colega que falte ao trabalho ou que simplesmente, queira se afastar por alguns minutos para ir ao banheiro ou tomar um lanche.

Em uma empresa eletrônica, havia oito postos de trabalho dispostos em torno de uma mesa, para a montagem de componentes eletrônicos (Scherrer, 1981). Aí trabalhavam deliberadamente apenas seis pessoas, restando sempre dois postos vagos. Com o trabalho em andamento normal, o material ia se acumulando nesses *postos vagos*. Então, qualquer um dos seis trabalhadores, que estivesse com o seu trabalho adiantado, deslocava-se para um desses postos vagos para processar as peças acumuladas. Como esses postos vagos não eram fixos e qualquer um dos trabalhadores poderia ocupá-los, havia oportunidade para eles irem rodando na mesa, de posto em posto, conforme o acúmulo de peças. Esse tipo de rotação, embora contribua para reduzir a monotonia, na verdade, é um artifício que não muda substancialmente a natureza do trabalho repetitivo. Hoje já existem esquemas bem mais elaborados, conforme veremos a seguir.

GRUPOS SEMIAUTÔNOMOS DE TRABALHO

Os grupos semiautônomos são constituídos de sete a doze membros e cada grupo tem uma determinada missão. A gerência deve fixar claramente o trabalho que eles devem realizar (pontos de início e término) e os critérios pelos quais serão avaliados (produção total, índice de refugos, volume de vendas). As demais decisões "internas" serão tomadas pelo próprio grupo. Isso inclui a escolha de um coordenador, inclusão/exclusão de membros no grupo, distribuição de tarefas, ritmos e métodos de trabalho. Eles podem, por exemplo, interromper o trabalho, por decisão coletiva, para comemorar o aniversário de um dos membros do grupo. Essa decisão implica também uma aceleração posterior para recuperar o tempo perdido.

CÉLULAS DE PRODUÇÃO

No trabalho multifuncional, o leiaute é arranjado em forma de "U" ou "C", chamado de célula de produção. Assim, o material entra e sai do mesmo lado, ou seja, aquele que traz o material também pode retirar o produto acabado. Esse tipo de leiaute promove uma aproximação física entre os trabalhadores (Figura 17.7), facilitando a rotação deles entre os diversos postos de trabalho e, além do mais, há mais flexibilidade para aumentar ou diminuir o nível de produção da célula. Difere do leiaute tradicional da linha de produção, que adota o arranjo físico linear, em que os materiais entram em uma das extremidades e saem pela outra. Os contatos entre os trabalhadores dessa linha ficam difíceis porque estes se restringem aos vizinhos da frente e de trás.

A célula de produção atua de forma dinâmica e flexível. Assim, quando a carga de trabalho não for muito alta, pode-se colocar um trabalhador naquelas operações mais demoradas. Nas outras operações de ciclos menores, um trabalhador pode cuidar de duas ou três máquinas, e assim sucessivamente. Isso torna-se possível porque, pelo menos teoricamente, todos os trabalhadores da célula sabem operar todas as máquinas, embora, na prática, alguns operadores encontrem mais dificuldades que outros em certas operações.

Dentro da célula, as máquinas são colocadas umas próximas das outras, de propósito, para que não sobrem espaços para o acúmulo de materiais, eliminando-se, assim, os estoques intermediários. Eliminam-se também as operações improdutivas para colocação e retirada desses materiais em caixas e transportes de uma máquina para outra. As peças são transferidas, uma a uma, de uma máquina para outra, conservando-se, na medida do possível, a mesma altura em relação ao piso, para preservar a energia potencial (Figura 5.14, p. 174).

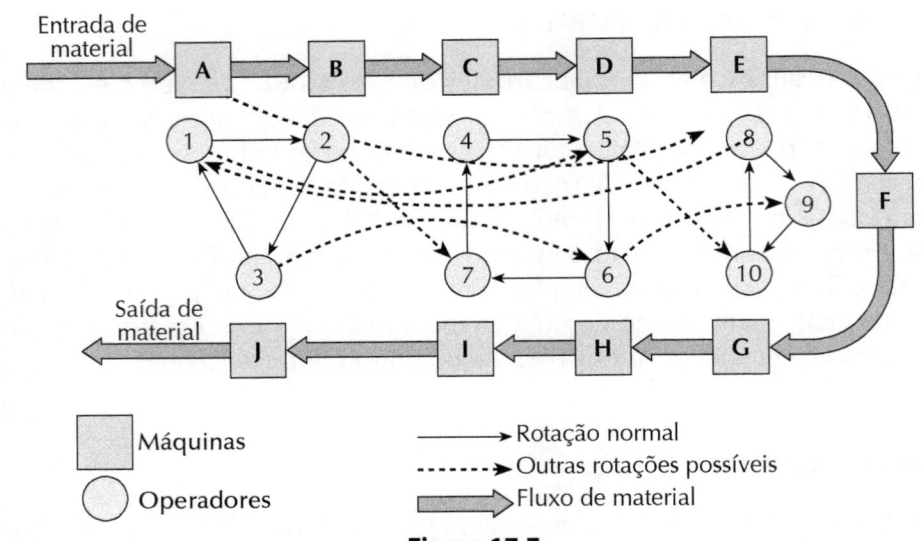

Figura 17.7
Célula de produção com leiaute em forma de "U", para operadores multifuncionais.

VANTAGENS DOS GRUPOS SEMIAUTÔNOMOS

Os grupos semiautônomos proporcionam diversas vantagens, principalmente na melhoria de qualidade e menor desperdício de materiais. No sistema tradicional de montagem, em linha, o que importa é que cada um complete a sua tarefa dentro do ciclo determinado, sem se preocupar muito com a qualidade, mesmo porque a contribuição de cada pessoa para o produto final fica muito diluída e quase anônima. Esse "anonimato", associado à pressão de trabalho imposta pela velocidade da correia transportadora, pode levar à produção defeituosa. Os grupos semiautônomos acabam com esses problemas, e o maior contato social entre os membros do grupo aumenta o grau de solidariedade entre eles (evoluem para times).

Ao mesmo tempo, o ciclo mais longo contribui para reduzir a monotonia e a fadiga. Portanto, os grupos semiautônomos, como o próprio nome indica, têm autonomia para decidir sobre a organização interna do trabalho, dentro do grupo. Os controles administrativos, como a quantidade total produzida e a qualidade final do produto, são transferidos para os resultados mais globais, deixando os controles intermediários a cargo do próprio grupo.

APLICAÇÕES INDUSTRIAIS DE GRUPOS SEMIAUTÔNOMOS

A fábrica de televisão da Philips começou a fracionar suas enormes linhas de montagem na década de 1960. Antes, o aparelho de televisão era montado em uma longa linha com 120 pessoas trabalhando em série, com um ciclo de um minuto (ciclos menores que 1,5 minuto são considerados extremamente prejudiciais aos trabalhadores). Em uma primeira etapa, essa linha foi reduzida para 104 postos de trabalho, subdivididos em cinco grupos. Entre um grupo e outro havia um estoque de peças semiacabadas, funcionando como reservatório, para prevenir interrupções do fluxo, e se faziam controles de qualidade ao final de cada grupo. A qualidade global do trabalho melhorou, assim como a produtividade. Na etapa seguinte, foram feitos *alargamentos* dos trabalhos, resultando num ciclo de quatro minutos.

Finalmente, o trabalho foi reorganizado em forma de grupos semiautônomos, compostos de sete pessoas por grupo. A atribuição interna das tarefas entre os elementos do grupo passou a ser decidida por eles mesmos. Com isso, o ciclo de cada trabalhador passou para vinte minutos. Os elementos do grupo assumiram diversas outras *responsabilidades*, como o controle da produção e requisição de materiais e ferramentas, que antes eram feitos pelos chefes de equipe ou supervisores de produção.

Na mesma empresa, outra linha destinada à montagem de rádios também foi fracionada, organizando-se grupos semiautônomos de três pessoas. Dessas três pessoas, duas trabalhavam em série e uma em paralelo. Esta última montava o rádio inteiro e atuava como curinga, ocupando o lugar das trabalhadoras em série quando uma delas faltava ao serviço ou precisava afastar-se por alguns minutos.

A empresa sueca Saab-Scania implantou, em 1973, um sistema de montagem de motores de caminhões em grupos semiautônomos, fracionando a linha de produção e reorganizando os trabalhadores dentro de arranjos físicos (leiaute) em forma de "U". Como acontece nesses casos, os elementos do grupo discutiam entre si e decidiam como cada um deles trabalharia.

Toyotismo

O sistema de produção conhecido como toyotismo foi introduzido por Taiichi Ohno, da empresa automobilística Toyota, no Japão, após a Segunda Guerra Mundial, e se consolidou na década de 1970. O toyotismo promove o enriquecimento do trabalho, proporcionando maior autonomia ao trabalhador. Em paralelo, realiza-se em conjunto de outras providências para se obter ganhos de produtividade. Isso inclui a flexibilização da produção, eliminação de estoques com introdução do sistema *just in time* (JIT), e eliminação de perdas.

As vantagens geralmente apontadas do toyotismo são a qualificação da mão de obra, a atuação dos trabalhadores em células de produção para atingir as metas de perda zero e máxima produtividade. No entanto, apesar de eliminar o trabalho repetitivo, o sistema exige trabalho em jornadas exaustivas, com enorme pressão sobre os trabalhadores, aumentando as doenças e, em casos extremos, morte súbita (conhecida por *karoshi*) por excesso de estresse.

O toyotismo adota *células de produção*, em pequenas unidades produtivas, com rotação de trabalhadores entre os cargos. Estas se baseiam no princípio de que todos os trabalhadores de uma célula são capazes de operar todas as máquinas desta. Esse sistema de células foi implantado inicialmente em uma fábrica de 220 trabalhadores onde era produzido e montado o diferencial da roda traseira dos automóveis. Essa implantação foi realizada em três etapas.

Etapa 1: Rotação de supervisores – Inicialmente, todos os supervisores e chefes de células (sessenta no total) entraram no sistema de rotação, sendo transferidos entre células com o mesmo tipo de serviço. Essa etapa foi essencial para que os supervisores pudessem comandar, depois, a rotação dos operários.

Etapa 2: Rotação dos operários dentro de cada célula – Na segunda etapa, cada operário foi transferido de um posto de trabalho para outro, dentro da célula. O tempo de treinamento e a adaptação a cada novo posto de trabalho foi variável, entre alguns dias até diversas semanas, seguindo uma programação semanal de treinamento (Figura 17.8).

Etapa 3: Rotação em regime – Quando todos os operários completaram o treinamento em todos os postos de trabalho, a velocidade de rotação foi aumentada progressivamente. Inicialmente, fez-se a rotação semanal, passando-se depois para a diária e depois a cada quatro horas. Em alguns casos, essa rotação passou a ser feita a cada duas horas.

Operador	A	B	C	D	E	F	G	H	I	J	Observações
1	●	●	◑	●	○	○	○	○	○	●	
2	●	●	○	○	◑	●	○	○	●	●	
3	●	●	○	◐	○	○	○	●	○	●	
4	○	●	●	●	○	○	◑	●	●	○	
5	◐	○	●	●	○	○	○	●	●	○	
6	○	○	●	●	●	●	●	●	●	○	
7	○	◐	●	●	○	○	○	●	●	○	
8	●	○	◑	○	●	●	○	○	◐	○	
9	●	◑	●	●	●	●	○	○	○	○	
10	○	○	○	○	●	●	●	◐	○	○	
Chefe da célula	●	●	●	●	●	●	●	●	●	●	

Legenda:
○ A ser treinado
◕ Incluído no programa
◑ Em treinamento
● Já treinado

Programação de treinamento
Depto. _____
Supervisor _____
Célula _____
Semana _____ Início _____

Figura 17.8
Folha para programação semanal de treinamento de operadores multifuncionais de uma célula de produção.

Naturalmente, alguns trabalhadores têm dificuldade de adaptar-se a esse tipo de organização da produção. Para contornar essa dificuldade, a implantação deve ser feita gradualmente, e aqueles que não se adaptarem devem ser retreinados para outras funções. No caso do Japão, as resistências dos trabalhadores eram menores porque dificilmente eles eram demitidos e não havia sindicalismo de classes.

Volvismo

A empresa automotiva sueca Volvo construiu novas fábricas em Kalmar e Udevalla, especialmente para implantar o sistema de trabalho por grupos semiautônomos. Essas fábricas eram estruturadas em nichos, chamados de docas. Essas docas eram ocupadas por grupos semiautônomos de trabalhadores, permitindo-se interação e movimentação entre eles. Quando a produção era finalizada pelo grupo, o produto era transportado para outra doca, por meio de um sistema transportador, para ser trabalhado por outro grupo, e assim sucessivamente. Esse modelo, implantado nos anos 1980-1990, ficou conhecido como volvismo. O sistema todo funciona como uma "macro" linha de produção, em que cada posto não é ocupado por um trabalhador individual, mas por um grupo semiautônomo.

Vantagens da rotação de trabalhadores

A principal vantagem do sistema de rotação de trabalhadores entre os cargos é a redução da monotonia e combate à fadiga. Algumas operações são mais pesadas ou desagradáveis que as outras, mas todos devem passar por elas. Verificou-se que, no início de cada rotação, os operários conversavam entre si para a tomada de decisões e isso melhorou o relacionamento humano no grupo e aumentou a solidariedade entre eles. Cada operário participa de todas as operações da célula e, assim, ele se identifica melhor com o objetivo do trabalho, cuidando mais da qualidade, segurança, custo e quantidade produzida.

Há um melhor relacionamento entre os supervisores e operários e dos operários mais antigos com os novatos. Tanto os supervisores como os operários experientes participavam do treinamento dos novatos, pois o desempenho destes últimos é fundamental para que o grupo todo funcione bem.

17.5 Seleção e treinamento

O princípio geral da ergonomia diz que as máquinas e o ambiente de trabalho devem ser adaptados ao ser humano – "é melhor curvar o cabo da ferramenta, do que forçar a postura da mão". Isso significa dizer que as máquinas e o ambiente são as variáveis do sistema e o ser humano, o seu parâmetro. Isso é válido na maioria dos casos e essa a atitude deve prevalecer, sempre que possível, nas atividades de ergonomia.

Por outro lado, o ser humano não é considerado como uma parte rígida e imutável do sistema. Devido às grandes diferenças individuais existentes entre as pessoas, que já foram ressaltadas em diversas ocasiões, elas podem ser adequadamente selecionadas e, além do mais, podem ser aperfeiçoadas pelo treinamento. Isso é particularmente válido para certas tarefas críticas, que exijam compleições físicas ou habilidades especiais. Enfim, existe também certa adaptabilidade humana, que poderá ser aproveitada para melhorar o desempenho do sistema produtivo.

DIFERENÇAS INDIVIDUAIS DE PRODUTIVIDADE

As pessoas diferem entre si quanto à capacidade de realizar trabalho mais do que usualmente se supõe. Os produtos e os métodos de trabalho de uma empresa podem ser padronizados, mas os trabalhadores diferem entre si. Richardson (1970) observou um grupo de funcionários burocráticos que faziam trabalhos rotineiros, cada um com ritmo próprio, facilmente quantificáveis. Esses funcionários foram ordenados de acordo com a sua produtividade e divididos em quatro subgrupos (quartis), com igual número de pessoas.

Quantificando-se a produção ao longo de quinze dias, constatou-se que o quartil mais produtivo havia produzido 3,5 vezes mais peças que o pior quartil e os dois quartis médios apresentaram também eficiências intermediárias. Fazendo-se as contas, chegou-se à conclusão de que seria necessário o dobro do número total de empregados, se todos trabalhassem no ritmo do pior quartil. Em termos individuais, observou-se que as diferenças são mais significativas. O indivíduo mais eficiente produzia até seis vezes mais que aquele mais lento.

Muitas vezes tem-se atribuído essa diferença de produtividade à questão do *treinamento*. Entretanto, várias experiências realizadas comprovaram que o treinamento pode até acentuar essas diferenças. Um acompanhamento feito com costureiras industriais, durante dois anos, mostrou que as diferenças individuais de produtividade acentuavam-se consideravelmente, à medida em que as trabalhadoras ganhavam experiência.

Entretanto, em casos de tarefas mais complexas de montagens, verificou-se que essas diferenças iniciais tendiam a atenuar-se com o tempo. Ou seja, aquelas pessoas que apresentavam baixa eficiência inicial conseguiam relativamente um progresso maior, se comparadas com aquelas mais eficientes, mas não chegavam a ultrapassar estas últimas. Resumindo, pode-se concluir que a prática pode aumentar ou reduzir as diferenças individuais. Contudo, estas continuam sendo significativas e não podem ser totalmente eliminadas pelo treinamento.

Essas diferenças individuais de produtividade podem ser aproveitadas, por exemplo, na organização das linhas de produção. Os trabalhadores mais produtivos são colocados sempre nas operações finais, para criar uma espécie de "vácuo" ao longo da linha. Se for feito o contrário, há simplesmente um "congestionamento" da linha, prejudicando o fluxo da produção. Nos supermercados, as operadoras mais eficientes devem ser colocadas nas "caixas rápidas", como o próprio nome sugere.

SELEÇÃO DE PESSOAL

A seleção de pessoal parte do princípio de que nem todos os trabalhadores são iguais entre si, pois eles se diferenciam quanto às suas capacidades físicas, conhecimentos, habilidades e experiências. Dessa maneira, pode-se admitir que certos tipos de trabalhadores são mais adequados a determinados tipos de cargos.

A ergonomia propõe-se a realizar projetos adequados à maioria da população, abrangendo inclusive as pessoas com deficiência (ver projeto universal, na p. 704).

Esse preceito deve ser seguido sempre que possível. Entretanto, na prática, podem existir certas restrições pela própria natureza do trabalho ou pelas condições ambientais, que tornam isso difícil ou demasiadamente oneroso. É o que ocorre, por exemplo, no aproveitamento das pessoas com deficiência auditiva ou aquelas com dificuldade visual para discriminar cores, como já comentado (p. 124). Essas pessoas dificilmente poderiam exercer tarefas onde houver exigência de uso intensivo desses sentidos.

Assim, a seleção de pessoal, em alguns casos, pode ser até mais importante que o próprio projeto do trabalho e do treinamento. O projeto pode ser modificado à vontade, mas o treinamento acentua as características que já existem no indivíduo. A seleção pode buscar certas habilidades básicas e características de personalidade desejadas. A preparação de astronautas, por exemplo, é precedida de uma rigorosa seleção, que aprova apenas alguns candidatos entre milhares deles. Além das aptidões físicas, eles devem ter capacidade de decisão rápida e ser capazes de suportar longos períodos de isolamento.

Existem diferentes tipos de testes que são aplicados pela psicologia para avaliar certas habilidades individuais, como habilidade quantitativa, verbal, memória, raciocínio espacial e outros. Para a habilidade motora existem testes específicos para determinar a coordenação motora, destreza manual, tempo de reação, e assim por diante. Normalmente, esses testes são complementados pela análise dos dados biográficos e por uma entrevista, realizada por pessoas especialmente treinadas para isso.

Uma aplicação típica da seleção de pessoal ocorre quando os cargos e seus respectivos programas de treinamento já estão definidos e, daí, parte-se para a definição dos critérios e procedimentos a serem aplicados na seleção de pessoal para o preenchimento desses cargos. Naturalmente, esse processo não é rígido, porque pode haver um processo de adaptação mútua, do trabalhador ao cargo e vice-versa. Além do mais, os conteúdos dos cargos costumam sofrer mudanças, em consequência de novas tecnologias ou novas demandas da empresa, assim como os trabalhadores evoluem continuamente pela experiência e treinamento, tornando esse processo adaptativo bastante dinâmico.

PROGRAMA DE TREINAMENTO

Empresas modernas e competitivas costumam oferecer oportunidades frequentes de treinamento aos seus trabalhadores. Esse treinamento pode ser feito em bases individuais, principalmente quando ocorre no próprio cargo (*on-the-job-training*). Nesse caso, o aprendiz é colocado junto de um trabalhador mais experiente, que lhe transmite os seus conhecimentos e habilidades. A empresa pode elaborar também um programa de treinamento, atuando de forma mais sistematizada, principalmente nos casos de inovações tecnológicas, mudanças dos métodos de produção, novos empreendimentos, ou quando há um grande número de pessoas a serem treinadas.

Um programa de treinamento precisa começar, necessariamente, com a definição dos objetivos. Para isso, às vezes, é interessante contar com a colaboração de pessoas de vários departamentos, como os de pessoal, produção, métodos e outros, se possível, incluindo-se também representantes dos empregados.

Conteúdos do treinamento – Os conteúdos do treinamento são normalmente divididos em duas categorias: os conhecimentos e as habilidades. Os *conhecimentos* visam aumentar a memória declarativa e podem incluir informações gerais sobre a empresa e aquelas mais específicas sobre as tarefas, o posto de trabalho e as condições de trabalho.

As *habilidades* visam aumentar a memória operacional. Incluem o treinamento sobre a postura, movimentos corporais, operações, e a sequência de movimentos que devem ser executados. Incluem também as decisões a serem tomadas durante o trabalho, e os procedimentos a serem adotados em situações de emergência.

Em cargos de fábrica, como torneiros, ferramenteiros, soldadores e outros, geralmente os conteúdos de habilidades predominam sobre aqueles de conhecimento. Pode ocorrer o inverso, ou seja, a predominância dos conteúdos de conhecimentos para os cargos administrativos ou burocráticos.

Programação do treinamento – De preferência, os conteúdos de conhecimento e habilidades devem ser intercalados entre si, com duração de trinta a sessenta minutos cada aula.

Ordenamento dos conteúdos – O treinamento pode envolver uma simples ação, como apertar um parafuso, ou tarefas complexas como montar e desmontar o motor de um automóvel, que exige a execução ordenada de centenas de diferentes tipos de ações. Essas tarefas mais complexas podem ser decompostas naquelas mais simples. O aprendiz deve ir adquirindo gradativamente as habilidades mais simples, que vão se somando para chegar às mais complexas.

O treinamento deve evoluir do simples para o complexo, e do fácil para o difícil. Os conteúdos devem ser organizados de forma que as novidades ou novas habilidades sejam transmitidas *progressivamente*, sem estressar ou fatigar o aprendiz. Cada lição deve ser precedida de um rápido resumo da lição anterior e, sempre que possível, deve ser apresentada com alguma ajuda visual, como fotos, gráficos, cartazes, filmes ou vídeos. No caso de montagem de peças, por exemplo, uma amostra das próprias peças deverá estar sempre presente.

Muitas vezes, não é suficiente treinar apenas as pessoas de um determinado cargo, porque, em geral, estas dependem do trabalho de outros. Assim, o treinamento frequentemente precisa abranger vários cargos, para ser eficaz.

CONTROLE DA APRENDIZAGEM

Durante o processo de aprendizagem, é fundamental fazer uma *realimentação* das informações o mais rápido possível. Isso serve, de um lado, para o próprio aprendiz comprovar que aprendeu certo e, de outro, ao instrutor, para saber se a programação está sendo bem-sucedida. O ideal é realizar uma verificação a cada passo, para se certificar que todos aprenderam, antes de se passar ao passo seguinte. Muitas vezes esses passos estão ligados entre si. Se o passo anterior funcionar como pré-requisito para o passo seguinte, não adianta prosseguir sem que se tenha certeza de que o passo anterior tenha sido dominado pelos alunos.

Conhecimentos e habilidades devem ser avaliados de forma diferente. Para avaliar as habilidades, não é suficiente usar verbalizações (de conhecimentos) do tipo "vocês entenderam?" ou "alguém tem alguma dúvida?" É necessário que cada aprendiz *repita* a tarefa, demonstrando que sabe fazê-la e, se alguma coisa estiver errada, deve ser corrigida imediatamente. Essas verificações podem ocorrer diversas vezes durante uma aula ou pelo menos uma vez em cada aula. Às vezes, é possível estabelecer critérios mais objetivos de acompanhamento sob a forma de notas ou escores. Essa opção é interessante porque serve como autocontrole para o próprio aprendiz.

O instrutor deve reforçar o comportamento desejável dos aprendizes. Isso pode ser feito com um simples gesto de aprovação ou um elogio. Essas apreciações positivas podem ser feitas em público. Contudo, se algum aprendiz apresentar algum desvio de conduta ou comportamento indesejável, deve-se chamar a sua atenção em particular, confidencialmente.

RECICLAGEM DOS TRABALHADORES

A reciclagem dos trabalhadores visa mantê-los sempre atualizados, com cursos periódicos de treinamentos de manutenção ou reforço. Essa reciclagem é particularmente necessária para atividades que sofrem impacto de rápidos avanços científicos e tecnológicos, como a informática e telecomunicações.

Essas transformações estão ocorrendo em quase todos os setores, inclusive naqueles tradicionais, como a agropecuária e transportes, com a introdução de máquinas informatizadas. Em indústrias mais dinâmicas, isso é feito pelo menos uma vez ao ano, e cada trabalhador passa, em média, uma semana ao ano em cursos de reciclagem. Para aqueles que tomam decisões sobre produtos ou processos, é importante a empresa proporcionar oportunidades para frequentar eventos, como feiras e congressos, onde são apresentadas as principais inovações.

17.6 TRABALHO NOTURNO E EM TURNOS

O trabalho noturno é imprescindível à vida moderna. Enquanto a maioria das pessoas descansa, muitas outras trabalham. Nos Estados Unidos, estima-se que 26% da força total de trabalho estejam envolvidas em trabalhos noturnos.

Alguns tipos de plantas industriais de processo contínuo, como refinarias de petróleo, usinas siderúrgicas e indústrias químicas, simplesmente não podem ser paralisadas. Outras funcionam continuamente por razões econômicas, para amortizar os elevados investimentos, como é o caso dos centros de processamento de dados. Há serviços cujo ciclo natural exige o trabalho noturno, como as centrais de abastecimento, para que os feirantes e supermercados tenham mercadoria disponível na parte da manhã. Alguns serviços, como os call centers e os de atendimento ao consumidor (SAC), operam 24 horas por exigência legal. Outros, como certas atividades de lazer, só funcionam à noite. Há também os serviços que não podem ser interrompidos, como a polícia, atendimentos hospitalares, serviços de eletricidade, transportes, e muitos outros.

Embora seja praticamente inevitável em todos esses casos, o trabalho noturno não deixa de ser bastante inconveniente, pois exige atividade do organismo quando ele está predisposto a descansar, e vice-versa. Para reduzir os efeitos danosos do trabalho noturno, pode-se adotar o trabalho em turnos, em que as pessoas trabalham em turnos fixos (sempre à noite), ou se revezam entre os trabalhos diurno e noturno.

Fatores que influem no trabalho noturno

Vamos examinar alguns fatores que influem no desempenho do trabalho noturno. O seu conhecimento pode ajudar na organização desse trabalho, de modo menos prejudicial aos trabalhadores. Deve-se saber, principalmente, que não é possível exigir o mesmo nível de desempenho em relação aos trabalhadores diurnos, por uma série de razões que serão apresentadas a seguir.

Ritmo circadiano – Como já vimos (p. 592), o organismo humano não funciona uniformemente durante todo o dia. Ele possui uma espécie de "relógio" interno que regula o nível de suas atividades fisiológicas, e estas são mais intensas durante o dia e menos intensas à noite, principalmente entre 2 h e 4 h da madrugada. Quando o trabalhador troca o dia pela noite, o ritmo circadiano *não se inverte* completamente (Figura 17.9), mas sofre apenas pequenas adaptações, pois é governado pela luz solar. Algumas pessoas apresentam mais facilidade de se adaptar, mas essas adaptações serão sempre parciais. Isso significa dizer que, infelizmente, esse fator será sempre uma fonte de sofrimento para os trabalhadores noturnos.

Diferenças individuais – Há muitas diferenças individuais quanto à capacidade de adaptação ao trabalho noturno. Murrell (1965) apresenta um estudo sobre adaptação do ritmo circadiano da temperatura corporal ao trabalho noturno. Entre um grande número de trabalhadores, descobriu-se que 27% apresentaram certa adaptação em três dias, 12% levaram seis dias, 23% levaram mais de seis dias e 38% nunca apresentaram adaptações. Outros estudos indicam que 10% das pessoas não apresentam nenhum problema de adaptação, enquanto a parcela de pessoas que não conseguem adaptar-se ao trabalho noturno é de 20%. Essas diferenças individuais levaram à formulação do "efeito do trabalhador sadio" (fica no turno quem se adapta), recomendando manter no esquema de turnos apenas aqueles que conseguem adaptar-se bem à situação.

A adaptação ao trabalho noturno é mais difícil para as pessoas idosas (com mais de cinquenta anos de idade), para as pessoas que sofrem de epilepsia, para aquelas que têm problemas gastrointestinais ou dificuldade de dormir ou não têm boa acomodação para dormir. Pessoas que moram sozinhas tendem a ter mais dificuldade de se ajustar ao trabalho noturno e em turnos porque o suporte familiar é importante, principalmente nas tarefas domésticas. As pessoas que exercem mais de uma atividade (incluindo atividades domésticas) também sofrem mais com o trabalho noturno e em turnos. As pessoas de cronotipo matutino (que acordam cedo e estão mais dispostas pela manhã) têm mais dificuldade de se adaptar ao trabalho noturno do que as pessoas vespertinas (que estão mais dispostas na parte da tarde).

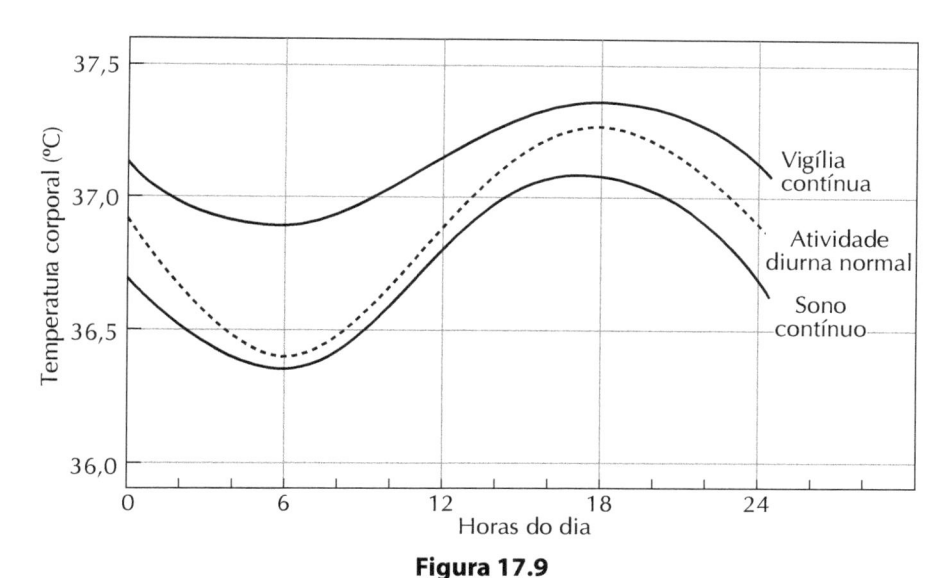

Figura 17.9
Variações da temperatura corporal de um trabalhador no turno diurno normal, em comparação com vigília contínua e sono contínuo (Kroemer, Kroemer e Kroemer-Elbert, 1994).

Tipo de atividade – A adaptação ao trabalho noturno é relativamente mais fácil nas atividades que exigem movimentação do corpo do que aqueles em que o corpo fica parado. Assim, operadores de máquinas e transportadores de materiais se adaptam mais facilmente do que trabalhadores de escritório ou em centrais de controle, que ficam sentados.

Desempenho – O trabalho noturno reduz a concentração mental e isso leva a um aumento do índice de erros e acidentes. Observou-se que as operações monótonas e repetitivas aumentam o sono e induzem a erros frequentes, principalmente após a meia-noite. Além disso, devido à menor aptidão fisiológica à noite, deve-se evitar trabalhos muito pesados. Esses resultados são agravados se não houver condições adequadas de trabalho, como uma iluminação com níveis recomendados para cada tipo de tarefa (ver Tabela 12.2, p. 425).

Saúde – Os trabalhadores noturnos apresentam maior cansaço, irritabilidade, distúrbios intestinais, úlceras e transtornos nervosos. Também entre os trabalhadores noturnos verifica-se um maior consumo de estimulantes (café e cigarro), álcool e pílulas para dormir (Fisher, Moreno e Rotemberg, 2004).

*Consequ*ências sociais – Uma pessoa que trabalha à noite acaba tendo menos contato com membros de sua família e da comunidade, devido às incompatibilidades de horários. Com o tempo, isso pode criar problemas de relacionamento. Além disso, os eventos sociais costumam ocorrer mais à noite, quando ele está trabalhando, e o mesmo acontece com as atividades de lazer.

CONSEQUÊNCIAS DO TRABALHO NOTURNO E EM TURNOS

Existem diversos estudos que avaliam as consequências do trabalho noturno e em turnos, principalmente quanto às suas influências no desempenho, aumentando os tempos de reação, erros e riscos de acidentes. Por exemplo, foi realizado um acompanhamento de um grupo de doze trabalhadores (Tilley et al., 1982) que trabalhavam alternadamente, em três turnos, com os seguintes horários:

- Turno da manhã – das 6h às 14h.
- Turno da tarde – das 14h às 22h.
- Turno da noite – das 22h às 6h.

As análises realizadas com o sono e o desempenho desses trabalhadores demonstraram os seguintes resultados.

Duração do sono – Foram constatadas diferenças significativas na duração média do sono entre os três turnos. O sono noturno (após 22h) do turno da tarde era o mais longo, com uma duração média de sete horas diárias. Em segundo lugar, vinha o sono noturno do turno da manhã, com duração média de seis horas. Em último lugar aparecia o sono diurno do turno da noite, com duração média de 5,14 horas. Portanto, este último, comparado com o primeiro, apresentava uma redução de 26% no tempo de sono.

Qualidade do sono – As pessoas que trabalhavam no turno da noite demoravam mais tempo para atingir a fase de sono profundo (REM) e permaneciam 16,2% do tempo nessa fase (Figura 16.5, p. 597). As do turno da tarde ficavam 17,2%, e as do turno da manhã, 22,5% na referida fase. Portanto, as do turno da noite, além de dormir menos, tinham um sono de pior qualidade. Um questionário realizado antes e depois dos respectivos sonos, perguntando sobre o sentimento de bem-estar e da qualidade reparadora do sono, apresentou a pior avaliação para os trabalhadores do turno da noite. Eles reclamavam do calor, barulho e luz que incomodavam o sono.

Desempenho – No teste do tempo de reação, o resultado foi nitidamente maior para o turno da noite (Figura 17.10-a), indicando um desempenho de menor qualidade. Em geral, os melhores desempenhos eram apresentados pelo turno da tarde, ficando o turno da manhã em situação intermediária. As diferenças nos tempos de reação chegavam a ser de 10% a 18% maiores para o turno da noite, em relação ao turno da tarde. As temperaturas do corpo, medidas logo após os testes de desempenho, mostraram que os trabalhadores do turno da noite apresentavam temperaturas sempre mais baixas que aqueles da manhã e da tarde. As diferenças entre os da noite e da manhã chegavam a cerca de 0,6 °C, comprovando as diferenças dos ritmos circadianos entre eles (Figura 17.10-b).

Essa pesquisa demonstrou que o desempenho dos trabalhadores no turno da noite é comparável ao de um trabalhador diurno que tenha passado uma noite inteira sem dormir. Além disso, o sono diurno dos trabalhadores noturnos é de menor duração e de pior qualidade. Assim, não tem a mesma capacidade reparadora, se comparado com o sono noturno dos trabalhadores diurnos. Isso é como se ocorresse um "débito" de sono, que vai se acumulando durante a semana, provocando uma queda gradativa do desempenho durante esses dias até ser compensado no dia de folga semanal, quando ele chega a dormir doze horas ou mais.

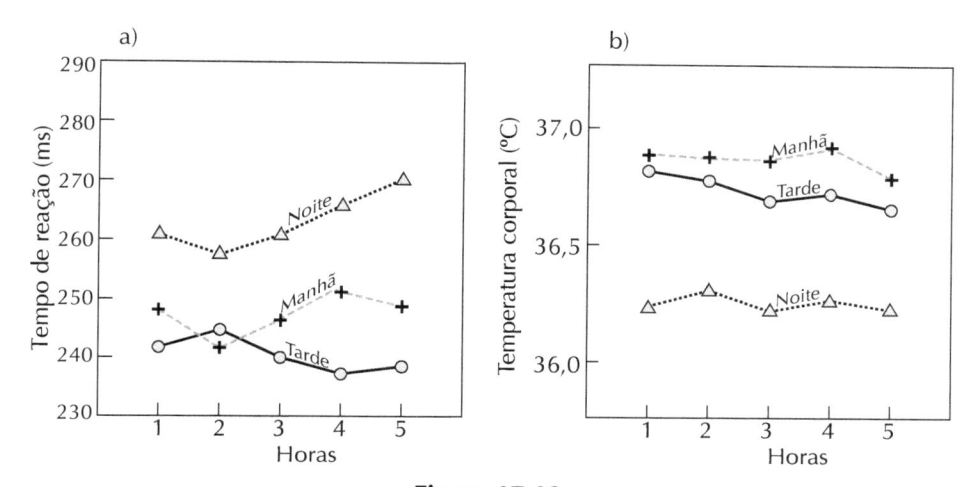

Figura 17.10
Diferenças dos tempos de reação e de temperatura corporal entre os três turnos de trabalho (Tilley et al., 1982).

Na maioria dos trabalhos noturnos, esse desempenho pior não chega a comprometer a produtividade e a segurança, devido à pouca exigência desses cargos. Entretanto, em alguns casos críticos, como pilotos e controladores de tráfego aéreo, operadores de centros de controle operacional e serviços de emergência, os erros poderão provocar consequências graves. Nesses casos, para se reduzir a fadiga e monotonia, os trabalhadores podem fazer rotações a cada duas horas entre os postos de trabalho. Também se pode trabalhar com sistemas redundantes (em paralelo), a exemplo do que acontece com o piloto e copiloto de aeronaves.

TRABALHO E LAZER

A nossa sociedade está estruturada para um ciclo diário de trabalho-lazer-sono. Esse período de lazer, intercalado entre o trabalho e o sono, tem um papel relaxante, para aliviar as tensões do trabalho e facilitar o sono. As pessoas que trabalham no período diurno geralmente podem desfrutar do horário após o expediente, das 19 h às 22 h, para o lazer. Nesse horário ocorrem praticamente todas as atividades de lazer, como as melhores programações de televisão, cinema, teatro, esportes e outros.

Para os trabalhadores noturnos, essa sequência fica alterada para: trabalho-sono-lazer, com evidentes prejuízos, inclusive porque há pouca oferta de atividades de lazer no horário que ele teria disponível para isso. Nesses casos, é importante proporcionar alguns dias de folga, principalmente nos finais de semana, para atendimento aos compromissos sociais, culturais e religiosos. Isso costuma ocorrer periodicamente no trabalho em turnos.

Turnos fixos versus rotativos

A maior parte das empresas que funciona à noite adota um esquema de turnos rotativos, ou seja, a mesma pessoa trabalha alternadamente em diferentes períodos. Entretanto, também há algumas empresas que adotam sistemas de turnos fixos, em que cada empregado tem um horário fixo de trabalho noturno, que não se altera. Assim, os trabalhadores noturnos, como os vigias noturnos, são sempre os mesmos.

Existem certas vantagens e desvantagens em cada um desses sistemas. Colligan, Frockt e Tasto (1979) relatam um acompanhamento feito com o pessoal de enfermagem (98% de mulheres) em doze hospitais, dos quais sete adotavam somente o sistema de turno fixo. De um total de 1.219 pessoas observadas, 315 trabalhavam permanentemente no turno da manhã, 306 permanentemente no turno da tarde, e 289 no turno da noite, também permanentemente. Contudo, 309 trabalhavam no sistema de turnos rotativos (Tabela 17.6).

Tabela 17.6
Frequências de visitas à clínica e média de dias com doenças (em seis meses) de enfermeiras em três regimes trabalho de turnos fixos e um rotativo. O pior resultado é apresentado pelo regime com rotação de turnos (Colligan, Frockt e Tasto,1979)

Turno	Número de pessoas observadas	Frequência de visitas ao serviço médico (%)	Número de dias com doença em seis meses
1. Manhã (fixo)	315	0,67	3,32
2. Tarde (fixo)	306	0,64	3,33
3. Noite (fixo)	289	0,83	3,74
4. Rotativo	309	7,71	4,21

Um acompanhamento médico, realizado durante seis meses, demonstrou que não havia diferenças significativas entre os três turnos fixos quanto às frequências das enfermeiras ao serviço médico e também quanto ao número de dias doentes, embora fosse constatado um pequeno aumento para o turno da noite. Porém, aquelas que realizavam rotações de turnos apresentavam registros significativamente maiores, tanto no número de dias doentes como na frequência ao serviço médico. Aquelas que trabalhavam no sistema rotativo realizavam cerca de dez vezes mais visitas ao serviço médico, em relação às de turnos fixos.

Além disso, as de turnos fixos reclamavam de doenças menos graves, como dores de cabeça, resfriados comuns e faringites. As de turno rotativo apresentavam maior incidência de casos mais graves, como infecções respiratórias agudas e doenças gastrointestinais. Os autores argumentaram que, provavelmente, os trabalhadores em turnos rotativos não reclamam de pequenas indisposições, porque consideram que isso seja uma consequência normal do próprio sistema rotativo de turnos.

Outro estudo demonstrou que 72% dos trabalhadores diurnos tinham recorrido ao serviço médico, contra apenas 47% daqueles do turno noturno. Contudo, descobriu-se que esses índices não são comparáveis entre si, porque os trabalhadores diurnos reclamavam de muitas doenças corriqueiras, enquanto os trabalhadores noturnos só recorriam ao serviço médico em casos de maior gravidade.

Esses estudos demonstram que os turnos rotativos são *piores* que os turnos fixos, inclusive em relação aos que só trabalham no turno da noite. A explicação para isso parece estar na desorganização do ciclo circadiano, provocada pelas frequentes mudanças nos horários de trabalho. Além do mais, os resultados dos turnos fixos podem ser melhorados se forem selecionados indivíduos do tipo vespertino para o trabalho noturno. Mas, conforme já se observou, os turnos fixos são vantajosos do ponto de vista fisiológico, mas há também desvantagens. Observam-se evidentes prejuízos dos compromissos sociais e atividades de lazer para os trabalhadores noturnos, que são igualmente importantes, e devem ser considerados na elaboração de um esquema de trabalho em turnos.

Os estudos mais recentes (Verdier, Borthe e Quéinnec, 2004; Knauth, 2004) chegaram à conclusão de que o melhor sistema não é nem o fixo nem o rotativo, e sim o sistema flexível de trabalho. Eles enfatizam que as organizações mais flexíveis melhoram a motivação de seus funcionários. Para isso, devem delegar responsabilidades, dar mais autonomia em relação à organização do horário de trabalho e escolha de um modelo de jornada, inclusive com sistemas flexíveis de turnos, ajustados às características e necessidades (fisiológicas e sociais) dos trabalhadores.

CRITÉRIOS PARA A ELABORAÇÃO DE ESQUEMA DE TURNOS

Devido aos vários tipos de inconveniências apresentadas, o trabalho noturno é considerado um "mal necessário". Assim sendo, resta organizar esquemas de trabalho que provoquem o menor prejuízo possível, tanto à saúde dos trabalhadores como ao seu convívio social.

Em diversos estudos realizados na Europa, foram descobertos pelo menos duzentos esquemas diferentes de horários e de rotação de turnos em uso nas empresas. Alguns deles são considerados "tradicionais", mas nem sempre são os mais recomendáveis, à luz dos conhecimentos disponíveis na área.

Nos últimos anos, surgiram novas propostas para a organização dos esquemas de turnos, colocando em prática os conhecimentos adquiridos na área de fisiologia do trabalho e cronobiologia. Essas propostas procuram compatibilizar, de um lado, os prejuízos ao sono e, de outro, as folgas necessárias para o lazer e convívio social. De acordo com esses critérios, são apresentadas as seguintes recomendações, de acordo com Knauth, Rohmert e Rutenfranz (1979):

Evitar as jornadas superiores a oito horas de trabalho diário – Em casos normais, deve-se considerar a jornada de oito horas como a máxima possível. Em casos excepcionais, admitem-se jornadas de até doze horas, no máximo. Jornadas maiores começam a interferir no tempo necessário para um sono reparador. Deve-se considerar o tempo necessário para o deslocamento da casa para o trabalho, e vice-versa, além de outras necessidades pessoais do trabalhador.

Limitar os dias consecutivos de trabalho noturno – O organismo humano nunca se adapta completamente ao trabalho noturno, que provoca sono, perda de apetite e cansaço. Esses sintomas vão se acumulando em dias consecutivos de trabalho noturno. Por outro lado, uma única noite de trabalho não provoca alterações significativas no organismo humano.

Conceder folga de 24 horas após cada dia de trabalho noturno – O sono diurno tem duração menor e qualidade pior. Portanto, não é tão reparador quanto o sono noturno. Assim, cada dia de trabalho noturno deve ser seguido de um sono noturno para permitir a recuperação no dia seguinte.

Conceder folga de dois dias consecutivos pelo menos uma vez por mês – Muitos trabalhadores valorizam especialmente as folgas nos finais de semana, pela oportunidade de poderem desfrutá-las com os membros da família, que também trabalham fora ou frequentam escolas. Além disso, podem participar de certas atividades culturais, esportivas, religiosas e de lazer, que só ocorrem nesses dias.

Conceder folgas totais durante o ano em número pelo menos equivalente ao dos trabalhadores de turno único – Considerando que os trabalhadores em turnos já se sacrificam normalmente com a frequente alteração dos seus horários de trabalho, é justo que eles tenham pelo menos o mesmo número de folgas anuais daqueles que trabalham somente durante o dia. Se considerarmos a semana com cinco dias de trabalho, o número mínimo de folgas anuais (em 52 semanas) seria de 104 dias, sem contar os feriados.

PLANOS RECOMENDADOS PARA O REVEZAMENTO DE TURNOS

Os critérios acima descritos constituem condições ideais e nem todos podem ser satisfeitos simultaneamente. Então, na prática, algum aspecto deverá ser sacrificado. Em geral, recomenda-se que a rotação de turnos ocorra no sentido horário, ou seja, iniciando no turno da manhã (M), passando para o turno da tarde (T) e depois para o turno da noite (N). Deve-se dar preferência a iniciar o turno da manhã às 7h ou 8h em vez de às 6h, para que a família possa tomar café da manhã junta. Assim, os turnos M, T, N teriam início às 7h, 15h e 23h, ou às 8h, 16h e 24h, respectivamente.

Outra questão refere-se à quantidade de dias que se permanece em um turno. Nos Estados Unidos, é mais comum a adoção de esquemas de *rotação lenta*, trabalhando-se uma semana em cada turno, mas este não é adequado, porque o organismo não consegue se adaptar. Na Europa, há preferência por esquema de *rotação rápida* de turno, trabalhando-se dois ou três dias em cada turno.

Um dos esquemas de rotação rápida é o *Continental* ou 223, com ciclo de quatro semanas. Nesse esquema, trabalha-se dois dias no primeiro turno, dois dias no segundo turno e três dias no terceiro turno, seguido de dois dias de folga. No ciclo seguinte, dois dias no primeiro, três dias no segundo e dois dias no terceiro, e assim sucessivamente. Observe que há uma rotação do turno de três dias (Tabela 17.7).

Tabela 17.7
Escala de trabalho de um trabalhador operando no esquema de turnos Continental ou 223, com ciclo de quatro semanas

Semanas	Dias da semana						
	Segunda	Terça	Quarta	Quinta	Sexta	Sábado	Domingo
Semana 1	M	M	T	T	N	N	N
Semana 2	—	—	M	M	T	T	T
Semana 3	N	N	—	—	M	M	M
Semana 4	T	T	N	N	—	—	—

Outro esquema é o *Metropolitano* ou 222, com ciclo de oito semanas. Nesse esquema, trabalha-se dois dias em cada turno (M, T, N), seguido de dois dias de folga após cumprir o turno noturno (Tabela 17.8).

Tabela 17.8
Escala de trabalho de um trabalhador operando no esquema de turnos Metropolitano ou 222 (dois dias em cada turno e duas folgas após o turno noturno), com ciclo de oito semanas

Semanas	Dias da semana						
	Segunda	Terça	Quarta	Quinta	Sexta	Sábado	Domingo
Semana 1	—	M	M	T	T	N	N
Semana 2	—	—	M	M	T	T	N
Semana 3	N	—	—	M	M	T	T
Semana 4	N	N	—	—	M	M	T
Semana 5	T	N	N	—	—	M	M
Semana 6	T	T	N	N	—	—	M
Semana 7	M	T	T	N	N	—	—
Semana 8	M	M	T	T	N	N	—

Naturalmente, se houver disponibilidade de mais trabalhadores, as folgas poderão ser mais espaçadas, reduzindo-se principalmente as noites consecutivas de trabalho.

Observa-se que, na recomendação desses planos, não foram consideradas questões legais ou acordos trabalhistas de sindicatos que, em alguns casos, limitam a jornada ao máximo de seis horas consecutivas de trabalho noturno. No Brasil, o artigo 66 da Consolidação das Leis do Trabalho (CLT) determina que deve haver um mínimo de onze horas de descanso entre duas jornadas de trabalho consecutivas.

Além dos esquemas de revezamento contínuos, que rodam durante 24 horas do dia, durante os sete dias da semana, há também os esquemas *semicontínuos*, com trabalho durante 24 horas do dia, mas interrompendo-se nos finais de semana e feriados. Em outros esquemas *descontínuos*, as atividades não chegam a durar 24 horas por dia e há também interrupções nos finais de semana e feriados. Nesta última categoria recai a maioria das atividades de um único turno com folga para almoço e descansos semanais, como os serviços de escritório, e aqueles outros, como as atividades de comércio e serviços, que funcionam ininterruptamente durante o dia, mas paralisam as suas atividades à noite. Há também os casos de plantões em certas atividades, como as em *shopping centers*, e restaurantes que abrem aos domingos.

QUESTÕES CORRELATAS

Há diversas leis regulamentando essa questão de horários, duração de turnos de trabalho e de descanso semanal dos trabalhadores. Um esquema de turnos deve, naturalmente, seguir essas normas legais, prejudicando o menos possível os aspectos ergonômicos aqui apresentados.

17.7 ESTUDO DE CASO – REORGANIZAÇÃO EM UMA EMPRESA CALÇADISTA[1]

A indústria calçadista atua no setor tradicional, sendo intensiva em mão de obra, quase sempre de baixa qualificação, envolvida em operações simples e repetitivas, como corte, moldagem, colagem, costura, grampeamento, montagem, acabamento e embalamento.

As fábricas de calçados geralmente são organizadas em extensas linhas de produção, com aplicação dos conceitos tayloristas/fordistas e de microergonomia. Os trabalhadores dessas empresas queixam-se de diversos tipos de distúrbios osteomusculares relacionados ao trabalho (DORT), principalmente nos braços, na região cervical, ombros e dorso.

O Brasil é responsável por 5% da produção mundial de calçados, que é amplamente dominada pela China (64% da produção mundial – Abicalçados, 2011). Grande parte da produção brasileira de calçados é oriunda do polo calçadista do Rio Grande do Sul. Para serem competitivos no mercado externo, as indústrias brasileiras buscam reduzir seus custos, principalmente utilizando mão de obra com baixa remuneração. Contudo, os custos dessa mão de obra representam apenas 15% a 20% do custo total dos calçados.

As empresas desse setor vêm perdendo, gradativamente, competitividade no mercado mundial e têm feito poucos investimentos na modernização fabril e na qualificação da mão de obra nos últimos trinta anos.

Aplicação da macroergonomia – Foi feita uma aplicação experimental dos conceitos da macroergonomia em uma empresa calçadista de grande porte do Rio Grande

[1] Baseado no artigo: Guimarães, L. B. de M.; Ribeiro, J. L. D; Renner, J. S., 2012

do Sul (Guimarães, Ribeiro e Renner, 2012), visando transformar o sistema tradicional de trabalho (taylorista/fordista) em um sistema celular (trabalho em grupo, trabalhadores multifuncionais, semiautônomos). Essa empresa empregava aproximadamente 1.800 trabalhadores (cerca de 70% eram mulheres), e produzia 22 mil pares de sapato/dia, com uma produtividade média de doze pares de sapato/dia/trabalhador. A produção era organizada em oito linhas tradicionais, envolvendo tarefas simples e altamente repetitivas.

O experimento com o novo método foi aprovado pela administração superior da empresa, que constituiu o COERGO (Comitê de Ergonomia) com o médico, técnico de segurança, recursos humanos da empresa e contratou consultores externos em ergonomia e engenharia de produção.

Ambiente geral – Antes da aplicação, propriamente, foram realizados levantamentos e análises das condições de trabalho em toda a fábrica e diversas medidas foram implementadas. Algumas máquinas e processos muito ruidosos ou poluidores foram substituídos. O nível de ruído chegava a 93 dB (A) em alguns lugares e foi reduzido, desativando-se máquinas que provocavam ruídos de impacto. Nos lugares em que esse ruído era superior a 80 dB (A), foram providenciados protetores auriculares (EPI). A cola (com solventes químicos) que emanava gases tóxicos foi substituída por outra, à base d'água.

Foram adquiridas oitocentas cadeiras (média de um assento para cada dois trabalhadores), que foram distribuídas em toda a fábrica, para facilitar alternância de posturas sentada/em pé. Essa solução foi adotada porque a planta não tinha espaço suficiente para comportar assentos para todos, e também para incentivar a alternância de posturas.

A mudança mais significativa foi nos horários de trabalho. A fábrica funcionava em dois turnos, entre 5h e 14h48 e entre 14h48 e 0h17, com jornadas de 44 horas por semana para cada trabalhador. Um levantamento realizado com questionários mostrou diversos problemas, principalmente com os trabalhadores do primeiro turno. Estes costumavam acordar às 3h30 e declararam que sentiam sono no trabalho, embora 85% fossem do tipo matutino. Não costumavam tomar café da manhã e 82% deles apresentavam hipoglicemia. O maior índice de acidentes ocorria por volta das 6h.

Considerando que a fábrica operava com capacidade ociosa, os consultores sugeriram um turno único, entre 7h e 16h48, com intervalo para almoço (fornecido pela empresa) entre 11h30 e 12h30. Contudo, isso trouxe um problema para os pais que tinham filhos pequenos, trabalhavam em turnos diferentes e revezam-se nos cuidados das crianças. Isso foi solucionado com a criação de uma creche para essas crianças.

Implantação experimental – Com a aprovação da alta administração, foi feita uma implantação experimental com um grupo de cem trabalhadores, durante 3,5 anos, entre março de 2002 e setembro de 2005. Inicialmente, foram apresentadas duas palestras para cerca de oitocentos trabalhadores (no final do 1° turno e o início do 2° turno), reunidos no restaurante, explicando-se os objetivos e a metodologia que se pretendia implantar. Pediu-se que os conteúdos dessas palestras fossem discutidos entre eles e aqueles ausentes, e que seriam selecionados cem voluntários para participar do experimento.

Após a seleção, uma reunião inicial com esses voluntários foi importante para sanar muitas dúvidas e discutir os motivos de muitas apreensões. Eles temiam por eventuais fracassos, punições e até demissões, caso as metas de produção não fossem atingidas. O diretor industrial da empresa, presente na reunião, assegurou a todos que nenhuma responsabilidade por eventuais insucessos seria imputada aos trabalhadores.

Treinamento – A primeira providência foi a de organizar o treinamento dos cem voluntários para que pudessem atuar no novo processo de produção, transformando-os em trabalhadores multifuncionais. A empresa não tinha centros para treinamentos formais e, então, adotou-se o treinamento *on-the-job*. Foi designado um supervisor de linha para coordenar esse processo. Os trabalhadores que antes dominavam apenas uma tarefa foram colocados junto dos trabalhadores mais experientes, que dominavam outras tarefas. Assim, foram se capacitando para desempenhar várias atividades da produção (corte, costura, fechamento, controle de qualidade) de todos os tipos de calçados. Ao cabo de quatro meses, os trabalhadores já dominavam cerca de vinte tarefas. Contudo, havia muitas diferenças individuais. Alguns, mais ativos, chegaram a dominar 150 tarefas ao final dos 3,5 anos do experimento.

Reorganização do leiaute – Uma das antigas linhas (esteira piloto) foi fracionada e rearranjada em dez células de produção, que operavam simultaneamente. Os cem trabalhadores treinados foram organizados em grupos de seis a oito trabalhadores multifuncionais e distribuídos nessas dez células. Contudo, devido à limitação do espaço, não se conseguiu implantar arranjos em U ou C, que seriam mais adequados para o trabalho celular, porque favorecem a entrada e saída de materiais, troca de informações e aproximação entre trabalhadores. O novo arranjo promoveu o alargamento (mais atividades diversificadas para o mesmo trabalhador) e enriquecimento (maior autonomia e controles de qualidade da produção e do produto final) do trabalho.

Resultados econômicos – Ao final do experimento (2005), após 42 meses, foi feita uma avaliação econômica dos resultados (Tabela 17.9), fazendo-se o balanço custo/benefício. Os custos podem ser quantificados com relativa facilidade e são representados pela modificação do leiaute em células, além dos custos das reuniões, totalizando U$ 70.132.

Tabela 17.9
Resultados econômicos do experimento (Guimarães, Ribeiro e Renner, 2012)

	Itens	Antes do experimento		Depois do experimento		Diferença (U$)
		Índice (%)	Valor (U$)	Índice (%)	Valor (U$)	
Custos	Custos do novo leiaute em células				(–) 66.454	(–) 66.454
Custos	Custos das reuniões		0		(–) 3.678	(–) 3.678
	Subtotal – custos					(–) 70.132
Benefícios	**Problemas de saúde**					
Benefícios	Dias perdidos com doenças/acidentes	2,22	35.793	0,44	7.159	28.634
Benefícios	Dias perdidos com consultas médicas	1,41	22.733	0,00	0	22.733
Benefícios	Dias perdidos relacionados a DORT	7,00	112.861	0,00	0	112.861
Benefícios	**Motivação dos trabalhadores**					
Benefícios	Absenteísmos	6,63	106.896	3,60	58.098	48.798
Benefícios	*Turnover*	4,26	68.684	0,00	0	68.684
Benefícios	**Melhorias da produtividade**					
Benefícios	Aumento da produtividade	0,00	0	3,00	48.369	48.369
Benefícios	Retrabalho	5,42	87.387	0,81	13.108	74.279
Benefícios	Refugos	2,90	143.653	0,90	44.532	99.121
	Subtotal – benefícios					503.479
	Total: benefícios (–) custos					433.347

Para calcular os benefícios, os índices de desempenho dos novos grupos experimentais foram comparados com aqueles das outras linhas da fábrica, que continuaram a operar no sistema tradicional.

Constatou-se que os dias perdidos com os acidentes se reduziram em 80% (de 2,22% para 0,44%). Os dias perdidos com consultas médicas e os afastamentos devido a DORT caíram para zero. O absenteísmo foi reduzido em 45% e o *turnover* foi zerado. A produtividade aumentou em 3%, o retrabalho reduziu-se em 85% e os refugos reduziram-se em 69%. Convertendo-se em termos monetários, isso significou um benefício total de U$ 503.479,00. Descontando-se os custos, de U$ 70.132,00, resultou um benefício líquido de U$ 433.347,00. Isso produz índice custo/benefício de 7,2, confirmando-se o dito "a boa ergonomia é aquela que produz boa economia".

A partir desses resultados, a empresa decidiu ampliar as mudanças do processo produtivo para toda a planta e demais plantas da empresa. Os ganhos totais com essa transformação para toda a fábrica foram estimados em U$ 7.800.248 anuais.

Avaliação – Os trabalhadores que participaram voluntariamente do experimento mostraram muito entusiasmo, aceitando de bom grado as propostas de alargamento e enriquecimento do trabalho, e esforçando-se para dominar outras tarefas e trabalhar em equipe. O projeto foi aprovado também pela administração superior da empresa, tendo-se em vista, principalmente, os seus resultados econômicos. A resistência maior ocorreu nos níveis intermediários dos supervisores. Estes mostraram-se conservadores e pouco dispostos a mudar as rotinas de trabalho para atender as necessidades e desejos dos seus subordinados. Isso se pode explicar porque eles não tiveram nenhum ganho pessoal com as mudanças e não estavam tão "sintonizados" com os resultados globais da empresa. Os consultores em ergonomia consideraram que os resultados foram compensadores, principalmente pelo impacto na motivação dos trabalhadores, melhorias da saúde e segurança, com reflexo positivo sobre a produtividade, a custos relativamente baixos de implantação.

QUESTÕES

1. Quais são as principais características do taylorismo?

2. Por que os trabalhadores resistem ao taylorismo?

3. O que caracteriza o trabalho moderno?

4. Explique pelo menos três fontes de insatisfação dos trabalhadores.

5. Explique as diferenças entre alargamento e enriquecimento do trabalho.

6. Como se pode aumentar a flexibilidade no trabalho?

7. O que você entende por grupos semiautônomos?

8. Quais são as principais características do toyotismo?

9. Explique os principais objetivos de um programa de treinamento.

10. Que fatores devem ser considerados no trabalho noturno?

11. Quais são as principais recomendações para o trabalho em turnos?

EXERCÍCIOS

1. Trace um paralelo entre o fordismo (aplicação dos princípios tayloristas), o toyotismo (células de produção com menor autonomia) e o volvismo (células de produção com maior autonomia) quanto à rigidez organizacional, tempo do ciclo, participação dos trabalhadores nas decisões e flexibilidade da produção.

2. Analise duas situações que você tenha vivido (em casa, sala de aula ou trabalho), sendo uma delas de natureza taylorista e outra de grupos semiautônomos.

3. Entreviste um trabalhador noturno, questionando o esquema de horários, qualidade de sono e desconfortos físicos.

18 MINORIAS POPULACIONAIS

18.1 PROJETOS PARA IDOSOS
18.2 PESSOAS OBESAS
18.3 PESSOAS COM DEFICIÊNCIA
18.4 PROJETO UNIVERSAL
18.5 PROJETOS PARA CRIANÇAS
18.6 ESTUDO DE CASO – SINALIZAÇÃO URBANA PARA IDOSOS

OBJETIVOS

Este capítulo aborda a questão de certas minorias populacionais como idosos, obesos, crianças e pessoas com deficiência. Até recentemente, a ergonomia estudava principalmente os jovens adultos, que constituem a maioria da mão de obra industrial e o contingente das forças armadas. Contudo, os conhecimentos para resolver os principais problemas ergonômicos desse público-alvo já estão razoavelmente desenvolvidos.

Com isso, a ergonomia, nos últimos anos, tem se preocupado cada vez mais com certas minorias populacionais, visando melhorar as condições de trabalho e de vida delas. Para isso, cada um desses segmentos de minorias deve ser cuidadosamente estudado, pois apresentam características próprias e exigências especiais para o projeto.

Ainda existem muitas oportunidades para se realizar pesquisas e desenvolvimento de produtos, postos de trabalho e ambientes diferenciados para as características masculina e feminina, para os idosos, obesos e pessoas com deficiência. Outro segmento diferenciado, ainda carente de estudos, são as crianças e adolescentes, que respondem hoje por uma faixa significativa de bens de consumo, como materiais escolares, roupas, brinquedos e móveis. Entre essas minorias populacionais, pode-se incluir também aqueles temporariamente afetados, como os enfermos, acidentados, e mulheres grávidas. Estes podem sofrer mudanças temporárias na capacidade de realizar movimentos e esforços e, portanto, de realizar trabalho.

Com esses estudos, a ergonomia contribui para que os instrumentos de trabalho e os utensílios do dia a dia sejam adaptados às necessidades dessas minorias, integrando-as ao sistema produtivo e à sociedade.

TÓPICOS

- Envelhecimento
- Percepção dos idosos
- Projeto para idosos
- Obesidade
- Projeto para obesos
- Pessoas com deficiência
- Integração das pessoas com deficiência
- Projeto universal
- Projeto para crianças

18.1 PROJETOS PARA IDOSOS

A oferta global de trabalho de um país está intrinsecamente ligada ao seu perfil demográfico. A idade média da população tende a aumentar em quase todos os países do mundo e essa tendência já se manifesta também nos países em desenvolvimento, como o Brasil (Figura 18.1). Existem duas causas para isso: redução do índice de natalidade e aumento da vida média da população.

Em 2000, cerca de 34,7% da população mundial tinha mais de 65 anos, e 4,3%, mais de 85 anos. Estima-se que esses percentuais chegarão, respectivamente, a 53,2% e 6,5% em 2020 e 75,2% e 13,6% em 2040 (Boot et al., 2012). Portanto, pode-se dizer que, por volta de 2020, mais da metade da população mundial terá mais de 65 anos. Projeções feitas OIT indicam que, em 2025, 32% das pessoas terão mais de 55 anos na Europa, 30% nos Estados Unidos, 21% na Ásia e 17% na América Latina. Grande parte dessas pessoas estará ativa no mercado de trabalho.

Seguindo essa tendência, haverá cada vez mais pessoas idosas engajadas em atividades produtivas em todo o mundo. No Japão, 74,1% dos homens e 39,8% das mulheres entre sessenta e 64 anos continuam trabalhando. Essas participações são, respectivamente, de 54,8% e 38,8% nos Estados Unidos, 46,6% e 26,0% no Canadá e 30,3% e 12,7% na Alemanha. Entre eles, cerca de 30% ainda continuam a trabalhar após os 65 anos.

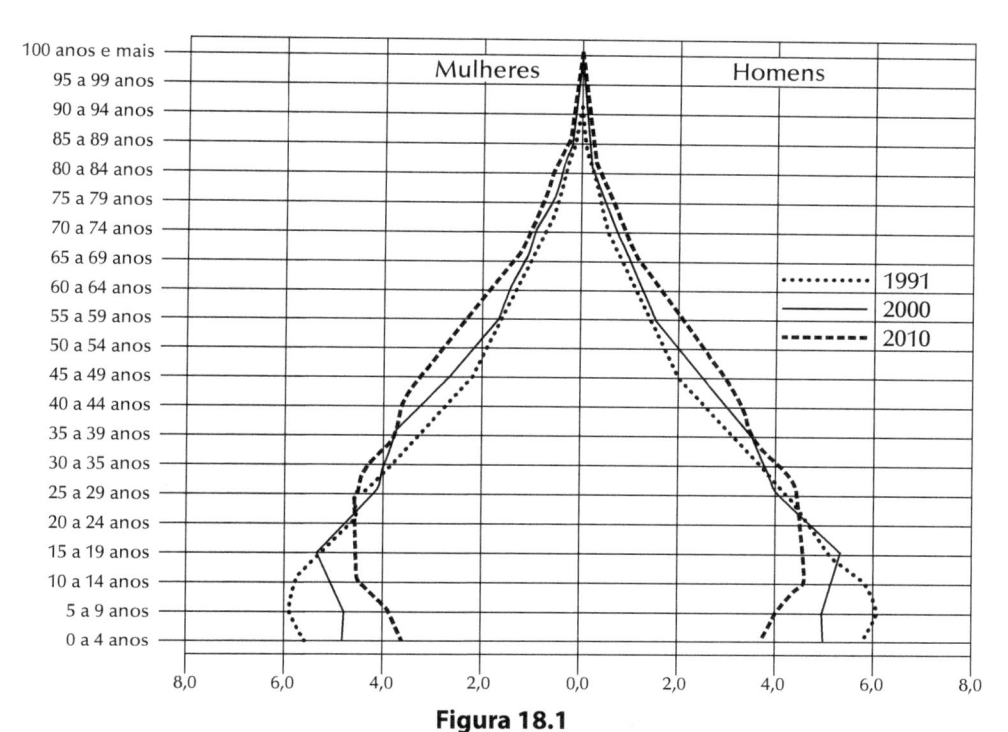

Figura 18.1

Evolução da pirâmide populacional no Brasil, entre 1991 e 2010, mostrando uma clara tendência de redução da taxa de nascimentos e de aumento da vida média da população (Elaborado pelo DIEESE com base nos censos demográficos de 1991-2010 do IBGE).

ENVELHECIMENTO E ERGONOMIA

A ergonomia tem estudado o processo de envelhecimento, visando adaptar o trabalho, equipamentos e ambientes às pessoas idosas. Desse modo, procura-se ampliar o período produtivo durante a vida dessas pessoas.

A ergonomia define três grupos etários, com diferenças funcionais entre eles. São eles:

- *Adultos jovens* – entre 18 e 30 anos.
- *Meia-idade* – entre 40 e 55 anos.
- *Idosos* – entre 65 e 85 anos.

Há diferenças significativas de capacidades físicas/mentais, comportamento e desempenho entre esses três grupos. Contudo, a degradação das diversas variáveis funcionais não ocorre uniformemente com a idade e, além disso, há muitas diferenças individuais. Isso significa dizer que as pessoas vão se incapacitando, gradativamente, para certas atividades, mas podem continuar aptas para outras. Por exemplo, os esportes competitivos são exercidos pelos adultos jovens. Para o controle do tráfego aéreo, a idade máxima admitida é de 56 anos. Para dirigir automóveis, essa idade pode ser estendida até oitenta ou noventa anos.

A maioria dos produtos e sistemas existentes no mercado foi projetada para adultos jovens e nem sempre se adaptam aos idosos. Deve-se considerar as diferenças funcionais existentes entre esses dois públicos-alvo, principalmente quanto aos aspectos perceptuais, cognitivos, motores e motivacionais. Esses produtos e sistemas devem ser adaptados aos idosos, para assegurar-lhes conforto, segurança e eficiência.

PROCESSO DE ENVELHECIMENTO

O processo de envelhecimento provoca uma redução progressiva das medidas antropométricas e das forças musculares, bem como uma degradação progressiva da função cardiovascular, flexibilidade das articulações, órgãos dos sentidos e da função cerebral. Esse processo inicia-se por volta dos trinta a quarenta anos, mas acelera-se a partir dos cinquenta anos.

Contudo, é bom lembrar que esses diversos sintomas de senilidade não ocorrem uniformemente para todas as funções fisiológicas e devem ser vistos como uma das faces das diferenças individuais entre as pessoas. Há pessoas de cinquenta a sessenta anos de idade com tanta força e disposição para o trabalho quanto outras de vinte a trinta anos. Além do mais, a atividade constante funciona como tônico para se preservar a capacidade física, psicomotora e mental das pessoas. A seguir, vamos examinar como o envelhecimento influencia as diversas funções fisiológicas.

TRANSFORMAÇÕES PERCEPTUAIS DE IDOSOS

O avançar dos anos provoca degradações progressivas no sistema sensorial. Isso significa que as informações ambientais podem ser percebidas de forma incompleta ou distorcida e, dessa forma, processadas incorretamente, causando erros. Na área de ergonomia, o interesse se concentra principalmente no estudo da degradação da visão, audição e tato (Tabela 18.1).

VISÃO DE IDOSOS

As mudanças que ocorrem nos olhos (Figura 4.4 , p. 118) e no sistema de processamento visual dos idosos prejudicam a percepção de certas características de acuidade, acomodação, cores, contraste, iluminação e movimentos.

Acuidade – A capacidade de perceber pequenos detalhes visuais (p. 118) atinge o máximo em torno dos dez anos de idade e, a partir disso tende a decrescer, devido à degeneração da fóvea central. Isso é agravado pela incidência de doenças como catarata (perda de transparência do cristalino) e glaucoma (aumento da pressão ocular, afetando o nervo óptico). Para contornar esses problemas, as informações visuais para os idosos devem ser apresentadas com tamanho, brilho e contrastes maiores.

Tabela 18.1
Transformações perceptuais na visão, audição e tato, provocadas pela idade
(Boot et al., 2012)

Modalidade	Variáveis	Transformações
Visão	Acuidade visual	Degradação na percepção de detalhes
	Acomodação	Dificuldade crescente para focalizar objetos próximos
	Cores	Dificuldade crescente para discriminar luzes de comprimentos de onda curtos (verde, azul, violeta)
	Contraste	Degradação na percepção de contrastes
	Adaptação ao escuro	Aumento do tempo para adaptar-se ao escuro
	Ofuscamento	Aumento da suscetibilidade ao ofuscamento
	Iluminação	Necessidade de intensidades maiores de luz
	Percepção de movimentos	Demora na percepção de movimentos
	Campo visual	Redução gradativa do campo visual
Audição	Acuidade auditiva	Degradação da percepção auditiva, principalmente para frequências altas nos homens
	Percepção espacial	Degradação na percepção sonora espacial, particularmente para sons agudos que se colocam na frente e atrás do ouvinte
	Mascaramento pelos ruídos	Redução da capacidade de ouvir fala e sons complexos na presença de ruídos
Tato	Percepção háptica	Limiar de percepção das vibrações aumenta com a idade
	Controle háptico	Dificuldade de manter força constante na pega
	Percepção térmica	Limiar de percepção térmica aumenta com a idade

Acomodação – A idade reduz a transparência do cristalino, diminui a sua elasticidade e afeta os músculos que controlam a sua curvatura. Isso prejudica a capacidade de acomodação dos olhos, aumentando a distância para focalização de objetos próximos (presbiopia). Essas distâncias vão aumentando progressivamente a partir dos dez anos (ver p. 119). Aos dezesseis anos, é de 8 cm e passa para 12,5 cm aos 32 anos, 25 cm aos 44, 50 cm aos 52 anos, e 100 cm aos sessenta anos. Esse aumento da distância é acompanhado pela perda na velocidade de acomodação. Observa-se também que as pessoas idosas precisam fazer mais movimentos com a cabeça para posicionar os objetos visuais na distância adequada.

Contraste – A sensibilidade ao contraste torna-se reduzida nos idosos devido ao espalhamento da luz no interior do globo ocular, produzindo uma imagem menos concentrada sobre a retina. O contraste ideal ocorre com preto sobre branco ou vice-versa. Para uso de cores, devem ser evitadas combinações entre cores que se situem próximas entre si no espectro visível (por exemplo, figuras em vermelho sobre fundo laranja).

Cores – A capacidade de discriminar cores começa a declinar por volta dos trinta anos, devido à perda de transparência do cristalino. As pessoas idosas apresentam dificuldade de perceber cores de baixo comprimento de onda (violeta, azul, verde). Essa perda ocorre primeiro na faixa do verde-azul e depois do vermelho, a partir dos 55 anos. Dessa forma, em código de cores, recomenda-se evitar discriminações entre cores de baixo comprimento de onda, como o azul e o verde.

Degeneração macular – A degeneração macular ocorre quando os fotorreceptores situados na fóvea central perdem a capacidade de perceber detalhes e distinguir cores. Podem provocar manchas na visão, imagens borradas (linhas distorcidas), redução da sensibilidade aos contrastes de luz e dificuldade de adaptação ao escuro.

Luminosidade – Os idosos também precisam de luzes mais intensas porque o cristalino e o humor vítreo perdem transparência. Os olhos perdem também a capacidade de absorver luz devido à redução do tamanho da pupila. Dessa forma, os ambientes em geral devem ter mais intensidade luminosa. As pessoas com sessenta anos precisam do triplo da intensidade luminosa, em relação aos jovens de vinte anos. Observa-se também um retardo nas adaptações às mudanças de claridade. Por outro lado, há um aumento da sensibilidade ao ofuscamento. Isso prejudica os motoristas idosos que devem dirigir à noite, quando as intensidades luminosas geralmente são baixas e ocorrem frequentes ofuscamentos.

Percepção de movimentos – A capacidade de perceber movimentos vai se reduzindo com a idade. Isso significa, por exemplo, dificuldade de perceber acelerações e desacelerações dos carros. Experiências realizadas em simuladores de direção indicam que os idosos estão mais sujeitos a colisões, comparados com os jovens, quando há acelerações e desacelerações bruscas.

AUDIÇÃO DE IDOSOS

As informações auditivas são bastante utilizadas em situações de trabalho. Elas servem como alternativas às informações visuais ou para complementá-las, principalmente nos avisos e alarmes. A capacidade auditiva começa a declinar por volta dos vinte anos, mas torna-se mais evidente a partir dos cinquenta anos. Nessa idade, começa a aumentar a dificuldade de identificar sons de baixa intensidade ou fazer discriminação entre vários sons.

Acuidade auditiva – A perda da audição nos idosos ocorre sobretudo em sons agudos, principalmente acima de 8.000 hertz. Há uma diferença entre homens e mulheres quanto a essa perda (Figura 18.2). Nos homens, a perda mais significativa ocorre na faixa de agudos, acima de 3.000 hertz. As mulheres sofrem perda maior na faixa dos 500-1.000 hertz. Isso faz com que as pessoas idosas tenham maiores dificuldades de entender a fala. Comparados com os grupos de vinte anos, os de quarenta anos perdem 5%, os de sessenta perdem 10%, os de setenta perdem 17% e os de oitenta anos perdem 35%. Isso significa dizer que devem ser evitados sons agudos em sinais de alarme, principalmente aqueles acima de 8.000 Hz.

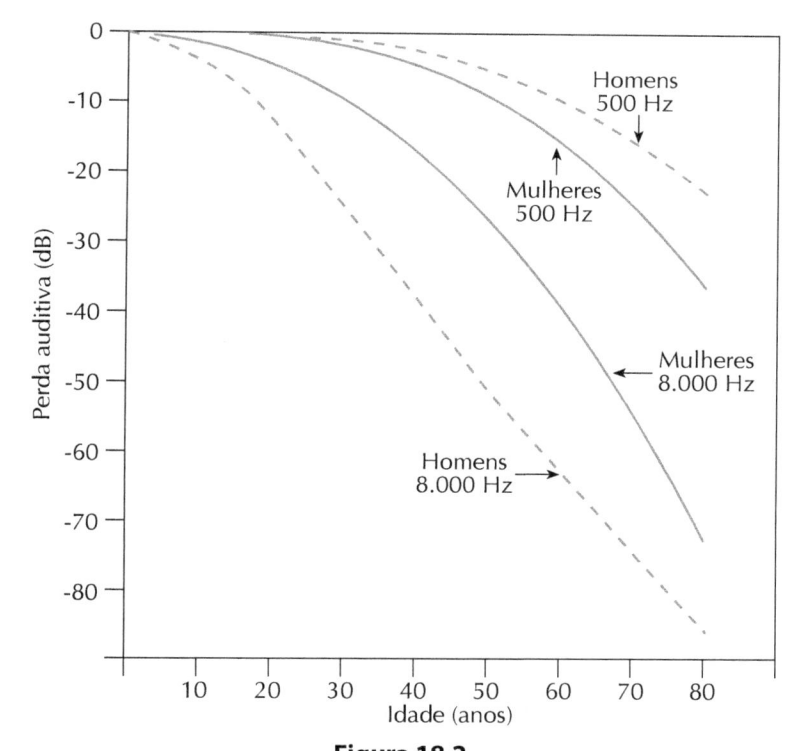

Figura 18.2
Perdas auditivas de homens e mulheres nas frequências de 500 Hz e 8.000 Hz.

Localização – A localização espacial da fonte vai se tornando cada vez mais difícil, principalmente quando essa fonte situar-se na frente ou atrás do observador. Quando for importante localizar a fonte do som, é importante conceder tempo suficiente para que o observador gire a cabeça, fugindo da situação frente-atrás dessa fonte.

Presença de ruídos – A presença de ruídos tende a dificultar a percepção de informações sonoras para os idosos. Recomenda-se que haja uma clara distinção entre a informação e o ruído, para se aumentar a sua percepção e, sempre que for possível, deve ser apresentada simultaneamente na modalidade visual. Em informações faladas, a velocidade não deve exceder 140 palavras por minuto.

SENSO HÁPTICO DE IDOSOS

O senso háptico permite perceber as vibrações em partes do corpo. A elevada idade das pessoas tende a aumentar o limiar dessas sensações hápticas. A percepção das vibrações de baixa frequência (abaixo de 25 Hz) sofre pouca influência da idade. Contudo, o limiar vai aumentando com o aumento dessa frequência, principalmente acima de 60 Hz. A sensibilidade decai mais acentuadamente nos membros inferiores (pés) do que nos superiores (mãos).

CAPACIDADE DE ATENÇÃO DE IDOSOS

O avançar da idade reduz a capacidade de atenção, mas isso é compensado pela atenção seletiva, focalizando-se sobre os aspectos importantes para o resultado pretendido e desprezando-se aqueles irrelevantes. Essa *seletividade* pode ser treinada, estabelecendo-se uma estratégia para concentrar-se nas informações importantes e ignorar aquelas que provocam distrações. Contudo, descobriu-se que os idosos têm maior dificuldade, em comparação com os jovens, em mudar as estratégias previamente aprendidas.

Para melhorar a percepção dos estímulos relevantes, pode-se aumentar a "visibilidade" destes, com letras maiores, letras em **negrito**, uso de cores, movimentos, brilhos, *flashing* (pisca-pisca) e tom alto. Essas ênfases são importantes principalmente para se discriminar eventos inesperados.

O envelhecimento dificulta o processamento dos estímulos, principalmente aqueles de natureza complexa. Os tempos de reação de uma pessoa com sessenta anos são 20% maiores, em relação a um jovem de vinte anos. Essa diferença tende a crescer em tarefas complexas, que exijam capacidade de discriminação entre vários estímulos diferentes.

CAPACIDADE DE MEMÓRIA DE IDOSOS

A memória, como já vimos na p. 466, depende de três fases. Em primeiro lugar, a percepção identifica um objeto ou um evento. Depois, essa informação é transmitida para o cérebro, onde fica armazenada. Em terceiro, precisa ser relembrada. A idade afeta essas três fases, mas de forma diferenciada. A redução da capacidade de atenção dificulta a identificação de novas informações a serem memorizadas (Tabela 18.2).

Contudo, a maior perda, e aquela mais importante para o trabalho, ocorre com a memória de curta duração (ver p. 466). Há pouca redução na capacidade dessa memória, mas a informação passa a ser retida por menos tempo, e as informações armazenadas temporariamente são facilmente perturbadas. O problema se agrava com pessoas muito idosas, que podem esquecer o objetivo da ação em plena fase de execução dela.

As pessoas idosas também têm dificuldade de absorver novas informações na memória de longa duração. As informações armazenadas anteriormente na memória de longa duração são relativamente bem preservadas. Contudo, aumenta a dificuldade de relembrá-las.

Tabela 18.2
Características da memória dos idosos (Boot et al., 2012)

Ocorrência	Causa	Exemplo
Redução da memória de curta duração	Há uma redução da capacidade de reter informações na memória de curta duração	Uma instrução verbal contendo uma sequência de ações deve ser repetida várias vezes aos idosos
Pertubação da memória de curta duração	A memória de curta duração pode ser facilmente perturbada pelos eventos que provocam distrações	Na volta para casa, o idoso pode esquecer de passar na padaria, quando o trânsito estiver agitado
Retenção de novas informações na memória de longa duração	A memória de longa duração é preservada, mas há dificuldade de reter novas informações e relembrar aquelas antigas	Pode-se lembrar nomes de velhos amigos, mas é difícil de memorizar uma nova senha de acesso a um *site*
Preservação das habilidades estabelecidas	As habilidades e as rotinas estabelecidas na memória tendem a ser preservadas, mas há dificuldade para memorizar novas rotinas	O idoso pode encontrar dificuldade para executar uma nova rotina, mas não perde habilidade para digitar no teclado
Ajuda do contexto e do ambiente	A colocação dentro de um contexto ou ambiente reduz a dificuldade de memorização	É mais fácil lembrar de uma pessoa associada a uma família, localidade ou evento do que ela isoladamente.

AUXÍLIOS PARA A MEMÓRIA DE IDOSOS

Para facilitar o uso da memória de curta duração dos idosos, as informações devem ser apresentadas de forma clara e pausada, de modo que não seja necessário reter muitos itens de cada vez. Por exemplo, em comparações de preços e qualidades, para escolha de um produto no comércio, os idosos conseguem reter apenas duas ou três alternativas. De forma semelhante, os menus telefônicos devem ser hierarquizados, para que, em cada nível, a opção seja exercida sobre duas ou três alternativas.

Os idosos também apresentam dificuldade para reter novas informações na memória de longa duração. As informações anteriormente memorizadas não são perdidas, mas há crescente dificuldade de fazer a recuperação para relembrar-se delas, demandando mais tempo.

Pessoas treinadas conseguem fazer esforço de memorização, associando as novas informações com o repertório já existente (p. 473). Pode-se também construir acrósticos com as iniciais de nomes ou números. Outra técnica muito utilizada é a elaboração de imagens mentais. Por exemplo, para se lembrar de *cachorro* e *sabão*, pode-se imaginar um cachorro completamente ensaboado escorregando no piso.

Outras técnicas muito utilizadas são a contextualização e os lembretes. Na contextualização, fatos ou eventos são apresentados dentro de um contexto, evitando-se informações isoladas. Por exemplo, ao ser apresentado a uma nova pessoa, pode-se fazer ligação dessa pessoa com os vínculos familiares, amigos em comum, profissão, lugar de trabalho ou outras. Em manuais de instrução, pode-se usar diferentes cores para cada capítulo, de modo que a pessoa seja perguntada sobre a peça que aparece "na página amarela". Os lembretes também ajudam, principalmente quando há importantes itens que não podem ser esquecidos. Eles podem assumir diversas formas, como lembretes físicos (barbante amarrado no dedo), mensagens escritas (no celular), alarmes sonoros e outros.

ANTROPOMETRIA E BIOMECÂNICA DE IDOSOS

As pessoas idosas, comparadas com os jovens, sofrem reduções das medidas antropométricas e a flexibilidade dos movimentos vai diminuindo.

Antropometria – A estatura das pessoas começa a diminuir gradativamente depois dos cinquenta anos. Os homens perdem 3 cm até os oitenta anos, e as mulheres, 2,5 cm. Esse processo pode agravar-se com a hipercifose (Figura 4.16, p. 141). Contudo, as maiores influências ocorrem nos dados de antropometria dinâmica. Há uma redução dos alcances e da flexibilidade, especialmente dos braços. Dessa forma, para o uso de dados antropométricos tabelados, é necessário fazer certas reduções quando se tratar de pessoas idosas.

Força muscular – A força muscular começa a decrescer gradativamente a partir dos trinta anos de idade (Figura 16.15, p. 630) e cai acentuadamente após os sessenta anos, devido à perda da massa muscular. Aos 65 anos, essa perda pode chegar a 25%. As mulheres sofrem, proporcionalmente, o mesmo tipo de perda. Aos cinquenta anos, as mulheres conseguem exercer aproximadamente a metade da força dos homens de mesma idade.

As pessoas idosas apresentam dificuldade de manter força constante na pega de objetos, principalmente se ela estiver associada a uma tarefa cognitiva. A redução das forças é associada à redução dos padrões motores em movimentos como puxar, empurrar, erguer, torcer e pressionar. Contudo, esse declínio não ocorre uniformemente em todas as partes do corpo. Os braços e as mãos são menos afetados pela idade do que o tronco e as pernas.

Velocidade e precisão dos movimentos – As pessoas idosas são mais lentas e os seus movimentos, menos precisos. Assim, precisam de mais tempo para executar as tarefas (Figura 18.3) e cometem mais erros. A velocidade máxima que podem atingir também é menor. Essa redução da velocidade tem muitas implicações no projeto. Por exemplo, os idosos gastam mais tempo para atravessar ruas, exigindo mais tempo do sinal aberto. Levam mais tempo para tomar elevadores, exigindo que as portas fiquem abertas por mais tempo. Em caixas automáticos, exigem mais tempo para realizar operações, e assim por diante. Desse modo, todas as tarefas que exijam rapidez e precisão ou tenham tempo limitado podem causar embaraço aos idosos. Em tarefas complexas, como realizar desenhos com uso de programas como o CAD, além da lentidão, os idosos cometem mais erros, aumentando ainda mais o tempo necessário para completar as ações.

Equilíbrio – As pessoas idosas apresentam mais dificuldade para caminhar, são mais lentas e têm dificuldade de manter o equilíbrio. Assim, os pisos devem ser não escorregadios, sem desníveis ou mudanças bruscas de direção. Devem ser bem sinalizados e bem iluminados, com corrimões para apoio ao longo dos corredores e escadas.

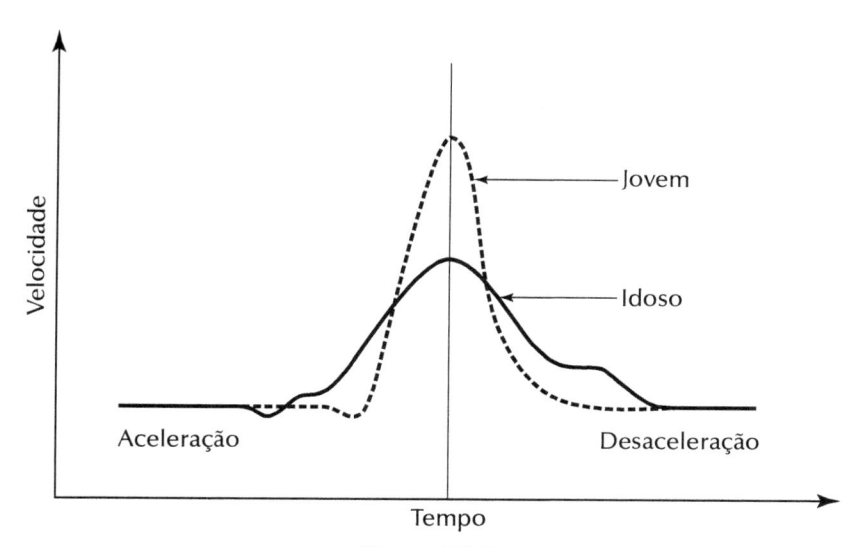

Figura 18.3
Comparações de velocidades e tempos gastos por um jovem e um idoso para executar a mesma tarefa
(Boot et al., 2012).

Novas tecnologias para idosos

Os jovens, em geral, são grandes entusiastas do uso de novas tecnologias e, muitas vezes, aprendem sozinhos por tentativas e erros. Os idosos são mais reticentes e seletivos. Alguns deles apresentam bloqueios ao uso de novas tecnologias. Isso resulta, geralmente, de desconhecimentos e preconceitos. Quando tomam conhecimento sobre o funcionamento desses equipamentos e dos benefícios potenciais deles, costumam se animar.

Em um experimento, conseguiu-se aumentar de 28% para 60% os idosos que acessavam caixas automáticos, após explicações e treinamentos, mostrando as vantagens desse equipamento para facilitar a vida deles (Boot et al., 2012). Dessa forma, a introdução dessas novas tecnologias, principalmente aquelas que visam melhorar a vida diária dos idosos, deveriam prever treinamentos adequados aos idosos.

Senilidade e trabalho

As perdas físicas e cognitivas não significam que as pessoas idosas fiquem incapacitadas para o trabalho. Essas pessoas, tendo acumulado experiência durante muitos anos, podem apresentar um bom desempenho no trabalho, desde que este não faça exigências acima de suas capacidades. Na medida do possível, devem receber treinamento para que possam fazer uso adequado de suas capacidades.

Em relação aos trabalhadores mais jovens, são mais cautelosos na tomada de decisões, adotam procedimentos mais seguros, reduzem as incertezas e são mais seletivos no aprendizado de novas habilidades. Pode-se dizer que há um mecanismo de compensação. Com a redução da capacidade de receber e processar novas informações, surge uma tendência de estreitar o campo de interesse e ignorar certos eventos. Isso pode contribuir para reduzir a dispersão e aumentar a concentração e a confiabilidade nos resultados.

Os postos de trabalho devem ser adaptados aos idosos. As ferramentas e materiais de trabalho devem ser colocados mais próximos para facilitar o alcance e reduzir os movimentos corporais. Se possível, deve-se reduzir a complexidade das informações, eliminando-se as informações irrelevantes e destacando aquelas importantes. A intensidade e duração dos estímulos, assim como a luminosidade no local de trabalho, devem ser aumentadas.

SENILIDADE E ATIVIDADES DA VIDA DIÁRIA

Com o avanço da idade, surgem as diversas perdas funcionais, por exemplo, tempo de reação mais lento, deterioração do controle motor, redução da capacidade de visão e audição. Essas perdas afetam o desempenho das pessoas idosas nas atividades da vida diária, podendo ser agravadas por doenças crônicas.

Considerando que o idoso tende a passar a maior parte de seu tempo em casa, o espaço doméstico precisa estar adaptado às condições e necessidades dos idosos. Caso contrário, além do aumento de risco de acidentes, este espaço não adaptado produz um efeito negativo na qualidade de vida do idoso, resultando, inclusive, em seu isolamento social e dependência. Deve-se tomar especial cuidado com os riscos de queda. Além de terem menor controle motor, os idosos podem sofrer fraturas ósseas com mais facilidade, e estas apresentam difícil recuperação.

18.2 PESSOAS OBESAS

A obesidade é considerada um grande problema de saúde no mundo atual. Estima-se que existam cerca de 1,5 bilhão de adultos obesos no mundo. Nos Estados Unidos, cerca de 30% dos trabalhadores são obesos; o índice é de 26,1% entre os homens e 33,3% entre as mulheres (Xu, Mirka e Hsiang, 2008).

A obesidade é medida por uma variável chamada de Índice de Massa Corporal (IMC) ou *Body Mass Index* (BMI). Esse índice é calculado dividindo-se o peso (kg) pelo quadrado da estatura, em metros. Por exemplo, uma pessoa pesando 75 kg com uma estatura de 1,78 m teria IMC de $75/1,78^2 = 23,7$ kg/m^2. As pessoas com IMC até 24,9 kg/m^2 são consideradas não obesas. Entre 25,0 e 29,9 kg/m^2 são consideradas pouco obesas. Acima de 30,0 kg/m^2 são obesas e, acima de 40 kg/m^2, extremamente obesas.

Contudo, há controvérsias no uso do IMC como índice de obesidade, porque ele não discrimina se o peso depende da gordura ou da massa muscular (pessoas de mesmo peso e mesma altura podem apresentar diferentes composições de gordura/ massa muscular). Pessoas dos tipos ectomorfo e mesomorfo tendem a ter mais massa muscular em relação à gordura do que aqueles endomorfos (Figura 6.6, p. 190). Além disso, o índice também não considera o sexo das pessoas. As mulheres também tendem a ter mais gordura corporal do que os homens.

MEDIDAS ANTROPOMÉTRICAS DE OBESOS

As medidas antropométricas de algumas variáveis (peso, perímetros) representam os aspectos mais evidentes para caracterizar os obesos. Singh, Park e Levy (2009) apresentam comparações de medidas de três grupos de mulheres e três de homens, classificados como não obesos, pouco obesos e obesos. Em cada subgrupo foram medidos dez sujeitos, todos norte-americanos, totalizando sessenta sujeitos (Tabela 18.3). É interessante notar a evolução da proporção cintura/quadril, mostrando que a cintura aumenta proporcionalmente mais que o quadril.

Tabela 18.3
Medidas antropométricas de mulheres e homens não obesos, pouco obesos e obesos
(Singh, Park e Levy, 2009)

	Mulheres (n = 10)			Homens (n = 10)		
	Não obesa	Pouco obesa	Obesa	Não obeso	Pouco obeso	Obeso
IMC (kg/m^2)	22,19	37,15	43,67	22,61	37,13	47,84
Idade (anos)	32,2	31,0	32,5	30,0	34,5	32,6
Peso (kg)	64,88	101,6	116,2	72,79	120,0	149,1
Estatura (cm)	171,31	165,03	163,07	180,36	179,65	176,7
Dobras cutâneas – tríceps (mm) – suprailíaco (mm) – coxa (mm)	21,73 20,74 25,49	37,36 36,99 39,77	46,10 40,81 45,24	17,15 20,25 19,99	31,01 34,89 29,66	44,90 47,37 42,44
Gordura corporal (%)	21,88	36,03	38,48	17,06	27,92	35,58
Circunferência da cintura (cm)	76,96	113,22	127,73	77,75	118,89	138,16
Circunferência do quadril (cm)	96,21	123,27	138,18	94,66	124,76	134,57
Relação cintura/quadril	0,7994	0,9183	0,9249	0,8209	0,9550	1,0866
Altura da mão na articulação dos dedos (cm)	71,01	69,57	67,79	75,86	75,12	74,8
Altura do ombro (cm)	137,12	135,78	133,73	146,93	146,5	145,73
Alcance vertical (cm)	189,6	185,67	183,56	204,5	203,66	202,68

As pessoas obesas demandam produtos com medidas maiores, incluindo vestuários, móveis e todos os tipos de equipamentos especiais, como as cadeiras de rodas. Os obesos têm dificuldades em acomodar-se nas poltronas de teatro, cinema, avião, ônibus e na passagem das roletas de ônibus. Isso pode prejudicar os movimentos de alcance e as mudanças de posturas, quando utilizam produtos e postos de trabalho (Figura 18.4) projetados para os não obesos. Outros estudos indicam que as pessoas obesas têm empecilhos na vida diária para movimentar-se e praticar exercícios e/ou esportes. Tudo isso contribui para inibi-los em várias atividades da vida social.

No Brasil, a norma NBR 9050 exige colocação de assentos para obesos em locais de reunião e locais de esporte, lazer e turismo. Essa norma especifica que assentos para pessoas obesas devem ter largura equivalente à de dois assentos adotados no local e possuir um espaço frontal livre mínimo de 60 cm, além de suportar uma carga mínima de 250 kg.

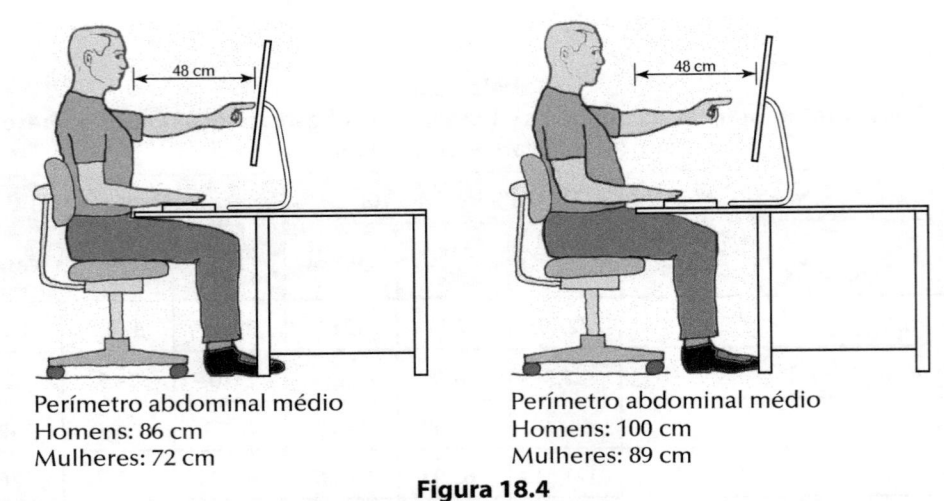

Perímetro abdominal médio
Homens: 86 cm
Mulheres: 72 cm

Perímetro abdominal médio
Homens: 100 cm
Mulheres: 89 cm

Figura 18.4
As maiores dimensões dos obesos dificultam os alcances quando usam produtos projetados para os não obesos.

PROBLEMAS ASSOCIADOS À OBESIDADE

A obesidade é caracterizada pelo excesso de gordura corporal, gerando uma sobrecarga sobre o sistema osteomuscular. Isso provoca estresse, particularmente em alguns tipos de posturas do corpo. O sobrepeso do corpo dificulta a mobilidade, aumenta as dores nas articulações e torna difíceis as atividades de curvar, ajoelhar, levantar cargas, alcançar objetos, puxar, empurrar e até mesmo manter o equilíbrio. Os obesos têm menor flexibilidade do tronco e dos membros. Durante as atividades manuais, há uma sobrecarga biomecânica sobre o sistema osteomuscular, exigindo maiores esforços musculares e provocando dores, principalmente no dorso inferior, em tarefas simples de levantamento de pesos.

Diversas doenças cardiovasculares, artrites e diabetes estão associadas aos obesos. Os movimentos mais difíceis e lentos tornam os obesos mais suscetíveis a acidentes. A queda de produtividade, aumento de absenteísmo e cuidados médicos associados à obesidade produzem custos consideráveis. Desse modo, a obesidade é considerada, hoje, não apenas causa de sofrimentos pessoais, mas um problema de saúde pública e objeto de programas governamentais.

O estudo das demandas físicas e psicológicas de pacientes obesos e dos seus cuidadores é um novo campo para atuação de especialistas em saúde pública e também dos ergonomistas e *designers*. Além da necessidade de acomodação dos obesos, a literatura enfatiza a importância de se promover ações que estimulem a saúde no ambiente de trabalho e reduzam os fatores que se julgam predisponentes à obesidade, como, por exemplo, a vida sedentária e a ingestão de alimentos altamente calóricos.

18.3 PESSOAS COM DEFICIÊNCIA

Pessoas com deficiência são aquelas que apresentam algum tipo de limitação funcional ou cognitiva, não podendo exercer plenamente as suas aptidões físicas e/ou mentais, temporária ou permanentemente. Essas pessoas com deficiência, assim como outras minorias populacionais, estão sendo cada vez mais estudadas em diversos países do mundo, dispondo-se, hoje, de razoável acervo de conhecimento sobre elas.

Na prática, é muito difícil de separá-las das pessoas consideradas "normais", porque não existem limites claramente estabelecidos. As principais deficiências são provocadas por causas congênitas, acidentes, doenças ou idade. Incluem-se, entre essas pessoas, aquelas que:

- Apresentam algum tipo de anomalia anatômica.
- Apresentam algum tipo de paralisia.
- Dependem de cadeira de rodas.
- Usam mãos ou braços mecânicos.
- Usam pernas mecânicas, muletas ou bengalas.
- Apresentam deficiência mental.
- São parcial ou completamente cegas.
- São parcial ou completamente surdas.
- Apresentam deficiências provocadas pela idade avançada.

As pessoas com deficiência representam cerca de 20% da população, incluindo-se os idosos, que vão perdendo gradativamente suas capacidades físicas e cognitivas. Essa proporção tende a aumentar com o envelhecimento populacional na maioria dos países, inclusive no Brasil. Estima-se que cerca de 37% da população de idosos acima dos 65 anos apresente alguma debilidade séria, e essa proporção cresce para 58% acima dos oitenta anos (Vanderheiden e Jordan, 2012). O último Censo Demográfico (IBGE, 2010) apontou que 24% da população brasileira tem pelo menos uma das deficiências investigadas (mental, motora, visual e auditiva), sendo a incidência maior em mulheres. Na população de idosos, esse índice é de 68%.

CARACTERÍSTICAS DAS DEFICIÊNCIAS

A deficiência incide de forma diferenciada para cada habilidade humana (locomoção, visão, audição, memória). Para cada uma dessas características existe, na população, um pequeno número de pessoas altamente hábeis, um grande número de pessoas medianas e, no outro extremo, um pequeno número de pessoas com pouca ou nenhuma habilidade. Uma pessoa considerada deficiente em uma certa característica (por exemplo, visão) poderá ter um bom desempenho em outras características (audição, memória). Além disso, certas deficiências podem ser transitórias, como no caso de pessoas acometidas por acidentes, mas que podem recuperar-se. Dessa maneira, as pessoas, em geral, não apresentam deficiências uniformes ou permanentes, mas diferenciadas em cada habilidade e no tempo.

Uma pessoa com deficiência não pode ser comparada simplesmente com outra sem deficiência, da qual se subtraiu alguma habilidade. Aqueles com deficiência acabam desenvolvendo outras habilidades pelo mecanismo de compensação. Os surdos podem ter aguçada a sua percepção visual, e os cegos desenvolvem capacidade de concentrar-se nas sensações táteis, auditivas e cinestésicas. Os paralíticos das pernas desenvolvem força e habilidade com os braços e as mãos. Aqueles que não têm mãos podem substituí-las, pelo menos parcialmente, pelo desenvolvimento de maior mobilidade dos pés.

Diagnósticos das deficiências

Em cada caso, as deficiências deverão ser objeto de exame médico cuidadoso, para o correto diagnóstico e recomendação. Muitas vezes, devido a diagnósticos errados, promove-se um mau aproveitamento do funcionário com deficiência para o trabalho.

Conta-se o caso real de um empregado de escritório que parece ser até anedota. Esse empregado sofreu um acidente automobilístico, no qual perdeu o braço direito, e foi considerado incapacitado para o cargo que vinha exercendo, pois exigia muita escrita manual. Sendo um funcionário exemplar, a empresa procurou aproveitá-lo em algum outro cargo e ele foi convertido, então, em mensageiro.

Ele aceitou a nova função contrariado, sem entender bem as razões que teriam levado a empresa a mudá-lo de cargo. Um dia, alguém observou, por acaso, que o referido mensageiro tinha uma habilidade excepcional com a mão esquerda. Investigando-se o caso, descobriu-se que ele era canhoto desde o nascimento, e ninguém tinha se lembrado de perguntar sobre a sua lateralidade quando foi acidentado. Com isso, ele conseguiu recuperar a sua função original.

Necessidades das pessoas com deficiência

Existe uma variedade muito grande de tipos e causas que afetam as pessoas com deficiência. É muito difícil e oneroso realizar projetos específicos, adaptados a cada tipo dessas pessoas. É preferível realizar projetos abrangentes, que possam adaptar-se a diferentes tipos de deficiência, sem necessidades dos onerosos reprojetos para os casos particulares.

Para operar um produto, as pessoas devem ser capazes de receber e processar as informações, manipular os controles e monitorar o seu funcionamento. Para isso, Vanderheiden e Jordan (2012), sugerem considerar as seguintes necessidades: percepção, compreensão, operação e acessibilidade.

Percepção – A percepção envolve todas as informações necessárias para operar um produto, incluindo aquelas impressas e informações estáticas, como manual de operações, instruções, etiquetas e painéis de controle. Inclui também aquelas de natureza dinâmica, como instruções na tela, avisos e alarmes, que podem ser visuais, auditivas ou hápticas.

Compreensão – As pessoas devem ser capazes de entender todas as informações sobre o funcionamento do produto. Além disso, devem ser suficientes para iniciar uma ação de operação ou controle. Para tanto, as informações fornecidas devem ser compatíveis com o repertório das pessoas.

Operação – Todas as pessoas devem ser capazes de operar o produto com eficácia e segurança, dentro do tempo disponível. Esse tempo pode ser limitado por razões de eficiência, competição ou uso de recursos limitados. Contudo, essa limitação pode aumentar o risco de parte da população que tenha maiores dificuldades de visão, audição, alcance ou movimentação. Naturalmente, em alguns casos extremos, podem existir produtos com adaptações individuais, para proporcionar maior comodidade, como no caso de próteses.

Acessibilidade – Os produtos e locais de trabalho devem ter dimensões que facilitem o acesso e operação, sem exigências de habilidades especiais. As áreas de circulação devem ter largura mínima de 120 cm para permitir a passagem de cadeiras de roda e pessoas que dependem de muletas ou bengalas. Os passeios, calçadas e passarelas devem ser dotados de rampas com largura mínima de 120 cm e declividade máxima de 12,5%.

Cadeirantes – As larguras das passagens, corredores e postos de trabalho devem ser dimensionadas para permitir a circulação das cadeiras de roda (Figura 18.5), de acordo com a norma NBR 9050/1994. Os objetos a serem manipulados pelos cadeirantes devem ser colocados dentro do espaço normal de alcance (Figura 18.6). Assim, recomenda-se que interruptores, maçanetas, campainhas, torneiras e outros objetos de uso frequente situem-se entre 80 e 100 cm de altura.

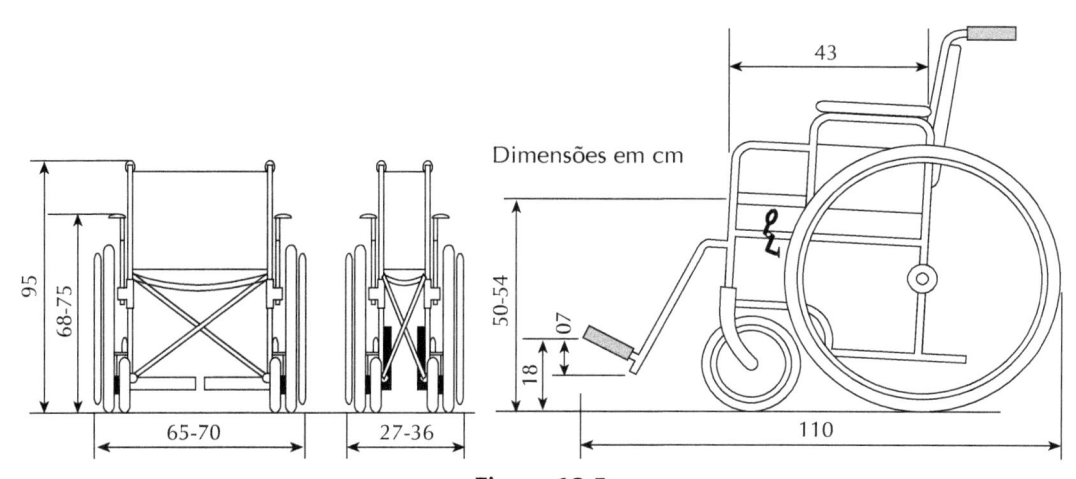

Figura 18.5
Dimensões usuais da cadeira de rodas (NBR 9050/1994).

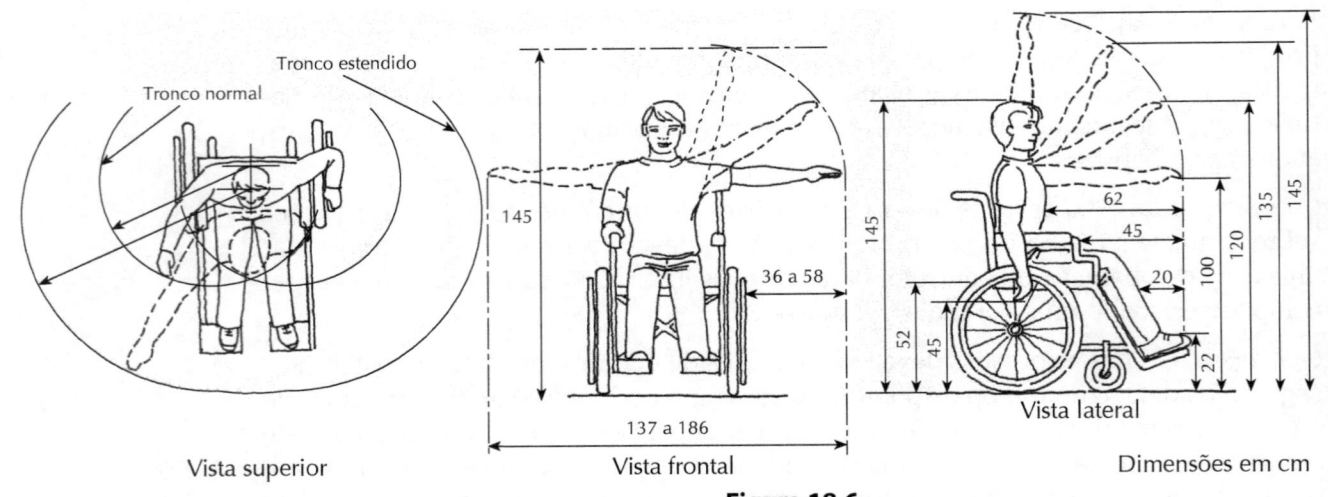

Figura 18.6
Alcances para pessoas em cadeira de rodas (NBR 9050/1994).

INTEGRAÇÃO DAS PESSOAS COM DEFICIÊNCIA

Muitos esforços são feitos no sentido de integrar as pessoas com deficiência à sociedade e capacitá-las para o trabalho. Diversos trabalhos em ergonomia têm focalizado o problema dessas pessoas, tendo em vista dois objetivos básicos:

Adaptar os equipamentos e o espaço físico – Os equipamentos (aparelhos eletrodomésticos, carros, transportes coletivos), obras civis (casas e apartamentos) e as vias públicas (rampas) devem ser adaptados às pessoas com deficiência.

Utilizar novas tecnologias – As novas tecnologias podem ser utilizadas no desenvolvimento de aparelhos, equipamentos e dispositivos que visem compensar certas deficiências. Por exemplo, sistema com voz sintetizada permite que os cegos façam "leitura" de jornais.

Embora já existam produtos especiais ou tecnologias assistivas projetados especialmente para as pessoas com deficiência, eles representam apenas uma pequena parte daquilo que seria necessário. Seria desejável que essas pessoas tivessem amplo acesso às facilidades do dia a dia no lar, na escola, nos transportes, no trabalho e na vida comunitária.

Provavelmente, a contribuição pioneira mais significativa foi dada pelo professor Asmussen, da Dinamarca, onde houve uma grande epidemia de poliomielite em 1950. Ele fundou um instituto especialmente para proporcionar exercícios musculares de reabilitação para as pessoas parcialmente paralisadas. Esse trabalho foi complementado com o desenvolvimento de cadeiras de rodas especiais, inclusive para a prática de esportes, utensílios domésticos, peças para banheiros, maçanetas de portas, torneiras, elevadores e até casas e prédios de apartamentos especialmente projetados para as pessoas com deficiência.

Em consequência de trabalhos como esse, as pessoas com deficiência estão conseguindo, cada vez mais, superar o isolamento social e participar de atividades produtivas, esportivas e da vida social. Os atletas que participam das paraolimpíadas são citados como exemplos de perseverança e de força de vontade.

PESSOAS COM DEFICIÊNCIA NO TRABALHO INDUSTRIAL

Muitas empresas já promovem a inclusão de pessoas com deficiência. Mediante escolha adequada da tarefa, treinamento e adaptações dos postos de trabalho, estas podem tornar-se tão produtivas quanto as demais. Da mesma forma que existem os automóveis para paraplégicos, com todos os controles manuais (sem pedais), as empresas também podem fazer adaptações semelhantes para operar as máquinas.

Uma empresa holandesa promoveu o aproveitamento de mulheres paraplégicas em uma operação com prensa, adaptando o controle do pedal para uma pequena alavanca acionada com a parte lateral de uma das mãos. Outro exemplo vem da Noruega, onde uma empresa conseguiu aproveitar mulheres que tinham pouca mobilidade nos braços, mas cujas mãos funcionavam normalmente. Com o auxílio de um mecanismo de polias penduradas no teto e que mantinham os braços suspensos em uma posição adequada, elas conseguiam realizar trabalhos de digitação.

São também frequentes os aproveitamentos de cegos para trabalhos de inspeção e montagem nas empresas, com a adaptação dos locais de trabalho. Por exemplo, colocam-se anteparos para os movimentos manuais, a fim de indicar o posicionamento correto das peças. O código Braille pode ser aplicado em instrumentos, como gabaritos de controle de qualidade. As informações de *feedback* podem ser proporcionadas pelo canal auditivo ou háptico.

O avanço da computação gerou muitas facilidades para as pessoas com deficiência. Hoje já existem muitos programas de *software* para ajudá-los em vários tipos de tarefas. Além do mais, o computador pode ser operado com poucos movimentos, dispensando a escrita manual, manipulação de papéis ou uso de telefones.

LEGISLAÇÃO BRASILEIRA PARA INTEGRAÇÃO DE PESSOAS COM DEFICIÊNCIA

No Brasil, o Decreto nº 3.298 de dezembro de 1999, que regulamenta a Lei nº 7.853 (24/10/89), conhecido como "Lei das Cotas", estabelece uma política para a integração das pessoas com deficiência na sociedade e no trabalho. Esse decreto considera que a inserção no mercado de trabalho pode ser realizada de várias maneiras, e estabelece cotas para pessoas com deficiência, nas empresas com cem ou mais empregados, nas seguintes proporções: 2% para empresas com cem a duzentos empregados; 3%, para 201 a quinhentos; 4%, de 501 a mil; e 5% para mais de mil empregados.

O Decreto nº 5.296 de dezembro de 2004 revisou os critérios de enquadramento das pessoas com deficiência, regulamentou as prioridade de atendimento às pessoas com deficiência ou com mobilidade reduzida e estabeleceu normas gerais e critérios básicos para a promoção da acessibilidade das pessoas com deficiência ou com mobilidade reduzida.

Infelizmente, poucas empresas cumprem essa lei das cotas. De um lado, reclamam que as pessoas com deficiência não estão preparadas para exercer as tarefas que lhes caberiam. Por outro, essas empresas não investiram em infraestrutura física, equipamentos e materiais para receber as pessoas com deficiência. Os profissionais dessas empresas (recursos humanos, médicos de trabalho, fisioterapeutas, projetistas de trabalho) que poderiam contribuir para a inclusão também se sentem incapacitados para isso.

Muitas vezes, ao serem admitidas na empresa, as pessoas com deficiência são alocadas em setores marginais e acabam sendo estigmatizadas pelos próprios colegas, o que é desumano e indigno. Para contornar esse problema, alguns países substituíram o sistema de cotas pelo sistema de "quota-contribuição". As empresas que, por qualquer motivo, deixarem de contratar as pessoas com deficiência ficam obrigadas a contribuir para um fundo especial. Os recursos assim arrecadados são destinados aos programas de capacitação das pessoas com deficiência.

18.4 Projeto universal

O *projeto universal* (*universal design*), também chamado de *inclusivo* (*inclusive design*), estabelece que produtos, prédios e espaços sejam acessíveis, ao máximo possível, a todas as pessoas. Para tanto, eles devem ter características que facilitem o seu uso pela maioria das pessoas, incluindo certas minorias, como os canhotos, idosos, obesos e pessoas com deficiência. Observa-se certa inadequação no uso do termo "universal" porque não existe projeto que possa ser utilizado irrestritamente por todos os usuários.

Parte-se do princípio de que, na produção massificada de bens, é mais barato desenvolver esse tipo de projeto universal desde o início. Desse modo, seriam evitadas as onerosas adaptações posteriores e produção de aparatos especiais para certas minorias. Isso é válido principalmente no caso da produção seriada em larga escala. Assim, o projeto deve permitir ajustes, mudanças ou adaptação de suas características para acomodar diferentes usuários e formas de utilização.

O conceito de projeto universal é uma evolução do conceito de projeto acessível. Este *projeto acessível* é aquele voltado para resolver problemas específicos, a fim de permitir que as pessoas com deficiência possam utilizar os ambientes físicos (espaços urbanos e edificações) e meios de transportes. Assim, o projeto acessível visa fazer adaptações na infraestrutura, permitindo que as pessoas com deficiência tenham acesso a lugares que antes era considerados difíceis ou até impossíveis.

Um exemplo típico desse projeto é a colocação de elevador próprio para pessoas com deficiência, ao lado da escada. Embora esse tipo de solução contribua para a inclusão, ela também pode segregar as pessoas com deficiência, considerando que elas são tratadas de forma diferenciada. O projeto universal procura evitar esse tipo de discriminação, fazendo que *todos* usem o mesmo elevador.

Observam-se semelhanças entre o projeto universal e os princípios de usabilidade (ver pp. 259-261). Naturalmente, produtos com boa usabilidade melhoram a acessibilidade à maioria da população, e vice-versa. O que diferencia são as ênfases. Enquanto a usabilidade está preocupada com o *uso* adequado dos produtos, o projeto universal está preocupado em tornar esses produtos *acessíveis* à maioria da população.

PRINCÍPIOS DO PROJETO UNIVERSAL

O projeto universal adota sete princípios propostos pelo Center for Universal Design da Universidade da Carolina do Norte (NCSU, CUD, 1997[1]), que podem ser aplicados tanto na avaliação dos produtos existentes, como para orientar o desenvolvimento de novos produtos, sistemas e ambientes.

Princípio 1: Uso equitativo – O projeto deve acomodar pessoas com diferentes habilidades individuais, de modo a:

- Permitir uso de forma idêntica a todos os usuários, sempre que possível ou, pelo menos, de forma equivalente.
- Permitir acesso ao maior número possível de usuários, ajustando-se as dimensões, mecanismos e acessórios.
- Evitar situações que segreguem ou estigmatizem qualquer usuário menos capaz.
- Ter configuração (*design*) atrativa e agradável a todos os usuários.
- Oferecer segurança, proteção e privacidade para todos os usuários.

Princípio 2: Flexibilidade no uso – O projeto deve acomodar uma larga faixa de preferências e habilidades individuais, para:

- Possibilitar uso preciso e exato a todos os usuários.
- Possibilitar uso aos destros e canhotos.
- Adaptar às habilidades, forças, ritmos e preferências próprias de cada usuário.
- Escolher o método de uso.
- Permitir interrupção e o recomeço a qualquer instante.

Princípio 3: Uso simples e intuitivo – O produto deve ser de fácil entendimento, independentemente da experiência, conhecimentos especializados, problema de linguagem e nível de atenção momentânea do usuário. Para simplificar o produto, deve-se:

- Eliminar a complexidade desnecessária.
- Ser consistente com os estereótipos, expectativas e intuição dos usuários.
- Acomodar vasta gama de diversidade de línguas e de diferenças culturais.
- Hierarquizar as informações de acordo com a sua importância.
- Gerar informações de realimentação, o mais rápido possível, durante e após o uso.

Princípio 4: Informação perceptível – Garantir o fornecimento eficaz da informação, independentemente das habilidades sensoriais dos usuários e das condições ambientais, segundo as seguintes diretrizes:

---

[1] Ver www.design.ncsu.edu/cud/

- Destacar as informações importantes, com máximo de "legibilidade".
- Melhorar a visibilidade (ou audibilidade) usando contrastes e texturas que se destaquem do fundo.
- Apresentar as informações essenciais com redundância, em dois ou mais canais sensoriais.
- Tornar as informações perceptíveis às pessoas com deficiências sensoriais.
- Compatibilizar a natureza da informação com o meio utilizado na transmissão.

Princípio 5: Tolerância ao erro – O projeto deve minimizar os riscos e as consequências adversas das ações acidentais ou não intencionais. Para isso, deve-se:

- Reduzir ambiguidades ou instruções duvidosas.
- Arranjar os controles de forma lógica e natural.
- Colocar aqueles mais importantes (liga/desliga) em destaque.
- Reduzir a sensibilidade aos movimentos e as proximidades exageradas entre os controles.
- Isolar ou proteger os controles perigosos.
- Desencorajar ações inseguras em tarefas que exijam habilidade e vigilância.
- Providenciar advertências (*feedbacks*) rápidas para erros e acionamentos involuntários.
- Permitir fácil retorno ao estado anterior, no caso de erros.

Princípio 6: Espaço apropriado – Dimensionar as máquinas, equipamentos e espaços de trabalho permitindo acesso, alcance e manipulação, independentemente do tamanho do usuário, sua postura ou mobilidade:

- Permitir alcance confortável a todos os dispositivos de informação e controles manuais, com o usuário sentado ou em pé, acomodando as variações das medidas das mãos.
- Evitar subdimensionamentos, que restringem os movimentos e provocam estresse e contusões.
- Evitar os superdimensionamentos desnecessários, que exigem posturas inadequadas e movimentações em excesso para realizar as tarefas.
- Assegurar espaço para colocação de materiais, equipamentos ou interlocutores.

Princípio 7: Baixo gasto energético – Garantir o uso eficiente, confortável e seguro do produto, minimizando o gasto energético, fadiga e estresse:

- Colocar o usuário sempre na postura corporal neutra, sem posturas incômodas.
- Evitar as contrações estáticas dos músculos.
- Evitar uso de forças, movimentos e repetições exageradas.
- Evitar uso de potência além do necessário no dimensionamento de motores, máquinas e equipamentos.

Outros requisitos, como redução de custos e facilidade de manutenção, poderiam ser acrescidos a esses princípios. Por exemplo, na substituição de peças, deve-se usar processos como encaixes por pressão e fixação com parafusos, no lugar de solda ou rebite, dispensando-se o uso de equipamentos especiais. Componentes padronizados e intercambiáveis entre diversas marcas e modelos do produto também facilitam essa manutenção.

A Universidade de Buffalo[2] fez uma adaptação dos princípios do projeto universal para: edificações em geral; espaços culturais; espaços para reuniões públicas e entretenimento; recreação e serviços. Especificamente, as recomendações para ambiente geral abrangem os seguinte tópicos: a) iluminação; b) ambiente térmico; c) ruído, leiaute de áreas de trabalho; d) fluxo, manuseio e acondicionamento de materiais; e) interação social, postos de trabalho; f) postos em pé; g) postos sentados; h) postos em pé/sentado; i) postos computadorizados.

18.5 PROJETOS PARA CRIANÇAS

Crianças não são miniaturas de adultos e, portanto, não se deve projetar para elas simplesmente reduzindo-se as dimensões dos objetos. Seu corpo e sua mente ainda estão em formação e as suas atividades físicas e mentais influenciam seu crescimento e desenvolvimento. Nessa fase, são muito suscetíveis às influências do meio ambiente e dos objetos que as cercam, aos quais vão se adaptando. Não tendo a experiência dos adultos, têm pouca consciência dos perigos e das consequências de seus atos. Dessa forma, tornam-se mais vulneráveis aos acidentes.

Cerca de 10 milhões de crianças em todo o mundo sofrem algum acidente grave anualmente. Destas, cerca de 10% chegam a óbito, enquanto muitas outras sofrem de deficiências permanentes (WHO, 2008). As vítimas são principalmente crianças com menos de cinco anos e aquelas do sexo masculino. As principais causas desses acidentes são o tráfego, afogamentos, queimaduras, quedas e envenenamentos.

Muitos desses acidentes ocorrem no ambiente doméstico e poderiam ser evitados com projetos adequados de produtos, locais e processos. Naturalmente, devem ser complementados com programas educativos dos pais, babás e professores.

CUIDADOS NO PROJETO PARA CRIANÇAS

Aqueles que projetam para crianças devem conhecer as capacidades e limitações delas, em cada faixa etária, e saber como se comportam (Tabela 18.4). Isso envolve vários aspectos do desenvolvimento infantil – físico, cognitivo, emocional e social. Deve-se conhecer principalmente o desenvolvimento perceptual-motor das crianças. Além disso, há grandes diferenças individuais nesse desenvolvimento.

---

[2] Disponível em: <http://www.ap.buffalo.edu/idea/udny/TableofContents.htm>.

Tabela 18.4
Características do comportamento infantil (Rice, 2012)

Comportamento infantil	Causas da vulnerabilidade
Exploram os produtos com uso das mãos e da boca. Experimentam os objetos rapidamente, de modo inesperado. Têm pouca consciência dos perigos potenciais. Aprendem por tentativas e erros. Não conseguem comunicar suas necessidades, desejos e desconfortos.	Apresentam habilidades e comportamentos muito variáveis, mesmo que sejam de mesma idade. O corpo infantil é mais vulnerável aos danos. Os fatores de risco (p. ex., envenenamentos) produzem efeitos mais rápidos. Tomam decisões erradas devido à falta de conhecimentos e experiências. Não conseguem comunicar a causa de um incidente.

Os atributos físicos, cognitivos e comportamentais das crianças evoluem rapidamente. Além disso, as crianças usam os produtos de maneira inesperada. Portanto, os produtos para crianças devem ter flexibilidade de adaptar-se a certa faixa etária e ser tolerante para absorver esses comportamentos diferenciados, sem provocar acidentes.

De preferência, deve haver um especialista em comportamento infantil na equipe de projeto. Todos os produtos, lugares e processos devem ser testados com o público-alvo infantil, em condições reais, pois as crianças podem fazer uso "criativo" e inesperado deles. Além disso, seu foco de interesse (atenção) pode mudar rapidamente.

CARACTERÍSTICAS DE SEGURANÇA PARA PRODUTOS INFANTIS

Não se pode pensar em segurança infantil usando os padrões dos adultos, pois estes têm maior capacidade de contornar os riscos, devido à experiência, percepção e análise dos riscos. Muitos desses riscos considerados aceitáveis pelos adultos podem ser fatais para as crianças. Os adultos que compram os produtos para crianças também não conseguem avaliar adequadamente esses riscos.

Muitas vezes, os adultos superestimam a maturidade e as habilidades das crianças em cada faixa etária. As próprias crianças, quando escolhem os produtos, optam por aqueles mais coloridos e que tenham figuras de super-heróis, naturalmente, sem terem consciência dos riscos (por exemplo, peças pequenas que podem ser engolidas) eventualmente envolvidos. Portanto, todos os cuidados devem ser tomados durante o projeto de produtos, lugares e processos para uso infantil.

PRODUTOS SEGUROS PARA CRIANÇAS

Para elaborar projetos seguros para crianças, deve-se pensar em possíveis usos indevidos e acidentes que podem acarretar; lembrar sempre que as crianças exploram o mundo usando todos os seus sentidos, incluindo visão, audição, paladar, tato e cheiro, sem fixar-se propriamente em nenhum deles; e lembrar também que elas costumam levar quase tudo à boca, podendo engasgar-se ou contaminar-se.

Prevenção de acidentes – A melhor forma de prevenir acidentes é pela eliminação dos fatores de risco, durante o projeto dos produtos, locais e processos destinados às crianças. Isso envolve, basicamente:

- Fazer redesenhos de produtos, locais e processos, a fim de remover todos os fatores de riscos na fonte.
- Instalar produtos, acessórios ou grades de segurança para proteger as crianças ou afastá-las do perigo.
- Providenciar alarmes quando não for possível eliminar ou afastar as fontes de perigo.

Nos Estados Unidos, a obrigatoriedade de instalar carrinhos de bebês em automóveis reduziu significativamente os ferimentos das crianças em acidentes automobilísticos. Estima-se que cada dólar investido nesses equipamentos trouxe um retorno de 29 dólares em tratamentos de saúde, sem considerar os sofrimentos humanos (Rice, 2012).

Atuar a longo prazo – É necessário criar uma "cultura" a longo prazo, com elaboração de normas, procedimentos e prática de segurança. Na Suécia, elaborou-se um programa de longo prazo visando reduzir ferimentos e mortes das crianças, baseando-se nas seguintes atividades:

- Elaboração de normas técnicas dos produtos para segurança infantil.
- Promoção da segurança doméstica, com visitas de profissionais treinados em segurança.
- Promoção da segurança na escola, com apresentação de palestras e demonstrações de procedimentos seguros.
- Promoção da segurança no tráfego, ensinando as crianças a atravessar ruas e usar capacetes de proteção.
- Elaboração e divulgação de instruções sobre perigos com água (afogamentos).
- Melhoria da segurança ambiental – com remanejamento do tráfego das ruas com maior presença de crianças, principalmente nas proximidades das escolas.

Após trinta anos de aplicação contínua, esse programa reduziu os ferimentos dos meninos em 80%, passando de 24 para cinco (para 100 mil habitantes) e de meninas em 72%, de onze para três, compensando, dessa forma, os custos investidos no programa.

DIMENSÕES ANTROPOMÉTRICAS DE CRIANÇAS

O crescimento físico das crianças não é um processo linear, ocorrendo a velocidades diferentes em cada período. Cada pessoa apresenta uma velocidade própria de crescimento, em cada faixa etária, com diferenças entre meninas (Figura 6.1, p. 186) e meninos (Figura 6.2, p. 187). Além disso, há muitas diferenças individuais, influenciadas por fatores como a etnia, nutrição, educação infantil e exercícios físicos. Por exemplo, duas crianças que tenham a mesma estatura aos cinco anos idade e alcancem a mesma estatura final, aos vinte anos, podem apresentar diferenças de até 5 cm durante a adolescência, devido às diferentes velocidades de crescimento.

Os segmentos corporais também apresentam diferentes velocidades de crescimento. Aqueles extremos (cabeça, pés, mãos) tendem a crescer mais rapidamente. Há também diferenças significativas dessas velocidades de crescimento e das proporções corporais entre os sexos (Figuras 6.1 e 6.2). Meninos acima de 120 cm de estatura possuem relativamente maiores alturas poplíteas e maiores distâncias entre o cotovelo e o piso, em relação às meninas da mesma estatura. Em compensação, meninas acima de 120 cm de estatura têm maior profundidade poplítea-nádega e maior perímetro da bacia, em relação aos meninos de mesma estatura.

Essas dimensões antropométricas são importantes para elaborar projetos de produtos para crianças e adolescentes, tais como vestuários, calçados, brinquedos e móveis. Em particular, a ergonomia tem se interessado pelo projeto de carteiras escolares (ver Capítulo 20).

18.6 Estudo de caso – sinalização urbana para idosos[3]

Realizou-se uma análise ergonômica das situações em que idosos de sessenta a 75 anos, moradores do bairro de Copacabana, Rio de Janeiro, enfrentam como pedestres, nas principais ruas e avenidas deste bairro (Mendes, 2008). Foram analisadas situações que provocam constrangimentos físico e emocional a essas pessoas, diante do caos urbano e no trânsito congestionado do bairro, com deficiência de infraestrutura e falta de sinalização adequada. Essas análises foram baseadas na técnica do passeio acompanhado, questionários e entrevistas com idosos e alguns especialistas.

Técnica do passeio acompanhado – Foram realizados três passeios acompanhados com idosos, para fazer observações *in loco* das ações e reações dessas pessoas, em tempo real. No primeiro passeio, evidenciou-se o constrangimento causado pelo esforço físico, mental e emocional do idoso, ao se deparar com a falta de informações de todo tipo, quer impressas (placas) ou verbais (transeuntes).

No segundo passeio, ficaram evidentes as "armadilhas" geradas pelas situações provocadas pelas obras, equipamentos de telefonia obstruindo a calçada, muito movimento nas ruas, falta de sinalização voltada para o pedestre idoso e o alívio de encontrar uma loja voltada para pessoas com necessidades especiais.

---

[3] Baseado em Mendes, L. D'U. S. , 2008.

O terceiro passeio mostrou duras realidades, como a do perigo constante que oferece a calçada esburacada, a da insegurança e a tristeza gerada pela convivência com a mendicância existente dia e noite nas praças do bairro. Também, mais uma vez, a perplexidade pela falta de informação prática, imediata, por parte do serviço público. Ficaram evidentes as situações que geram constrangimentos de todo tipo, cerceamento do ir e vir, falta de autonomia, além de problemas de saúde física e gastos financeiros e de tempo, por causa de acidentes, e que envolvem não só o acidentado, mas também todos que convivem com ele.

Durante os três passeios, percebeu-se que, além da necessidade de sinalização eficiente, é fundamental existir também a acessibilidade e o cuidado com a proteção do pedestre. Os idosos verbalizaram certas necessidades quanto à acessibilidade nas calçadas: a) falta de rampas de acesso com corrimão; b) falta de cercas protetoras (*guard-rails*) para os pedestres; c) falta de nivelamento (superfície plana e contínua) das calçadas, sem obstáculos, tanto para o pedestre caminhar quanto para carrinhos de feira, de neném, e cadeiras de roda para pessoas com deficiência; d) obras mal sinalizadas ou sem nenhuma sinalização, quando se obrigam os pedestres a passarem pela via por onde circulam os veículos; e) a grande quantidade de pessoas andando nas ruas, obstruindo as passagens, se esbarrando, e tornando insegura a caminhada.

Outros comentários abordaram a questão da violência urbana e sujeira nas ruas. Violência, buracos na calçada e falta de dinheiro são as piores causas de prejuízo para a vida regular das pessoas com mais de sessenta anos. A violência interfere na autonomia e é tida como o problema mais sério de Copacabana, da mesma forma que as calçadas esburacadas e desniveladas. Os idosos se ressentem de um maior cuidado para resolver o caos urbano instalado no bairro. Reclamam da falta de cuidado dos ambulantes, que usam o bairro para ganhar a vida com pequeno comércio, mas deixam as calçadas obstruídas e entulhadas de sujeira.

Questionário – O questionário foi formatado após trinta entrevistas qualitativas semiestruturadas com perguntas abertas e fechadas, com idosos e especialistas, registros de locais e de comportamentos (fotos e anotações) e registros de voz com gravações e transcrições integrais. Foram identificados dois problemas principais para essa formatação: a) placas de sinalização e ônibus; b) acessibilidade e facilitadores da movimentação. Esses questionários foram aplicados integralmente a sessenta indivíduos.

Importância das placas de sinalização – As placas de sinalização foram consideradas muito úteis e necessárias. Aquelas azuis, com nomes de ruas, foram consideradas necessárias para 92%; as placas de pontos de ônibus, para 83%; e as placas de itinerários dos ônibus (colocadas dentro dos abrigos dos pontos de parada) são necessárias para 88%. Apesar disso, 93% informaram que não existem placas dos serviços públicos nas calçadas. Para 57%, elas existem nas paredes dos prédios, porém 57% afirmam que não são visíveis. Também constatou-se deficiência no projeto gráfico das placas, provocando falta de visibilidade e inteligibilidade. Percebeu-se que 20% dos entrevistados não entendiam os elementos gráficos das placas, 17% entendiam alguns deles, e somente 18% entendiam integralmente o que estes queriam comunicar.

Foi constatado que a visibilidade e a legibilidade estão comprometidas, pois as placas se confundem na multidão, não têm o contraste suficiente com os prédios vizinhos ou contra o céu ou vegetação. As sombras nas placas e seus suportes dificultam a leitura. Ficam encobertas pelos veículos altos que passam, um atrás do outro, formando uma barreira às informações que estão do outro lado da rua e, por isso, não são visíveis como deveriam ser. Da mesma forma, os conteúdos dos textos e símbolos gráficos utilizados não transmitem adequadamente a informação pretendida.

Importância dos ônibus – A grande maioria dos idosos anda de ônibus porque não têm carro próprio, devido ao declínio financeiro e porque é muito difícil e caro conseguir garagem e estacionamentos no bairro: 63% declararam que andam de ônibus regularmente e 47% gostam de andar nos ônibus; 15% não andam de ônibus e 17% não gostam. O tipo de ônibus mais admirado e valorizado é aquele que faz integração com o Metrô.

Há também muitas reclamações sobre o projeto das carrocerias dos ônibus e de sua operação. Quanto à carroceria, reclamam de: a) pouco ou nenhum assento para idosos perto do motorista (parte dianteira do veículo); b) catracas muito altas, estreitas e duras ao rodar; c) poucos botões que acionam a campainha para parar, ao alcance das mãos, e nenhum para quem senta perto da janela; d) nenhuma informação (sonora ou visual) dentro do veículo, sobre os pontos onde passam ou param, ou sobre a próxima parada. Quanto aos aspectos operacionais, reclamam que: a) os ônibus não param para os idosos; b) os ônibus param fora do ponto certo e obrigam a pessoa a andar mais do que o necessário, além de precisar correr para tomar o coletivo; c) durante o trajeto, apresentam fortes solavancos, acelerações e desacelerações bruscas, pondo em risco a integridade física dos passageiros, principalmente aqueles que viajam de pé.

Entrevistas com especialistas – Foram entrevistados 21 especialistas, incluindo médicos, engenheiros, arquitetos, *designers*, fisioterapeutas, psicólogos, terapeutas educacionais, taxistas, representantes da Associação dos Moradores e da Coordenação Regional de Tráfego. Todos destacaram a necessidade da saúde coletiva, beneficiando tanto os idosos como aqueles não idosos, com consultas médicas periódicas, incluindo exames de rotina, principalmente da visão, não importando a idade. Outras sugestões incluem os cuidados pessoais (alimentação, prática de atividades físicas, desenvolvimento pessoal) e sociais (contato social e participação em atividades comunitárias).

Outro aspecto importante é o financeiro. A maioria dos entrevistados vive com aposentadoria ou pensão de baixos valores, o que determina o estilo de vida mais simples e dependente de programas governamentais. Como esses indivíduos sofrem com o declínio funcional, necessitam de maior apoio do ambiente externo onde desenvolvem diariamente suas atividades.

A seguir, são destacadas algumas sugestões apresentadas pelos idosos e aquelas formuladas pela pesquisadora, visando solucionar alguns dos problemas mais agudos.

Sugestões dos idosos

Letreiros de propaganda – Regulamentar os letreiros luminosos de propaganda, que ficam sobre os prédios, com luzes intensas e pisca-piscas, prejudicando o sono, causando cansaço, irritação e doenças a longo prazo.

Ruídos – Regulamentar e fiscalizar o nível excessivo de ruídos de veículos, casas noturnas, bares e restaurantes.

Bicicletas e triciclos – Regulamentar e fiscalizar a utilização de bicicletas e triciclos que trafegam contra o fluxo dos carros. Esse contrafluxo representa grande perigo de atropelamento aos pedestres.

Sinalizações – Há muita deficiência das sinalizações urbanas, principalmente daquelas indicativas de entrada e saída dos lugares, fazendo com que os usuários tenham que dar voltas até conseguir entrar ou sair dos lugares.

Sugestões da pesquisadora

Campanhas de saúde – Incrementar campanhas para atingir mais eficientemente a população idosa na prevenção de certas doenças, principalmente aquelas oculares, enfatizando que sempre é hora de começar ou recomeçar uma vida saudável.

Centros de apoio aos idosos – Criar centros de apoio aos idosos em cada região, com centro de saúde, farmácia popular, emergência ortopédica, lazer, educação, esporte, alimentação, *shopping* e tudo mais que o idoso precisa no seu dia a dia.

Acessibilidade e segurança – Melhorar a acessibilidade para o pedestre e o idoso, nivelando as calçadas, colocando mais muretas de proteção (*guard-rails*) para quem vai atravessar a rua, utilizando mais cores no chão das calçadas e nas vias, a fim de delimitar as áreas de trânsito e sinalizar as situações especiais.

Sinalização das paradas de ônibus – Melhorar as placas de sinalização de paradas de ônibus, colocando-as na altura das janelas do ônibus, para fácil visualização e indicação do local de descida do ônibus. As placas com os nomes das ruas deveriam ser mais visíveis, para que as campainhas de parada possam ser acionadas a tempo. Isso evitaria que os passageiros fiquem tanto tempo se segurando em pé, de prontidão para descer. Os idosos não têm tanta força muscular nos braços e nas pernas, para se equilibrar no ônibus em movimento, e agilidade para descer.

Melhorar a legibilidade das placas – É necessário melhorar a legibilidade e visibilidade das placas de sinalização, especialmente no desenho dos símbolos das placas, e colocando a mesma informação na parte da frente e do verso da placa. Providenciar informação especial (substituindo a sinalização visual) para as pessoas com deficiência visual e auditiva.

Acessibilidade – Remover os diversos obstáculos das calçadas e fazer *redesign* do mobiliário urbano, para evitar bloqueios ou invasões indevidas da passagem dos pedestres.

O conjunto desses fatores pode favorecer o transeunte, melhorando a sua segurança. O desafio da pessoa com sessenta anos ou mais não está apenas na questão da saúde, mas também em relação à sua integração ao meio social e urbano onde mora e transita. O idoso está cada vez mais atuante e produtivo e, mesmo com idade avançada, pode ser ainda mais útil com o apoio crescente da sociedade.

QUESTÕES

1. Quais são as principais transformações perceptuais dos idosos?

2. O que acontece com a memória dos idosos?

3. Que transformações biomecânicas ocorrem nos idosos?

4. Quais são os principais problemas associados à obesidade?

5. Como se caracterizam as pessoas com deficiência?

6. Como se pode promover a integração das pessoas com deficiência?

7. Explique os conceitos de projeto universal

8. Quais são as diferenças entre projeto universal e projeto acessível?

9. Justifique a frase "criança não é miniatura de adulto".

10. Que cuidados devem ser tomados no projeto para crianças?

EXERCÍCIOS

1. Analise a adequação aos idosos de algum eletrodoméstico de uso frequente (fogão, geladeira, televisão, rádio, impressora) e apresente sugestões de melhorias.

2. Escolha um ambiente construído (casa, prédio, logradouros públicos) ou algum meio de transporte e analise a sua acessibilidade para os obesos e pessoas com deficiência.

3. Vá ao caixa automático mais próximo. Faça uma análise sob o ponto de vista do projeto universal. Que propostas de melhoria você faria para otimizar o produto sob esse ponto de vista?

19 INDÚSTRIA E AGRICULTURA

OBJETIVOS

A atuação do ergonomista pode ser mais eficiente nos casos de trabalhos estruturados, como na indústria, onde, geralmente, cada trabalhador tem um cargo e posto de trabalho bem definidos, fazendo uso de determinadas máquinas e equipamentos. Em situações de trabalho menos estruturadas, como nos casos de atividades agrícolas e de construção, geralmente há uma grande variedade de tarefas para cada trabalhador. É difícil caracterizar o posto de trabalho de cada um, devido à grande mobilidade física e funcional dos trabalhadores. Durante o trabalho, eles usam diversos tipos de instrumentos e sofrem frequentes mudanças das condições ambientais.

No caso do trabalho estruturado, a contribuição da ergonomia pode estar, por exemplo, no arranjo e dimensionamento de um posto de trabalho. No caso não estruturado, torna-se mais efetivo conscientizar os próprios trabalhadores para que adotem atitudes corretas no trabalho, no sentido de evitar sobrecargas em seus organismos e adotar práticas seguras que contribuam para reduzir os erros e acidentes. Contudo, mesmo no caso daqueles trabalhos estruturados, não é possível fazer o acompanhamento contínuo dos trabalhadores e, então, o treinamento e a conscientização destes têm produzido resultados significativos, como se verá neste capítulo.

A difusão de conhecimentos básicos da ergonomia entre os próprios trabalhadores e demais escalões administrativos da empresa pode produzir diversos tipos de benefícios, principalmente nas pequenas melhorias no dia a dia que, em conjunto, apresentam resultados significativos.

A ergonomia tem adotado cada vez mais o método participativo. O trabalhador não é visto mais como agente passivo, que recebe a solução pronta. Ele participa mais ativamente na elaboração dessa solução. Assim, a ergonomia passa a incorporar o *saber fazer* dos trabalhadores ao projeto, de modo que este se adapte melhor aos requisitos e necessidades dos usuários.

TÓPICOS

- Treinamento industrial
- Duração ideal do treinamento
- Programa de redução de erros
- CCQ
- Automatização
- Processo decisório
- Trabalho de inspeção
- Movimento visual sistemático
- Movimento visual aleatório
- Método WISE
- Carga na construção civil
- Colheita de frutas
- Ergonomia animal
- Tratores agrícolas

19.1 TREINAMENTO INDUSTRIAL

Treinamento é uma atividade planejada e organizada para melhorar as habilidades de uma pessoa (ver p. 669), ou seja, para aumentar a velocidade e a qualidade psicomotora dos movimentos necessários para se executar certas atividades. Mais especificamente, o treinamento pode ser considerado como um meio para aumentar a confiabilidade humana no sistema humano-máquina-ambiente. Com isso, melhora-se a qualidade do desempenho humano, pelo aumento da precisão e velocidade, e há consequente redução de erros e acidentes. Na elaboração de um programa de treinamento existem duas decisões fundamentais: a escolha das tarefas a serem treinadas e a duração do treinamento.

ESCOLHA DAS TAREFAS A SEREM TREINADAS

Geralmente, o trabalho real que uma pessoa executa é complexo, composto de diversas tarefas. Entretanto, nem todas as tarefas têm o mesmo grau de dificuldade. Além disso, algumas tarefas e ações aparecem com frequência muito baixa. Isso significa dizer que o treinamento pode ser feito seletivamente, escolhendo-se aquelas tarefas mais *difíceis* ou *críticas*. Por exemplo, para uma pessoa que está aprendendo a dirigir, a maior dificuldade é a coordenação motora entre o movimento das mãos e dos pés para controlar a direção e a velocidade do veículo, principalmente na troca de marchas. Entretanto, antes de começar a dirigir, essa pessoa precisará abrir a porta do carro, sentar-se e afivelar o cinto de segurança. Evidentemente, essas ações não precisam ser treinadas, porque já estão no repertório de qualquer aprendiz.

Portanto, antes de iniciar o treinamento, devem ser identificadas aquelas tarefas consideradas mais importantes ou críticas, nas quais se justifica *investir* tempo e dinheiro para melhorá-las. Outras tarefas que já são conhecidas pelos aprendizes ou que apresentam pouco potencial de melhoria podem ser deixadas em segundo plano. Por exemplo, no caso de uma operação com o tempo comandado pelo ciclo da máquina, qualquer tipo de treinamento para aumentar a velocidade do operador humano não apresentaria resultados significativos para melhorar a produtividade.

Duração do treinamento

Como já vimos no Capítulo 16, o organismo humano apresenta diversas adaptações ao trabalho. Assim, com a repetição da mesma tarefa, o tempo de sua execução tende a cair. Isso quer dizer que, quanto maior for a duração do treinamento, melhor será o desempenho do aprendiz (ver p. 605). Contudo, os custos desse treinamento também vão aumentando. Chega-se a um ponto em que a *melhoria marginal* ou adicional apresentada pelo aprendiz não compensa o custo adicional gasto no treinamento. E, então, a partir desse ponto, o treinamento passa a ser economicamente desfavorável. Esse ponto de duração "ótima" do treinamento pode ser obtido pelas curvas da aprendizagem.

As curvas de aprendizagem apresentam o desempenho (y) em função do tempo de treinamento ou do número de vezes em que uma tarefa é repetida (x) durante o treinamento, em determinadas circunstâncias (Figura 19.1).

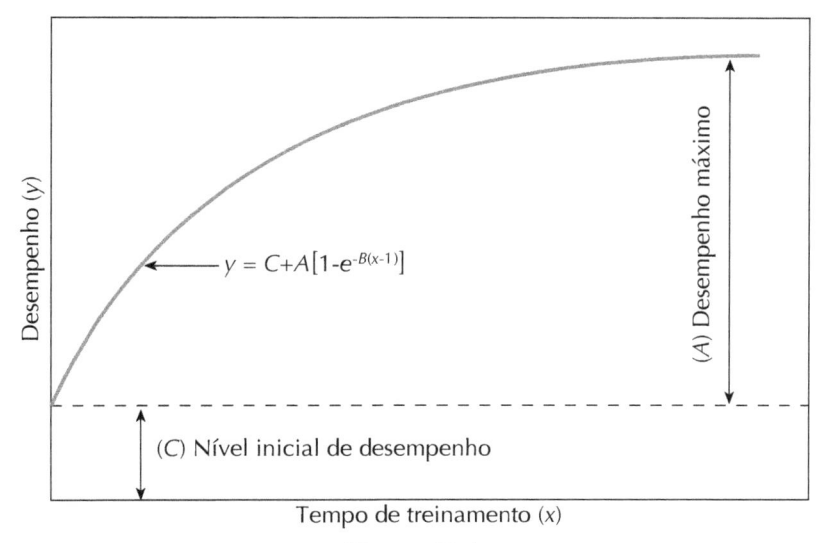

$$y = C + A\left[1 - e^{-B(x-1)}\right]$$

Figura 19.1
Representação gráfica de uma curva de aprendizagem típica.

Diversos autores apresentam expressões formais diferentes para essa curva. Por exemplo, Bohlen (1973 citado por Johnson, 1980) apresenta a seguinte expressão:

$$y = C + A\{1 - \exp[B\,(x - 1)]\}$$

onde:

x = Duração do treinamento (unidades de tempo ou número de repetições da tarefa).

y = Desempenho (número de peças produzidas por unidade de tempo).

A = Desempenho máximo possível de uma pessoa treinada.

B = Parâmetro que depende das características da tarefa e das condições de aprendizagem.

C = Desempenho inicial ou repertório apresentado pelo aprendiz no início do treinamento.

Outros autores apresentam fórmulas semelhantes que, se forem representadas em papel mono-logarítmico, com eixo (x) em escala linear e eixo (y) em escala logarítmica, apresentam a "curva" de aprendizagem em linha reta, cuja inclinação depende do parâmetro B.

Derivando-se a equação acima em relação à variável x, pode-se obter o valor da melhoria unitária de desempenho, ou seja, o desempenho adicional que se obtém por unidade de custo adicional de treinamento. Observa-se que a derivada (dy/dx) em função do tempo de treinamento cai rapidamente, logo no início do treinamento, como se vê na Figura 19.2. Ou seja, isso indica que os resultados do treinamento, são relativamente maiores na fase inicial e os respectivos benefícios também são maiores, mas vão decrescendo à medida que o treinamento prossegue.

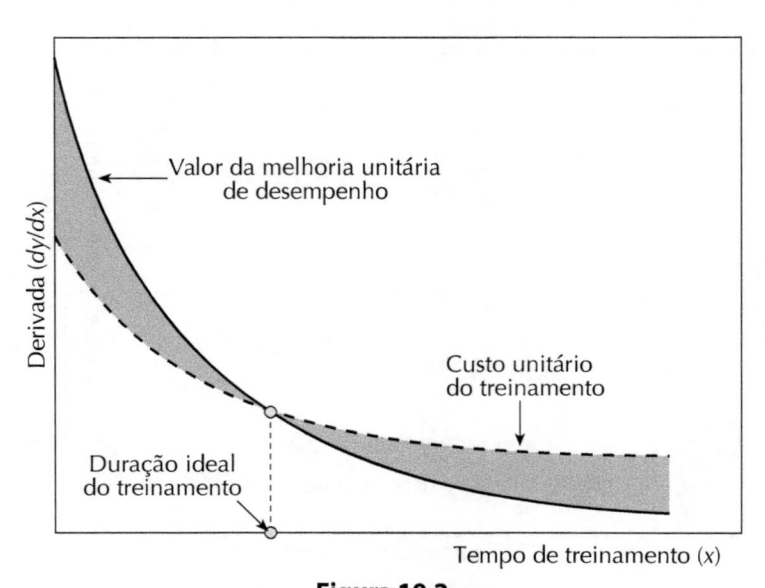

Figura 19.2
Existe uma duração ideal do treinamento em cada caso. Acima desse tempo, os custos do treinamento ficam superiores aos benefícios decorrentes dele.

Comparando-se essas duas curvas, observa-se que, na fase inicial, a do valor unitário é superior àquela do custo unitário, mas cai mais rapidamente. Essas duas curvas cruzam-se em certo ponto (ponto de cruzamento, ponto de ruptura ou *break even point*). A partir desse ponto, o custo unitário passa a ser maior que o valor unitário, indicando que não compensa continuar o treinamento, pois o custo por unidade de treinamento fica maior que os benefícios obtidos desse treinamento. Esse ponto de cruzamento indica a *duração ideal* do treinamento.

Na prática, a determinação exata desse ponto nem sempre é fácil. De uma maneira geral, são conhecidos alguns valores empíricos. Por exemplo, no treinamento de motoristas, sabe-se que cerca de vinte horas são suficientes para a maioria das pessoas, enquanto para a digitação já são necessárias cem horas, no mínimo. E esse tempo vai aumentando de acordo com a complexidade das tarefas.

Se houver um grande número de pessoas a serem treinadas, com recursos escassos, consegue-se melhores resultados reduzindo-se o tempo de treinamento de cada um, para atender ao *maior número* possível de pessoas. Essa alternativa produz melhor resultado global do que selecionar um número menor de pessoas para serem treinadas por um tempo maior, deixando a outra parcela sem treinamento. Naturalmente, isso não se aplica quando se trata de cargos de diferentes naturezas. Em certos cargos críticos, como o de operadores de máquinas complexas ou de controles de processos, os seus treinamentos devem ser administrados integralmente, mesmo com o sacrifício do treinamento em outros cargos considerados menos críticos ou rotineiros. Isso se justifica porque as consequências de uma eventual falha podem ser catastróficas.

TREINAMENTO PARA PREVENIR PROBLEMAS OSTEOMUSCULARES

Um curso de curta duração, com noções básicas de ergonomia, pode produzir efeitos significativos, principalmente com os trabalhadores novatos. Isso foi feito pela empresa sueca Electrolux, quando reorganizou suas linhas de montagem, em 1988, visando reduzir o índice de absenteísmo (faltas ao trabalho) devido aos problemas osteomusculares. Foi introduzido um novo posto de trabalho com equipamentos ajustáveis e mudanças nos métodos de trabalho, a fim de prevenir as dores nos ombros, pescoço e braços dos trabalhadores (Bridger, 2003).

Nessa linha de produção já havia sessenta trabalhadores experientes e foram contratados 33 novos trabalhadores. Alguns deles foram submetidos a cursos de treinamento com noções básicas em ergonomia, versando sobre posturas e movimentos, sendo instruídos a usar apenas 10% de sua capacidade muscular máxima. Esse grupo era constituído tanto de trabalhadores experientes como de novatos. Outro grupo foi mantido sem treinamento, para efeito de controle.

Foi feito um acompanhamento durante 48 semanas do grupo que recebeu treinamento em ergonomia em relação ao grupo de controle, que não tinha recebido esse treinamento. Comparando-se com o grupo de controle, a produção média entre os dois grupos foi equivalente, indicando que ambos realizaram esforços semelhantes. Contudo, registrou-se uma queda significativa de faltas ao trabalho entre os *novatos* que receberam treinamento (Tabela 19.1). Isso leva a crer que o treinamento em ergonomia contribuiu para que esses novatos adotassem posturas mais adequadas e ritmos de trabalho compatíveis para evitar os desconfortos e problemas osteomusculares.

O treinamento em ergonomia foi *menos efetivo* para os trabalhadores experientes. O índice de absenteísmo continuou praticamente igual entre esses trabalhadores treinados e aqueles não treinados. É como se os trabalhadores experientes já estivessem acostumados com certo método, que não se modifica com o treinamento. Em consequência, a empresa resolveu submeter apenas os trabalhadores novatos a programas de treinamento em ergonomia.

Tabela 19.1
O treinamento em ergonomia produz resultado favorável, reduzindo os absenteísmos (Bridger, 2003)

	Grupo de controle (n = 18)	Grupo treinado (n = 15)	Diferença (%)
Idade média (anos)	28,2	28,1	–
Produção média/hora	42,1	42,2	–
Faltas devido aos problemas osteomusculares (número de dias)	18,2	8,4	53,8
Faltas totais devido a causas diversas (número de dias)	46,1	23,7	48,6

EFETIVIDADE DO TREINAMENTO

Um treinamento intensivo em ergonomia, com três horas de duração, abordando o manuseio de cargas, foi administrado a 2.500 trabalhadores dos Correios (Chaffin, Anderson e Martin, 2001). Após algum tempo, foram administradas três ou quatro sessões curtas de reforço. Os trabalhadores que participaram desses treinamentos foram acompanhados durante três anos. Contudo, não se constatou nenhuma diferença estatisticamente significativa na incidência de lombalgias durante esse tempo, indicando que o treinamento foi ineficaz.

Os autores concluíram que só um treinamento esporádico e isolado não produz os resultados desejados. Muitas vezes, os trabalhadores não conseguem aplicar os conhecimentos adquiridos nas salas de aulas às suas tarefas do dia a dia. Então, é necessário fazer um acompanhamento no *local* de trabalho de cada um, mostrando-se *como* esses conhecimentos podem ser aplicados em situações específicas.

Além disso, é necessário que esse treinamento seja complementado com uma ampla gama de outras atividades reforçadoras a longo prazo, envolvendo campanhas educativas, palestras, reuniões de trabalho e eventos com apresentação e discussão dos resultados obtidos. Acima de tudo, é necessário haver envolvimento e comprometimento da administração superior e também dos supervisores e gerentes. Deve haver uma participação direta dos setores que tenham contatos frequentes com os trabalhadores, como a engenharia de métodos e a medicina do trabalho. Isso contribui para *manter vivos* os conhecimentos adquiridos, que são rapidamente perecíveis.

PREMISSAS DO PROGRAMA DE REDUÇÃO ERROS

Resultados significativos podem ser conseguidos com a adoção de um programa de redução de erros a longo prazo. Para produzir resultados considerados válidos, esse programa deve ser aceito em todos os níveis da empresa, baseando-se nas seguintes premissas:

Limites do erro – Deve haver uma definição muito clara daquilo que se considera um erro ou um comportamento inaceitável no âmbito da empresa, pois muitos trabalhadores adotam comportamentos que eles próprios julgam acertados, mas outros os podem considerar errados (p. 549). Em princípio, todos os *desvios* em relação ao comportamento considerado padrão ou normal, mesmo aqueles pequenos, classificados como defeitos, incidentes ou quase acidentes, merecem atenção e devem ser corrigidos imediatamente, antes que se transformem em acidentes mais graves.

Ocorrência dos erros – Os erros não são propositais, não são provocados apenas pelos elementos humanos, mas acontecem por diversos motivos, com ou sem a participação humana. Eles podem decorrer das oscilações naturais dos materiais, processos, fontes de energia, condições ambientais e comportamentos humanos.

Responsabilidade pelos erros – Não se deve procurar o "culpado" pelo erro, mas as circunstâncias que levaram ao erro. Os erros atribuídos a "causas humanas" podem decorrer da interação inadequada no sistema humano-tarefa-ambiente, falta de treinamento, falta de motivação, monotonia ou fadiga. Naturalmente, excetuam-se as violações, que são propositais (ver p. 551).

Análise e correção dos erros – Deve haver uma comissão de especialistas, incluindo profissionais com experiência em ergonomia, para analisar as ocorrências dos erros e propor soluções o mais rápido possível. Quem mais conhece o erro é a própria pessoa envolvida nele e, portanto, essa pessoa deve ter uma participação ativa na remoção das causas desse erro, sem que lhe seja imputada a culpa por ele.

Envolvimento amplo – Os erros só podem ser reduzidos de modo significativo se houver um comprometimento de todos os níveis hierárquicos da empresa, desde os dirigentes até os supervisores e os operários.

Além disso, como já foi visto no Capítulo 16, o programa deve incluir diversas atividades a longo prazo, para que o assunto esteja sendo continuamente lembrado, de modo que cada atividade sirva para reforçar ou complementar a outra.

IMPLEMENTAÇÃO DO PROGRAMA DE REDUÇÃO DE ERROS

O programa de redução de erros inicia-se com os especialistas fazendo a apresentação dos objetivos e discussão dos aspectos operacionais com os dirigentes da empresa. Essa apresentação pode abranger quatro sessões com duração aproximada de uma hora cada.

No segundo momento, são feitas reuniões com os trabalhadores e seus respectivos supervisores, em pequenos grupos, com a participação dos especialistas. Deve haver um mínimo de oito sessões desse tipo para cada grupo, para apresentar os objetivos do programa e discutir a participação esperada dos trabalhadores. Eles deverão fazer *relato* de todos os erros ocorridos. Para isso, pode-se adotar um sistema de registro das ocorrências. Contudo, deve ficar bem claro que não serão tomadas quaisquer medidas coercitivas contra os trabalhadores diretamente envolvidos nos erros, mas que o relato deles é importante para que a empresa possa saná-los.

No início dessas sessões, cada grupo escolhe um *coordenador.* Ele se encarregará de fazer anotações e tomar as medidas necessárias para que os relatos dos erros sejam efetivamente realizados e encaminhados à comissão de especialistas para análise. Além disso, supervisiona a implementação das medidas recomendadas, a fim de corrigir os erros relatados.

O uso de formulários para registrar os erros nem sempre é o mais adequado, pois muitos trabalhadores não gostam de preenchê-los. Mesmo quando o fazem, podem omitir informações importantes. No início do programa, os relatos podem ser apresentados *verbalmente,* para o coordenador, ou diretamente, aos especialistas. As providências tomadas devem ser mostradas aos próprios trabalhadores que relataram os erros, para que estes se sintam motivados a apresentar outros relatos. Com o tempo, o grupo pode ganhar confiança e prática em fazer os relatos, e, nessa fase, poderão ser introduzidos procedimentos mais formalizados.

A principal dificuldade do programa reside, provavelmente, em convencer os trabalhadores a colaborar. Eles temem que as informações sejam usadas contra eles próprios, podendo prejudicá-los. Nesses casos, é necessário construir um relacionamento de *confiança mútua* entre trabalhadores e a direção da empresa. Isso pode ser um processo demorado, mas é uma condição essencial para que um programa desse tipo funcione. Se houver qualquer tipo de desconfiança entre os trabalhadores, eles poderão adotar uma atitude não colaborativa ou até mesmo de sabotagem, o que rapidamente inviabilizaria o programa.

Círculo de Controle de Qualidade

Os procedimentos adotados no programa de redução de erros são muito semelhantes aos do Círculo de Controle de Qualidade (CCQ), que surgiu no Japão por volta de 1963. Inicialmente, o CCQ consistia em reuniões do supervisor com os respectivos operários, que se juntavam voluntariamente, fora do expediente, para discutir problemas de qualidade, sem uma formalização maior por parte da administração da empresa. Com o tempo, os CCQs foram adquirindo aspectos mais formais, passando a ser incluídos como práticas gerenciais pelas próprias empresas. Os assuntos tratados nessas reuniões também se ampliaram. Além da qualidade, propriamente, passaram a tratar de outros temas ligados à produção, como custos, manutenção e segurança.

Na fábrica da Toyota existiam, em 1981, cerca de 4.600 grupos de CCQ com uma média de 6,4 membros por grupo (Monden,1984). Todos os empregados da empresa participavam de pelo menos um dos grupos de CCQ, mas eles operavam de forma flexível. Uma pessoa de um grupo poderia participar de outro grupo, para discutir certos aspectos específicos. Às vezes, para tratar de temas mais abrangentes, dois ou mais grupos se juntavam entre si. Os grupos se reuniam duas a três vezes por mês, durante trinta a sessenta minutos. Em 1981, esses grupos haviam apresentado cerca de 900 mil sugestões (média de duzentas sugestões por grupo), das quais 90% foram aproveitadas. Essas sugestões assim se distribuíam, por assuntos:

- Qualidade do produto – 35%.
- Redução de custo – 30%.
- Segurança – 20%.
- Manutenção – 15%.

Portanto, a questão da qualidade, que deu origem aos CCQs, nesse caso, abrangeu apenas um terço das sugestões apresentadas.

À medida que os CCQs se formalizem, é necessário que a empresa proporcione os meios adequados para o seu funcionamento. Além disso, todas as sugestões apresentadas merecem uma resposta, o mais rápido possível, mesmo que seja apenas um *Sim* ou *Não*. O pior "castigo" é deixar uma sugestão sem resposta. Os grupos que não recebem respostas de *feedback* sentem-se desestimulados e deixam de funcionar com o tempo.

Quando uma sugestão for aproveitada pela empresa, pode-se proporcionar uma recompensa monetária ao seu autor. Para isso, a empresa calcula o montante do impacto financeiro (redução de custos, aumento dos lucros) proporcionado pela sugestão. Esse montante é rateado em três partes (não necessariamente iguais). Uma cota destina-se à própria empresa, para ressarcir os custos de implantação da sugestão. A outra é paga ao autor da sugestão, como recompensa. Uma terceira cota pode ser rateada entre os membros do grupo de CCQ ou colegas do departamento, ou ser aplicada em alguma forma de melhoria coletiva, que beneficie o grupo. Esse rateio e a destinação da cota coletiva podem ser discutidos entre os membros do grupo.

19.2 AUTOMATIZAÇÃO

A automatização ocorre quando a máquina passa a executar uma tarefa que era realizada antes pelo ser humano. Com o progresso tecnológico, acreditou-se que as máquinas poderiam substituir totalmente o trabalho humano. Contudo, no atual nível tecnológico, a realidade mostra-se diferente. Humanos e máquinas possuem características e vantagens próprias, que podem complementar-se, mas o trabalho humano ainda é considerado insubstituível em certos tipos de tarefas.

VANTAGENS DA MÁQUINA

Os defensores da automatização apontam diversas vantagens das máquinas sobre o trabalhador humano. Elas trabalham com mais constância e regularidade, cometem menos erros, atuam igualmente à noite, não se prejudicam com os ambientes insalubres, não reclamam, não recebem subornos, não fazem reivindicações salariais e nem greves. Assim, as máquinas, em geral, levam vantagem sobre os operadores humanos em certas situações, que seguem.

Eficiência – As máquinas podem ser mais eficientes que os trabalhadores humanos, podendo substituir dezenas ou até centenas de trabalhadores.

Operações altamente repetitivas – As máquinas conseguem realizar operações simples e altamente repetitivas com grande velocidade e precisão, como na montagem de circuitos eletrônicos.

Processamento de um grande volume de dados – As máquinas conseguem armazenar e processar um grande volume de dados, de forma rápida e confiável, como ocorre em contas bancárias e loterias.

Consistência – As máquinas são mais consistentes na realização de operações lógicas, como as operações aritméticas e estatísticas, sem variabilidade e sem cometer erros.

Imparcialidade – As máquinas não se deixam influenciar por questões como humor, parentesco, prestígio ou simpatias pessoais.

Sensibilidade – As máquinas podem ser mais sensíveis, além dos limiares humanos, a certos estímulos como as ondas de rádio ou o teor de contaminações radioativas.

Exigências além das capacidades humanas – As máquinas podem ser projetadas para movimentar e transportar grandes volumes ou pesos, além das capacidades humanas.

Operações em condições insalubres – As máquinas podem ser projetadas para suportar condições ambientais adversas, como altas temperaturas, pressão, vácuo, ambientes poluídos ou com elevados riscos de acidentes.

A automatização geralmente exige elevados investimentos e pessoal qualificado para operar, programar e fazer a manutenção do sistema. Apesar de sua eficiência, pode ser problemática, se considerarmos o seu desempenho ao longo do tempo.

Os seres humanos ainda são insubstituíveis em certas situações. A análise de acidentes industriais e de transportes aeroviários e ferroviários mostrou que certos defeitos de projeto e uso incorreto de processos automatizados podem levar a grandes desastres. Isso levou a uma reflexão sobre os problemas causados pela automatização. Assim, nem todas as tarefas humanas podem ser facilmente substituídas pelas máquinas. Vamos examinar algumas características humanas dificilmente superadas pelas máquinas.

PROCESSO DECISÓRIO

As tarefas facilmente automatizadas são aquelas em que as regras de decisão estão bem definidas, do tipo "*se-então*". Por exemplo, nos processadores de texto, *se* a linha atingir um determinado tamanho, *então* uma nova linha deve ser iniciada.

Contudo, em muitas situações, não se consegue definir claramente essas condições e, além disso, elas podem evoluir de forma imprevisível, como ocorre em muitos processos industriais e sistemas de transporte.

Os seres humanos são capazes de tomar decisões em situações complexas, mesmo em condições de *incerteza*, quando o problema não estiver completamente definido. Além disso, eles são capazes de continuar operando em situações de *sobrecarga*, simplificando deliberadamente certos aspectos da tarefa, mas preservando aqueles mais importantes.

Mesmo que se possa prever o comportamento geral do sistema, podem ocorrer problemas emergenciais, gerando uma situação não prevista. Por exemplo, nas aeronaves, o piloto humano pode acionar o piloto automático *quando* as condições de navegação estiverem favoráveis. É o piloto humano que decide isso. Diante de uma surpresa (por exemplo, colisão com um pássaro) ou uma situação de risco (turbulências), o piloto humano pode retomar o controle manual.

RACIOCÍNIO INDUTIVO, CRIATIVIDADE E INTUIÇÃO

Os seres humanos são dotados de raciocínio indutivo e criativo, fazendo associações entre eventos aparentemente desconexos, para os quais são difíceis de elaborar um algoritmo. Por exemplo, já vimos que Henry Ford imaginou a linha de montagem (p. 636) quando visitou um frigorífico e viu diversos operários trabalhando em série para recortar as carcaças do gado (p. 637). Cada operário realizava operações simples e repetitivas. Observando essa linha de "desmontagem", Ford teve a ideia de atuar inversamente, para criar a linha de montagem dos seus automóveis.

Atualmente se admite a importância da intuição nas decisões humanas, principalmente nas condições de incerteza, quando não se tem informações completas sobre o sistema e nem as possíveis alternativas sobre o futuro. Muitas vezes é possível fazer apenas ilações sobre comportamentos futuros, principalmente no caso de comportamentos humanos. Nesses casos, em que a probabilidade de erro é relativamente elevada, é necessário fazer o acompanhamento para realizar eventuais correções dos erros.

FLEXIBILIDADE

As máquinas modernas são dotadas de certa flexibilidade operacional, podendo ser programadas para realizar um conjunto de diferentes operações. Por exemplo, são capazes de soldar diferentes modelos de automóveis na mesma linha. Entretanto, essa flexibilidade tem um limite relativamente restrito. O ser humano tem flexibilidade mais ampla, podendo ser "reprogramado" para exercer tarefas ou profissões bem diferentes entre si.

Uma fábrica que desativou a sua cozinha industrial fez uma reunião com os cozinheiros e auxiliares, oferecendo-lhes duas opções. Na primeira, se eles preferissem continuar nas respectivas profissões, seriam demitidos, porque os cargos deles estavam extintos. Na segunda, poderiam continuar na empresa, mas precisariam ser retreinados para ocupar outros cargos. Eles escolheram a segunda alternativa, mas pediram para permanecerem juntos. Desse modo, todos os cozinheiros e auxiliares foram retreinados e alocados em uma linha de produção de componentes eletrônicos. Em pouco tempo tornaram-se mais produtivos que a média da fábrica. Se aplicarmos o raciocínio inverso, robôs que montam componentes eletrônicos dificilmente poderiam ser adaptados para a cozinha.

SENSIBILIDADE

O operador humano é dotado de vários órgãos sensoriais, que podem ser usados simultaneamente na execução das tarefas. Algumas sensações, como as percepções de odor e paladar, ainda não são executadas pela máquina com a mesma precisão dos humanos. Essas sensibilidades são essenciais a algumas tarefas, como as do enólogo e do perfumista. Empresas automobilísticas mantêm equipes de "cheiradoras" para avaliar se os carros têm "cheiro de novo", pois essa característica é essencial nas decisões de compra. Ninguém compraria um carro novo com "cheiro de mofo".

Os profissionais que executam certas tarefas dominam o "saber fazer" (*know-how*) que nem sempre pode ser transferido para as máquinas. Geralmente, os projetistas de máquinas observam o trabalho humano e tentam transferi-lo para as máquinas. Por exemplo, o projeto de lavadoras de roupas foi realizado observando-se as ações das lavadeiras humanas. Contudo, no trabalho humano podem existir certa sutilezas que nem sempre são fáceis de reproduzir mecanicamente. Ainda que esses projetistas realizem análises detalhadas das tarefas, há sempre detalhes que passam despercebidos e que podem produzir efeitos inesperados.

Por exemplo, na quebra manual do coco de babaçu, os operadores humanos posicionam o coco em relação à lâmina de corte para direcionar a batida. Com isso, conseguem extrair a castanha inteira. As máquinas desenvolvidas para substituí-los não têm essa "sensibilidade" e acabam esmagando a castanha, reduzindo o seu valor comercial. Naturalmente, essas máquinas podem ser aperfeiçoadas com o uso de novas tecnologias.

ESTABILIDADE DO SISTEMA

As máquinas, em geral, são estáveis e consistentes e apresentam dificuldade de se ajustar às instabilidades. Entretanto, poucos sistemas são 100% estáveis. As matérias-primas não são 100% uniformes e há variações de outros insumos, como a tensão da corrente elétrica. Alguns sistemas têm subsistemas de controle autocorretivo, mas isso funciona dentro de certos limites, e não dispensam a supervisão humana.

O controlador humano deve conhecer os detalhes do processo e também o funcionamento do sistema automático e os limites de sua operação. Além disso, deve saber como proceder em caso de imprevistos, para recolocar o sistema em condições normais de operação. A memória de longa duração dos seres humanos é capaz de relembrar eventos raros, que ocorreram há muitas décadas atrás, como no caso dos desastres ambientais. Baseando-se nela, o ser humano é capaz de tomar decisões corretas, mesmo diante de eventos raros e inesperados.

19.3 Trabalho de inspeção na indústria

O trabalho de inspeção faz parte do controle de qualidade e consiste no exame e teste de produtos, componentes e materiais, para garantir a permanência deles dentro dos limites especificados.

As inspeções podem ser feitas na matéria-prima recebida (inspeção de recebimento), durante o processo produtivo (inspeção de processo) ou no produto acabado (inspeção final). Elas serão mais eficientes quando estiverem mais próximas das possíveis fontes de defeitos. Com isso, pode-se evitar que eles se propaguem e um grande número de peças defeituosas seja produzido.

Em alguns casos, a inspeção pode ser feita mecanicamente em 100% dos produtos. Por exemplo, uma máquina que faz a solda final na lâmpada pode, ela mesma, testar se a lâmpada se acende e refugar aquelas que não se acendem. Esse tipo de controle automático pode ser feito quando se trata de inspeção do tipo *passa/não passa*, baseado em características elétricas ou dimensionais de uma peça. Entretanto, nem todos os atributos do produto, como no caso de acabamentos superficiais, podem ser expressos dessa forma dicotômica.

Por exemplo, seria muito difícil fazer uma máquina para testar a qualidade do café ou do vinho, que depende de vários fatores complexos, como coloração, gosto, aroma e outros. Assim, ao contrário do que se acreditou até certa época, o trabalho de inspetores humanos não desapareceu. O número de inspetores tem aumentado com o progresso tecnológico, à medida que os produtos vão se tornando mais complexos e os consumidores, mais exigentes quanto à qualidade.

Condições para melhorar o trabalho de inspeção

Comparando-se com outros tipos de tarefas usuais na indústria, o trabalho de inspeção exige maior grau de discriminação e julgamento. Isso pode ser mais bem realizado quando há uma definição precisa dos padrões exigidos, ou seja, quando a fronteira entre o que se considera um produto defeituoso ou aceitável é claramente definido, o que nem sempre é uma tarefa trivial.

Por exemplo, para inspeção da pintura de uma geladeira, pode-se fixar o número máximo de riscos que ela pode conter para não ser rejeitada, mas esses riscos variam em comprimento e profundidade e, então, sempre há necessidade de *julgamento*. Esses julgamentos variam de acordo com o inspetor, e também o mesmo inspetor pode apresentar mudanças de padrões, conforme o dia e a hora. Se ele estiver fatigado ou atrasado ou com acúmulo de serviço, poderá aplicar padrões menos rígidos para aprovar um lote de produtos.

Outro aspecto é que cada inspetor tem um padrão próprio de desempenho, determinando, subjetivamente, uma faixa de rejeição para si mesmo, entre os valores *mínimo* e *máximo* pessoais. Se estiver abaixo desse mínimo, ele teme que o seu desempenho seja considerado negligente e, se for muito elevado, ele teme pela reação de outros setores, como a fabricação. Então, cada inspetor sempre tende a rejeitar certa percentagem dos produtos inspecionados, independentemente da flutuação de qualidade deles. Essa situação se agrava quando os padrões não são claramente estabelecidos e, então, o inspetor deve usar o seu próprio julgamento. Dessa forma, para que o serviço de inspeção seja mais eficiente, recomendam-se as seguintes práticas:

Definição dos padrões – Os padrões de qualidade e os procedimentos de controle devem ser claramente definidos. Sempre que possível, devem ser elaborados padrões quantitativos (faixa de medidas, número de defeitos por lote, percentagens de defeituosos) e os sistemas de amostragens adotados para efeito de controle.

Instrumentos de medida – As inspeções devem ser realizadas com uso de instrumentos adequados de medida (paquímetros, micrômetros, gabaritos passa/não passa, padrões de cores) e outros meios que ajudem a reduzir os julgamentos subjetivos.

Inspeções – As inspeções devem ser feitas em pequenos lotes, sem demora, próximas da fonte de defeitos. Elas devem ocorrer, de preferência, em objetos parados, pois a visão humana tem dificuldade de acompanhar os objetos em movimento. O serviço de inspeção pode ser intercalado com outras atividades, para reduzir monotonia e fadiga.

Inspetores – Os inspetores devem receber um treinamento padronizado sobre os procedimentos de inspeção, uso dos instrumentos e preenchimento de relatórios. Os próprios inspetores devem ser "inspecionados," recebendo informações sobre o seu próprio desempenho, e devem ser "recalibrados" periodicamente para o reposicionamento dos padrões.

Ambiente – O ambiente de trabalho deve ser bem iluminado e ter condições (temperatura, ruídos, gases poluentes) que favoreçam a concentração e vigilância.

A consideração adequada desses itens é importante, porque um trabalho eficiente de inspeção pode evitar erros, acidentes e desperdícios de material, contribuindo para prevenir paradas desnecessárias de máquinas e interrupções do fluxo de produção. Em termos mais amplos, contribui para melhorar a imagem da empresa com os clientes, além de evitar onerosos serviços de assistência técnica e *recalls*.

Em alguns casos, como em empresas terceirizadas (p. 652) que fornecem materiais ou componentes para empresas montadoras, o nível de qualidade pode ser estabelecido no contrato de fornecimento. Os inspetores da empresa montadora podem ser enviados para as empresas terceirizadas, para que façam as inspeções *antes* que as peças sejam despachadas para a empresa montadora. Assim, essas peças podem ser colocadas diretamente na linha de produção da empresa montadora, dispensando-se a inspeção de recebimento, como ocorre no sistema *just-in-time* (ver p. 653).

Produção com qualidade

Tradicionalmente, o trabalho de inspeção é feito separadamente do trabalho de produção. O inspetor atua como um "juiz" para determinar que a produção realizada tem qualidade suficiente para ser aprovada, de acordo com certas normas ou padrões. Isso coloca o inspetor de qualidade em oposição ao trabalhador da produção. Este não se sente responsável pela qualidade, mas apenas pela quantidade de produção, pois a qualidade seria determinada posteriormente por outras pessoas.

Há uma tendência moderna de atribuir a responsabilidade da qualidade dos produtos aos próprios trabalhadores que os produzem. Nesse caso, o próprio trabalhador da produção confere, periodicamente, a qualidade de sua produção. Isso quer dizer que ele deve tomar certas providências, durante o processo produtivo, para que o produto seja produzido com boa qualidade desde o início. Contudo, isso não substitui completamente o trabalho do inspetor de qualidade. Ele continua existindo, mas pode ocupar-se dos aspectos mais gerais e globais da produção. No caso de fornecedores de peças e componentes terceirizados, essa qualidade é especificada no contrato de fornecimento.

Movimentos visuais na inspeção

Conforme já vimos (p. 123), a visão humana não é um processo contínuo. Os olhos pulam de um ponto para outro em fixações sucessivas, e praticamente não há percepção durante essa transição de um ponto para outro. Durante esses "pulos", os olhos executam trajetórias para "varrer" o objeto inspecionado. Há basicamente dois tipos de pessoas quanto a essas estratégias de varredura visual: o aleatório e o sistemático (Figura 19.3).

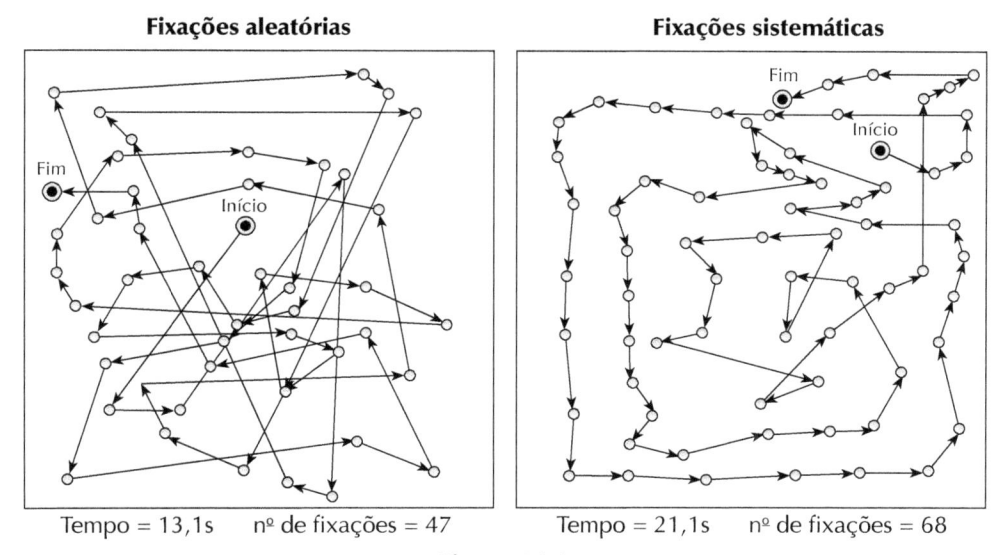

Figura 19.3
Exemplos de diferentes táticas de exploração visual adotadas por indivíduos do tipo aleatório e do tipo sistemático (Megaw e Richardson, 1979).

Tipo aleatório – O tipo aleatório não tem um padrão prefixado para a exploração visual. Seus olhos percorrem o campo visual rapidamente, de um lado a outro, sem trajetórias fixas. O percurso médio entre duas fixações sucessivas é maior que o do tipo sistemático.

Tipo sistemático – O tipo sistemático costuma seguir algum padrão definido de exploração visual, por exemplo, movendo os olhos passo a passo na direção horizontal, vertical ou em círculos.

Ao contrário do que possa parecer, o tipo aleatório geralmente é mais eficiente em tarefas de inspeção (Megaw e Richardson, 1979), provavelmente porque é mais sensível aos pontos importantes e consegue chegar mais rapidamente a eles. Ele faz uma "varredura" rápida em todo o campo visual, antes de fixar-se em algum ponto que tenha chamado a sua atenção. O tipo sistemático segue uma rotina mais ou menos padronizada e pode realizar muitas fixações rotineiras antes de chegar a esses pontos importantes. Na leitura de uma página impressa, o tipo sistemático faz a leitura linha a linha, enquanto o tipo aleatório faz a leitura na "diagonal" para captar os pontos importantes. Esse tipo de leitura pode ser treinado com técnicas de leitura dinâmica.

TEMPO DE INSPEÇÃO

As fixações visuais em cada ponto demoram cerca de 0,1 a 0,7 segundo. Esse tempo depende de vários fatores, como o tipo e tamanho do material inspecionado, contraste, iluminação, diferenças individuais e outros (Figura 19.4). Para os casos práticos, recomenda-se adotar o valor de 0,4 segundo por fixação, ou seja, 2,5 fixações por segundo. Esse valor, em geral, é suficiente para a maior parte dos casos, mas podem ocorrer muitas diferenças individuais.

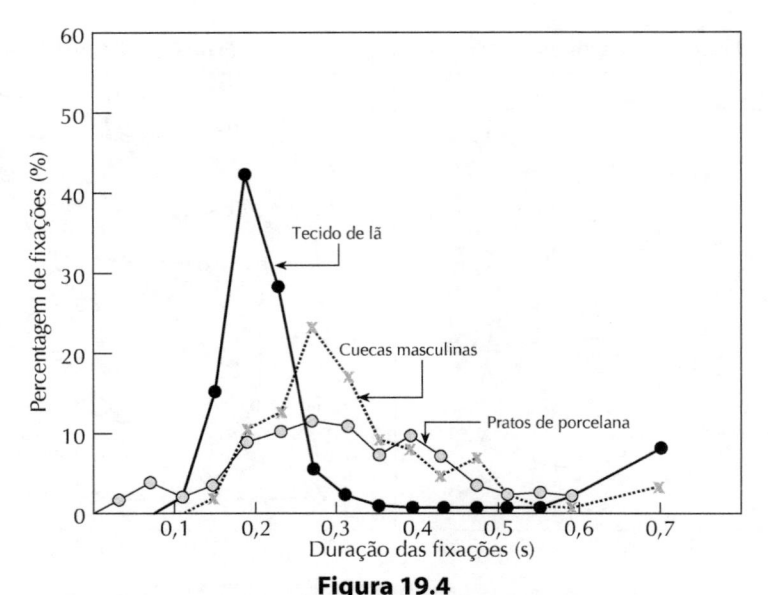

Figura 19.4
Distribuições típicas das durações das fixações visuais em três tipos diferentes de tarefas de inspeção (Megaw e Richardson, 1973).

INSPEÇÃO DE OBJETOS EM MOVIMENTO

Muitas inspeções são realizadas com objetos em movimento, sobre correias transportadoras. Contudo, observou-se que os olhos, muitas vezes, não conseguem acompanhar a velocidade desses objetos além de certo limite. Oshima, Hayashi e Noro (1980) apresentam um caso em que os objetos se movimentavam a uma velocidade de 91,4 m/min. A exigência de fixações visuais de detalhes próximos entre si era grande e, muitas vezes, os inspetores não conseguiam acompanhar, principalmente se adotassem uma estratégia errada para fazer a varredura visual. Além do mais, foram observadas várias diferenças individuais entre os inspetores (Figura 19.5).

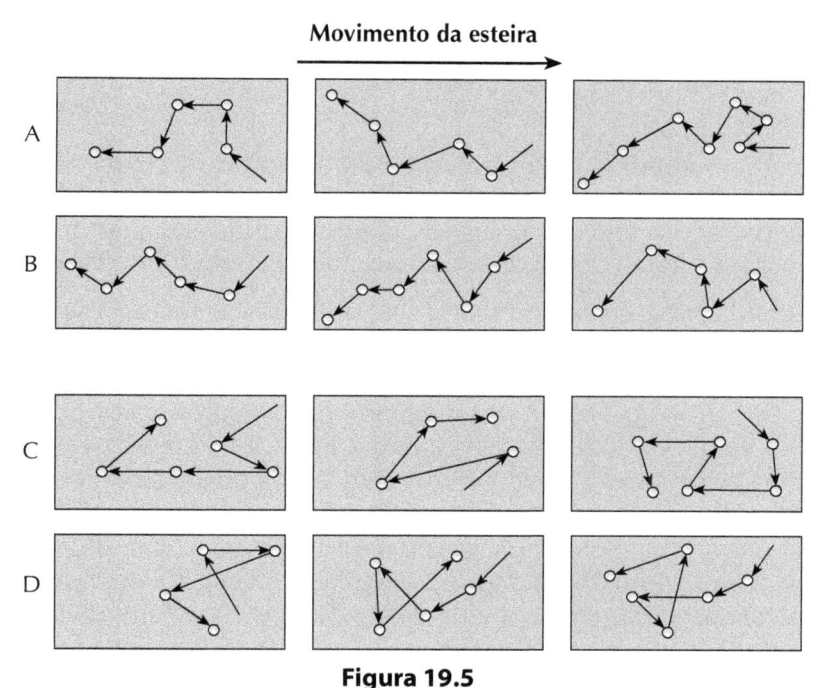

Figura 19.5
Movimentos dos olhos de quatro inspetores em uma esteira de movimento contínuo. Os inspetores A e B (sistemáticos) são mais eficientes que os inspetores C e D (aleatórios) (Oshima, Hayashi e Noro, 1980).

No caso dessa tarefa, ao contrário do que foi anteriormente mencionado, o tipo sistemático apresentava melhores resultados, provavelmente devido à pequena área a ser inspecionada. Os inspetores do tipo aleatório apresentavam uma varredura visual falha, devido aos retornos que provocavam perda de tempo. Para recuperar o atraso, realizavam pulos, deixando passar algumas áreas sem inspeção. Para evitar isso, sempre que for possível, é preferível fazer as inspeções com os objetos parados, ou colocar mais de um inspetor "em série" na esteira em movimento, para se aumentar a confiabilidade do processo.

INSPEÇÃO COM OU SEM LIMITAÇÃO DE TEMPO

Em certos casos, há possibilidade de se optar por um projeto de inspeção com ou sem limitação de tempo. Aquela *com* limitação de tempo ocorre, por exemplo, em esteiras transportadoras com velocidade comandada mecanicamente, como no caso anteriormente mencionado. Naquela *sem* limitação de tempo, o próprio inspetor pode comandar o tempo, demorando-se o quanto julgar necessário, pois há casos em que deve tomar decisões complexas e demoradas.

Em um experimento de laboratório, Noro (1983) comparou esses dois tipos de inspeções, usando 27 quadros projetados por *slides*, que continham dois a dez pontos pretos com 1,5 cm de diâmetro, espalhados aleatoriamente em cada quadro. Ele utilizou quatro estudantes como sujeitos, que usavam um aparelho especial para registrar o número de fixações realizadas durante o experimento. Os *slides* eram projetados aleatoriamente, e os sujeitos deviam dizer quantos pontos pretos existiam em cada quadro.

Inicialmente, o experimento foi realizado *sem* limitação de tempo (Figura 19.6-a). Observou-se que os números de fixações visuais variavam de um a nove, aumentando com o respectivo acréscimo do número de pontos contidos no quadro. Todas as contagens dos pontos foram realizadas satisfatoriamente, com 100% de acerto.

Numa segunda parte do experimento, *com* limitação de tempo, esse tempo de exposição de cada quadro foi fixado em 0,5 s. Durante esse tempo, observou-se um número máximo de três fixações visuais (Figura 19.6-b). Observou-se acerto de 100% só nos quadros onde apareciam, no máximo, cinco pontos. Para os quadros com maior número de pontos, os erros começaram a aparecer, aumentando proporcionalmente ao número de pontos. Nos quadros com dez pontos, houve acerto de apenas 25%. Aumentando-se o tempo de exposição para 1,0 s, o número máximo de pontos identificados com 100% de acerto cresceu para seis e, com 2,0 s de exposição, este aumentou para oito pontos. Portanto, nessas três sequências, os tempos médios para cada leitura correta foram aumentando, sendo, respectivamente de 0,10 s (correspondendo a cinco leituras corretas em 0,5 s), 0,16 s (seis leituras corretas em 1,0 s) e 0,25 s (oito leituras corretas em 2,0 s).

Analisando esses resultados, Noro concluiu que, sem limitação de tempo, o número de fixações era mais ou menos equivalente ao número de pontos, ou seja, havia aproximadamente uma fixação para cada ponto no quadro. Quando foi colocada a restrição de tempo, o número máximo de fixações também foi se reduzindo. Com 0,5 s, geralmente o sujeito conseguia fazer apenas uma fixação. Em 1,0 s fazia duas a quatro fixações e, em 2,0 s, cerca de seis fixações, em média. Em cada fixação, o sujeito conseguia identificar os pontos que se situavam em um ângulo visual de aproximadamente 10°. Então, se o tempo era insuficiente para varrer todo o quadro, alguns pontos passavam despercebidos (Figura 19.7), sendo omitidos na contagem.

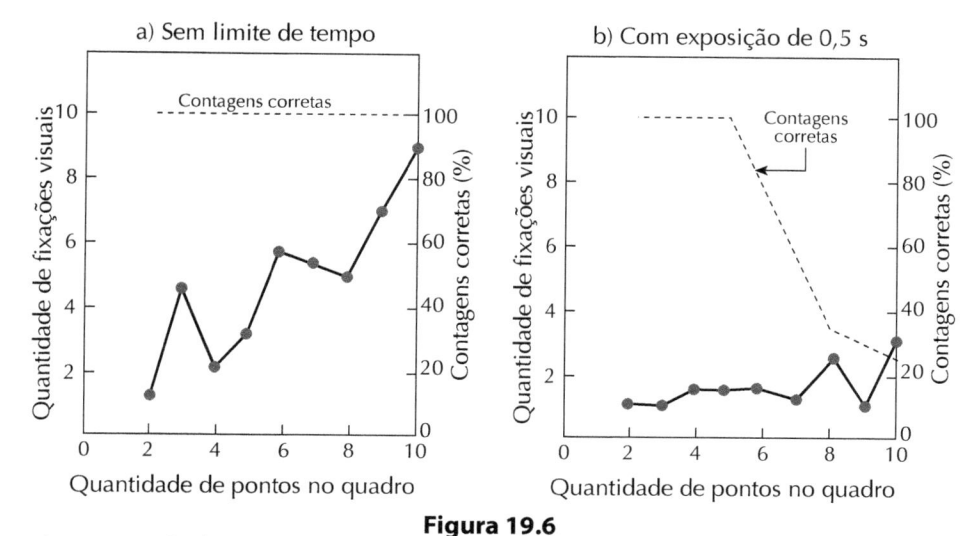

Figura 19.6
Em quadros contendo dois a dez pontos, colocados aleatoriamente, as contagens são feitas corretamente quando não há limitação do tempo de exposição e, com o tempo fixo de 0,5 s de exposição, os erros aumentam a partir de cinco pontos no quadro (Noro, 1983).

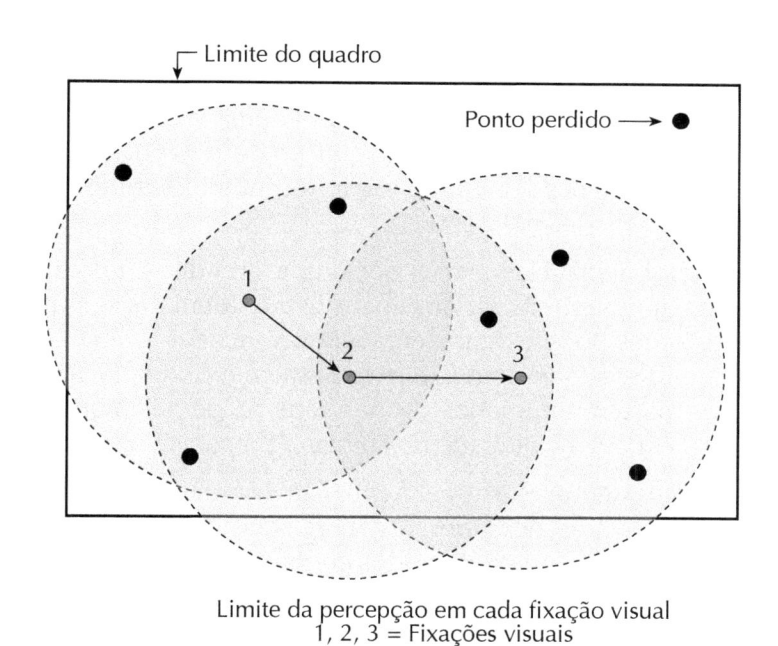

Limite da percepção em cada fixação visual
1, 2, 3 = Fixações visuais

Figura 19.7
Em cada fixação visual podem ser detectados os pontos situados dentro de um ângulo visual de 10°. Os pontos situados fora desse cone visual são perdidos (Noro, 1983).

INFLUÊNCIA DA ILUMINAÇÃO NA INSPEÇÃO

A iluminação tem uma grande influência no desempenho da inspeção, que é uma tarefa eminentemente visual. Como já foi visto (p. 433), isso significa que um posto de trabalho para inspeção deve ser cuidadosamente planejado, tendo iluminamento adequado, de acordo com o nível de contraste e dos detalhes a serem inspecionados.

Se necessário, a iluminação geral deve ser complementada com uma iluminação localizada sobre a tarefa. Por outro lado, a intensidade excessiva pode provocar ofuscamentos e fadiga visual.

Experiências realizadas para comparar o efeito das lâmpadas fluorescentes com aquelas incandescentes de mesma claridade mostraram uma ligeira superioridade para as primeiras em alguns tipos de tarefas, provavelmente porque produzem luz mais difusa. As lâmpadas incandescentes de tungstênio, por serem mais concentradas, favorecem o ofuscamento, que tende a reduzir a acuidade visual.

Finalmente, como já vimos, deve-se ressaltar que a lâmpada fluorescente pode provocar efeito estroboscópico em objetos que tenham rotações ou movimentos cíclicos, sendo perigoso quando há coincidência entre o movimento e a frequência da rede elétrica, porque produzem imagem estática. Há casos em que esse efeito é usado a favor da inspeção, por exemplo, para calibrar a velocidade de rotação de motores.

19.4 ERGONOMIA NA PEQUENA EMPRESA

Um programa para ampla difusão de certos conhecimentos básicos de ergonomia, principalmente aqueles que se aplicam nas atividades do dia a dia, pode produzir muitos resultados benéficos. Ele pode ser adotado pela alta administração das empresas, como parte da estratégia global de redução de erros e acidentes e melhoria da produtividade. No final deste capítulo são apresentados estudos de caso de difusão da ergonomia em grandes empresas.

A ergonomia geralmente tem sido associada a grandes empresas, porque demanda trabalho colaborativo de vários especialistas. Além disso, a implementação de suas recomendações pode exigir tecnologias avançadas e custos elevados, inacessíveis para as empresas de menor porte. Enquanto as grandes empresas caminham celeremente para a automatização dos seus processos, aquelas de pequeno porte ainda dependem essencialmente do trabalho humano.

As micro e pequenas empresas geralmente são grandes geradoras de empregos, mas têm recebido pouca atenção dos ergonomistas. Entretanto, estas poderiam ser, justamente, as maiores beneficiárias dos conhecimentos em ergonomia. Grande parte dos trabalhos mais árduos e perigosos está nesse tipo de empresas. Isso acontece principalmente nos países e regiões em desenvolvimento, onde pelo menos 60% a 70% da mão de obra produtiva está empregada nessas empresas.

MÉTODO WISE

A Organização Internacional do Trabalho (OIT) desenvolveu um método para aplicação da ergonomia em pequenas empresas, conhecido como WISE (*Work Improvement in Small Enterprises*). Para aplicar esse método, um especialista em ergonomia apresenta, inicialmente, um curso de curta duração aos trabalhadores e supervisores da empresa, com três objetivos:

- Motivar o pessoal a tomar iniciativa em identificar situações e aplicar conhecimentos práticos de ergonomia.

- Apresentar as técnicas e ferramentas básicas para se aplicar a ergonomia.

- Mostrar em que situações essas técnicas e ferramentas podem ser aplicadas com maior proveito.

A implantação do WISE ocorre em sete etapas, que não precisam ser rigidamente seguidas (Tabela 19.2). O especialista em ergonomia vai à empresa e apresenta uma palestra, com exemplos de aplicações, usando materiais audiovisuais. A seguir, escolhe um grupo de pessoas da própria empresa e trabalha com elas na elaboração de uma *lista de ações* possíveis. Essas ações são discutidas e elaboram-se sugestões para solucioná-las, percorrendo-se as etapas 1 a 6, não necessariamente na ordem. A implementação das soluções fica a cargo do próprio grupo. O especialista retorna após alguns meses para a etapa 7, ou seja, para fazer uma avaliação. Nessa ocasião, pode-se elaborar uma nova lista de ações, e assim sucessivamente, procurando tornar o grupo autossustentável.

Tabela 19.2
Etapas para a execução do método WISE em pequenas empresas (Kogi,1997)

Etapa	Treinamento	Técnicas utilizadas
1	Visita aos locais de trabalho	Entrevistas, visitas de inspeção
2	Lista de ações	Lista de ações ou soluções simples e viáveis em curto prazo
3	Reuniões de sensibilização	Reuniões com pequenos grupos para mostrar exemplos de soluções de baixo custo e fácil implementação
4	Determinação das prioridades	Lista das ações prioritárias e descrição de como fazer
5	Estudos de caso	Troca de experiências, mostrando como as coisas devem ser feitas
6	Grupos de ação	Organização de pequenos grupos, que devem partir imediatamente para ação
7	Avaliação	Reuniões de avaliação das ações e troca de experiências entre os grupos

A Tabela 19.3 apresenta um resumo dos resultados obtidos com a aplicação do método em 125 empresas de oito países da Ásia, África e América Latina (Kogi, 1997). Nesse trabalho estiveram envolvidos 64 ergonomistas. Cerca de 30% das melhorias referem-se a questões de projeto do posto de trabalho, manuseio de materiais, segurança e organização do trabalho. Cerca de dois terços das ações resultaram em sucesso total ou parcial. Em algumas empresas, todas as ações foram bem-sucedidas.

Observa-se que as pequenas empresas são pouco formalizadas e apresentam estruturas organizacionais simples. Assim, o processo decisório é mais rápido e flexível.

Os resultados podem aparecer a curto prazo. O mais importante é fazer, inicialmente, uma lista das ações importantes, com grande probabilidade de sucesso, mas cujas soluções não exijam elevados investimentos. Se a empresa conseguir sucesso nas primeiras aplicações, será encorajada a prosseguir com outros problemas mais complexos ou mais onerosos. Daí, a importância dessa lista inicial para se obter apoio dos trabalhadores e dos empresários.

Tabela 19.3
Principais resultados da aplicação do método WISE em 125 pequenas empresas de oito países diferentes (Kogi,1997)

Assunto	Grau de sucesso (%)	Exemplos de melhorias
Projeto do posto de trabalho	46	Mudanças de posturas, facilidade de alcance, melhoria dos assentos, facilidade de leitura das informações
Manuseio de materiais	80	Uso de carrinhos, estantes, paletas, colocação favorável das cargas, delimitação das passagens
Segurança	40	Proteção das máquinas, uso de alimentadores, procedimentos seguros
Ambiente físico	63	Uso da luz solar, reposicionamento das lâmpadas, exaustão local, ventilação natural
Arranjo físico	55	Melhoria da circulação, reposicionamento das máquinas e materiais, organização dos estoques
Organização do trabalho	66	Organização de grupos, rotação de cargos, treinamento, pausas
Satisfação e conforto	50	Refeitórios, bebedouros, banheiros limpos, pronto-socorro

19.5 Construção civil

O setor da construção civil é grande empregador de mão de obra, incluindo aqueles de baixa qualificação, com baixos salários e sem treinamentos adequados. Em muitos casos, eles estão envolvidos em tarefas árduas e perigosas e trabalham em organizações pouco estruturadas.

Trabalho na construção civil

A construção civil é uma das mais antigas atividades produtivas da humanidade. Alguns avanços importantes na história da construção ocorreram com a invenção dos pregos e parafusos, uso de materiais cerâmicos e desenvolvimento do concreto. A indústria da construção é uma das mais conservadoras. Ainda usa muitos instrumentos e ferramentas manuais primárias, com poucos aperfeiçoamentos ergonômicos.

Como dito, construção civil é um ramo de atividade que ocupa grande contingente de mão de obra em todo o mundo, principalmente aquela semiqualificada. As modernas construções empregam mais de vinte categorias profissionais, como pedreiros, carpinteiros, eletricistas, encanadores e outros. Grande parte da mão de obra tem baixo nível de instrução e recebe baixos salários. Com poucas exceções, não recebem treinamentos específicos sobre as tarefas que executam e o aprendizado ocorre *on-the-job*, no próprio canteiro de obras. Os postos de trabalho são móveis, pouco estruturados, e grande parte das tarefas é executada ao ar livre, sob calor e chuva.

Muitas tarefas de construção exigem trabalhos físicos pesados, como levantar e transportar cargas. Existem muitas posturas incômodas, como aquelas que exigem os dois braços para cima (fazer instalações no teto). Há também tarefas muito repetitivas. Os pedreiros inclinam-se mais de mil vezes ao dia para pegar tijolo, pegar argamassa com a colher e fazer os assentamentos. As posturas incômodas e o excesso de cargas musculares provocam desordens osteomusculares, que afetam 46% das profissões envolvidas na construção e 60% em trabalhos de reparos das edificações.

O índice de acidentes desse setor é relativamente elevado. Isso é devido à grande variedade de tarefas executadas pelos trabalhadores, com pouco ou nenhum treinamento prévio, e também às deficiências de planejamento, organização e supervisão desses trabalhos. Muitos trabalhadores em construção são oriundos do meio rural e estão pouco habituados a um trabalho mais organizado e rotineiro. Vamos examinar dois casos aplicados ao setor de construção civil.

ANÁLISE DA CARGA DE TRABALHO NA CONSTRUÇÃO CIVIL

Damlund et al. (1986) realizaram um trabalho abrangente sobre a carga de trabalho na construção civil. O levantamento foi realizado em treze canteiros de obras, onde foram observados 112 trabalhadores, em um total de 7.208 horas trabalhadas. Os movimentos corporais executados por esses trabalhadores foram classificados em seis tipos:

- *Corpo inclinado* – Exemplo: amarrar a estrutura de ferro no chão.
- *Movimentos repetitivos* – Exemplo: remover terra ou cimento com a pá.
- *Levantamento de pesos* – Exemplo: suspender uma viga pré-moldada.
- *Movimentos de empurrar/puxar* – Exemplo: empurrar carrinho de mão.
- *Força repentina* – Exemplo: escorar painéis que ameaçam cair.
- *Vibração do corpo* – Exemplo: operar vibrador de concreto.

Para cada um desses movimentos, foram definidos três níveis de esforço:

Pequeno – Exemplo: trabalho inclinado durante 10 a 30 s ou carregamento de pesos de 1 a 4 kg.

Médio – Exemplo: trabalho inclinado durante 30 a 120 s ou carregamento de peso de 5 a 19 kg.

Grande – Exemplo: trabalho inclinado durante mais de 120 s ou carregamento de peso acima de 20 kg.

Pode-se adotar um sistema de pontuação, atribuindo-se, por exemplo, 0 para esforço pequeno, 1 para médio e 2 para grande.

Com o auxílio de um formulário padronizado, os trabalhadores passaram a ser observados nos treze canteiros de obras, onde foram acompanhadas 26 tarefas diferentes, como: cortar ferro; amarrar ferro; e outras (ver na Figura 19.8). Para cada uma dessas tarefas foram anotados os tipos de movimentos corporais usados, avaliando-se os respectivos níveis dos esforços exigidos.

	Tarefas	Corpo inclinado	Movimentos repetitivos	Levantamento de pesos	Empurrar/puxar	Força repentina	Vibração do corpo	Pontos
Preparar ferragem	1. Cortar ferro			●	●	●		6
	2. Amarrar ferro (bancada)	✖		✖		✖		3
	3. Amarrar ferro (chão)	●			✖			3
	4. Amarrar ferro (parede)	✖				●		3
Preparar formas de concreto	5. Construir pequenas formas			●	●	✖		5
	6. Construir formas-padrão	✖		✖	✖	✖		4
	7. Levantar com guindaste				✖			1
	8. Montar forma no chão	✖		●				3
	9. Desformar manualmente	✖		●	●			5
	10. Desformar com guindaste				●	●		4
	11. Desformar no chão			●	●	●		6
Concretar	12. Descarregar caçamba		✖	●	●		✖	6
	13. Concretar com bomba			●	●	✖	✖	6
	14. Vibrar concreto (parede)	●	✖	●		✖	●	8
	15. Distribuir concreto	✖	✖	●		✖	✖	6
	16. Vibrar concreto (chão)	●	✖	●	✖	●	●	10
Trabalhar com terra	17. Escavar com máquina				●	✖		3
	18. Escavar manualmente		●	●	●			6
	19. Remover terra		✖	●		●	✖	6
	20. Colocar tubulações	●		✖	●	✖		6
Montar painéis	21. Levantar painéis (chão)				✖	✖		2
	22. Posicionar painéis (chão)					●		2
	23. Levantar painéis (parede)			✖				1
	24. Posicionar painéis (parede)	✖		●	●	✖		6
	25. Juntar painéis	✖	✖	●		●		6
Demolir	26. Usar britadeira pneumática	●		●	✖	●	●	9

Esforço: □ pequeno = 0   ✖ médio = 1   ● grande = 2

Figura 19.8
Classificação dos esforços exigidos em tarefas típicas de construção civil (Damlund et al., 1986).

É interessante observar, por exemplo, a tarefa de amarrar ferro, que ocorre com três diferentes tipos de posturas, conforme seja realizada na bancada, no chão ou na parede. A inclinação do corpo só é considerada grande no caso de a tarefa ser realizada no chão, e de nível médio nos demais casos. Em compensação, no caso de essa tarefa ser realizada na parede, pode aparecer a necessidade de uma força repentina de grande intensidade, porque há o perigo da mesma tombar. As exigências das tarefas, quando realizadas em bancada, são todas de nível médio. Isso quer dizer que os esforços serão reduzidos se os ferros a serem amarrados estiverem sobre a bancada em vez de no chão ou parede.

A partir dessa análise, os autores propõem estabelecer certas *prioridades*. Todas as tarefas que exigem grandes esforços devem ser analisadas prioritariamente, com o objetivo de reduzi-las. Por exemplo, examinando-se a terceira coluna da Figura 19.8, referente ao movimento de levantamentos de pesos, constata-se que há dezesseis casos considerados de grande esforço. Estes poderiam ser reduzidos com maior uso de equipamentos mecânicos como gruas e guindastes. Examinando-se os números de pontos (última coluna da Figura), as tarefas que exigem atenções prioritárias são: vibrar concreto no chão (10 pontos), usar britadeira pneumática (9 pontos) e vibrar concreto na parede (8 pontos). Concentrando-se nessas tarefas críticas, os autores organizaram um pequeno *Caderno de Ergonomia* para ser usado no treinamento de trabalhadores de construção civil, ilustrado com fotos de posturas típicas ou perigosas e mostrando como elas poderiam ser evitadas ou aliviadas.

Outro problema é que os trabalhadores da construção subestimam os riscos, por desconhecerem os seus verdadeiros perigos, agravado também pelo comportamento "machista". Em particular, rejeitam o uso dos equipamentos de proteção individual, como luvas, botas, óculos, cintos de segurança, capacetes e tampões auriculares. Nesses casos, há necessidade de um treinamento especial, mostrando os riscos existentes em cada situação de trabalho e conscientizando-os sobre as necessidades de proteção. Os mestres e supervisores devem exigir o cumprimento das normas de segurança.

19.6 ERGONOMIA NA AGRICULTURA

A agricultura é considerada um das maiores invenções da humanidade. Ela surgiu na Mesopotâmia, Egito e China no período neolítico (cerca de 5.000 anos a.C.). Com o cultivo da terra e a manutenção de rebanhos, o homem primitivo deixou de depender apenas da coleta e da caça, abandonando a vida nômade e passando a *produzir* os seus alimentos. Isso criou condições para a fixação do homem à terra, organização das cidades, e possibilitou o aumento da população.

Apesar disso, as aplicações da ergonomia na agricultura são relativamente recentes, se comparadas com aquelas na indústria. Os trabalhos na agricultura são do tipo *não estruturado*. Ao contrário do que ocorre na indústria, os trabalhadores agrícolas geralmente não possuem um posto fixo de trabalho, e as suas tarefas são muito diversificadas. Essas tarefas em geral são árduas, executadas em posturas inconvenientes, exigindo frequentemente grandes forças musculares, em ambientes desfavoráveis, sob exposição direta ao sol e intempéries.

Os trabalhadores desse setor, em geral, têm poucas oportunidades de treinamento e recebem baixos salários, muitas vezes insuficientes para uma alimentação adequada. Pressionados pela sociedade de consumo, muitas vezes são levados a adquirir produtos supérfluos, com sacrifício de sua própria alimentação e saúde. Isso contribui para o baixo rendimento desses trabalhadores e os torna mais suscetíveis a erros, acidentes e doenças.

Muitos produtos agrícolas, principalmente os cereais (arroz, trigo, soja e milho), culturas "energéticas" (cana de açúcar) e produtos florestais, já são plantados e colhidos mecanicamente. Entretanto, essa mecanização só se aplica a grandes culturas e exige terrenos relativamente planos. Na fruticultura e olericultura ainda predominam largamente os processos manuais, principalmente durante a colheita.

A colheita manual dos produtos agrícolas (frutas e hortaliças) geralmente exige posturas incômodas, e a própria mão é usada como "ferramenta". Por ser feita em campo aberto, o trabalhador fica sujeito ao sol, calor, chuvas e ventos. Além disso, quando essas culturas são pulverizadas, há sérios riscos de contaminação com os agrotóxicos.

COLHEITAS DE FRUTAS

Frutas como laranjas, mangas, caquis, figos, cajus e mamões são produzidas por árvores que chegam a cinco ou seis metros de altura. A colheita dessas frutas é uma tarefa relativamente complexa, que envolve, inicialmente, uma procura e identificação visual. Depois, vem a decisão de se está no ponto para ser colhida. Para a coleta, é feito um movimento do braço em direção à fruta. Segue-se o agarramento, a quebra da haste e a colocação em recipientes como caixas, cestos ou sacolas. Durante essa tarefa, o agricultor precisa olhar para cima, inclinando a cabeça para trás, e erguer os braços para cima. Outras vezes, para apanhar a fruta em posição mais baixa, precisa inclinar-se, flexionando a coluna. Além disso, realiza trabalho estático com um dos braços, segurando o recipiente contendo as frutas colhidas. O movimento dos braços para alcançar as frutas provoca também uma sobrecarga nos ombros.

Em um estudo feito em colheita de peras (Sakakibara et al., 1987), cerca de 80% dos trabalhadores reclamaram de dores nas costas, 50% nos braços e 45% no pescoço, além de apresentarem sintomas generalizados de gastrite, perda de apetite, fadiga geral e dores de cabeça.

Diferentemente do trabalho industrial, em que o posto de trabalho é construído de acordo com as medidas antropométricas, é muito difícil modificar as dimensões e as formas das árvores frutíferas. Isso está sendo feito, em alguns casos, pelos recentes avanços da genética, seleção de espécies e manejo adequado da cultura, mas são soluções que requerem longo tempo.

São sugeridas, então, soluções paliativas, como o uso de plataformas e escadas, sempre que possível, para melhorar a postura do trabalhador. Em árvores altas, cerca de 20% a 30% do tempo é gasto para posicionar as escadas, subir e descer delas e colocar as frutas no recipiente. Esse tempo pode ser reduzido usando-se uma escada apropriada, que tenha maior estabilidade, e treinando os trabalhadores para posicioná-las corretamente, para que as frutas se coloquem dentro das áreas ótimas de alcance dos braços, sem exigir posturas forçadas do corpo e sem provocar o desequilíbrio dos trabalhadores.

A produtividade também pode ser melhorada pelo uso de uma tesoura, alicate ou outra ferramenta especial para cortar a haste e pelo uso de um dispositivo simples, como uma pequena caixa ou funil preso na ponta de uma vara, ligado a um tubo flexível de tecido ou tela (Figura 19.9), que funciona como "frutoduto", conduzindo diretamente as frutas, por gravidade, da árvore para os recipientes. Isso também ajuda a evitar as quedas dessas frutas, que prejudicam a sua qualidade. No caso de frutas que se amassam, como o mamão, podem-se colocar anéis elásticos ao longo do duto, para reduzir a velocidade da queda (imagine uma cobra engolindo um rato). Esse tipo de duto com amortecimento é usado também para construir sistemas de evacuações rápidas em casos de incêndio em prédios altos.

No caso de frutos menores, como jabuticabas e cafés, podem ser construídos dispositivos dotados de funis que se acoplam nos antebraços. Esses funis também se ligam a tubos flexíveis para conduzir os frutos até o recipiente, por gravidade.

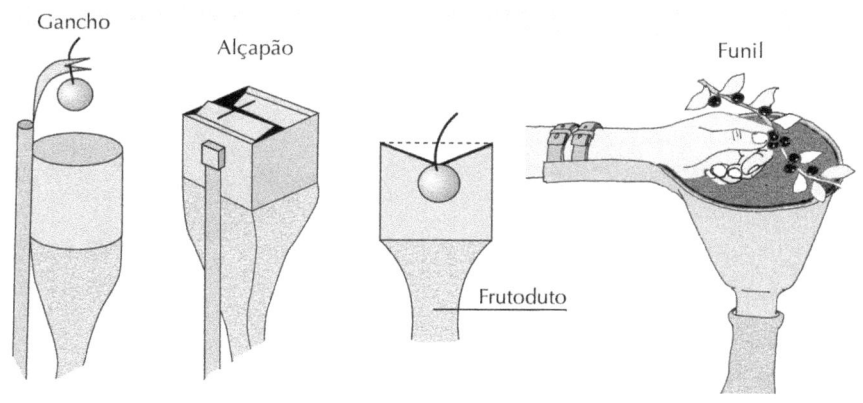

Figura 19.9
Dispositivos para colheita de frutas em árvores.

COLHEITAS DE HORTALIÇAS

A colheita de hortaliças, como berinjelas, jilós, quiabos, chuchus, pimentões e tomates, é feita usando-se uma das mãos como "ferramenta" de corte e a outra para carregá-las em cestos, latas, caixotes ou sacos improvisados. Estes, além de dificultarem os movimentos, exigem trabalho estático de sustentação com um dos braços e um esforço adicional do dorso para equilibrar a carga assimétrica em relação ao corpo. A produtividade da colheita pode ser melhorada pelo uso adequado de certas ferramentas de corte, como tesouras ou lâminas (semelhantes a abridores de lata) acopladas a anéis, para cortar a haste do fruto.

Para o transporte, podem ser construídas bolsas leves, duráveis e de baixo custo, transportadas na cintura ou nas costas, de forma que não provoquem carga assimétrica nem trabalho estático de um dos braços.

Uma sacola especial para a colheita do quiabo foi desenvolvida por Oliveira (1987). Esta é amarrada à cintura, com um cinto largo de lona, para evitar a concentração de tensões. O corte da haste é feito por uma lâmina semelhante a um abridor de latas, acoplada a um anel. O produto colhido é colocado pela frente, na altura da cintura. A sacola tem capacidade para 8 kg do produto. Depois de cheia, é descarregada em caixas próprias para transporte, soltando-se duas presilhas de fácil operação para abrir a sacola na parte da frente (Figura 19.10).

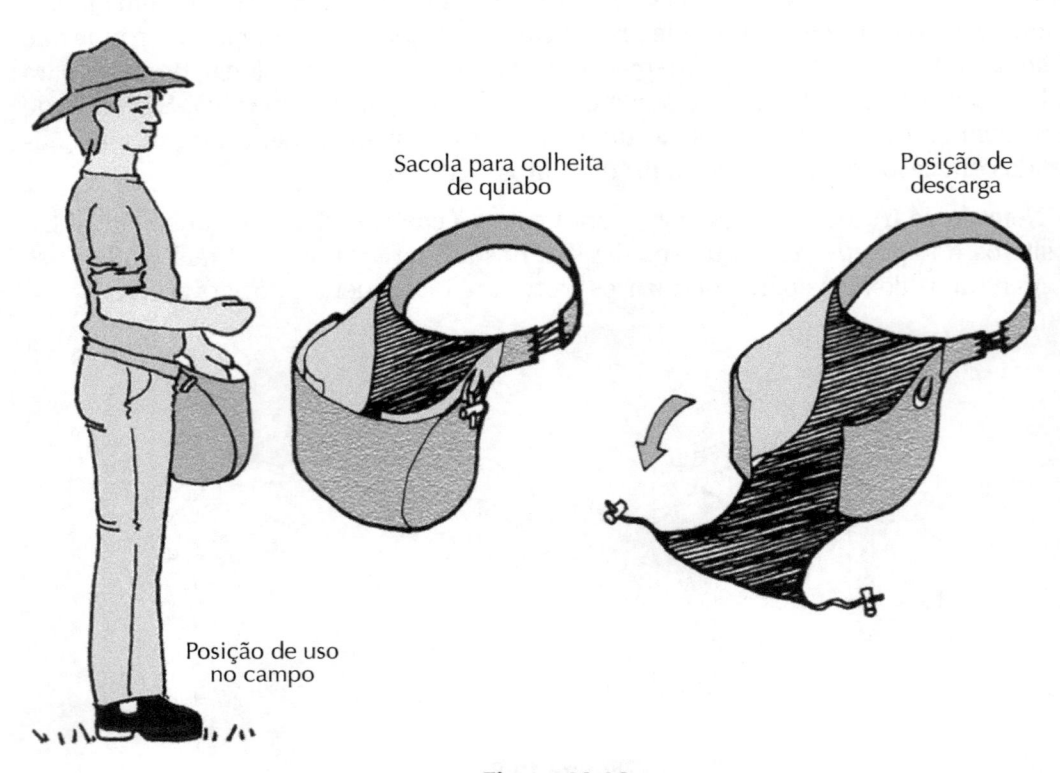

Figura 19.10
Sacola especialmente projetada para colheita de quiabo, com fecho para descarga rápida (Oliveira, 1987).

Essa sacola tem a vantagem de manter as duas mãos livres para a colheita, não atrapalhando o movimento das pernas e sem produzir carga assimétrica sobre a coluna. Testes realizados em campo demonstraram uma boa aceitação dos trabalhadores e eles próprios apontaram diversas vantagens sobre os cestos e latas que eram anteriormente utilizados. Além disso, é uma solução barata, com uso de materiais e processos convencionais, que os próprios agricultores conseguem produzir.

TRATORES AGRÍCOLAS

O trabalho com tratores agrícolas é bastante árduo, porque o tratorista está sujeito a ruídos, vibrações, poeira, calor, intempéries e monotonia. Os tratores exigem mais ações de controles que um carro. O tratorista deve manter o trator na "estrada" e, ao mesmo tempo, controlar os implementos como arados, semeadeiras ou pulverizadores. Isso gera uma condição adversa de trabalho. Ele precisa controlar a direção para a frente e, simultaneamente, o trabalho que está sendo executado na parte traseira. No primitivo arado, tracionado a cavalo ou boi, a situação provavelmente era mais cômoda, pois toda a sua atenção concentrava-se na frente, no sentido do movimento (Figura 19.11).

Figura 19.11
Ao substituir o arado pelo trator e colocar os implementos na parte de trás, criou-se um grande problema ergonômico para o tratorista, até hoje, sem solução satisfatória.

Conforme o tipo da tarefa em execução (arar a terra, gradear, semear, aspergir agrotóxicos), o tratorista gasta 40% a 60% do seu tempo na retrovisão, olhando para trás, realizando um grande número de movimentos *rotacionais* da cabeça, para frente e para trás, que chegam a até quinze ou vinte rotações por minuto (que corresponde a três ou quatro segundos por rotação). Devido à necessidade de fazer essas constantes rotações com a cabeça, o tratorista, muitas vezes, mantém o tronco torcido, em situação de contínua tensão dos músculos lombares. Isso, naturalmente, provoca fadiga e dores musculares.

A coluna vertebral do tratorista sofre o impacto das vibrações e das torções frequentes, quando ele olha para trás para verificar o funcionamento dos implementos tracionados pelo trator. Em consequência, os tratoristas apresentam grande incidência de doenças degenerativas da coluna. Essas exigências levaram Pheasant e Harris (1982) a propor uma figura caricatural do tratorista ideal (Figura 19.12), tendo uma coluna de ferro, três pernas e olhos adicionais na parte posterior da cabeça, para a retrovisão.

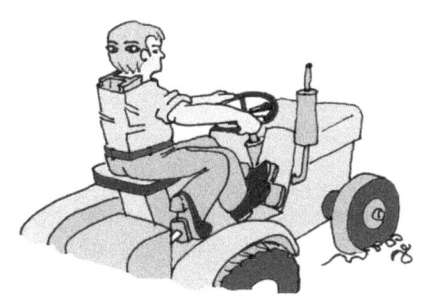

Figura 19.12
Um tratorista ideal deveria ter três pernas, dois olhos atrás da cabeça e um dorso super-reforçado (Pheasant e Harris, 1982).

O centro de gravidade relativamente alto do trator também causa problema. Se for comparado a um carro, ele é mais instável e mais sujeito a capotamentos. Além disso, a "estrada" em que ele trafega é mais acidentada, podendo ter depressões, saliências e obstáculos. Muitos tratores não têm cabines para proteger o condutor. Assim, um capotamento pode causar ferimentos graves, muitas vezes fatais.

Deve-se considerar ainda que muitos condutores de tratores não foram habilitados para isso. Além disso, executam tarefas muito variadas, a cada dia em um local diferente, em ambiente de trabalho do tipo não estruturado. Normalmente, também não contam com serviços de apoio, como os de manutenção ou primeiros socorros.

RECOMENDAÇÕES PARA O TRABALHO DO TRATORISTA

Diversos estudos têm sido realizados para melhorar o trabalho do tratorista. Eles geralmente apresentam as seguintes recomendações:

- Aumentar a estabilidade do trator, abaixando-se o seu centro de gravidade e introduzindo suspensões que absorvam as vibrações.

- Aumentar o conforto, com melhor arranjo dos controles, posicionando-os dentro da área normal de alcance das mãos e dos pés.

- Redesenhar os controles, compatibilizando-os com as características biomecânicas do tronco e membros.

- Redesenhar o assento, de modo a absorver as vibrações e facilitar as rotações do tronco (20 a 30 graus para a direita) e da cabeça, na ocasião de olhar para trás.

- Instalar uma cabina para proteger o tratorista contra esmagamento, no caso de um capotamento, e, ao mesmo tempo, resguardá-lo do sol, chuva, poeira e vento.

- Colocar espelhos retrovisores, para reduzir a frequência das rotações do tronco.

Quanto a este último item, Sjoflot (1980) recomenda a colocação de espelhos retrovisores de pelo menos 20 × 30 cm, para que o tratorista não precise olhar tantas vezes para trás. Esse espelho deve situar-se entre 35 e 90 cm à frente do tratorista e deve ter mecanismos de ajuste, para que possa ser focalizado nos implementos. Experimentos realizados com a instalação desses espelhos mostraram que as torções do corpo reduziram-se de 40% para 3,5% em tarefas de aração, e os tratoristas não tiveram maiores dificuldades de adaptar-se ao uso deles.

Entretanto, parece que todas essas propostas são paliativas, uma vez que há um problema básico ainda não solucionado, que é o trabalho realizado na parte de trás, contra o sentido de movimento do trator. Isso já não ocorre, por exemplo, nas modernas ceifadeiras e colheitadeiras, que localizam os implementos na parte da frente e possibilitam operações mais cômodas.

Já se construíram tratores em que os implementos se situam na frente e são empurrados, em vez de serem tracionados. Nessa situação, há grande vantagem na postura do tratorista, mas criam-se diversos problemas operacionais, inclusive com a compactação da terra pelas rodas, que passam sobre a terra já arada.

Esse problema, portanto, ainda aguarda soluções tecnológicas mais adequadas, a fim de aliviar a carga biomecânica e o sofrimento do tratorista. Lembra-se que certos automóveis modernos já dispõem de câmaras, que substituem a retrovisão, para facilitar os estacionamentos.

ERGONOMIA ANIMAL

Apesar do grande progresso tecnológico da humanidade nos últimos séculos, estima-se que ainda existam cerca de 400 milhões de animais envolvidos no trabalho, no mundo, como meio de tração, locomoção, transporte de cargas, pastoreio, caça, guia, esporte e lazer. Eles podem substituir vantajosamente as máquinas, sobretudo nas pequenas propriedades rurais e em locais de terreno acidentado ou pantanoso, onde as máquinas teriam dificuldade de operar.

Diversos animais, como cavalos, jumentos, bois, búfalos, cães, camelos, lhamas, cabras, elefantes, pombos-correio e outros, têm ajudado o homem desde longa data, na execução de muitas tarefas. Alguns aspectos do comportamento animal, principalmente aqueles ligados à alimentação, metabolismo e reprodução, têm sido frequentemente estudados. Contudo, outros aspectos, como os biomecânicos, ainda são pouco conhecidos. Por exemplo, qual seria a capacidade de carga máxima para cada tipo de animal e o período de trabalho e descanso necessário para eles?

Nas tarefas realizadas pelos animais, são usados diversos tipos de equipamentos, como selas, arreios, carroças, arados, cestos, sacolas, trenós e outros. Estes geralmente são toscos, mal construídos e não se adaptam adequadamente à anatomia dos animais, provocando concentração de tensões e ferimentos. Diante dessas constatações, O'Neill (1986) propõe a criação de um novo ramo de estudo, chamado de ergonomia animal, que teria os seguintes objetivos:

- Melhorar o desempenho dos animais, com determinação das capacidades e limitações de cada espécie animal para o trabalho.

- Reduzir o sofrimento deles, com o desenvolvimento de equipamentos mais adequados e adaptados à sua anatomia, de modo a diminuir as tensões localizadas e ferimentos.

Assim, animais que têm prestado muitos serviços ao homem, desde a antiguidade, poderiam tornar-se mais produtivos e eficientes com a aplicação dos conhecimentos da ergonomia, estendendo o conceito do sistema humano-máquina ao sistema "animal-máquina-tarefa". Esses animais, então, sofrerão menos e poderão manter-se produtivos por mais tempo.

19.7 ESTUDO DE CASO – TREINAMENTO DE SUPERVISORES EM ERGONOMIA[1]

As aplicações dos conhecimentos de ergonomia nas situações reais dependem de vários fatores. Assim, não é suficiente apenas elaborar projetos de sistemas e de postos de trabalho bem concebidos e manter equipes de especialistas em ergonomia à disposição na empresa. Para que isso se torne realidade, é necessário atuar proativamente e fazer acompanhamento do dia a dia das operações *in loco*, observando-se como os trabalhadores organizam o seu próprio trabalho, as posturas adotadas, os movimentos corporais executados, usos dos seus instrumentos de trabalho, as tomadas de decisão, e assim por diante.

Os supervisores e mestres de fábrica são considerados elementos-chave na difusão da ergonomia no chão da fábrica, pois eles estão mais próximos dos trabalhadores, fazem a distribuição de tarefas e tomam decisões rotineiras para manter a produção em andamento. Devido a isso, foi considerado conveniente transmitir um conjunto de conhecimentos básicos aos supervisores de primeira linha e mestres. Com esses conhecimentos, eles seriam capazes de resolver alguns problemas imediatos, e teriam maior sensibilidade em identificar as situações que deveriam ser encaminhadas aos escalões superiores, solicitando ajuda aos especialistas em ergonomia e outros profissionais que atuam em áreas correlatas.

Smith e Smith (1984) apresentam o caso de treinamento de supervisores em ergonomia numa grande empresa do ramo têxtil.

Técnicas

Foram examinadas três técnicas alternativas para a transmissão de conhecimentos aos supervisores:

Instrução programada – Uso da instrução programada, em forma de um livreto ou um programa de computador, contendo os conhecimentos básicos e alguns exercícios, organizados passo a passo.

Inserção com outros assuntos – A ergonomia poderia ser inserida como um dos assuntos tratados em reuniões regulares dos supervisores, destinadas a discutir problemas de produção e de segurança.

Cursos especiais – Organização de cursos especiais sobre ergonomia, com duração de um ou dois dias, especialmente dirigidos aos supervisores.

No caso, optou-se pela terceira alternativa, devido ao contato direto com os supervisores, com oportunidades para esclarecer eventuais dúvidas.

---

[1] Baseado em Smith, L. A. e Smith, J. L., 1984.

Conteúdos

Resolveu-se preparar um curso especial, com quatorze horas de duração, para ser administrado em dois dias integrais ou quatro tardes consecutivas. Foram definidos os seguintes objetivos instrucionais para esse curso.

Conceitos básicos – Transmitir os conceitos básicos da ergonomia que tenham relação com as atividades sob controle direto dos supervisores, se possível, ilustrando-os com exemplos.

Reconhecimento de situações – Desenvolver capacidade para reconhecer situações problemáticas no trabalho, que poderiam ser melhoradas com a aplicação da ergonomia.

Resolução de problemas – Encorajar os supervisores a resolverem os problemas constatados, diretamente ou solicitando a ajuda de outros especialistas existentes na empresa, como médicos, psicólogos, analistas de trabalho e engenheiros de produção.

Vantagens da aplicação – Mostrar as vantagens decorrentes da aplicação da ergonomia, tanto para os trabalhadores como para a empresa.

Para atingir esses objetivos, foram definidos doze tópicos com duração total de 840 minutos (Tabela 19.4). O curso foi ilustrado com *slides* e filmes em *videotapes*. Todos os exemplos apresentados foram coletados nos próprios locais de trabalho dos supervisores. A apresentação de cada conceito, em aula, era sempre seguida de discussões sobre as possibilidades de aplicá-lo na prática.

Tabela 19.4
Distribuição do tempo por tópicos, em um curso de ergonomia destinado aos supervisores de uma empresa do setor têxtil (Smith e Smith, 1984)

Tópico do curso	Duração (min)
1. Introdução à ergonomia	30
2. Projeto do posto de trabalho	90
3. Estudo de caso 1 – posto de trabalho	45
4. Fisiologia – trabalho muscular e fadiga	105
5. Calor ambiental – medida e prevenção	90
6. Estudo de caso 2 – calor	30
7. Manuseio de materiais	90
8. Estudo de caso 3 – manuseio de materiais	45
9. Segurança do trabalho e medidas preventivas	90
10. Ergonomia e garantia de qualidade	90
11. Mostradores e controles – compatibilidades	45
12. Exemplos de aplicação	90
TOTAL	840

Avaliação – Ao final do curso foi passado um questionário, para que os supervisores indicassem aqueles conceitos que haviam considerado mais úteis, tendo sido apontados os seguintes:

- Reconhecimento e prevenção da carga térmica.
- Garantia de qualidade.
- Projeto do posto de trabalho.
- Manuseio de materiais.

Os tópicos considerados de menor interesse pelos supervisores foram: fisiologia do trabalho; segurança; e mostradores e controles. Analisando-se esses resultados, chegou-se à conclusão de que os supervisores valorizavam mais: a) os aspectos que poderiam ter *aplicação direta* em seus locais de trabalho; b) estivessem relacionados com as variáveis sob o controle deles, de modo que eles mesmos pudessem tomar as providências cabíveis.

Um questionário de acompanhamento foi passado seis meses após o curso. Nesse levantamento, 64% dos supervisores declararam que haviam utilizado os conhecimentos adquiridos no curso para resolver algum problema, 100% afirmaram que os conhecimentos adquiridos foram compartilhados com outras pessoas e 65% deles afirmaram que recomendariam o curso a outros supervisores.

Em outra avaliação, feita separadamente pela administração da empresa, constatou-se que os resultados do curso tinham sido positivos, principalmente pelas aplicações realizadas pelos supervisores em seus próprios locais de trabalho e também pela sensibilidade que eles haviam adquirido em identificar os problemas potenciais, alertando os especialistas da empresa para a tomada das devidas providências, de forma preventiva.

19.8 ESTUDO DE CASO – DIFUSÃO DA ERGONOMIA NA FÁBRICA[2]

Um caso de ampla difusão da ergonomia em uma grande empresa automobilística da Alemanha é relatado por Rohmert e Lauring (1977). A alta administração da empresa havia chegado à conclusão de que não era suficiente apenas os dirigentes e um pequeno número de especialistas dominar os conhecimentos de ergonomia. Esses conhecimentos deveriam ser *amplamente difundidos* em diversos escalões da fábrica, pois os ocupantes de cargos como compradores, vendedores, projetistas, chefes de seção, além dos próprios operários, poderiam beneficiar-se deles. O treinamento envolveu 287 pessoas de quatro níveis hierárquicos diferentes, desde gerentes de divisão até operários (Tabela 19.5).

A empresa tomou essa decisão após realizar um diagnóstico abrangente em toda a fábrica, quando descobriu vários problemas, como postos de trabalho mal projetados, trabalhadores com más posturas e dificuldades no manuseio de materiais. Esses problemas foram atribuídos à deficiência de conhecimentos em ergonomia. Por exemplo, o departamento de compras estava adquirindo máquinas e equipamentos

---

[2] Baseado no artigo: Rohmert, W. e Lauring, W., 1977.

inadequados e os projetistas estavam especificando postos de trabalho que faziam exigências biomecânicas acima daqueles níveis recomendados pela ergonomia.

Tabela 19.5
Quantidade de participantes de um curso de ergonomia, abrangendo quatro níveis hierárquicos de uma empresa automobilística (Rohmert e Lauring, 1977)

Nível hierárquico	Quantidade de pessoas treinadas
1. Gerente de divisão	20
2. Chefes de departamento	68
3. Chefes de seções	58
4. Operários	141
TOTAL	287

Conteúdos – Os conteúdos dos cursos foram organizados em dezessete tópicos e, sempre que possível, além das aulas, foram introduzidos exercícios e demonstrações práticas (Tabela 19.6). Essas demonstrações consistiram em mostrar os equipamentos de testes e medições. Como material suplementar, foram produzidos quatro filmes, mostrando situações adversas de trabalho e exemplos de melhorias que poderiam ser introduzidas. Foi organizada também uma exposição com sessenta livros sobre ergonomia.

Tabela 19.6
Principais tópicos apresentados em um curso de ergonomia de 34 horas, realizado em quatro dias integrais, para 287 participantes de uma grande empresa automobilística (Rohmert e Lauring, 1977)

Dia	Tópico	Aula	Exercício	Demonstração
1	1. Introdução à ergonomia	•		
	2. Análise ergonômica do trabalho	•	•	
	3. Influência do esforço	•		
	4. Trabalho muscular	•		•
	5. Avaliação do esforço	•	•	•
2	6. Trabalho não muscular	•		
	7. Fadiga e recuperação	•		
	8. Antropometria	•	•	•
	9. Posturas do corpo	•	•	
3	10. Cargas manuais	•		
	11. Trabalho repetitivo			•
	12. Estudo de casos		•	
4	13. Função visual	•		•
	14. Iluminação	•		
	15. Função auditiva	•		
	16. Influência do ruído	•	•	•
	17. Projeto e análise de sistemas	•		
Material suplementar: quatro filmes, equipamentos de testes e medições, mostra de sessenta livros de ergonomia.				

O curso foi programado para 34 horas, durante quatro dias em tempo integral, começando às 8h e terminado às 18h30, com cerca de duas horas de intervalo para almoço e cafés. O grupo de 287 participantes foi dividido em onze turmas, cada uma com vinte a trinta participantes, mesclando-se aqueles de diferentes níveis. Os cursos foram realizados em um centro de treinamento, que se situava em local retirado da fábrica. No total, foram gastos cerca de 360 horas totais de instrução.

Avaliação – Foram organizados dois questionários para avaliar os resultados. Um deles foi passado *antes*, e o outro, *após* o curso. A comparação dos resultados desses dois questionários demonstrou que a compreensão dos problemas ergonômicos havia aumentado consideravelmente após o curso. A sensibilidade dos participantes para a identificação correta das causas de diversos problemas apresentados tinha melhorado bastante.

Outra consequência observada após o curso foi a introdução, pela empresa, de exigências quanto aos aspectos ergonômicos das máquinas e equipamentos a serem comprados. Essa iniciativa foi complementada com a produção de um filme, para ser exibida aos fornecedores de máquinas e equipamentos, estabelecendo as principais exigências ergonômicas da empresa.

Contudo, a consequência indireta mais importante, segundo a administração da empresa, ocorreu durante uma experiência para a introdução de grupos semiautônomos de montagem, com células de produção (ver p. 663), em substituição às extensas linhas de montagem. Os trabalhadores se mostraram bastante receptivos a essa nova forma de organização da produção e colaboraram com muitas sugestões para o aperfeiçoamento do novo sistema. Nessas sugestões, ficaram bem evidentes as influências dos conhecimentos adquiridos durante o curso de ergonomia.

19.9 ESTUDO DE CASO – ERGONOMIA PARTICIPATIVA[3]

Aplicou-se um programa de ergonomia participativa em uma empresa com 7 mil empregados, que prestava serviços terceirizados de instalações e manutenções para outras empresas de construção civil (de Jong e Vink, 2002). Esses serviços incluíam instalações elétricas, hidráulicas, sanitárias, sistemas de aquecimento, ar condicionado, gases e outros. Elas foram organizadas em *10 Unidades de Negócios*, cada uma com funções próprias. Os serviços são realizados por pequenos grupos que se deslocam com as suas *vans*, onde carregam grande variedade de materiais e ferramentas necessárias. Os locais de trabalho podem ser diferentes a cada dia, assim como o tipo de tarefas envolvidas.

O objetivo básico visado pelo programa de ergonomia foi a redução da *sobrecarga osteomuscular* dos trabalhadores, a fim de preservar sua capacidade de trabalho e reduzir os absenteísmos.

---

3 Baseado em De Jong A. M. e Vink, P., 2002.

Início do programa – O programa foi iniciado após uma decisão do presidente da empresa, visando o seguinte objetivo: "reduzir os problemas osteomusculares, proporcionando maior eficiência aos trabalhos da empresa". Ele designou uma *Comissão de Ergonomia* com atribuições para implementar o programa. Essa Comissão contratou consultores externos que já tinham grande experiência anterior em lidar com distúrbios osteomusculares relacionados ao trabalho (DORT).

Envolvimento dos empregados – Decidiu-se adotar o método da ergonomia participativa, envolvendo o maior número possível de empregados da empresa. Contudo, foi considerado praticamente impossível envolver diretamente todas as 7 mil pessoas da empresa. Assim, estabeleceu-se uma estrutura com diferentes graus de envolvimento:

Grupo de coordenação – Criou-se o Grupo de Coordenação, composto de alguns representantes das Unidades de Negócios, um representante do departamento de relações públicas (que cuidava das informações) e um representante dos consultores externos.

Administração da empresa – Realizou-se uma reunião especial com um dia de duração para informar sobre os objetivos do programa aos principais executivos e aos responsáveis pelos serviços de saúde e segurança da empresa.

Grupos de trabalho – Dentro de cada Unidade de Negócios foi organizado um Grupo de Trabalho interno, com participação do respectivo supervisor e alguns empregados, para analisar e elaborar sugestões.

Grupos ad-hoc – Os grupos *ad-hoc* eram organizados com a participação de empregados, seus superiores e especialistas em ergonomia para discussões e busca de soluções para problemas específicos.

Empregados em geral – Todos os empregados foram informados, enviando-se um prospecto pelo correio, para as suas residências. Foram preparados pôsteres, fixados nas paredes da empresa. As notícias sobre o programa eram veiculadas periodicamente pelo boletim interno. Eles poderiam encaminhar sugestões ao Grupo de Coordenação.

Dessa forma, alguns empregados envolveram-se diretamente, outros indiretamente e outros, ainda, remotamente.

Etapas do programa

O programa todo foi desenvolvido em seis etapas. A Comissão de Ergonomia participou de todas elas. Os consultores externos treinaram quatro membros do Grupo de Coordenação e seis representantes dos Grupos de Trabalho, com tópicos em ergonomia. Eles participaram diretamente do desenvolvimento das soluções e testes dos protótipos. A seguir, são descritas as seis etapas do programa.

Etapa 1: Preparação – A preparação envolveu a escolha dos membros do Grupo de Coordenação. Seguiu-se a discussão dos objetivos e do plano de trabalho com eles.

Iniciou-se a difusão do programa a todos os empregados, com a fixação dos pôsteres e envio de cartas para as residências dos empregados.

Etapa 2: Análise do trabalho – O Grupo de Coordenação preparou uma lista inicial dos principais tipos de tarefas a serem analisadas. Os consultores prepararam um questionário, que foi passado em todas as dez Unidades de Negócios. Esse questionário procurava identificar as principais atividades, durações de cada uma e as condições em que eram executadas. O Grupo de Coordenação entrevistou pelo menos cinco trabalhadores de cada Unidade, a fim de complementar as informações obtidas pelos questionários.

Com isso, foram identificadas sete tarefas consideradas de maior risco: instalação de tubos e fios; manutenção; operação de máquinas; solda; armazenagem; trabalhos em paredes; e trabalho com ferro e aço. Em todos eles foram identificados três tipos de atividades de maiores riscos: transporte manual de carga; abaixar o corpo para apanhar um objeto ou trabalhar agachado; e o trabalho estático (existiam diversas posturas com as mãos segurando objetos).

Etapa 3: Geração de soluções – O Grupo de Coordenação fez uma lista dos problemas prioritários a serem resolvidos. Organizou-se uma sessão para geração de soluções, com a participação dos membros do Grupo de Coordenação, supervisores, alguns empregados, convidados e especialistas em ergonomia. Estes últimos apresentaram exemplos de soluções para problemas semelhantes, com projeções de vídeos e *slides*.

Seguiu-se uma sessão de *brainstorming* para a geração de ideias. Depois, essas ideias foram avaliadas por quatro critérios: melhoria da saúde; aumento da produtividade; consequências para empresa (custos de implantação); e viabilidade prática (facilidade de implantação, aceitação pelos empregados). As ideias selecionadas foram apresentadas para um grupo de duzentas pessoas (média administração, responsáveis pela saúde e segurança, operadores).

Etapa 4: Construção e teste de protótipos – Os materiais e equipamentos necessários às soluções foram comprados no mercado. Em alguns casos, foram especialmente projetados e construídos. Todas as soluções foram testadas pelos próprios trabalhadores, com acompanhamento de membros do Grupo de Coordenação e especialistas em ergonomia. Foram feitas comparações entre a situação atual e aquela proposta. Sempre que possível, estas foram baseadas em medições quantitativas.

Por exemplo, se o objetivo era a redução da carga manual, media-se o tempo em que essa carga ficava segura. Para a inclinação do corpo, media-se o tempo em que o corpo ficava inclinado em mais de $20°$, e assim por diante. Essas informações quantitativas eram complementadas com as opiniões dos usuários, abordando aspectos como a facilidade de uso, acessibilidade e conforto.

Etapa 5: Implementação – Para a implementação das soluções foi organizado um *Caderno de Ergonomia* contendo as descrições e especificações dos projetos. Esse caderno foi lançado em uma sessão especial, com a presença do presidente e todos os diretores da empresa. A seguir, foi dada ordem para que as soluções fossem adotadas nas principais unidades da empresa. Simultaneamente, lançou-se um concurso, aberto a todos os empregados, para captar novas ideias. Estas foram examinadas pelo Grupo de Coordenação e especialistas em ergonomia. O empregado cuja ideia fosse aproveitada recebia prêmios como bicicletas e outras utilidades.

Etapa 6: Avaliação – Foi feita uma avaliação dezoito meses após a sessão de lançamento do caderno. Para isso, passou-se um questionário, preparado pelos consultores, aos usuários das novas soluções, contendo questões sobre as cargas osteomusculares, adequação da solução e satisfação com o seu uso. Esse questionário foi complementado com entrevistas mais abrangentes com quatorze empregados, que passaram a usar as soluções propostas, além de membros dos Grupos de Trabalho e do Grupo de Coordenação.

Resultados – A avaliação feita dezoito meses após o lançamento do *Caderno de Ergonomia* constatou que 138 produtos haviam sido adquiridos e nove equipamentos foram projetados e construídos. Aí se incluem diversos tipos de suportes, carrinhos e banquetas. Comparando-se as situações antigas com as novas, constatou-se uma sensível melhora, aliviando as cargas e reduzindo as flexões do tronco e as posturas ajoelhadas (Tabela 19.7).

Tabela 19.7
Resultado das avaliações das cargas e posturas, comparando-se a situação antiga com a nova situação, após a implantação dos nove equipamentos projetados
(De Jong e Vink, 2002)

Produto desenvolvido	Função	Situação antiga	Nova situação
Transportador de painéis elétricos	Reduzir carga	34% do tempo gasto em levantar/carregar painéis	6% do tempo gasto em levantar/carregar painéis
Trocador de bobinas	Reduzir carga	6% do tempo levantando cargas de 20 a 42 kg	0% do tempo gasto levantando cargas de 20 a 42 kg
Transportador de radiador	Reduzir carga	32% do tempo carregando e transportando radiadores	3% do tempo carregando e transportando radiadores
Carrinho manual para materiais pesados	Reduzir carga	14% do tempo levantando e carregando materiais pesados	4% do tempo levantando e carregando materiais pesados
Banquinho com altura ajustável	Reduzir flexões do tronco	45% do tempo com flexões maiores que 20°	7% do tempo com flexões maiores que 20°
Banquinho escamoteável acoplado à *van*	Reduzir flexões do tronco	23% do tempo com flexões maiores que 20°	8% do tempo com flexões maiores que 20°
Elevador de tubos flexíveis	Reduzir flexões do tronco	34% do tempo com flexões maiores que 20°	12% do tempo com flexões maiores que 20°
Suporte para tubos	Reduzir posturas ajoelhadas	45% do tempo com posturas ajoelhadas	2% do tempo com posturas ajoelhadas
Banquinho para fazer montagens sobre o piso	Reduzir posturas ajoelhadas	31% do tempo com posturas ajoelhadas	4% do tempo com posturas ajoelhadas

Cerca de sessenta novas ideias foram apresentadas pelos empregados e doze delas foram selecionadas e acrescidas ao *Caderno de Ergonomia*. A empresa considerou o programa bem-sucedido, porque os problemas osteomusculares foram reduzidos e houve retorno financeiro. O custo para a implementação do programa foi de 64 mil euros, sendo 50 mil em pessoal e 14 mil em equipamentos. Os benefícios calculados ao final do primeiro ano foram estimados em 81 mil euros. Isso significa um retorno de 126% sobre o investimento em apenas um ano, sem contar a redução do sofrimento dos trabalhadores e o aumento da satisfação no trabalho.

Questões

1. Como se determina a duração ideal do treinamento?

2. Como se realiza um programa de redução de erros?

3. Como funcionam os círculos de controle de qualidade?

4. Apresente as principais vantagens e desvantagens da automatização.

5. Como se pode melhorar o trabalho de inspeção?

6. Como pode ser melhorado o controle de processos contínuos?

7. Explique como se faz a ergonomia participativa.

8. Como se pode melhorar as condições de trabalho na construção civil?

9. Como se pode aplicar a ergonomia na pequena empresa?

10. Explique os principais problemas ergonômicos do tratorista.

Exercícios

1. Vá ao setor de Segurança da sua instituição de ensino ou de alguma empresa que você conhece. Pergunte ao responsável se existe algum programa de Segurança do Trabalho na empresa e se ele está formalizado. Identifique também: a)   Quais os objetivos do programa?

b) Por que implantaram o programa?

c) Como se deu o treinamento do programa na empresa?

d) Com qual frequência e de que forma eles fazem a atualização do programa na empresa?

e) Quem integra o grupo de Segurança?

f) Como o programa é difundido junto aos funcionários?

g) Pergunte se eles sabem o que é ergonomia e se o Programa de Segurança incorpora questões de ergonomia. Se eles não sabem o que é, explique e pergunte se haveria alguma dificuldade de implantá-la.

20 SERVIÇOS E VIDA DIÁRIA

OBJETIVOS

Com o progresso tecnológico e a crescente automação, há uma tendência de liberar os trabalhadores das tarefas industriais de natureza simples e repetitiva ou aquelas que exigem muito esforço físico. Com isso, há uma redistribuição social da força de trabalho, com um contingente maior da humanidade se dedicando ao setor de serviços, como o comércio, saúde, segurança, educação, transportes, lazer e outros.

Por outro lado, os trabalhadores atuais passam apenas cerca de 25% do seu tempo total no ambiente de trabalho. O resto desse tempo é gasto no ambiente doméstico, meios de transporte, lazer e locais públicos. Dessa forma, os conhecimentos de ergonomia que antes foram aplicados praticamente apenas às atividades de produção industrial tendem a ser utilizados, cada vez mais, no setor de serviços.

A aplicação da ergonomia aos serviços deve ser feita de maneira diferente, pois, às vezes, fica difícil de definir claramente o tipo de usuário e os critérios de desempenho. A população de usuários tende a ser mais ampla e diversificada, e os objetivos, mais difusos. Desse modo, os critérios a serem aplicados tendem a ser mais amplos, incorporando valores e comportamentos sociais de pessoas e de grupos.

Tópicos

- Trabalho doméstico
- Acidentes domésticos
- Ergonomia no ensino
- Carteira escolar
- Transporte rodoviário
- Transporte urbano
- Escritório tradicional
- Escritório aberto
- Espaço pessoal
- Projeto de edifícios
- Ergonomia social

Expansão da ergonomia para o setor de serviços

Como já vimos no Capítulo 1, a ergonomia originou-se do estudo de atividades militares durante a Segunda Guerra Mundial. Depois expandiu-se para a produção industrial, na qual os objetivos e critérios são estabelecidos com relativa precisão. Com a sua recente expansão para o setor de serviços, houve a incorporação de novos contingentes de profissionais interessados em ergonomia. Isso provocou mudanças em sua forma de atuação. Essas mudanças podem ser resumidas nos seguintes tópicos:

Novas disciplinas – Tradicionalmente, a ergonomia tem sido considerada como uma área interdisciplinar, aplicando conhecimentos da fisiologia, psicologia e engenharia. Atualmente, há uma tendência de expansão dessas fronteiras, incorporando conhecimentos de diversas outras áreas, como a informática, ciências sociais, arquitetura e urbanismo, desenho industrial, administração, biologia, ecologia, legislação, e assim por diante.

Novos sujeitos – Nas primeiras décadas, a ergonomia concentrou suas pesquisas nos homens adultos, quase sempre na faixa de vinte a cinquenta anos, representando tipicamente a mão de obra fabril. Com a expansão do seu campo de atuação, foi necessário estudar cada vez mais o trabalho feminino, das crianças, dos idosos e das pessoas com deficiência. Hoje, existem até especialistas de ergonomia dedicados a certos segmentos da população ou determinadas minorias que antes não eram consideradas, porque não tinham uma participação significativa nas atividades industriais. Além disso, a ergonomia, hoje, tem uma preocupação social maior, não se restringindo às atividades industriais, expandindo-se para outros setores (terciários), como educação, saúde, esportes e lazer.

Novos critérios – Os critérios até agora adotados pela ergonomia referiam-se quase sempre a questões objetivas, ligadas à segurança, eficiência e produtividade.

Com o alargamento das suas aplicações, houve uma tendência de considerar critérios mais amplos e os interesses difusos, como o conforto, estética, qualidade de vida, bem-estar social, satisfação dos consumidores, evolução da comunidade, e assim por diante.

20.1 ERGONOMIA NAS ATIVIDADES DOMÉSTICAS

As atividades domésticas representam uma das maiores ocupações humanas em todo o mundo. Nelas estão envolvidas tanto os adultos como crianças e pessoas idosas, com grande predominância do elemento feminino. Na cozinha, hoje existem aparelhos relativamente sofisticados, com controles eletrônicos de potência, tempo e temperatura.

As pesquisas sobre o comportamento doméstico utilizam métodos sociológicos, que se baseiam em levantamentos detalhados sobre a influência de diversos tipos de espaços e arranjos internos no comportamento dos seus ocupantes.

Diversas pesquisas demonstram que a cozinha é o lugar mais importante da casa e ela cresce de importância em famílias de menor renda. Ela é praticamente um centro de produção de alimentos, e fica ocupada durante várias horas do dia. É na cozinha que ocorrem cerca de 50% dos encontros familiares, e muitas famílias preferem fazer as suas refeições na própria cozinha. A sala de estar geralmente é pouco utilizada durante o dia, mas é mais ocupada no início da noite, principalmente para as atividades de lazer, em que a televisão tem um papel dominante.

CARGA DE TRABALHO DOMÉSTICO

As atividades domésticas podem ser consideradas de média intensidade, exigindo um gasto energético de 2.400 a 2.800 kcal/dia, podendo chegar a 3.000 kcal/dia em tarefas mais pesadas. Existem certas tarefas que consomem mais energia, como esfregar e lavar o chão, paredes e janelas, passar a ferro e arrumar camas. No passado, a tarefa de lavar roupa incluía-se entre as atividades domésticas pesadas, mas esta foi praticamente eliminada com a introdução das máquinas de lavar. Quanto maior for a incidência dessas tarefas, maior será, naturalmente, o gasto energético.

Comparado ao trabalho industrial em linhas de produção, o trabalho doméstico tem a vantagem de ser bastante variado, permitindo frequentes mudanças de postura e inserção de pausas durante o trabalho. Contudo, muitas tarefas domésticas exigem posturas inadequadas. Por exemplo, para cuidar de bebês, de idosos ou varrer o chão, adotam-se posturas com curvatura dorsal, que podem provocar dores lombares. Isso pode ser resolvido colocando-se os objetos a serem manipulados em uma altura adequada ou usando-se a flexão das pernas para abaixar-se (Figura 20.1).

Para prevenir as dores lombares, é importante que os fabricantes de móveis, *designers*, arquitetos e decoradores criem locais de trabalho onde as atividades possam ser exercidas com o dorso na vertical (e não inclinada), tanto na postura em pé como na sentada.

Figura 20.1
No trabalho doméstico devem ser evitadas as posturas que exigem inclinações do dorso
(Grandjean, 1973).

Observam-se, por exemplo, frequentes erros no dimensionamento da altura de bancadas, tanques e pias. Alguns utensílios, como vassouras, rodos e pás para lixo, têm cabos muitos curtos, exigindo uma inclinação exagerada do dorso. Os baldes e as escovas de limpeza têm pegas inadequadas, subdimensionadas e com cantos "vivos", que dificultam o seu manuseio, prejudicando o controle do movimento muscular.

ACIDENTES DOMÉSTICOS

Os acidentes domésticos são relativamente mais numerosos que aqueles no trânsito ou no trabalho. Nos Estados Unidos, por exemplo, para grupos de mil pessoas, 188 delas acidentam-se por ano, com perda de pelo menos um dia de trabalho e exigências de atendimento médico. Destes, 15% são ocasionados pelo trânsito, 25% pelo trabalho e 60% pelas atividades domésticas (Grandjean, 1973). Na Inglaterra, ocorrem cerca de 25 mil acidentes por ano, na cozinha, incluindo quedas, cortes (facas) e queimaduras. Em muito desses acidentes estão envolvidos os equipamentos eletrodomésticos da "linha branca" como fogões, fornos, geladeiras e lavadoras.

Essa incidência relativamente maior dos acidentes domésticos deve-se, provavelmente, à grande variabilidade do trabalho doméstico, usando diversos tipos de ferramentas, instrumentos e máquinas, quase sempre operadas por pessoas sem treinamentos específicos, ao contrário do que ocorre com os motoristas e trabalhadores industriais. Além disso, grande parte dos acidentes domésticos envolve crianças de até quatro anos de idade, pessoas idosas com mais de sessenta anos de idade e diversos tipos de pessoas com deficiência. Essas pessoas provavelmente não se encontram no tráfego ou nas fábricas, mas passam a maior parte de suas vidas no ambiente doméstico, onde sofrem os acidentes.

CAUSAS DE ACIDENTES DOMÉSTICOS

Os acidentes domésticos ocorrem por diversas causas. Entretanto, a maior causa desses acidentes são as *quedas* por tropeços, escorregamentos e caídas de nível. Observa-se (Tabela 20.1) que as quedas são responsáveis por um total de 67%, ou seja, dois terços, dos acidentes domésticos. Essas quedas devem-se à existência de desníveis no piso, pisos escorregadios, pisos não planos, pisos molhados, objetos espalhados no chão, e quedas de escadas e outros lugares instáveis e sem apoios, como mesas e cadeiras.

Tabela 20.1
Frequência relativa de acidentes observados em ambientes
domésticos (Juptner, 1976)

Causas de acidentes domésticos	%
1. Quedas – tropeços – escorregamentos – caídas de nível (escadas)	(67) 48 10 9
2. Trabalho com objetos perigosos	22
3. Transporte de objetos pesados	6
4. Ferimentos com objetos cortantes	5
TOTAL	100

Os pequenos desníveis e saliências do piso, particularmente aqueles menores que 5 cm, inferiores a um degrau normal de escada, são os mais perigosos porque são pouco perceptíveis, e devem ser evitados durante a construção. Se houver necessidade de colocar desníveis, devido à declividade do solo, é preferível fazê-lo de forma bem demarcada, colocando-se um degrau normal, com um desnível de pelo menos 15 cm de altura. Na medida do possível, esses desníveis devem ser transformados em rampas. Os locais de subida, como as escadas e as rampas, devem ser estáveis, revestidos com material antiderrapante e ter, sempre que possível, apoio para as mãos, para facilitar o equilíbrio do corpo.

OBJETOS DOMÉSTICOS

Conforme já foi visto na p. 279, o projeto de objetos para uso doméstico merece especial atenção, pois estes são frequentemente utilizados de maneira não formal por pessoas não habilitadas.

A maioria dos acidentes domésticos com os produtos ocorre por atos *deliberados* e não propriamente em consequência dos defeitos desses produtos. Por exemplo, a lâmina de um liquidificador pode travar-se com um pedaço de legume mais duro. A pessoa pode, inadvertidamente, colocar as mãos para retirar o legume e destravar a lâmina, esquecendo-se que ela está ativada. Coisas semelhantes acontecem frequentemente com as máquinas de lavar. Esse problema é resolvido colocando-se um relé que desliga a máquina assim que a sua porta for aberta.

Assim, muitos acidentes domésticos podem ser evitados, se os projetos dos equipamentos forem baseados em uma análise adequada das interações humano-tarefa-máquina. Muitos acidentes poderiam ser reduzidos adicionando-se as características de usabilidade e aplicando-se os princípios do projeto universal, já apresentados na p. 705.

ESPAÇO DE TRABALHO DOMÉSTICO

Para o dimensionamento do trabalho doméstico, é necessário considerar a grande predominância do elemento feminino. As medidas antropométricas disponíveis geralmente são baseadas em amostras de populações da Europa e dos Estados Unidos, apresentando estatura média entre 160 e 164 cm para as mulheres, enquanto esta está em torno de 157 cm no Brasil. Isso significa dizer que as brasileiras são 3 a 7 cm mais baixas. Há também diferenças das proporções corporais. Portanto, se forem adotadas tabelas de medidas estrangeiras, seria necessário fazer um pequeno ajuste para se adequar à população brasileira.

O espaço necessário para as atividades domésticas depende da postura do corpo e do tipo de movimentos necessários. As alturas das superfícies horizontais de trabalho, como as bancadas das pias de cozinha, devem ficar cerca de 10 cm abaixo da altura do cotovelo. Para passar a ferro, a superfície pode ser mais baixa, cerca de 15 cm abaixo do cotovelo e, para lavar, cerca de 18 cm.

Para uma pessoa em pé, o alcance máximo dos braços é de 55 cm a partir da articulação dos ombros. Para dimensionamentos verticais dos armários de cozinhas, são recomendadas as seguintes regras:

Faixa ideal de operação com as mãos: situa-se entre 65 cm e 150 cm acima do nível do piso. Fora dessa faixa, o corpo deverá realizar movimentos maiores, como inclinar o dorso.

Alcance máximo para cima: deve ser de 1,2 vez a estatura da pessoa. Por exemplo, uma pessoa com 160 cm de altura alcança até 192 cm com os braços estendidos.

LEIAUTE DA COZINHA

Outro problema importante é o leiaute da cozinha. O bom senso indica que deve-se aproximar os elementos entre os quais houver um fluxo maior de movimentos. Diversos estudos sobre projetos de cozinhas mostram que a *bancada* é o elemento mais importante, onde ocorre a maior parte das atividades. Os maiores fluxos ocorrem entre bancada-pia e bancada-fogão, e os menores, entre bancada-geladeira e bancada-armário. Como se vê, a bancada funciona sempre como o centro irradiador desses movimentos (Figura 20.2). Próximos dela devem ser colocados a pia e o fogão, enquanto as posições da geladeira e armário são mais flexíveis, embora isso dependa do tipo de família e de seus hábitos alimentares.

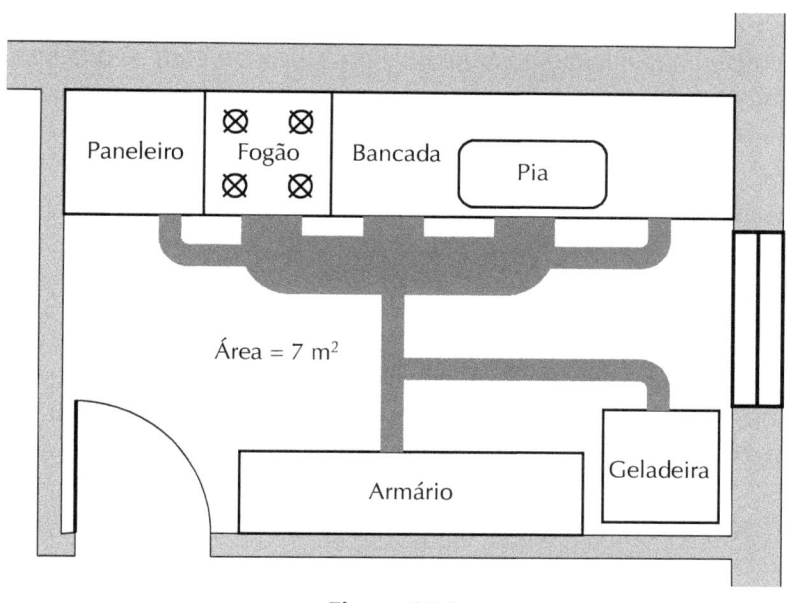

Figura 20.2
Intensidades de fluxo de movimentos registrados na cozinha, indicando que a bancada, a pia e o fogão devem ficar próximos entre si.

Também foram realizados registros de fluxos em três tipos básicos de leiautes: o arranjo em paralelo; o formato em "U"; e o formato em "L". Descobriu-se que há uma ligeira vantagem do arranjo em paralelo, colocando-se a bancada, pia e fogão em um lado e o armário e geladeira no outro. Nos Estados Unidos, costuma-se adotar uma regra prática: o fogão, a geladeira e a pia (bancada) devem formar um triângulo, de modo que a soma das distâncias entre eles não exceda 7 m, em pequenas e médias cozinhas, e 8 m, nas grandes cozinhas.

Condições ambientais e trabalho doméstico

Como já vimos na p. 386, as pessoas sentem maior conforto térmico nas temperaturas efetivas entre 20 °C e 24 °C e umidades relativas de 40% a 80%, embora haja muitas diferenças individuais. Deve-se considerar também o poder isolante dos diversos tipos de vestimentas, como os aventais. Em geral, as mulheres, por terem menor circulação periférica, e as pessoas idosas, devido ao baixo metabolismo, preferem temperaturas ligeiramente mais elevadas que os homens.

A tendência de usar maior área envidraçada na arquitetura moderna piora o clima nas residências. O vidro não funciona como bom isolante e tende a baixar a temperatura interna da residência no inverno. No verão, se houver uma incidência da luz solar direta sobre a área envidraçada, ocorre o "efeito estufa", que aquece o ambiente, e a temperatura interna da residência pode atingir valores superiores daquela externa. Esse fenômeno poderá ser evitado, impedindo-se a incidência da luz solar direta sobre o vidro.

Em locais de baixa umidade relativa do ar, certos artifícios, como abrir as janelas, colocar vegetação, bacia cheia de água ou panos úmidos, têm se mostrado ineficientes. Para aumentar a umidade de uma sala em níveis significativos é necessário usar meios artificiais, como vaporizadores ou evaporadores que tenham capacidade de incorporar 0,3 a 2 litros de água por hora, na atmosfera.

A ventilação serve para remover o calor, dióxido de carbono, vapores d'água, poeira, odores e outros aerodispersoides do ar. O movimento do ar também contribui para evaporar o suor, retirando o calor corporal gerado pelo metabolismo. Como regra geral, uma pessoa necessita de uma renovação de 30 metros cúbicos de ar por hora, ao qual devem-se acrescentar mais 10 metros cúbicos, no caso de fumantes. Na cozinha, a taxa recomendada é de 250 m^3 de ar renovado por hora, durante o período de preparo das refeições, e de 50 m^3 em outras ocasiões. No caso de ambientes fechados e com pouca ventilação natural, pode ser recomendável o uso de ventiladores ou exaustores, que chegam a movimentar 5 a 7 m^3 de ar por minuto.

20.2 ERGONOMIA NO ENSINO

Recentemente, a ergonomia tem se interessado cada vez mais pelas atividades de ensino, contribuindo para torná-las mais eficientes. Esse interesse é facilmente justificado, porque é uma atividade que existe no mundo todo, envolvendo milhões de pessoas e consumindo boa parcela dos orçamentos governamentais.

As crianças e adolescentes dos países mais desenvolvidos passam cerca de 20% de suas vidas em salas de aula. Nos países menos desenvolvidos, essa percentagem é menor, mas nem por isso a pesquisa em ergonomia no ensino deixa de ser menos importante, porque as verbas públicas são mais escassas e, então, deveriam ser aproveitadas com maior eficiência. Alguns resultados de pesquisas em ergonomia realizadas nessa área são apresentadas a seguir.

O PROCESSO DE ENSINO

O ensino ainda se realiza, na maioria dos casos, em situações monótonas e pouco estimulantes para o aluno, onde ele é pouco solicitado e nem é suficientemente "desafiado" a mostrar as suas habilidades. Embora já sejam disponíveis diversas metodologias educacionais, ainda predominam as aulas do tipo *verbal-expositivo*, que é um método comprovadamente de baixa eficiência. Os alunos passam longas horas quase "imobilizados" em carteiras, praticamente só copiando as lições. Isso provoca solicitações estáticas de sua musculatura, que dificultam a circulação e produzem monotonia e fadiga.

Os métodos mais ativos e participativos pode ser mais eficientes. As situações de aquisição passiva dos conhecimentos (para que servem?) podem ser substituídas por situações mais ativas, em que os alunos são desafiados a fazer descobertas e a tomar decisões com a aplicação desses conhecimentos. Esse tipo de ensino já existe, por exemplo, em escolas pré-primárias e em cursos destinados a alunos excepcionais. Aplicam-se também nas instruções programadas e nos jogos eletrônicos (*games*), que exigem rápidas decisões dos participantes, a cada passo, e que foram viabilizados pela informática. A cada decisão, segue-se uma realimentação rápida do programa, exigindo nova decisão, e assim sucessivamente. Os participantes sentem-se motivados, devido principalmente às "recompensas" imediatas, recebidas a cada decisão acertada.

COMPATIBILIDADE DO PROCESSO EDUCACIONAL

O processo educacional deve ser compatível com o objetivo instrucional. Assim, se o objetivo for o de transmitir um conceito filosófico, talvez o melhor meio seja o verbal. Já para ensinar a usar um alicate, o melhor é colocar essa ferramenta na mão do aluno e ensinar como se pega e se manuseia. Ou seja, para cada tipo de objetivo instrucional, existem procedimentos, materiais e métodos mais adequados.

Vamos supor, por exemplo, que se queira ensinar um aprendiz a dar certo tipo de nó em um barbante. Se os movimentos necessários para dar esse nó forem descritos apenas verbalmente, o aprendiz teria uma grande dificuldade, e é bem provável que não aprenda a fazer o nó. A situação melhora se essa descrição verbal for ilustrada com desenhos. E é melhor ainda se esse desenho estático for substituído por um vídeo que mostre os movimentos necessários. Finalmente, a melhor situação ocorre quando esses movimentos são demonstrados por um instrutor "ao vivo", permitindo que o aprendiz reproduza os movimentos, passo a passo. Isso tem a vantagem de permitir que o instrutor vá corrigindo os movimentos errados do aprendiz, até que o nó seja dado corretamente. Esse método de instrução "ao vivo" foi aplicado pelos norte-americanos durante a Segunda Guerra, para treinar um grande número de pessoas, no esforço para a produção bélica.

MÉTODOS DE AVALIAÇÃO

Como já vimos anteriormente (p. 481), a clara apresentação das informações e as realimentações imediatas melhoram o desempenho do trabalhador. Contudo, no sistema formal de ensino, os alunos são avaliados pelas provas mensais. Além de serem muito espaçadas no tempo, essas provas frequentemente exigem comportamentos incompatíveis com aqueles que os alunos adquiriram durante as aulas. Por exemplo, os alunos passaram as aulas ouvindo e anotando e, nas provas, exige-se que resolvam problemas. Isso provoca estresse, por estas serem consideradas aversivas pelos alunos. Para que funcionem efetivamente como um processo de realimentação ou *feedback*, as avaliações deveriam ser mais frequentes, mais próximas (no tempo) e mais compatíveis (nos conteúdos) com aqueles comportamentos que se quer avaliar, em situações menos estressantes.

Na instrução programada, por exemplo, esse *feedback* é imediato. A cada questão apresentada, o aluno sabe se acertou ou errou antes de passar à questão seguinte, e isso pode acontecer dezenas de vezes em apenas alguns minutos de instrução. Situação semelhante ocorre com os sistemas de simulação em computador e jogos eletrônicos, em que, para cada decisão tomada pelo aprendiz, o computador apresenta imediatamente as consequências dela. Recentemente, tem-se aplicado esse método nos sistemas de Educação a Distância (EaD), com bons resultados.

ANÁLISE DA POSTURA

Na situação de ensino, os alunos geralmente permanecem sentados durante longos períodos das aulas. Para se garantir o conforto nessa situação, é necessário fazer estudo da postura e das dimensões antropométricas, para se projetar adequadamente o "posto" de trabalho escolar.

Os alunos costumam adotar dois tipos básicos de posturas nas carteiras escolares: inclinado para a frente, sem usar o encosto, com um ou os dois antebraços sobre a mesa; e encostado, com os antebraços sem contato com a mesa. O primeiro acontece quando se está escrevendo ou desenhando, e o segundo, quando se está apenas ouvindo. Cerca de 80% do tempo é gasto na primeira postura.

As posturas inadequadas causam dores e degenerações que podem persistir durante toda a vida. Cerca de 30% dos alunos têm dores na coluna e 36% dos adultos apresentam deformações ósseas e dores na coluna, que podem originar-se de posturas inadequadas na sala de aula (Knight e Noyes, 1999).

CARTEIRA ESCOLAR

A carteira escolar é um dos móveis mais utilizados em todo o mundo. A maioria das crianças passa cerca de quatro horas diárias sentadas nessas carteiras. Apesar disso, a maioria delas é inadequada, não se adaptando às características biomecânicas e antropométricas das crianças em salas de aula. Esse problema é agravado porque as crianças estão em contínuo processo de crescimento e apresentam muitas diferenças individuais entre si (Figuras 6.1, p. 186 e 6.2, p. 187).

Os dimensionamentos inadequados dessas carteiras levam os estudantes a assumirem posturas forçadas, principalmente com excessiva inclinação para frente, sem apoio adequado para os pés. Isso provoca dores em muitas partes do corpo: punhos, mãos, cotovelo, pernas, coxas, joelhos, tornozelo, pescoço, cabeça, dorso, quadril, e nádegas (Oyewole, Haight e Freivalds, 2010).

A carteira escolar pode ser considerada como um posto de trabalho para as crianças. Para facilitar a realização das tarefas escolares de modo confortável, elas devem ser adequadas às características antropométricas e biomecânicas das crianças. Para isso, duas dimensões são consideradas essenciais: a altura poplítea (altura do assento) e a altura do cotovelo na posição sentada (altura da mesa). Além disso, a carteira deve permitir mobilidade, mantendo a estabilidade (não tombar), considerando que as crianças são naturalmente irrequietas. A introdução dos computadores tende a agravar esse problema, porque estes são instalados, muitas vezes, em situações improvisadas, provocando posturas e movimentos desconfortáveis.

DIMENSÕES NORMATIZADAS DAS CARTEIRAS ESCOLARES

Muitos países elaboraram normas para projetos e padronização das carteiras escolares, como o New European Educational Furniture Standard (2007), contendo recomendações para projetos de mesas, cadeiras e estações de trabalho no ensino. No Brasil, a norma NBR 14006/2003 fixa seis diferentes tamanhos de mesas e cadeiras escolares, de acordo com as faixas de estatura. As Tabelas 20.2 e 20.3 apresentam um resumo das medidas recomendadas. Essa norma adota medidas baseadas na ISO 5970, devido à inexistência de medidas antropométricas da população infantojuvenil de abrangência nacional.

De acordo com essa norma, o tampo da mesa deve ter dimensão mínima de 45 a 60 cm e ficar na horizontal. Se houver necessidade, pode ser inclinado até 10°. O assento deve ter inclinação de 2° a 4° e sua aba frontal, uma curvatura para baixo de 3,5 cm, com raio de 3 a 9 cm. O ângulo entre o assento e o encosto deve ficar entre 95° e 106°, e o encosto deve ter uma curvatura côncava para dentro, com raio de 50 a 90 cm. A norma apresenta ainda especificações de acabamento e recomendações para ensaios de resistência mecânica e estabilidade.

Observa-se que nem sempre a simples adoção de normas técnicas leva ao projeto de carteiras confortáveis. Mandal (1994) argumenta que essas normas são baseadas na falsa suposição de que os usuários mantêm-se em postura ereta, fazendo flexão de 90° entre o tronco e a coxa, para preservar a lordose lombar. Diversas pesquisas feitas na Dinamarca, França e Suíça mostraram que 60% dos estudantes entre 15 e 16 anos que utilizavam móveis escolares baseados nessas normas queixavam-se de dores nas costas e no pescoço. Portanto, o projeto deve considerar também, além das normas técnicas, as atividades exercidas pelos estudantes, que vão determinar as demais características necessárias às carteiras escolares (Soares, 1998).

Tabela 20.2
Dimensões recomendadas para mesas escolares (NBR 14006/2003)

		Identificação do tamanho (cm)					
Classe de tamanhos		1	2	3	4	5	6
Estaturas (cm)		Até 100	100 a 130	130 a 148	148 a 162	162 a 180	Acima de 180
Tampo	Largura mínima – 1 lugar	60	60	60	60	60	60
	Largura mínima – 2 lugares	120	120	120	120	120	120
	Profundidade mínima	45	45	45	45	45	45
	Altura (tolerância + 1 cm)	46	52	58	64	70	76

Espaço para pernas	Largura mínima – 1 lugar	45	47	47	47	47	50
	Profundidade mínima	30	30	30	35	40	40
	Altura mínima	35	41	47	53	59	65

Tabela 20.3
Dimensões recomendadas para cadeiras escolares (NBR 14006/2003)

		Identificação do tamanho					
Classe de tamanhos		1	2	3	4	5	6
Estaturas (cm)		Até 100	100 a 130	130 a 148	148 a 162	162 a 180	Acima de 180
Assento	Largura mínima	33	33	33	39	39	39
	Profundidade (+ 1 cm)	26	29	33	36	38	40
	Altura (+ 1 cm)	26	30	34	38	42	46
	Inclinação	2 a 4°	2 a 4°	2 a 4°	2 a 4°	2 a 4°	2 a 4°
Encosto	Largura mínima	30	30	30	35	35	35
	Altura mínima a partir do assento	21	25	28	31	33	36
	Altura máxima a partir do assento	25	28	31	33	36	40
	Raio de curvatura	50 a 90	50 a 90	50 a 90	50 a 90	50 a 90	50 a 90
Ângulo assento/encosto		95 a 106°	95 a 106°	95 a 106°	95 a 106°	95 a 106°	95 a 106°

EQUIPAMENTO E MATERIAL DIDÁTICO

Muitas inovações tecnológicas estão sendo introduzidas na educação, como o uso de materiais audiovisuais, vídeos, máquinas de ensinar, *tablets*, *smartphones*, aparelhos de autoinstrução, lousa informatizada, mesa tátil (como o Surface da Microsoft) e diversos tipos de *softwares*. Essa área provavelmente receberá um grande impulso com as novas aplicações da informática e de telecomunicações.

Apesar de todos esses avanços, o *livro didático* ainda continua sendo o material mais útil e difundido. Ele tem a grande vantagem de ser relativamente barato, ser facilmente transportado e armazenado e não necessitar de equipamento especial, conexões ou energia externa para ser consultado. A eficiência do livro didático pode ser aumentada, melhorando-se o nível de compreensão e retenção dos conhecimentos, se estes forem apresentados em uma sequência lógica e com uma gradação progressiva das dificuldades. A natureza "estática" do livro pode ser complementada com outros materiais, como filmes e vídeos demonstrativos, e também com as aulas práticas e experimentos em laboratórios.

INFRAESTRUTURA E AMBIENTE

Já vimos, em capítulos anteriores, que o projeto e dimensionamento correto de máquinas, postos de trabalho (Capítulos 6, 7, 8, 9, 10) e do ambiente (Capítulos 11, 12) influem no desempenho do trabalhador industrial. Da mesma forma, o projeto adequado dos mobiliários, salas de aula, bibliotecas, laboratórios e outros meios de apoio didático podem influir no desempenho dos professores e alunos. Nas salas de aula, deve-se cuidar do posicionamento correto do quadro, em relação às janelas e à iluminação artificial, para que não provoquem brilhos ou ofuscamentos. O ambiente físico, como a iluminação, ruídos, temperatura, ventilação e uso de cores, influem no conforto físico e psicológico e, portanto, no rendimento do ensino.

20.3 ERGONOMIA NOS TRANSPORTES

Os transportes são responsáveis pela circulação de materiais, equipamentos, suprimentos e mão de obra, essenciais à produção, e fazem a distribuição dos produtos. Eles representam, para a economia, a mesma importância que o sangue representa para o organismo. Nos grandes centros urbanos, os transportes individual ou coletivo de passageiros constituem-se em um dos seus maiores problemas.

Os transportes em geral são uma das maiores fontes de acidentes, muitos deles fatais. São considerados como a maior causa de mortes em muitos países. Além dos sofrimentos humanos, há evidentes prejuízos materiais. Isso justifica os estudos cada vez mais numerosos de ergonomia nessa área.

TRANSPORTE RODOVIÁRIO DE CARGA

No transporte de cargas, em caminhões e carretas, o motorista costuma passar muitas horas seguidas na direção. A tarefa de dirigir não permite muitas mudanças na postura, pois o motorista fica numa posição quase fixa no assento. A duração prolongada dessa tarefa produz fadiga muscular e leva à degradação da atividade motora do organismo. Além disso, aumenta o tempo de reação. Esse quadro é agravado pela monotonia, pois o motorista viaja quase sempre sozinho, por estradas que parecem não ter fim.

Os acidentes em transportes resultam da interação do motorista com o veículo, a estrada e o fluxo de tráfego. Naturalmente, as estradas congestionadas de caminhões e carros, cheias de buracos e obstáculos, e o veículo em más condições de manutenção favorecem o acidente. As estatísticas da Polícia Rodoviária atribuem cerca de 80% dos acidentes em estradas a causas humanas, ou seja, imperícia do motorista, mas há outras falhas que provocam os acidentes.

ACIDENTES RODOVIÁRIOS

Estudando mil acidentes rodoviários, Hamelin (1987) chegou à conclusão de que existem três variáveis importantes ligadas aos acidentes: a duração do trabalho, horário de trabalho e a idade dos motoristas.

Duração do trabalho – Os motoristas de caminhões tendem a dirigir durante longas horas sem descanso. O trabalho do motorista é contínuo. Isso difere dos trabalhadores industriais, que geralmente têm pequenas pausas embutidas no próprio ciclo de trabalho, enquanto a máquina completa o ciclo de operação. Além do mais, muitos motoristas são remunerados por tarefa, ou seja, pela entrega da carga, e, então, procuram trabalhar o máximo possível, em jornadas que excedem em muito aquelas dos trabalhadores industriais.

Hamelin (1987) fez um estudo sobre o risco de acidentes em função das horas dirigidas. Descobriu que os motoristas que dirigem por até quatro horas têm um risco relativamente maior do que aqueles que cumprem jornadas de até oito horas. Os índices de risco são, respectivamente, de 1,2 e 0,6 (valor da média = 1,0). Portanto, isso indica que os motoristas são relativamente mais propensos a acidentes no início da jornada.

Contudo, a partir de oito horas na direção, o risco de acidentes tende a aumentar significativamente. Para aqueles que dirigem por mais de doze horas, esse risco é de 2,0, ou seja, 330% maior em relação aos de oito horas (Figura 20.3). A situação torna-se ainda mais perigosa quando essas longas durações na direção são associadas a períodos insuficientes de sono e dias de descanso. A fadiga vai se acumulando ao longo dos dias e assume proporções graves ao cabo de uma ou duas semanas, aumentando muito o risco de acidentes.

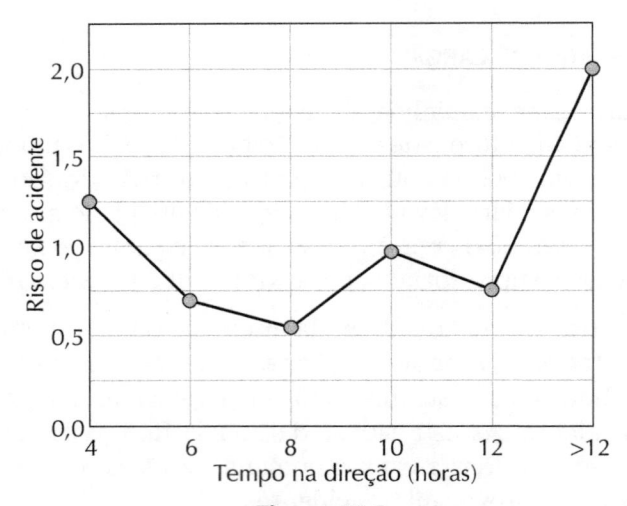

Figura 20.3
Risco de acidente para o motorista, de acordo com o tempo na direção (Hamelin, 1987).

Horário de trabalho – O índice de acidentes com motoristas de caminhões varia bastante de acordo com a hora do dia. Ele é relativamente pequeno na parte da manhã, entre 4h e 10h. Tende a crescer quando se aproxima da hora do almoço, por volta das 11h e 12h. Logo após o almoço, esse índice cai novamente, provavelmente devido ao descanso durante o almoço, mas começa a aumentar novamente, atingindo o "pico" por volta da meia-noite. O risco de acidente nesse horário é cerca de 400% maior se comparado àquele entre 6h e 8h da manhã (Figura 20.4).

Hamelin (1987) argumenta que esse horário crítico está provavelmente associado ao tempo na direção. Ou seja, o motorista que se encontra dirigindo até altas horas da noite provavelmente começou a fazê-lo na parte da manhã, tendo passado mais de doze horas na direção. Recomenda-se, então, aos motoristas que nunca excedam onze horas de trabalho diário e evitem dirigir após as 22h, pois nestes horários se concentram os maiores índices de acidentes.

Idade – Os motoristas de caminhões mais jovens tendem a correr mais riscos, dirigindo de forma mais agressiva e fazendo ultrapassagens perigosas. Supondo que o índice geral de acidentes cometidos por todos os motoristas seja cem, aqueles com menos de trinta anos de idade cometem 136 acidentes, contra noventa acidentes daqueles com mais de trinta anos. Ou seja, os mais jovens, com menos de trinta anos, estão sujeitos a riscos 50% maiores em relação àqueles com mais de trinta anos.

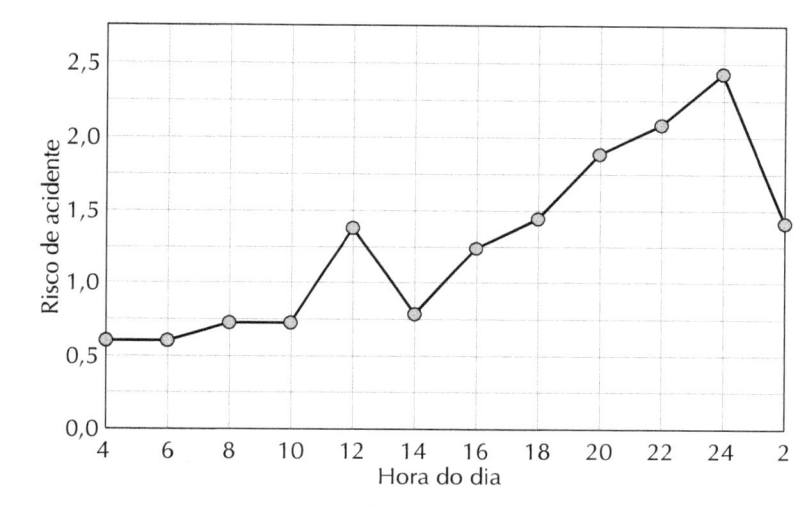

Figura 20.4
Risco de acidente para motoristas de caminhões em autoestradas, de acordo com a hora do dia
(Hamelin, 1987).

TRANSPORTES URBANOS

O transporte urbano é um dos maiores problemas das modernas metrópoles. Muitas pessoas realizam viagens de até 100 km por dia, indo e voltando do trabalho, e chegam a ficar três a quatro horas diárias dentro do transporte coletivo. Isso significa, quase sempre, ônibus superlotados que, muitas vezes, movem-se com menos de 10 km/h de velocidade média. Embora trens e metrôs sejam mais eficientes e confortáveis para o transporte de massa, o maior volume de transportes urbanos continua sendo feito pelos ônibus, devido ao elevado investimento exigido pelos primeiros.

O maior problema dos ônibus é o difícil acesso (entrada) e circulação no seu interior. Os degraus geralmente são muito altos. Em alguns casos, o desnível entre a rua e o primeiro degrau do ônibus chega a 50 cm. No Brasil já se constroem ônibus de *piso baixo*, com piso que fica a 32 cm do solo junto das portas de entrada/saída, mas eles possuem degraus no seu interior (Castañon, 2001). Para facilitar o acesso às pessoas idosas ou obesas, recomenda-se que esse primeiro degrau tenha entre 32 a 35 cm a partir do solo e os demais, alturas de 18 cm (Petzäll, 1993). Além disso, deve haver um corrimão adequado para apoiar o corpo durante a subida (Figura 20.5).

Os assentos devem ter aproximadamente 40 a 45 cm de altura e uma profundidade de 40 cm. Assentos mais baixos melhoram o conforto quando os passageiros ficam sentados por longos períodos, enquanto aqueles mais altos permitem levantar-se com mais facilidade, principalmente no tráfego urbano, com percursos de curta duração. O movimento de sentar-se e levantar-se é dificultado pelas acelerações e sacolejos do veículo. As pessoas idosas conseguem movimentar-se com mais facilidade entre os bancos quando houver um espaço de pelo menos 23 cm entre a borda do assento e a parte mais saliente do assento anterior.

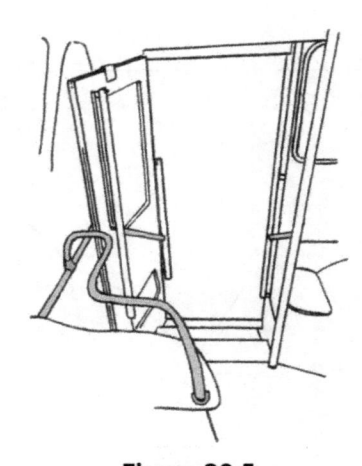

Figura 20.5
Corrimão na entrada do ônibus para o apoio de pessoas idosas (Petzäll, 1993).

20.4 Ergonomia no projeto de escritórios

Com a expansão do setor de serviços, cada vez mais pessoas trabalham em escritórios. As pesquisas sobre a produtividade em trabalhos de escritório são mais recentes do que aquelas do trabalho industrial. Em muitos casos, as técnicas usadas para melhorar o trabalho industrial, como racionalização e simplificação dos métodos de trabalho, mostram-se úteis na análise do trabalho de escritório.

Com a introdução dos microcomputadores, a partir da década de 1980, houve uma profunda mudança da natureza do trabalho em escritórios. Isso afetou o uso que se faz das diversas superfícies de trabalho e as próprias posturas no trabalho. Por outro lado, reduziu-se a necessidade de manipulação e arquivamento de papéis. Embora já existam muitos móveis adequados aos postos de trabalho informatizados (ver Moraes e Pequini, 2000), ainda subsistem muitos postos adaptados e improvisados, principalmente no ambiente doméstico.

Em muitos escritórios, o espaço físico destinado a cada pessoa é considerado como símbolo de *status* e de poder. Assim, esse espaço seria proporcional à hierarquia da pessoa, embora não tenha nenhum significado quanto à funcionalidade. Há também casos de móveis superdimensionados para simbolizar o poder, mesmo que sejam desconfortáveis. Também se constatou (Young e Berry, 1979) que há preferência das pessoas por locais próximos às janelas e que o domínio das janelas também está relacionado, de certa forma, com o *status*.

Pesquisas realizadas em escritórios de Londres demonstram que, no verão, as janelas amplas provocavam aumento de reclamações sobre calor e ruídos. Constatou-se também uma correlação curiosa entre o calor e o ruído. Quando o tráfego externo era mais intenso, com aumento do ruído, as pessoas reclamavam também do calor.

O desempenho do trabalho burocrático depende dos projetos e leiautes dos escritórios, que podem ser de dois tipos básicos: o tradicional e o aberto (ver estudo de caso na p. 414).

ESCRITÓRIO TRADICIONAL

O escritório tradicional é aquele que tem corredores bem definidos, dando acesso a diversas salas separadas por paredes ou divisórias. Esse tipo de escritório é dominante em construções mais antigas (até a década de 1960) e muitas pessoas preferem-no, principalmente devido à privacidade. Contudo, é uma solução mais cara, menos flexível e ocupa mais espaço que o do tipo aberto, porque tem muito espaço ocupado por corredores, além de algumas áreas desperdiçadas.

ESCRITÓRIO ABERTO

Os escritórios abertos, chamados também de planejados ou *landscape offices*, não costumam ter paredes fixas até o teto para subdividir os ambientes. Os postos de trabalho são separados por divisórias baixas, sem portas. Segundo os defensores desse tipo de escritório, em comparação com o do tipo tradicional, ele permite uma redução de 40% a 50% no espaço necessário, economiza até 95% nos custos de instalação e modificações do leiaute e 20% nos custos de manutenção, e aumenta a produtividade em 10% a 20%, além de reduzir a monotonia, facilitar as comunicações e diminuir o absenteísmo (Brookes e Kaplan, 1972). As instalações devem ser feitas com tratamento acústico adequado, mantendo-se o ruído ambiental em torno de 70 dB. Apresentam também a vantagem de facilitar a circulação do ar e a iluminação ambiental.

COMPARAÇÃO ENTRE ESCRITÓRIO TRADICIONAL E ABERTO

No escritório aberto, há uma evidente perda de privacidade, tanto auditiva como visual. Muitas pessoas reclamam do excesso de barulho e interferências de outras pessoas, que provocam distrações e interrupções ao trabalho. Em contrapartida, as informações podem fluir mais rapidamente. Os contatos sociais aumentam, a monotonia diminui e há mais coesão entre os membros do grupo.

Na prática, verificou-se que muitas queixas estavam relacionadas ao aumento do controle social e à perda da privacidade. A falta de delimitação do espaço provoca uma sensação de "invasão" e muitas pessoas sentem-se incomodadas.

Em escritórios abertos deve-se tomar cuidado especial com o tratamento acústico para evitar a propagação de ruídos, principalmente aqueles acima de 70 dB. Contudo, as pessoas rejeitam ambientes muito silenciosos, abaixo de 50 dB. Preferem trabalhar com certo ruído de fundo, como sons da natureza ou música de baixa intensidade. As pessoas que ocupam postos de trabalho próximos dos corredores devem ser resguardadas do fluxo, colocadas perpendicularmente ou de costas a ele.

Em alguns casos usam-se sistemas mistos, em que pessoas mais graduadas ficam em escritórios fechados e as demais, em escritórios abertos, embora Brookes e Kaplan (1972) não recomendem fazer esse tipo de discriminação, pois alegam que todos têm capacidade de se adaptar às novas situações de trabalho.

Enfim, há certas vantagens e desvantagens na comparação entre os dois tipos de escritórios, e a escolha de um tipo ou outro vai depender muito da natureza do trabalho. Se este for de caráter mais individualizado, exigindo concentração, criatividade ou sigilo, a opção pelo escritório fechado poderá ser melhor. Em outros casos, como no atendimento ao público e *call centers*, os escritórios abertos poderão apresentar vantagens, principalmente pela economia de espaço e flexibilidade de uso.

Em escritórios com terminais de computadores, já vimos que é importante evitar ofuscamentos e reflexos (ver p. 426). Quando houver uma mistura de postos informatizados e não informatizados, é melhor colocar estes últimos próximos da janela e aqueles informatizados na parte interna (Figura 20.6). As mesas devem ser posicionadas de modo que as telas dos monitores fiquem perpendiculares às janelas ou às calhas das luminárias.

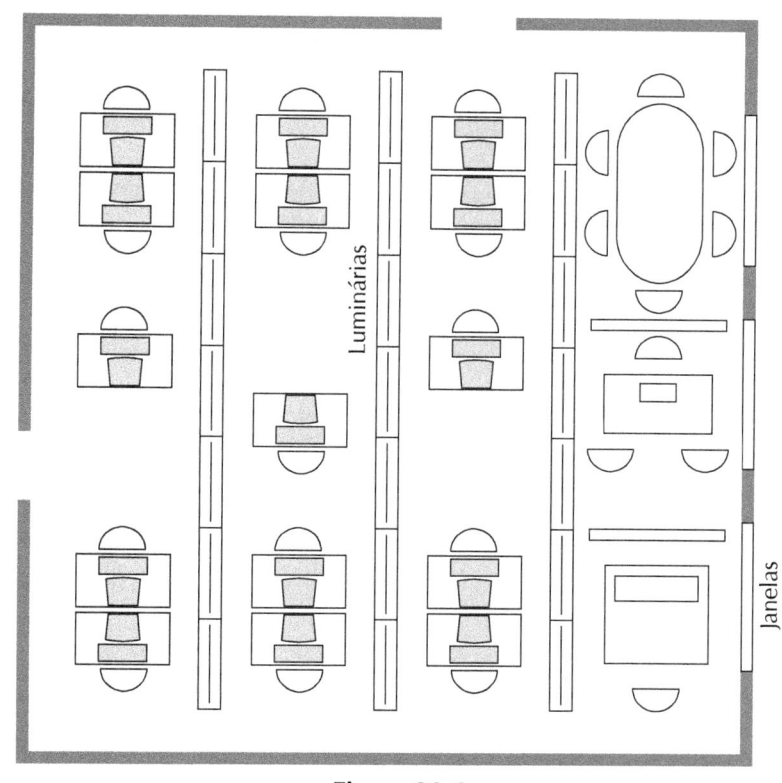

Figura 20.6
Os postos de trabalho informatizados devem ser colocados na parte interna, afastados das janelas.

MÓVEIS DE ESCRITÓRIO

Os móveis de escritório devem ser adaptados às características do usuário e à natureza da tarefa, para que proporcionem benefícios, tais como:

- Melhoram o conforto, aumentando a satisfação no trabalho, contribuindo para reduzir o absenteísmo.
- Reduzem a incidência de distúrbios associados ao trabalho em escritórios, como a LER (lesão por esforço repetitivo) e outros DORT (distúrbios osteomusculares relacionados ao trabalho).
- Contribuem para aumentar a eficiência, devido à redução da fadiga e erros.

A maioria das tarefas de escritórios é executada na posição sentada. Portanto, é importante proporcionar uma boa conjugação entre a mesa e a cadeira.

Uma pesquisa realizada entre 91 pessoas que atuavam em postos de trabalho informatizados apresentou o seguinte *ranking* de características consideradas importantes para as mesas, em ordem decrescente (Iida et al., 1999):

1. Vão livre para acomodação das pernas.
2. Durabilidade.

3.   Acabamento.
4.   Área de tampo suficiente para colocar documentos.
5.   Resistência.

A mesma pesquisa apresentou o seguinte *ranking* de características para as cadeiras operacionais, em ordem decrescente de importância:

1.   Conforto.
2.   Regulagem da altura do assento.
3.   Acabamento.
4.   Surabilidade.
5.   Regulagem da altura do encosto.

O conforto no assento pode ser determinado pedindo que a pessoa sente-se na cadeira, acomodando-se da melhor maneira possível. Após um tempo determinado, solicita-se que faça uma avaliação, usando-se uma escala do seguinte tipo:

Avalie o conforto da cadeira:

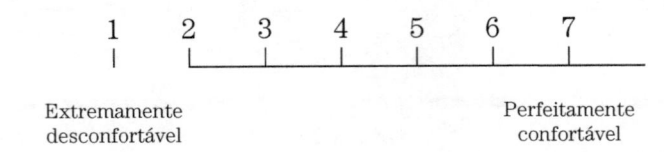

Essa avaliação pode ser de curta duração, após cinco minutos, ou de longa duração, após uma, duas ou três horas de assento. Verifica-se que há pouca diferença entre essas avaliações de curta e de longa duração. Constatou-se também que não há correlação estatística entre o conforto e o preço da cadeira (Iida e Pazetto 2000). Portanto, nem sempre a cadeira mais cara corresponde àquela de maior conforto. Devido às grandes diferenças individuais, é recomendável que a pessoa sente-se na cadeira durante alguns minutos, para escolher aquela mais confortável.

No Brasil, existem várias normas técnicas sobre móveis de escritório, como as de cadeiras (NBR 13962), mesas de escritório (NBR 13966), mesas de informática (NBR 13965) e armários (NBR 13961). Essas normas apresentam a nomenclatura e dimensionamentos recomendados. Algumas apresentam também os procedimentos de ensaios laboratoriais para se avaliar a qualidade. A Tabela 20.4 apresenta um resumo, a título de exemplo, das medidas máximas e mínimas recomendadas pela NBR 13965 para móveis para informática.

Tabela 20.4
Recomendações para dimensionamento dos móveis de informática – NBR 13965/1997

Tipo de mesa	Variáveis		Dimensões (cm)	
			Mínimo	Máximo
Mesa para micro-computador	Tampo da mesa	Largura Profundidade	78 75	
	Tampo do monitor	Altura Profundidade	64 46	98
	Tampo do teclado	Altura Largura Profundidade	64 50 22	75
	Acomodação das pernas	Altura livre para os joelhos Profundidade livre para os joelhos Largura para as pernas Profundidade livre para os pés	56 45 60 57	66
	Distância visual	Distância para visualização do monitor	45	
	Borda da mesa	Raio da borda	0,25	

20.5 ERGONOMIA NO PROJETO DE EDIFÍCIOS E ESPAÇOS PÚBLICOS

Os espaços necessários ao ser humano são ditados pelas suas características anatômicas e fisiológicas, já bem conhecidas (ver Capítulo 7). Mas, além disso, o ser humano precisa de um espaço adicional em torno do seu corpo, para sentir-se psicologicamente seguro. Esse assunto, conhecido como *proxêmica*, foi desenvolvido pelo antropólogo americano Edward T. Hall, publicado no livro *A dimensão oculta* (Hall, 1966) mas só recentemente tem sido discutido, na medida em que as aglomerações humanas nas grandes metrópoles restringem cada vez mais o espaço pessoal disponível. Ele descreveu como as pessoas se comportam e reagem aos diferentes espaços pessoais culturalmente definidos, referindo-se também aos comportamentos de outros animais (etologia).

Experimentos realizados com ratos de laboratório em ambientes confinados comprovam que há mudança de comportamento dos indivíduos quando a população ultrapassa uma determinada densidade por metro quadrado. Certas regras sociais passam a ser desrespeitadas e começam a surgir *gangs* agressivas. Em algumas espécies animais, surgem o infanticídio e o canibalismo, como uma forma de controlar a densidade populacional e a disponibilidade de alimentos. Comportamentos semelhantes foram observados com uma população de leões em uma reserva africana. Naturalmente, o comportamento humano é diferente, pois é coibido por diversas regras, leis e instituições sociais.

Espaço pessoal

O comportamento de certos animais, fazendo demarcações e defesa de seus territórios, é bem conhecido dos estudiosos da etologia. Recentemente, descobriu-se que os seres humanos também preservam um espaço pessoal, no qual não admitem a entrada de intrusos. Enquanto o território dos animais é demarcado geograficamente, o espaço pessoal humano comporta-se como um "envoltório" em torno do seu corpo, seguindo-o em todos os movimentos.

Diversas evidências comprovam essa teoria do espaço pessoal. Psicólogos observaram que as pessoas, quando se sentam em locais públicos, como bancos de jardins ou cadeiras de auditório, colocam certos objetos, como bolsas, mochilas, revistas ou paletós, em locais contíguos, como se estivessem reservando um território para si.

Foram realizados experimentos colocando-se sujeitos "intrusos" sentando-se ao lado de suas "vítimas" em locais públicos. Esses intrusos encostavam-se deliberadamente em suas vítimas, sem que estas soubessem que estavam sendo observadas. Inicialmente, as vítimas encaravam o intruso, as pupilas de seus olhos se dilatavam, ficavam mais tensas e empurravam o intruso com os ombros. Ao cabo de dois minutos, 33% das vítimas haviam se levantado e se afastado e, nove minutos depois, 50% haviam feito o mesmo. Observou-se que apenas 3% das vítimas dirigiram-se ao intruso pedindo que se afastasse.

Outros experimentos comprovaram esse tipo de comportamento. As pessoas que se sentiam invadidas raramente dirigiam a palavra ao invasor, preferindo afastar-se, confirmando o ditado popular "os incomodados que se mudem". Em ônibus, metrôs ou elevadores superlotados, onde esse comportamento de *fuga* é impossível, observou-se que as pessoas tendem a manter um comportamento "desligado", olhando para o teto ou janela e relacionando-se com os outros passageiros como se fossem objetos e não pessoas. Analisando-se a composição de urina e sangue dessas pessoas após essas viagens, constatou-se que havia um aumento das substâncias que indicam estado de estresse.

Experimentos realizados em laboratório comprovam que a invasão do espaço pessoal provoca desconforto e estado de estresse, que se refletem na redução do desempenho, provavelmente pelo excessivo nível de atenção ou preocupação com o intruso.

Dimensões do espaço pessoal

Há diversas indicações das dimensões do espaço pessoal. Alguns autores apresentam a distância entre 45 a 75 cm a partir do corpo para pessoas amigas ou familiares, ou seja, aquelas que não representem ameaça em potencial. Para os desconhecidos, esse espaço aumentaria para 76 a 120 cm, ou seja, para além do alcance do braço estendido. Nessa distância, a pessoa não poderia ser atingida, eventualmente, pelo braço estendido do seu oponente.

Em postos de trabalho, as distâncias mínimas recomendadas entre mesas ou bancadas é de 120 cm. Outros autores, como Oborne e Heath (1979), sugerem quatro zonas para esses espaços pessoais (Figura 20.7).

Íntimo (0 a 45 cm) – Reservado para contatos físicos com as pessoas de maior intimidade.

Pessoal (45 a 120 cm) – Para contatos amigáveis com pessoas conhecidas.

Social (120 a 360 cm) – Para relacionamento profissional com colegas de trabalho e durante eventos sociais.

Público (acima de 360 cm) – Distância segura a ser mantida dos desconhecidos.

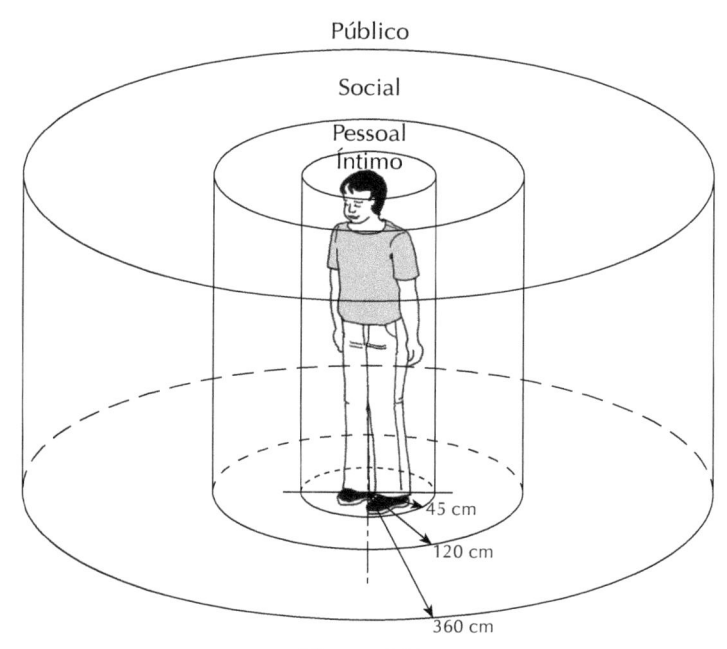

Figura 20.7
Zonas de espaço pessoal (Oborne e Heath, 1979).

Observa-se que essas fronteiras e dimensões dos diversos espaços não são rígidas, pois variam consideravelmente com a situação, sexo, idade, personalidade, cultura e *status* do indivíduo. Observou-se, por exemplo, que as mulheres aceitam espaços menores que os homens. Também se constatou que é mais fácil abordar as pessoas lateralmente do que frontalmente, indicando que o espaço pessoal é maior na parte frontal do corpo, sendo "achatada" dos lados.

Existem também muitas diferenças culturais. O povo árabe é o que aceita maior proximidade. No outro extremo estão os norte-americanos e europeus. Os asiáticos e latino-americanos estão em posição intermediária quanto à exigência dos espaços pessoais.

APLICAÇÕES ERGONÔMICAS DO ESPAÇO PESSOAL

Os projetos de postos de trabalho que não respeitem os espaços pessoais podem provocar sensações de desconforto e redução da eficiência. Em certos projetos em que a questão do espaço é crítica, é preferível diminuir esse espaço lateralmente e pode-se usar certos artifícios, como a decoração com espelhos ou uso de componentes decorativos com traços horizontais, visando aumentar a sensação subjetiva de espaço.

O conceito de espaço pessoal é útil também para calcular a capacidade de aglomerações de pessoas em pé. Considerando-se apenas as medidas antropométricas, cada pessoa ocuparia, em média, 0,167 m² de projeção no piso, o que permitiria aglomerar seis pessoas por metro quadrado. Mas essas condições são extremamente desagradáveis, como ocorre em ônibus e metrôs superlotados. Para preservar algum grau de conforto em aglomerações humanas, respeitando-se o espaço de cada um, é necessário prever 0,7 m² por pessoa, ou 1,4 pessoas, por metro quadrado. Essa área é cerca de quatro vezes maior em relação àquela ocupada fisicamente pelo corpo, se considerarmos apenas as suas medidas antropométricas.

PESSOAS COM DEFICIÊNCIA

Já vimos (p. 699) que cerca de 24% da população brasileira apresenta algum tipo de deficiência. Essas deficiências podem ser sensoriais (visual, auditiva) motoras ou mentais. Elas podem ser também temporárias (acidentais) ou permanentes.

Existem leis que asseguram os direitos de pessoas com deficiências específicas ao acesso em ambientes públicos. Por exemplo, a Lei nº 10.436 (2002) que dispõe sobre a Língua Brasileira de Sinais (LIBRAS), específica para as pessoas com deficiência auditiva; e a Lei nº 11.126 (2005), que dispõe sobre o direito da pessoa com deficiência visual de ingressar e permanecer em ambientes de uso coletivo acompanhado de cão-guia.

LEVANTAMENTO DE DADOS ERGONÔMICOS PARA O PROJETO DE EDIFÍCIOS

Para projetar os espaços confortáveis para as pessoas viverem e trabalharem, devem ser consideradas as principais características do organismo humano, o funcionamento dos seus sistemas sensorial e motor, além dos seus comportamentos individuais e sociais.

Os projetos de edifícios com enfoque ergonômico partem das necessidades humanas, das tarefas e das organizações sociais, para se chegar à configuração do edifício. Ou seja, o projeto deve ser realizado de dentro para fora.

Para se levantar essas informações ergonômicas necessárias ao projeto do edifício, existem basicamente dois tipos de métodos: os diretos e os socioculturais.

Métodos diretos

Os métodos diretos destinam-se a levantar as atividades, preferências e necessidades das pessoas por meio de entrevistas, questionários e observações sistemáticas.

Entrevistas – Nas entrevistas, as informações desejadas são obtidas verbalmente. Elas podem ser feitas com um roteiro pré-elaborado ou processar-se mais livremente, na forma de uma conversa (ver mais detalhes na p. 78).

Questionários – Os questionários geralmente são feitos por escrito. Essa forma de questionário é adequada quando se quer obter grande número de informações de forma mais objetiva e rápida. Contudo, podem provocar distorções, devido a erros de interpretação das perguntas ou ao desvio da resposta para o sentido que a pessoa achar mais conveniente. Se não houver uma motivação ou um preparo especial para que as pessoas colaborem, o índice de respostas a esses questionários costuma ser de aproximadamente 10%.

Observações sistemáticas – O comportamento desejado é observado diretamente, usando-se algum tipo de formulário para registro. Estes podem ser complementados por mapas, esquemas ilustrativos, fotografias, filmes ou vídeos. Nessas observações há uma tendência de se escolher uma pessoa "média", um usuário "padrão" ou um cliente "típico". Isso não é suficiente. É necessário observar também alguns casos extremos. Por exemplo, para projeto de equipamento urbano para uma praça pública, é necessário observar não apenas os adultos normais, mas também as pessoas idosas, as crianças e as pessoas com deficiência que frequentam essa praça.

Métodos socioculturais

Os métodos socioculturais destinam-se a conhecer o comportamento de grupos de pessoas: como eles organizam-se, relacionam-se, trocam informações e colaboram entre si. Eles devem considerar tanto a organização formal como aquela informal. A organização formal é aquela que consta dos organogramas, regulamentos, planos de cargos e salários e outros documentos "oficiais". A organização informal não consta dos documentos, mas nem por isso deixa de ser importante. Essa organização pode ter regras próprias, características e lideranças diferentes em relação àquela formal. Os levantamentos que consideram somente os aspectos formais, desprezando o funcionamento informal dos grupos, podem levar a graves falhas no projeto.

Pode-se mencionar um caso de fracasso do projeto de um instituto de pesquisa ligado a uma grande empresa. Antes, esse instituto ocupava um edifício no centro da cidade, onde os espaços eram limitados. Apesar do desconforto, permitia fácil contato pessoal entre os pesquisadores. O novo edifício, afastado do centro urbano, foi projetado com espaços maiores, com maior privacidade, atendendo às solicitações dos próprios pesquisadores. Para compensar a dificuldade dos contatos pessoais, foram instalados os mais modernos meios de comunicação informatizados.

Apesar do novo ambiente físico ser incomparavelmente melhor e mais espaçoso, em relação à situação anterior, verificou-se uma queda acentuada na produtividade dos pesquisadores. Um exame mais aprofundado da questão mostrou que cerca de

50% das informações entre os pesquisadores eram trocadas de maneira *informal*, ou seja, nas conversas "de corredor". Muitas ideias e colaborações mútuas, principalmente aquelas mais criativas, surgiam justamente dessas conversas. As dimensões do novo edifício, maior e mais alongado, dificultou esse tipo de contato informal, e isso provocou queda na produtividade.

Por outro lado, as pessoas idosas preferem viver em ambientes bem estruturados, com pontos de referência bem definidos, que lhes proporcionem serviços domésticos, cuidados com a saúde e acompanhamentos sociais facilmente disponíveis. Elas tenderão a recusar qualquer tipo de ambiente que não lhes garanta um mínimo de privacidade.

A organização do espaço está também relacionada com a estrutura de poder das lideranças formais e informais do grupo. O domínio de determinados locais ou salas pode estar associado com esse esquema de poder. As pessoas mais autoritárias ou inseguras tenderão a ser mais rígidas na organização do espaço sob seu domínio, pois usarão isso como um fator para exercer o controle sobre o grupo.

USO DE DADOS ERGONÔMICOS NO PROJETO DE EDIFÍCIOS

Os dados utilizados no projeto de edifícios para determinadas ocupações geralmente incluem informações institucionais como: objetivos da instituição e de cada grupo, estrutura organizacional, quantidade e qualificação das pessoas, tipo e frequência das tarefas realizadas, relações funcionais, relações informais, máquinas e equipamentos utilizados, e assim por diante. Essas informações devem ser complementadas com outras, de natureza ergonômica, disponíveis na bibliografia, como posturas, antropometria e alcances. Todas essas informações devem ser organizadas para serem utilizadas na avaliação de alternativas para o projeto.

Estudos recentes comprovam a existência de uma correlação positiva entre o dimensionamento e o arranjo do espaço com o comportamento de pessoas e grupos. As pessoas diferem entre si, por exemplo, quanto a preferências sobre o grau de privacidade, interações com os membros do grupo (ou da família), forma de utilizar o espaço, tipo de decoração ambiental preferido, uso do tempo disponível para lazer, e outros. Essas diferenças fazem com que as pessoas que moram em conjuntos habitacionais padronizados, com o tempo, acabem modificando as suas casas, diferenciando-as umas das outras, cada uma a seu modo. Transformações semelhantes ocorrem nos locais de trabalho.

A maneira como as pessoas utilizam as diferentes dependências da casa também diferem significativamente. Uma pesquisa demonstrou, por exemplo, que as leituras de livros eram feitas com a seguinte distribuição: 50% na sala de estar, 24% no quarto de dormir, 6% na cozinha, e assim por diante. Essa diferença também existe entre as classes sociais. Assim, residências destinadas às pessoas de baixa renda não devem ser apenas "compactações" daquelas da classe média, pois há uma diferença qualitativa no uso do espaço residencial. Além disso, a composição familiar vai mudando com o tempo.

Portanto, no projeto de edifícios, além das características físicas que garantam o conforto térmico, ventilação, iluminação, circulação e outros itens, é importante permitir certa flexibilidade de uso aos seus diferentes ocupantes.

Da mesma forma que existem usos não funcionais ou não previstos dos produtos, como já vimos (p. 278), no caso de edifícios também são frequentes essas mudanças de funções. Pode-se citar, por exemplo, o caso de um dentista que tinha o *hobby* de fazer esculturas em madeira e transformou as dependências da empregada em uma verdadeira oficina de marcenaria.

20.6 ERGONOMIA SOCIAL

A ergonomia pode ser considerada como parte do incansável esforço dos seres humanos na busca da sobrevivência em melhores condições de vida. A sua contribuição principal está na melhoria dos sistemas de trabalho, com redução das condições ambientais desfavoráveis, principalmente aquelas associadas a distúrbios osteomusculares. Ao reduzir o estresse e a fadiga, a ergonomia contribui para melhorar as condições de trabalho e, por extensão, a saúde da população (Taveira e Smith, 2012).

Ao longo dos anos, a ergonomia tem se ocupado em resolver muitos problemas relacionados com produtos de consumo, ambientes de trabalho e organização da produção. Com isso, tem contribuído para melhorar a produtividade, a saúde e o bem-estar dos trabalhadores. A visão da ergonomia foi se ampliando gradativamente; a partir do bionômio humano-máquina, passou a abranger as empresas e instituições com um todo, desenvolvendo o conceito da macroergonomia. Contudo, essa contribuição ainda se restringia "intramuros" (*indoor*), a uma empresa ou instituição. A ergonomia social é uma extensão "extramuros" (*outdoor*) da macroergonomia, passando a abranger também a comunidade.

Decisões erradas ou omissões em diversas instâncias públicas e privadas podem produzir isolamento, pobreza, dependência e falta de autonomia de uma *comunidade*. Se esse tipo de situação perdurar por muito tempo, tende a perpetuar o círculo da pobreza e inanição, podendo causar diversos problemas sociais. Os conhecimentos disponíveis em ergonomia poderiam contribuir para resolver alguns desses problemas, melhorando as vidas das pessoas, grupos e comunidades.

Comunidades são constituídas de pessoas com diversidades de culturas, valores e interesses. O primeiro requisito necessário na formulação de propostas é o reconhecimento dessas diversidades e trabalhar no sentido de obter consensos. É essencial mobilizar os residentes na formulação das propostas e estabelecer metas. Em vez de tentar corrigir os desvios, é melhor atuar preventivamente sobre os fatores humanos, sociais e ambientais que possam contribuir para que esses desvios não ocorram. Ou seja, passar da atuação corretiva para aquela preventiva. É necessário também ganhar a confiança de pessoas (líderes comunitários) e instituições estratégicas para o projeto, a fim de viabilizar as ações de forma sustentável.

Um dos objetivos da ergonomia social é o aumento da *autonomia* da comunidade. Para isso, trabalha-se no contexto ambiental para criar e incentivar as ações que promovam o desenvolvimento e aprendizagem de novas habilidades que contribuam para o desenvolvimento da comunidade. Para que essas ações não se degenerem e desapareçam, é necessário haver mecanismos de *feedback* reforçadores. Isso poder ser feito com um sistema de informações para divulgar os resultados ou realizar eventos comemorativos, ao se alcançar determinadas metas.

E ergonomia social só produz resultados a longo prazo. Para isso, deve contar com apoio das organizações comunitárias, da iniciativa privada e do governo. Se for bem-sucedido, poderá contribuir para romper o círculo de privações, isolamento e alienação, disseminando-se habilidades e conhecimentos à comunidade, para aumentar a sua autonomia.

20.7 ESTUDO DE CASO – PROBLEMAS OSTEOMUSCULARES NO TRABALHO DOMÉSTICO[1]

O trabalho doméstico é tradicionalmente realizado pelas mulheres em todo o mundo, abrangendo tarefas de manutenção do lar (fazer compras, limpar, cozinhar) e cuidados com as pessoas (crianças, adultos, idosos). As tarefas domésticas envolvem longos períodos de postura em pé (cozinhar, lavar, passar), posturas inadequadas (ajoelhada, agachada, inclinada) para fazer limpezas ou cuidar de crianças e movimentos repetitivos com as mãos. Estas exigem substanciais esforços físicos, emocionais e intelectuais.

Realizou-se uma pesquisa com as trabalhadoras domésticas de Nabaa, um bairro densamente povoado nos arredores de Beirute, Líbano (Habib, El Zein e Hojeij, 2012). Elas sentem-se muito pressionadas pelos membros da família e vizinhos para manterem a casa bem arrumada e limpa. Os problemas osteomusculares aparecem como um dos maiores problemas de saúde dessas trabalhadoras. Esse estudo procurou correlacionar os problemas osteomusculares com as variáveis sociais, demográficas e econômicas.

Método da pesquisa – Foram selecionadas 682 pessoas, das quais 435 (63,8%) concordaram em participar da pesquisa. Todas eram casadas ou ex-casadas, com idades entre dezoito e 62 anos (Tabela 20.5). As participantes foram classificadas entre aquelas que receberam (sim ou não) remuneração pelo trabalho doméstico nos últimos cinco anos. Elas foram caracterizadas pela *faixa etária* (até 30, 31-40, 41-50, 51-60, acima de 60 anos), *escolaridade* (analfabeta, básica, média, superior), *nível de renda* (até US$ 335, 336-500, 501-670, acima de 670), *quantidade de pessoas na casa* (1-3, 4, 5, 6, acima de 6), *quantidade de crianças na casa* (0-3, 4 ou mais).

As participantes foram entrevistadas em casa por um grupo de pesquisadoras (todas mulheres) especialmente treinadas, fazendo uso de um questionário estruturado. As participantes foram informadas de que poderiam omitir questões que não quisessem responder e que as entrevistas poderiam ser interrompidas a qualquer momento.

---

[1] Baseado em Habib, R.R., El Zein, K. e Hojeij, S., 2012.

As questões versavam sobre o hábito do *tabagismo* (sim, não), a *jornada semanal* de trabalho (menos de 46, 46-65, 66-84, mais de 84 horas), se sentiam *fadiga* ao final de um dia típico de trabalho (sim, não), nível de *estresse* provocado pelo trabalho (baixo, alto), frequência das *tarefas repetitivas* com as mãos (moderadamente, frequentemente), exigências de *posturas inadequadas* (ajoelhada, agachada, inclinada), (sim, não). Pedia-se também para fazer uma autoavaliação da saúde: "como avalia o estado geral de sua saúde?" (bom, médio, mau). A principal variável dependente eram as dores osteomusculares: "você sentiu dores osteomusculares nos últimos 12 meses?" (sim, não). Em caso positivo, pedia-se para indicar a área dolorosa, no diagrama Corlett-Manenica (Figura 3.4, p. 87), agrupado em membros superiores, membros inferiores e dores lombais.

Tabela 20.5
Incidência de dores osteomusculares no trabalho doméstico, de acordo com as características das trabalhadoras e situações de trabalho (Habib, El Sein e Hojeij 2012)

Variável	Faixas/ Classes	Participantes		Incidência de dores	
		n	% da classe	n	% das participantes
A. Variáveis sociodemográficas					
Remuneração pelo trabalho doméstico	Sim	104	23,9	85	81,7
	Não	331	76,1	250	75,5
Faixa etária (anos)	Até 30	31	9,5	18	58,1
	31-40	128	29,4	99	77,3
	41-50	165	37,9	126	76,4
	51-60	93	21,4	76	81,7
	Acima de 60	18	4,1	16	88,9
Escolaridade	Analfabeta	34	7,8	28	82,4
	Básica	141	32,5	109	77,3
	Média	155	35,7	117	75,5
	Superior	104	24,0	80	76,9
Nível de renda familiar (dólares/ mês)	Até 335	101	29,2	77	76,2
	336-500	99	22,6	78	78,8
	501-670	85	24,4	62	72,9
	Acima de 670	62	17,8	49	79,0

Pessoas na casa	1-3	84	19,3	68	81,0
	4	118	27,1	90	76,3
	5	124	28,5	90	72,6
	6-10	109	25,1	87	79,8
Crianças na casa	Até 3	353	81,1	265	75,1
	4-7	82	18,9	70	85,4
B. Saúde física e mental					
Tabagismo	Sim	229	52,8	177	77,3
	Não	205	47,2	158	77,1
Fadiga no final de uma jornada típica	Não	69	16,0	36	52,2
	Sim	365	84,0	299	81,9
Autoavaliação da saúde	Boa	123	28,4	71	57,7
	Média	173	39,8	141	81,5
	Má	138	31,8	123	89,1
Nível de estresse	Baixo	294	69,0	214	72,8
	Alto	132	31,0	115	87,1
Crises pessoais ou familiares no mês	Não	292	67,4	213	72,9
	Sim	141	32,6	121	85,8
C. Características do trabalho					
Jornada semanal (h/semana)	Até 46	165	37,9	120	72,7
	46-65	140	32,3	115	82,1
	66-84	65	14,9	54	83,1
	Mais de 84	65	14,9	46	70,8
Tarefas repetitivas com as mãos	Moderada-mente	203	47,4	146	71,9
	Frequente-mente	225	52,6	185	82,2
Posturas inadequadas	Não	88	20,2	63	71,6
	Sim	347	79,8	272	78,4

Análises estatísticas – Foram realizadas diversas análises estatísticas e correlações entre as variáveis. A idade média das participantes era de 44 anos, a maioria (76,8%) da classe de renda familiar abaixo de 670 dólares, e 40,3% não completaram o ensino médio. Cerca de 24% estavam envolvidas em trabalho doméstico remunerado, e 62,1% delas trabalhavam mais de 46 horas semanais.

Cerca de 77% das participantes reclamaram de dores osteomusculares. As trabalhadoras que se sentiam cansadas (83,9%) ao final da jornada também reclamaram 3,9 vezes mais de dores. As participantes que realizavam trabalhos domésticos remunerados reclamavam mais de fadiga ao final das jornadas, comparativamente àquelas não remuneradas. Contudo, as análises estatísticas não demonstraram diferenças significativas na incidência das dores entre esses dois grupos.

As análises estatísticas demonstraram que as variáveis agravantes das dores osteomusculares são:

Idade – O aumento da idade tende a aumentar as dores, de 58,1 % (até trinta anos) para 88,9 % (acima de sessenta anos)

Crianças em casa – O aumento do número de crianças (acima de três) tende aumentar as dores.

Tarefas repetitivas com as mãos – Tarefas repetitivas com as mãos tendem a aumentar as dores.

Posturas inadequadas – As posturas inadequadas tendem a agravar as dores.

Por outro lado, as seguintes variáveis não se constituíram em fatores agravantes das dores osteomusculares: trabalho remunerado ou não; nível de escolaridade; nível de renda familiar; quantidade de pessoas em casa; tabagismo.

Conclusões – A pesquisa demonstra incidência relativamente alta de dores osteomusculares entre as trabalhadoras domésticas. Elas sofrem pressão social para manterem a casa sempre limpa e organizada, além da pressão de horários, como o de preparar as refeições e das crianças para irem às escolas. Seu trabalho geralmente tem baixo reconhecimento social, pois só são notadas quando as tarefas deixam de ser executadas. Apesar disso, algumas donas de casa sentem orgulho pelo seu trabalho doméstico, que contribuem para manter a harmonia da família. Quanto aos resultados, refletem a situação específica da organização familiar, da sociedade e do local onde a pesquisa foi realizada.

20.8 Estudo de caso – fluxo de pessoas em estações de metrô[2]

Muitos locais de atendimento ao público podem ficar congestionados quando o fluxo de chegada for maior que a velocidade de atendimento. Nesse caso, formam-se, inevitavelmente, as filas. Além disso, quando o fluxo de circulação de pessoas não for bem orientado, começa a haver cruzamentos e colisões entre as pessoas. Há também algumas pessoas que ficam paradas, atrapalhando o fluxo.

---

2 Baseado em Stilitz, I.B., 1969.

A direção do fluxo é determinada pelo arranjo físico do local e da disposição relativa dos diversos elementos como portas de entrada, localização das roletas, guichês de atendimento, balcões, cercas, e assim por diante. Esses elementos podem ser convenientemente colocados para direcionar o fluxo das pessoas, evitando-se os cruzamentos e eliminando-se os "estrangulamentos" ou "gargalos" do fluxo, que diminuem a sua velocidade. Além disso, esses gargalos tendem a formar aglomerações, que atrapalham o atendimento e o movimento contínuo do fluxo. Quando eles forem inevitáveis, devem ser mantidos a certa distância dos locais de atendimento.

Um estudo prático sobre o fluxo de pessoas em locais congestionados foi realizado nas principais estações de metrô situadas na área central de Londres (Stilitz, 1969). Os fluxos de entrada nessas estações atingiam o máximo das 16:30 às 18:00 horas, quando circulavam, em cada estação, cerca de 10 mil a 12 mil pessoas. Enquanto isso, os fluxos de saída nessas estações eram pequenos, pois a maioria dos passageiros dirigia-se do centro para a periferia durante esses horários.

Observações in loco – Para fazer as observações in loco, foram preparados *mapas* (em escala) de todas as estações, mostrando a localização das paredes, entradas, saídas, locais de vendas de tíquetes, localização das máquinas automáticas, localização das roletas, e assim por diante. Esses mapas foram reproduzidos em grande quantidade, para se fazer os registros. Foram preparadas também *folhas de observação*, para fazer o registro quantitativo das filas. Um grupo de pessoas foi treinado para fazer as observações e registrar as filas, fazendo uso correto dos materiais preparados. Os dados registrados foram os seguintes:

Filas – A cada cinco minutos, foram observadas as dimensões das filas, registrando-se, nas folhas de observação:

- O horário da observação.
- O comprimento da fila, em metros.
- O número de pessoas na fila.
- A quantidade de pessoas que cruzavam a fila.

Tabela 20.6
Folha de observações das filas para compra de tíquetes em uma estação de metrô em Londres (Stilitz, 1969)

Nº	Horas do dia	Comprimento da fila (m)	Número de pessoas na fila	Número de pessoas cruzando a fila
1	17:30	7,8	19	7
2	17:35	8,5	24	7
3	17:40	9,3	25	4
4	17:45	4,6	12	0
5	17:50	3,9	7	0
6	17:55	3,9	6	0
	Média	6,33	15,5	3,0

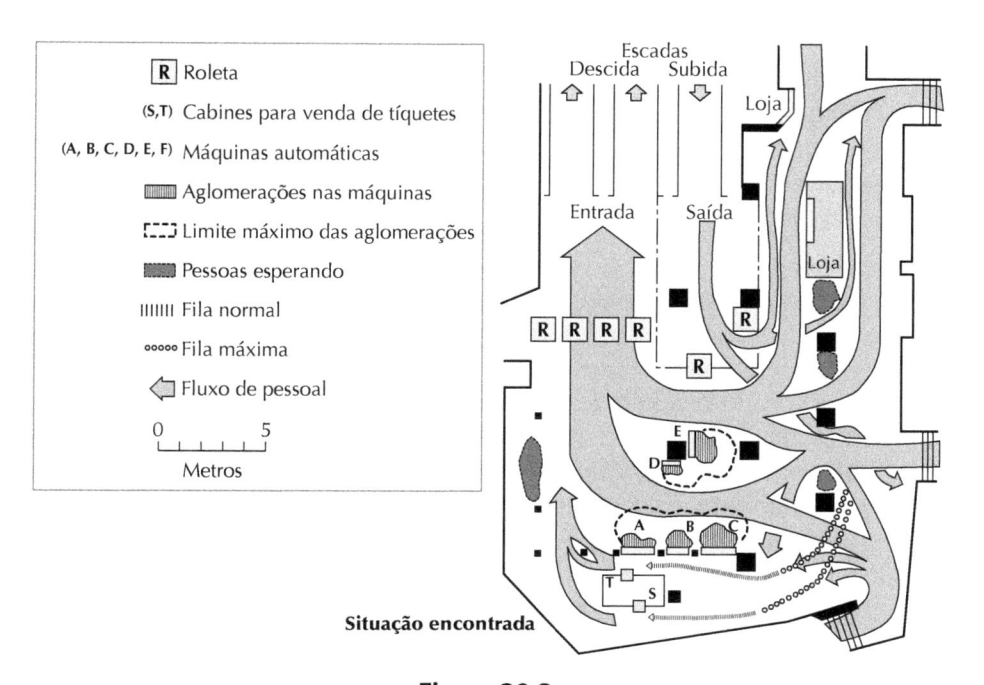

Figura 20.8
Fluxo de passageiros observado em uma estação de metrô de Londres (Stilitz, 1969).

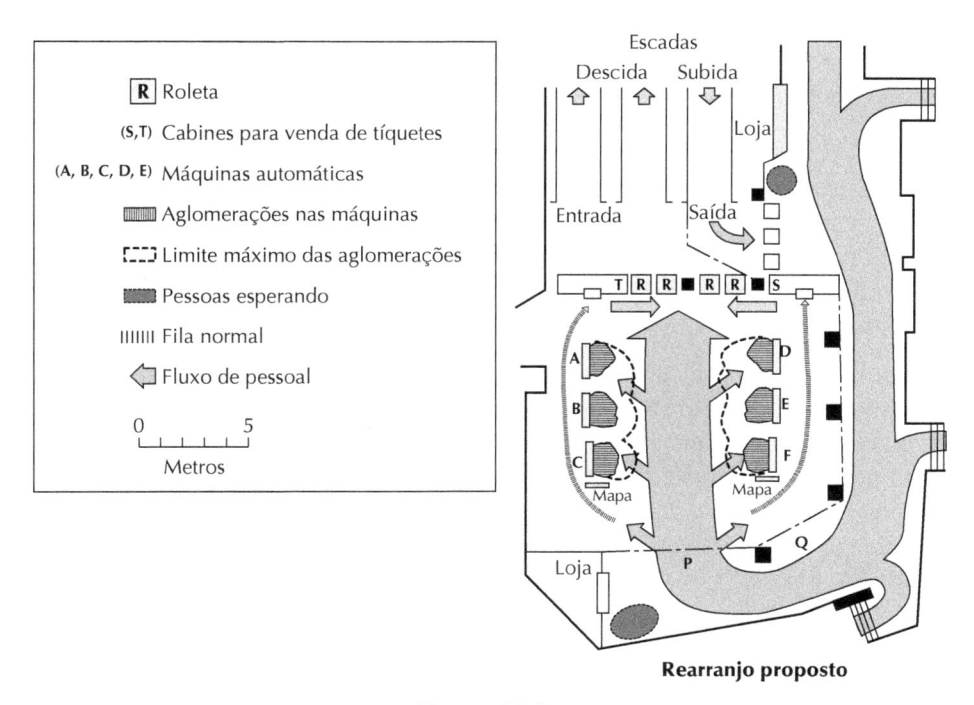

Figura 20.9
Proposta apresentada para otimizar o fluxo de passageiros na estação (Stilitz, 1969).

Configuração das filas – A cada dez minutos, foram observadas as configurações (formatos) das filas e das aglomerações, e eram registradas nos mapas, em escala:

- A configuração das filas em frente aos guichês de venda de tíquetes.
- A configuração das aglomerações (nesse caso não se formavam filas) das pessoas em frente às máquinas automáticas para a venda de tíquetes.
- A configuração das aglomerações formadas pelas pessoas paradas.

A Tabela 20.6 apresenta um exemplo da folha de observação, com o tamanho das filas e o número de pessoas que cruzaram essas filas durante os intervalos observados. A Figura 20.8 apresenta uma configuração geral do fluxo observado nessa estação. Nessa figura, nota-se um fluxo confuso do público. O maior problema constatado foi quando as filas em frente às cabinas de venda de tíquetes (S e T) atingiam comprimentos superiores a cinco metros. A partir daí, essas filas passavam a obstruir o fluxo de entrada, aumentando o número de cruzamentos e consequentes colisões entre as pessoas. Foi registrada uma média de 18,5 colisões a cada intervalo de cinco minutos de observação. As aglomerações que se formavam em frente às máquinas automáticas criavam "bolsões", que estrangulavam o fluxo, retardando a velocidade desse fluxo.

No total, foram feitos 87 registros naqueles horários de maior fluxo, sendo 37 referentes ao tamanho das filas, 22 sobre as configurações das filas e aglomerações, e mais 29 observações de naturezas diversas.

Várias análises estatísticas foram realizadas com base nesses dados coletados. Como era de se esperar, encontrou-se uma correlação positiva de 0,85 entre o número de pessoas x e o comprimento da fila y, em metros. Isso significa que cada pessoa na fila ocupa, em média, 41 cm de comprimento desta.

$$y = 0,41\,x - 0,014$$

Foi proposto um rearranjo da estação, com o objetivo de ordenar o fluxo, evitando-se os cruzamentos e colisões, e de modo que as aglomerações não interfiram no fluxo, como se pode ver na Figura 20.9. Nessa proposta, todo o fluxo de entrada foi dirigido para um único portão P, sendo que o portão Q pode ser também aberto nas horas de *rush*.

As máquinas automáticas foram colocadas ao longo desse fluxo, após o portão P, e as filas para vendas dos tíquetes se colocaram atrás dessas máquinas, paralelamente ao fluxo principal. Esse novo arranjo melhorou bastante o funcionamento da estação nas horas de *rush*, sem modificar a estrutura física da estação, mas apenas reposicionando as máquinas automáticas e os postos de venda de tíquetes, e colocando-se algumas cercas para orientar o sentido do fluxo, impedindo os cruzamentos. A interferência das aglomerações na velocidade do fluxo também foi praticamente eliminada, resultando em aumento da velocidade do fluxo de pessoas.

Conclui-se que providências relativamente simples e de baixo custo podem contribuir para melhorar significativamente o fluxo de pessoas em locais congestionados. Nesse caso, foi feito um rearranjo dos elementos já existentes, sem modificações estruturais da estação de metrô. Se essas providências ocorrerem na fase de projeto dessas estações, os resultados poderão ser melhores, a custos reduzidos.

QUESTÕES

1. Apresente três aplicações da ergonomia nas atividades domésticas.

2. Quais são as principais causas de acidentes domésticos?

3. De que forma a ergonomia pode contribuir para melhorar o ensino?

4. Quais são as principais causas de acidentes no transporte rodoviário de cargas?

5. Como a ergonomia pode contribuir para melhorar os transportes urbanos?

6. Compare o escritório tradicional com aquele aberto.

7. Qual é a importância do espaço pessoal no projeto de postos de trabalho e dos locais públicos?

8. Como deve ser feito o levantamento de dados ergonômicos para o projeto de edifícios?

9. O que você entende por ergonomia social?

EXERCÍCIOS

1. Observe sua sala de aula, escritório, ambiente doméstico ou transporte coletivo e descreva uma situação que poderia ser melhorada com a aplicação da ergonomia. Quais são as informações necessárias para se analisar o problema e propor a solução?

2. Selecione alguma situação de ensino, baseando-se em suas experiências pessoais:

   - Analise a qualidade da aula considerando as tecnologias educacionais adotadas.
   - Analise o método de avaliação do curso. O que o professor utiliza para avaliar os alunos? Esse método contribui para o seu desempenho educacional? Como ocorre o feedback para os alunos?
   - Analise a infraestrutura física e ambiental. Se você considerou que algo no modelo não é satisfatório, proponha melhorias.

3. Identifique algum problema ergonômico em um sistema de transporte urbano e apresente sugestões para solucioná-lo.

21 FONTES DE INFORMAÇÃO SOBRE ERGONOMIA

21.1 NORMAS REGULAMENTADORAS
21.2 NORMAS TÉCNICAS BRASILEIRAS
21.3 NORMAS TÉCNICAS INTERNACIONAIS
21.4 OUTRAS FONTES DE INFORMAÇÕES EM ERGONOMIA

OBJETIVOS

Este capítulo contém fontes adicionais de informações sobre ergonomia. Estão aqui relacionadas normas e legislação nacional, assim como indicação de *sites* de associações, títulos de revistas e outros *sites* disponíveis em ergonomia.

Os conhecimentos consolidados em ergonomia tendem a transformar-se em documentos normativos. Esses documentos estabelecem regras, diretrizes ou características para atividades ou seus resultados, englobando diversos instrumentos, como normas regulamentadoras, normas técnicas, especificações técnicas, códigos de prática e regulamentos em geral.

No Brasil, há dois conjuntos desses documentos: as normas regulamentadores e as normas técnicas. As normas regulamentadoras (NR) são elaboradas pelo governo federal e têm caráter compulsório, sendo utilizadas para fins de fiscalização das condições de trabalho em diversos ambientes.

As normas técnicas são documentos elaboradas por organizações não governamentais, por consenso, envolvendo representantes do governo, fabricantes e consumidores, visando estabelecer certos padrões que possam beneficiar a maioria da população. Essas normas são aprovadas por um organismo reconhecido, que fornece, para uso comum e repetitivo, regras, diretrizes ou características para atividades ou seus resultados. Geralmente, são de caráter não compulsório.

Tópicos

- Legislação
- Normas
- NR
- NBR
- Normatização em Ergonomia

21.1 Normas regulamentadoras

O Ministério do Trabalho e Emprego (MTE)[1] é o órgão da administração federal que realiza a fiscalização do trabalho, ao qual compete o estabelecimento e revisão de normas regulamentadoras (NR). Essas NR são de observância obrigatória por todas as empresas brasileiras regidas pela Consolidação das Leis do Trabalho (CLT) e são periodicamente revisadas pelo MTE. No Brasil, tais normas são elaboradas e atualizadas por comissões tripartites específicas compostas por representantes do governo, empregadores e empregados. As NR regulamentam e fornecem orientações sobre os procedimentos relacionados à segurança e medicina do trabalho.

O MTE possui 35 NR em vigor (janeiro de 2013), abaixo mencionadas. Entre elas está a *NR 17 – Ergonomia*, que aborda especificamente esse tema. Consulte o site do MTE para acessar integralmente a Norma NR 17 e o Manual de Aplicação da NR 17.

NR 1 – Disposições Gerais. Estabelece a importância, funções e competência da Delegacia Regional do Trabalho (DRT).

NR 2 – Inspeção Prévia. Trata da inspeção prévia de instalações, obrigatória a todo estabelecimento, antes de iniciar suas atividades, a fim de assegurar que as novas atividades estejam livres de riscos de acidentes e/ou de doenças do trabalho.

NR 3 – Embargo ou Interdição. Trata do embargo e interdição, que são medidas de urgência, adotadas a partir da constatação de situação de trabalho que caracterize risco grave e iminente ao trabalhador. A DRT poderá solicitar esta ação em vista de laudo técnico do serviço competente que demonstre grave e iminente risco para o trabalhador.

NR 4 – Serviços Especializados em Engenharia de Segurança e em Medicina do Trabalho (SESMT). Estabelece os critérios para organização dos Serviços Especializados em Engenharia de Segurança e em Medicina do Trabalho. Atua em caráter preventivo, mediante a competência dos seguintes profissionais: médico do trabalho, engenheiro de segurança do trabalho, enfermeiro do trabalho, técnico de segurança do trabalho, auxiliar de enfermagem. As quantidades desses profissionais são estabelecidas em função do número total de trabalhadores e do grau de risco.

---

[1] Ver: <http://portal.mte.gov.br/>.

NR 5 – Comissão Interna de Prevenção de Acidentes (CIPA). Trata da CIPA, que tem como objetivo a prevenção de acidentes e doenças decorrentes do trabalho, de modo a tornar compatível permanentemente o trabalho com a preservação da vida e a promoção da saúde do trabalhador. A CIPA é composta de representantes do empregador e dos empregados.

NR 6 – Equipamento de Proteção Individual (EPI). Trata das especificações relacionadas aos EPIs. Considera-se EPI todo dispositivo de uso individual destinado a proteger a saúde e a integridade física do trabalhador e que possua o Certificado de Aprovação, emitido pelo MTE.

NR 7 – Programa de Controle Médico de Saúde Ocupacional (PCMSO). Estabelece a obrigatoriedade de elaboração e implementação do Programa de Controle Médico de Saúde Ocupacional, cujo objetivo é promover e preservar a saúde do conjunto dos seus trabalhadores, por parte de todos os empregadores e instituições que admitam trabalhadores como seus empregados.

NR 8 – Edificações. Estabelece requisitos técnicos mínimos que devam ser observados nas edificações para garantir segurança e conforto aos que nelas trabalham.

NR 9 – Programa de Prevenção de Riscos Ambientais (PPRA). Estabelece a obrigatoriedade da elaboração e implementação do Programa de Prevenção de Riscos Ambientais por parte de todos os empregadores e instituições que admitam trabalhadores como empregados, promovendo a antecipação, reconhecimento, avaliação e consequente controle da ocorrência de riscos ambientais existentes ou que venham a existir no ambiente de trabalho.

NR10 – Serviços em Eletricidade. Estabelece os requisitos e condições mínimas exigidas para garantir a segurança e saúde dos trabalhadores que interagem com instalações elétricas, em suas etapas de projeto, construção, montagem, operação e manutenção, bem como de quaisquer trabalhos realizados em suas proximidades.

NR 11 – Transporte, Movimentação, Armazenagem e Manuseio de Materiais. Estabelece normas de segurança para operação de elevadores, guindastes, transportadores industriais e máquinas transportadoras. O armazenamento de materiais deverá obedecer aos requisitos de segurança para cada tipo de material.

NR 12 – Segurança no Trabalho em Máquinas e Equipamentos. Estabelece os procedimentos obrigatórios nos locais destinados a máquinas e equipamentos, como piso, áreas de circulação, dispositivos de partida e parada, normas sobre proteção de máquinas e equipamentos, bem como manutenção e operação.

NR 13 – Caldeiras e Vasos de Pressão. Estabelece os procedimentos obrigatórios nos locais onde se situam as caldeiras de qualquer fonte de energia, projeto, acompanhamento de operação e manutenção, inspeção e supervisão de caldeiras e vasos de pressão, em conformidade com a regulamentação profissional vigente no país.

NR 14 – Fornos. Estabelece os procedimentos mínimos para construção sólida de fornos, revestida com material refratário, de forma que o calor radiante não ultrapasse os limites de tolerância, oferecendo o máximo de segurança e conforto aos trabalhadores.

NR 15 – Atividades e Operações Insalubres. Estabelece os procedimentos obrigatórios nas atividades ou operações insalubres, que são executadas acima dos limites de tolerância previstos na Legislação, comprovadas através de laudo de inspeção do local de trabalho. Agentes agressivos: ruído, calor, radiações, pressões, frio, umidade, agentes químicos.

NR 16 – Atividades e Operações Perigosas. Estabelece os procedimentos nas atividades exercidas pelos trabalhadores que manuseiam e/ou transportam explosivos ou produtos químicos, classificados como inflamáveis, substâncias radioativas e serviços de operação e manutenção.

NR 17 – Ergonomia. Estabelece parâmetros que permitam adaptar as condições de trabalho às características psicofisiológicas dos trabalhadores, de modo a proporcionar o máximo de conforto, segurança e desempenho eficiente, incluindo os aspectos relacionados ao levantamento, transporte e descarga de materiais, ao mobiliário, aos equipamentos e às condições ambientais do posto de trabalho e à própria organização do trabalho.

NR 18 – Condições e Meio Ambiente de Trabalho na Indústria da Construção. Estabelece diretrizes de ordem administrativa, de planejamento e de organização de trabalho na indústria da construção, visando a implementação de medidas de controle e sistemas preventivos de segurança nos processos, nas condições e no meio ambiente.

NR 19 – Explosivos. Estabelece os procedimentos para manusear, transportar e armazenar explosivos de forma segura, evitando acidentes.

NR 20 – Líquidos Combustíveis e Inflamáveis. Apresenta definições para líquidos combustíveis, líquidos inflamáveis e gás liquefeito de petróleo, parâmetros para armazenamento, transporte e manuseio pelos trabalhadores.

NR 21 – Trabalhos a céu aberto. Estabelece os critérios mínimos para os serviços realizados a céu aberto, sendo obrigatória a existência de abrigos, ainda que rústicos, com boa estrutura, capazes de proteger os trabalhadores contra intempéries.

NR 22 – Segurança e Saúde Ocupacional na Mineração. Estabelece procedimentos de Segurança e Medicina do Trabalho nas atividades de mineração, determinando os métodos que a empresa deve manter nos locais de trabalho, a fim de proporcionar condições satisfatórias de Saúde, Segurança e Medicina do Trabalho a seus empregados.

NR 23 – Proteção contra incêndios. Estabelece procedimentos obrigatórios a todas as empresas, visando a proteção contra incêndio, saídas de emergência para os trabalhadores, equipamentos suficientes para combater o fogo e pessoal treinado no seu uso correto.

NR 24 – Condições Sanitárias e de Conforto nos Locais de Trabalho. Estabelece critérios mínimos para construção e instalação de aparelhos sanitários, gabinete sanitário, banheiro, obrigatoriamente separados por sexo, além dos vestiários, refeitórios, cozinhas e alojamentos.

NR 25 – Resíduos Industriais. Estabelece os critérios para eliminação de resíduos industriais dos locais de trabalho, adotando-se métodos, equipamentos e medidas adequadas, de forma a evitar riscos à saúde e à segurança do trabalhador.

NR 26 – Sinalização de Segurança. Tem o objetivo de fixar as cores que devem ser usadas nos locais de trabalho para prevenção de acidentes, identificando, delimitando e advertindo contra riscos.

NR 27 – Registro Profissional do Técnico de Segurança do Trabalho no Ministério do Trabalho. Esta NR foi revogada pela portaria nº 262 de 29 de maio de 2008 (DOU de 30 de maio de 2008).

NR 28 – Fiscalização e Penalidades. Estabelece que fiscalização, embargo, interdição e penalidades serão efetuados obedecendo ao disposto nos decretos-leis, no cumprimento das disposições legais e/ou regulamentares sobre segurança e saúde do trabalhador.

NR 29 – Norma Regulamentadora de Segurança e Saúde no Trabalho Portuário. Regulariza a proteção obrigatória contra acidentes e doenças profissionais dos trabalhadores que exerçam atividades nos portos e instalações portuárias e retroportuárias de uso privativo, situadas dentro ou fora da área do porto, alcançando as melhores condições possíveis de segurança e saúde.

NR 30 – Segurança e Saúde no Trabalho Aquaviário. Aplica-se aos trabalhadores das embarcações comerciais, de bandeira nacional, bem como às de bandeiras estrangeiras, no limite do disposto na Convenção nº 147 da Organização Internacional do Trabalho – Normas Mínimas para Marinha Mercante.

NR 31 – Norma Regulamentadora de Segurança e Saúde no Trabalho na Agricultura, Pecuária Silvicultura, Exploração Florestal e Aquicultura. Estabelece os requisitos a serem observados na organização e no ambiente de trabalho, de forma a tornar compatível o planejamento e o desenvolvimento das atividades da agricultura, pecuária, silvicultura, exploração florestal e aquicultura, preservando a segurança, saúde e meio ambiente do trabalho.

NR 32 – Segurança e Saúde no Trabalho em Estabelecimentos de Saúde. Tem a finalidade de estabelecer as diretrizes básicas para a implementação de medidas de proteção à segurança e à saúde dos trabalhadores nos serviços de Saúde, bem como daqueles que exercem atividades de promoção e assistência à saúde em geral.

NR 33 – Segurança e Saúde no Trabalho em Espaços Confinados. Tem o objetivo de estabelecer os requisitos mínimos para identificação de espaços confinados e o reconhecimento, avaliação, monitoramento e controle dos riscos existentes, de forma a garantir permanentemente a segurança e saúde dos trabalhadores que atuam direta ou indiretamente nestes espaços. Espaço confinado é qualquer área ou ambiente não projetado para ocupação humana contínua, que apresente meios limitados de entrada e saída, cuja ventilação existente é insuficiente para remover contaminantes ou onde possa existir a deficiência ou enriquecimento de oxigênio.

NR 34 – Condições e Meio Ambiente de Trabalho na Indústria da Construção e Reparação Naval. Tem a finalidade de estabelecer os requisitos mínimos e as medidas de proteção à segurança, à saúde e ao meio ambiente de trabalho nas atividades da indústria de construção e reparação naval.

NR 35 – Trabalho em Altura. Estabelece os requisitos mínimos e as medidas de proteção para o trabalho em altura, como o planejamento, a organização e a execução, a fim de garantir a segurança e a saúde dos trabalhadores com atividades executadas acima de dois metros do nível inferior, onde haja risco de queda.

21.2 Normas técnicas brasileiras

As normas técnicas brasileiras são elaboradas pela Associação Brasileira de Normas Técnicas (ABNT)[2], instituição não governamental reconhecida pela ISO (International Organization for Standardization)[3]. A maioria dessas normas é fundamentada no consenso da sociedade e tem caráter não compulsório. Contudo, algumas delas, principalmente aquelas que envolvem saúde e segurança da população, podem transformar-se em compulsórias. Para isso, devem ser devidamente regulamentadas pelo poder público.

As normas na área de ergonomia geralmente são não compulsórias. Mesmo assim, há diversos benefícios em sua utilização, pois ajudam a criar certos padrões mínimos, melhorando a saúde e o conforto, reduzindo os riscos de acidentes e doenças ocupacionais, ajudando a criar uma linguagem única entre produtor e consumidor, com consequente redução dos custos de produtos e serviços.

Segue-se uma lista das principais normas técnicas da ABNT relacionadas à ergonomia, vigentes em janeiro de 2013.

Ambiente de trabalho

ABNT NBR 5413:1992. Versão Corrigida: 1992. Código Secundário: ABNT/NB 57
   Título: Iluminância de interiores. (Versão corrigida da ABNT NBR 5413:1991 incorporando a Errata de 30.07.1992. Confirmado em 03.10.2012.)

   Objetivo: Estabelece os valores de iluminâncias médias mínimas em serviço para iluminação artificial em interiores, onde se realizem atividades de comércio, indústria, ensino, esporte e outras.

ABNT NBR 10152:1987. Versão Corrigida:1992. Código Secundário: ABNT/NB 95
   Título: Níveis de ruído para conforto acústico – Procedimento. (Versão corrigida da ABNT NBR 10152:1987 incorporando a Errata de 30.06.1992.)

   Objetivo: Esta Norma fixa os níveis de ruído compatíveis com o conforto acústico em ambientes diversos.

ABNT NBR 15848:2010
   Título: Sistemas de ar-condicionado e ventilação – Procedimentos e requisitos

---

[2] Ver: <http://www.abnt.org.br>.

[3] Ver: <http:// www.iso.org>.

relativos às atividades de construção, reformas, operação e manutenção das instalações que afetam a qualidade do ar interior (QAI)

Objetivo: Estipula procedimentos e requisitos relativos às atividades de operação e manutenção, para melhoria dos padrões higiênicos das instalações de ar-condicionado e ventilação, contribuindo desta forma para a qualidade do ar interior (QAI).

ABNT NBR 16401-1:2008

Título: Instalações de ar-condicionado – Sistemas centrais e unitários. Parte 1: Projetos das instalações

Objetivo: Esta parte da ABNT NBR 16401 estabelece os parâmetros básicos e os requisitos mínimos de projeto para sistemas de ar-condicionado centrais e unitários.

ABNT NBR 16401-2:2008

Título: Instalações de ar-condicionado – Sistemas centrais e unitários. Parte 2: Parâmetros de conforto térmico

Objetivo: Esta parte da ABNT NBR 16401 especifica os parâmetros do ambiente interno que proporcionem conforto térmico aos ocupantes de recintos providos de ar-condicionado.

ABNT NBR 16401-3:2008

Título: Instalações de ar-condicionado – Sistemas centrais e unitários. Parte 3: Qualidade do ar interior

Objetivo: Esta parte da ABNT NBR 16401 especifica os parâmetros básicos e os requisitos mínimos para sistemas de ar-condicionado, visando à obtenção de qualidade aceitável de ar interior para conforto.

MOBILIÁRIO PARA ESCRITÓRIO

ABNT NBR 13961:2010

Título: Móveis para escritório – Armários
Objetivo: Especifica as características físicas e dimensionais dos armários para escritório, bem como estabelece os métodos para a determinação da estabilidade, resistência e durabilidade.

ABNT NBR 13962:2006

Título: Móveis para escritório – Cadeiras – Requisitos e métodos de ensaio
Objetivo: Especifica as características físicas e dimensionais e classifica as cadeiras para escritório, bem como estabelece os métodos para a determinação da estabilidade, da resistência e da durabilidade de cadeiras de escritório, de qualquer material, excluindo-se longarinas e poltronas de auditório e cinema.

ABNT NBR 13964:2003

    Título: Móveis para escritório – Divisória tipo painel

    Objetivo: Especifica as características físicas e dimensionais e classifica as divisórias tipo painel para escritório, bem como estabelece os métodos para a determinação da estabilidade e resistência de divisórias tipo painel para escritório. A expressão "divisória tipo painel" designa todas as divisórias de escritório que não se estendem do piso ao teto, no ambiente onde são utilizadas.

ABNT NBR 13966:2008

    Título: Móveis para escritório – Mesas – Classificação e características físicas dimensionais e requisitos e métodos de ensaio

    Objetivo: Especifica as dimensões de mesas de escritório de uso geral, inclusive mesas de reuniões, os requisitos mecânicos, de segurança e ergonômicos para mesas de escritório, bem como define os métodos de ensaio para o atendimento destes requisitos. Os ensaios aplicam-se a móveis completos e prontos para o uso.

ABNT NBR 13967:2011

    Título: Móveis para escritório – Sistemas de estação de trabalho – Classificação e métodos de ensaio

    Objetivo: Especifica as características físicas e dimensionais, e classifica estação de trabalho para escritório em que predominam atividades de produção e execução de tarefas, incluindo os requisitos mecânicos de segurança e ergonômicos, bem como define os métodos de ensaio para atendimento destes requisitos. Os ensaios aplicam-se a móveis completos e prontos para uso.

ABNT NBR 15141:2008

    Título: Móveis para escritório – Divisória modular tipo piso-teto

    Objetivo: Especifica as características físicas e dimensionais e classifica as divisórias modulares removíveis tipo piso-teto para escritório, bem como estabelece os métodos para a determinação de sua resistência. A expressão "divisória modular removível tipo piso-teto" designa todas as divisórias que se estendem do piso ao forro ou teto, no ambiente onde são utilizadas, e que são projetadas e construídas segundo módulos combináveis entre si.

ABNT NBR 15786:2010

    Título: Móveis para escritório – Móveis para teleatendimento, *call center* e *telemarketing* – Requisitos e métodos de ensaio

    Objetivo: Especifica as características físicas, dimensionais e ergonômicas dos móveis de teleatendimento e os métodos de ensaio para a determinação de estabilidade, resistência e durabilidade dos móveis.

ABNT NBR 15878:2011

> *Título*: Móveis – Assentos para espectadores – Requisitos e métodos de ensaios para a resistência e a durabilidade
>
> *Objetivo*: Especifica os métodos de ensaio e os requisitos que determinam a resistência e a durabilidade estrutural de todos os tipos de assentos para espectadores, que são fixados ao piso e/ou paredes de forma permanente, seja na forma de bancos ou cadeiras simples. Esta Norma também inclui uma tabela de valores de ensaios com cargas e ciclos. Aplica-se aos lugares fixados permanentemente em filas, mas não aos assentos conjugados não fixados ao piso e/ou paredes. A avaliação do efeito do envelhecimento e da temperatura ambiente não esta incluída. Estes ensaios não se destinam a avaliar a durabilidade dos materiais de enchimento, tais como espumas e seus revestimentos. Os ensaios visam valorizar a resistência e a durabilidade de assentos para espectadores classificados, independentemente dos materiais, da concepção/execução ou dos processos.

ABNT NBR 14006:2008

> *Título*: Móveis escolares – Cadeiras e mesas para conjunto aluno individual
>
> *Objetivo*: Esta Norma estabelece os requisitos mínimos, exclusivamente para conjunto aluno individual, composto de mesa e cadeira, para instituições de ensino em todos os níveis, nos aspectos ergonômicos, de acabamento, identificação, estabilidade e resistência.

MEDIDAS DO CORPO HUMANO

ABNT NBR ISO 7250-1:2010

> *Título*: Medidas básicas do corpo humano para o projeto técnico. Parte 1: Definições de medidas corporais e pontos anatômicos
>
> *Objetivo*: Esta Norma fornece uma descrição das medidas antropométricas que podem ser utilizadas como base para comparação de grupos populacionais.

ABNT NBR 15127:2004

> *Título*: Corpo humano – Definição de medidas
>
> *Objetivo*: Esta Norma estabelece procedimentos para definir medidas do corpo humano que podem ser utilizadas como base na elaboração de projetos tecnológicos. Para as aplicações específicas (por exemplo, vestimentas, mobiliário, locais de trabalho, transportes, atividades na residência ou lazer etc.), pode ser necessária a complementação desta lista básica com medidas adicionais adequadas.

ABNT NBR 15525:2007

> *Título*: Têxtil e vestuário – Padronização de etiquetagem de tamanhos de meias
>
> *Objetivo*: Esta Norma estabelece o padrão de tamanhos de meias relacionados às referências de tamanho de pé e calçados.

ABNT NBR 15800:2009

    Título: Vestuário – Referenciais de medidas do corpo humano – Vestibilidade de roupas para bebê e infantojuvenil

    Objetivo: Esta Norma estabelece uma forma para indicar, de maneira direta e fácil de entender, as medidas corporais de bebês, crianças e adolescentes às quais está destinado o vestuário.

ABNT NBR 16060:2012

    Título: Vestuário – Referenciais de medidas do corpo humano – Vestibilidade para homens corpo tipo normal, atlético e especial

    Objetivo: Esta Norma estabelece um sistema de indicação de tamanhos de roupas para homens de corpo tipo normal, atlético e especial (incluindo roupa de malha e roupa de banho).

ERGONOMIA DA INTERAÇÃO HUMANO-SISTEMA

ABNT NBR ISO 9241-11:2011

    Título: Requisitos ergonômicos para o trabalho com dispositivos de interação visual. Parte 11: Orientações sobre usabilidade

    Objetivo: Define usabilidade e explica como identificar a informação necessária a ser considerada na especificação ou avaliação de usabilidade de dispositivos de interação visual em termos de medidas de desempenho e satisfação do usuário. Orientação é dada sobre como descrever o contexto de uso do produto (*hardware*, *software* ou serviços) e as medidas relevantes de usabilidade de uma maneira explícita. A orientação é dada na forma de princípios e técnicas gerais, em vez da forma de requisitos para usar métodos específicos.

ABNT NBR ISO 9241-12:2011

    Título: Requisitos ergonômicos para o trabalho com dispositivos de Interação Visual. Parte 12: Apresentação da informação

    Objetivo: Fornece recomendações ergonômicas para a apresentação da informação e propriedades específicas de informações apresentadas em interfaces gráficas e textuais usadas para tarefas de escritório. Ela fornece recomendações para o projeto e avaliação da apresentação visual da informação, incluindo técnicas de codificação. Essas recomendações podem ser utilizadas em todo o processo de projeto (por exemplo, como orientação para os projetistas durante o projeto, como uma base para a avaliação heurística e como orientação para teste de usabilidade). A cobertura de cor está limitada às recomendações ergonômicas para uso de cor para destacar e categorizar informação (ver ISO 9241-8 para recomendações adicionais para o uso de cor).

ABNT ISO/TR 9241-100:2012

    Título: Ergonomia da interação humano-sistema. Parte 100: Introdução às normas relacionadas à ergonomia de *software*

Objetivo: Esta Norma apresenta visão geral sobre os conteúdos das diversas normas de ergonomia de *software*, permitindo que usuários dessas normas identifiquem aquelas particularmente relevantes ao desenvolvimento de *software*. Apresenta o papel das normas de ergonomia de *software* na especificação de requisitos dos usuários, bem como no projeto e na avaliação de interfaces de usuários, e a relação entre as diversas normas.

ABNT NBR ISO 9241-110:2012

Título: Ergonomia da interação humano-sistema. Parte 110: Princípios de diálogo

Objetivo: Esta Norma estabelece princípios ergonômicos de projeto formulados em termos gerais (ou seja, apresentada sem referência a situações de uso, aplicação, ambiente ou tecnologia) e estabelece uma base para a aplicação desses princípios para a análise, projeto e avaliação de sistemas interativos.

ABNT NBR ISO 9241-151:2011

Título: Ergonomia da interação humano-sistema. Parte 151: Orientações para interfaces de usuários da World Wide Web

Objetivo: Esta Norma fornece orientação sobre o projeto centrado no ser humano para interfaces de usuário de software na Web com o objetivo de aumentar a usabilidade. As interfaces Web de usuários atendem tanto a todos os usuários da Internet quanto aos grupos fechados de usuários, como os membros de uma organização, clientes e/ou fornecedores de uma empresa ou outras comunidades específicas de usuários.

ABNT NBR ISO 9241-210:2011

Título: Ergonomia da interação humano-sistema. Parte 210: Projeto centrado no ser humano para sistemas interativos

Objetivo: Esta Norma fornece requisitos e recomendações para princípios e atividades do projeto centrado no ser humano para todo o ciclo de vida de sistemas interativos computacionais. É destinada àqueles que gerenciam processos de projeto e se preocupam tanto com o *hardware* quanto o *software* de sistemas interativos para aprimorar a interação humano-sistema.

Usabilidade – Produtos

ABNT NBR ISO/IEC 25062:2011

Título: Engenharia de *software* – Requisitos e avaliação da qualidade de produto de *software* (SQuaRE) – Formato comum da indústria (FCI) para relatórios de teste de usabilidade

Objetivo: Esta Norma destina-se à elaboração de relatório das medidas obtidas em um teste de usabilidade, conforme definidas na ISO 9241-11: eficácia, eficiência e satisfação em um contexto de uso especificado.

ABNT NBR IEC 60601-1-6:2011

Título: Equipamento eletromédico. Parte 1-6: Requisitos gerais para segurança básica e desempenho essencial – Norma colateral: Usabilidade

Objetivo: Esta norma especifica um processo para que o fabricante analise, especifique, projete, verifique e valide a usabilidade, quando relacionada à segurança básica e ao desempenho essencial dos equipamentos eletromédicos – denominados equipamentos "EM".

ABNT NBR IEC 62366:2010

Título: Produtos para a saúde – Aplicação da engenharia de usabilidade a produtos para a saúde

Objetivo: Esta Norma especifica um processo para o fabricante analisar, especificar, desenvolver, verificar e validar a usabilidade, relacionadas à segurança de produtos para a saúde. Este processo de engenharia de usabilidade avalia e mitiga riscos causados por problemas de usabilidade associados à utilização correta e ao erro de utilização, sob utilização normal. Pode ser utilizado para identificar, mas não para avaliar ou mitigar riscos associados à utilização anormal.

ABNT NBR 15911-1:2010 Versão Corrigida:2011

Título: Contentor móvel de plástico. Parte 1: Requisitos gerais. (Versão Corrigida da ABNT NBR 15911-1:2010 incorpora a Errata 1 de 16.06.2011)

Objetivo: Esta parte da ABNT NBR 15911 especifica os requisitos gerais, de segurança, saúde e ergonomia para contentores móveis de plástico para acondicionamento de resíduos de acordo com a ABNT NBR 15911-3 e ABNT NBR 15911-3.

SEGURANÇA E SAÚDE OCUPACIONAL

ABNT NBR 18801:2010

Título: Sistema de gestão da segurança e saúde no trabalho – Requisitos (Versão corrigida incorpora a Errata 1 de 01.12.2011)

Objetivo: Especifica os requisitos de um Sistema de Gestão de Segurança e Saúde no Trabalho (SGSST) para que uma organização possa controlar os respectivos riscos da Segurança e Saúde no Trabalho (SST) e melhorar o respectivo desempenho. Esta Norma não indica os critérios específicos de desempenho de SST, nem apresenta especificações detalhadas para o projeto de um sistema de gestão.

SEGURANÇA DE MÁQUINAS

ABNT NBR NM ISO 13853:2003

Título: Segurança de máquinas – Distâncias de segurança para impedir o acesso a zonas de perigo pelos membros inferiores – Adultos

Objetivo: Esta Norma estabelece valores para distâncias de segurança, de modo a impedir acesso e obstruir o livre acesso a zonas de perigo pelos membros inferiores de pessoas com idade igual ou maior a quatorze anos.

ABNT NBR NM ISO 13852:2003

Título: Segurança de máquinas – Distâncias de segurança para impedir o acesso a zonas de perigo pelos membros superiores – Crianças

Objetivo: Esta Norma estabelece valores para distâncias de segurança, de modo a impedir acesso a zonas de perigo pelos membros superiores de pessoas com idade igual ou maior a três anos. Essas distâncias se aplicam quando, por si só, são suficientes para impedir o acesso.

ABNT NBR NM ISO 13854:2003

Título: Segurança de máquinas – Folgas mínimas para evitar esmagamento de partes do corpo humano

Objetivo: O objetivo desta Norma é permitir ao usuário (por exemplo, elaboradores de normas, projetistas de máquinas) evitar perigos em zonas de esmagamento. Ela especifica folgas mínimas relativas às partes do corpo humano e é aplicável quando segurança adequada é obtida através deste método.

ABNT NBR NM 272:2002

Título: Segurança de máquinas – Proteções – Requisitos gerais para o projeto e construção de proteções fixas e móveis

Objetivo: Esta Norma fixa requisitos gerais para o projeto e construção de proteções, desenvolvidas principalmente para a proteção de pessoas de perigos mecânicos.

ABNT NBR NM 213-1:2000

Título: Segurança de máquinas – Conceitos fundamentais, princípios gerais de projeto. Parte 1: Terminologia básica e metodologia

Objetivo: Esta Norma define a terminologia básica e especifica a metodologia destinada a auxiliar os projetistas e os fabricantes no projeto de máquinas seguras, destinadas a uso profissional e não profissional. Também pode ser aplicada a outros produtos técnicos que provoquem perigos semelhantes.

ABNT NBR NM 213-2:2000

Título: Segurança de máquinas – Conceitos fundamentais, princípios gerais de projeto. Parte 2: Princípios técnicos e especificações

Objetivo: Esta Norma define princípios técnicos e especificações destinadas a auxiliar os projetistas e os fabricantes no projeto de máquinas seguras (ver 3.1 da NM 213-1) de uso profissional e não profissional. Também pode ser aplicada a outros produtos técnicos que provoquem perigos semelhantes.

ABNT NBR 14191-1:1998

> *Título*: Segurança de máquinas – Redução dos riscos à saúde resultantes de substâncias perigosas emitidas por máquinas. Parte 1: Princípios e especificações para fabricantes de máquinas
>
> *Objetivo*: Esta Norma descreve os princípios para o controle dos riscos à saúde resultantes da emissão de substâncias perigosas por máquinas.

ABNT NBR 14152:1998

> *Título*: Segurança de máquinas – Dispositivos de comando bimanuais – Aspectos funcionais e princípios para projeto
>
> *Objetivo*: Esta Norma especifica os requisitos de segurança para um dispositivo de comando bimanual e sua unidade lógica.

ABNT NBR 14153:1998

> *Título*: Segurança de máquinas – Partes de sistemas de comando relacionados à segurança – Princípios gerais para projeto
>
> *Objetivo*: Esta Norma especifica os requisitos de segurança e estabelece um guia sobre os princípios para o projeto (ver EN 292-1) de partes de sistema de comando relacionadas à segurança, independentemente do tipo de energia aplicado, por exemplo, elétrica, hidráulica, pneumática, mecânica. Para essas partes, especifica categorias e descreve as características de suas funções de segurança. Isso inclui sistemas programáveis para todos os tipos de máquinas e dispositivos de proteção relacionados. Esta Norma não especifica que funções de segurança e que categorias devem ser aplicadas em casos específicos.

ABNT NBR 14154:1998

> *Título*: Segurança de máquinas – Prevenção de partida inesperada
> *Objetivo*: Esta Norma especifica medidas de segurança incorporadas ao equipamento, que objetivam a prevenção da partida inesperada da máquina (ver 3.2), para permitir intervenções humanas seguras em zonas de perigo (ver anexo A).

ABNT NBR 14009:1997

> *Título*: Segurança de máquinas – Princípios para apreciação de riscos
> *Objetivo*: Esta Norma descreve os procedimentos básicos, conhecidos como apreciação de riscos, pelos quais os conhecimentos e experiências de projeto, utilização, incidentes, acidentes e danos relacionados às máquinas são considerados conjuntamente com o objetivo de avaliar os riscos durante a vida da máquina.

ABNT NBR 13970:1997

> *Título*: Segurança de máquinas – Temperatura de superfícies acessíveis – Dados ergonômicos para estabelecer os valores limites de temperatura de superfícies aquecidas

Objetivo: Esta Norma especifica dados relativos às circunstâncias sob as quais o contato com superfícies aquecidas pode causar queimaduras. Esses dados permitem a avaliação de riscos de queimaduras.

ABNT NBR 13759:1996

Título: Segurança de máquinas – Equipamentos de parada de emergência – Aspectos funcionais – Princípios para projeto

Objetivo: Esta Norma especifica os princípios de projeto para equipamentos de parada de emergência em máquinas. Não se leva em consideração a natureza da fonte de energia.

ACESSIBILIDADE

ABNT NBR 9050:2004 Versão Corrigida:2005. Código Secundário: ABNT/NB 833

Título: Acessibilidade a edificações, mobiliário, espaços e equipamentos urbanos. (Versão corrigida da ABNT NBR 9050:2004 incorpora a Errata 1 de 30.12.2005)

Objetivo: Esta Norma estabelece critérios e parâmetros técnicos a serem observados para o projeto, construção, instalação e adaptação de edificações, mobiliário, espaços e equipamentos urbanos às condições de acessibilidade.

ABNT NBR 14970-1:2003

Título: Acessibilidade em veículos automotores. Parte 1: Requisitos de dirigibilidade

Objetivo: Esta parte da NBR 14970 fixa os requisitos que garantem a acessibilidade no processo de dirigibilidade de veículos automotores para condutores com mobilidade reduzida (c.m.r.).

ABNT NBR 15450:2006

Título: Acessibilidade de passageiros no sistema de transporte aquaviário

Objetivo: Esta Norma estabelece os critérios e parâmetros técnicos a serem observados para acessibilidade de passageiros no sistema de transporte aquaviário, de acordo com os preceitos do projeto universal.

ABNT NBR 15646:2011

Título: Acessibilidade – Plataforma elevatória veicular e rampa de acesso veicular para acessibilidade em veículos com características urbanas para o transporte coletivo de passageiros – Requisitos de desempenho, projeto, instalação e manutenção

Objetivo: Esta Norma estabelece as prescrições para desempenho, projeto, instalação, inspeção e manutenção de plataformas elevatórias e rampas de acesso para acessibilidade em veículos com características urbanas para o transporte coletivo de passageiros abrangidos pela ABNT NBR 15570, de forma a garantir condições de segurança, conforto, acessibilidade e mobilidade aos seus usuários, independentemente da idade, estatura e condição física ou sensorial.

ABNT NBR 14022:2011

Título: Acessibilidade em veículos de características urbanas para o transporte coletivo de passageiros

Objetivo: Esta Norma estabelece os parâmetros e critérios técnicos de acessibilidade a serem observados em todos os elementos do sistema de transporte coletivo de passageiros de características urbanas, de acordo com os preceitos do projeto universal.

ABNT NBR 15599:2008

Título: Acessibilidade – Comunicação na prestação de serviços (*accessibility in communication and available services*)

Objetivo: Esta Norma fornece diretrizes gerais a serem observadas para acessibilidade em comunicação na prestação de serviços, consideradas as diversas condições e percepção e cognição, com ou sem a ajuda de tecnologia assistiva ou outra que complemente necessidades individuais.

ABNT NBR 15320:2005

Título: Acessibilidade à pessoa com deficiência no transporte rodoviário
Objetivo: Esta Norma estabelece os padrões e critérios que visam proporcionar à pessoa com deficiência a acessibilidade ao transporte rodoviário.

ABNT NBR 15290:2005

Título: Acessibilidade em comunicação na televisão
Objetivo: Esta Norma estabelece diretrizes gerais a serem observadas para acessibilidade em comunicação na televisão, consideradas as diversas condições de percepção e cognição, com ou sem a ajuda de sistema assistivo ou outro que complemente necessidades individuais.

ABNT NBR 14021:2005 Versão Corrigida:2005

Título: Transporte – Acessibilidade no sistema de trem urbano ou metropolitano. (Versão corrigida da ABNT NBR 14021:2005 incorpora a Errata 1 de 31.08.2005. Confirmada em 06.01.2011)

Objetivo: Esta Norma estabelece os critérios e parâmetros técnicos a serem observados para acessibilidade no sistema de trem urbano ou metropollitano, de acordo com os preceitos do projeto universal.

ABNT NBR 15250:2005

Título: Acessibilidade em caixa de autoatendimento bancário

Objetivo: Esta Norma fixa os critérios e parâmetros técnicos de acessibilidade a serem observados quando do projeto, construção, instalação e localização de equipamentos destinados à prestação de informações e serviços de autoatendimento bancário.

ABNT NBR 14273:1999
Título: Acessibilidade da pessoa portadora de deficiência no transporte aéreo comercial

Objetivo: Esta Norma estabelece os padrões e critérios que visam propiciar às pessoa portadores de deficiência condições adequadas e seguras de acessibilidade autônoma ao espaço aeroportuário e às aeronaves das empresas de transportes aéreo público regular, regional e suplementar.

ABNT NBR 14020:1997
Título: Transporte – Acessibilidade à pessoa portadora de deficiência – Trem de longo percurso

Objetivo: Esta Norma estabelece os princípios gerais para a acessibilidade à pessoa portadora de deficiência, de forma segura, em trens de longo percurso.

FABRICAÇÃO DE VEICULO ACESSÍVEL

ABNT NBR 15570:2011
Título: Transporte – Especificações técnicas para fabricação de veículos de características urbanas para transporte coletivo de passageiros

Objetivo: Esta Norma estabelece os requisitos mínimos para as características construtivas e os equipamentos auxiliares aplicáveis nos veículos produzidos para operação no transporte coletivo urbano de passageiros, de forma a garantir condições de segurança, conforto, acessibilidade e mobilidade aos seus condutores e usuários, independentemente da idade, estatura e condição física ou sensorial.

AUTOMOTIVO

ABNT NBR 6068:1979. Código Secundário: ABNT/PB 472
Título: Pesos e dimensões de adultos para uso em veículos rodoviários
Objetivo: Esta Norma oferece à indústria automobilística e outros interessados uma coletânea de dados antropométricos de uma população representativa, ordenados sob critério de pesos e dimensões, a fim de possibilitar a sua adequada acomodação dentro dos veículos, seja como passageiro, seja como condutor.

ABNT NBR 6060:1990. Código Secundário: ABNT/PB 743
Título: Lugar geométrico dos olhos do condutor em veículos rodoviários automotores – Dimensões

Objetivo: Esta Norma padroniza o lugar geométrico dos olhos do condutor, quando sentado, em veículos rodoviários automotores, exceto motocicletas, motonetas e ciclomotores, levando em consideração as dimensões antropométricas do condutor.

ABNT NBR ISO 4252:2011

Título: Tratores agrícolas – Local de trabalho do operador, acesso e saída – Dimensões

Objetivo: Esta Norma especifica as dimensões de projeto de tratores agrícolas que possuam uma largura de bitola mínima que exceda 1.150 mm.

MÁQUINAS RODOVIÁRIAS

ABNT NBR ISO 14401-2:2011. Parte 2: Critérios de desempenho

Título: Máquinas rodoviárias – Campo de visão de espelhos retrovisores e de vigilância

Objetivo: Esta Norma especifica os critérios para o desempenho do campo de visão de espelhos retrovisores e de vigilância instalados em máquinas rodoviárias. Esta parte da ABNT NBR ISO 14401 aplica-se às máquinas listadas nesta Norma (ver Anexo A), utilizadas dentro e fora de vias públicas.

ABNT NBR ISO 10263-4:2010. Parte 4: Desempenho e método de ensaio dos sistemas de aquecimento, ventilação e condicionamento de ar (HVAC)

Título: Máquinas rodoviárias – Ambiente do compartimento do operador

Objetivo: Esta Norma especifica um método de ensaio uniforme para medir a temperatura ambiental no compartimento do operador, resultante de um sistema de aquecimento, ventilação e condicionamento de ar, operando em um meio ambiente específico. O método pode não determinar o ambiente climático completo do operador, que é também afetado pela carga térmica de fontes externas, por exemplo, aquecimento solar. A ABNT NBR ISO 10263-6 deve ser utilizada em conjunto com esta parte da ABNT NBR ISO 10263 para determinar com mais exatidão a carga térmica completa no compartimento do operador. Níveis mínimos de desempenho para os sistemas de aquecimento, ventilação e condicionamento de ar do compartimento do operador da máquina são estabelecidos nesta parte da ABNT NBR ISO 10263.

ABNT NBR ISO 6682:2004

Título: Máquinas rodoviárias – Zonas de conforto e alcance dos controles

Objetivo: Esta Norma define as zonas de conforto e alcance dos controles, derivados da capacidade de alcance de operadores grandes e pequenos, quando estão sentados.

ABNT NBR ISO 12508:2003

> *Título*: Máquinas rodoviárias – Compartimento do operador e áreas de manutenção – Acuidade das arestas

> *Objetivo*: Esta Norma define os limites permissíveis de acuidade de arestas e quinas, a fim de reduzir o risco de danos ao operador ou ao pessoal de manutenção durante a operação e manutenção de uma máquina rodoviária. Esta Norma aplica-se a sistemas de acesso/saída do operador e áreas de manutenção, conforme definido na ABNT NBR NM-ISO 2860 e ABNT NBR ISO 2867, e ao compatimento do operador de máquinas rodoviárias descritas na ABNT NBR NM-ISO 6165.

ABNT NBR ISO 11112:2002

> *Título*: Máquinas rodoviárias – Assento do operador – Dimensões e requisitos
> *Objetivo*: Esta Norma especifica as dimensões, os requisitos e as faixas de regulagem para assentos do operador em máquinas rodoviárias, conforme definido na NBR NM-ISO 6165. Adicionalmente, esta Norma provê dimensões dos apoios para os braços, quando montados nessas máquinas.

21.3 Normas técnicas internacionais

A exemplo da ABNT, outros países possuem seus órgãos próprios de elaboração das normas técnicas, como nos exemplos abaixo:

> *Alemanha* – Deutsches Institut für Normung (DIN).

> *Argentina* – Instituto Argentino de Normalización y Certificación (IRAM).

> *Canadá* – Standards Council of Canada (SCC).

> *Espanha* – Associación Española de Normalización y Certificación (AENOR).

Em alguns casos, quando ainda não estiverem disponíveis normas brasileiras, podem ser adotadas normas desses países. Isso acontece principalmente com empresas estrangeiras que adotam normas dos seus países de origem, principalmente em projetos elaborados no exterior. Naturalmente, se existir norma brasileira equivalente, há necessidade de adaptar esses projetos às normas brasileiras. Isso costuma ocorrer principalmente nas características relacionados à segurança, como no caso dos brinquedos. Inversamente, produtos fabricados no Brasil e destinados a exportação devem ser adaptados às respectivas normas dos países destinatários.

Além dessas normas nacionais, existem também as normas internacionais, elaboradas por organismos internacionais de normalização como a ISO e IEC.

International Organization for Standardization (ISO) – Organização não governamental integrada por organismos nacionais de normalização de 157 países, contando com um representante por país. O Brasil é representado pela ABNT.

International Electrotechnical Commission (IEC) – Federação mundial integrada por 68 organismos nacionais de normalização, contando com um representante por país, atuando especificamente na normalização internacional no campo da eletricidade, eletrônica. O Brasil é representado pelo Comitê Brasileiro de Eletricidade Industrial (COBEI), da ABNT.

Na área de ergonomia, as normas técnicas internacionais mais conhecidas foram elaboradas pela ISO. Essas normas resultaram de consensos entre as principais entidades interessadas, contando-se com a assessoria de especialistas em ergonomia, distribuídos em seis Comissões Técnicas:

- Princípios gerais em ergonomia.
- Antropometria e biomecânica.
- Informação e operação de sistemas.
- Fatores ambientais.
- Organização do trabalho.
- Método ergonômico.

Uma lista parcial dessas normas pode ser vista em Dul e Weerdmeester (2012) e em Rodrik, Karwoski e Sherehiy (2012).

21.4 Outras fontes de informações em ergonomia

Associações de Ergonomia

Associação Brasileira de Ergonomia (ABERGO)
http://www.abergo.org.br

International Ergonomics Association
http://www.iea.cc/

Unión Latinoamericana de Ergonomía (ULAERGO)
União Latino-Americana de Ergonomia
http://www.ulaergo.net/

Asociación de Ergonomía Argentina (ADEA)
Associação de Ergonomia Argentina
http://www.adeargentina.org.ar/

Sociedad Chilena de Ergonomía (SOCHERGO)
Sociedade Chilena de Ergonomia
http://www.sochergo.cl/

Sociedad de Ergonomistas de México (SEMAC)
Sociedade de Ergonomistas do México
http://www.semac.org.mx/

Human Factors and Ergonomics Society (HFES) (EUA)
https://www.hfes.org

Association of Canadian Ergonomists
Associação de Ergonomistas Canadenses
http://www.ace-ergocanada.ca

Société d'Ergonomie de Langue Française
Sociedade de Ergonomia de Língua Francesa
http://www.ergonomie-self.org/

Nordic Ergonomics and Human Factors Society
Sociedade Nórdica de Ergonomia
http://www.iea.cc/about/fs_nordic_countries.html

Federation of European Ergonomics Societies (FEES)
Federação Europeia de Sociedades de Ergonomia
http://www.ergonomics-fees.eu/

Asociación Española de Ergonomía (AEE)
Associação Espanhola de Ergonomia
http://www.ergonomos.es/

Chartered Institute of Ergonomics and Human Factors (CIEHF)
http://www.ergonomics.org.uk/

Associação Portuguesa de Ergonomia (Apergo)
http://www.apergo.pt

Outras associações correlatas

Associação de Ensino e Pesquisa de Nível Superior de Design do Brasil (AEnD-Brasil)
http://www.designbrasil.org.br

British Computer Society Human-Computer Interaction Group
The Chartered Institute for IT (BCS)
http://www.bcs.org

Design Council (UK)
http://www.designcouncil.org.uk/

International Council of Design (Ico-D)
http://www.ico-d.org/

Internacional Council of Societies of Industrial Design (ICSID)
http://www.icsid.org/

User Experience Professionals Association
http://www.uxpa.org/

Associação Brasileira de Engenharia de Produção (ABEPRO)
http://www.abepro.org.br/

Associação Nacional de Medicina do Trabalho (ANAMT)
http://www.anamt.org.br/

Associação Brasileira de Saúde Coletiva (ABRASCO)
http://www.abrasco.org.br/

PROJETOS INCLUSIVOS

The Center for Universal Design (CUD)
http://www.ncsu.edu

Institute for Human Centered Design (IHCD)
http://humancentereddesign.org/

Center for Inclusive Design and Environmental Access (IDeA)
http://idea.ap.buffalo.edu/

Center for Assistive Technology and Environmental Access
http://catea.gatech.edu/

The National Center on Accessible Information Technology in Education (AccessIT)
http://www.washington.edu/accessit/

Universal Design Education
http://udeducation.org/

PERIÓDICOS

Ação Ergonômica
Editor: Associação Brasileira de Ergonomia
http://www.abergo.org.br/revista/index.php/ae

Accident Analysis & Prevention
Publisher: Elsevier
http://www.journals.elsevier.com/accident-analysis-and-prevention

Activites
Publisher: ARPACT
http://www.activites.org/

Applied Ergonomics – Human Factors in Technology and Society
Publisher: Elsevier Science
http://www.journals.elsevier.com/applied-ergonomics/

Ergonomics – The Official Journal of the Chartered Institute for Ergonomics and Human Factors
Publisher: Taylor & Francis
http://www.tandfonline.com/toc/terg20/current

Human Factors
Publisher: Human Factors and Ergonomics Society
http://www.hfes.org/Publications/ProductDetail.aspx?ProductId=1

Human Factors and Ergonomics in Manufacturing & Service Industries
Publisher: Wiley Periodicals, Inc., A Wiley Company
http://onlinelibrary.wiley.com/journal/10.1002/(ISSN)1520-6564

International Journal of Human-Computer Interaction
Publisher: Taylor & Francis
http://www.tandfonline.com/toc/hihc20/current

International Journal of Industrial Ergonomics
Publisher: Elsevier Science
http://www.journals.elsevier.com/international-journal-of-industrial-ergonomics/

JOSE – International Journal of Occupational Safety and Ergonomics
Publisher: Central Institute for Labour Protection – National Research Institute (CIOP-PIB)
http://www.ciop.pl/757.html

Journal of Safety Research
Publisher: Elsevier
http://www.journals.elsevier.com/journal-of-safety-research/

Occupational Ergonomics
Publisher: IOS Press
http://www.iospress.nl/journal/occupational-ergonomics/

Safety Science
Publisher: Elsevier
http://www.journals.elsevier.com/safety-science/

Theoretical Issues in Ergonomics Science
Publisher: Taylor & Francis
http://www.tandfonline.com/toc/ttie20/current

WORK: A Journal of Prevention, Assessment & Rehabilitation
Publisher: IOS Press
http://www.iospress.nl/journal/work/

REFERÊNCIAS

ABERG, U.; BENGTSON, L.; VEIBACK, T. Design of a difficult workplace fettling shop operations. *Applied Ergonomics*, v. 5, n. 3, p. 161-166, 1974.

ADA – AMERICAN DISABILITY ASSOCIATION. US Department of Justice. *2010 ADA Standards for Accessible Design*. Disponível em: <http://www.ada.gov/regs2010/2010ADAStandards/2010ADAstandards.htm#c7>. Acesso em: 12 ago. 2015.

ATKINSON, R. C.; SHIFFRIN, R. M. Human memory: A proposed system and its control processes. In: SPENCE, K.W.; SPENCE, J. T. (Ed.). *The psychology of learning and motivation*: advances in research and theory. New York: Academic Press, 1968. v. 2, p. 742-775.

BARNES, R. *Estudo de movimentos e de tempos*. São Paulo: Edgard Blücher, 1977.

BARROS, B. X. S. *Análise antropométrica usando fotogrametria digital*. Dissertação (Mestrado em Engenharia de Produção) – Universidade Federal de Pernambuco, Recife, 2004.

BAXTER, M. *Projeto de produto*: guia prático para design de novos produtos. 2. ed. São Paulo: Edgard Blücher, 2000. 260 p.

BEATTY, P. C. W.; BEATTY, S. F. Anaesthetists' intentions to violate safety guidelines. *Anaesthesia*, v. 59, p. 528-540, 2004.

BERJNER, B.; HOLM, A.; SWENSSON, A. Diurnal Variation in Mental Performance: A study of Three-shift Workers. *British Journal of Industrial Medicine*, v. 12, p. 103-110, 1955.

BERWANGER, E. G. *Antropometria do pé feminino em diferentes alturas de salto como fundamento para conforto de calçados*. Realizado no Centro Tecnológico do Calçado Senai, em Novo Hamburgo (RS), e submetido ao Programa de Pós-Graduação em Design – Ênfase em Design e Tecnologia – da UFRGS, 2011.

BOHLEN, G. A. *A learning curve prediction model for operators performing industrial bench assembly operations*. Tese (Doutorado) – Purdue University, 1973. Não publicado.

BOOT, W. R. et al. Design for aging. In: SALVENDY, G. *Handbook of Human Factors and Ergonomics*. 4. ed. Hoboken: Wiley, 2012. 1732 p.

BOOTHROYD, G.; DEWHURST, P.; KNIGHT, W. *Product Design for Manufacture and Assembly*. New York: Marcel Dekker, 2002

BORG, G. Perceived exertion as an indicator of somatic stress. *Scandinavian Journal of Rehabilitation Medicine*, p. 92-93, 1970.

BOUSSENA, M.; CORLETT, E.N.; PHEASANT, S.T. The relation between discomfort and postural loading at the joints. *Ergonomics*, v. 25, n. 4, p. 315-322, 1982.

BRASIL, MINISTÉRIO DA JUSTICA. *Código de Defesa do Consumidor.* 1990. Disponível em: <http://portal.mj.gov.br/main.asp?View=%7B7E3E5AAE-317F-402F-B-073-CC4EF39D16DF%7D&BrowserType=IE&LangID=pt-br&params=itemID%-3D%7B736B1897%2D0017%2D4E61%2D8C00%2DEF8DA589D98C%7D%3B&UI-PartUID=%7B2868BA3C%2D1C72%2D4347%2DBE11%2DA26F70F4CB26%7D>. Acesso em: 12 ago. 2015.

BRIDGER, R. S. *Introduction to ergonomics*. 2. ed. London: Taylor & Francis, 2003. 548 p.

BROADBENT, D. E. Language and ergonomics. *Applied Ergonomics*, v. 8, n. 1, p. 15-18, 1977.

BROOKES, M. J.; KAPLAN, A. The office environment: space planning and affective behavior. *Human Factors*, v. 14, n. 5, p. 373-391, 1972.

BUFFA, E. S. *Administração da produção*. Rio de Janeiro: LTC, 1972. 780 p.

BUTTON, G. *Techonology in working order*: studies of work, interaction and technology. London: Routledge & Kegan Paul, 1993.

CAÑAS, J. J.; WAERNS, Y. *Ergonomia cognitiva*. Madrid: Panamericana, 2001. 260 p.

CARD, S. K.; MORAN, T. P.; NEWELL, A. *The psychology of human-computer interaction*. Hillsdale: Erlbaum, 1983.

CARTER, J. B.; BANISTER, E. W. Muskuloskeletal problems in VDT work: a review. *Ergonomics*, v. 37, n. 10, p. 1623-1648, 1994.

CASTAÑON, J. A. B. *O veículo como facilitador de acesso a pessoas portadoras de necessidades especiais no sistema de transporte urbano por ônibus*. Tese (Doutorado) – Universidade Federal do Rio de Janeiro, Rio de Janeiro, 2001. 212 p.

CHAFFIN, D. B. Localized muscle fatigue - definition and measurement. *Journal of Occupational Medicine*, v. 15, n. 4, p. 346-354, 1973.

CHAFFIN, D. B.; ANDRES, R. O.; GARG, A. Volitional postures during maximal push/pull exertions in the sagittal plane. *Human Factors*, v. 25, n. 5, p. 541-550, 1983.

CHAFFIN, D. B.; ANDERSON, G. B. J.; MARTIN, B. J. *Biomecânica ocupacional*. Belo Horizonte: Ergo, 2001. 579 p.

CHAPANIS, A. *Research techniques in human engineering*. Baltimore: The Johns Hopkins Press, 1962. 316 p.

_____. Human factors in systems engineering. In: DEGREENE, K. B. (Ed.). *Systems psychology*. New York: McGraw-Hill. 1970.

_____. *Ethnic variables in human factors engineering*. Baltimore: The Johns Hopkins University Press, 1975. 290 p.

_____. *Human factors in systems engineering*. Chichester: Wiley Inter Science, 1996.

CHAPANIS, A.; LINDENBAUM, L.E. A reaction time study of four control-display linkages. Human Factors, v. 1, n. 4, p. 1-7, 1959.

CHARLTON, S. G.; O'BRIEN, T. G. (Ed.). *Handbook of human factors testing and evaluation*. London: Lawrence Erlbaum Assoc., 2002.

CHENG, L. C.; MELO FILHO, L. D. R. *QFD*: desdobramento da função qualidade na gestão de desenvolvimento de produtos. São Paulo: Blucher, 2007. 539 p.

CHOOBINEH, A. et al. Muskuloskeletal problems in Iranian had woven carpet industry: guidelines for workstation design. *Applied Ergonomics*, v. 38, p. 617-624, 2007.

COE, M. *Human Factors for Technical Communications*. New York: John Wiley, 1996. 350 p.

COLLIGAN, M. F.; FROCKT, I. J.; TASTO, D. L. Frequency of sickness absence and worksite clinic visits among nurses as a function of shift. *Applied Ergonomics*, v. 10, n. 2, p. 79-85, 1979.

COLQUHOUN, W. P. Evaluation of auditory, visual and dual-mode displays for prolonged sonar monitoring in repeated sessions. *Human Factors*, v. 17, n. 5, p. 425-437, 1975.

CONSUMER PROTECTING ACT. 1987. Disponível em: <http://www.legislation.gov.uk/ukpga/1987/43/pdfs/ukpga_19870043_en.pdf>. Acesso em: 12 ago. 2015.

CORLETT, E. N. Efficient labor utilization in a developing economy. *Human Factors*, v. 12, n. 5, p. 499-501, 1970.

_____. Aspects of the evaluation of industrial seating. *Ergonomics*, v. 32, n. 3, p. 257-269, 1989.

CORLETT, E. N.; BISHOP, R. P. A technique for assessing postural discomfort. *Ergonomics*, v. 19, n. 2, p. 175-182, 1976.

CORLETT, E. N.; MANENICA, I. The effects and measurement of working postures. *Applied Ergonomics*, v. 11, n. 1, p. 7-16, 1980.

COSTA NETO, P. L. *Estatística*. São Paulo: Editora Edgard Blücher, 2002. 280 p.

COSTA NETO, P. L.; CANUTO, S. A. *Administração da qualidade*. São Paulo: Blucher, 2010. 376 p.

CRANDALL, B.; KLEIN, G.; HOFFMAN, R. R. Working Minds: A Practitioner's Guide to Cognitive Task Analysis. Massachusetts: MIT Press, 2006.

CRONEY, J. *Anthropometrics for designers*. London: B. T. Batsford, 1971. 176 p.

CUSHMAN, W. H.; ROSENBERG, D. J. *Human factors in product design*. Amsterdam: Elsevier, 1991

DAMLUND, M. et al. Low back strain in Danish semi-skilled construction work. *Applied Ergonomics*, v. 17, n. 1, p. 31-39, 1986.

DAMON, F. A.; STOUDT, H. W.; McFARLAND, R. A. *The human body in equipment design*. Cambridge: Harvard University Press, 1971. 360 p.

DE JONG, A. M.; VINK, P. Participatory ergonomics applied in installation work. *Applied ergonomics*, n. 33, p. 439-448, 2002.

DE JONG, J.R. Introduction and welcome. In: CHAPANIS, A. (Ed.) *Ethnic variables in human factors engineering*. Baltimore: The Johns Hopkins University Press, 1975. p. xv-xviii.

DEJOURS, C. *A loucura do trabalho*: estudo da psicopatologia do trabalho. São Paulo: Oboré Editorial, 1987. 163 p.

DEMPSEY, C. A. *Development of a workspace measuring device, WADC, TR 53-53*. Dayton, Ohio: Wright- Patterson Air Force Base, 1953.

DEMPSEY, P. G.; LEAMON, T. B. Implementing bent-handled tools in the workplace. *Ergonomics in Design*, p. 15-21, out. 1995.

DESMET, P. M. A. *Designing emotions*. Delft: Delft University of Technology, 2002.

DE WALL, M.; VAN RIEL, M. P. J. M.; SNIJDERS, C. J. The effect on sitting posture of a desk with a 10° inclination for reading and writing. *Ergonomics*, v. 34, n. 5, p. 575-584, 1991.

DIFFRIENT, N.; TILLEY, A. R.; BARDAGJY, J. *Human scale*. Cambridge: Henry Dreyfuss Associates: MIT Press, 1974. 32 p. e pranchas em anexo.

DI MARTINO, V.; CORLETT, N. *Work Organization and Ergonomics*. Genebra: International Labour Office, 1998. 211 p.

DOLCI, M. I. *Acidentes de consumo: mobilização e prioridades para a defesa do consumidor*. 2ª Seminário Pro Teste. Associação Pro Teste. 2004. Disponível em: <http://www.proteste.org.br/saude/nc/noticia/resultados-finais-do-projeto-aciden tes-de-consumo-apontam-criancas-como-principais-vitimas>. Acesso em: 9 abr. 2015

DREYFUSS, H. *Symbol sourcebook*. New York: McGraw-Hill, 1972. 292 p.

DRURY, C. G. Influence of restricted space on manual materials handling. *Ergonomics*, v. 28, n. 1, p. 167-175, 1985.

DRURY, C. G.; BRILL, M. Human factors in consumer product accident investigation. *Human Factors*, v. 25, n. 3, p. 329-342, 1983.

DUL, J.; WEERDMEESTER, B. *Ergonomia prática*. 3. ed. São Paulo: Blucher, 2012. 163 p.

DUL, J. et al. A strategy for human factors/ergonomics: developing the discipline and profession. *Ergonomics*, v. 55, n. 4, p. 377-395, 2012.

EASTERBY, R. S. The perception of symbols for machine displays. *Ergonomics*. v. 13, n. 1, p. 149-158, 1970.

EKLUND, J. Ergonomics and quality management – humans in interaction with technology, work environment and organization. *International Journal of Occupational Safety and Ergonomics*, v. 5, n. 2, p. 143-160, 1999.

EKMAN, P.; FRIESEN, W. V. *Facial action coding system*: a technique for the measurement of facial movement. Palo Alto: Consulting Psychologists Press, 1978.

FALCK, A. C.; ORTENGREN, R.; HOGBERG, D. The impact of poor assembly ergonomics on product quality. *Human Factors and Ergonomics in Manufacturing & Service Industries*, v. 20, n. 1, p. 24-41, 2010.

FANGER, P. O. *Thermal comfort.* Copenhagen: Danish Technical Press, 1972.

FELISBERTO, L.C., PASCHOARELLI, L.C. Modelos humanos em escala para projeto ergonômico preliminar de postos de trabalho e produtos. *In: Anais do IV Congresso de Pesquisa e Desenvolvimento em Design*, 2000, p. 583-589.

FENG, Y. et al. Effects of arm support on shoulder and arm muscle activity during sedentary work. *Ergonomics*, v. 40, n. 8, p. 834-848, 1997.

FERREIRA, D. M. P. (Coord.). *Pesquisa antropométrica e biomecânica dos operários da indústria de transformação – RJ*, Volume 1: Medidas para postos de trabalho. Rio de Janeiro: Instituto Nacional de Tecnologia, 1988a. 128 p.

_____. *Pesquisa antropométrica e biomecânica dos operários da indústria de transformação – RJ*, Volume 2: Medidas para vestuário. Rio de Janeiro: Instituto Nacional de Tecnologia, 1988b. 86 p.

FERREIRA, L. L.; IGUTI, A. M. *O trabalho dos petroleiros*: perigoso, complexo, contínuo e coletivo. São Paulo: Fundacentro, 2003. 156 p.

FISCHER, F. M.; MORENO, C. R. C.; ROTEMBERG, L. (Ed.). O *trabalho em turnos e noturno na Sociedade 24 horas.* São Paulo: Atheneu, 2004.

FITTS, P. M. *Human engineering for an effective air-navigation and traffic-control systems.* Columbus: Ohio State University Foundation, 1951.

FITTS, P. M.; JONES, R. E. *Analysis offactors contributing to 460 – pilot error – experiences in operating aircraft controls* (Report No. TSEAA-694-12). Dayton, OH: Aero Medical Laboratory, Air Materiel Command, U.S. Air Force, 1947.

GAMBERALE, F. Effects of menstruation on work performance. *Ergonomics*, v. 28, n. 1, p. 119-123, 1985.

GANONG, W. F. *Fisiologia médica.* Rio de Janeiro: Guanabara Koogan, 1998. 578 p.

GARCIA, C.A. *Contribuição da ergonomia para o projeto da cabo da chave de fenda.* São Paulo: EPUSP, 2001. 205 p.

GARG, A.; AYOUB, M. M. What criteria exist for determining how much load can be lifted safely? *Human Factors*, v. 22, n. 4, p. 475-486, 1980.

GARONZIK, R. Hand dominance and implications for left-handed operations of controls. *Ergonomics*, v. 32, n. 10, p. 1185-1192, 1989.

GÖBEL, M.; SPRINGER, J.; SCHERFF, J. Stress and strain of short-haul bus drivers: psychophysiology as a design oriented method for analysis. *Ergonomics*, v. 41, n. 5, p. 563-580, 1998.

GRANDJEAN, E. *Ergonomics of the home.* London: Taylor & Francis, 1973. 345 p.

_____. Fatigue: its physiological and psychological significance. *Ergonomics.* v. 11, p. 427-436, 1968.

_____. *Précis d'ergonomie*. Paris: Les Éditions d'Organisation, 1983. 416 p.

_____. Design of VDT workstation. In: SALVENDY, G. *Handbook of human factors*. New York: John Wiley & Sons, 1987. p. 1359-1397.

_____. *Manual de ergonomia*: adaptando o trabalho ao homem. Porto Alegre: Artes Médicas, 1998. 338 p.

GRANDJEAN, E.; HUNTING, W. Ergonomics of posture – review of various problems of standing and sitting posture. *Applied Ergonomics*, v. 8, n. 3, p. 135-140, 1977.

GRANDJEAN, E.; HUNTING, W.; PIDERMAN, M. VDT workstation design: preferred settings and their effects. *Human Factors*, n. 25, p. 161-175, 1983.

GRIECO, A. Sitting posture: an old problem and a new one. *Ergonomics*, v. 29, n. 3, p. 345-362, 1986.

GRIFFITHS, D. K. Safety attitudes of management. *Ergonomics*, v. 28, n. 1, p. 61-67, 1985.

GUÉRIN, F.; LAVILLE, A.; DANIELLOU, J.; KERGUELEN, A. *Compreender o trabalho para transformá-lo*. São Paulo: Edgard Blücher, 2001. 200 p.

GUIMARÃES, L. B. de M. Abordagem ergonômica: o método macro. In: _____ (Org.). *Ergonomia de processo*. 1. ed. Porto Alegre: Ed. UFRGS, 1998. v. 1, p. 1-16.

GUIMARÃES, L. B. de M.; RIBEIRO, J. L. D.; RENNER, J. S. Análise de custos-benefícios de uma intervenção sociotécnica em uma empresa brasileira de calçados. *Applied Ergonomics*, v. 43, p. 948-957, 2012.

GUIMARÃES, L. B. de M. et al. Relatório de Apreciação, Diagnóstico, Projetação e Validação de ilha de atendimento de loja de departamento. Porto Alegre: PPGEP/UFRGS, 2004.

HABIB, R. R.; EL ZEIN, K.; HOJEIJ, S. Hard work and home: musculoskeletal pain among female homemakers. *Ergonomics*, v. 55, n. 2, p. 201-211, fev. 2012.

HALL, E. T. *A dimensão oculta*. São Paulo: Martins Fontes, 2005. 258 p. (Rio de Janeiro: Francisco Alves, 1977. Edição original em português. Edição original em inglês: *The Hidden Dimension*. Anchor Books, 1966.)

HAMELIN, P. Lorry driver's time habits in work and their involvement in traffic accidents. *Ergonomics*, v. 30, n. 9, p. 1323-1333, 1987.

HARTEN, G.A., DERKS, P.M. A new ergonomically improved lathe. *Applied Ergonomics*. v. 6, n. 3, p. 155-157, 1975.

HAUBNER, P. J. Ergonomics in industrial product design. *Ergonomics*, v. 33, n. 4, p. 477-485, 1990.

HEINRICH, H. W. *Industrial accident prevention*: a scientific approach. New York: McGraw-Hill, 1959. 480 p.

HELANDER, M. G.; KHALID, H. M. Affective engineering and design. In: SALVENDY, G. *Handbook of Human Factors and Ergonomics*. Hoboken: John Wiley, 2012.

HELANDER, M. G.; NAGAMACHI, M. *Design for manufacturability*: a systems approach to concurrent engineering and ergonomics. London: Taylor & Francis, 1992.

HENDRICK, H. W. Ergonomics in organizational design and management. *Ergonomics*, v. 34, n. 6, p. 743-756, 1991.

_____. Future directions in macroergonomics. *Ergonomics*, v. 38, n. 8, p. 1617-1624, 1995.

_____. *Good ergonomics is good economics*. HFES Presidential address. 1996. Disponível em: <https://www.hfes.org/Web/PubPages/goodergo.pdf>. Acesso em: 14 ago. 2015. Traduzido para o português como "Boa ergonomia é boa economia" por Stephania Padovani com revisão de Marcelo M. Soares e publicada pela ABERGO. Disponível em: <http://ftp.demec.ufpr.br/disciplinas/TM802/boa_ergonomia_boa_economia.pdf>. Acesso em: 14 ago. 2015.

HERBERT, A. Perceived causes of difficulty in work situations. *Ergonomics*, v. 21, n. 7, p. 539-549, 1978.

HERZBERG, F. One more time: how do you motivate employees? *Harvard Business Review*, n. 46, p. 53-62, 1968.

HERZBERG, F.; MAUSNER, B.; SNYDERMAN, B. *The motivation to work*. New York: John Wiley, 1959.

HIGNETT, S.; McATAMNEY, L. Rapid entire body assessment (REBA). *Applied Ergonomics*, v. 31, n. 2, p. 201-205, Apr. 2000.

HOLLNAGEL, E.; WOODS, D. D. *Joint cognitive systems*: foundations of cognitive systems engineering. Boca Raton: CRC Press: Taylor & Francis, 2005

HOLLNAGEL, E.; WOODS, D. D.; LEVENSON, N. *Resilience engineering*: concepts and precepts. Aldershot: Ashgate, 2006.

HOPKINSON, R. G., COLLINS, J. B. *The ergonomics of lighting*. London: MacDonald & Co., 1970. 272 p.

HORNE, J. A., BRASS, C. G., PETTITT, A. N. Circadian performance differences between morning and evening types. *Ergonomics*. v. 23, n. 1, p. 29-36, 1980.

HORNE, J. A.; OSTBERG, O. A self-assessment questionnaire to determine morningness-eveningness in human circadian rhythms. *International Journal of Chronobiology*, v. 4, n. 2, p. 97-110, 1976. Traduzido para o português e adaptado por BENEDITO-SILVA, A. A. et al. A self-assessment questionnaire for determination of morningness-eveningness types in Brazil. In: HAYES, D. K.; PAULY, J. E.; REITER, R. J. (Ed.). *Chronobiology*: its role in clinical medicine, general biology and agriculture, part B. New York: Wiley Liss, 1990. p. 89-90.

HOWARD, C. et al. The relative effectiveness of symbols and words to convey photocopier functions. *Applied Ergonomics*, v. 22, n. 4, p. 218-224, Aug. 1991.

HSIANG, S.; McGORRY, R.; BEZVERKHNY, I. The use of Taguchi's methods for the evaluation of industrial knife design. *Ergonomics*, v. 40, n. 4, p. 476-490, 1997.

HUMAR, I.; GRADISAR, M.; TURK, T., The impact of color combinations on the legibility of a web page text presented on CRT displays. *International Journal of Industrial Ergonomics*, v. 38, p. 885-899, 2008.

IBGE – INSTITUTO BRASILEIRO DE GEOGRAFIA E ESTATÍSTICA. *Censo Demográfico 2010*. Disponível em: <http://censo2010.ibge.gov.br/en/>. Acesso em: 14 ago. 2015.

IIDA, I. *A ergonomia do manejo*. Tese de doutorado. São Paulo: EPUSP, 1971. 83 p.

IIDA, I. et al. O valor do produto para os consumidores: mesas para microcomputadores e cadeiras de digitadores. *Estudos em design*, v. 7, n. 2, p. 77-86, 1999.

IIDA, I.; PAZETTO, V. M. F. Qualidade dos móveis para informática: cadeiras. In: CONGRESSO BRASILEIRO DE PESQUISA E DESENVOLVIMENTO EM DESIGN, 4. *Anais...* 2000. v. 1, p. 151-159.

INT – INSTITUTO NACIONAL DE TECNOLOGIA. *ERGOKIT*: Banco de Dados Antropométricos da População Brasileira. Rio de Janeiro: MCT, 1998.

IZARD, C. E. *The Maximally Discriminative Facial Movement Coding System (MAX)*. Newark: Instructional Recourses Centre, University of Delaware, 1979.

JASTRZEBOWSKI, W. B. *An outline of ergonomics or the science of work based upon the truths drawn from the Science of nature*. Poznan, Polonia, 1857. Tradução para o inglês e reimpressão: KARWOWSKI, W. (Ed.). *International Encyclopedia of ergonomics and Human Factors*. London: Taylor & Francis, 2001. p. 129-141.

JOHNSON, S. L. A cost analysis method of establishing training criteria. *Ergonomics*, v. 23, n. 12, p. 1137-1145, 1980.

JOHNSTONE, T.; SCHERER, K. R.. Vocal Communication of Emotion. In: LEWIS, M.; HAVILAND-JONES, J. M. (Ed.). *Handbook of Emotion*. 2. ed. New York: Guilford Press, 2000. p. 220-235.

JONES, L. A., SARTER, N.B., Tactile displays: guidance for their design and application. *Human Factors*. v. 50, n. 1, fev. 2008, p. 90-111.

JORDAN, P. *An introduction to usability*. London: Taylor & Francis, 1998, 120 p.

JUPTNER, H. Safety on ladders: an ergonomic design approach. *Applied Ergonomics*, v. 7, n. 4, p. 221-223, 1976.

KAARLELA-TUOMAALA, A. et al. Effects of acoustic environment on work in private office and open-plan offices. *Ergonomics*, v. 52, n. 11, p. 1423-1444, nov. 2009.

KADEFORS, R. et al. An approach to ergonomics evaluation of hand tools. *Applied Ergonomics*, v. 24, n. 3, p. 203-211, 1993.

KAISER, S.; WEHRLE, T. Facial expressions as indicator of appraisal processes. In: SCHERER, K.; SCHORR, A.; JOHNSTONE, T. (Ed.). *Appraisal processes in emotion*. Oxford: Oxford University Press. 2001. p. 285-300.

KANIS, H.; WEEGELS, M. F. Research into accidents as design tool. *Ergonomics*, v. 33, n. 4, p. 439-445, 1990.

KANIS, H.; WENDEL, I. E. M. Redesigned use: a deisgner's dilemna. *Ergonomics*, v. 33, n. 4, p. 459-464, 1990

KARHU, O.; KANSI, P.; KUORINKA, I. Correcting working postures in industry: a practical method for analysis. *Applied Ergonomics*, v. 8, n. 4, p. 199-201, 1977.

KARLQVIST, L. A process for the development, specification and evaluation of VDU work tables. *Applied ergonomics*, v. 29, n. 6, p. 423-432, 1998.

KEMMLERT, K. A method assigned for the identification of ergonomic hazards – PLIBEL. *Applied Ergonomics*, v. 26, n. 3, p. 199-211, Jun. 1995

KEYSERLING, W. M.; BROUWER, M.; SILVERSTEIN, B. A. A checklist for evaluating ergonomic risk factors resulting from awkward postures of the legs, trunk and neck. *International Journal of Industrial Ergonomics*, v. 9, p. 283-301, 1992.

KNAUTH, P. Modelos e tendências de jornadas de trabalho flexíveis em setores de produção e serviços: o caso da Europa. In: FISCHER, F. M.; MORENO, C. R. C.; ROTENBERG, L. *O trabalho em turnos e noturnos na sociedade 24 horas*. São Paulo: Atheneu, 2004. p. 19-30.

KNAUTH, P.; ROHMERT, W.; RUTENFRANZ, J. Systematic selection of shift plans for continuous production with the aid of work physiological criteria. *Applied Ergonomics*, v. 10, n. 1, p. 9-15, 1979.

KNIGHT, G.; NOYES, J. Children's behaviour and the design of school furniture. *Ergonomics*, v. 42, n. 5, p. 747-760, 1999.

KOGI, K. Ergonomics and technology transfer into small and medium-sized enterprises. *Ergonomics*, v. 40, n. 10, p. 1118-1129, 1997.

KRIPPENDORF, K. Design centrado no usuário: uma necessidade cultural. *Estudos em Design*, Rio de Janeiro, v. 8, n. 3, 2000.

KROEMER, K. H. E. Assessment of human muscle strength for engineering purposes: a review. *Ergonomics*, v. 42, n. 1, p. 74-93, 1999.

KROEMER, K. H. E.; KROEMER, H. B.; KROEMER-ELBERT, K. E. *Ergonomics: how to design for ease and efficiency*. Englewood Cliffs: Prentice-Hall, 1994. 766 p.

KUORINKA, I. et al. Standardised Nordic questionnaires for the analysis of musculoskeletal symptoms. *Applied Ergonomicss*, v. 18, p. 233-237, 1987.

LACERDA, D. F. *Medição antropométrica dos pés*. Dissertação (Mestrado) – Universidade Federal do Rio de Janeiro, Rio de Janeiro, 1984, 389 p.

LE COURIER DU LIVRE. Lisibilite des affiches en couleurs, Sheldons Limited House. *Cosmos*, p. 255, 1912.

LEHMANN, G. *Fisiología práctica del trabajo*. Madrid: Aguilar, 1960. 410 p.

LEHTO, M. R.; BUCK, J. R. *Introduction to human factors and ergonomics for engineers*. London: Taylor & Francis, 2008. 969 p.

LEPLAT, J.; RASMUSSEN, J. Analysis of human errors in industrial incidents and accidents for improvement of work safety. *Accident Analysis and Prevention*, v. 16, n. 2, p. 77-88, 1984.

LINDNER, H.; KROPF, S. Asthenopic complaints associated with fluorescent lamp illumination. *International journal of lighting research*, v. 25, p. 59-69, 1993.

LIFSHITZ, Y.; ARMSTRONG, T. A design checklist for control and prediction of cumulative trauma disorders: hand intensive manual jobs. In: MEETING OF THE HUMAN FACTORS SOCIETY, 30. *Proceedings...* v. 2. Florida: Daytona, 1986. p. 837-841.

MANDAL, A. C. *The seated man* – homo sedens. Denmark: Dafnia Publication, 1985. 96 p.

_____. The prevention of back pain in school children. In: LUEDER, R.; NORO, K. (Org.). *Hard facts about soft machines*: the ergonomics of seating. London: Taylor & Francis, 1994. p. 269-277.

MASLOW, A. H. A theory of human motivation. *Psychology Review*, n. 50, p. 370-396, 1943.

McATAMNEY, L.; CORLETT, E. N. RULA: a survey method for the investigation of world-related upper limb disorders. *Applied Ergonomics*, v. 24, n. 2, p. 91-99, 1993.

McCLELLAND, I. L.; BRIGHAM, F. R. Marketing ergonomics – how should ergonomics be packed? *Ergonomics*, v. 33, n. 5, p. 519-526, 1990.

McCORMICK, E. J. *Human factors engineering*. New York: McGrawn-Hill Co., 1970. 640 p.

MEGAW, E. D.; RICHARDSON, J. Eye movements and industrial inspection. *Applied Ergonomics*, v. 10, n. 3, p. 145-154, 1979.

_____. Target uncertainty and visual scanning strategies. *Human Factors*. v. 21, n. 3, p. 303-315, 1979.

MEHTA, C. R. et al. Review of anthropometric considerations for tractor seat design. *International Journal of Industrial Ergonomics*, v. 38 p. 546-554, 2008.

MENDES, L. D'U. S. Análise ergonômica da situação dos idosos pedestres em relação à sinalização de Copacabana. Tese (Doutorado) – Pontifícia Universidade Católica, Rio de Janeiro, 2008. 230p.

MILLER, G. A. The magical number seven, plus or minus two: Some limits on our capacity for processing information. *Psychological Review*, v. 63, n. 2, p. 81-97, 1956.

MIRKA, G. A.; JIN, S.; HOYLE, J. An evaluation of arborist handsaws. *Applied Ergonomics*, n. 40, p. 8-14, 2009.

MONASTERIO, L. M.; NOGUEROL, L. P.; SHIKIDA, C. D. *Growth and inequalities in height in Brazil (1939-1981)*. MPRA Paper No. 1118, posted 11. December 2006. Disponível em: <http://mpra.ub.uni-muenchen.de/1118/1/257.pdf>. Acesso em: 14 ago. 2015.

MONDEN, Y. *Produção sem estoques*: uma abordagem prática ao sistema de produção Toyota. São Paulo: Instituto de Movimentação e Armazenagem de Materiais, 1984. 141 p.

MONK, T. H. et al. Circadian determinants of the post-lunch dip in performance. *Chronobiol Int.*, v. 13, p. 135-145, 1996.

MONTGOMERY, H. From cognition to action: the search for dominance in decision making. In: MONTGOMERY, H.; SVENSON, O. (Ed.). *Process tracing approaches to decision making*. Chichester: Wiley, 1989. p. 23-49.

MOORE, J. S.; GARG, A. The Strain Index: A Proposed Method To Analyze Jobs For Risk Of Distal Upper Extremity Disorders. *American Industrial Hygiene Association Journal*, v. 56, p. 443-458, 1995.

MORAES, A.; SOARES, M. M. *Ergonomia no Brasil e no mundo*: um quadro, uma fotografia. Rio de Janeiro: Univerta: Abergo, 1989. 186 p.

MORAES, A.; MONT'ALVÃO, C. *Ergonomia*: conceitos e aplicações. 2. ed. Rio de Janeiro: 2 AB, 2000. 132 p.

MORAES, A.; PEQUINI, S. M. *Ergodesign para trabalho em terminais informatizados*. Rio de Janeiro: 2 AB, 2000. 117 p.

MURRELL, K. F. H. *Ergonomics*: man and his working environment. London: Chapman and Hall, 1965. 496 p.

NASON, W.; BENNETT, C. *Dials vs Counters*: Effects of Precision on Quantitative Reading. Manhattan: Kansas State University, 1973.

NATIONAL CENTER FOR HEALTH STATISTICS. *2000 CDC Growth Charts for the United States: Methods and Development*. Department Of Health And Human Services Centers for Disease Control and Prevention. DHHS Publication No. (PHS) 2002-1696. Hyattsville, Maryland, May 2002. Disponível em: <http://www.cdc.gov/nchs/data/series/sr_11/sr11_246.pdf>. Acesso em: 14 ago. 2015.

NEWMAN, R. W.; WHITE, R. M. Reference Anthropometry of Army Men. Report No. 180, U.S. Army Quartermaster Climatic Research Laboratory, Lawrence, Massachusetts. 1951

NIELSEN, J. *Usability engineering*. San Francisco: Morgan Kaufmann. 1994.

NIELSEN, J.; MACK, R. L. (Ed.). *Usability inspections methods*. New York: Wiley, 1994.

NORMAN, D. A. *Emotional design*: Why do we love or hate everyday things. New York: Basic Books, 2004.

NORO, K. A descriptive model and visual search. *Human Factors*, v. 21, n. 5, p. 93-101, 1983.

NORTH CAROLINA STATE UNIVERSITY (NCSU).*The Center for Universal Design*. 1997. Disponível em: <http://www.design.ncsu.edu/cud/about_ud/udprinciplestext.htm>. Acesso em: 22 jul. 2012.

OBORNE, D.J. *Ergonomics at work*. New York: John Wiley & Sons, 1982. 320 p.

OBORNE, D. J.; HEATH, T. O. The role of social space requirements in ergonomics. *Applied Ergonomics*, v. 10, n. 2, p. 99-103, 1979.

OCCHIPINTI, E. OCRA: a concise index for the assessment of exposure to repetitive movements of the upper limbs. *Ergonomics*, Loughborough, v. 41, n. 9, p. 1290-1311, 1998.

ODDONE, I. et al. *Ambiente de trabalho*: a luta dos trabalhadores pela saúde. São Paulo: Hucitec, 1986. 134 p.

OLIVEIRA, A. F. *Implementos para a colheita do quiabo*. Tese (Mestrado) – Universidade Federal do Rio de Janeiro, Rio de Janeiro, 1987. 180 p.

OLIVEIRA, V. H.; QUINTANA-DOMEQUE, C. Early-life environment and adult stature in Brazil: an analysis for cohorts born between 1950 and 1980. *Economics & Human Biology*, v. 15, issue C, p. 67-80, 2014.

O'NEILL, D. Animal ergonomics. *Ergonomics*, v. 29, n. 8, p. 1029, 1986.

OIT – ORGANIZAÇÃO INTERNACIONAL DO TRABALHO. *Pontos de verificação ergonômica*: soluções práticas e de fácil aplicação para melhorar a segurança, a saúde e as condições de trabalho. São Paulo: Fundacentro, 2001. 327 p. Disponível em: <http://www.fundacentro.gov.br/biblioteca/biblioteca-digital/publicacao/detalhe/2011/6/pontos-de-verificacao-ergonomica-solucoes-praticas-e-de-facil-aplicacao-para-melhorar-a:. Acesso em: 14 abr. 2015.

OSHIMA, M.; HAYASHI, Y.; NORO, K. Human factors which have helped japanese industrialization. *Human Factors*, v. 22, n. 1, p. 3-13, 1980.

OYEWOLE, S. A.; HAIGHT, J. M.; FREIVALDS, A. The ergonomic design of classroom furniture computer workstation for first grade in the elementary school. *International Journal of Industrial Ergonomics*, v. 40, p. 437-447, 2010.

PANERO, J.; ZELNIK, M. *Dimensionamento humano para espaços internos*. Barcelona: Gustavo Gili, 2002. 320 p.

PASSMORE, R.; DURNIN, J. G. A. Human energy expenditure. *Physiological Review*, n. 35, p. 801-875, 1955.

PATERNOTTE, P. H. The control performance of operators controlling a continuous distillation process. *Ergonomics*, v. 21, n. 9, p. 671-679, 1978.

PECE, C. A. Z. *Concepção ergonômica, desenvolvimento e otimização de um fórceps odontológico*: proposta de nova sistemática exodôntica. Dissertação (Mestrado) – Instituto Tecnológico de Aeronáutica, São José dos Campos, 1995. 168 p.

PERROW, C. *Normal accidents*: living with high risk Technologies. New York: Basic Books, 1984.

PERSSON, A.; WANEK, B.; JOHANSSON, A. Passive versus active operator work in automated process control. a job design case study in a control centre. *Applied Ergonomics*, v. 32, n. 5, p. 441-451, 2001.

PETZÄLL, J. Ambulant disabled persons using buses: experiments with entrances and seats. *Applied Ergonomics*, v. 24, n. 5, p. 313-326, 1993.

PHEASANT, S. T.; HARRIS, C. M. Human strength in the operation of tractor pedals. *Ergonomics*, v. 25, n. 1, p. 53-63, 1982.

PHEASANT, S. T.; O'NEILL, D. Performance in gripping and turning: a study in hand/handle effectiveness. *Applied Ergonomics*, v. 6, n. 4, p. 205-208, 1975.

PHIPPS, D. L. et al. Identifying violation-provoking conditions in a healthcare setting. *Ergonomics*, v. 51, n. 11, p. 1625-1642, nov. 2008.

PRUNER, P. Armstdocktütze-Krücke, *Form*, 32, p. 22, 1965.

RAMAZZINI, B. *As doenças dos trabalhadores*. São Paulo: Fundacentro, 1999, 272 p. [Título original: *De morbis artificum diatriba*. 1. ed. 1700].

RASMUSSEN, J. Skills, rules, and knowledge: Signals, signs, and symbols, and other distinctions in human performance models. *IEEE Transactions on Systems, Man, and Cybernetics*, v. SMC-13, n. 3, p. 257-266, 1983.

RASMUSSEN, J.; PEJTERSEN, A. M.; GOODSTEIN, L. P. *Cognitive systems engineering*. New York: Wiley, 1994.

REASON, J. A systems approach to organizational error. *Ergonomics*, v. 38, n. 8, p. 1708-1721, 1995.

REDGROVE, J. Fitting the job to the woman: a critical review. *Applied Ergonomics*, v. 10, n. 4, p. 215-223, 1979.

RICE, V. J. B. Designing for Children. In: SALVENDY, G. *Handbook of Human Factors and Ergonomics*. 4. ed. Hoboken, 2012. 1732 p.

RICHARDSON, M. W. Avaliação do mérito. In: MAYNARD, H. B. *Manual de engenharia de Produção*. São Paulo: Edgard Blücher, 1970. Seção 6, p. 170-198.

ROBSON, C. *Real world research*. Oxford: Blackwell, 1993. 510 p.

RODGERS, S. H. A functional job evaluation technique. In: *Ergonomics*, v. 7, n. 4, p. 679-711, 1992.

ROEBUCK, J. A.; KROEMER, K. H. E.; THOMSON, W. G. *Engineering anthropometry methods*. New York: John Wiley & Sons, 1975. 460 p.

ROHMERT, W.; LAURING, W. Increasing awareness of ergonomics by in-company courses – a case study. *Applied Ergonomics*, v. 8, n. 1, p. 9-21, 1977.

ROUSEK, J. B.; HALLBECK, M. S. Improving and analyzing signage within a health-care setting. *Applied Ergonomics*, v. 42, p. 771-784, 2011.

RUAS, A. C. *Conforto térmico nos ambientes de trabalho*. São Paulo: Fundacentro, 1999. 93 p.

RYAN, T. *Estatística moderna para engenharia*. Rio de Janeiro: Campus: Elsevier, 2009.

SAKAKIBARA, H. et al. Relation between overhead work and complaints of pear and apple orchard workers. *Ergonomics*, v. 30, n. 5, p. 805-815, 1987.

SANTOS, N.; FIALHO, F. *Manual de análise ergonômica do trabalho*. Curitiba: Gênesis, 1995.

SCHERRER, J. *Précis de physiologie du travail* – notions d'ergonomie. Paris: Masson, 1981. 586 p.

SCHOONE-HARMSEN, M. A design method for product safety. *Ergonomics*, v. 33, n. 4, p. 431-437, 1990.

SEMINARA, J. L. A survey of ergonomics in Poland. *Ergonomics*. v. 22, n. 5, p. 479-505, 1979.

SENA, I. N. *Fábrica de lesões*: trabalho, adoecimento e ação sindical no complexo automobilístico baiano. 139 f. 2009. Dissertação (Mestrado em Ciências Sociais) – Universidade Federal da Bahia, 2009.

SETH, V.; WESTON, R. L.; FREIVALDS, A. Development of a cumulative trauma disorder risk assessment model for the upper extremities. *International Journal of Industrial Ergonomics*, v. 23 p. 281-291, 1999.

SHELDON, W. H. *The varieties of human physique*: an introduction to constitutional psychology. New York: Harper and Row, 1940. (Com a colaboração de STEVENS, S. S.; TUCKER, W. B.)

SIQUEIRA, C. A. A. *Um estudo antropométrico de trabalhadores brasileiros*. Tese de mestrado. Rio de Janeiro: Universidade Federal do Rio de Janeiro, 1976, 71 p.

SILVA, J. C. P. *Levantamento de dados antropométricos da pré-escola ao 1º grau na rede escolar do município de Bauru*. Tese (Livre-docência) – Universidade Estadual Paulista "Júlio de Mesquita Filho", Bauru, 1997.

SILVERSTEIN, B. A.; FINE, L. J.; ARMSTRONG, T. J. Occupational factors and carpal tunnel syndrome. *Am J Ind Med.*, v. 11, n. 3, p. 343-58, 1987

SINGH, D.; PARK, W.; LEVY, M. S. Obesity does not reduce maximum acceptable weights of lift. *Applied Ergonomics*, v. 20, n. 1, p. 1-7, 2009.

SJOFLOT, L. Means of improving a tractor driver's working posture. *Ergonomics*, v. 23, n. 8, p. 751-761, 1980.

SMITH, S. L. Exploring compatibility with words and pictures. *Human Factors*, v. 23, n. 3, p. 305-315, 1981.

SMITH, L. A.; SMITH, J. L. Observations on in-house ergonomics training for first-line supervisors. *Applied Ergonomics*, v. 15, n. 1, p. 11-14, 1984.

SOARES, M. M. Contribuição da ergonomia ao design de mobiliários escolares: cadeira universitária. *Estudos em Design*, v. 6, n. 1, p. 33-61, 1998.

SORKIN, R. D. Design of auditory and tactile displays. In: SALVENDY, G. (Ed.). *Handbook of human factors*. New York: J. Wiley & Sons, 1987. p. 549-574.

SREMEC, B. Instructions, mechanical ability and performance. *Applied Ergonomics*, v. 3, n. 2, p. 98-100, 1972.

STAMMERS, R. B.; HALLAM, J. Task allocation and the balancing of task demands in the multi-man-machine system – some case studies. *Applied Ergonomics*, v. 16, n. 4, p. 251-257, 1985.

STANTON, N. *Human factors in consumer products*. London: Taylor & Francis, 1998. 287 p.

STANTON, N. A. et al. *Handbook of human factors and ergonomics methods*. Boca Raton: CRC Press, 2005.

STERNBERG, S. The discovery of processing stages: extensions of Doncer's method. *Journal of Experimental Psychology*, n. 27, p. 276-315, 1969.

STEVENSON, W. *Estatística aplicada à administração*. São Paulo: Harbra, 2001.

STILITZ, I. B. The role of static pedestrian groups in crowded spaces. *Ergonomics*, v. 12, n. 6, p. 821-839, 1969.

TAVEIRA, A. D.; SMITH, M. J. Social and organizational foundations of ergonomics. In: SALVENDY, G. *Handbook of Human Factors and Ergonomics*. 4. ed. Hoboken: John Wiley, 2012. p. 274-297.

TAYLOR, C. L. The biomechanics of the normal and of the amputated upper extremity. In: *Klopsteg and Wilson's Human limbs and their substitutes*. New York: McGraw-Hill, 1954.

TAYLOR, F. W. *Princípios de administração científica*. São Paulo: Atlas, 1976. 134 p.

THE EASTMAN KODAK COMPANY. *Ergonomic Design for People at Work*. New York: Wiley, 1983

THE EASTMAN KODAK COMPANY. *Kodak's Ergonomic Design for People at Work*. 2nd ed. 2003. 736 p.

TICHAUER, E. *The biomechanical basis of ergonomics*. New York: John Wiley & Sons, 1978.

TILLEY, A. J. et al. The sleep and performance and shift workers. *Human Factors*, v. 24, n. 6, p. 629-641, 1982.

TINKER, M. A. *Legibility of Print*. Iowa: Iowa University Press, 1963.

ULRICH, R. S. View through a window can improve recovery surgery. *Science*, n. 224, p. 420-421, abr. 1984.

US DEPARTMENT OF HEALTH, EDUCATION, AND WELFARE, PUBLIC HEALTH SERVICE. *Weight, height, and selected body dimensions of adults*. Publication n. 1000 – Series 11, number 8. 1965. Disponível em: <http://www.cdc.gov/nchs/data/series/sr_11/sr11_008.pdf>. Acesso em: 14 ago. 2015.

VANDERHEIDEN, G. C.; JORDAN, J. B. Design for people with functional limitations. In: SALVENDY, G. (Ed.). *Handbook of Human Factors and Ergonomics*. New York: Wiley, 2012. p. 1409-1441.

VENÂNCIO, H. *Minha casa sustentável: guia para uma construção responsável*. Vila Velha: Edição do autor, 2010/2011. 227 p.

VERDIER, F.; BARTHE, B.; QUÉINNEC, Y. Organização do trabalho em turnos: concentrando-se na análise ergonômica ao longo das 24 horas. In: FISCHER, F. M.; MORENO, C. R. C.; ROTENBERG, L. *O trabalho em turnos e noturnos na sociedade 24 horas*. São Paulo: Atheneu, 2004. p. 137-158.

VERNON, H. M.; BEDFORD, T. *The Relation of Atmospheric Conditions to the Working Capacity and the Accident Rate of Coal Miners*. London, 1927. (Industrial Fatigue Research Board, Report, nº 39).

VIDAL, M. C. *Guia para análise ergonômica do trabalho (AET) na empresa: uma metodologia realista, ordenada e sistemática*. Rio de Janeiro: Editora Virtual Científica, 2003. 332 p.

VIHMA, T. Sewing-machine operator's work and musculoskeletal complaints. *Ergonomics*, v. 25, n. 4, p. 295-298, 1982.

VITALI JR., S. *Comparação da carga postural dos operadores de duas ilhas de atendimento de uma loja de departamento*. Dissertação (Mestrado profissional em Engenharia de Produção) – Universidade Federal do Rio Grande do Sul, Porto Alegre, 2004.

WALTER, L. *Psicologia do trabalho industrial*. São Paulo: Edições Melhoramentos. 1963. 250 p.

WARRICK, M. J. *Direction of movement in the use of control knobs to position visual indicators*. USAF AMC, 1947. (Report nº 694-4C).

WATERS, T. R. et al. Revised NIOSH equation for the design and evaluation of manual lifting tasks. *Ergonomics*, v. 36, n. 7, p. 749-776, 1993.

WEDDERBURN, A. A. I. Sleeping on the jobs: the use of anecdotes for recording rare but serious events. *Ergonomics*, v. 30, n. 9, p. 1229-1233, 1987.

WEST, M.; PATTERSON, M. Profitable personnel. *People Management*, p. 28-31, 8 January 1998

WESTGAARD, R. H.; WINKEL, J. Occupational musculoskeletal and mental health: Significance of rationalization and opportunities to create sustainable production systems: a systematic review. *Applied Ergonomics*, v. 42, n. 2, p. 261-296, 2011

WHO – WORLD HEALTH ORGANIZATION. *Physical status*: the use and interpretation of anthropometry Report of a WHO Expert Committee Technical Report Series No. 854, 1995 Disponível em: <http://whqlibdoc.who.int/trs/WHO_TRS_854.pdf?ua=1>. Acesso em: 14 ago. 2015.

_____. *World report on child injury prevention*. 2008. Disponível em: <http://whqlibdoc.who.int/publications/2008/9789241563574_eng.pdf?ua=1>. Acesso em: 14 ago. 2015.

WICKENS, C. D. *Engineering psychology and human performance*. Columbus: Merrill, 1984.

WICKENS, C. D. Information processing, decision-making, and cognition. In: SALVENDY, G. (Ed.). *Handbook of human factors*. New York: John Wiley & Sons, 1987. p. 72-107.

WILSON, J. R.; CORLETT, E. N. (Ed.). *Evaluation of Human Work*. London: Taylor & Francis, 2005.

WISNER, A. *Por dentro do trabalho*. São Paulo: Oboré: FTD, 1987. 190 p.

WOGALTER, M. S.; CONZOLA, V. C.; SMITH-JACKSON, T. L. Research-based guidelines for warning design and evaluation. *Applied Ergonomics*, v. 33, n. 3, p. 219-230, 2002.

WOLCOTT, J. H. et al. Correlation of general aviation accidents with the biorhythm theory. *Human Factors*, v. 19, n. 3, p. 283-293, 1977.

WOODSON, W.E. *Human factors design handbook*. New York: McGraw-Hill Book, 1981, 1048 p.

WOODSON, W.E. *Human factors reference guide for electronics and computer professionals*. New York: McGraw-Hill Book, 1987, 204 p.

WRIGHT, J. T. C.; GIOVINAZZO, R. A. Delphi – uma ferramenta de apoio ao planejamento prospectivo. *Caderno de Pesquisas em Administração*, São Paulo, v. 1, n. 12, 2000.

WYATT, S.; MARRIOT, R. *A Study of Attitudes to Factory Work*. London: Medical Research Council, 1956 [reportado in LAWERNACE et al. *Organizational Behavior and Administration*. Homewood, Illions: Irwin Inc, 1961].

XU, X.; MIRKA, G. A.; HSIANG, S. M. The effects of obesity on lifting performance. *Applied Ergonomics*, v. 39, p. 93-98, 2008.

YOUNG, H. H.; BERRY, G. L. The impact of environment on the productivity attitudes of intellectually challenged office workers. *Human Factors*, v. 21, n. 4, p. 399-407, 1979.

ZINCHENKO, V., MUNIPOV, V. *Fundamentos de ergonomia*. Moscou: Editorial Progresso, 1985, 346 p.

ÍNDICE REMISSIVO

(f) – Refere-se à informação contida em Figuras
(t) – Refere-se à informação contida em Tabelas